中 国 建 筑 教 育
Chinese Architectural Education

2016 全国建筑教育学术研讨会论文集
Proceedings of 2016 National Conference on Architectural Education

主 编
全国高等学校建筑学学科专业指导委员会
合肥工业大学建筑与艺术学院

Chief Editor
National Supervision Board of Architectural Education，China
College of Architecture & Art，Hefei University of Technology

中国建筑工业出版社

图书在版编目（CIP）数据

2016 全国建筑教育学术研讨会论文集/全国高等学校建筑学学科专业指导委员会，合肥工业大学建筑与艺术学院主编. —北京：中国建筑工业出版社，2016.10
（中国建筑教育）
ISBN 978-7-112-19896-2

Ⅰ. ①2… Ⅱ. ①全… ②合… Ⅲ. ①建筑学-教育-中国-学术会议-文集 Ⅳ. ①TU-4

中国版本图书馆 CIP 数据核字（2016）第 225573 号

2016 全国建筑教育学术研讨会以"新常态背景下的建筑教育"为主题，设定"'三位一体'的学科专业建设"、"多元融合视角下的创新人才培养"、"社会需求导向的专业教育与素质教育"、"文化传承引领的设计课程改革"、"'互联网＋'背景下的建筑教育探索"等五个议题。经论文编委会和出版社评阅，遴选出各类论文 140 篇以供学术研讨。

责任编辑：陈　桦　王　惠
责任校对：王宇枢　姜小莲

中 国 建 筑 教 育
Chinese Architectural Education
2016 全国建筑教育学术研讨会论文集
Proceedings of 2016 National Conference on
Architectural Education
主　编
全国高等学校建筑学学科专业指导委员会
合肥工业大学建筑与艺术学院
Chief Editor
National Supervision Board of Architectural Education，China
College of Architecture & Art，Hefei University of Technology
*
中国建筑工业出版社出版、发行（北京西郊百万庄）
各地新华书店、建筑书店经销
霸州市顺浩图文科技发展有限公司制版
北京云浩印刷有限责任公司印刷
*
开本：880×1230 毫米　1/16　印张：45¼　字数：1527 千字
2016 年 10 月第一版　2016 年 10 月第一次印刷
定价：**118.00** 元
ISBN 978-7-112-19896-2
（29397）

编　委　会

前言

经改革开放三十多年来的经济高速增长，中国在社会、经济、政治、文化等方面的发展取得了令人瞩目的成就。目前，国家正面临着经济增长方式的根本性转变，经济结构优化升级，从投资驱动转向创新驱动，这些势必也给建筑教育带来新的课题与挑战。

建筑学专指委及所服务的中国建筑教育始终围绕国家社会经济发展与时俱进，从 20 世纪末始，一直致力于提升普通建筑院系的教学水平，使之大大缩小了与世界发达国家建筑教育间的差距。21 世纪以来，建筑学专指委反复强调全国各地的建筑院系应该保持办学特点并探索特色、多元发展。去年以来，住房城乡建设部强调要加强城市设计与建筑教育的结合，为此各校做出了不同程度和不同侧重的回应，值此中国城乡建设进入"新常态"的发展时期，建筑教育必将更加突出创新型建筑人才的培养，及人才的多元社会去向和适应上，今年年会也将第一次邀请建筑学毕业后跨界发展的人士作大会主题报告，交流他们的心得和专业发展历程。

在此背景下，2016 建筑教育国际学术研讨会于 10 月在合肥召开。建筑教育界同仁，将齐聚巢湖之滨的合肥，共商当前中国建筑教育发展大计。大会由全国高等学校建筑学学科专业指导委员会（建筑专指委）主办，合肥工业大学承办。本次会议主题为"新常态背景下的建筑教育"，包括但不限于以下专题：

(1) "三位一体"的学科专业建设；

(2) 多元融合视角下的创新人才培养；

(3) 社会需求导向的专业教育与素质教育；

(4) 文化传承引领的设计课程改革；

(5) "互联网＋"背景下的建筑教育探索。

会议以此对全国（包括港澳台）以及新加坡等华人地区发出论文征集，得到建筑院校广大师生的积极响应，近两年来论文投稿数量大增。今年会议收到来自大陆、台湾、美国的论文约 240 余篇。经过论文评委会多次讨论，初审通过 151 篇论文；再经出版社和评委会复议，最终录用了 140 余篇。应征论文作者所在单位近 60 所院校；录用论文作者所在单位达 40 余所院校。

论文中既有反映当前热点或前沿的"国际博士生院的构想与实践"、"既有工艺与可编程的结合机械臂建造"……也有存续于教学已久的"基于地域文化传承的因地制宜、兼容并蓄"、"突显地域特色的独立住宅设计"……有关注农业农村农民的"古寨保护与活化"……也有着眼工业遗产"文化视阈的建筑设计"……既有大量立足精研国内的教学文章，也有从描述一般中外联合教学课题演进到更深一层的中美"大学相关建筑设计课题的比较分析"、中意"硕士论文教学环节的比较"……所提交论文关注点多、内容丰富，较为充分地反映出全国建筑教育的水平和进展。

按惯例，先行印刷 2016 建筑教育国际学术研讨会论文集供与会者交流。感谢合肥工业大学建筑与艺术学院院长李早教授率学院刘阳等师生进行的辛勤工作！感谢中国建筑工业出版社将此次论文结集出版！

王建国

全国高等学校建筑学学科专业指导委员会主任委员

2016 年 8 月

目 录

Contents

多元融合视角下的创新人才培养

社会需求导向的专业教育与素质教育

文化传承引领的设计课程改革

"互联网+"背景下的建筑教育探索

三位一体的学科专业建设

周鸣浩　李振宇　李翔宁

同济大学建筑与城市规划学院；zhouminghao@tongji.edu.cn

Zhou Minghao　Li Zhenyu　Li Xiangning

College of Architecture& Urban Planning, Tongji University

为未来城市与建筑搭建国际平台
——国际博士生院的构想与实践
Building an International Platform for the Future City and Architecture
——The conception and practice of the International Doctoral School

摘　要：为配合博士生培养体系的改革，提升和扩大城乡规划学、建筑学、风景园林学等专业博士研究生的创新能力和国际视野，同济大学建筑与城市规划学院依托"111计划"，筹办组建了以面向未来、学科交叉、集中引智和促进交流为主要建设目标的"'未来城市与建筑'国际博士生院"。结合2016年成功举办首届国际博士生院的具体实践，本文介绍了这一国际教学科研平台的办学理念、组织形式、基本特点和经验教训，为这一新型办学模式的未来发展和优化提供参考。

关键词：博士研究生培养，国际合作，科研创新，未来城市与建筑，国际博士生院

Abstract：As a part of reforming the doctoral training system, to strengthen the innovative ability and international vision of the PhD candidates whose majors are architecture, urban planning, and landscape architecture, the College of Architecture & Urban Planning, Tongji University, on the basis of "111 Project", established "'The Future City and Architecture' International Doctoral School", the goals of which are exploring the future, crossing disciplines, introducing talents and promoting communication. The paper introduces the fundamental conception, organization and features of this international platform for education and research, so as to provide reference for the future development of this new type of doctoral training.

Keywords：Doctoral Training, International Cooperation, Innovation for Scientific Research, Future City& Architecture, International Doctoral School

2016年6月29日至7月10日，经中华人民共和国教育部和中华人民共和国国家外国专家局的批准和资助，在战略合作伙伴哈佛大学、马德里理工大学、米兰理工大学、香港大学等国际一流建筑院校的协助下，同济大学建筑与城市规划学院（以下简称"城规学院"）筹办组建了"2016未来城市与建筑'国际博士生院"。这是一个为了优化博士研究生培养而专门设立的特定教学组织形式，在国内尚属首次，有一定的创新性和开拓性。本文试图深入剖析这一"新事物"的来龙去脉，梳理其背后的办学理念，总结实践过程中的经验教训，为

其未来发展提供参考。

1 博士研究生培养的现状问题

我国的博士培养体系是从 20 世纪 80 年代才开始逐步建立起来的。起步晚、起点高、发展快。在短短三十年的发展历程中，已取得了相当显著的成就。就规模而言，目前已成为仅次于美国的博士研究生教育大国。截至 2008 年，我国已累计授予博士学位 28 万人。[1]在此期间，博士生培养的质量稳步提升，有中国特色的博士生教育质量保障体系逐步形成，基本实现了立足国内培养高层次人才的战略目标。尽管如此，由国务院学位委员会、教育部、人事部 2007 年在全国范围内所做调研结果还是显示，目前博士生培养最大的问题是"创新"不足。这里的"创新"不仅指博士生科研的创新能力，还指博士研究生教育的制度创新。该调研项目的课题组组长在接受专访时更是提出，除了创新能力，从国际比较来看，目前我国的博士生培养还需要关注两个问题：一是要加强跨学科和交叉学科的训练；二是将培养的重心从"一篇学位论文"转移到通过系统的学术训练而获得的"通用性"能力。[2]因此，跨学科的训练、系统学术能力的训练、创新能力的培养，这三点尤其是最后一点将是未来博士研究生培养的目标，也是制度改革的重点。

2 城规学院近年开展的博士生培养体系改革探索

近年来，城规学院在博士生培养的制度改革与创新方面进行了持续性的探索，开始形成一些方案和成果。比如，建筑系率先开展了《建筑学博士研究生科研能力训练体系建设》的教改研究项目，重点解决现行这种以导师制（师徒制）为主、缺乏体系支持的培养方式，由此明确了以提高博士生科研能力、研究方法为根本目标的明晰化、结构化的改革思路。目标是培养出创新能力、跨文化视野和组织领导能力兼备的人才。[3]同样，规划系和景观系也正在根据自身的学科特点制定类似的新培养方案。这一改革究竟成效如何，还需要在未来的几年中接受实践的检验。

如果说这类改革是在既定培养框架（体制）内的"辗转腾挪"，着眼的是"常态化"的制度创新，目标是建构日常管理的长效机制，那么还有一些新举措则试图在这一框架的某些重要"节点"位置植入短期内具有"平台效应"的组织形式，最大限度地汇聚各种资源，让博士生在高强度、高密度的"集训"过程中实现观念和方法上的突破甚至飞跃。

从 2014 年开始，城规学院就在每年开学初，为博士新生提供为期 10 天的入学培训，即"博士生学术素养及科研能力提升培训班"（以下简称"博研班"），并将其列入博士生培养的必修环节，目的是为了帮助博士新生尽快融入"学术共同体"，顺利实现向准学者身份的转换。[4]博研班每届举行多达 30～40 场专题报告会，主要内容涉及"目标与素养、战略与发展、经验与方法、管理与服务"等四个方面，邀请的主讲嘉宾结合其自身的学术生涯和科研体会，从学术道德和行为规范、研究方法和写作技巧、学科建设和前沿动态、管理规定和科研服务等多方面向甫入学的博士生呈现这个他们即将迈入的"学术共同体"的概貌。讲座之余，博研班还穿插组织了经验交流会或研讨会、科研参观，并在最后设置了考核环节和学员汇报环节。经过 2014 年和 2015 年先后两年的实践，从博士新生的反馈来看，"博研班"的开办获得了很好的培训效果，让学员们收获了研究方法、明确了未来计划，是一个极为关键的培养环节。在某种程度上，本文接下去将要重点介绍的"未来城市与建筑国际博士生院"正是"博研班"的后续 2.0 版本。

3 "未来城市与建筑"国际博士生院的构想

与致力于新生入学培训的博研班不同，"国际博士生院"被放在博士生一年级即将结束的春季学期期末，针对的是经过初步训练已有比较确定的研究方向、掌握一定研究方法和理论基础的博士生。如果说"博研班"搭建的还只是一个局限于国内的交流平台，探讨的主要是常规的科研方法与学术准则的话，那么，"国际博士生院"则将这个平台扩展提升到了国际层面，探讨的问题也聚焦于当代城市、建筑和景观学科最前沿的学术领域和科学问题。

3.1 国际博士生院——国际化办学的新阶段

国际合作是同济大学城市与规划学院建筑教育的四大特点之一。[5]从 20 世纪 50 年代以来，城规学院的国际合作经历了从兼收并蓄、开放包容到博采众长、主动汲取，从被动引进到双向交流的进化过程，如今已取得了丰硕的成果，形成了完整的体系（图1）。[6][7][8]尤为重要的是，基于"真正国际化办学的核心应该是人才培养理念、培养标准和培养方式的全面国际化"这一办学理念，建设国际双向双学位培养体系成为近十年来学院国际化战略的核心任务。在全院师生的努力下，至 2015 年已发展了 16 个硕士研究生的双学位项目，开设了 60 余门全英语课程，培养研究生 615 人（中 395 名，外 220 名），从而围绕双学位培养体系的建设，实现了办学理念、培养标准、办学条件、师资力量、课程体系和管理机制等多方面、全方位的提升。

图1　同济大学建筑与城市规划学院的国际合作体系构成

在上述建设成就的基础上，我们开始把目光聚焦于难度最高的博士生培养国际化。博士生是未来科学家和学者的预备队，他们在求学阶段的国际化程度决定了中国未来的学术视野以及参与国际科研竞争的能力。近年来，国家显然也意识到了这个问题，并启动了由国家留学基金委（CSC）负责的《国家建设高水平大学公派研究生项目》，每年选派数千名一流的博士生，"到国外一流的院校、科研机构或学科专业，师从一流的导师"，或攻读博士学位，或作为联合培养的博士生。在学院的倡导和鼓励下，2012～2015年总计有37名博士研究生申请获得CSC项目的资助赴海外求学，其中到美国一流院校的占总数的一半以上图2、图3。此外，学院内部也实施了新的支持性举措，比如设立一系列的资助项目供博士生申请，资助其参加国际一流的学术会议，发表高水平的国际学术论文，鼓励他们大胆"走出去"，真正参与到国际前沿的学术研讨之中。不过，不论是国家层面的CSC项目还是学院自发创设的资助项目，都是"点"状的改良，仅能满足小部分博士研究生的国际化需求，缺乏"面"状的影响，对整个博士生培养体系

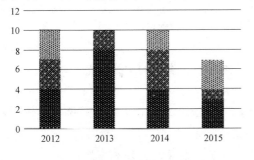

2　2012～2015年同济大学建筑与城市规划学院获CSC项目资助博士生历年数量与专业分布

■建筑　▨规划　▩景观

的国际化程度的提升是有限的。因此，如何能够形成规模性的作用，如何在总体上实现博士生培养体系的国际化？正是为了解决这个难题，我们借鉴并根据自身情况改造了德国国际博士生院的办学模式。

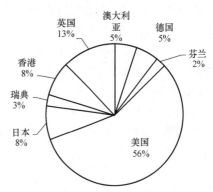

图3　2012～2015年同济建筑与城市规划学院获CSC项目资助博士生访学的国家与地区分布

1990年代，由德意志研究联合会（DFG）负责推行的博士生院（GRK）就成为德国改革博士生培养模式的一大重要举措。❶每所高校可以申请多个GRK，每个GRK必须由相关交叉学科共同组建。前期，GRK主要在德国国内，但1999年后，为应付新的全球化形势，DFG进一步推出了由德国大学与国外合作伙伴高校联合组建的升级版GRK——国际博士生院。❷

德国版本的国际博士生院是在吸收了美国的研究生院培养体制优点的基础上，根据自身的实际情况发展和创新的结果。它有三点做法值得借鉴。首先，它是一个跨学科、跨机构、跨国界的国际教学科研平台。与传统"师徒制"一对一的指导模式不同，它将不同国家、不同学科、不同机构的国际知名学者汇聚到一个平台，为博士生提供了与多位具有不同学术背景的导师互动交流的机会；它不仅吸引国外的优秀博士生来访学，也安排国内博士生在就读期间到国外合作院校或科研机构研究实习，促进了博士生之间的交流合作。其次，它是一个追求多学科交叉创新的临时性机构。推出GRK的目的就是为了培养现代科技和社会发展所急需的创新型交叉学科人才，因此，GRK必须跨学组组建，并以交叉领域内的创新项目为牵引。一旦资助期满，该博士生院必须撤出，重新寻找新的交叉领域和合作伙伴。最后，

❶　自1990年9月首批51所博士生院项目启动以来，截至2012年博士生院已达到了226所，涵盖德国大部分高校和科研机构，期间共培养了近2万名博士研究生。
❷　到2012年已有包括中国在内的24个国家的高校参与了46个GRK项目。

GRK设定了"结构化"的课程模块和管理制度来推动和提升博士生的科研能力，确保其学习的效率和论文的进度。包括开设研究方法和软技能（soft skill）方面的课程（学术论文写作、公开会议演讲、时间管理等）；为博士生提供奖学金；建立阶段性的考核制度，要求博士生撰写博士论文年度报告等。[9][10]

尽管德国式的GRK有颇多的借鉴之处，但由于它是全国性自上而下的改革举措，无论是资源供应还是政策支持都远非我们目前可以获得的，因此绝无可能直接复制。在现有的条件和资源下，我们将GRK的特点与"博研班"的设计相结合，打造了同济版本的国际博士生院。

3.2 "未来城市与建筑"——学科交叉创新的制高点

创建国际博士生院首要目标就是推动博士生创新能力的培养。创新的源头来自两大维度：面向未来、学科交叉。我们认为，对于城乡规划学、建筑学、风景园林学来说，围绕"未来城市和建筑"开展的研究是当代最前沿、最迫切、最重大的研究方向，是一个与人类命运息息相关的全球性议题，因而是学科交叉的制高点。

简要回顾历史，城市和建筑的发展与社会技术的发展紧密相联，已经历了三个阶段：19世纪前，古典城市以等级秩序为规划导向，以手工建造为技术方法，以砖石木构为载体；19世纪至20世纪出现了以功能分区为规划导向，以机械化大生产为技术方法，以钢筋混凝土结构、钢结构为载体的现代主义城市；20世纪末至今则进入当代城市。一方面，城市和建筑发展面临"高密度、大规模、快速度、重负荷"的城市化现状；另一方面，划时代的新科技导向的新的社会需求，高强度的建造驱动了新技术和新工艺的发展，社会生活日益关注和重视人文遗产。在此背景下，当代城市规划和建筑设计开始出现了新的发展趋向：以复杂功能结合多元价值观为规划导向，开始探索生态城市发展；以计算机辅助设计和机械建造为技术方法，以钢筋混凝土、钢结构和部分新结构建筑为载体，开始实施绿色建筑。

在信息化、全球化发展的背景下，可以预见，城市将成为一个高度复杂的巨系统，需要多角度、多学科的综合性研究。根据我们对未来城市与建筑发展趋势的预测和判断，结合同济城规学院的学科优势，确定了四个研究重点方向：（一）生态城市和绿色建筑；（二）智能城市与数据模拟；（三）数字设计与建造技术；（四）遗产保护与有机更新。这四个方向不是简单独立的，而是

互相渗透交融的。

3.3 四大建设目标

综合上述两点，未来城市与建筑国际博士生院提出四大建设目标：

（一）面向未来；（二）交叉学科；（三）集中引智；（四）促进交流

4 "未来城市与建筑"国际博士生院的实践

4.1 "111计划"的支持

2015年底，以"未来城市与建筑"为研究方向，经教育部和国家外专局的批准，我院成功申请到了高等学校创新引智基地（简称"111计划"），这为启动国际博士生院的建设提供了绝好的契机。

在"111计划"的支持和资助下，我们邀请到了建筑热力学理论的重要开创者、哈佛大学建筑系主任阿巴罗斯（Inaki Abalos）教授和米兰世博会总规划师、"垂直森林"理念的提出者和实践者米兰理工大学博埃里（Stefano Boeri）教授与引智基地的负责人吴志强教授一同担任引智基地的首席科学家，并由此在同济大学、哈佛大学、米兰理工大学三所院校之间建立起了战略性的合作关系（后来又加入了西班牙马德里理工大学和香港大学）。根据基地的发展方向和发展目标，充分考虑学科交叉、研究成果的多元化及国内外研究团队的研究方向之间的互补与融合，三位首席科学家联合邀请了欧美地区在城市和建筑研究领域建树卓著的著名专家学者，作为学术骨干共同组成一个15人的团队，配备相对应的国内学术研究力量，在前述四大重点研究方向上合作组建专项课题组（图4）。这些海外知名专家分别来自美国、意大利、西班牙、德国、南非、澳大利亚、新加坡等国的一流大学和知名机构，学术背景多元。他们同时构成了国际博士生院导师团队的主体，为国际博士生院的平台搭建做好准备。

4.2 国际博士生院的实践特点

结合已圆满举办的2016年度首届"未来城市与建筑"国际博士生院的建设实践，下面简要介绍这一国际平台的三个特点。

（1）最大限度地实现高密度的学科交叉和国际交流。

依托创新引智基地、吸收其他合作院校的一流人才，首届国际博士生院邀请了来自国内外不同领域、不

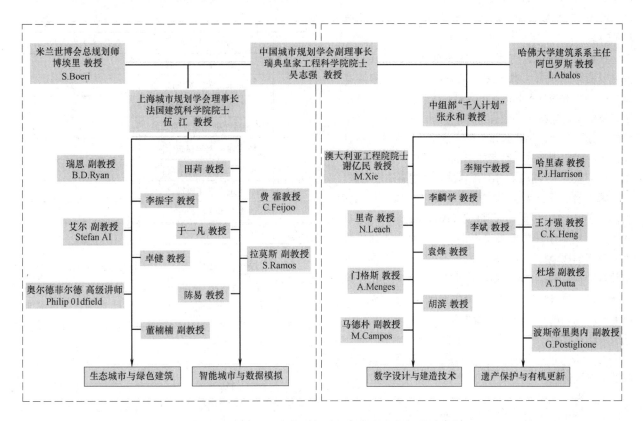

图4 未来城市与建筑引智基地科学家队伍构架示意图

图5 未来城市与建筑国际博士生院授课专家团队

同学科的 28 位著名海内外专家学者，在 10 天内奉献了 34 场高密度、高强度、高容量的主题报告（图 5）。

在这些学者中，有诸如阿巴罗斯教授、博埃里教授，以及世界范围内数字化建筑方向的顶尖专家阿基姆·门格斯教授（Achim Menges）、同济大学李麟学教授和袁烽教授这样长期致力于跨学科研究的学者，他们试图跨越与整合数字化技术、生态学、环境科学、设计实践等不同知识形式；有诸如瑞士欧洲研究生院院士尼尔·里奇教授（Neil Leach）那样的著名的建筑理论家；有美国乔治亚理工大学巴尔福教授（Alan Balfour）和哈佛大学博士安托万·皮孔教授（Antonie Picon）这样的著名历史学家，前者关注城市、后者聚焦于建筑技术；有开创性地提出了"渐进结构优化法"、对国际建筑领域结构、材料、形式的一体化思考有革命性的贡献的谢亿民教授（Mike Xie）；有曾负责西班牙国家信息网络的发展规划的克劳迪奥·费霍教授（Claudio Feijóo）；还有像欧洲密斯·凡·德·罗基金会主任乔瓦娜·卡尔纳瓦利（Giovanna Carnevali）和同济大学李翔宁教授这样的建筑批评家、建筑策展人。不同的观察视角、不同的知识形态、不同的研究方法、不同的实践途径、甚至不同的世界观和文化观相互交叉与竞争，共同向参与课程的博士研究生们呈现了丰富而多元的研究可能性（图 6～图 8）。

图 6　阿巴罗斯教授授课现场

在原初的设计中，参与博士生院的学员应有三方面来源：一是同济本身的一年级博士生（约 60 人）；二是来自国内兄弟院校的博士生（15 人）（表 1）；三是来自海外合作院校的博士生（15 人）。我们希望通过这样的组织方式来促进来自不同文化背景和培养模式的学员们互相交流，但遗憾的是由于今年准备过于仓促，最终的学生构成只有前两类，海外博士生的加入只能留待下一届了。

各国内合作院校委派参加国际博士生院的博士生人数

表 1

	国内合作院校	博士生人数
1	东南大学建筑学院	1
2	天津大学建筑学院	2
3	香港大学建筑学院	2
4	哈尔滨工业大学建筑学院	2
5	华南理工大学建筑学院	2
6	重庆大学建筑城规学院	2
7	北京建筑大学建筑城规学院	2
8	中央美术学院建筑学院	2
总计		15

（2）课程设置模块化、组织形式多样化。

尽管参与授课的 28 位著名海内外专家学者学术背景极为多样，但他们讨论的主题实际上都在围绕"未来城市与建筑"这一重大命题展开，并被组织进入"生态城市与建筑热力学"、"数字建筑与机器人建造"和"博士生研究方法"三个模块之中。前两个模块正是"未来城市与建筑创新引智基地"的两大重点研究方向，也是目前中国乃至国际城市与建筑学界最关切的研究热点。当然模块的选择与很多原因有关，尤其受到并行开展的两个同主题的暑期夏令营的影响。这种模块化的课程组织方式是灵活而开放的，将根据国际城市与建筑的最新科研动态而调整，这确保了国际博士生院永远关注前沿、追求创新的办学理念。

本届国际博士生院采取了主题报告、学术论坛、分组讨论和成果汇报等多种不同的课程组织形式："主题报告"是专家个人的传道和表演；"学术论坛"是呈现专家不同观点的场域，也向个别学员提供了与专家之间问答交流的机会；"分组讨论"是学员内部为了解决问题、完成任务而展开的小组合作与交流；"成果汇报"则是学员向专家反馈学习和讨论成果的盛会。这四种形式恰好在知识的传授、接收、消化和反馈之间构建了一个回路，在短期内提高了博士生的学习强度和学习效果。

（3）精心设计的研究方法训练。

"博士生研究方法"是本届国际博士生院高度重视的课程模块。为了强化这一模块在整体教学中的效果，我们做了精心的课程设计。

整个模块从 7 月 6 日至 10 日，总共 5 天。前三日，每天上午组织两场关于研究方法的专家讲座，六场讲座涵盖了建筑、规划、景观、历史、理论和批评等不同的主题；下午则是针对研究方法的分组研讨，每天都有一位重量级专家作为负责人，由来自建筑系、规划系和景观系的三位同济青年教师作为协调人主持、组织和协调研讨活动。

在分组讨论中，博士生被要求根据在国际博士生院学习期间所听取的报告，特别是博士生研究方法的讲座，以3～4人为一个小团队，自选某一特定的研究题目，在负责人和协调人的指导下合作，通过头脑风暴式的讨论和集中小组工作，完成从研究问题、研究基础、研究方法到研究计划的一整套"研究方案"，其焦点在于锻炼和强化学员们自主"设计"研究项目、"规划"研究方向的能力（图7）。

图7　博埃里教授辅导同学分组讨论

学员们在7月9日有一整天的时间准备最终的成果汇报文件。7月10日，整个国际博士生院课程的最后一天，经过紧张的成果汇报和答辩，中外专家评委从合理性、可行性、系统性和创造性等多方面对汇报成果进行评价和打分，评选出5组最优的研究方案（图8）。

图8　评委老师为5组最优研究方案获得者颁奖合影

尽管在具体安排的过程中不免有些组织方面的问题，很多细节仍需优化，但就学员们的反应来看，研究方法模块或许是他们在本届博士生院的学习过程中获益最多的环节。

5　小结

在本届博士生院即将结束之际，我们有意与学员，特别是外校来的同学座谈，听取他们对这种新型教学组织形式的看法。根据这些第一时间的反馈，可以认为本届"未来城市与建筑"国际博士生院基本达到了预期目标。然而，我们也必须看到，作为一种刚刚起步的尝试，它仍然步履蹒跚，存在诸多不足。比如有学员指出课程密度和强度太高，或许可以安排一些间歇来复习和消化；也有学员提醒我们充分利用信息时代的网络资源和社交工具，如微信等来促进学员间的合作与交流；还有之前曾提及的因为筹备时间不足而没能招募海外博士生加入课程也是一大缺憾。总之，这些建议都将有助于我们更好地去完善国际博士生院的组织机制，迎接下一届国际博士生院的到来。

参考文献

[1] 陈洪捷，赵世奎，沈文钦、蔡磊砢. 中国博士培养质量：成就、问题与对策 [J]. 学位与研究生教育，2011，(6)：40-45.

[2] 徐治国. 博士生培养该改革了——专访《中国博士质量报告》课题组组长、北京大学教育学院教育与人类发展系主任陈洪捷教授 [J]. 科学新闻，2011，(02)：21-22.

[3] 参见《建筑学博士研究生科研能力训练体系建设》，同济大学研究生教育改革与研究项目 (2014JYJG018).

[4] 李疏贝. 学术共同体视角下的博士新生教育研究 [J]. 中国研究生，2015，(9)：47-50.

[5] 李振宇. 百川归海，博采众长——同济建筑学人与同济风格. 世界建筑，2016 (5)：16-19.

[6] 吴长福，黄一如，李翔宁. 从兼收并蓄到博采众长——同济大学建筑学院国际化办学历程与特色 [J]. 城市建筑，2011，(3)：15－18.

[7] 李振宇，黄一如. 同济建筑国际化教学 [J]. 时代建筑，2004，(6)：66-69.

[8] 李翔宁，李振宇，黄一如. 应对国际挑战，创建全英文建筑规划景观课程平台 [J]. 时代建筑，2010，(4)：156-157.

[9] 朱佳妮，朱军文，刘莉. 德国博士生培养模式的变革——"徒制"与"结构化"的比较 [J]. 学位与研究生教育，2013，(11)：64-69.

[10] 余同普，银燕，邵福球. 从德国博士生院培养模式看创新型交叉学科人才培养 [J]. 学位与研究生教育，2013，(06)：64-68.

张路峰

中国科学院大学；zhanglufeng@ucas. ac. cn

Zhang Lufeng

University of Chinese Academy of Sciences

被"绑架"的建筑教育
The "Kidnapped" Architectural Education

摘 要：本文对目前国内建筑教育中一些普遍存在的现象进行了描述、分析和评述，指出就业环节的提前介入、盲目而频繁的教改、教师队伍片面追求高学位是建筑教育发展的三大阻碍因素，并指出"去行政化"、"去产业化"是中国建筑教育发展进步之关键。

关键词：建筑教育，教学改革，教学评估，专业评估

Abstract：The article describes, analyses and criticizes some critical phenomenon in architectural education commonly existing today in China. Three major hindrances affecting the education development are pointed out: the earlier job finding, aimless and frequent reformation, and unreasonable assessment for faculties. It is argued that the de-administration and de-industrialization are the double keys to remove the blockage of Chinese architectural education development.

Keywords：Architectural Education, Education Reform, Teaching Assessment, Professional Assessment

"绑架"这个词听起来很激烈，让人联想到某种罪行。其实笔者借用此词想描述的是一种值得警觉的特殊状态，即一个主体被某种外部势力胁迫而失去了自主性，从而做出一些本不该做的事情。以笔者多年从教的亲身体验和观察，建筑教育正处在这样一个极其被动的状态之中。文中所述现象并非集中出现在某一所院校，也并非同时出现于一个时间，而是对各建筑院校近年来普遍存在的各种"非常态"之浓缩，旨在提出问题以期引起业界重视和讨论，无意全盘否定建筑教育成果。

1 教育被就业绑架

在建筑学本科教学中，毕业设计应该是最重要的一项教学内容，它不但代表了学生五年（或四年）学习的专业水平和能力，也代表了学生所在学校的教育水平。毕业设计本是学生获得就业岗位以及继续深造机会的基本依据。然而"就业"环节的提前介入严重地干扰了毕业设计的教学秩序和教学效果。许多学生在开始毕业设计之前就找好了工作，使毕业设计失去了实际意义，沦为不得不走的过场。毕业设计水平和学生专业能力以及职业能力已经没有多大关系，学生在毕业设计中投入的热情和时间极为有限，有的学生甚至开导老师不要太认真，成绩高低无所谓，只要能拿到毕业文凭就行；还有个别学校领导出面做老师的思想工作，甚至替学生求情，怕老师给学生毕业设计不通过影响学校的"就业率"。个别没有确定去处（签约）的学生也会利用毕业设计这段时间到各个用人单位参加面试，进行实习，甚至试工，占用了学生大量的时间和精力。还有一大批学生在为迈下一道门槛而奋斗，出国读研的在准备外语考试和"作品集"，苦练排版技巧，有的学生甚至把以前做过的自觉不甚理想的设计作业重做一遍！"作品集"里虽没有作品只有作业，看上去却像一本精美的图书。

国内考研、考工最主要的手段就是"快题"考试，考生对快速提高"快题"能力的需求甚至催生了一种产业：快题速成培训班！经过这种特殊培训的考生能够在短时间内掌握一套快速生成方案以及快速表现的技能或者"套路"。各种快题技法类出版物也是书店里的抢手

货，学生藉此练就了一手颇为相似的快速表现套路，画出来的图纸不但配景是一样的，笔触和色彩也是一样的，有时就连选取的透视角度都是一样的。学生中甚至还流传一种叫"万能平面"的东西，只要稍加调适就可以适用于任何地形和任何功能类型。一些不太入流的学校似乎把应试、考研当做"入流"的砝码和主要的办学目标，为了让更多的学生考上研究生，不惜降低毕业设计标准，减少毕业设计时间，甚至取消毕业设计，用实习成果代替毕业设计，以便给学生更多的时间准备考试。

这种本末倒置的教育导向给硕士研究生教育带来了苦果：大量实际上没有达到本科毕业要求的学生仅凭过度包装的"作品集"和套路化的"快题"就变成了研究生！笔者在指导研究生的过程中切身感受到，许多研究生的专业基础很糟糕，不具备基本的设计能力，更无法进入研究的状态，甚至压根对学习和学术就不感兴趣。这些研究生往往携带了某种思维惯性：和本科生一样，学生往往还没有迈过这道门槛就开始盯着下一道了！一些学生在论文开题以后就放松了学习和研究工作，开始致力于找单位实习，为就业做铺垫，或者联系出国，或者考博士。甚至考公务员、考驾照都会成为堂而皇之的缺课理由。学位证和驾驶证一样成了某种提升职场竞争力的砝码。功利心引导下的人生路其实从中小学甚至幼儿园阶段就开始铺就了，为了"不输在起跑线上"，从小就养成了"抢跑"的习惯，以至于人生每一阶段都是这样三步并做两步，仓促踉跄。

2 教学被教改绑架

在本科各年级教学和研究生教学中，教学改革成了一种时髦的"政治正确"的说辞，几乎每门课程都在搞改革，似乎各个年级都在搞改革，而一旦追问一句为什么要改革，则多数人语焉不详。笔者虽愿意相信改革者的初衷都是好的，但对这种"没有问题制造问题也要上"式的改革还是难有好感。教学改革是教育发展中不可或缺的长期议题，但改革必须要针对现状中存在的问题，要有系统性。教学改革是一把双刃剑，也就是说，改革是有风险的，而且是门槛极高的一种动作。发动和主持教学改革的人也必须有相当的资历和经验，对原有的教育体系以及其中的问题要有相当深入的了解，而且要有教育家的思想高度。然而据笔者了解，目前大部分改革都是在单门课程层面而不是在课程体系层面进行的，也就是说，主导教学改革的，不是各个学院的院长或学术带头人，而是具体的任课教师或教学小组。他们其实很用心地想把自己承担的这门课教好，投入了巨大

的热情，对课程内容和教学方式进行全面更新，但是通常对教学体系的全貌缺乏了解。

目前所谓的"改革"大致有两种倾向：一种倾向是包罗万象：低年级课程中掺入大量高年级课程内容，如在美术课中增加建筑设计内容，在建筑设计课中增加城市设计内容，在住宅设计中增加生态设计内容，在基础课中增加传统文化内容等；另一种倾向是剑走偏锋，即：从国外直接引进某个课程，看上去很有趣味性、很新颖，但由于课程改革脱离了教学大纲，刻板老套的"规定动作"被花哨新奇的"自选动作"取代，各年级课程的递进衔接关系被打破，系统要素被替换，导致整个系统的崩溃。

事实上，我悲观地发现，目前教学改革的动因不是来自于现行教学体制中存在的问题，而是来自于教师的绩效考核机制。换句话说，老师们被逼无奈，为了出色地完成自己的聘岗目标，为了获得职称晋升的筹码而折腾自己，折腾学生。不得不承认，一年一度全国范围的作业评奖和教案评比是这种教学改革的重要推手。也许组织者的初衷是好的，通过教案评比可以推动教学的规范化，促进教学质量的提高，但很多学校为了获奖不惜打乱原有教学秩序，引入所谓"创新"的课程内容，一轮改革还没有见到成效，就开始了新一轮改革。

"实验班"是最近出现的一种新事物，可算是一种比较极端化教学改革的新举措，其做法是通过一年级的教学择优选拔部分学生组成新的班级，从二年级到四年级开始"吃小灶"，以不同于常规班级的培养方案进行实验性教学，一直到五年级再并入正轨。办实验班的初衷是很好的，有些实验也很有针对性，比如某校的增加"长题"以及聘请一线建筑师参与教学的做法，针对的就是国内本科建筑设计教学中普遍存在的缺乏深度、脱离实际的弊病。但据笔者了解，有些学校的实验班根本就无的放矢，或者严重走偏，把实验班办成了不按套路出牌的班，号称培养"实验建筑师"甚至"精英建筑师"、"建筑大师"，让学生处在一种被催眠的状态，不学规定动作，只做自选动作；不知限制在哪里却高喊突破限制，做所谓"实验建筑"。学生被引导从另类的起点开始设计，如音乐、书法、文学、电影等，回避真实的社会需求和时代环境，放弃参照已有的常识和经验，最终坠入形式的窠臼，或者不知所云的结果。笔者认为，实验班与常规班的培养方案、教学方法可以不同，但培养人才的目标应该是一致的，也就是说，都要以培养建筑师为目标，换句话说，毕业设计评价的标准应该是一致的，否则就没法比较实验的效果。如果经过实验班培养的学生最终只能做概念性、前卫性的"实验建

筑",那就等于辛辛苦苦、好心好意地把一批好学生的前途给断送了。笔者并非一概反对教学实验,而是反对缺乏科学精神的"伪实验"。既然是实验,就会有失败的风险,因而被实验的学生就不应该择优选拔,而应该在学生中征集甘当试验品的志愿者,同时要在常规班级中设置"对照组",在实验过程中不断比对实验效果,一旦出现负作用就应该随时中止实验,以保护被实验者。另外,实验应该设定明确的时限,实验的目的是为了获得普遍性结论,实验结束后如果被证明成功就要推广实验成果,而不是一直无休止地实验下去。

还有一种更极端的教改做法:学生一入学就进入某个教授领衔的教学团队或工作室,每个设计题目都是同一组老师指导,一直到毕业,即所谓"从一而终"。这种做法表面上是回归小作坊"师徒制"传统,保证了教学思想贯彻的连续性,发挥了教师的主导性,但荒谬之处也是显而易见的:扼杀了学生对教育生态多样性的需求和教育资源共享的可能!这样做也许对于技工培训是可行和有效的,但对现代大学教育则失去了意义。

3 教师被学位绑架

目前教师成了热门职业,人事部门对进入教师队伍的门槛也越提越高,具有博士学位是起码的条件,有的学校甚至要求有"博士后"工作经历,或者要求有海外博士学位。在有关的评估标准中,"博士率"也是师资构成一项的重要指标。然而,博士越来越多,教学效果会越来越好吗?从我所接触到的范围来看,未必!这些博士虽然受过学术训练,有较高深的学问和知识,有较强的研究能力,但不等于就自动拥有当好教师的能力,尤其是当好设计课教师。而且,现在的博士越来越多的是"连读"下来的,他们一直生活在相对单纯的校园环境里,接触社会机会少,没有工作经历,缺乏工程实践经验,这样一种状态下进入高校,身份从学生直接就变成了老师,有的甚至连一天助教都没当过就上了讲台。设计课很多时候是"一对一"面向学生的。老师应当根据每个学生的特点和条件提出针对性指导意见,应当按照学生各自的思路完善方案、推进方案。而我经常看到的情况是,那些作为"独生子女"的年轻的博士教师有较强的自我意识和控制欲,有时没有足够的耐心听学生

把方案讲完,也不会去顾忌年轻一代脆弱的自尊心,和自己想法不一致的方案常会被"枪毙"。还有一种普遍情况是,某些博士教师本身就是"应试教育"的产物,其知识结构进深有余而面宽有限,谈起自己的博士课题滔滔不绝,而稍微扩大一点话题领域就不知道了,难以对学生进行有效的启发和引导。而且,这个年龄段的他们大多会面临买房结婚的境况,上有老下有小,收入低而期望值高,整天疲于奔命,自己的日常生活情趣都被磨灭了,难以奢望他们能在人生理想、道德情操层面引领学生。

功成名就的实践建筑师兼职当设计老师的情况也越来越普遍,特别是一些"明星建筑师"走进课堂与学生面对面,极大地激发了学生的专业热情,打开了视野,给高校的设计教学带来新气象,成为各个院校设计教学的"新常态"。然而奇怪的是,某些建筑师在课堂上刻意掩饰自己的实践建筑师身份,回避讨论日常工作经验和生活经验,夸大自己对理论、对学术研究的兴趣,在课堂上大谈哲学理念、艺术修养、设计玄学,从而使学生对未来将要从事的职业产生幻想和错觉。

4 结语

在就业绑架教育、教改绑架教学、学位绑架教师现象的背后,真正的绑架者是权力和利益!是高校的"行政化"、"产业化"把建筑教育引向了歧途。假如就业环节不过早地介入教育过程,或者干脆把就业环节彻底排除在教育过程之外;假如教师不再热衷于为绩效考核、为评奖而教改;假如没有博士学位的优秀建筑师也能当设计教师,那么,我们高校现有的绩效考核机制和评估标准就需要彻底更改。被绑架的建筑教育也许无力反抗挣脱权力和利益的掌控,或者被绑架后的所作所为也许并非心甘情愿,但习惯了被绑架、半推半就地去做那些本不该做的事,而且越来越适应被绑架的状态,甚至爱上绑架者(这种症候被称为"斯德哥尔摩综合症"),那就陷入了比被绑架本身更可悲、更无可救药的境地了。如何给建筑教育松绑,如何在办学理念和制度上逐步实现"去行政化"、"去产业化",这恐怕是每一个教育工作者特别是教育主管部门应该思考的首要问题。

苏媛　范悦

大连理工大学建筑与艺术学院：suyuan@dlut.edu.cn

Su Yuan　Fan Yue

School of Architecture & Fine Art, Dalian University of Technology

世界一流建筑学科建设对我国建筑学教育的启示
The First-class Discipline Construction of Architecture Enlightenment to our country

摘　要：随着开放的国际市场，国际化水准的设计需求，当前我国建筑学专业已经成为国内应用型专业中发展最快、竞争最强的专业之一。本文通过概述世界一流大学建筑学科的现状、特点及教育创新点，研究世界一流大学建筑学科的教学模式和培养机制，对比反思我国建筑教育改革和促进的方向。以期从欧美等发达国家的建筑学科教育模式和课程体系与实践安排等方面获得对我国当前有所助益的启示。

关键词：建筑学，教学模式，学科教育。

Abstract：With the opening of the international market, the international standard of design requirements, the current architecture of our country has become one of the fastest and most competitive professional. This paper summarizes the current situation, characteristics, educational innovation, teaching mode and training system of the world class university architecture, compares and points out, reforms and promotes the development direction of the Architectural Education in our country in future. In order to get some enlightenment from the construction of the European and American developed countries, such as the educational model, curriculum system and practice arrangement, etc.

Keywords：Architecture, Teaching mode, Discipline education

1　概述

建筑学专业集艺术与技术于一体，融人文和科技于一身，具有区别于其他学科教育的特点。世界闻名的建筑学科大多分布在起步较早的欧美发达国家的一流学府。比如在 2015 年 QS 世界一流大学建筑学排名榜上，名列前十位的除中国的清华大学和日本的东京大学外，均为欧美国家。欧洲的建筑教育体系经历了正统的古典、激进的现代和向北美学习的几个发展阶段。北美的建筑教育体系在从古典到现代的变革过程中，包豪斯的教育思想起到不可忽视的作用。包豪斯源于欧洲，兴盛于北美，至今美国的建筑学专业还开设专题研究包豪斯的教育思想和教学手段。中国的近现代建筑教育体系的源头也是来自于欧美的教育体系。

进入 21 世纪以来，欧美建筑设计的进展与新技术的出现紧密相连。以高科技姿态出现的新建筑材料、新结构技术、生物技术、智能化建筑主导着当代建筑设计。在多元学科发展的支持下，建筑学科研究全球建筑人居环境也更趋全面化和具体化。同时，建筑文化也由单一的西方文化逐渐被以全球建筑文明为基础的多元建筑文化所取代。在这种形势下，建筑教育与学术体系也不可避免地从单一的"学院派"体系发展到具有越来越多元化派别的倾向，强调学科间的交叉、延伸和多元建筑文化之间的交谈与繁荣，以满足全球越来越丰富的建筑文化之发展并推动建筑设计的革命。[1]

2　欧美国家建筑学教育特色

包括美、英、法、德、荷兰、瑞士等欧美国家以及亚洲的日本在内的建筑教育大多以专业学位和培养职业建筑师为主，并且学制与学位的设置与职业教育联系非常紧密。这些发达国家建筑学专业的研究范围融合进了更多的人文、环境，已不仅着眼于空间与时间。此外，他们根据自己拥有的师资队伍情况，设立独立的各具特色的工作室，每个工作室均有自己独立的研究方向。在设计课课程教授中，结合教师的研究方向开设几种不同的课题，学生可以自由选题，并且参与到教师的课题研究中去。

以美国为例，自晚期现代主义以来，美国就已成为全球建筑思想的中心地之一。美国东海岸拥有着最负盛名的学校，在建筑学科上也保持了基本相同的教育方向。[2] 美国建筑学硕士学制种类包括1年制、2年制、3年制等类型。已获得建筑学专业学士学位的可通过1年或1年半学习获得建筑学硕士学位；获得工学学士、艺术学学士学位的，可经过2年或2年半的学习获得建筑学学士学位；只取得其他专业学士学位的，需要3年或者3年半的学习获得建筑学硕士学位。

麻省理工学院建筑系成立于1865年，是美国成立最早的建筑系，其在建筑技术、建筑计算、城市设计及理论方面都有很高声誉，而这些学科都是独立运作。现今，麻省理工学院（MIT）建筑系将建筑学硕士学位(March)课程作为教学核心，采用"共同教学"（co-teaching）概念支持这种核心化。[3] MIT提供了多样的学位类型，包含了建筑与城市化、建筑技术、计算、艺术文化与技术、历史理论与批评等五个方面，如表1所示。

麻省理工学院建筑系学位设置（原源：作者自绘）

表1

学科/Discipline	博士/Doctor's	硕士/Master's		学士/Bachelor's
建筑与城市化/Architecture+Urbanism		建筑学硕士/MArch	建筑科学研究硕士/SMArchS	建筑学学士/BSA
艺术文化与技术/Art Culture and Technology		艺术文化与技术硕士/SMACT		建筑学学士/BSA
建筑技术/Building Technology	博士/PHD	建筑技术科学硕士/SMBT	建筑科学研究硕士/SMArchS	建筑学学士/BAS
计算/Computation	博士/PHD		建筑科学研究硕士/SMArchS	建筑学学士/BSA
历史理论与批评/History Theory and Criticism	博士/PHD		建筑科学研究硕士/SMArchS	建筑学学士/BSA

英国的建筑教育与建筑师注册考试密切相关，所以其建筑系的教学工作可大致分为三个部分，即：①本科课程的教学（1~3年级），完成后获得学位，可免试建筑师资格考试的第一部分（整个考试分三部分）。②建筑学证书课程的教学（4~5年级），完成后获建筑学证书，可免试建筑师资格考试的第二部分。本科课程和证书课程之后各有一年的专业实践训练。③研究室教学以剑桥大学为例，大纲规定，每周有两天时间待在"工作室"，通过与他人合作完成设计课，这个课程的成绩占到总成绩的60%。每周至少完成一次与论文相关的讲座。给本科生布置大量的论文写作，与国内区别很大。[4] 三年内的论文成绩占到20%，见表2；毕业论文的成绩占到20%。

三年本科学习要完成的论文   表2

第一年	第二年（充实第一年的论文）	第三年
建筑历史/理论介绍（pre-1800）	建筑历史与理论研究城市规划与设计	建筑与规划的历史与理论研究
建筑历史/理论介绍（post-1800）	施工方法	管理、实践与法律
建设的基本原理	结构设计原理	建筑技术、结果分析与环境设计
结构设计基本原理	环境设计原理	建筑工程
环境设计基本原理		

3 注重应用与实践的建筑模式

3.1 本科课程与硕士研究相衔接

欧洲著名建筑院校中的建筑学课程设置在注重培养本科生专业技能的同时，也为学生的硕士研究提供了紧密的衔接。高校建筑学本科教育为三年，硕士教育两年。本科教育主要涉及三个学术领域：设计施工，工程学科，历史社会学科；第一年的包含了所有科目的公共基础课程，旨在培养学生基本的设计技能和建筑设计方法，形成建筑设计思维。第二年与第三年更加侧重建筑设计技能强化和各专业领域拓展，学生开始接触到多方向不同的研究内容，为获得硕士学位奠定基础，同时学生可以更加明确各领域的研究内容，从而理性地选择研究方向。在设计课的参与过程中，对于涉及的具体建筑问题，会结合施工过程中涉及的相关学科，进行交流和研究，从而形成独特的设计和施工相互辅助支撑的工作方式。针对一些现场的具体问题，学生还可以在每年两次的研讨会中，以小组的形式与讲师或相关领域技术人员直接进行讨论，解决建筑设计中遇到的实际困惑。如图1、图2所示瑞士苏黎世理工学院建筑学本科和研究生课程体系。

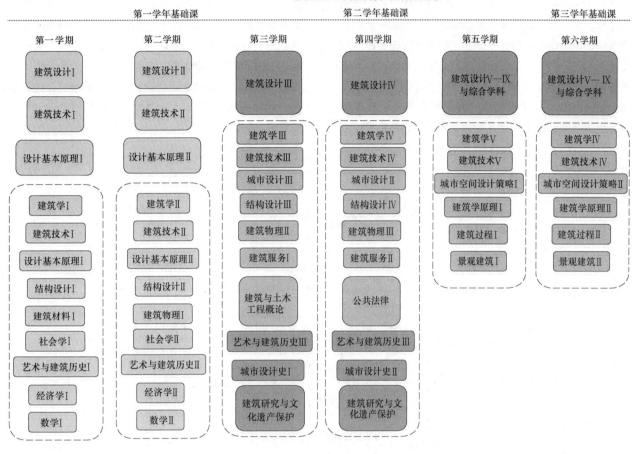

图1 苏黎世理工学院建筑学本科课程体系（图片来源：作者自绘）

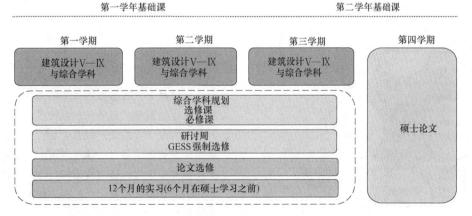

图2 苏黎世理工学院建筑学硕士课程体系（图片来源：作者自绘）

3.2 研究室模式

荷兰代尔夫特理工大学建筑学院中，学生从本科到博士期间会以工作室的模式进行培养。不同于国内的建筑学教育，学院里没有班级的概念，而是可以自由选择不同研究方向的工作室——主要有五方面：建筑学、城市化、建筑环境管理、建筑技术和景观建筑，该框架下的培养方案具有多样性。工作室间频繁的合作和讨论会，促进学生积极分享知识和经验，使学生能够具备独立思考和学术研究的态度。在设计实践的过程中融合知识和技能，从物理和社会学，科技和工程多个角度，寻求创新点，探索该学科的持续发展。

日本以早稻田大学建筑系为例（图3），本科教育为4年，第一学年各个学科都要学习，也就是日本所说的通识，第二学年开始接受专业课的培养。通过两年的专业课学习，在第四年的时候开始分研究方向，进入不同教授的研究室，既要完成毕业设计也要撰写毕业论文。研究室制度是课题和研究方向积累的一个基本保证。很多重要的成果和论文都会放在研究室里，学生可

以方便地获取到该研究室研究方向的各项资料和进展，这样也保证了研究工作的延续。另一个好处是多年级的学生处在同一学习环境下，更有助于低年级学生明确自己的研究目标。本科毕业后大约3成学生工作，其余的7成左右学生会继续攻读研究生课程，研究生院硕士课程毕业工作或攻读博士课程进行高级专业研究，内容紧密结合自然、环境、城市、社会的建筑和景观设计与技术研究。

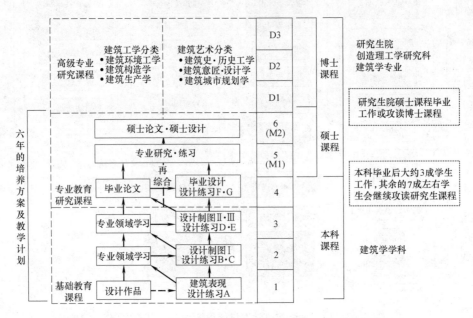

图3　早稻田大学建筑学本硕博培养机制（图片来源：作者自绘）

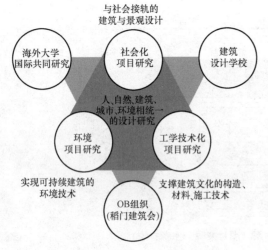

图4　早稻田大学建筑学科高级专业研究系统（图片来源：作者自绘）

4　对比我国高校建筑学教育

我国在1992年开始了建筑教育专业评估制度。直

至今日，建筑教育虽然发展很快，全国有建筑学专业的高校达到200余所，但受制于师资，教育体系仍以老四所、老八校等为主的基本格局，沿袭着学院派为主、古典法式为基础训练的教育模式，院校之间的教育模式差异性很小。而且我国大多数院校的建筑学专业招生的录取方式依然采用按分数线自高而低录取，尽管有的高校要求考生具备美术专业知识，但在实际的考核中真实性不足。大学五年的建筑教育之后，无论其建筑学专业的基本素质是否过关，一律宽进宽出，培养质量不够。而国外是对学生进行分层次培养，比如在低年级时进行基本知识的学习，根据学生的兴趣和天分自主选择下一个阶段的学习。

目前我国建筑学专业对于建筑设计课的学习评价大多还停留在图纸表达的效果，存在着根据表现技能来定优劣的趋势。这种评价机制导致学生依赖于已有的资料，忽视了环境的调研、问题的分析和不同解决方法的尝试，势必影响学生创新能力的发展。我国注册建筑师制度与建筑学专业在校教育配合不足。学历教育与执业

实践和继续教育联系不够紧密。学历教育的课程设置上也是设计课为主导，缺乏与相关学科的融合，应该将更多的自然科学和人文科学的信息引入。

5　总结与展望

在总结欧美等世界一流建筑学科的过程中，我国的建筑学科教育在以下几个方面可以做出尝试：

（1）引入工作室模式。我国的本科和研究生培养中，几乎所有项目都非现实委托，教学与建筑实践相分离，我国建筑教育中没有设立专门的实习环节，因而国外的工作室模式可以在本科和研究生阶段引入，增强教学与建筑实践的联系。

（2）学位证书与建筑执业资格相挂钩。是从政策上向英国等欧美国家学习，增强学历教育与职业时间之间的联系。通过学位证书与执业认证证书相挂钩等形式，将我国注册建筑师制度与学科教育紧密联系起来。

（3）以研究生课程为核心。以美国和日本为代表的发达国家建筑学科教育中，将本科的教育更多的作为基本素养的学习来培养。更多的教学资源集中在研究生阶段。并且为非本专业的本科毕业生提供了弥补本科的课程，这种模式的针对性相对更强，针对的学生也是带有更多的兴趣倾向，避免了教学资源和不喜欢本专业的学生精力双重浪费。

（4）增强理论和实践的结合。横观欧美国家，罕有五年的本科教育，并且在欧美等国短短的三四年的本科教育中，工作坊、工作室、多样的学术讲座和论文课程等教学方式非常多样。实践性和针对性很强，而且对理论要求很高，比如英国的学生，剑桥大学的学生，除了每周要在研究室待两天之外，每学年都要完成 4～5 篇学术论文，课业非常集中，且目的鲜明。

在国内外专业教育发展日益多元化的整体趋势下，根据市场发展需要和时代特征，将教学模式改革作为突破口，推进专业实践教学环节的发展，促进多样化师资队伍建设，最终我国建筑学专业教育必将日益成为我国国际水准人才培养的新窗口。

参考文献

[1] 李显秋. 非主流建筑院系建筑学教育模式研究 [D]. 昆明理工大学，2008.

[2] 王毅，王辉. 国际院校建筑学教育研究初探——以剑桥、哈佛、麻省理工、罗马大学为例 [J]. 世界建筑，2012，02：114-117.

[3] 臧峰，沈海恩. 非常教育 张永和的北京大学和麻省理工学院 [J]. 时代建筑，2015，01：74-79.

[4] 徐华乾，郑先友. 浅谈英国建筑教育 [J]. 山西建筑，2009，34：203-205.

高　莹　范熙昛　李晓慧　范悦

大连理工大学建筑与艺术学院；gaga—gao@163.com

Gao Ying　Fan Xixuan　Li Xiaohui　Fan Yue

School of Architecture and Fine Art，Dalian University of Technology

将建筑学教育融入环境设计专业的教学探讨 *

The Discussion of Teaching Means on Integrating Architecture Design to Environment Design

摘　要：众多开设建筑学专业的院校同时设有其他相关设计专业，环境设计专业就是其中之一。环境设计与建筑学有着深厚的渊源，无论是培养计划、课程设置、培养目标，既相互关联又相互交叉。然而虽然开在同一个院系，但在现状教学中，二者之间并没有充分利用自有优势互补建设，也缺乏联合大平台互动完善各自专业。因此，本文针对建筑学与环境设计如何开展互通互补教学展开研究，通过比对分析二者课程设置的现状，教学内容的差异，学生反馈异同，梳理目前存在的问题。针对现存教学体系提出在教学环节加强建筑学知识渗透的具体措施，以此完善丰富环境设计专业的教学体系，使得环境设计与建筑设计发挥各自学科专长，为设计类学科体系建设提供参考。

关键词：建筑学，环境设计，融入，教学

Abstract：Many colleges offer architecture design and other related design majors，environment design is just one of them. Environment design and architecture design has deep roots. Whether it is training plan，curriculum setting，training objectives are interrelated and cross each other. However，while in the same department，but in the current teaching situation，the two majors didn't make full use of their own advantages and to construct themselves well. Also it is lack of joint platform of interaction to improve the subjects. Therefore，this paper focuses on the research about how to combine the two subject of architecture and environment together through complementary. Through the comparison and analysis of the status quo，the difference of the teaching content，students' feedback similarities and differences，to sum up the current problems. In view of the existing teaching system，this paper puts forwards the concrete measure to strengthen the penetration of architectural knowledge in the teaching process in order to improve and rich the teaching system of environment design. All of which contributes to make the subjects to play their respective disciplines，to provide references for the design of the discipline system.

Keywords：Architecture Design，Environment Design，Integrating，Teaching

1　背景

建筑学和环境设计专业作为相关专业和交叉学科，在培养目标和课程设计上有很多相同的地方。在大多数院校中，建筑学专业属于工科学科，环境设计专业隶属

* 本文受大连理工大学教育教学改革基金重点项目资助，ZD2016012；受辽宁省普通高等学校本科教育教学改革研究项目资助，UPRP20140234；本专业为 2016 年辽宁省普通高等学校向应用型转变转型发展试点专业。

于文学的设计艺术学，但是其学科体系是文理交叉的，在实践中需要建筑学等方面的知识体系，是一个跨学科的综合专业。在环境设计教学中，把握学科的特色、学生自身的特点，结合建筑学自身的特质，渗透建筑学的专业知识，有利于培养具有系统性、实践性和适应性强的高素质的环境艺术设计人才。目前环境设计专业集中在美术院校、理工院校、农林院校等，长期以来形成了美院模式（注重艺术创作）、工科模式（注重空间设计教学）、农林模式（注重自然科学）。本文以理工院校大环境下基于建筑设计教学大平台的环境设计专业教育为例，探讨建筑学之于环境设计的重要性。

大连理工大学建筑与艺术学院环境设计专业与建筑、城市规划专业在学科上交叉互补构成了其专业的优势与特色。包含专业基础课，专业设计课（室内与景观两个并行方向），毕业设计及实习几个阶段。低年级以建筑设计基础课程为主导，以此搭建公共平台联动。虽然横跨了建筑学城市规划两大学科，但是在实践过程中，由于学生来源，教师背景，题目设置的差异，也存在一定的局限性。而在建筑院校设立环境艺术专业最有力的因素不仅反映在专业的特性上，关键在于环境艺术专业在方案设计上与建筑设计方法与理论相联及工程技术相依存，从而体现专业教育的一体化结构。因此环境艺术设计专业的学生应具有扎实的本专业理论水平及实践能力，同时，还要掌握一定的建筑学专业知识。

2 环境设计专业教学中的局限

2.1 素描与设计思维

从培养计划可以看出在一年级阶段与专业相关的主要课程为素描，色彩，写生实习，设计表现等以绘画为主的课程。目的一是在绘画技能训练的基础上培养学生的审美能力、艺术感染力；二是设计思维与表达能力的培养。"表达不能简单地看成只是那些便于外行人理解的视觉材料，而是那些更加原始的、未加修饰的、但更接近设计师内心的设计表达"。本专业学生均有深厚的美术学功底，纯粹的美院式写生训练并不能起到这些系列课程本应担当的任务。可以充分借鉴建筑系设计前期基础课的内容，即与优秀案例解析、大师作品分析联系在一起，将尺度比例介绍引入，在美术教学中扩展必要的建筑与园林基础知识。请建筑设计专业、规划设计专业的老师讲解作品中的内容，激发学生对专业设计的兴

趣，及早完成从纯粹的艺术表现到空间规划设计的过渡。学生在进行艺术创作的同时融入自己的理性思维观念，将绘画的知识点与建筑、城市设计的知识结合尤为重要，单纯掌握素描技巧并不能很好地表达建筑风景，对建筑与园林相关知识的理解是必要的前提和保障，素描与草图之间的对接关系就此形成。此外，三大构成除了形态训练之外与空间设计结合，避免设计表现中表现重艺术轻布局也是培养学生思维表达能力的重要环节。

2.2 设计理论体系的类型化与系统性

环境设计专业的学生，艺术性的形象思维多于科学严谨的逻辑思维，感性的认知体验多于理性的分析测量，口传心授的设计心得多于系统全面的方法总结，设计方法的定性内容明显要多于定量的成分，缺少科学技术手段的方法策略。学生忙于从书本到图纸，又从图纸到书本，把中国的、外国的、传统的、现代的，总之一切现成的造型语言与形式用于设计。对背后的更深层次背景、条件、技术、创作理念都没有进一步的挖掘。虽然室内和景观两个方向分别开设原理课与历史课，但主要集中在微观层面梳理与环境艺术关联度高的作品，缺乏从宏观角度对设计行业的整体把握。尤其对先锋设计师的关注，类型化的总结与系统性分析还不够。因此会出现学生只是横向移植视觉造型而设计能力难以提升的现象。室内外环境艺术都离不开建筑这一载体，因此教学过程中应对其纵向和横向上的理论体系有系统的讲授。

2.3 空间与尺度意识的缺乏

艺术类学生在塑形方面偏向艺术创作。以三大构成为例，通过学生的立体构成作业不难看出，环境设计专业的学生对空间的理解相对滞后。课程培养目标还是美院的纯艺术的具有视觉冲击力的作品。而建筑学的立体构成显然是空间意识的启蒙教育，教学目的是培养学生简单的空间思维分析能力，为下一步认知复杂形体打下前期基础（图1）。因此对于环境设计专业的学生而言，尽早培养空间意识更具实践意义。此外，以图纸为主的教学形式也不利于学生对实际空间以及尺度的理解。例如在三年级的图案设计作业中不难看出，学生潜意识在塑造建筑空间模式，但是因为之前缺乏建筑以及环境尺度的相关学习，很多物质空间出现尺度、比例的问题（图2）。

图1 建筑学与环境设计专业的空间构成作业对比

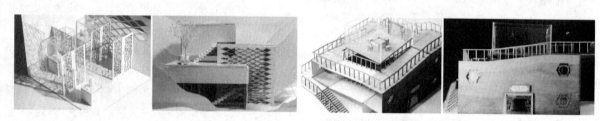

图2 环境设计专业学生的图案设计作业

2.4 教学内容与模式的更新

环境设计专业为四年学制，需要完成室内设计、景观设计相关的系列教学任务。因为时间紧，课程内容多，难以同时形成两套完善的教学体系。宏观层面缺乏科学的理论支撑，微观层面又缺乏诸如环境行为理论科

图3 建筑系学生的建构课程

学调查分析等方法的介入，课程内容与模式更新缓慢。纵观建筑学近些年的发展，教学体系与最新的行业动态、行业技术紧密相连。例如，随着BIM等新的技术的不断应用与开发，相关的软件教学内容随之升级，Revit、3D打印技术、VR技术都已列入教学计划，完善了学生的实践应用能力。环境设计专业在该方面还以传统软件为主，事实上，新的技术，比如无人机的引用，需要新的软件引入。建筑学近年的建构课可以使学生通过感知和操控材料实体来接触建造（图3），从而获得最直接的建造经验。更好地完善和修整了知识结构。毕业设计阶段的校际联合设计也值得环境设计专业借鉴。

3 展望

3.1 初步设计课的联通

低年级是专业技能培养，训练的大平台，是一个逐步递进，相互贯通的阶段。因此要增强本专业学生的建筑空间环境认知及建筑设计专业素养，加强与建筑学的

横向联系。例如，天津大学环境设计专业（图4）依托建筑与城规学科的综合优势，构成低年级教育大平台，并以建筑设计基础课程为主形成该专业的低年级教学体系。在建筑学基础教学的基础上，包含墨线，空间，大师作品＋分析的图纸和模型以及系列空间设计等，同时融入艺术性的设计。

3.2 利用 workshop 组织多专业协作

每个 workshop 课程包括了辅助讲座、调研分析、分组合作、研讨交流、成果表达、答辩与展览等创新设计内容。这种方式以规划设计工作实践的模式，有效整合相关课程知识，起到"活学活用"的效果。大连理工大学建筑学院组织海天设计工作坊（图5），强调国际化的设计教学特色和多元开放的教学组织原则。通过与日本、澳大利亚等知名高校联合教学，实现中外师生共同参加的国内、国外设计工作坊教学。形成多样化的研究性选题，多年级多专业共同参与，建立多元构成的教学团队，形成多元开放式的工作坊教学组织方法。学生以学科交叉的方式组成设计团队，每个组按专业、年级、性别合理搭配。

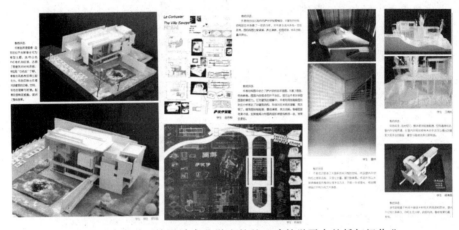

图4 天津大学环境设计专业学生的基于建筑学平台的低年级作业

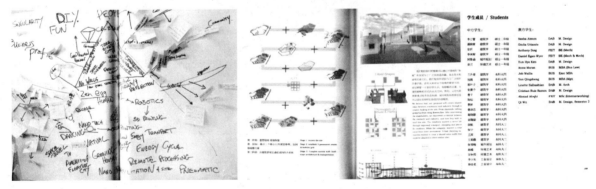

图5 大连理工大学海天设计工作坊成果

4 结论

从研究的对象而言，环境艺术设计是在建筑设计基础之上的二次设计，在建筑设计完成之后，进行室内装饰，为营造一个舒适的室内空间。环境艺术设计也是在建筑群体规划基础之上的二次设计，在建筑群规划总图基础之上，进行建筑外环境设计，建筑学可以为环境艺术设计提供技术理论支持，同时引导环境艺术设计不断深入。而且，建筑学专业与环境艺术设计，有许多共通之处，比如设计思维方法和设计表达的原理。针对高校环境艺术专业学生的专业知识结构的特点与不足，基于建筑学与环境艺术设计的密切联系，尝试将建筑学专业应用到高校环境艺术教学与实践中去，让建筑学专业为环境艺术设计教学起到积极促进作用，为环境艺术设计的思维与表现起到优化作用。在环境艺术设计教学中，把握学科的特色、学生自身的特点，结合建筑学自身的特质，渗透建筑学的专业知识，有利于培养具有系统性、实践性和适应性强的高素质的环境艺术设计人才。

参考文献

[1] 范悦，王时原等．立足北方滨海城市构建多

元开放的建筑设计教育平台-大连理工大学建筑学专业本科教育探索 [J]. 城市建筑 2015 (06)：76-79.

[2] 李保峰，张卫宁. 拓宽专业口径 共享教育资源——谈建筑学与环艺专业的结合 [J]. 华中建筑 1998 (Vol 16) 138-141.

[3] 董雅，王小荣编著. 艺术设计专业学生作业点评 [M]. 南京：江苏科学技术出版社，2014.

[4] 高莹、唐建. 理工院校环艺专业风景园林设计课的教学体系构建研究 [J]. 西部人居环境学刊 2015 (04)：11-14.

[5] 范悦，山代悟编著. 同构——群体智慧的创新设计坊 [M]. 北京：中国建筑工业出版社，2014.

图片来源

图1 学生作业，作者拍摄

图2 学生作业，作者拍摄

图3 范悦，山代悟，周博编著. 融构——眼睛与首脑并用的设计坊 [M]：86-87. 北京：中国建筑工业出版社，2012

图4 董雅，王小荣编著. 艺术设计专业学生作业点评 [M]：31；37；76. 南京：江苏科学技术出版社，2014

图5 范悦，山代悟，乔安娜编著. 同构——群体智慧的创新设计坊 [M]：144-145；150-151；199. 北京：中国建筑工业出版社，2014

胡莲　张春彦

天津大学建筑学院

Hu Lian　Zhang Chunyan

School of architecture Tianjin University

跨文化跨学科的创新人才培养计划
——景观与区域规划课程体系设计

Cross-culture and Cross-discipline Cultivation Plan for Innovative Talents
——Curriculum System Design for Internatinal Certificate of Landscape and Territory Planning Studies

摘　要： 天津大学建筑学院与法国波尔多国立建筑景观学校于 2012 年签署了交流合作协议，开展联合教学项目 "景观与区域规划设计国际认证课程"（CIEPT）。该教学项目每年选派 15-20 名学生在法国波尔多国立建筑景观学校学习 1 年。本文通过项目的培养目标、师资配备和课程介绍介绍该合作办学项目的课程体系。

关键词： 合作办学，跨文化，跨学科，课程体系

Abstract： Tianjin University School of Architecture and Bordeaux National School of Architecture and Landscape，France，signed an exchange and cooperation agreement in 2012，to carry out the cooperative teaching program《Internatinal Certificate of Landscape and Territory Planning Studies》（CIEPT）. This teaching program selected each year 15-20 undergraduate students to study in Bordeaux for 1 years.

In this paper，the curriculum system of the cooperative education program is introduced through the training objectives，the teaching staff and the courses.

Keywords： Cooperative teaching program，Cross-culture，Cross-discipline，Curriculum system

1　背景

为了适应未来中国发展建设，培养具有国际化视野的跨文化创新人才，天津大学建筑学院与法国波尔多国立建筑景观学校于 2012 年签署了交流合作协议，开展联合教学项目 "景观与区域规划设计国际认证课程"（CIEPT）[1]。该教学项目每年选派 15～20 名学生在法国波尔多国立建筑景观学校学习 1 年，中法双方教师为该项目制定了全法语教学的课程计划，包含理论、实践、实习、考察等课程，使学生在本科高年级阶段能够直接接触欧洲建筑景观文化，拓宽视野，为他们今后的学习和工作奠定了良好的基础。

2014 年，两校联合申报的建筑学（风景园林）专业本科教育中外合作办学项目获得教育部批准。截至 2016 年已选派 4 批 48 名同学，其中 25 人获国家留学基金委优秀本科生国际交流项目奖学金资助。

2　项目培养目标

"景观与区域规划设计" 项目，关注近几十年来景观设计方法的多样化和复杂化，尝试在城市规划、区域规划及文化遗产等方面引入了新的领域，解决区域发展面临的各种复杂实际问题。项目旨在通过国际交流，使

中国学生能够分享法国风景园林方向教学的先进理念与教学方法，弥补国内设计类教育中对景观环境认识的不足。该教学项目同时面向建筑学、城乡规划学、环境艺术三个专业的学生，并在教学中特意安排不同专业的学生同组作业，以增强学生跨专业多角度思考的能力。

该项目课程实施全法语授课。要求学生有一定语言基础，因此被录取的同学需在赴法前一年开始由天津大学建筑学院开授专业法语课程学习，出国法语考试达到A2-B1水准。在法国的专业课程之外，也同样接受长达一年的法语强化的课程，由合作的一所语言学校实施。坚持法语授课不但有益于学生更深入了解法国文化，准确理解法语语境下的专业思考，同时也加强了学生跨文化学习的能力和对非英语国家的了解。

"景观与区域规划设计"项目培养的是跨文化跨学科的创新人才。

3 师资配备

为了让学生更全面了解景观，开阔视野和思维方式，"景观与区域规划设计"课程配备了跨学科的师资团队。不但包含了天津大学建筑学院的老师在学生出国前的提前授课，而且在法的一年课程中也融合了波尔多国立建筑景观学校和多个研究机构。

来自于波尔多国立建筑景观学校的项目成员包括：景观师、建筑师、城市规划师、造型艺术家以及生态学家。来自合作研究单位的项目成员包括：波尔多旅游与规划部署机构的规划师、波尔多农业科技学校的农学家和土壤学家、波尔多艺术造型系的艺术家。课程还补充了有关区域性问题的教授们和专家们的专题讲座，使学生更深刻地体会实际问题和解决问题的方法。

4 课程介绍

"景观与区域规划设计"课程是一个具有创新和实践精神的合作项目，其创新性体现在授课的对象、学科的交叉、文化的交叉、不同区域性问题的对比、课程的模式、体验课程等方面。

它提供给学生们不同文化和不同层次的对于景观和区域的实践。从理解"景观"作为开端，通过一年的教学传授进一步以革新的方式思考区域规划项目。

在这个课程中，景观的视角是规划方案和地块方案的基础。它定义了现存条件以及空间转变的模式。最终的方案则是阐明和具象了与景观的关系。它的价值、关系和组成、时间性、如何转化、如何实现都与景观相关。

"景观与区域规划设计"教学合作项目由三大课程

部分构成：景观理论与景观系统实地体验，生态和符号，景观和区域规划项目。

（1）景观理论与景观系统实地体验

这部分课程是学生了解景观学的第一步，通过阅读相关文献和报告，了解景观的文化。同时通过实地考察积攒理解景观的经验，建立景观的观念。

景观系统是一个诊断、解释、概念、符号、策略和物质选择之间的联系，并逐步构成体系的过程。它的建立不是设计一个不变的形式，而是根植于自然系统、社会系统以及文化环境内的。这个过程要求对区域的自然、人文生态以及社会等方面全面了解。

对于不同尺度的景观系统的认识和理解是提出问题以及设计方案的基础。而实地的体验，正是理解景观的重要步骤。

（2）生态与符号

这组课程主要负责深入建立景观学的两个方向：一个是科学的客观的生态学方向，也就是生态学的学习；一个是文化表现与艺术实验的方向，也就是艺术符号的表达。这个部分的课程将在下一章中以成果的方式展示。

（3）景观和区域规划项目

这部分是从理论和实践的角度体验景观项目的特殊性。从空间与区域规划的转变观察项目的演变。

课程促使学生建立观察能力和批判性的思维能力，在此基础上设计可行性方案。每一位学生在这个课程中都会将多个元素交织，理性的推理和直觉的感受，生态学的知识和艺术的尝试，对区域的了解和实地感受等等。学生需要通过实践的经历寻找答案。

在波尔多国立建筑景观学校的室内授课以及实地授课之外，"景观与区域规划设计"教学合作项目还有一个旅行学习的安排。由专业老师带队去欧洲一个城市学习城市的景观线路。

整个项目运行起始于9月终止于次年7月，共包括不少于390小时的授课。

5 课程成果

在学生留学的一学年中，一共设有11门课程。设计课以设计作业提交和现场评图为评分依据，与国内无异。理论课程大部分是以书面报告的形式结课，其中包括旅行教学报告和实习报告。其余课程方式比较多元，比如艺术课程以艺术品的制作结课，生态学课程需要对制定区域给出分析报告。

本文简要介绍生态课、艺术与景观课以及建构课。

（1）生态课

如上一节所述，生态学课程是一门理性的学习过程。学生通过植物学和农学等学科专家的实地教学了解景观的初始状态和自然条件。

学生通过实地调研和现场手绘记忆区域的地理特性。

于实际考察中，学习和记录地块的特征，包括植被、地形、土质、环境等信息。

（2）艺术与景观

艺术课程通过让学生比较不同艺术家的作品以及艺术作品和景观学之间的联系，建立对艺术的感性思考。结课后，老师将学生的作业集结成册，中法文双语。

图1　沼泽地区的景观特性分析

（来源：周怡笑、刘佩怡、安然的作业）

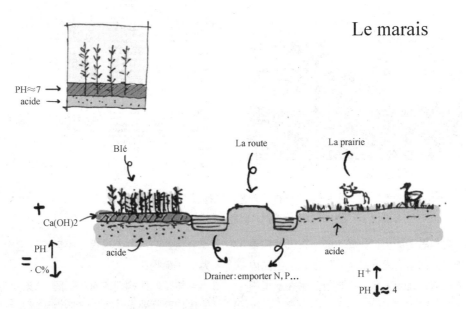

图2　区域的土质和植物特征

（来源：同图1）

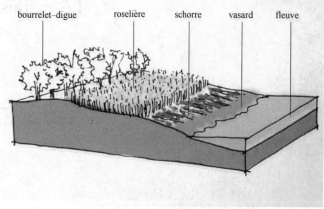

bourrelet-digue　roselière　schorre　vasard　fleuve

图 3　标记区域植物的分布
（来源：金程、林卓越、杨逸乔、张远的作业）

Le deuxième exemple: Dune,
L'Artiste et l'Innovateur : Daan Roosegaarde

L'oeuvre *Dune* est un paysage interactif, il est placé sur la promenade principale dans l'exposition à Amsterdam. Il se compose de centaines de fibres optiques, les fibres optiques vont réagir selon les mouvements et les sons des visiteurs et de la rivière. La *Dune* est un hybride de la nature et de la technologie, les gens interagissent avec le paysage à l'aide de regarder, marcher et émettre des sons, les gens et l'espace se fusionnent dans un ensemble.

A l'intérieur des fibres optiques, il y a des microphones et des capteurs peuvent capturer les activités humaines et émettre des signaux aux fibres optiques pour changer la lumière. 70% des changements sur la base des actions de visiteurs, et les 30% restants dépend sur les sons émis par des visiteurs. Selon les signals différents, la lumière a 128 types de changements. Il n'y a pas de différence entre "ouvrir " et "fermer", il a tellement plusieurs états : Quand il n'y a personne, la *Dune* va passer en veille, devenu doux et terne. Lorsque vous vous rapprochez la Dune, la lumière s'allume immédiatement, comme une extension de vos mouvements. Si vous faites beaucoup de bruit, alors il sera en train de changer les lumières follement et de scintiller violemment. Dans le même temps, il va aussi changer le type de scintillation par des sons naturels, tels que des sons d'animaux, des battements de vagues et des ballottements des fibres optiques par le vent.

On pense que la *Dune* est aussi un bon exemple. Il transforme les mouvements et les sons de l'homme ou de la nature aux variations de la lumière. Il change le type de perception, intuitive, sentiment, plein d'amusement. Dans un même temps, il peut montrer l'interaction à chaque instant.

案例二：沙丘，丹．罗斯加德

作品"沙丘"是一个交互式的景观，在阿姆斯特丹展出时，它被放置于Montevideo的主要走道上。它由数百个光纤组成，那些光纤会根据参观者以及河流的移动或者声响做出反应。它是自然和技术的混杂体，人们依靠看看、行走和发出声音来与景观产生互动，让参观者与整个空间融为一体。

在装置的内部，有一些麦克风和传感器能够捕捉到人类的活动，进而输出信号使光纤发出的光产生变化。该输出有70%基于参观者的行动，而其余的30%则取决于参观者发出的声响。根据人们不同的活动，它的灯光有128种变化。没有所谓的"开"和"关"，它完全是一个随你而动的景致。这个景观装置有这几种状态：没有人的时候，它会进入睡眠状态，变得温柔而黯淡；当你一旦走近"沙丘"，灯光会立刻亮起来，犹如是你动作的延伸。它也并非始终是温柔而淡然的，要是你制造出一大堆嘈杂的话，它会变幻出疯狂的灯光，猛烈地闪烁。同时它对自然界的变化也会有感应，如动物发出的声音、浪潮拍击的声音、风吹过使得光纤摆动等等都会使得光纤的发光形式产生变化。

我们认为"沙丘"也是动态雕塑与景观结合的很好案例。它可以将人与自然的变化，无论是声音还是运动，转换成光的变化表现出来，体现了时时互动性，也将变化成成另一种形式，直观、可感、富有趣味。

16　　　　　　　　　　　　　　　　　　　　　　　　　　　　17

图 4　学生分析装置艺术"沙丘"与景观的关系
（来源：学生作业成果册）

课程锻炼观察和思考能力，让学生通过自己的探索知道景观的传统含义和新的发展趋势。同时，跳出国内教育的逻辑思维训练，运用发散思维理解艺术在景观中的作用。

（3）建构课

另外一门艺术课程更为重视学生的创造性和动手能力——建构课。

与国内建构训练有所不同，"景观与区域规划设计"的建构教师要求学生以自然为环境，就地取材，使自然景观体现每个学生希望表达的主题。

在该课程中，学生会反复到现场观察体验，在充分理解场地的基础上进行创作。

另一组学生以中国传统建筑手法——框景为借鉴的形式，用树枝和彩色布料制造了近景和远景的关系。

图5 学生作业：空中取景
（来源：陈学璐提供照片）

正如这份学生作业，在法国留学期间，学生在吸收法国文化的同时也是客观理解自身文化的过程。他们由于地域的不同、环境的不同增加了对自身反思的机会，真正切身体会了中国文化的影响范围之广，程度之深。无形中增加了文化自豪感，这也逐渐表现在自己的设计当中。

6 小结

"景观与区域规划设计"教学合作项目开展四年以来，每年都根据学生的反馈进行调整和改进。希望这个跨文化、跨学科的项目能够提供给学生一个从环境、生态、景观的角度思考建筑、规划问题的新视角。通过训练学生调研、观察、思考、分析的能力，一方面使他们知道国外实际项目中的具体问题和解决方式，另一方面也让他们能在将来的学习和实践中设计出能够解决实际问题的方案。

经过几年的反馈，学生普遍反映一年的留学项目使他们提高了观察能力、思维能力和解决问题的能力。不仅在学习方面，在生活中他们也逐渐成长得更为独立，对自己的认识更为清晰。与此同时，在多元文化的冲击下，学生对中国文化的认识也更为深刻。

[1] http：//www. bordeaux. archi. fr/formations/ciept. html

周卫东　张燕来

厦门大学建筑与土木工程学院；5256958@qq.com

Zhou Weidong　Zhang Yanlai

XiaMen University School of Architecture and Civil Engineering

适宜性教案与差异性教学
——厦门大学"大类招生"背景下的建筑学基础教学探索与反思

Appropriate teaching plan and Differential teaching
——Exploration and Reflection on the teaching of architecture based on the background of "large class enrollment" in Xiamen University

摘　要：在大类招生实行的背景下，我们从当代建筑设计教育中找寻规律和要点，结合其他院校优秀经验，在学院整体教学框架下，进行教育改革。本文详细介绍了此次教改的原则和策略，以及每个课程练习的具体操作办法，反思其优缺点，为进一步提高教学质量做好铺垫。

关键词：大类招生，设计基础，教学改革，基本素质，反思

Abstract：In the context of the implementation of large class enrollment，we find the law and the main points from the contemporary architectural design education，combined with other institutions of excellent experience，in the context of the overall teaching framework for education reform。This article details the principles and strategies of the teaching reform，and the specific operation of each course practice，reflect on its advantages and disadvantages，，in order to further improve the quality of teaching。

Keywords：Large class enrollment，Foundation of architectural design，Teaching reform，Basic quality，Reflection

1　前言

1.1　建筑基础教改背景

厦门大学于2013年开始全面实行大类招生的政策。大类招生即按学科大类招生，是指高校将相同或相近学科门类，通常是同院系的专业合并，按一个大类招生。学生入校后，经过1～2年的基础培养，再根据兴趣和双向选择原则进行专业分流。大类招生是相对于按专业招生而言的，是高校实行"通才教育"的一种改革。大类招生是高校根据我国教育发展的实际情况做出的教学改革，并不是相近专业的简单归并，而是涉及到人才培养模式、课程体系、教学方式方法的一次深刻改革，是学校教学改革的深化和发展，也是学校进行内涵建设、提高人才培养质量的重要举措。

基于上述背景，我院下设建筑学、土木工程及城乡规划三个专业在大一学年进行接受"通才教育"原则下的培养模式和教学方式方法的改革。由于三专业都将在大一阶段设置学科入门课程，经由学院及建筑系商量决定，在大一春秋两学期结束第三小学期开始前进行专业选择和分流。建筑学专业的建筑设计基础课程由原来每周2次每次4课时调整为每周2次每次3课时，学分仍为3分，课程类别仍为必修。

1.2　调整原则

1.2.1　强化建筑学专业特点为主，兼顾土木工程及城乡规划专业为辅

建筑设计基础课程一直作为建筑学专业大一年段的核心课程，所承担的教学任务和所要达到的教学目的都是举足轻重和不可替代的，担负着建筑学专业基本认知、专业启蒙和基本能力的重要责任。另外，在我院建筑系教学体系将大一和大二的设计课程作为设计基础大平台统筹的教学格局下（图1），一方面建筑基础课程需要兼顾另外两专业的适宜性，同时也坚持强化建筑学专业特点，为以后建筑学专业学习和职业实践夯实基础。

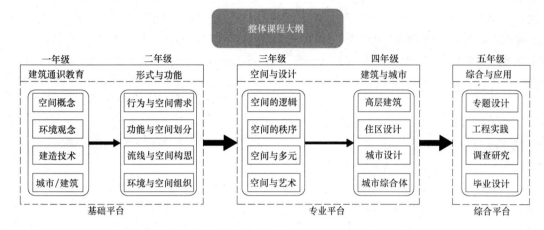

图1　厦门大学建筑系教学平台设置（作者自绘）

1.2.2 "适宜性"遴选与"差异性"体现的平衡

实行大类招生录取后，通过对基础知识的学习和基本技能训练，逐步对专业产生较为准确的认识和把握，发展自己的兴趣和特长，自主选择专业，有助于学生减少进校前选择专业的盲动性。因此在大类招生政策"厚基础，宽口径"的原则下，学院在大一设置了两门建筑专业课程："建筑学科入门"和"建筑设计基础"。建筑学科入门课程以通识性教育为主，而建筑设计基础课程强调"适宜性"遴选和"差异性"体现相平衡的训练方式和练习强度。通过该课程能让真正适宜建筑学专业学习的学生凸显，建立学习该学科的学习兴趣和信心，并得到一定深度的基本能力的培养，同时也让不太适合和不太感兴趣该专业的同学，一方面既能清楚认识到自己的不适应性及自身的兴趣和能力的差异性，又能收获和得到建筑学专业的基本认识和基本训练。经过一学期的学习和练习，我们发现学生的兴趣和方向的差异性体现愈发明显，专注和主攻的课程也有所偏向。基于此，在春季的第二学期开始之初，课程设置A、B两类的课程要求和评分标准，并由同学自愿填报。A类以强化建筑学基本能力培养和训练为标准，B类以认知和通识为目的，相互平衡，自由选择。

2 调整思路

2.1 传统"绘制与渲染"的基本功训练向"空间观察与操作"的转变

传统的建筑学基础课程或称为传统学院派建筑教育，有着非常突出和不可否认优势和现实性，教学可实施性非常强。经过多年的经验积累和历练改进，沉淀了许多建筑学基本认识的精华，以一种看似枯燥的反复练习将建筑的艺术性潜移默化地扎实地传送给学生，使得学生的收获是看得见的，是实在的。而现今建筑界，尤其是我们现阶段建筑教育，却与传统学院派建筑教育的慢节奏呈现某种不和谐不协调，建筑基础学习越发呈现直接的激发和操作，虽是看似稚嫩的碎片式的直接操作却似乎更能让当下的学生产生兴趣。我们处在新旧更迭的过渡阶段，为此，我们采取折中的办法，将传统学院派建筑教育"绘制与渲染"放在课外，以课外作业的形式加以辅导和练习，课内主干作业转向"空间观察与操作"，让空间的训练直接发生、观察和操作。

2.2 由单一的"形态组织与构成"向"空间体验和建构"的转变

自20世纪50年代"德州骑警"对包豪斯学派教学中的偶然性、随意性和主观性提出批评以来，建筑教育界逐步走向一个共识，即认为现代建筑教育的核心是空间教育。后来苏黎世瑞士联邦高等理工大学在此基础上发展了一种严谨的教学方法和模型，即"苏黎世模型"。20世纪90年代中期，国内部分领先的建筑院校开始了初步的尝试，由于现实条件所限，借鉴苏黎世模型，折中了一种形态组织与构成的课程练习。初步完成了由传统学院派的技法训练向空间教育的转变。我系也在

2000~2010年间运用这一训练办法，这一课程训练在具体教学中还是存在重视觉效果轻秩序逻辑、重空间形态轻材料建构的缺陷。因此在大类招生背景下，决定完成由单一的"形态组织与构成"向"空间体验和建构"的转变，采用与苏黎世模型交流密切的东南大学建筑系基础教育模式。以模型作为设计发展的主要手段，利用模型材料的操作产生空间来认知建筑空间体验和建构概念的建立。避免只注重造型能力的培养忽略建构技术的建立，规避纯形式与技艺的分隔，回归建筑的本原。

2.3 由"投影图"向"轴测图"的转变及"图形"向"模型"的转变

建筑设计专业表达的语言基本分为两大类：图形和模型。

建筑图作为建筑设计专业的语言，在建筑创作和基础教学中具有无法替代的核心作用，也是建筑专业必备的基本能力之一。建筑图主要分为投影图、透视图和轴测图三类。投影图存在侧重表达某种局部而不能描述全貌的缺陷，透视图亦存在单一视点的单一场景的表达，同时还存在的透视变形和视觉错觉的缺陷，已越发不能满足当代建筑概念的表达。而轴测图不仅能直观而又无视觉变形地表达建筑外形，亦能表达建筑内部的空间和构成逻辑，最大程度上地避免教师传授与学生吸收之间的误读，良好地完成教学中各方的交流。轴测图画法近年来得到较大的拓展，常用于建筑图绘制的轴测图有以下几类：分解轴测、轴测切片、组合式轴测、内外同现轴测等。根据不同构思表达的需要选择不同类型的轴测图，是这次教学中关于建筑表达细节方面的一次变革。

建筑模型是另一种极为重要的建筑语言，尤其是对初学阶段缺乏空间经验和建筑图形的掌握不熟练的情况下，显得尤为重要。2000年前国内建筑界基本依靠建筑图形的表达，相较之下，国外建筑教育很早就对建筑教育和创作中的模型表达非常重视。经过十余年的发展，建筑模型在建筑教育中，不仅是一种成果展示，而是一种设计工作方法，对学生激发空间的创作、对材料和构造的认识有着图形无法比拟的长处。基于此，在每个课程作业伊始时均已工作模型开始，然后在进行建筑图形草图的绘制，充分发挥建筑模型在基础教学中的优势。

3 主干骨架课程的具体设置

春秋两学期每期均围绕一个主干骨架作业进行课程设置，第一学期以"九宫格"空间操作训练为主干，辅以建筑抄绘和著名建筑分析；第二学期以"木构营造"

为主干，辅以庭园设计和集装箱建筑设计（图2）。大一暑期的小学期开设小型社区中心一个作业，与二年级设计课程的进行对接，在此文不作介绍。

3.1 建筑抄绘

作业用时三周，使用绘图工具进行绘制墨线图。初步掌握绘图技法，综合使用丁字尺、三角板、针管笔和圆规绘制直线线条、斜线条和圆弧线条。

在此基础上，绘制小型具有代表性难度不大的经典作品，先行分组制作工作模型，分为逐层剖切和纵向剖切两类工作模型（图3），帮助理解。初步掌握建筑制图（平、立、剖、轴测）的基本方法和制图规范，掌握由建筑物到设计图纸的对应表达方式。

3.2 "九宫格"空间训练

作业为期十周，为第一学期的主干课程练习，目的是以"九宫格"作为空间的发生模型，建立建筑学专业的自足性基础；在九宫格的框架体系的"限制"下，运用其包容能力，此过程中，理性引导学生把握建筑学中的空间的两个基本问题：空间与结构的关系和形式与逻辑关系。通过在九宫格的基本框架内的操作，使学生认识并初步掌握如何处理空间与结构、形式与逻辑之间的关系。

作为长达十周的长周期大作业，分为三个阶段来进行。

第一阶段，要素的组织和概念的形成，为期三周。主要以片板、杆件和体块三要素在纯粹的情形下，运用简单的清晰的操作达到丰富的空间体验。

第二阶段，简约功能的介入和切割、抽象与变形，为期四周。纯粹的构件和简单操作的概念提出并不能落脚到多种需求的现实的建筑物之上。这一阶段由学生自定某一具体简约功能的介入设计，利用九宫格的包容性运用切割、位移、抽象和变形的手法处理局部空间，如空间大小、尺度，形态，比例，朝向，光线变化等。

第三阶段，材质与构造，为期三周。构件材质选取和组织问题不仅仅是技术层面的问题，同时也决定着建筑物的形式和空间表达。这一阶段让学生了解主要建筑材料的类型和各自特点，包括轻重、透明、触感、色彩、受力特性及构造连接，体会空间、形式和建造三者之间系统的关联性（图4）。

3.3 著名建筑作品分析

作业为期三周，通过制作分解性的建筑作品模型，模拟建筑物实体的设计和建造的思路与过程，有助于学生进一步认识与体会构成建筑的图纸与实体的辨证性关系。利用图纸和模型的表达，学习和掌握从二维到三维空间的转换能力。

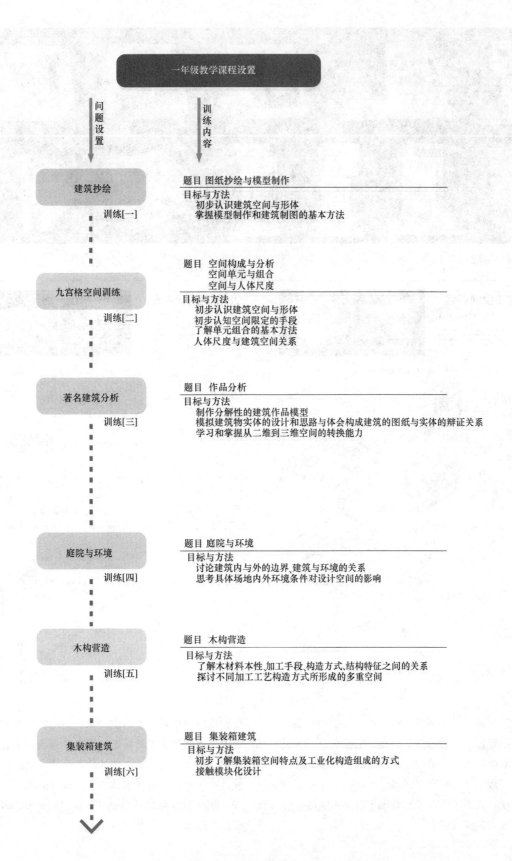

一年级教学课程设置

问题设置　　　训练内容

建筑抄绘
训练[一]

题目 图纸抄绘与模型制作
目标与方法
　初步认识建筑空间与形体
　掌握模型制作和建筑制图的基本方法

九宫格空间训练
训练[二]

题目 空间构成与分析
　　空间单元与组合
　　空间与人体尺度
目标与方法
　初步认识建筑空间与形体
　初步认知空间限定的手段
　了解单元组合的基本方法
　人体尺度与建筑空间关系

著名建筑分析
训练[三]

题目 作品分析
目标与方法
　制作分解性的建筑作品模型
　模拟建筑物实体的设计和思路与体会构成建筑的图纸与实体的辩证关系
　学习和掌握从二维到三维空间的转换能力

庭院与环境
训练[四]

题目 庭院与环境
目标与方法
　讨论建筑内与外的边界 建筑与环境的关系
　思考具体场地内外环境条件对设计空间的影响

木构营造
训练[五]

题目 木构营造
目标与方法
　了解木材料本性 加工手段 构造方式 结构特征之间的关系
　探讨不同加工工艺构造方式所形成的多重空间

集装箱建筑
训练[六]

题目 集装箱建筑
目标与方法
　初步了解集装箱空间特点及工业化构造组成的方式
　接触模块化设计

图2　一年级教学课程设置（作者自绘）

31

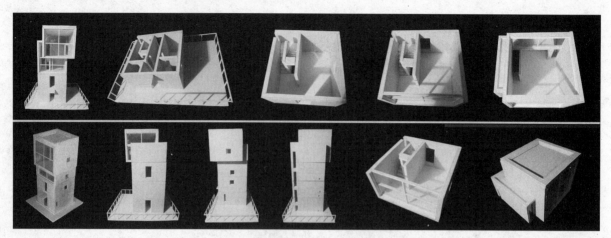

图3 抄绘工作模型 (2013级于晴)

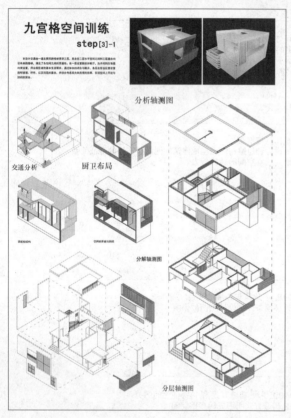

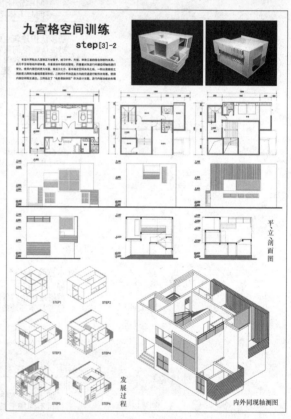

图4 九宫格第三阶段 (2015级 李秋雨)

需要说明的是，三年来在九宫格空间训练和作品分析这两作业的设置的先后顺序上，教学组曾有过几次反复，为避免学生先入为主的被动式模仿的影响，最终决定将作品分析放在九宫格空间训练之后，让学生在没有任何记忆干扰和束缚的情况下完全出于自发来完成第一次的空间的操作训练（图5）。

计过程中学生藉由使用的需求、基地的特性与自身设计观念来逐步界定设计问题。思考具体场地内、外环境条件对设计空间的影响，练习外部空间设计中的若干基本设计手法，了解简单形体与空间设计的基本要素及其构成。基地选取藤本壮介的 House-N 和 SANAA 的森山邸，为期四周（图6）。

3.4 庭院与环境

讨论建筑内与外的边界，建筑与环境的关系。在设

3.5 木构营造

为期十周，为第二学期的主干课程练习。从木材的

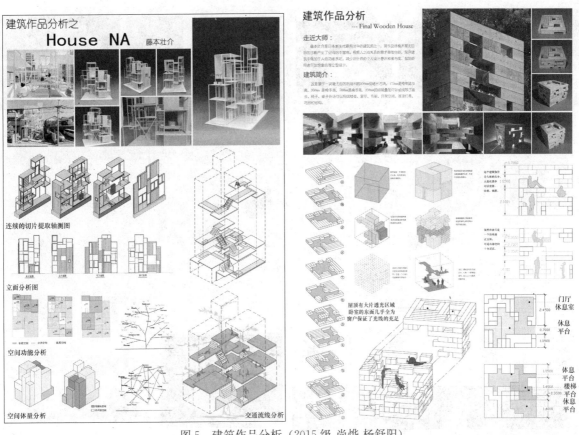

图 5　建筑作品分析（2015 级 尚烨 杨舒阳）

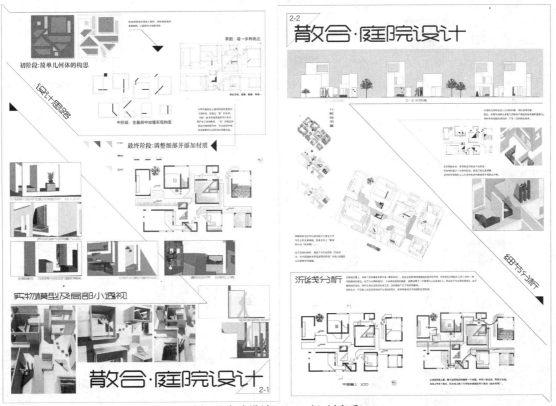

图 6　庭院设计（2015 级 刘多禾）

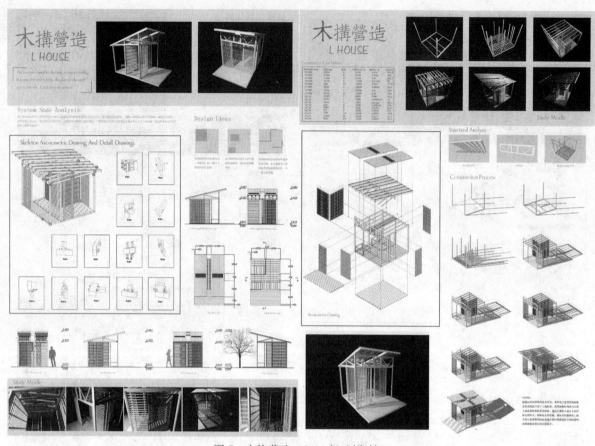

图7 木构营造（2014级 刘郑楠）

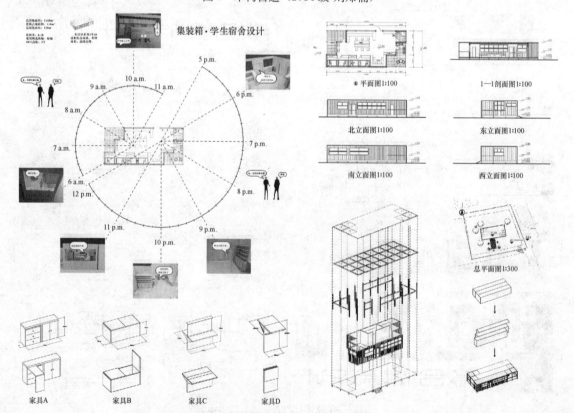

图8 集装箱建筑（2015级 杨彦之）

本性出发，研究与之对应的营造过程和构造逻辑，探讨其在空间设计的意义。培养以材料和建造方式为构思原点的设计方法，是上学期空间训练的延续。了解木材材料本性，加工手段，构造方式、结构特征之间的关系，探讨不同加工工艺，构造方式所形成的多重空间的可能性，针对当下设计与建造的分离的境况，强调具体的营造过程在设计训练中所扮演的角色，使学生树立建房子而非画房子的观念（图7）。

3.6 集装箱建筑

集装箱空间设计，介于产品设计和建筑设计之间，具有重大的社会价值和强大生命力。本作业以集装箱基本单元作为建筑设计手段，使学生初步了解集装箱空间特点及工业化构造组成的方式，接触模块化设计。功能方面，引入住居概念，认知住居学基本尺度和原理，掌握起居模式，作业为期四周（图8）。

4 结语

本次教改，核心就是突出设计基本素质，设计素质应该包括观念教育、设计意识的建立、解决问题的能力和造型能力的培养以及各种实用的设计技术的学习等。建筑基础教学要反映建筑设计的特征，应一开始就强调整体性，系统性和综合性。经过近三年的实践，大一结束后，学生的基本设计素质较之教改前的往届得到较大程度提高，但仍然存在重要问题亟待解决。主要是大类别招生后，大一必修本课程的学生数量陡增，师生比倾斜严重，师生双方负荷都很繁重。除一定比例的学生能较高质量完成课程所设任务外，部分学生设计的深度和精度都有欠缺；再则由于非主干作业周期较短，学生的投入程度和积极性明显存在着与主干作业较大的懈怠，导致作业质量不高。下阶段我们将进一步微调课程作业的数量，组合方式及时间分配，达到学院的对基础教学改革的要求。

参考文献

［1］ 东南大学建筑学院编. 东南大学建筑学院建筑系一年级设计教学研究. 设计的启蒙［M］北京：中国建筑工业出版社，2007：13.

［2］ 崔鹏飞. 直接发生 空间训练基础［M］. 北京：中国建筑工业出版社，2005：9.

［3］ 韩晓峰. 建筑图研究——基础教学中的轴测图；中国建筑教育［J］. 2014（总第八册）：69-73.

董宇　白金（通讯作者）董慰
哈尔滨工业大学；baijinhit@163.com
Dong Yu　Bai Jin　Dong Wei
Harbin Institute of Technology

多元联合新常态下的本科开放式
研究型课程模式更新探索*
The Renewal Research of
Research-based Undergraduate Course
with Features of Multivariate Open in New Normal

摘　要： 国内建筑高校国际交流与联合教学活动日趋频繁，基于此的各类教学模式发展亦日臻成熟并步入高原期，渐由原本的"新态"转变为稳定的"新常态"。开放式研究型建筑设计课程通常以校际联合、中外联合与跨学科联合等方式作为常规设计课程与理论课程的教学补充。本文通过对哈尔滨工业大学与美国明尼苏达大学开放式研究型建筑设计的教学过程进行回顾、总结与批评，重点阐述了综合三种联合教学方式的开放式教学模式的理念和方法，以期为此类课程提供新的教学创新经验及经验反思。

关键词： 新常态，本科建筑教育，开放式研究型，城市公共空间更新，建筑设计课程

Abstract： The international exchanges and associational teaching activities have become increasingly frequent in architecture major of domestic universities. Many kinds of teaching modes based on this development are more mature and into the peak, then gradually changed to "new normal" from "new state", The college association, country association and interdisciplinary association are often complement the conventional and theoretical design course. In order to provide new experience and reflection on teaching innovation, the paper review the open research-based course of architecture design in Harbin Institute of Technology and University of Minnesota, then presented the idea and method of the comprehensive and open teaching mode in the three association teaching methods.

Keywords： New normal，Undergraduate education in Architecture，Open research-based course，Renewal of public space of city，Architectural design course

　　国内建筑高校国际交流与联合教学活动日趋频繁，基于此的各类教学模式发展亦日臻成熟并步入高原期，渐由原本的"新态"转变为稳定的"新常态"。为呼应"新常态"开放、创新、与时俱进的基本要求，促进建筑教学精细化的发展，我们将"校际联合"、"中外联合"与"跨学科联合"这三种方式进行结合，开展开放式研究型建筑设计课程，打造跨地域、跨文化、跨学科的国际交流平台，探索多元联合新常态下的开放式建筑教学更新模式。

---

　　*黑龙江省高等教育学会高等教育研究课题（140005）；黑龙江省教育厅规划课题（GBC1214037）。

1 教学设计与目标

开放式研究型建筑设计课程开设于本科生四年级春季学期。学院的课程责任教师与合作教师（包括其他专业教师或者境外教师）通过网络提前展开备课讨论，商定设计任务书以及学生的课前准备工作[1]。同时，课题与教学内容在寒假前发布给本科大四年级建筑学与城乡规划专业学生，以尊重学生研究兴趣为基础由其自由报名组成课题小组。不同于以往设计课程只针对本专业的情况，开放设计课题研究方向多元且涉及的专业方向不唯一。如哈尔滨工业大学与美国明尼苏达大学共同合作的课题组针对当今社会快速城市化的现状，根据彼此所在城市气候环境类似的特点，提出寒地城市公共空间更新的研究课题。时间安排上，课程共分为两个阶段，第一阶段我方学生前往海外高校与当地学生以工作坊的形式开展设计与研究，第二阶段学生归国后根据工作坊的中期成果深化设计完成方案。

跨地域、跨文化、跨学科合作的教学模式鼓励学生在多文化视角下进行沟通与思考，课程成果本身并不是目标，更多的是强调学生在海外实地体验与交流学习的过程，以及学生如何在交流中了解彼此的设计与文化，从而推动设计进程、创新设计思路。

2 教学方法与组织

2.1 多样化授课形式

授课形式上，开放式设计课程打破了传统的教学方式，学生汲取知识的场所不再局限于传统的教室。第一部分调研阶段，教师充分利用跨地域优势让学生身临案例实地进行观察分析，以访谈、问卷等多种调研形式立体化地对案例进行研究分析，提出针对设计题目的解决策略。在传统的设计课教学中，案例研究作为一种资料收集，往往被安排在设计构思的初级阶段，而在研究型设计教学中，典型案例的研究与解析应贯穿于设计过程的始终[2]。调研阶段每日的空余时间由学生小组自由安排具体的目标与行动路线，以期从多方位的调研过程与多专业融合分析中找到各自的方案出发点。之后的交流研讨会上，各小组建筑与城乡规划专业的同学相互分享当日的调研成果与未来的调研计划，并由学生与教师共同点评。这种开放自由的讨论形式弱化了传统课堂的师生界限，轻松互动的教学氛围也更容易激发学生的学习热情，调动学生学习的主观能动性，如图1所示。

图1 交流研讨会

工作室是建筑设计与建筑教学的一种传统方式，它强调在集中的时间内以明确的主导思想、清晰的结构、有效的方法、紧密的合作来完成预设的目标[3]。根据进度安排，双方教师与学生也定期在固定的工作室交流各自研究与设计进度，双方学生针对设计题目从各自的专业角度分享自己的思路与方案概念。在不同的文化与专业视角下，学生交流彼此设计方案的看法与建议，开阔彼此的设计思路。对教师而言，这同时也是对教学思路的学习过程，在交流中了解各自的教学框架、切入视角并对对方先进教学观念进行吸收和反思，以作为未来教学转型的重要依据之一，如图2、图3所示。

图2 调研成果汇报
（图1~图3作者拍摄）

图3 中期成果汇报

2.2 分段化教学控制

由于开放式设计课程课时较短，教学安排相对紧凑，既需要保证教学的高效性也要实现课堂的开放性，因此如何把控教学过程中"收"与"放"的节奏成为课程的一个教学重点。我们通过将教学过程按照时间线划分为四个阶段，以"类比调研—明确目标—对策研究—方案深化"四个细致有序的步骤帮助学生明晰设计的阶段性任务，化繁为简地引导学生逐步完成设计。

这样分段化控制教学进度的方式一方面减轻了学生在短时间课程设计中完成任务的心理压力，另一方面，阶段内自由且人性化的时间安排也有利于学生把握自己的设计进度，进而保证设计过程的连贯性。

2.3 个性化教学引导

开放式的教学鼓励学生多角度切入研究课题并尊重其设计理念的个性差异。面对不同的环境条件与现状问题，学生经过推演分析发展出个性化的设计策略与方案概念。在开放的教学氛围中，教师以倾听者与启发者的身份组织学生进行方案探讨，让学生更加敢于在讨论中表达自己原创性的看法与天马行空的设计方案。同时，教师以肯定与鼓励的态度逐渐引导学生方案趋于合理，协助学生完善概念中的逻辑漏洞，并最终深化方案细节，共同完成设计成果。

开放与个性化的教学方法培养了学生独立思考与思辨的能力，使学生认识到设计过程不仅仅是方案的从无到有，相比形式更重要的是设计中原创性的探索、思辨、与演绎过程。

3 教学内容与成果

3.1 课题组教学内容与进度安排

哈尔滨工业大学与美国明尼苏达大学工作坊以"寒地城市公共空间更新"为研究课题，具体教学内容为针对寒冷地区特殊的气候和地域特点，以"城市公共空间"为研究对象，在对明尼阿波利市公共空间调研的基础上，从人性化设计角度，对哈尔滨城市公共空间进行改善设计研究。

开放课程历时四周，按时间线分为两个部分，第一周以交流学习为主——我方课题组前往美国明尼阿波利斯与明尼苏达大学大四建筑学生交流，并通过对城市公共空间的调研学习分析当地的公共空间设计。后三周以设计为主——学生归国后总结调研成果，并根据调研中的启发点选择设计基地，完成城市公共空间人性化设计。最终以展览和汇报形式展示各个设计小组成果。

"中美"建筑—城乡规划工作坊进度安排（作者自绘）　　　　表1

阶　段	日　期	主　要　内　容
前期	2016/2/19	抵达明尼阿波利斯，由接待方安排工作地点和办公环境，并为本次联合设计坊工作进行工作部署。
	2016/2/20	中美两国师生见面会，本次城市设计工作坊题目讲题。
实地调研	2016/2/21	在明尼苏达大学，明尼苏达大学设计系教师 Arthur Chen 介绍明尼阿波利斯市中心城市概况、城市公共空间系统设计和典型城市公共空间设计案例。
	2016/2/22	带领学生调研明尼阿波利斯市中心城市公共空间系统，晚上中美学生针对调研展开讨论。
	2016/2/23	学生分组，选择典型公共空间案例，进行现场访谈、测量等深度调研工作，晚上中美学生整理调研成果。
概念设计	2016/2/24—2016/2/25	中美学生对典型城市公共空间进行改造设计。
总结	2016/2/26	中美学生进行联合设计中期成果汇报。

3.2 课题组教学成果

本次设计训练的目标是学生城市观念的培养与类比性研究方法在城市公共空间设计的应用，因此，课题成果表达倾向于城市设计。每组同学通过细致的空间案例调研，提出人车分行、垂直空间复合利用、交通流线优化等对策，解决哈尔滨寒地城市公共空间的更新问题，并完成设计成果。

3.2.1 方案一：活力金江·涌动松花江——哈尔滨城市微空间设计

方案一的出发点为解决哈尔滨江畔城市设计遗留的

商圈空间活力不足问题。方案通过对商圈内活动人群的行为方式与心理需求分析，参考明尼苏达大学校园公共空间设计，提出空间改进对策，并进行商圈公共空间人性化设计，见图4。

针对哈尔滨特殊的寒地气候条件，商圈周边的景观与交通流线进行了局部的调整与处理，如新增的半室内活动广场与自行车健身环道。方案在保证冬季环境舒适性的前提下使商业空间与江畔景观空间沟通联系，打造了新的江畔活动流线，进而起到引入人流、激活商圈的作用，如图5。

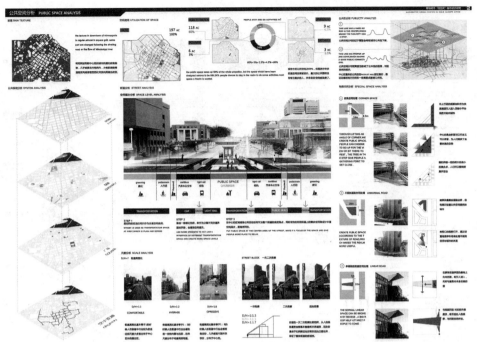

图 4　美国明尼苏达大学校园公共空间调研成果图纸
（学生董丹妮、张一丹、丁宇童、杨舒然绘制）

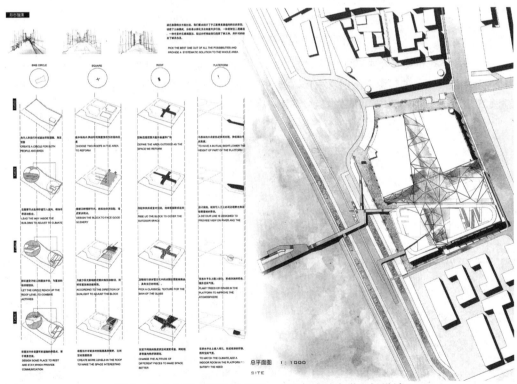

图 5　活力金江·涌动松花江——哈尔滨城市微空间设计
（学生董丹妮、张一丹、丁宇童、杨舒然绘制）

3.2.2　方案二：浮屿——哈尔滨老道外花鸟鱼市场公共空间更新

　　方案二选址于哈尔滨道外区的花鸟鱼市场，为解决市场公共空间秩序混乱与冬季缺乏商业活力的问题，方案以明尼阿波利斯 skyway 步行系统为借鉴，采用人车分行的设计手法改造现有的街道市场空间，如图 6。方案通过对市场空间的抬升来增加竖直方向上可利用的商业空间，并从人性化设计的角度调整现有街道高宽比，利

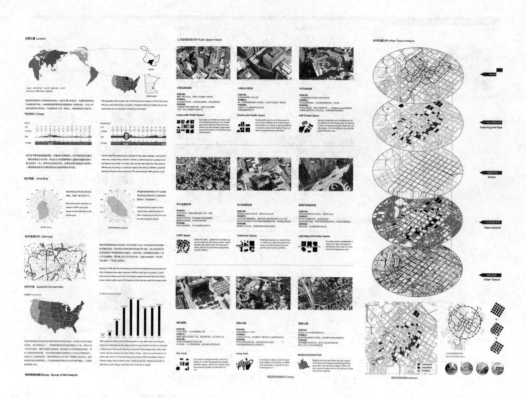

图 6　美国明尼阿波利公共空间调研成果图纸
（学生白金、孙佳琦、王玉璐、张楚晗绘制）

用构筑物的可变性保证冬季市场内公共空间的舒适性。

　　同时，方案从老道外街区的起源与发展入手，以城市设计的角度针对花鸟鱼市场及其周边住区的建成环境提出渐进式的更新概念。随着时间的推进发展，该地区将成为哈尔滨道外区的商业触媒，带动周边地区发展、激发区域活力，如图 7 所示。

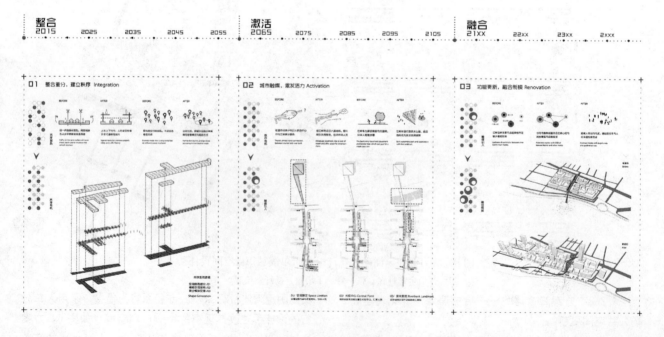

图 7　浮屿——哈尔滨老道外花鸟鱼市场公共空间更新
（学生白金、孙佳琦、王玉璐、张楚晗绘制）

4 总结与思考

  跨地域、跨文化、跨学科的开放式研究型课程教学仍在不断的更新与实践。目前，从教学成果与学生反馈来看，开放式教学模式通过多样化授课形式、分段化教学控制、个性化教学引导等一系列教学方法，对于培养学生独立思考能力、丰富其知识储备、提高其设计与研究能力等方面成效显著。

  开放式研究型建筑设计课程在教学过程中也存在一定的问题值得反思与改进。比如对于教学分段化控制缺乏实际操作经验，在教学推进中存在特定阶段进程较为拖沓的情况。而实际教学时间短于一般的设计课程，导致部分小组最终方案细节深化不足。因此，课程在教学阶段的控制，教学方法的设计等方面仍需要不断地通过更多的教学实践来改进和完善。

参考文献

  [1] 韩衍军，董宇，史立刚. 国际化研究型本科设计类课程教学体系研究. 全国高等学校建筑学学科专业指导委员会. 中国建筑教育：2013 年全国建筑学术研讨会论文集. 北京：中国建筑工业出版社，2013：17～20.

  [2] 梁静，董宇，Erik Werner Petersen. 从建筑到城市的多维思辨——特殊城市环境群体空间设计教学探索. 中国建筑教育，2014，08：37～41.

  [3] 龚恺，张彤，吴锦绣. 借鉴—互动—创新：东南大学建筑学院建筑设计课程中外联合（合作）教学 [J]. 世界建筑，2005，(3)：64～67.

王彪[1] 张勃[2] Stefan FIRIMITA[3]

1，2 北方工业大学；uangning@hotmail.com

3 北方工业大学，布加勒斯特建筑技术大学；stefan@aa-f.ro

Wang Biao[1] Zhang Bo[2] Stefan FIRIMITA[3]

1，2 North China University of Technology 3 North China University of Technology，Ion Mincu University

建筑学留学生本土化教育初探
A Probe to Architecture International Students Education in China

摘 要：本文以北方工业大学为例，主要从课程设置、招生、师资与学生工作等四个方面介绍了在国内进行的建筑学留学生本科教育体系。另外，经过近年来教学经验观察和学生调查问卷与访谈，我们逐渐发现留学生存在的特有问题，并对其分析了相应对策，希望本次探讨有助于国内建筑学留学生教育的开办与提高。

关键词：建筑学，留学生，本土化教育

Abstract：Taking the experience of North China University of Technology as an example，this article gave an brief introduction of architecture international students education in China，through mainly four parts：curriculum setting，student enrollment，teaching staff and student management. In addition，with several years' observation and investigation，we gradually found some special problems of these international students. Then we analyzed and gave some corresponding solutions and suggestions to the administration and teachers. This article would be much helpful for future development of architecture international students education in China.

Keywords：Architecture，International students，Localization education

近年来，随着我国综合国力增强和国际程度提升，来华留学生数量也在逐年增加[1]。北方工业大学建筑与艺术学院创办于 20 世纪 80 年代。其建筑学专业已通过全国建筑学专业评估，具有建筑学学士和建筑学硕士授予权。自 2012 年起学院招收全日制英文授课留学生，至今约有近百名在读建筑学留学生，并且第一批四年制工学学制已于 2016 年 7 月毕业。在全国 56 所（截止 2015 年底）开设建筑学专业并经过全国建筑学专业评估的高等院校学校中，我校全英语建筑学本科留学生教育应走在前列。在研究生教育阶段，有不少建筑名校开设英文授课，如清华大学，同济大学，华中科技大学等。据调查，国内有几所海外院校在华分校或与国内院校合办开设了全英语建筑学本科教学：诺丁汉大学宁波分校（UNNC），西交利物浦大学（XJTLU），上海纽约大学（NYU-Shanghai）。另外，国内还有许多高校开设了建筑工程专业类全英语教学本科课程，如清华大学，中南大学，东南大学等。

1 教学体系

首先，图 1 展示了我校建筑学留学生本科教育管理体系结构，各项事务由国际合作与交流处，建筑与艺术学院两个学校子部门共同管理和执行。这里，我们着重从课程设置、招生情况、师资配备与学生工作管理等四个方面介绍北方工业大学建筑学留学生本科教育体系。

1.1 课程设置

课程分四年制工学学士与五年制建筑学学士两类。这两类的课程设置情况和毕业要求如表 1，表 2 所示。除此之外，通常还有公共选修课可供选择，用以丰富学生知识结构和培养课余兴趣。但考虑到授课为全英文授课，学校其他专业开设的英文授课较少，毕业标准对此

未作要求。

公共必修课一般在前两年时间修完，专业选修课在前三年时间选完，专业必修课贯穿于整个学习阶段。另外每年暑假开设小学期，用于建筑写生，城市认识，建

筑业务实习等，属于必修实践环节课程。四年制与五年制的不同点在于五年制的第8第9学期开设更多的建筑与城市规划设计训练与设计院单位实习，增加城市尺度设计和业务实践内容。

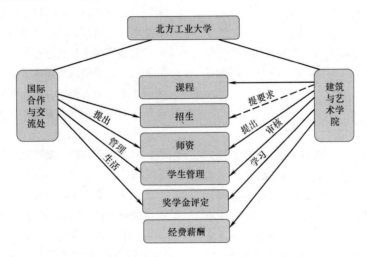

图1　北方工业大学建筑学留学生本科教育管理体系图

建筑学留学生课程毕业要求　　　　表1

		四年制工学	五年制建筑学
毕业标准		160学分	190学分
其中	公共必修课	26学分	26学分
	专业必修课	98学分	106学分
	专业选修课	5学分	15学分
	必修实践环节	31学分	43学分

建筑学留学生课程设置（毕业要求范围）
　　　　　　　　　　　　　　　　　　表2

课程性质	课程名称
公共必修课	汉语,建筑数学,大学计算机基础,中国概况
专业必修课	美术,建筑初步,计算机辅助设计,建筑设计,建筑物理,中国建筑,中国传统建筑营造技艺,建筑构造,外国建筑史,建筑材料,建筑studio,城市规划原理,建筑设备,建筑经济,建筑与城市设计
专业选修课	建筑理论与实践,国外成熟规划,建筑与城规经典文献选读,环境行为心理学概论,建筑策划导论,文化遗产保护概论,建筑摄影
必修实践环节	美术实习,建筑认知与古建筑实习,建筑师业务实,质质拓展,毕业设计

1.2　招生情况

我校自2012年面向全球招收建筑学留学生，每年约录取20名。生源主要来自于非洲，如卢旺达，刚果，

乌干达，肯尼亚，吉布提，加纳，赞比亚，博茨瓦纳等，占建筑学留学生总人数的90%。其他部分学生来自中亚邻国，如蒙古，土库曼斯坦等，还有少量来自于欧洲，南美洲。

大部分学生就读前没有汉语基础，所以选择英文班。如果中文水平还可以，他们则会选择作为插班生，与其他中国学生一起学习，学费也便宜不少。

1.3　师资配备

国际留学生教育离不开国际视野。我们学院近年来引进了不少外籍建筑师以及具有海外留学或就业经历的人才作为建筑设计专业课教师。当前，学院内参与留学生班教学的老师共有30多名，其中长期聘请外教3名，短期聘请外教2名，具有海外留学及就业经历的教师5名，副高职称以上的10人，具博士学位的占50%。总体留学生班师资力量配备较为雄厚，老中青年龄结构合适，有较好的英文授课能力。

1.4　学生管理工作

随着学院国际留学生数量的增加，校国际合作与交流处已不能完全胜任学生管理工作。于是，我们在学院内部建立了留学生管理工作体制。聘请专职行政秘书来对留学生进行教学管理工作。当前由一名意大利籍外教（精通汉语与英语）担任该职。留学生管理工作包括：注册报到，选课，请假，违规处理，实习培训，课程介

绍，师生联络，意见收集及反馈，教务答疑等。学校的国际与合作交流处负责学校全体留学生工作，负责生活方面沟通与指导。学院方则侧重于教学相关行政工作，做任课老师教学和留学生学习的好助手。

2 面临挑战

经过4年的教学经验积累，我们逐渐发现了不少关于我院建筑学留学生的特点与问题。具体来讲，表现在以下三个方面。

2.1 学生纪律性较差

留学生的低出勤率是一个普遍的问题。以专业设计课为例，到课率一般在60%以下，其中每班都有2～3名同学经常旷课。学生迟到现象更为普遍，有时达到90%或100%。专业课通常连续四课时，学生迟到半小时1小时甚至2小时现象很常见。相比专业课，其他上课课堂（通常两个课时）的出勤率稍稍好一些，但迟到现象仍然突出。另外，我们发现，新生较老生更守纪律。学生的纪律情况也与任课老师对此的态度密切相关。严格的老师学生迟到的少，但旷课的比例基本不受影响。

2.2 学生学业水平较低

在专业设计课上，留学生与中国平行班学生采用相同的项目任务书和学习期限。相比中国学生，大部分留学生在多方面专业技能（如手绘，模型制作，方案深度，专业知识，创意表达等）水平要显得逊色的多。这里有很大一部分原因要归结于学生的考勤率低。因为学习工作时间少，最后的成果和个人专业学习能力肯定要大打折扣。

2.3 师生沟通有障碍

因为是全英语教学，学校也无法快速大批量引进外籍教师或海外背景人才，大部分常规课程还是需要普通中国教师参与教学，这就对任课老师提出很高要求。有许多教师经验丰富，但外语确实存在障碍，现实中的照本宣科现象也比较常见，导致学生兴趣下降，不愿向老师提问，教学质量得不到保障。另外，发现有少量学生的英语水平也不高，影响听课学习。上海市八所高校的来华留学生也发现有近30%存在学习语言障碍[2]。因为我校本科入学对英语没有要求，部分学生对带中式口音的英语有理解难度，对较复杂的专业英语词汇也感到陌生。如果学习积极性不高，无法正常听讲会产生恶性循环，导致对课程的兴趣持续下降。

3 应对策略

针对以上发现的问题，我们召开教师座谈会，从学生调查问卷及访谈过程中，逐渐发现原因和分析应对的策略。只有分析了来华留学生这个群体特点以及建筑学专业学习的特点，我们才逐渐明白以上问题的症结。

我校留学生，甚至在华留学生，有绝大多数来自非洲国家及其他亚洲发展中国家。因为我校对外的招生主要渠道是通过大使馆介绍，所以通常是一个国家的学生会再去向其本国亲友宣传，这样一个班级来自同一个国家的学生通常比较多。考虑到非洲国家的地理气候条件，以及风俗习惯，就可以理解他们生活随性自由，缺少纪律约束，上进心不强的特点了。另外，因为留学生学费高昂，能来华留学并能支付高昂学费的家庭一般经济条件也不错。所以，优越的家庭背景，通常也会助长学生们的慵懒散漫的习性。另外，因为建筑学是一门实用性操作性强的学科。专业设计课程占比较重，学生设计教师指导的时间较长。通常讲课时间少，学生自主画图时间多。这种教学模式容易使学习懒散的学生产生不用专心上课的错觉。上课时间长，在课上的时间重要性和关注程度也大打折扣，从而导致学生迟到和旷课。

对此，针对学生特点，我们的策略是，关注每一位学生，激发学生学习兴趣，重组课堂结构与内容，提高学习考核标准。

3.1 关注每一位学生

虽然师生有国界，但人际沟通的感情是相通的。教师对待学生的态度，一句表扬，一个词语，甚至一个眼神都能在学生心中留下深刻的印象。所以，任课老师要利用小班教学的优势，下决心认识每一位学生，首先记住他们的姓名，然后走进他们，主动询问学习进度和进行课堂提问，甚至一起吃饭聊天，让学生意识到教师是很关心他/她的。只有让学生知道并深刻体会到自己是受关注的，老师们用心地辅导并真诚地与自己为友时，他们才逐渐产生自我主动意识，尊重教师劳动成果并积极加入学习中去。这样，学生的纪律，在老师的教导和个人魅力影响下，逐渐地自律起来，管理起来。

3.2 激发学生学习兴趣

如何激发学生学习兴趣？在做到第一步关注每一个学生的时候，教师要努力提高自身素养和知识结构，提高教学业务水平。对年轻老师来说，要虚心向有经验的老师学习，取长补短，并发扬年轻的优势，教学充满活力，学会幽默和鼓励学生，促进师生关系融合。对有一定年纪的老师来说，重点在于拉近与学生的距离，放下中式的尊师重教的严格师生等级观念，放下身段亲近学生，提高英语表达能力，接受年轻学生的新观念新思想，运用新方法和新鲜案例有机地整合到常规的教学中，促进学生培养起学习兴趣。另外，采用新型课堂模式，激发学生学习动力，如故事情景类建筑设计[3]，批判型 studio 模式[4]等。

3.3　重组课堂结构与内容

考虑到建筑学专业课的常规模式是一期连续四个课时，为防止学生疏于时间观念，提高时间利用率，我们提议调整课堂结构和内容。具体方法有：

（1）在课时计划不变的情况下，老师可将四课时根据实际教学需要划分成 2～3 个教学模块：项目介绍阶段，工作展示阶段，分组讨论阶段，个人设计阶段，综合点评阶段。

（2）在常规项目设计过程中，插入相关专题研究：场地设计，墙面设计，绿化布置，结构设计等。该过程一般占用 2 个课时。

（3）引入快题设计，在课堂上要求学生根据特定要求，设计并手绘出相应的阶段性成果图，用以培养学生的时间观念，并提高课堂工作效率。

（4）根据建筑学特点，营造实践教育环境，结合实际工程案例，并掌握在"中国情境"下解决问题的能力[5]。

3.4　提高学习考核标准

很多时候，学生们获得的成绩水平取决于老师们对其设定的考核标准。"严师出高徒"。高标准要求对于上进的学生来说是一种刺激和鞭策，有助于其克服困难提高自身整体素质。适当提高学习考核标准，建立公平奖励制度，使学生学习能力形成梯形结构，有助于好学生带动落后学生。同时，引入中国学生与留学生合作讨论的模式，促进交流并提高留学生们的专业水平期望。图2是外教与留学生模型评比现场，中国学生组也一起参评。

综上所述，以北方工业大学为代表的本土高等院校在建筑学本科留学生教育方面的经验值得参考。新型国

图 2　留学生模型评比活动现场

际化教学模式的建立，必然产生新的问题和挑战。我们只有抓住学生及专业的特点，才能有效地找到解决这些问题的方法。本文的探讨将有利于国际留学生在中国本土的学习环境改善和教学管理水平的提高，有助于培养高质量的本土建筑学留学生，为发展中国家未来建设输送人才。

参考文献

[1] 王军，我国来华留学生教育的基本定位与应对策略[J]．中国高教研究，2014，08：88-92．

[2] 俞玮奇，曹燕．教育国际化背景下来华留学生的教育需求与体验分析[J]．高教探索；2015，03：90-95．

[3] Sajjad Nazidizaji, Ana Tome, Francisco Regateiro, Ahmadreza Keshtkar Ghalati. Narrative Ways of Architecture Education: A Case Study [J]. Procedia - Social and Behavioral Sciences；2015，27：1640-1646.

[4] Nangkula Utaberta, Badiossadat Hassanpour, Aisyah Nur Handryant, Adi Irfan Che Ani. Upgrading Education Architecture by Redefining Critique Session in Design Studio [J]. Procedia - Social and Behavioral Sciences；2013，102：42-47.

[5] 沈庶英．重视和加强新形势下的来华留学生实践教育[J]．中国高等教育；2015，11：45-47.

庄葳　田利　赵前

上海应用技术大学：zhuangwei820315@qq.com

Zhuang Wei　Tian Li　Zhao Qian

Shanghai Institute of Technology

基于知识体系整合的建筑设计教学方法初探
A Discussion on Teaching Architecture Design Course of Integrating its Knowledge System

摘　要：针对建筑设计专业实践性高的特点，从传统的建筑设计课程教学方法出发，结合作者实践性的教学改革经验，提出了"专题讲座与设计课程相结合"的教学主张，通过三个穿插在设计课中的三个专题讲座，将各自独立为政的专业课知识融合在课程设计中打破了专业知识分散，在设计中无法学以致用的桎梏，通过教学之中的实践性成果进行尝试性探讨，并总结这种教学方式的得失。

关键词：养老建筑，课程设计，教学，整合

Abstract：The paper is based on high practicality of architecture design and its conventional education method. Basing on experience of architecture design course teaching, author proposed a new teaching approach：topic lectures and architecture design course combined. Three topics, *Site Research*, *Accessible Architecture* and *Technology of Architecture*, alternated with design course to break away disconnect between independent courses and integrated them to related and practical system. This teaching method which combines related professional knowledge integrating into design course has been approved effective in polishing students′ design skill. At last, the paper conclude by drawing attention to the method gains and losses.

Keywords：Retirement architecture, Course of architecture design, Teaching, Integration

1　课题的遴选

建筑作为城市要素的重要组成部分，不仅承担着满足人类生产生活需求的角色，也常常扮演着解决社会问题与矛盾"协调员"的角色。现今林林总总的竞赛题目大多是围绕着突出的社会问题而展开的，目的是为了探求培养学生关注建筑的社会属性，建立学生的建筑师责任感与使命感。另外，对于传统的建筑设计课程的虚拟选题，往往使学生过度追求标新立异的设计，而不利于学生建筑设计岗位上的转化。显然，这次课题遴选的主要目的是通过真实的场地加强学生对基地环境的掌控，以及切合社会需求的设计题目，培养学生的建筑师社会责任感与使命感。

2015 年的威海杯全国大学生建筑设计竞赛的题目"老人与海——海滨度假疗养中心"，表明了老人建筑或者养老建筑是目前突出的社会问题，相比于任务书与虚拟的场地，此题目无疑具有更高的教学实践价值。结合相关设计课题的编制，将设计竞赛纳入三年级必选项，目的是以此引导学生对社会热点问题的理解和掌控与综合分析的学习能力。具体建筑类型的多为中小城镇社区活动中心、图书馆和中小学设计等；部分为研究型课题，如美术馆、展览馆和文化中心等城市文化类建筑。

2　教学的目的

在国内，大多数院校建筑系专业课程都未能摆脱课程功能主义的桎梏，从一年级到五年级的专业课程都遵循着"自成体系，各自为政"，专业课各个板

块各自独立，不利于学生系统地掌握建筑设计的相关内容。另外，这一体系对于现今对学生的培养标准：创新性的、具有国际视野的建筑人才，显然是不合时宜的。

根据以往教学大纲的要求，此次设计教师团队对设计课程提出了更高的要求：在原有偏重辅导教学的设计课程中适当穿插理论课程教学，根据设计的不同阶段，邀请相关专业老师进行专题讲座或者定向辅导。以此培养学生从零散的专业知识到全面而系统性的建筑设计的专业思维，掌握建造技术与建筑设计的关系，为日后综合建筑课程设计打下良好的基础。对于学生而言，培养学生全面的素质与前沿的设计方法，为将来走向职业化的建筑师道路打下坚实的基础，正是本课程的目的所在。

2.1 探索建筑的意义

结合以选择学生熟悉的基地作为设计题目的开端，通过场地调研工作，将人文主题纳入设计之中；切入当地老人的生活环境，鼓励学生关注残疾人、老年人等特殊群体对居住环境的需求，真正做到"为公民而建筑"。同时，让学生有机会接触设计流程前期工作，建立整体的、宏观的设计理念，理解建筑与社会，建筑与城市，建筑与人群的关系。

2.2 打破独立课程的界限，使专业知识系统化

建筑设计教育具有很强的系统性，是一个由学生和教师主体、教学原则、教学设计等子系统组成的系统。系统的整体目标就是提高学生的设计创新能力，提升建筑学学科的整体水平。其中各子系统处于动态平衡，以系统整体目标的优化为准绳。建筑创作是艰苦的创造性脑力劳动，建筑设计的创造过程，包括构思意念的产生、建筑形象的创造和建筑设计的表达三个阶段，创新思维的开发培养贯穿于所有设计课程的学习过程之中。

相比于以往孤立地划分为设计原理课程、技术类课程和建筑设计课，学生难以在各个课程之间建立联系等缺陷。本课程最大的优势在于将原理课程和建造技术课程融入到建筑设计之中，根据设计选题的内容，有的放矢的为学生的设计提供理论和技术上的支持，真正做到"学有所用，学以致用"。通过建筑设计知识系统性地融合，进而逐步完成教学结构的优化整合。

用提出问题与解答问题的方式，培养学生的发散思维与逆向思维。创新思维活动应围绕问题的核心展开，打破思维的定势，改变单一的思维方式，引导学生运用联想、想象、推测及假设等方式多方面多角度多层次去分析思考，对同样的问题提出不同的解决方法，这样易形成较为新颖的构思和方案。

通过比较与整合，培养学生的复合思维。对发散思维所提供的众多假设或方案进行分析、比较与重新整合，优化出较好的方案，获得创造性思维活动的成果。

3 教学方法与实施

3.1 三个专题讲座

养老建筑设计是社会关注的重点课题。由于其针对老年人群，它更加强调以人为核心、安全性，无障碍设计以及老年人心理健康等方面，决定了它比普通疗养建筑需要精细化设计，以达到老人安享晚年的目的。因此，课程有针对性的安排了三个专题讲座：场地调研专题、无障碍设计专题和建筑技术专题（表1）。

（1）基地调研专题

首先，引导学生自行选择适合的场地，要求建筑基地临海，场地符合建养老建筑选址规范要求。其次，组织学生基地调研。实地调研内容包括：基地周边的自然环境、风俗习惯、道路交通、历史变迁和城市肌理等现状调查，以及此区域的规划和定位的发展趋势调研。基地调研专题6学时，调研时间课下自行安排，课上小组汇报讨论。通过参观是学生对基地和设计内容有一个感性认识，并以此做出理性分析和判断，从而得出设计概念形成的基本出发点。另外，养老建筑设计的另一个重要方面是对于老年人的人文关怀，因此，深入了解当地老人的生活习惯、文化习俗是非常重要的设计第一手资料。我们在探讨基地调研时，着重强调了"人群"的调研，通过走访的形式，与老人交流他们心目中的理想养老建筑，力图做到既能符合这个地区绝大部分老人的共性需求，又能满足每位老人的个性化愿望。

（2）无障碍设计专题

无障碍设计是养老建筑设计的重中之重。通过细致入微的建筑设计，体现人文关怀，是一个建筑师的"人文素养"。此项专题训练共6个课时。教师在课堂上讲解人体尺寸与环境的关系，总结特殊人群的人体尺度、行为模式、功能需求以及国内外优秀案例。课后学生查阅相关资料，总结老人的访谈结果，最终确定功能细节设计尺寸，并至少给出一个单元房间的详图和1：50的

模型，如有相关特殊设计，要求给出符合实用性和逻辑的合理解释。通过此项训练，借以运用建筑设计的技术手段和现代科技，为广大特殊人群提供行动方便和安全的空间，真正创造一个确保任何人"无障碍"生活的空间，无论外部空间还是内部空间。

（3）建筑技术专题

建筑技术是把图纸变为现实的桥梁。根据设计需要，本专题主要针对结构、材料与形式、建筑物理环境和生态建筑三个方面讲授。通过三方面的阐述，使学生全面而具体地思考从宏观的设计思想落实到微观的技术解决方法。由于涉及课程较多，共8学时，理论部分为4课时，分两次讲授。结构与材料是设计方法和设计思维方式的核心内容，判断与选择适当的结构形式是建筑师的基本能力之一，专题的目的是引导学生从技术的角度进行建筑设计，或者用建筑技术手段完善功能设计，从而达到功能性人性化设计的最终目标。建筑物理环境更多关注使用者生理与心理层面的内容，生态建筑是当今建筑发展的一个重要方面，所以将两个内容合并为一个专题内容。通过以上理论教学内容，引导学生理解建造房屋，满足使用要求，这仅仅是建筑设计最基本要求，而更加细致的考虑和更符合人文精神的精细化设计才是未来的发展方向。在设计思维建立之初便达成技术设计的共识，为日后的设计之路打下良好的基础。

课程设计的内容以及学时分配表　　　　　　　　　　表1

时 间 阶 段	教 学 安 排	教 学 内 容	教学环节的学时分配				
			讲授	讨论	调研	绘图	评图
Step Ⅰ 第1-2周	1. 专题讲座一：基地调研专题 2. 组织学生基地调研、案例分析、制作汇报的分析图	1. 从讲授场地现状、空间环境、交通流线、景观视线、城市文脉基地调研内容和实例 2. 学生收集整理调研结果，绘制分析图，做ppt	2	4	4		6
Step Ⅱ 第3-4周	1. 专题讲座二：无障碍设计 2. 讨论一草	1. 合班授课，特殊人群的人体尺度、行为模式、功能需求以及国内外优秀案例 2. 分组讨论设计构思与草图和草模	3	7			2
Step Ⅲ 第5-6周	1. 专题讲座三：建筑技术 2. 讨论二草	1. 合班授课，讲授结构、材料与形式、建筑物理环境和生态建筑等内容 2. 分组讨论建筑平面与立面及其草图和草模	4	8			
Step Ⅳ 第7周	建筑整体性设计与完善	建筑从功能、立面、细部、无障碍设计等方面的全面设计		8		4	
Step Ⅴ 第8周	正式成果 年级评图	聘请企业专家和校外老师共同点评学生作业				2	4

3.2　团队合作

由单人完成设计到多人（2~3人）合作共同完成设计，体验建筑师的职责以及适应小组合作的工作形式，培养学生的团队合作的意识。基于校企联合的平台机制，依托已建立合作关系的设计单位，整合对方的实践强项与课堂的理论强项，增加学生在课堂以理论带动实践、模拟实践和课余实习的机会，加强自身适应社会与实践的能力，从而更好地检验课程学习的效果。

（1）以讨论为教学主导，加强师生间的交流

授课形式多以小组成员与教师讨论的形式进行教学，改善学生被动接受知识的现状和缺乏弹性的教学方式。有别于绝大部分建筑院校着重强调"人文特征"和"艺术特征"，本课程设计重点强调"工程特征"和"技术特征"的教学特点。

（2）教学资源的优势互补与整合，加强课程与学科的竞争力。结合三年级课程设计需要解决的知识点，阶段性地邀请行业内的权威建筑师以学术报告、学术交流的形式来提高教学的学术氛围，并逐渐强化和固化与知名建筑院校、设计单位之间的联系，以联合设计等课程教学方式促进院校之间的学习交流，培养学生的合作意识与综合能力。

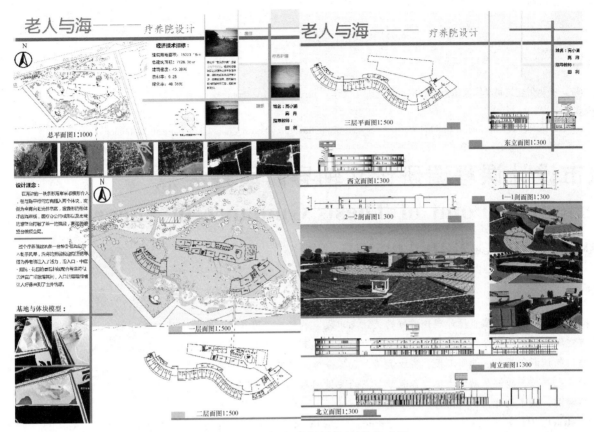

图1 "老人与海"设计题目的作业成果

4 小结

　　这种实践教学中穿插理论教学模式是基于传统教学基础上的一种探索。解决教学资源整合以及各个课程相关知识与设计主干课程相结合的问题，这是设计课程实验的核心内容。通过邀请相关方面的专业教师进行理论讲解，真正做到理论与实践相结合，学以致用，学为所用。尽管整个设计周期较长，设计难度增加，且增加理论课时后，讨论实践明显不足，常常出现延迟下课的现象，但是学生从中收益匪浅，并在实地调研的过程中很快进入到设计者的角色，初步具备了发现问题、解决问题的能力。

参考文献

　　[1] 刘璟. 再议"师傅带徒弟"——当代社会文化语境下的建筑教育策略 [J]. 高等建筑教育. 2004 (03)：24-25.

　　[2] 王方戟，王丽. 案例作为建筑设计教学工具的尝试 [J]. 建筑师. 2006 (02)：33-37.

　　[3] 韩冬青，赵辰，李飚等. 阶段性·专题性·整体性. 东南大学建筑系三年级建筑设计教学实验 [J]. 新建筑，2003 (04)：61-64.

　　[4] 郑时龄. 2014. 当代中国建筑的基本状况思考. 建筑学报. 2014 (3)：96-98.

黄翼

建筑学院，亚热带建筑科学国家重点实验室，华南理工大学；dinahlayi@163.com

Huang Yi

State Key Laboratory of Subtropical Building Science, School of Architecture, South China University of Technology

城市设计课程调研论文辅导阶段性要点
Periodical Point of Thesis Guidance in Theory Course of Urban Design

摘　要：从学生对城市设计理论课程的关注点出发，调研论文为教学过程增加实践应用机会，对于学生在城市空间体验、调研分析方法应用和汇报能力的提高具有积极作用。对进度、内容、深度等方面进行阶段性辅导，包括调研开题、选题汇报、实地调研、数据分析、中期汇报、终期讨论、论文初稿、成果终稿等各阶段的重点把控，能够帮助学生把握各教学节点的关键问题。

关键词：城市设计，调研论文，教学辅导

Abstract：Based on the concerns of the students on the urban design theory course, the practice experience of research paper has positive effect for tasting the city spaces, applying the investigation and analysis method, and communicating with others. The thesis guidance on process, content and depth, the tutorials in per stage can help the students grasp the key points of the teaching nodes, including publishing title, choosing topic, investigation, analyses, interim report, final discussion, writing first draft of the paper, and handing in final draft.

Keywords：Urban design, Research paper, Teaching guidance

我院在城市设计理论课程中设置调研论文已 3 年，这是一种新的教学模式，学生经历了从设计手法积累向理论总结思路和方法的转换。在逐渐摸索的过程中，教师不断关注学生的信息反馈，了解学生的困惑和难点，以改进教学方法，细化教学环节，调整教学内容，把握教学重点。在前两届学会论文的基础上[1, 2]，本文将各教学环节学生学习过程中反馈的问题和解决方案进行整理和讨论。

1 城市设计理论课程调研论文设置目的

1.1 学生对城市设计理论课程的关注点

设置开放性问卷了解学生希望在城市设计理论课程中学到的知识。根据 375 位同学（其中 11 级 50 人、12 级 157 人、13 级 168 人）的问卷反馈信息整理，学生对城市设计课程的关注点包括几个方面：城市设计的概念

内涵和外延，思维方法和基础理论，城市设计步骤、方法、表达方式和成果深度，城市设计的新理论、新思潮、新案例、新方法和新软件，量化调研方法和数据分析方法，各国城市设计的差异，城市设计经典案例及其设计方法、思想、发展过程，城市设计案例的缺陷，城市设计未来发展趋势。以及了解城市设计优劣的评判方法，有效阅读书籍的方法，选取有意义课题的方法，掌握做研究的基本方法，提高汇报沟通能力。同时，学生还关注对城市设计竞赛有帮助的专业知识，城市设计专业的就业发展方向、留学报考信息等问题。

三个专业方向学生的关注点各有侧重。建筑设计专业的学生更关注尺度、形态、肌理、文化、人的活动、如何在建筑设计中运用城市设计方法。城乡规划专业的学生关注大尺度区域设计，城市设计项目从调研、构思、深化到实施的全过程及其各部分的相互影响，各专

业之间的协作关系，城市与建筑、地理、社会等多方面的联系，城中村、旧城更新等城市焦点问题，互联网等新事物对未来城市发展的影响，城市设计与政策的关系。风景园林专业的学生更加关注人性空间环境的塑造、小尺度地段设计、城市设施与人的行为的相互影响因素。

1.2 城市设计课程调研论文的作用

针对学生的关注点，在理论讲授的基础上，调研论文为教学过程增加实践应用机会。选题环节能够促进学生反思现实中的城市问题，用发展的眼光辩证地看待专业理论知识，选择有意义的课题加以思考。调研环节则可以将课堂上学到的调研方法加以实践运用，体会调研方法的具体细节操作，学习与使用者沟通，增强城市空间的使用效果体验。分析环节能学习数据分析软件和方法的应用，了解各种分析方法的适用范围，实践新软件的具体操作，对分析步骤的把握，保证推理分析的逻辑

性。汇报环节可以训练学生的表达沟通能力，提高制作演示文件的能力，教师对每个组的点评既有特殊性，又有普遍性，对学生具有引导作用，学生们形成了相互学习和竞争的氛围。论文撰写环节能够训练学生对问题的论证能力，实现从工程绘图技能到理论总结提升的思路转换，提高学生的思路整理和文字论述能力。根据学生的反馈，调研作业对城市空间体验很有帮助，汇报过程的相互学习很有益，小组合作锻炼了学生的协作能力，对调研技能和分析方法有切身体会。

2 课程论文阶段性问题辅导方法

在调研论文辅导的各个阶段，学生会对进度、内容、深度等方面感觉困惑，需要教师进行阶段性跟踪式答疑解惑。在开题、选题、调研、分析、汇报、初稿、成果7个教学节点的基础上[2]，2016年增设了终期小组讨论环节。整个调研论文辅导时间为14周，各阶段时间进度安排见图1。

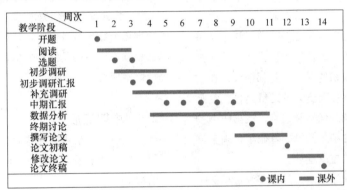

图1 调研论文辅导时间进度安排表

2.1 调研开题

开题环节讲解调研作业的目的、研究内容、几个研究方向、调研方法，以及调研分组方式、研究成果形式、研究步骤和时间计划等具体安排。以往届优秀作业为案例，解析调研论文的研究框架、调研和分析方法、成果形式等，让学生对整个研究过程和成果深度有一个初步全局认识。布置学生进行课外相关书籍和论文的阅读，思考感兴趣的课题，为选题做好前期准备。向学生介绍几种分析软件，推荐学习教程文件，布置学生课后自学。

调研分组打破班级界限在各专业之间自由组合，能够促进专业间相互交流。近3年，研究主题为"城市公共空间与城市形态研究"，此课题利于学生运用课上学习的调研和分析方法，采用调研的方式就能够采集到大量数据，不会受到太多外部数据资料来源的限制。同时，城市形态方向的课题研究内容和方法也有利于与设

计专业课程衔接，能够为专业课程提供切实的城市公共空间调研体验基础，建立自觉思考城市问题的习惯和提高分析具体城市问题的能力。拟定的几个子课题方向并非限选，其实是对学生选题方向起到提示作用，只要在研究主题之内的城市设计方向课题都可以备选。

2.2 选题汇报

选题的方向主要包括城市公共空间尺度问题、城市公共空间活力问题、旧城更新问题、人的行为活动问题等几种类型。由于教师不规定选题，只对选题做引导，选题对学生来说具有挑战性，是一个探索过程。每组多个学生可以拟定多个选题，通过汇报的形式与教师讨论研究计划，研究计划包括选题、调研地点、研究提纲，以明确研究目标、确定研究对象、探讨研究方案。教师对选题的意义和可操作性加以分析，指导学生确定选题。选题汇报的时间安排为1至2周，不宜花费太多时

间，以免耽误后面调研和分析的进度。

选题的误区之一为题目太大，研究内容不具体。例如研究"沙面公共空间环境"，要明确探讨沙面公共空间的什么问题，是空间形态问题，还是传统建筑及其外部空间保护更新问题，或是人流量影响因素问题。类似于"商业区步行环境研究"这样的题目也太含混，应将研究对象具体化，把该空间类型中要研究的具体问题界定清楚。

选题的误区之二为选择的研究对象不恰当，不具有代表性。例如"商业区步行系统的连续性研究"应选择已经规划为连续步行街区的区域，若本身为非连续性的，或非步行街区，则不合适。若选择两个以上的案例进行比较，则两个案例应具有可比性，如"街道使用人群活力探究"应选择处于相似区位、拥有相似业态性质的几条街道，才能比较出街道空间形态对人群使用状况的影响。

2.3 实地调研

调研分为初步调研和补充调研2个阶段。初步调研对调研对象有一个总体认识，以拍照片、访谈等方法进行探索性调研。通常学生最初的研究课题都很大，在初步调研汇报阶段，汇报内容多而泛，缺乏针对性，教师需要协助学生凝练研究对象的优势和缺陷，找出研究的重点和方向。补充调研则在细化问题的基础上，确定调研问卷的问题，筛选调研的重点地块。

调研方法主要采用空间注记法、问卷调查法和认知地图法。空间注记法可结合测量工具的运用，对街道、建筑、环境设施的尺度和数量、质量，物理环境的数据进行测量和记录，同时对相应问题采用问卷调查方式进行主观评价，主观评价与客观数据相结合，进而得出使用后评价结论。

调研对象的选择应具有普遍性和典型性，能够代表这一类的项目，如盐运西社区是邻里空间塑造方面的典型优秀案例。避免选择太特殊的案例，如广州东站前广场作为城市中轴线广场的案例则特殊性太强。调研对象可以选择一个或多个，但宜以一个对象为主进行深入调研，其他作为对比研究，但是调研对象不能太多，以免造成工作量太大无法完成。

调研至少2至3次，调研时间长短应充分考虑人力的限制，在正常气候条件下的几个典型时间段进行调研即可。调研工作量应合理控制，工作量太大时应适当缩减，或反思调研策略是否得当，场地面积是否合适，调研场地数量是否适宜，或调研问题是否明确。调查问卷

的数量以100份左右为宜（考虑到控制工作量的因素，只要求问卷数量至少60份）。问卷数量太少不能说明问题，计划的问卷数量太多则很可能会完不成。问卷的问题设置应与研究的主题相符，问题应明确具体，不同的问题应采取不同的问卷形式。

2.4 数据分析

学生普遍存在不清楚各种分析方法如何应用的困惑。一方面是对分析方法的适用条件、应用范围不清楚；另一方面，学生常常将几种分析方法的分析图做好之后，不习惯将几种调研和分析数据进行相关性分析；另外，对数据分析图表的解读能力不够，结论不明晰。学生最初的分析往往是各种分析方法各自为政，分析缺乏逻辑框架。教师则指导学生提炼分析因素，各个因素采用多种方法进行分析，多种调研数据再进行交叉对比，穿插案例分析，得出分析结果。

数据主要分为空间尺度、人的行为、问卷调查数据3类，将收集到的数据进行定性和定量的整理，对量化数据进行数理统计分析，辅以空间句法分析、GIS或其它新软件进行空间结构分析，与调研数据进行关联，进行比对研究。

2.5 中期汇报

调研和分析主要在课后完成，汇报则在课堂上与调研分析同步进行，分为初步调研汇报、中期汇报2个阶段。

初步调研汇报在第一次调研之后进行，重点在于探讨研究方案、研究路线、分析因子、调研数据总结，汇报顺序宜为题目、研究思路、研究对象、相关研究、调研数据和软件分析图表、综合分析、结论。此阶段不要求学生有很深入的分析，重点解决研究框架的合理性问题。通过国内外相关研究分析，学生了解文献资料查阅方法，浏览最新研究成果，熟悉相关领域的专业词汇。

中期汇报通常在补充调研之后，要求完成大部分数据分析图，并推导出初步结论，此阶段着重于训练学生采用理性逻辑思维来分析问题，以及采用可视化的方法进行沟通。中期汇报忌长篇的调研过程和照片讲解，应对每个分析因子进行详细分析和量化数据处理。

2.6 终期讨论

在撰写论文之前，以小组的形式进行一次课下师生讨论。在课堂上，学生与教师的沟通距离较远，时间有限，容易造成沟通不畅的现象。于是，在解决了大部分

同学的普遍问题之后，设置面对面的小组讨论，能够补足学生的个性化需求，给学生一次与教师深度交流的机会，解决细节问题。

至此阶段，有少部分学生对课上教授的方法并未完全理解，教师则针对其研究主题进行研究路线梳理，分析出几个研究因素，再确定具体调研方法和数据分析方法。有些同学将自己搜索的相关文献资料拿来讨论，教师对其参考价值进行分析，筛选出可借鉴的部分。还有的学生对空间句法等软件的适用范围等细节不清楚，也可以与教师深入探讨。

2.7　论文初稿

将调研分析数据整理成文，还要求论述具有条理性，以及论文格式的规范性。论文应达到主题明确，内容切题，结论扣题。论文不是篇幅越长越好，与主题无关的内容要舍得删掉。较少的论文会由于组内同学的配合不协调而导致各部分缺乏衔接，或者各部分着力不均。

初稿常常出现部分内容重复或顺序混乱，照片缺乏总平面位置对应关系，图片未标注名称和编号，语言口语化等问题。在充分的调研资料基础上，论文应注重对数据进行分析，而不仅仅停留于对图表数据的描述。论文各部分之间应具有关联性，主观评价的数据应与实际人群使用状况、空间形态或其他数据结合起来分析，通过各种数据之间的相关性和差异性可以得出一些意想不到的分析结果，并展开讨论。数据宜采用量化图表方式表达，将各调研场地的同类型图表数据整合在一起，使得读图比较直观。结论应总结通用性设计策略、原则，而不只是针对具体项目的设计建议。

3　论文成果终稿评价

对调研论文的评价参数包括选题的意义，研究主题的明确性，调研的详细程度，研究方法的合理性，论文结构的条理性，结论总结的清晰性，学习态度的认真程度。

评价为优秀的论文有几类。其一，通常研究的问题较有新意，如城市空间对人步行路径选择的影响研究、旧城区街巷空间对邻里关系的作用等。其二，往往运用了新的研究方法或软件进行分析，如交通圈叠加图、Tableau 可视化软件。其三，对常用软件的运用比较深入，如采用问卷法进行路径选择频次叠加记录、不同年代大区域空间句法整合度分布图的绘制。其四，在量化方法上有发展，如对街巷界面开放度、完整度的定义和计算。其五，调研工作特别细致，如某论文记录了 31 条道路的人流量。

评价为良好的论文往往整体比较完善，但缺乏亮点。这类论文基本上调研内容比较充实，数据分析图很多，但是论述不够充分，或各部分研究内容的相关性不强，结论表述不够清楚。评价较差的论文存在两种问题。一种是研究主题不明导致缺乏分析主线，研究方法局限于照片整理和归纳。另一种由于选题不佳，预设问题的结论浅显，而数据分析结果缺乏新意，或临时改变论文主题，时间不够导致调研内容不足。

结语

未来的教学方向会更加注重城市设计的专题性探讨，例如生态城市设计、TOD 模式专题，并逐渐探讨将"大数据"和"小数据"加以融合的教学方法。

参考文献

[1]　黄翼. 研究型城市设计理论课程教学方法探讨：全国高等学校建筑学学科专业指导委员会，大连理工大学建筑与艺术学院. 2014 全国建筑教育学术研讨会[C]. 大连：大连理工大学出版社，2014：516-520.

[2]　黄翼. 城市设计课程论文辅导教学节点探讨：全国高等学校建筑学学科专业指导委员会，昆明理工大学建筑与城市规划学院. 2015 全国建筑教育学术研讨会[C]. 北京：中国建筑工业出版社，2015：345-349.

李燕[1]　陈雷[2]　辛杨[1]
1　沈阳建筑大学建筑与规划学院　2　东北大学江河建筑学院
Li Yan[1]　Chen Lei[2]　Xin Yang[1]
1　School of Architecture and Urban Planning，Shenyang Jianzhu University
2　School of Jianghe Architecture，Northeastern University

竞赛教学引入建筑设计课程体系的教学改革探索
Exploration of Teaching Reformation of Competition Teaching into Course System of Architectural Design

摘　要：针对目前国内建筑院系将建筑设计竞赛引入建筑设计课程的普遍现象，研究在建筑设计课程体系的教学改革中，如何将建筑设计竞赛系统而全面地融入到建筑教学体系的各个层面当中，并结合教学实践进一步展开讨论，探索可能的实践途径。

关键词：建筑设计竞赛，建筑设计课程体系，教学改革

Abstract：In view of the common phenomenon of the introduction from architectural design competition to architecture design course by architecture Departments in China，this paper focuses on how to introduce the architectural design competition into all aspects of architecture teaching system systematically and comprehensively in the teaching reform of course system of architectural design. Meanwhile，it expends the discussion combining with teaching practice in order to explore the possible practical ways.

Keywords：Architectural design competition，Course system of architectural design，Teaching reform

1　背景

自 20 世纪 90 年代由全国高等学校建筑学学科专业指导委员会主办的"全国大学生建筑设计竞赛"开始，每年全国乃至国际范围内面向建筑学专业学生举办的建筑设计竞赛可谓种类繁多。据不完全统计，以 2015 年为例，国内举办的国家级（含国际）大学生建筑设计竞赛有 16 个，国内学生可以参加的国外举办的建筑设计竞赛有 20 余项。众多的竞赛类型为建筑院系的学生提供了更多展示设计思想和设计成果的机会，也为今后走向社会更好地适应建筑行业竞争方案的运行模式提供了锻炼的环境。为了更好的利用竞赛资源，国内很多建筑院系安排了建筑设计竞赛融入建筑设计课程的教学环节，但由于竞赛题目和内容的多变性和不确定性，教学

中的竞赛环节往往只是建筑设计课中的一个特例，并不能系统地与建筑设计课程体系相融合。针对目前这种现状，我们开始研究将竞赛教学更为系统地引入建筑设计课程体系，使得竞赛从建筑设计教学的"外力"，转化成融入建筑设计教学体系的"内力"。通过调整传统建筑设计课程体系设置，拓展教学环节组织，转变教学评价体系，从而使建筑设计竞赛能够系统而全面地融入到建筑教学体系的各个层面当中去，使传统教学体系有所提高，进而改善建筑设计教学质量，提升学生的专业水平和教师团队的专业性。

2　教学体系设置的调整

国内传统的建筑设计课程体系，多数是以建筑功能、类型作为组织教学的依据，按照由易到难、由简到

繁的顺序，安排一至五年级的建筑设计课程内容。从教学进度来看，普遍将每学年度分为上下两个学期，每个学期平均安排两个设计题目，每个设计题目的设计周期为8～9周左右。教学过程可以简单概括为"发题讲题上大课，一二三草上正板"，教师个别辅导，统一评分标准。这一体系对于相对固化的方案设计方法的学习、基本技能的培养及已有设计知识的传授是行之有效的教学模式，但从指导学生设计过程来看，我们越来越明显地感受到这种教学模式过于死板、重复性强。学生在低年级阶段普遍能够全力投入，并按照进度的要求完成各个环节的设计目标，但随着年级的增长，这种单一重复、长期不变的教学规律渐渐对学生失去了吸引力，学生对设计兴奋度在逐渐降低，尤其在每个设计题目的开始阶段进展缓慢，学生普遍不能快速投入角色，难以激发学生设计激情，造成学生在学习过程中的疲态。

为了改善传统建筑设计课程体系的诸多问题，我们将设计竞赛与传统教学相结合，利用设计竞赛的优势，弥补传统教学的不足，"以教为主，以赛为辅"，做到将设计竞赛融入到建筑设计教学的各个层面（图1）。引入竞赛的教学改革之处在于打破了传统的学期划分方式，根据教学大纲对各年级学生的培养目标适当引入设计竞赛，灵活安排设计题目和设计周期。通过引入体育竞技行业的"超量恢复理论"，提出了在课程进度中安排训练阶段、恢复阶段和竞赛阶段的划分方式，转变传统的"设计练习"为"设计竞争"模式，提高建筑设计课程的教学质量。

一年级、二年级

	一年级				二年级			
目的	空间认知				空间组织训练			
内容	初步认识建筑	建筑设计基本技法	空间和尺度		建筑功能与空间	建筑要素	发散性创作思维	建筑与环境
传统教学 题目	建筑外环境设计	立体构成设计	小型建筑设计	建筑模型设计与制作	北方六班全日制幼儿园设计	汽车展厅设计	青年创意工坊设计	社区图书馆设计
阶段	专题训练阶段	专题训练阶段	专题训练阶段	专题训练阶段	专题训练阶段	专题训练阶段	专题训练阶段	专题训练期
周期	8周	8周	8周	8周	8周	8周	8周	8周
引入竞赛 题目	建筑外环境设计	如建筑搭建竞赛	小型建筑设计	建构设计竞赛	北方六班全日制幼儿园设计	如亚洲新人站	青年创意工坊	如中国建筑新人赛
阶段	专题训练阶段	竞赛阶段（恢复阶段）	专题训练阶段	竞赛阶段（恢复阶段）	专题训练阶段	竞赛阶段（恢复阶段）	专题训练阶段	竞赛阶段（恢复阶段）
周期	8周	1周／5周／2周	8周	1周／5周／2周	8周	1周／5周／2周	8周	1周／5周／2周
说明	专题训练，采用传统设计题目在相对较长时间内，针对本阶段教学目的进行强化训练，并强调教师评价与学生反思时间，为其它科目留出复习时间。	集中竞赛，加大工作强度，提高设计效率，针对本阶段教学目的进行强化训练，并强调教师评价与学生反思时间，为其它科目留出复习时间。						

三年级、四年级

	三年级				四年级			
目的	空间整合				建筑专项深入			
内容	功能与空间	文脉与环境	建构意识	构造与材料	复杂建筑功能空间	群体建筑空间设计	综合设计能力	创造性思维能力／建筑与城市
传统教学 题目	规划地块内住宅组团设计	客运站设计	建筑系馆设计	文化体验馆设计	校园综合楼设计	小型综合医院设计	商业综合设计	城市行政文化中心设计
阶段	专题训练阶段	专题训练阶段	专题训练阶段	专题训练阶段	专题训练阶段	专题训练阶段	专题训练阶段	专题训练阶段
周期	8周	8周	8周	8周	8周	8周	8周	8周
引入竞赛 题目	规划地块内住宅组团设计	如revit竞赛	建筑系馆设计	如UA竞赛	校园综合楼设计	evolo国际设计竞赛	城市行政文化中心设计	如UIA设计竞赛
阶段	专题训练阶段	竞赛阶段（恢复阶段）	专题训练阶段	竞赛阶段（恢复阶段）	专题训练阶段	竞赛阶段（恢复阶段）	专题训练阶段	竞赛阶段（恢复阶段）
周期	8周	1周／5周／2周	8周	1周／5周／2周	8周	1周／5周／2周	8周	1周／5周／2周
说明	专题训练，采用传统设计题目在相对较长时间内，针对本阶段教学目的进行强化训练，并强调教师评价与学生反思时间，为其它科目留出复习时间。	集中竞赛，加大工作强度，提高设计效率，针对本阶段教学目的进行强化训练，并强调教师评价与学生反思时间，为其它科目留出复习时间。						

图1 传统教学与引入竞赛教学体系的比较（图片来源：作者绘制）

2.1 控制竞赛引入的数量和强度

目前，建筑设计竞赛的数量繁多、主题多样，要做到"以赛促练"，就要研究竞赛引入的适度性，控制每学年引入竞赛的个数和每个竞赛的周期与强度。竞赛引入过少，强度过低起不到效果；引入过多，强度过大，会使学生疲劳，甚至身心受损，过犹不及。通过结合过往实践与问卷调查等方法，由教师团队逐步确定引入竞赛的"量"和强度。从数量上，一般每学期参与一项竞赛即可，不宜过多，既能够达到锻炼学生、开拓视野、提高积极性的目的，也可以避免强度过大，超出学生能力。从强度上，每个设计题目或竞赛之间要有小周期的恢复阶段，这个阶段内可考虑不安排设计任务，给学生流出过渡的时间，避免强度过大。

2.2 促进竞赛与教学目的相适应

面对相对固化的建筑设计教学体系，要做到"以赛促学"，就要研究竞赛引入的适时性，采取竞赛与教学目的相适应的手段。根据以教学为主、竞赛为辅的基本原则，按照不同年级、不同阶段的教学要求，选择不同组织规模、不同难易程度、不同设计方向、不同技术要求的建筑设计竞赛，来确定引入竞赛的"质"。一、二年级的学生处于学习建筑设计的入门阶段，这一阶段适合引入主题简单、规模小、难度低的概念性设计竞赛，例如建构大赛和空间设计竞赛等，让学生感受设计竞赛的氛围，体会建筑设计的竞争性特点。三年级学生处于承上启下的过渡阶段，这一阶段可以引入更为权威的国家级设计竞赛，例如每年举办的"REVIT杯全国大学生建筑设计竞赛"，尝试利用建筑艺术与技术相结合的方式进行建筑设计。四、五年级学生处于面向职业发展及继续深造的冲刺阶段，这一阶段可以引入一些水平较高的国际型学生设计竞赛，或者概念性和提案性的行业设计竞赛，以提高学生面向设计市场的综合实践能力，提升学生的视野。

2.3 建设以竞赛促进教学的专业团队

在竞赛课题的选择中，可以采用以专题设计代替传统综合设计的方式，突出教学团队的专业性。这种教学模式能够使教师在教学过程中承担独立的研究方向，以多元化取代一体化，使教师的教学与科研互相促动，形成良性循环，更好地面对国际化建筑教育的趋势，从而促进教学专业团队的建设。例如，可以在大三下学期同时选取"RE-VIT杯"，"U+L新思维"，"霍普杯"三个不同的竞赛题目，由擅长不同建筑设计方向的教师指导不同的建筑设计竞赛题目，再由学生们根据自身能力和兴趣方向来选择竞赛题目，最终通过双向选择决定参与的竞赛题目。

3 教学环节组织的拓展

除了对教学体系设置进行调整以外，在教学过程中对教学环节的组织也至关重要。在建筑设计课程传统的教学过程中，教师单纯地根据教学大纲和设计任务书讲解设计题目，组织安排调研，针对学生的设计方案进行指导和把控；学生对知识的理解和掌握较为被动，对设计问题的主动思考和解决能力不足。通过适当引入设计竞赛，一方面改善了传统教学中"教"与"学"的单一关系，另一方面也丰富了教学环节内容，有助于改善教学方法，促进教学紧随行业发展趋势，弥补传统教学中的缺失。

3.1 运用竞赛改善教学方法

传统的建筑设计课程教学中，教师重"教"，忽视了"授之以渔"，学生容易被动接受，形成学习的惰性。利用竞赛机制激发学生对专业问题深入研究的积极性，激发其主动扩展专业知识的欲望，提供更多横向比较与学习的机会和平台。采取"以赛代练、赛练结合"的训练模式，改善学生在长期的学习过程中负荷量大、强度低、容易出现疲态的问题，以竞赛为强大推力，促使教学任务的高效完成，协调各课程进程的安排。坚持"教学为主，竞赛为辅"的原则，教师的身份由指导者转变为建议者，主干课程与专业课程协作，同时结合专题讲座与论坛等形式，发挥学生的主观能动性，积极解决课程中出现的各种问题。

3.2 促进教学紧随行业发展趋势

传统的建筑设计课程是基于建筑类型学的设置，注重建筑功能、流线、规模的难易程度，而忽略了建筑行业发展变化对建筑设计更广泛和深入的影响。相比较而言，设计竞赛不仅仅是一种获得优秀方案的方式，还是一种带动进行建筑讨论的方法，是最能体现建筑行业发展和建筑设计思潮的一种媒介。建筑行业中快速发展的参数化设计、可持续建筑、绿色建筑等建筑思潮，在设计竞赛中都得到了充分的关注。在安排竞赛环节时，可以根据竞赛主题结合建筑设计课程的要求，针对专项问题在适当的阶段引入竞赛，以促进建筑教育的发展，推广建筑思潮，促进建筑设计教学紧随行业发展的趋势。

3.3 弥补传统教学中的缺失

传统的建筑设计教学中，考核的焦点多集中在建筑的功能、空间、造型的设计，忽视了建筑结构、构造、物理、材料等方面的问题，学生普遍对建筑技术方面相关知识的学习不够深入。通过安排建筑技术方面主题的设计竞赛，改善学生忽视建筑技术方面知识的问题，使学生能够更为全面地提高建筑设计的能力，使建筑设计不仅仅停留在图纸上而能成为"真正的"设计。

4 教学评价体系的转变

传统建筑设计教学中，学生的课程设计成果由专任教师评图并决定成绩，缺乏总结和更为权威的评判。学生在总结学习成果时，也不能客观深入地了解自己设计中存在的问题，往往前一阶段的问题又延续到后面的设计中。正确的评价和深刻的总结对于学生的提高也有巨大帮助。通过竞赛的引入有利于改变既有的评价体系：①权衡竞赛获奖与作业成果评价之间的关系。引入竞赛的教学评价体系，将结合竞赛成绩和课程完成效果给出设计课程的最终成绩，使得成绩的构成更具权威性和合理性。②使除学生、教师外的专家参与到评价中来。竞赛的评委均来自于行业内和高校的权威专家，对设计行业的判断更为敏锐，对设计成果的评价更为权威。③使学生在评价中能够正确地总结，深入研究自己的学习过程，并从中获益。

5 教学实践探索

针对低年级阶段，在对学生进行了建筑基础知识的训练后，我们尝试引入"中建海峡杯"海峡两岸大学生实体建构大赛。在2016年的竞赛中，设计主题是"实·农"，要求以宝岛台湾盛产的农作物作为概念，撷取造型与纹理等特征发展实体建构作品，并结合材料的可持续性和生产、装配的灵活性，设计出节能、健康的农村新型态永续绿色空间。（图2）经过一个月的设计时间，最终有1份作品入围决赛阶段，前往台湾进行现场实体建构。

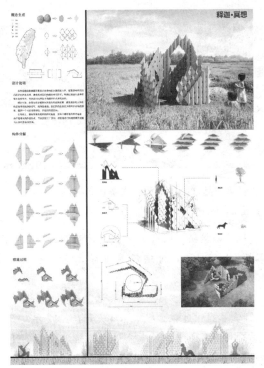

针对中高年级，我们主要尝试安排题目难易适中，并考虑结合结构、构造、物理、材料等等技术内容，安排"REVIT 杯"全国大学生建筑设计方案竞赛、UA 创作奖概念设计国际竞赛、UIA 国际学生设计竞赛、EVOLO 摩天大楼设计竞赛等题目。这类竞赛题目往往都要求在真实的地段环境中，通过建筑设计的手段解决具体的社会、环境和空间等方面的问题，并充分利用技术手段，实现建筑设计价值的最大化。以三年级为例（图3），在这一学年下学期同时选取三个不同的竞赛题目，由擅长不同建筑设计方向的教师指导不同的建筑设计竞赛题目，再由学生们根据自身能力和兴趣方向来自由选择竞赛题目。从近几年的参赛过程来看，中高年级的学生热情很高，投入了很大的精力，也取得了很好的成绩。

通过近几年的教学实践，学生逐步培养了竞争意识与协作意识，学习积极性得到了激发，设计能力得到了持续性提升，对学生的高水平就业与深造都有明显效果。同时，教学团队的凝聚力明显加强，团队成员的专业特长得到很好的发挥，对整体教学水平起到了很好的促动作用。（图4、图5）

图2 2016年"中建海峡杯"海峡两岸大学生实体建构
大赛入围决赛作品
（图片来源：参赛作者提供）

图3 大学三年级下学期教学进程安排表（图片来源：作者绘制）

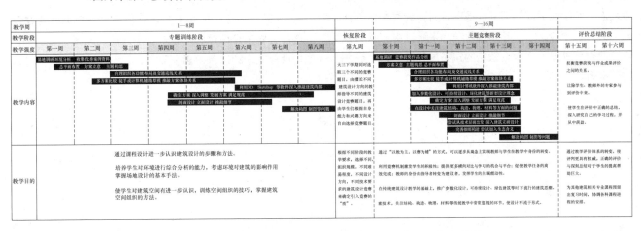

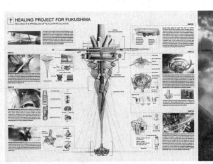

图4 EVOLO 2015年度摩天大楼大赛参赛作品（图片来源：参赛作者提供）

图5　2015年REVIT杯全国大学生建筑设计竞赛二等奖获奖作品（图片来源：参赛作者提供）

6　结语

建筑设计竞赛阶段性引入到建筑教学体系的各个层面之中，成为传统建筑设计教学体系的发展和外延，完善了现有的教学体系。通过"以教为主，以赛为辅"的方式，可以逐步培养学生的竞争意识与协作意识，学习的积极性得到激发，设计能力得到持续提升，对学生的高水平就业与深造都有很大的帮助。教学团队的凝聚力也明显增强，建筑设计及相关专业的教师能够在各自擅长的领域更充分地发挥他们的作用。在指导学生完成竞赛设计的同时，对教师个人素质的要求也会提高，从而激发老师和学生共同学习共同提高，为传统教学注入活力。另外，学校、学院整体的教学水平通过组织参与设计竞赛得到提升，在专业领域的知名度和影响力会得到显著提升。

参考文献

[1] 曲翠松. 国际大学生设计竞赛作为课程设计内容探讨. 2015全国建筑教育学术研讨会论文集，2015年.

[2] 孔宇航. "接力游戏"记霍普杯国际大学生建筑设计竞赛组织过程. 城市环境设计，2012年.

[3] 高巍. 建筑学专业设计课教学中结合设计竞赛的探索. 山西建筑，2011年4月：242-244.

[4] 解旭东. 基于"超量恢复理论"的"赛练结合"式建筑学专业设计课教学. 教育与职业，2013年8月：144-146.

[5] 孙浩，胡振宇. 新形势下的全国大学生建筑设计竞赛模式探讨——推动非重点建筑院系参与. 中国建设教育，2012年9月：76-79.

谢振宇　杨鑫

同济大学建筑与城市规划学院；xiezhenyu@tongji. edu. cn

Xie Zhenyu　Yang Xin

College of Architecture and Urban Planning Tongji University

中外双学位项目中硕士论文教学环节的比较与思考
——以同济-米兰理工硕士联培项目为例

Comparison and Research Afterwards in Master Thesis
——Take Dual Master Degree Program inArchitecture BetweenTongji University and Politecnico di Milano as an Example

摘　要：同济大学与米兰大学建筑学双硕士学位联合培养是一个重要的国际化办学项目，本文通过对学生在参加该项目时硕士论文写作中遇到的具体问题的分析，从论文选题、写作推进、答辩等方面，对两个学校的教学模式进行对比和思考，对国际化联合培养项目的可持续开展提出一些建议。

关键词：双学位联合培养，硕士论文，比较，思考

Abstract：The dual Master Degree program in Urban Design between Tongji University and Politecnico di Milano has become an important international master education program in both unversities. This article intends to analysis the problems that the students who participated in the program have met during their thesis writing, and then give some advice to the program from program system, organization of courses and preparations.

Keywords：Dual master degree program，Master thesis，Comparison，Research afterwards

1　前言

同济大学与意大利各高校的合作可以追溯到 20 世纪 80 年代教授间的合作交流，进入 21 世纪以来，特别是 2006 年同济大学中意学院的成立见证了多个学科的本科、硕士、博士生合作交流。同济大学/米兰理工大学建筑学硕士双学位联培项目，是学院间交流项目，从 2012 年同济大学建筑与城市规划学院派遣首批同济学生到米兰理工大学进行为期一年的学习，至今已成功运作了 3 届。

在双学位的培养中，学生们除了在双方各一年的课程学习中面临培养方案的衔接、学习方法的适应、教学

语言的挑战之外，硕士毕业论文的选题与写作更是摆在每一届参与项目同学面前的难题。针对学生们在交流学习中论文成文中所遇到的问题进行思考和研究，是确保国际化联合培养项目可持续开展的重要议题。

2　选题方面的比较与思考

按照同济大学的硕士研究培养计划第一学年研究生（建筑学）需完成所有课程学习，第二学年为实践环节，学生们自行在相关单位进行实习，并同时构思硕士论文的写作，从第二学年末开始写作，第三学年为半年学制，在此期间完成论文并进行论文答辩，整个研究生学习期间（包括论文的构思和写作）都在自己导师的指导

下完成。米兰理工（Architecture-Architectural Design）的学制主要为2年，是英文授课的硕士项目，一年级和二年级每一学年都有64个学分的密集课程安排，包含建筑设计、历史建筑保护、城市设计、建筑构造、景观、经济、政策、历史等多方面的课程，每个学年安排较为均衡，学生们并没有一个负责整个研究生生涯的特定导师，很大一部分同学是在设计课的导师中找寻合适的人选作为毕业论文（Master Thesis）的指导老师，毕业论文一般在二年级开始构思并会对二年级设计课课题以及导师的选择产生影响，在确定导师后，二年级的下学期的课程之外学生们开始着手毕业课题，而毕业时间的安排较为灵活，依据学生们的开始时间、研究安排从9月、12月，次年4月、7月不等，因此学生们的学制由两年到三年不等。

双学位培养项目制定之初的原则是取同和互补，从双方目前的教学差异角度制定学制，采取双方整体学制不改变的情况下的折中方案。目前双学位同学的培养方案为综合同济大学第一学年和米兰理工第二学年的课程安排，第三学年返回同济大学，并继续完成论文。学生们错过的国内一年的实习环节可以分散安排在寒暑假期间完成（没有学分和成绩的强制性要求），而第二学年在米兰理工只需正常完成这一学年的学分，并且双学位的同学拥有优先选课权，可以选择适合自己研究兴趣以及不与同济第一学年重合的课程。总体而言，培养计划的安排和接洽是较为合理的，学业负担会略重于其他同学，但与目前所有的其他双学位项目比起来是比较能接受的。

两校的学生在论文选题上都有着广泛的研究兴趣和丰富的关注点，米兰理工的教师们也有着不同的研究方向，例如历史和保护方向、构造和技术方向、建筑设计方向，不同的老师所带学生论文会有不同的研究偏重。在意大利这样的历史厚重的国家，历史和保护方向的老师对于论文的历史准确性、遣词造句的谨慎度就会要求非常高。构造和技术方向的老师则对图纸的深度和技术准确性有很高的要求。而设计方向的教师所带的同学，有的论文以研究为主，有的则为设计论文，研究的选题从社会问题、生态议题到形式空间研究都有。他们对于毕业论文的形式自由度也更大，可以是论文答辩，也可以是设计答辩。由于在教学培养中对于研究的重视，即使是设计型论文，也会基于大量的研究和调查，学生们根据自己所感兴趣的社会问题或是建筑类型首先会展开大量的调查和研究，选择切题的设计基地逐步推导出设计目标，并继续深入方案设计。而同济的论文，基本还是以研究和写作为主。尽管学院已经做出了设计型论文选题的尝试，但推进效果不是很理想，首先是由于同济

硕士阶段设计课所占权重远远少于本科阶段，从课程到教师再到学生对于设计的重视程度都明显不足；同样，由于缺乏先行案例的经验，对于设计型的选题以及整个写作流程还没有明确的要求，学生们即使有设计型论文的想法也因为实施之难望而却步；再者，目前建筑学硕士论文的评审模式依旧极大的依赖于全国教育系统的评价模式，包括校内评审、校外评审等环节是较为固化的，如果要改变现有模式推行设计型论文对相关评审教师的专业契合度会有更高的要求，同时评价体系也需要有很大的改变。实际上，建筑学作为一门应用学科，纯理论性的研究是比较困难的，以理论佐证设计，从理论推导设计，形成一个连续完整的流程，是米兰理工比较推崇的论文模式，而在同济，学生们受限于现有制度而失去这样的机会，不得不说是很可惜的。

两校学生的论文写作的时间安排是基本近似的，目前两校并没有对双学位同学的论文进行联合答辩，两边论文写作是独立进行的。有的双学位同学由于某些原因不能在两校使用同一个论文题目，只能分别完成了两篇论文，这需要在第二学年抵达米兰之后尽早地开始论文写作，在回国前完成米兰方的答辩，回国后重新开始国内的论文写作，这样一来学生的压力会非常大。较为理想的方式是，第一学年在国内与导师大致确定好研究方向，并提前了解这个研究方向在米兰理工是否有可行性（例如大跨建筑这一选题，在米兰理工就会出现找不到指导老师的情况），在第二学年根据此方向找到合适的指导老师之后开始论文写作，并且与国内老师保持沟通，并在回国前在较早批次完成米兰理工的论文答辩，回国后根据两方论文的不同要求，翻译并修改论文，进行同济方的论文答辩。

3 研究过程的比较与思考

米兰理工同学的论文常常是由设计课中衍发出研究兴趣，或是按照研究兴趣选择相关的设计课程，并按此兴趣选择指导老师，因此论文的构思和推进时间比同济学生更为系统和符合个人特色，连续四个学期，每个学期一门到两门的设计课程也是加深思考和帮助理解论文的方式。相比较而言，同济学生的论文写作与课程教学很多时候联系是比较弱的，不一定能找得到合适自己的设计课程，第二学年的实习环节基本也很难对论文的研究产生实际的帮助。

中方学生在同济学习期间，理论课的学习基本由老师主导，学生以接受知识为主。而在意方教学期间，老师通常并不会在课上传授大量知识，而通过研究、进行汇报则成为一种主要的学习方式。由被动接受知识彻底

转变为主动研究和求知，这一主流方式，对中方学生而言需要有一段适应过程。

意方的设计课程一般没有详细的任务书，设计过程同时也是调研分析的过程。关注设计的最初动因，要求学生逻辑清晰、思维严密地推进设计过程，对习惯于注重设计结果的中方学生有所不适。与社会实践接轨，是意方设计课程的另一个特点。设计课中往往还有大量的访谈、调研、协调、动手的过程，对于学生的综合能力（包括沟通协调的能力、口头表达能力、英语运用能力）有较高要求。对于习惯在视觉层面进行设计的中国学生来说，如何在实践中寻求和处理方方面面的问题，对于为期一年的联培学生来说是不小的挑战。

在论文写作中，学生们同样同时面临和设计课程中一样的问题。中方同学重视设计结果，尽管在米兰理工可以选择完成设计型论文，但常常会被老师们批评研究过程过于仓促、缺乏逻辑性和逐步推进的一个过程。即使是设计型论文研究部分依旧会占据一半甚至 2/3 的时间，每一个设计细节的导出都需要有详尽的调查和思考，能够说服他人。因而学生和教师的磨合难度会比较大。

项目是英语授课项目，但英语对于学生和教师来说都不是母语。英语作为中方学生在学业上赖以表达、交流的工具，其水平对于在米兰期间的学习情况有很大的影响。同时米兰理工的教师们英语水平事实上也是参差不齐的，即使有研究方向契合的老师也会存在沟通交流不顺畅的情况，不管是表达和接受上都会造成一定的障碍，在设计课上出现这种情况还能通过和其他同学沟通交流来帮助理解，但论文写作中，与教师一对一的交流中就只能靠自己提升英语水平来改善交流效率了。在调研和研究中，不可避免地需要接触意大利语的文献资料，只能通过意翻英来帮助理解大意，但尽管如此还是会大大的增加论文写作难度。除听说之外，英文的写作也是中方学生面临的一个难题，论文的写作对于行文和词汇运用是有较为严格的要求的，在国内课堂上所接受过的英语教育远远不能满足要求，学生如果在出国前期准备中增加专项的口语和写作课程，能够更大程度上减少困难。

两个学校一个很大的不同点是米兰理工的论文是导师全负责制，整个硕士论文全程由导师指导，最后的通过与否也只由导师一个人决定。导师对于论文的质量需要全权负责，这样导致教师们对于毕业论文的重视程度更高，教师和学生的论文讨论频率也会比较高，一周一次甚至一周两次。教师能有更多的时间对论文的每个环节进行聆听和指导。双学位的同学在这一学年能够对论文有一个更为深入和细致的调研分析工作，在回国的论文翻译中，更多的体现优势，弥合不同。

4　答辩方面的比较与思考

同济的论文写作在完成后首先是提交论文校盲审，盲审通过之后，学生们需要根据盲审老师回馈的答辩意见对论文进行修改，并进行后续的论文答辩准备，若是盲审未通过，意味着论文质量不达标，需进行较大的修改，需要延后答辩时间以及毕业时间。而通过校盲审之外，在准备答辩的同时还需要抽市盲审，市盲审对于论文格式有着非常严格的要求，抽中的学生为了保证市盲审的通过都会继续进行论文的修改，否则会影响最终毕业时间。答辩一般由各个梯队（教研组）各自安排，同一个梯队的学生由于盲审情况的不同会安排不同的答辩时间，答辩形式为 PPT 汇报，每场答辩的学生从几位到最多十几位不等。

米兰理工的学生首先会有一个导师通过截止日，一般在答辩前的半个月，在截止日之前学生的论文获得导师的最终认可，导师在教务网站上确认通过，学生就成功毕业，教务科就已经开始制作学生的毕业证书。从导师确认到答辩日的这段时间，学生们有充足的时间来进行论文的答辩准备，某种程度上意方的论文答辩更像是结业表演，论文已经是定稿，这段时间学生们就会聚焦于如何更流畅更精彩的展示自己的论文。此外由于论文形式的多样，答辩形式也会更为多样，现场会有图纸、模型、装置、视频等等展示。每一轮的答辩日在多个教室会有多个教研组的论文同时进行答辩，由于大量的国际学生与意大利学生混杂学习，一起进行论文写作，很多教研组的论文答辩中也会出现英文答辩，这点也体现出米兰理工在国际化方面是比同济要走得更靠前些。论文的通过是早就确定的，而答辩现场会产生的是学生们的毕业分数，在论文的展示结束后现场的多位评审老师会进行现场打分，满分为 30 分，部分表现突出的学生能够获得满分毕业的殊荣。现场会有很多学生的家长和亲人前往，在答辩结束后校园内会有很多庆祝活动，米兰理工的答辩某种意义上即为学生们的毕业典礼。

比较两校的答辩，同济的形式较为单一；由于各梯队分批次自行安排，较为零散，不如米兰理工公开答辩日那般隆重；盲审制度能够保证论文审查的公平和公正，但也分散了学生们的精力，削弱了论文答辩的重要性，很多学生持有"论文答辩就是走走过场"这样的消极想法。而意方的教学制度则保证了学生们有充足的时间准备毕业答辩，答辩成绩在之后的找工作中是用人单位很看重的指标，也直接导致了学生们对于答辩的表现非常重视。

图 1　米兰理工硕士论文答辩（1）

图 2　米兰理工硕士论文答辩（2）

5　结论

双学位联合培养是通过国际化的教育实践，促进和提升本国教育理念和水平，让学生们能在相同的时间内体验到更广阔的视野和更多元的教育模式。同济大学/米兰理工大学建筑学双学位联培项目，目前已由最初的"精英教育"走向了常态；从理念走向实践；从单向的派遣到双方的交换，是同济大学建筑与城市规划学院硕士生教育的一项品牌项目。应该说，这一双学位联培项目还处在边探索边拓展的阶段。合作计划和课程设置最初是由学校方的老师和组织者自上而下制定的，而经过数届的实践，印证了其基本的合理性。但针对学生们在联培项目中，特别是硕士论文这一重要环节中具体遇到的问题应有更多的关注和研究，在培养方案、学习方式、教学语言等问题有更多的改进和深化。对来自学生中"感同身受"的具体问题的思考和研究，正是确保国际化联合培养项目可持续开展的重要议题，在联合项目中能够吸取两个学校的教学特色和优点，成长为多方面的高素质人才是联培项目的最优效果。

屠苏南　沈芷琳

东南大学建筑学院；sunan2000@hotmail.com

Tu Sunan　Shen Zhilin

School of Architecture，Southeast University

教、研结合——以南通市中低价小区分布和交通便利性成本估算研究为例[*]

The Distribution Pattern and Transport Convenience Cost Estimation of the Mid-low Price Residential Quarters in Nantong

摘　要：工程学科中有理论、实践结合较强的研究性课题，有待初步进入此领域的研究者逐渐深入把握。建筑类学科尤有此方面的训练在高等教育教学中展开。本文以南通市中低价小区分布和交通便利性成本估算研究这一实际科研项目为例，发挥教学研究中学生一方的活跃思维，引导他们关注实际社会问题并予以较为专业的观察研究，以期达到教、研一体的目的。该研究观察明显改善了城市交通便利性的公共/大众交通，注意它对住宅小区（楼盘）分布的影响，及对中低价住区中大量的普通城市居民的出行影响；研究选取南通作为对象，通过数据分析确定研究对象的范围和中低价住区样本及其分布，并对其观察分析其与公共交通的关系，推导中低价住区关于公共交通的分布模式。选取比较不同交通方式之间的距离、耗时、耗资的数据差别，从而分析出中低价住区房价与交通便利性的关系，及对其模型进行研究。

关键词：住宅小区，交通便利性，成本，分布模式，教研

Abstract：The city public/mass transit significantly improves the city transport convenience，especially along the traffic lines in the outer space of the central city，affects the distribution of residential area. The ordinary urban residents live in the mid-low price residential quarters are relatively affected more by the public transportation. The sample city of the study is Nantong，determined the scope of the objects by data analyzing，concluded the distribution of mid-low price residential houses in the city，observed the relationship between the object quarters and the public transit，and finally concluded the distribution pattern of the public transport. The study chose different means of transport and compared the difference between them about the distance，time-consuming and monetary cost. We accordingly analyze the relationship between the mid-low price residential housing prices and the transport convenience，and study the model.

Keywords：Residential quarters，Housing price，Transport convenience，Distribution patterns

＊本研究为国家自然科学基金资助项目《城市中低价住宅用地的交通便例性模型实证研究——以长江三角地区为例》（项目批准号：51378101）的分项研究一部分，也为东南大学SRTP项目。

1 引言

1.1 课题及研究背景、目的和意义

工程学科中有理论、实践结合较强的研究性课题，有待初步进入此领域的研究者逐渐深入把握。建筑类学科尤有此方面的训练在高等教育教学中展开。适逢近年，国家政策层面自上至下推动对城市、城市设计的关注研究，在高校教学中，学、研结合也更显必要。此次课题以南通市中低价小区分布和交通便利性成本估算研究这一实际科研项目为例，发挥教学研究中学生一方的活跃思维，引导他们关注实际社会问题并予以较为专业的观察研究，以期达到教、研一体的目的。

课题本身所藉由的主研究课题围绕城市交通便利性和城市中低价小区地价的关系展开。城市交通条件影响了城市中住宅区的分布和价格等。中国城市的交通基础设施近年来改善迅速，交通便利程度的提高"导致影响因素如 CBD、主干道、公交等对地价的影响程度和范围发生变化"[1]。而地价是房价的重要影响因素。非市中心的住宅由于交通改善从而使交通时间、精力等出行成本降低，使得许多购房积蓄不高的人群也可选择非市中心住房来减轻购房压力。

有研究表明，存在按照住房市场消费者的群体分类的"分市场"[2]——在本段研究中，即交通便利性因素在同一地区与高中低不同档次住房价格的相关性程度不同。推测其原因，是因为中低价住房的购买人群收入普遍低于高档住房的购买人群，其对公共交通的依赖程度总体更大（拥有私车的机率更小）；购房选择时对公共交通便利性的要求更高。

本部分研究着重于城市内中低价住区的宏观分布，关注住区价格和交通便利性。研究目的是了解长三角地区无轨道交通城市（本文以南通为例）中低价住区的空间分布特征，及其与城市交通因素的关系；为后续研究中低价住区（用地）价格与交通便利性间的关系作准备。研究意义在于它可为政府了解中低价住区的分布规律、为其制定中低收入阶层的住宅（用地）政策，以及为住宅市场的定位、选地提供更可靠依据。

1.2 教研思路

为达到以上研究目的，本阶段研究从初步研究者的技能现状出发，从已掌握的对象、数据、方法着手，循序渐进地进入更深层次。研究思路按"理论-实践-理论"三段如下：

（1）发挥初步研究者熟悉的互联网的能力，利用既有业界领先网站的大数据，搜索资料数据：确定被研究的城市对象及其中低价住宅小区，给出中低价住区分布图；运用数据观察和分析南通城市中低价住区的分布规律及与公共交通路线、站点关系，得出其模式图；

（2）实地调研，将抽象完美的理论与丰富多变的实际相互参照，培养入门研究者的现实感受：通过实地调研，找出除交通便利性因素不同而其他各主要因素一致或相似的样本小区若干，即筛选出可作比较的中低价住宅小区作为样本；

（3）数据分析，培养入门研究者的数据处理能力、抽象概括能力：比较和分析各样本住宅小区之间房价数据差异所对应的交通便利性因素差异，尝试找出房价差与交通便利性因素差异之间的函数关系（如一次函数、指数函数、幂函数关系等）；找出函数中能把交通耗时转化为金额数目的系数，建立函数模型。

2 课题的进行：南通的中低价小区分布及主要交通线路

以上述目的、方法为指导，就可使初步研究者着手更具体的研究工作。首先是研究对象的限定，它们事实上是研究内容的载体，通过对这些载体入手，获得研究真正想要的内容；其次是对搜罗数据的分析和归纳——界定数据、归纳数据的规律。

2.1 课题研究对象：中低价小区的定义及获得

在本研究中，中低价住区定义为：将城市在售住宅小区（楼盘）按均价从低到高排序，取前 20%～40% 为样本池——即按价格升序排列，将小区总数五等分的最低第 2 份。城市指连续相邻的建成区，非行政意义上的市级辖区。

南通市作为研究对象的所在地理范围是市中心连绵一体的城市建成区（故只选取崇川区与港闸区，市区中的通州区与主城区并不连续而被排除）。

根据"房天下 南通"，选择"住宅"区间，排除不显示售价的"新盘"区间。进一步剔除偏差样本（偏差原因有"显示待定"、"显示总价"和"错误区间"三种类型，由网站错误引起），得到有效样本 75 个。按照价格区间分类后的结果如下：

进一步缩小范围，将样本价格从低到高排列，按住区数量均分为 5 份，将前 20%～40% 的住区作为中低价住区的样本。计算得出第 16 至第 30 个样本为精确价格区间，再根据区间确定样本数（考虑可能有价格相同的

样本）。由此选取了 0.8～1 万元 /m² 区间的后 5 个样本和 1～1.5 万元 /m² 区间的 10 个样本，得出结论：南通市域范围内中低价住区价格区间为 0.77～0.85 万元 /m²。纳入了价格相等的样本，样本数为 15 个。

图 1　南通市区卫星地图

南通市样本筛选表　　　　　　　　　　　　　　　　　表 1

价格(万元)区划	<0.8	0.8～1	1～1.5	1.5～2	2～2.5	2.5～3	>3	总计
崇川	5	8	28	6	0	1	1	49
港闸	15	10	0	1	0	0	0	26
区间总计	20	18	28	7	0	1	1	75

2.2　课题数据汇总：中低价小区的分布

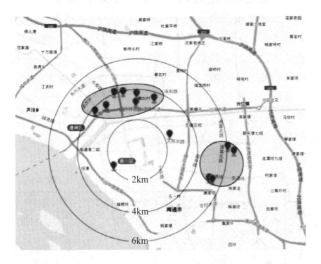

图 2　南通中低价商品住区的分布（2016 年中旬）

观察样本分布，用圆圈圈出样本聚集区域。可发现，南通主城区居住空间结构呈现"圈层"与"扇形"相混合模式，居住空间中心相较于商业中心，更远离长江沿岸较繁华地区。中低价商品住区的分布如图 2 所示。其分布特征总结如下：

（1）各区域中低价住区数量分布

内圈上有零星住宅，构不成规模。中圈上分布有一个大规模住区聚集区，且集中在城市北侧。城市南侧则多为中高价住区。城市北侧的住区规模相当大，但是却没有与之相匹配的城市次中心，大部分北侧居民仍然回到城市南侧工作。在距离商业中心相同距离，即出游时间相同的情况下，通勤时间较长。这是地价与房价较南侧低的原因之一。外圈上分布有一个小规模住宅聚集区，且集中在城市东侧。因为此处位处市郊，小区多为拆迁安置房，原村地址对区位选择有一定影响。

（2）与交通的关系

目前南通没有轨道交通，公共交通主要为公共汽车。因此中低价住区的分布没有明显的线性分布状态，而是类似于城市公交站点的分布，主要以城市中心为圆心，向外扩散并逐渐减少。

2.3　课题数据汇总后的分析：中低价小区的分布特征

根据南通市中低价小区筛选样本，绘制的中低价小区分布示意简图如图 3。

可归纳出如下中低价小区与公共交通的特征：

（1）中低价住区大致分布在距城市中心 4km 圈附近，到主城中心的交通时间约 30～40 分钟；

（2）由于公交站点数量较多，中低价住区没有明显

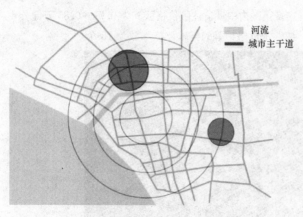

图3 南通市中低价住区分布简图

的围绕车站点状分布;

（3）城市非中心城区区域比市区（老城区）的中低价商品住区的规模更大、密集度更高，其原因是老城区土地租值过高，而且离市中心较远的地区的价格更依赖公共交通;

（4）中低价小区一般以城市次级中心分布，并且均在交通主干道附近，车行时间20分钟左右范围内。

2.4 课题数据分析的归纳：中低价小区的分布模式图

进一步归纳，并尝试绘制出中低价小区分布模式图，来阐释上述规律（图4）。

中低价住区由于地价，大致分布在城市2km圈层至4km圈层处。

本部分研究主要分析了南通市中低价住区分布特征与公共交通的关系。对于同一种交通方式，交通时间与距离与几成正比关系，而对于不同的交通方式，如私家车、非机动车等，即使距离相同，交通时间及交通花费也是不相同的。因此，下一阶段研究将会比较不同交通方式之间相同距离的耗时、耗资的差别，从而更加全面地分析中低价住区用地与交通便利性的关系，及对其模型进行研究。

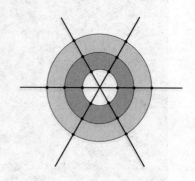

图4 中低价住区分布模式

3 课题的深入：交通便利性成本研究

上述主要基于书面资料、互联网数据的初步研究之后，进入了更深入一层的实地调研、数据采集、数据整理、数据分析过程。这部分工作由于在实地展开，较为辛劳，对初步研究者是一考验。但也培养了学生们耐心、细心，不能焦躁的研究态度。

3.1 研究对象的确定：待调查小区的抽选

选择仅在交通便利性因素上有较大差别的小区：为了使各个住区间在交通便利性方面具有可比性，挑选出建成年代（2004年以后）、容积率（1.5以上）、绿化率（30%～50%）、停车方式（地面停车与地下停车）、安全设施（设大门及门卫）等影响房价诸因素（重点学区等重大影响因素已排除）基本一致或相似的，仅在交通便利性因素上有不同的小区来分析。综合实地调研及问卷，得出汇总如表2所示:

表2

	建成年代	住宅楼及其幢数	物业管理	小区安全控制	停车方式	用地面积/万 m²	容积率	绿地率	户均停车位/个	主要户型面积类别	附近轨道交通线路数	紧邻的Bus线路数	附近相关幼儿园(1/0)	附近相关小学(1/0)	附近相关中学(1/0)	房价
高迪晶城	2015	14幢点式17层、28幢板式4层	1.45元/月/平	大门+门卫	地面+地下	11.5	2.39	35.0%	0.80	60m²～140m²	0	7	1	1	1	7000
华强城	2015	4幢点式11层、15幢板式6层	2.60元/月/平	大门+门卫	地面+地下	40	2.53	45.6%	1.08	80m²～130m²	0	2	0	0	0	7700
江景国际	2014	8幢板式13层、3幢点式21层	1.73元/平方米月	大门+门卫	地面+地下	6.8	3.20	32.0%	2.02	70m²～100m²	0	6	1	1	1	8300

	建成年代	住宅楼及其幢数	物业管理	小区安全控制	停车方式	用地面积/万㎡	容积率	绿地率	户均停车位/个	主要户型面积类别	附近轨道交通线路数	紧邻的Bus线路数	附近相关幼儿园(1/0)	附近相关小学(1/0)	附近相关中学(1/0)	房价
未来锦城	2012	23幢板式6层	2.00元/平方米	大门+门卫	地面+地下	3.3	2.57	45.6%	0.65	80㎡~100㎡	0	3	1	1	1	6580
中海碧林湾	2014	16幢板式6层	2.40元/平方米	大门+门卫	地面+地下	19.9	2.97	32.0%	1.00	70㎡~100㎡	0	2	1	1	1	5300

3.2 研究对象的数据整理：被调查小区交通便利性成本的计算

根据实地调研，统计出各小区不同交通方式到达市中心的距离、耗时和耗资情况，如表3所示：

表3中计算各种交通方式耗时所采取的方式：首先通过"高德地图"、"搜狗地图"等确定各小区至市中心的交通距离，再除以各交通方式的速度得到耗时（min）；

表3中计算各种交通方式耗资所采取的方式：若交通方式为公共交通，则查相应票价为耗资（元）；其它，如小型汽车则先通过互联网查阅调查期间的油价，再根据对应的交通距离上小型汽车平均所耗油量计算。

再根据关于到达市中心出行方式的问卷调查的统计结果，分配各交通方式的权重，计算交通耗资和耗时，如表4所示：

表3

	到市中心交通距离/km	私车		轨道		Bus		电动车		自行车		步行	
		~耗时/min	~耗资/元	~耗时/min	~耗资/元	~耗时/min	~耗资/元	~耗时(20km/h)	~耗资/元	~耗时(15km/h)	~耗资/元	~耗时/min	~耗资/元
高迪晶城	5.6	13	20.74	0	0	35	4	12	0.8	23	0.1		
华强城	3	8	19.05	0	0	22	2	10	0.8	12	0.1	36	
江景国际	4	6	19.7	0	0	35	2	12	0.8	16	0.1	50	
未来锦城	5.7	13	20.805	0	0	35	2	17.1	0.8	22.8	0.1		
中海碧林湾	8.7	15	22.755	0	0	47	8	28	0.8	35	0.1		

表4

	私车权重	轨道权重	Bus权重	电动车权重	自行车权重	步行权重	共计	交通成本/元	加权时间/min
高迪晶城	0.3	0	0.4	0.2	0.1		1	7.822	17.9
华强城	0.2	0	0.3	0.2	0.2	0.1	1	4.41	8.2
江景国际	0.2	0	0.3	0.2	0.2	0.1	1	4.54	11.7
未来锦城	0.3	0	0.3	0.3	0.1		1	6.8415	14.4
中海碧林湾	0.3	0	0.5	0.1	0.1		1	10.8265	28

3.3 研究对象的数据归纳：被调查小区交通便利性成本的小结

在研究中假设 K_t 是转换时间与金额的系数。

计算某一小区到城市中心的交通便利性成本（记为 c，单位：元）应包括交通耗资（记为 c_c，单位：元）和交通耗时（记为 t：单位：分钟），耗时则通过系数 K_t（单位：元/分钟）来换算为金额（即 K_t *

t)，则交通便利性成本 $c=c_c+K_t*t$ （式1。此时可推测系数 K_t 的取值很可能与出行人的单位时间的某种金额相关）。

通过综合的交通便利性成本（包含上述直接的交通耗资及由交通耗时转换而来的金额）与住宅小区房价的离散点分布分析，来验证此函数模型。如图5所示，分别取 K_t=0.01、0.1、1、10分析：

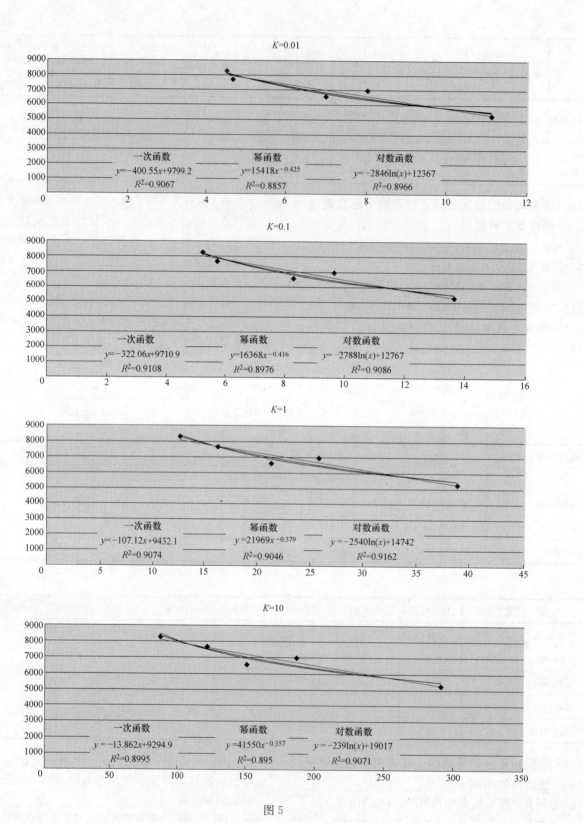

图 5

　　根据之前的研究，令函数为一次函数、幂函数、对数函数，观察调研数据与函数曲线的拟合关系，发现当 K_t 的数量级在 0.01～1 内，一次函数的符合度较高，同时这个范围也是所猜测的 K_t 的数量级范围。基本验证了之前的结论：（中低价）住宅小区的房价 p 与交通便利性成本 c 线性相关，亦即，p＝

$K_c * c + A_0$（式2）。其中，K_c 为房价与交通便利性成本相关性系数；c 为交通便利性成本，包括直接所耗的金钱成本与所耗的时间转换而来的成本，A_0 为房价中相对较固定的基值）。将前述式1代入式2，得 $p = K_c (c_c + K_t * t) + A_0$（式3）。

根据之前的研究，K_t 值可通过式3推导出的 $p_i - p_j = K_c (c_i - c_j + K_t (t_i - t_j))$（式4）。其中 i 为较靠市中心的圈层的住宅小区；j：较远离市中心的圈层的住宅小区）求得。且居民平均收入越高，K_t 越大。根据调查数据，取平均值进行计算，如表5。

表5

	平均房价（元/m2）	平均交通时间（min）	平均交通便利性成本（元）
近距离圈	8000	10.0	4.47
中距离圈	6800	16.1	7.33
远距离圈	5300	28.0	10.80

代入数据，求得南通的 $K_t = 0.02456$ 元/分钟或1.47元/小时；$K_c = 399$。

4 教、研小结

上述教研过程的描述展现，一方面该段研究对南通市中低价住区的分布与出行成本有了大致的了解：

（1）南通市的中低价住宅小区主要分布在市中心半径2～4km城市圈层内，且因区域发展速度、交通因素等不同，有明显的侧重分布；

（2）南通市的中低价住宅小区交通便利性与房价基本具有线性关系；

（3）南通市的中低价住宅小区的 $K_t = 0.02456$ 元/分钟或1.47元/小时。

另一方面，相对完整的一段子项研究使得作为初步研究者的学生对本研究的特点及科研基本共性有了较为鲜活的体验：

（1）从利用互联网探寻资料、数据，分析数据特点，归纳其共性、得出规律。

（2）实地调研，采集数据，贴近社会和人，了解社会性调研困难和初步可行的方法。

（3）数据的深入归纳、处理、再归纳，将其共性、规律提升到数量乃至函数层次的抽象归纳。

参考文献

[1] 曹天邦，黄克龙，李剑波等. 基于GWR的南京市住宅地价空间分异及演变 [J]. 地理研究，2013年第12期：2324-2333.

[2] 王福良，冯长春，甘霖. 轨道交通对沿线住宅价格影响的分市场研究——以深圳市龙岗线为例 [J]. 地理学科进展，2014，第33卷第6期：765-772.

吴征[1]　高小倩[1]　邱上嘉[2]

1　福建工程学院建筑与城乡规划学院；cooltaste@163.com

2　台湾云林科技大学设计学研究所

Wu Zheng[1]　Hsiao-chien Kao[1]　Shang-chia Chiou[2]

1　Faculty of Architecture and Urban-rural planning, Technology of Fujian

2　Graduate School of Design, National Yunlin University of Science and Technology

基于课程地图建构的专业建设思考
——台湾云林科技大学的经验借鉴

Thinking of the Architectural Education on Base of Curriculum Mapping
——Taiwan's Yunlin University of Science and Technology Experience for Reference

摘　要： 通过对台湾云林科技大学在专业建设方面的探究，反思专业办学不足，提出在后评估时期建筑学专业的办学思路，即以课程地图制定为手段，通过理清专业办学定位、量化教学及课程目标、完备教学评价机制、强化教师职业责任、以及学生的适性化教学等措施，夯实办学基础、拓展办学优势、确立办学特色。

关键词： 课程地图，PDCA，量化，学习风格

Abstract: Through the research to Taiwan's Yunlin University of science and technology in the Architectural Education, find the inadequate reflection of our education, and put forward how to improve the teaching after the assessment of Architecture. Propose the curriculum map as a means, by clarify the professional orientation, quantitative the teaching and curriculum goals, complete teaching evaluation mechanism, strengthening teachers' professional responsibility, and teach the students by the suitable way, to lay a solid foundation of education, expand advantage, and establish school characteristics.

Keywords: Curriculum Mapping, PDCA, Quantification, Learning style

福建工程学院建筑学于 2015 年 6 月通过了本科（五年制）专业教育评估，是全国第 55 所，也是新建本科院校中第一所通过专业评估的，给未来的发展打开了一扇大门。然而应该看到，专业评估的顺利通过，只是认真而规范办学的结果，是专业办学的最低标准、初级阶段，未来的办学之路任重而道远。

2016 年 7 月，笔者赴台湾地区短期培训，深入探究了台湾技职院校的代表——云林科技大学（以下简称"云科"）的建筑学专业建设，其"务实致用"的教学目标，"产学合作、设计创新"的办学优势，给笔者留下了深刻的印象，也启发了下一阶段的办学思路。

1　云科的办学特色

云科位于台湾中部的云林县斗六市，1991 年才正式建校，地缘优势及办学历史都不突出。然而，在 2013 年上海交大的两岸四地大学排行榜上高居 56 位，其办学质量和专业建设获得了台湾教育部门的高度认可，曾获评"典范科技大学"、"教学卓越计划第一名"

等诸多荣誉。

云科专业建设的特色在于：在教学及管理中，大量运用管理学、教育学、心理学的教育研究成果，以学生为教学主体，教师为能动主体，落实PDCA①教学品质管理，软硬实力涵养并进，从而实现了"说"与"做"的协调一致。这一切，都是以"课程地图"②的建构作为线索和手段，教学改革循环推进，从而最终得以实现。

1.1 基于"PDCA"的全过程管理

云科对教学质量的控制通过PDCA结构设计来实现，称为教学质量品保（QA）。首先是专业的"课程地图"设计（Plan），而后是执行（Do），而课程地图能否达到了预期的目标需要有个评量和检查（Check）的过程，针对检查评量中发现的问题，院系有相应的行动机制来进行教学信息的回馈和修正，即行动（Action）。通过PDCA机制，课程地图的设计，教学过程的管理，教学主体的研究和能力推进，乃至教师的职业素质提升等都可以被有效地管控起来，教育各环节得以有机连接。

1.2 基于"课程地图"的学程组织

云科重视对社会需求及教学本体的研究，并把研究结论绘制成"课程地图"来帮助学生进行课程咨询及学涯规划。课程地图内容包含专业教育目标、学生核心能力、课程规划及结构说明、授课环节、教学方法、升学就业管道类别及相关职业证照考取说明等。它就像专业的蓝图，说明了课程运作的情形。教师运用课程地图，确认课程定位、剔除冗余内容、统整目标、整合评量与标准，进行适时评价等；院系运用课程地图，整合通识与专业、连贯统整课程、凝聚各方共识，提升行政效率，以及检核或评鉴课程等；学生利用课程地图，理清生涯规划，明确学习目标，并能随时调取学习过程档案。由此可见，课程地图成为串联学校、教师、学生与课程之间的媒介，有效地推进了教学体系的科学化。

1.3 教学目标量化的"说"与"做"

教育是一个复杂的体系，课程地图在专业及课程定位上的"说到"与"做到"并不容易实现。云科的经验在于把模糊的概念做量化细分，层层实现。例如"玉山攻顶"的教学目标，可以转化为肌耐力、肺活量等核心能力指代，通过慢跑、营养摄取等（教学）方法来达到，期末安排1km长跑来进行评价，通过测量花费时间、心跳速度等可衡量指标来证明核心能力的获得，从而最终评价是否具有"玉山攻顶"的水准。其"说"与"做"通过科学的组织与量化实现连接，从而清晰定位。

1.4 教学主体的研究与能力推进

台湾教育部门于20世纪90年代推动"奖励大学教学卓越计划"，立足改变传统的教学观念，以学生为主体，将学生的"被动学习"转变为"主动学习"，并根据实际情况制定了学习的基本能力指标，完善了考核标准，建立适宜而具有弹性的选课机制、辅导机制、预警机制、互动机制和跟踪机制。云科的建筑设计教育强调人文与工程并重，学生创新能力突出，多次获邀参加国际间的学术展览与交流。课程地图的运用，大大促进了学生自主学习习惯和能力的培养，创新人格、创新意识在潜移默化中得到了培养。

1.5 教师个人发展与职业责任的一致

在云科培训期间，给笔者印象最深刻的是教师的专业素质非常高，且有很强的职业责任感和幸福感。教育部门为了鼓励"亲产业"的技职院校的发展，在政策、经费及教师的升等（职称晋升）上加以引导，各校也纷纷设立教师发展组织机构和产学孵化机构，随时为教师教学与科研排忧解难。在教学规划、课程组织等方面协助教师专业成长；在研究方面鼓励教师产学结合、创新孵化；在制度及道德层面，不断强化教师的人文情操，增强其职业责任感。

2 后评估时期专业建设的思考

首次评估的通过并不足喜，四年一次的专业复评在客观上要求专业建设必须在之前的基础上更进一步，专业发展只有注重"内涵建设"，扎实基础，发展优势，凝炼特色，才能在未来的建筑学办学中出类拔萃。

2.1 构建建筑学人才培养"课程地图"

2.1.1 社会需求和培养目标

利用"课程地图"制定的契机，厘清未来5～10年的社会需求，每年定期召开政产学研教学委员会工作会议，利用研讨法、问卷法、德尔菲法等统计分析方法，落实行业需求，制定教学目标，依据目标订立学生基本及核心能力指标，明确人才培养目标。

2.1.2 核心能力与课程组织

根据筛选出的能力指标，按照权重分三级进行列表，其中一级能力为：学习能力，实践能力，研究能力及创新能力，其下又有二级能力 8 项，三级能力 32 项（略）；三级能力对应具体的课程，每门课程对应多项三级能力培养；以五年的课程体系为纵轴，能力指标为横轴构建能力培养总表。召集全体专业教师进行课程体系研讨，对需要强化的能力可以在多个课程培养目标中反复出现；对体系中遗漏的能力培养应在适当的课程中进行补充；专业的理论知识，需搭配实验及实践环节转换成知识运用能力；学生自学就能掌握的知识，尽可能采用"反转课堂"，节省课内学时的同时强化学生的自学能力。

如果说《全国高等学校建筑学专业教育评估文件》（2013 版）中三级指标 81 个小项是办学的"硬件基础"，那么，基于核心能力的 32 小项就是办学的"软件基础"，它们一起构筑了合格的建筑学专业能力培养体系。

2.1.3　课程教学内容与方法

在明确课程体系架构与每门课程的具体能力培养目标后，教师们进行具体的课程教学内容、教学过程与教学法的设计，并最终落实在教案中。对具体的教学设计给予任课教师充分的自主权，鼓励教改创新，但要求课程组在期末做公开测评，填写每生的能力习得评议表，加权平均测算成绩。对明显欠缺的能力培养，需要予以记录，在其后续课程给予补齐。

可以参照云科"玉山攻顶"的案例进行课程元素的量化工作。对教师而言，这是最有挑战的部分亦最有趣，专业鼓励教师积极申报教研课题，参与专指委每年的教案评优等。

2.1.4　"互联网＋"的课程地图

课程地图必须上网供所有学生查询。所有的文件转化为图、表的方式，尽可能直观、生动有趣，使低年级新生亦无阅读障碍。每学期末组织学生对各课程学习进行自我评价，自我监控能力获得的成效，与低年级班导师、高年级工作室导师沟通未来学习目标，听取意见建议，使今后的学习有的放矢。

2.2　借鉴 PDCA 循环进行课程地图改良

"课程地图"是动态的，需要根据时代需求的变化、教学环境的改变、甚至是师生因素的改变而不断变化。在学院范围内进行建筑学专业 PDCA 循环建设管理试点，制定核心课程标准、院级教学管理及评价校核机制，更好地保障建筑学"课程地图"的实施和循环深化。

2.3　学生的学习风格定位与适性化教学

教育部在近年的高校审核评估中明确提出，未来的高等教育要以学生为本体，因此，必须转换观念，以"学生本位"进行思考。一方面，对学生学习风格定期测评，对不同学习风格[②]的学生，教师能灵活运用各种教学法进行有针对性的辅导；同时，亦有助于学生自我学习方法的修正和学习效率的提高。另一方面，根据学生不同学习需求构建"适性化"的学习机制，提供学习路径的"选择机制"和"转化机制"，学生监控自我学习状况，与预期发展路径进行对比，适时修正核心能力习得方向。

2.4　教师学识、能力及从教责任感的提升

教师是教学的能动主体。一方面，教师的从教责任感是搞好教学的关键，应通过人文培养、组织关怀等手段，充分调动教师从教的积极性和主动性；通过制度约束、教学评测，更好地实践人才培养和专业建设效果；另一方面，课程地图的制定，特别是专业能力培养的量化和设计工作，需要一线教师投入大量的时间和精力，因此需要特别的政策鼓励和经费支持；第三，通过鼓励访学、升学、培训等手段，加强教师与政产学研各方的合作，带动教师提高学识水平和服务社会的能力，为更好地从事教学工作打下基础。

3　结语与展望

毫无疑问，在建筑学专业办学的"软件基础"中，社会对专业的需求，高效的教学组织及授课方式，科学严谨的保障措施等都可以通过编制课程地图，执行 PDCA 管理循环来提升解决；学生通过专业的测评量表来定位学习风格，进行适性化的教学；而教师则可通过政策的鼓励及人文环境的熏陶来提升专业素质及职业责任感；四者相互交织形成整体。后评估时期，上述各项措施已经陆续开始建设。相信按照上述思路，福建工程学院的建筑学专业能不断补足办学短板、夯实办学基础、拓展办学优势、最终确立办学特色。

注释

① PDCA 循环（PDCA Cycle）又叫"质量环"、"戴明环"，是由美国质量管理专家戴明博士提出的。其对品质的管控呈现螺旋形上升的曲线。

② 课程地图（Curriculum Mapping）也称"课程导图"，是以课程规划指引学生未来升学与就业的发展方向，让学生了解系所、学程之课程规划与未来职涯选择之关联，以便学生自我生涯规划，理清职涯选择，进而

改善学生的学习成就与提升学习兴趣，并聚焦学生学习历程档案的一种教学手段。

③ 学习风格（Learning Style）是由美国学者Herbert·Thelen于1954年首次提出的，它体现学习者在学习中所表现出来的一种整体性的、持久的并具有个体化的认知方式和信息处理方式。贾倍思、贾云艳等曾基于Klob学习风格量表，系统分析国内建筑学学生的主要学习风格。毫无疑问，以"学生本位"的"适性化"的教学需要建立在对每个学生学习风格充分了解的基础上，才能事半功倍。

参考文献

［1］ 王静静，夏德宏．高校课程地图建设探索——给予台湾地区高校经验的分析［J］．高等理科教育，2015（2），66-68.

［2］ 贾云艳，何晓川．从学习模式的多样性到教育模式的多元化——以学生为本探索中国建筑教育的新思路［J］．见：2008全国建筑教育学术研讨会论文集．北京：中国建筑工业出版社，2008：14-20

［3］ 贾倍思，谭刚毅，王小红．根据学生特点探寻三所不同建筑院校的教学模式［J］．见：2007国际建筑教育大会论文集．北京：中国建筑工业出版社，2008：75-83.

［4］ 石洋．台湾高校教师发展组织研究［D］上海：复旦大学，2013：35-38.

卫大可　刘永鑫

哈尔滨工业大学建筑学院，黑龙江省寒地建筑科学重点实验室；aces1982@sina. com

Wei Dake　Liu Yongxin

Heilongjiang Cold Region Architectural Science Key Laboratory,

School of Architecture，Harbin Institute of Technology

基于田野调查法的研究型设计教学实践
Teaching Practice of Research Design Based on Field Work

摘　要：基于田野调查法的研究型设计教学授课对象是哈尔滨工业大学建筑学专业二年级学生，教学实践过程中探索出一种以前期调研为设计基础和依据的建筑设计方法，以期在教学过程中培养学生发现实际问题，并利用各种设计手段解决问题的能力，强化设计思考与训练的深度。

关键词：田野调查法，研究型设计，设计教学

Abstract：Architectural design course based on field work is given to the second grade students majored in Architecture in Harbin Institute of Technology. In the process of teaching practice，we explore a design method on the foundation and basis obtained by the preliminary investigation. We hope actual problems can be found by students themselves. Then，they can solve these problems by variety of design means，which strengthens the depth of design thinking and training.

Keywords：Field work，Research design，Design teaching

1　田野调查法及其设计应用

1.1　概念内涵

田野调查法[1]是指"经过专门训练的人类学者亲自进入某一社区，通过参与观察、深度访谈甚至住居体验等方式与被研究者经过一段长时间的了解，获取第一手资料的过程。"该方法不仅需要研究者亲自进入研究场域，通过长期的参与观察、深度访谈和切身体验等方式获得直接资料，而且需要对获取的真实信息资料加以整理和分析，并将其上升为理论，为其他研究所用。

具体地讲，在教学和科研活动中，田野调查法需要前往调研现场进行实地的观测与考察，主要包括客观的现场测试与主观问卷调查，通过两种方式的结合以进行定量与定性的协同研究。客观测试主要是借助相关测试仪器对选取区域进行观测，以掌握所需的基础数据信息。主观调查主要是采用调查问卷的方式对专业人士、城市市民等人员进行问询及观察，并在填写问卷的同时，采集所在位置与周边环境的信息资料，使统计分析的主观评价结果更科学、更合理。

1.2　应用价值

田野调查法具有极强的目的性、参与性和深入性，能够弥补常规教学活动中的不足。在国外，田野调查法在设计类课程教学中已有广泛应用[2]。田野调查法需要教师引导学生带着问题或理论假设参与到课堂教学中，让师生共同体验教学生活，共同经历教学事件，通过参与观察、深度访谈和理论分析等方法获得翔实的教学研究资料，在分析具体教学问题的基础上撰写调查报告，从而为下一步应用于研究型教学活动奠定基础。

在建筑设计教学中，选题往往是一个重要环节。在项目选题、设计之前运用田野调查法充分了解使用者甚至潜在使用者的需求，通过统计分析等方法总结调查结

果，抽象出设计项目，而项目设计要求需要面向使用者甚至潜在使用者的需求。针对建筑设计教育指导意见[3]，本项教学探索旨在培养学生借助田野调查法发现问题，并运用各种建筑设计手段解决所发现问题的能力。所谓基于田野调查法的研究型设计，是指以田野调查的结论作为设计创作的依据，强调"实地调研—发现问题—设计意向—形式创意"的设计方法程序，反对缺乏调研支撑的设计意向与先入为主的形式创意。

运用田野调查法进行实地调研，可以获得场地现状、存在问题、使用者需求等方面的一手数据，进而在数据分析基础上提出环境改进意向，并在回答"建什么？在哪建？为谁建？建多大？怎样建？"等一系列基础问题之后，进入形式操作阶段完成整个设计。

1.3　分类

田野调查法的应用主要有以下几类：

（1）测量法

通过对现场环境的测量，掌握准确的尺寸。进而为进一步的诊断、评价、甄选和有效的实践与指导提供依据。该方法的优点是：获得数据客观、准确；能够为进一步工作分析提供基础资料、信息。该方法的缺点是：受技术手段制约；不易于大规模开展。

（2）观察法

研究者有目的、有计划地通过感官或借助于一定的科学仪器对调查对象各种资料的搜集过程。该方法的优点是：直接获得资料，比较真实。该方法的缺点是：受时间、观察对象、观察者本身等因素限制；不适于大范围调查。

（3）访谈法

指通过访员和受访人面对面地交谈来了解受访人的心理和行为的调查研究方法。该方法的优点是：有助于深入具体地了解受访人的想法。该方法的缺点是：对访员的工作技巧要求较高；费时费力，工作成本较高。

（4）问卷法

研究者按照一定目的编制调查问卷，请参与者填写。对于被调查的回答，研究者可以不提供任何答案，也可以提供备选的答案，还可以对答案的选择规定某种要求。该方法的优点是：标准化程度高、收效快。该方法的缺点是：被调查者由于各种原因（如自我防卫、理解和记忆错误等）可能对问题做出虚假或错误的回答。

（5）文献法

主要指搜集、鉴别、整理文献，并通过对文献的研究形成对事实的科学认识的方法。该方法的优点是：超越了时间、空间限制，通过对古今中外文献进行调查可以研究极其广泛的情况；主要是书面调查，如果搜集的文献是真实的；该方法省时、省钱、效率高。该方法的缺点是：文献所述内容与实际调研问题可能不完全吻合，结果代表性不足。

2　教学设计

2.1　教学对象与课程定位

哈尔滨工业大学建筑学专业（本科）建筑设计4——哈工大科学园田野调查及环境改造设计是学生二年级的最后一门设计课，整体处在从小型的基础设计到大型专项设计的过渡阶段。大型建筑设计项目不论从功能上还是对建筑所在地的影响上均大大超过了小型项目，所以要求大型项目应该更好地满足使用者的需求，并且应尽量减小对周边环境的不利影响，扩大其有利影响。本课程在培养方案中的定位具有承上启下的过渡作用，通过田野调查，引导学生发现问题、总结问题，并最终通过建筑设计解决或在一定程度上缓解上述问题。除了建筑设计本身以外，前期调研主要是使学生摒弃"拍脑袋"出方案的观念，通过调研发现问题，进而有针对性地解决问题。

2.2　场地选址

本课程设计选址在哈尔滨工业大学科学园内，该选址主要基于以下几方面考虑：

（1）园区规模适中，适合于完成本课程设计。哈尔滨工业大学科学园比邻哈尔滨工业大学一校区，位于苗圃街、一匡街和文政街、和兴路、沿墙街围合地段，占地面积44.3公顷。园区为哈尔滨动物园，按照目前哈尔滨市城市总体规划，哈尔滨工业大学科学园的用地性质仍属于公园绿地。园区内有一系列近年新建的科研楼和实验室，个别遗留下来的旧建筑，大面积的绿化，以及一条城市内河（马家沟）贯穿园区。园区主要供哈尔滨工业大学师生的教学科研活动以及市民的休闲健身活动使用。

（2）周边环境改善，有助于开展多种性质的建筑设计。马家沟河流经哈尔滨工业大学科学园，是早期动物园选址的标志性之一。马家沟水质改善后产生对哈尔滨工业大学科学园内开展活动的潜在影响，以及环境改造的可能性。哈尔滨的"三沟一河"，指哈尔滨市四条城市内河，包括：马家沟、何家沟、信义沟和阿什河。其中，马家沟全长44.3km，流经中心城区，包括平房、香坊、南岗、道外4个区。长期以来，"三沟一河"均作为城市排污渠道，河水黑臭，垃圾遍地，人员难以靠近。经多年整治，马家沟终于在2015年实现清水长流。由于周边环境大为改善，园区内活动人群显著增加，给周边建筑设计及环境改造提出了新的问题。园区内教学、科研和休闲活动为建筑设计的多样性提供了可能性。

（3）园区毗邻哈尔滨工业大学一校区，内部机动车较少。由于本次设计过程中需要学生多次前往园区内进行调研，选址方案可以最大限度地保证学生调研的便利与安全。

2.3　课程任务

（1）教学目的

掌握以环境与空间设计为目的的田野调查方法和基于田野调查的研究型设计方法与程序。

（2）主体方向

重点探讨马家沟水质改善后对哈工大科学园内开展活动的潜在影响，以及环境改造的可能性。

（3）设计内容

学生以3～4人小组为单位协作完成田野调查工作，主要内容包括：场地状况调研；教学科研及休闲健身活动开展现状调研；利用多种统计方法进行数据分析；提出调研结论并提出改进设计策略。

完成哈尔滨工业大学科学园环境改造设计工作，在调研结论与改进策略基础上，针对教学科研或休闲健身活动的需求，对场地某一局部进行环境改造设计，设计目标限于小型建筑物、构筑物或场地设施，新建与改建均可，目的在于进一步提升场地的活力，促进教学科研及休闲健身活动开展。

（4）进度安排与设计成果

本课程共计32学时＋K，其中调研阶段16学时（二周），设计阶段16学时（二周），之后有一个集中周制作作业成果。

学生以小组为单位，需提交以下成果：

1）调研报告——调研目标、调研计划、调研内容、数据分析、结论与改造策略等；

2）图纸——哈工大科学园区内活动分布图、环境改造设计总平面图、平立剖面图、节点详图、效果图、实景照片、分析图表、模型照片等；

3）模型——环境改造设计模型。

调研报告为文本，A3规格；图纸为A1规格，2～3张，电脑绘制；图纸及模型比例自定。

2.4　调研步骤

在集中讲解田野调查的方法与注意事项之后，建议学生采用如图1所示的调研步骤：

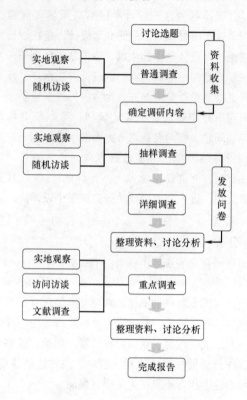

图1　课程中田野调查的具体步骤

3　教学过程

3.1　初步调研

调研初期由任课教师带领学生整体参观哈尔滨工业大学科学园，引导学生了解园区内基本情况，为确定调研目的和具体场地奠定基础。较具代表性的园区环境如图2所示。

3.2　补充调研

在课程授课第2周时听取各组调研汇报，如果存在调研范围不够广泛、深度不够、调研问题不够具体以及发放问卷数量不足等问题，则应指导学生找出调研不足之处，进行更深度调研，或者补充增加其他调研方法以完善调研结果。

3.3　数据分析

应用田野调查法和数理统计方法，各组同学对园区内主要健身活动进行了分析，具体统计分析结果如下。

上述调研结果将作为下一步项目设计的依据。

图 2　哈工大科学园内部代表性景观节点

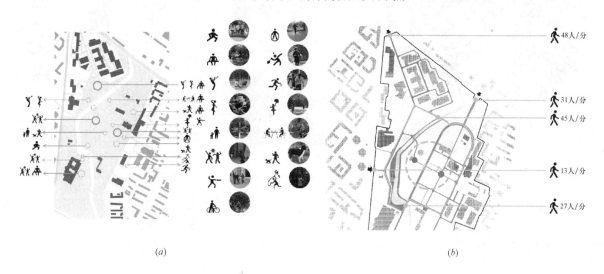

(a)　　　　　　　　　　　　　　　　　　　　(b)

定量研究　　　　　　问卷调查

1、来科学院原因?
2、家的方向,家距科学园的距离?
3、运动方式?
4、娱乐方式?
5、是否每天都来?
6、一般什么时间来?
7、除了这个季节,其他季节来吗?
8、每次运动时间?
9、科学园活动是否方便?有什么建议?
10、走圈方式?
11、集合时间、地点?

年龄

0—30岁　30—55岁
55—75岁　75岁以上

运动方式

踢毽子　玉腿　舞剑　太极拳
跑步　广场舞　走圈　其他

来科学院原因

运动　聊天　散步　娱乐

娱乐方式

放风筝　打扑克　舞扇　合唱
遛鸟　小孩玩　其他

(c)

图 3　典型田野调查结果

(a) 主要休闲活动及所在区域; (b) 园区主要节点人流量分析; (c) 问卷调研分析及主要结果

3.4 调研报告与中期检查

本文重点介绍一份调研报告及所得结论以说明调研

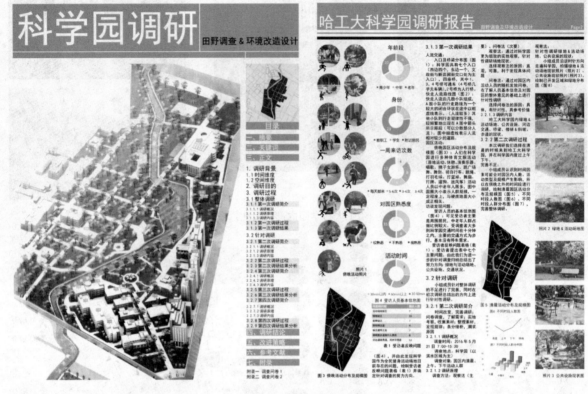

图4 调研报告范例

成果。该组同学则以实地调研、发放问卷为主。调研报告内容目录和主要成果如下：

课程中设置了中期检查环节，指导教师听取各组学生关于调研工作的汇报，并检查调研报告。在达到课程要求的前提下，协助学生确定下一阶段设计工作的选题。

通过田野调查和综合分析，发现以下主要矛盾：绿地与活动场地需求的矛盾；拥挤交通与闲置步道的矛盾；亲水需求与滨水区荒废的矛盾；公共设施缺乏与群众需求的矛盾。总结调研结论是：哈尔滨工业大学科学园内马家沟中段区域是市民休闲活动集中区域，需要进一步改造以扩大休闲活动范围，并提供较多的亲水活动场地。

3.5 设计成果与最终评图

本课程最终成绩由调研报告和最终图纸、模型两部分组成。其中，调研报告占总成绩的30%；图纸和模型占总成绩的70%。

针对上述调研及分析结果，以上两组同学分别选择亲水活动中心改造项目和马家沟沿岸改造设计项目，以解决调研中发现的问题。

通过田野调查活动明确设计项目，从调研结果分析

中抽象出的亟待解决的问题可以转化为设计需求，取代由教师直接布置的设计要求，从而保证项目设计更加贴近使用者，满足使用者需求。

通过2周的项目设计，其间指导教师进行4次分组指导，并且在其后的1周时间内集中完成图纸表达及模型制作工作。最终图纸表达如下：

该组的改造设计方案本身别具匠心，选址于一栋废弃建筑，没有重新占用园区场地。设计外围护结构具有一定可变性，可适合于冬、夏两季使用需要。冬季空间闭合，保证室内热环境；夏季采用开敞设计，扩大使用者视野，园区中心区域一览无余。同时，也提供了较大面积的亲水活动平台。总体达到了扩大休闲活动范围和提供亲水活动场地的设计目的要求。

该组设计改造方案结合现有场地特点，具体选择一段原有步道系统并集合一座跨马家沟桥梁作为设计场地，设计方案简介、美观、适用。提供大面积亲水平台的同时也缓解了桥梁处沿岸通行道路紧张的问题。另外，通过在沿岸堤坝处设置台阶，解决具有较大高度差的道路与沿岸布道之间的通行不便问题。总体达到了改善滨水布道和室外楼梯设计目的要求。

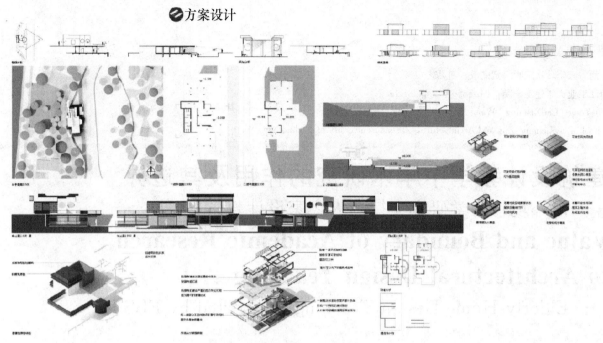

图 5　滨水活动中心改造设计方案

（学生：张仲奇、顾家碧、朱然、刘倩倩，指导教师：卫大可、刘永鑫）

4　总结与展望

基于田野调查法的建筑设计课程在经过了 3 年的探索后，形成了符合哈尔滨工业大学建筑学专业需要的教学培养模式，课程的进行和教学成果的产出表明该培养模式是一种行之有效的教学改革方法。针对实际问题，寻求最合适的建筑手段解决问题。全程接触从设计项目的产生、实施到完成的过程，对于教学效果的保证和学生能力的培养无疑是具有非凡意义的。未来，将考虑进一步丰富田野调查可选场地，结合潜在使用者、周边环境以及地区历史文化特征等综合确定建筑设计选题。逐步引导学生从发现问题、总结问题最终到解决问题的主动思考能力。自主选择更具实际意义的设计题目，自我提升。

参考文献

[1]　陈晓端，咸富莲．教学建筑中田野调查法的应用及其反思．当代教师教育，2015，8（4）：17-22．

[2]　http：//asashare.uk/archives/639

[3]　喻圻亮，陈永生．建筑设计技术专业课程体系重构方案与改革实践．中国建设教育，2010（S2）：58-61．

吴涌　戴晓玲　王昕　贺文敏　刘灵芝

浙江工业大学建工学院；vinzent _ wu@126.com

Wu Yong　Dai Xiaoling　Wang Xin　He Wenmin　Liu Lingzhi

School of civil engineering and Architecture，Zhejiang university of Technology

建筑设计教学中学术研究的作用及其边界[*]
——以环境行为学研究支持老人之家设计教学

Value and Boundary of Academic Research to Architectural Design Teaching
——Elderly Home Design Teaching Supported by EBS

摘　要：学术研究在建筑设计教学中正扮演着日益重要的角色，二者的结合是建筑学师生的共同诉求。本文以老人之家设计教学为例，指出学术研究的作用在于可以促进学生培养工作时的调研习惯、在调研中产生新的设计点、以及提供给设计者新的设计可能性等。然而，在另一些方面学术研究却很难支持设计教学，比如无法通过研究获得证据来评判设计、仅凭设计理论并不能决定建筑的成败、以及学术研究与设计教学的价值取向差异等。本文希望引发讨论，并进一步明确学术研究对设计教学的影响内容和边界。

关键词：学术研究，设计教学，环境行为学，老人之家，边界，循证设计

Abstract：Academic Research is taking an increasingly important role in architectural design teaching，and both students and teachers in architecture wish to combine them. The thesis takes teaching of elderly home design as example，and points out that value of academic research lies in cultivating good habit of surveying before working，helping to generate new themes to deal with，and providing architectural design with new possibilities. But in other aspects，academic research can contribute little to teaching，such as failing to acquire evidence to support a design，disability in judging a design influenced by unpredictable factors，and gap between different criteria of academic research and design teaching. Further discussion is anticipated to make clear the value and boundary of academic research in design teaching.

Keywords：Academic research，Design teaching，EBS，Elderly home，Boundary，Evidence-based design

近年来，国内建筑院校对设计教学提出了更多和更高的要求，将设计教学和学术研究结合起来的循证设计成为一种主流思路。相比于价值取向单一的传统设计教学模式，各种学术研究开始从历史、文化、行为、技术等角度多元地影响着设计教学，但具体的产出和效果如何尚不明晰；同时，这种结合在实际教学中有流于形式的危险，本文以作者的教学实践为例，探讨学术研究对建筑设计教学的影响及其局限。

1　学术研究结合设计教学的意义

从建筑学教育乃至全国高等教育的整体发展趋势看，将科研和教学结合起来是教师和学生两方面的共同诉求。

从教师的职业角度看，一线的建筑学教师往往身兼数职：教师，学者和建筑师。为了让这些事业互相促进而不是分散精力，很自然的想法就是希望将自己的学术

＊本课题由浙江工业大学校级教改项目（JG14149）资助。

成果运用于设计作品中，并将课程设计从选题到教学思路都与自身的学术研究结合起来。

从学生就业的角度看，我国的城镇化和大建设热潮正在很多地区降温，建筑师不得不从追求设计的速度和数量转向追求设计的品质。建筑设计行业产能过剩的严峻现实迫使学生空前地关注就业问题，能否在设计中实现更多的价值是学生毕业后的核心竞争力之一。学术研究可以开阔学生眼界，为建筑设计的学习提供依据和支撑，帮助学生更好地走上工作岗位。

2　学术研究推动设计教学的途径

近十年来，我校将学术研究与各年级设计教学进行结合，以"模块"的形式分别予以命名和体系化地进行建设。比如，二年级下学期的老人之家设计就归属于"空间与行为"模块，结合教师环境行为学方向的学术研究。在长期的探索中，可以发现学术研究至少在下述几个方面推动了设计教学的工作。

2.1　培养设计前周密调研和观察思考的习惯

在过去设计市场繁荣、业务量饱和的时候，建筑师往往并没有时间去认真地研究设计对象，这一普遍现象造成了两方面恶果：一是未经深思熟虑的建筑被大量生产，造成我国建筑设计水平普遍不高，城市形象也千城一面；二是建筑师长期处在大量生产、不接地气的工作中，久而久之丧失了调研的意识和能力，等到需要真正深化和提升设计的时候就会不知所措。

我校一向重视课程设计前的调研环节，例如在老人之家设计开始的一周半时间内，由教师带领参观、行为观察与访谈杭州市各养老设施（表1），并与"环境心理学"理论课程结合起来，要求学生出具正式的调研报告[1]。虽然普遍的情况是调研的意图并不能像预期那样实现，但是有一个现象值得重视：在从低年级到高年级的成长过程中，多数学生逐步建立了"设计之前必先调研"的习惯，他们在低年级时也许并不理解应该调研什么和怎么调研，然而在这种氛围的熏陶下还是逐渐学会了在调研中观察和主动思考。这些都说明了研究意识在建筑学本科教育中是重要的，也是可以培养的。

老人之家主要调研项目与关注点（资料来源：笔者自绘）　　　　表1

	调研项目	关注原因
物理环境	建筑格局是中廊式/院落式/组团式	是否具有家庭式的小尺度组合格局
	不同健康和智能状态的老人是分住还是混住	建筑空间与使用者需求是否对应
	有无护士站，护工通过什么方式监控老人	老人是否感觉低人一等，从而被物化
	建筑如何符合日照等规范	在我国，哪些规范限制老人建筑的设计
	护理单元除了居室，还有什么内容	吃饭，看报，娱乐在哪里进行
	居室有哪几种？病房式/宾馆式/单人间	老人的私密性如何保障
	居室有无自带卫生间	卫生间牵涉到面积，失智时还关乎安全
	居室是否具有可识别性，独一无二	能否找到自己的家，提供空间线索
	家具是否统一，是否允许自带物品和家具	是否帮助建立个体意识，还是集体主义
护理环境	老人生活在作息时刻表基础上是否有选择	是否能参与生活而不是被安排
	护工的职责有哪些	近身护理还是包括打扫卫生，关系到护理品质
	护工着装是否医院化，交谈的语气是否命令式	是否有生活气氛
	护工年龄构成，收入，是否有编制	是否同情老人，是否有足够体力和知识
	生活单元和护理单元是否重合	一个护工认识多少个房间的老人
	护理过程中有何空间使用的不便	提高护理效率
	空间被如何反常地使用	如卫生间变成配餐间
	护工是否有夜班休息的位置，在哪里	夜班护理和白班护理模式的差异
行为观察	老人的状况，主要在干些什么	反映精神面貌，是否有居家感
	凑在一起活动，还是孤独一人	空间是否支持老人建立自己的交际圈子
	行为分项观察，如就餐位置在床上/小桌上/公共餐厅，尝试解释原因	关注空间在支持行为方面所起的作用
	被组织活动时，老人是否有打瞌睡行为	是否有更好的社会性活动

2.2 帮助设计回到现实并产生新的设计点

学生在接触全新类型的设计时会出现一些共性的问题，比如：或是由于怀疑自己和没有把握而拖延进入设计状态的时间；或是不顾基地和使用者的实际情况而强加给设计一个概念；或是设计进度停滞不知道如何推进下去等。其中大部分问题都可以归结为一点：设计无法落地。学生由于对现实的漠视而无从知道每天都发生了什么，在很多情况下甚至根本提不出任何问题。

学术视野能够引导学生进入设计。例如，老人之家设计的对象是不同状况的老人，这些老人有些需要常住，有些则需要日托服务；老人的身体状况差异很大，健康者与年轻人相似，衰弱者迫切需要他人照顾；各类老人自身条件的不同，也会投射到他们对居住环境的要求上，比如健康老人自立性最高，看重居住的私密性；普通的失能老人虽然需要护理，但是同样看重私密性；失智老人对环境设计的安全性要求最高，他人陪伴带来的安全感往往比个人隐私更为重要[2]。在这里，学术研究产生了新的设计点：正是通过对"老人"这个看似熟悉的群体进行多角度的深入剖析，学生对使用者需求的认知会因此加深很多，明白想要真正地实现"以人为本"的话，自己具体需要在设计中应该朝什么方向努力。

2.3 扩展视野，提出新的设计可能性

在建筑设计中不管是否想要创新，建筑师都必然局限于各自的知识体系并且不可避免地遵循一定的范式。也正是由于这个原因，建筑师的见识特别重要，在设计前要尽量熟悉各种各样的可能性；另一方面，一个时代或一种文化之下的建筑设计存在可通约性的问题，天马行空的创新往往无法被同行和社会所理解和接受。

我国大部分传统的养老设施，特别是牵涉到需要密集照料的机构，其空间布局无外乎宾馆式和病房式两种，即走廊串房间模式。这种布局由于缺乏居家生活氛围，在西方和日本逐渐被单元式小规模组团布局代替。新型的平面格局以提升使用者的生活品质为目的，而不是服务于传统设施那种效率优先的原则，因此更为人性化。但是，对于不熟悉国外养老设施的建筑师来说，单元式的平面布局是怪异的：较小的居室围绕活动室兼餐厅布置，而这样的大厅或宽廊一向被传统的设计思维理解为浪费，建筑平面也和我们熟悉的养老设施看起来极为不同（图1）。

从发达国家的经验看来，可以说这种新的建筑范式的提出，自始至终都得益于学术研究，也逐步扩展了建筑师的视野和能力。

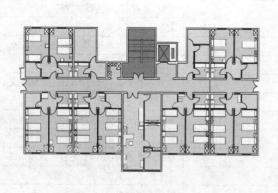

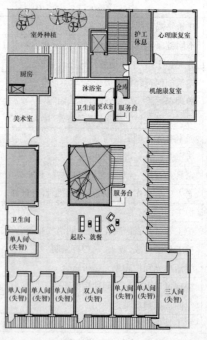

图1　传统养老院护理单元（左，杭州 J 设施）对照学生设计的老人之家护理单元（右，设计作者：吴正浩）

3　学术研究与设计教学的错位

强调客观共性的学术研究和主观个性色彩浓重的建筑设计在本性上更多的是背离而非融合，如果采用温和的表述，就是前者在多数情况下并不能直接作用于后者。早在 2000 年，徐磊青和杨公侠就从多方面论证了

这一点[3]。学术研究在设计教学中的作用边界，即它在某些方面显得无能为力这一事实，需要我们诚实面对。

3.1 纸面上的设计无法实证

如图2所示，L同学架空老人之家的底层做了一个迷宫，希望借此吸引社区的居民前来老人之家，实现老人之家和社区的融合，他的意图能实现吗？在设计评图的时候发生了这样的对话：

L同学：我在老人之家底部设计了一处迷宫，那些设施外面的居民会带着小孩前来玩耍交流。

H老师：等等，我认为不会有人专门来这个迷宫游玩，它的实际利用率会很低。也许因为视野不畅还会滋生犯罪？

L老师：（打断H老师）可是社区里抄近路的居民有可能使用它，顺便停留。迷宫里应该有捷径比如一条直路，不想继续玩迷宫的居民可以随时选择离开。

笔者：聚拢人气是有可能实现的，一般说来，迷宫对儿童有着不可抗拒的吸引力。

D老师：但是，迷宫有没有人气应该还和它的尺度有关。

L同学：我还希望当儿童迷失在迷宫中，上方步道的老人便可拄着拐杖为他指路。有老人给年轻人指点人生迷途的寓意，同时也消除了老人孤独寂寞的问题……

建筑学专业的主观性较强，在探讨特定问题的时候观点发生分歧是很正常的事情，很多教师同行却总在有意无意地回避这一点。与此对应的是，近年来流行的"循证设计"讲究的是摆证据讲道理，注重调研和理性分析，从而使一些观点显得比另一些观点更为有力。然而至少对于环境行为学而言，一味纠结于寻求证据有时反而给实际教学添乱：一方面，学生的作品终究不可能被实际建造和拿来做POE研究，所以例子中的师生关于使用者行为的争论更多是基于猜测而不是证据；另一方面，以经验性的知识或类似的案例作为证据同样是站不住脚的，因为在物是人非的情况下，预设的行为模式随时都可能被颠覆。

3.2 建筑理论无法决定建筑的成败

人与环境的理论是环境行为学的基础理论。早期的环境决定论（environmental determinism）单方面强调环境对人行为的决定作用，但是越来越多的研究证明这一观点是有缺陷的，而倾向于将人与环境视为整体考察的相互渗透论（transactionalism）。很多学生的思维仍然顽固地带有决定论的色彩，即认为（仅）通过合理设计建筑就可以改善生活品质。

回到老人之家这个例子，就建筑论建筑将会使下面的讨论变得荒谬，比如：

老人之家如果按照单元化设计，到底打算配备多少护工，还是可以无视国情无限配备护工？可以设想，护工和老人的比例如果按照我国目前的正常水准来的话，护理单元变小进一步降低护理效率，到时候那些失能失智的老人恐怕连基本生活都无法保证，生活品质是升是降显而易见。

对于使用者的行为模式和生活品质而言，制度、文化等软环境要素与建筑空间发挥的作用同等重要[4]。可惜的是，建筑师基本上无法预料或控制这些专业之外的干扰因素。上述例子说明了好的设计理论并不能保证好的设计结果，因为讨论一种建筑设计思路的优劣离不开太多的前提和假设，从而常常使得这种讨论在设计教学中变得难以操作或自说自话。

3.3 学术研究与设计教学的价值取向差异

如前所述，无论从学生和教师的角度看，将学术研究与设计教学结合起来都相对有利，但是学术研究和建筑设计终究还是两回事，后者更多地会面对与现实妥协的问题。

以建筑规范为例，在建筑设计教学中，大多数院校都会将是否符合建筑规范作为对学生作业的评定标准之一，因为学生毕业后想要成为职业建筑师，就必须在设计时遵守规范。设计规范是一次次研究积累下来的成果，它在很大程度上影响了我们的城市和建筑，也发挥过一定的积极作用；然而规范又处于不断的修改和完善中，它的合理性永远是相对的、暂时的，而且存在着各种缺陷。

比如，我国现行规范在老人建筑中强调居室南向，对于学生设计老人之家的创新产生了许多不利影响。规

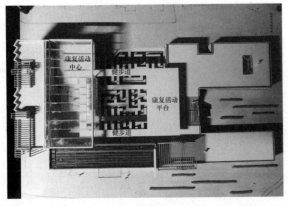

图2 无法实证和评价的迷宫设计（设计作者：廖文轩）

范潜在的预设是老人一天中的大部分时间都在居室中度过，虽然当前国内大多数养老设施中实情的确如此，但是这种生活模式却已被无数研究证明不利于老人身心健康。也许随着社会进步和养老服务质量的提高，这种规范条款有一天会改变，但是怎么改，什么时候改都是未知数，我们在设计教学中还要不要无条件地服从这种不合时宜的规定呢？

4 结语

本文从作者的教学经验出发，浅议了在设计教学中学术研究的地位，以及它对教学的支撑点和作用盲区，限于篇幅和作者认识的深度，在此仅作为开启广泛对话的引玉之砖。

学术研究与设计教学如何结合一直是各院校的教师共同关心的话题，又碰上我国建筑学教育思路大转型的时刻，很有必要对此进行更加深入的探讨。学术研究与设计教学的结合目前还多停留在理念的层面和形式的正确上，如果研究一词仅仅表明一种对待设计严肃的态度，那么设计教学中显然离不开研究精神；但是学术研究与建筑设计毕竟有着不同的目标和准则，在研究引领教学的空洞口号下将二者简单捏合在一起殊不可取，二者之间相互作用的机制有待进一步的澄清，二者之间相互作用的领域也有待进一步的开拓。

参考文献

[1] Dai Xiaoling, Shen Li. "From Knowledge to Project-based Learning - Teaching Reform Experiment of Environmental Psychology", from Proceedings of the 10th International Symposium on Environment and Behavior Studies, EBRA 2012, Central South University Press (EBRA2012, Changsha, Oct)：114-118

[2] Kevin Charras, Colette Eynard, Geraldine Viatour. Use of Space and Human Rights：Planning Dementia Friendly Settings. Journal of Gerontological Social Work. 2016, Mar 30：1-24. ［Epub ahead of print］

[3] 徐磊青，杨公侠. 环境与行为研究和教学所面临的挑战及发展方向. 华中建筑. 2000, 18 (4)：134-136.

[4] 山口健太郎等. 介護単位の小規模化が個別ケアに与える効果：既存特別養護老人ホームのユニット化に関する研究（その1）. 日本建築学会計画系論文集. 2005 年 1 月，第 587 号：33-40

梁静　董宇　连菲

哈尔滨工业大学建筑学院；lj9653@126.com

Liang Jing　Dong Yu　Lian Fei

School of Architecture，Harbin Institute of Technology

基于城市更新理论的建筑群体空间设计教学改革研究与实践*

Research and Practice on the Teaching Reform of Architectural Group Space Design Based on the Theory of Urban Renewal

摘　要：哈尔滨工业大学作为建筑老八校之一，一直致力于设计课程的教学改革。特别是新一轮学科调整之后，城市设计被纳入建筑学一级学科的框架内，在此背景下，以实践多年的建筑群体空间设计课程为依托，在城市设计相关的课程中提出一套相对成熟的教学框架。通过对教学过程的严格控制，教学框架的细致梳理，研究方法的教学强调等一系列措施的实施，持续更新教学设计及其实践，取得了阶段性的良好收效及教学反馈。

关键词：城市更新，教学设计，建筑群体空间设计，城市设计

Abstract：As one of the eight oldest architecture schools in China, Harbin Institute of Technology (the Department of Architecture) has always been working on the teaching reform. Especially after a new round of adjustment of the discipline，urban design was incorporated into the architectural discipline within the framework. In this context，with years of practice in the group architectural space design course，we put forward a set of relatively mature educational framework about urban design. Through strict control of the teaching process and teaching framework for careful combing and research methods of teaching emphasis，a series of measures implemented，continuously updated teaching design and practice，achieved the good convergence and teaching feedback.

Keywords：Urban renewal，Instructional design，Group architectural space design，Urban design

1　城市更新理论与建筑设计教学

随着城市化的不断加速，城市更新达到了前所未有的高峰，导致原有的城市肌理遭到严重破坏，许多有价值的历史建筑和街区被拆除，各地的城市看起来大同小异、毫无个性。面对不断更新的城市，在建筑教育方面，我们也应当使学生建立起城市更新的意识，掌握一定的分析城市问题、修补城市肌理、延续城市文脉、重塑城市环境方面的能力。因此，建筑学专业教学根据时代发展的需要，在教学中也将城市更新类设计课题纳入教学课程，提高学生设计与处理问题的综合能力。

我们在教学设计中将"特殊城市环境群体空间"作为一剂药方，植入常规的设计课程之中。需要学生在设计学习中解决更为复杂的"群体文脉"所带来的际遇与

*　黑龙江省教育厅规划课题，项目编号：GBC1214037；黑龙江省教育科学"十二五"规划课题（GBB1212029）。

挑战，需要对城市特定地段中功能性衰退和结构性老化的旧区进行差异化的改造升级，从城市功能的完善、产业结构的优化、人居环境的改善、城市文脉的延续等方面入手，拓展城市发展空间，促进城市经济社会的可持续发展。

2 从专注"建筑问题"到关注"城市问题"的目标指向调整

本课程的实施学年为本科三年级，他们的专业训练正在逐步从基础入门的兴趣培养转变为研究能力的提高和创造性思维的拓展。本次题目将进一步强化复杂城市环境下的整体设计思维训练。将学生对于专业问题的思考由专注"建筑问题"拓展到关注"城市问题"。这一转变对于刚入门的学生来讲，无疑是一次巨大的设计思维拓展与转换。因此，本次设计题目通过非常规性的命题，让学生参与任务书的制定。现有地段的城市功能较为混乱，缺乏整体构建，因此在制定的过程中学生要在任务书要求的基础上，提出更为详尽的完善城市功能以及优化城市结构的方案，这一任务也是本次设计项目的重点及难点所在。

目前我们提供了三块地段供学生选择（图1），它们被哈尔滨南岗区西大直街所串联，三者之间最远距离为1700m，都是近百年历史的老街区。设计任务为哈尔滨市地铁1号线三个站点周边街区的整体城市空间改造。其中，①地块A为铁路局站点，紧邻哈尔滨工业大学1920年校舍、哈尔滨铁路局和铁路文化宫，区域周边教育与文化建筑密集，设计目标大体上确定为"创业园区＋创作空间"，为临近的学校及青年群体提供创业发展的空间；②地块B为博物馆广场站点，周边地段为城市交通、商业、文化中心，有博物馆、少年宫、剧场等文化设施以及大型商场，是城市商业与文化综合的一个节点，用地拟建成"城市广场＋艺术展廊"，为喧闹的商业圈提供一处安静的洋溢文化韵味的艺术广场；③地块C为龙江街站点，与秋林商业圈毗连，周边布有三座教堂，设计目标确定为"商业街坊＋市民中心"，为居民区与商业区的交接地带提供市民活动的空间。

经历时代变迁和城市发展，现实环境中的三个街区都集中了一系列功能以及空间上的弊端和矛盾。如何提取核心问题，确定方向并集中精力实现重点突破成为设计关键的一步[1]。

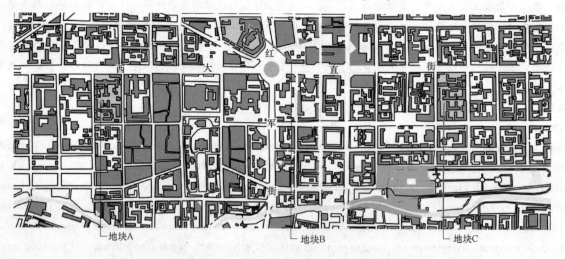

图1 城市环境群体空间设计课程三组地段位置图
（地块A：铁路局站点　地块B：博物馆广场站点　地块C：龙江街站点）

3 从"封闭"到"开放"的教学框架应对

回顾从本科一年级到三年级的设计题目，基本上都是封闭式的"命题作文"，"别墅、幼儿园、活动中心"等字眼一开始就醒目地呈现在学生眼前。在这种模式的影响下，学生已经习惯了在既定任务下按部就班地开展工作。现在突然面对如此规模的开放用地，许多学生都会觉得无所适从，不知从何处开始下手。对此，教学要求学生从设计之初必须清楚自己的设计总体定位，即为

方案"起名字"，这个看似简单的任务实际上包含了较大的工作量，需要学生对于服务人群、时间特征、空间关系、基础数据等多项要素给予具体的回答。通过这样的"总体定位"使学生能够将"前期调研"与"方案构思"联系起来，通过大量的现场调查与资料收集梳理出目标定位及后续构思。

针对更为复杂化的城市环境命题，要指导学生用建筑的语言来书写城市之道的文章，需要将原本单一化的教学组织，有针对性地调节到系统化的结构来应对。这

个调整既保证了教师可以保持清晰的教学思路，在各个时间节点把控教学进度与深度，也保证了学生的学习收益，将推敲深化建筑设计与文脉环境的融入设计同步，利用层进式的教学推进保证教与学的推行进度，同时也是一个不断刺激、强化学生城市文脉意识的有效举措。我们将整个教学过程分解成"前期调研—总体定位—概念物化—深化设计"4个环节，通过由浅入深，环环相扣的目标体系逐步推进设计发展（图2）。

以哈尔滨西大直街公司街区块（地块A）城市设计为例，学生在调研城市建设史的时候发现此区域比邻哈尔滨1898花园街历史保护街区，当年这里聚集了很多俄罗斯侨民的花园住宅以及各国大使馆，是一处历史气息浓厚的街区。但是，随着快速扩张的现代化城市建设，原来的花园社区已经消失殆尽，取而代之的是乏味沉重的办公建筑和拥挤不堪的多层住宅。因此学生提出大胆的设想，恢复此街区的历史风貌，拆除掉大尺度的铁路公安处办公大楼，新建一片3～4层高的花园院落

式的办公商住一体空间，采用现代的建筑语汇去重塑在历史尘埃中逝去的原有城市风貌。这样的总体定位虽然有些乌托邦色彩，但是不失为一个十分尊重历史而又具现代感的设计方案（图3）。

3.1 定位基地开展全息性调研：

基地研究需要在现场调查和文献阅读的基础上提炼出区域发展的独特资源与制约条件，关注城市历史文化、景观生态、商业发展和交通可达性等研究主题。在此阶段采取团队合作的方式，学生分成若干个小组，分别对地段的道路边界及空间场所调研，居住调研，公建及节点调研，居民行为、不同地段环境氛围特点，及寒地建筑设计对应等方面进行调研，找出现有地段哪些需要保留，哪些应该拆除，哪些可以适当改造，分析地段现存主要环境矛盾，进而提出设计目标与概念方案定位。这一阶段的研究工作在传统的设计课程中往往不受重视，但是它对于学生建立主动分析研究项目条件的设

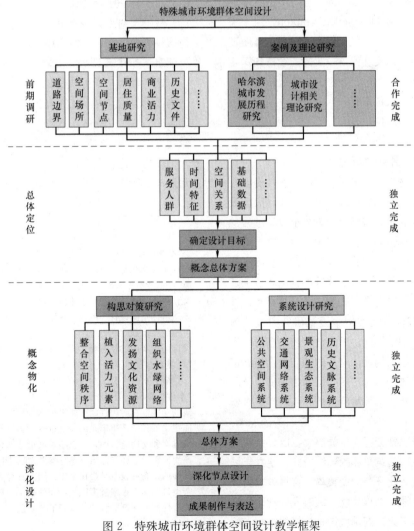

图2 特殊城市环境群体空间设计教学框架

图3　诗意复归——哈尔滨南岗区西大直街公司街街区整体空间改造（图片来源：学生作业）

计习惯，从城市角度思考建筑有很大裨益。因此我们在课程设计的系统中也加重了此阶段的比重和考核，以促进提升学生对于生成建筑之"因"的挖掘与组织调度能力。诚如 K. 弗兰姆普敦（Kenneth Frampton）对于建筑反思性实践所做的论述："……当建筑学正在重新调整其立场以维持其与总体文脉保持一定的延续感和深度的情况下，'飞地'❶ 不过是一个潜在的'是什么'而已。为了使整个建筑实践能取得一种可行的方法，'为什么'应当取得同样的地位。"[2]

3.2　拓展形式以挖掘教学潜力：

在传统的设计课教学中，案例研究作为一种资料收集，往往被安排在设计构思的初级阶段，而在研究型设计教学中，典型案例的研究与解析应贯穿于设计过程的始终。因为研究能力的强弱与设计者学习能力的强弱直接相关。同时为避免抽象讲解的枯燥与单调，教师在课堂设计辅导的基础上，采用"汇报辅导＋案例解析＋随堂研讨"的教学方式，结合设计进度安排一些相关设计案例进行分析与讲解，着重案例中设计研究方法的解析，并注重引导学生相互提问、讨论，引发动态的教学环节。使学生在分析他人的设计方法的基础上，拓展设计思维，提升设计方法，同时在多向互动中，将设计思考引入一定的深度。通过典型案例分析，引发学生对城市公共利益、历史保护、绿色交通与社会职责的思考；在设计过程中，更是以社会行为特征出发，以公共空间为线索，帮助学生突破建筑单体的思维方式，建立起城市视野的建筑设计观。此环节的调整与内容增设，另一个目的在于帮助学生摆脱幼稚功能主义对设计观念所形成的桎梏。从功能角度无法阐明城市建筑体的结构和组

成[4]，功能概念的合理意义在时间推移中会被一定程度的消解❷。因而，城市环境群体空间课程设计的定位，也立足于对后续城市设计观念的预热培养，"更确切地说，我们反对天真经验主义所支配的功能主义概念，因为这种概念认为，功能汇集了形式，功能本身构成了城市建筑体和建筑。"[3]

这种教师与学生共同参与的案例研究能有效引导学生的设计思维，并在优秀案例的启发下拓展出更多的设计研究方法，从而融入教师的案例资源，使得教学资源得到不断的丰富与完善。另外，在每个教学环节之间插入相应的理论知识课，讲解城市设计的基本内容、设计元素与工作方法，以增强教学的针对性和有效性。

---

❶　注释：弗兰姆普顿认为，在消费社会中，实现平衡的生态-本体条件，只能使用断续的"飞地"策略，在"某些被包围的碎片中使文化与生态得以共生，来抗拒周围的混乱（参见参考文献［3］，387～388）。"实际上，消费者主义也同时割裂了城市的文化生态，这在当今发展中城市可谓屡见不鲜。因此，"特殊城市环境群体空间设计"的课程一定程度上也是针对这一现实中触手可感的城市病态所设定。在更多的亲身体验中，使其将理想中的设计与现实中的状态相对应，加深空间体验的真实对应感，强化"环境观念"。

❷　罗西（Aldo Rossi）指出，城市建筑体相关的主要问题为"个性、场所、记忆和设计本身"，但没有提到"功能"，是由于建筑的功能性在时间性面前所表现出的脆弱与流变。功能主义与机能主义抽掉了产生形式的最复杂的起因，把类型缩减为简单的组织方案和交通流线图，但忽略了城市建筑体之间的复杂关系与其产生的美学意图和需求（参见参考文献［4］，48）。此教学中，时间性的概念并没有被强化突出，因为其介入有可能为刚刚接触复杂设计的学生带来过多讯息，而使教学目的的指向被弱化。作为全阶段性的循序渐进教学，我们于此阶段更关注学生对于环境要素的关注和处理。

3.3 启发构思与鼓励对策研究：

在前期的基地调研和案例研究的基础上，使学生对用地有了整体的认知。其后的工作是启发学生寻找基地隐含的秩序。他们会在调研中发现，现有城市地块的环境矛盾较大，教师引导学生透过这些矛盾的表象寻找其存在的根源，并将其总结出来，如：地块交通压力较大；现有破旧住宅多，居住质量差，空间秩序混乱；整个地块封闭性较强，缺乏公共性开放空间；沿街轮廓松散，天际线混乱，城市层次混杂，保护建筑被淹没。基于以上分析，学生提出自己的设计概念：围绕着整合空间秩序、植入活力元素、发扬文化资源及组织水绿网络等构思对策。但这些理性的推演在每个人的分析中基本相似，教师需要通过专业素养发现每个学生思维中的原创特点，并鼓励其发展成为有特色但不甚趋同的设计方案。

以学生设计作为案例说明：有的学生从整合空间秩序入手，以地块中的历史建筑"老俄楼"作为起点，安排了一条曲折的，步行体验丰富的，与老建筑存在对话的道路，最终通向另一座园区南侧保护建筑，使得原本疏离混乱的街坊空间充满的秩序感（图4）；有的学生则从空间组织的角度出发，通过立体的交通网络将动静合理分区，在这个紧邻城市最繁华主干道的地段中，为建筑创业产业园区营造出一份自在宁静的街坊空间形态（图5）。在这一过程中，教师需要引导学生在相似的分析过程下展开不同的解答方案，而不是将个人的偏好过多的影响教学，从而使得学生努力形成自己的特点——殊途其设计发展，同归于能力锻塑。

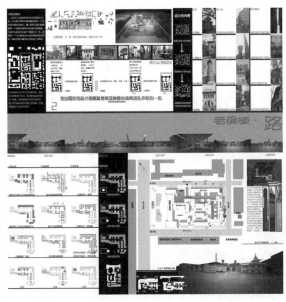

图4 老俄楼·路—建筑创业产业园区设计

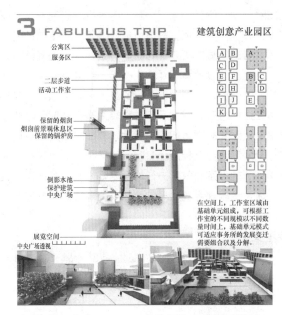

图5 Fabulous Trip—建筑创业产业园区设计

3.4 深化落实于细节与可行性

概念落实物化之后，学生设计方案的基本形态和总体布局都已成形，可以开始设计的深化。群体建筑的空间秩序是本课程设计的重点阶段，其后的深化设计为方案的可行性打下基础。深化设计包括形态、结构、材料构造、环境景观、室内设计等各方面的推敲。在这个阶段多数同学的方案从形体关系上看并没有较大的变化，但是正是这个深化推敲的过程才使得前一阶段的概念成立并落实成为具可行性的设计方案。深化推敲设计阶段除了绘制详细平面图和制作模型外，学生们还采用电脑模型、大比例局部剖面、透视图、拼贴等工具进行多方案对比。在完善成果表达的同时，也是对设计的内涵、外延技能与方法的强化训练。教师在这一阶段亦要引导学生将城市环境的整体秩序与空间关系作为表现与叙述的一个重点，而不应只停留在建筑及其所控制的环境层面上，要将其设计视阈提升到建筑及其参与的城市环境层面。

4 阶段成效、问题与进阶方向

本课程自实施以来，收到了成果颇丰的教学成效，学生的作业成果多次在全国大学生优秀作业评选活动中获得奖项，本课程的教案亦在全国建筑学专业指导委员会主办的教案评比中获优秀教案奖。近年来，城市设计课题已经大量地渗透到建筑学本科建筑设计教学中，在新一轮的学科调整中，城市设计被纳入建筑学一级学科的框架内，这对建筑学本科教育的影响是值得深入思考的。对于"特殊群体空间"设计教学改革仍在不断地更新与实践，从教学成果与学生反馈来看，调整中的教学模式对于调动学生的学习兴趣、丰富设计研究方法、深化设计和提高研究能力等方面成效显著，更主要的是让学生学会运用城市更新的理论与方法，将周边的既有现状，与自己的设计意图糅合在一起，并努力通过自身方案的设计调整，实现成果价值的最大化。当然，在实际教学推进中也存在特定环节进程较为拖沓，部分学生的方案设计深化有限等问题。同时，教师的个人专业能力与教学素养也一定程度上影响了教学平衡。也因此，在教学环节的设定，教学方法的控制等方面仍有亟需改进的方面，这些都需要更多的教学实践来梳理和改进。

参考文献

[1] 李国友，李玲玲. 整体 类型 个性——特殊城市环境群体空间设计教学的环节设定. 城市建筑，2010 (4)：108-109.

[2] （美）肯尼斯·弗兰姆普顿. 现代建筑：一部批判的历史. 张钦楠等译. 北京：生活·读书·新知三联书店. 2004. 03：389.

[3] （意）阿尔多·罗西. 城市建筑学. 黄士钧译. 北京：中国建筑工业出版社. 2006.9：43.

图片来源：
图 1，2：作者自绘
图 3：学生作业（作者：罗卉卉）
图 4：学生作业（作者：葛家乐）
图 5：学生作业（作者：葛晓蕊）

谭良斌

Tan Liangbin

昆明理工大学建筑与城市规划学院；51478646@qq.com

城市环境物理的"设计化"教学初探[*]
Study on Integrated Teaching of Urban Environmental Physics and Design

摘 要：城市环境物理课程是城市规划专业的一门技术必修课，而且在当前城市环境普遍恶化的背景下，该门课程的重要性更加凸显。但传统的城市环境物理教学较多的注重理论的讲解，学生学完之后很难将其应用到设计中去。本文针对这种现象结合专业特点对课程实行教学改革，希望可以真正将环境设计的意识融入到学生的设计实践中去。

关键词：城市环境，设计融合，环境意识

Abstract：Urban environmental physics curriculum is a required course of urban planning. In the background of the general deterioration of the current urban environment，the importance of the course is even more prominent. But the traditional teaching of urban environmental physics focuses more on theory. This will cause it is difficult to be applied to the design after the end of the course. In view of the phenomenon the teaching reform is carried combined with professional characteristics so that environmental consciousness can be truly integrated into the students' design practice.

Keywords：Urban Environment，Design integration，Environmental consciousness

1 概述

城市环境物理是城市规划和建筑学专业一门重要的技术类课程。它涉及城市热湿环境、城市风环境、城市大气环境、城市光环境以及城市声环境等方面的内容。课程重点讲述当前城市环境中存在的和规划以及建筑相关的种种问题，以及如何通过规划和建筑的手段来缓解或避免。当今世界环境越来越成为人们关注的焦点，城市规划专业甚至建筑学和风景园林专业了解并掌握城市环境物理课程的课程内容是非常必要的。

但是，在传统的城市规划教学中，学生往往偏重于规划与设计类课程的学习，对于像"城市环境物理"这一类的技术课程往往不够重视，而传统的单调的以课程讲授为主的教学方式也很难提起学生的兴趣。课程结束后，考试通过这门课也就结束了，所学内容根本不会在日后的设计中有所体现。这些都促使我们来反思现今的城市环境物理这样的技术类课程的教学，怎样才能将更多实用性的知识传授给学生，怎样将理论与设计相结合，这是该课程教学改革的初衷。

基于此，我们在"城市环境物理"的教学中，注重理论的应用，对知识的讲解尽可能的结合设计案例，加深学生的理解，同时结合实地测试与调研，让学生深切感受到环境问题就在我们身边，我们每一个人将来所做的工作都有可能对城市环境造成影响。我们也可以通过我们的设计让城市环境变得越来越好。通过这门课的学习，第一希望学生可以增强规划师或建筑师的社会责任感，第二希望在日后的规划和设计工作中能自觉地将环

---

* 云南省高等学校越青年教师特殊培养项目。

境设计融入其中，将物理环境设计作为规划或建筑设计不可或缺的一部分。

2 教学方法改革与实践

2.1 深化学习动机，突出设计主线，强化社会责任感

对于城市规划或建筑学的同学来说，学习的动机除了对自己专业的热爱，更多的是对未来职业生涯的知识储备，特别是在近两年建筑行业行情下滑的情况下，很多同学对毕业前的学习重点以及未来的就业充满了太多的疑问。因此课程第一节课就从整个世界环境恶化的大背景讲起，并通过确切的数据和案例让学生知道规划建筑工作对生态环境的贡献，引出规划师和建筑师的社会使命感和责任感，激发他们关注城市环境物理课程的学习，强化远景，将来的规划师和建筑师必须有环境意识；另一方面打破传统的纯理论和公式的讲授，突出设计主线，强调理论的学习并不是课程的最终目的，而是为将来更加科学、理智的规划和设计工作做准备。

在课程的具体讲授过程中，对概念、公式的讲解适当扩展，让学生感到每个知识点都对自己的规划或设计本身具有很强的指导意义。例如对污染系数的讲解，结合大家以往的设计经历，往往只考虑风向的影响，一般会将污染区放在主导风向的上风向，其他区域放在下风向，但这里而忽略了两个问题：一是并不是所有的城市都会有主导风向，那么设计时该按什么来考虑；二是过

于强调风向并未同时考虑到风速的影响，如果主导风向的风速不足以满足通风的要求时，又该如何考虑。通过该部分的学习，让学生认识到风环境的设计除了主导风向之外还可以用污染系数作为设计依据，引导学生对之前设计的科学性和准确性进行重新的判断，并使以后的设计更加严谨。

2.2 加强与规划和建筑设计课程的结合

对学生而言，现在的教学体系往往每门课是独立授课，独立考核。但在工程实践当中，却应将课堂上所学的各门知识综合地运用到设计中。因此，在城市环境物理课程的教学中，我们试图强化理论和设计的融合，做到学以致用。

比如对于日照间距，涉及居民的切身利益，这也是居住区规划设计重要的限制条件。单纯的讲授理论学生往往难于理解，因此通过教学改革，将日照间距的计算与模拟与居住区规划课程设计结合起来。在规划方案基本确定后，引导学生利用棒影图和日照模拟软件对方案的日照情况进行分析与模拟（图1），找出规划方案在日照方面是否满足国家相应规范的要求，进一步来调整方案。在这个过程中，学生不仅很好地理解了日照对室内环境的影响，也学会了应用工具或软件对设计进行模拟评价，使方案更加科学合理，模拟结果同样可以表现在设计图纸上，也得到了设计课老师的认可，一举两得。

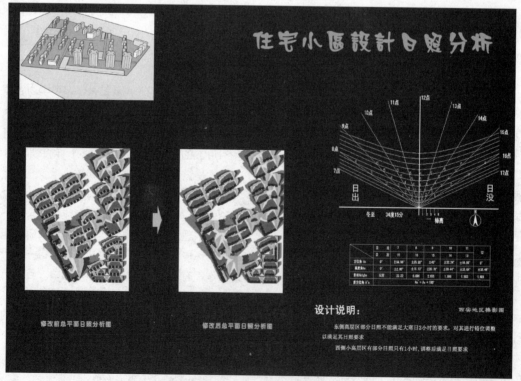

图1 居住区规划中的日照分析作业

2.3 引导"情境——自主化学习"

"情境——自主化学习"是将课程内容置于具体的环境情境中，让学生亲身体验环境、评价环境、设计环境。学生在这种环境中既是学习的主体，又是学习的元素。在原先教学改革的基础上，我们在教学与实验环节上进行了进一步的尝试。

如我们在讲授城市不同下垫面对城市热湿环境的影响时，让学生利用课余时间对身边校园里不同的下垫面处的室外空气温湿度进行连续一整天的测试（图2），并分析不同下垫面上环境的差异（图3），根据分析结果，对测试区域的室外环境提出改进建议。最后将成果用一张2号图纸表达出来。在这个课程环节中，学生从中获得了许多切身的体会，主动发现了很多校园外环境设计中的问题。他们的学习兴趣和环境意识也因此大大增强了。在这个学习过程中，学生从一个学习者转换为环境的体验者，将课堂所学知识和规划与建筑设计紧密联系到了一起。

图 2　学生在室外测试

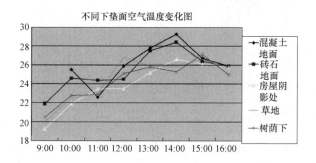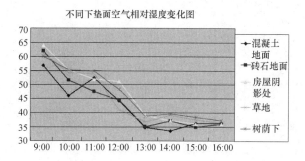

图 3　不同下垫面表面环境测试数据分析

在城市声环境一节中，同样在理论学习结束后，设置课题让学生对校园内学习或生活的任一区域的声环境进行调研与测试，调研噪声源的来源，噪声的种类及大小一级，如何通过设计来改善目前校园环境内存在的噪声问题。在这个课程环节中，学生既是设计者又是被设计的环境的感受者，他们尝试了通过设计为自己创造一个好的生活或学习环境，学生处理环境问题的主动性和能力大大增强。

2.4 增加新材料、新技术的内容

科技飞速发展的今天，新材料、新技术日新月异，但教材往往几年甚至十几年才修订一次，很多时候已经滞后于时代的发展。这也对技术类课程的教师提出了较高的要求，要能够与时俱进，及时补充新的内容，而且最好是能比较直观，使学生在学习了传统知识之外，对新的知识也有所了解，便于开拓视野，扩展知识面，并能够在设计中有意识的加以运用。

3　下一步改革目标

对"城市环境物理"课程经过了几年教学改革的尝试之后，发现仍旧存在一些教学效果不够理想的地方，针对这几点提出以下几点设想，便于在今后的教学中继续尝试。

3.1 增加案例教学

设计类的技术课程都是为了应用到设计中。大量的案例教学，通过对具体工程项目的深入分析与研究，启发学生研究问题，寻找解决问题的途径，引导学生积极参与，从中吸取前人的经验，对设计以及本门课程的学习都是非常必要的。因此教师需要大量收集案例，可以先从部分章节开始逐步展开。

3.2 和计算机模拟相结合

对环境的设计目前已经有非常成熟的软件可以模拟建成后的环境，避免因设计考虑不周带来的建成后的环

境问题。在每一章节的理论学习完成后，结合设计方案利用计算机软件模拟进行模拟，让学生直观感受到不同设计方案背后产生的不同的环境，这样的方法学生同样也可以应用到课程设计中。

3.3 联合指导课程设计

结合课程设计甚至毕业设计在改善物理环境方面进行探索，是提高学生对基本理论的应用能力和执行有关标准和规范意识的最好办法；也是使学生运用并进一步巩固所学知识的一种有效途径。这点要付诸实施，可能有待于整个教学体系的改革。

4 结语

总的来说，规划或建筑设计要实现可持续化、生态化，技术的学习和应用是必不可少的。类似"城市环境物理"的课程教学任重而道远，需要我们不断地去探索，去创新，认真总结经验，完善教学形式和合乎教学规律的教学方法，以注重提高能力、培养素质为核心，全面提高教学质量，培养出具有高素质的综合性建筑和规划人才。

陈雅兰
西安建筑科技大学；32721993@qq.com
Chen Yalan
Xi'an University of Architecture and Technology

以研究性课题为背景的 STUDIO 教学思考
The Reflection on the STUDIO Teaching Based on the Research Subject

摘　要：在学生大四期间开展 STUDIO 教学模式，旨在让学生更加贴近真实的项目，并且积极主动地发现问题，解决问题。以研究性课题为背景的 STUDIO 教学，多依托于教师的自然科学基金项目，或社会丞待解决的问题。有助于培养学生科学的态度，培养对社会的责任心和使命感。反过来，学生的思维也可以刺激本课题的发展。

关键词：STUDIO，研究性课题，教学过程

Abstract：STUDIO teaching mode is carried out during the period of the fourth years, which is designed to make students more close to the real project, and to actively find problems, solve the problem. Moreover, the STUDIO teaching based on the research subject more depend on the teacher's natural science foundation project, which for the practical problems. It can help students to develop their scientific attitude, and to cultivate the sense of responsibility and the sense of mission. In turn, the development of the subject could be stimulated by the student's thinking

Keywords：STUDIO，Research subject，Teaching process

1 建筑学专业四年级教学特点

1.1 课程背景

工作室学校（Studio School）的概念出自一个有着数十年历史的青年基金的组织，他们已经在教育领域提出了很多新概念，比如说函授大学（Open University）拓展式学校（Extended School）等。我校建筑学专业在大四一年期间采用 STUDIO 的模式：教师确定课题题目—学生选择题目—教师选定学生的方式，意在调动起学生自身对专业不同方向的兴趣。

1.2 学生特点

从教师以往的经验和学术研究中，可以看到学生主动参与的项目比老师规定的项目，投入的热情大很多。

这一点在我校每年举行的"空间实体搭建"（图1）大赛中也可以看到，学生对一个开放性课题，新的，没有可参考的标准答案的课题投入很大的热情。学生聚集在一起讨论材料、讨论如何搭建。归其原因，项目往往是开放性、探索性、实践性的。学生在亲身体验项目的同时，发现问题、讨论问题、解决问题，并分享经验与合作的过程使得学习的热情与效率高涨。在技能学习的基础上，我们也同样重视非认知性技能的培养，即学习活动不是直接指向学科内容本身，而是指向学科知识技能之外的目标，如质疑、合作、动机、应变能力等，非技能的锻炼能使学生的技能学习更加有效。

1.3 STUDIO 课程设置

在建筑学本科教育中，并不能从大一就开展工作室

图1　学生在广场上进行空间实体搭建

模式。一是对于高中刚毕业的学生来讲，高中教育是非探索性的，教育模式的突然转变，学生并没有学习的方法。二是针对建筑学教育来讲，STUDIO模式更加适合有一定基础的学生。所以我们将此模式放到了大四全年。学生们经过前三年的磨练，具备一定的设计能力和学习的方法，在大四全年的两个学期，分别选择两门STUDIO课程。STUDIO课程分为四大模块（图2）：大型公建设计，建筑设计前沿研究，地域性建筑设计研究，建构与建筑设计。可形成多方向、多课题、多选择的局面。将原先四年级的高层、医疗、文脉、综合等课程全部包含到STUDIO的课程体系板块之内，并纳入室内、结构、构造、数字、城市设计、教育建筑、建筑实践等不同方向的课题。

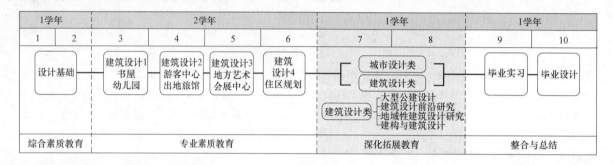

图2　课程结构图

2　以研究性课题作为背景的题目之特点

2.1　题目特点

　　研究性课题多依托于教师的基金项目，或是真实的亟待解决的社会问题，针对的都是实际性的问题。对于这些迫于解决的问题，并没有标准答案，教师更多的是指明一个方向，与学生一起探讨，一起共同推进方案进展。正因如此，这类课题的"解"是发散的，学生真正可以做到研究性学习，探讨性学习。正如前文所说研究性课题针对的多是社会上的具体问题，其切入视角比具体的课题更广，看问题的角度更全面，视角更广阔。这需要学生从人出发，从社会现状出发，不断反思与解决，还要求学生具有逻辑性思维，寻找问题的能力，寻找空白点的能力。题目的设置，可以让学生培养科学的态度，培养对社会的责任心和使命感。反过来，学生的思维也可以刺激本课题的发展，在我们的课程教学中就发现了这样的例子。

2.2　案例

　　以题目"陕西超大规模高中建筑空间环境研究：以关中地区为例"作为案例（本题目依赖于国家自然科学基金课题：西部超大规模高中建筑空间环境研究）。

　　题目背景：随着我国加速推进城镇化进程，加快了农村人口向城市集中。对基础教育发展来说，导致大量"空壳校"出现。从"十一五"以来，全国范围内普遍开展了基础教育设施布局调整。其中，普通高中办学逐步向县城集中，并向超大规模方向发展。调查表明，目前我国县城（镇）在校生超过3000人，班级数超过50班的超大规模高中越来越多。特别在西部地区，更是把集中力量办好超大规模高中作为用有限财力投入来解决高中教育优质资源充分利用的良策。如陕西省在贯彻落实教育规划纲要实施意见里明确提出，各市县每20万人口设1所普通高中，并据此开始进行大规模调整，西部其他各省（自治区）的情况也基本相似。因此，从现实来看，超大规模高中办学模式今后还将在西部地区持续增加。

　　基于此本课题选取了三块基地，分别为：

　　（1）基地——乾县一中：以改、扩建为主，原有校区在建设时以学生2000～3000考虑，在用地面积不变的情况下，现在学生人数达到了 7000 多人，学校的建筑面积增加，人均面积不断减少，势必在使用时出现很多问题。

(2) 基地二——西飞一中：新建校区，约为 100 班左右，5000 名学生，用地规模较适宜，属于普遍性的超大规模高中类型。

(3) 基地三——贵港中学大圩校区：用地规模大，有水系，学生数 8000，高二和高三年级，每个年级 80 班，在高中校园建设中已属于航母式学校。单一通过扩大规模，增加建筑面积，是否就能解决学生的需求，又会带来怎样的使用问题，这将会是对学生的一个挑战。

共 12 名学生，分为三组，每组各一用地，时间安排：共 10 周

(1) 准备阶段一周：熟悉设计题目，收集参考资料，制定实习调研计划。在调研出发前，进行设计初步方案的研究，以便发现问题，更有针对性地开展实习调研工作。

此项环节设置意在训练学生在调研之前，对于项目的思考与质疑能力，带着对资料的解读和发现的问题，有目的性的进行调研，事半功倍。

(2) 初步设计阶段两周：包括方案构思、在方案草图基础上进行讨论、修改，并补充调研等工作内容。

此项环节设置意在训练学生沟通能力和发现问题的能力。

(3) 课题调研及数据整理阶段两周：深入校园进行充分调研，明确校园同整体城市周边环境关系，记录各项数据，通过整理、分析得出指导性结论。并于 13 周周内提出一草方案。

此项环节设置意在训练学生对于调研资料的分析及总结能力，从中发现问题，并指导今后的设计。

(4) 项目修改阶段三周：将调研数据落到自己的方案中，找出自己方案中的不足，进行修改。

每组学生的成果都会对课题的研究提供一些新思路，例如第一组对于课题中所提出的地方性做了很多的思考，将传统居住文化立体的引入到学生宿舍中来，用一种现代的手法，创造性的做出了对传统的继承，并改善了以往走廊式学生宿舍的采光问题（如图 3 基地一）。

第三组一位学生对于传统的校园布局提出来挑战。传统的校园中宿舍和食堂是分离的，但这位同学将食堂空间与宿舍空间进行了结合，并充分利用地下一层空间。将地下一层与一层设置为食堂空间，地下一层有天井满足采光需求，一层局部架空，缓解地面交通压力，并使宿舍空间在一层融为一体。由于基地面积大，学生人数较多，采用集中式的布局会增加学生课余时间的负担，将功能打散后再将相似功能进行整合，提高了使用效率（如图 4 基地三）。

另一同学，挑战了传统的校园布局模式（如图 5、图 6 基地二）。他将校园功能的全体看成是一个整体，打破了以前一个功能对应一栋建筑的布局形式，而是将各个功能对应为功能空间，将各个空间分散布置在整个校园中。以贯穿整个校园的一条公共"走廊"作为纽带，串起了各个功能空间。将原公共教室，实验室等公

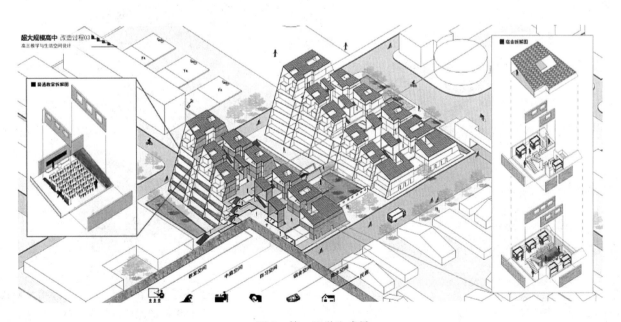

图 3　第一组学生成果

图4 第三组学生成果

共空间集中布置于场地"纽带上",将教室穿插于公共空间上,形成主次关系,并且形成2个组团空间,将原有宿舍的独立成片合并入教室组成的大组团中,用生活与活动空间,将整个建筑串起。并局部架空,空出一层的用地,使整个校园在一层仍是一个整体,交通互相联系,而不是因为"纽带"被分成两个部分。看到这种方案,着实对现在的校园布局模式提出了挑战,学生非常勇于,大胆地挑战传统。暂不评论这种布局的优劣,它确实满足了学生的需求,不失为一种创新,为后续研究提供一条思路。

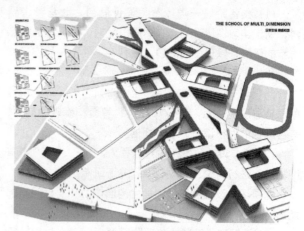

图5 整体式架构方案

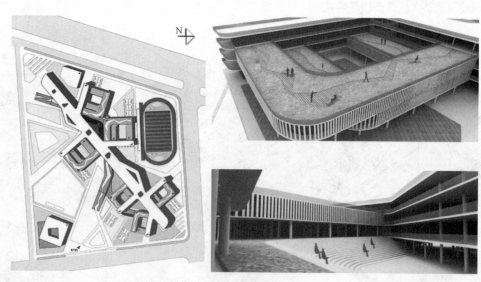

图6 整体式架构方案细节

3 小结

以研究性课题为背景的STUDIO课程设置,学生和老师其实是在共同进步,共同对于一个问题提出解决的方法,学生给予这种问题的"解"中,有一些理想的状态,有一些偏执的个人追求。但最后的成果和方案讨论的过程中，学生对社会现有的问题有了更深入的思考，确有很多创新点值得我们在课题中讨论与研究。

参考文献

［1］ 林慧莲. 研究性学习目标中非认知取向的价值［J］. 绍兴文理学院学报，2003，23（11）：1-3.

［2］ 陈雅兰. 超大规模高中生活空间计划设计研究［D］. 西安：西安建筑科技大学，2013.

［3］ 王琰，李志民. 高校整体化教学楼群的概念解析与建构模式研究［J］. 建筑科学，2010，26（6）：10-13.

图片来源

图1：作者自摄

图2：西安建筑科技大学建筑学院

图3：李宇轩同学部分成果

图4：李唱同学部分成果

图5：吕抱朴同学部分成果

图6：吕抱朴同学部分成果

袁敬诚　关山　黄木梓

沈阳建筑大学；15909885806@163.com

Yuan Jingcheng　Guan Shan　Huang Muzi

Shenyang Jianzhu University

象由心生

——城市设计教学中创意思维的培养方法

Image from the Mind

——The Cultivation of Creative Ability in the Process of Urban Design Teaching

中文摘要：创意是思维的外在表象过程。本文阐述了城市设计教学中创意思维的培养方法。通过总结创作过程的思维特征和创意过程的思维方法，针对城市设计教学过程，将创作思维的历时性特征与创意能力的培养方法相结合，提出了城市设计教学不同阶段的工作要点和思维规律，提出了因果观、如是观和整体观的培养方法。

关键词：城市设计教学过程，创意能力，整体观，如是观，因果观

Abstract：This article elaborated the links and methods of cultivating the ability of innovation in the process of urban design teaching. It summarized the basic structure of innovation ability. According to the diachronic characteristics of urban design creative thinking, it divided teaching stage into three parts, including concept generation stage, design stage and perfect expression stage. Combined with the work points of each design phase, it put forward the cultivation method of the cause and effect view, as is view and the overall view.

Keywords：Urban design teaching, Creative Ability, As is view, The cause and effect view, The overall view

1　创意过程的思维特征与方法

创作过程中"如何思考"的问题，是创意培养的本质问题。创意思维是极其复杂的，思维活动呈现"黑箱"特征；同时，创意思维又呈现出明显的过程性、历时性、程序性和逻辑性特征，使创意过程的思维活动规律有迹可寻。

一般来说，建筑创作的思维过程分为准备阶段、构思阶段和完善阶段[1]。准备阶段是构思的"预热阶段"，加载信息的过程，以逻辑性思维为主导；构思阶段是建筑意象逐渐形成并不断"物态化"的过程，逻辑思维与形象思维相互促进、相互激发；完善阶段是对各种技术问题的最后调整，建筑意象更加具体化，以多种方式表现出最终的设计成果，表现出理性与感性并行不悖的状态，体现了技术与艺术的结合。

创意是从何而来，是否可以培养呢？"创意是生产作品的能力，这些作品既新颖（原创性、不可预期），又适当（符合用途，适合目标所给予的限制）。"[2] 赖声川认为，创意是一场发现之旅，发现题目，发现解答的神秘过程；创意是看到新的可能性，再将这些可能性组合成作品的过程[3]。创意是人们洞察人、事、物的真面目及其间所有关系的能力。创意的产生需要我们改变看待世界的方式。既然创意能力是可以学习的，那么掌握思考方法成为学习的关键。他提出了"世界观"、"如是观"和"因果观"三种观念。"世界观"是基础，是人的信仰和看待世界的观点；"如是观"是直接看到事物

原貌的能力，当我们摒弃了日常的惯性判断，就会看到事物的"原貌"；"因果观"是看到事物因果的能力，依据事物现况的前因，能够推测到事物未来可能的走向。后两种能力是相关的，有能力看到事物的原貌，才有可能看到事物的因果。创意的过程，就是综合运用三种方法，发现新的连接方式的过程。

2 城市设计教学中的创意过程描述

城市设计是建筑设计与城市规划之间的桥梁，创作过程既需要创意的灵感火花，又需要严谨的逻辑分析。创意思维培养是城市设计教学的重要内容。

结合创意思维的历时性特征和培养方法，我们把城市设计教学过程划分为设计准备、设计构思和方案完善三个阶段，结合不同阶段工作内容侧重于不同创意能力培养（图1）。

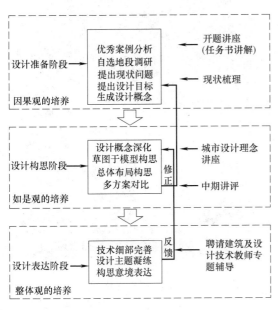

图1　城市设计教学流程图
（图片来源：作者自绘）

设计准备阶段，设计者着眼于消化理解设计要求，调研分析设计地段信息，教学过程通过优秀案例分析，帮助学生发现问题，分析原因，推测可能的结果，通过科学理性的分析提出设计目标和概念，这个阶段帮助学生建立因果关系的思维方法；设计构思阶段，是对所应解决的诸多问题进行内省性的、全面而综合的回应，设计概念的深化，需要学生改变思维定势，觉知事物本源，建立新的连结事物的方式，以"如是观"的思维方法培养为重点，将"因果观"与"如是观"紧密的结合起来；方案完善阶段，主要内容是技术细部的完善和设计意象的表达，需要强调设计概念整体性的完善和表

达，"整体观"是重点培养的思维方法。

3 城市设计教学中的创意培养

3.1 设计准备阶段的因果观培养

设计准备阶段是指从发布任务选择地块开始，针对现状问题，提出设计目标和设计概念。设计准备阶段是设计构思阶段和方案完善阶段的基础和前提，资料收集充分与否，问题提出详尽与否，目标把握关键与否，概念生成特色与否，直接关系到设计构思的方向和成果的表达。

思维特征更多地表现为理性的一面，常常以程序性思维和以归纳、总结为主的逻辑性思维为主导。理性分析用地现状格局、功能组成、空间结构、建筑特色、交通组织、社会人文、经济发展、生态环境等多方面现状，发现存在问题和总结成因，通过相关案例的专题研究，揭示事物可能发展的规律和阶段特征，进而预测规划用地设计目标，提出城市设计概念。此阶段创意能力培养的关键是，引导学生充分理解事物产生的原因，而并非直接讲授事物未来发展的结果，因果推导的不同连结方式，正是设计概念提出的创新所在。

以一个港口区改造的作品为例，港口区现状是码头、船坞和仓库堆场，工业发展的时代背景，造就了与自然滨水岸线相冲突的用地形态，与城市功能组成的结构性分离；随着后工业时代城市的更新，需要探索工业厂区的再生策略，城市结构的相互融合，空间形态的自然回归。设计小组通过充分分析理解了港口旧区的产生原因，试图通过"流媒体"的概念来建立港口旧区与城市创意空间之间的联系，设计概念自然而贴切，体现了对城市滨水旧区更新的创新概念，这样通过"流空间"建立了新的城市滨水旧区港口和互联网信息技术衍生的创意空间之间新的因果关系，以"流"为事物发展的本源，推导出空间流动、信息流动、人员流动和水体流动等更新方式（图2）。

3.2 设计构思阶段的如是观培养

设计构思阶段是教学过程的主要阶段。构思阶段将对产业构成、交通组织、建筑布局、空间环境、标志设置、特色意向等几乎所有设计内容进行统筹考虑。这个阶段设计内容庞杂，在过程中要从宏观到微观、从总体到局部逐步深入，方案要以整体把握为主，不能过分陷入细节而舍本逐末。设计方案的确定是个多方案比对的过程，方案确定将对设计概念进行修正和契合。

在这个阶段，因果观与如是观既相互对立，又相互融合，推动创意不断地发展。需要学生改变思维定势，

101

图2 概念生成图

(作者：王鸣超 姜苗 指导教师：袁敬诚)

之源，解构的水元素"O"、"H"，经过重新组合，可以建立基地与城市、居住空间、城市功能新的组织模式；厝屋是当地传统的建筑形式，经过演变、提取，营造有机更新的建筑形态；循代表了循环的理念，包括产业循环、文化循环、能量循环、生态循环、渔业循环，通过循环建立传统产业、生活方式与当今发展的联系；源是强调回归，对原住民的尊重、对传统文化的复兴、对本土特色的表达（图3）。在构思阶段中，厘清事物本源，建立新联系，是创意形成的重要手段，从总体布局、空间组织到形态生成，将设计概念逐步转化为构思方案（图4）。

发掘事物的本源。构思阶段的教学以学生专业拓展思维训练为主导，教师通过城市设计理论和相关学科的知识讲座，帮助学生拓展知识体系和多角度分析问题本源的能力，从而不断深化和升华设计概念，深化创意。

"水厝循源"是以城市新区传统村落更新为主题的作业，分析发现"原住村落"存在与城市功能脱节、阻断城市交通、阻断城市绿化等问题，设计目标是使传统村落成为城市发展的动力。设计概念的建立，通过解构村落面临的问题，建立事物之间新的连接；水是生命

图3 概念深化图

(学生：汤航 王娜 指导教师：袁敬诚)

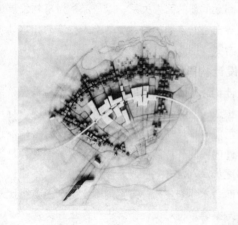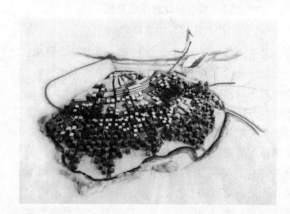

图4 设计模型的引导

(学生：汤航 王娜 指导教师：袁敬诚)

3.3 方案完善阶段的整体观培养

方案完善阶段是教学过程的收官阶段。方案构思基本确定后，对空间节点、环境细部和技术问题做最后的调整，完善空间特色意象。方案概念和构思需要通过最终的成果来体现，方案完善与否，成果表达优劣，成为城市设计方案最重要评价之一。

在方案完善阶段，创作中的理性和感性成分随着方案深化而有所侧重。在技术完善中，方案的可操作性受到很多法规、规范条例的制约，理性成份比较大，需要对的总体思路进行整体性延续。在成果表达中，成果既要富于真实性，又要富于表现性，反映出设计者所追求的设计意境。因此，在这个阶段侧重于培养学生的整体观。

以天津国际海员服务区更新设计的设计作品为例，在面对滨水港口改造时，以物理渗析扩散现象的原理来描述滨水岸线的改造、交通流线组织和核心岛屿形成的空间形态问题，将城市更新过程与物理渗析过程之间建立新的连接，形成设计概念。在设计完善和表达阶段，要不断深化设计概念的整体性，对设计节点的技术完善是以设计构思整体性为评价目标和标准，这个阶段的创

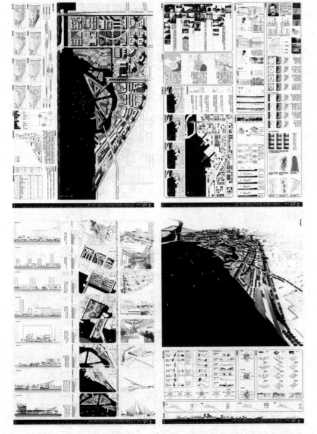

图 5 共潮生设计成果图
（学生：郭佳鑫 于达 指导教师：袁敬诚）

意是带着整体性思维的创新，不以牺牲整体为代价，需要设计者不断地审视设计创意的连贯性。方案的表达也应以体现方案整体形成过程为引导，体现滨水港区的设计概念、用地更新、空间组织、节点设计的构思连贯性和整体意境（图 5）。

在教学过程中，虽然我们对学生创意能力的培养各有侧重，但需要明确的是，教学过程和思维过程一样，是一个整体而循环的过程，设计概念提出到设计构思的完善再到设计成果的表达，也要经过多轮次的反馈，对创意能力中如是观、因果观、整体观的训练和理解也不是一蹴而就的，它们穿插在整体流程之中，相互衔接、相互反馈，需要全过程的综合性培养和运用。之所以在不同阶段有所侧重和强化，更多是针对思维规律，易于在教学过程中有效操作而已。

4 创意源于看待城市的方式

创意产生的第一个关键是大脑中储存的信息资料，第二是将信息适当组合在一起的机制。创意产生的精髓在于问题与资料之间的连结。设计师需要将城市看成是自然界的有机组成部分，城市中的人、事、物具有内在的联系；这样就对事物之间的联系提供了新的可能。

"万象由心生"，创意产生的基础是我们大脑中储存的信息资源。我们需要强调，学生的日常观察与积累，是至关重要的，这既包括专业能力的积累，更需要综合知识结构的建立；所有这些积累和生活中的一切经验都将成为设计创意产生的基础材料。然而，城市设计创意的显现，需要我们的内省式表达，即人们看待城市本源的方式；创意产生过程，就是通过人们的觉知，将内心深处的事物与外在表象问题之间建立新的连结。正如赖声川所说，创意不是以我们日常的方式看待事物，必须有创新的勇气和能力，需要打破既有的判断，才能找到新的表现方式和解答问题的能力。

参考文献

［1］ 张伶伶，李存东．建筑创作思维的过程与表达［M］．北京：中国建筑工业出版社，2001：6-55.

［2］ Robert J. Sternberg, Todd I. Lubart. Handbook of Creativity. Cambridge：Cambridge University Press，1999.3.

［3］ 赖声川．赖声川的创意学．桂林：广西师范大学出版社，2011：56-56.

［4］ 金广君．图解城市设计［M］．哈尔滨：黑龙江科学技术出版社，1999：84-86.

宋德萱

同济大学建筑与城市规划学院，高密度人居环境生态与节能教育部重点实验室；dxsong@tongji.edu.cn

Song Dexuan

College of Architecture and Urban Planning Tongji University，Key Laboratory of Ecology and Energy Saving Study of Dense Habitat

关于绿色建筑性能提升的多元创新人才培养体系初探
A Study on the Training System of Multiple Innovative Talents for the Improvement of Green Building Performance

摘 要：校企联合培养研究生是一种以市场和社会需求为导向的建筑教学创新实践，是学校和企业双方共同参与人才培养有效尝试。以培养学生的综合能力和就业竞争力为重点，利用学校和企业不同的教育环境和实践资源，采用课堂教学与学生参加实际工作有机结合，培养适合不同用人单位需要的应用型、研究型人才。

关键词：绿色建筑，校企联合，教育改革，多元创新，培养体系

Abstract：The university enterprise joint graduate student is a kind of architectural teaching innovation practice which takes the market and the social demand as the guidance，it is a effective attempt for school and the enterprise both sides in the talented person training. To cultivate the students' comprehensive ability and the employment competitive power as the focus，the different education and practice resources of schools and enterprises are taken advantage to cultivate the applied and research talents suitable for different employers by organic combination of classroom teaching and participating in the actual work.

Keywords：Green building，University enterprise cooperation，Education reform，Multiple innovations，Training system

引言

绿色建筑节能技术学习是绿色建筑教育的核心，其教育水平的提高可以有效推进我国绿色建筑的发展，明显提升绿色建筑教育体系与可持续发展。我国绿色建筑节能技术的建筑教育起步较晚，节能技术教育体系内容虽有很大提高，但存在许多不足。在很大程度上限制了我国绿色建筑教育的发展，导致我国绿色建筑设计与应用技术领域无法在创新与实践方面有所突破，给我们的绿色建筑教育提升与发展提出极大的挑战。

世界发达国家，学校与企业的合作已成为一种普遍的形式。德国的"双元制"是一种国家立法支持，校企合作共建的办学制度，"双元"的一方是学校为学生传授职业知识与技能，另一方企业则为学生提供实践场所。教学内容、教材确定均由企业和学校共同完成，企业行会对学校的教学计划有最终的决定权，研究生既是学校的学生，又是企业的学徒。培训中，研究生接受的是企业最新的设备和技术。培训方式很大程度上就是生产性劳动。北美的 CBE 教育模式（Competence Based Education，以能力为基础的教育），聘请行业中一批具有代表性的专家组成专业委员会，将各类职业的技能要求层层分解，提炼出所需的职业能力、职业技能。CBE教育模式打破了传统的公共课、基础课为主导的教学模式，强调培养研究生具备职业所需能力，保证了研究生在离开学校后能尽快融入工作环境中；新加坡的教学工厂等都是以行业组织制定的职业能力标准和国家统一的

考工证书为依据，培养学生的实践能力。[1]

目前我国加强校企合作办学，积极主动地为企业服务，建立较为完善的校企合作办学的体制、机制。学校为社会人员进行相关专业的短期技术培训、企业为研究生提供实践基地。强化校企合作，提升校企合作"互利双赢"的水平与层次，使校企合作的办学模式得到健康、稳定的发展。

随着我国建筑学研究生一届接一届的走向工作岗位，慢慢暴露了一些建筑教育中的缺陷，其中较为突出的问题之一为学生对技术知识的认识和掌握不足。单纯的学习建筑技术课程，枯燥难懂的技术知识总是会让学生难以理解和吸收。针对存在的教学问题及当前社会发展对生态节能问题的关注，我们在绿色建筑节能技术的研究生培养针对中，深入引进了相关的、处于世界领先水平的企业进行培养体系与技术课程的联合，进行学校与企业联合培养应用型研究生尝试与全面的课程改革（图1）。

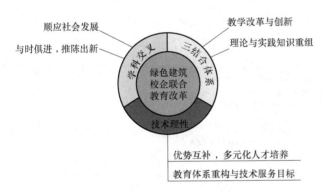

图1 多元创新联合人才培养体系

1 联合研究生培养体系

近年来在我国各大高校建筑学院建筑教育教学改革中以下几点尤其需要关注：①注重学科交叉；②提出教学、研究、社会实践三者相结合；③从传统的重"艺术"向艺术与技术并重转变，强调"技术理性"。其中，重"技术"即以绿色、环保、生态、可持续发展技术为主的绿色建筑教育成为各个高校中重要的改革方向。绿色建筑围护体系的节能技术作为绿色建筑的核心，可以明显提升绿色建筑围护体系节能效益，改善绿色建筑构建体系。为加大学生对绿色建筑围护体系节能技术的研究与知识储备，通过校企联合的平台对节能技术进行充分挖掘，将绿色技术与我国绿色建筑围护体系施工充分融合在一起，能够从根本上加速我国绿色建筑围护体系发展进程。

目前建筑学专业建筑技术系列课程中，针对本科生

的包括：建筑物理（声光热）、建筑构造、建筑特种构造、建筑设备（水暖电）、建筑结构选型、建筑防灾、环境控制学、人体工程学。针对研究生的包括绿色建筑、节能建筑原理等。从课程体系框架可以看出，以上的建筑技术课程内容还停留在绿色建筑的基础知识阶段，既没有与设计实践相结合的依据，也没有针对绿色建筑技术的深入探索，不适应建筑教育的发展，在不打破现有的课程体系之前，只有通过课程改革，引入关于绿色建筑围护结构性能提升的校企联合工程专业学位研究生培养平台，提高学生的绿色技术知识水平与实践水平。[2]

2 联合培养与教育方法

目前所涉及的绿色建筑教育体系较为分散、薄弱，还未形成较为系统的绿色建筑教育课程体系框架。在建筑教育改革背景下，基于专业老师对绿色建筑的理论研究和实践，通过分析梳理国内外较为成熟的绿色建筑教育经验，分类总结较有特色、取得较好教学效果的改革方式，根据国内外对绿色建筑的研究和探讨，归纳绿色建筑相关知识体系，结合建筑学专业特点，总结归纳绿色建筑理念融入的建筑技术知识体系框架。以绿色建筑围护结构性能提升为方向，有针对性地设置课程内容，积极提倡研究生的课程实践与毕业论文与企业的最新工程实践相结合，达到技术教育为社会实践所用的目的。

我们的校企联合培养体系为高校建筑学研究生专业进行绿色建筑专项教育教学提供一定的基础资料与实践经验，在建筑教育改革中，把可持续发展理念结合到建筑技术、建筑设计和项目实践工作中，正确运用绿色建筑技术，让研究生从接触建筑技术课程开始，就确立良好的"生态观"，具有重要的意义。

通过联合教学，我们探索在企业内部形成企业发展与现代科学进步紧密结合，企业员工培养提高与高校研究生培养紧密结合，企业实验室建设与高校教授联合研究、联合开发紧密结合的"三结合"模式，形成一个较为完整的校企联合培养工程专业研究生的培养教学体系。[3]

3 教育体系的问题与创新

将绿色建筑围护结构性能提升的理念融入建筑技术知识体系的教学改革研究中，需要结合建筑设计的专题安排与企业的项目实践，对课程体系内容进行深入研究，融合多学科专业知识，通过企业平台进行优化整合，如何提高校企联合的教育体系提升学校教师的教学与科研能力，提升企业技术员工的绿色建筑的技术素

质，做到校企在教学与企业发展的共赢，成为我们在尝试进行研究生教育校企联合培养体系的真正动力与需要解决的关键问题。

我们的多元创新人才培养体系主要体现在以下方面：①顺应社会发展需要，在绿色建筑技术课程中强调专项的绿色建筑围护结构相关知识与理念，体现与时俱进，推陈出新。②在不改变现有的课程体系和教学计划前提下，通过校企联合的方式达到理论与实践知识的合并与重组，达到融入绿色建筑知识与理念的目的。③一方面依托学校的绿色建筑实验中心、虚拟仿真实验中心、云计算中心等学院平台优势，充分发挥既有的实验仪器、计算机软件等优势，一方面借助企业的生产技术与实践经验，开展多元化教学，提升建筑技术课程的教学效果。④建筑设计、项目实践、绿色技术多重内容互动，根据工程专业学位研究生的建筑设计专题需要，及时有针对性、重点地组织课程内容，达到技术为设计服务的目的（图2）。

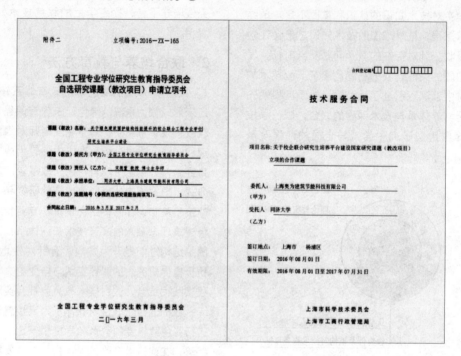

图2　校企联合培养体系研究的国家立项

深入探索绿色建筑围护结构性能提升的整合研究，需要结合多学科专业知识，并借鉴基础资料整理、比较分析、调查分析、归纳总结等研究方式，对校企联合工程专业研究生培养平台的优劣进行深入研究。主要采取的联合教育方法有：①研究整理国内外各建筑学院绿色建筑教育体系相关文献，历年建筑教育学术研讨会相关文献，以及国内外知名企业对绿色建筑新技术的探索实践等。②比较分析国内外各高校绿色建筑和建筑技术课程教育改革方式、绿色建筑知识体系，对相关课程内容进行对照与借鉴。③调查分析国内外课程改革的教学实践，对研究生进行调查问卷、座谈等，了解教学效果以及学生对该课程知识体系设置感受与不足。④归纳获得的理论资料、分析表格，进行汇总整理，结合具体的建筑设计专题实践和评图分析，完善建筑技术课程中的绿色建筑知识体系。

4　教学改革的成果

通过校企联合的研究生教学模式的改革，可以有效提升研究生学习建筑技术类课程的知识水平，尤其是研究生的创新能力与工程实践能力的提高，可以使研究生的建筑技术课程内容直接为建筑设计与工程实践相结合，应用性课程的设置可以使学生感觉课程更加有用，教学效果更加明显。在引入绿色建筑理念的课程教学中，可有效激发研究生的创造性思维，打破学科壁垒，联合企业进行实践教学，培养学生接受新科学、新技术、新挑战，进一步提高创新能力与适应能力。

通过校企联合培养研究生的多元创新教育体系的建设，我们将形成：①校企联合建筑学工程专业学位研究生的培养机制与模式，可以建立校企联合培养研究生教学基地、校企联合培养机制与模式体系、校企联合导师

培养目标	01	校企联合研究生培养机制与模式
	02	建立校企联合教学基地与联合导师制
	03	研究生工程实践与创新人才的培养
授课方式	01	课堂理论教学与资料文献调研、授课及思辨教学
	02	企业工程实践现场教学，联合导师的实践研究
	03	课程与学术论文相结合的创新教学方式
课堂教学与思辨	01	概论:绿色建筑、围护体系、舒适评价
	02	第一讲:国内外围护结构节能现状与发展
	03	第二讲:绿色建筑理论与技术方法
	04	第三讲:建筑幕墙体系与节能
	05	第四讲:关于现代建筑发展的思辨与讨论
	06	总结1:理论学习＋小论文＋交流
企业工程实践教学	07	第五讲:联合导师现场教学
	08	第六讲:幕墙模型与创新节点
	09	第七讲:工程实践的操作与应用
	10	第八讲:实验室论证与实务
	11	第九讲:模拟体系与实践
	12	总结2:现场学习＋小论文＋讨论
联合创新人才培养	13	讨论一:校企联合之企业互动讨论
	14	讨论二:校企联合之学校互动讨论
	15	讨论三:现场节能体系实践操作与讨论
	16	讨论四:绿色建筑与围护节能体系反思讨论
	17	总结:论文＋考核

制与研究生学术与实践机制；②关于工程专业学位研究生培养的课程大纲，将融入绿色建筑技术、围护结构体系、校企联合培养等创新体系。

校企结合模式是一种以市场和社会需求为导向的运行机制，是学校和企业双方共同参与人才培养过程，以培养学生的全面素质、综合能力和就业竞争力为重点，利用学校和企业两种不同的教育环境和教育资源，采用课堂教学与学生参加实际工作有机结合，来培养适合不同用人单位需要的应用型人才的教学模式。

参考文献

［1］邵郁，邹广天. 国外建筑设计创新教育及其启示. 建筑学报，2008，10：66-67.

［2］张群，王芳，成辉等. 绿色建筑设计教学的探索与实践. 建筑学报，2014，08：102-106.

［3］夏正伟，常征. "产学研用"合作视角下的建筑专业应用型人才培养研究. 高教学刊，2015，23：216-217.

史立刚　卜冲　韩衍军

哈尔滨工业大学建筑学院；slg0312@163.com

Shi Ligang　Bu Chong　Han Yanjun

School of Architecture，Harbin Institute of Technology

跨文化时空语境下的城市住区更新设计教学札记*
Teaching Notes Of Urban Housing Regeneration design In The Cross-cultural Space-time Context

摘　要：作为凸显哈尔滨工业大学开放设计课程"海内外结合"特色的典例，与都柏林大学联合开放教学将国外知名教授"引进来"参与设计教学和使学生"走出去"参加海外名校的设计课堂，并首次赴海外参与异域文化圈的社会住宅设计，这种从文化输入到文化输出的转变面临着众多的机会和挑战。如何使中华文化价值背景的学生适应后工业时代下爱尔兰的地域文化语境，如何在第二文化习得基础上营造得体合宜、安全聚居、特色活力的空间场所精神，最大程度地实现建筑的"爱尔兰性"是本次教学的主要难点和教学重点。本文从题目解读、教学过程及教学经验启示等方面介绍了 2016 年度 HIT-UCD 联合开放设计课程，特别提出引入建筑类型学和可防卫空间理论的教学经验，多维度激发并深化学生的创新思维，总结成文以期为同类教学提供参考。

关键词：跨文化时空，城市住区更新，建筑类型学，可防卫空间理论

Abstract：As the typical example highlights characteristics of open-design curriculum in Harbin Institute of Technology , which is combination of domestic and overseas universities, joint-studio with University College Dublin teaching by foreign well-known professors, enable students to participate in the overseas elite class design, and for the first time to participate in the exotic social housing design project, the transfer from cultural input to cultural output is faced with many opportunities and challenges. How to make Chinese culture background students adapt to the post-industrial era of Ireland's geographical and cultural context, how to create appropriate decent, safe communities, the characteristic dynamic space spirit based on the second culture acquisition, to the greatest extent realizes the construction of Irishness is the main teaching difficulties and teaching focus. This paper introduces the 2016 Joint studio of HIT-UCD from the interpretation of design theme, teaching procedures and teaching experience, in particular, the teaching experience of the introduction of architectural typology and the theory of defense space is proposed to stimulate and deepen students' creative thinking, which provide reference for the similar teaching.

Keywords：Cross cultural space, Urban housing regeneration, Architectural typology, Theory of defense space

1　HIT-UCD 联合开放教学项目概况

都柏林大学（UCD）是爱尔兰最大、最国际化的大学，其中建筑学院的建筑课程拥有爱尔兰皇家建筑师协会（RIAl）和英国皇家建筑师协会（RIBA）的双认证，学院的约翰－图米教授（JohnTuomey）2015 年获得了建筑界最富盛名的终生成就奖之———英国 RIBA 皇家金奖（RoyalGoldMedal），其作品 5 次（1999，2005，

＊国家自然科学基金（51678180）资助。

2011，2012，2014 年）入围英国优秀建筑最高奖——RIBA 斯特林奖。都柏林大学与哈尔滨工业大学（HIT）是合作联盟学校，双方已经建立起本科和研究生的联合培养机制。本次开放教学即为双边合作协议框架下的深入教学环节，哈尔滨工业大学四年级本科生和都柏林大学研究生一年级学生联合设计都柏林中心区某地段的社会住宅，这是我校师生首次赴海外参与合作院校设计异域文化圈的设计项目，这种从文化输入到文化输出的转变面临着众多的机会和挑战。如何使中华文化价值背景的学生适应后工业时代下爱尔兰的地域文化语境，如何在第二文化习得基础上营造得体合宜、安全聚居、特色活力的空间场所精神，最大程度地实现建筑的"爱尔兰性"是本次教学的主要难点和教学重点。

2 设计题目解读

2.1 选题背景

20 世纪 90 年代以来，爱尔兰完成了由农牧经济向知识经济的过渡，人口由数十年来的输出转为输入，增加了 15％左右的各国移民人口。在当前后工业时代下，爱尔兰公民尚缺乏公平的居住机会。2014 年爱尔兰政府推出"社会住宅 2020 计划"（HousingSocialHousing-Strategy 2020），计划 2020 年前全国建成 35000 套新的社会住宅，其中 2015 年建成约 9000 套。作为首都，都柏林 2015 年 1 月-10 月间建成 494 套，其中只有 137 套可归于社会住宅。爱尔兰国家住区协会（HousmgAsso-ciations）迫切需求推出足量的社会住宅以解决居者有其屋的社会问题。都柏林在维多利亚时代曾经是大英帝国的第二大城市，目前中心城区基本保持着 18 世纪城市的密度和高度，空间肌理图底关系清晰。本次设计题目即是在此独特语境下城市住区更新的产物。

2.2 题目焦点

(1)"社会痛点"：案址处于爱尔兰首都都柏林圣殿酒吧（TempleBar）休闲中心和吉尼斯（Guinness）啤酒工业区之间（图 1），区位交通便利，景观资源丰富，但社区环境复杂，周围诸如经济、安全、公平等社会问题较多，是靠近城市中心的"社会痛点"。

(2)"空间针灸"：提案需运用城市有机更新理论，通过"空间针灸"方式有机植入城市环境肌理，以激活和提升既有城市空间积极性和丰富性。

(3)"量身定制"：提案需根据不同年龄家庭组成进行量身定制 90～100 套社会住宅，其中 50m² 户型占20％，75m² 户型占 20％，105m² 户型占 60％。

图 1 基地选址

(4)"社区营造"：提案需应对低收入人群和老龄化社会的特殊需求，营造富有场所精神的生活空间，实现有机城市更新。

3 教学过程

鉴于本次教学跨文化、跨时空的特色，教学过程分为三个阶段。

3.1 理论准备阶段

第一阶段（2015 年 12 月底至 2 月初）为准备阶段，教师发布设计任务书，讲解推介城市更新相关理论和国内外城市住区更新案例，并进行针对项目实际的资料调研，使学生尽快熟悉任务进入角色。后工业化时期全球性的经济衰退和过度郊区化导致西方城市出现了旧城衰败、就业困难的社会经济问题。由此城市更新开始转型为目标多样化、保护历史环境和注重公众参与的社会改良和经济复兴。城市复兴是对城市特定地区在特定时期转型中面对挑战及抓住机遇的一种回应，它不仅限于旧城保护或单纯的物质环境改善，而是融汇社会、经济、环境及文化等因素的全面复兴。其目的在于促进城市的可持续发展，创造高质量且具有持久活力的城市生活。都柏林城市复兴的主要对象是衰落的旧城区，主要目标是提高城市中心密度，通过改善居住环境、建设功能复合的邻里社区等措施，将居民重新引入内城。并通过合理的经济恢复措施，使市中心重新焕发活力。与此同时学生根据自己家庭居所实际进行居住空间类型的提炼。

3.2 交流调研阶段

第二阶段（2016 年 2 月底至 3 月初）为交流调研阶段：我方师生 12 人赴都柏林大学进行一周的课堂交流和现场踏勘，其中我方学生通过介绍自家住宅的空间，展示了我国城市化背景下各地住居形态现状拼图，图米（John Tuomey）、吉瑞（Gerry Cahill）教授声情并茂地分析自己设计的著名作品 Timberyard，阐述了爱尔兰城市住区更新的先锋理念（图2、图3），同时邀请研究爱尔兰建筑政策和经济的专家学者扩展学生的项目视野。调研环节在都柏林 TempleBar 旧城复兴、利菲河滨水空间整治和码头更新、奥康纳（O'Connell）街区域保护更新等项目现场汲取都柏林建筑的地域文化特色，都柏林拥有深厚的文学与音乐传统，叶芝、萧伯纳、王尔德、乔伊斯、U2 乐队和吉尼斯（Guinness）啤酒构成其独特的城市文化。建筑方面的"爱尔兰性"体现在注重文脉，尊重历史，对材料和构造的极度敏感，日益增加的环境责任感，及对当代文化和艺术的重视等方面。

图2　图米（John Tuomey）教授课堂讲学

图3　吉瑞（Gerry Cahill）教授现场讲解

3.3　演绎完善阶段

第三阶段（2016 年 3 月初至 4 月初）为设计完善阶段：在凝炼爱尔兰建筑特质的基础上进行场所住居空间的深入演绎（图4）。由于本案选址于社会问题相对集中的旧城区，如何通过项目的功能配置和空间设计凸显人文关怀形成心理认同，教学中我们重点强调了基于建筑类型学理论的空间秩序重建和基于可防卫空间理论的以环境设计防止犯罪。

（1）基于建筑类型学理论的空间秩序重建

对于历史文化内涵在建筑上继承的断代使得人们对自己居住的城市的认同感逐渐消退，城市空间的人情味

图4　教学组师生研讨过程

尽失，这迫切的需要我们冲破传统建筑的表层，用现代的语言去表达传统建筑中深刻的历史、文化内涵的勇气。现代建筑类型学理论认为建筑师的任务就是寻找活在人们集体记忆中的"原型"形式，并在这种原型中挖掘永恒的价值，从而生成富有历史感的新意。类型学的设计方法就是首先构造出一套"元语言"，即对构成建筑几何要素词汇和基本句法进行构造，当对这套"元语言"构造完毕之后，再去考虑如何用这套"元语言"去构造具体的建筑作品，即"对象语言"。类型学的创作过程是理性与知觉的统一，这种类型学的应用分为两步：首先是对象分析，从对历史和地域模型形式的抽象中获取类型；其次是建构赋形，将类型结合具体场景还原到形式[1]。通过对都柏林和伦敦住居空间的调研分析，城市公共空间的秩序基本由形状和开放度各异的广场和院落构成，对住宅区而言也形成空间层次丰富的院落模式，在我国城市中大行其道的行列式住宅在都柏林寥若星辰。因此在疏理城市公共空间脉络之后，基本确定了院落围合空间布局，并延续相临社区的公共空间系统，形成基地内熟悉而又陌生的公共空间秩序（图5）。对生活形态而言，沿街建筑普遍呈现出上住底商或停车模式，而院内住宅则为层叠集合住宅模式，而且在都柏林有跃层坡屋顶居住和共享花园的传统，前后通透前门为花园入口，后门通往大露台。注重餐厅和起居环境的空间质量，每个卧室基本都有卫生间沐浴功能，公用卫生间可无浴室。由于温和多雨气候和文化条件的宽裕，爱尔兰没有严苛的日照间距和开窗比例朝向要求，住宅的空间界面对不同的室内功能（起居、卧室、餐厅、卫生间等）和外部空间性质（广场，街道，院落等）又呈现出各异的表情。基于对生活模式和界面形式的归纳总结，在 4 个方案中针对不同用户群需求量身定制出 10 余种不同户型空间（图6），并在界面性格方面通过砖、木材等传统材料体现出空间的类型性。

（2）基于可防卫空间理论的以环境设计防止犯罪

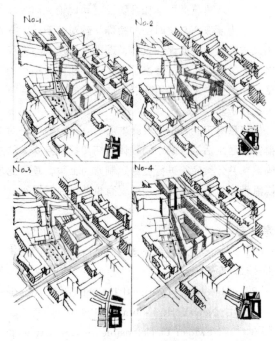

图5 不同类型院落组合空间格局

盖尔（Jan Gehl）将公共空间中户外活动归为三类：必要性活动，自发性活动和社会性活动。其中必要性活动指在各种条件下均会发生的活动，自发性与社会性活动则只有在适宜的户外条件与社会环境中才会发生。人的社会属性决定了与人相处共同参与的非必要性活动会给人带来满足感，在此条件下一个好的街区公共空间便是加快上述这个化学反应的催化剂。

针对街区北侧街道社会治安问题突出，我们尝试把可防卫空间理论引入教学体系。把1960年代美国城市社会学家雅各布斯（Jane Jacobs）认为，城市街道由于被"遗弃"而容易发生犯罪，对策是：①明确划分公共空间与私人空间；②建筑面向街道，使街道处于居民或行人的视线之中；③街道应处于一种连续使用的状态中，人越多观望强度越大，街道眼的互相监视可以维持城市的秩序[2]。1970年代美国建筑学家纽曼（Newman Oscar）继承并发展了雅各布的初级安全理论，提出"可防卫空间"设计的四大法宝——领域感、自然监视、环境印象、周边环境[3]。美国犯罪学家克朗（Crowe T D）在以环境设计防止犯罪（CPTED）理论中提出了安全设计策略：创造差异性和社会性空间，整合公共设施，塑造"活跃空间"，进入控制、监视、领域强化，提高街道的可见性以及对敏感公共空间的监控能力。并通过自然的、组织的、机械的3种方式来实现[4]。考虑到基地西南侧的高层学生公寓建成后将拉动区域的经济发展，我们首先在临次要街道的住宅交通组织上选择更

图6 不同生活形态户型单元

利于形成街道监视的外廊式住宅，考虑将自行车骑行道结合无障碍坡道融入外廊，同时在底层设置商业、银行、酒吧、餐饮、文娱、停车等功能复合的公共服务空间，打造邻里社区生活中心以活化整个区域网络。其次在面向院落的住宅设置共享空中花园和住宅入口，通过架空廊道将城市空间引入内部院落（图7），既形成立体的层次丰富的空间领域，又打通了与西南侧的水塔之间的景观视廊，同时重点塑造东北侧主要街道交口处公共楼梯间形成街区视觉和心理中心，呼应了都柏林塔尖耸立的城市精神。

4 结语

本次联合开放教学理念的创新性应用取得了颇为理想的成果，具体教学经验与启示总结如下：

（1）走出去引进来，跨文化跨时空解答实际问题——本次开放性教学实现了走出去，并且在异域文化圈

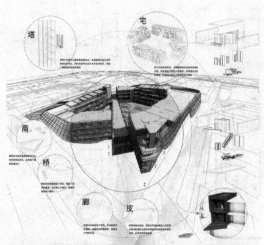

图7 基于可防卫空间理论的街区设计

的课堂引进世界级建筑大师授课，并且在现场体验品质建筑空间，使学生身临其境地体味世界先锋设计思想，同时设计题目在异质文化、异元时空中寻求实际问题解答，突破了传统课程设计窠臼，多维度激发了学生进行开放思考和文化输出。

（2）引入建筑类型学和可防卫空间理论，演绎场所精神——为解决跨文化时空的特殊问题对症下药，探索将相关建筑理论融入课程设计，理性思考建筑与真实生活之间的关联，积极营造富于人文关怀和场所精神的社区空间，培养学生契合用户群心理需求的社会服务意识和设计方法。

（3）量身定制，挖掘设计本质——社会住宅是对弱势群体混居生活关注的空间载体，切实挖掘特殊人群的不同需求并分类应答进行量身定制方为上策，基于此才能以点带面激活城市痛点，实现有机城市住区更新。

参考文献

［1］ 汪丽君. 建筑类型学［M］. 天津：天津大学出版社，2005：247.

［2］ Jacobs J. Deathand Life of Great American Cities［M］. New York：Vintage，1992：34-42.

［3］ Newman O. Defensible Space：Crime prevention through urban design［M］. New York：Macmillan，1972：8-9.

［4］ Crowe T D. Crime Prevention through Environmental Design：Applications of Architectural Design and Space Management Concepts［M］. London：Oxford，1991：30-32.

徐诗伟　惠劼　张倩

西安建筑科技大学建筑学院；sveee@foxmail.com

Xu Shiwei　Hui Jie　Zhang Qian

School of Architecture, Xi'an University of Architecture and Technology

从"生活"到"场所"*
——"自下而上"思维方法在居住环境规划与设计教学中的初探
From "Life" to "Place"
——The "Bottom-up" thinking in the course of residential environment plan and multiple residential building design

摘　要：针对人群需求变革、居住品质升级和城市发展转型的时代背景，本文尝试探索关注人群需求、场所精神及城市环境的居住环境设计课程组织思路。引导学生建立出发于"生活"立足于"场所"的"自下而上"思维方式，在课程中逐步认知城市环境、探究场所精神、完成场所营造。实现训练核心从单一判断到多元视角、从空间操作到场所营造、从方法训练到分析研究的拓展。

关键词：人群生活，场所营造，自下而上，居住环境

Abstract：Based On the background of urban development, people requirement change and upgrade of the living quality, This paper attempts to explore the residential environment design Course organization, including the people demand, the spirit of place and thinking of the urban environment. It promotes the "Bottom-up" thinking, which starting with the "life" and based on the "place". In the course, students gradually realize the urban environment, study the spirit of place, complete place-making. The course's goal is t to achieve the core from a single judge to pluralism, from the perspective of space to place-making operations, from training methods to develop analysis and research.

Keywords：Social life，Place construction，The "bottom-up"，Residential environment

居住环境规划与设计教学是建筑学专业高年级综合训练环节的重要组成部分，从人居环境的发展要求出发，把居住生活及其空间组合的设计研究与整个居住生活及外部环境的规划设计紧密结合，令学生梳理人居环境建设的整体观念，形成人、建筑、城市社会和环境统一的设计思维理念。然而，伴随我国经济飞速发展和城市建设转型，居民生活方式的演进促使对居住环境的需求发生了新的转变——从生存型物质需求转变为享受型精神需求，从较单纯的群体需求转变为多样化的个性需求，从自我完善的封闭需求转变为环境协调的开放需求……一系列社会生活的变革客观上对于我们的课程教学提出了新的要求。为了适应时代发展背景，本文尝试以原有教学环节为基础，重点探讨"自下而上"思维方法在周边环境要素复杂、功能多样、时间跨度大、地段特征鲜明的"城市既有用地课题"教学中的应用，实现本科教学与当今时代社会生产实践需求的紧密结合。

---

*西安建筑科技大学 2015 年度教育教学改革重点项目，面向城乡居住需求变化形式下创新型设计的居住系列课程教学体系改革与实践，项目编号：JG011502；2015 西安建筑科技大学择优立项专业骨干课程建设项目，居住建筑及环境设计系列课题。

1 从"物质空间规划"到"多元价值导向":教学要求变革

在经济快速发展的推动下,2012年我国城市化率超过50%,城市建设正式进入了从"数量增加"转向"品质提升"、从"增量发展"转向"存量治理"的新时代。以往着重关注人的基本需求和行为模式,追求结构完整、功能完备、经济合理的"均好型"物质空间规划方法已无法完美适用当下社会生产实践。强调关注人群生活、城市整体环境和场所精神的多元价值导向,成为当下居住环境规划与设计教学的必然选择(图1)。

图1 居住环境规划设计的多元价值导向(自绘)

1.1 引导一:关注人群生活

"人"是城市的主体,亦是城市环境营建之核心,其现实"生活"作为城市环境营建的原点与归宿,催生了城市空间的意义——任何规划设计,其主旨皆为营造适合人使用、人心化育的空间环境,使得人在其中可以全面发展,而与人最基本的日常生活息息相关的居住空间更为如此。

1.2 引导二:关注城市环境

居住环境作为城市整体环境的重要组成部分,每天通过工作、交通、游憩等与周边城市环境发生密切联系。它一方面受到社会、经济、历史文化等诸多因素的综合影响,另一方面又不断影响城市空间结构演变、社会网络结构重组、基础设施体系形成及相关经济活动物流信息流产生等方面。

1.3 引导三:关注场所精神

城市空间往往具有物质空间形式和精神领域的双重意义,是城市物质形态与人类活动重叠的产物。其在形成和发展的过程中,总是有着历史演进的烙印,承载多样的集体记忆。在此背景下,优质的城市居住空间环境必定是物质空间与精神领域相统一的有意义的整体,避免脱离城市环境、历史和文化背景,导致人们丧失基本的归属感和认同感。

2 从"生活"到"设计":教学实践探索

为了适应教学要求之变革,近年课题组甄选了大量周边环境要素复杂、功能多样、时间跨度大、地段特征鲜明的典型城市居住空间单元作为研究对象,涵盖城市旧居住区、功能复合密集居住区、文脉与地域文化视角下的居住区以及社会保障体系下的居住区……于课题中力求引导学生出发于"生活",立足于"场所",以居民

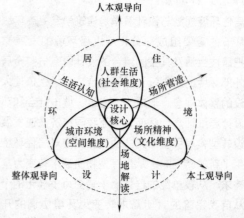

图2 "自下而上"的居住环境课程组织图解(自绘)

的现实生活需求为设计原点，"自下而上"地逐步建立城市环境的整体认知、展开场所精神的探究并最终完成相应的场所营造（图2）。

2.1 生活认知：回归价值本源

人是居住空间的服务对象，生活是居住环境设计的原点与归宿。因此，在课程开始阶段，引导学生重视设计对象的价值回归，以此作为设计的起点，梳理居住生活和居住空间的内在联系，把握人群生活对空间环境的基本要求。最终实现学生由记录生活到培养空间意识、从参与生活到创造生活的转变，进而理解设计的核心价值。这一过程是一个开放、动态的思维过程，学生自身是本环节训练和评价的主体，通过观察、分析和解决问题来获取知识，从而确保学生在整个课程进程中处于主动地位。

课程中针对西安市青龙寺地段中复杂、混乱但充满活力的"城中村"环境，引导学生首先从感性出发去观察与体验的其中的人群和生活。继而配合大量且细致的观察、走访、调查去认知设计本位中的"人"，理性分析城中村居民的人群特征、居住行为特点以及生活活动规律（图3），以进一步理解此地原住民和外来租户对于居住生活在空间、环境、经济、服务、习俗、文化……各方面不同程度的改善需求，和期望环境改善又害怕经济负担增加的纠结情感。

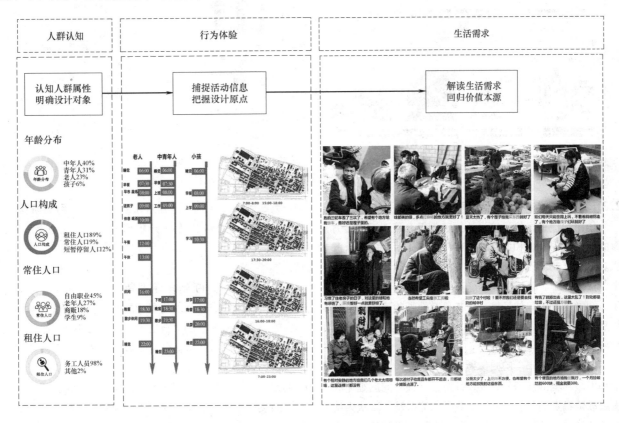

图3 生活认知：回归价值本源（学生作业）

2.2 场地解读：明确设计构思

复杂城市要素间的相互作用令城市地段形成其特有的、相对稳定的制约关系，但这些关系往往又是"不可见"的。因此，场地解读是课程切入必不可少的入手环节，应引导学生关注场地内部及其周边的整体物质空间环境和历史文化脉络，结合前阶段对人群生活的充分认知，对场地的历史、经济、文化、活动等信息进行整理、判断、定义和分类。进而发现地段发展过程中面临的问题，寻求因地制宜地解决途径，探寻和建立与场所精神协调的居住环境意象，培养学生对城市空间问题的洞察力与全面分析能力。

学生通过对场地及其所处大城市环境的进一步调研，深入解读"城中村"居民对此地更新建设的矛盾诉求——一方面，居住环境确实存在空间拥挤、交通不畅、治安混乱、环境脏乱等现实问题希望获得改善；另一方面，这里廉价的房租、便捷的交通区位、便利的商业服务以及热络的邻里关系所带来的浓厚的"人情味"和"归属感"令这里成为外来人口和低收入人群在城市生活的有效保障和缓冲区域。居民普遍希望此种生活氛围能够得以延续，不要湮没在城市化的浪潮之中。如何应对矛盾的生活诉求，达成居住物质环境品质提升和精神文化诉求之间平衡，实现居住空间品质提升、社区活力延续和经济开发盈利的共赢，成为本次居住环境设计的核心问题（图4）。

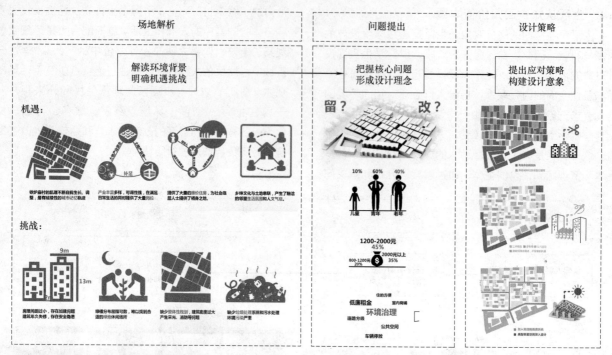

图4　场地解读：明确设计构思（学生作业）

2.3　场所营造：设计思维表达

场所营造是居住环境设计的落脚点，强调运用多方面的专业知识协调和处理设计过程中多元对象的复合问题。运用更新、改造和新建等方式妥善处理当代居住需求，塑造一个"随时代之变迁而与化俱新"具备独特物质与视觉特征的居住环境，令其具有清晰的可识别性和强烈的归属感，给生活在其中的人们一种踏实的情感寄托。

本阶段要求学生回归场地现状，结合前期对人群生活和地段环境的认知和解读，针对设计核心问题细化和发展教师指定的"全班式"任务书。完善基于现状人群生活和物质环境的"自下而上"更新改造设计策略，形成具备自身特征的"定制化"任务书。令此地多元的人口构成、和睦的邻里关系、活跃的公共交往、丰富的空间构成……在设计中得以传承与延续。以此任务书为基础，进一步深化和落定城市形体环境、住区整体空间组织以及住宅单体空间塑造等不同层面的空间操作方案，并最终完成居住环境设计成果的表达（图5）。

3　"自下而上"思维方法：训练核心拓展

基于居住环境课程的原有课程特征，本次结合"自下而上"思维方式的教学实践主要实现了课程切入从单一判断到多元视角、研究对象从空间操作到场所营造、能力培养从方法训练到分析研究三方面的训练核心拓展。

3.1　从单一判断到多元视角

不同于政府和开发商主导的主要着眼宏观整体的社会效益和经济收益的"自上而下"建设开发方式，"自下而上"思维方式提倡学生从城市整体环境及其中不同人群的综合视角出发，挖掘不同地段住户生存手段、生活方式、日常习惯等方面的内在需求，探讨人性视角背后的设计机遇。例如在课程中引导学生观察和记录各个群体居住生活的内容、路径、问题和需求。思考设计介入后此地的生活将如何演变，居民的利益和情感在设计中如何得以体现等等，避免因个人主观喜好而产生脱离地段实际需求的设计决策。

3.2　从空间操作到场所营造

伴随居住生活品质需求的提升，单纯的物质空间塑造已无法满足居民日益增长的多样化精神文化需求。社会、人文、经济、生活等在居住环境中的综合呈现已逐渐取代单纯的居住空间营造，成为当下优质居住环境的主要评价标准。教学引导学生了解城市背景、历史文

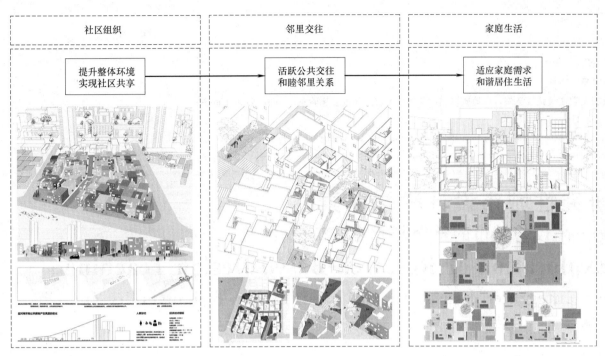

社区组织	邻里交往	家庭生活
提升整体环境 实现社区共享	活跃公共交往 和睦邻里关系	适应家庭需求 和谐居住生活

图5 场所营造：设计思维表达（学生作业）

脉、地域环境、情感记忆、公共生活，认知场所营造对居住空间单元的重要作用，明确场所营造的价值与目标。从而深入考虑人与人、人与环境之间的相互作用，通过具体环境设计营造地可聚人、景可美人、境可育人的复合场所。

3.3 从方法训练到分析研究

传统居住环境规划与设计教学过程中强调学生对于不同层级居住空间规划布局、指标控制、设施配置、空间组织等方法技能的培养，有利于学生迅速掌握居住环境设计的普遍方法。但此种方式具有较强的结果指向性，易导致学生一味追求普适的结构完整、功能完善、空间实用和炫目表现效果，落入唯空间论的巢臼，面对复杂城市环境中的居住生活问题却无从下手，不具备直面城市复杂问题，提取问题并解决问题的设计智慧。因此，在本次课程实践中倾向于采取以问题为导向的"研究型教学"模式，强调以人为主体、以生活为原点、以问题为核心、以讨论为学习的教学方法，引导学生关注"处理关系"和"针对问题"，训练学生在复杂环境中以问题为导向，自下而上地去寻找问题、分析问题并创造性地解决问题的综合能力。

4 结语

适应当前社会发展趋势、居民多样化生活模式，并

结合西安的地域背景，本次教学实践中我们强调从人群生活出发，采取自下而上的思维方式切入设计，鼓励"外师造化，内发心源"的学习方法，鼓励学生在学习中感受生活，感受城市，尊重人，慎重设计。这一教学思路仍处于探索阶段，还需在未来的教学实践中不断完善和补充，以最终建立一套始于感性认知落实于理性问题解决的完善方法体系，令学生建立起从关注人群生活到关注城市场所互动的"自下而上"设计思维方式，为未来的设计学习提供新的视角。

参考文献

[1] 惠劼、张倩、王芳.西安建筑科技大学居住环境系列课程简介[J]，住区，2014.02.

[2] 朱玲、张倩、惠劼.求同存异、归本溯源、营居塑境——城市更新进程中居住空间单元规划与设计教学探索与实践[J]，住区，2015.12.

[3] 邹兵.增量规划、存量规划与政策规划[J].城市规划，2013（02）：35-55.

[4] 戴林琳.引入"社区"概念后居住区规划教学的若干实践与思考[J].中外建筑，2009，09：64-66.

黄海静　卢峰

重庆大学建筑城规学院，山地城镇建设与新技术教育部重点实验室；cqhhj@126.com

Huang Haijing　Lu Feng

Faculty of Architecture and Urban Planning, Chongqing University, Key Laboratory of New Technology for Construction of Cities in Mountain Area

研究性城市设计教学探索
——高校与城市的整合研究与城市设计

Exploration of Research-Based Design Teaching
——Integrated Research and Urban Design of University and City

摘　要： 随着城市建设逐步从"空间增量"设计走向"存量空间"优化，面对日趋复杂的城市更新问题，城市设计教学必须将"设计"作为一种研究城市问题的方法，通过研究性城市设计教学，引导学生发现和分析城市问题，并找到解决城市问题的途径。本课题针对旧城区中高校与城市整合问题，研究高校与城市共生发展的城市更新设计，强调整体思维、综合分析及研究创新，提高学生应对复杂城市问题的能力。

关键词： 研究性教学，高校与城市，整合，城市更新设计

Abstract： As urban construction has changed from spatial increment design to existing space optimization, in the face of increasingly complicated problems in urban renewal, we should treat "design" as a method of researching on urban problems in urban design teaching, and through research-based urban design teaching, guide students to find and analyze urban problems, and finally, find some ways to solve them. This thesis is aimed at integration problems of universities and city in old town, and to research urban renewal design of the symbiotic development between universities and city, besides, to improve students' ability to handle complicated urban problems as highlighting holistic thinking, comprehensive analysis and research innovation.

Keywords： Research-based teaching, University and city, Integration, Urban renewal design

我国城市发展进入到以更新再开发为主的新形势，城市设计也逐步从"空间增量设计"走向"存量空间优化"。"优化设计"的前提是要对设计内容更全面的资料掌握，对设计对象更系统的客观分析，对城市空间、目标人群、关键问题等更细微、深入研究，才能针对性提出解决城市问题的可行性思路和设计性策略。

随着城市开发速度和强度增大，高校周边区域在教育资源与环境资源的双重推动下，逐步为各种商业房地产项目所蚕食，校园内部空间日益"盆景化"；尤其是位于旧城的高校老校区，还存在校内外建筑老化、公共空间不足、社区环境缺乏有效管理、快速增长的机动交

通严重影响步行安全等问题。因此，如何发挥高校优势及特色，针对高校周边区域这一特殊城市空间的更新发展，通过研究性城市设计教学，探索高校校园与城市空间的"共生"发展模式，具有重要的现实意义。

1　研究性设计教学

"研究性教学"理念来源于 19 世纪德国教育家洪堡倡导的"通过研究进行教学"以及"教学与研究相统一"的教育思想[1]。在此基础上，英国教育家纽曼提出"理智的培育"，美国教育家杜威提出"问题教学法"，美国教育学家布鲁纳提出"发现式学习"方法；都要求

学生在教师指导下，通过主动探索和学习，发现事物变化的因果关系及内在联系，从而形成概念、获得原理，是一种"探究式学习"的理念。

"研究性设计教学"将设计研究作为设计教学的基础，研究的过程和结论是产生设计观念和形成设计方法的重要工具[2]。研究性设计教学要求将"设计即研究"的概念贯穿于设计教学全过程，超越传统师徒制教学的经验性和个人偏好的影响，关注设计本源、基本原理和态度养成，掌握自主发现问题、独立解决问题、进行设计研究的方法和能力。

当今建筑学科所面临的诸多建筑改造、旧城更新等问题，已远远超出其传统的学科范畴，向着社会、经济、生态、技术等多个领域拓展。如何培养具有创新意识、研究能力、综合思维的人才已成为建筑学科专业教育发展的关键问题。研究性设计教学打破建筑教学中设计和研究相分离的固有观念，将建筑研究回归到设计教学的"中心"地位，是改善建筑教学中研究性与学术性不足，建筑设计缺乏创新原动力和实践可行性等问题的必然选择。

2 基于城市问题研究的城市设计教学

2.1 以调研为基础的教学要求

旧城更新是当前城市设计研究的一项重要内容。研究型城市设计教学要求学生对研究背景和内容进行梳理，对相关理论和案例广泛阅读和分析；采用"调研设计—初调研—再调研—调研分析"的方法，分小组、分步骤、多层次地开展现场调研工作；用分析图、统计表、照片、数据及文字等形式作出系统整理、分析评估，成为后续设计的依据，并将调研分析作为设计过程的重要部分体现在最后的成果图纸上（图1）。具体教学要求如下：

（1）了解城市设计的基本概念：学习城市设计的概念内涵、目标构建、工作层次和基础理论，了解当前城市更新发展的主要趋势、发展途径与典型研究成果；建立城市设计整体观、生态观、文化观和环境观；

（2）关注城市所及的复杂问题：综合分析城市空间形态、交通流线、景观视线等问题；建立对城市认知、空间体验、形态尺度的基本敏感，对城市区域特征、历史发展、文化内涵的挖掘，对目标人群环境行为及心理需求的关注；探索以创意带动城市转型、更新发展的空间策略；

（3）掌握"分析＋设计"的递进式工作方法：深入了解和学习城市设计的全过程；掌握收集资料、调查分

析、系统研究、综合判断和设计的工作思维和方法；初步形成运用交叉学科、专业知识进行研究性设计的能力；

（4）探索应对城市发展的对策：研究城市空间整合设计思路；强化对城市建设管理条例及相关设计规范的理解和掌握；了解城市设计对城市形态、街道风貌的控制作用，对建筑设计的指导作用，提出合理可行、能有效指导后续设计的城市设计导则。

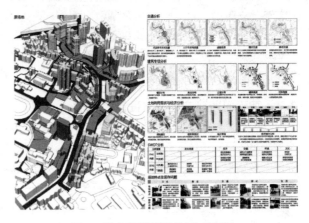

图1　城市设计调研分析（部分）

2.2 以问题为导向的教学方法

以问题为导向，研究型城市设计教学将传统"讲题—方案构思—修改深化—表现"的专业技能教学过程，转变为"读题—发现问题—理论案例研究—分析问题关键—寻找解题途径—方案编制及评价—成果表达"的思维方法教学过程。基于城市问题研究，触探形式表象下的逻辑与机制，成为后续城市设计的重要途径。

课题选址位于重庆大学沙坪坝老校区——A、B校区之间的边界地带，含1个可拆除改造地块，1个不能拆除但可功能置换地块，2个作为未来发展用地仅作概念性意向设计地块，地块条件复杂。要求学生以城市研究为核心，以城市设计为手段，按照整体性与多样性相结合的原则，着重解决以下城市设计问题（图2）：

（1）受过境交通影响，重庆大学A、B校区城市道路沿线的公共空间被切割为多个孤立区域，不仅导致城市公共空间使用效率偏低，也削弱了城市公共活动活力；因此，需要充分考虑规划轨道站点、原有街道、重庆大学A、B校区入口空间、居住小区等不同区域的车行、人行交通关系及其与城市公共空间的整合；

（2）重庆大学校园与城市空间交界区域的各个地块边界复杂，可用于开发建设的土地资源有限；因此，需要从资源整合的角度，按照城市与建筑一体化开发建设模式，对城市空间形态的核心控制要素，包括业态分

布、建设容量、街道界面等，进行综合的设计研究。

图 2　基于问题研究的设计过程（部分）

2.3　基于问题研究的城市设计

高密度发展的老城区，既面临城市公共空间不足、交通拥堵、可建用地匮乏等发展瓶颈，也具有历史积淀深厚、城市生活多样、社区感较强等优势。在城市发展空间日益紧张的态势下，城市旧区更新建设应基于多方共赢的目标，将城市设计作为城市存量资源的整合工具与引导平台，兼顾各方利益，因地制宜，才能为其自身的持续发展提供新的契机。

同时，高校尤其是处于旧城的老校区以其突出的地理区位优势和环境效应，成为优化城市空间格局、提升城市空间质量、缓解城市人地矛盾的重要手段，在城市减灾防灾、开放空间、生态环境建设等方面具有其他城市空间不可替代的作用。如何积极利用、有效发挥高校的优势资源，通过"城市—大学—街区"三方联动和协同发展，是激发街区空间活力，实现旧城复兴的关键。

（1）高校与城市的互动研究——城市功能复合与价值提升

城市旧区在土地经济上具有两面性：区位环境的高经济性与现状建设的低经济性。高校作为城市最有潜力的资产，通过与政府、社区、企业等的合作关系，将在城市复兴中起到杠杆作用[5]。根据"城市触媒"效应，发挥高校地方效用、融入城市社区发展，加强与城市更加密切的融合。

城市功能转型及融合发展是提升老城区土地经济价值的有效途径。为此，在梳理原有城市建筑功能和产业构成基础上，结合轨道交通带来的商业契机，挖掘高校为中心辐射形成的学区房、培训机构、科技企业、文化创意产业等潜力；通过高校与城市、街区的"互动协作机制"，完善复合化城市功能，激发知识城市、创意经济价值，促进高校与城市建设的共生发展。

（2）城市空间的整合研究——空间结构重组与集约化设计

老城区密度高，可建用地紧张，城市公共空间严重不足；原有城市空间因自发生成、缺乏整体规划，形成功能分离、各自为阵的分散式格局；高校校园封闭，与城市边界复杂，临街面被各种街边建筑遮挡，高校氛围衰弱，城市风貌混乱。

"集约化设计"是旧城更新的必然要求。一是发挥城市街区集聚效应，打破各个功能空间边界隔阂，通过紧凑布局和资源共享创造公共空间和综合效益，形成连续性强的街道界面形态；二是有机结合山地城市的场地高差和环境设计，在保证校园安全管理的前提下增加校园开放性，整合高校校园与城市空间关系，形成多区联动的城市空间格局。

（3）交通系统微循环研究——交通体系梳理与立体化构建

片区内唯一的城市干道将重大 A、B 校区隔离成孤立区域，联系极弱；道路两侧分布的中学、小学、菜市场、居住小区等入口部分形成多个交通节点，交通拥堵严重；沿街步道宽窄不一，且不时被贴街而建的建筑阻断，街边还有规划的轨道站点，人行环境极其复杂。

采用"城市微循环理论"，有机结合地形高差，构建立体交通系统，减少交通节点，打通车行脉络，提高车行效率；适度的人车分流体系也形成相互连通的步行网络，提高步行连续、安全和舒适性。同时，结合城市功能和空间布局调整，将规划的轨道站点与街道步行系统连接，提供方便易达、适宜步行的城市公共空间生活（图3）。

图 3　立体交通体系研究（局部）

（4）街区活力的再生研究——开放性社区及场所特性营造

城市旧区优于新区的主要特征是拥有浓郁的生活气息。因此，旧区城市设计要以改善城市公共环境、市政基础设施和公众生活质量为首任；根据"开放式街区"

和"复合型社区"理论，结合高校与城市、街区互动，将住宅、商店、文化中心、服务设施等集中起来，满足人们交往、休闲等公共生活及活动需求。

城市旧区也是城市记忆和地方文化的重要载体。旧城更新设计应积极保护与传承原有特色的空间肌理，强化街区积淀生成的场所性；塑造独特城市风貌文化，形成以高校文化、创意文化为特色的城市片区，提高市民归属感。

（5）城市生态重构研究——精细化设计与引导性管理机制

城市旧区往往因无序发展而造成环境生态性较差。将"自然、便利、集约、可持续、精细化理念"融入旧城更新设计中，结合城市格局进行公共空间梳理，整合并治理街道角落空间形成多个"口袋公园"，结合校园开放空间构建城市环境绿化体系。营造高效健康的公共空间，生态优质的城市环境，形成城市"新陈代谢微系统"，提高片区宜居性。

旧城更新以存量空间优化为目标。为保证城市空间品质，除了精细化的城市空间设计之外，还应注重对整体城市风貌的引导和管控，对城市特色的挖掘和传承，对城市美学的考虑和导向；通过编制城市设计导则，实现对城市空间引导性、精细化管理（图4）。

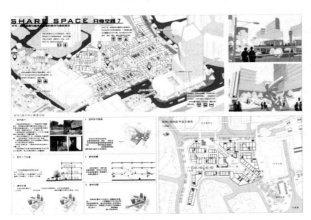

图4　城市设计控制导则（部分）

3　小结

建筑教育本质是设计教学，建筑学科的发展需要学术研究来推动。改变传统建筑教育中研究与教学的分离的状况，研究性设计教学把设计研究作为设计教学的重要依据，适应了应试教育向素质教育、职业教育向终身学习、技能教育向创新教育的转变趋势[6]。

契合"2＋2＋1"教学体系，设置在4年级的城市设计教学，正好是学生完成（1、2年级）基础知识和专业技法培养的"基础性教学"阶段，进入（3、4年级）创新思维和专业技能培养的"拓展性教学"阶段。以问题为导向，基于城市研究的城市设计教学，将教学重心从设计表达转向了设计分析，不仅提高了学生主动学习和思考、综合分析与研究的能力，更激发了学生设计创新的原动力和持续性，教学效果明显。

参考文献

[1]　宋永涛．本科教学改革中的研究型教学模式解析［J］．教育教学论坛，2013（32）：43-45.

[2]　陈雄，周仲伟，朱云．建筑教育中研究性设计教学的发展与启示［J］．建筑与文化，2015（8）：146-147.

[3]　王建国著．城市设计（第3版）［M］．南京：东南大学出版社，2011.

[4]　顾大庆．作为研究的设计教学及其对中国建筑教育发展的意义［J］．时代建筑，2007（3）：14-19.

[5]　段瑜，罗巧灵．创意经济下大学与城市互动发展初探［C］．中国城市规划年会论文集，2009.

[6]　庄少庞，吴桂宁．一种关注设计思维拓展与转换的城市设计教学框架探索［J］．华中建筑，2013（3）：178-181.

周静敏　司马蕾　黄杰　陈静雯

同济大学建筑与城市规划学院，同济大学高密度人居环境生态与节能教育部重点实验室；

zhoujingmin@tongji.edu.cn

Zhou Jingmin　Sima Lei　Huang Jie　Chen Jingwen

Tongji University College of Architecture & Urban Planning；Key Laboratory and Energy-saving Study of Dense Habitat

(Tongji University)，Ministry of Education

研究型建筑设计教学形式探索*
Study on the Teaching Methods of Research-oriented Architecture Design

摘　要：研究型设计是建筑方案阶段重要的设计手法之一，旨在提高设计成果的理论价值和社会意义。本文以本科四、五年级开展的墓地建筑设计课程教学为例，探讨了研究型教学方法在设计课程中的重要作用。从引入研究型设计方法、制定教学计划安排、推进研究和方案设计到最终指导学生完成多样化成果，分析了整个教学实践过程中尚且存在的难点，并对这些问题予以思考，试图为高年级课程设计教学提供启示。

关键词：研究型设计，教学形式，墓地建筑

Abstract：In order to improve theoretical value and overall significance of the design outcome，the research-orientated design should be implemented into all of the stages of the building design process.

In this paper Cemetery Design Course is taken as an example of a research-orientated teaching conducted among final year students，where a set of teaching methods are applied. Firstly，research-style design methods and formation of the teaching plan is introduced，followed by actual design solutions and overall guidance，finalized by the completion of the cemetery design. This process sheds the light on the existing difficulties in teaching practice and tries to analyze this issues and provide suitable references which could lead to improvement in the curriculum design of the final year studies in the school of architecture.

Keywords：Research-oriented design，Teaching methods，Cemetery building

概述

建筑与社会的关系越来越紧密，建筑方案设计考虑的因素也越来越多。建筑大师屈米指出，作为建筑师，应该在支离破碎的城市、无序的乡村里寻找与构建具有场所感的人性化空间；在信息时代，体现与生态环境相协调的可持续发展的建筑理念。同济大学建筑系在课程设计教学安排上，也遵循这一趋势，提倡新的教学模式，将社会问题与建筑设计紧密联系，锻炼学生解决问题的能力。

本次本科四、五年级课程设计选择墓地建筑为设计对象，要求学生探讨当代人对建筑与环境的复杂性需求，构建具有生命力的城市与建筑空间，并寻求适宜技术使方案具有可实施性。目前我国建筑课程教育以常用建筑类型为主，墓地建筑作为比较冷门的类型，在传统教学和工作实践中都很少有机会接触到。本次选择墓地建筑，可以拓展学生的设计范畴，增加专业知识积累，提升对新鲜事物的吸收能力。

* 国家自然科学基金（51575377）；国家住宅与居住环境工程技术开发（2011FU125Z30-2）。

在过去，建筑设计主要注重功能、造型、表达等方面，对于设计的缘由和概念并没有引起足够的重视，以至于部分学生着手设计无章可循。现在本科教育日益重视对学生研究能力的培养，在本次课程中引入研究型教学形式，将设计思路结合研究方法，引导学生从传统设计思维中解放出来，掌握有条理的设计秩序，提高问题的研究和解决能力。作为新形式的课程教学，希望学生在墓地建筑设计的过程中可以培育、鼓励、探索未知的生活新模式，能够充分发挥自己的创造力。

1　引入研究型设计教学

1.1　关于研究型设计

研究型设计从做研究入手，对将要设计的内容做好调研、案例分析、资料收集等研究工作，为后期提供理论参考和技术支持。从方案设计的角度来看研究型设计，它不同于传统意义上的研究学习，也与纯粹的方案设计有所差异，更强调两者的结合，将理论与方案实践紧密联系，需要学生同时具备研究能力和方案控制能力。墓地建筑设计与常规建筑不同，设计者不能完全依靠生活经验，需要研究相关理论知识，了解墓地使用行为，才能根据理论基础完成方案设计。整个过程主要包括两个部分，理论研究和方案设计，这两部分相互影响和促进，直到完成设计成果，见图1。

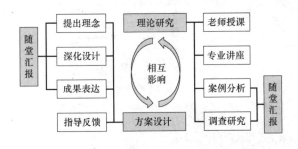

图1　研究型设计组成模块

整个教学过程注重学生个人研究，对未知领域进行挖掘，从而实现教学形式上的改变和创新。通过研究对象特性这一过程，掌握墓地建筑设计的语言和重难点，可以避免学生直接从现成的案例或资料中寻找答案，促进学生对现状问题进行研究和分析，提高创新能力和自主设计能力。整个教学过程对本科高年级学生掌握研究方法、转变学习模式、提升设计能力都有较大的帮助，是建筑学设计教学的新尝试。

1.2　研究型设计教学安排

本次课程设计时间共计16周，随堂进行进度汇报和指导答疑，课后学生按照老师的建议，完善、继续深入作业。本次课程设计以研究和设计结合的形式开展，从任务解读到最终成果完成，每个阶段都会涉及到不同方面的调查研究，包括案例、选址、功能等，研究成果指导方案生成与深化。

整个教学周期共分为四个阶段：第一阶段为调查研究，共3～4周，根据设计任务需要对选址场地和使用人群进行调研，为方案设计提供理论依据；第二阶段为方案概念形成，共2～3周，主要通过工作模型、图纸或文字表述等形式阐述设计理念和方向，将研究成果向设计进行转化；第三阶段为方案深入，共4～5周，需要根据前期的概念和研究成果，对方案进行深化设计；第四阶段为完成设计成果，共3～4周，将墓地研究成果和设计成果进行整理表达，完成课程设计的任务要求。

在四个阶段过程中，建筑系会组织两次集中答辩。第二阶段结束后，学生进行中期成果汇报，由多位老师点评前期工作，考察学生对于方案概念研究和落实的能力，并为后期阶段指明方向；最终完成设计任务后，通过汇报答辩的形式检查学生课程设计的情况，老师对学生的研究和设计成果进行课程评分，完成课程培养计划。

图2　课程中期汇报现场

1.3　研究与设计多方面推进

课程设计作为一项考察学生自主学习能力的训练，主要培养学生动手、动脑、动口的综合能力。设计开始阶段，由指导老师向学生讲解设计任务要求和相关专业知识，并引导学生去开展研究工作。前期教学以学生每周课堂汇报为主，老师对学生的阶段性成果进行意见反馈，为下一周学习工作指明方向。后期进入深化方案阶

图 3 课程期末汇报现场

接触较少，为充分了解设计的方法和内容，在教学的不同阶段，分别邀请校外专家和学院优秀研究生代表对设计内容和研究设计方法进行讲座。海鸥有巢氏整体卫浴公司曹祎杰总经理为学生讲述了目前工业化产品和技术在实践中的应用情况，同济大学建筑学研究生张路阳等4名同学分享了自己在研究生阶段的研究设计课程经验。本科生在这一系列讲座和交流中受益匪浅，对他们进一步推进自己的方案有较大帮助。

1.4 多样化成果展示

选择墓地建筑类型，学生需要自主开展研究和设计工作，自拿到任务书开始，要求学生定期汇报个人进度，直到完成设计任务要求的各项成果。前期主要展示形式为汇报 PPT、草图、工作模型等，指导下一步工作；学院统一的中期汇报，主要通过概念图纸、工作模型等形式向评委老师展示概念性成果；最终设计成果需要通过展览、汇报的形式呈现，包含展板、8 张 A1 图纸（或 4 张 A0 图纸，图 4）、模型、PPT 文件等。作为研究型设计，设计成果需要包括理论分析、调查研究、技术图纸、模型等，完整阐述自己的设计理念。

段后，设计进度较快，指导老师根据学生方案情况，灵活安排答疑时间，推进完成设计成果的进度。

整个课程是一个发现问题、解决问题的思考过程，研究型设计思维不应局限于教师的讲授，多元化的形式更利于学生理解掌握。本科生在专业实践和研究方法上

图 4 学生 A 的最终成果图纸（4 张 A0）

2 新形式教学实践中的难点

2.1 研究方法较为单一

作为研究型设计教学，需要学生具备一定的研究能力，掌握所需要的研究方法。本科阶段主要以授课形式进行教学，对研究能力的培养并不多，学生了解的研究的方法比较局限，所得研究成果也会受到一定影响。

从本次墓地设计教学实践来看，为了解墓地建筑的特征和使用行为，绝大部分学生采用问卷调研的形式获取自己需要的信息，而文献资料查阅和既有案例研究不够深入，图5为学生B自制的调研问卷。虽然得到的研究成果不够系统全面，但对于尚未找到设计出发点的学生来说，这种研究的过程可以引导他们对设计进行思考。如果能够综合多种研究方法，扩大研究对象和调研范围，对后面方案设计的指导会更加系统。

调研问卷(部分)

1.您的年龄
A ≤20 B 21-30 C 31-40 D 41-50
E ≥51
2.您忌讳讨论死亡吗
A 忌讳 B 不忌讳
3.您觉得今后丧葬方式的发展方向是
A 继续维持传统方式(接近稳态)
B 生态化 C 简约化
D 其他____
4.您觉得虚拟纪念形式
A 可以接受，这是未来趋势
B 有限难以接受，可以作为一个选项
C 不能接受，理由是____

5.您希望自己的墓地是以下哪种丧葬形式
A 碑葬 B 壁葬 C 树葬 D 海葬 E 宇宙
F 更奇特的方式____
6.针对现在所提"墓地与公园同步建设"，"墓地与城市绿地一并推进"，您有什么看法
A 这不符合我的三观
B 不符合国情
C 可以接受，但墓地本身要作出相应改变
D 非常有意思，期待
7.如果在繁华的城市中，您工作/生活的地方附近，有一片墓地，您会把它当做一个进行散步甚至野餐等活动的场所吗
A 会
B 如果这片墓地不恐怖的话，就会
C 如果这片墓地够美丽的话，就会
D 无论如何也不会

8.如果死后被葬在一片城市的墓地中，您会觉得
A 不可以，灵魂得不到安宁
B 无所谓，反正自己也感觉不到
C 感觉不错，热热闹闹不寂寞
D 寡人要上天/下海，埋在地里憋得慌
E 都不是，我有其他的感受____
9.您觉得现在的墓地在哪些地方应该做出改进或回应
A 提倡生态墓葬的方式(保护生态环境)
B 提倡高效的墓葬方式(应对老龄化)
C 为失去亲人朋友的人群提供慰藉
D 感化人们理性面对死亡
E 其他____

图5 学生B调研问卷

2.2 研究成果的指导性不够清晰

研究作为辅助设计的一种方法，主要目的是从研究成果中找到设计的核心理念，指明设计方向。从研究到设计，两个部分需要有机联系起来，而在教学实践中，部分学生并不能将研究成果与方案设计结合。理论与设计的脱离，导致研究成果的使用效率不高，新形式的教学目的并没有实现，反而增加了传统课程设计的工作量。

学生C在前期对墓地的功能做了大量研究，提出墓地建筑可以作为逝去人群与这个社会的连接枢纽，如同生活中的车站，将不同的空间联系在一起。该学生对墓地的功能见解独到，也做了很多研究分析，但对于建筑方案设计的可操作性并没有明确的思路，导致他在提出概念后，并不能通过设计语言实现他的想法，缺乏对建筑形式的控制力。学生C在本次课程的不同阶段，一直在调整建筑的形式，重复的设计工作较多，设计方向不够明晰，影响了最后的成果（图6）。

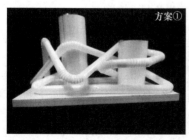

图6 学生C墓地形态持续变化

2.3 受传统设计思路影响较大

新型设计教学形式对于本科高年级学生来说还有一个难点是，在没有一定量的训练前提下，需要克服传统课程设计思维带来的负面影响。在本次墓地设计过程中，研究型设计思维强调研究与设计相结合，而传统的设计思路将研究和设计看成两个独立存在的部分，对应不同的任务要求。这种潜意识的思维模式，导致了学生在最终设计成果上与前期研究脱节，甚至半路回归传统的设计方法，忽视了研究成果的重要性。

前期研究成果在形成方案理念和落实方案设计上具

有重要指导意义，是对现状问题的分析和应对措施。比如，学生D从社交账号的角度去研究逝去人群的网络社交处理方案，通过信息墓地的设计将这些停滞的虚拟世界持续下去。这是一个很独特的创意，但在建筑方案设计时，他对信息墓地的形式、技术和实现形式的表达有些力不从心，仅从生活经验和惯用设计语言去完成信息墓地的设计，最终成果未能完全实现其对概念特征的体现，有些遗憾（图7）。

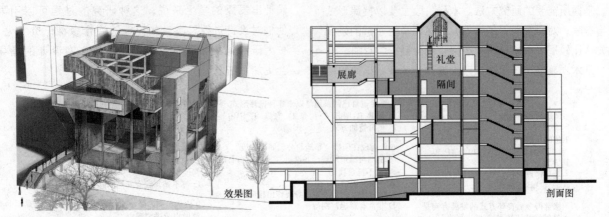

图7　学生D最终方案设计语言及形式

3　研究型设计教学的思考

在本科阶段开展研究型设计的课程教学，不可避免会存在一些困难，但同样也是教学实践上的革新，拓展了本科生教学的领域，为更深层次的研究型教学模式提供了参考。通过这次教学实践，笔者对存在的问题和难点进行了反思，总结了以下几点容易忽视或存在挑战的教学内容：

（1）制定具体教学计划，督促学生完成各阶段工作内容。建筑设计教学需要学生在有限的时间内最终完成设计成果；如何协调研究与设计的节奏是引导学生完成整个设计的关键。如果过于弱化设计本身的重要性，对于完成设计任务来说是不利的；若不强调研究的重要性，也不能引起学生对新型教学模式的重视。

（2）引导学生将研究与设计联系起来，让研究成果指导方案设计与完善。新形式教学的阶段性特征非常明显，如果不能协调研究与设计的关系，两者之间的过渡就不够连续，研究成果的吸收也不够全面。指导学生将研究成果应用到整个设计过程中，才能充分发挥研究对设计的作用。

（3）加强学生研究型思维训练，培养多元的研究设计方法。本科生在自主研究方面缺乏经验，研究方法掌握比较局限，不容易提出有价值的研究成果。而研究型设计需要学生具备研究型思维逻辑，通过相关思维训练和量的积累，才能在设计中进行应用，减少过程中的弯路。

参考文献

[1]　周静敏，司红松，贺永等. 教与学：研究生设计方法论的培养尝试——记同济大学"住区规划及建筑设计"课程教育[J]. 住区，2014，02：62-70.

[2]　顾大庆. 作为研究的设计教学及其对中国建筑教育发展的意义[J]. 时代建筑，2007，03：14-19.

图表来源

图1～图3：黄杰绘制、拍摄

图4：伍曼琳绘制

图5：黄杰根据李博涵调研问卷整理绘制

图6：张鹏翔拍摄、绘制

图7：张晨阳绘制

凌　峰

合肥工业大学建筑与艺术学院；2522047542@qq.com

Ling Feng

The Architecture and Art College of HeFei University of Technology

"研究式"设计方法在毕业设计课程中的应用探讨
Discussing the Research-design Method Applied in Graduation Project Courses

摘　要：本文针对"研究式"设计方法在毕业设计课程运用过程的分析，提出这种设计方法在各主要环节运用的内容和要求。以实现对学生创作力的培养和设计技能的提高。

关键词："研究式"设计，设计方法，毕业设计

Abstract：This paper analyzed the process of Research-design method applied in Graduation Project Courses and put forward the content and requirements in the main stages. This process could realize to cultivate student's creativity and to improve them design skills.

Keywords：Research-design，Design method，Graduation Project

毕业设计是本科教学的终端环节。学生经过五年的系统学习，其知识体系已基本完善，解决问题的能力已经具备。从培养创新性人才的角度出发，对建筑设计这门实践性和经验性很强的学科，如何在设计中发现问题，并运用掌握的知识和能力解决现实问题，是毕业设计着重要解决的问题。

"研究式"设计以概念为引导，能从实际出发，对现实的观念和经验反思，构建更加合理的空间环境体系，综合解决社会发展和经济利益的平衡。[1]对于研究式设计，发现问题要客观，寻找解决问题的办法要实际，完成的作品要有新意。

针对以研究为主题的毕业设计课程，笔者认为应着重控制一下几个环节：

1　关于选题

毕业设计的选题，原则上要求"真题真做"，题目大小要适中，每个学生的工作量应控制在 10000 到 15000m² 左右；选题以公共建筑为主或学生可以亲身感受的项目，有利于学生后期的调研和体会。但从这几年带毕业设计的经验来看，完全用真题，对学生能力的培养未必有益。真题有政策、经济及各种主观要求，对学生

的创造性的发挥有一定的制约。从近几年的统计数据来看，80％以上的社会公益性项目的题目采用的是真题真做，而房地产开发项目是没有完全意义上的真题真做，教师需要对项目的技术指标和政策要求进行适当的修正。从"研究式"设计的课程要求出发，毕业设计的选题原则：真实项目；真实环境；真实业主；真实规划条件。

在选题过程中，应鼓励学生团队合作，合作人数以二人为宜，原则上不超过三人。这有利于学生的以后的现场调研和拓展其探讨解决问题的思路和方法。从最终的设计成果来看，二人组效果最好。三人组有部分学生能力发挥不出或参与度不够。一人组的最后成果，在现场调查，问题的研究或寻找解决问题的思路和方法上有点力不从心（图1）。

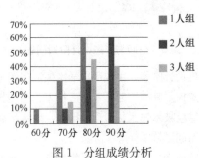

图1　分组成绩分析

2 问题的引导

以研究为主导的毕业设计，发现问题是设计的前提。毕业设计前期有二周的实习和调研时间，这对学生毕业设计的展开有一定的好处，但这种调研的工作量和调研的深度远远不够。从"研究式"设计的要求看，调研应贯穿整个毕业设计全过程。在这个全过程中，各阶段的调研要求也不相同。

设计前期应注重社会问题和环境问题的调研，从中寻找设计需要解决的宏观问题。社会问题调研的主要内容是与空间领域划分有关的社会生活和社会发展问题。环境问题包括自然环境和文化环境问题，尤其是在城市环境中与人的生活有关系的自然环境和文化环境的保护和利用问题。

方案构思阶段，应强调基地及周边的自然和文化环境的调研，发现城市设计层面和基地规划层面的应解决的问题。这些问题包括城市与基地的空间结构，布局，交通组织，景观视线，人的行为等可能存在的问题（图2）。

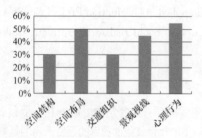

图2 方案构思阶段问题

在空间与形态设计阶段，强调实际案例的调研。在这几年的毕业设计过程中，学生一般会主动调研二到三个案例，主要关注的问题是空间的构成和组织方式；空间的使用方式与人的行为和心理的关系问题（图3）。

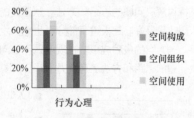

图3 空间与形态设计阶段问题

在深化设计阶段，主要引导学生关注空间与形态构成的技术支撑。其内容包括：构造技术、结构技术、设备技术、绿色技术与人的心理、行为、地域环境与文化的需求关系问题（图4）。

最后完成阶段，主要是指导学生结合毕业设计课程

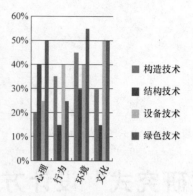

图4 深化设计阶段问题

的要求对设计过程中发现的问题进行再思考，提炼出设计要解决的核心问题。对核心问题的提炼，一般不超过2个，其他问题的解决以服务核心问题为前提，从而提高方案设计的新颖性和创造性。

通过这几年的统计，核心问题在设计前期和深化设计阶段出现的比较多，这也印证了环境与空间是设计主要解决的问题。从造型设计上看，对方案构思阶段问题的思考，对形态影响最大。

3 过程的控制

以研究为主导的毕业设计，应遵循发现问题为设计先导的思想。琼斯将设计过程分为"分析"（analysis）、"综合"（synthesis）、"评估"（evaluation）三个阶段。[2]因此，各个设计阶段应遵守：调查与体验—问题与分析—概念与方法的过程。

在调查与体验阶段，强调用感性的体验和理性的分析去发现客观存在的问题。一方面要强调调查的客观真实性，要有一定的调查手段，如现场的数据统计、现场测绘和记录。另一方面也要强调学生主观感受，让学生转换角色，通过心理、行为和视觉的体验发现问题。

在问题与分析阶段，首先要引导学生注意问题的性质，从社会观念、文化取向、社会发展水平、经济条件等方向分析问题的性质和内涵。其次分析问题的方法要以建筑学的基本理论为依据，具体分析如设计观念、技术方法、设计手段等具体设计问题。例如在中学校园规划设计中，学生发现教育观念是影响中学设计的主要问题，学生通过各种教育观念的分析并结合我国社会发展水平，重新定位了中学的培养目标、培养方法、培养手段，提出满足中学生心理和生理发展需求，以素质提高主线，兴趣培养为基础，以创造性人才为目标的互动式教学空间的观念。并从空间的形式、空间的构成方式、空间的组织、技术的要求、环境的塑造等方面对中学校

园空间做了全面的分析。这种全面、具体的分析为以后解决问题提供了坚实的基础（图5）。

概念与方法阶段，寻找解决问题的方法要以概念为先导和指引。概念的提出要针对前期的问题，要明晰肯定，具有宏观统领性。而提出解决问题的办法应结合前期的分析，要求具体、新颖，具有系统性和批判性（图6）。

在过程控制中，前期调查与体验阶段中，应强调数据的真实性，可采用汇报和点评为主的教学方法，引导学生发现问题。问题与分析阶段中，应强调理性分析的客观性，教师要加强对学生的理论知识辅导。后期的概念生成阶段，可采取汇报与讨论相结合的教学方式，启发和引导学生寻找解决问题的方法，发挥学生的想象力和创造力。

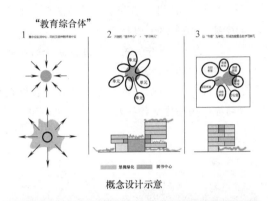

概念设计示意

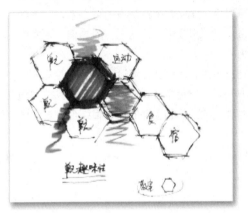

"单体趣味" + "多面性"

优势：向心性较强
对外接触面多
单体教室合理

图5 学生作业-1

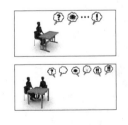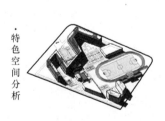

图6 学生作业-2

4 解决问题的方法

"研究式"设计是以概念为引导的设计方法，其提出的概念属于设计创意的范畴。概念构思包括初步概括性的设计意念和形式意象，是具有发展前景的基本设计构架。[3]概念的提出为寻找解决问题的方向提供了指引，但问题的解决还要有具体的方法。

设计问题的解决，要从设计的理念、概念、方法和手段上对现存的空间环境和实体形态进行反思和再认识，鼓励学生的探索精神和批判态度。强调解决问题思路和方法的独特性和创造力。

设计问题的解决要有据可依，培养学生严谨的学风。所提出的方法应能实现自己的概念构想，并回归到建筑与环境的关系协调、功能布局、空间的构成方式、空间的组织方式、空间与形式的关系以及技术的合理应用等建筑设计的基本问题的解决。强调解决问题办法的现实性。

设计问题的解决要遵循效益性原则，引导学生从公众、使用者、业主和城市管理者的不同角度，分析和解决问题，明确解决问题方法的目的性。在这个过程中，应从社会效益、环境效益和经济效益三个方面进行体会和评估，使得设计成果不断完善。

结束语

"研究式"设计可以培养学生分析问题、解决问题的能力。可以促进学生对建筑认识的再思考，完善学生的知识体系。可以提高学生主动学习的热情，激发学生的创造能力。

在设计过程中，教师要注意过程的控制并应采取多种的教学方法，以避免学生设计过程中的盲目性和随意性。要注意理性的分析和感性的体验相结合，鼓励学生

的探索精神。要把研究和分析问题与设计构想密切结合，注意解决问题方法的可行性和前瞻性。

从最终的设计成果来看，学生的设计思路清晰，分析透彻，方案特点突出，问题解决深入，学生的综合能力得到了提高。

参考文献

[1] 钟剑，丁大军. 浅析研究式建筑设计. 华中建筑，2013，09：14-16.

[2] 沈克宁. 有关设计方法论的研究的介绍. 建筑学报，1992，07：64-65.

[3] 赵红斌. 典型建筑创作过程模式归纳及改进研究. 西安建筑科技大学博士论文，2001：31.

张建新　马鑫　刘雁
扬州大学建筑科学与工程学院
Zhang Jianxin　Ma Xin　Liu Yan
College of Architecture and Engineering，Yangzhou University

PBL 在建筑学专业研究性毕业设计教学中的尝试
——以秦岭南麓地区气候适应性绿色农房设计为例 *

The Attempt of Applying PBL to the Research-based Architectural Graduation Design Teaching
——Taking the Design of Green Farm House Which Adapts to Climate Change in the Sothern Foothills of Qinling Mountain

摘　要：传统的建筑学毕业设计教学中存在教师缺乏有效抓手、学生被动应付、设计启动难、阶段性考核虚、质量容易失控等问题。本文借鉴传统 PBL 教学法，尝试应用"发现问题、确定学习目标、自主学习、评价和分享"的教学模型进行研究性毕业设计的 PBL 教学尝试，试图达到提高毕业设计教学质量的目的。总之，本文旨在探讨 PBL 教学法在建筑学专业研究性毕业设计教学运用中的合理模式和正确途径。

关键词：PBL 教学法，发现问题，确定学习目标，自主学习，评价和分享，研究性毕业设计

Abstract：In traditional graduation architectural design teaching，teachers usually have such problems as the lack of effective methods，the passive attitude of students，the difficulty in the initiation of design，the weak periodic assessment，and the loss of quality control. By adopting the traditional teaching method of PBL，this paper tries to apply the teaching model of " discovering problems，establishing learning targets，learning autonomously，and assessing and sharing" to research-based graduation design teaching as an attempt of applying PBL teaching，in order to improve the teaching quality of graduation design. In sum，this paper intends to explore a proper model and correct methods of applying PBL to the research-based architectural graduation design teaching.

Keywords：PBL teaching method，Discovering problems，Establishing learning targets，Learning autonomously，Assessing and sharing，Research-based architectural graduation design

1　背景与问题

本次毕业设计课题来源于"中天杯"2016 第五届中国梦绿色建筑创意设计竞赛，竞赛题目源于国家科技计划课题"绿色农房气候适应性研究和周边环境营建关键技术研究与示范"。该课题要求结合国家美丽乡村创建要求，基于对绿色农房单体和群体的气候适应性分析，针对秦岭南麓地区自然环境和气候特征，提出综合运用被动式设计和可再生能源利用技术，同时协调生产

＊致谢：本文受到教育部和省级卓越人才培养计划、教育部产学合作项目及教育部专业综合改革项目资助。

131

生活、符合安全美观实用要求的绿色农房单体及庭院布局方法和营建技术。

对学生而言，这样的选题具有极大的难度和挑战性。由于传统的建筑学毕业设计教学中存在教师缺乏有效抓手、学生被动应付、设计启动难、阶段性考核虚、质量容易失控等问题。以此，本次毕业设计对于指导老师来说，首先所要面对的问题是，如何通过开展研究性教学，有效引导学生启动和高质量地完成本次绿色农房设计任务。

2 思考与尝试

为了解决以上问题，笔者尝试以 PBL 教学法组织本次研究性毕业设计教学。PBL 教学法是一种以问题为导向的教学方法（problem-based learning，PBL），是基于现实世界的以学生为中心的教育方式，它的诸多理念、操作手法符合研究性教学的要求，是开展研究性教学的重要方法。

2.1 PBL 的概念和内涵

PBL（problem. based learning，基于问题的（学习）教学法于 1969 年由美国神经病学教授 Barrows 在加拿大 McMarster 大学创立，其教学经验和理论已成功运用到教育学院、商学院、工程学院等专业的教学改革中，是国际上流行的教学方法之一。[1]PBL 模式在西方研究和实践了四十多年，已形成了较为成熟的实施模式。目前比较流行的是 Schmidt 提出的"七步跨越"模型，主要包括描述问题、定义问题、分析问题、确定学习目标、自主学习、评价和分享等实施阶段。[2]

2.2 建筑学专业毕业设计 PBL 四步教学模式

综上所述，PLA 教学法的核心是问题导向和过程控制。借鉴上述 PBL 教学的"七步跨越"模型，结合多年的研究性教学实践，我们提出"发现问题、确定学习目标、自主学习、评价和分享"的四步 PBL 建筑学专业毕业设计教学模式（图1）。

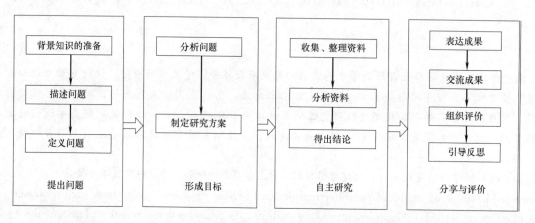

图 1　建筑学专业毕业设计四步教学模式（作者自绘）

2.3 气候适应性绿色农房设计 PBL 教学的尝试

根据《扬州大学建筑工程学院毕业设计的毕业设计（论文）工作细则（试行）》的相关要求毕业设计的过程一般划分为开题和毕业实习、方案设计、定稿表达和整理答辩等四个阶段。下面我们将结合气候适应性绿色农房设计，展示不同阶段的目标的确立、问题的提出、自主研究、分享和评价等完整的 PBL 教学尝试。

2.3.1　开题和实习阶段，4 周

此阶段又具体分为开题阶段 2 周和毕业实习阶段 2 周。开题阶段的要解决的主要问题有：如何参与选题和编写任务书及开题文件等，如何进行资料收集、案例分析，以及如何编写毕业实习任务书等。工作目标主要就是分组、选题、开题和准备毕业实习等。自主研究的过

程主要是通过团队合理分工，利用图书馆和网络查找资料，并进行有效地分析和综述。分享和评价就是老师合理组织学生讨论、评价和修正。

毕业实习阶段具体问题有：场地特征、气候特征、传统民居的地域特色、当传统风俗等问题的考察。主要的目标就是场地调查和相关优秀案例实地考察等。自主研究的过程是现场调研和资料研究相结合。分享和评价就是老师组织学生汇报实习和案例分析 PPT，并通过组织讨论进行分享，最后要求学生完善外文资料翻译、实习报告撰写和案例分析成果等。

本次毕业设计的特色做法有：一是选题，尝试做法是让学生参与选题，具体的选题要求是结合学科竞赛，最终一组学生选定和报名参加"中天杯"2016 第五届中

国梦绿色建筑创意设计竞赛—秦岭南麓地区气候适应性绿色农房设计，选题的结果使得学生参与毕业设计的兴趣大增。二是学生通过研读竞赛任务书和查阅相关资料，结合学院的毕业设计相关开题文件编写要求编写任务书、选题审批表、立题审批表、开题审批表，指导老师负责指导和督查。这样操作的好处是学生对相关文件和表格的具体内容得以熟悉。三是分工协作查阅资料、并进行多次资料综述PPT汇报交流等，有效地解决了案例的收集、毕业实习任务书的编写等问题。四是通过强化毕业实习和案例分析中的启发部分内容的汇报和交流为具体项目设计的启动打下了良好的基础（图2～图4）。

图2 宁强民居的地域特色分析（来自毕业设计文本）

图3 宁强民居的问题分析（来自毕业设计文本）

图4 案例分析（来自毕业设计文本）

2.3.2 方案设计阶段，7周

此阶段又具体分为方案构思3周和方案深化阶段4周。方案构思要解决的主要问题有：场地的研究和设计、功能关系与空间设计、材料与技术设计，以及造型设计等，工作目标主要是有效地启动设计。自主研究的过程主要是借助于前期的资料研究、实习调研和案例分析，要求团队成员每人出初步一个方案，便于团队进行多方案的比较和分析。分享和评价就是老师组织学生进行方案PK，并引导有价值的方案不断地完善发展。

方案深化阶段要解决的主要问题有：场地设计要突出农村宅基地的政策性问题，空间设计要突出农村住宅礼仪空间的设计问题，技术设计突出建构技术和适宜绿色技术运用问题，造型设计则要突出体现和表达乡土化问题等。主要目标则是引导学生把"批判地域主义建筑"理念同现代绿色建筑观相结合，走"地域性绿色建筑"的创作道路，因为批判地域主义建筑观是绿色建筑的"树根"，有利于拓展绿色建筑设计的深度；可持续发展建筑观是绿色建筑的"树冠"，有利于拓展绿色建筑设计的高度。自主研究的过程主要是借助现代建筑分析的手段，对设计方案进行多层面的分析研究，并通过互动研究推动方案的不断深化和完善。分享和评价就是老师组织学生进行方案分析的交流和讨论，重点要指出其方案设计和设计分析两方面的问题，推动设计过程中的互动研究，促进方案不断完善和发展。

具体讲环境与场所关系问题：首先是历史文化环境，这就要求我们去研究宁强地区建筑的地域特色，其特殊的气候应对策略、百姓生活轨迹的礼仪空间、总体空间布局特色等；其次是具体的场地环境设计条件分析，如现代宁强地区农村集中居住区宅基地的政策和大小划分，场地的周围出行道路和相邻建筑形成的限制特点等；第三是初步考虑生态环境设计，包括建筑最佳朝向、场地通风分析、场地日照分析等；第四是在以上分析的基础上提出场地设计的初步方案和建筑形体；最后根据总体功能布局和建筑肌理研究细化场地总体设计和初步的建筑形体等（图5）。

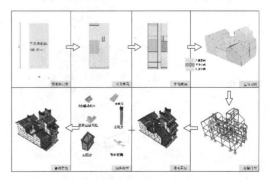

图5 形体生成分析（来自毕业设计文本）

功能与空间关系问题：首先要研究宁强地区农村住宅特有的功能关系；其次是结合总体布局细化功能分区；第三是空间组织和布局，空间布局也要关注传统空间文脉的继承和延续，特别是地域特色明显的传统礼仪空间、庭院空间等；第四是基本空间设计与布局，基本空间设计要规整：一是便于框架结构支撑，二是易于满足空间适应性的要求等（图6）。

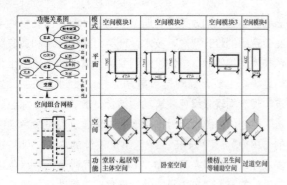

图6　功能关系与基本空间分析（来自毕业设计文本）

材料与技术问题：首先是当地传统的木结构或者砖木结构已经不符合现代抗震规范要求，砖、木材料都已不是易得材料，也不再是严格意义上的绿色材料，而钢结构易得、可回收，也可工业化生产、现场安装，是目前比较绿色的材料和建造技术；其次，技术除了结构技术外，还包括绿色低碳技术的综合应用。项目地处秦岭南麓，属于第三气候区，其基本节能设计重点是通风、遮阳和保温，因此当地传统农村建筑中的出檐深远、内庭院设计、羌族的碉楼等传统的节能技术首先应该被优先采用，先进的太阳能光热、光电技术应该被有比较地选用，雨水收集、人工湿地技术也应该结合庭院景观设计综合应用，尽量避免大批绿色低碳技术的堆砌（图7）。

1.预制装配式钢结构
2.模块化钢结构屋面
3.太阳能光电板
4.太阳能热水器
5.拔风井
6.太阳房
7.庭院遮阳膜
8."三明治"保温板墙体
9.雨水收集与利用
10.铝合金窗框刷双层玻璃窗

图7　绿色技术分析（来自毕业设计文本）

建筑形式与美学问题又包括以下几个方面的问题：首先形式设计的基础首先是场地设计中的形体研究；其次是功能、空间设计中的立体功能空间模块；最后是结构框架式形式的支撑骨架。但前期的综合场地设计、功能设计和结构设计的设计成果只能是一个未来建筑形式的"裸体"，美学设计的任务就是为"裸体"建筑穿上一件符合美学标准的"表皮"。因此表皮设计就要满足以下几点要求：一是真实反映材料特性，二是反映材料建构细节，三是反映绿色材料和技术，四是呼应地域特色和传统的传承，五是要符合基本的美学法则——如整体性、对比、比例和尺度等（图8）。

图8　单体鸟瞰图（来自毕业设计文本）

2.3.3　定稿、表达阶段，4周

此阶段又具体分为方案定稿2周和方案表达阶段2周。定稿阶段要解决的主要问题有：在前一阶段初步问题解决的基础上，通过建模和分析来突出问题解决的协同性和设计的完整性问题。主要目标是引导学生完善各方面的技术图纸和设计方案。自主研究的过程主要是借助SU建模和现代建筑分析的方法来完善设计。分享和评价就是老师组织学生讨论对方案建模进行评价和讨论，重点要指出模型的不足以及相关设计表达存在的问题，促进方案不断完善。

表达阶段要解决的主要问题有：重视成果的表达形式及其规范化的问题。主要目标是：对照任务书和答辩要求，制作完整的毕业设计文本、大板、答辩PPT、动画演示等。自主研究的过程主要是借助效果图、动画和文本及答辩PPT的制作和修改来完善设计表达。分享和评价就是老师组织学生讨论和评析相关表达成果对方案建模进行评价和讨论，不断提出合理化的修改意见。

2.3.4　整理、答辩阶段，1周

此阶段的主要工作目标是准备答辩和提交成果。面临的主要问题是：如何最后整理成果和面对答辩，如何整理答辩意见，并以此来进一步完善成果并规范化提交。自主研究的过程主要是学生认真整理成果、准备答辩材料，并借助模拟答辩进一步拾遗补阙，形成最终的书面答辩提纲，答辩之后迅速进行成果的最终修改完

善，并进行规范化提交。分享和评价就是老师组织学生进行模拟答辩，把控答辩提纲，督查毕业设计成果的修正和规范化提交工作。

3　研究结论

（1）对发现问题在整个研究性毕业设计教学中的作用要有一个准确的估计。发现问题是全过程的事，老师在帮助学生"发现问题、确定学习目标、自主学习、评价和分享"的过程要有一个适度的把控和不断的调整及引导。

（2）要重视 PBL 研究性毕业设计教学组织中学生自主学习的指导和管理。

（3）团队合作有利于 PBL 研究性毕业设计教学组织的开展。研究性毕业设计的成果面广量大，且要具有一定的深度和高度，因此，依靠一个学生的能力很难按时按质完成。同时，团队合作也有利于培养学生参与讨论的习惯以及团队合作精神。

（4）重视网络教学平台以及计算机辅助设计手段在

PBL 研究性毕业设计教学中的作用。

（5）重视对学生"地域性绿色建筑"观的培养和训练。因为"地域性绿色建筑"是以可持续发展为核心思想，以绿色技术为手段，充分考虑地域环境与文化因素，营造出既符合当地自然环境与人文环境，又符合时代精神的建筑形态，是把"地域主义建筑"与"绿色建筑"相结合的、有良知和可持续发展的建筑观[3]。

参考文献

[1]　范会平. 食品专业英语教学方法探讨 [J]. 农产品加工（学：FIJ），2011（1）：116-117，120.

[2]　丁晓蔚，顾红. 基于问题的学习（PBL）实施模型述评 [J]. 高等教育研究学报，2011，（1）.

[3]　张建新等."地域主义建筑"与"绿色建筑"：以第二届（2014）中国梦绿色建筑创意设计大赛为例. 见：邹经宇等. 第十一届中国城市住宅研讨会论文集. 中国建筑工业出版社，201：5627-632.

王桢栋[1]　崔婧[2]　杜鹏[3]

1，2　同济大学建筑与城市规划学院，同济大学高密度人居环境生态与节能教育部重点实验室

3　美国伊利诺伊理工学院（IIT）建筑系，世界高层建筑与都市人居学会（CTBUH）

Wang Zhendong[1]　Cui Jingu[2]　Du Peng[3]

1，2　College of Architecture and Urban Planning, Tongji University；Key Laboratory of Ecology and Energy-Saving Study of Dense Habitat（Tongji University），Ministry of Education

3　College of Architecture, IIT；CTBUH

关键词教学法在研究型设计课程中的拓展与应用 *
——以"同济大学—世界高层建筑与都市人居学会"研究生联合教学为例

Extension and Application of the Key Words Teaching Methodology in the Research-oriented Design Studio
——Taking the Joint Graduate Teaching between Tongji University and CTBUH as an Example

摘　要："关键词教学法"是平衡教学时间和讨论深度的有效方法，其核心价值在于通过建立语言与研究对象的关联而形成讨论焦点。本论文以"同济大学-世界高层建筑与都市人居学会"研究生联合教学为例，分析"高校-机构-企业"国际合作模式面临的挑战，探讨"关键词教学法"在研究型设计课程中的拓展和应用，以增进校企间高效互动，兼顾研究深度广度，并激发学生创新意识和能力。

关键词：关键词教学法，研究型设计，研究生教学，校企合作，高层建筑

Abstract：'Key words teaching methodology' is a useful method to balance the teaching time and discussion depth, its core value is to form the focus of discussion via creating the relationship between the language and the research subject. This paper takes the joint graduate teaching between Tongji University and CTBUH as an example, analyzes the challenge facing by the international cooperation mode among university, organization and enterprise, discusses the extension and application of the key words teaching methodology which promotes the efficient university- enterprise interaction, gives consideration both in the depth and width of research, and stimulates the innovation sense and ability of students in the research-oriented design studio.

Keywords：Key-Words teaching methodology, Research-oriented design, Graduate teaching, University-enterprise cooperation, Tall buildings

1　课程背景

同济大学建筑与城市规划学院建筑系自 2010 年开展"4＋2 本硕贯通"培养以来，梳理出了一条以核心

* 本论文由同济大学教改课题《以"创新能力培养"为目标的公共建筑设计课程体系优化》、同济大学"一拔尖三卓越"专项全英语课程经费及同济大学高密度人居环境生态与节能教育部重点实验室资助。

设计课程❶为线索，来落实培养要求和引领课程体系优化的教学改革思路。在系列核心设计课程中，我们对本科二年级到研究生一年级每学年一个的"长题"❷课程

设计进行重点建设，并通过在教学中对建筑学内涵及外延侧重的把控，在不同学习阶段引导学生提升对学科的认知（图1）。

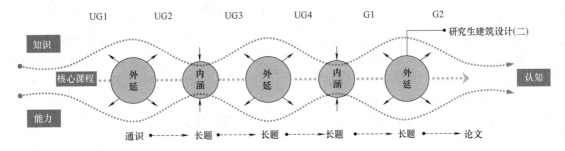

图1　同济大学建筑系"4＋2本硕贯通"培养各阶段教学侧重及与核心课程的关系示意图

在上述背景下，"研究生建筑设计（二）"无论是作为研究生学习阶段唯一由建筑系统一安排，各学科组分别组织授课的课程，还是作为系列核心设计课程的收尾和硕士生（尤其是专业学位）研究学习阶段的开始，都具有重要的承上启下作用。近年来，建筑系在对这一课程灵活组织❸的同时，也注重对"研究型设计"要求的强调，以及对国际联合设计教学模式的鼓励❹，期望在培养学生研究能力的同时拓展国际视野。

同济大学-世界高层建筑与都市人居学会（后简称CTBUH）联合教学❺，正是在"研究生建筑设计（二）"课程体系下，利用国际合作的契机而开设的面向超高层建筑综合体的研究型设计课程。这一课程的目标，即是通过多方配合的国际合作，让同济师生借助西方先进理念和经验的平台思考、学习和研究高层建筑对未来城市人居环境的积极意义。[1]

2　面临挑战

这一课程自2013～2014年在芝加哥以"迈向零碳"为主题的首次联合课程成功举办后，公共建筑学科组与CTBUH及境外知名建筑事务所2014～2015年在纽约以"三维网络"和2015～2016年在迈阿密以"重塑都心"为主题又持续开展了二次国际合作。❻

在经过首次合作的探索之后，本课程的教学体系和组织均有显著改进：首先，明确了这一系列课程为针对高层建筑未来发展核心议题的研究型设计课程的性质；其次，通过CTBUH的协调和帮助，建立了互动和互补的"高校-机构-企业"国际合作模式；最后，还完善了"国内研究-国外工作坊-国内深化-联合评图"的相较同类课程更为系统的课程体系。

与此同时，基于全新的国际联合设计合作平台，我们在教学实施过程中也面临新挑战：

首先，如何增进校企间的积极高效互动？一方面，高校和企业的运行机制和关注重点存在一定差异；另一方面，在合作过程中，企业在课程中参与的教学内容仅包含教学任务书拟定，国外工作坊和最终联合评图三部分，并不参与设计磨合与深化过程。因此，需要有一种恰当的沟通方式，来保障在有限的时间和确定的节点里，企业对教学情况的充分掌握及对学生成果的准确认知。

其次，如何兼顾前期研究的深度和广度？在芝加哥课程授课中，我们曾经将国外工作坊放在课程的开始，由于前期研究不充分，为期二周的海外实地调研和工作营的效果并不理想。在纽约课程授课中，我们开始强化国内前期研究工作。那么，如何让学生在有限的时间里，对陌生的城市和基地有系统而又充分的认知，并能提出针对性问题，需要通过合适的教学手段来实现。

最后，如何激发学生的创新意识和能力？由于课程作业都以参加CTBUH年度国际学生高层建筑设计竞赛为导向，因而我们在授课中强调了对设计成果的创新性要求。出于课程特点和竞赛要求，我们要求学生基于客观研究来获得创造性概念：既不能天马行空而不具可实

---

❶　核心设计课程贯穿本科一年级到研究生一年级，共涉及5年10个学期的课程。

❷　"长题"是指相对于8.5周或更短的课程设计，教学时间通常为17周，授课及教学组织往往会贯穿一个学期。

❸　包括对课题内容、教学时间、合作对象、任课教师、授课学生等方面的灵活组织。

❹　2015～2016学年开设的11个设计课程中，有7个为国际联合设计；2016～2017学年计划开设的13个设计课程中，有9个为国际联合设计。

❺　本课程获得了CTBUH学生海外旅行教学基金的资助，本年度资助来自Arquitectonica建筑事务所和太古地产。

❻　2013～14年合作单位为AS＋GG建筑事务所及SOM建筑事务所，2014～2015合作单位为KPF建筑事务所，2015～2016合作单位为Arquitectonica建筑事务所。

施性，也不能中规中矩而拘泥于实际条件。要获得出人意料而又情理之中的设计切入点需要精心的教学设计。

3　应对方法

"关键词教学法"是同济大学王方戟教授近年来在"复合型创新人才实验班"的设计课程教学中，总结出来的平衡有限教学时间和足够讨论深度的教学方法。王老师将"关键词教学法"定义为：以学生提出来的关键词为讨论基础，通过这个词的统领来组织建筑设计中各个相关要素间的相互介入顺序，最后使设计与语言之间的关联成立，让设计与语言同时产生价值。[2]

"关键词教学法"的核心价值在于通过建立语言与研究对象的关联而形成讨论焦点。这对于多方协同、集中授课、小组合作、互动研讨的国际联合设计课程（尤其是研究型长题）顺利开展相当重要。因而，我们将"关键词教学法"在教学组织中进行拓展，应对教学过程中面临的各类新挑战。

设计教学是建立在讨论基础上的设计课程，因此教师与学生之间的共识是课程是否成功的关键。[2]对于校企合作的联合设计而言，教师和职业建筑师之间的共识同样重要。在课程任务书制订阶段，首先由企业提供真实基地真实项目（已完成实施方案）的背景资料，并提出希望通过课程来研究的方向；随后，由三方通过电子邮件对课程主题进行讨论，提高讨论效率的重点即是通过关键词提炼和推敲来逐渐形成三方共识；最终，课程主题确立之后，由CTBUH牵头起草任务书，同济牵头制定教学计划，企业则牵头落实海外工作营安排。

通过"主题拆分-分组挖掘-集体研讨"的方式，来兼顾有限时间内研究的深度和广度，对于已经接受过建筑学本科系统训练并掌握基本研究方法的研究生一年级学生而言，是行之有效的教学方法。根据分组情况，我们将课程主题和城市背景研究内容均拆分为若干方向，并以关键词的形式凝练，通过抽签的方式分配，允许各组之间根据研究兴趣在抽签后交换，确定后即在整个设计过程中不再改变。利用同伴学习互动交流的模式，学生分组研讨之后将研究成果汇总，在课堂上进行集体交流汇报，由任课教师点评并进行大组研讨。

提出具有创新性且合情合理的设计概念，需要在深入研究的基础上，以明晰的目标着力探索，这往往是设计的决定性阶段。我们将这个阶段安排在了前期研究的最后一周和海外工作坊期间：前期研究末期，要求各小组从各组的主题关键词和城市背景关键词交叉部分入手，提炼设计概念关键词并通过大组讨论相互交流启发；随后，在海外工作坊通过系列讲座、实地调研和企业工作营，借助高强度的集中工作和讨论，交叉引导激发创造，促使学生的前期研究积累和在地研究内容在合作三方的共同推进下产生"化学反应"。

4　实际操作

接下来将通过对2015～2016年的联合设计课程"重塑都心：基于迈阿密复兴规划的大型公交导向开发"为例，对"关键词教学法"的实际操作进行介绍：

4.1　课程概述

本课程以迈阿密布里克尔（Brickell）金融区中心的布里克尔城市中心（Brickell City Centre）混合开发项目为背景，这一项目将会带动城市中心的整体更新并引入全新的城市生活。❶这一项目享有南弗罗里达州最好的物流优势。地下两层停车场的建设将使得城市中心街道层的交通得到空前解放。一条跨越这一开发项目四个街区的空中人行步道连接起了约44515m²的区域，同时基地上的轻轨直接连接了迈阿密最受喜爱的地区（图2）。

学生们着眼于布里克尔城市中心的整体开发，从规划与设计的角度为二期塔楼建设以及它与现存一期建筑的整合提供解决方案。综合授课时间因素将学生分为5组，通过讲座、汇报、点评结合讨论的授课形式，让学生按照"研究—调研—深化"的三个步骤完成课题。16周的课程包括4周的前期研究，2周的实地调研及海外工作营，9周的设计深化，以及最终的联合评图。

4.2　关键词梳理

我们将概念阶段的教学（4周前期研究＋2周海外工作营）如下安排：第一周围绕课程主题由任课教师和外请专家进行讲座授课引导学生快速进入课程语境，同时分配课程研究主题的5个关键词；第二周要求各小组在课外以关键词为线索对课程研究主题进行针对性的研究并形成研究报告，在课堂上汇报交流和集体讨论，随后分配城市背景的5个关键词；第三周要求各小组在课外以关键词为线索对城市背景展开研究并形成研究报

---

❶　这一项目耗资10.5亿美元，汇集零售商业，旅馆，居住区和办公空间。一期的开发包括在两个塔楼里的零售商业（约52490m²）和办公（约24155m²），在两个塔楼里的独立产权住宅（780个单元），酒店式公寓，停车场（2600车位）和一个复杂而创新性的"气候缓带"（气候控制功能）。这一项目的二期是布里克尔城市中心（OBCC）。OBCC将会成为迈阿密最高的建筑：在一个超过80层的塔楼里汇集包括酒店，居住，办公和零售的复杂功能。

告，在课堂上汇报交流和集体讨论，并布置首轮概念设计要求；第四周要求学生在课外基于 2 个关键词的交集提炼设计概念，在课堂上汇报交流进而总结实地调研计划；第五周赴美后，由 CTBUH 和 ARQ 共同为课题组

举办讲座、基地和项目参观、并开展研讨活动；第六周是在 ARQ 迈阿密总部集中工作的一周，由同济教师为主进行辅导，最终以三方共同参与的概念方案汇报作为阶段性小结。

图 2　迈阿密基地区位及周边环境

强调关键词及其设计关联教学方法的最大价值在于可以高效地完成概念阶段的教学讨论，帮助学生在短周期内整理设计中各个要素的主次逻辑，为后期设计深化留出足够的时间。[2]通过关键词教学法的引导和梳理，帮助 5 个小组顺利获得各具特色的设计概念（图 3）。

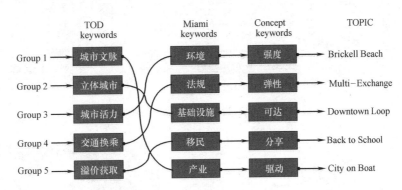

图 3　关键词梳理及各小组概念生成路线图

4.3 概念介绍

• Brickell Beach

沙滩是迈阿密的活力激发点。组 3 在调研中发现，城市中大部分的海岸线都以港口码头为主，真正的海滩离市中心区域很远，人们想要去往沙滩需要驱车行驶十公里以上。由此，组 3 希望在高密度的城市中心区创造"垂直沙滩"的概念，将沙滩这一活力因素引入城市，结合海水净化、海水源热泵等生态理念，与布里克尔城市中心的"气候缎带"一体化设计调节微气候，创造未来滨海地区的高层建筑开发模式，使高层建筑在满足自身功能需求的同时，为城市创造更多活力（图 4）。

• Downtown Loop

免费的轻轨系统是迈阿密市区的一大特色，然而在调研中，我们发现其实际使用率并不高。组 2 通过新建的环形轻轨连接迈阿密河南北，与原有系统一起环形串联布里克尔地区和老城区，使得迈阿密市中心的整体可达性极大提升。通过整合设计，市民和游客可以在新建塔楼的底部站点无缝换乘高层建筑的垂直缆车系统到达塔楼各层的垂直站点和塔顶的时尚中心，这一立体城市系统将和轻轨系统一起成为市中心提供文化、娱乐、休闲、绿化等公共服务的重要场所（图 5）。

• Multi-Exchange

高达十几层的立体停车裙房是迈阿密市区的独特景观。组 4 认为对私人汽车的依赖，公交系统的不完善，

市中心公共空间的缺失共同降低了迈阿密城市核心区的活力。通过垂直的 Urban Core 整合各类公共交通系统，创造私人汽车的便捷换乘来促进公共交通的使用。将商业与服务功能与换乘空间复合布置，并利用政策鼓励周边立体车库与 Urban Core 直接联系，结合不同时段使用需求将临近换乘空间的停车库灵活转换为公共空间供市民使用，促进市中心的活力与效率（图6）。

• Back to School

迈阿密是一个移民比例高达 70% 的城市。为了使移民产生归属感，并认同当地文化，组5希望在城市中提供一个自由平等的交流场所。选择学校作为平台，以教与学作为交流的手段，以知识为载体，将各种阶级、种族、职业的人群联系在一起。通过面向城市的公共空间，将不同的功能串联起来。通过视线和无线信号实现不同高度的公共空间与不同距离的教育机构的信息传递，通过公共交通系统实现书籍在建筑和社区间的传递，在城市中建立一个虚拟与现实结合的分享网络（图7）。

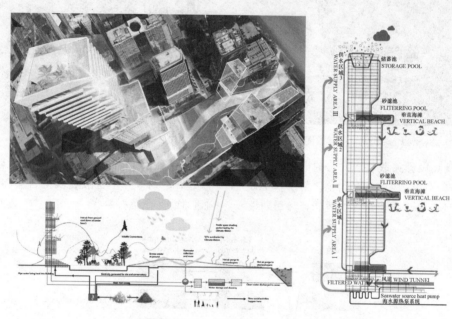

图 4　组三设计方案概念分析图

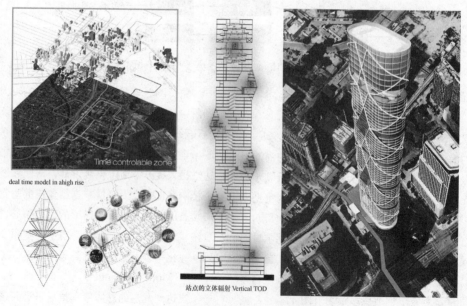

图 5　组二设计方案概念分析图

140

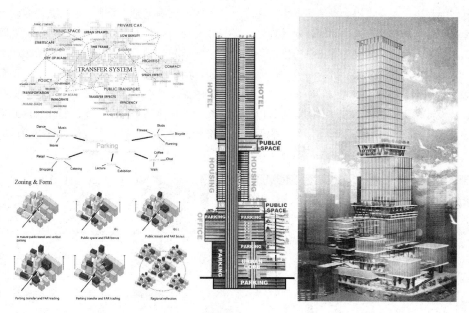

图6　组四设计方案概念分析图

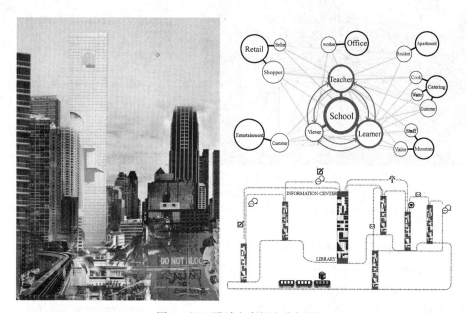

图7　组五设计方案概念分析图

• City on Boat

　　船，作为迈阿密水文脉的承载工具，在过去、现在和未来发挥重要作用。组1发现迈阿密水上交通在连接性，延续性和可达性上不尽如人意，并丧失了公共通航的功能。建筑功能围绕小型共享船只制造产业展开，通过不同高度的船坞，使人时刻感受水，使用水，享受水。该建筑的垂直船只运输系统将城市的交通水系延续到空中，结构设计考虑了在基础结构上叠加单元和向上生长的可能性。同时，造船产业也将为未来海平面上升水域扩大后的城市提供更具适应性的交通工具（图8）。

5　结语

　　同济大学建筑与城市规划学院有幸连续三年获得CTBUH学生海外旅行教学基金的资助，得以对"高校-机构-企业"合作模式的研究生国际联合设计教学展开系统尝试和优化。这一创新的研究生教学课程，为专业学位硕士的国际化培养模式提供了依据，并积累了经验。

　　在三年的教学中，通过"关键词教学法"的拓展和应用，不仅使得高校-机构-企业间、建筑师-教师-学生间的沟通更为高效，也使得前期研究的准备工作更为充分。这为学生更好地利用出国交流机会创造了条件：在直接接触顶尖设计机构的思想和理论的同时，对基地及所在城市展开深入的实地调研，并进而提出创造性的设计思路，在这一阶段取得丰厚的成果。

我们也清晰的认识到，基于"高校-机构-企业"合作模式的国际联合设计课程，相较高校间的国际合作以及普通研究生设计课程而言，对任课教师有更高的要求。在教学过程中，需要任课教师能够对国际交流中不同语境准确把握；同时，还需要任课教师对课程研究领域有相当的熟悉程度，并具有对研究问题凝练、教学进度把控和设计概念推动等方面的能力。任课教师的引领、组织和协调能力是借助三方互动来有效提升教学效果的保障。在上述背景下，"关键词教学法"作为任课教师教学协调、促进合作、形成共识的重要教学聚焦和推动设计的工具，就更能体现其重要意义了。

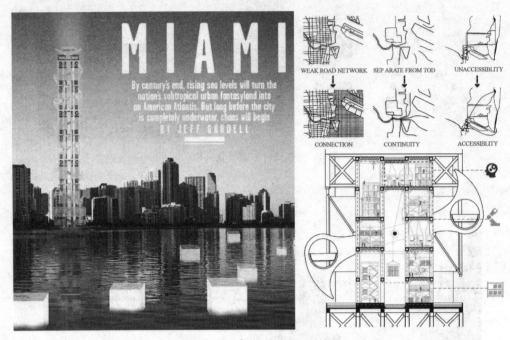

图 8　组一设计方案概念分析图

参考文献

[1] 王桢栋，谢振宇，杜鹏. 基于纽约城市立体化开发的高层建筑课程设计——同济大学—世界高层建筑与都市人居学会（CTBUH）联合教学回顾 [C] // 全国高等学校建筑学科专业指导委员会. 2015 年全国建筑教育学术研讨会论文集. 北京：中国建筑工业出版社，2015；726-732.

[2] 王方戟，钱晨，袁烨. 建筑设计教学中的关键词教学法 [J] // 北京：Domus China. 2015. 01 (094)：156-161.

图片及表格来源

图 1、图 3：作者自绘

图 2：Arquitectonica 建筑事务所

其余图片均来自学生作业

徐晓燕　宣蔚

合肥工业大学建筑与艺术学院；845108827@qq.com

Xu Xiaoyan　Xuan Wei

College of Architecture & Art Hefei University of Technology

从社会维度到逻辑方法
——转型期建筑学专业城市设计教学的困惑与思考
From Social Dimension to Logical Thinking
——Confusion and Thinking of Urban Design Education for Architecture Students in Transition Period

摘　要：面对中国城镇化发展关键时期的诸多城市问题，城市设计专业将承载更多的社会期许。高校城市设计教学如何适应转型期的社会需求值得我们深思。文章结合建筑学四年级城市设计教学的特征，从知识体系的修补、社会维度的建立、逻辑思维的培养、控制性要素的提炼四个方面讨论了教学过程中的难点，以及较为有效的教学方法。

关键词：城市设计教学，知识体系，社会维度，逻辑思维，控制性要素

Abstract：Facing lots of urban problems at the critical moment of China's urbanization development, courses of urban design in universities will carry more social expectations. Therefore, how to make those courses meet the ever-changing social demands is worth thinking. Based on the characteristics of urban design teaching for senior students in college, the article refines four aspects, including the repair of knowledge system, the establishment of social dimension, the cultivation of logical thinking and controlling factors, to discuss the difficulties in teaching progress as well as some other teaching methods which are more effective.

Keywords：Urban design education, Knowledge System, Social dimension, Logical thinking, Controlling factors

1　背景

如果说 20 世纪 90 年代的一系列改革推动了中国城市企业化发展的步伐，那么具有现代意义的中国城市设计也起步于彼时。作为社会再生产的空间技术工具[1]，从这个时期开始各级政府开始引入并重视城市设计，将其作为城市发展或改造的直观蓝图，在某种程度上填补城市规划三维空间研究与直观构想表达的缺失。与之同步，许多介绍西方城市设计的文章与书籍被出版，在高等院校的教学中也逐渐开设了城市设计的相关课程。据不完全统计，高等院校普遍开始设置城市设计课程的时间基本上在 2000 年以后，几本较为通行的相关教材，

如王建国《现代城市设计理论和方法》（2001）、金广君《图解城市设计》（1999）、邹德慈《城市设计概论——理念·思考·方法·实践》（2003）等也是相继出版于 21 世纪初。从总体上看，城市设计纳入高等教育学科的时间并不长，教学体系建构尚不完善。其概念的多义性、相关学科的交叉性、评价角度的多元性等都给教学组织带来较大的困难。

同时，城市设计本身就是因城市发展问题而生，并致力于研究并解决城市问题的实践性学科。由此，适应新的发展形势，跟踪当下城市发展中的普遍问题，不断调整教学侧重点与方法也是高等教学的基本出发点。时至今日，快速大规模的城市化进程留下了大量隐患，我

们面临的城市问题正变得越来越棘手。2015 年 12 月 20 日，中央在时隔 37 年后重新召开"城市工作会议"，提出在中国城镇化发展的重要历史时刻，要有效化解各种城市病，全面开展城市设计，为城市发展提供有力的体制机制保障。

针对新的形势，城市设计学科需要新的理念和新的方法。无疑，课程教学如何更好的适应社会要求也亟待我们认真思考。在基本立场上，我们正逐步转向城市精细化与内向型发展的阶段，城市设计不再仅仅是"增长"与发展的技术工具，而应该更多的关心"如何采取合适的、谨慎的方式和方法，来权衡城市发展的各种问题"[2]。因此，在城市设计教学环节的各个层面需要有针对性的进行转变，包括设计命题、思维训练、价值取向、教学方法等环节。

我校建筑学专业城市设计课程开始于 2008 年，从原先四年级下学期的"城市综合体设计"更改为"城市设计"，并平行开设了城市设计原理课程。相比而言，学生对于原先"城市综合体设计"的选题更易于理解，从建筑学专业教学体系来看也同样具有相对较好的承接性（图 1）。当城市设计课程纳入现行专业培养计划时，表现出若干方面的脱节；包括概念理论、相关知识、技术方案与实施方法。与之前的设计课程相比，笔者将城市设计课程的特点总结为四个跨越：从小尺度到大尺度；从建筑本体到外部空间，从设计表达到控制导则，从发散创意到逻辑分析。对于经过之前三年半建筑学培养的学生而言，在四年级下学期若干周的一门课程中要完成以上"跨越"实属不易。针对这一情况，笔者将城市设计课程教学中的困惑与思考概括为以下几个问题：

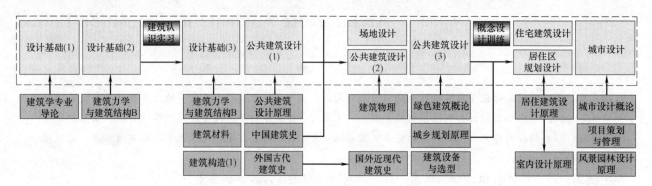

图 1　我校建筑学专业 1～4 年级设计课程体系图

第一，如何在有限时间内完成相关知识的系统性修补？

第二，如何帮助学生建立设计立场的社会维度？

第三，如何指导学生形成清晰的逻辑思维构架？

第四，如何从设计中提炼"控制性"要素？

2　如何在有限时间内完成相关知识的系统性修补？

城市设计具有典型的学科交叉特点。这要求设计者不仅要熟知建筑学与城市规划的相关内容，同时还应具备大量的相关专业初步认知，获得与其他专业人员合作与对话的知识基础。因此，欧美国家高校基本上将城市设计课程开设在研究生教学阶段。以 MIT 为例，城市设计课程接收建筑学、建筑科学、城市规划专业的硕士研究生，学时数为课内 160 课时外加课外 120 学时，不仅要求教师具备城市设计实践的经历，还会大量邀请社会不同层面的校外人士举行教学座谈。在设计阶段通过城市设计概论课（Introduction）、技术课（Technolo-

gy）、设计课（Design）、实施课（Implementation）四个模块帮助学生系统的学习相关知识。[3] 这种长学时、多阶段、具备完整体系的教学非常适合城市设计课程特征。

相比之下，国内目前的本科阶段城市设计课程具有相对较大的困难。主要表现在以下几个方面：第一，学生的知识体系不完整。建筑学学生尤其缺乏土地利用、场地设计、交通组织、公共政策、市政、景观、经济、管理等相关知识；第二，课时数少，周期短。我校目前城市设计课程为 8 周 64 课时（含设计周），在如此短的时间内很难展开阶段性教学；第三，专题交流与讨论会等没有对应的教学环节。如果占用课堂教学则会在时间安排上产生更大的冲突。笔者理解，目前我们本科阶段的城市设计课程应该定位于一种"过渡阶段"；换言之，不能希望通过这门课程实现系统的城市设计训练，而是帮助学生完成从单体建筑到城市的认知过渡，学习初步的城市问题分析能力。

因此，对相应知识与概念有必要删繁就简，突出重点，实现有限培养目标下的分级要求（图2）。有限培养目标是依据建筑学4年级学生能力以及有限课时数量做出的，在教学中首先确保一级目标的实现；二级与三级目标并不意味着重要性降低，而是由于课时量、学科跨度、学生现有水平能力等做出的现实性选择。其主要

目的是完成城市设计所必须的相关知识的系统性修补；教学设置上不仅限于讲课，而是渗透在讲课、课外学习、调研报告、案例分析、设计、讨论会的一系列环节中。

第一维度	第二维度（中观）	一级目标（掌握+演练）	二级目标（要求理解）	三级目标（要求知晓）	教学设置
理论知识	概念思潮	作用与目标		★		由平行理论课讲授而不占用设计课时间
		基本原则		★		
		与其他学科关系		★		
		公众参与			★	
	各类相关知识	各类政策、法规知识	★			集体学习《合肥市控制性规划通则》作为设计基础；其余列出知识要点，要求课外学习
		市政与景观知识			★	
		经济与管理知识			★	
		人文知识			★	
技能培养	调研	调研方法与实践	★			提交研究与评估报告；主要包括场地环境、行为、景观交通、特征
	分析	分析方法	★			
		分析工具		★		
	设计	土地利用控制	★			每个方面从策略到方案的过程；核心是公共空间与发展控制
		空间形态控制	★			
		交通组织控制	★			
		公共空间控制	★			
	管控	导则编制		★		做案例讲授，要求尝试部分内容的导则编制
		各类工具与方法		★		
可实施性	表达		★			完整设计成果
	操作性	刚性控制可行性	★			采用研讨会形式，教师引导，相互提问
		弹性引导合理性	★			
		经济测算		★		
		各方（弱势）利益		★		

图2 有限培养目标下的知识维度和分级要求

3 如何帮助学生建立设计立场的社会维度？

在完成知识维度的教学之上，更为重要的是建立城市设计的基本立场和态度。这也是贯穿设计始终的价值标准，尤其对于复杂的城市问题，分析过程中的判断与取舍来源于此。笔者认为，在有限的教学时间内，知识性教学环节可以适度压缩，或者由课内转移到课外，但是城市设计社会维度的建立有必要贯穿在整个设计教学环节中，帮助学生建立良好的社会责任感。

3.1 深化理解城市设计的基本立场

基于理论课程对城市设计基本概念的讲解，利用2～3个课时带领学生展开相关主题的讨论引领学生深入思考城市设计的社会责任。讨论的主题包括三个方面。

第一，城市设计的发展动力？借鉴刘宛《城市设计理论思潮初探》中的分类，将城市设计的发展动力概括为社会秩序的重整、纪念性形式的表现、城市文化的传承、现代科技手段的实验、生态环境的持续6个方面；[4]启发学生自主思考哪些社会需要催生了城市设计？

第二，城市设计的基本目标？借鉴乔恩·朗（Jon Lang）在《城市设计》中的观点，即城市设计师对于开始项目和使其完成的决策过程没有完全控制，城市设计的社会目标具有模糊性。因此有四种城市设计态度：一是资本操纵的城市设计，意味着建成形式追随利润走向；二是城市设计是一门艺术，抛弃社会目标而成为新理性主义或解构主义的几何美学实验；三是城市设计是一个问题解决的过程，亦即经验知识的应用方法；四是城市设计就是社区设计，强调自下而上的反馈过程。[5]让学生从他们的认知角度充分讨论以上4种态度，从中领悟城市设计如何获得更好的社会支撑点，而不应唯资本、唯权威或是局限于自我的狭隘的空间中主观臆造。

第三，目前我们在快速发展中遇到了哪些典型城市问题？

基于以上由浅入深的讨论，学生们比较容易产生一些认识上的共鸣，觉得城市设计不是一个冷冰冰的知识或技术，而是用来解决实际问题的方法。社会经济基础和意识形态决定了城市设计作为一种空间生产的社会应用维度；它"应该是一个具有包容性的一揽子策略，既要满足技术上的先进性，也要合理回应当下的社会维度

的问题。"[6]

3.2 开放式命题

我校城市设计课程开设以来，一直坚持立足地域化研究，采用以合肥市为研究对象的无甲方委托真实研究项目。主要考虑到，其一，研究对象真实具体，便于调研活动开展；其二，不容易受制于开发要求，有利于从城市设计基本原则出发的社会研究。而近年来我们的设计命题逐渐向"开放式"转变。教师不再提供包括明确设计目标的设计任务书，而是给定一个（类）研究对象，要求学生通过调研自主发现问题，而后由各调研小组根据调研发现的问题，自行提出问题并深化任务书。

如 2015 年的命题"高密度环境下老城居住区调研与改造"，四组学生分别选择了一个居住片区做研究，根据技术维度与社会维度的综合分析，发现了每个社区面临不同的改造诉求（图3）。比如"西园新村"属于1980 年代建设的老旧住区，中青年居民外迁新居，遗留下大量老年人在此居住，60 岁以上老年人口比例达到80%，非常典型。同时也发现了一些共性问题，比如路网不合理，停车问题等。

通过教学我们发现，开放式命题更容易调动学生的主动思考，由于不会过多受限于技术性指标等因素，此类选题可以在某种程度上回避建筑学学生的技术短板，引导学生将更多精力放到解决较为突出的社会问题。

	调研社区	社区更新的城市设计重点
第一组	二里街	**水湖路周边街区改造** 1.滨水栈道：滨水栈道、跨岛栈桥、阶梯式坐席、青年运动广场 2.交通系统：道路改造 3.轴线节点：水湖路入口广场、中心公共广场、广场散步廊、波形栈桥
第二组	世纪阳光花园	**社区停车及公共空间改造** 1.地下车库：原中心景观处地下车库设计 2.景观设计：结合车库布置立体景观及公共广场 3.道路改造：局部组团地库出入口位置变更，减轻局部道路压力；改造人行道路，以及地面停车位的位置
第三组	南园社区	**自发性商业街区改造** 1.南阳社区主要景观带重新设计，功能重置 2.内部主要道路改造，道路系统规划 3.沿街商业整合，新建和改造商业建筑 4.重新规划停车位，设置地下停车场
第四组	西园新村	**养老型社区再建设** 1.交通：步行系统改造、停车空间改造 2.建筑配套设施：新建体育、休闲娱乐、医疗保健、社区服务等公共建筑 3.室外公共空间：部分景观节点、休闲广场改造

图 3　开放式命题的自主深化

4 如何指导学生形成清晰的逻辑思维构架?

由于城市设计的综合性和社会性，至少在教学中造成了目前"建筑学的城市设计"和"城市规划的城市设计"的区别。[7]二者比较而言，建筑学专业学生更习惯于从建筑的角度理解城市问题，包括表现出典型的偏重形态，较为感性等特征；而暴露出的缺陷主要在于逻辑思维和科学方法两个方面。比如，不理解土地的经济价值；不习惯用技术指标描述或控制；对交通问题较为生疏；没有经历过科学调研方法的训练；不理解城市设计成果实施的途径等等。笔者认为，作为建筑学专业的课程训练，我们的培养重点可以设定在引导学生用逻辑思维控制复杂问题的综合决策能力。设计成果不苛求技术层面的完美，但有必要强调逻辑上的因果关联，以形成清晰的逻辑思维构架。

4.1 调研的科学性

城市设计调研与分析方法会采取课内讲授，同时部分内容也要求学生自学。调研周期一般为 2～3 周，形成调研报告并组织一次研讨会。在调研环节我们会强调尽量采取量化研究的方法以增加结论的可行度，主要包括空间调查和数据统计。尽量应用地理信息软件和 Excel、Spss 等数据分析软件，处理地形空间信息，处理数据表格，为复杂现状的城市设计提供重要依据，提高设计的科学性。对于开放性命题，会要求学生在调研阶段自行绘制出以下分析图：土地利用、街廓地块、街道类型、开敞空间、入口边界、建筑类型、建筑细部、停车、交通分析等，形成一套较为完整的分析图件。

4.2 案例研究（Case Study）的逻辑抽取

在案例研究中要求每个学生从 3～5 个相关案例中抽取逻辑主干进行分析，重点研究其改造设计策略、预期目标和利益侧重点，找出案例中分析与结果的内在联系。接下来，会进一步要求各组学生对案例中使用的策略进行归类，形成自己的策略“工具箱”；比如不同类型的居住区改造策略；不同类型的空间组合方式、景观处理方法、公共空间控制方法、居民使用行为类型等；并分别评述其优缺点或适用性。通过这样的训练，可以帮助学生较为高效的建立一套快速逻辑分析方法。

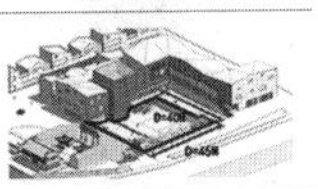

4.3 解决问题的技术路径

由于建筑学学生一贯的思维模式，他们非常容易在一个问题上纠结下去，造成最终成果的顾此失彼；或者在设计过程中轻易转换方向，从而造成逻辑因果上的断裂。因此，我们在教学中要求每组学生在设计中期形成较为明确的技术路径，后续设计内容的开展要依据技术路径确定的大纲进行（图 4）。

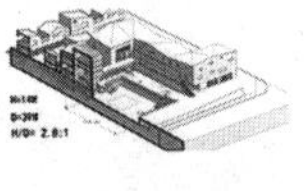

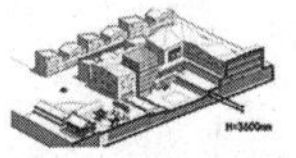

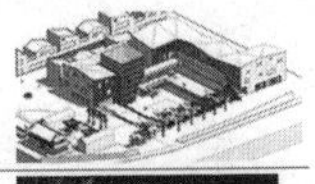

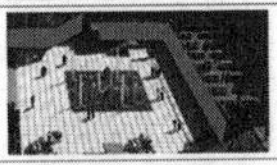

5 如何从设计中提炼“控制性”要素？

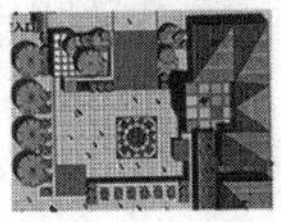

城市设计的目标不是形成最好的设计，而是杜绝出现“最差的结果”。基于这一要义，城市设计的可操性体现在一套恰当的控制性导则的提炼和编制。这也是建筑学学生普遍感觉最困难的一个方面。由于导则编制需要丰富的经验积累，相当的技术技巧，以及在设计过程中频繁的与设计相关主体的讨论与反馈，因此我们在教学中仅仅要求“尝试性”提炼控制性要素，以便让学生充分理解城市设计的实际作用和实施方法。要素的提炼以“弹性”控制为主，要求每个设计小组结合模型、手绘草图、透视图和文字等相关内容进行表达（图 5）。

图 4　技术路径

目标D：创建开放的商业市民广场(1)

编号	控制因素	控制点	图例展示
D-1 控制广场尺度	提供与周围环境相适宜的广场尺度，满足汇集人流，增加商业面积，尊重场地文脉，提升城市活力等多方面要求。	1）需要保证文庙前有一定的广场空间。 2）受建筑形态（长度，高度，风格）的影响制约，商业广场最终尺寸确定为40m*45m。	
D-1 周边建筑高度	广场需要适宜的空间限定与良好的空间氛围，与围合的建筑高度关系密切。	1）通过广场宽度D与建筑高度H的比值来确定，经验数值宜在4:1与2:1之间浮动，3:1最适宜。 2）广场尺寸为40m*45m，推算出建筑高度在10m至22m之间浮动，最终确定以15m（三层）建筑高度为主，局部高度可有变化。”	
D-1 广场的下沉深度	提供亲切的空间尺度，丰富空间层次的同时避免广场高差过大。	1）取商业店铺最低层高3000mm，加上梁高600mm，确定下沉广场下沉深度在3600mm左右浮动。	
D-1 广场的围合程度	广场需要一定的建筑围合才能产生场所感。	1）建筑围合程度多于等于50%，剩余边缘区域采用植物、台阶、铺地等弱限定，q其应不少于30%，共同加强场所的围合度	
D-1 下沉广场内立面商业比重	下沉广场除提供商业业态之外，还要聚集人流、提供社会交往场所，故需提供满足除商业之外的业态需要。	1）下沉广场内立面商业比重控制在70%—80%左右，剩余部分提供休息等社会交往空间。”	
D-1 下沉广场楼梯面宽之和与下沉广场周长的百分比。	1）在满足公共空间消防疏散最低要求的前提下，考虑公共空间感受，提供与广场空间相适宜的楼梯数量和尺寸。 2）提供商业空间最大使用面积。	1）下沉广场楼梯面宽之和与下沉广场周长的百分比控制在10%~6%。”	

目标D：创建开放的商业市民广场(2)

编号	控制因素	控制点	图例展示
D-2 广场的高开放性	1）周边地块缺少中等尺度城市硬地广场空间（杏花公园是绿地，市府广场可达性弱，长江路上没有停留空间等），故广场需向城市开放，满足一定的市民活动需求。 2）汇聚各类人流，增加商业氛围和效益。	1）留出城市转角空间，转角处退蒙城16米，退安庆路10米。 2）广场向主干道蒙城路完全打开，最大限度汇聚人流。 3）面对安庆路一面，建筑底层商业采用大面积落地玻璃窗，增加安庆路上人流对广场的可视性，并提供底层穿越的可能。	
强渗透性	1）吸引各类人群汇聚广场，增加社会性和自发性活动，丰富城市生活，提升城市活力。 2）增加商业人流和商业效益。	1）将线状的建筑空间体量消解成块状与线状的组合，留出室外交通空间供人穿越。 2）建筑底层局部架空，加强场所之间水平联系。 3）多样垂直交通（楼梯、电梯、自动扶梯）加强垂直联系。	
D-3 广场的空间层次	汇聚人流，增加社会交往可能性，结合文庙，提高商业文化价值，增加城市活力。	1）文庙前广场与商业广场连通，位于中轴线上，并以广场中心的音乐喷泉作为文庙对景。 2）商业广场下沉部分，一层二层三层商业空间形态呈退台模式。 1'地下商业部分，通过大尺度步行阶梯与广场入口处相连，通过自动扶梯与地铁和底下停车场相连，增加人流可达性。广场中心布置喷泉装置，吸引市民。 2'一层商业部分，围绕广场设置大量室外休息座椅，配以星巴克等相应业态，提供停留休息的场所。 3'二层的拓宽连廊提供交通联系和停驻空间。 4'三层商业结合空中庭院，庭院向广场开敞。”	
D-4 广场的视线控制	为了满足广场开放性强，渗透性高，场所感丰富的特点，在广场内外进行视线控制。	1）广场内部视线控制：退台的建筑模式使得广场周围空间的各个层高面都可以感知广场，由于文庙广场与下沉广场的串联，使得文庙成为广场的对景，视觉的焦点。 2）广场外部视线控制 1' 广场完全向主干道蒙城路打开，在蒙城路段，从蒙城路与安庆路交叉口至文庙可以将内部广场一览无余。 2' 沿安庆路的沿街商业底层采用大面积落地玻璃窗，并局部底层架空，提供穿越至广场的可能性，使人在安庆路段最大限度的感知到广场的活力与氛围。	

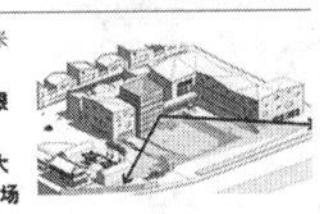

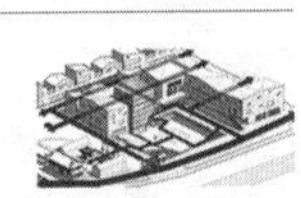

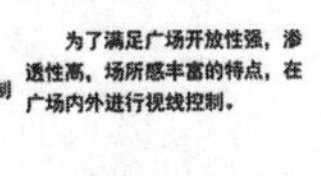

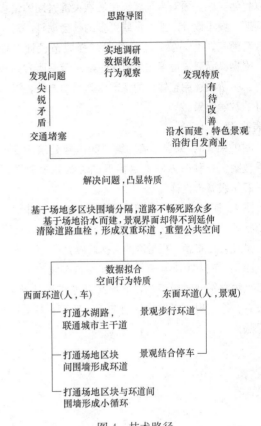

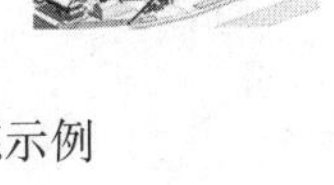

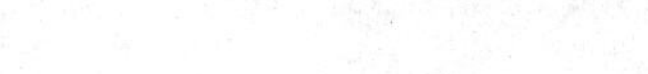

图 5　控制性要素提炼示例

6 结论与思考

城市设计本质上是一种道德的努力，社会的经济发展、社会公平、环境责任借助城市设计艺术而被唤起并得以付诸实践。面对中国城镇化发展关键时期的诸多城市问题，城市设计专业将承载更多的社会期许。对于高等教育而言，有必要在本科阶段加强城市设计课程教学，根据实际需求适度增加教学时数；借鉴西方高校长学时、多阶段、完整体系的城市设计教学方法，以达到更好的教学效果。

图表来源

图1～图3：来自笔者主编"2015年建筑学专指委优秀教案：一种有限培养目标下的思维转换教学训练——四年级城市设计"。

图4：来自2015年建筑学四年级城市设计作业：二里街社区水湖路周边街区改造（学生：吴维芳、程筱斌、吴凡、王雅涵；指导教师：徐晓燕）

图5：来自2013年建筑学四年级城市设计作业：基于多点触媒联动效应下的合肥城隍庙城市设计（学生：文天启、徐诗玥、赵见秀、胡志超、盛泰；指导教师：徐晓燕）

参考文献

[1] Castells M. Theory and Ideology in Urban Sociology [J]. In C. J. Pichvance (Ed. And Trans.). Urban Sociology：Critical Essays. London：Methuen，1976. 6.

[2] G. 阿尔伯斯. 城市规划理论与实践概论[D]. 北京：科学出版社，2000.

[3] 唐春媛，林从华，柯美红. 借鉴MIT经验重构城市规划基础理论课程 [J]. 城市规划，2011（12）：66-69.

[4] 刘宛. 城市设计理论思潮初探 [J]. 国外城市规划，2004（vol. 19），2005（vol. 20）.

[5] 乔恩. 朗（Jon Lang）著，黄阿宁译，城市设计 [D]. 沈阳：辽宁科学技术出版社，2008：21-30.

[6] AliMadanipour著，梁海燕、宋树旭、欧阳文译. 城市空间设计 [D]. 北京：中国建筑工业出版社，2009.

[7] 杨宇振. 资本空间过程中的城市设计——一个分析性的框架 [J]. 新建筑，2012（4）：114-116.

李 琳
中央美术学院建筑学院
Li Lin
School of Architecture，CAFA

从"解答试题"到"研究课题"

——以链接过去与未来为导向的北京天宁寺地区住宅设计教学实践

From "Completing Assignments" to "Researching Subjects"

摘 要：面对城市和建筑在未来变革中的复杂性和不确定性，中国建筑教育界也在进行积极讨论以应对新的目标和要求。本文以一个高年级课程的教学为契机，尝试探讨将设计训练从"解答试题"向"研究课题"模式转变的可能性，并落实以扩展国际视野和增强职业素养为目标的两大途径，力求导向更有广度和深度的设计思考。

关键词：解答试题，研究课题，集合住宅，工作营

Abstract：In the face of the complexity and uncertainty of urban development and architecture revolution in the future，Chinese architectural education sector discussed actively in order to deal with the new objectives and requirements. Taking a high grade curriculum teaching as an opportunity，this paper attempts to explore the the possibility of turning the training paradigm from " Completing Assignments" to " Researching Subjects" . With two methods of expanding international perspective and enhancing professionalism，students are strived to lead to more breadth and depth of design thinking.

Keywords：Complete Assignments，Research Subjects，Amalgamated dwelling，International workshop

1 背景

从培养什么样的建筑师，建筑师的职业素养如何体现，到怎样建立建筑教学中的课程体系，并进一步落实单个课题的设计，这些从目标到过程方方面面的问题是引领建筑教学不断进步和发展的重要议题。而社会发展当前及未来的需要，以及社会环境的不断变化和技术的持续革新，往往又成为教学理念及方法持续变革的风向标。

在当前这一时期，我们培养的学生未来将应对什么样的挑战，如何帮助他们较好地找准自身定位，成为教育工作者思考的一些出发点：

首先，中国城市外延式扩张在一定程度上趋缓之后，对城市内涵式更新的急迫需求已经显示出强有力的征兆，社会需求和市场需求日趋复杂，设计的前提和要求都面临更加综合和丰富的挑战；其次，从更大的视野来看，全球化的浪潮进一步加剧，地域性的呼声也日益增强，这两个看似纠结，时而碰撞，时而互促，但都不可回避的方面，在新的时代均已展现出不同以往的新局面。与此同时，建筑自身发展的可能性也受到更广泛的

关注和重视。

此外，伴随设计技术的不断革新和大数据时代的来临，前所未有的设计体验得到开发，但信息爆炸式增长、技术的迅速更迭也呼唤设计思维的积极转型，以应对大量的不确定性和复杂性。

2 焦点

基于上述思考，建筑教育本身的可能性也正在得到积极的讨论，相对过去主流建筑教育体系中基本遵循"解题"思路，以一定的限制条件和预期目标对设计方向和成果加以控制的方式方法，笔者更希望建立开放式的讨论平台，鼓励并激发学生主动地进行设计研究，在尽早深入了解多样的建成环境与复杂建构原理的过程中，不断成熟思想，提升能力，形成发现并追寻问题，提出策略的思维习惯。尤其在高年级课题设计中，我们关注的焦点是使设计训练实现从"解答试题"向"研究课题"的模式转变。

以设计研究为出发点的这一模式需要在课题选择、课程安排和教学途径等多个层面进行探索，力图拓展学生视野，将全球化背景与地域特征体现纳入整体考量，寻找合理的关注点，引发兴趣，促进思考，引导学生将

最初的设计立场尽可能地导向较有价值的设计成果。所以有别于统一布置任务书的开题方式，笔者在课题设计中将选取较有特点的城市地段或者议题作为切入点，讲解调研和分析方法，但在选定地域范围内既不预设对象，也不预设结果，而采用在教学过程中尽可能拓宽学生视野，创建多方讨论及商议平台的方式，寻找地块内可能的设计出发点，明确设计范围，并制定相应有针对性的任务书，最后根据各自不同的设计线索完成设计全过程。

3 课题

该课题针对本科四年级，教学内容为"集合住宅设计"，对于城市中最大量的建筑类型，同学们积极参与相关讨论对于认识城市发展阶段和未来趋势有着重要的价值和意义。课题聚焦于北京市天宁寺地区，该区域区位条件优秀，位于西二环西侧，周边有众多城市重要节点（图1），同时地块内自身特点明显，内容丰富：一座古寺，两个工厂，加上世纪八九十年代建造的居住社区，构成了复杂多样的社会和空间形态，为学生深入城市，了解生活，寻找研究点提供了充裕的土壤。其中：

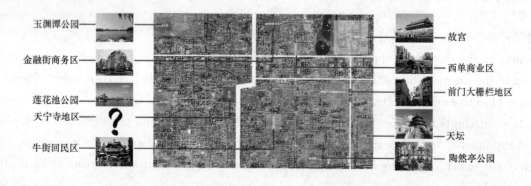

图1　天宁寺与周边重要城市节点关系图（图片来源：课题组自绘）

图2　天宁寺近照

图3　第二热电厂近照

天宁寺

始建于公元5世纪北魏孝文帝年间，天宁寺是北京最古老的寺院之一。元代寺院毁于兵火，殿宇无存，明

永乐时重修。天宁寺坐北朝南，现存古塔一座，清代重建山门，弥陀殿及乾隆二十一年和四十七年两次重修的碑记等。

图4 北京唱片厂近照

第二热电厂

第二热电厂起初筹建于 1972 年，1977 年底第一台汽轮发电机组建成并网发电至 1980 年全部建成。主要担负中南海、人民大会堂、毛主席纪念堂、国家部分部委、北京市委、市政府等重要单位和市区 70 多万居民的采暖供热，总供热面积达到 1200 万 m²，曾是北京市重要热源电厂之一。

北京唱片厂

北京唱片厂于 1968 年建立，是中国唱片集团总公司在中国北方最大的生产基地。随着录音技术的发展，在 80 年代初期引进了国外先进立体声大密纹生产线，成为当时国内唱片生产的骨干企业。

身处北京城市"退二进三"的进程之中，天宁寺地

区的上述两个企业已基本处于停产状态，无论从珍视历史遗存、保护并保留工业遗产的角度，还是有鉴于北京 798、751 等厂区活力再造的成功案例，上述两个厂区在新一轮城市更新过程中的作用和价值需要得到充分的挖掘。

同时，该区域内另外一大半的用地为住宅用地和相应的配套教育用地，住宅多为 20 世纪八九十年代兴建的多层住宅，有的是唱片厂和第二热电厂的职工宿舍，这些居住组团外观大体仍保留着原来的建筑风貌，内部居住空间局促，且围合院落中私搭乱建现象严重，停车位稀少，经调研当地居民年龄分布偏高，外来人口较多。

在对天宁寺地区的整体区位和现状条件进行为期两周的调研之后，课题组经过充分讨论，认为可以关注的议题有：

（1）整体提升当地居民的生活环境品质

（2）提供有助于激活社区活力的适当的住宅产品

（3）突显区域内历史保护建筑群及工业遗存的价值，考虑过去与未来的相互关系

（4）将该地区作为一个活力单元编织进入城市整体系统

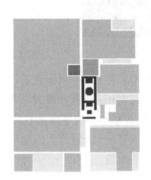

PART1 1949—1970

据周边居民回顾，40 年前，现北京唱片厂址为 32 家小作坊组成了工业集合地段，以生产棋牌为主，后来改建成北京唱片厂。天宁寺西边为大片药地，区域内东部为田地，夹杂农家小院。

PART2 1970—1980

75 年热点厂建成，随着一期工程得完工，区域门西部建成了二热和电建公司得仓库，而东部则开始建立职工家属院。同时随着二热得建成，区域内建立了幼儿园和中学。

PART3 1981—1990

由于各个企业陆续进驻该区域，人口不断增加，居住区不断扩大，同时小学从中学中分离出来，商业活动也日益增加。

图5 天宁寺地区功能变迁示意图（图片来源：课题组自绘）

图6 天宁寺地区多样的居住空间及生活形态（图片来源：课题组自摄）

4 途径

该课题是将住宅这一建筑类型的设计纳入城市设计框架的一次尝试，无疑增加了课题设计的广度，也由此带来一些难度。因此在辅导过程中，需要将学生置于更宏观的设计视野，把城市容量、密度及居民生活特点等要素作为设计背景，以便真正达到课题设计的初衷；同时，笔者不希望在增加设计广度的同时，牺牲设计的深度，毕竟住宅设计从规划到单体至户型设计均有相应的规律和方法，同学们需要为未来的职业生涯做些准备。所以在整个过程中，作为日常教学的补充，我们增加了两条途径来帮助实现上述分别在广度和深度上的教学目标。

4.1 国际交流与城市比鉴——国际视野

较高密度的城市环境是亚洲大部分都市区的显著特征，而关于较高密度住宅的议题，邻国之间的讨论更具有相互了解和深度比较的必要。在设计前期，笔者邀请韩国仁荷大学研究生院院长 Jinho Park 教授一行 20 余人和本组学生开展了为期 10 日的建筑工作营，双方对北京住宅的建设现状和天宁区地区自身更新条件进行了实地调研与考察，同学们就调研成果进行了充分交流，相互积极提问与讨论，分别深化了思想，并找到下一步研究的切入点；同时两国学生也就北京和首尔两座城市住宅产品的异同进行了细致分析，并深入户型内部，发掘出两国对于居住文化和生活细节关注点的区别和相似之处。期间双方师生共同参观了望京 SOHO，并邀请扎哈·哈迪德建筑事务所总监 Satoshi Ohashi 大桥谕先生就望京 SOHO 的设计建造过程和运营情况进行了讲座。

图 7　与韩国仁荷大学建筑工作营开展情况

4.2 职业建筑师合作教学——职业素养

集合住宅设计是一个实践性较强的课题，无论从规划布局，还是户型设计的层面都需要大量的基础积累。在设计教学环节的过程中，笔者邀请清华大学建筑设计研究院生态所副所长袁凌全程参与教学，希望尝试基于教学大纲，在主课教师主导下，将职业建筑师实践经验纳入教学体系，作为有效补充的教学模式。袁凌所长将其在北京院 1A1 工作室和清华院多年的住宅实践经验融入课堂教学过程，从另一个角度成为同学们将设计概念深化落实非常有益的向导。

图 8　清华建筑设计研究院袁凌所长全程参加教学

5 进程

课题的进展遵循教学大纲的安排，大致分为六个阶段，分别是：①开题＋调研；②国际交流＋专题讲座；③初步方案；④中期评图；⑤方案深化＋专业补给；⑥终期评图。各个阶段均有相应的目标指引和成果要求，并将上述与韩国仁荷大学国际工作营的交流，和建 筑师专题讲座与评图纳入课题规划：

时间	进程	研究内容及过程步骤	实施细节
第一周	开题 现场调研	天宁寺地区历史追溯与现状条件分析	—区位分析 —空间调研 —主要节点使用情况调研 —居民生活活动取样调查
第二周	国际交流 专题讲座	与韩国仁荷大学 Jinho Park 教授一行开展短期国际工作营，并邀请扎哈·哈迪德建筑事务所总监 Satoshi Ohashi 大桥谕先生在望京 SOHO 举行讲座	—北京住宅建设现状调研 —调研成果分享 —课题讨论 —北京 & 首尔双城住宅产品比鉴 —参观望京 SOHO，并邀请 Satoshi Ohashi 大桥谕先生讲解了望京 SOHO 的建造运营情况
第三周	初步方案	对几个立意的内容进行回应与基本思考，考虑方案选址，并自制任务书	—初步明确设计出发点 —选定设计基地 —对基地范围内的容积率、建筑密度等指标提出大致设想
第四周		对选址进行重新审视，分析优劣条件，进一步明确设计出发点	—形成初步规划方案，进行方案比较 —通过最初形态设计反推任务书中各指标的可行性 —对提供的住宅产品进行定位
第五周	中期评图	对概念方案进行可行性考量，对能够解决的问题及随之产生的新问题进行研究	—将前期调研成果、方案构想及初步落实情况进行全面整理 —形成中期汇报成果，与评委老师交流
第六周	深化方案 专业补给	对研究内容进行深化，完成从规划布局到单体设计的过程 安排关于户型设计的专题讲座	—基本确定规划布局形态 —根据产品定位，深化设计内容 —根据定位，完善居住与配套的比例 —清华建筑设计研究院袁凌所长就"户型标准模块研究"专题讲解了万科、万达、龙湖、保利、绿地等开发集团的常用户型设计
第七周		将户型设计作为工作重点，反馈单体设计及规划布局	—进行户型设计研究 —在既有户型研究基础上，探讨创新户型设计的可能性 —根据户型设计，反馈建筑单体及规划布局
第八周		完成规划区域内的整体环境设计	—进一步深化户型内部设计 —完成规划区域内的整体环境设计 —进行方案表现
第九周	终期答辩	完善方案表现，准备汇报展板与文件	—完善方案表现，进行最终排版 —准备汇报文件

6 呈现

经过九周时间的努力，组内十一位同学均根据教学思路，完成了从设计调研，项目立意到概念深化，最后落实细节的全过程，较为圆满地实现了教学目标。有的同学从整体入手，将天宁寺和第二热电厂等历史资源进行整合，在其周边建立生活居住及服务纽带，为该地区注入活力；一些选取相对独立的社区组团进行改造，探讨适合年轻人居住的创业型社区的营造方式；有的在建筑质量较差的北部棚户区，尝试研究集装箱住宅的组合和运作模式；有的探讨在区位条件较好的天宁寺地区，

开发自行车住宅的可能性，还有同学以天宁寺为前景，在垂直城市中打造融入山水画境的园林生活体验……因篇幅有限，选取有不同代表性的三位同学的成果在文中呈现。

(1) Ring Residence

当前该地区内天宁寺、热电厂及老旧住区在位置上紧密相连，但各自为政，相互间关系疏离，作者希望能创建一个为该地区量身定做的建筑体系，将年轻人的生活活力带入整个片区，并提供能辐射周边区域的商业、及休闲服务设施。在设计中分别运用了改造/新建/加建等方式，一方面利用原有建筑现状，同时又植入新的生

活场景，在天宁寺周边构建了一个功能复合，行为多样的活力居住环，希望实现对游走、渗透、集聚、交流等

多种类型活动的包容和促进。

（2）创客＋

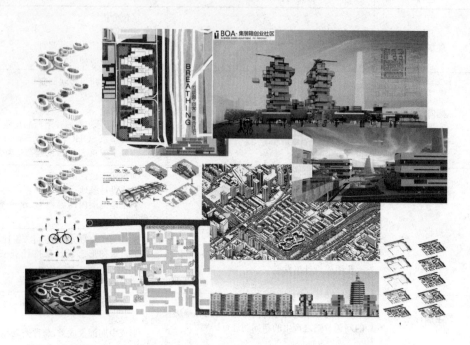

图9 学生作业局部，多样的设计视角（图片来源：课题组自绘）

图10 刘烨琳同学的 "Ring Residence"（4×A0）

（图片来源：刘烨琳自绘）

作者讨论的是天宁寺地区老旧社区更新的可能性，社区主体被定义为年轻的创客群体，力求挖掘并根据这一新兴群体在居住、工作及交往等方式上的特征和需要，创造一个集生活居住、创意办公、展览展示、运动休闲和生活服务为一体的集群空间，满足当代年轻人多元化生活的现实需要。作者从建筑布局、户型设计和生活活动安排等多个角度进行了细致的讨论和大胆的创新。

（3）望山居

自选基地位于天宁寺中轴线北侧，作者追本溯源，希望讨论如何实现中国传统园林居住空间的当代性转译，建造一座以山为意向的城市立体居住空间，同时也创建一处立体园林以释放并延展天宁寺的空间意向。作者采取将传统园林平面反转至剖面的方式，将池塘，假山，居室，院落，连廊转译到垂直的维度，注重拓扑关系和通达性，将与历史的对话和当代人对理想居住环境的渴求融入这次对园林生活意向直观化的呈现。

7 结语

本文基本介绍了该课题从立意构思到实施经过，以及成果呈现等各方面的内容，每个同学在其中基本体验了将模糊的理想转变为相对明确现实的过程。集合住宅

是一个相对广博复杂的题目。加上笔者希望将其纳入城市发展和社会需要的研究背景，思考的广度与深度随之增加，因此9周的时间略感局促，然后如果将每一个课程设计都视为一类研究的起点，那么这些思考终有相互

汇聚，共同激发的机会，将对同学们的职业选择和未来发展进行铺垫和指引，这也是笔者在教学过程中不断进行尝试的初衷。

焦键　唐芃

东南大学建筑学院；jiaojian@seu.edu.cn

Jiao Jian　Tang Peng

School of Architecture, Southeast University

稻田守望
——莲花荡农场观景设施营造小记
"Paddy Catcher"
The Records of Constructing Viewing Facilities for Lianhuadang Farm

摘　要：本文记录了东南大学建筑学院研究生设计课中建造实践课程之一的"稻田守望"项目从设计研究到建造实现的过程，探讨了真实环境中如何利用传统的竹木材料和工艺、拓展建造的可能性，以及建造对于建筑设计教学的意义。

关键词：新乡土，竹/木构，设计建造

Abstract：This article documents the process of the project "Paddy Catcher", one of the graduate design courses of Architecture School of Southeast University, from the design to the construction. We explore the possibilities of constructions with traditional material and craftworks, and demonstrate the significance of the construction practice in architectural design education.

Keywords：Neo Vernacular, Bamboo/Timber construction, Construction practice

宜兴市丁蜀镇莲花荡农场是一处实现有机种植，稻鸭共养的实验农场。南侧为 7 级运河航道莲花荡；西侧为高铁线路。由飞奔的高铁带动的静中有动的农场景观可谓"水天一色，古往今来"。应宜兴市丁蜀镇政府的要求，东南大学建筑学院参与该农场设施的改造与优化工作。

本次课程是东南大学建筑学院 2015 年秋季开设的研究生设计课中的建造实践课程之一。课程基于建筑学院与丁蜀镇政府对莲花荡农场设施的实际改造工程项目，着眼于引导学生对当地传统建造材料和工艺的研习，结合当下的环境、需求、技术水平，参与设计并改造农场设施。课程自 2015 年 9 月起始，历时 5 个月，共完成了一组管理用房和厕所改造，建造了六座兼具家禽养殖和供人休憩功能的观景台。本文将教学过程和建造成果进行简要的记录。

1 题解

1.1 场地环境

宜兴盛产竹材，同时有优质的陶土并保存着精湛的制陶技艺。传统的材料和工艺，为建造提供了丰富的可以借鉴传承的设计资源及更多的可以改良创新的可能性。

基地位于宜兴丁蜀镇莲花荡农场内，稻田环拥，视野开阔。东侧是一片较为广阔的水域——方溪河，西侧远眺是高铁线路，北面可见错落的老宅，南面亦有远山绵延，具有绝佳的自然及人文景观。建造观景台的田地间道路宽约 4600mm，两侧各有一条沟渠宽约 1450mm，深约 760mm。沟渠既能为稻田提供蓄水灌溉、调节水位的功能，同时也为鸭子提供了游水嬉戏的场所（图 1）。

图1　宜兴莲花荡有机农场

1.2　课题设置

6处观望台设计建造：利用当地传统材料设计并搭建观景设施以实现：①供少量人观景、休憩；②满足250只鸭子的养殖需要，50m²左右，解决通风、避雨、围挡、喂食等功能；③采用合理的结构方式，考虑其安全性和耐久性。

1处管理用房改造：通过搭建包裹附着在管理用房表面的构筑物来实现：①改善建筑形式及周边场地，强化其视觉表达；②赋予构筑物一定的主题和功能，使其以积极的方式介入环境，和人产生一定的互动；③可能

的情况下，对管理用房的保温隔热性能适度提升。

2　基地调研（2015年9月）

我们把对场地的认知投射到更大的一个空间尺度中去。到达宜兴丁蜀镇后，首先前往莲花荡有机农场对基地进行踏勘测绘，对场地的景观要素进行分析和记录。了解农场的耕作和经营方式，与农场的管理者沟通选址和功能的要求等具体问题。基地上现存竹构鸭棚若干，并不能完全满足稻鸭共养的需求，但其形式简洁、结构方式朴素直接，为学生们的进一步设计提供了很好的参照。

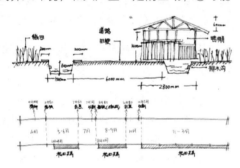

图2　基地调研与测绘

在基地测绘完之后，先后参观了传统街区古南街、传统建材市场和徐秀堂大师的私人宅院。有着五百多年历史的古南街为江苏省第一批古建筑保护单位和宜兴市文物保护单位，明清时期宜兴陶瓷的主要集散商埠，也曾是汪寅仙、毛顺兴、徐汉棠、顾景洲等紫砂名家栖身和创作之所。古南街背靠蜀山南临蠡河，长千米，宽仅三、四米，两侧为江南典型的砖木结构的传统民居，半数以上的住户从事紫砂的制作和经营，后屋为生产作坊，临街设店经营。古南街为蜀山文化的一个缩影，一砖一瓦都留有当地手工艺繁盛时的印记。丁蜀镇的传统建材为一处开放的露天市场，主要经营竹材和木材，学生们可以在现场感到材料的质地、了解材料的规格、加工和运输的方式。紫砂大师徐秀堂的私宅则给学生们

更多的启发，庭院既古朴又不失匠心，自然地将陶片、陶器运用于铺地、砌墙和造景之中。

3　研究设计（2015年10月～11月）

研究设计始于对基地现状进行梳理和发掘，确定选址和用地范围，场地建模，完成场地建模，对景观要素进行分析。对功能和对环境的介入方式进行定义，研究构筑物的形态和视觉表达的可能性，生成概念方案。研究的重点在于对材料、工艺及其相应的结构方式的理解和学习。具体分为以下三个方面。

3.1　材料的性能

要求学生从当地乡土材料［竹材，木材，陶土（陶

瓦、陶罐、瓷/陶片等）]中选取两种作为主要建造材料，进行研究。结合案例、文献、数据研究材料的物理属性：直观的（色彩、质感、尺度、材料本体的物理构造等）；非直观的（抗弯性、抗压性、抗拉性、耐久性、腐蚀退化机理和生命周期等。）性能研究不主张抽象罗列数据，尽量结合多种材料（如钢材，木材、竹材等）就材料的某一方面的相似性能（如：抗拉等），作比较分析，同时性能研究注意和材料加工方式相结合。结合实际案例探讨其力学和形式构成上的可能性，丰富对材料的认识。

3.2 材料的工艺

研究材料的改性工艺，如增加其耐久性、抗腐蚀性、抗虫蛀、改善质感等的处理；材料的加工工艺，如材料的切分、构件的制作等；材料的重组工艺；如构件的搭接、链接、加固的具体工艺（如砌筑、榫卯、绑扎、栓接、编织等）。工艺研究偏重对以手工操作为主传统工艺的挖掘，理解相对应的工具和操作手法，结合形式和尺度考虑。当地的建筑、鸭棚、园林和临时建造物可视为当地工艺水平的参照。

3.3 材料的表达

针对所选定的材料，结合具体的对象和实例（器物、艺术装置、建筑等），研究其在视觉表达和建造应用的可能性。把握几个关键词对施工进行研究：景观性、小型、乡土材料、半手工、快速建造，结合的具体的案例，设想出简要施工建造方案和流程（图示＋简单文字）。

本阶段结束后，要求就材料、工艺的研究提交报告；生成概念方案并搭建1：20模型（图3）。

图3　概念生成模型（1：20）

4　设计深化和工艺训练（2015年11月～12月）

在确定概念方案后，明确结构方式，设计构造节

图4　节点设计模型（1：1）

点。设计深化过程与真实材料（竹/木）的手工模型制作相结合，软件模拟与手工模型互为检验和推进的工具。对施工设计进行深化，较为真实地用实际搭建材料进行节点调整，完善施工表达，重新考虑材料组织，并绘制和统计需要预制的构件。

设计深化过程中，要求学生用实际用于建造的工具和材料进行模型的搭建和节点的推敲，分别搭建了1：5完整模型和1：1的节点或框架模型，并在这样的过程中探索和改良工艺。过程中分别请宜兴当地的工匠集中进行了两次工艺培训。一次为在东南大学校园，面对学生做的大比例模型，对节点进行修改和完善；一次为在莲花荡有机农场，在当地竹匠的演示指导下做容器，家具等。

5　现场搭建（2015年12月～2016年1月）

现场的搭建于2015年十二月底开始，历时十天。邀请了浙江安吉地区专业的竹建筑施工团队协助搭建及正在为莲花荡茶室项目驻场的施工队协同保障，配合学生们的施工。短短的十天中，三方力量碰撞、融合，相互启发，取长补短，以动态调整的方式进行磨合，整个施工过程艰辛又不乏趣味。

在抵达现场前，各组对所需材料的规格、数量和预制构件进行了精确的统计，对施工进度做了详细的安排，并计划每组配备一名竹匠师傅指导和协助搭建。到达现场后，与施工队沟通后，发现他们许多虽是传统竹匠出生，但工作方式与传统的独立干活的竹匠有所不同，比如：有的分材、有的劈篾、有的打框架等等，他们按特长有明确的分工，每人负责一个工序合作施工。材料也并未如约定中按照不同项目预加工成不同规格，而是估算了总量后全部以毛竹原竹的状态发货，由工人现场手工加工成竹篾和竹片（图7）。在技艺熟练的情况下，竹材更适合于现场加工而非预制，从施工队和材料供应的角度来说确实这种方式更加节省时间和运输成本。习惯于分头作业的各组学生很快调整了工作方式，和施工队的师傅们形成了更好的配合，在备料和基础阶段采取了合作和流水作业的方式，加强了组与组之间的　　　合作，保证了项目整体的推进。

图 5　框架模型点评

图 6　工艺培训

图 7　材料组织与加工

图 8　现场搭建

在搭建过程中，学生们的各方面的技能都得到了全面的提升。在应用中，掌握了基础的对竹材的加工和处理技能，了解了常用工具的特性。在合作中学会了以多样化的方式与协作施工的师傅们沟通。以实物模型、电脑上3D的节点大样来弥补图纸表达的不足。在困境中中学会了权衡、判断和变通，来缓解如临时变更功能、材料和工具短缺、人手不足等问题。学生们与工匠们协同共建的过程，也是直接将传统经验转化为设计的过程，在保证设计初衷和受力合理的情况下，将构造的设计化繁为简，施工工序更为高效，实现了更加理性的建造。

6 总结

此次课程以宜兴丁蜀镇莲花荡有机农场景观设施的营造为契机，通过设计和建造针对农场景观的提升和生产的需求，提供了一个独特的解答（图9）。

四个月的课程中，学生们经历了建筑学中一系列最基础的问题，从功能、形式到材料与建造。当代建筑教育中对"空间"的强调，某种程度上又造成了建造与设计的分离，而具体环境中的真实建造使得设计变得不再抽象，建造工艺与设计相互验证，相辅相成。当学生们在建造结束之时，再审视自己最初的设计图纸，发现每根线条都具有了重量，每处阴影都富有质感。这也是建造实践课最初的意义。

参考文献

[1] 张彤，陈浩如，焦键. 竹构鸭寮：稻鸭共养的建构诠释—东南大学研究2015"实验设计"教学记录[J]. 建筑学报，2015（8）：90-95.

图9 建成作品

多元融合视角下的创新人才培养

汪妍泽[1] 单踊[2]

1. 东南大学建筑学院/宾夕法尼亚大学设计学院；yangzhi0715@126.com
2. 东南大学建筑学院；sss055@163.com

Wang Yanze[1] Shan Yong[2]

1. School of Architecture, Southeast University School of Design, University of Pennsylvania
2. School of Architecture, Southeast University

建筑设计基础教学中绘图的"自由度"浅议
Study on the Liberalization of Drawing in the Basic Education of Architectural Design

摘　要：本文通过梳理建筑绘图的呈现方式探讨从视觉到知觉的空间观念现代化历程，并分析不同绘图方式所反映的"精英"与"大众"认知的差异，据此针对建筑设计基础教学中新生所接受的绘图训练自由度问题进行探讨。

关键词：建筑绘图，视觉，知觉，建筑设计基础教学，自由度

Abstract：Demonstrating the evolution of architectural drawing, the paper presents the modernization process of space concept from vision to perception and analyzes the difference of representation methods in terms of the "elites" and "public" cognition. Relating to the basic training of architectural design for freshmen, the liberalization of drawing is extended to a further discussion.

Keywords：Architectural Drawing, Vision, Perception, Basic Education of Architectural Design, Liberalization

1 问题的提出

2007 年，东南大学建筑设计教学改革开始推广的"空间形式"理念，即将"空间"为对象的形式训练作为基础练习。从操作层面来说，这种训练方式在设计过程中主要依赖于建筑模型的制作与观察。这一改革起源于 20 世纪 80 年代中期对建筑教育中盛行的"布扎"体系的批判。在 20 世纪早期，作为古典建筑教育的代名词，"布扎"体系因为过分强调图面表达受到现代主义先锋运动的冲击，首先遭受批判的是"布扎"的图面表达方式，精美的建筑渲染耗费大量的时间和精力，取代了设计者本该关注的建筑本体问题，并且这种二维的平面呈现方式也无法应对新技术条件下现代主义所迫切想要营造的空间观念。虽然在随后半个世纪中"空间"的概念遭遇了不同的解读，但是可以明确的是日益多元的"空间观"是不甘局限于用传统的建筑图学来描述了。

然而，建筑图学并没有就此消亡。包豪斯教育对手工艺的狂热专注于"制作"，用远离"学院"的亲民方式故意避开布扎绘图的干扰。但在战后，格罗皮乌斯（Walter Gropius）所推行的这一教学理念被批评为远离建筑本体的训练，他的空间观念也遭遇了柯林·罗（Colin Rowe）等改革派的正面抨击。前文所提到的2007 年教改以"建构"为核心，将"空间"研究转向"建筑的空间以及形成空间的物质手段的组织方式"之上。"建构"理论来源于肯尼斯·弗兰普顿（Kenneth Frampton）提出的"建构文化"，实际上在这一理论话语下对过去一个世纪的现代主义建筑进行文化重构更多的是基于对建筑图的解读。所以，新教改中虽然强调模型切入的重要性，但仍然将绘图作为设计最终环节的组成部分。

谈及建筑图本身，其受众可以分为两类，一者是

"精英"❶，即建筑师群体，作为建筑师之间用于深化方案或者相互学习的交流工具；二者是"大众"，作为与委托方交流以及向公众展示的可被预见的建筑形象的手段。由于受众不同，目的不同，所以建筑图的呈现方式，包括精确性、美观性等标准如何界定，都存在极大灵活性。也就是说建筑师用于思考和表达的绘图是可以相互区分的。但对于尚未受过绘图训练的建筑新生，显然不能过分要求如建筑师一样的娴熟表达技法，所以在建筑设计基础教学中，绘图作为一种研讨手段，作为理解和推敲空间的工具，其形式是不应受限定的。同时，新生有着更为接近大众的日常敏感性，因此也存在发掘更多建筑绘图表达方式的可能。

2 视觉描述

文艺复兴时期确定主导地位的线性透视遵循"接近视觉的才是真实的"的原则，极力建立精神空间与数理空间的联系。在科学风尚的影响下，新理论的诞生如果不落实于理性的解读便不能称之为可以普遍应用的"科学"，于是竭尽几何方式解读视觉感知的真实性，成为了数学家、画家、建筑师的共同目标。但正是这种强烈的目的性逐渐造就了视觉的绝对优势。固定的视点、稳定视角和不变的感知域，这种极强的空间意识和体验方式穷尽了人们对空间的理解，使得透视本身带有极强的欺骗性，但却恰好迎合了绝大多数人群乐于为视觉享受所欺骗的心理。当我们选择用透视来再现空间时，就已经限定了空间的建构方式和体验逻辑。线性透视制造的图像优势导致了对空间理解的局限性，使得社会空间变成了一种盲目的"真实"。相反，建立在抽象思考之前的古埃及透视法则传递了一种理性的直觉空间，而非对视觉空间的刻意模仿。所以，透视自产生之初就是世俗化的。

布扎教育从开始就注意到视觉真实性的问题。但作为古典理想主义的信奉者，学院建筑师为了区别于手工艺建造者、工程师和社会学者，在教学中并不允许这种世俗真实性的存在。历届罗马大赛中，都只重视平立剖面的清晰表达，透视图只作为平立剖面图的补充，在1786和1787年甚至明令禁止提交透视图。虽然这一规定的初衷来源于对古典理想主义的执着信念❷，而非对透视固化思维的批判，但在一定程度上遏制了过度表现混淆设计本质的可能性。布扎建筑师对透视的引用是隐性的，他们很少利用一点透视来表达立面的纵深，而是理想化地将视点放置在无限远处来观察自己的建筑，"正立面"也成为了他们自特区别于画家的专业表达。但当面临城市问题时，学院派建筑师则不能完全无视视

点和建筑群体的距离关系，表现中也就无法回避"侧立面"的存在。为了表达建筑与城市的关系，图纸通常将主体建筑放在一点透视的消失中心，郑重地刻画这种不可能出现的视觉效果。在很多场景中城市环境是虚构的，甚至故意塑造出古典神庙和简洁几何体混杂的城市环境，表达着布扎难以割舍的理想情结，但目的反而是在极力描绘大众可以感知的真实场所（图1）。

所以，透视图作为"精英"与"大众"之间的媒介，似乎理应成为建筑学入门的辅助工具。世俗地来说，这也是建筑师向大众兜售某些设计畅想的基本技能。但"透视法"加上科学的先头语却带有先入为主的危险。特别是在现代空间观念中强调身体感知的介入，这种理解世界的方法迫切要与笛卡尔式的主客体站位方式划清界限。一年级新生如果能够做出的精准透视，很容易让人产生紧张感。这种固定视点的审美方式极有可能让他们走进局部视觉设计的误区，当然新教案中尝试用模型消解这种可能性，但无法根除视觉先导的思考方式，特别是最终设计成果还是以透视图的方式呈现给观者。

3 空间描述

不无遗憾地说，透视法从人文精神的先锋逐步演变为束缚空间思维的固化手段，其中包藏着建筑师改造视觉世界的野心。列斐伏尔（Henri Lefebvre）重提空间的重要特质时指出"图像扼杀了丰富的生活经验，而熟练运用绘图表现的建筑师，也是在用这种抽象的呈现方法让世界变成了'蓝图'，这也离间了空间现实存在的本性"。实证研究上，1925年潘诺夫斯基（Erwin Panofsky）《作为'符号形式'的透视》（Perspective as Symbolic Form）出版后，就一直主宰着视觉呈现的研究，随后很多文献基于其内容进行探讨，无论批判或是拓展，都没有脱离其主题："中心投影"，或称"透视"。可见，透视的强权已经阻碍了其他同样重要的呈现方式的发展。事实上，与透视呈现背离的表达方式一直存在。由军事绘图从透视法中剥离到切石术理论独立成文，都是对精确度量的探索。这也是旨在"建造"的建筑设计不可回避的话题。

---

❶ 暂以"精英"代之，以示与未经建筑设计职业训练的"大众"之区别。

❷ 艾伯特（Donald Drew Egbert）指出"建筑设计视觉'真实性'（visually 'realistic'）的缺席是因为学院派有着对于古典'理想主义'（classical 'idealism'）的哲学基础，特别是亚里士多德和新柏拉图理想主义，而非现实主义、自然主义和唯物主义"。

在透视图热潮减退的同时，作为一种保持了平立剖面所不能传达的空间信息，又具备透视图无法携带的绝对尺寸的图示方式，轴测图逐步成为了现代空间概念连接真实建造的流行媒介。其表达优势在于脱离了单一视点的束缚，呈现空间相互独立又时刻连续的共时特征。由于打破了透视的固化空间，轴测图导向了不断运动的现代性的观看方式。

虽然作为建筑师之间的交流工具，轴测图显然是更高效的。但对于大众而言，过多信息层级的重叠容易造成了阅读上的困难。同样，由于脱离了视觉依赖，轴测图对于建筑新生来说是相对比较难掌握的绘图方式。由于轴测图加载了比透视图更多的信息量，对于绘图者的总体调度能力以及绘图技法都有更高的要求。在绘图过程中，未经训练的大脑有可能会受到视觉信息的干扰而不自觉地导向透视表达。但这种往复的训练正是通过建立初学者对于空间自主性的认识，建构现代空间观念。

图 1　罗马大赛一等奖谷仓设计，1797

4　自由度问题的讨论

追本溯源至此，可以说建筑设计基础教学实际上是面对一群尚未但将要接受建筑设计训练的群体用"泛大众"的呈现方式传达现代空间观念。这种介于"精英"与"大众"之间的模糊区域存在着很大的自由度。因为由前文可知，建筑绘图方式并不存在共识，其根本上是随社会，乃至极个别人的价值观念为转移的。

图 2　《空间中无构成的图形》（局部）
Uncomposed Figures in Space，保罗·克利，1929

20 世纪初，立体主义等先锋艺术脱离"透视学"用更为个人化的方式表达着已经被视觉桎梏数世纪的精神世界，这正是"新的空间的开始"❶。他们并不试图建立"精英"的普遍话语，而是利用普罗蒂诺（Plotinus）所指出的用"内部的眼"（inner eye）去观察事物。1921 年，保罗·克利（Paul Klee）在包豪斯演讲中表达了对"透视"的批判，他反对单一视点，但应对方式并非消灭视点，而是引入多视点的观看方式。克利在包豪斯开设的"形式的图像理论"课程（Contributions to a Pictorial Theory of Form）中尝试推广"弥散的中心"（stray centers）（图 2）。这一理论中，空

---

❶　吉迪恩（Sigfried Giedion）在《空间·时间·建筑》中提到"立体派画家并不是从最有利的一点来使物体的外观再现，而是物体的周围观察，想从内部的结构来掌握物体。他们要将感觉的尺度加以延伸，就好像现代科学家扩大对物质现象的描述一样"。

间的描述不存在任何规律，也就是说找不到任何先验的话语支撑，而完全来自于感知，甚至是精神图像。克利的观点是去文化性、去历史观，也可以说是"自由"的观看方式，在近年来被艺术领域定性为"后空间的生产"（After the Production of Space）的典型。换言之，任何人都有理由用任何方式来描绘空间。

从执业建筑师或设计教师的角度来看，一年级新生给出的图纸表达往往并不完善（图3），但图面呈现来自于对于模型的直接观察，由于不熟悉建筑师常规的表达方法因而避免了固化的思考方式，所以学生作品不能以"拙劣"的透视或轴测模仿进行评判。不成熟的视觉呈现反衬了他们所想表达的空间特质，很多的重点描绘往往来自个人独到的观察，如空间深度、光线或是氛围。教学中应当给予学生足够的自由度，甚至不首先明确透视或是轴测等专业概念，鼓励学生从内在的视角（inner eye）出发展现空间的本真。

图3　东南大学一年级《空间
立方体》学生作业，2014

参考文献

［1］ Panofsky E，Wood C S，Wood C．Perspective as symbolic form［M］．Zone books New York，1991.

［2］ Scolari M，Ackerman J S，Palandri J C．Oblique Drawing：A History of Anti-Perspective［M］．MIT Press，2015.

［3］ Giedion S．Space，time and architecture；the growth of a new tradition［M］．Cambridge London：Harvard University Press；H．Milford，Oxford University Press，1941.

［4］ 单踊．西方学院派建筑教育史研究［M］．南京：东南大学出版社，2012.

［5］ 袁欣亚，卢朗．建筑轴测图的表现特征探析［J］．华中建筑，2015（9）：30-33.

贺永　张雪伟

同济大学建筑与城市规划学院,高密度人居环境生态与节能教育部重点实验室;heyong@tongji.edu.cn
He Yong　Zhang Xuewei
College of Architecture and Urban Planning,Tongji University
Key Laboratory of Ecology & Energy-saving Study of Dense Habitat (Tongji University),Ministry of Education

"从做中学"建筑设计基础[*]
——基于"Learning by Doing"理念的建筑设计基础教学组织
Learning by Doing & Architectural Design Fundamental
——The Pedagogical Organization of Architetural Design Fundamental based on the idea of "Learning by Doing"

摘　要:杜威"Learning by Doing"的教学理念为建筑设计类课程教学提供了重要的理论支撑。本文以同济大学建筑设计基础课程的教学单元为例,通过对三位同学在课程设计过程中主要环节的客观呈现,描述在教学过程中尝试将"Learning by Doing"的理念与建筑设计基础课程教学内容相结合的思考和探索。

关键词:做中学,工作模型,建筑设计基础

Abstract:"Learning by Doing" proposed by the significant educational thinker John Dewey,can be taken as the pedagogical theory foundation of the architectural design courses. The paper addressed the thinking and attempt of combining the idea of "Learning by Doing" and the Architectural Design Fundamental course through presenting three students' studying process and their final proposals taking the project 2-3 of the course Architectural Design Fundamental in Tongji University as the case.

Keywords:Learning by Doing,Working Model,Architectural Design Fundamental

建筑设计基础是衔接设计基础与建筑设计的重要桥梁,是迈向处理更为复杂建筑设计问题的起点。而"从国内应试教育背景下进入大学的建筑学一年级学生,大多数习惯于被动学习,还停留在'按照老师的规定和安排'去学习的阶段"。[1]即"从听中学",而不是"从做中学(learning by doing)"。建筑设计类课程的调研汇报、成果绘制、模型制作等环节对进入建筑学第一年学习的学生而言都是新的挑战。[2]

美国著名的教育学者约翰·杜威(John Dewey)提出的"从做中学"(Learning by doing)的教育理念,强调学生在学习过程中通过动手加强对事物的理解和加深对物体的认识,[3]为我们让学生尽快适应建筑学的学习特点和学习方式提供了重要的理论支撑。

杜威(John Dewey)指出教学的首要任务是培养灵敏、缜密而透彻的思维习惯,把知识当作思维训练的一个部分,而不是当作根本目的[4]。在《民主主义与教育》一书中,他认为教学法的要素和他著名的"思维五步法"的要素是相同的,具体而言:①学生要有一个真实的、经验的情境;②在这个情境内部产生一个真实的问题,作为思维的刺激物;③他要占有知识、资料,通过必要的观察,来应对这个问题;④想出解决问题的方法;⑤通过应用来检验他的想法。[5]

＊2015～2016年同济大学教学改革研究与建设项目。

受杜威（John Dewey）"从做中学"（Learning by doing）教育理念的启发，我们在同济大学2015～2016学年第二学期面向建筑学5班的《建筑设计基础》课程中尝试以"Learning by doing"的理念来指导建筑设计基础的的教学，强调多动手、多思考，将工作模型作为推进设计的重要过程，培养学生通过动手、思考、总结来学习体悟建筑设计的过程。通过学生的亲手"Doing"，实现教学内容的"Learning"。

1 课程概况

2015～2016学年第2学期的《建筑设计基础》课程主要由4个单元构成。第1单元案例分析，要求学生从文本和文献出发，研究合院住宅（courtyard houses）的空间类型及建构方式。第2单元是学生先对指定的上海里弄进行调研，❶ 在了解、描述和呈现里弄居住人群居住实态的基础上，针对居住空间中存在的实际问题，提出适度、局部、具操作性的更新改造策略。第3单元要在第2单元工作的基础上，为里弄的一户居民设计一个体积不大于15m³的附属空间（简称外挂空间）。第4单元以描写上海城市居民生活的文学作品为蓝本，在里弄中为主人公设计一处居住空间，以空间的关系映射人物的关系（表1）。

建筑设计基础课题设置　　　　　　　　　　表1

序号	编号	课题题目	时长/周	成果形式与要求
第1单元	2-1	合院住宅(Courtyard Houses)的空间类型及建构方式	2	图纸
第2单元	2-2	里弄调研及微更新	4	文本、图纸
第3单元	2-3	生活不止眼前的苟且——基于材料特性的里弄外挂空间设计	4	模型、图纸
第4单元	2-4	生活在别处——基于行为特性的里弄居住空间设计	7	图纸、模型
		合计	17	

4个单元中第1单元相对独立，第2、3、4单元以上海传统里弄为对象，完成从调研、更新、加建、新建几个不同的设计阶段，形成相对完整、全链的系列教学活动。

本文主要介绍在此系列教学活动中的第3单元——《基于材料特性的里弄外挂空间设计》的教学组织和教学思考，是出于以下几方面的考虑：①第3单元是学生在进入建筑学专业学习以来第一次以个人为单位通过工作模型推进设计的教学环节；②通过实体模型推进建筑设计的训练是建筑设计基础教学的重要内容和重要目标；[6]③教学时长（教学计划4周，实际操作中近5周）足够支撑以"learning by doing"为理念的教学探索；④第3单元是衔接2、4单元的重要环节，要为后续第4单元相对深入的设计做好铺垫。

2 教学要求

第3单元的任务书要求在被调查的既有里弄环境中选择一户居民，在深入研究其生活形态的基础上，为用户设计一个容积不超过15立方的私密性空间。主要设计内容和步骤如下：①根据住户的建筑条件，在不改变原有建筑结构的基础上，选择里弄外挂空间的建造位置；②根据住户的生活形态提出里弄外挂空间的意向（空间的功能、长宽高的比例以及空间氛围）；③根据里弄外挂空间的位置以及空间意向确定主要的建筑材料（砖、石、木、混凝土、金属、玻璃及合成材料等）；

④根据所选定的建筑材料选择针对性的案例进行分析，分别就材料的物质特性、建构方式以及所营造的空间氛围进行分项研究，并以此作为里弄外挂空间设计的主要参照；⑤针对所选定的建筑材料进行外挂空间的塑造、氛围的营造以及建构方式的设计，完成图纸表达和模型制作。❷

同济大学的建筑设计基础教学一直鼓励分班任课教师个性化的教学组织。课程题目在设置、设计之初，只表述基本的教学目标，规定基本的成果要求，而不对教学过程做过多规定，最终成果要求也可适当调整。这些都为分班任课教师留出了很大的空间，便于任课教师发挥自己的能动性，根据各自班级的实际情况，进行具体的课程组织、设计和进度调整。[7]在此次的分班教学中，我们对教学任务做了部分调整和节点细化，突出"从做中学"的教学组织，强调教学过程中"doing"的比例。通过设计方案的3轮全班集体汇报，不断强化"做-学-做"设计学习的螺旋式上升路径（表2）。

SketchUp模型的使用存在手与物（模型）脱离、对材料感知的疏离等问题[6]。但考虑SketchUp等绘图软件相对容易掌握，在低年级学生设计课程变得越来

❶ 分配给每个班负责调研的里弄住区各不相同，具体分配工作由该课题的负责人张建龙和李彦伯老师负责。

❷ 引自同济大学2015～2016学年第二学期建筑设计基础课程《生活不止眼前的苟且——基于材料特性的里弄外挂空间设计》教学任务书，p1。

普及。[8]在我们课程组织中并不完全排斥 SketchUp 建模，我们认为 SketchUp 的建模也是"doing"的重要组成部分，可以作为工作模型的重要补充。可以限制 SketchUp 建模所占比例，但不用完全排斥。

教学内容调整   表2

周次	日期	课堂内容	教学形式	教学调整	要求
01	04/11（一）	《里弄插件》布置任务书	合班讲课	/	/
		设计分析	小班交流	1. 任务书解读 2. 问题解答	1. 布置下次课程要求
	04/14（四）	案例分析，确定建筑的位置与建筑的材料	小班交流	1. 选择外观空间的位置 2. 外观空间的功能定位	1. PPT 汇报 2. 草图
02	04/18（一）	根据所选定的材料进行空间设计	小班交流	第一轮全班汇报	1. 工作模型（实体模型） 2. 草图
	04/21（四）	根据所选定的材料进行空间设计	小班交流	材料选择与结构形式	工作模型（实体模型或 SketchUp 模型）
03	04/25（一）	建构空间	小班交流	第二轮全班汇报	1. 工作模型（实体模型） 2. 草图
	04/28（四）	建构空间	小班交流	材料选择与构造做法	工作模型（实体模型或 SketchUp 模型）
04	05/02（一）	放假	/	/	/
	05/05（四）	建筑表达（图纸、模型）	小班交流	第三轮全班汇报	1. 工作模型（实体模型） 2. 草图
05	05/09（一）	《生活在别处》	合班讲课	/	/
		建筑表达（图纸、模型）	小班交流	成果优化（模型、图纸）	1. 成果模型（中间成果） 2. 成果草图
	05/12（四）	交图	合班交流	设计成果提交	1. 成果模型（实体模型） 2. 成果图纸 3. 设计记录（Word）

3　教学案例

该课题总共安排 4 周时间，其中讲课 1 学时，作业 23 学时。每位同学需要完成从概念生成、尺度认知、材料选择、氛围营造、成果表达这样几个要求。在实际教学中，我们根据学生的个人方案特点，有所侧重。比如对于外挂空间的功能选择，我们主要关注在给定的空间（15m³）内是否能实现这一功能，而对功能定位不作评判。关注学生在尺度的把握、材料的选择和空间的氛围营造等问题。

在教学过程中，如何深化设计？什么是空间氛围的营造？是同学们问的比较多的问题。在这一阶段就提出这样的问题，说明同学们对这些设计的基本问题已有了初步的认识和思考。对这种没有标准答案的问题，指导教师除了在给出一些原则性的解释并通过典型案例让同学们分析研究之外，更重要的是要让同学们多读、多做、多思，自己去摸索和理解这些问题。

因此，我们在教学计划"规定动作"基础上，要求每位同学留存整个学习过程中的所有设计文件（包括 SketchUp 模型、工作模型、草图和汇报 ppt 等），建议文字全程记录设计过程，自行总结每次的设计讲评。大部分同学都能够按照要求执行，设计有了明显的进步。也有部分同学敷衍了事，成果不甚理想。这里挑选的 3 位同学的作业，过程文件保存相对完整，设计过程总结认真，设计投入相对较多。整个设计过程个人方法各异，关注问题的侧重也大不相同，有纠结和困惑，但更有收获和成长。

3.1　作业 1：繁杂世界的逃避空间——浴室

第 1 位同学（张雅宁）的拟题《繁杂世界的逃避空间——浴室》，选定浴室作为里弄外挂空间的主要功能，为屋主（一个租客）构建一个逃避外部繁杂世界的空间。在 4 周的时间里，经过 4 轮的调整，一共出了三个不同的方案。设计过程基本上是 SketchUp 模型为主推进设计，互为辅助。方案从第 2 轮开始，方向基本确定，后续的设计工作主要是不断强化外在形式与内部空间的逻辑关系（表 3）。

作业 1：繁杂世界的逃避空间——浴室　　　　　　　　　　　　　　　表 3

	SketchUp 模型	工作模型	设计记录
1		无	为了营造出渐渐深入的感觉，外挂空间采用了"回"字形
2			空间十分局促，为了防止空间的划分让人感觉生硬，这个方案起初加入了很多曲面、曲线的元素，起到引导人进入的作用，而曲线纯粹是为了呼应，反而显得多余，就在后面修改中删除了
3		无	起初还加了许多条状窗口，引入条状自然光线起引导作用，但略显杂乱
4			在老师的建议下，将所有的条状窗连接起来，统一成一个系统，手法上显得更加纯粹

该同学的特点是不轻易推翻既有方案，坚持在现有方案的基础上不断修改完善。设计过程没有太多纠结，在坚持自己想法的同时善于吸取指导老师和其他同学的建议，每次课后都会花时间推敲方案，不断改进，一步步推进设计。动手能力强，耐心细致，模型制作精良。对设计的生成逻辑有一定认识。设计过程中，以 SketchUp 模型推进设计为主，工作模型所占比例较弱，关注成果模型的表现胜于利用工作模型推敲设计。

3.2　作业 2：一人即世界——私人影院

第 2 位同学（高佳宁）的题目是《一人即世界——私人影院》。她将外挂空间的功能定位为家庭影院，试图为住户提供一处家庭观影的空间。在 4 周的时间里，该方案经过了 4 轮的调整。方案从第 2 轮开始，基本确定了主要的设计方向。开始是 SketchUp 模型和实体工作模型交错推进，互为辅助，后期则是 SketchUp 模型和实体工作模型同时推进，互相印证（表 4）。

作业 2：一人即世界——私人影院　　　　　　　　　　　　　　　表 4

	SketchUp 模型	工作模型	设计记录
1		无	定下外挂电影院的功能后，我最初简单的想法是做一个立方体，通过地面前后的高差体现出影院的氛围，正如方案 1 中所呈现的那样

170

	SketchUp 模型	工作模型	设计记录
2	无		然而 15m² 的尺度的空间分割过度很局促,而且形式限制于案例中多人影院。考虑到一个人在其中的空间感受后,我决定改变屋顶而非地面的坡度,这样在尺度上减少了局促感。改过的空间又略显空旷单一,于是我在层高较高的一面加了一个二层平台,形成了方案 2
3			然而这样的空间并不能给人带来很好的观影视角,于是我决定将观影人的位置设在层高较矮的一面,并将入口处的门廊扩建成一个外层廊道,通过双层表皮的形式增加光线变化与空间层次,同时也解决了影院内部空间对暗光线的需求,形成方案 3
4			此时的设计功能虽相对完善,但不能一目了然地感受到内部空间的变化,于是我将内层空间的方向调转,与外壳形成交叉的关系。同时在入口处门廊上方加玻璃顶,完成空间由明到暗的变化,实现视觉上的适应过程,形成最终的方案

该同学的特点是动手能力强,在第 2 轮的方案确定后,一直坚持用工作模型推进方案设计。特别是在最后 2 轮的设计中,用大尺度模型推进设计,工作量非常大。善于思考,对设计问题的思考有深度,在这个作业过程中的进步尤其明显。对于设计问题的思考不断深入,基本形成了自己设计方法和设计逻辑,为第 4 单元的设计做了很好的准备,最后一个作业表现优异。

3.3 作业 3:市井中的心灵通道——作画场所

第 3 位同学(潘怡婷)的题目是《市井中的心灵通道——作画场所》,将里弄外挂空间的功能定位为画室,主要用于作画和画作的展览收藏。在 4 周的时间里,该方案经过了 5 轮的调整。第 2 轮时,方案一度"转向",试图另起炉灶。在老师的引导下,在第 3 轮又回到第一轮的方向。方案从第 3 轮开始,方向基本确定,不断进行方案的优化。设计过程基本上是 SketchUp 模型和实体工作模型同时推进,互为辅助(表 5)。

作业 3:市井中的心灵通道——作画场所 表 5

	SketchUp 模型	工作模型	设计记录
1		无	一稿中,我的形式构成由于缺乏网格的限定而显得杂乱无章,而且采取的形式也显得毫无道理,对功能、采光上的需求也没有充分满足

	SketchUp 模型	工作模型	设计记录
2			二稿时，我完全抛弃了原来的形式，转向完全关注画室所需要的采光和空间形态。不使用变化剧烈的南面阳光，只在背面大面积采光，以及东面的高窗、顶部的老虎窗形式的天窗。但片面关注功能实用，整体全无亮点，形态也有许多冗余之处，如屋檐的伸出、屋顶的斜度、高低差、阳台
3			三稿我重新拾起一稿的形式，力图将前两个方案的优点集合起来，这次我主要关注构成网格的明晰，但也因此被形式束缚，开窗过多，丧失了原本设想的光照和氛围，长条形的形态也缺乏提炼
4		无	四稿中，我将整体形态整合成规整的正方体，也将设想的方圆元素以更为丰富的方式表现和融入功能的满足中，我最为满意的是北面圆筒形的休憩区
5			终稿是在四稿的基础上对开窗进行了几处调整，在老师启发引下引入了"通道"这一概念，我将通道分为人的通道和光的通道，强调和延长了人与光通过建筑的开口时的那一个瞬间

相较前面 2 位同学的设计，该同学的设计过程略显曲折，方案几易其稿。但每次课后都会花心思推敲方案，不断改进。大量时间用于设计过程中 SketchUp 模型和工作模型，两者同时推进，相互配合。设计收获明显。最终模型的表达为了突出对于建筑材料的考虑，将石膏涂抹在的硬纸板表面塑造混凝土的肌理和质感，肯花心思，非常值得肯定。

3.4 设计成果

该单元的最终成果要求以个人为单位完成。每个人需要完成一张 A1 图纸（594×841）和一个比例为 1:10 的剖面模型。图纸的版式和内容要求由出题教师统一给出模板，❶ 模型要求能够反应出结构和构造层次。❷

由于设计时长的限制和模型比例的关系，最终的成果模型实际上未能实现任务书要求的模型"反映出设计的结构和构造层次"。每位同学的成果模型所呈现的信息各有侧重。第一位同学（张雅宁），侧重于内部光线的塑造与应用。因为模型比例的关系，人眼无法实际看到空间内部的光影状态，该同学还专门找来鱼眼镜头拍摄了内部光影的特点，能真实反映空间内部的实际光影效果。第 2 位同学（高佳宁）着重于对进入观影空间的通道光影关系的塑造，特意拍摄了模型的夜间效果。第 3 位同学（潘怡婷）侧重于的建筑材料的表达，虽未实现真正的混凝土制作，但通过石膏涂抹在的高密度 KT 板表面巧妙的塑造混凝土的材料肌理和质感。

---

❶ 第 3、4 单元的教学任务书由基础教学团队的张建龙教授负责、戚广平老师具体拟定。

❷ 引自同济大学 2015～2016 学年第二学期建筑设计基础课程《生活不止眼前的苟且——基于材料特性的里弄外挂空间设计》教学任务书。

4　讨论

杜威的"Learning by Doing"实质就是对学生的实际操作能力的培养。有学者指出："如果过分地强调它，就可能会影响学生抽象思维能力的提高"[9]。但对于实践性和工程性较强的课程，还是比较符合"Learning by Doing"教学模式的初衷的。[10]

建筑设计类课程教授的主要是关于"如何做"的程序性知识。[11]这是建筑学专业学生在进入设计类的专业课程学习过程中所要面对的挑战。从此次的教学探索来看，部分训练达到了效果，但也有部分未达到实际训练的目的。比如设计的过程中，学生更多的关注空间问题，却忽略材料的特性，忽略建筑结构的问题。

"Learning by Doing"的教学模式，还会促使学校课堂教材上发生变化。[12]对于建筑设计类课程而言，就是教学组织方式的调整和改变。本文所述的教学过程和教学思考只是指导教师尝试以"Learning by Doing"的教学理念组织设计类专业课程的尝试和开始，通过对这一过程的全记录，力图真实地反映同学们在这一过程中的进步和变化，这将是一个不断摸索、不断进步的过程。

参考文献

[1]　蒙小英、罗奇、杨涵，建筑设计基础课的链式教学方法与策略[J]，北京交通大学学报（社会科学版），2011（01）：111-115。

[2]　[德]亚历山大·谢林.建筑模型[M].王又佳、金秋野译，北京：中国建筑工业出版社，2010。

[3]　单中惠."从做中学"新论[J].华东师范大学学报（教育科学版），2002（09）：77-83。

[4]　刘新科，杜威"思维五步法"新探[J].陕西师大学报（哲学社会科学版），第20卷，第1期，1991（02）：120-124。

[5]　约翰·杜威.民主主义与教育[M].王承绪译，北京：人民教育出版社，2001。

[6]　胡滨.实体模型推进设计的教学方法探讨[C].2010全国建筑教育学术研讨会论文集，2010（08）：351-354。

[7]　贺永、司马蕾.建筑设计基础的自主学习——同济大学2014级建筑学2班建筑设计基础课程组织[C].2015全国建筑教育学术研讨会论文集，2015（11）：196-200。

[8]　覃琳、扬宇振.善事与利器之间：谈建筑设计媒介SketchUp在教学中的应用与问题[C].2010全国建筑教育学术研讨会论文集，2010（08）：329-334。

[9]　刘依、张晨曦、李江峰. Learning by doing的教学模式与实践[J].计算机工程与科学，2011（S1）：38-40。

[10]　何宗键、覃文忠."LearningbyDoing"教学模式的探索[J].计算机教育，2005（12）：26-27。

[11]　屠锦红、李如密."做中学"教学法之百年演进述评[J].课程·教材·教法，第34卷，第4期，2014（04）：95-102。

[12]　单中惠."从做中学"新论[J].华东师范大学学报（教育科学版），2002（09）：82。

吴冠宇　　陈静

西安建筑科技大学建筑学院；wgykeven@163.com

Wu Guanyu　　Chen Jing

School of Architecture，Xi'an University of Architecture and Technology

结合国外建筑基础"模块化"教学经验的低年级课程体系"模块化"探索与思考

Research and Practice on Lower Grades Modular

Teaching System Based on the Foreign Architecture Modular Teaching System

摘　要：近年来建筑教育体系当中出现的"模块化"教学便是一种行之有效的教学尝试，在国外的教学体系中，尤其是低年级的建筑教学中，"模块化"的概念贯穿于其建筑教学的各个环节。在学习和研究国外教学体系架构的同时，发现和总结国内建筑教学环节中课程设计和技术理论课的实际情况，提出问题，综合考虑，有针对性的建立适应我们自己的低年级"模块化"课程体系。

关键词：模块化，建筑设计，技术理论课，建筑教学

Abstract：In recent years, the "modular" Architecture teaching education systemis a kind of effective teaching method. In architecture teaching systems，especially in the lower grades in Architecture of foreign universities，the concept of "modular" has been widely used. Learning and studing theteaching experiences of foreign universities are necessary to find out and summarize the problems in the architecture design and architecture technology teaching. By the comprehensive consideration，establishing our own "modular" curriculum system is going to be essential.

Keywords：Modular，Architecture Design，Architectural Technology，Architectural Education

1　引言

梁思成先生曾将建筑学科概括为社会科学、艺术学、技术科学的综合学科。因此，建筑不仅具有其社会属性，在其社会背景及社会需求的框架下，亦具备艺术与技术属性。建筑实践及理论的发展当中，技术与艺术也一直保持着密切的关系。肯尼斯·弗兰姆普敦所提出的建构理论最早对技艺并重的创作理念做出了阐述，它也使建筑师重新探究和理解建筑的本源。弗兰姆普敦在国际建协的主题发言中也提出"我们必须承认建筑实践主要是一种技艺。技艺是建筑的开始，从很多方面来看

也是终点"。标志着建构理论被全球建筑界所关注，国内外高校也都积极地进行着尝试。因此，任何设计都不可能独立存在，设计课程的设置，也不应该与技术理论课程的设置相互脱离，彼此之间也应该是相互依托的共生体系。

近年来建筑教育体系当中出现的"模块化"教学便是其中的一种探索和尝试。模块化来源于英文的"module"一词。在国外高校的教学体系中，通常一个"module"包含了3~5个独立课程，但是这些独立课程之间又相互联系、相互支撑，共同完成同一个教学目标。由于建筑设计的复杂性和综合性，设计与具体技术

内容相结合成为一个不可回避的问题。因此，在国外的教学体系中主干设计课程与建筑相关技术理论基础课互相配合，共同促使学生理解并掌握某一方面的内容，建构起相对完整的知识体系。

在我国以往的教学体系中，尤其是在低年级教学中，建筑设计与其他理论课程完全分离，对于低年级的学生，还不具备将理论课所学知识融入到方案设计的能力。出现了学生以应对考试为目的理论课学习，并不能有效地解决学生在设计中遇到的问题，且而也因为教学内容的相互脱离，使学生在学习中难以把控课程的目的性和应用性，同时也加大了他们的课业负担。

在此背景下，本次提出的教学探索正是希望结合国外模块化的课程体系设置将相关的理论课程与建筑设计课程进行更进一步的统筹与结合，让学生能够更好地将基础理论课程中学到的原理知识运用到建筑设计中，不仅使其所学内容得以应用，更增强了设计课程学习的严谨性和丰富性。

2　国外"模块化"课程体系介绍

国外高校在"模块化"教学当中有着较为广泛的实践经验。

苏黎世联邦理工学院 ETH，在《技术与建构艺术中的风格》等著作的基础上，奠定了技术与艺术在该校研究与实践的教学基础。形成了一套独具特色的既相对独立、自成体系的教学系统，即建筑构造与建筑设计课程的紧密结合。

Number	Title	Type	ECTS	Hours	Lecturers
▸ ▸ Subjects with Semester Grade					
051-0211-02L	Architecture and Art I (2-Semester Course, Exercise) ❶	O	0 credits	6U	K. Sander
051-0129-00L	Architectural Design I (2-Semester Course, Exercise) ❶	O	0 credits	6U	C. Kerez
051-0131-00L	Architectural Technology I (2-Semester Course, Exercise) ❶	O	0 credits	6U	A. Spiro

图 1　苏黎世联邦理工学院（ETH）一年级 2016 春季主干课程安排

051-0212-02L	Architecture and Art II (2-Semester Course, Excercise) ❶	O	8 credits	6U	K. Sander
051-0130-00L	Architectural Design II (2-Semester-Course, Exercise) ❶	O	8 credits	6U	C. Kerez
051-0132-00L	Architectural Technology II (2-Semester Course, Exercise) ❶	O	8 credits	6U	A. Spiro

图 2　苏黎世联邦理工学院（ETH）一年级 2016 秋季主干课程安排

Architecture Bachelor ❶					
▸ First Year Basic Courses					
▸ ▸ First Year Examinations					
▸ ▸ ▸ Examination Block 1					
Number	Title	Type	ECTS	Hours	Lecturers
051-0111-00L	Architecture I (Co-Teaching with H. Frei) ❶	O	1 credit	2V	
051-0111-00 V	Architektur I (Co-Teaching mit H. Frei) Keine Lehrveranstaltung am 25.10. (Seminarwoche) sowie am 13. und 20.12.2016 (Schlussabgaben). Durchführungsdaten der Lehrveranstaltungen s. Raumreservationen.			2 hrs	Tue 08-10	HIL E 4 »	C. Kerez, H. Frei
051-0151-00L	Architectural Technology I ❶	O	1 credit	2V	
051-0151-00 V	Konstruktion I ■ Keine Lehrveranstaltung am 26.10. (Seminarwoche) sowie am 14. und 21.12.2016 (Schlussabgaben).			2 hrs	Wed 08-10	HIL E 4 »	A. Spiro, D. Fiederling
051-0211-01L	Architecture and Art I ❶	O	1 credit	2V	
051-0211-01 V	Architektur und Kunst I Keine Lehrveranstaltung am 24.10. (Seminarwoche) sowie am 12. und 19.12.2016 (vor Schlussabgaben).			2 hrs	Mon 08-10	ONA E 7 »	K. Sander

图 3　苏黎世联邦理工学院（ETH）二年级 2016 秋季主干课程上课时间

在低年级整学年的秋季及春季课程安排中（图 1、图 2），我们可以看到课程设计的主线是围绕几个主干课程展开，主干课程都是以一整年为周期安排，并且在

课程安排中建筑设计与建筑技术的进度应始终保持同步（图 3）。在设计进行的同时，学生有机会了解到建筑材料及建筑结构的相关知识，并能够同步地将建筑技术课

程中所学到的内容应用到设计课程当中，让学生建构起完整的基础知识体系。课程设置的同步性，使学生对于课程内容的理解也更为深入，成果的转化相比于国内大学而言有较高的深度。

英国诺丁汉大学（University of Nottingham）
建筑系一年级课程模块内容　　表 1

Typical year one modules	传统一年级课程模块
Architecture Design Studio 1A	建筑设计 Studio 1A
Architecture Design Studio 1B	建筑设计 Studio 1B
Environmental Science for Architects 1	建筑环境科学
Tectonics 1	建筑建构
Architectural Humanities 1: History of Architecture	建筑历史文脉
People, Building, Landscape	人、建筑、景观
Performance of Construction Materials	建筑材料性能

英国诺丁汉大学在建筑设计教学结构的设置中，设置并应用了模块化教学的基本模式。以其一年级本科建筑设计课程模块为例，在核心课程设置的基础上，增加了辅助课程及学生自选课程内容。在教学环节上，使技术理论课程的某些教学环节结合到了学生的 STUDIO 课程中，让学生在进行建筑设计的同时，能够了解到建筑的环境、建构、文脉、景观等等相关内容。教学过程中，两个理论课在讲授基本的理论知识的同时，也针对学生在设计过程中遇到的相关问题进行针对性的作业设置和讨论，在建筑设计环节，学生可以运用在建构及材料课程中所学到的基本内容，增加设计深度的同时，也能够帮助学生更好地理解相关课程。成果展示时，理论课单独一套相关的作业，展示学生如何利用在理论课上所学知识解决设计中遇到的问题。这一部分内容同样可以体现到设计课的最终图纸中。

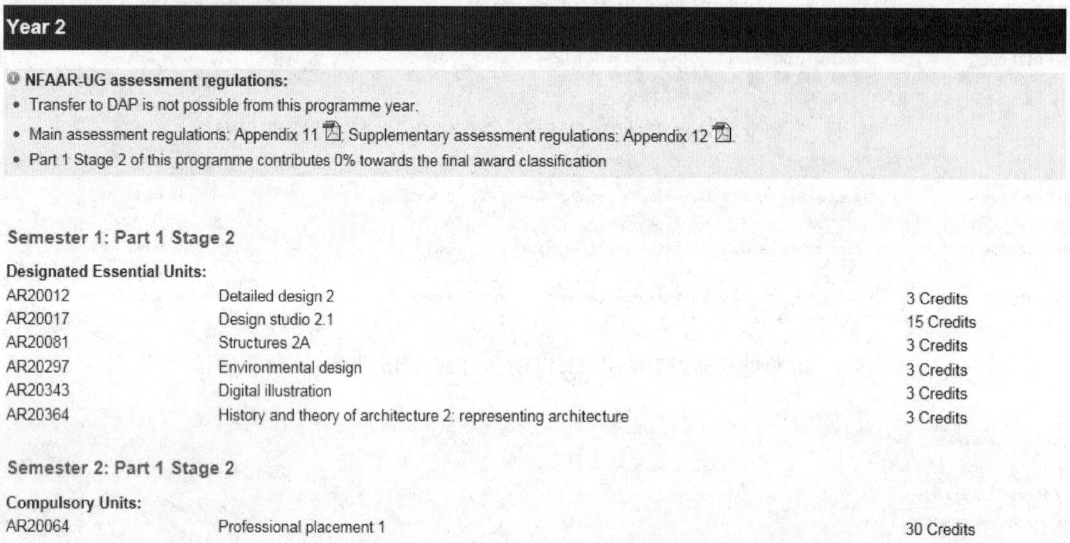
Year 2

NFAAR-UG assessment regulations:
- Transfer to DAP is not possible from this programme year.
- Main assessment regulations: Appendix 11; Supplementary assessment regulations: Appendix 12.
- Part 1 Stage 2 of this programme contributes 0% towards the final award classification

Semester 1: Part 1 Stage 2

Designated Essential Units:

AR20012	Detailed design 2	3 Credits
AR20017	Design studio 2.1	15 Credits
AR20081	Structures 2A	3 Credits
AR20297	Environmental design	3 Credits
AR20343	Digital illustration	3 Credits
AR20364	History and theory of architecture 2: representing architecture	3 Credits

Semester 2: Part 1 Stage 2

Compulsory Units:

AR20064	Professional placement 1	30 Credits

图 4　英国巴斯大学（University of Bath）二年级课程安排

英国巴斯大学在其本科低年级教学体系当中，模块化教学也应用到了其教学环节当中。学生在课程设计学习期间，其他相关技术理论课程的开展丰富并强化了学生主干设计课程，技术理论的学习要能够在侧面帮助到学生在主干设计课程当中的学习，选课设置上也对其所选设计题目和其相应技术理论课的配对选择上做出了要求，技术理论在设计当中的应用也成为其作业考核的一部分内容。以大二年级课程设置为例（图 4）：学生在 DESIGN STUDIO 选择的基础上，必须要求选择其相应的技术理论课的学习，比如建筑结构、环境设计、数字化表现等课程。在其课程教学目标中，也清晰地提到设计课程要求与建筑结构等相关课程内容发生关系，并在 Studio 设计中有所体现。

综上所述，模块化教学已成为国际主流的建筑设计基础教育的培养模式，在此大趋势下，基础教育模块化教学的探索与尝试也迫在眉睫。

3　国内低年级"模块化"课程体系探索和思考

3.1　现状问题

在本科以往的教学体系中，尤其是在低年级教学中，建筑设计与其他理论课程完全分离，对于低年级的学生，还不具备将理论课所学知识融入到方案设计的能力，且技术理论课程讲授内容及深度超出其应用范围，相对较为机械化的内容传递，对于学生的设计课程帮助有限，学生相对较难掌握和理解。出现了学生以应对考试为目的理论课学习，并不能有效地解决学生在设计中遇到的问题，技术理论课程的学习也没有达到预期目标。也因为教学内容的

相互脱离，使学生在学习中难以把控课程的目的性和应用性，同时也加大了他们的课业负担。表2展示了该校大二年级课程时间安排，我们可以看到，三门课程时间相互独立，课程考核内容也是各自为政，课程间并没有衔接和融合。

西安建筑科技大学大二年级上学期部分课程安排　　　　　　　　　　　　　表2

	课程	考试		
建筑物理	5～14 周	15 周		
材料构造	5～15 周	16 周		
	课程（书屋设计）	设计周	课程（幼儿园设计）	设计周
建筑设计	5～8 周	9 周	10～17 周	18 周

另外在课程作业安排中，我们也能感受到技术理论课程与设计课程有较大的脱节，使得整个教学环节没有延续性，学生对于所学到的知识缺少系统性的整理和应用，例如图5中所能看到的是建筑物理的学生学习资料，作业中的内容对于大二学生来讲是必要的，作业的呈现方式过于应试化，学生在完成作业练习和试卷之后很难对知识内容有所理解，更多的是机械化地记住相关内容。

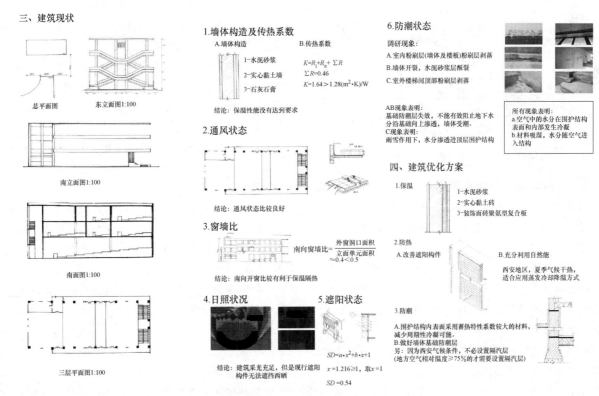

图5　建筑物理学生学习资料

3.2　改进方式

本次改革所要解决的关键问题有三个：设计课与模块课程内容的结构调整；各课程间时间节点的梳理和调整；作业成果及考核内容的设置。

（1）课程内容结构

主要研究和确定课程模块的组成结构，明确课程设置当中应以设计课程为龙头，同时结合技术理论课程的教学结构，在教学环节明确其时间分配权重及具体任务

量的设置。

（2）课程时间节点设置

研究课程在设置和融合过程当中的时间节点的安排与选择，统筹结合教学过程当中的设计课程与技术理论课程的具体时间节点。

（3）作业成果要求

技术理论课程的作业及试验环节可以通过设计课程作为媒介，依托书屋设计及幼儿园设计当中遇到的实际设计问题和内容制定技术理论课程的作业及实验要求，设计课程模型与技术理论课程模型的共享原则。例如学生做一个方案模型，则该模型在建筑物理和建筑设计环节都同样适用，建筑物理课程可以用此模型进行光环境模拟（图6），建筑设计环节则可参考物理课程中的内容对方案再做调整。

研究作业评价体系建立在设计课程和技术理论课共同的基础上的可能性，同时制定作业及考核成果在课程之间的共享原则。

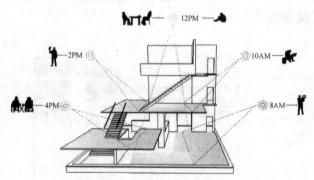

图6　建筑物理课程与设计课程中光环境模拟示意

3.3　基本内容与重点难点

基本内容：本次教学的探索以模块化教学体系为基本框架，将以大二年级建筑设计专题Ⅰ及建筑设计Ⅰ为依托展开。该阶段是学生进入建筑设计的第一个设计阶段，也是第一次面对日照、结构、构造等问题带给建筑设计的影响。因此在探索与尝试中，如何让学生利用理论课的知识影响建筑设计，并且解决设计中遇到的相关问题。本次改革具体内容主要涵盖三个方面：设计课与模块课程内容的结构调整；各课程间时间节点的梳理和调整；作业成果及考核内容的设置。

重点：

本次改革的重点放在：如何合理的配置设计课程及技术理论课程的权重；研究如何设计教学环节和控制节点安排，明确其时间安排应同时考虑到设计课程和技术理论课程的开展，详细设计其教学流程当中可以作为课程交叉融合的时间节点；研究制定教学内容当中，哪些

部分可以当做共同设计的内容开展，做到以设计课为主线的脉络下在同一时间段内，设计课程与技术理论课程研究相同或者类似的问题，课程内容如何相互帮助提高各自教学效果并制定完善的作业布置内容体系。

难点：

课程安排将是本次教学改革的难点，在以往的教学中，理论课与设计课各自为政，已经形成了多年沿用的教学安排，包括时间安排和课程顺序。因此，要将它们进行融合，需要对原有的课程安排重新进行详细的梳理和重构。

同时如何让学生要能够从所学的技术理论知识中抽取出能够为设计提供帮助的信息，如何通过教学环节的设置使学生能够明白和掌握所学技术理论内容的应用意义。

如何引领和指导学生能够在课程中将所学的建筑技术内容与艺术创作内容相结合。

3.4　拟解决的关键问题

本次改革所要解决的关键问题有三个：设计课与模块课程内容的结构调整；各课程间时间节点的梳理和调整；作业成果及考核内容的设置。

课程内容结构：主要研究和确定课程模块的组成结构，明确课程设置当中应以设计课程为龙头，同时结合技术理论课程的教学结构，在教学环节明确其时间分配权重及具体任务量的设置。

课程时间节点设置：研究课程在设置和融合过程当中的时间节点的安排与选择，统筹结合教学过程当中的设计课程与技术理论课程的具体时间节点。

作业成果要求：技术理论课程的作业及试验环节可以通过设计课程作为媒介，依托幼儿园设计当中遇到的实际设计问题和内容制定技术理论课程的作业及实验要求，设计课程模型与技术理论课程模型的共享原则。

研究作业评价体系建立在设计课程和技术理论课共同的基础上的可能性，同时制定作业及考核成果在课程之间的共享原则。

3.5　预期目标

系统整合建筑教学课程模块的讲授与训练方法，整合课程设置权重及时间节点和教学及考核方式，实现课程体系的融合交叉，详细的系统性的提出教学改革措施。

培养学生系统性的建立建筑及其相关的结构、材料、生态技术的知识体系，理解和开始尝试综合性的运

用各学科相关知识指导和帮助设计。

培养学生基础的研究能力，学会通过研究建筑技术理论的相关知识，并加以理解和转化变为自己知识体系中的一部分，进而产生对设计的新的理解，拓展其设计思路，学有所用。

3.6 总结

国外建筑基础"模块化"教学的经验对国内的教学体系改革具有一定指导意义，同时也要结合国内教学中的实际情况，综合考虑我们自己的低年级"模块化"课程体系的建立。在我们的教学过程中，从本教研室从事多年相关教学的教师及大二年级多位技术理论课代课老师处得知，主干设计课程和技术理论课程其实可以有很多相互融合相互促进的地方，进行改革的可实施性相对较高，改革成果也对各个相关课程具有实际意义，同时也对我校的建筑学专业的课程建设具有一定的积极意义。

参考文献

[1] 黄靖，徐燊，刘晖. 建筑设计与建筑技术的整合——英美建筑教育的举例剖析及其启示. 新建筑，2014，01（期）：144-147。

唐莲　丁沃沃

南京大学建筑与城市规划学院；tanglian@nju.edu.cn

Tang Lian　Ding Wowo

School of Architecture and Urban Planning，Nanjing Uinversity

空间包裹——折纸的艺术
Paper Folding Exercises in Teaching Fundamentals of Architectural Design

摘　要：介绍笔者在建筑设计基础课程中，通过折纸操作进行形式训练的教学过程。基于思维训练和创意训练的目标，强调从折纸单元到折纸作品形式操作的逻辑过程，将折纸练习作为载体，帮助学生体会建筑学场地、材料、构造等基本问题。

关键词：建筑设计，建筑教学，折纸，形式训练

Abstract：The teaching process of paper folding exercises in the fundamentals of architectural design course is recommended. Based on recognition and creativity training, the logical operation process of form operation is stressed. Finally, students build basic architecture concepts of site, material, technology, architectural language, etc.

Keywords：Architectural design, Architectural teaching, Paper folding, Form operation

南京大学建筑学本科自 2007 年设立开始，本科一年级一直以通识教育为主[1][2]。通识教育夯实学生的知识基础，包括文科、理科与美学三方面的课程。美学课程与南京艺术学院合作开展，第一学期进行视觉训练，第二学期进行空间训练。建筑空间以人为本，空间训练强调以"身体"为核心进行课程的设置，共包括三个部分的练习。练习一"动作—空间分析"通过分析被空间限定的身体动作，训练学生认知身体、尺度与环境的关系[3][4]；练习三"互承的艺术"通过真实搭建身体能够进入或通过的空间结构，建立学生对建筑结构的初步认识[4]。练习二在前两年"折纸空间"[3][4]的基础上，将纯粹对纸的操作转化为与身体关系更为紧密的"空间包裹"，训练学生形成建筑学形式操作的基本思维与方法，更系统地衔接练习一与练习三。"空间包裹"取得了较好的教学效果，本文详细介绍这部分的课程设置与教学成果。

1　课程设置

"空间包裹——折纸的艺术"的教学历时五周，要求用折纸对身体的一个部位进行包裹，完成一件衣服的设计与制作。课程可以理解为基于身体（场地）的形式操作，教学的主要内容是形式设计的逻辑与方法，其中折纸作为实现形式的技术与媒介。为此，在整个教学过程中设置了三个阶段的练习，并开展相应的讲座来指导与配合练习（图1）。这三个阶段分别为，折纸单元基础练习（一周）、折纸单元变形与组合研究（一周）、以及折纸包裹空间的设计（三周）。

1.1　折纸单元基础练习

阶段一折纸单元基础练习训练学生对材料、形式单

元的认知。学生需学习折纸的基本知识，运用单元拼插或者整纸折叠的方式，制作一个直径不小于15cm的空心球（图2）。这个练习有助于学生快速掌握折纸技术，了解形式单元与基本形——球之间的构成关系。

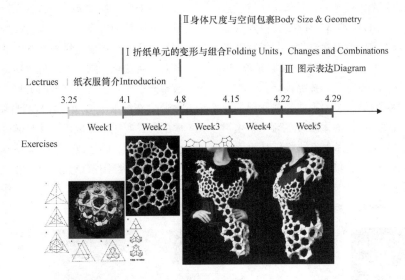

图1　课程设置

材料认知是建筑学一项重要的训练内容，折纸练习中，通过对白纸的折叠以及白纸形成构件单元与单元之间的拼接，学生切身体会了材料与工艺、构件、结构等的关系。白纸的厚薄、质感等特性直接关系到球的制作是否能够成功。比如有些拼插构件需要摩擦力才能完成牢固的连接，选择表面粗糙的纸张则很有必要；整纸折叠的折痕密度要求选择适宜厚薄的纸张，否则可能难以制作。有些单元构件拼过程中需要借助曲别针等临时固定，完全变成球之后可以将曲别针拆除，构件由于力的相互作用达到稳定状态。另外，从平面的白纸到三维的球的过程，训练了学生对形式单元与最终形式关系的理解。球是最简单的空间包裹体，各个方向的弧度完全一致，只需要有规律地重复折纸单元就能完成球的制作。球制作完成后，要求学生对使用纸张的种类、大小、数量、构成球的构件单元、拼接方式、单元数量等进行统计，将折纸单元尺寸及数量与球的弧度建立链接，最后与其他同学的成果进行比较，分析形式单元的塑形效率。

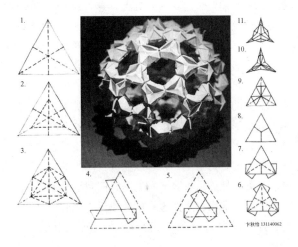
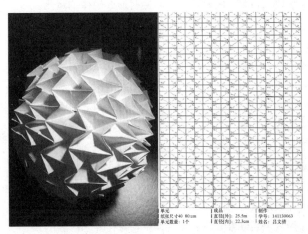

图2　折纸单元练习

1.2　折纸单元的变形与组合研究

　　阶段二折纸单元的组合与变形研究训练学生掌握形式变形规律，培养理性的思维方法。该练习要求学生以折纸球的单元为基础选择一种单元进行深入，单元拼插单元通过大小组合、整纸折叠通过折痕线的变化，来研究折纸塑形机制，最终能够做到娴熟地控形。这个练习在整个教学过程中非常关键，鼓励学生学习、探索与研究，在掌握老师传授的基本原理和知识基础上，学生需要自己选择合理的可发展的折纸单元，对单元进行改进（以做到更稳固的连接或完成更丰富的变化），探索选定单元的组合与变化的所有可能性及适用性，并能够图解清晰数形关系（图3）。学生对塑形机制掌握越充分，在下一个练习中将能够越娴熟地进行成品设计。

对建筑设计过程的关注，以及对形式生成原因的研究在建筑学训练中越来越受到重视。本阶段练习中学生需探索与分析单元操作与形式变化的关系。折纸从平面到三维形式的规律可以通过简单的几何知识进行归纳[5]。比如折纸拼插将小的折纸单元，通过拼插组合形成构件，通过控制构件尺寸、数量、组合等来完成大面积的

包裹；通过控制折纸单元的设计与制作、不同数量折纸单元的拼插、折纸单元的大小变化都能使最终的包裹形式产生变化。褶皱单元将大的纸张，通过折叠形成褶皱，通过控制折痕来完成大面积的包裹；通过控制横向褶皱的尺寸与密度、纵向褶皱的角度都能使最终的包裹形式产生变化。褶皱单元与拼接单元不同之处在于，褶皱单元一般至少在一个方向上具备一定的弹性，这种弹性通过在纸张上多次重复峰折❶和谷折❷获得，这个方向的形式变化存在规律，并可通过计算来描述。学生在练习过程中，除了通过模型来呈现变形与组合的可能之外，还需手绘图解单元几何尺寸、关系，对变形和组合的原理进行图示解析，了解折纸操作中单元的变形、不同组合、峰折、谷折等对于形式控制的意义。

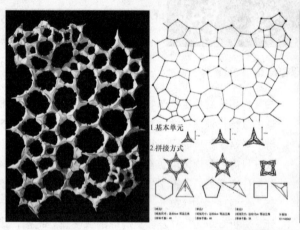  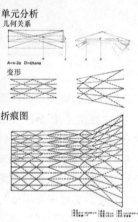

图3　折纸单元的变形与组合练习

1.3　空间包裹设计

阶段三包裹空间设计训练学生对形式规律的运用及设计能力，要求学生运用掌握的折纸塑形原理，包裹身体的一个部位，最终成品需满足身体尺度的三个层次，并能够改变人的形体。这个过程历时三周，前两周以设计与制作衣服为主，学生需要根据选择的部位以及衣服的设计意向设定概念，设计除了技术上遵循之前的研究成果之外，也需符合概念的设定，由概念来引导设计造型的走向；后一周学生需要对成品进行拍摄，对制作原理进行手绘图表述，最终完整呈现到一张图版上（图4）。

建筑形式不仅仅是一种造型，形式与场地关系密切，形式承载功能，需具备合理性，课程要求衣服的设计需顺应身体尺度的需要。身体作为折纸衣服的"场地"，具有三个层次的尺度。首先，基本尺度，人的身体可以理解为多个球面体或多面体的组合，不同部位具有不同的尺寸，且不同部位弧度存在差异。其次，穿戴尺度，人的身体是可活动的，穿戴与活动的最大尺寸、

最小尺寸决定了衣服尺寸的可变区间。第三，扩展尺度，在满足前两个层次的基础上，身体的形体可被衣服重塑与改变，还具备可扩展尺度。对于折纸拼插单元，一般可以通过控制构件单元内侧的平面形来贴合身体基本尺度，通过控制构件单元的数量和组合方式来完成身体的穿戴尺度，通过控制构件单元外侧的起拱与凸起来实现身体的扩展尺度；整纸折叠形成褶皱单元在至少一个方向会形成弹性，可以用以实现身体的穿戴尺度与活动尺度，另一个方向通过折痕控制能够使折纸成品产生一定的形式转折与变化，可以完成身体的基本尺度以及扩展尺度。最终，衣服成品的形式控制是否完成了身体尺度的三个层次、是否遵从折纸单元的塑形机制、以及是否遵从概念的设定，都是评判作品是否优秀的考量因素。

---

❶　峰折（Mountain Fold），也称手后折，基本就是纸的向上或者向下反方向折叠，使折叠部分形成山峰的形状。
❷　谷折（Valley Fold），也称手前折，基本就是纸的向上或者向下正方向折叠，使折叠部分形成山谷的形状。

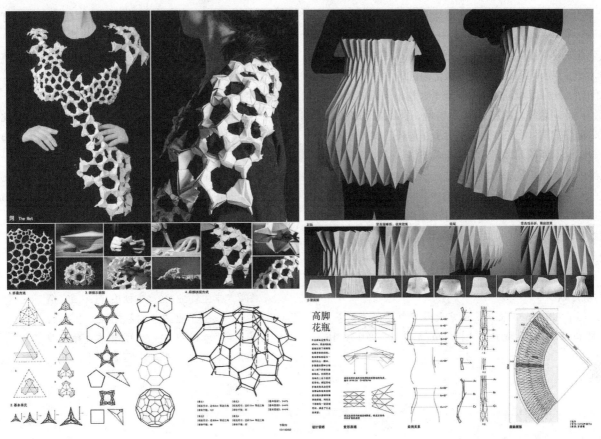

图 4　空间包裹设计成果

2　教学成果与讨论

"空间包裹——折纸的艺术"课程取得了较好的教学效果，学生兴趣浓厚，最终作品及图纸完成度较高。由于理性思考与控制的存在，"可以复制"成为最终作品重要的特点，也因此很好得贴合了课程设置的训练目标。对于一学期的空间基础教学来说；"空间包裹"承接了"动作-空间分析"中学生对身体尺度及空间关系的认知，培养了学生理性的形式操作能力，为接下来的"互承的艺术"的真实搭建打下了扎实的基础。学期末"艺术的理性"设计成果展中，学生穿着设计制作的折纸服装，穿梭于亲自搭建的覆盖结构之中，再次感受到了材料之美、结构之美、空间之美。至此，三个课程完成了空间基础的整体训练（图5）。

图 5　学期设计成果展

"纸"与"身体"作为艺术学院的经典训练项目，强调对服装的训练；在本教案中，当"纸"与"身体"变为建筑学训练的载体时，则强调形式构成与形式逻辑的训练。"空间包裹"练习中隐含有建筑学中的多个基本问题，比如场地问题、材料问题、构造问题、结构问题、设计问题等。将身体看作场地，折纸衣服看作建筑，最终完成的折纸衣服既是独立的作品，更是借以思考建筑学问题的载体。对于建筑学来说，好的建筑不仅最终的形式是美的，形式的生成应该是理性的，构成形式的构件单元应该是合理的，构件与构件之间的拼插应该是严谨的，这些都涵盖在设计过程中。加强思维逻辑训练，通过设计过程训练设计思维[2]，将延续到建筑学专业训练的全过程。

参考文献

［1］ 周凌，丁沃沃.南京大学建筑学教育的基本框架和课程体系概述［J］.城市建筑，2015，16：83-89.

［2］ 丁沃沃.过渡与转换：对转型期建筑教育知识体系的思考［J］.建筑学报，2015（05）：1-4.

［3］ 王丹丹，华晓宁 编.南京大学建筑与城市规划学院建筑系教学年鉴（2013-2014）［M］.南京：东南大学出版社，2014.

［4］ 王丹丹 编.南京大学建筑与城市规划学院建筑系教学年鉴（2014-2015）［M］.南京：东南大学出版社，2015.

［5］ Jackson，Paul，and Meidad Suchowolski.Folding techniques for designers：from sheet to form［M］.Laurence King Pub.，2011.

图片索引

图1　作者自绘
图2　学生作业 左：卞秋怡 右：吕文倩
图3　学生作业 左：卞秋怡 右：罗紫璇
图4　学生作业 左：卞秋怡 右：罗紫璇
图5　拍摄 左：丁展图/罗逍遥 中：丁沃沃 右：唐莲

任舒雅　严敏　苏剑鸣　宣晓东
合肥工业大学建筑与艺术学院
Ren Shuya　Yan Min　Su Jianming　Xuan Xiaodong
College ofarchitecture and art，Hefei University of Technology

基于"观察—感知—认知"能力培养的设计基础教学方法探索[*]
——以一年级建筑与城市空间认知系列教学为例

Teaching Methods Exploration of Fundamental of Design Based on Ability Training of "Observation—Perception—Cognition"
——Case of Teaching Series of Architecture and Urban Spatial Cognition in the First Grade

摘　要：设计基础是建筑学一年级的专业课程，是整个建筑学课程的起步与开端，因此教学内容的选择至关重要。在一年级课程体系中，引入了建筑认知和城市空间认知两个训练环节，通过观察、感知、认知三个步骤引导学生对建筑和城市空间进行体验和认知，为接下来的设计训练打下基础。

Abstract：The course of "Fundamentals of Design" is a professional course in the first grade of architecture-the，which is also the beginning of the architecural education. How to choose its teaching content is very important. In the course of first grade curriculum system，two training steps are introduced，which are architectural cognition and urban spatial cognition. Through the observation，perception and cognition of the three steps to guide students to construct urban space experience and cognition for the next design and training to lay the foundation

关键词：设计基础，城市认知，观察，感知，认知

Keywords：Fundamental of Design，UrbanSpatial Cognition，Observation，Perception，Cognition

1　背景

"设计基础"课程是合肥工业大学建筑学专业一年级的入门课程，是整个建筑学课程的起步与开端，主要培养建筑学专业的基本功，设计的初步概念，引导学生完成设计入门。

"设计基础"课程的名称也有意区别于传统的"建筑初步"这一名称，建筑初步课程中传统的技法仍是训练的主角，强调平面构成，过于追求表现技法形式与构

图技巧，忽视空间认知与体验。尽管也设置了立体构成的训练，但过于关注形式层面，无法与前后的训练内容相衔接，难以让学生融会贯通。而"设计基础"课程的

---

* 安徽省重大教学改革研究项目、教学改革与质量提升计划：基于协同发展的安徽省建筑学专业教学体系的构建与实践研究（编号 2014zdjy201）；中央高校基本科研业务费专项基金：文物保护视角下的徽州古祠堂及景观价值研究（编号 JZ2015HGXJ0167）。

教学，适当删减了部分技法训练的课堂教学，循序渐进地加入对空间的认知以及体验内容，更倾向于以空间认知为目标的多元化的设计基础教学。

因而，在一年级上学期的教学环节的设计中，我们在压缩了原有的线条练习、水彩渲染练习及模型制作等传统技法训练后，尝试引入了建筑认知和城市空间认知两个紧密相扣的教学环节，将教学方式由原来技法训练的被动式学习转为"研究型、体验型"的主动式训练，围绕两个训练作业，通过观察、讨论、调查、记录等多种方式，调动起学生的积极性，教师以引导、启发为主，让学生由浅入深、循序渐进的对空间有综合的认知与体验（图1）。

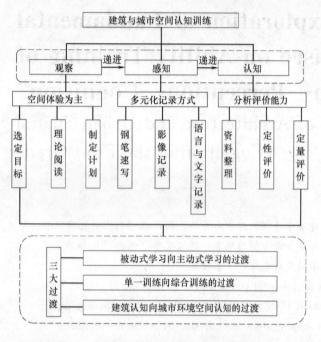

图1　建筑认知与城市空间认知训练过程

2　建筑与城市空间认知系列教学的主要内容

2.1　建筑认知训练

建筑认知训练是对建筑的"初体验"，时间2周，成果形式自由。3～4人组成一个团队，在合肥市内选择3～5个建筑，选择的建筑要求带有某种主题（比如根据建筑类型、建筑特征、环境特征、地域特征、造型与空间特征、功能特征等来选择），对这些建筑进行实地考察、体验与记录。以参观建筑期间的拍摄素材为对象，制作编辑一个能表达小组观点的小故事，艺术形式可以自由确定，比如绘画、小品、辩论、歌舞等等。

该训练的目的是让初学者学习如何观察建筑，树立

将"人"作为建筑、环境设计的根本出发点的意识，思考如何认识建筑并初步建立建筑评价的标准。鼓励学生大胆表达观点，发挥创新精神，通过团队的交流协商，提交多样化记录与描述建筑的成果（图2）。

2.2　城市空间认知训练

城市空间认知训练建立在建筑认知的基础上，启发学生关注建筑与城市空间的关联性。时间2周，成果形式为图纸。同样以3～4人为一小组，在任务书指定的4个街区案例范围内实地踏勘并选择感兴趣的街区进行认知。制定观察调研的计划，对所选街区进行观察，用简明图示、文字描述这些重要空间中的行为活动及其特征。最后成果在两张二号图纸（594mm×421mm）上，利用文字、图片、钢笔画等内容表达出观察体会。

该训练的目的是让学生认识城市建筑实体与空间的关系，了解室外空间的主要构成要素，初步掌握城市中的现实空间与图纸之间的关联。

3　"观察—感知—认知"的教学过程探索

以下我们对城市空间认知的教学过程进行重点介绍。城市空间认知训练是基于上一阶段建筑认知的训练而展开的，是按照观察、感知再到认知的三个阶段将空间认知的范围由单体建筑向城市环境空间的拓展，初步建立一年级学生的环境整体观。随着课程的推进，学生逐步掌握了相关城市调研、体验及记录、分析的方式，达到了由被动式向主动式学习方式的转变。

3.1　观察——以城市空间体验为目标

观察是一种有目的、有计划、比较持久的知觉活动。人们从事观察活动时，是凭借自身的感受器官直接进行的。人的感觉器官直接作用于观察对象，获取关于观察对象的各种信息。在观察者和观察对象之间，不存在任何中介物。因此观察是认知空间的第一步，也是最直接的接触。

首先，学生经过分组讨论选定目标认知空间。城市的范围很大，不可能在大一阶段就对宏观的城市进行认知，因此认知对象是城市的四个比较有代表性的街区，分别是合肥市前进巷，合肥市淮河路步行街，合肥市丹霞路（工大段）和合肥市环翠路。作业要求同学自由组合成3～4人的团队，在任务书指定的范围内实地踏勘并选择感兴趣的街区。城市认知是从个人的主观体验开始的。

其次，以阅读为先导，强化城市体验的理论依据。进入一年级以来，我们要求学生每两周阅读一本与建

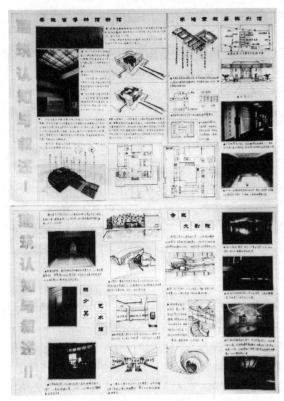

图2 建筑与城市空间认知优秀作业

筑、城市相关的理论专著，并以读后感及读书笔记的方式记录下来。一方面提升学生的理论修养，培养学生的专业学习兴趣；另一方面，希望学生通过大量阅读，指导对空间认知设计的初步概念及分析能力的培养。这次作业在原有阅读的基础上，要求学生重点对《人性化的城市》，《交往与空间》，《外部空间设计》，《街道的美学》等相关著作进行阅读。

第三，学生制定观察调研的计划进行初始的观察。学生根据自己的时间安排，选择不同的时间到选定的街区进行体验观察，了解街区的建筑风格、组织形式，以及人在其中的行为特点。寻找各自感兴趣的建筑或空间，以拍照、摄像的方式进行记录，观察城市建筑实体与空间的关系，了解室外空间的主要构成要素。这个过程的难点在于如何制定行之有效的调研计划，包括外围资料信息的收集，观察时间段的确定，记录手段的确定等。在时长两周的教学过程中，这个阶段占用三天时间，第一次上课布置教学任务之后就开始着手进行，到第二次上课时，每组分别汇报各自的初步的调研结果。

这一阶段是认知城市空间的起点，主动式学习体现在调研目标的选择与调研计划的制定，而观察的主要方式是"体验"。教师在这一过程中会根据学生的调研计划提出意见，但不是主导，更多的是引导，学生在教师的引导下去探索更多的可能。

3.2 感知——强调记录方式的多元化

感知是客观事物通过感觉器官在人脑中的直接反映，因此感知具有一定的主观性，不同个体对相同事物的感知能力是不不同的。感知（perception）是人体感觉器官获得关于空间的现象的认识，与物理城市空间相关联，即城市景象或城市形象（感觉）。

经过第一阶段的感知与体验，指导学生对城市街道空间进行进一步的感知训练，要求采用一定的载体进行表达，即以更多元化的方式记录下来。

（1）钢笔画记录

从大一入学开始，要求学生每周画三张钢笔画，包括临摹和实物写生。结合学院开设的素描等美术课程，学生已经掌握了一定的绘画基础，因此可以运用钢笔画、铅笔素描等手段记录观察结果，并辅助以文字描述（图3）。

图3 学生钢笔素描作品

（2）影像记录

延续了建筑认知训练的要求，我们也希望学生有更多的记录方式，如拍摄照片或视频记录。视频记录虽并不是我们这次作业的成果要求，但可以作为感知阶段的一种记录方式。除了现场感知，也可以通过摄像回去进行二次感知与深度体验。一方面培养学生多角度的思维方式，另一方面培养学习兴趣，也掌握了更多的视频制作软件，提高了学生的综合能力。

（3）语言与文字记录

语言与文字是学生最为熟悉的表达方式，也是我们教学中试图创新的部分。以感性因素引入空间认知教学，更能激发学生的创造性。如以观察为前提，记录一段文字，编写一段故事，以影片的形式展现。当城市空间有了故事与主题，也为我们进一步探讨提供了可能。

3.3 认知——分析能力的培养

认知也可以称为认识，是指人认识外界事物的过程，或者说是对作用于人的感觉器官的外界事物进行信息加工的过程。它包括感觉、知觉、记忆、思维、想象、言语，是指人们认识活动的过程。认知（cognition）通过"记忆"、"推论"方法，使得感觉、知觉、表象等感性认识因素上升为概念、推理、意义等理性认识因素，将个体事实推演至整个群体，"认知行为既是发现又是发明"，这是城市空间认知的重要阶段，即城市印象（知觉）。凯文·林奇提出了存在于市民知觉世界中的城市空间，以"可意象性"作为空间形态要素及环境评价的分类标准，归纳出"道、边、区、节、志"组成城市空间意象的五种要素。这五点也成为我们分析城市空间的重要内容。

认知阶段，是对学生综合分析能力培养的过程，也是逻辑思维能力培养的训练，为接下来的设计训练打下基础。这一阶段也是最后图纸成果的重要内容（图4）。

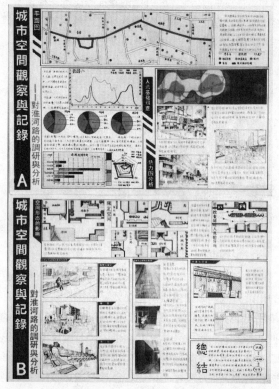

图4　建筑与城市空间认识优秀作业

（1）资料整理

经过前期的观察和感知训练，学生积累了大量的素材，包括调查问卷、现场照片、钢笔速写以及观察记录的成果等。因此，要学会对这些资料进行梳理和分类，并整理好分析总结的思路。这一过程可以从整体到局部依次展开，可以按照观察的空间序列展开，也可以按照时间顺序进行。

（2）定性分析

学生利用卫星影像图片结合实地观察，绘制调查区域的总平面图，并在图纸上标出重要空间的位置。结合前期的理论阅读所学的内容，用简明图示、文字描述这些重要空间中的行为活动及其特征，例如街道空间的构成方式、节点的位置、休憩空间的数量、位置以及人员的活动分布等，进行定性的分析。

（3）定量分析

在前期定性分析的基础上，学生可以选取街道内几处有代表性的空间进行进一步的定量分析，例如空间的构成要素、尺度、比例，并绘制出相应的分析图。还可以根据前期调研结果绘制街道内的人员年龄构成柱状图，人员活动轨迹图等。定量分析可以用直接的数字、图表，让学生对人对空间的利用以及空间对人的活动的影响有更直观地感受，为下一步的设计学习打下坚实的基础。

4　结语

一年级建筑与城市空间认知系列教学，分步骤、由浅入深地将建筑学初学者引入到对空间认知的训练中，是一年级上学期向下学期成功过渡的训练，也是学习方式的一次重要转变——主动型学习的引入。三步骤的阶段学习使学生树立了将"人"作为建筑、环境设计的根本的意识，通过观察与体验，直观地感受人对空间的利用以及空间对人的影响；通过多元化的记录方式，感知建筑实体与城市空间的关系，初步掌握了城市中的现实空间与图纸之间的关联；通过对地形、气候、文化、功能、流线、行为、体量等城市空间影响因素的分析，提升了以多样化的视角分析城市街区的优势与劣势的能力。

当然，因为理论知识的欠缺，学生分析问题的方式和方法还比较简单，深度不够。但作为一次课程训练，已经逐步使学生了解和认识建筑和城市空间的基本概念及相互的关联性，也在一定程度上优化了一年级的课程体系，探索了由被动式学习向主动式学习、由单一训练向多元训练的转化，这是建筑学基础教学模式和内容的重要改革与实践。

参考文献

［1］凯文·林奇. 城市意象. 方益萍，何晓军译. 华夏出版社，2001-04-01.

［2］杨哲. 真实与想象的认知：城市空间原型理论建构. 厦门大学学报（哲学社会科学版）. 2007年，05期：122-128.

［3］潘莹. "初看建筑"课程的教学发展和探索. 全国建筑教育学术研讨会论文集. 2015：605-609.

王海宁

东南大学建筑学院；hnw117@126.com

Wang Haining

Southeast University School of Architecture

主题演进与材料更替
——东南大学建筑设计基础中的建造教学

Theme Evolution and Material Replacement in Construction Teaching of Basic Architecture Design Classes

摘　要：东南大学建筑学院在基础教学中探索建造课程已逾二十年，随着建造主题的演进，对于建造材料的选择经历了多次调整。教学中对于材料的选择受到多种因素的影响，材料的变化会对教学目标、过程及结果形成较大的影响。

关键词：基础建造教学，材料

Abstract：It has been more than twenty years for Southeast university school of architecture explored construction course in the basic teaching. With the evolution of teaching theme，building materials has beenadjusted several times. It is quite complex to choose materials and have to consider of many fctors. And the change of materials will form a larger impact to the teaching goal and process.

Keywords：Basic Construction Teching，Material

东南大学建筑学院在设计基础教学中加入建造教学环节迄今已有二十年。教学的内容和目标是让学生用真实材料（虽然大多并非是普遍意义上的建筑材料）构建具有一定结构性能并具有较强形式感的构筑物。在这个练习中，学生通过亲手制作来体验材料的物理特质和加工性能，通过反复尝试、试验，观察体会不同结构体系的受力差异，并感受足尺模型的尺度感和空间感。对教师来说，建造课程中材料的选择不仅关乎能否达到预期教学目标，也体现了教师自身对材料、建构等建筑学基本问题的思考，通过课程实施以及对学生的指导，教师或多或少都能够检验自身的一些设想。

在建造教学中，学生研究的核心是结构，而建造（或者说制作）结构的材料则会对教学过程和研究内容形成较大的引导、制约等作用。在开展建造教学的二十年间，从坐具、地标、游憩亭到近两年的竹构，随着建造主题的演进，对于建造材料的选择也经历了多次调整，材料的变化会对教学目标、过程及结果形成较大的影响，因此教研组对于材料的选择及控制是非常审慎的。

1　材料类型的更替和探索

1.1　以瓦楞纸板为代表的板片材料

早在 20 世纪 90 年代初，当时的东南大学建筑系所设置的入学第一个作业，就是用瓦楞纸板制作一些尺度不大的日常用具，如文具收纳盒、灯具之类，从而引导学生关注设计对象的功能性、物与人的关系、材料的操作、物品的构造以及最终呈现的形式等问题。通过亲手制作，让学生熟悉运用模型来进行研究和表达的设计方法，从而体会到与之前学习方法的极大差异。至1997年，为了更直接地切入建筑学的基本问题—材料及建构，入门练习改为用瓦楞纸板来制作可承受一个成人体重的坐具，从而推动学生去实验并探索材料及特定结构的力学潜力，思考坐具与人体尺度、活动间关系。而从

1997级学生开始，在一年级下学期增加了地标设计这一建造课题，对材料和结构的探索由承重转向要实现一定高度（高度超过6m），加入了对风荷载、稳定性、建造方法、形式等问题的考量。在地标设计中材料可以从瓦楞纸、pvc管、木材中进行选择。相比之下，坐具设计设置于学生刚入校不具备专业知识的时候，对材料的操作和探索对于他们而言是非常新鲜且基于直觉和常识的尝试。而到了下学期，经过一学年的专业训练，学生对建筑问题有了多一些的体会，因而对瓦楞纸板这一材料的结构潜力和形式探索也更为多样化。

图1　瓦楞纸板、三合板等材料的运用

有很长一段时间，东南大学建筑系在建造教学中都是以瓦楞纸板作为主打材料，从而由浅到深，由易而难地探索了材料的加工特性、材质表达、力学属性、连接与构造等问题。如此全面深入地对一种模型材料进行探索是有其时代背景的，这种材料便于切割粘连，三层构造使其具有一定结构强度，能够制作体量比较大的模型，通过不同的处理方法可以得到丰富的表面肌理，因其易得性以及低廉的价格，瓦楞纸板成为上世纪中国建筑院校中最常见的建筑模型材料。

然而瓦楞纸板毕竟不是实际建造材料，很难用来研究真实的建造问题，尤其是构造节点，并且纸板的色彩和透明度都十分单一。因此当材料市场上的品种更为丰富，木材、阳光板等材料更容易获得之后，我们尝试通

过材料的更新来带给学生更为开阔的研究空间。通过不同形态类型和构造潜力的材料来提示、刺激学生的研究进程。受到香港中文大学以"坐、行、停、观"为主题的木构亭子设计课题的启发，在2006年前后，我们尝试在保证一定结构难度的基础上，调整建造课题要求，让学生结合对人的活动的设想，建造可以容纳数人开展不同活动的游憩空间，要求空间顶部实现一定的跨度并具有一定的覆盖度。基于这一要求，除了杆件材料之外，板片材料成为很多同学的选择，阳光板、木夹板等材料的运用也带来了更丰富的空间体验。

1.2　多样化的杆件材料

在地标设计中，除了瓦楞纸板，各种杆件材料也成

为学生选择的主体，主要有木杆、pvc 管、竹竿、钢管这四种。为避免学生直接使用长杆而降低制作难度，任务书中相应规定了对杆件尺寸尤其是长度的限制，从而推动学生去思考构件连接和结构整体性等问题。

图 2　木杆、pvc 杆等材料的运用

虽然同为杆件材料，其强度都能够达成六米高度的地标建造，但这四种材料的连接方式、造型潜力乃至内在的文化意味差异其实很大，在短短的三周时间内，学生通过亲身体验和操作，已经能够体会到因材施用这一基本的设计原则。最终成果所表达的结构和构造形式体现出极大的差异性。例如一些木杆营造体现了中国古建筑木构原型的影响，柏庭卫和王澍对杠梁的研究也是重要的参考案例；竹材有节且有收分，利用这一特点往往能形成有趣的节点，最终完成的形式中也多了对材料弹性的表现；pvc 管质轻中空可穿绳索，并有成品接头可以利用，从而促成了一些可以变形和迅速折叠的有趣作品；钢管的加工较为困难，但市场上有很多成品连接件，因而也拓宽了学生的思路。

1.3　材料选择的开放性

建造教学的最终成果虽不算大，期间成本由一个小组的三五个同学共同分摊，但仍会产生一笔不可忽略的费用，这也是开展教学时必须要考虑的问题。因此在一年级下学期进行的地标设计、游憩亭设计等建造课题中，我们鼓励学生通过全面评估材料的特点，包括价格，来进行自主选择，甚至采用回收材料，而最终决算出的成本也成为成果评价的因素之一——相近成果成本低的得分更高。材料选择上的开放性提高了学生的兴趣，也开阔了他们的思路，虽然有些材料并非一般意义上的建筑材料，连模型材料都算不上，例如矿泉水瓶、羽毛球桶、报纸甚至漏斗，但让学生摆脱了思维定势甚至是先例的影响，真正从材料本身出发进行探索。最终的成果因此也充满了新鲜感，不乏惊喜。同一设计主题中采用多样化的材料，便于学生在制作过程中进行相互比较，觉察材料因素对于相同设计问题的影响。

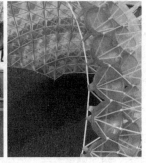

图 3　用漏斗、吸管、绳索等材料制作的装置

2009 年的抗震棚设计是在 2008 年汶川地震后提出的设计课题，针对这一举国关注的大事件，引导学生对最基本的建造行为进行思考，采用低成本易获取的材料，营造供数人栖身的空间，为解决灾后临时居住问题提供思路。在这一课题中学生所思考的内容已经超越了建造课题本身，并表达出更多的社会责任感和解决问题的积极性。

2　材料选择的关注点

从教学目标来看，选择适当的建造材料首先要考虑其实现教学目标的能力，包括材料的力学性能、空间塑造特征及造型潜力，此外材料成本、易得性、可操作性和建造过程的安全性等因素也极为重要，材料的选择因而受到较大限制。学术界对于材料和建构问题研究的新进展是我们对课程教案进行更新调整的重要动力，而当某种材料运用了数年之后，随着设计探索接近极限，新鲜感的下降也成为其调整更替的原因之一。

2.1　材料的建构特性

根据设计练习所设定的目标——承重、高度或是跨

图4　不同材料建造的抗震棚

度，结合材料的基本结构特点进行筛选，在保证课题目标能够实现的基础上，设置适当的难度，并提前设想学生可能会遇到的问题以及解决方案。

2.2　从模型材料到建造材料

建造教学的开展过程中，需要制作一系列研究模型，考虑到从小比例模型材料到足尺模型材料的转换，需要全面考虑不同比例模型间的受力性能差异、加工方式差异、连接构造差异等问题，从而实现研究的顺畅进行。

小比例模型的作用是帮助构思一个整体的结构和空间方案，需要能够较为快速地制作完成，而足尺比例则更多用来研究构造节点的制作及反映材料的界面肌理等内容。教师往往会引导学生选择不同比例模型所需的材料，例如卡纸对应瓦楞纸板，吸管对应 pvc 中空管。需要注意的是由于思维定势，小比例模型所用材料的构造方式往往会影响之后的足尺模型，虽然有时这并非最理想的解决方案。

图5　从小比例模型到足尺模型

2.3　基础教学的连续性

近几年来，对于建造教学中材料的选择也考虑到要延续基础教学阶段教学过程的一致性。在上学期的三个作业——空间生成、空间立方体及建筑师工作室中，操作的物质要素是板片、杆件和盒子，这三种要素的确定来源于对现实建筑的抽象和提取，对它们的操作则来自对基本空间设计方法的解析。学生通过对这三种基本物质要素的操作，尝试去构筑、观察及体验空间。而下学期的建造设计，则通过材料的选择引导学生去延续对这三种物质要素的研究、尝试和体验。

2.4　材料选择的社会效益

虽然是一年级的设计练习，但我们仍希望能够引

导学生对社会现实形成关注，加强与社会的联系并形成回馈。2015 年的建构教学是在与安徽省广德县的交流合作中完成的。"竹构"这一主题明确了建造用的主材，学生在当地匠人的帮助下，研究竹材的结构、构造、形态特点及民间工艺和技术，并结合位处广德的真实基地和当地民众的需求，设计并建造了一系列竹构筑物。这些构筑物能够在基地中保存较长时间，为民众创造出休憩、体验的空间。这次的建造教学不仅达到了教学目标，还以竹构节和广德营造的形式，在东南大学、周边社区以及广德当地形成了较大的社会影响，与民众形成了积极互动，从而让同学们体验到作为建筑师的职业能力及影响、回馈社会的途径。

图6 安徽广德竹构搭建

3 结语——材料的改变意味什么？

每一项设计教学活动都是一个完整的系统任务，要经过通盘梳理和精心设计。在基础教学中的建造教学环节，选择适当的材料极为重要，须能够将教学内容以启发性的方式传递给学生，从而让学生完成训练，达到教学目标。同时材料的选择最好具有一定的开放性，以期能够得到一些超出预想并富有启发性的成果，从这个意义上来说，在建造教学中，所用材料的每一次改变，不仅会促进学生形成全新的设计结果，也会推动教师对教学内容的进一步思考。

本文基于东南大学建筑学院一年级教研组建造教学的历年教案及教学活动撰写而成，教研组成员的共同工作为本文做出了贡献。

参考文献

[1] 顾大庆、单踊、龚恺主编．设计的启蒙——东南大学建筑学院建筑系一年级设计教学研究．北京：中国建筑工业出版社，2007.

胡丹 王世礼 郝倩茹

大理大学工程学院：286367361@qq.com

Hu Dan Wang Shili Hao Qianru

School of Engineering, Dali University

砖的"再生"*

——大理大学一年级建构设计教学的探索

Brick "Regeneration"

——Exploration on Tectonics Design Teaching in the First Grade of Dali University

摘　要："建构设计"是当前建筑教育改革的热点。国内许多知名建筑院校都开展了关于建构设计教学的课程改革，并取得了良好的教学成果。然而，由于地区和学校之间的差异，大理大学立足于少数民族边疆地区，一年级的建筑设计基础课教学在学习其他建筑院校先进经验的同时，也根据自身的办学条件进行了有益的新探索，对于少数民族边疆地区发展富有地域特色的建筑教育模式具有积极的意义。

关键词：建构，设计，教学，改革

Abstract："Tectonics design" is the hot spot of current architectural education reform. Many domestic well-known architectural colleges and universities are carried out educational reform about the tectonics design, and achieved good teaching results. However, because of regional and school differences, Dali University is located in ethnic minority border areas, architectural design fundamental teaching in learning the advanced experience of other schools, but also carried out a useful new exploration according to the conditions of their own school, which has a positive significance for the development of regional characteristic architectural education model in ethnic minority border areas.

Keywords：Tectonics, Design, Teaching, Reform

1　建构与建构设计教学

建构是指建筑要素的真实呈现与建造逻辑的艺术表达，以体现真实自信的建筑艺术态度和精致诗意的建筑文化品位。[2]建构注重连接的艺术，强调回归和彰显建筑的本体美学价值。在当前的建筑学教育中尤其关注的两大主题——空间和建构，其中"空间设计"已经成为建筑教学的一个核心概念，而"建构设计"成为了当前建筑教育改革的热点。"建构"教学的开展是建筑在物质实体上的回归，在专业教学中使学生认识到建筑不仅仅是表面形式美的创造，建筑的材料、构造和结构方式所形成的建造的逻辑性产生的美，是建筑审美的又一价值取向。"建构"实际上构建起了一座建筑艺术与技术间的桥梁。在这种建筑回归本原观念的引导下，目前我国很多建筑院校都探索了多种多样的教学形式。比如，近年来在各大建筑院校迅速发展起来的"实体搭建"教

* 大理大学教育教学改革研究资助项目，项目编号：JGV-58。

学，就可视为"建构设计"教学形式中的一种。

一年级的建构设计教学，主要围绕"形态生成"和"建造体验"展开，同时注重引导学生认识"材料"在建筑形态创造中的潜力，这也是建筑设计基础教学中的材料实践主义教学。一方面，需要在入门教育中就让学生认识到"材料"对建筑创作的重要性；另一方面，对尚不具备专业知识的学生而言，具体真实的材料建造远比抽象虚拟的纸面设计更容易理解。

2 他山之石不可攻玉

在国内，许多知名建筑院校都开展了关于建构设计教学的课程改革，取得了许多成功的经验，起到了很好的示范作用，也成为其他建筑院校争相模仿的对象。然而，由于地区和学校之间的差异，以及对建构理解上的不同，各建筑院校在建构设计教学上显现出不同的形式和教学方法。有的意图明确和完成效果较好；有的则是1：1实体的立体构成；有的则是一种类似雕塑或艺术装置的东西，建筑性较弱，对材料的运用缺乏结构艺术，连接方式随意，教学成果常常显现出追逐时尚和功利性的特点。因此，知名院校的成功经验并不能成为放之四海皆准的真理，如果一味的生搬硬套必然产生"水土不服"的副作用，也最终违背了建构的本意。

通过观摩知名院校的教学案例，在肯定所取得的良好教学效果的同时，也要注意其教学形式存在的弊端，这也正是其他建筑院校不能盲从和照搬的制约因素，如：

(1) 造价昂贵

目前许多建筑院校的建构设计教学为追求良好的视觉效果，大量采用有机高分子材料如PVC管材、以及纸箱板、胶合板、木工板、软木板等。有些材料只能在大城市才能买到，甚至有些材料为进口材料，国内偏远地区难以获得。

(2) 技术要求高；

设计过程需借助先进的计算机辅助设计技术和激光雕刻机、数控机床等设备，构件的加工制作以及建造过程需借助专业技术人员，这些也是国内偏远地区难以企及的。

(3) 材料浪费

大量采用有机高分子材料、纸箱板、木板等材料经过切割加工后大多为一次性使用，很难回收重新使用，成为"建筑垃圾"，造成极大的浪费。

3 因地制宜与独辟蹊径

大理大学立足于少数民族边疆地区，在艰苦的办学条件下，既要不断地学习借鉴其他建筑院校的先进教学模式，又避免一味的模仿和照搬，根据自身情况"因地

制宜、独辟蹊径"构建富有特色的教学模式。在一年级建筑设计基础课中学习其他建筑院校增设了"建构设计"教学内容，在学习先进经验的同时也根据自身办学条件进行有益的新的探索。

3.1 教学过程的制定

教学主要目的在于使学生了解和体验建筑活动的全过程，并注重材料使用的可持续性。建构设计训练的关键部分为四个环节：

(1) 场地测绘和场地模型的制作

我们在任务书中给出带有环境的真实场地，要求学生进行实地调研并对场地进行测绘，并按1：10比例做出模型，尽可能地还原真实场地，让学生去感受设计与环境的结合（图1）。

图1　场地模型

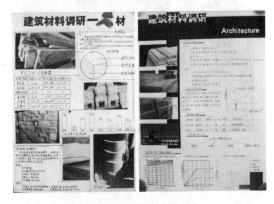

图2　建筑材料调研报告

(2) 传统材料和建造工艺的认知调研

此环节要求学生调研各类建筑材料（图2），并通过各种途径深入认识砖，比如带领学生到拆迁现场或建筑工地，了解砖的回收以及建造工艺（图3）。

(3) 传统材料和建造工艺的模拟实验

学生对现在通行砖的组砌方式进行模拟和再现（图4）。

图3 拆迁现场的砖

(4)传统材料和建造工艺的创新设计

查阅相关资料，综合运用建筑材料、构造和结构知

识，对旧砖进行新的建构设计。此环节要求学生融会贯通，大胆实践，是整个建构设计过程的难点。

(5)实体搭建

建筑学是一门实践性很强的学科，建构设计仅仅停留在绘图和小比例的模型，不接触真正的场所以及建造过程就会流于形式。按照设计任务书中要求的功能、尺寸，绘制草图，推敲构造节点，在给定材料的基础上，研究不同的建构方式对肌理及光影产生的影响。同时，我们还要求对整以及最终的组合制作模型完成建筑方案，并依照图纸进行实体搭建。实际的建造环节是整个建构设计过程的重点（图5、图6）。

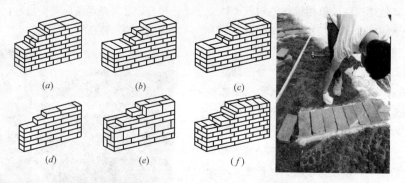

图4 学生对砖的组砌方式进行实验

图5 模型阶段老师讲评

3.2 建筑材料的选择

材料不仅是建构设计中不可缺少的物质载体，也是在建筑专业学习中的根本问题的核心所在。大自然中的材料数以万计，但真正能够在建造工程中广泛使用的建筑材料并不多。将材料使用的领域再缩小至建构设计教学中，材料的种类受限制因素会更多，运用的只是少数的几种建筑材料和模型材料，其中常见的有KT板、雪弗板、纸箱板、聚苯板、砖、砌块、木材等。

与其他建筑院校不同，大理大学的建构设计教学更加关注于废旧建筑材料的再利用，并以此作为建筑设计教学的切入点。经过不断的尝试包括废旧木材、竹子、旧砖等各种废旧建筑材料，最终确定了以旧砖为主要建筑材料进行建构设计训练。旧砖相对于其他材料具有如下优点：

(1)材料易获取，造价低廉

主要建造材料为回收的旧砖和废旧木材。材料容易获取，价格低廉。

(2)操作简单，可自行搭建

砖的砌筑技术要求较低，无需专业技术工人帮助，学生依靠自身力量可自行完成。

(3)材料可回收循环利用

旧砖的构造连接采用干砌和干铺的方法，无需水泥砂浆和其它胶粘剂进行粘接。因此，建造材料非常容易回收，可重复利用。

3.3 设计成果的评定

建筑实体建造完成后进行为期一周的体验活动，完成体验报告，进行成果汇报，展示设计草图、模型和搭建实体，邀请其他专业老师和同学进行体验和评定（图7）。

图6 实体搭建——砖的建构过程

图7 最终成果展示

4 结语

虽然大理大学建筑学专业开设建构设计教学只有短短的三年，很多教学环节还很不成熟，但是作为一种有益的新探索，在缓解了学生的经济负担的同时，对于少数民族边疆地区发展富有地域特色的建筑教育模式具有积极的意义。

(1) 使学生学习了解传统建筑材料和建造工艺；

调研、实验、建造等环节使学生亲身接触传统建筑材料和建造工艺。激发对传统建筑的热爱，有利于传统建筑的传承和发展。

(2) 培养了学生环保的建筑理念；

未采用有机高分子材料、水泥、钢材等材料，不会产生任何建筑垃圾，建造材料容易回收，可重复利用，符合绿色环保建筑的理念。

(3) 积累乡村建设和改造经验，适应未来的工作需要。

大理大学建筑学专业的学生大毕业后大多就业于滇西县乡建筑设计和管理工作，服务于滇西经济欠发达地区，大量接触乡村建设和改造工程。

参考文献

[1] [美] 肯尼思·费兰姆普敦. 建构文化研究 [M]. 王骏阳译. 北京：中国建筑工业出版社，2007：1-7.

[2] 石孟良，汤放华. 地方建材的现代性建构 [J]. 城市问题，2015．6：2.

[3] 邵勋. 传统材料在当今建构创作中的应用初探 [D]. 西安：西安建筑设计大学，2011：53-56.

张倩

东南大学建筑学院；13837693@qq.com

Zhang Qian

School of Architecture，Southeast University

从实验建造到乡村营造
——小议东南大学建筑基础教育中的建造教学

From Experimental Construction to Rural Construction
——the Construction Course in Basic Design Teaching of SEU-ARCH

摘　要：建造教学是在传统的"布扎"体系被打破、模型制作开始进入设计教学后，从 1990 年代逐渐流行起来的一种教学实践。建造教学具有多元化的属性，东南大学建筑基础教学中的建造教学经 26 年的实践，从"小制作"到"竹·建造"，教学中逐渐复合了材料、结构、体验、形式、空间、城乡环境等方面的讨论话题。在 2015 年的竹构建造中，建造服务社会的属性被彰显出来，设置了学生进入乡村环境的学习体验，成为一次富有意义的实验。建造教学讨论的核心是材料和节点、空间还是城乡环境，是单纯还是复合，取决于教案体系的设计，未来也具有有更大的拓展空间。

关键词：建造，乡村，建筑基础教学，服务社会

Abstract：Recalling the history of SEU-ARCH basic design teaching, from the "Beaux-Arts" to "Tectonic", it keeped space as the core of the lower grades teaching in the entry, but the mathod changed form render graph to model. From the "Little production" in 1990, to "Construction of bamboo" in 2015, the construction course in basic design teaching taked material, structure, experience, form, space and environment in it step by step. In "Construction of bamboo", the rural construction experiment, it is emphasised that the construction aim to serve the community, and it influenced by the environment in rural site. Material, space or enviroment, the choice depend on the teaching system, it also can be analysis alltogether in the particular case.

Keywords：Construction, Rural, Basic design teaching, Serve the community

1　建造教学的背景

建造（construction，或搭建 building）是近年来建筑教学中较流行的课题，它是指利用真实材料进行 1：1 的实物搭建，使学生在动手操做中探讨材料、结构、空间等一系列话题。建造是最受学生欢迎的教学活动之一，也是教学体系中的一个游离环节。这和它出现的背景及其所承载的复合作用是分不开的。

从时间上来说，建造出现在 1990 年代初，随着"布扎"❶——"从绘画进入建筑的方法"在我国建筑教育的大一统局面逐渐被打破，模型制作（making）崭露头角，成为进入设计的另一种选择。从小的、可以操作和观察空间的模型进入 1：1 的足尺模型，建造将模

---

❶　布扎，又译鲍扎，Beaux-Arts，指法国巴黎美术学院式的建筑教育，是一种强调艺术的设计训练。

型的实践性推到极致。从体系上来说，建造可以耦合于空间建构❶的教学体系中，利用建造实现了建构的表达，例如在东南大学建筑学院，它是作为建筑基础教学中空间建构的一个环节出现的。但由于建造的复杂性，它不仅训练了设计能力、操作能力、对材料的认知，还训练了学生的协作能力，甚至拥有某种类似节庆的集体活动属性，因而在不同的建筑院校以不同的方式出现。

我们观察到，各院校中的建造课题可以出现在任何教学节点，低年级、高年级、研究生，日常教学、短学期或临时工作室中，题目形式也五花八门。由于其广泛的拓展性，我们开始尝试其和乡村实践的结合。

2 东南大学建筑学院的建造教学

从1920年代我国开始正规的建筑学教育，到1980、1990年代建筑学教育蓬勃发展，其中虽有1940年代清华大学和圣约翰大学包豪斯模式动手制作的尝试，但延续时间有限，全国建筑教育的主流还是"布扎"模式。"布扎"强调图房制，以渲染图作为进入建筑基础教育的方法，学生在大学的4、5年间没有机会接触图外之物。率先改变这个状况的是1986年的南京工学院，从苏黎世联邦理工学院（ETH）进修回来的年轻教师带回了"瑞士经验"，在一年级推行了以空间为核心的设计教学方法，用"模型的方法"进入设计，并在20年的时间里逐渐形成了"建构"的教学体系（表1）。实物建造最早出现的时间节点是1990年，在一年级设计课程中用瓦楞纸进行小制作，这个与学习有关的物件虽然体量小，但其1：1的比例和实用性使其明确地可以被归类为建造而不是模型。随后，一年级课程中相继出现了坐具、地标、空间遮蔽物等建造作业，成为教学体系中固定的环节。在2000年，一学年中甚至同时出现两个建造作业，入学时以1周的坐具作为入门，学年末是3周的地标，竣工时庆祝一年级的结束。

东南大学设计基础教学的演变小结（作者自制） 表1

年代	1920-1940	1940-1952	1952-1986	1986-2007	2008-2013	2013-2016
主要特征	博纳兼容的"布扎"	宾大传统的"布扎"	从西洋到本土化的"布扎"	模型方法的试验	空间建构	融合了城乡环境的空间建构
类型阶段	"布扎"时代			后"布扎"时代	空间建构时代	

不同的建造教学目的不尽一致。最初的小制作是一个单纯的学习用具，功能简单、体量小，结构难度不大，其主要目的是学生动手实验瓦楞纸这种材料，但在过去以图为主的教学体系里却令人耳目一新。其后出现的坐具难度加大，因为要用瓦楞纸这样相对薄弱的材料承载一个成年人的体重，对节点牢固和结构合理的要求就出现了。2000年出现的地标在结构上的难度进一步加大，其高度6m，用单根不超过2m的任意材料制作，搭建时只允许在地面操作，将其树立起来并支撑自重就对学生提出了很高的要求。地标是小组作业，不仅锻炼了学生的协作能力，还锻炼了系统管理的能力。2008年，作业变成了空间遮蔽物，对空间的要求被提出。历年的空间遮蔽物作业尝试了多种材料、多种要求，可以使用木材、瓦楞纸、pvc管、钢、阳光板等，学生甚至创新使用了塑料漏斗进行设计制作，出现了许多新颖的作品（表2、图1）。

2015年在研讨新的实验建造时我们选择了竹材，竹作为一种非常规的建造材料，其潜力很大，可以跳出常规的类建筑形式的束缚，材料可以受拉、受压，可以利用直杆支撑、也可以利用竹材形变的应力，甚至从冬到春含水量不同的竹材都呈现不同的特性，极具挑战性。随之而来的是，竹材是一种乡土材料，从原产地而来，自然而然地开始跟乡村产生千丝万缕的联系。

东南大学建筑学院建造作业一览（1990-2016，作者自制） 表2

题目	体量要求	功能	材料	教学目的
小制作	适合桌面摆放	学习相关	瓦楞纸	材料,体验,形式
坐具	40cm高,体量不限	坐	瓦楞纸	材料,结构,体验,形式
地标	6m高,体量不限	无	不限	材料,结构,体验,形式
空间遮蔽物	容纳一组同学	停留空间	不限	材料,结构,体验,形式,空间
竹·建造	容纳一组同学	停留空间	竹	材料,结构,体验,形式,空间,城乡环境

---

❶ 顾大庆（2012）对建构进行了解释："建构"这个概念在这里特指空间的建造，建构即为建造及空间的表达。

图1 小制作、坐具、地标、空间遮蔽物和竹建造的典型作业（作者自制，照片为东南大学建筑学院一年级教研组所共有）

3 竹·建造和乡村营造

改革后的实验建造作业共5周。2015版的一年级基础教学教案是一个建构逻辑的教案，该教案的5个题目核心都是空间，通过变奏的形式反复讨论，并逐渐把功能、形式等问题附加进去（图2）。其中，建造练习主要讨论的是空间、体验、建造、形式和城乡环境等核心话题。

实验建造首先邀请卢村乡的竹匠示范了材料的加工方法和传统做法，以此作为材料研究的开端。学生在了解材料的特性之后，进行节点研究、个人方案设计、方案比选和实物搭建，以5~6人为一组，最终在校园内搭建出能容纳全组成员的一个竹构筑物。在校内完成答辩和评选之后，最终的搭建环节又回到竹材的产地，在广德卢村乡的4个场地中，来自3个学校的18个小组、约140名学生同时展开了现场搭建❶，经过两天的工作，竹构留在了乡村和旅游区为当地人们所使用（表3、图3）。

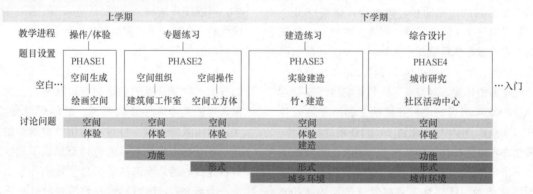

图2 一年级设计基础教学2015版教案概况（张嵩，张倩）

竹·建造的任务安排（作者自制）　　　　　　　表3

第一周	第二周	第三周	第四周	第五周	第N周
材料研究 竹匠示范	1：10模型研究	1：4模型研究 小组方案竞选	优化，试搭	1：1实物搭建	乡村现场搭建

如果说，建造面对了传统建筑教学中"图纸建筑"的问题，让学生从图纸、模型的模拟练习拓展到真实的建造，那么，乡村营造就面对了真实环境的问题，让学生了解到每一个设计作品都要在城乡环境中生长，为真实的人群服务，而不是仅是设计师的自我实现。年轻的学生天生拥有为他人服务的热情，他们在此次营造活动中投入了极大的能量，日以继夜地工作，当作品最终在乡村环境中实现时，学生分享说：这是本学期最有趣的一段经历。

----

❶ 2015年广德的乡村营造实验除了东南大学之外，还有南京林业大学、南京工业大学的师生团队受邀一同工作。

图 3　竹·建造（作者自制，照片为东南大学建筑学院一年级教研组所共有）

4　建造教学的思考和展望

建造活动本身的属性是多元的，顾大庆将其总结为"游戏性，教学性，社会性，实验性，艺术性"（顾大庆，2015）。在低年级的基础教学中深入研究一个特定的问题还为时过早，例如这种结构之优于那种结构，对完全没有结构知识的学生来说无异于天书。短短几周的建造教学是有目的的，却又是不精确的，上述 5 点中无论在哪一点触发了学生，都可能给其留下深刻的印象，从而成为学习中独特的一段经历。在校园开放空间中的建造行为是一个具有社会意义的事件，师生和周边的社区居民都参与了分享。这个边界拓宽后，就成为学生接触乡村环境的一次初体验，从为自己的作品找寻搭建地点、到搭建中和村民的互动、最后把作品留给使用者，建造的"社会性"的概念进一步推进了。从这个意义上发展，社区更新、扶贫建造，都可以作为建造和服务社会对接的前景，实际上，这就是东南大学建筑学院同时进行的两组研究生建造课题正在做的尝试。

姜涌（姜涌，2009）认为建造中的三组关系：①建造和材料；②空间和建造；③社会环境和建造的层次从低到高，适合于从低年级到高年级的不同侧重。毋庸置疑，在材料方面，建造初出现的目的就是让学生接触并研究真实的材料，每一种实验建造中，材料和节点研究都是最前置的工作。但建造中的空间、社会环境等问题，并不必然根据学生的年级升高而进阶，而是与整个教案体系的设计有关。在类型学的建筑学教育中，建造可能附着于"材料"、"结构"的语系出现；在建构的教学体系中，一年级基础教学的"空间"的核心话题贯彻始终。此次竹·建造实验中，城市规划专业教师深度参与了基础教学平台的建设，乡村营造的场所和四年级总体规划部分工作室为同一基地，从而成为一个连贯的乡土化教学过程。正因为建造的多义性，它可以耦合于建筑教育的不同阶段，从而激发不同方向的讨论。对学生来说，学习服务社会并不比学习构造、结构知识有更高的门槛，相反可能会更容易激发他们的热情，如何设置取决于教师团队的取舍，以及学院在组织和资金方面的支撑。

展望未来，在 2016 年，除了课程设计的环节之外，与社会实践对接的建造已经被固定安排在短学期，学生们有更充足的时间进入不同的真实基地制作竹、木、砖、混凝土等实物。升级版的建造教学将为师生带来何种拓展，还将拭目以待。

参考文献

[1]　顾大庆. 作为研究的设计教学及其对中国建筑教育发展的意义 [J]. 时代建筑, 2007（3）：14-19.

[2]　顾大庆. 关于"建构实验"课程的方法学和教学法意义 [J]. 中国建筑教育, 2012（1）.

[3]　顾大庆. 绘图, 制作, 搭建和建构——关于设计教学中建造概念的一些个人体验和思考 [J]. 新建筑, 2011（4）：10-14.

[4]　顾大庆. 小议建筑设计教学中建造课题的几个属性 [J]. 中国建筑教育, 2015（1）.

[5]　姜涌, 包杰. 建造教学的比较研究 [J]. 世界建筑, 2009（3）：110-115.

李少翀　付胜刚　吴超　王怡琼

西安建筑科技大学建筑学院；54398742@qq.com

Li Shaochong　　Fu Shenggang　Wu Chao　Wang Yiqiong

School of Architecture，Xi'an University of Architecture and Technology

设计的情感
——关于"从茶到室"课程的情感表达、空间建构与图纸呈现

Emotion of Design
——The Emotional Expression，Space Construction and Drawing Presentation of the Course of From Tea to Architecture

摘　要：设计以空间形态的方式呈现，反映着建筑师的情感，不同的情感表达会产生不同的设计结果。在一年级建筑学建筑设计基础的课程中，注重学生专业能力培养的同时，解放学生的天性。将情感表达贯穿于设计课程的始终，目的在于让学生留心生活、发现自我、勇于想象，为未来的建筑学学习打下良好的基础。

关键词：情感表达，空间建构，图纸呈现

Abstract：Design is presented in the form of space that reflects the architect's feelings, different emotional expression will produce different design results. In the course of first grade architectural design foundation, paying attention to the cultivation of students' professional ability, the nature of the liberation of the students. The expression of emotion throughout the design course, the purpose is to let the students pay attention to life, find themselves, to imagine, to lay a good foundation for the future study of architecture.

Keywords：The expression of emotion，Space construction，Drawing presentation

1 "情感表达"对于建筑基础教育的重要意义

情感是人类最宝贵的财富，是人的自身需求对客观事物的态度呈现。纵观世界所有伟大的建筑设计，不同建筑师表达的情感不尽相同，但是通过设计，人们可以感受到其流露出的独特而又充沛的情感。路易斯·康通过对轴线、空间序列、材料、光线的运用表现出其对于理性且近乎神圣空间场所的向往；彼得·卒姆托通过对形式及空间原型的推敲及材料构造的精细设计表达出极简主义的空间禅意；扎哈·哈迪德对非线性建筑设计的探索与研究造就了伟大的感性呈现和理性建构逻辑并存的扎哈建筑设计风格。纵然影响建筑设计的因素众多，但不同的情感会直接影响建筑设计，对于建筑设计至关重要。

对于建筑学一年级的学生来说，没有建筑理论基础，也没有建筑设计技巧，情感的表达理应是他们找到建筑学入口的重要途径。然而一方面，虽然近年来各种设计方法与教学在学术界广泛讨论，但受"鲍扎"体系影响严重的我国建筑学教育对于学生情感表达训练的重要性仍然没有得到应有的重视。教学存在的问题，往往也会反映在学生的图纸呈现上，如：注重模仿训练，对设计的认识思考较少；构图思路混乱，并未将重点内容清晰呈现；表达方式单一，没有思考适合自己设计的方式进行表现。另一方面，刚刚经历过应试教育与考试的学生们在面对未知的、开放的、更加自由的学习环境还不太习惯，以致于不能放松的感受周边生活的美好，拥

抱每一个令人感动的细节。如何让这些经历过大一第一学期"启智"设计学习的学生们在学习专业技能的基础上，能够更好地将情感的表达运用于设计之中，是"丛茶到室"课程需要解决的难点问题。

2 "情感表达"指导思路

2.1 观察生活，表达真情实感

"自在具足，心意呈现"是建筑设计课程改革的重要理念，这鼓励学生要从自己的感受出发，将自己的真情实感表达出来。在教学中，引导学生们品观茶叶的色、香、味、形，唤醒他们的感官，从中引出每人自己对茶叶不同的情感，从而总结出属于自己的茶叶的"意"。鼓励学生们留心观察身边的事物，回忆记忆中难忘的故事，并将情感描述出来。在训练学生们观察与表达能力的同时，让学生们重视自己的真情实感，并以真情实感作为设计的起点。

2.2 尊重对于情感的差异性表达

由于成长环境与个人喜好的不同，每个人对事物的认知与看法不尽相同。对事物认知的差异性会导致设计的差异性，从而避免传统教学中盲目模仿对于学生创造力的扼杀。在教学过程中，鼓励学生们表达符合真情实感的对于同样事物的不同看法。在进行充分的交流探讨后，用建筑设计的语言将其转译，并用合适的表现形式呈现出来。

2.3 空间、材料与构造紧扣设计概念

能够感动人的设计一定蕴含着充沛的情感和丰富的表情。在教学过程中，学生们首先需要描绘空间所需要的意境，再去设计具体的空间，由抽象到具象的学习过程可将情感融于空间设计之中。不同的材料会导致空间出现不同的性格，不同的建构方式与建造逻辑会产生不同的空间体验，鼓励学生们选取适合其设计概念的材料与构造方式进行设计，培养其从情感出发，掌握材料特性与构造方式的能力。

2.4 表现形式自由多样

图纸表达是设计过程中特殊而又重要的一环。不拘泥于一种表现形式，而鼓励学生们运用自己擅长、喜欢、并且能够服务其设计主题的表现形式进行表现。对于同类型的内容，学生们也可以根据自己的理解用不同的表现形式将其呈现。多样化的结果呈现反映了每个学生的设计成果来源于自身对于这个世界的认知和理解。

3 教学中的"情感表达"

茶室设计作为一个建筑学课程训练，目的在于使一年级学生能够养成良好的学习习惯，热爱生活，留心积累。为了让学生们了解对事物的理解应遵循从抽象到具象的规律，完成从观察、理解到想象的设计过程，课程分为"品观、情境、敬礼、尺度、场地、空间、设计"等步骤进行。教学过程中，情感表达贯穿始终，鼓励学生们从自身情感出发，将最特别的"心意"呈现出来。

3.1 品观——茶的感知

学生们根据之前对于茶的认知选择不同发酵程度的茶叶。以黑茶组为例，首先，请学生们分别对不同的茶进行品观，学生们根据自己的喜好进行选择，并对所品观茶的色、香、味、形、意进行归纳总结。与每一位学生探讨他对于对茶的感受，并在此基础上引导学生回忆自己的难忘经历，提取关键词，提出茶室设计的概念。在图纸表达时，帮助学生们在颜色、内容、构图等方面贴近其设计概念，如：主题为除了你在看我时我都在看你，图纸表达主要以粉色、咖啡色的色调为主，配合树枝、花瓣的图形，表现了青春期少女对于爱情的美好向往。

"品观"设计概念与情感展示（来源：作者自绘） 表1

学生姓名	茶名	概念	关键词	情感
王依璇	生普洱	除了你在看我时我都在看你	近距离的看与被看	暗恋
刘政煜	熟普洱	见信如唔	朦胧昏暗的室内环境	朦胧的友情
肖雨欣	熟普洱	大地的灯	橘黄色的灯光	温馨
杨全越	茯茶	围合之原	只听见风吹声的草原	独自享受
张奇正	生普洱	隐乐	倒影月光与柳树的小溪旁	忧伤与释怀
黄卫宣	熟普洱	午后阳光和我	阳光，绿植与小鹿	轻松惬意
武景岳	茯茶	解压茶室	大漠孤烟	豁然开朗
李 旭	生普洱	登高只为遇见你	登高	爱情

图1 "品观"课堂照片（来源：作者自摄）

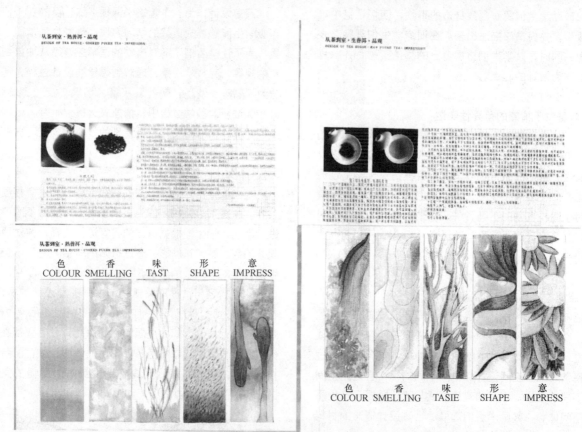

图2 "品观"环节照片（来源：学生作业 肖雨欣：《熟普洱/大地的灯》
王依璇：《生普洱/除了你在看我时我都在看你》）

3.2 情境——情景设定与环境模拟实验

通过对光、声音、状态、时间、人数及茶具的模拟实验，用体验式的教学来调动学生的感官，激发学生的情感，带动他们的情绪，使学生们能够形象地理解环境因素对于茶室设计的影响。如在光的试验中，指导学生在室外搭建3×3×3实体空间轻质结构，制作穿孔KT板对轻质结构表面进行维护。通过实体搭建环境模拟，

学生感官被调动，对光线与空间感有了较为直观的认识。刚刚拥有空间体验的学生与教师讨论其设计茶室应有的光线时有了明确的情感态度，在此阶段对茶室光线设计有了更深入的思考。

3.3 敬礼——空间场景描绘

此环节首先运用口头表述、绘画场景、电影场景展

示等方式，让学生在脑海中产生有共鸣的画面感，并指导学生们分析这种画面感的特征。其次，分析电影的节奏与场景设定，以此向学生解释空间的叙事性。再次，与学生讨论提取其设计空间场景的关键词，如高大的空间、竹林中的小径等，从而明确其空间特征及氛围。在空间意象图绘制时，图纸围绕其空间特征及氛围进行表达。在构图时，鼓励学生们根据其设计概念的特点进行构图，如主题为见信如唔，构图方式是四副空间意向图呈风车状布置，围合中间空白的位置正是作者邀请陌生的朋友来茶室做客所写的邀请函，在解决构图问题的同时再一次从情感出发，深化了设计概念。

3.4 尺度——尺度认知

在尺度认知环节，首先让学生们通过测量自身的尺度对人体尺度有所了解，再用自己的身体对周边的空间与环境进行测量。有了尺度概念的学生们，用自身的尺度与比例对之前描述的空间场景的尺度和人在空间之中的行为模式进行探讨。尺度训练注重学生在设计过程中的代入感，探讨学生假想自己置身于自己设计的茶室之中的空间感受。

3.5 场地——场地与文脉认知

在此环节中，带领学生们进入场地实地考察，用自己的脚去丈量场地的尺度，用自己的手去触摸场地的元素，用自己的眼睛观察场地的表情，用心去感受场地的情感。鼓励学生发现场地中重要的因素与有趣的角落，和学生单独探讨哪些引人关注，哪些可以与自己的设计发生关系等。

图3 "情境设定"环节模拟实验（光、人数、茶具、状态）（来源：作者自摄）

3.6 空间——空间建构

在经历了充分的前期准备学习后，学生们需要运用之前所学到的知识，提出空间概念。空间概念与设计概念一脉相承，是对设计概念的空间化转译。鼓励学生通过反复的模型推敲与草图等方式进行思考，寻找符合其情感表达的空间概念。如，设计概念为解压茶室，其空间概念为旋转上升的楼梯。从低到高，从室内到室外，空间逐渐由封闭到开敞，最终到达屋顶喝茶空间的设计，与最初想表达的解压情感紧密联系，完成呼应。

3.7 设计——茶室呈现

最终设计图纸是学生经过一学期的学习思考，对于茶室设计的完整呈现。通过向学生展示优秀案例分析、分析图、渲染图、模型等方式来明确设计图纸应满足的深度要求。但同时，强调成果表达应延续自身情感。鼓励学生运用自己擅长的表现形式完成绘制，用最能够说明方案特点的图纸内容表达思想，用最能够表达自己想法的构图方式进行布置，用最能够说明方案问题的方式来制作模型。尊重自己对于设计付出的情感，做独一无二的成果展示。

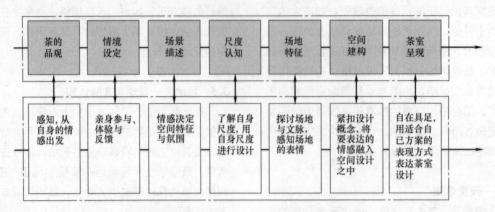

图4　教学过程中的情感表达（来源：作者自绘）

4　小结

正如彼得·卒姆托所说"建筑是某种经验上的东西，是某种起始于情感的东西"。我们难以想象一个没有情感的设计使用起来有多么地糟糕。建筑师要用眼睛观察，用心去感受，尊重自己真实的情感，才能做感动别人的设计。对于刚刚踏进建筑学大门的一年级学生来说更是如此，"从茶到室"课程的一大任务正是让学生初尝设计的滋味。在这样的背景之下，一方面，尊重学生自身的情感可以让学生感受生活的美好，发现设计的趣味；另一方面，重视在学习过程中情感表述有助于提高学生的设计想象能力，逻辑思维能力以及空间理解能力。在建筑设计基础教育中，培养学生"生活与想象"、"空间与形态"、"材料与构造"、"场地与文脉"等能力的同时，如何更好的关注学生设计的情感，将情感表达于设计之中，将作为一个问题，在今后继续思考学习和研究。

参考文献

[1] 顾大庆，柏庭卫. 空间、建构与设计 [M]. 北京：中国建筑工业出版社，2011.

[2] 卒姆托. 思考建筑. 张宇 [M]. 北京：中国建筑工业出版社，2010.

[3] 索尔所等. 认知心理学（第7版）. 邵志芳等译. 上海人民出版社，2008.

侯世荣 赵斌

山东建筑大学建筑城规学院；farawayalone@sdjzu.edu.cn

Hou Shirong Zhao Bin

ShanDong Jianzhu University

建筑设计基础教学中功能空间关系的讨论
——以建筑师工作室为例

Discussion Between Function and Space in the Basic Teaching of Architectural Design
——Taking Studio of Architects as an Example

摘　要：本文基于以空间建构为线索的山东建筑大学建筑设计基础一年级教学体系，着重探讨功能单元的训练方式。首先梳理了功能单元与教学体系的关系，其次着重探讨了功能单元的训练目的、训练重点与任务书条件设定的关系，再次讨论了行课组织中训练目标的实现与阶段性控制的关系。

关键词：功能单元，训练目标，条件设定，阶段控制

Abstract：this article is based on spatial construction design of the architecture major，which is the clue of Shandong Jianzhu University's first grade teaching system，focus on the training mode of functional training part. First it settles the relationship between function part and teaching system，and emphatically discusses the training purpose，training focus and condition settings of the function part. At last it argues the relationship between the realization of training target and stage control.

Keywords：Function part，Training target，Condition setting，Stage control

1　功能单元与建筑设计基础教学体系

山东建筑大学建筑城规学院建筑设计基础教研组从2013年开始进行基础教学方面的改革，经过几年的努力，逐步形成了以空间为主线的较为完善的教学思路。建筑设计基础课程框架如下，并具有以下几个方面的特征：

（1）总体原则：根据二、三年级的教学需求，围绕空间、功能、建构三个核心内容构建"建筑设计基础"课程整体教学框架，强调建筑相关基本概念的认知，为高年级学习奠定正确的专业基础；

（2）多层面：从专业知识和基本技能两个层面进行基础训练，专业知识各有侧重，技能训练贯穿始终。在掌握必要的基本知识同时，形成端正的学习态度和良好的专业习惯；

（3）专题化：以单元化的方式进行专题强化训练，各单元训练目标明确，重点突出，对外延相关问题结合阶段教学目标进行适当取舍；

（4）递进式：专业知识的深度和广度设定结合单元化逐步递进，新元素依次增加，各单元新加知识点不超过两个；

（5）理性设计：弱化设计中的感性成分，强调对设计理性分析和逻辑判断方面的引导，推动学生以思考问题的方式逐步深化完成设计。

其中，功能单元位于六个训练单元的最后，这里的"功能"并不仅是指房间的使用功能。而是包括与之对

应的空间容量以及空间界面的讨论，是三维空间的功能化与具象化。因此讨论方法就不能够局限于二维平面的布局，必须要有一定的空间界面及空间组织训练作为基础并借助模型的方法进行空间的感知。

从课程框架可知，学生在训练前，已经具备一定的

空间调研、空间操作、空间分析、纸板空间建构以及空间表达的能力，这无疑为功能单元的训练打下了基础。功能单元训练的功能设定为单层的建筑师工作室，对学生而言是真正意义上的第一个建筑设计，同时对二年级的设计训练起到承上启下的作用。

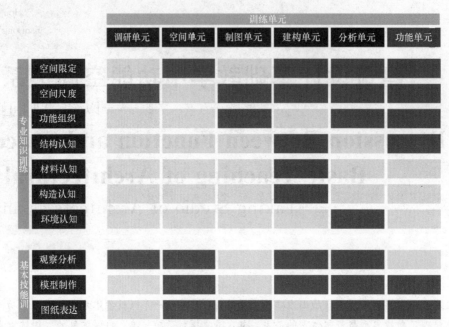

图1 建筑设计基础教学体系

2 功能单元的训练目的与条件设定

功能单元的训练目的：在认知抽象的空间概念和对建筑功能理解的基础上，学习从空间的功能化的角度入手进行建筑设计的方法，尤其强调空间组织的结构关系与空间的界面处理对整体空间的影响。在训练过程中涉及到尺度认知、功能认知与结构认知等多个方面的环节，使学生较为全面地了解空间、功能、结构在方案生成过程中的互动关系，较为熟练地掌握通过制作与观察模型感知空间特征的方法。

为了达到训练的目的，同时考虑到设计的难度，教师对设计条件进行了如下的设定，力求在突出训练的重点的同时使得成果具有一定程度的丰富性。

设定一：对室外环境的考虑

除了考虑建筑朝向之外，并未设置具体的环境限制。这有助于学生将关注点集中在内部空间的营造，而非内外空间关系的互动与讨论上。建筑外立面也同样不作为主要的考察内容。

设定二：对室内空间的考虑

主要指对室内空间容量的规定。建筑高度设定为一层高度，不准设计夹层以及室内空间中的较大的高差，避免

使学生认为只有高差才能创造丰富的空间。将建筑的轮廓设定为面积相同的正方形或者是长方形，避免对建筑形体的讨论，在限定的空间容量中讨论空间与功能的关系。

（1）轮廓一：9.6m×9.6m 呈中心对称感，方向倾向性较模糊，适宜于环绕式布局，中心性较强。

（2）轮廓二：12m×7.5m 呈两轴对称，纵横方向倾向性明确，突出空间序列的连续性。

空间高度：层高 3900～4200mm，通过基面和顶面高度的变化进行单层空间设计。

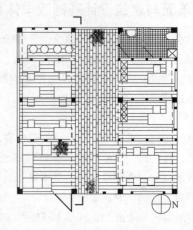

图2 方形平面设定

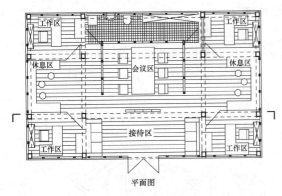

图3 矩形平面设定

设定三：功能设定

(1) 8人工作区＋2人单独工作间（主副空间布置，强调空间的分区与层级划分）

或4个相对独立的工作单元（对等空间布置，强调各工作单元的均好性与相对独立性）；

(2) 能够布置2400mm×1200mm评图桌的讨论区；

(3) 接待区或休息区；

(4) 卫生间（坐便器、洗脸池、拖布池）；

(5) 带有洗刷池的茶点间；

(6) 储藏室；

(7) 根据功能使用所配置的其他空间。

设定四：结构设定

结构构件以木材为基本结构材料，对不同构件的尺寸和模型材料规格做出详细规定：

模型材料基本尺寸 表1

构件	1:50结构模型	1:30成果模型	备注
柱	5mm×5mm	8mm×8mm	长×宽
梁	5mm×5mm	5mm×8mm	宽×高
檩	2mm×2mm	2mm×2mm	宽×高
墙	1.0mm	1.5mm	厚
楼板	1.0mm	1.5mm	厚
家具		1.0mm	厚

承重形式：墙、柱承重结合，讨论不同的承重体系、结构限制与空间设计的结合。

结构跨度：2.4～6m，既强调结构体系的规整布置，又利于灵活划分空间。

维护材料：板材（木）、龙骨，不同的构造方式带来不同的维护结构。

3 行课组织

如何保证训练重点能够被顺利的贯彻下去？在行课过程中分阶段控制是常用的方式。在教与学两个方面，通过在课程组织中设置明确的阶段性课堂讲解、阶段性

的作业以及评图，提升学生的紧迫感与积极性，推进设计进行。建筑师工作室教学过程可分解为如下过程：

阶段一 尺度训练

理论授课1

(1) 尺度的基本概念：从城市、广场、建筑、人体等多个层面结合实际案例进行尺度对比与分析；

(2) 测量尺度的工具与基本方法：测量对象、测量内容、测量工具使用、空间模拟；

(3) 工作单元的测量与设计：工作空间的基本特征与使用需求、工作单元的多种组合方式；

(4) 卫生间的基本要求：基本组成、洁具组合方式、基本尺度要求。

学生作业1（现场测量 & 图纸绘制）

(1) 三人一组进行人体尺度测绘，包含行走、坐立、洗漱等基本行为动作，并注意记录尺度变化导致的不同尺度体验；

(2) 结合空间模拟，对建筑师工作单元的尺寸进行测量与重新设计，为具体的功能设计做好准备。

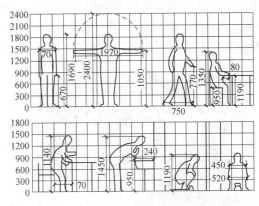

图4 学生测绘成果1

阶段二 功能组织

理论授课2

(1) 空间与功能的基本概念；

(2) 功能对空间量、形、质方面的要求；

(3) 功能设计：对同一功能内容的使用方式的思考与设计；

(4) 功能关系及功能泡泡图的基本概念；

阶段作业2（案例参观及分析）

(1) 基本平面图；

(2) 功能结构及功能关系泡泡图；

(3) 功能分区、流线组织分析；

(4) 工作单元的详细测量图。

阶段三 空间设计

理论授课3（工作室案例分析）

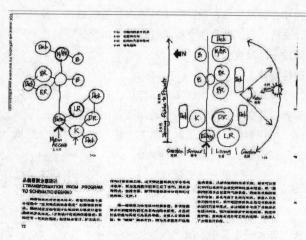

图5　功能关系授课

（1）工作室的功能构成；

（2）工作室的功能划分与流线关系；

（3）工作室的空间限定与氛围体验。

阶段作业3（功能空间模型）

该阶段着重对给定轮廓下功能分区与空间尺度的协调，以及空间关联和限定强弱的讨论，统一采用白色卡板进行模型推敲，淡化材料、质感的影响。（增补内容）

图6　工作室案例透视

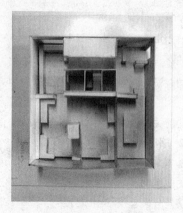

图7　学生空间模型

阶段四　结构介入

理论讲解4

（1）建筑结构的基本概念与分类。

（2）木结构建筑的支撑与维护结构。

（3）木结构相关案例。

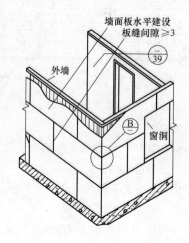

图8　木结构基本原理

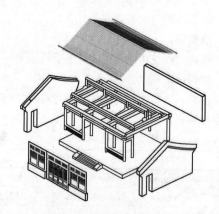

图9　支撑与维护结构拆解

阶段作业4（结构模型）

该阶段首先讨论不同承重方式形成的支撑方式的差别，通过1：50结构模型进行承重方式及结构布置的多方案比较分析；结合前期设计做出结构布置形式的合理性判断，在贯彻阶段二、三设计构思的同时，注意支撑结构的规则性布置。

阶段五　整体协商

方案深化5

（1）梁、柱等支撑构件对于空间限定的影响与互动；

（2）不同围护方式对空间限定的影响；

（3）以室内透视图的方式观察、分析、优化整体设计。

阶段作业 5

前期各阶段分解成果的整合与协调优化为本阶段重点，将各部分知识融合、消化，进行整体设计，通过绘制并且体会内部空间对空间界面等进行完善，同时制作成果模型。

阶段六　图纸表达
理论讲解 6

（1）平、剖面图的画法及注意事项；

（2）构件的表达方式及注意事项；

图 10　室内透视

图 11　成果模型

（3）轴测图、剖轴侧的绘制及注意事项；

（4）设计构思的图纸表达。

阶段作业 6（正图绘制）

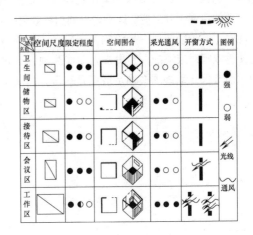

图 12　分析图绘制

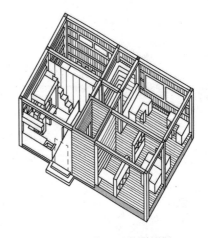

图 13　整体空间轴测绘制

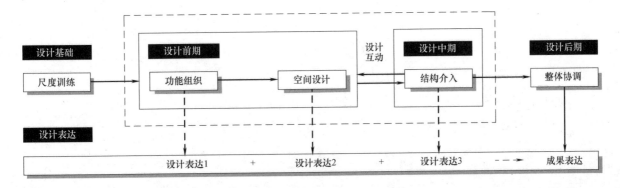

图 14　建筑师工作室训练过程图示

4　结语

课程经过尺度训练、功能组织、空间设计、结构介入以及整体协调数个阶段性过程。每个阶段都包含教师层面的授课教学与评图以及学生层面的成果绘制与提交两部分内容。通过这种行课组织方式，教师能够主动掌控设计进度，将各阶段的任务及成果进行明确；学生对各阶段知识点的认知程度增强，对相关任务及目标有了更加深刻的认知。经过训练，学生能够较为清楚地了解题目设置的目的，并且能够达到较好的训练效果。

同时，各阶段成果在最终的考评中各占据相应的分值，使得教师对成绩的评判更加注重学生对设计进程的掌控，而非仅凭最终图面确定成绩，在考评机制上更加的合理化。

在进行教学改革的过程中，不断的追问训练内容与教学体系的关系，不断的讨论新的训练目标以及根据训练目标设置的相关设计条件，并且辅助以有效的行课方式，才能够推动教学训练目标的明确化，科学化。

注：文中相关作业成果来自山东建筑大学建筑城规学院学生作业，其余图纸由笔者自绘。

王 为

东南大学建筑学院，建筑历史与理论研究所

AS建筑理论研究中心，城市与建筑遗产保护教育部重点实验室（东南大学）；wangwei19841021@126.com

Wang Wei

School of Architecture，SEU；Institute of Architectural History and Theory；

AS Research Center for Architectural Theory；

Key Laboratory of Urban and Architectural Heritage Conservation，SEU，Ministry of Education

原型与类型："活动中心设计"课程总结（2016）
Archetype and Type：A Summary of the "Recreation Center Design" Studio（2016）

摘 要：本文针对"社区（师生）活动中心"设计教学中出现的问题，提出引入空间"原型"与形式"类型"概念及方法，实现它与其前置课程之间的衔接，辅助设计构思的推进以及对学生既有知识体系的发展与延续，最后通过具体的案例进行了回顾与总结。

关键词：建筑设计教学，空间操作，原型，类型，形式

Abstract：For the purpose of solving the problems emerging in the courses of "Recreation Center Design"，this paper introduces the concepts and methods of spatial "Archetype" and formal "Type"，and reviews the related cases from studio assignments. Through this way，the attempt provide the connection between this project and the former ones，and the assists for the development of the students' design ideas，and the continuation of their existing knowledge system on architectural design.

Keywords：Architectural Design Teaching，Spatial Operation，Archetype，Type，Form

"社区（师生）活动中心"设计是东南大学建筑学院2015～2016学年本科一年级"建筑设计基础"课程的最后一次作业，时长11周（图1）。在此之前的教学由"空间生成"、"空间立方体"、"建筑师工作室"、"竹建造"几个部分构成，学生初步掌握了生成空间的要素、形式操作的方法、功能组织的逻辑、材料特性的认知等与建筑设计相关的背景知识[1]。而这次"服务中心"作业则设定在具体的城市环境中，并进一步引入结构、材料、光照等具体的建造要素，使最终成果已经接近于真实的建筑方案，给初次接触此类任务的学生带来了新的目标，也对设计教学提出了新的命题[2]。

（1）场地调研的结果出自城市环境，此后对外部关系的表达基于形体推敲，对内部关系的组织基于空间概念，任务书以步骤拆解的方式辅助学生思考，但多数很可能一时还难以形成整体性的把握，特别是反复调整的能力；

（2）大部分一年级学生缺乏对生活的体悟和提炼，造型手段也相对单一，难以将建筑内外的功能单元落实

---

[1] 东南大学建筑学院一年级的"建筑设计基础"教学体系始于顾大庆教授等从1980年代开始的教学改革，它最初源于瑞士苏黎世高工（ETH）的"建构"传统和"透明性"（Transparency）传统，近年来又对香港中文大学顾大庆教授设计的"空间操作"系列教案有所借鉴。

[2] 该课程设计选择两块基地，为保证成果的多样性，功能设置略有不同：一块位于南京市玄武区老虎桥街道（A地块），拟为"社区活动中心"，一块位于东南大学南门对面（B地块），拟为"师生活动中心"。

为具体的空间形态,往往在概念和形式之间难以兼顾,容易表现出设计逻辑的混乱;

(3) 基于杆件、板片、体块(盒子)的形式操作面向抽象空间的生成,外部形式反映内在逻辑,但这一方法不能全面地处理建筑与环境的关系,尤其是立面问题。

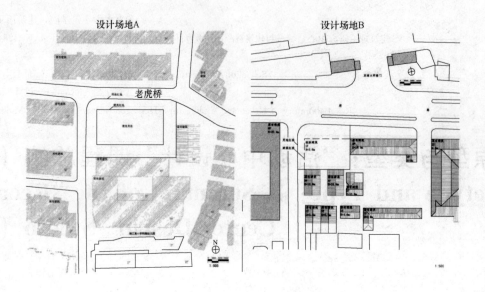

图1 设计用地

基于上述考虑,我在自己的小组教学中尝试了一些改变,本文将通过对其中的想法、过程和成果的梳理与总结,记录一些经验与反思,作为后续讨论的参考。

1 教学的调整

根据任务书建议的时间安排,教学起步于"城市空间认知",在1周的场地踏勘和对调研成果整理之后,从第二周开始,有近3周5次课的时间完成体量操作、总图布置,以及相关图纸的绘制工作。要求根据7.2×14.4×10.8和10.8×14.4×7.2(m)两种初始体量,以1.2(m)的网格为基准进行分割、切挖、架空等操作,完成城市空间的塑造,确定初步的总图布置,并通过模型、图纸和照片拼贴等方式进行记录和表达。这是一个时间相对充裕的安排:一方面,可以让学生进行多种尝试,认知不同种类的城市空间,理解它们所对应的多样的公共生活;但另一方面,由于功能尚未介入,基地条件又相对简单,在做出必要的开口、退让与留空之后,学生难以从内部得到新的概念,也没有足够的经验去判断体块发展的可能,缺乏合适的支点推进设计,常常陷在不同的选择之间无所适从。为了避免这种情况,我尝试着通过一些调整去辅助学生对工作目标进行理解,明确构思:

(1) 场地调研讨论结束后,学生在第二周进入"体量操作"阶段,被要求在制作模型之前,根据踏勘结果先行提出若干个需要解决的问题,再选择杆件、板片、体块等元素确定操作,强调以清晰的形式逻辑获得城市空间,并回应设定的场地问题。

(2) 随后的讨论反映出,由于学生缺乏观察经验,调研工作多为对建议内容"填空"式的完成,导致提出的问题雷同度高,也不能很好地代入设计构思,因此要求在继续修改模型的同时,绘制能说明特定对象的分析图表,并附上详细的数据或图解,引导学生带着问题再次踏勘场地。

(3) 接着,开始要求学生对内部空间进行"公共"与"私密"的区分,将前者处理成色块,后者处理成透明材料包裹的虚空,在体量模型中进行体现,在建立"建筑·城市"内外关系的同时,也因为模型表面材质的区别,开始引入立面问题,这事实上将后续的"功能配置"环节前置了。

通过这些调整,引导学生根据调研提出设计目标,及早形成概念,并为后续的深化提供明确的思路。然而,在讨论中发现,学生对"公共"和"私密"的理解较为概念化,仅表现为尺度大小和界面的透明度,既缺乏对场地周边环境的观察和解读,也缺乏对社区或校园生活的体验和呈现,这被确定为后续课程中需要进一步解决的问题。

首先,引入一种接近于"类型学"(Typology)理论的分析工具,帮助学生找到环境中控制性的形式要素，要求他们在场地分析中，将周边建筑抽象为基本几何体的组合，着重表达轮廓和开口。其主要目的有二：一是将抽象的形式操作和具体的城市环境关联，辅助空间概念的提取和推导；二是提供观察的新视角，让调研成果能够落实在设计过程中。

随后，让学生阅读日本建筑师冢本由晴（Yoshiharu Tsukamoto）2015年的著作《空间的回响·回响的空间：日常生活中的建筑思考》，通过文字理解城市，特别是社区中行为特征的多样性，形成从日常生活中寻找空间概念的基本意识。

最后，以前期工作为基础，结合先例完成设计。具体地说，在确定基本体量时，学生须根据调研中的问题，思考社区（校园）中的公共活动需求，选择相应的空间"原型"，比如：街道、广场、阳台、看台、院落，等等，再结合抽象出的建筑"类型"，处理形式，而"操作"作为他们目前阶段最熟知的造型手法，则起到结合两种逻辑的作用。

根据设想，"原型"立足于生活模式，解决"空间"问题；"类型"源自于环境特征，解决"形式"问题。然而，该目标的实现过程中还存在着一些问题，主要体现为：①学生的阅读、观察和研究能力尚未成熟，相对于日常生活体验，更习惯于直接模仿先例；②受限于课时安排和知识储备，基于"类型"的理论和方法难以深入讲授，学生短期内无法理解并加以应用，仅有少数能够窥其门径；③作为造型方法的"操作"具有局限性，其根本逻辑基于抽象元素，并不能完全推出建筑形式，导致学生在后续阶段，特别是立面设计中缺少办法。不过，也仍然取得了一些成绩：①对"原型"的提炼有助于学生在体块操作阶段即形成清晰的概念，并基于"公共"与"私密"的分化，及早确定空间关系，为后续的深化提供了明确的方向；②即使学生对"类型学"思想只有简单且表面化的接触，但仍受其启发，获得了更多的形式来源，体现在对坡顶轮廓、体块关系和开口方式等多样化的处理方式；③通过将城市生活体验融入形式"操作"，学生创作出具有新意的空间形态。

接下来，本文将结合课程作业中的代表性案例逐一进行展现。

2　体块布置与空间概念："后院"（基地 B）

"后院"方案根据调研结果提出这样几个问题：①基地位于道路的交叉口，交通拥堵；②场地北侧两幢低层住宅处于拥挤狭窄的街区环境，周边缺少良好的开放空间；③建成后的"师生活动中心"应成为联系校园与城市的节点。于是，他通过一横一纵两个体量

的交错放置，形成对街道的退让，一层高的露台以及面向校园的"后院"，同时也留出了连接街道和院子的通道（图2）。

图2　"师生活动中心"课程设计学生作业（刘昌铭）

"后院"在该方案中成为了空间组织的焦点：一是纵向的一层体量在限定院子同时，也以窗洞与露台的方式对其开放；二是院子北侧的茶室以连续的可开启的玻璃门扇为界面，实现了室内外空间的连续；三是通过横向的走廊和大空间，以及大面积的开口，将二层活动室中的视线引向院子，再次强调两者之间的渗透性。

在确定"后院"空间的基本关系后，该方案将沿基地长向展开的二层体量处理为坡顶，并采用与相邻建筑相等的进深，在形式上呼应了周边环境，最后通过混凝土、木材、玻璃、钢构架等材料变化清晰地阐释了设计思路。

3　形式操作与空间概念："屋顶屋"（基地 A）

相比于"后院"方案从外部的城市关系和体块布置出发，方案"屋顶屋"在起初就有一个明确的形式"操作"概念：通过连续面的翻折形成坡顶，呼应场地东侧的红砖房，并在内部获得了"错层"的空间关系。确定概念以后，方案转向对外部问题的解决。首先，基于"错层"，在高起部分的下方设置自行车库，缓和社区内缺乏交通服务设施的矛盾，也在场地中留出连接建筑前后的通道；同时，将车库上方的平台用作室外活动，利用它与道路间高差产生的私密性，扩大了内部茶室的功能，既沟通了室内外空间，也联系了新建的社区中心与相邻的砖房——它在命题中被判定为积极的外部条件；此外，通过板片沿场地长向，以不同宽度，在不同位置的翻折，产生两个坡顶彼此错落的体量，以一个小阳台穿插其中，又得到了另一种形态的半室外公共空间（图3）。

该方案以简明轻松的方式获取丰富的内部空间，并使形式逻辑清晰地显现，这在小房子的设计中尤为重要。

"错层"很容易地实现了各种功能的区分，又不会破坏相互之间的开放性。半层高的关系也使流线变得紧凑，有余力引入更多样的交通组织方式。比如，通过较平缓的台阶

形成看台，在其一侧以通高的书架作为隔断，另一侧贴邻透明玻璃墙体看向室外，这就得到了富有特色的阅读区，也是近来在现实中较为常见的设计。

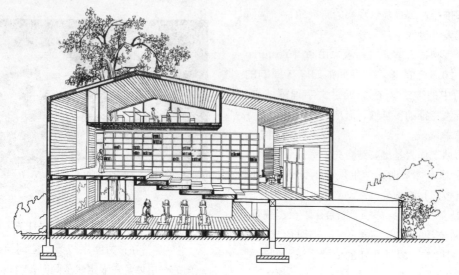

图3 "社区活动中心"课程设计学生作业（朱力辰）

4 结构体系与空间概念："盒体网络"（基地 B)

方案"盒体网络"最早源于对一个先例的兴趣，即建筑师瓦雷里奥·奥尔伽蒂（Valerio Olgiati）的普兰塔霍夫学校礼堂（Plantahof Auditorium 2010）。该礼堂是一个简单的单坡顶体量，内外表面都使用了深色混凝土材料，并在正立面外突出一段承托屋顶的斜撑。不过，设计者在当时更多是被其新奇的造型和素净的气质所吸引，在当时并不能完全理解斜撑的结构复杂性。因此，我建议他不必拘泥于形式，转向对结构与空间的思考，还可以学习其他的案例，例如：筱原一男（Kazuo Shinohara 1925-2006）的类似作品。

设计者首先确定了基本概念，因为学校对面的场地规模不大，周边的环境也较杂乱，所以决定将新建建筑本身做简单，仅以一个长方形体块守齐街区的边界，并在北立面保持和相邻建筑同样的檐口高度，再于东侧留出通往校园内部的通道（图4）。

该方案随后考虑了场地南侧既有住宅的遮挡问题，于是在反折的坡屋顶上设置天窗，引入天光以改善内部采光，并对周边的屋顶形式作出呼应。这种处理同时影响了室内，中间低两边高的顶面使空间获得了方向性，自然产生分化，也由此确定了形式概念，将各种所需的功能置入大小不一的盒体，依不同标高堆叠在初始体量内部。

盒体穿套的"操作"型塑了活动中心的内外空间，

并对建筑与城市之间的关系进行了颇有趣味的讨论：内部盒子包裹的房间群构成了最具私密性的部分，通过开口向彼此开放；作为与外部接触的边界，表皮也根据盒子的位置确定了自身的虚实关系；盒子的"负形"形成的大空间，则模糊了室内与室外的区分，并提供了两者之间的过渡。

结构及其材料的处理也基于同样的概念。通过对筱原一男等建筑师作品的借鉴，该方案采取了强调结构体系并将其突显的策略：一方面，规整的网格在建筑内部形成了秩序；另一方面，梁柱在盒体中的穿插也更清楚地标识了不同体量间的错落与叠合。同时，建筑以混凝土为主要材料，外表皮和结构构件都使用其本色，惟有朝向内部的盒体墙壁全部刷白。这种做法主要基于两点构想：一是与素混凝土色的梁柱作出区分，直接反映形式的构成逻辑；二是可以借助顶部倾斜下来的天光，强化盒子本身的体积感及其空间意义。

5 公共生活与空间概念："拱廊上的社区剧场"（基地 A)

"拱廊上的社区剧场"方案产生于前期富有洞见的调研工作，提出了这样几个问题：①场地位于社区环境，周边建筑底层多为商用，向街道开放，上层多为住宅，较为私密；②现状中住宅的风格虽然并不整齐，但却依靠凸出的阳台、窗台和金属防盗网形成了立面特征中的共性；③社区生活具有多样性，因此希望能提供一个可变的，能够容纳多种活动的大空间来满足这一特

性。方案由此确定了基本构思：①场地东侧留出广场，建筑置于西侧，并将下部处理为"街道"，尽量开放，连接巷道和广场，还可用作室外展览场地；②以立面上的体量凹凸呼应周边建筑，局部以阳台的形式与外部的街道进行联系；③在二层中心的活动区域周围排列看台，上方设置茶座，通过视线的开放，形成可以让使用者进行互动的公共性大空间，通过剖面变化将其与外部街道相连。

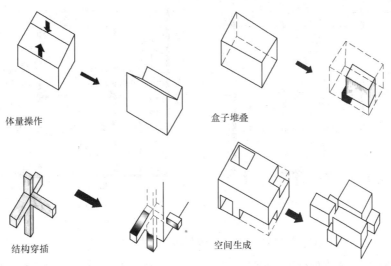

体量操作   盒子堆叠

结构穿插   空间生成

图4 "师生活动中心"课程设计学生作业（王耀萱）

该方案的设计者具有活跃的思维和较强的理解力，对学习过程中接触到的理论和概念，能够迅速吸收应用，例如：将建筑下方的街道处理为拱形，源于对拱廊街"原型"的兴趣；对立面凹凸关系的观察和提取，得益于对"类型学"方法的初步尝试；通过阳台引入街景，既出于对社区活动的解读，也得益于阅读冢本由晴《窗，光与风与人的对话》（Window Scape）的积累与体悟。

最初的构思结合了大量概念，空间复杂，要素繁多，因此在发展过程中采取以下方法对形式进行整合与呈现。首先，以拱形为母题，既塑造了底层街道的形态，也结合了上部的结构，通过拱形墙承重并分隔空间；然后，引入"九宫格"布局，将二层多功能的大空间置于中心，控制平面秩序；最后，剖面处理参照剧场模式，视活动室为舞台，通过楼层之间的视线关系和顶部的天窗采光强调空间的向心性（图5）。该方案通过剖面设计生动地讨论了社区生活中"公共·私密"的层级：第一，拱形空间在底层同时形成了街道与扩大的门廊，呼应了周边建筑下部对社区的开放关系，并通过曲线形态提供了独特的身体体验；第二，二、三层的阶梯状空间向下倾斜，使视线贯穿整层，透过阳台眺望窗外，接触来往于街区内人群的活动；第三，位于活动室斜上方的茶室则以环绕中心的方式，有侧重地凸显其向内部开放的一面。

图5 "社区活动中心"课程设计学生作业（周凯怡）

设计对色彩的运用极为大胆，建筑内部使用鲜明的黄色标识了所有的交通空间，在外侧则以黑色盒子覆盖在拱形街道上方，又将红、黄、蓝三种原色施于凸窗的内壁，产生了独特而醒目的视觉效果，从周边环境中跃然而出。

该方案也有一些值得商榷，主要集中于以下几点：第一，设计中使用的元素繁多，不免杂芜之失；第二，平面显示出较强的中心感与对称性，加上拱形母题的运用，使风格稍显"古典"；第三，外部形象较封闭，色彩的运用与街区环境不尽协调。它们确实也是讨论中出现过的疑虑，然而，鉴于该同学在设计发展过程中表现出较强的形式控制能力，特别是在引入"九宫格"体系后，虽仍有流线不够紧凑，少数房间尺度失当，部分细节尚待雕琢等等缺陷，但对功能的排布，

剖面的标高与下部拱形的结合，色彩和材料的运用，都已呈现出较为明晰的秩序，且处理得颇有章法；此

外，"九宫格"的平面模式，拱形结构的使用，也常见于现代设计中（图6）。

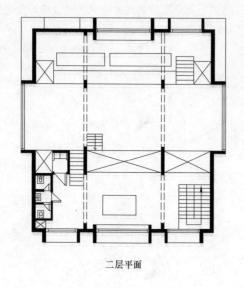

二层平面

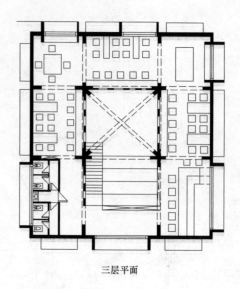

三层平面

图6 "社区活动中心"课程设计学生作业（周凯怡）

同时，建筑的外部形式也与周边环境不甚相符。事实上，该方案曾尝试过多种立面类型，将概念聚焦于以虚实对比、形体凹凸呼应既有建筑。据该同学的解释，最终选择以黑色表皮形成封闭的外壳，主要意图在于将新建筑与杂乱的社区截然分开，仅通过不同的"公共·私密"层级来阐释内部空间与外部城市之间的关系。这一想法虽有不尽成熟之处，但也代表了另外视角的思考，因此尊重了她的判断，仅点明其背后涉及的价值倾向，并未做过多探讨。

更重要的是，这个方案折射出一个建筑初学者处理"形式"的兴趣。在以"空间"为中心的教学体系中，"操作"作为帮助缺乏经验的造型者整合"形式"的一种工具，因其在前期的课程中被频繁地提及，也就此成为被学生熟知的一个关键概念。然而，由于他们尚未积累足够的认知经验，故而无法建立关于"空间"的完整体会，于是，反将关注的重点从借助"操作"进行的空间观察转向了设计生成过程中逻辑的清晰性与纯粹性，并将其简单地理解为一种固化的标准，排斥了建筑本身应具有的复杂而多元的"意义"。而该方案则通过拱形的曲线、醒目的色彩，以及对社区空间个性化的解读保留了对建筑学基本问题的直觉反应，也提供了反思设计基础教学的一次契机。

结论：设计与生活

"社区（师生）活动中心"是一年级设计基础课程

的最终环节，通过引入真实环境，将此前抽象的空间教学与具体的建筑问题相互衔接。其核心之处在于，如果将"操作"还原为以"空间"为关照，进而推出"形式"的工具，那么，在此之后，又如何引导学生认识"空间"本体以及附着其上的多重内涵。以免于侈谈"空间"，却不知"空间"由何而来；避谈"形式"，更不明"形式"因何而作的疑惑。前文论及的案例则试图提出更多的可能性：

方案1形体简洁，思路清晰，其建筑内外的空间与形式关系皆从"后院"这一原型发展而来，更得益于对其中活动方式的体会与呈现；方案2以"操作"为起点，但仍需依靠对公共空间的塑造和周边建筑的"类型"的比拟，返回到具体的城市环境之中；方案3对盒子问题进行研究，在表皮的包裹下再造了一条"街道"，且不拘泥于要素的纯粹性，从光线的空间意义出发，对覆盖坡顶的板片、支承结构的杆件和限定房间的盒体进行整合与组织；方案4则结合了"拱廊"、"窗口"与"看台"三种模式，从平面、剖面、立面等各个角度进行综合，推导形式概念。

这些尝试当中，无论"原型"抑或"类型"，都着眼于空间与形式之间的关系，这与"操作"的原初目的殊途同归，但又希望将其根植于对日常生活中切身体验的关注，能为初学者的素材积累提供更加丰富的源泉。让他们敢于去将生活中一些"偶然"的东西引入抽象的几何空间中，使其变得具体而鲜活，以获得更具多样性的成果。

参考文献

[1] 顾大庆，柏庭卫.空间、建构与设计 [M].北京：中国建筑工业出版社，2011.

[2] 葛明.体积法（1）：设计方法研究系列之一 [J].建筑学报，2013.08：7-13.

[3] 葛明.体积法（2）：设计方法研究系列之一 [J].建筑学报，2013.09：1-7.

[4] 葛明.结构法（1）：设计方法研究系列之二 [J].建筑学报，2013.10：88-94.

[5] 葛明.结构法（2）：设计方法研究系列之二 [J].建筑学报，2013.11：1-7.

[6] Eberle, Dietmar & Simmendinger, Pia, From City to House：A Design Theory, GTA Verlag, 2007.

李茉[1] 高莹[2] 隋欣[3]

1 大连理工大学城市学院；jasmine_0201@126.com

2 大连理工大学 建筑与艺术学院

3 大连民族大学 建筑学院

Li Mo　Gao Ying　Sui Xin

1 City Institute，Dalian University of Technology

2 School of Architecture and Fine Art，Dalian University of Technology

3 College of Architecture，Dalian Nationalities University

从建造教学反观我国建筑设计基础教育
Looking Backword Chinese Basic Education of Architectural Design from the Construction Teaching

摘　要：本文通过对建筑设计基础教育中的建造教学实践案例，进行实地学习观察、教学操作和教学反馈，透过建造现象本身来反观我们的建筑设计基础教育思路的转变。以"观察—反思—更新"的脉络，对建筑设计基础教育体系进行研究与优化。

关键词：建筑设计基础，建造教学，综合性，评价与更新

Abstract：Based on the observation learning，teaching and feedback，on the practice cases of construction teaching in the basic education of architectural design，we focus on the ideas transormation of our primary architectural education，passing through the phenomenon of construction itself. We study the progress of " Observe - Reflection - Update"，in order to optimize the basic education system of architectural design objectively.

Keywords：Primary Architecture Design，Construction Teaching，Synthesis，Evaluation and Update

1　传统建筑基础教育的传承与革新

布扎"学院派"的纯美术教育体制，曾对我国早期的建筑教育的建立起到重要的作用，是我国建筑教育的主要源泉。在德国包豪斯学校重视手工技艺的工作坊教学的深刻影响下，我国建筑教育得到逐渐发展和成型。图形表现、三大构成等有关技能训练是：建筑设计基础，课程训练目标的主体。学生通过临摹绘画，表现能力得到了训练，却不知道自己表达的含义。传统的单项训练课题，以及从二维到三维的教育思维其局限性暴露的越来越明显，已经不能适应我国对于多元化建筑人才的要求。

走过了以表现为主的布扎学院派模式，在现代教育的多元化背景下，建造教学模式的实验和探索，能否成为深刻影响我国建筑基础教育的下一个新风向？

2　"和而不同"的建造教学实践

建筑不只是图纸上的概念，而是要建造出来的。建筑师也不应只关注设计概念和分析图，而更应该关注建筑的材料、构造、结构和建造过程，充分表现材料和技术之美。正如克里斯托夫·亚历山大在《进步建筑(Progressive Architecture)》中强调建造活动在建筑师的学习和实践中的作用。并指出：建筑师应当与使用者在现场设计建筑；应当在每一栋建筑设计中做一些手工工作。

1990 年代中期，受到瑞士 ETH 学院一年级基础教

学中的"砌墙作业"以及香港中文大学的"地标设计"的影响，近年来国内众多高校进行着从"画图学设计"到"建造学设计"的实验和尝试。其中较有影响力的包括"同济大学国际建造节"（图1）、清华大学的"空间建构"课题、中央美院和四川美院的亭子课题、"哈尔滨大学建造节"和华中科技大学的"1：1建造"等。建造节是一场建筑学界的盛会，它让对建筑了解尚浅的一年级学生，体验从方案推敲、材料选择、构造设计、模型制作到真实搭建的全过程（图2）。感性的认知建筑首先是遮风避雨的场所，建筑的实现需要相关的专业进行协调和配合。刚接触建筑的学生们，在实际动手制作搭建的过程中，对材料的特性、构造的原理、空间的体验和尺度的把握，能得到很深刻的理解，建立起空间的思维方式和方法。

图1　包豪斯学校在2016同济大学建造节一等奖作品
（图片来源：作者拍摄）

图2　指导学生在大连理工大学建造节作品
（图片来源：学生拍摄）

3　从建造教学的反观建筑设计基础教育

透过建造教学的现象，观察建筑基础教育的现状，对传统建筑教育进行反思。在建造中，建筑的材料、构造、结构之美被重新唤起，回归到建筑本质的关注。建造过程的设计者参与，让设计和建造之间增加了互动的可能。

3.1　课题的区域环境架构背景

建筑是关乎于：地点、人物和活动的综合项目。建筑所处的环境是系列活动存在的背景，也是制约设计的限定因素。在特定的环境中，地域、气候、材料和文化等是特有的。在认识建筑之前，感知环境、体验空间，这不可或缺的。

建造课题同样映射出环境的重要性。深圳大学和香港设计学院的四川雅安木工＋竹编工作营（图3），哈尔滨工业大学建造节中的瓦楞纸临时性建造，2016同济大学国际建造节的材料因梅雨季而更新为白色塑料中空板。说明材料的选择基于环境，设计概念从文脉生成，建造过程有当地手工艺人协作帮助，建筑空间被人使用体会，而人是用在生活中所形成的理念和认识去感知和评价的。因此观察和学习，都不能照搬挪用，需要分析课题所处的地域环境和学校的培养特色来定位和调整，以制定出具有可操作性的特色培养策略。

图3　深圳大学2016年四川雅安工作营作品
（图片来源：www.weixin.com）

3.2　从模型制作基础到真实空间建造

绘画和模型是两种常用的建筑设计学习方法。相较于二维的绘图工具，三维的模型工具更为直观立体。模型不只是成果的表现，更多是一种过程的推进，思考的工具，建筑教育中越来越意识到从模型中学习的重要性。重视建筑生成的过程，这需要现场调研、做模型、反复的方案论证实验等客观的分析。欧洲建筑教育一贯秉承着工匠传统，重视动手操作能力的训练。从模型到足尺空间建造，建筑设计基础学习更向前一步。

把概念转化为建筑，建造起来，符合建筑真实、可被空间体验的特性，因此建造在教学里有极高的探讨价值。从"小制作"到"建造"的循序渐进的演变过程。真实建造，是推敲材料、结构、构造、建造方法的实验教学，是把建筑学从"图面建筑"中解放出来的有效途径。建造教学方式的引入，缩短了概念和建筑之间的距离，通过真实的体验和比例来重新优化设计。作为一种教学方式，建造课题强调研究的自主状态，注重学生的自我发现问题、解决问题的综合能力，研究的对象和目标是明确的，但是解决问题的过程、方式和结果是不限定的，也吸引其他学科的引入与结合，如构造、材料、结构、技术等，其操作改变了传统的单项学习方式，表现为教师与学生互动探讨的过程。通过建造实践，从基本的材料和建造逻辑中，从自身的实践认知中总结关于设计和建筑的思维方式和相应的建筑形式语言。

3.3 综合性的建筑设计基础教育

建筑基础传统教育的先简单后复杂、先技能后应用、先基础后综合的单一教学方法，学习目标不够明确，容易让学生迷失。应建立建筑基础教育的综合性教育体系，形式上变小课题为大课题，从一开始就让学生面对比较复杂的体验和设计问题。学生学习目标明确，大课题中再把分级目标各个击破，最终完成纵深性拓展的学习目标。建筑设计基础的教学目的是通过循序渐进的联系过程，使学生发现问题、分析解决，建立一种理性的设计思维方法。

建筑空间生成与使用功能、材料和技术、以及场地环境等因素密切相关。在环境中体验感知城市、建筑、景观、雕塑等，建立系统整合的设计观，这些专业本就有相通相融之处。运用类比的方法，寻求建筑学的本源，拓展建筑横向的外延，突破建筑学的专业界限，促进学科融合，探索大设计的教学理念，培养卓越的创造性思维。

我国建筑教育经历了图面表现、模型制作、真实建造、空间建构的变革历程，只有更新教学内容、方法和目标，调整建筑基础教育的主线，我们的建造实践才是真正有意义的。以建造为过程目标之一，提升建筑基础教育理念。

3.4 教学评价与更新机制

建造课题是建筑设计基础中的一个教学单元，是教学的一个阶段性的结果。教学单元之间应紧凑、关联紧密、承上启下。教学中的反馈评价体系对评定教学效果至关重要，形成"教学讨论—教案形成—实施过程—评价反馈"的链条。评价更倾向于轻结果、重过程。可以通过作品答辩或任课老师的观察、提问、评价，达成跨专业师生及设计同行的交流，收获不同的意见，每个教学单元都需要在交流讨论中完善优化。教学反馈及总结是教学决策层面对具体实施层面的指导方针。

从设计的过程是否逻辑清晰、策略合理，设计研究工具是否操作得当，设计成果使用反馈效果等方面进行评价。针对建造课题具体来说，第一，通过建造成果对前述的结论和个人主观想法的验证和检验；第二，了解该教学方式在国内实际教学中的效果、存在问题、学生对建造教学方式的认可度；第三，从调查反馈结果上调整更新课题方案。

4 总结

建造教学实质在于针对传统的设计教学和学习方式的反思，其意义在于建筑本质的回归。在一定程度上，建造是建筑的起点，也是建筑的终点。在真实的建造中，比单纯的图纸设计学到了更多的知识，更多建筑和空间尺度的切身体会。从教学反馈中我们看到了建造课题对于教学的益处。应注重建造课题在建筑设计基础教育中的地位，建造课题让我们重新意识到，建筑的材料、结构、构造的方式，以及团队合作的建造过程成为了建筑设计和表现的主角，成为建筑审美的新驱动。建造教学带来的是建筑设计基础教育的设计思维方式的转变，而这也将是建筑基础教育所探索的方向。

参考文献

[1] 罗奇.东南大学建筑设计基础课程的观察与思考.华中建筑，2011，61（11）：161-163.

[2] 葛明，克里斯蒂安·克雷兹，大卫·莱瑟巴罗，顾大庆，李岳岩，晏俊杰.方法：关于设计教学研究.建筑学报，2016，568（01）：1-6.

[3] 薛滨夏，周立军，于戈.从真实到概念——建筑设计基础课教学中的空间意识培养.建筑学报，2011，513（6）：29-31.

[4] 宋晟，许建和，严钧.《建筑设计基础》开放式教学研究初探.华中建筑，2012，73（11）：170-173.

魏力恺¹ 韩世麟² 许蓁³

1、3 天津大学建筑学院；chutuan@126.com

2 韩世麟，V-Ray 官方认证人，Hanshilin. com 网站

Wei Likai¹ Han Shilin² Xu Zhen³

1、3 School of Architecture，Tianjin University

2 V-Ray Certificated Professional，Hanshilin. com

WH 建筑课：空间表达的 What 与 How
——天津大学本科二年级"计算机表达"课程实录与反思

WH Lecture：What & How within Spatial Representation
——Record & Rethinking of Computational Representation Curriculum in 2nd year of Undergraduate Education in Tianjin University

摘　要："计算机表达"是"软件操作"与"课程设计"之间的纽带。开设于天津大学本科二年级下学期的 WH 建筑课，就以空间表达的 What 与 How 为主线，试图以一种"启发式"和"实践性"的教学方式，对学生设计表达中建模、渲染、后期、分析图和排版等各方面各个击破，激发同学建筑空间设计表达的兴趣，并建立一种"可持续"的传承机制。

关键词：计算机表达，本科教学，图面表达：WH 建筑课

Abstract："Computational representation" is the connection between "software operation" and "curriculum design". WH Lecture, given in the 2nd year of undergraduate education, aims to improve students' abilities in modeling, rendering, ps, diagram and layout through a heuristic and practical method, stimulate their interest in spatial design expression, and attempt to establish a sustainable mechanism.

Keywords：Computational Representation，Undergraduate Education，Spatial Expression，WH Lecture

计算机"空间表达"是数字化时代体现建筑设计理念和意图的重要手段。开设于天津大学本科二年级下学期的"计算机表达"课程，目的是不仅使学生初步掌握计算机绘图软件的基本操作，更要综合不同软件，熟练绘制对空间表达有一定"态度"和一定"风格"的建筑平面、渲染图、剖透视和爆炸图等各类建筑图。

这门课还有另外一个名字："WH 建筑课"。WH 是 What 与 How 的简写，意思是"都有啥"和"怎么整"，这二者构成了此课从构思、到教学、直到考核，所一以贯之的思维方式。

1 "软件"与"设计"之间

开课前的构思中，我们对于如何定位这门 12 周的课程进行了 What 与 How 分析。

What："计算机表达"领域的内容和方法五花八门。技术方面，主要包括渲染表现、参数化建模、计算机图形编程、虚拟现实等[1]；教学方面，分为几大高校相对传统的计算机软件教学，以及培训机构和一些微信公众平台定期进行的相对"新颖"和"时髦"一些专题讲座和内容推送。这些方面基本涵盖了当前计算机表达

的教学内容。

How：关于这门课该"怎么上"，起初我们还产生了一些意见分歧，分歧主要出在两种教学方案之间，第一种，是"通识式"和"兴趣性"的全局教学方案，对许多空间表达技术均有所涉及，强调对各类计算机辅助设计工具的"广泛涉猎"和"兴趣培养"。第二种，是"启发式"和"实践性"的深入教学方案，只针对学生设计作业中普遍存在的图面表达问题，对建模、渲染、后期、分析图和排版等各个击破，强调对特定渲染绘图软件的"熟练掌握"，以及对建筑空间设计"表达欲望"的激发。

最终，我们选择了后者，企图在"软件操作"与"课程设计"之间形成一种衔接（图1）。常规设计课少涉及软件，而软件课又难关注设计，介于"软件"和"设计"之间的"WH建筑课"，就希望适当补全这点空白，一步一步教会学生如何进行空间表达，唤起大家积极表现自己设计方案的冲动。

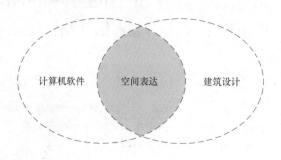

图1 "软件"与"设计"之间．

2 "玩儿转"系馆

"玩儿转系馆"是这门课的另一条教学主线。整个学期我们都以大家最熟悉的建筑学院系馆作为"实验对象"，从平面到建模，再到渲染、后期、爆炸图、剖透视和分析图等，使各部分内容环环相扣，从而打通整个设计表达流程，训练学生一种更加系统的空间表达意识。

Week 1～Week 2：同学们从AutoCAD画线都不会，到能够用天正建筑绘制建筑学院系馆平面，然而面对一张光秃秃的系馆黑白平面裸图，如何才能接近大师效果，画出国际范？

What：一系列大师建筑总平面/平面优秀范例，总结风格特征：A. 黑白线稿 + HATCH；B. 简单清淡配色；C. Grunge风；D. 写实风。

How：有了目标，各个击破，建筑平面表达四原则：A. 线宽、灰度层次清晰；B. 室内外表达明确，环境挤出建筑；C. 字体和指北针，smart is beauty；D.

放开眼界，风格鲜明。现场两个填色实例带领学生体验Photoshop "清淡风"和"Grunge风"的着色技巧。

课堂实践学生们有些手忙脚乱，但是通过我们录制的教学视频，和一个为期一周的系馆平面填色作业，大家交上来的作品却稍微有些让人出乎意料（图2）。学生作业入门级的手法显然比较稚嫩，但同学们对于平面主次关系的把握，和敢于积极表达、探索尝试不同风格的精神值得鼓励。

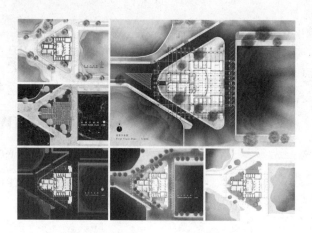

图2 "玩儿转"系馆平面学生作业

3 十分钟"傻瓜渲"

Week 3～Week 4：SketchUp建模和渲染训练必不可少。"规范性"建模是我们所一直强调的原则，好的习惯不仅能提高建模效率，更给接下来十分重要的渲染环节减少很多麻烦。

What：对渲染审美的引导应该先于渲染参数的讲解，所以在教大家渲染之前，分析一些效果图公司优秀作品就显得很有必要，挪威M. I. R.、匈牙利Brickvisual、西班牙Beauty & THE BIT、法国DOUG AND WOLF……遍历这些世界顶级公司的作品可以发现，好效果图是有共性的：精妙的构图，恰到好处的高/角度……当然，想要实现这一切，都要从最基本的渲染开始。

How：渲染参数要从了解一些光学方面的物理概念开始，比如：直接光、间接光、全局光、漫反射、菲涅耳反射……接下来又该系馆登场了！我们已经在建模课中完成了一个比较"规范"的SketchUp模型，通过一个"短平快"的"傻瓜渲"，又让大家了解了Vray for SketchUp的基本参数。

课下练习是一个"十分钟傻瓜渲"作业，目的就是让学生初步熟悉一下Vray渲染界面，花十分钟左右找到一些渲染的手感。从大家提交的作业成果来看，此阶段目标基本达成（图3）。

图3 十分钟"傻瓜渲"学生作业

4 3个月该会些啥

Week 5～Week 11：课程前4周基本解决了常用软件的操作问题，剩下2个月的任务就是利用已经学到的工具，尽可能充分地进行从效果图到各类分析图的建筑空间表达。

What：面临的几个挑战分别是：Vray渲染进阶，Photoshop后期处理，无渲染表现，爆炸图和剖透视，Adobe Illustrator分析图，以及Grasshopper数据可视化等。

How：在每种方法的教学中，我们都提供具有一定独创性的案例：（1）无渲染表现：仅靠SU裸模导出二维图形和AO通道，直接进行PS后期，也能得到接近照片级别的表现图（图4）；（2）爆炸图与剖透视：提前对建筑空间和结构体系进行深入思考，再对模型组件、图层和剖切面进行梳理整合，充分表达空间特色（图5）；（3）建筑生成分析：建筑形体或功能逐渐生成演化的过程[2]，通常进行素模渲染，并在AI中完成线条和箭头的演化图示处理；（4）数据可视化：Excel数据导入Grasshopper，生成信息丰富且形态各异的数据可视化分析图，并实现数据联动（图6）……

图4 无渲染表现案例

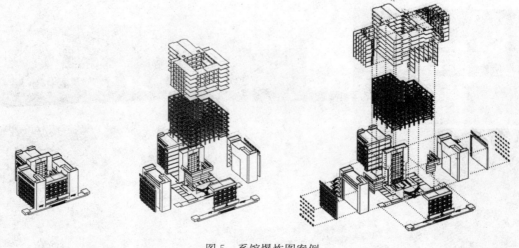

图 5　系馆爆炸图案例

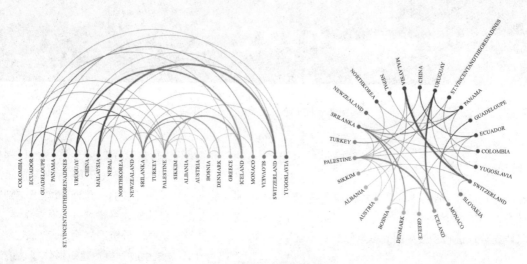

图 6　数据可视化案例

5　期末图赏

What：课程的期末作业，是选择自己设计课作业中的一张最满意的表达图，可以是效果图、平面图、轴侧图、爆炸图、剖透视和分析图中的任意一种，激发学生空间表达的主动自发性。

How：How's the result？大家明显最倾向效果图，78％的同学选择提交建筑效果图，13％选择爆炸图，8％选择剖透视，2 位同学选择平面图。尽管学生只提交了设计作业中的一部分，但从整体图面排版和各张小图的深度和质量来看，同学们对于图面构图和比例的审美，以及对各类空间表达方式相互配合与补充的理解，还是有了不少提升（图 7）。建筑效果图自然是大家图面表达的重中之重，大家已经基本具备了建筑写实表现以及一些超现实风格化表达的能力（图 8）。敢于尝试

爆炸图和剖透视表达的同学也不少，并呈现出一定的风格和深度（图 9）。

6　"可持续"的 WH 建筑课

学生图面表达能力的提高是 WH 建筑课最基本的目标，然而在 Get 绘图技巧的基础上，我们跟学生强调的另一件更重要的事情是："责任"与"传承"[3]。画图不能到自己画完提交那一刻就结束，而应该将一张图"从无到有"的整个历程用文字和截图记录下来，对自己的设计表达有一个巩固与反思过程，更有意义的是，这些载着学长学姐走过的弯路和收获的经验的心路历程，都将在课程结束后陆续推送到"WH 建筑课"微信公众平台上（图 10），也许这对于之后一批渴求入门但又无从下手的师弟师妹来说，将成为一份无比美好的礼物。有了这样一种责任和使命的推动，相信好的设计表

达，也会在一代代传承中不断进化完善。

What 与 How，是一个不断往复的循环。每年 WH 建筑课 160 余名学生提交的 160 多篇设计表达绘图教程，将成为不断积累的资源，激励我们不断解决同学们之所需，不断探索更多更好的设计表达方法与技巧。这

门原本 12 周的课程，也将超越学期和教室的限制，在同学们身边无处不在。于是我们一直以来强调的 What 与 How，也许更是设计表达的一种传承，一种无时无刻不在的学习和挑战精神。

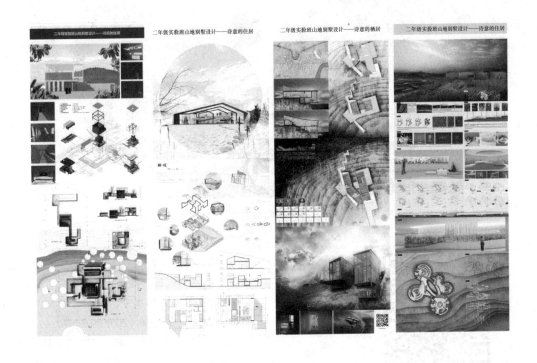

图 7　学生设计作业图

图 8　学生效果图作业

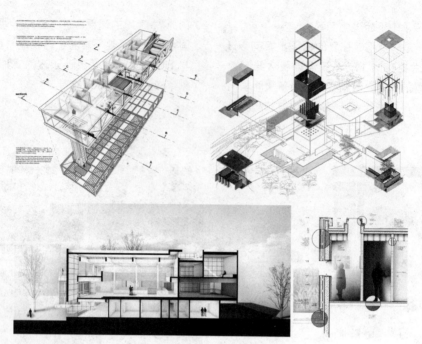

图9 学生剖面与爆炸图作业

图10 "WH建筑课"微信二维码

参考文献

[1] 魏力恺，张颀，许蓁，张昕楠. 走出狭隘建筑数字技术的误区. 建筑学报，2012，09：1～6

[2] 周凌. 形式分析的谱系与类型——建筑分析的三种方法. 建筑师，2008，04：73～78

[3] 孔宇航，王时原，刘九菊. 数字建筑教育——数字技术引发的思考. 城市建筑，2010，06：30～31

图片来源

所有图片均来自 WH 建筑课

陈科　李骏　刘彦君

重庆大学建筑城规学院，山地城镇建设与新技术教育部重点实验室；163ck@163.com

Chen Ke　Li Jun　Liu Yan jun

Faculty of Architecture and Urban Planning Chongqing University，

Education Ministry Key Laboratory of urban

Construction and New technologies of Mountainous City

基于场地认知的进阶式设计训练
——重庆大学二年级（上）建筑设计课程改革

Phased Design Training Based on Site Cognition：
Reform of Sophomore (1st term) Architectural Design Courses in Chongqing University

摘　要：重庆大学二年级（上）建筑设计课程处于本科教学体系"2＋2＋1"模式中的基础阶段。课程改革针对以前两门设计课程周期时间偏短导致一系列问题的情况，将整个学期整合为一个设计课题，并结合重新梳理的课程教学目标，扩充了教学内容：加强设计前期的场地认识训练，深化内部空间设计，补充建构设计训练。将整个设计教学设置为递进的四个阶段：场地认知、总体设计、空间设计和建构设计。课程改革的主要经验包括：多角度认知深挖场地特性，多方案比选推动设计研究，多媒介应用助力方案发展，多阶段递进夯实设计基础。

关键词：建筑设计，课程改革，进阶式设计训练，场地认知

Abstract：The sophomore (1st term) architectural design courses are basic in the "2＋2＋1" undergraduate teaching system of architecture in Chongqing University. Because many problems are coursed by the short time courses，the reform is to set just one design course in the 1st term of sophomore，and to expand teaching contents according to reframed teaching aims，that including enhanced site cognition training，interior space design and construction design. Four phases are set in：site cognition，general design，space design and construction design. Multi-angle cognition on site features，multi-scheme comparison for design research，multimedia application and multi-phase design training are proved important by the course reform.

Keywords：Architectural design，Course reform，Fhased design training，Site cognition

1　缘起

重庆大学建筑城规学院本科教学体系采用"2＋2＋1"模式，即一、二年级基础教学阶段，三、四年级拓展教学阶段，五年级专业综合教学阶段。一、二年级的基础阶段以"宽口径、厚基础"为教学目标，奠定学生专业学习的

坚实平台[1]。二年级（上）是建筑学专业学生在经过一年级以"空间与形式"为阶段重点的分项训练之后，进行的第一次较为完整的建筑设计综合训练，其阶段重点是"环境与行为"，通过对设计用地历史背景、现状特点和行为需求的调查、分析，提出应对的设计策略和具体方案。

在2014年以前，二年级（上）的设计课程设置为

两个相互独立的课题——"小型服务设施及外部空间设计"和"城市公园游客中心/观景台设计"等。经过多年教学实践，积累了若干经验：在课题设置上，选择学生较为熟悉的设计用地，控制好规模和功能要求，将建筑与场地进行整体设计等；在教学组织上，采取年级分若干大组，同一大组共用一个子课题的方式，既实现课题多样性，又确保跨组横向交流的顺畅性；在教学方法上，根据教学各阶段需求综合采取大组内集体大课讲授、小组内群体讨论、师生间一对一交流、设计用地现场教学等方法[2][3]。与此同时，也发现亟待解决的问题——相对局促的设计周期造成多方面的不良后果：一是对场地认知深度不足，方案构思与场地特性的关联性偏弱，对基于场地的整体环境设计观的树立不利；二是方案设计容易局限在建筑形态操作层面，对建筑内部空间和材料建构等建筑学重要方面的设计训练欠缺，对全面系统的设计思维框架的建立不利；三是方案设计推敲阶段必要的多方案比选展开不足，设计方法缺乏实验性和研究性；四是对设计推敲与成果表达的各种媒介的灵活运用缺乏训练，限制了设计媒介综合应用技能的发展。针对上述问题，从2014年起二年级教学组尝试进行课程改革，目前已有两年实践。

2 课程改革的基本方向

2.1 课程教学目标梳理

设计观念层面：希望学生树立"整体环境观"，深入理解建筑的"在地性"，了解建筑设计需要综合平衡建筑在形式、功能、意义、结构、文脉、意志等多方面的关系[4]。设计方法层面：熟悉设计的基本程序和方法，了解从"场地认知-概念生成"到"总体设计-空间组织-实体建构"的基本设计程序，掌握在设计过程中采取多方案比选，不断分析研究，逐渐深化的设计方法。设计知识层面：了解小型公共建筑及其外部空间的功能构成、流线组织、空间尺度、结构选型与材料做法等设计知识。设计媒介层面：加强对图示、照片、实体模型、电子模型等各类媒介特性的认知和掌握，在设计的各个阶段能够灵活运用多种媒介，有效地推敲设计，表达成果。

2.2 课程教学周期调整与内容扩充

针对以前两门设计课程周期时间偏短导致一系列问题的情况，课程改革对教学周期做出了必要的调整——整个学期只设置一个设计课题，也即一个时间跨度达到18周的长课题。有了较为充分的时间保障，基于重新梳理的课程教学目标，课程教学的主要内容便能做出必要的扩充。

一是加强设计前期的场地认识训练。要求通过场地认知，形成具有一定共性化的认知结果，作为小组共享的设计原则和目标。与此同时，每位学生应当从自己的体验和思考出发，形成个性化的认知结果，这些可能成为学生具有创造性的设计策略的灵感来源。二是深化内部空间设计。力图避免仅仅通过外部视角将建筑当作"物体"看待。强调通过内部空间的视角，观察和推敲如何通过室内外空间界面的操作，建立起建筑与场地的密切关系。三是补充建构设计训练。基于场地特性，初步探讨结构选型与空间形态的关系，并通过设计研究材料呈现与空间知觉的关联性，以及实现建造的材料做法。

整个课程根据教学内容的不同层面被设置为四个阶段。阶段一：场地认知，2周；阶段二：总体设计，4周；阶段三：空间设计，6周；阶段四：建构设计，6周。各阶段除了方案设计推进，还包括各阶段的设计要点理论讲授和阶段评图交流教学环节。

3 课程改革的核心内容：分阶段递进式设计

从场地认知开始，形成关于"设计原则和设计目标"的共性化认知和作为"不同方案灵感来源"的个性化认知。前者控制与指导后续设计，后者则起到启示与激发个性化设计策略的作用。场地认知之后的设计阶段依次为：总体设计、空间设计和建构设计。前一阶段的设计成果作为后一阶段的工作基础，后一阶段的工作通过反馈机制完善前一阶段成果。设计不断深化和完善。从而形成基于场地认知的分阶段递进式设计程序（图1）。

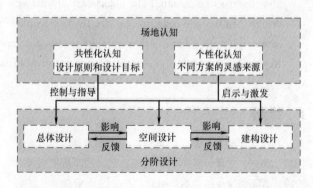

图1 基于场地认知的进阶式设计程序

3.1 阶段一：场地认知

场地认知包含两个层面的工作：一是场地描述，一是场地分析。场地描述包含：场地地理特征，如气候、植被、水体、路径、设施、建筑等；场地使用情况，如使用人群构成、行为类型及其时空分布等；场地历史、场地记忆与文化关联。场地分析包括：设计用地内拟实现的具体功能构成；场地现状和历史要素对于未来功能实现的主要价值和局限。通过场地描述和分析，形成场地调研报告，集体讨论，形成共性化认知——基本的设计原则和设计目标，以及每位学生自己的个性化认知——往往是学生个性化设计策略的灵感来源（图2）。

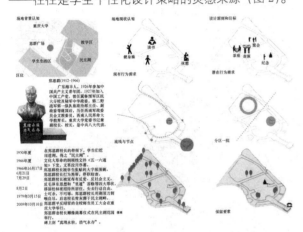

图 2　形成设计原则、目标策略的场地认知示例

3.2 阶段二：总体设计

该阶段的设计要点包括：场地与建筑的外部形态与功能流线组织；场地中的路径、节点、边界、植被、水体等；建筑整体形态、出入口位置和外界面开敞度等。该阶段前期采用多方案比选的设计方法：用可放入场地模型的实体模型完成三个比选方案，通过同一角度的模型照片和草图从多方面表达和分析各方案特点。在该阶段后期，基于多方案比选，明确方案发展方向，深化总体设计。

3.3 阶段三：空间设计

该阶段的设计要点包括：结合功能需求进行内部空间设计，并完善总体设计；根据功能布局和流线组织，进行空间系统设计；根据行为模式和人体尺度，进行空间节点设计。继续采用多方案比选的方法不断推敲方案：空间系统设计将场地与建筑室内外空间作为有机整体进行设计，采用电子模型实现场地与建筑室内外空间漫游，进行人视点的空间观察和设计推敲；空间节点设计则应对场地与建筑的主要空间节点进行深化设计，并通过家具布置，乃至建筑与家具一体化设计，来落实空间设计的适用性。

3.4 阶段四：建构设计

该阶段着重进行建构设计，并完善总体设计与空间设计。结合场地特性，探讨结构选型与空间形态的关系——结合前阶段空间形态特征，选择合适的结构体系；明确承重结构与非承重结构之关系；结合场地特性，探讨不同的材料呈现方式对空间知觉和行为心理的影响；明确不同材料之间相互连接的构造层次。

4 课程改革的主要经验

4.1 多角度认知深挖场地特性

首先是通过场地描述全面系统地熟悉场地的现实情况和历史信息；然后分析场地现状和历史要素对于未来功能实现的主要价值和局限；同一设计用地的各组交叉汇报，集体研讨，各抒己见，形成组内共性化的场地认知，同时也保留学生个性化的场地认知。

另外，在在完成第一次场地调研汇报后，引入辅助性的设计快题：选择场地某局部，发现其特色与不足，进行改造设计。通过引入发现和解决问题的设计思维，加深场地认知（图3）。

图 3　基于实景照片编辑的设计用地局部改造设计示例

4.2 多方案比选推动设计研究

组内多方向：充分利用小组式设计教学的特点，多方向并行推进研究；根据个性化场地认知特点，引导学生明确方案构思方向；相近构思方向的不同学生之间互相交流，注意强化自身方案特色；不同构思方向的学生之间相互观摩学习，拓展设计思维。

个人多方案：首先鼓励学生根据个体认知提出不同方向的设计构思；然后沿明确的同一构思方向提出不同的总体设计方案；在后续的空间设计阶段和建构设计阶段不断探讨可能性（图4）。

4.3 多媒介应用助力方案发展

特别注意挖掘不同媒介在不同设计阶段的灵活应用。

实景照片：在场地认知阶段，通过进行现场拍摄，

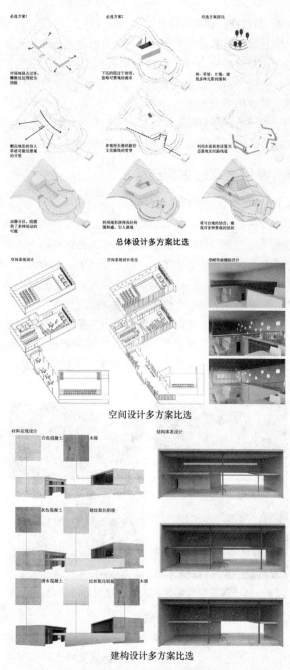

总体设计多方案比选

空间设计多方案比选

建构设计多方案比选

图 4　不同设计阶段多方案比选示例

游；在建构设计阶段，电子模型更换界面材质的便捷性
为研究材料呈现与空间知觉的关系提供了多方案比选的
条件（图 4）。

4.4　多阶段递进夯实设计基础

　　在延长设计周期获得时间保障的前提下，将原本各
环节较为模糊，并且训练不充分的设计过程设置为相对
独立又紧密联系的四个阶段。相对独立性体现在各阶段
有相对充裕的教学时间安排，有明确的训练内容和重
点，有对应的理论讲授和阶段评图。紧密联系性表现为
各阶段的关系并非简单并置，而是层层递进。每一阶段
的工作成果就是后一阶段的工作基础，而后一阶段的工
作又会在一定程度上对前阶段进行反馈完善（图 5）。

结构体系　　　材料选用　　　局部构造设计

图 5　多阶段递补进式设计成果示例

体会场地各要素之间的视觉关联，捕捉人群的多样化行
为；通过实景照片编辑方法，进行直观的场地改造设
计。促进学生从具体行为场景，从人与环境的具体关系
出发进行设计构思（图 4）。

　　实体模型：在总体设计阶段，将多方案比选模型放
入同一个场地模型中进行观察、对比（图 4）；在建构
设计阶段，通过局部大比例实体模型操作，充分理解和
清晰表达建构逻辑。

　　电子模型：在空间设计，电子模型便于从人的主观
视点观察空间，可以进行模拟真实过程的室内外空间漫

5　展望

通过连续两年的实践，二年级（上）建筑设计课程改革积累了一定的经验，也在不断发现问题。在后续的课程改革中还需要不断探索以下层面——教学内容层面：继续研究如何加强设计前期的场地认知训练，尤其是强化与各阶段设计策略提出的关联性。探索各阶段设计内容设置的新的可能性。教学组织层面：继续研究更为合理的各阶段时间安排，更加有效的理论讲授和评价交流环节的设置安排。教学方法层面：根据各阶段学习侧重点的不同，探索更为灵活、有效的教学方法，落实多方案比选对设计研究的促进。教学媒介层面：继续探索数字技术（例如 VR 虚拟现实技术等）等新媒介和传统媒介对于本课题设计教学的价值与局限，结合场地认知、总体设计、空间设计和建构设计不同阶段的特点，探索多媒介的灵活应用，以更加充分地实现教学目的。

注：图 2-图 5 中的示例图片引自课题组学生张越(指导老师：陈科)的部分作业。

参考文献

［1］　卢峰，蔡静．基于"2＋2＋1"模式的建筑学专业教育改革思考．室内设计．2010（3）：46-49

［2］　左力，李骏．设计价值观的回归——重庆大学建筑学专业二年级设计课教学体系探索．新建筑．2015（1）：106-109.

［3］　陈科，冷婕．基于建筑学诸"范畴"的建筑设计课程教学方法探索．2014 全国建筑教育学术研讨会论文集．北京：中国建筑工业出版社，2014：152-155.

［4］　［英］戴维·史密斯·卡彭 著．建筑理论（下）：勒·柯布西耶的遗产——以范畴为线索的 20 世纪建筑理论诸原则．王贵祥 译．北京：建筑工业出版社，2007.39

王怡琼　陈雅兰

西安建筑科技大学；359757330@qq.com

Wang Yiqiong　Chen Yalan

Xi'an University of Architecture and Technology

基于人体工程学的幼儿行为尺度研究在幼儿园设计教学中的运用

The Application of Child Behavior Scale Research Based on Ergonomic in Kindergarten Design Teaching

摘　要：人体工程学理论在幼儿园设计教学中的应用强调的是如何处理好以使用者为主体的具有科学依据的设计思维，通过对幼儿人体尺度和幼儿生理、心理的需求，合理把握使用者在设计中的行为空间、生理空间和心理空间的设计。本教学理念是以关注建筑内部空间的真实体验为目的，以使用者为设计出发点来指导教学幼儿园设计。

关键词：人体工程学，幼儿行为尺度，空间营造

Abstract：Ergonomic design theory in kindergarten Teaching emphasis is how to deal with the user as the main design thinking scientifically-based，human scale by demand for child care and early childhood physical，psychological，reasonable grasp the user in the design the action space，physical space and psychological space design. The teaching philosophy is to focus on real-life experience of space inside the building for the purpose of starting point for the design of the user to guide the design of kindergarten teaching.

Keywords：Ergonomics，Child behavior scale，Space construction

1　人体工程学对于幼儿园设计教学的重要意义

人体工程学是一门新兴的学科，过去人们研究探讨问题，常会把人和物、人和环境分割开来，孤立的对待。人体工程学理论强调的是如何处理好：人—机—环境的协调关系，以人为主体的具有科学依据的设计思维，通过对人体尺度和人类生理、心理的需求，合理把握使用者在设计中的行为空间、生理空间和心理空间的设计，这对现代建筑的发展产生深远的影响。

建筑设计1——幼儿园设计是建筑专业设计的第一个课程，学生经过了建筑专业基础课程的训练已经基本掌握了对单一功能空间的操作。因此在这个新的阶段，幼儿园设计不仅仅是训练重复空间体块的相互组合关系，更是希望学生可以对特定的使用人群的生活规律、行为特点、心理特点与建筑空间的功能要求、大小等的关系进行深入的了解。学生站在自己的角度去设计幼儿园，和幼儿看到的幼儿园会有很大的不同。我们都经历过幼儿时代，可惜太过遥远，几乎无法回忆，这就要求学生重新认识幼儿，能从幼儿的角度看待一个建筑，并且还必须符合成年人的需求。也只有这种题目的设置，才会使学生深刻明白尺度在建筑中所起到的作用。

2 幼儿行为尺度在设计教学中的应用

2.1 "尺度"的概念

尺度所研究的是建筑物整体或局部构件与人或人熟悉的物体之间的比例关系，及其这种关系给人的感受。在建筑设计中，常以人或与人体活动有关的一些不变元素作为比较标准，通过与它们的对比而获得一定的尺度感。建筑是为人所使用的，无论是生理上的使用还是精神上的使用，人们的生活总是与建筑息息相关。而作为"使用"这一基本功能来说，建筑是要符合其使用者的尺度的，在任何一个建筑中这都是毋庸置疑的。所以我们一直在讨论尺度和尺寸，中国古代建筑有模数，国外也有人提出模度，可见，尺度与尺寸无论在何种文化中都是一项不可回避的、且重要的论题。

在教学中，我们尤其注重培养学生的尺度概念，并经常要求学生画不同比例的草图，感受在相同尺寸下，尺度的不同。以及通过不同的比例模型，让学生可以更具体的感知尺度的应用。

2.2 活动行为调研

在现行的教学体系中，我们提倡学生能够接触并感知到所要设计的空间及空间类型。我们一直在探讨、研究使用者的行为，提倡设计师的生活体验，人与建筑的关系总是不断的在被剖析的更加深刻，这些思想和成果也直接或间接的渗透到我们平时的教学中去。然而学生对幼儿行为的认知缺少体验，也无法真正体验到幼儿所认知的空间形态及幼儿对空间的认知规律，这是因为使用对象——幼儿，与设计师——成人，从心里到生理的差异性很大，会导致同样一个空间呈现在使用者和设计师眼前会有不同的空间体验，使整个设计过程难度增加，所以很容易出现对设计理解的片面性。所以我们强调从幼儿的尺度去设计空间，从幼儿的角度去理解空间。

通过观察身边的幼儿生活场景，更加深入的了解幼儿的基本生理心理需求，才能对幼儿园设计有初步的认识。

2.3 空间尺度笔记

在建筑学教育中，我们都非常鼓励学生去调研已建成的项目。对于幼儿园来说，学生即使去调研多次，也无法真正体会到幼儿空间的使用和幼儿眼中的空间感。同样，学生也无法想象幼儿在空间中的活动，因为幼儿的活动经常是不符合成人的逻辑性的。这就需要我们的学生去观察幼儿的行为，并通过种种方式记录幼儿的行为特点，最终整理出一套幼儿行为所对应的尺度，这样才能真正将尺度与行为对应。在进行幼儿建筑空间设计

图1 幼儿活动场景描绘作业

时运用这些行为尺度及行为特点，将尺度与空间对应，使学生体会到人体——活生生的尺度，而非冷冰冰的尺寸标注。通过对建筑设计基础教学内容和方法的改革，做到"知感、营造并重"，融会贯通，使学生体会到真实的空间营造。

用行为联系人与空间，往往很难，但观察人容易，观察空间容易，他们都可以用尺寸标注的方法解决，但尺寸标注并不能使空间与人进行联系。所以在设计这个环节时，我们将一个幼儿作为丈量空间尺度和构件尺度的一个基本单元。例如一个幼儿站直后肩宽280mm，那么一个宽2m的空间就可以满足6个孩子灵活站立。

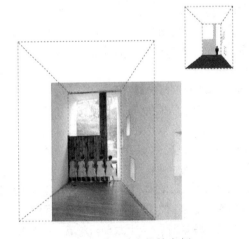

图2 空间尺度推算案例

3 课程环节设定

幼儿行为尺度的课程设置在幼儿园设计的前期认知阶段，旨在通过一系列的训练让学生对使用者有进一步的认识。运用学生对幼儿生活的观察，指导设计教学实践。从学生最易于观察的"人"入手，观察幼儿，进而观察到"物"，到"空间尺度"。让学生尝试，以使用者

作为先导，以更加明确使用者及使用者行为特征为目的，以自身的体验和过往的场景记忆作为设计的情感，进而贯穿设计始终的一次尝试。

3.1 幼儿自身尺度的完善

学生在这个环节需要提供3-6岁幼儿的基本生理和行为尺寸记录，通过测量并观察其身体与行为，以图解或照片的方式完成。学生通过可对不同年龄段幼儿身体测量，完善幼儿尺度。具体的尺寸除了身高外，根据人体工程学原理还有如：肘部高度、挺直坐高、正常坐高、站立眼高、肩高、肩宽、膝盖高度等。

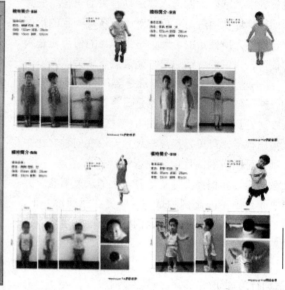

图3　幼儿行为尺度作业

3.2 幼儿对空间和方位的感知能力

要求学生对幼儿的心理特征进行梳理总结，只有当幼儿有能力用手或身体去接近物体、产生运动觉和视觉配合的时候，才有关于事物大、小、远、近、方位、形状等空间关系的知觉。探讨幼儿建筑空间设计的相宜方式，反过来增强幼儿对空间的认知，促进其感知能力的培养。

3.3 幼儿行为尺度与建筑空间

这个阶段要求学生在幼儿基本身体尺寸确定的情况下观察记录幼儿在建筑空间中的活动，以图示的方式抽象构件与空间的尺度特征，并最终利用幼儿的身体作为基本标尺来推算建筑空间的尺寸。人体工程学理论使建筑师重新关注建筑空间的本源，即人的行为尺度。尺度本质上是一个建筑的基本度量单位，如何以幼儿的行为尺度与活动场景作为依据，将幼儿行为与尺度一一对应，并通过自身尺度和幼儿尺度的对比，明确大尺度和小尺度在空间设计中的运用。以尺度作为设计的出发点，以幼儿行为作为设计的诱导，可以使学生更加理解行为方式与空间营造的关系，进而共同推动设计课程的发展。

3.4 幼儿行为尺度与建筑构件

空间尺度与人的关系决定了建筑空间带给使用者的生理及心理的感受。体验和观察使用者是设计前期阶段的重要内容。除了建筑空间之外，空间中所包含的与幼儿息息相关的构筑物，即直接被幼儿所接触的构件，在幼儿眼中同样充满了分隔空间的趣味性。

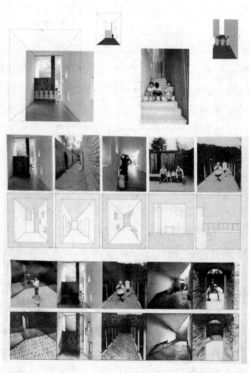

图4　建筑空间提取作业

236

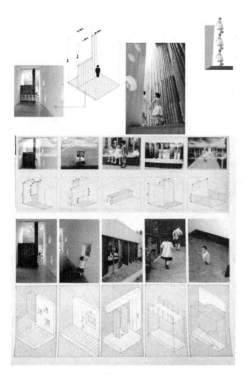

图5 建筑构件提取作业

3.5 学生实践

组织学生参观已建成的幼儿园，并与幼儿园教师，院长等管理工作者进行交流，真正明确各个受众人群的需求与要求。一方面建立设计课教师与幼儿与幼儿园管理人员共同组建的教学团队，从年龄来看，现有教师和学生都距离幼儿时期较遥远。对于幼儿的行为处于一个不可想象的领域，因此我们提倡以幼儿为师，以幼儿的角度看待建筑。另一方面，通过在参观中与管理人员的互动，可以的话我们将邀请管理人员来学校为同学们做一场报告，以他们最直接的对于幼儿建筑的反馈来启发

学生思维。将技术队伍与受众人群与管理人群结合到一起，指导学生进行设计，这样的一个建筑才会更加真实。

4 小结

建立幼儿尺度教学是基础教学一直提倡的教学方法，人体工程学理论在幼儿空间设计中的运用还是比较少见的，而这种建立在探究使用者行为空间的改革模式，必定会对这一领域建筑的发展产生深远的影响。本文的立项不仅可以解决行为尺度与行为空间的结合问题，更可以为学生以及建筑工作者提供可以参考的读本，将幼儿尺度与幼儿行为相对应，而非以往的经验传授，以科学的方法推动建筑学专业的课程建设，具有一定的积极意义。

参考文献

[1] 邓庆坦. 托儿所幼儿园建筑设计图说 [M]. 山东科学技术出版社，2006.

[2] 蔡春美. 幼儿行为观察与记录 [M]. 华东大学师范出版社，2013.

[3] 索尔所等. 认知心理学（第7版）. 邵志芳等译. 上海人民出版社，2008.

图片来源

图1：崔思宇同学部分成果

图2：作者自绘

图3：齐谱同学部分成果

图4：李响同学部分成果

图5：邵天佐同学部分成果

图6：作者自摄

图6 幼儿园管理者在校进行的专题报告

程佳佳　衷菲

南京工业大学建筑学院；archicheng@126.com

Cheng Jiajia　Zhong Fei

　Architecture School，Nanjing Tech University

基于集体即兴创作的建构教学探索
——以二年级一次建筑设计课程为例

Construction Teaching Based on Collective Improvisation
——Taking an Architectural Design Course
for the Second Year as an Example

摘　要：今天的建筑学本科教育在设计命题方面体现出多元性和探索性，交叉学科如电影、音乐、雕塑等领域的创作手法正逐步引入核心话题。本文以"中庭"设计课题为例介绍了二年级的教学改革思路，提出基于类似于爵士乐即兴创作的设计训练方法，以期其成为教学范式变化中的草蛇灰线，会在未来迸发出它的建构性价值。

关键词：探索性，交叉学科，即兴，训练方法

Abstract：Abstract：Today's architectural design education reflects the diversity and exploratory，interdisciplinary such as movies，music，sculpture and other areas of creative approach is gradually introduced into the core topic in the course Design. In this paper，"Atrium" design issues become an example to introduce the teaching reform proposed based design training methods similar to jazz improvisation with the aim of rhythm technique in the architecture teaching change and hopes it will burst out of its constructive value at some time.

Keywords：Exploratory，Interdisciplinary，Improvisation，Training methods

1　前言

在今天以前所未有的速度快速变化的时代里，建筑学被"新媒体"、"互联网＋"等热门话题抢走了大量关注度，同时在公众对城市和建筑的质疑声中，建筑学也在反思独立于教育主管部门和开发商之后，是否还有足够的能力推动社会的进步和发展。体现在培养职业建筑师的建筑学教学中的是，教学在近些年更加具有强烈的自我探索，在之前短期的迷茫、自我质疑和自我否定之后，建筑学的本科教育爆发出围绕着设计的使命和责任，设计工具，设计模式，建筑师和受众的身份，和他人交流方式等的讨论。

在这种背景下，在传统的建筑院校的教学中，设计课题不在局限于某一种建筑类型的设计，而是越来越体现出多元性，传统的单一8～10周设计因课题的变化而变得更加富有弹性，过去作为建筑学背后的隐形话题——某些交叉学科如电影、音乐、雕塑等纯艺术及其设计手法也开始尝试进入今天教学的核心话题，成果也从过去的图纸和模型逐步拓展到新媒体领域。本文要讨论的是由某种音乐的表现形式启发而进行的一次集体即兴设计。

2　命题背景

命题起源于二年级上一个作业完成后的课后师生讨

论。有学生反映对设计按部就班的推进过程感到困惑，他们质疑这种通过推理得出的设计成果是不是一定优于灵光一闪而主导的作品？在建筑设计中有没有即兴的创作？砖石堆砌之中存在不存在即兴发挥？针对这一话题讨论中师生共同讨论了以即兴创作为灵魂的一系列艺术创作和展示形式：诗歌、舞蹈、演奏、影像、装置、绘画、雕塑等等。最后讨论的焦点落在了爵士乐上。

2.1 爵士乐简介

爵士乐（JAZZ））最早来自非洲音乐，19世纪末开始在美国的新奥尔良一带，黑人小型铜管乐队演奏布鲁斯和拉格泰姆等乐曲为舞蹈伴奏时，产生了最初的爵士乐，当时人们称它为"新奥尔良爵士"。早期爵士乐多是即兴之作（jam），用鼓敲出节拍分明的节奏，小号吹出优美而有摇摆感的旋律。值得关注的是那时的爵士乐师都不识谱，他们凭着巨大的音乐积累、听觉和记忆来熟悉基本曲调及其和声结构，以此为主题作即兴变奏，表演充分发挥爵士音乐家的创造力。即使后来爵士乐必须按谱演奏时，乐谱也只是记录乐曲的基本轮廓，大部分依靠乐手的即兴演出。从爵士乐诞生之日起至今，爵士乐的影响力已远远超越了流行音乐本身。在20世纪西方许多严肃音乐家的作品中都能找到爵士乐的痕迹❶。

2.2 对建筑学教学的启示

借鉴爵士乐界的一句名言：The old myth that says, "You either have it or you don't," is strictly a myth founded on inorganic and the inability (or unwillingness) of those who can play to share what they do verbally with those who think they can't learn. 可见作者内心的情感是创作的源头，专业的积累是创作的根基。虽然身处不同领域，但是建筑设计和爵士乐的创作有相似的过程。

首先，和建筑学一样，爵士乐也有若干基本要素：音阶、和弦、旋律、节奏与和声，乐手基于这些要素进行创作，优秀的爵士乐手通常需要积累数以千计段的旋律并且反复练习音阶、和弦、指型等，这和建筑师长期的积累是一致的。其次爵士乐中最迷人的即兴演出提倡演奏出乐手在内心听到的声音：在脑海中吟唱一段旋律，或者用嘴哼出来，再用乐器演奏出准确的音高和节奏，这在建筑创作中也是同样的转换过程。爵士乐可以是来自广播、路人、或者一些自己随便哼哼的小调，然后你的手指能够直接连接脑海中的音符即刻表达出来。

循序渐进地，最终那些构成表演时刻乐曲的片段。这和建筑教育中提倡的观察——草图记录——绘制图纸——施工完成的过程也是非常类似的。

看似即兴随意的现场表演实际上来源于爵士乐手对生活的细致观察，对基本要素的扎实功底，对乐器的熟练掌握，对灵感的瞬间捕捉和对即兴表演的团队合作，这些素质是包括建筑师在内的所有从事创作行业的从业者们必须具备的，而爵士乐即兴表演的对创作方式和表现手法方面又和建筑学有所不同，爵士乐更加重过程轻结果，重原创轻模仿，重情感轻形式的特点对建筑学教学有一定的启发和借鉴意义。讨论后教学组认为爵士乐的即兴创作形式值得我们在建筑设计教学中进行一次小规模的尝试。

3 命题概述

课题为建筑学学生短学期的一个课程实践，设计全程为一周5天共计48个课时，基地选在学院的中庭，由12个建筑学二年级的学生共同手工制作一个作品，主题以"家园"为主，体量大于1.5m³，总造价不超过500元人民币。和作品同时提交的还有一份时长10分钟的记录片。

3.1 命题解析

题目看似简单，但是以下的若干要求实际操作起来需要学生较以往设计多费心力：

训练空间尺度感。首先作品的最终呈现需悬空离开地面，这让二年级的学生离开绘图桌面对1∶1建造的现实问题：基地调研，材料选择，搭建方法和步骤等，意味着设计不再是虚拟地形上的纸上谈兵或者是小尺度的模型思考。

训练快速学习的能力。课题开始的前3天观察基地，案例泛读和圆桌讨论要求从各个相关领域迅速学习分析研究和总结，在第4天在题目发下后，即刻要求一组同学立即在48小时内合作完成一个大体量作品。

训练心手一致的能力。本次设计允许学生用文字、图画和影视的手法记录部分灵感和构思，但是不允许绘制标准的平立剖面，不制作草模型推敲，而是直接在现场观察后，用铅笔、美工刀和直尺现场量取，即兴制作，尺寸由现场观察后而定。在设计过程中尽量不重做不修改，这是本次设计的难点，因为、学生已经习惯按部就

---

❶ 翻译编写自 P Lopes The Rise of a Jazz Art World, Cambridge University Press，2002，8-9，18-19，40，44-45.

班的绘图推敲，却往往在"擦改"之中忽视灵感的抓取，而本次设计要求设计从"想"想直接跳到"做"，随着作品构件的逐步累积而激发更多的创作能力。

训练团队合作的模式。传统的建筑学设计团队强调分工合作，训练的专业能力却缺乏全局观的培养。本次的团队合作实际上也是一次团体即兴创作，这是一种更大的挑战。除了要克服个人想法至上或者全队跟随某一构思外，还要追求共同结果的成员可以通过非图纸的方式快速相互理解和沟通，这也是学生前所未有，需要第一次面对的。

训练基本的建构能力。由于时间和造价的限制，要求作品制作原料和方式尽量简单，经过讨论模型材料只用乳胶和瓦楞纸，交接以胶黏和卡接为主。这对学生的建构能力也是一个不小的挑战。

训练使用新媒体的能力。自制纪录片是一个非建筑学的教学成果要求，在今天互联网的时代，年轻一代的建筑师需要具备图纸和模型之外的表达能力，如何用多种手段表达自己和作品应该贯穿整个建筑学的教育过程中。同时在制作纪录片的过程中也训练了学生的陈述、组织、逻辑能力。

而以上的命题归根到底还是来自于爵士乐即兴创作的启发：

建筑设计课题对爵士乐即兴创作的借鉴 表1

建筑设计课题要求	爵士乐的即兴创作	借鉴后建筑设计课题要求
空间的框架	时间的框架	空间＋时间的框架
学生完全掌控	协同创造力 Co-leadership	全组共同完成，组员平等
独立设计完成	相互支持的表演	当场相互配合完成
设计概念明确，设计推进过程逻辑清晰	确定基本轮廓，设计过程即兴发挥	确定设计核心，然后当场裁剪制作
设计时间较为充裕，设计周期较长	即兴表演时间长短不一，强调神来之音	思考时间短，快速完成
前期案例积累要求不高	前期需要积累大量基本曲调、和声、构建旋律的方法	前期收集大量案例研究
设计过程可反复修改	表演一次性完成，不可重复	现场观察设计，不修改不重做

3.2 设计过程概述

学生在本课题的设计过程也和过去有所不同。

准备期：1天，学生对设计基地——中庭进行了细致的考察研究，强调的是体验性调研，对空间的尺度、构成、温度、色彩、光线等进行了24小时的连续调研，通过拍摄和文字记录的方式体验基地空间。

前期：1天，学生收集相关即兴创作案例20～30个，收集类似立体构成作品50个，装置艺术作品30个。

然后分组圆桌讨论总结，研究其所在的环境，对即将开始的设计进入热身状态。

制作期：2天，发放设计题目，讲解设计要求，学生准备制作材料，同时构思方案。在2天之内手工制作完成。

后期：1天，指导教师、评图组和全体同学进行作品和纪录片的讲评。

图1 即兴设计的第8小时（图片来源：作者自摄）

图2 即兴设计的第20小时（图片来源：作者自摄）

图 3 即兴设计的第 48 小时最终成果
（图片来源：作者自摄）

4 课题教学总结

本课题的教学是一次尝试，设计成果基本达到训练目标，学生和教师都受益匪浅，教学成果受到好评。但是由于是第一次开展本课题，准备时间较短，参与人数不多，所以还需要更多的积累和改进，同时听取各位专家和同行的意见和建议。在下一阶段教学组将尝试引入3D打印，多媒体展示，和传统设计课题结合的教学改革实践。

5 总结

美国爵士乐作曲家 Charles Mingus 说过："每个人都可以即兴演奏一些不一样的东西，这很简单。但是像巴赫那样的简单却非常难。世上的常态是把事情变复杂，而把复杂的事情简化，而那些了不起的简单，那就是创造力。"这里的"创造力"放在今天的建筑学教学语境中就是一种对"灵感"的尊重，这种灵感来自于长期的积累和练习，来自于挣脱被委托的关系成为一种主动介入的现实实践，希望我们现在进行的这项教学改革实践至少会是教学范式变化中的草蛇灰线，在未来的某一时期迸发出它的建构性价值。

参考文献

[1] Baskerville，John D. 1994. Free Jazz：A Reflection of Black Power Ideology. Journal of Black Studies 24/4：484-97.

[2] Harvey，Edward. 1967. "Social Change and the Jazz Musician." Social Forces，46：34-42.

[3] Stearns，Marshall W. 1956. The Story of Jazz. New York：Oxford University Press.

[4] P LopesThe Rise of a Jazz Art World，Cambridge University Press，2002，8-9，18-19，40，44-45

[5] Williams，Martin. 1959. The Art of Jazz. New York：Oxford University Press. Reprint，New York：De Capo Press，1979.

[6] Solomon，R. L. 1949，An extension of control groupdesign. Psychological Bulletin，46，137-50.

[7] Yin，R. K. 1984，Case Study Research：Design andMethods. Beverly Hills：Sage Publications.

曹海婴　刘阳

合肥工业大学建筑与艺术学院；haiy@hfut.edu.cn

Cao Haiying　Liu Yang

College of architecture and art，Hefei University of Technology

基于行为研究的空间生成：以功能问题为切入的设计逻辑思维能力培养[*]

——二年级下学期《公共建筑设计（I）》课程教学

Space-Making Based on the Behavior Research：the Cultivation of Design Logical Thinking Ability from Program in Teaching of *Architecture Design I*

摘　要： 使用和功能问题是建筑设计教学的基本问题之一，但在低年级设计教学中该问题与形式和空间相比较易被忽视。我们尝试在二年级《公共建筑设计（I）》教学中通过"旧题新作"的方式，将行为研究为切入点，让学生通过行为调研和分析，发现使用并理解功能，从而建立起有可以表达、交流和理解设计逻辑思维能力。

关键词： 使用，功能，行为研究，逻辑思维能力

Abstract： Use and Program are fundamental for architecture design. They are also the key-mission of architectural education in the second year. We introduced the behavior research in *Architectural Design（I）* to help student discover the use and understand architecture program. This teaching mode also should help student establish the abilities of expression，communication and design logic thinking.

Keywords： Use，Program，Behavior Research，Logic Thinking

引言：逻辑思维能力的缺失

建筑的使用（Use）或功能（Program）问题是建筑设计的基本出发点。解决好这一问题是建筑师的基本素质，也是建筑设计教学重要的基本内容。但在设计作业的发展和最终成果表达，功能远不如形式、空间等那么瞩目，不容易引起学生甚至教师的重视，进而忽视这方面的训练，这在中低年级设计教学中表现的较为显著。其结果是造成学生在后续的设计学习中，养成忽视"使用"这一基本的建筑问题的习惯，进而缺乏处理更

为复杂的建筑使用及功能问题的能力。一旦学生倾向于将纯粹的形式和空间游戏看作设计的根本内容，就会使他（她）的设计生成缺乏令人信服的逻辑，最终导致学生理性思维能力的削弱。而这种理性思维的缺失，将是学生毕业后无论从事何种工作的障碍。

因此，在低、中年级的设计教学中有必要运用有效的方法，从基本的"使用"问题切入，逐步锻炼学生认

[*] 安徽省重大教学改革研究项目、教学改革与质量提升计划：2014zdjy201；中央高校基本科研业务费项目：JZ2015HGXJ0164。

图1 以空间为核心的一核多维教学体系，使用（Use）与功能（Program）作为基本的建筑内涵问题是二下到三年级教学的主要任务。（作者自绘）

知、理解并解决建筑基本问题的能力，培养理性的设计思维，树立正确的建筑价值和伦理观念。

1 教学思路：注重设计的逻辑过程

"公共建筑设计（Ⅰ）"是面向建筑学专业的第一门专业设计课，开设于二年级下学期。作为专业主干必修课程，该课程上接"设计基础（Ⅲ）"，下接"公共建筑设计（Ⅱ）"，对专业能力的培养起到承上启下的作用。该课程传统的设计练习题目大多规模较小，内容较简单且具有普遍性，如：幼儿园、陈列馆、售楼处、青年旅社、社区中心等。这类建筑虽然功能内容较为简单，但都有着较为鲜明的空间组织和形式特点。因此，传统的低年级教学往往关注如何做的"像"一座建筑，比较有效的教学方式是通过学习案例的形式和空间，并以借鉴、模仿的方式完成设计。这一方式下最终的教学过程比较容易控制，教学成果也比较切合实际项目。但是，该方式最大缺陷在于其忽视了对设计的基本问题——"设计如何生成？"以及"为什么这样做设计？"的关注。结果容易养成学生长于模仿图面，而疏于分析现实问题

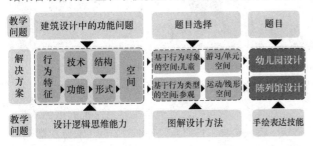

图2 "公共建筑设计（Ⅰ）"课程架构框图，使用和功能问题的解决是以行为研究为基本逻辑线索的（作者自绘）

的设计习惯。在新的教学思路里，我们试图以"使用"和"功能"问题为切入，在旧题目中引入新的思考维度

和教学环节，以此来强调和控制阶段性成果，并改变传统教学偏重最终形式和空间表现的模式，进而引导学生树立正确的思维习惯。

2 教学过程：行为研究作为基本逻辑线索

2.1 设计问题：建筑为什么？

无可否认，建筑和建筑设计的价值取向是多元的。但是，建筑师职业面对的大量性建筑的根本目的，在于满足人的生活和生产需求。因此，使用和功能内容是不可避免的，也是建筑设计的基本目的。在教学环节通过强化学生的建筑功能内容意识，有利于他们建立起正确的"建筑是什么、建筑为什么"的价值观。

2.2 设计起点：研究行为

传统教学环节中有关功能内容的教学一般对应着对建筑空间的尺度、形式、组织的要求。但是，低年级学生缺乏必要生活经历，因此也难以深入理解空间尺度、形式、组织等与功能的关系，课堂上有关建筑功能的讲授容易变成枯燥乏味的数量和图式。因此，我们在教学中尝试通过学生可以理解的日常行为方式讲解使用和功能内容，并引导学生从自己每天都在进行的生活行为研究入手，进而试图从不同行为的实现条件和方式来解析建筑的功能内容，并从对行为的观察、分析和想象来创造性的解读功能要求。

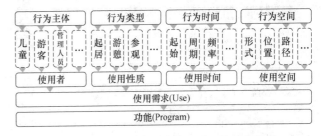

图3 从行为研究到功能生成（作者自绘）

将行为作为空间设计的基本依据，必然要包含对于行为本身的分析，包括对行为的主体、类型、时间以及地点进行调查和分析。具体到"公共建筑设计（Ⅰ）"这门课程的两个设计练习，我们的题目选择较为传统，分别是幼儿园和陈列馆。但是，在教学要求上并非以满足功能需求的空间形式作为最终的目的，而是希望学生通过行为研究，学习如何推动设计发展。因此，教学起始的调研分析环节是重要的练习步骤，学生不仅要进行场地调研和实际建成案例的参观、访谈、测量，还需要对书面案例进行分析解读，最终形成调研分析报告和设

计构思的依据，并进行公开汇报和答辩。这部分作业构成第一阶段成果。除了有关流线、功能分区等常规研究外，我们鼓励学生通过观察、问卷等方式做使用者评价研究（POE），以使行为研究更具说服力，也使设计具有理性的起点。

以幼儿园设计作业为例，其空间行为的基本主体是幼儿、幼儿保育人员和接送的家长，幼儿园空间设计也围绕着三种不同主体的行为需求进行。因此，调研对象不仅是幼儿，也包括幼教老师和家长。这样的区分不仅使学生能从使用者的视角来体验建筑空间，也能从建筑师的视角对建筑中的空间行为进行较全面的认知分析。

2.3 设计生成：从行为到形式

对行为的研究和分析，并不是要求学生刻板的依据分析调研结果，形成建筑的空间和形式，而是强调在行

为分析的基础上，将枯燥的任务功能要求还原为鲜活的生活场景，加深对设计题目的理解，进而激发学生的想象力和学习主动性。

在具体的教学过程中，要求学生通过调研分析，区分目标建筑的主要行为和次要行为、必要和非必要行为、日常行为和偶发行为、内部行为和外部行为等，并结合具体的场地环境和任务要求，提出对场所和环境中可能发生的行为的理解，并据此展开创造性的空间和空间行为构思。对学生提出的空间和空间行为的构思，我们并非仅以现实的建筑模式为准绳，不强求学生完成一个"像"幼儿园或"像"陈列馆的设计。而是要评价他（她）所提出的行为模式，是否有基于空间内外使用者的行为分析研究，这些分析研究与空间形式的生成是否存在明确、清晰且有说服力的逻辑关联。

在一份校史陈列馆作业中，学生通过研究场地中活动人群日常通学路径，分析周边场地和建筑中使用者的休憩和观赏活动，提出了将建筑消减体量、部分埋入地下，而将地面空间留给场所中各种其他类型的使用者。该思路未必符合在开阔场地处理展示建筑的一般模式，但由于有关场地的调研分析做的较为细致，方案的空间生成具有较强的逻辑性，指导教师认可了其发展的潜力。

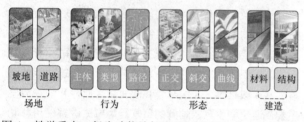

图4　教学重点：行为功能认知和空间形态生成（作者自绘）

图5　基于场地行为和建筑功能分析的陈列馆设计作业 2015 年中国建筑新人赛二年级新人奖
（作者：徐怡然，指导老师：刘阳）

2.4 设计深入：从行为到建筑

仅靠对空间行为的构思并不能获得一个高完成度的建筑方案，设计练习的深入依然强调通过行为研究的推动，主要关注以下两个方面：一是细节的形式和尺度如何适应行为需求，二是材料和建造带来的空间特性如何适应行为需求。

在具体的教学中，对于学生容易忽视的诸如入口、楼梯、气候边界、日照通风等细节问题，教师仍然会推动学生从使用者行为的视角来分析理解。对于与空间感知形成密切相关的材料质地、色彩和组织方式等，也会要求学生进行更进一步的调研和分析。通过这一过程，学生会更加微观、具体地发现建筑空间及形式与人的行

为的关联，从而去寻找行为需求和建筑构建之间的可能对应关系，有针对性的对自己的设计练习进行设题和解答。另外，这种具体而微的行为研究也有助于使学生逐渐理解相关设计规范背后的人的行为和生活依据。

以一份陈列馆作业为例，学生分析研究不同自然采光方式带来的不同展厅空间中的参观体验，提出依照展品、参观内容的差异，区别使用不同的采光和开口设计，最终形成了有说服力的外部形式和内部空间。在某幼儿园作业中，学生研究分析了幼儿的行为和心理特征，将结合幼儿活动单元卧室和活动室的垂直分布开放屋顶空间，使屋顶空间与外部场地通过坡道、台阶结合在一起，形成一种新的活动场所。

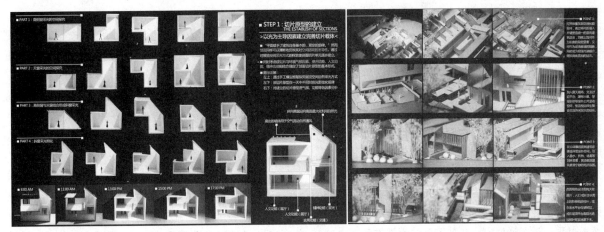

图 6　基于观展光线研究的陈列馆设计作业，2015 中国建筑新人赛前 100 名（作者：王与纯，指导老师：任舒雅）

2.5　设计呈现：有逻辑的表达

设计练习完成后，最终的图纸和模型很难全面反映整个设计过程的发展线索。因此，我们通过公开评图的方式要求学生陈述设计的逻辑发展，展示阶段性成果。在公开评图中，教师通过诘问学生，对整个设计的生成逻辑和最终表达进行考查。准备口试、答辩，会使学生对自己的设计全过程进行反思，进而试图梳理出某种可表达、可交流、可理解的设计逻辑链条，这无疑能帮助其建立理性的思维习惯。

3　反思：新常态下的培养目标

通过近几年对"公共建筑设计（Ⅰ）"课程"从行为研究到空间生成"的教学过程的摸索，我校建筑学专业二年级在教学实践中获得了较好的成果：2014 年、2015 年、2016 年均有数份二年级"公共建筑设计（Ⅰ）"课程作业入围中国建筑新人赛前 100 名，其中2015 年一份作业获得当年中国建筑新人赛二年级新人奖。通过总结，我们认为该教学过程对当前新常态下的人才培养模式做了以下三方面回应。

3.1　面向工业化、信息化条件的专业素质的培养

在新的城市化、信息化社会背景下，建筑设计工作越来越趋向多专业、多社会群体的协调，而协调的基础是理性的逻辑思维。循证设计（EBD）、绿色设计等的兴起，说明理性思维下的工作方法在建筑设计中具有越来越重要的作用。通过"从行为到空间"的"公共建筑设计（Ⅰ）"课程设计练习，我们希望设计教学在低年级阶段，就能帮助学生建立起理性的、有逻辑地发现并解决建筑设计问题的习惯，为今后专业素质的培养打下良好的基础。

3.2　基于现实生活情境的创造能力的培养

使用和功能问题作为基本的建筑问题，是中低年级设计教学的重要内容。但是纯课堂灌输的教学模式较为枯燥，学生不易理解，也往往会将其视为进行创造性设计的障碍。本课程教学通过强调探究使用和功能这一建筑基本问题的形成过程，从日常行为与建筑空间的关联入手，训练学生理解功能，并发现人的行为需求与建筑空间之间可能的新的联接，使学生认识到真正的创造来源于真实的生活情景。

3.3　新常态下的宽出口人才培养

新常态下对人才综合素质和能力的要求，使建筑学人才培养将不再以"螺丝钉"式的高度专业化设计人才为目标，而是以培养具有较强建筑学基本素质、较宽视野和较强适应能力的人才为目标，以适应多样化的工作需求。在这一背景下，学生需要有较宽的知识基础、较强沟通交流能力，因而理性的逻辑思维能力与感性的艺术素养同样重要。传统设计教学过于侧重感觉、悟性的养成，较为忽视这一方面的练习。而"从行为到空间"

这一强调研究、分析、逻辑和表达的教学过程，将促进有更深厚基础、更宽广视野和更强的表达和沟通能力的人才培养。

4 小结

"公共建筑设计（Ⅰ）"是我校建筑学专业一门传统建筑设计主干课程，其以功能类型为导向的传统教学模式固然有其弊端，但在教学资源不足、缺乏分析验证的情况下，却也应当慎重考量对课程教学过程做重大调整。我校建筑学专业在传统教学模式下的积累较为丰富，但同国内领先和沿海发达地区的院校相比，在师资、设备、对外交流等教学条件上仍有较大落差，整体的新教学模式的引入无疑存在困难，这也是大量中西部一般建筑院校面临的普遍问题。因而我们试图以"旧瓶装新酒"的方式，通过在旧题中引入新的视角和切入点，来引领教学方法和内容的改进，从而回应社会对建筑人才需求的变化。本课程组探索的"从行为到空间"的教学过程，试图通过"小步快跑"的积累推动渐进式教学改革，并期望对新的社会需求下大量普通建筑院校的教学改革有所启发。

（感谢合肥工业大学建筑学系 2014～2016 年度二年级教学组郑先友老师、凌峰老师、陈丽华老师、梅小妹老师、王旭老师、严敏老师、宣晓东老师、任舒雅老师共同完成课程教案和教学过程；感谢徐怡然同学、王与纯同学提供设计作业。）

参考文献

[1] 王正. 功能探绎 [M]. 南京：东南大学出版社，2014.

[2] 蔡忠原，段德罡，徐岚. 行为需求与空间支持——建筑设计方法教学环节 2——城市规划专业低年级教学改革系列研究（6） [J]. 建筑与文化，2009（11）.

[3] 王一平，李保峰. 从循证设计到循证教育 [C] //2010 全国建筑教育学术研讨会. 2010.

[4] ［美］卡斯腾·哈里斯著. 建筑的伦理功能 [M]. 申嘉，陈朝晖译. 北京：华夏出版社，2001.

朱渊　朱雷

东南大学建筑学院；104671868@qq.com

Zhu Yuan　Zhu Lei

Southeast University

场地与空间
——记东南大学本科二年级游船码头设计
Place and Space
——Marina design of 2nd year student in Southeast University

摘　要：本文从空间与场地的课程主题出发，阐述东南大学二年级游船码头课题的设计思路与理念。文章从场地作为一种空间问题出发，融入内—外、上—下、消隐—显现的话题讨论，并在行为引入的基础上，呈现空间作为一种行为体验的场地意义。

关键词：空间，场地，行为，内外，上下，消隐—显现

Abstract：this paper interpret the idea of Marina design of 2nd year student in Southeast University in the view of space and place. it focus on the issue of place connecting the space，and combing the key words of in-out，up-down，presentation - concealing into the discussing of place. it aims to explain the meaning of place by the integration of behavior and experience.

Keywords：space，place，behavior，in-out，up-down，presentation - concealing

1　场地：作为一种空间问题

建造活动，使建筑与场地之间产生了不可回避的相互作用。当建筑以不同的姿态占据场地，如：隐藏、显现、超越……，建筑与场地之间形成了不同程度的紧密关联。其间，如何让建筑以不同的方式落地？如何在建筑与场地之间激发特定类型空间的产生？如何在行为、场地、功能、流线以及结构之间产生相互促发的关联系统？这些在东南大学二年级的空间序列主题中"空间与场地"（图 1）课题中，成为学生设计需要关注的重要问题。该课题设计旨在通过地形与空间之间互动研究，将建筑意义加以拓展，从而逐渐消解建筑与场地之间的传统边界，并从更为宏观的层面理解建筑的存在状态与生成逻辑，以激发建筑场地一体化的设计意识。

本课题选择南京玄武湖南岸的坡地环境为设计场地（图 2），以游船码头的设计载体，将功能带来的基本行为自然融入坡地景观不同标高的变化之中，让行为引导下的功能整合带来对空间的重新梳理与创造。场地内坡地类型多样（图 3），缓坡、陡坎、宽松、狭长……各种场地的可能，让建筑的存在方式形成一定的选择性与目标性。其中，面积的"松"与"紧"，坡度的"陡"与"缓"，绿化的"疏"与"密"，对建筑的生成具有清晰的引导作用。而不同的场地引导要素引发的建筑空间的生成与人的体验也将大相径庭，并各自具有较强的可识别性，从而让方案多元化成为可能。

在此，游船码头作为一种交通建筑的类型，承载了明确的功能指向，并带来了对特定的功能分区、流线组织，以及相应的空间序列的思考，让场地成为与建筑无法脱离

的重要因素。其中景观建筑、场地规划与行为引导三个主

题引导的基础上，形成对空间问题的讨论与表达。

图1 灰色部分为"空间与地形"的课题

图2 玄武湖场地（图纸绘制：朱思洁）

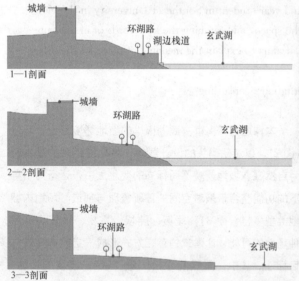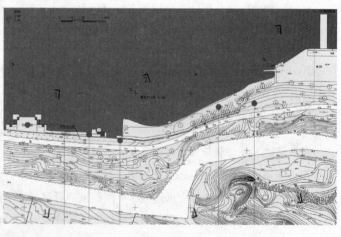

图3 场地内不同的坡地类型（图纸绘制：朱思洁）

2 建筑—场地：边界的跨越

当我们在讨论空间与场地问题的同时，两者之间的边界逐渐模糊，不同边界之间的跨越，决定了设计的多样可能与多层属性。如，建筑与场地之间，作为首先需要关注的边界，承载了内—外、上—下、隐匿—显现等

属性之后带来的更加具体化的呈现。场地的建筑化或建筑的场地化成为一种思维方式。基于此，课题任务书将建筑与场地两条主线并行而置（图4），希望从建筑与场地两个同等重要的层面，强调两者之间的差异与统一关系和两者对应式研学的重要性，从而引导建筑＋场地的一体化综合表达，具体从以下三组话题中得以实现。

建筑		场地
总建筑面积(total area)≤1000m²		
主体功能与流线	门厅(lobby) 面积自定 咨询(information) 20m² 售票(ticket) 20m² 侯船厅(waiting room) 150m² 检票口(check in)	场地入口(广场) 码头入口 停船栈道、码头(同时停靠2艘40-50人左右的游船) 码头出口
附加功能	小卖(shopping) 40m² 简餐茶座(带厨房) 100-150m² (teahouse ,kitchen) 自行车租赁用房(bicycle tenancy)10m² 公共卫生间(WC) 50-60m² (以上各部分可独立对外服务)	室外休息/活动场地 酌情自定 自行车停放,20辆自行车,需要有遮蔽面积不计入总面积
配套服务	办公(office) 20m²×3 库房(storage) 40m²	机动车临时停车3-4辆
其他	休息、 交通(廊道、楼梯)等 酌情自定	道路、绿化等 酌情自定

图4 分为建筑与场地不同要求的任务书

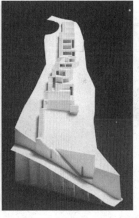

图5 西扎在葡萄牙 Vila Real 设计的 Casa Tolo 住宅（作为教学案例）

(1) 内—外

对建筑进行场地化的理解,场地的"内""外"梳理成为场地切入的首要问题。场地之"外":可视为一种全景的系统模式,其关注点集中于场地在大环境中的地位、特征以及与周边环境之间的对话可能,由此成为定义场地的重要基础。场地之"内":是聚焦于场地本体的观察视角,如场地的坡度、长度、高差以及坡向等场地内的基本要素,与场地内的绿化、水系、材质等附属要素的集合,成为设计中引发概念生成的重要催化因素。其中,看与被看的视觉关联、连续与断裂的形态关

联等,从一种互动视角,形成对场地更广泛的态度与立场。在此,场地之内外梳理,让建筑与场地之间形成模糊边界。其内外属性的多义性引导了人们行为的自主性与复合性,这让人们在建筑与场地中的活动行为成为不同功能空间之间互动对话的基础。如同西扎在葡萄牙 Vila Real 设计的 Casa Tolo 住宅（图5）,其依山就势的设计,将室内的使用功能与室外的院落和屋顶平台以及步道景观相结合,形成具有场地与空间内外关联属性的坡地建筑。其人工化的"坡"与自然坡地相互融合,形成具有一体化的地形再现。

可见，对于景观环境的课题场地而言，场地内外、建筑内外、行为内外的交织关联，让内外的边界模糊，让内外意义引发对现建筑与场地意义的整体思考。

（2）上—下

建筑终将克服重力落于场地。但建筑落地的方式决定了场地的不同标高与建筑相互衔接结果。其中，建筑在场地存在的态度，如顺从、拒绝、妥协、倔强、跳跃……将使建筑在场地中以不同的姿态得以呈现。找平、斜坡、台地、陡坎等各种场地的演变途径，将承载各种建筑与场地之间的连接可能，以展现其综合影响下的场地态度。建筑落地的差异，将使建筑与场地之间，形成各种微妙、大胆、奇特而不可预测的空间可能。在此，场地与建筑之间的上下衔接，同时带来了建筑上下属性的差异性以及不同角色人群的行为差异。赫尔佐格 & 德梅隆在瑞士 Therwil 的 House for an art collector 设计中，即以对场地的微妙处理，将上部的棚屋（shack）与下部的壁垒（rampart）进行材料与结构的分化，以此形成内部不同的空间体验与感知（图6）。

对游船码头而言，上船的游人行为的直达便利，茶室人群观景休憩的漫步休闲，在通过性与停留性行为差异之间，形成与场地上—下关联的空间规划，让场地在横向与纵向之间形成具有系统性的路径系统，并在空间的内—外之间形成具有丰富体验的场地意义。

（3）消隐—显现

场地的内外认知与上下建构，为建筑在场地中的存在提供基本前提。建筑以不同的角色，在接地策略与材质选择中，消隐或彰显的存在于场地之中。不同的材质，表达了不同的场地态度，也阐述了不同的轻—重关联，也由此进一步促使结构形式的分化与性格表达。而其消隐或彰显的程度，则进一步推动建筑与场地环境之间的对话产生，如谦逊的融合，高调的彰显，或平和的共融。这些，即如西扎 Alvaro Siza 在葡萄牙设计的 Leça 游泳池（图7），在狭长的海岸线边，以一种融入环境的姿态，沿着岸线缓慢的前行。这种对自然、地形的模拟与再现，也在各种不同功能体量的衔接中相互串联，建筑俨然成为另一种场地在海边蜿蜒。

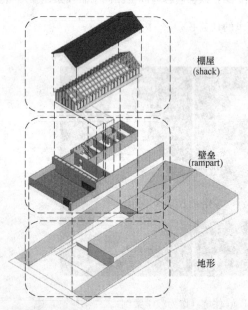

图6 赫尔佐格 & 德梅隆在瑞士 Therwil 设计的
House for an art collector，
（作为教学案例，教学实践同学绘制）

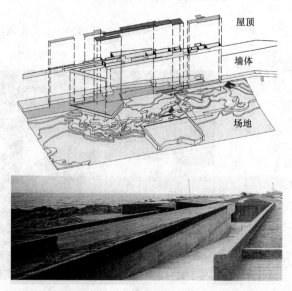

图7 Alvaro Siza 在葡萄牙设计的 Leça 游泳池
（作为教学案例，教学实践同学绘制）

对于具有功能分化与场地环境的景观建筑而言，以如何方式与周边环境融合或差异，形成另一种建筑或场地的存在，成为其落地的基本目标。在此，消隐或突显的意图使建筑在场地中重新定义，并以独特方式完善与场地的交接策略。

3 体验—场地：行为引导的空间意义

从场地梳理到建筑落地，再到人的行为介入，空间创造不再是以建筑本体为中心的孤立描述，而是与场地及行为之间无法割裂的综合呈现。空间的生成，在内外上下之间，无不渗透了对人在场地与建筑之间，进一出一上一下穿行各种体验的关注与结合。人们从进入场地开始，就以各种功能需求为引导，在建筑的内外之间感知场地带来的规制化整合。内外交互的信息，也在建筑界面差异化的处理中形成不同的关联属性，如透明，封闭，贯通，等各种应对空间与场地联系的界面存在，使人的体验成为空间生成与建筑界面设计的重要依据。此时，空间叙事形成应对不同目标人群，不同使用意图，不同场地规划的综合体验。空间生成成为行为、场地与建筑整合下的综合呈现。

于是，行为体验在教学的引导中，成为进一步联系建筑与场地的纽带。如何上，如何下，如何进，如何出，如何坐，如何看……随着这些基本问题的解决，建筑落地之后的用途显得更加丰满。这时，人在行动中关注的对象，将变的更加具体，而这些具体问题将在行为与空间之间的互动生成中逐渐解决。此时，人的行为体验与特定的功能与目的紧密结合，如，"慢慢的走"、"高高的坐着"、"快速的穿过"……不同的人的行为诉求，将激发不同的空间序列的产生。这些需求在一个强有力的功能目的（如游客中心、游船码头……）的组织下，以一种叙事的方式，联系场地，建筑，路径，成为一个完整的行为过程。

因此，以场地体验为引导的建筑落地，在一种更具生命力的活化系统下，让人的行为成为建筑与场地综合影响下的空间呈现的隐形纽带。这也成为空间与场地的设计教学中另一个更为重要的目标体现。

4 作业案例

案例一：建筑与场地的分化与行为引导（图8）

本设计从场地分析出发，首先，面向场地"外"部远处的景观方向，将一个"建筑化"体量置于"场地化"体量之上，形成"上一下"之间的初步分化（图9）。此外，通过材料的划分，形成对场地再造的全新意义，以此在底部的消隐和上部的显现之间，找寻相互之间的平衡。其次，设计从基本需求出发，在码头的功能性与茶室的休闲性之间，找寻与体量、材质、内外、上下之间的相互关联，并由此组织具有明确功能引导性与自由观景休闲性的行为体验，以此形成人们对场地环境进一步认知与使用的可能。其中，从道路两边方向汇聚需要上船的人流，可从两边沿湖面的大楼梯迅速下坡，直接上船或来到候船厅候船。而漫步在街道上的人流可

通过休闲广场漫步入茶室，远眺湖景。这些体量、行为，以及功能导致的行为空间的生成，使建筑以一种相对消隐却又局部体量突显的方式，呈现与周边景观、内部流线和材质提炼之间合理的存在方式（图10）。

图8 案例一：上船通路效果（学生：邱怡箐）

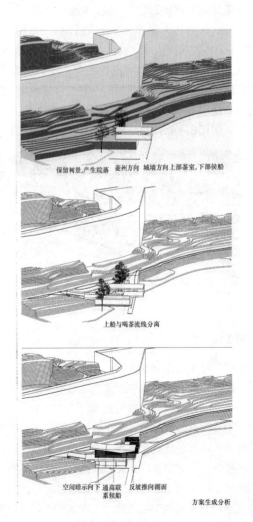

保留树景，产生院落　菱州方向　城州方向上部茶室，下部候船

上船与喝茶流线分离

空间暗示向下 通高联系候船　反坡推向湖面

方案生成分析

图9 "上一下"之间的初步分化（学生：邱怡箐）

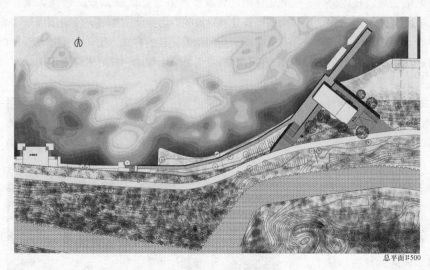

总平面1:500

上船流线
无障碍流线
茶室流线

流线分析

图 10　建筑与场地之间的分化以及相关流线的场地关系（学生：邱怡箐）

案例二　坡的延续（图 11）

该设计从对坡地的理解出发，结合功能需要，首先找寻不同人流的行为需求。并在流线的上下的引导中，以建筑化的场地处理，延伸坡的地形意义与呈现状态，以形成其方案意图的启动思路。由此，方案在场地中，自发地建立了适合功能需求的另一种复合化场地，同时形成对功能差异性的分解，如茶室空间模拟台地的方式，让人们可在不同高度远眺水景。而候船空间则在底层，接近上台平台，室外候船则与架空的底层空间结合，形成人们接近水面的公共空间，让游船码头在成为一个交通性建筑的同时，也成为吸引人们停留的公共场所。其中，建筑与场地场地之间的界限被模糊，坡的延伸在产生不同标高的同时，形成"上—下"各种行为的可能，由此让建筑在对场地的改造中自然生成。而当人们在行走的坡道上远眺观景的同时，其景观化的"被看"，呈现了另一种建筑被消隐的状态。

图 11　坡的延续，建筑场地化的案例模型（学生：任广为）

5　总结

本科二年级的游船码头设计，作为空间与场地主题教学的载体，从开始教案中对建筑场地的分解，到内—外、上—下、消隐—显现等关键词的引入，再到人的行为体验对空间生成的引导，试图组织一个整体的教学脉络。其中，场地的建筑化与建筑的场地化论题，在行为主线的串联下引发的空间意义，成为另一种进行空间分化的途径，成为可以通过人的基本体验进行设计推进的生成过程，成为场地中物化的建筑本体进行非物质性呈现的思维方法。

参考文献

[1]　Alvaro Siza, El Croquis 168-169 ALVARO SIZA［M］，El Croquis publication 2012.

[2]　Herzog&Meuron, El Croquis 168-169 ALVARO SIZA［M］，El Croquis publication 2013.

赵娜冬[1] 段智君[2]

1 天津大学建筑学院；nadong_zhao@163.com；

2 北京工业大学建筑与城市规划学院；dzj007@163.com

Zhao Nadong[1] Duan Zhijun[2]

1 School of Architecture, Tianjin University

2 School of Architecture and Urban Planning, Beijing University of Techinology

基于翻转课堂理念的专业理论课教学实践的探讨
——以"建筑设计原理"课为例

Discusion on Specialized Theory Courses Teaching During Undergraduate Program in Architecture Based on Flipping-Class Conception
——Teaching Experiment for Principle of Architectural Design

摘　要：本文基于对于翻转课堂这种教学理念的认知，结合学科基础课"建筑设计原理"课的教学现状，探讨翻转课堂模式对专业理论课教学效果和结课形式的影响，以期改善传统上以讲授为主的被动学习模式，提高教与学之间的互动，促进课程讲授内容的内化与应用。

关键词：专业理论课，"建筑设计原理"，翻转课堂，效果分析

Abstract：Based on Flipping-Class Conception, this essay discusses on roles and meaning of the mode of Flipping-Class for classroom teaching of specialized theory courses, with current situation of teaching of discipline basic courses, such as *Principle of Architectural Design*. That kind of teaching experiments may improve traditional passive learning modes, which are by means of lectures by teachers, and enhance interaction between teachers and students, and conversion and application of what teachers taught in classrooms.

Keywords：Specialized theory courses, *Principle of Architectural Design*, Flipping-Class, Analysis on architecture

　　我国建筑学专业的本科教育历经几十年的探索与实践，在课程体系的建构方面已经发展到一个相对稳定的阶段。以我国主要建筑学专业院校的相应培养计划为例，建筑学专业的本科课程体系大致可以分为学科基础、专业核心与专业选修三大类课程。总体来看，专业选修类的具体课程设置差异性较大，能够体现出各个院校不同的研究侧重和教学风格；而前两类则相对较为趋同，从中能够较为清晰地反映出我国建筑学本科专业教育的整体框架和基本共识。其中，"（公共）建筑设计原理"作为一门建筑学本科专业的专业理论课，堪称是我国建筑学专业本科课程体系中的"常青树"。对这样一门以讲授为主的传统专业理论课展开的基于教学模式的思辨，更容易体现出建筑学本科教育理念对教学实践的影响，并展开更为广泛的讨论。

253

1 基于传统教学模式的反思

1.1 课程定位与教学模式的困境

就目前的建筑学本科专业的教学现状而言，专业核心课程大多是设计实践类课程，而学科基础科则以理论讲授类课程为主。尽管绝大多数院校的课程体系的建构都希望上述两大类专业课程能够相辅相成地合力培养出理论与实践并重的专业人才，但是，实际教学中普遍存在"重实践轻理论"为趋势，大多数作为学科基础课程的专业理论课都存在接受度和配合度较差、课程间的教学内容关联度弱化等现象。因此，在整个培养计划涵盖的时间范围内，专业理论课应该真正承担起专业知识储备与积累的教学作用，与专业实践课关系密切的"（公共）建筑设计原理"课程更是如此，如何进一步加强与作为专业核心课程的建筑设计课的联系、并提高学生的主动性和积极性，就成为促使本次教学实验的直接动力。

1.2 教学内容与学生特点的转变

就教学内容而言，"建筑设计理论"课是"直接指导建筑学专业的核心，是建筑设计的知识和能力的学习。"[1]课程所侧重的教学内容围绕"功能"、"空间"、"美学"等关键词及其相互之间的关系而展开，知识点设置相对稳定。但是，随着建筑学整个学科的发展成熟，与其他学科之间的交叉互动越来越频繁，同时，建筑作品作为原理与理念的具体解读和表现形式也愈加多变与多样。

另一方面，"建筑设计理论"课所面对的教学对象的学习、心理特点对教学内容和授课模式提出了新的挑战。目前，大多数专业院校都将这门学科基础课程设置在大学本科低年级。这一阶段的学生成长于信息爆炸的时代，知识面广、学习能力强、思维活跃，但是，所面对的问题是信息过盛和选择障碍，急需得到专业而有效的引导。同时，他们大多已经接受了一年的基于空间、建构的建筑初步系统训练，正尝试通过一些功能要求较简单、规模较小的具体课程设计来学习建筑设计的方法以及对建筑作品的评判与赏析（以下简称"案例分析"），尽快地在功能、空间和体量之间建立思维逻辑上的关联可以看作是他们在专业学习过程中的一个重要关节。

2 源于翻转课堂理念的实验

翻转课堂是近年来提出的一种基于传统课堂教学模式的新形式，从理念上来说，就是改变以往学生一味被动接收教师讲授内容的情况，将知识的学习过程"翻转"到课下，由学生以个人或者结组的形式完成，课上时间仅作为学生反馈和教师指导之用。这种教学模式可以有效地转变被动接受知识的状态，充分调动学生作为学习主体的积极性，同时，学生的主动性和教师的专业指导都能够在很大程度上扩展与激活原有的教学内容，对于专业知识的内化和学生学习能力的培养都十分有益。

基于上述对于翻转课堂这种教学理念的认知，结合目前"建筑设计原理"课的教学现状，我们在本科二年级第二学期的教学计划中融入了针对具体建成建筑的实地调研与案例分析的小组工作环节，以期提高教与学之间的互动，也可以作为结课论文的预热。

2.1 预设逻辑

（1）形式选择：知识与认知之间的互动

选择对建成建筑进行实地调研的形式，能够促使学生真正以一个建筑师的思维逻辑认识、体验建筑设计原理所涉及的各要素，进而思考基于各设计要素特征和关系的设计方法，也可以说是实现功能与空间组织的思路。

（2）方案策划：教师与学生之间的互动

基于具体建成建筑而策划的调研方案，应该是具有可操作性的，比如，建筑设计原理中一些相对固定的关于空间与人的行为、心理的规律性的认知；对空间、尺度等具有较强限定性的功能、流线的识别。同时，调研方案的策划还应该是关照对设计构思的理解与激发等比较开放的内容。

2.2 实施计划

基于上述考量，对"（公共）建筑设计原理"课原有的 32 课时教学计划进行拆分、扩充（详见图 1），融入贯穿始终的翻转课堂模式的教学环节，从而将平时作业与结课论文整合纳入到课程教学体系中，一方面，有利于课堂教学内容的即时转化与及时反馈，另一方面，随着增教师指导力度的加强，学生可以在课后作业环节取得更为切实与系统化的收获。

教师根据事先经过基础调研而确定的大致工作量，按照不同的建筑类型（博览建筑、体育建筑、观演建筑、教育建筑、图书馆建筑、酒店建筑）分成人数不等的 8 个小组，通过学生自愿申报的方式进行分组。具体任务要求以建筑评论的角度，对天津市域范围内 20 世

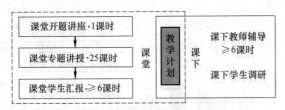

图 1　教学模块示意（作者自绘）

纪初至今的上述特定建筑类型进行爬梳，通过实地调研和文献整理，在对若干具体建筑实例进行深入分析的基础上，总结该建筑类型的演变规律，并分析、讨论可能的影响因素。在具体实施过程中，教师按照进度进一步分成理解工作要求、资料收集整理、组讨论协调、实地调研、具体案例分析与准备最终演示六个阶段，并给出对应的实施细节指南，各小组可以结合各自情况与老师预约课后辅导。

3　教学效果分析

作为一次教学实验，结课后的反馈与评价，同前期的酝酿与筹备、中期的引导与答疑一样重要。因此，我们在中期和结束分别就以下三个方面进行了不记名问卷调查，并对所获得的信息数据进行了统计与分析。本教学计划已经实施两年，选课学生总计 164 人，对应调查问卷的数据量能够支撑相应的教学效果分析与评估。

3.1　课外辅导

（1）必要性

据调查问卷显示的数据来看，98.7％选课学生认为翻转课堂模式中的课外辅导环节十分必要，这与翻转课堂自身的理念并不相悖。翻转课堂模式并非简单地将教学内容下放到学生课下的作业中，而是需要通过教师专业而有针对性的辅导，激发学生的主观能动性，从而尽快完成知识的内化。当然，就现阶段的教学实验而言，这一倾向性也表达出学生们对于翻转课堂模式的生疏。

（2）最佳时机

对收集到的相关数据进行统计分析（图 2），可知，在这一实验教学环节的实施过程中，存在三个需求峰值，先后出现在前期（理解工作要求）、中期（小组讨论协调）与后期（具体案例分析）。究其原因，首先，是学生对翻转课堂模式的陌生；其次，作为二年级的建筑学本科生，接触建筑设计的类型和深度都很有限，对任务要求、调研方法与分析思路的理解、认知都需要指导；最后，建筑学专业的学生，尤其在低年级，对于团队协作的开展从主观上表现出较为忽视的态度，因此，对于教学环节中"强制"要求的小组工作有些无所适从，需要教师从中进行协调与引导。

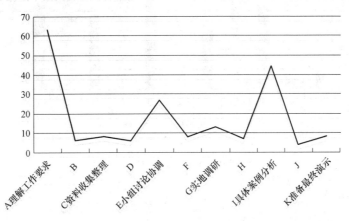

图 2　课下辅导的最佳时机（作者自绘）

（3）辅导方式

调查问卷中，对于课下辅导方式设置了四大类七个小类（图 3）。由下图可知，47％的学生仍然会选择与教师进行交流的方式，其中，选择面谈的学生人数明显多于选择邮件沟通和电话交流的，这也印证了一般教学模式的共识，即面对面的交流是最为高效且易于接受的教学方式。排在其后的分别为"图书馆资源"（25％）与"与同组同学讨论"（23％）。进一步分析发现，尽管

图书馆仍然是学生解决问题的重要途径之一，但是，结合"网络海选"的数据不难看出，相较于传统的纸质资源，网络资源明显受到学生青睐，同时，值得欣慰的是，在对网络资源可靠性的认知上，绝大部分同学还是会更为理性地以图书馆提供的电子学术资源为主。

总而言之，在翻转课堂模式的教学环节中，教师的课外辅导仍然是重要的保障；同时，可以考虑在前期、中期与后期分别设置三次固定的课外辅导，以便为学生

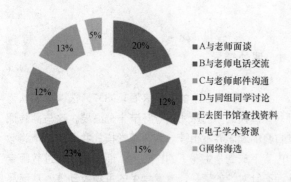

图3 课外辅导的方式倾向（作者自绘）

提供更为有效和系统的支持指导。

3.2 课业负担

(1) 时间分配

首先，由图4可以清楚地看出，大多学生在实地调研工作上投入了更多的时间，这个数据既反映出学生对这一工作的重视，也暗示了其对应的难度，就时间分配的比重来说，与任务的目标设定及教学重点都是吻合的。接下来是三项时间占有率不分伯仲的工作，分别为

资料收集整理、具体案例分析和准备最终演示。这三项工作是进行课堂讲授知识内化的重要环节，不论是教师还是同组同学都很难替代，因此，需要每个学生自己投入足够的时间与精力去整合、消化。

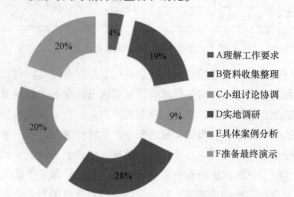

图4 时间分配统计（作者自绘）

其次，在时间分配的倾向性方面还存在着一定的性别差异（图5）。虽然整体趋势基本一致，但是，相较而言，男生对于时间的分配较为平均，而女生纯在明显地权重衡量。

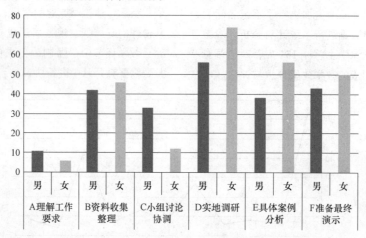

图5 时间分配的性别差异特征（作者自绘）

(2) 投入时间

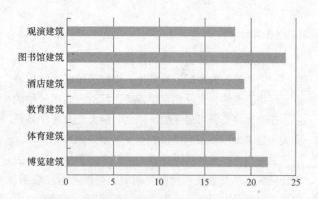

图6 不同组别实际投入时间统计（作者自绘）

由上图可知，不同组别的人均实际投入时间存在一定差异，这与调研建筑的功能复杂程度与可达性、学生自身的主观兴趣与对调研对象的熟悉程度等因素都有一定关系。实际上，这部分数据并不可能太精确，但是结合学生对于工作量的自我评价，还是可以看出，学生对于专业理论课结课作业投入时间的一个理想阈值，即六组平均人均投入时间为19小时左右。

(3) 自我评价

认为这种模式的课下作业所带来的工作量"还好"的学生占81%的，也就是说，翻转课堂模式的教学环节设置基本得当，并未给学生造成过重的负担。此外，只有16.5%的学生认为有一定负担。分析原因可能有以下三个。其一，作为建筑学本科低年级学生，这是他们首次接触到如此深入全面的具体建成案例的调研分析。其二，实地调研的质量直接影响到后续分析与结论的得出，因此，对这项工作从陌生到实施需要一定的时间。其三，对于整个任务的时间控制不好，习惯上的拖延造成后期挤压工作的井喷式展开，容易产生身心上的倦怠，这就需要增强教师在进度节奏把控上的作用。

总体来看，这类翻转课堂模式的教学环节在时间成本方面的理想阈值应为19小时左右。其次，通过本次教学实践，也反映出现有建筑学本科培养计划中或许可以增加专门的课程来弥补学生对于实地调研与案例分析方面的能力缺失。从最终的课堂汇报与论文呈现中，还可以看出，深度调研与全面案例分析对于学生进行专业主干课的学习具有积极的促进作用，也更有利于形成较为系统化的知识框架。

4 结论与反思

由上述统计分析，对"建筑设计原理"课的这次教学实验进行了如下总结与反思。

4.1 感同身受的学习

尽管这门课程称之为"原理"，但是，具体到建筑设计这一注重实践和体验的专业学习中，除了结合书面案例进行课堂面授外，基于详细调研计划的对建成建筑的实地走访也不失为一种重要的教学手段。

通过调查问卷的反馈可知，94.5%的同学对这种改变持欢迎态度，认为通过这一教学环节的学习促进了对课堂讲授知识的理解、提高了对建筑的体验与感知能力、增强了团队合作意识。从对具体调研内容的接受度上还可以看出，精心选择的调研主题更可能与建筑设计等专业实践课形成良性循环，帮助学生尽快实现书本知识到实用技能的转化。此外，从最终结课论文的提交质量来看，作为结课论文的预热，经历了这次翻转课堂的教学环节，最终结课论文不论在论文结构、行文逻辑还是分析深度等方面都有了一定的改善，最重要的是，绝大多数结课论文都反映出学生基于实地调研的主动思考。

4.2 解读与误读之辨

在建筑学本科阶段的专业核心课程——建筑设计课的教学过程中，不难发现，作为每个课程设计前期调研必不可少的案例分析环节或多或少地都存在流于表象的现象，既难以对分析对象进行较为系统深入的理解，也无法对后续课程设计的展开和深化提供支持。究其原因，除了缺乏必要的方法论方面的指导，还可能在一定程度上反映出学生们还未能形成对建筑案例展开主动评论的习惯，大多停留在对图片、模型等非实景情境信息的被动接受状态。其实，建筑评论很难以对错衡量，"误读也是一种解读"。评论本来就应该是基于不同背景、兴趣和思维特点的解读，除了设计师本人以外的解读都可能存在不同程度的"误读"，但是，只要能够自圆其说，误读也会一种主动思考的反映。

本次翻转课堂的教学实验，要求学生以小组为单位，在较为充分的案头工作、组内讨论与教师辅导之后在开展实地调研。从学生返回的调查问卷可以看出，近九成同学都认为这是一次有成效而有趣的体验。在这个过程中，尽管教师会给出调研大纲和分析评价框架，但是，学生们仍然表现出较强的主观能动性，甚至激发出不少基于主动思辨的分析。

4.3 教师作用的体现

传统授课形式中，学生只是被动接受知识的一方，对教师传递的信息接受程度较弱，对课堂的参与程度也较弱。翻转课堂的教学模式正是对上述困境的一种积极改变，但是，这并不意味着教师角色的缺失，相反地，它更多地体现了以学生为导向的教学理念，要求教师将更多地精力放在课下，以保持对前、中、后期不同阶段中学生学习进展的有效引导，以保证整个教学环节有序高效的推进。也就是说，教师精力的投入程度直接影响着学生对教学环节的认可度和教学目的的实现。

4.4 不足与遗憾

对于这样面向全专业的学科基础科来说，翻转课堂的教学模式受到课时较少但选课人数较多的限制，导致在一些具体阶段中师生互动不够充分，比如，任务开始前的知识铺垫与对后期成果陈述的点评交流。另外，对于具体任务内容的设计还应该更为精细，更有针对性。

参考文献

[1] "建筑类专业教学体系和核心课程体系建议". 高校本科建筑类专业教学质量国家标准（讨论稿）. 2014. 7

[2] 全国高等学校建筑学学科专业指导委员会编. 高等学校建筑学本科指导性专业规范（2013版）. 北京：中国建筑工业出版社，2013.

杨乐 吴瑞 蒋蔚 吴涵濡
西安建筑科技大学建筑学院；22960484@qq.com
Yang Le Wu Rui Jiang Wei Wu Hanru
School of Architecture，Xi'an University of Architecture and Technology

从四条主线谈二年级设计实验教学
——以建筑学专业认知规律为线索的建筑学教学体系改革*

Four Main Clues in Advanced Training of Architecture Design in Sophomore Year
——Reform of Architecture Design Education in Xi'an University of Architecture and Technology

摘　要：以认知规律为线索的建筑学教学体系改革是以"自在具足"为根本点、立足于学生对事物的认知与体验而进行的启发式的教学。其教学环节围绕"生活与想象"、"空间与形态"、"材料与建构"、"场所与文脉"四条主线展开，本文主要论述这四条主线的涵义及其在二年级的设计教学中是如何展开的。

关键词：生活与想象，空间与形态，材料与建构，场所与文脉

Abstract：Reform of Architecture Design Education is heuristic，which based on students' own experience and feelings. There are four clues in this education system，including Life and Imagination，Space and Form，Material and Tectonic，Site and Context. This paper introduced the meanings of these four clues and how these revolved in teaching procedure through in Sophomore Year.

Keywords：Life and Imagination，Space and Form，Material and Tectonic，Site and Context

1 引言

2012 年由刘克成教授主持的"以认知规律为线索的建筑学教学体系改革"，至今已历经 4 年。本教改跳出类型化建筑设计任务的模式，以"自在具足"为根本点，即相信人生来具足，教学是一个启智的过程，打开学生对生活的观察与体验，激发兴趣，让学生相信自己的潜能，用设计呈现心意。教学主要围绕"生活与想象"、"空间与形态"、"材料与建构"、"场所与文脉"四条主线来探讨设计的可能性。

2 二年级设计课教学任务

第一学期的任务设计训练课题——单一空间的潜力（52 课时）和多个单一空间的组织（60 课时）。首先以 3m×6m×3.6m 的方盒子为边界，以学生的宿舍生活为讨论基础，将学生按 2 人间、4 人间、8 人间、12 人间分组，探讨单一空间的可能性问题。第二个题目中要求对 30 个该尺度的方盒子进行组织，形成一个学生宿舍

* 2014 年陕西省高等教育教学改革项目："以建筑学专业认知规律为线索的建筑学教学体系改革。"

综合体，公共空间由学生依据设计主题自行定义，总面积在 1500m² 左右。

第二学期的课题为小客舍设计（120 课时），选址于西安回民街历史街区内的一块 63m×17m 的空地，并将毗邻的传统关中民居——高家大院纳入设计范围，设计限高 9m。将学生按 10 间客房、20 间客房、30 间客房分组，要求合理配置公共空间的功能与面积，设计一个主题性精品酒店。

3 教学主线

3.1 主线一：生活与想象

每个人都有自己的生活经历，都对生活有着与生俱来的感受力，这是自在具足的基础。生活是设计灵感的源泉，充满源源不绝的美好与智慧，需要用眼睛观察、用手触摸、用脚丈量、用心感受。对生活的理解与回应是设计打动人心的基础，空间作为人活动的场所，我们首先需要理解自己，才能开始思索建筑应有的面貌。该主线以观察与记录作为手段，发现生活的细节，以此确定设计中需要回应的问题，激发想象力，建立设计概念。

"单一空间的潜力"从观察自己的生活开始，首先学会为自己设计，着重自我需求的满足。宿舍承载了学生自身大部分的日常生活，这个空间饱满而实际，这里

的生活每天上演，有基本的衣食住行、私密与公共以及个性化的需求。学生通过对这个空间中司空见惯的物品拍照与白描的方式来研究生活，这些物品是行为的痕迹，更能接近生活的全景，要求学生通过生活需求的发现与共同协商来确定功能与主题。

"多个单一空间的组织"的课程中，观察的对象放大到学生居住的宿舍楼，他们打开自己宿舍的房门，面对的是一群人的集体生活，门厅、走廊、楼梯间、水房都是每天的必经之路，运动、KTV、动漫、桌游、聚会更是他们喜爱的生活方式。作为一个价值共同体，什么属于是"我们这群人的"公共生活，什么是"我们"的公共价值观？本课题更加侧重同类人生活行为中的公共生活属性与交往的形式，总结公共需求，同时尊重少数需求，平衡二者的关系，确定任务书。

在小客舍的设计中，设计对象发生了"由己及人"的转变。人群是多样的，通过前两个针对自我生活的专题后，学生进入了通用设计。对于客舍来说，是一群没有特定身份的人的生活，不仅有对客房内部生活的设想，同时有酒店公共生活的定义，更加强调体验。生活与想象主线的内涵被扩大，上升到了城市记忆的层面，包括对街区生活气质的感知、对传统生活的想象与敬意（图 1）。

图 1 从左到右依次为学生三个课程的生活与想象的记录（图片来源：学生作业）

3.2 主线二：空间与形态

空间是建筑师最基本的语言，它实际存在，是人们生活的背景，是我们用全部感官和整个身心去体验的对象，同时又具有抽象的特质。对空间与形态的设计，使人们的生活和行为产生变化与拓展的可能性。空间与形态的主线抛开设计中对形式的追随和模仿，主要探讨空间与人的关系、空间与空间的关系，掌握现代空间形态的设计语言，这种设计语言不是凭空而来，是从概念、

对场地的回应或者材料的逻辑而来。

"单一空间的潜力"课程中着重于研究人的生理尺度与心理尺度，了解空间的宽窄、形状、高度、容积等如何被人感受并认知的，以及其对人的行为产生的影响，从而探讨一个有限空间的分割问题。"多个单一空间的组织"的课程中要求学生处理空间的排列组合问题，这里面包括交通空间、公共活动空间等功能性的划分，以及室内、室外空间的关系，要求有一定的空间形

式逻辑，解决基本的交通流线及功能组织关系，掌握空间组织的一般规律。

小客舍的设计中，引入了传统的院落空间。学生首先经过简单的测绘后，从体块、板片、杆件三方面对院落空间进行重点解读，在这个过程中，学生通过对自身的体验的讨论去引发对密度、透明性、层次、虚实等空间语汇的思考，学习传统建筑空间的组织方式——间、院、廊，并在设计中从空间语言上给予回应，在空间组织上将传统空间纳入进来综合考虑，建立清晰的空间逻辑关系（图2）。

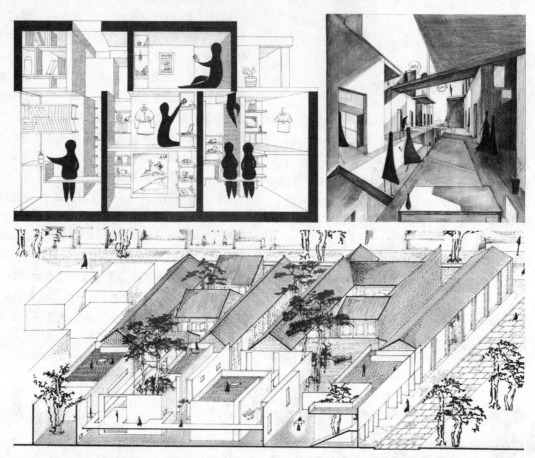

图2　从左到右依次为学生三个课程的空间设计（图片来源：学生作业）

3.3　主线三：材料与建构

建筑首先是一种视觉、触觉，与抽象的空间概念相比，材料与建构是建筑的现实问题。建筑的根本在于建构，即运用材料将其构筑成一个完整建筑的创作过程。材料与建构的主线要求通过思考材料的特性，真实表达其力学性能与结构构造，从而使材料表达其天性质感、力学逻辑以及生态内涵，从而传递和丰富人们对建筑空间的认识。该主线关注的不仅仅是技术问题，更是这些技术潜在的诗意化、富有情感的目的性的表达。

"单一空间的潜力"课题中，首先通过观察与触摸，认知宿舍中家具的材料及其连接逻辑，将材料的肌理、材料之间的连接关系以白描的形式表达出来；其次通过手工模型认知虚拟材质的属性，探讨模型中同一个空间内改变材质而对该空间效果的影响。"多个单一空间的组织"的训练中，通过对模型材质的操作认知建构逻辑，不能单单用胶水去构筑模型，而是要思考基本的力学关系，着重建立结构与空间的匹配度；其次通过知识点的讲述，学习基本的构造知识，正确绘制剖面图。

小客舍的设计中，学生在场地中观察材料，触摸材料，真实的感知材料的质感、软硬、肌理、色彩等，用照片和白描的形式记录下来，这种感性是理性思考的基础；其次，向学生讲述中国传统建筑的基本建造过程，解析传统院落的建构语言与方式，深化对材料与建构的认知；在方案的中要求选择适当的材料去实现希望的空间效果，了解该材料的属性与建造逻辑，建立真实的结构关系。

3.4　主线四：场所与文脉

万事万物处于时间与空间的联系之中，建筑的存在并非朝夕，是要在漫长的岁月中扎根在土地之上。建筑既强调形式，但又非唯我独尊，每一个建筑都有自己所处的环境，不是孤立存在，离不开地域、地方生活与文化的影响。场所与文脉就是建筑与周围环境的一切联系，设计师需要了解这种联系，尊重这种联系，最后回应这种联系，并对其内在意义进行诠释。

"单一空间的潜力"课题中，并没有明确的场地关系，但个人生活的记忆延续是认知文脉的开端。在"多个单一空间的组织"的训练中，在学生现在的宿舍区内选择了一块场地，学生需要对基地进行实地的调研，分析日照、风向、道路、植被等的场地上的要素，掌握基本的场地分析方法，并在主入口的设置、朝向、景观视线等方面对场地进行回应。

"小客舍"的设计题目中，场地的复杂程度升级。场地选择在具有一定特征性、文化性、生活气息的历史街区内，将视野扩大到街区，初步掌握建筑与环境、城市的分析方法，理解文脉的意义，树立基本的价值观。学生首次进入回民街时，根据自己的观察，用关键词、局部的空间剖面、照片、速写等形式记录自己对该场所的印象与感受，挑选最打动自己的场景以白描的形式绘制，全班对于回民街的印象进行讨论；之后第二次进入街区，了解设计用地的道路、景观、光线、人流、周边建筑等详细情况，制作基地模型，通过图底关系的绘制，进一步了解场地特征。

大二设计课程中四条主线的训练目标（表格来源：作者自绘）　　　　表1

	单一空间的潜力	多个单一空间的组织	小客舍设计
生活与想象	1. 观察自己的生活； 2. 通过对一个空间内物品的描绘，寻找行为的痕迹，抓住独特观察视角； 3. 主要满足自我需求	1. 观察自己这一类人群的生活轨迹； 2. 作为一个价值共同体，研究其个性化需求与公共生活属性，从中发现问题和趣味点； 3. 自拟任务书，建立公共价值观	1. 观察对象产生了"由己及人"的转变； 2. 定义需求，满足需求； 3. 对传统建筑、历史街区的理解与敬意
空间与形态	1. 了解尺度概念； 2. 探讨单一空间内的划分； 3. 掌握影响空间的要素（空间大小、形状、比例、方向、光线进入的方式等）	1. 掌握多空间组织的一般规律； 2. 研究私密空间与公共空间的关系； 3. 建立空间语言逻辑，并清晰的反应在形态上	1. 掌握解析空间的一般方法； 2. 学习传统建筑空间的组织方式——间、院、廊，并从中得出自己的空间形式语言
材料与建构	1. 观察宿舍中家具的材料与连接； 2. 认知模型中的虚拟材质	1. 建立结构与空间的匹配度； 2. 通过剖面掌握基本的构造知识； 3. 通过模型认知基本的材料建构逻辑	1. 认知场地内的真实材料； 2. 解析传统建筑的建构逻辑； 3. 方案选择合适的材料，了解其基本属性
场所与文脉	无基地； 对一个人生活记忆的延续，建立认知文脉的开端	1. 通过对真实场地的研究，梳理场地内的道路、朝向、植被等要素； 2. 掌握基本的场地分析方法	1. 梳理场地内的各种要素，学会用图底关系分析场地； 2. 了解复杂场地环境的研究方法； 3. 建立对文脉的初步认知

4　结语

四条线索始终贯穿在整个实验教学体系中，彼此交织、互为补充，随着设计题目的改变各条线索时而强化时而隐含。在一个设计中，从不同的主线出发，可以产生不同的设计方法与设计原则，这是优先性与出发点的判断问题，要视意境、情境而定，关键在于相信自在具足，将设计师的真诚贯彻始终，实现主客观交融，呈现自己的心意。大二的教学中，如何在空间与形态、材料与建构能力的训练方法上形成各加清晰的方法，是我们下一年要努力的方向。

参考文献

[1] 刘克成. 厨艺与匠意——由《大长今》想到的中国建筑教育 [J]. 时代建筑，2007.

[2] 顾大庆，柏庭卫. 空间、建构与设计 [M]. 中国建筑工业出版社，2004.

[3] 长泽泰著，周博，郑颖译. 建筑空间设计学：日本建筑计划的实践 [M]. 大连理工大学出版社，2011.

[4] 肯尼思·弗兰姆普敦著，王骏阳译. 建构文化研究：论19世纪和20世纪建筑中的建造诗学 [M]. 中国建筑工业出版社，2007.

[5] 史立刚，刘德明. 形而下的真实——试论建筑创作中的材料建构 [J]. 新建筑，2005（4）.

苗展堂　郭娟利

天津大学建筑学院；miaozhantang@126.com

Miao Zhantang Guo Juanli

School of Architecture，Tianjin University

面向体验式教学的天津大学建筑构造课程模型体系教学实践

Teaching Practice of Architecture Construction Course Model System of Tianjin University Based on Experiential Teaching

摘　要：天津大学建筑学院自天津工商学院建筑系办学起，就制作了几十个建筑构造模型，形成了构造模型教学体验的历史传统。21 世纪以来，天大建筑构造课围绕着"体验式"教学方式，在教学改革中通过建筑构造节点、建筑构造断面和建筑整体构造模型体系及学生构造模型训练体系来构建模型体验空间，致力于建设提升学生构造设计创新能力的体验式建筑构造课程体系。

关键词：建筑构造，教学模式，课程体系

Abstract：Architecture Department of Tianjin Industry and Commerce College（1937）had produced dozens of architectural construction models，and had formed a historical tradition of teaching experience of construction models. Since the beginning of the new century，around the "experience" teaching methods，the architectural construction course of School of Architecture in Tianjin University established models of construction joint，construction section，whole architectural construction and students' construction training to construct the course system of experience teaching for promoting students' creative ability in construction design during the teaching reform.

Keywords：building structure，teaching model，course system

1　引言

21 世纪以来，我国建筑的建造方式、建筑技术、建筑材料日新月异，由此引发了建筑构件的组合原理及构造方法必须进行相应的响应。例如，以往的砖混结构建筑中，黏土砖墙在起承重支撑的同时，还能起到墙体自保温、装饰、防水、隔声、围护等多种功能，一个普通砖墙由内外两个抹灰装饰层及砖墙核心层组成，掌握了砖墙的砌筑方法和构造要点就把握了墙体这一建筑构件的基本要领。而现在最简单常见的外保温墙体则最至少由装饰面层、粘结层、抗裂砂浆玻纤网格布抗裂层、保温层、结合层、结构层、室内抹灰装饰层等多个层次构成，如果加上干挂外装饰面，则层次更多。这就需要教师讲授及学生掌握的内容成倍增加。

同时，越来越多的建筑师意识到建筑构造设计的重要性，建筑构造设计正悄然从建筑设计后构造配套的"配角"转变为建筑设计前理念创新来源的"主角"。

2 建筑构造的体验式教学方式

在此背景下，天津大学建筑学院建筑构造课程进行了多年的教学改革，致力于突出启发式和体验式教学方式。

一方面，强化依托构造原理讲解的启发式教学方式。新材料、新技术层出不穷，构造做法日趋复杂，如果让学生逐个掌握这些新知识既不现实也没有意义，再加上现在学生接触施工场所及建筑材料的机会少之又少、动手能力低，因此构造教研组在教学中更强调分门别类的归纳总结这些新做法的构造原理，让学生能够举一反三地掌握这一类构造做法，然后通过建筑设计与构造的联合教学模式，将这一原理灵活地运用于自己的设计作业中。

另一方面，强化依托模型体系的体验式教学方式。在构造原理的启发式教学中，可以采用图片、动画、板书等多种方式，但在实际教学过程中很多学生并不能完全掌握这些知识点，主要由于学生缺少对实物的亲身感受，又难以对构造节点进行三维立体的空间想象。因此天津大学一贯强化依托实物和构造节点等多种模型来强化体验式教学方式，让学生可以亲手触摸材料、感知材料性能、观看构造节点，甚至可以亲自拆解成每一个小构件再按构造原理组合在一起。

3 天大建筑构造模型教学体验历史传统

天津大学建筑学院的办学历史可上溯至1937年创建的天津工商学院建筑系，至今已有70余年的历史，自天津工商学院起，就有用建筑构造模型教学体验的传统。我院于今年修缮了建国前天津工商学院制作的二层砖木结构住宅构造模型，该模型展示了当时天津城市非常流行时髦的欧式建筑风格住宅的构造做法，包括木屋架坡屋顶（图1）、承重砖墙、架空木楼板、木楼梯等构造层次。

图2为建国前制作的砖木结构民用住宅首层局部及基础构造模型，这一模型展示了砖木结构民用建筑的首层基础基槽、灰土基础、砖基础大放脚、架空木地板、墙身勒脚、木楼梯和木门窗框等构造层次做法。图3~图5为1951年天津津沽大学建筑系制作的津沽大学砖木结构教工住宅的整体构造模型、墙体构造模型、横剖面构造模型及木屋架构造模型。1952年，全国高校院系调整后，津沽大学建筑系（原天津工商学院建筑系）、

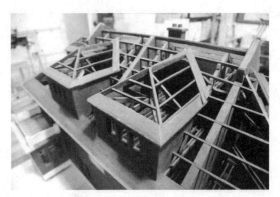

图1 天津工商学院建造的二层砖木住宅构造模型木屋架坡屋面部分（建国前）（资料来源：作者自拍）

图2 天津工商学院建造的砖木结构民用住宅首层局部及基础构造模型（建国前）（资料来源：作者自拍）

图3 天津津沽大学建筑系制作的砖木结构教工住宅的整体构造模型（1951）（资料来源：作者自拍）

北方交通大学建筑系（原唐山工学院建筑系）与天津大学土木系共同组建了天津大学建筑工程系。1953年天津大学建筑构造教研室制作了豪式木屋架、四（两）坡顶（悬山）木屋架（图6）、坡屋顶屋面立体构造等五个屋顶模型；木楼梯构造模型；预制梁与木龙骨木地板、双层拼花木楼板等楼地板构造模型；木龙骨板条抹灰隔墙和工业建筑三种类型的隔墙构造模型；三槽口木窗、双槽口平开中转窗、木提拉窗、镶板门、工业厂房

木质大门及大门局部等六个门窗构造模型；砖墙基础局部构造模型；以及木屋顶瓦屋面砖烟囱泛水和木地板砖烟囱处局部构造模型；总共二十多个构造模型。1954年成立天津大学建筑系后，结合天津大学主楼（第九教学楼）的建设又制作了该楼的木屋顶构造模型（图7）。这些模型在随后的建筑构造课堂教学中给学生们最直观的感受，直至今日很多20世纪八九十年代在天大上过构造课的学生仍然印象深刻，这也形成了天津大学建筑学院构造模型教学体验的历史传统。

图4 天津津沽大学建筑系制作的砖木结构教工住宅的墙体构造模型（1951）（资料来源：作者自拍）

图5 津沽大学建筑系制作的砖木结构教工住宅横剖面构造模型（1951）（资料来源：作者自拍）

图6 天津大学建筑构造教研室制作的两坡顶悬山木屋架（1953）（资料来源：作者自拍）

4 基于体验式教学的构造模型体系构建

为了延续天大建筑自办学伊始的构造模型教学体验历史传统，进一步构建基于体验式教学的构造模型体系，天津大学建筑学院利用教学西楼北面空间，运用钢结构构建了建筑构造模型展示厅。在这个展示厅中共分出了建筑材料陈列区、构造课程作业展示区、建造体验区、建筑构造节点陈列区、新型材料体验区及建筑小屋六个区域，打造构造教学课程的构造节点陈列、企业实验教学、材料陈列体验和课程模型展示四个"基地"[1]，建立了一个面向体验式教学的模型教学体验空间（图8）。

图7 天津大学主楼（第九教学楼）的木屋顶构造模型（1957）（资料来源：作者自拍）

图8 天津大学建筑构造模型展示厅
资料来源：作者自拍

4.1 建筑构造节点模型体系

结合建筑构造课程的教学重点和难点内容，在建筑构造模型展示厅中用真实的建筑材料和1：1的尺寸建造了瓦屋面坡屋顶、上人屋面和绿化屋面平屋顶三种屋顶构造节点模型；外保温（图9）、夹心保温两种保温形式的空心砖和陶粒混凝土空隙砌块的框架填充墙、轻钢骨架纸面石膏板墙的构造节点模型（包含框架柱和异形柱）；桑拿板、铝扣板、铝塑板、矿棉板、格栅板等多种面层的木骨架和轻钢骨架吊顶构造节点模型；干挂陶板、石板外墙面装饰及吸音板室内墙面装饰构造节点模型；隐框玻璃幕墙、明框玻璃幕墙、石板幕墙及铝板幕墙构造节点模型，以及等高屋面和高低屋面的镀锌铁皮和钢筋混凝土两种盖板的变形缝构造等共几十个常用建筑构造节点模型。现在上设计课过程中老师可直接带学生进入建筑构造模型展示厅，通过1∶1的节点模型、现实材料样本等可触可观可感的体验式教学将设计课中的构造和材料问题轻而易举的解决[2]。

图9　模型展示厅中的外保温空心砖墙构造模型
资料来源：作者自拍

4.2　建筑构造断面模型体系

为了使学生能将分散的节点连贯成一个整体，从而形成对建筑整体构造的全面把握，教研组在构造模型展示厅中制作了一个钢筋混凝土框架结构的"构造小屋"。该小屋除了受空间限制对层高进行了缩减外，其他构件均按实际尺寸大小及真实材料来制作。这一模型从建筑屋顶檐口至建筑基础底板全部剖开，包括钢筋混凝土地下室底板、一层地面、二层楼板、瓦屋面坡屋顶、砌块填充墙、外保温砌块围护墙、外飘窗、辐射采暖地板、挑檐口、断桥铝窗等构造节点内容。楼板、柱子的配筋及其绑扎方法、外保温各构造层次、窗框嵌缝、断桥铝窗框等细部节点一览无余，展示了钢混框架结构建筑自上而下的全部构造内容（图10）。学生在学习完整门课程后再回过头来看这一剖面，非常容易将所学构造知识串接起来。

4.3　建筑整体构造模型体系

传统建筑结构体系主要包括木结构建筑、砖混结构建筑和骨架结构建筑三种形式。天津大学建筑系在1953年制作的二十多个模型主要展示的是砖混和砖木

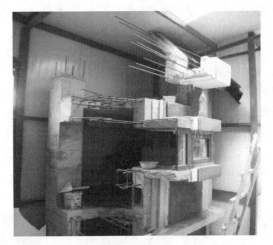

图10　"构造小屋"展示的构造断面构造细部
（资料来源：作者自拍）

结构建筑构造做法；而模型展示厅中的"构造小屋"基本按照1∶1展示了钢混骨架结构的建筑整体构造做法；为了让学生能对钢结构建筑有直观的体验，教研组在建筑馆西楼东侧建造了一个6m×6m×6m的钢骨架建筑整体构造模型（图11），并在里面布置了隐框玻璃幕墙、明框玻璃幕墙、石板幕墙及铝板幕墙构造。因此对于砖混和骨架两种结构建筑，教研组已经初步建立了整体构造模型系统；对于木结构建筑，教研组拟依托与加拿大木业协会联合办学的基础，利用构造课程与设计课联合教学的实践设计建造一个小型现代木结构建筑，通过这个小型木结构建筑整合多种木结构节点连接做法，学生通过建造及拆装可以灵活掌握木结构建筑的构造知识，这就形成了钢混骨架结构、钢骨架结构及木结构建筑整体构造模型体系。

图11　天津大学钢骨架建筑整体构造及干挂石材模型
（资料来源：作者自拍）

4.4　学生构造模型训练体系

同时，为了让学生形象直观的体验建筑构造节点，

建筑构造课程教学中要求同学按照每5～7个人进行分组，设计制作墙体（图12）、楼梯（图13）、屋顶、基础等某一节点的构造模型，一方面提高同学的动手制作能力，加强同学之间的团队协作能力；另一方面通过模型来推敲建筑构件组合原理。构造课与设计课联合设计中也在两个教学组中尝试融入了发挥学生动手制作能力和创新能力的"动态表皮"的构造设计和模型制作（图14），在这个设计中，考察了学生的材料知识、建筑热环境知识、建筑光环境、构造节点知识、机械知识、美学知识等多种相关知识，并锻炼了他们的协作能力[2]。

图12　墙体构造模型训练 资料来源：作者自拍

图13　楼梯构造模型训练习 资料来源：作者自拍

5　结语

经过几年的建筑构造课程改革，将构造课程的孤立教学拓展至面向建筑设计课，尤其是面向体验式教学的建筑构造模型体系的建立，使学生对建筑构造课程知识的学习更加系统、深入、直观，使其学习的构造知识能够与建筑设计紧密结合，为学生今后在建筑设计中能够进行构造创新设计垫定了坚实的基础。

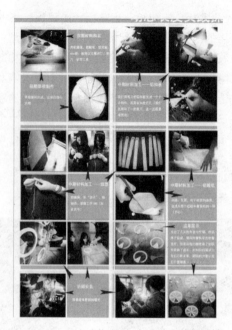

图14　"动态表皮"的构造设计和模型制作
（资料来源：作者自拍）

参考文献

[1]　苗展堂，崔轶. 材料、构造、节点——天津大学建筑构造模型体验教学实践[C]. 福州大学，全国高等学校建筑学学科专业指导委员会. 2012 国际建筑教育论文集. 北京：中国建筑工业出版社，2012：507-511.

[2]　苗展堂. 面向建筑设计和模型体验的建筑构造课程创新体系教学实践[C]. 湖南大学建筑学院，全国高等学校建筑学学科专业指导委员会. 2013 全国建筑教育学术研讨会论文集. 北京：中国建筑工业出版社，2013：284-288.

刘宗刚

西安建筑科技大学建筑学院；liu _ zonggang@126. com

Liu Zonggang

Xian University of Architecture and Technology

空间关系与空间特征
——建筑设计方法教学的模式与实践
Space Relations and Space Characteristics
——Teaching Patterns and Practices on Architecture design Method

摘　要：本文从"空间关系与空间特征"这一主题，介绍西安建筑科技大学建筑学院"以建筑专业认知规律为线索的教学改革"三年级课程的教学实践。基于培养学生建筑设计基本方法、丰富建筑设计语汇的教学目标，课程从探讨空间关系与空间特征的角度，联系第一学期的建筑大师作品解析训练和第二学期的专题博物馆分解整合系列设计，引导学生关注建筑设计语汇的运用、设计要素可能性的尝试、设计方法的操作以及设计思维意识的养成，探讨建筑设计基本原理、设计语汇和设计方法的教学模式。

关键词：空间关系，空间特征，建筑设计方法教学

Abstract：Using space relations and space characteristics as the theme，the thesis introduces the third-year architecture experimental teaching following the cognitive rule of architecture which hold in Xian University of Architecture and Technology. Basing on the teaching objectives of architecture design method educating and principles of architecture design enhancing，the course divides to two parts：master architects' projects analysis and topic museum series design. It could guides the students focus on architecture design vocabulary，discuss the possibility of design consideration，operate the design method and train the design thinking consciousness. It investigates the model of teaching on principles of architecture design，design vocabulary and design method.

Keywords：Space Relations，Space Characteristics，Architecture Design Method Teaching

背景

"以建筑专业认知规律为线索的教学改革"实验课程是西安建筑科技大学建筑学院刘克成教授带领16位年轻教师进行的一项针对建筑学专业从一年级持续至四年级的专业课程改革尝试。设定三年级的教学目标是建筑设计方法的学习与训练，旨在通过多个教学阶段与课程环节的训练，着重培养学生的设计意识与方法，从帮助学生建立基本的设计思维与方案判断，到建筑设计基本理论学习，再到建筑设计基本方法的应用与训练，从而提高学生建筑原理认知与设计水平。四位教师各带领教改实验班一个小组的同学，在总体教学主旨、环节题目与进度要求一致的前提下，设定组内的主题主线，以达到多样化与特色化的教学成果。本文介绍其中一组（8名学生）以"空间关系与空间特征"为主线的建筑设计方法教学模式及实践成果。

1 空间问题

空间问题是 20 世纪至今的建筑设计方法研究的核心问题之一，也是建筑初学者最需学习和培养的专业问题。相对于传统的建筑设计教学以建筑类型为主线，从小到大、先简单后复杂的训练模式，教学尝试从空间问题——这一贯穿所有建筑类型的共同问题入手，超越从单一的建筑功能类型训练设计方法的教学，转而对各种类建筑的空间类型进行归纳、学习其空间组织的方法、理解其空间特征的塑造，突破"经验式教学"对建筑设计方法培养的局限。

（1）空间关系

空间关系着重于从空间到空间的感知，关注空间层次的丰富，创造公共空间与私密空间的相互交汇，探讨空间关系实为对空间构成与组织的方法进行研究。如东南大学葛明教授所创立的"体积法"中，从房间群来理解"房间一样的空间"，从房间群的空间关系来形成对空间的认知，"房间中的房间"（Room in Room）、"房间与房间"（Room with Room）、"房间接着房间"（Room after Room）是三种房间群的空间关系，形成穿过一个房间而对另一个房间的感知；房间之间的不断开放而形成的层叠相串与相套；房间与房间的依次衍生而形成空间序列等基于空间关系的空间认知。

（2）空间特征

空间特征是现代建筑空间设计中的重要问题，是对空间认知的建构与识别。空间特征的形成首先源自空间的分化与组织：如大空间、小空间、夹层空间、相套空间等之间的相互因借与空间构成；其次是对于"空"的引入，即处理建筑体量与周边环境的关系问题，形成景观环境、室内空间与室外平台/院子三者之间在剖面上的构成关系；再者是空间塑造问题，如空间对角线景深的远与透，空间中来自不同方向的光斑、楼梯暗示的空间引导，以及光线、材料、色彩、结构形式等对于空间特征的塑造。

小组在为期一学年的建筑设计方法训练教学中，以"空间关系与空间特征"作为主线，通过第一学期的建筑解析与设计分析训练、第二学期的建筑要素与课程设计，来丰富设计语言语汇，培养设计思维意识，建立从概念到建筑的设计方法。

2 先例·模式与物化

建立对于空间组织模式的初步认知，课程将学生日常生活与经历体验过的空间，和《建筑空间组合论》、《建筑：形式·空间和秩序》等著作中关于空间组织的模式相联系，形成对于基本空间组织的直观认识，分析空间对于人的直观感受。

（1）发现生活中的空间：要求学生从日常经历的空间中寻找某种类型的空间或空间组合，如开敞空间、线性空间、狭窄空间、高低空间、通过空间等等，通过观察与描述空间在建筑中的位置、进入空间的方式、空间游走的路径、感观与心理的变化，客观分析空间与人的关系，空间的特点及其形成因素。

（2）先例模式的物化：在《建筑空间组合论》与《建筑：形式·空间和秩序》等著作中，归纳了建筑空间组织的模式构成，从基本的廊式、梯间式、广厅式，到空间内的空间、穿插式空间、邻接式空间，再到集中式组合、线式组合、放射式组合、组团式组合、网格式组合……通过将抽象的模式图与现实案例相联系的方式，更为直观与具体的理解空间组合的形式与构成法则（图 1）。

3 作品·分析与解读

（1）类型·角度

空间是现代建筑学关注的重要问题，亦是建筑初学者欠缺设计方法的对象。教学以经典案例作为起始，探寻背后的空间关系与空间特征，学习建筑空间的组织方法，培养塑造建筑空间品质的能力。

基于对已有空间组织设计方法分类的学习，选取 5～6 个建筑案例，从空间划分、空间剖面、空间调性、空间构成、空间秩序、空间行为、空间关系、空间特征八条主线进行作品分析（每个学生选择一条主线）。在建筑案例的选择中，可选择同一建筑师的系列作品中所反映的某种特质：如路易斯·康作品中的空间秩序问题、路易斯·巴拉干作品中的空间色彩与调性问题；或从某一研究空间的角度解读建筑师的某些作品：如从空间剖面的角度解读勒·柯布西耶的建筑作品、从几何空间的组织所形成的空间关系与特征的角度解读阿尔瓦罗·西扎的建筑作品；亦或从处理空间的手法角度解读多个建筑师作品中所体现的特点：如从空间划分的角度解读妹岛和世、彼得·卒姆托、密斯·凡德罗等建筑师的单层建筑作品，从空间构成的角度解读彼得·艾森曼、桑丘、海杜克等建筑师的建筑作品。

（2）方法·步骤

1）物象空间——节点与界面

基于对整体建筑作品的理解，选取其中空间的一个节点进行分析，如同将整个建筑最为核心的"心脏"摘出，理解其在空间组织上的手法，空间与空间之间形成何种位置、视线、感受等方面的关系，以及空间之间、

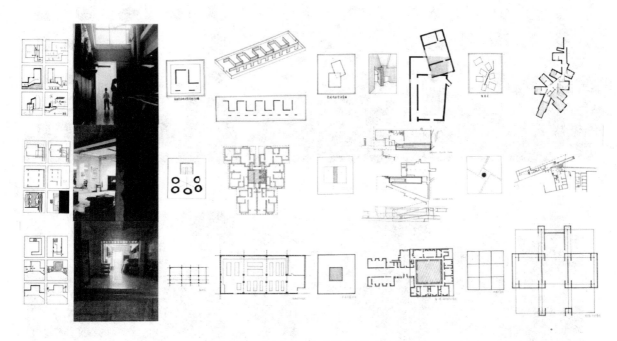

图 1　生活中的空间与先例模式物化

节点与周边空间之间的界面依靠何种方式进行界定（图 2）。

2）意向空间——模式与演化

基于上一步对于节点空间的提取与分析，将其空间组织模式进行抽象与简化，保留与凝练空间构成的方法与界面界定的方式，形成空间关系原型。以此为基础，对其进行发展与演化，探讨如尺度变化、介质介入、空间变形、空间组合与划分等对于空间组织模式的影响，

将模式发展成为系列的空间组织模型库（图 3）。

3）心象空间——意向与表达

综合上两步对于空间组织与空间关系的理解，分析影响该空间节点特质的其他设计因素，总结该空间节点及空间关系原型的特征。通过组合、抽象、联系、想象等手段，描绘自身对于该类空间特征的理解与认知（图 4）。

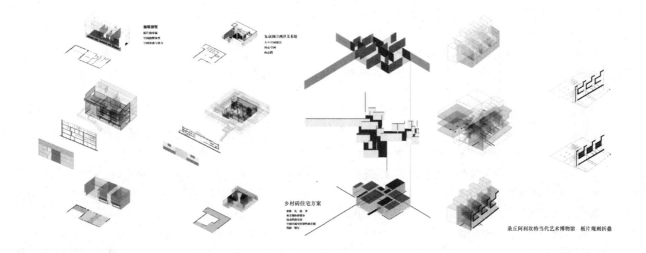

图 2　物象空间

图 3　意向空间

图 4　心向空间

4　设计·操作与演练

学生经历了一个学期的建筑作品分析与解读，以"空间关系与空间特征"为主题进行了关于空间组织方式的学习，积累了一定的设计语汇，丰富了设计手法。在三年级第二学期，继续沿这一主题，设置一系列分项训练和课程设计，进一步学习和运用建筑设计思维与基本方法。

（1）要素训练

1）人与光

光是感知空间与塑造空间的重要设计要素。通过光源、光孔、光栅、光径、承光体与观察光的位置与视角六个方面，在限定空间单元中，考虑地理位置、时令和时辰，探讨自然光在设计条件干预下，对于空间的作用，旨在发现光对于空间塑造的可能。

2）人与景

同是建筑开洞问题，相对于光是进入空间的要素，景是从空间向外的延伸与设定。基于对地形环境的感知，选取校园环境中 5 种不同景观环境，通过洞口位置、形状、介质、朝向等方面，从遮蔽与显现的角度，训练室内空间与室外景观限定与联系的可能。

3）人与物

通过选取不同尺度、材质与类型的物品，讨论展品在空间中展示与观看方式的可能，研究人与物通过空间的塑造能产生何种关系，对人的视觉和心理感受产生何种影响，体现展品何种特征。

4）人与人

选取城市中不同功能的室内空间环境，观察、讨论人与人的关系：距离、密度、位置、媒介、私密性等，研究人与人在空间中的视线、领域感、边界等互动影响的可能，探讨在限定空间中，经由空间操作所产生的人与人的看与被看（图 5）。

（2）课程设计

课程设计以"十张照片的摄影博物馆"为设计题目，提供三位摄影师的多种类型的摄影作品，要求学生选取打动自己的十张照片，以为其设计观·展空间为切

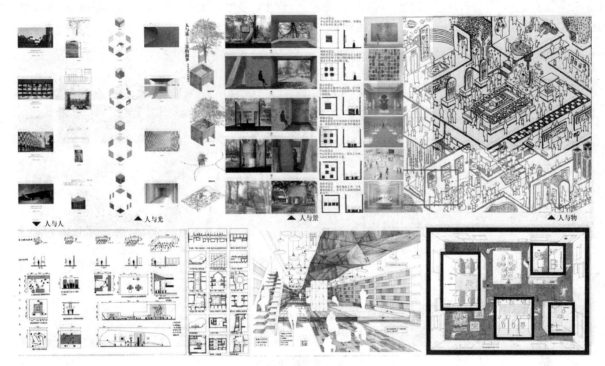

图 5　要素训练

入点，推进建筑方案设计。设计用地选用涵盖城市历史地段与校园环境的两种不同用地条件，要求学生探讨功能与空间之间的关系，以之前积累的设计要素为启发，注重设计方法的培养，完成建筑面积为 1500m² 左右的建筑方案设计。

本次课程试图从设计对象、场地条件、使用人群三者的相互关系出发，通过空间语言的表达，探讨设计原理，推进方案进展。教学环节中引导学生从对照片的感受与理解出发，激发展品展陈、观看方式与空间塑造三者相互因借的可能，以设计空间承载十张摄影作品为设计核心，考虑场所环境、形式逻辑、材料建构等设计条件与内容，完成建筑设计。

1）课题特点

通过设计题目的单纯化与小型化，避免学生设计上简单的面积叠加与功能复合，能更"单纯的"关注设计方法问题；通过探讨摄影作品的展陈方式、观者观看的方式、人与人在空间中的行为，来进一步强化对于"空间关系"设计手法的认识；通过探讨摄影作品主题与空间氛围营造之间的对应与联系，来进一步明确"空间特征"设计语言的感知。

2）教学步骤

① 设计对象的讲述与选择

为明确的对象做针对性的设计是题目设定的前提，教学聘请了三位著名的摄影师讲述他们拍摄的摄影作品及其背后的故事，并提供了百余幅不同主题系列的照片，学生可依据照片主题、打动自己的作品或者故事线索等方向，选择 10 张作品作为其博物馆唯一的展示物。

② 回到场地

五块不同类型的设计用地，带来学生对基地"价值"的思考，即：基地的特征是什么？学生需回答：建筑如何进入场地？如何组织基地内外人的行为？如何尊重基地内及周边的影响因素等问题。旨在通过分析思考，明确设计的外在影响条件。

③ 尺度与规模

设计任务仅对面积有了一个弹性的要求，更多的是需要学生通过前两步来细化任务书，面对不同的展示物品、不同的位置条件，判断博物馆的尺度与规模，设定博物馆的功能构成，并进一步探讨功能之间在空间上联系的多种可能性。

④ 设计切入

设计前期明确提出为所选择的 10 张摄影作品设计博物馆，在讨论如何展示照片，如何观看照片，如何体现照片的特点，如何突出照片的价值等问题的同时，联系模块四中建筑设计要素训练环节的原理内容，旨在从空间塑造入手，贯彻由内而外的建筑设计方法。

⑤ 重点深化

从空间与形态的相互关系出发，解决内外两个设计问题：对内，借由展线游历方式，调整空间组织、尺度变化、空间层次，反映于建筑形态；对外，借形体对外界设计要素条件产生的影响，进一步对空间发生作用。

学生以模型＋草图、多方案比较、局部与整体判断的方式，推进方案设计的深度（图6）。

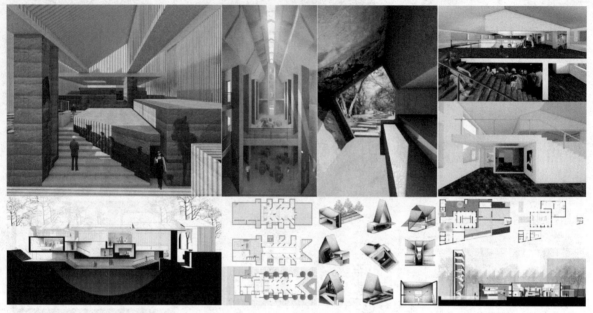

图6　课程设计作业

5　教学总结

本次教学是"以建筑专业认知规律为线索的教学改革"三年级课程的第二次实践，以丰富学生设计语汇，学习建筑设计基本方法，培养设计思维意识为教学目标，突出对由建筑要素所组成的设计原理的针对训练，通过有限定性的专题建筑设计——10张照片的摄影博物馆，检验学生对于设计语汇的运用、设计要素可能性的探讨、设计方法的操作以及设计思维意识的养成。

此次教学首次以一个主题贯穿为期一年的教学课程，加强了从设计作品分析到设计课程训练之间的联系，学生亦能在后面的课程设计中，将前期所分析、总结与抽象的设计方法、设计语汇潜移默化并融会贯通于自己的设计题目中，教学课程取得了一定的效果。以本小组以"空间关系与空间特征"为主题的8名同学为例，在2016年7月评选的"2016东南·中国建筑新人赛TOP100"中，有4人入选，并将参加后续的选拔。

张昕楠　王迪　辛善超

天津大学建筑学院；pavilion. artisan@gmail. com

Zhang Xinnan　Wang Di　Xin Shanchao

School of Architecture，Tianjin University

尺度·行为·模式*
——基于环境行为研究的主题俱乐部设计
Scale，Behavior & Pattern
——The Club Design Based on Environmental Behavior

摘　要：结合本次大会"多元融合视角下的创新人才培养"的主题，笔者在概述天津大学建筑学院三年级建筑设计试验课程的基础上，提出在现有的体系下，加入以环境行为心理分析为基础的俱乐部建筑设计题目，指导学生从环境行为心理、设计逻辑和对待环境的思考方式等层面出发进行设计操作。进而，笔者对教学过程中环节的设置、学生设计作品和教学效果进行了论述和分析。

关键词：实验教学，行为，俱乐部

Abstract：Response to the topic of this seminar，the author suggested the Club＋ design，which is based on studying Environment behavior psychology，is an effective vector on training student's design ability of concerning on behavior，psychology and design logic. Furthermore，by analyzing the teaching program，the design work of student and the data by questionnaire，the effect of author's suggestion is proved.

Keywords：Experimental class，Behavior，Club

1　背景——三年级建筑设计试验课程的设置

近20年，我国建筑教育发展迅速。随着时代发展，建筑设计行业对人才能力的需求也在发生着变化，天津大学建筑学院在继承优良传统的同时，积极尝试建筑教学理念与方式方法的改革和创新，"教学实验班"应运而生。"实验班"教学鼓励学生创新性思维，对于人才培养不仅着眼于当下，同时前瞻建筑行业未来的发展方向。"实验班"之实验主旨，既在培养具有"本土情怀·国际视野"的优秀建筑设计人才，又是对当代建筑教育及教学方法的积极探索。

在此背景下，笔者所在的三年级教学组，力图引导学生充分发挥其内在的设计能力和创造的热情。自2012年以来，教学组设置了系列课程题目"＋"，有意使任务书处于一种"未完成"的状态，引导学生基于他们对爱好、共居、艺术和宗教文化的理解对任务书进行发展，并融入到他们的设计中。系列题目均以建筑类型后缀以"＋"的组合方式出现，类型本身的出现其实直指真实——回应了建筑这一外来语的基本定义，而"＋"其后的内容则给予了学生更为开放的机会，允许他们将自身对环境、文化、事物、物件的理解和学习融入设计过程中，并展开想象的世界。这样一种方式，使得教师和学生同时处在了一种寻找另一半的状态中。"藏传佛教展示中心"中，学生将对文化、宗教的理解融入到设计中。在"Club＋"中，学生将对自己的爱好展开分析，并为同爱好人群设计一个主题俱乐部。"Gallery＋"中，学生将对自己喜爱的艺术家展开解析，并为其作品设计一个主题展廊。"Bedroom＋"中，住宅

将被结构为最小私密的单元，关于住的公共性讨论将被融于其中。"Library+"中，功能和结构、类型的讨论

将被融入于校园图书馆的加建设计中（图1）。

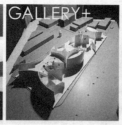

图1 三年级系列课程题目"十"

2 关注行为模式——主题俱乐部设计课题的定位

尺度和行为模式是建筑设计过程中直面的重要问题，自现代主义产生以来，从柯布西耶、康、凡·艾克、赫兹博格到库·哈斯，都在其设计中展示了对尺度或空间行为模式的关注（图2）。特别是环境行为研究问世四十余年来，对建筑设计产生了重要影响。建筑是人的生活环境，是生活展现的"舞台"。"人的因素"应置于空间环境设计的首位，即把人的行为作为设计的依据和出发点。这些都表明，在设计中应把人的行为作为设计的依据和出发点，应从行为出发，而不是仅仅满足功能。

图2 建筑大师对尺度、行为、行为模式及社会关系的思考

正是基于上述原因，笔者及本教学组设置了主题俱乐部设计课程题目，引导学生或根据自身的爱好、或根据对场地的调查设计一个 3000m² 的主题俱乐部，从而满足设计者相同爱好群体的活动、交流、展示休闲等综合功能。课程题目的场地选定于天津市河北区的旧城区内，毗邻天津美术学院，周边为 1 到 2 层砖木结构建筑，伴有商铺集市，街巷生活氛围浓郁，人群相对复杂。让学生在设计开始阶段加入自己的爱好作为设计的一个决定性指导因素，某种意义上是设计教学观念中一种由内到外的思考——即引导学生自主地对特定人群行

为、心理、活动尺度、社会关系等进行研究，探索其与空间的对应关系，训练学生对空间的理解，培养其空间创造能力；而对城市中复杂场地的选取则是出于由外向内的思考——指导学生根据场地所在的环境、周围人群、场所等客观要素，对设计的发展进行影响，从而营造具有积极意义的城市空间场所。

特定人群、城市复杂场地和空间类型，这三个要素构成了整个题目的核心（图3）。因此，在出题伊始，教学组将本课题的训练目标定位以下三点：①认识并实践由特定人群行为向空间转化的设计过程：行为是整个设计的出发点，空间是设计的载体，从行为特征到实体空间的转化过程中，二者的对应关系是判断设计概念是否成立（即选定人群的行为是否跟建筑空间有必然联系）的关键环节；②掌握专项设计研究的基本操作方法：尝试将所学的艺术、历史等理论学科知识转化为建筑设计与分析的技能。在设计研究的过程中，对特定人群的行为、关系、心理等进行研究。③掌握城市环境分析与研究能力：分析建筑所处城市环境，将建筑作为城市的有机组成部分进行设计。深入理解周边环境人群对于该区域的使用方式，并将城市环境与建筑环境进行结合设计。

3 融理论于教学过程——教学环节的设置

教学过程中，主题俱乐部设计课程由教学初期、中期、后期的三个阶段，以及设置其中的专门讲座、主题探寻、案例研究、概念生成、草案生成、完善方案和深化方案七个环节构成。

在设计开始阶段，针对教学目标教师在请来相关研究领域的教师为学生进行讲座。通过"环境行为学"、"Affordance"两个讲座和系列案例研究，帮助学生初步建立物质环境对人群活动品质产生影响的认知，学会关注场所或环境的空间性状况，以及使用者行为、活动

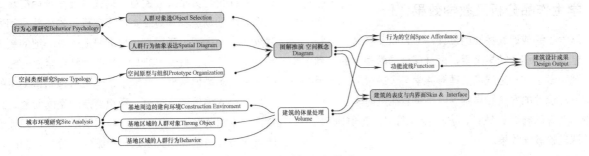

图3 教学知识点体系

时间	教学流程与安排		教学要求
Week1 Mon	任务书讲解	讲座一：俱乐部案例阅读	场地现状模型1:500
Tue	案例研究	阅读研讨	PPT汇报文件
Wed	基地调研	制作基地模型	
Thu	汇报俱乐部案例研究及调研成果	讲座二：环境行为学	
Fri	环境行为学历史理论及案例	分析人群行为需求	体块模型
Sat	分析人群行为需求		概念图解及模型1:500
Sun	汇报调研结果	确定俱乐部主题	PPT汇报文件
Week2 Mon	建筑体量研究与设计	讲座三：Trees & Affordance	
Tue	建筑体量研究与设计		图纸要求
Wed	建筑体量模型提交	小组讨论设计与修改	概念图解 总平面图纸1:400
Thu	初步设计	方案修改	各层平面及建筑剖面图1:200
Fri	初步设计		模型要求 场地设计模型1:400
Sat	初步设计		方案模型1:200
Sun	组内一草汇报	中期评图	
Week3 Mon	方案修改	深化设计	方案深化草图
Tue	讲座四：从概念图解到设计生成	深化设计	概念图解1:500
Wed	深化设计		建筑体量模型
Thu	深化设计		建筑表现模型1:200
Fri	深化设计		
Sat	深化设计		
Sun	深化设计		
Week4 Mon	组内二草汇报	方案评改	成果表现图纸
Tue	深化设计		总平面1:400
Wed	深化设计		平面图1:200
Thu	深化设计		剖面图1:200
Fri	深化设计		立面图1:200
Sat	深化设计		表现模型1:200
Sun	深化设计		概念模型
Week5 Mon	绘图制作		
Tue	讲座五：设计表达的图学	绘图制作	
Wed	绘图制作		
Thu	绘图制作		
Fri	绘图制作		
Sat	终期评图		
Sun	组内方案点评		

图4 教学过程

尺度、社会关系等方面，并理解空间环境对个人知觉、认知、体验、情感产生的影响，进而影响人的行为活动。通过"图解生成"讲座，说明将概念演化为图解并生成最终空间形式的推演逻辑，后期的课程中利用图解提高学生在学习过程中设计发展的逻辑性与清晰性。

进而，围绕学生提出的主题类型，教师在课程中指导学生从尺度、行为、活动、行为模式、社会关系及空间心理感受等方面进行分析，并要求学生提出概念图解。概念图解可以通过草图、模型、PPT等多种方式进行表达。图解的连贯性作为设计过程评价的核心，并在最终图纸表达过程中完整体现。主题类型提出的同时，教师组织学生进行案例研究，分别从尺度空间、行为模式、心理空间和使用策划四个角度进行知识积累；进而，教师和学生在过程中对提出的主题进行充分讨论，在深入理解设计要求和解读场地的基础上，并确定目的和设计概念。

进入草案生成阶段，学生首先根据前期提出的设计概念和对场地的理解进行快题设计，制作1/500的模型表达设计同环境的关系；而后，学生根据教师指导意见以图解方式推动设计深化，绘制1/200的建筑平、立、剖面一草图纸，并制作1/200模型表达空间序列的组织。在专题设计的第二周，学生针对首次评图时教学组提出的意见进行完善并确定方案，绘制1/100的建筑平、立、剖面仪草图纸，并制作1/150的模型进一步推敲建筑的空间。在专题设计最后一周，学生根据二次评图时教学组的意见和个人方案，设定深化设计的方向（如空间、光、材料、环境景观），并制作1/50的空间局部或结构构造模型。最终，学生提交设计成果，由教学组进行评定（图5）。

图5 教学过程记录

4 学生作品分析及教学效果评价

从学生完成课题提交的设计作业，以及在这一过程中随堂问卷的调查结果来看，设计课程的教学目的得到了实现，学生在一定程度上理解并学习了通过关注行为心理展开设计的方法和思维。以下笔者通过对学生设计分析和调查问卷数据统计，进一步说明"主题俱乐部"设计课题的教学效果。

4.1 学生作品分析

在"宠物爱好者俱乐部"方案中，学生关注人与动物的行为，以人与动物的关系作为设计出发点，通过对尺度差异和行为差异的观察与分析入手，探讨适合人与狗共同活动的模数尺度。并进而得到了相应的空间原型，在场地上进行了一系列"围绕"等行为模式的探讨，体现了设计者对生活的观察和空间的发现，将日常行为演多等为丰富的形式与空间（图6）。

完成作品"美术爱好者俱乐部"的学生，通过对场地现有人群的调查分析，归纳出三种艺术人群的行为模式，并探讨与其相适应的空间模式以及同场地的真实性关系，将活动层次分为三类。三类行为的公共空间逻辑清晰。方案体现出学生在场地调研期间对场地的敏感观察和深入分析，概念策略与场地条件结合紧密（图7）。

在"跑酷俱乐部"方案中，学生将跑酷运动中的行为尺度引入俱乐部建筑内，利用简洁的空间元素，组合创造出丰富的空间系统。设计逻辑清晰，并运用大量的图表对行为与空间的关系进行了细致的分析。同时，设计也充分考虑到场地的现实性问题，为不同人群创造了交流的可能（图8）。

4.2 教学效果评价

根据对学生选择的主题及最终完成成果，可归纳出四种类型。首先是运动主题：在这个主题下，学生对运动行为的尺度和行为活动对空间的要求进行了充分关注，并利用速度（骑行驿站）、坡度（攀岩爱好者之家、轮滑爱好者之家）等作为设计的条件推导设计；第二类为艺术创作主题：在这类主题下，学生对艺术活动本身的流程、艺术人群的关系和社会性等进行了关注（艺术

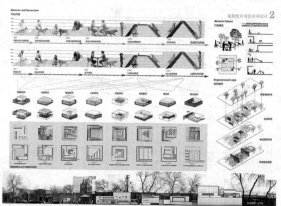

图6 "宠物爱好者俱乐部"

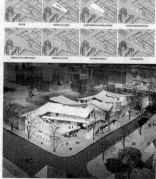

图7 "美术爱好者俱乐部"

图8 "跑酷俱乐部"

爱好者之家），有的将艺术创作本身转化成了空间生成的动因（泥塑爱好者之家）；第三类为人—物关系主题：在这类主题下，学生有的将蒙式教育的理论进行空间转译（亲子俱乐部），有的将动物的尺度和人的尺度在设计中同时考虑、和谐统筹（宠物爱好者俱乐部）；最后一类为情绪心理主题：在这类主题下，学生将焦点聚焦在某种特殊心理人群，空间成为了表达、抒发情感的媒介（图9）。

针对教学效果，笔者在设计课程结束后对全部学生进行了针对性的问卷调查。调查结果显示：87%的学生认为，在设计过程中"有"及"非常明显"的对了解、学习尺度、行为、模式引导设计过程有帮助；80%的学

生认为，在设计过程中"有"及"非常明显"的学习到本类型建筑的设计知识和方法；92%的学生认为，专题讲座的设置对设计有帮助。由此可见，"主题俱乐部"教学达到了预期效果（图10）。

不过，对"你觉得在进行这个设计时，最困难的是？"这一问题的调查结果表明在教学中仍存在一些问题：其一，是学生由于前期加入了对所选专题的分析，存在对时间控制不适的问题，需要教师进行引导；其二，是学生在进行概念图解向空间形式转化的过程中存在困难，需要教师在今后的教学中进一步完善指导的方法（图11）。

图9 课程设计作业综合比较

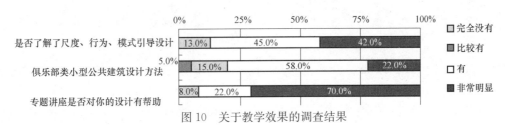

图10 关于教学效果的调查结果

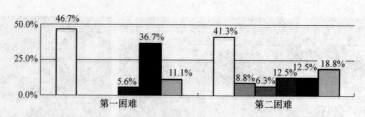

□ 时间进度控制
■ 专题讲解不够
■ 不能完全理解任务书
■ 和教师交流不多
■ 概念转化为方案的过程

图 11　关于"你觉得在进行这个专题设计时，最困难的是?"问题的调查结果

5　结语

通过本次试验班的课题改革，某种意义上是一种人本和学生自身想象的释放。一方面，学生将其自身的兴趣、爱好融入到设计题目和过程中，增强其设计体验和代入感；另一方面，则强调了前期的分析及相应设计概念的提出对设计的推动作用。其最终目的，是使学生深入理解尺度、行为、模式对设计的作用和意义，并对环境行为学、心理学有初步的掌握，为今后的学习奠定了基础。

参考文献

[1]　李道增. 环境行为学概论. 清华大学出版社，1999.

[2]　张颀. 两种关系 两种研究 [J]. 建筑与文化，2009：(07).

[3]　张颀. 立足本土 务实创新——天津大学建筑设计教学体系改 [J]. 城市建筑，2011：(03).

王桢栋　谢振宇　汪浩

同济大学建筑与城市规划学院，同济大学高密度人居环境生态与节能教育部重点实验室

Wang Zhendong　Xie Zhenyu　Wang Hao

College of Architecture and Urban Planning, Tongji University; Key Laboratory of Ecology and Energy-Saving Study of
Dense Habitat (Tongji University), Ministry of Education

以认知拓展为导向的专题型设计教学探索[*]
——同济大学建筑系三年级城市综合体"长题"教学体系优化
Exploring Teaching Methods in the Cognition
——Development Oriented Subject-based Studio
On the Teaching System Optimization of 'Long Project' of Mixed-use Complex for Third-Grade Undergraduate Architectural Students in Tongji University

摘　要：认知拓展是创新能力培养的重要途径。论文回顾了同济大学建筑系三年级"长题"课程的历史经验，并反思了"城市综合体"作为教学主体的训练意义和价值。随后，对教学体系的优化目标和内容，以及授课过程中的代表性措施，如互动的问卷调查、合理的调研模式、多元的课程模块、恰当的推进方法等展开介绍。最后，提出"长题"的核心价值在于推动教学在设计思考、研究和呈现三个层面的深化；并进而指出通过训练学习方法，引导学科思考，激发自主学习，推动认知拓展，实现深度提升，是"长题"课程未来的努力方向。

关键词：教学体系优化，长题，城市综合体，认知拓展，专题型设计

Abstract：Cognition development is one of the most important methods to raise the student′s innovation ability. This paper reviews the historical teaching experiences of 'long project' for third-grade undergraduate architectural students in Tongji University, and rethinks the training significance and value of training while using mixed-use complex as teaching subject. Then, introduces the purpose and program of teaching system optimization, as well as the main measures use in teaching, for instance, interactive questionnaire survey, reasonable investigation mode, various course modules, appropriate improve method. Finally, raises the core value of 'long project' is driving the further improvement of teaching on design thinking, researching and presenting aspects; and further points out that to guide the subject thinking, inspire the independent study, promote cognition development, add extra dimensions through study method training is the improve direction in the future.

Keywords：Teaching System Optimization, Long Project, Urban Complex, Cognition Development, Subject-based Studio

＊本论文由同济大学教改课题《以"创新能力培养"为目标的公共建筑设计课程体系优化》、同济大学"一拔尖三卓越"专项全英语课程经费及同济大学高密度人居环境生态与节能教育部重点实验室资助。

1 课程背景

自 2010 年以来，围绕我国"卓越人才"培养的战略目标和现实需求，以及同济大学建筑与城市规划学院多学科、重实践和国际化的办学特色，建筑学专业结合自身"知识＋能力＋人格"为目标的专业培养标准，结合专业具体要求，明确与能力和素质培养相对应的教学节点，进行课程组织，建立专业课程教学的总纲和子纲，并形成"知识/能力/人格—课程"培养矩阵。[1]

与此同时，围绕"4＋2 本硕贯通"的培养要求，结合学科发展趋势，建筑系开始逐步开展以"四增强"（增强基础、理论、实践、英语教学比重）和"一减少"（减少课程门数）为特征的课程调整。课程调整的抓手之一，即是系列核心设计课程中的"长题"❶ 课程设计（表 1）。

同济大学建筑系建筑学专业"4＋2 本硕贯通"系列核心设计课程　　　　表 1

年级		课程名称	教学关键点	选题	题型
本科一年级	上	设计基础	空间感知与材料构成	空间感知	短题
	下	建筑设计基础	行为模式和空间设计	空间设计	短题
本科二年级	上	建筑生成设计	空间生成与结构设计	建筑生成设计	短题
	下	建筑设计	建筑空间与环境设计	校友之家	长题
本科三年级	上	建筑与人文环境	功能、流线、形式、空间	民俗博物馆	短题
		建筑与自然环境	地形、景观、剖面设计	山地俱乐部	短题
	下	建筑与城市环境	复杂系统组织综合设计	城市综合体	长题
本科四年级	上	住区规划设计	修建性详规、居住建筑、建筑规范	城市住区规划	短题
		城市设计	城市空间、景观、交通及开发基本概念与方法	城市设计	短题
	下	毕业设计	综合设计能力	多样化选题	长题
研一	上	研究生设计（一）	实践和设计能力	多样化选题	随导师
	下	研究生设计（二）	研究和设计能力	研究型设计	长题
研二		硕士学位论文	实践和研究综合能力	多样化选题	随导师

2 历史经验

自 2012～2013 学年起，我们开始将三年级下两个原有 8.5 周的课程设计"商业综合体设计"及"高层建筑设计"合并，形成 17 周的"城市综合体长题"。在确保两个课程模块的基本教学目标和要求的基础上，以提升设计深化能力为目标，探讨学期内课程贯通性和专题性相结合的教学成效。[2]

在过去三年的教学中，我们通过对不同城市环境、任务要求以及教学组织方式等方面的探索，结合学生反馈和教学研讨，总结经验并逐渐形成共识：

在城市环境方面，选择适宜密度的城市环境❷，综合训练难度、长度和教学目标，将项目的容积率控制在 2～2.5，建筑密度控制在 50％ 以内，建筑限高 100m。另外，基地范围及边界条件统一给定，可弥补学生此方面经验的不足，也可对未来的设计导向有所控制。

在任务要求方面，给予任课教师和学生一定的弹性。任务书中，对商业、办公和酒店功能进行配比和限定❸，除去对设备用房和后勤用房进行面积设定外，仅对大空间进行面积要求，对于其他常见功能进行分类罗列和面积建议，并预留一定比例面积由学生根据设计目标与教师讨论设置。

在教学组织方面，考虑到与之前课程的衔接以及课程训练目标和深度要求❹，建议每位授课教师在组内选取一块基地作为研究对象，每组学生控制在 8～10 人，采用 2 人一组的合作模式，保证授课时间内学生与教师的充分沟通❺。

----

❶ "长题"是指相对于 8.5 周或更短的课程设计，教学时间通常为 17 周，授课及教学组织往往会贯穿一个学期。

❷ 密度过高会提升设计难度，密度过低则不利于设计与城市环境建立积极关联。

❸ 地上总建筑面积 7 万 m²，其中商业 2 万 m²，办公 2 万 m²，酒店 3 万 m²。

❹ 主要考虑了之前课程的建筑规模和难度（民俗博物馆和山地俱乐部的面积均在 3000m² 以内），本次设计也是学生在本科期间的首次严格意义上的合作课程，大组（8～12 人）和小组（2 人）合作的模式一方面可以在建筑体量和难度大幅提升的同时有效保证整体设计深度，另一方面也契合了综合体建筑协同合作的实际情况。

❺ 根据经验，每次课程教师与学生的教学辅导时间大于 30 分钟，可有效保证教学质量。

此外，我们也对"城市综合体"作为专题型设计教学主体的训练意义和价值进行反思：

从"城市综合体"包含的学科内涵来看，作为"混合使用"思想的产物，其具有独特的"城市属性"：内部包含城市公共空间，且各功能之间有类似城市各功能之间的互补、共生关系。[3]城市综合体的训练模式不应是简单的"商业综合体"＋"高层建筑"设计累加，其教学更应注重学生对大型综合建筑复杂系统组织的整体性和系统性训练，并融入城市设计视野。

从"城市综合体"展现的学科外延来看，我们还应充分思考其面向我国高密度城市环境公交导向和立体化开发的现实意义和特殊价值。它应该是功能高度混合的城市空间，是建筑和开放公共空间的综合，是城市基础设施的有机延续，并承载丰富的城市公共生活。[4]在教学中，基于这一教学主体可融入经济和社会维度的相关知识，扩充学生对建筑学外延的认知。

基于上述经验及思考，我们在2015～2016学年的"长题"教学中，对原有教学体系进行优化。

3 优化目标

城市综合体"长题"作为建筑学本科三年级专题型设计教学的重要内容，是"4＋2本硕贯通"培养过程中，核心设计课程里承上启下的重要环节。在

"卓越人才"培养的背景下，日益强调教案设计以训练方法为基础：方法训练是对学生自主学习、终身学习的意识和能力的一种修炼，它不是以建筑类型的设计训练为基础的，而是强调建筑设计中基本方法的掌握。[5]

基于上述目标，我们对课程教学大纲、教学进度表、教学任务书和执行计划进行了系统修订、梳理和调整，并对教学模块进行了重新组织。我们将教学阶段从以往类型化的"群体概念设计-商业综合体专题-高层建筑专题-整合与深化"的划分，调整为更符合实际项目操作的"设计准备-设计前期-设计初步-设计发展-设计深化"阶段化划分方式（图1）。

在教学体系调整的过程中，我们着重关注学科内涵及外延知识模块的平衡和与教学进度的匹配，并将课程组织模式的系统性和完整性有效提升。在注重建筑与群体设计基本技能培养的同时，有意识地强化学生的社会和文化意识[6]，以及对综合型建筑策划和运营模式的了解。本次教学体系优化的预期，即是让学生基于这一平台，提升设计能力，扩充知识储备，拓展学科认知，从而实现"知识＋能力＋人格"的卓越人才培养目标。

下面选取课程体系优化后，实施过程中的代表性措施进行介绍。

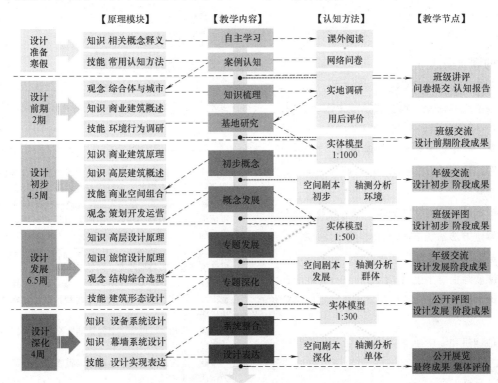

图1　教学体系框架示意图

4 具体措施

4.1 互动的问卷调查

在设计准备阶段，通过互联网问卷调研的方式，在课前为学生补充背景知识并提出问题，引发思考和兴趣，培养学生自主学习能力。

利用学生春节与亲友团聚的契机❶，展开"城市综合体与日常生活"问卷调研，内容包含：概念认知，日常地位，可达性、访问情况、使用需求和选择偏好等。

问卷通过"问卷星"制作、发放、回收和分析，要求每位同学除自己填写外，采用"滚雪球抽样法"对身边的亲友展开调研❷。

对问卷进行回收分析，结合相应知识点在开学第一周大课中分享和讨论，帮助学生建立从个人到整体的认知（图2）。通过亲身参与调研，以及在课堂中的互动和讨论，让学生切身认识我国现阶段城市综合体存在的问题和未来发展的契机。

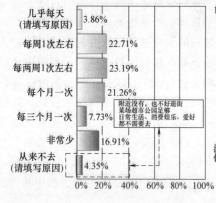

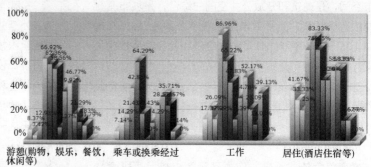

图2 通过回收问卷对城市综合体与日常生活的影响进行挖掘

4.2 合理的调研模式

在设计准备阶段，采用案例认知的方式，鼓励学生通过实地观察发现和总结问题。要求学生在寒假期间，以班级为单位34人一组，在上海选取一处人气旺盛的城市综合体❸，通过实地观察、拍照摄像、绘图记录、问卷访谈、跟踪观测等方法对其进行调研和分析，并整理成认知报告❹。

在设计前期阶段，邀请环境行为学专家❺通过大课对学生进行调研方法系统培训，引发学生对假期认知作业的反思，进而掌握更为科学和更具操作性的方法。接下来，由任课教师指导小组内学生合作进行基地所在城市环境的实地调研（图3）及相关案例❻的使用后评价（图4）。

通过基地调研和案例研究，以设计策划的思路进行SWOT分析总结，帮助学生有效完成逻辑整理阶段工作。学生在此基础上提出方案概念，并通过关键词将概念凝练。[7]

4.3 多元的课程模块

在接下来的设计初步、设计发展和设计深化三个主要教学阶段，基于复杂系统组织的主要教学目标，结合

---

❶ 同济的学生基本涵盖全国各个省份，以此为基础的抽样调研可以利用有限的资源获得有一定代表性和参考性的结果。

❷ 滚雪球抽样是指先随机选择一些被访者并对其实施访问，再请他们提供另外一些属于所研究目标总体的调查对象，根据所形成的线索选择此后的调查对象。要求每位学生在10－18岁，19－35岁，36－55岁，55岁以上四个年龄段中每个年龄段尽量完成2份问卷，最终回收有效问卷321份。

❸ 推荐案例为IAPM环贸广场，K11，静安嘉里中心，国金中心，浦东嘉里中心，长宁龙之梦，虹口龙之梦以及五角场万达广场。

❹ 认知重点包括：空间认知、交通认知、业态认知和活动认知。

❺ 本次课程邀请了本院徐磊青教授做了题为"建筑学的行为调研基本方法"的讲座。

❻ 本次课程的基地1是虹口龙之梦的所在地，这也为采用使用后评价的方式作为设计的开始创造了条件。

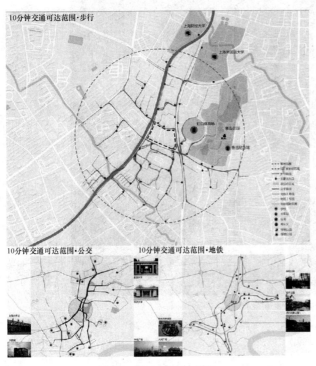

图3 基地可达性研究

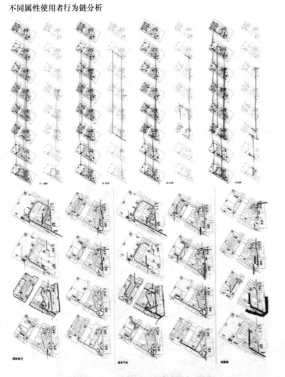

图4 虹口龙之梦案例人流量
及跟踪调研

原理课程和相关讲座课程的教学模块，从建筑学的内涵和外延两个方面进行知识补充。

在内涵方面，强化技术维度的模块，让学生在课程设计中认识到建筑技术对于实现设计目标的作用和价值，提高运用技术的能力和自觉性。[8]除了要解决一般的流线组织之外，还要考虑消防及日照问题。在设计原理课安排的技术专题系列讲座中，充分利用校企合作资源，邀请资深设计师主讲，内容涉及建筑设备、结构选型、建筑幕墙等多个方面。

在外延方面，结合城市综合体的城市属性，融入经济和社会维度的模块，补充学生在建筑策划和场所营造方面的知识空白。通过全英语课程"当代大型公共建筑综述"的特邀讲座，邀请国际著名设计和地产运营机构的专家❶为学生进行认知视野拓展。

4.4 恰当的推进方法

为更好地实现教学目标，在本次课程中我们开始采用统一的设计推进方法，落实课程教学目标。根据历史经验，平立剖图纸＋模型（学生往往更倾向电子模型）的传统推进方式并不适应城市综合体这一复杂体系的教学。本次教学确立了以实体模型为核心，辅以空间剧本及轴测分析的推进模式。

实体模型最大的优势是直观，既便于复杂系统的立体呈现，也利于师生间的互动交流和学生间的学习比较。在不同阶段，根据研究重点，选取1∶1000（设计前期），1∶500（设计发展）和1∶300（设计深化）比例的工作模型作为研究基础（图5）。

空间剧本是对经济和社会维度回应的载体，通过这一媒介，来具体化未来建筑及周边环境中计划营造的城市生活。通过空间剧本的推进，讨论建筑中不同时空间的城市生活对建筑内各功能间协同效应的促进作用（图6）。

轴测分析则是对技术维度的深入梳理。以三维轴测数字模型作为工具，可进行从整体分析和形体生成等宏观视角，到流线组织和功能组合等中观视角，再到结构推敲和场所刻画等微观视角的系统操作和梳理。学生通过数字模型进行不同层次的分解和建构，深入理解和研究不同系统的关联（图7）。

---

❶ 本次课程邀请了Arquitectonica建筑事务所的设计副总监及铁狮门的常务董事分别做了题为"连接城市"和"综合体的一体化成功之道"的讲座。

图 5　以工作模型为核心推进设计

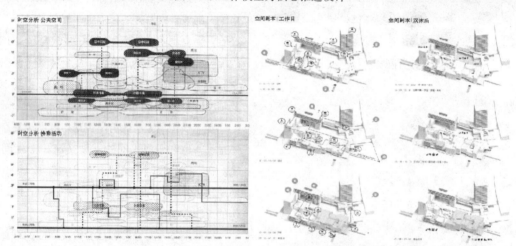

图 6　以空间剧本为载体讨论不同时空间的城市生活

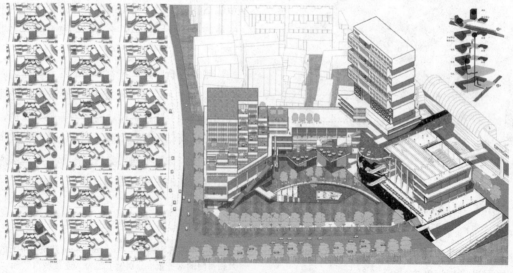

图 7　以轴测分析为工具来深入理解和研究不同系统之间的关联

5 未来展望

本次教学效果良好，成果深度相较往年有显著提升。与此同时，城市综合体长题无论对任课教师（知识面、节奏把握、进度控制等）还是学生（理解力、合作度、执行力等）而言，都仍旧是很大的挑战：一方面，由于课程面向全年级百余人的规模，参差不齐的学生水平使得教学计划按阶段执行把控非常困难；另一方面，技术维度深化及经济和社会维度的扩展，如何与原有知识点的学习相互促进，并在学时分配上取得平衡也是难点。此外，深化阶段实体模型的比例尚不足以对于建筑内部空间的体验性展开推敲，实地调研需要以保障调研成果和设计内容顺畅衔接的教学设计进行支持，空间剧本需要借助图解的方法在文本及空间之间建立桥梁，这些问题有待在未来继续研讨和改进。

在近年通过"长题"设计课程作为"本硕贯通"教改的抓手，来实现课程总数减少并建立更为清晰的教学主线过程中，我们一直在思考这一变革背后更为核心的问题，即学生"创新能力"培养究竟如何通过课程体系来实现？

"长题"的核心价值体现在教学成果深度的提升，为实现这一目标，需要从教学内容和方法在建筑学内涵和外延两个维度进行支撑。那么，对于深度的讨论，就不能局限在图纸绘制和表达深度层面。"城市综合体长题"所追求的深度，应该从设计的思考、研究和呈现三个层面来综合考量。

突出"创新能力培养"的"卓越人才"知识框架，理应是多维度组合的。在同一课程体系中，各教学阶段的侧重可以不同，对于教学成果的要求也可以更为多样。通过训练学生的学习方法，引导学生对学科内涵及外延的思考，激发学生的自主学习兴趣，推动学生的认知拓展，实现设计深度的多维度提升，这也是"长题"课程未来的努力方向。

参考文献

[1] 谢振宇. 以设计深化为目的专题整合的设计教学探索——同济大学建筑系 3 年级城市综合体"长题"教学设计 [J] // 北京：建筑学报. 2014. 08：92-96.

[2] 谢振宇，张建龙. 从总纲、子纲到课程教学模块——同济建筑学本科高年级设计类课程教学模块化建构 [C] // 全国高等学校建筑学科专业指导委员会. 2011 年全国建筑教育学术研讨会论文集. 北京：中国建筑工业出版社，2011：23-28.

[3] 王桢栋，胡强，文凡. 城市建筑综合体的城市性探析 [J] // 北京：建筑技艺. 2014. 11：24-29.

[4] 王桢栋，阚雯. 城市建筑综合体文化艺术功能的价值研究 [J] // 哈尔滨：城市建筑. 2015. 08：14-18.

[5] 蔡永洁. 两种能力的培养：自主学习与独立判断 [M] // 上海：同济大学出版社，2015：9-11.

[6] 张凡，谢振宇. "整合"与"共生"引导的城市综合体设计教学研究——城市发展中历史街区更新模式的一种探索 [C] // 全国高等学校建筑学科专业指导委员会. 2014 年全国建筑教育学术研讨会论文集. 大连：大连理工大学出版社，2011：472-476.

[7] 王方戟，武蔚. 高年级建筑设计课程中的阶段特征讨论 [C] // 全国高等学校建筑学科专业指导委员会. 2012 年全国建筑教育学术研讨会论文集. 北京：中国建筑工业出社，2012：403-405.

[8] 王一. 建筑设计教学的技术维度 [M] // 上海：同济大学出版社，2015：12-14.

图片及表格来源：

图1：作者根据课程设计教学执行计划表改绘

图2：由问卷星网络平台根据问卷调研结果生成

其余图片均来自学生作业

表1：作者根据培养计划及教案内容整理

贾宁　胡伟

中国矿业大学；jjnnning@qq.com

Jia ning　Hu wei

China University of Mining and Technology

"形态生成"视角下建筑造型教学的创新与改革
Innovation and Reform of Architectural Modeling Teaching in "Form Generation" Perspective

摘　要：针对建筑学专业的建筑造型教学现状，结合建筑形态的理论与实践发展趋势，通过教学过程中的逐步深化与改革，提出从"形态构成"到"形态生成"的建筑形态演变理论，并结合相应的教学目标和教学方法，为专业基础课程的更新与发展探索新的途径。

关键词：建筑造型，形态构成，形态生成，基础课程研究

Abstract：Combining theory and practice of the development trend of architectural form with teaching condition in architectural modeling，it is proposed that "form composition" to "form generation" of evolutionary theory through gradual deepening reform during teaching process. To explore new approach for the renewal and development of the basis professional courses with the corresponding teaching objectives and teaching methods.

Keywords：Architectural modeling, Form composition；Form generation，Basic curriculum research

建筑造型是构成建筑外部形态的美学形式，是被人直观感知的建筑空间的物化形式。其作为建筑学专业本科教学的基础课程，着重培养学生建筑形态创作的基本思维方式和创新能力，是学生正式接触建筑设计的一项前置性工作，在整个建筑学专业教育过程中有着举足轻重的地位。尤其是在现今多元化、信息化、数字化的时代，建筑造型受到越来越多的关注。建筑形态的的思想与方法也在不断完善与发展，以"形态构成"为主要概念的"建筑造型"课程，亟需紧密结合当下科学技术的发展，进行适时的改革与创新。

1　教学现状研究

建筑设计同其他的设计艺术一样，无一不注重基础造型的表现形式，重视从表面到内在的综合效果，力求设计出既符合功能的合理性又具有一定艺术美感的建筑形式。建筑造型不仅要求学生掌握造型的基本理论和方法，更要求学生能够具备一定的形态创新能力和设计表

述能力，为日后从事建筑学相关专业课程奠定良好的审美与造型基础。因而，国内很多专业院校都将其作为设计的基础课程[1]。

然而，各大院校开设的此类课程在教学内容上通常以平面构成、色彩构成、立体构成传统三大构成理论为依据，并没有真正与建筑形态紧密结合。不仅如此，国内的构成教育之初，也是"后现代"思潮风行我国之时，很多思想都没有及时地融入到形态构成之中。建筑形态发展到今天，构成思想的局限性和生成思想的萌芽成为短期国内建筑造型基础课程的主要矛盾，逐步显示出在培养学生认知形态、锻炼造型思维和能力方面的束缚，面临着一些亟待解决的普遍性问题[2]。

一方面，与建筑领域日新月异的发展态势相对应的，却是国内高校教学中建筑形态研究理论与思想的断层以及教材和教学方式的陈旧。各大高校大多仍以传统构成理论为核心指导学生从事形态创作，而在面对当代的一些复杂性、非线性的异型时，大都选择了欣赏甚至

是回避的方式。仅仅依靠上世纪成熟的形态构成理论来分析20世纪中后期至今的建筑形态，不可避免的具有时代的局限性。另一方面，存在造型方法与技巧的缺失。同强调形态美法则的主观性的形态构成不同的是，形态生成是一种数字化的造型手段，它更强形态内部的逻辑和法则，通过一些复杂性科学，如分形、CA模型、遗传算法、混沌学、涌现论等，大大拓展了建筑形态的广度与深度，突破了传统的造型思维和手法[3]。对于两种截然不同的创作理念和方法论，如果我们的教学手段依旧是仅仅依靠形态构成的相关思维和技巧，将会束缚学生的对于建筑形态的认知和创新能力，甚至产生理解上的误区。

2 课程改革与创新

通过上述对比与分析，可以看到建筑造型在当今趋势下所反映出的变革和进步。因此，针对上述影响，有关建筑造型的基础课程改革亟待进行。经过长期的理论研究和课程实践，我们在自身教学经验与方法的总结上，不断尝试和调整，逐步引入"从构成到生成"的形态创作改革策略和方法，使学生由浅入深的全面掌握建筑形态的发展脉络和创作手段，激发学生的创作热情和研究兴趣，培养学生的建筑造型能力、空间分析能力以及设计思维的发散等，教学效果得到了显著提高。

2.1 建筑形态理论的完善

除了有关形态构成理论的讲解，逐步加入了20世纪中、后期的建筑思潮的发展和变革。围绕着从构成到生成的建筑形态演变思路，使学生由浅入深地逐步对建筑形态有了比较全面、客观的认知，并通过介绍一些典型先锋建筑师及其创作方式，如弗兰克·盖里与CATIA、彼得·艾森曼的"深层结构"、雷姆·库哈斯与社会学、切莱斯蒂诺·索杜与生成设计、格雷戈·林恩及其后现代哲学思想、卡尔·朱的"源空间"以及NOX的内在性研究等等（图1），使学生对"形态生成"的概念和理论以及当代一些先锋建筑的创作过程有了更为深刻的了解，大大激发了学生的好奇心和创作热情。另外，鼓励学生在课余时间搜集有关形态构成与形态生成的理论和案例，选择自己的兴趣点在课上做PPT的学术交流活动，不仅锻炼了学生的综合素质，同时加深了对建筑形态这门基础课程的理解和兴趣。

2.2 形态创作方法的补充

在有关建筑形态创作原理和方法上，采用了形态构成与形态生成两方面的讲授。针对形态构成部分，避免

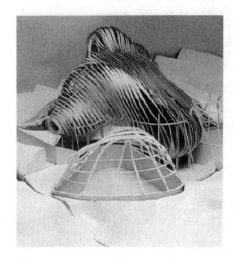

图1　利用生物学理论生成的胚胎
住宅，林恩（图片来源：网络）

以三大构成为基础的授课方式，仅仅抓住构成的核心思想——要素的打散与重组，通过形态构成基本方法、建筑形态单体变形以及建筑形态组合原理三部分，全面的介绍形态构成的创作原理和技巧，强调形态构成在建筑造型中的规律性的体现。而针对形态生成，笔者更多的采用启发式的教学方式，通过一些生成原理和算法的介绍和讲解，让学生逐步深入的理解形态生成的过程和创作方法，并通过课下与学生的交流和指导，让学生有所针对地学习相关软件并进行形态生成的创作（图2、图3），从而大大丰富了学生的创造力，加深了对建筑形态的理解和认知。

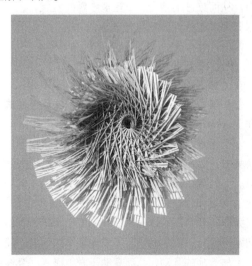

图2　学生获奖作品《风眼》
（图片来源：学生作品）

2.3 授课时间的调整

传统造型课程基于三大构成的教学体系，更多的强

287

图3 学生获奖作品《生长》

（图片来源：学生作品）

调对形态的理解和创作，因此大多将课程安排在一年级或二年级就开设。经过长期的教学反馈与套索发现，过早的开设此类课程很容易流于形式。学生在缺乏相应的建筑设计理论以及艺术修养的前提下，很难理解和运用造型手法从事相应的形态创作。此外，建筑造型涉及设计方法和技巧，同样关注学生的审美素养和理论知识。因此，经过科研组的研讨与论证，最终决定将授课时间调整为三年级上学期进行，给学生充分的时间用于建筑和艺术的理解与积淀，然后再通过造型课程的开设，整合和提升学生的形态创作能力，规范学生的造型手段和方法，并逐步升华到从构成到生成的形态创作思维的发散中，从而更好地结合当下建筑思潮的发展，使学生由浅入深地掌握各种理论与方法。

2.4 创作手段的丰富

在过去，形态创作的练习大多是手工制作，分为纸上作业和模型制作，不仅创作周期长，课程范围内完成的作业量小，也不利于教师及时地进行课堂指导和讲解，学生很难在有限的时间里全面理解和掌握形态创作的各类方法和技巧，更谈不上进行相关形态生成的创作练习。而计算机技术的融入很好地解决了这一问题，无纸化的练习和创作，可以在短期内完成各种造型训练，不仅如此，教师还可以进行现场指导和示范，针对学生的问题给予针对性的解决，不仅保证了练习量，还加深了学生与教师的互动，从而有助于学生深入、全面的理解和掌握形态构成的相关知识和技巧。

3 相关成果的取得

通过以上的教学调整和改革，教师们总结相关理论

与实践经验，出版专著一部。该门课程逐步受到了学生的重视和喜爱，不仅提高了造型方法和审美基础，还促使其自发学习一些造型软件，如 Sketchup、3D MAX、Rhino 等，从而大大提升了自身的专业水平，为参加设计竞赛产生了一定的帮助和影响，并在一些大型竞赛中取得了优异成绩。先后获得"全国高等院校建筑与环境设计专业大奖赛"形态设计类的一等奖和三等奖。此外，学生在全国大学生建筑设计、结构设计竞赛以及本行业的国家及省市级的建筑设计竞赛中也屡次获奖，设计的建筑造型质量也取得了较大的突破和提升。

综上所述，"建筑造型"是建筑学专业的基础课程，是挖掘学生创新意识和创新能力的重要过程，是实现基础与设计对接的关键桥梁，应该受到越来越多的重视。随着科技的发展和复杂性理论的可视化，我们也必须看到建筑形态在经历着"从构成到生成"的历史性转变，新的造型理论和方法需要我们不断地探索和研究，并将其及时地反映到建筑造型这类基础课程中，以拉近教学与实践的距离，让学生全面地、客观地理解建筑形态的先锋魅力，以激发学生的创造力和兴趣点。当然，作为一门以发散思维、培养造型能力为目的的创作课程，传统的形态构成原理和方法并不会被舍弃或不重视。相反，通过"形态构成"与"形态生成"之间的比较，更容易理解两者各自的特点和原理，从而加深对建筑形态整体把握和理解[4]，以更好地服务于建筑设计和创作。

参考文献

[1] 朱雷. 空间操作：现代建筑空间设计及教学研究的基础与反思 [M]. 南京：东南大学出版社，2010：21-25.

[2] 杨建，戴志中. 规则·模型·建筑学研究方法——构成性与生成性辨析 [J]. 新建筑，2010 (1)：62-66.

[3] 俞泳. 形态生成与建造体验——基础教学中的材料教学实践与思考 [J]. 城市建筑，2011 (5)：18-20.

[4] 胡伟，朱冬冬，田海鹏. 建筑造型与形态构成 [M]. 徐州：中国矿业大学出版社，2012：34-36.

崔丽

新疆大学建筑工程学院建筑与城市规划系；Cuili584@163.com

Cui　Li

Xinjiang University Architecture Engineering College of architecture and city planning

三年级建筑设计二课程教学过程改革探索*
The Reform and Exploration of the Teaching Process of the Three Grade Architectural Design Two

摘　要：建筑设计课程是建筑学专业本科阶段最重要的专业核心课程，本文针对三年级建筑设计课程的教学改革作了总结，并对进一步提高其教学和课程设计效果进行了探讨，提出现阶段教学过程中存在的问题与不足，以期为建筑设计课程的教学改革提供借鉴与参考。

关键词：大学三年级，建筑设计二，教学改革

Abstract：Architectural design is a core curriculum of undergraduate stage architecture of the most important professional teaching mode，In this paper，the teaching reform of curriculum for the third grade architectural design is summarized，and further improve the effect of teaching and curriculum design were discussed，proposed the present stage teaching process problem and deficiency，and provide reference for the teaching reform in architectural design course.

Keyword：University third grade，Architectural design two，Teaching reform

1　引言

建筑设计是建筑学科的核心课程，也是建筑学学生对于所掌握的建筑学知识的综合应用。自 2008 年开始，我系汲取其他建筑院校办学经验，结合自身教学需求及实际情况，对建筑设计课程进行全方面的调整，将建筑设计基础三、建筑设计基础四整合为建筑设计二，开设学期为三年级第一学期。

三年级建设计是从二年级各种基础训练到以功能、空间、结构为主体的综合设计的转换，它不仅是低年级各项建筑基础训练的提升，更是为高年级的中型、大型建筑设计打好建筑设计知识和设计方法的基础。笔者认为，掌握正确的建筑设计思维方法是三年级建筑设计教学的重点，构建理性的系统教学组织结构是我们教学改革的核心。

2　教学改革背景

近年来随着国内外建筑界交流的不断深入，各建筑院校都引进国外先进的教学理念改革建筑设计类课程，其中对学生多向思维能力的启发成为设计课程的重点。我校地处西北地区，建筑学专业成立时间较短，因此在课程建设和教学方法上基础比较薄弱，大部分设计课程沿用 20 世纪 90 年代的教学体系，以二维平面图纸为主要的推敲和表现手段，学生大部分时间花在图面表现上，重视设计结果多于设计过程，因此无法适应现代教育对学生综合设计能力的要求。与内地建筑院校之间的差距日渐加大，因此进行深层次的教学改革势在必行。本文回顾了大学三年级建筑设计二课程 2012～2014 三年的教学改革实践过程，分析总结各方面的意见，希望对未来的教学提供借鉴与参考。

3 教学改革

3.1 尝试"长周期"教学

2012年以前，我系三年级建筑设计二课程教学内容设置两个环节，即教育类建筑设计与商旅类建筑设计，每个设计过程为期七周，称之为"短周期"教学。在"短周期"教学中，教师一般将设计过程分为四个阶段：资料搜集与立意构思阶段，俗称一草设计；功能推敲与体型分析阶段，俗称二草设计；尺规作图阶段，俗称三草设计；最后为方案设计表达阶段。每阶段为期两星期左右。由于每个设计阶段时间较短，学生从设计初始到设计结束往往处于被动的状态，没有过多时间思考建筑环境、建筑技术、建筑细部等问题，只是一味的完成教师布置的任务，而没有细致、深入揣摩设计理念、设计方法等问题。因此，在"短周期"教学中出现了许多问题：教师与学生间针对一个设计主题交流时间较短；缺少模型制作过程；忽视总平面设计，总平面表达单调、呆板；既有环境成为附属品，建筑与环境相脱离；建筑构造认知片面化；忽略细节，如色彩、材料。

就遇到的问题，在近三年的教学过程中，尝试将"短周期"教学调整为"长周期"教学，实行一个设计主题延续整个学期（十四周）。这种教学模式强调教学过程，教师传授知识和技能主要依靠设计过程，学生接收知识的主要途径也是设计过程。设计过程的设置是"长周期"教学计划安排的重点，其特点是将全课程设计分成若干个阶段，将设计进程明确化，使学生清楚地认识到设计发展各阶段的主要问题，明确目标，理清思路，掌握设计方法。在实施过程中，分阶段出任务书，将每一阶段训练重点、训练方法、目的要求等简明扼要地列出来，指导设计过程。

此外，"长周期"教学注重设计理论，切实将设计理论与设计内容相结合，指导课程设计的发展与深入，开拓学生眼界，提高学生修养。

"短周期"与"长周期"教学安排对比　　　　　　　　　　　　　表1

	7周				7周
	1周	1周	4周	1周	7周
"短周期"	布置任务书 ①关于建筑设计的几个问题 ②如何发现问题？如何解决问题？ ③场地调研	案例分析 ①修改和确定任务书 ②对问题来龙去脉的认识以及评价，确定设计切入点	学生汇报与教师点评 ①根据问题排序进行方案推敲，合理解决方案设计中的主次问题，完成相应环节的设计图纸 ②在上次基础上进一步完成后续图纸，并对前期设计进行修改和调整 ③确定方案，完善细节设计 ④建筑方案设计表达	公开评图	教学计划安排同前七周

	14周					
	3周	2周	1周	1周	1周	4周	2周
"长周期"	布置任务书，制作基地模型，分析图的评价 ①基地调研 ②案例介绍 ③按照任务书要求计算出建筑的体量及规模，确定建筑的尺度，结合场地分析，完成具有一定深度的总平面设计	方案推敲 ①明确建筑的建造地点、结构形式、功能要求、功能空间的特点 ②发现问题，针对主要问题给出给出更多的解答视角 ③制作建筑体量模型	建筑技术知识点讲解（结构、材料、构造等） ①明确所选结构形式的基本构造方法，并任选一处构造大样搭建模型并绘制图纸（1:10） ②选择材料，了解材料特性及做法	学生汇报与教师点评 ①根据所提要求，修改方案 ②进一步思考环境对建筑设计的影响 ③完成建筑立面（外部空间形式） ④阅读推荐图书	中期公开评图 ①进一步反思设计任务及建筑的功能要求及空间特点 ②不同视角的评价理由	学生汇报与教师点评 ①按照修改意见进一步完成设计 ②完成全部图纸及模型	期末公开答辩

290

经过三年"长周期"教学实践，取得了一定的成果，师生评价较好，但也存在许多不足之处，对于设计周期"长"、"短"的设定还需进一步实践与总结。

3.2 用模型辅助设计

与图形相比，模型更为直观和真实。模型制作本身就是创造的过程，把模型塑造成微缩的建筑形体和空间场所，实现心中的理想建筑。这一过程有效地强化学生在设计中的变通性，激发学生创造性思维。

3.2.1 模型贯穿建筑设计全过程

2012年以后的大学三年级建筑设计二课程设计内容为"依托'既有环境'的建筑系馆"设计，基址位于校园内，有三处选址可供学生选择。三处选址相互毗邻，周边有20世纪80年代建成的老建筑一座，21世纪初期建成的教学楼、图书馆、实验中心。基址的限定，对于设计而言无形增加了许多限制条件，学生需要更多的考虑建筑与周边既有环境的协调与融合。

设计初始阶段，要求每个班级制作一个1：200的基地模型，材料不限。基地模型要求比例准确、尺度适宜、环境真实。借助基地模型，从设计构思、设计分析开始，引导学生全方面的思考影响建筑设计的交通、日照、景观等问题，对基地的选取做出客观评价。设计深入阶段，要求每一设计阶段都要进行工作模型（俗称"草模"）制作，设计过程中的草图与草模同步进行。利用功能分析模型，推敲建筑功能布局的合理性；利用体量模型，推敲建筑型体的组合关系；利用构造模型，解答学生关于结构、构造方面的疑惑。从始至终完全用模型去分析、解读、完善及至最后成果的表达。

不同阶段进行不同模型的制作，展现了学生综合设计的能力，激发了学生创作的热情，锻炼了学生动手实践的能力，取得了良好的教学效果。

3.2.2 提高设计思维能力

过去的教学体系中，教师过于注重图面表现能力的培养，学生主要利用二维的符号表达设计，缺乏对建筑体量、空间尺度等三维空间设计的推敲过程。因此在设计全程中，设置一系列的模型辅助设计，培养学生的空间概念，增强造型能力。对于新出现的问题，让学生首先建立空间模型，在三维体系中认识新问题，并产生解决问题的构想，最后用图纸表达出来。学生通过模型制作轻松掌握了书本上难以理解的空间、结构、构造材料等知识，启发了他们的设计灵感，开拓了设计思维提高了空间想象和审美能力。使学生逐渐形成理性的设计构思方法和建筑思维习惯，从而解决传统教学模式在建筑设计中重视绘图技巧的培养而忽视设计思维能力的问题，全面提高了学生的设计思维能力和三维空间表现力。

3.3 开放式自主学习

以往建筑设计二的教学模式是封闭式被动学习，即由教师分配设计任务书、安排设计进程，学生按照设计任务书的要求，按部就班地进行设计。这种教学模式容易导致教师缺乏创新的动力，学生缺乏学习的激情，更谈不上主动学习。

开放式自主学习强调两个方面：

一是设计任务书的开放与学生自主学习能力的培养。设计任务书的开放是指每个小组的学生在教师的指导下，对所选基地周边环境进行现状调研，设计调研问卷，并对问卷进行分析，依据分析结果与调研内容，完成调查报告，提出解决思路，然后按照本阶段课程教学要求编制课程设计任务书，最后根据任务书完成设计成果。在设计任务书的制定过程中，每位学生都是主角，可以各抒己见，畅所欲言，极大地调动了学生自主学习的积极性，同时学生也体会到了团队协作在解决问题中的重要性。

一是授课方式的开放与师生多元互动的展开。学生在经历了自主拟定设计任务书的过程锻炼之后，主观能动性被大大调动，他们开始主动地安排自己的设计进程，主动地与教师交流。与此同时，鼓励学生走向讲台，培养学生自主学习的积极态度，把传统的被动型教学转变成主动型教学。由于小组较多，教师无法在有限的授课时间内解答学生的所有问题，通常在课堂时间内解决不完的问题，课下教师需另行安排时间集中对个别小组的学生进行辅导，或者可通过互联网展开交流。

3.4 重视建筑技术

建筑技术是建筑结构、建筑构造、建筑物理的统称。在学习过程中，学生往往只关注结构、构造知识，而忽视其它建筑技术对建筑设计的影响。在教学过程中，设置特色空间技术处理（如声、光）和构造设计两个环节，加强学生对建筑技术的重视。每个环节都要求学生搜集技术资料，并做案例分析，总结案例中结构选型的适宜性，构造节点的处理技巧，建筑表皮材料选取与空间的适应性，同时制作1：5～1：10的空间模型，要求反映节点构造做法、建筑细部表达、空间氛围与建筑技术的映衬。通过两个环节的学习，既丰富了学生的专业知识，又提高了他们对建筑技术重视的意识。当下，一个比较热议的话题"如何品评建筑"，我想不仅是对建筑营造出的空间品质的评价，也是对使建筑得以实施的建造技术手段的反思。因此，加大建筑技术在建筑设计过程中的训练比重，显得尤为重要。

3.5　改进评价机制

按照以往的教学模式，教师最终按照设计完成阶段的设计正图的质量来评定学生的成绩，过于注重结果而忽视过程，学生在成果考评阶段没有话语权。因此，常常导致有些同学在整个设计过程中比较怠慢，浑水摸鱼，到交图时借助抄袭拼凑，获得较高成绩；而那些踏实勤奋、一步一个脚印的同学，最终成绩却不见得比抄袭的同学高。针对这一点，我们对评价机制进行了全面改进：①细化每一阶段设计任务书和完成时间，制定详细的阶段考核标准。量化设计过程，目的是改善学生在设计的拖拉现象；制定标准，目的是使考评成绩公平、真实、有效。②以小组为单位，由小组负责人分配小组成员在整个设计过程中所承担的工作量，记录草图、模型在内的所有设计过程，小组成员间，对每人在每一设计阶段完成工作量的质量进行打分，所占比重见表2。同学间相互监督，共同进步，营造了良好的学习氛围。③学生各个阶段的成果都在设计课上进行展示、交流，老师和其他各组同学对他们的成果给予点评，同时给他们的成果评分。④设计结束，安排公开评图，邀请其他教师、研究生对学生最后设计成果给予考评。由此可以看出，考评的参与者不再是教师个人行为，考评的重点

不再是最终漂亮的二维图纸，而是设计方案由构思到思考完成每一阶段设计的过程。

4　结语

建筑设计二课程是建筑学专业课程体系中的一部分，与其他建筑设计类课程和建筑理论类课程联系紧密。建筑设计教学是一项复杂的系统工程，在三年级建筑设计课程中，精心安排教学环节，探讨教学方法，积极培养学生多向思维能力，开拓建筑思维，调动学生学习的自主性，激发学生学习的热情。教学应该是一个开放包容的体系，教学改革并不是一个终极目标，而是一个与时俱进，不断自我调整完善的过程，建筑设计课程教学也不例外。

参考文献

[1]　陈倩，段川，张璐. 大学二年级建筑设计课程教学改革探讨——以建筑系馆设计课程为例 [J]. 高等教育研究，2011，28 (3) 3：57-58.

[2]　张萍，陈华. 引进美国依阿华州立大学教学理念的教学改革探索——模型辅助设计在《建筑设计2》课程中的应用 [J]. 教育教学论坛，2013，(9)：44-45.

[3]　燕宁娜. "开放式自主学习"教学模式教学初探——建筑设计Ⅰ课程教学改革实践 [J]. 教育教学论坛，2012，(14)：29-30.

周霖

东南大学建筑学院；tekken9527@qq.com

Zhou lin

The architecture school of Southeast university

从"作为结构的结构"到"作为空间的结构"*

——东南大学建筑学院三年级结构创新设计课程思考

From "as the Structure of the Structure" to "as the Structure of Space"

——The Reflection of the Structure Innovation Course in The Third Grade，Architecture School of Southeast University

摘　要： 本文针对当前国内建筑学教学中结构意识的薄弱及建筑设计与结构课程脱离的现状问题，结合东南大学建筑学院三年级结构创新设计课程指导历程，探讨并分享了结构先行这一实验课程的积极意义与成功经验，更通过对学生成果的解读阐释了结构对于协助空间设计的途径与方式，解读并强调出"作为空间的结构"的重要意义。

关键词： 结构先行，结构法，结构选型，结构的空间操作，空间的结构操作

Abstract： This article is focus on the lack of structure consciousness during the current domestic architecture education and the separation between the architecture design and the structural teaching. Explore and share the positive significance and successful experiences of the experiment course about the structure to advance in combination with the structure innovation course in the third grade, architecture school of southeast university. Further more，the author illustrates the ways and means that structure to assist in the architectural space design through the interpretation and analysis of the students' learning outcomes. As well as interpretation and stressed out the important significance of "as the structure of the space".

Keywords： The structure preferring，The structure method，Structure form selection，The space operations of structure，The structure operations of space

1　课程缘起

结构始终是建筑得以实现的基础与安全保障，其对建筑设计的重要性是不言而喻的，然而由于长期以来根源于高校建筑学教学中"重形式、轻技术"的风气导致了当前国内建筑实践中普遍存在结构意识薄弱的不争事实。此外，建筑学教学中建筑设计与建筑结构课程的严重脱钩也说明了教学体系中二者的脱离现状，这与国外高校中对学生结构知识的高度重视形成了鲜明的反差。

* 本文为教育部人文社会科学研究项目"基于建筑学学科特点的高校产学研体系研究"子课题项目。

针对这一问题，东南大学建筑学院于 2016 年春在三年级课程设计中开设了"结构创新设计"的实验性课程，其目的既是为了在教学的关键时期不仅让学生意识到结构对于建筑的重要性，在空间中去理解结构，从而发挥结构对于空间作用；更是希望通过结构所潜在的创造性，让学生掌握结构法的相关知识与技巧，通过结构设计以协助空间设计，意识到结构也能够成为建筑空间设计的重要途径。

诚然，对于三年级的学生而言，结构知识的储备不仅极为有限，而且还只能停留于应付书面考试的程度。如何使他们将那些枯燥的结构知识与眼前鲜活的形态之间建立起关联是教学的重点。因此，本课程教学也第一次尝试了建筑设计教师与结构教师的共同指导，二者的密切配合成为了推进教学的重要保障；与此同时，在教学过程中还邀请了校内外的教师和专家为学生开讲了有关结构、构造等专题和评图。让学生们有机会接触不同方面的结构咨询，开拓了技术方面的眼界。

2 课题设置

从"作为结构的结构"到"作为建筑的结构"是本课程教学的目标。结构的合理性与建筑合理性如何平衡？结构的表现与建筑的形态是否需要对应，结构的架构如何来回应基地周边的环境？这些问题在学生从最初开始建立起结构模型的一开始就已经出现了。正是这些建筑才具有的功能、使用、文化、环境，使得架构从单纯的力学演变为鲜活的生活之中。

课题组选择了学生们非常熟悉的东南大学文昌桥废弃的教工游泳池作为基地，除将室外游泳池改造成室内游泳池，更要将其打造成能够为周边学生和教工等提供交流活动的空间（图 1）。课题的设计要求为：根据现有基地现状条件、使用人群及功能使用，以结构架构设计作为途径，通过合理而具有创新的架构组合，在满足功能使用及对应周边环境的基础上，形成具有新鲜感的空间构成及建筑形态。

因此该课题具有两方面关键性题眼：首先，对露天游泳池的室内化改造不可避免地对大跨结构进行选型；其次，狭小的用地以及既有的游泳池势必造成了其他活动空间必须要布置在游泳池上方，而各个活动室与大跨结构的叠合关系简而言之即如何在大空间上部架设小空间的结构问题，这比单纯地在大空间上部设置屋面的结构要更具有难度和挑战。这也使得课题首要解决的问题并非是造形或者空间操作的逻辑性，而是——结构。

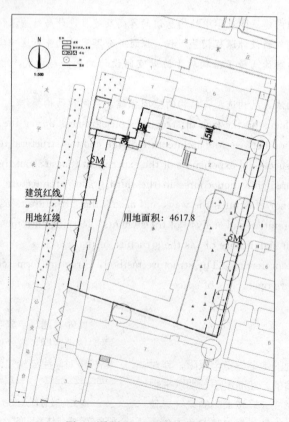

图 1 课题基地及现状照片

图1　课题基地及现状照片（续）

回想传统建筑设计流程，首先是通过对基地条件的解读得出回应场地的策略，如人流方向，闹静分区，城市界面与肌理等，然后通过功能泡泡图进行功能排布，随之平面-剖面-立面造型，对结构的思考大多在平面功能关系基本确定后才逐步加入柱网结构，结构仅是实现功能空间可行性的技术手段，设计师似乎只需掌握跨度-梁高-柱截面的尺寸比例关系便可轻松应付，剩下的自有结构设计师完善；

再观空间操作方法，"操作"二字已然完美地代替了"设计"，其强调与关注的侧重点在于空间生成的清晰过程与逻辑性，即通过有效且有序的操作手段，就能获得一系列丰富的空间结果，而空间生成的手段并非深思熟虑后"设计"得出，而仅需通过对空间形成的三大基本要素（盒子、板片、杆件）的操作即可完成。而这个训练过程也成为了东南大学低年级建筑课程的核心指导思想。学生通过对模型的操作与观察，逐渐掌握了空间生成的多种手段，并随着操作手法的娴熟与逻辑推敲的积累，缔造出了不少精妙的空间设计（图2）。然而，空间操作方法也存在了对结构的忽略，或者说是一种先入为主的模式确认，例如杆件空间便显而易见地对应框架结构，板片空间则对应墙体或剪力墙承重体系，盒子则更为模糊，仅需简单理解为"方盒子空间"，如集装箱一般。

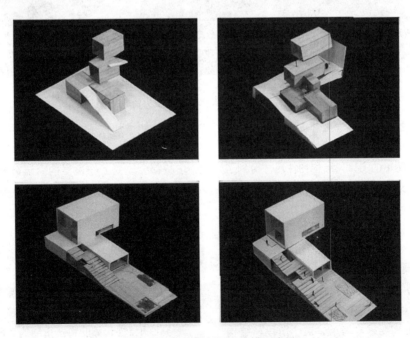

图2　东南大学空间操作模型成果

3　课题进程

擅长空间操作策略的学生接触这一课题后，面临的首要问题便是大跨的结构选型，然而又不完全等同于厂房类大跨建筑的设计，如何在大跨结构上加建多个大小不一的小盒子才是课题的难点与核心所在。

3.1 结构选型与力流分析剖面图

在课程指导过程初期，大跨的结构选型成为首要关键，除传统的井字梁与桁架外，张悬梁、空间四面体甚至更为大胆的空间筒体结构都有尝试，这对结构指导教师也提出了更高的要求。在教学过程中，除本校结构教师，还邀请了多位一线知名结构工程师开展讲座并指导教学，在他们的鼓励下，一些大胆但具有合理性的方案

得到了保留并加以改进，在结构安全合理基础上适度创新是保证方案多样性的重要保证，而选用最为合理的桁架结构，也必须为考虑加设的活动单元体量而打破常规，传统桁架的均质性势必打破，并由此要求结构剖面图必须展现出正确力流关系及空间变化，因此，方案初期的成果要求即结构选型与正确的力流分析剖面图（图3）。

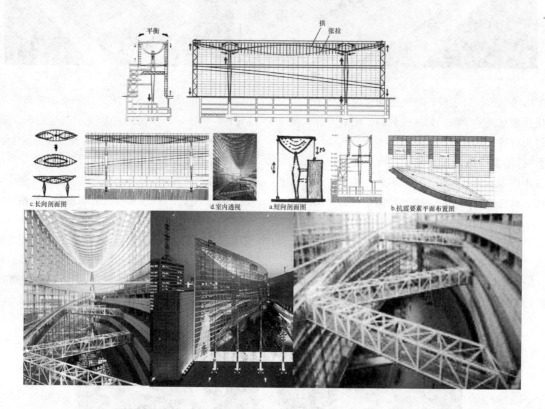

图3　东京国际会展中心案例及力流剖面图

力流分析剖面图的完成使得学生真正领会到结构知识与建筑设计的统一与融合，同时结构指导教师的指导也将真正落地，通过简单的测算，结构构件尺寸得到了进一步的合理化与真实化，所完成的建筑剖面图传达的不再仅仅是空间关系与层高及标高数据，还包含了对结构构件与尺度的理解。

3.2 空间的结构操作

如果说结构选型与力流分析更偏重于方案的结构合理性与可实施性，那么空间的结构操作便是对学生空间与结构认知的更高要求与考验，这个阶段，结构并非像传统设计过程中滞后于平面或空间设计，反之制约甚至定义后者。由于底层是横跨泳池的大跨结构，因此上部的空间设计必须先满足结构的合理性，任何加叠的体量势必首先考虑结构支撑是否可行，因为泳

池内不能增加柱子，而悬挑或其他形式的无柱结构也必须考虑荷载对大跨力流的传递与影响，任何荷载的增减都会改变上一过程的力流分析图，空间操作的前提是成就这一空间的结构操作。学生必须在二者间寻求最佳的平衡点。同时，学生也逐渐理解到结构法中所说的"结构要进入空间构成的方法就是使之要素化"的真正含义。

以笔者指导组内一名同学方案为例（图4）。该同学结构选型中首先选择了以井字梁架为原型的大跨结构解决横跨泳池的问题，然而，传统井字梁架存在均质与网格化的特性，如此将严重制约上部大小不一的活动室空间，因此，结构操作阶段，该同学对井字梁架进行了曲线操作，其力流传导基本不变，但曲线带来了空间的张弛缩放，打破了正交井字梁架的格网化，随后将曲梁进一步完型与空间围合化，将主曲梁变形为数个大小不

一的相切圆筒，泳池四周则设置了单跨"U"型桁架联系上述中部覆盖于泳池上的空间结构体，"U"型桁架四周转折处设交通核作为人流与力流的垂直传导载体，整个方案结构与力流较为合理（图5）。而上述空间由于其均质且连续的空间特质则考虑为后勤办公及更衣淋浴等功能性较强的配套用房。

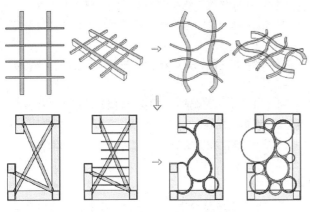

图4　学生设计结构操作示意图

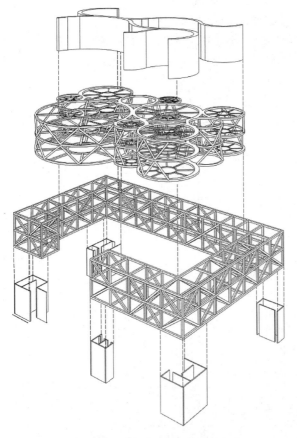

图5　学生设计结构要素分解轴测图

与此同时，井字梁的弯曲结构操作也为下一步的空间操作创造了契机，曲梁生成了大小不一的圆筒空间，

正好纳入各个不同要求的活动室，并根据大小及功能高度要求进行了相应层高变化。交接位置的筒体或成为共享过厅；或镂空成为下方泳池的采光井；或成为贯穿两层的休闲配套等，合理的结构操作带来了一系列的空间变化的可能性。而下方泳池上部顶面也因为高低不一的圆筒空间变得积极，既打破了传统泳池单调无趣的大空间感觉，同时上部活动室与下部泳池也有了视线上的通达与互动（图6）。从而实现了葛明教授在课程指导中一直强调的大跨覆盖下部与上部空间的流动与感知，这也是其结构法中所推崇的结构的空间性与空间的结构性真谛（图7）。

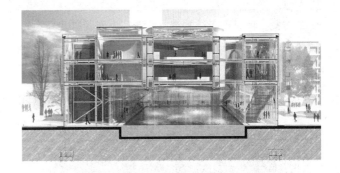

图6　学习设计泳池室内效果图

图7　学生设计整体剖透视图

3.3　结构的空间操作

在空间操作过程中，同样综合考虑了对基地环境的理解，外围的"U"型桁架南宽北窄，以减少对体量对基地北侧住宅的遮挡，东侧由于靠近宿舍区，主要功能为较为安静的阅览休息区；西侧靠近门厅与城市，则主要为接待与管理用房；中部由曲梁生成的体量最大的筒体靠近西侧太平北路，充分考虑了闹静分区要求，功能为健身用房，并在底层相应设置了主入口门厅空间，泳池上空则对应对角线位置分别设置了三个采光筒，保证了天光的均好性（图8）。

图 8　学生设计整体鸟瞰效果图

4　结语

纵观学生的最终成果，既有接近于结构选型相对稳重的方案，也有不少结构突出，造型强烈的空间形态，更有个别将结构操作与空间操作完美结合的创新独具的大胆尝试（图 9）。同时与结构教师共同指导推进设计

图 9　课程终期评图答辩

的教学过程将有效改善设计与结构课程脱钩的现状。而终期答辩评图中多位建筑专家为今后的结构先行教学提供了更多的思路。来自同济大学的王骏阳教授、王方戟教授和东南大学的韩冬青院长都提出了同样的意见——结构如何适度的表现自身的存在正是其从既有的"选型"迈向未来的"设计"的关键一步。

[图1]郭屹民　结构创新课程设计任务书.

[图2]张　嵩　东南大学优秀学生留系作业（一年级）.

[图3]郭屹民　东南结构创新课程设计结构课实例课件.

[图4-图8]吕颖洁　东南结构创新课程设计作业成果 指导教师：周霖.

[图9]李家翔　摄影.

参考文献

[1]　葛明. 结构法 _1——设计方法系列研究之二 [J]. 建筑学报，2013，10：088-094.

[2]　葛明. 结构法 _2——设计方法系列研究之二 [J]. 建筑学报，2013，11：001-007.

[3]　郭屹民. 合理性创造的途径——结构设计课程教学的内容与方法 [J]. 建筑学报，2014，12：001-006.

吴亮　陈飞　于辉

大连理工大学建筑与艺术学院；wuliang1026@126.com

Wu Liang　Chen Fei　Yu Hui

School of Architecture and Fine Art, Dalian University of Technology

建筑设计课程"适应性教学链条"的建构与实践
——以大连理工大学三年级建筑设计教学为例

Construction and Practice of Adaptive Teaching Chain in Architectural Design Courses
——Taking ArchitecturalDesign Teaching for Grade Three in DLUT for Example

摘　要：在建筑设计教学呈现多元化发展趋势的背景下，本文针对现存的突出问题提出"适应性教学链条"的概念，论述了其在教学任务、教学过程、教学手段与教学团队四个层面的具体内容，并以大连理工大学三年级一个设计课题为例，从教学方案与模式、教学环节与手段、阶段成果与评价三个方面诠释了"适应性教学链条"具体的建构过程。

关键词：教学链条，建筑设计，适应性，课堂实践

Abstract：Under the background of diversified development of architectural design teaching, the concept of adaptive teaching chain is proposed aiming at the existing problems in this paper, and the contents including teaching task, teaching process, teaching measures and teaching teams are discussed. Then taking the first subject of grade three in DLUT for example, the construction process of adaptive teaching chain is explained from the three aspects of teaching program and pattern, teaching link and measure and phased achievement and evaluation.

Keywords：Teaching chain, Architectural design, Adaptability, Teaching practice

1　引言：建筑设计教学的形势与发展

无论时代如何发展，建筑活动仍是人类生存的根本之一；无论市场如何变迁，建筑教育仍是改善人居环境的希望所在。中国建筑行业正经历一次深刻、长久的变革，对以往重数量而轻质量，重速度而轻精度的建筑设计流弊开始进行全面反思。建筑学教育不只是要适应，更应该去引导中国建筑新的发展态势。建筑设计系列课程在建筑学专业本科课程体系中居于核心和主干地位。长期以来，国内高校先后受"布扎体系"、"苏黎世体系"等经典教学模式的影响，建筑设计教学趋同化现象引起越来越多的关注，这显然不利于多元化、创新型人才的培养，也难以应对当下和未来建筑发展的复杂态势。"建筑设计教学需要切合时代发展步伐，……及时总结经验、更新教学思路、完善教学方法，有效实现人才培养"[1]。鉴于此，各个高校都力图在建筑设计教学中寻求新思路、新理念和新方法。比如，清华大学经历了从 1997 年"学术活动周"到 2002 年"设计专题"再到如今的"开放式建筑设计"的教学模式创新历程；哈尔滨工业大学围绕工程职业能力培养搭建课内与课外相

结合的"零起点多层次全过程"的项目学习链条；重庆大学提出"以学生为中心"的多元化教学模式，建立了混合教学小组和双向选课激励机制；西安建筑科技大学从硬件建设和软件建设两个方面建立并推行了建筑教育"场效应"模式。

2 "适应性教学链条"的体系建构

2.1 概念的提出

当代建筑设计教学正在迎来"百花齐放，百家争鸣"的多元化发展的"新常态"。在此背景下，大连理工大学建筑学专业经过多年课程建设，形成了"3+1+1"教学平台和"1+N"多线协同的教学体系。整体教学思路清晰，目标和任务明确，但在教学模式和方法上仍较为单一和传统，亟待进一步地创新和改革。为此，我们对比研究了大连理工大学与台湾东海大学的三年级建筑设计教学（图1、图2），总结出台湾东海大学的五点经验与特色：设计课题的开放性、设计前期的完整性、教学环节的接续性、教学方法的适应性以及成果评价的仪式性。相比之下，我们在建筑设计教学中需要解决的关键问题在于：

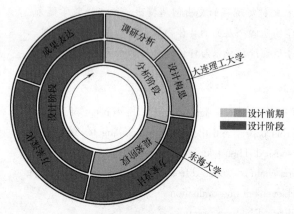

图1 教学阶段划分比较分析

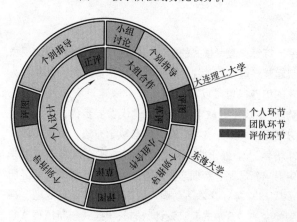

图2 教学环节设定比较分析

第一，教学模式与教学目标的适应性，即如何对传统单一的教学模式进行创新，使其适应设计课题的特定培养目标和重点，建立基于教学目标的多元化教学模式。

第二，各阶段教学环节之间的接续性，即如何对传统的阶梯状设计阶段划分方式进行优化，通过设置过渡性环节构建链条式的教学过程，引导学生自主推进设计。

基于以上思考和分析，本文提出"适应性教学链条"的概念。"适应性"的本质是"因材施教"和"因题施教"，教学任务、教学过程、教学方法都要针对学生能力和课题重点进行适配性设计，做到"不拘一格"。"教学链条"的两个要素是"链节"与"链接"，不仅要"化整为零"，细化教学环节，更重要的是使教学环节契合设计逻辑，通过联动作用推进设计发展。

2.2 内容的建构

（1）教学任务的"求同存异"

设计课题是建筑设计教学目标实现的载体，在教学体系建构过程中，课题模式已经从"以类型为导向"转变为"以问题为导向"。基于同一问题，设置若干具有差异性的课题，形成"母课题——子课题——多基地"的层次架构，在保证目标一致性的基础上给予教师和学生更多的自主性。

（2）教学过程的"一以贯之"

建筑设计教学过程一般分为前期调研、方案发展和设计深化三个阶段，各个阶段之间容易产生脱节、错位甚至冲突现象。在不同阶段之间增加过渡环节，加强对每个阶段的进度控制和成果总结，并将以前的一次性讲题分解为若干专题，对设计过程中面临的独特问题适时做出理论引导。

（3）教学手段的"与时俱进"

建筑设计教学应该"走出课堂"、"走进网络"，针对不同的教学环节和节点，采用多元、现代的教学手段。比如基于实地调研的"情境教学"、关于专业理论和方法的名师讲座，以及积极探索校外专家远程点评的模式和渠道，搭建信息化、开放式教学平台。

（4）教学团队的"群策群力"

建立基于同一课题的教师团队和同一子题的学生小组。教师团队由课题主讲教师组织协调，团队成员共同参与教学研讨和环节建设，形成"课前协商"机制。学生小组由选择同一子课题的学生组成，在研究性环节上发挥团队成员的协同作用，形成"团队研究引导个人设计"的工作模式。

3 "适应性教学链条"的课堂实践

大连理工大学在三年级建筑设计教学中，对"适应性教学链条"理念进行了探索性实践。三年级作为"3＋1＋1"教学平台中基础平台和综合平台的过渡阶段，确立了以"空间与环境"为主题的建筑设计教学主线，基于不同环境类型设置了4个设计课题，分别是"建成环境中的公共建筑设计"、"自然环境中的群体空间设计"、"社会环境中的集合住宅设计"和"历史环境中的建筑再生设计"。本文以第一个课题为例，详述"适应性教学链条"的课堂实践过程。

3.1 教学方案与模式

第一个课题"建成环境中的公共建筑设计"以"建成环境"和"空间场所性"为教学核心，提供两个子课题、四个基地供学生选择。基于"适应性教学链条"理念，本课题提出"3×3主题推进"的具体教学组织方案，将设计课题分为3个主题单元，每个主题单元又分为研究、设计和评价3个教学环节，形成"研究链条、设计链条、评价链条"循环推进模式（图3）。其中，研究环节由10人左右组成的研究小组完成，设计环节由个人独立完成，评价环节采取组间交叉评图的形式进行。

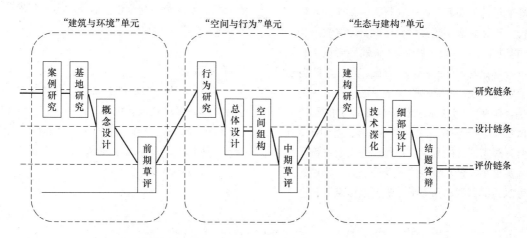

图3 "建成环境中的公共建筑设计"课题"适应性教学链条"的建构方案

本课题以"研究与设计双线并行"为基本培养模式，三个主题单元分别以环境、空间、构造等建筑基本要素为主线，以地域性建筑、环境行为学、可持续建筑等相关建筑理论为辅线，在每个主题单元中设置若干专题性教学节点，在培养建筑设计基本能力的同时，拓展学生思维，发展其研究和创新能力。

3.2 教学环节与手段

课题总的设计周期为7.5周，每个主题单元时长2.5周，相比以前的阶段划分方式，适当加强了"开头"和"结尾"的比重，以强化学生的前期研究和后期深化能力。

第一个主题单元为"建成环境中的建筑"，培养重点是基于实证调查的建筑前期分析能力，分为案例研究、基地研究、概念设计3个"任务链节"。在案例研究中，研究小组分别以环境、空间、建构为主题对典型案例进行对比分析和归纳；在基地研究中，根据案例研究总结的建成环境要素，研究小组对所选基地进行调研

分析，制作基地模型；在概念设计中，学生以课间快题和概念模型的形式提出并表达设计概念，组内师生交流研讨，确定设计发展方向。

第二个主题单元为"空间场所性与活力"，培养重点是以空间为核心的建筑要素整合能力，分为行为研究、总体设计、空间组构3个"任务链节"。行为研究是基于环境行为学理论而设置的专题节点，邀请该领域专家以"空间行为及其调查方法"为主题进行讲课研讨，以此为基础，各研究小组选择与本课题相关的活动场所，采用行动观察或问卷访谈等方法进行空间调查和分析。在总体设计和空间组构环节中，依据行为研究成果，学生通过场景模拟的方式，推敲并探索行为空间及其组合的可能性，形成初步设计方案。

第三个主题单元为"精细化建构与表达"，培养重点是基于建构和审美的设计方案深化能力，分为建构研究、技术深化、细部设计3个"任务链节"。在建构研究专题中，邀请可持续建筑领域专家以"公共建筑的生态构法"为主题进行理论讲授；在技术深化和细部设计

中，学生对结构、立面、场地等进行深化设计，并通过空间切片的方式选取方案中的重点或特色部位进行生态设计，制作能够体现真实建构逻辑和材料质感的大比例剖面模型，完成方案设计的全部工作。

3.3 阶段成果与评价

本课题采取分阶段成果验收与评价的过程控制方式。每个主题单元的阶段成果均由研究报告、图纸和模型三部分构成，在横向上形成综合性的"成果单元"，在纵向上形成"环境研究—行为研究—建构研究"、"概念草图—方案草图—方案正图"、"概念模型—工作模型—成果模型"的"成果链条"。

评价环节包括两次草评和一次正评，草评以双组交叉模式进行，正评采取结题答辩的方式，指导教师和外请嘉宾共同参加。除了常规评图，本课题还尝试了利用网络平台进行作业管理与展评。一方面，通过学院自主研发的作业管理系统，教师对阶段成果进行网上评阅与数字化存档，学生利用该系统获得作业评价的反馈信息，及时做出调整与深化。另一方面，通过AKIACT等网上平台，对本课题的教学内容和优秀作业进行了说明和展示，实现了与兄弟院校的广泛交流。在以后的改革中，还可以继续探索利用该平台进行远程点评与过程

指导的可能性，增强教学的开放性和多元化。

4 结语

"建筑设计是一个创造性的过程，从选址到具体的建筑技术整合，包含了无数的思考"[2]，"适应性教学链条"本质上是一种对设计思维的引导与整合方法，其根本目的在于创造多样化和特色化的研究型设计教学模式，推动学生自主学习能力的发展。本文通过三年级一个设计课题的教学实践，诠释了"适应性教学链条"具体的建构过程。应该强调的是，"适应"的真谛在于"法无定法"，对于不同的教学背景和设计课题，教学链条的具体表现形式应该是多元的、动态的。希望本文的研究能为新形势下建筑设计教学的多元化发展提供一定的参考。

参考文献

[1] 王绚. 欲达"千里"而积"跬步"——建筑设计教学体悟. 建筑学报，2010，(10)：14-17.

[2] 沈杰，岳淼，李世元. 建筑师设计思维的培养——简析MIT建筑学专业教育方法. 建筑学报，2010，(10)：36-39.

杨思然　刘宗刚　同庆楠　何彦刚
西安建筑科技大学建筑学院；383020800@qq.com
Yang Siran　Liu Zonggang　Tong Qingnan　He Yangang
College of Architecture, Xi'an University of Architecture & Technology

基于安藤忠雄建筑作品的空间解读与研习
——以建筑学专业认知规律为线索的建筑实验教学

Space Organization Analysis of Tadao Ando ArchitectureProjects
——Architectural Experimental Teaching Following the Cognitive Role of Architecture

摘　要：本文以2015～2016学年建筑学三年级第一学期建筑大师作品解析课程为例，介绍了以建筑学专业认知规律为线索，通过对安藤忠雄的建筑作品的解读，培养学生建筑空间意识与设计方法，提高学生空间塑造能力。探讨遵循认知规律的建筑解析教学模式。

关键词：认知规律，空间组织，建筑解析

Abstract：This paper introduced the 2015-2016 third grade's teaching program about master architect's projects analysis which followed the cognitive rule of architecture. Based on the analysis of Tadao Ando architecture projects, the course focus on development of design ability, consciousness of space organization and methods of architecture design. It investigates the model of teaching rely on the cognitive rule of architecture.

Keywords：Cognitive Rule，Space Organization，Architecture Work Analysis

1　课程任务及目的

三年级学生经过两年的教学培养，一方面具有充沛的设计热情及一定的专业基础和设计能力；另一方面欠缺建筑学专业的宏观认知、空间操作等系统性训练。因此需要通过大量的建筑作品解读与研习，拓展专业视野、完善专业认知体系并提高专业设计能力。

建筑设计Ⅲ（建筑学本科三年级第一学期设计课程）设计课程，以建筑学认知规律为线索，以空间操作为教学核心，重在培养学生掌握空间组织方式，通过建筑大师作品解析提高学生空间设计意识与素养。课程紧密结合"生活与想象"、"场所与文脉"、"空间与形态"、"材料与建构"四条线索，充分调动学生动眼、动心、动手、动脑的自主学习能力，从个体的生活、经验、感受出发，着重培养观察能力、想象能力、分析能力、理解能力及表达能力。

2　课程要求

传统的建筑作品解析，通常将建筑功能、活动流线、结构体系、材料对比、视线关系、外部环境、历史沿革、构造做法等内容糅杂在一起，形成庞杂的解析成果。由于没有建立目标、步骤明确的教学方法，解析内容过于

繁复，很难形成针对三年级学生成系统的解析课程体系，以至于学生解读建筑设计问题的探索多为囫囵吞枣，难以提炼并架构出整体的建筑空间关系。因此此次课程根据研究内容、训练阶段与步骤，提出以下教学要求。

（1）明确研究对象、内容及方法

教师根据学生的专业认知、感受及分析能力，筛选出多类型、多流派、多地域的现当代建筑大师作品。所选建筑作品兼顾东西方建筑特性，不局限于单个建筑作品的"考据式"解读。以建筑作品的图纸和模型为核心分析对象，引导学生通过描摹、感受、解析及重构的方式，了解建筑解析的基本要点，掌握建筑空间组织手法。

（2）阶段式课程设置

课程设置主要分为三个阶段，分别为"走近大师作品"、"解读大师作品"和"表达大师作品"，三个阶段分别设置不同训练内容，依据学生的状况布置课程环节，历时约十二周。课程设置以建筑学专业认知规律为线索，将不同层级的解析训练分解递进式的消解于不同的训练环节，让学生由易到难、循序渐进的完成复杂的解析任务。

3 课程内容及步骤

根据教学任务及目的，教师给予学生四组建筑解析方向，分别是："限定与联结——安藤忠雄建筑作品空间操作初解"、"房间与走廊"、"空间布局"以及"空间关系与空间特征"。本文重点介绍"限定与联结——安藤忠雄建筑作品空间操作初解"。

3.1 走近大师作品

第一阶段课程主要建立对安藤忠雄及其作品的基本认知，架构建筑解析的基本框架，及了解建筑解析的基本问题。

3.1.1 初识大师作品

课程初始学生需要以组为单位，广泛收集安藤忠雄建筑作品的图像资料，将平立剖面图等整理，确保组内学生资料完备且共享，为组内分析讨论提供必要条件。多数学生第一次面对数量庞大、图纸繁多的解析训练，首先需要完成大量的图纸抄绘训练，以帮助其快速了解大师作品，训练学生平立剖面图的绘制与表达（图1）。

完成抄绘训练的同时，参考建筑图像资料，每位学生结合自己对大师作品的感受，表达对建筑空间的初步感知。要求学生将空间感知与平立剖面图纸对应，从空间构成要素、空间特点与空间感受三个角度出发，探讨感性经验与专业表达的联系。

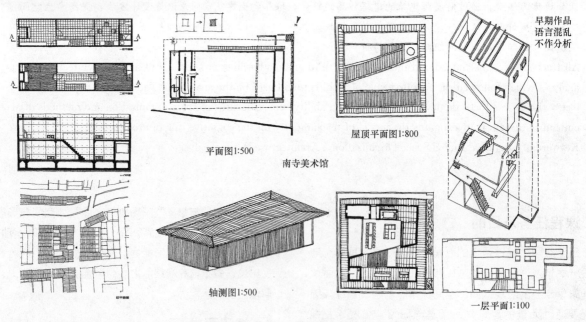

平面图1:500

南寺美术馆

轴测图1:500

屋顶平面图1:800

早期作品语言混乱不作分析

一层平面1:100

图1 初识大师作品——图纸抄绘训练（学生作业）

3.1.2 了解大师作品

在初识大师作品之后，从四个方面架构建筑解析的基本框架，了解建筑解析的基本问题。第一，历史与文脉：以动态时空视角为线索，梳理建筑师作品年表及大事记，建立立体丰富的认知框架；第二，场地与环境：从不同场地尺度出发，探讨环境与建筑相互作用关系；第三，功能与结构：了解建筑功能和结构的基本问题，如功能构成、分区方式、组织模式、流线关系、结构体系及建造方式等，加强学生建筑基础训练；第四，生活与想象：综合上述解析内容，结合学生的感性经验，展现对建筑氛围和场景环境的理解和表达（图2、图3）。

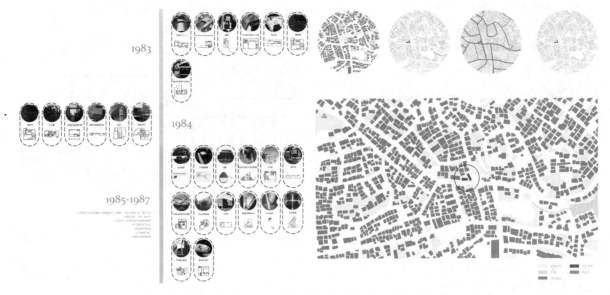

图2　了解大师作品——历史与文脉、场地与环境（学生作业）

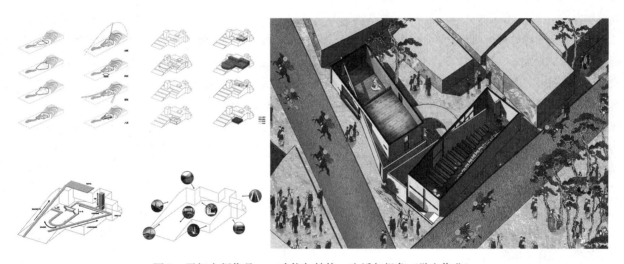

图3　了解大师作品——功能与结构、生活与想象（学生作业）

3.2　解读大师作品

第二阶段课程主要训练学生空间与形式的感知、理解与表达，针对安藤忠雄建筑作品的空间组织、秩序及感受进行系统解读，探寻高品质空间的操作方法。

3.2.1　解析框架——建筑形态的形式分类

引导学生结合第一阶段的印象与感受，将建筑形式由繁到简，逐步抽象提炼，最终归纳为"方"、"圆"与"三角"三类几何原型。随着建筑复杂程度的增加，单一的几何原型无法概括建筑形式与空间的逻辑生成与演变，因此从几何原型的组合种类和数量关系出发

进行整理归纳，建立了以形式分类为线索，由简单到复杂的建筑解析目录，为解读大师作品拟定了基本框架。

3.2.2　解析步骤——建筑空间的形式操作

此阶段建筑解析主要以空间组织为核心内容，以空间平面形式为分析线索，解读空间组织结构的逻辑关系。通过对安藤忠雄建筑空间的解读与研习，培养学生了解建筑形式与空间关系、掌握建筑空间组织与叙事方式。课程设置以学生感性经验为线索，通过五项主要解析训练环节，完成对建筑空间关系的深度理解。

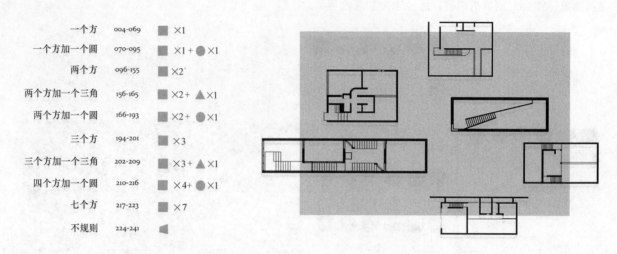

一个方	004-069	■ ×1
一个方加一个圆	070-095	■ ×1 + ● ×1
两个方	096-155	■ ×2
两个方加一个三角	156-165	■ ×2 + ▲ ×1
两个方加一个圆	166-193	■ ×2 + ● ×1
三个方	194-201	■ ×3
三个方加一个三角	202-209	■ ×3 + ▲ ×1
四个方加一个圆	210-216	■ ×4 + ● ×1
七个方	217-223	■ ×7
不规则	224-241	◢

图 4　解析框架——建筑形态的形式分类（学生作业）

（1）简化空间关系——控制线的设置

引导学生从建筑空间秩序、空间叙事节奏、室内外空间划分、功能分区等内容出发，以平立剖面图为主要研究对象，结合学生的感性认知，探寻并标注空间发生关系转折变化区域的核心建筑要素，如墙体、窗洞等。将要素简化抽象为线，依据其比例、位置、方向等关系叠加于建筑空间之上。建筑以线为界划分不同的空间区域，初步建立建筑空间组织关系，为下一环节提供基本依据。

（2）抽象空间关系——控制线的组合

根据初步建立的空间组织关系，将建筑划分为若干空间单元。引导学生继续深化抽象操作，明确不同单元内部空间组织关系，提炼各单元内部空间关系的控制线。通过不同层级空间关系的梳理，整理得出建筑空间组织的控制线形式体系。

（3）明确空间关系——墙体的介入

通过不同层级的空间关系的简化与抽象，拟定了以控制线为线索，从整体到局部的抽象空间关系框架。而墙体的介入使得抽象的空间关系转译为具象的建筑实体，是空间组织解析中重要步骤。因此基于控制线的关系，学生在几何形体内设置不同层级的墙体，落实建筑空间形式关系，分割空间区域。

（4）联结空间关系——墙体的开合

随着墙体的置入，几何原型内部被分割为若干关系断裂独立的空间单元。以原建筑空间关系为参照，明确墙体围合与连通关系，打开部分墙体，拉结数个层级空间关系，将原建筑空间秩序、空间叙事节奏、室内外划分等空间关系再现表达出来。

（5）深化空间关系——窗洞的设置

学生经过四个环节的训练，已经初步解读了安藤忠雄建筑空间组织的基本方式。窗洞的设置是将已经构建出的主体关系深化的重要环节。学生通过再现原建筑窗洞关系，完善空间组织方式，丰富空间联结关系，确定视线与行为关系（图5）。

此阶段训练主要针对建筑空间的组织方式进行梳理，寻找建筑空间与形式的逻辑关系，将逻辑关系（平面形式语言）与空间感受（空间透视）相互对应，建立专业认知与感性经验相互依存的建筑空间关系解析框架。通过"解读大师作品"课程环节，学生初步建立以自我空间感受为基础的大师作品的解读途径。

3.3　表达大师作品

经过"走进大师作品"和"解读大师作品"课程训练，学生已经具备一定解析能力。"表达大师作品"以"生活与想象"为主要线索，结合解析成果与自我感受，通过剖面图、轴测图、透视效果图等方式，展现原建筑作品中的空间组织关系，表达学生基于空间解读的建筑叙事关系与氛围感受。通过对建筑空间组织、秩序、叙事等关系的再现与重构，检验学生解析训练的课程成果，培养学生演绎与表达意识（图6、图7）。

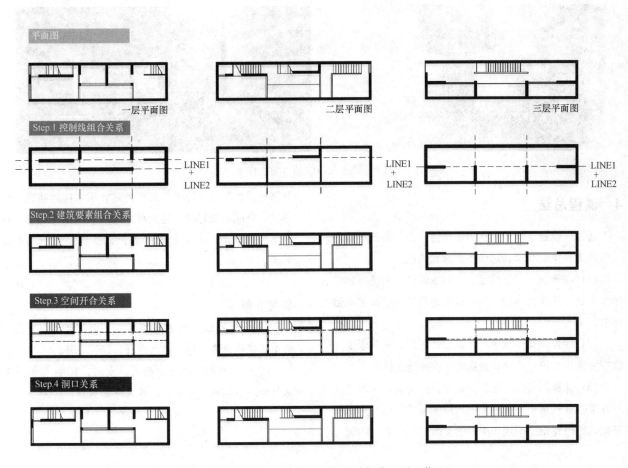

图 5　解析步骤——建筑空间的形式操作（学生作业）

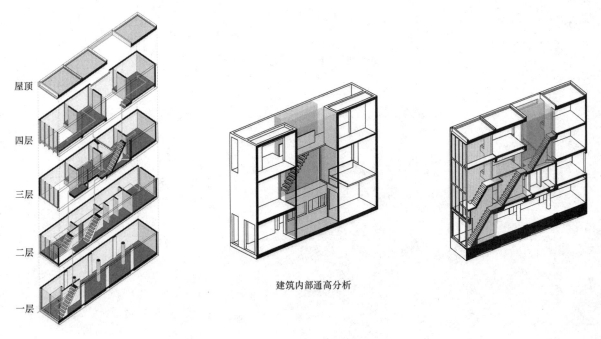

建筑内部通高分析

图 6　表达大师作品（学生作业）

图 7 表达大师作品（学生作业）

4 课程总结

通过"以建筑学专业认知规律为线索"的三年级第一学期建筑实验教学，总结下列课程结论：

（1）课程以"自在具足"为基本原则，是"以建筑学专业认知规律为线索"的建筑实验教学中的重要实践环节。

（2）课程切实丰富学生建筑设计语汇，培养学生建筑空间意识与设计方法，提高学生空间塑造能力。

（3）课程结合以往经验，拟定目标明确，兼顾广度与深度的建筑解析训练，发展出以学生感性经验为认知基础，通过建筑空间组织关系的"简化—抽象—明确—联结—深化"五组环节为解析方法，深入探讨建筑空间形式、空间组织模式、空间秩序与叙事关系等内容，总结出由易到难、由简到繁的大师建筑作品解析的教学方式。

参考文献

［1］ 刘克成 . 厨艺与匠意——由《大长今》想到的中国建筑教育 ［J］. 时代建筑，2007. 51.

［2］ 程大锦 . 建筑：形式、空间、秩序 ［M］. 刘从红译. 第二版. 天津：天津大学出版社，2005.

刘滢 于戈

哈尔滨工业大学 建筑学院；iniuniu12345000@163.com

Liu Ying Yu Ge

School of Architecture，Harbin Institute of Technology

OBE 教学模式下的数字建构与设计创新实践*
Digital Tectonic and Design Innovation Practice under the OBE Teaching Pattern

摘 要：本文以基于"预期学习产出"（Intended Learning Outcomes）的 OBE（Outcomes-Based Education）教学模式作为人才培养定位，探寻建筑设计课程教学模式的创新。并结合数字建构与设计创新课程的教学实践，介绍哈尔滨工业大学建筑学院通过建筑设计与数字建构的交叉式团队教学，开展创新型设计课程的建设实践。

关键词：OBE 教学模式，预期学习产出，数字建构，设计创新

Abstract：This paper set OBE（Outcomes-Based Education）teaching pattern，which is based on the "Intended Learning Outcomes" as the training orientation，in order to explore the innovations of teaching pattern of architectural design. And combined with teaching practice of digital tectonic and design innovation courses，this paper introduces the cross-teaching team of school of architecture，Harbin Institute of technology，which engaged in architectural design and digital tectonic，and presents the construction practice of innovative design courses.

Keywords：OBE Teaching Pattern，Intended Learning Outcomes，Digital Tectonic，Design Innovation

1 OBE 教学模式

基于"预期学习产出"（Intended Learning Outcomes，缩写为 ILOs）的教育模式（Outcomes-Based Education，缩写为 OBE）最早出现于 20 世纪 90 年代美国和澳大利亚的基础教育改革。美国学者 William G. Spady 对 OBE 将其解释为："对教育系统中的每个环节进行清晰地聚焦和组织，确定一个学习的目标，围绕这一目标使学生在完成学习过程之后能够达到预期的结果"[1]。OBE 是以预期学习产出为中心来组织、实施和评价教育的结构模式。在 OBE 教育模式中，教学目标产生于教学内容之前，课程资源的整合、学生的预期学习成果和教学指导等教学活动都要围绕前期设定的预期目标而展开。OBE 教育模式强调以学生的学习结果为驱动力，进而反向设计教学活动和评价标准，以利于学生的学习[2]。在我国高等院校的工程教育改革中，越来越多地院校和学科专业在积极地围绕"预期学习产出"开展教学活动，对毕业生素质与能力的重视度在逐年提高。

2 数字建构教学的改革与创新

"数字建构与设计创新"是数字化建筑设计的启蒙教育，是建立和培养数字化建筑设计逻辑，训练学生的设计技巧的基础课程；为学生补充数字时代建筑设计的基础理论知识，传授数字化时代建筑设计的几何构成关系，以及这一领域在实践中如何进行实际有效的设计创新。其中，"数字建构"部分是数字化建筑设计入门的

---

* 本文为黑龙江省教育科学"十二五"规划 2012 年度课题 GBB1212029 的成果之一。

图1 课程教学与方案辅导
（图片来源：作者自摄）

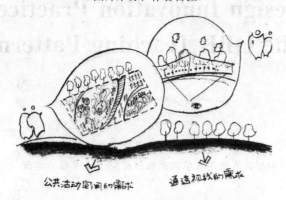

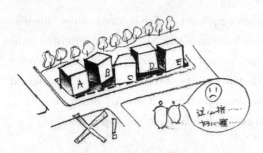

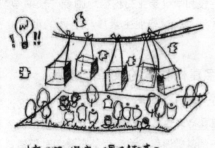

图2 方案分析与演进
（图片来源：学生设计成果，作者自摄）

关键，是引导学生正确认识数字化设计理念的基础课程；"设计创新"部分强调数字化设计技巧、技术应用

和开发相结合进行设计创作的正确方法。

将OBE教学理念深入课程创新型教学改革，时刻注重培养学生的专业能力，实现"数字建构"教学活动由"教师中心"向"学生中心"的转移，使学生真正成为设计创新的核心成员。打破传统的教学模式，不再是围绕固定的教学流程对学生展开教学；而是增设教学载体，重视培养学生自我学习和自我创新等多方面的能力，让学生把数字建构知识在工程设计实践中得以应用，以此适应创新型教学的需求，从而获得教学效率和教学质量的提升。结合实际工程设计项目，将原有单一化、缺乏针对性的数字建构教学，改进为以实际工程设计项目为载体的创新式教学模式。设定数字建构教学中学生"预期学习产出"目标的最低标准，对学生的建构能力与成果不作上限要求，为师生在实际教学环节中激发创新性思维预留弹性空间。使学生可以清晰地感受到来自教师的目标要求，通过参与不同形势的教学环节，在建筑设计、数字建构与语法编程等多种专业领域中获得知识积累。

3 建筑设计创新实践

3.1 教学设计

OBE教育模式非常重视教学设计，注重调控学生的专业与实践能力水平。实施OBE教育模式主要有四个步骤：定义学习产出（Defining）、实现学习产出（Realizing）、评估学习产出（Assessing）和使用学习产出（Using）[3]。课程的教学设计正是对定义学习产出和实现学习产出的表述，OBE教育模式通过对学生提出挑战性成果要求，并且让学生自主完成设计任务，锻炼学生的数字建构技能和设计素养。依此，设定"数字建构与设计创新"课程的教学目标为：通过这一阶段的教学，让学生从理论结合实际来理解数字化建筑设计的核心内容，理解并掌握数字化设计逻辑和技巧，并建立一种全面和正确的数字化设计理念。为数字时代下的建筑设计打好坚实的思维基础、理论基础、表达基础、技术基础；使学生通过这一阶段的训练，初步掌握以下几个方面的学习：①数字建构的形态逻辑；②数字化工具使用技巧和开发原理；③通过3D打印和数控技术进行设计构思和表现；④数字建造技术原理和实践应用。

课程在进行数字建构训练的基础上，还要求学生完成"深圳市盐田区室内攀岩中心概念性方案设计"，从特定场域（Site-specific）、功能主导（Function-driven）、开放式和体验式的城市公共空间营造（Open and Experimental Space-making）的角度出发，分析项目场地的宏观和微观特征，提出适合该场地特点、室内攀岩功能要求和满足城市公共功能并能体现时代特征的室内攀岩中心设计概念。同时，规定以团队的形式完成较为复杂的设计创新任务，以获得创新能力、整合信息处理能力、组织策划能力等高阶能力。依据OBE教学模式，对教学方法和教学内容不做限定，而是通过阶段性的成果展示与汇报来帮助教师调整教学方向。

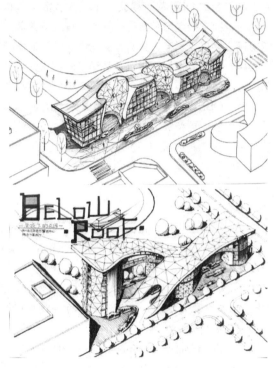

图3　概念方案成果图
（图片来源：学生设计成果，作者自摄）

3.2　教学过程

在指导学生进行数字建构与设计构思时，根据每位学生的各自专业能力与学习特点，进行有针对性、有区别的辅导，重视学生在整个教学过程中"预期学习产出"的专业能力积累，并针对其个人能力的激发加以指导。在教学过程中，学生比较系统地掌握了设计攀岩馆的相关专业理论知识和数字建构技能，在不断积累专业知识的同时，使自身分析问题与解决问题的能力得以有效提升。

本课程属于阶段性集中式授课，教学历时10天，前半段教学环节以课堂讲授为主，包括探讨数字现象（Digital Phenomenon）、形式语法（Shape Grammar）、Frank Gehry的建筑和建造方法的创新等；其中穿插进行基本的Rhino3D、Grasshopper建模方法，以及Rhino Python的基本语法与编程演练，并在讲解数字建构工

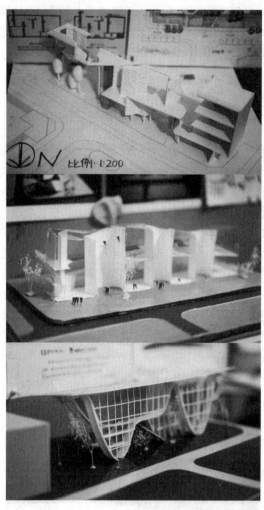

图4　概念方案实体模型
（图片来源：学生设计成果，作者自摄）

具使用技巧时结合一些实际案例和建筑概念方案生成的过程加以演示。由此，帮助学生进行数字建构与形式语法（Shape Grammar）等相关知识的梳理，讲解实际建模应该注意的问题，并对学生在实际操作过程中遇到的问题进行讨论。让学生了解数字技术的真正内涵，使其掌握行之有效的数字建构思维，用简便易操作的方法来辅助方案设计的生成与优化。

课程的后半段教学以室内攀岩中心概念性方案设计为主，期间穿插Rhino、Python的深入介绍，以及借助室内攀岩中心概念性方案设计的生成与优化进行实际演练。要求学生组成设计团队，以三人为一组，通过设计创新计学生在小组内自由讨论，独立分析解决问题，培养学生处理问题的能力，通过充分的内部讨论和外部交流完成任务。为了摒弃学生过度的依赖计算机辅助设计，错误地将设计创新理解为数字建构的生成，本次设计任务的教学过程要求每组学生必须徒手绘制方案草

图，可使用平行尺和三角尺在硫酸纸上和手工实体模型完成方案概念生成。数字建构的模型只可作为设计过程中，对方案进行分析和优化的技术手段。

3.3 教学成果

在教学成果中，引入基于"预期学习产出"的OBE教学模式，验证了实践教学质量的递增，并真正实现了培养适应社会和市场需求的实用型、技术型创新人才的目标设定。可将课程教学成果分为知识型成果、技术型成果、能力型成果等。知识型成果即掌握与数字建构相关的基础理论知识，以科技论文的形式呈现。技术型成果即学生掌握数字化建模工具和数控技术的实际操作，以辅助方案生成的形式呈现；除此之外，运用建筑学专业基本功——徒手绘图和实体模型制作，让学生自主激发设计创新思维与提升动手能力，摒弃对数字化建构工具的依赖，以概念方案的过程与最终成果表达的形式呈现。能力型成果即学生在概念方案设计过程中遇到问题时所应具备的独立分析解决问题的创新思维能力。设计成果的设定使学生的设计构思、徒手表达、数

图5 课程公开评图现场
（图片来源：作者自摄）

字分析与再现能力得以充分展示。概念性方案成果必须以徒手绘制为主，利用课程所学的数字建构技巧，真正做到辅助建筑方案的生成。

4 结论

OBE作为国际间高等教育互认、学分转换的联系纽带，为建筑学专业高等教育国际化和人才的流动奠定了坚实的基础。打破传统的建筑学专业教育理念，以高水平和高质量的OBE教育模式为依托开展数字建构与设计创新，要求授课教师具有较高的教育理论素养。不但能够确立明确、适当、具有可操作性的"预期学习产出"目标，还可以挖掘利用各类教学资源、在分项教学环节中可灵活选取不同设计创新手段来实现预期教育目标。同时，OBE教育理念帮助教师更好地优化教学目标与教学内容，更新数字建构课程教学手段与方法，重视对学生设计创新成果的评价反馈，进而使建筑学专业课程的整体教学质量获得提升。

参考文献

［1］ Spady, W. D. Outcome-Based Education: Critical Issues and Answers. Arlington, VA: American Association of School Administrators. 1994：1～10

［2］ 顾佩华，胡龙，林鹏，等. 基于"学习产出"（OBE）的工程教育模式——汕头大学的实践与探索. 高等工程教育研究，2014，1：27～37

［3］ Chandra Acharyama. Outcome-Based Education（OBE）: A New Paradigm for Learning. CDT Link. 2003，Vol. 7, No. 3：5～13

［4］ Dejager, Nieuwenhuis. Linkages between Total Quality Management and the Outcomes-based Approach in an Education Environment. Quality in Higher Education，2005，Vol. 11, No. 3：1～22

蔡永洁　满姗　许凯

同济大学建筑与城市规划学院，中美生态城市设计实验室；cyj@tongji.edu.cn

Cai Yongjie　Man Shan　Xu Kai

Sino-U. S. Eco Urban Lab, College of Architecture and Urban Planning, Tongji University

城市高容积率条件下的小尺度与多样性
——2016本科毕业设计中的转型思考与转型策略

Small Scale and Diversity Goals under the Condition of Urban High Floor-area Ratio
——Transformation of Thinking and Strategies in Graduation Project 2016

摘　要：在刚刚完成的建筑学毕业设计教学中，以上海市旧城区改造为例，引导学生积极面对城市发展新常态，探讨在高容积率条件下城市空间的小尺度与多样性策略。转型思考从具有针对性的调研与分析开始，选择巴塞罗那新城区以及纽约曼哈顿街坊进行对比分析，总结小尺度与多样性的经验，验证高容积率条件下小尺度的现实性以及标准空间类型下实现多样性的潜力。在此基础上，面对课题的现实条件，引导学生首先选择小尺度街坊作为空间组织的基本单元，并对街坊高度进行严格控制，然后对高层建筑部分采取与街坊（裙房）分离的空间体系，保留部分小尺度建筑并适当补充完善，从而实现上述目标。

关键词：高容积率，小尺度，多样性，转型

Abstract：During the graduation project of undergraduates teaching process, taking the reconstruction of old Shanghai as a case, it is to guide the undergraduates to face the new normal urban development, focusing on the small-scale and diversity strategies under the condition of urban high Floor-area Ratio. Transformation thinking started from site research and analysis on purpose. Student groups made comparative analysis between Barcelona blocks and Manhattan street networks, summarizing small scale and diversity experience to discover the potential of the reality of small scale under high FAR and the diversity under standard spatial pattern. Based on the analysis on cases, with the realistic condition, teaching process guided the students to choose small-scale blocks as the basic units of space organization and set strict limitation on blocks height. Secondly, arrange the system of high-rise buildings completely separated from the blocks below. Furthermore, preserve some existing buildings and regenerate properly to achieve the final targets of this project.

Key words：High Floor-area Ratio, Small scale, Diversity, Transformation

引言：教学目标的转型

随着城市发展进入新常态，"从增量发展转向存量品质提升"的发展策略已经成为上海城市的主要发展方式。在过去二十年的城市建设中，大部分项目以拆除原有建筑来完成高强度的地产开发来作为发展模式，这种

方式所带来的城市空间失落、街道空间消失、邻里社区瓦解、文化历史断裂等城市问题愈加凸显。如今,虽然高强度地产开发仍在继续,但城市建设的放缓给了城市设计一个发掘和塑造城市公共空间与社区价值的机会。如何引导学生在思维上进行转型,把设计目标从原来的大项目、大尺度、单一性转变为小项目、小尺度、多样性,成为本次毕业设计的教学重点。

1 设计目标引导

设计目标定位于"高容积率条件下城市空间的小尺度与多样性策略",要求学生在充分理解高强度开发的现实需求下,对上海安康苑地块进行设计,探索小尺度、多样性、新旧共生的城市设计策略,尝试寻找当前城市发展新常态下的一种创造性思路。

为使学生达到训练目的,有目的性的任务书设置成为引导的第一步,任务书规定:①六地块均需进一步分割成2~4个独立开发的单元;②各独立开发单元之间采用低等级机动车道路或纯步行道路;③各独立开发单元的容积率4.5;④各开发单元都具有功能混合;⑤各开发单元都保留有老建筑,以体现新旧共生;此外,在具体经济技术指标控制中,住宅建筑朝向允许30%东西向,绿化率及建筑密度无规定。

任务书中1、2项,对地块的进一步分割和道路的等级规定,导向城市空间设计的小尺度。第3项对容积率的规定来源于上位规划的实际控制指标,保证了高强度的开发要求。第4、5项对功能混合的明确要求以及对老建筑的强制保留,有效地引导设计实现地块内部新旧共生以及多样性。除此之外,本次课程设置放宽了对

住宅建筑的朝向需求,将重点放在城市空间形态的塑造。对绿化率及建筑密度不做规定,更容易引导学生们实现高容积率下的小尺度城市空间。

2 调研分析引导

2.1 案例的选择

在实地调研和概念构思中,学生们的最大困惑是对"小尺度"与"多样性"缺乏理解,无从下手。基于任务书的引导,教师有针对性地推荐了多个具有高容积率小尺度的城区案例,同时引导学生有目的性地进行分析。其中纽约曼哈顿城区以及巴塞罗那街坊最具有借鉴意义。学生们在深入研究案例后,与安康苑地块进行尺度、强度、形态上的对比分析,验证该策略的现实性并吸取经验(图1):

(1)巴塞罗那城区体现了标准空间模块下的空间丰富性,通过将巴塞罗那的110m街区尺度放在基地中进行对比来建立尺度概念。此外,对每个街区的内部功能划分进行了调研,思考如何在标准化的模块单元内容纳多样的功能与形态。

(2)纽约曼哈顿街坊体现了高容积率下的小尺度与多样性,分析曼哈顿约250m×60m街坊尺度的利弊。同时以类型学的方法总结曼哈顿构建街坊的手段。

两个案例的共同点均是通过街坊元素来实现对街道空间的有效控制。在这一过程中,教师侧重引导学生批判性及选择性地分析案例,理解设计的原理逻辑与方法,结合基地现状条件综合考虑,对比分析。避免学生们单纯地抄袭形态,生搬硬套。

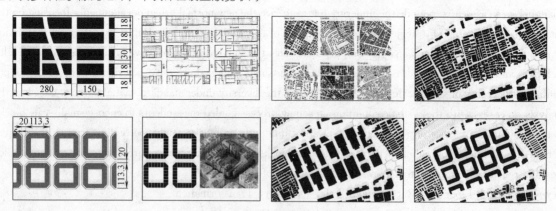

图1 案例与基地对比分析

2.2 关键词解析

在案例调研的同时,教师给出城市要素的关键词引导学生快速进入城市设计语境:边缘,街道,街坊,密度,强度,建筑。同学们每两人一组,基于安康苑地块

的实地调研,分别对该地块中的以上要素进行深入解析。尝试解读基地中这些要素的特征与问题,挖掘基地需求以及实现小尺度多样性的潜力。以街坊与街道两个城市设计中较重要的要素为例:

(1) 街坊

教师在学生分组调研前提出问题：地块内现存街坊的尺度、形态、功能如何？现有的街坊构建逻辑是什么，是否有潜力应用于设计？建筑构成街坊的方式有哪些？

街坊组的两位同学分析现存安康苑地块街坊的形成与变异，内部流线的组织，边缘及转角的形态特征等方面（图2），通过图解表达与教师在课堂上展开讨论。学生们通过亲自动手分析后更深入地理解了"街坊"。

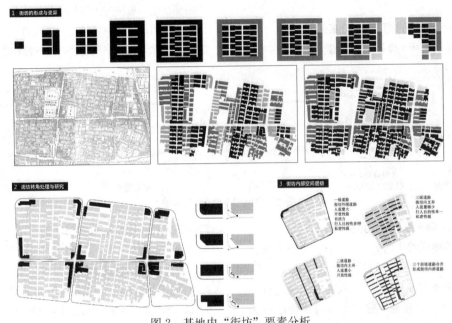

图2　基地内"街坊"要素分析

(2) 街道

在这里学生们所面对的问题是：安康苑地块内街道的位置分布如何？街道的尺度、容量、功能、密度是怎么样的？地块内各条道路通过何种手段限定街道空间？

学生们从以下几个方面对街道进行分析：①安康苑地块内的街道模式：地块内的里弄街道模式分为几个层级，呈树状模式而非网格模式，树状路网常有尽端路产生，而网格道路多为互相交叉。路网模式直接导致了邻里交往模式的不同。②安康苑地块内以及周边的街道尺度：通过对地块内部以及周边几条城市主干道的街道断

面进行分析，发现地块外部街道尺度远远大于地块内部，使内外形成了对比。这种对比带来了许多问题，如城市割裂，安康苑地块形成孤岛等等。

在对街道的分析过程中，起初学生们对街道的理解只停留在"交通功能"这一个属性，而忽略了形态、尺度、功能等其他属性。通过与教师的课堂交流以及对多个优秀街道案例的研究，结合基地调研，逐步理解了街道尺度、界面等要素的重要性（图3），同时也激发出一些从"街道"出发的设计思路。

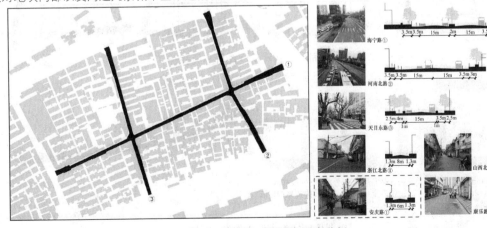

图3　基地内"街道"要素分析

3 设计过程引导

教师从城市设计的三个层面来逐步引导学生实现"高容积率下的小尺度与多样性":空间结构,街坊网格,街坊构建。

3.1 空间结构:南北通廊与安庆路的记忆

总体规划策略的选择主要基于现状潜力,教师在前期调研阶段引导学生对关键词的解析成果即是为这一阶段做准备。首先,学生对基地的"边缘"一词所作出的分析,对基地周边的情况以及更宏观的范围作了深入调查,从而确定了将基地南北串联的策略来架构总体空间结构。其次,对基地内"街道"一词的解析,学生们从中发现了安庆路是基地内最热闹也是尺度最宜人的一条道路,通过分析安庆路的尺度形态等特征,决定将安庆路的空间尺度予以保留,作为实现小尺度的一项有效策略(图4)。

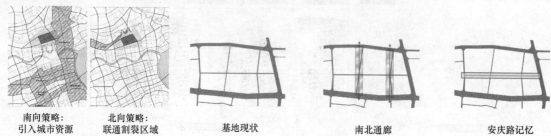

南向策略: 北向策略:
引入城市资源 联通割裂区域   基地现状   南北通廊   安庆路记忆

图4 空间结构的两个策略

3.2 街坊网格:清晰的小尺度空间

对于小尺度均质网格街坊的选择,是本次毕业设计的关键。对于该策略从最初开始思考到最终予以采用,学生们的分析主要集中在几个方面:①为什么要选择网格作为划分城市空间的策略?它对于完成课程设计的"高容积率下的小尺度"目标有什么贡献?②网格尺度如何确定?③网格的位置与保留道路的关系?网格形态与基地的边界如何结合?对于这些问题的解决,学生们一方面结合所调研的巴塞罗那城区的街坊经验(图5),更重要的是在基地内对网格尺度进行了多次尝试(图6、图7),经过反复推敲,最终确定的网格形态基本可以解答以上问题。

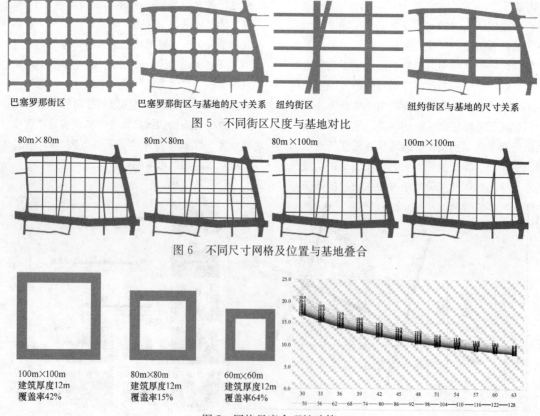

巴塞罗那街区   巴塞罗那街区与基地的尺寸关系   纽约街区   纽约街区与基地的尺寸关系

图5 不同街区尺度与基地对比

80m×80m   80m×80m   80m×100m   100m×100m

图6 不同尺寸网格及位置与基地叠合

100m×100m   80m×80m   60m×60m
建筑厚度12m   建筑厚度12m   建筑厚度12m
覆盖率42%   覆盖率15%   覆盖率64%

图7 网格尺度合理性验算

3.3 街坊构建：两套比例尺

网格确定后，需要面临的下一个问题是如何构建每个网格街坊。教师首先提出问题：要尝试用类型学的角度思考，有哪些方式来构建地块来实现小尺度与高容强度这两个需求，同时又能满足多样性？

学生深入研究曼哈顿城区的街坊，总结归纳构建地块（block）的类型，发现在容积率为9的高强度开发曼哈顿城区依然可以实现小尺度多样性的街坊。借鉴曼哈顿城区的经验，学生们结合基地现状得出构建各网格地块的策略：①街坊（裙房）部分严格限定高度与宽度，用来控制街道空间的小尺度。②每个街坊的边界保证在70%以上的贴线率，使街道限定更完整。③高度20m以上的部分定义为高层部分，用以满足高容积率需求，高层体量进行错位扭转，与裙房体系完全脱开，使上下两部分在20m高度形成明确分界线。

学生确定城市设计原则后，首先对街坊的形态处理在图底关系上进行了多种尝试（图8），最终形成了具有空间层级的街坊部分方案。然后结合功能需求以及造型需求，在已有的街坊体系上放置高层。最终形成两套比例尺所限定的城市设计方案（图9）。

城市设计方案从街坊与高层两个体系来解读：街坊作为基座，严格控制街坊的形态与尺度（网格高度20m，网格宽度80m），在行人可感知的层面限定出明确的街道空间。街坊上部的高层在形态与尺度上与街坊（裙房）部分完全脱开，使上下两部分形成明晰的两个系统（图10）。

学生在探索地块策略的过程中，常常无法站在一定的高度来看待所面临的问题，对案例的分析容易沉溺在细节中，很难用类型学的方法去分析。这也反映了在建筑教育过程中的"设计练习"[1]模式有所缺陷，常常就设计论设计，缺乏整体逻辑性的思考训练。

4 结语

本次课程设置目的是引导学生进行思维的转型，以上海市旧城区改造为例，引导学生积极面对城市发展新常态，探讨在高容积率条件下城市空间的小尺度与多样性策略。课程的重点在于看似矛盾的两个策略如何在设计中整合与实现。学生们通过案例调研，关键词解析等过程逐渐确定设计策略，最终完成城市设计。通过整个教学过程可以发现，学生普遍缺乏以类型学的方法来看待问题的能力，对设计逻辑的宏观把握也稍显薄弱。通过此次毕业设计，使学生们在提高以上能力的同时，也对当今城市面对的问题有了更深入的认识。

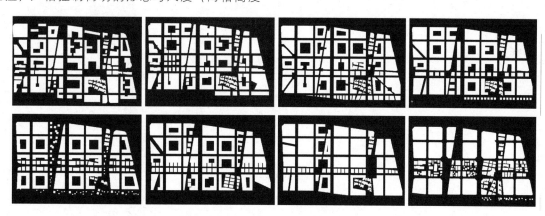

图 8 街坊形态图底分析

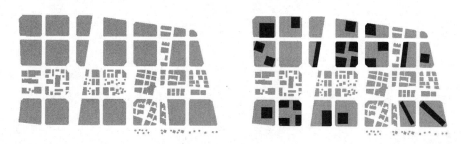

街坊体系   高层体系与街坊叠加

图 9 高层与街坊叠加成两套体系

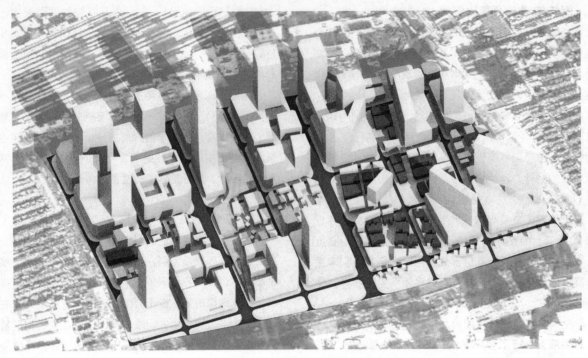

图10 最终城市设计方案

参考文献

[1] 王毅，王辉. 转型中的建筑设计教学思考与实践——兼谈清华大学建筑设计基础课教学. 世界建筑 [J]. 2013（03）：125-127.

图片来源

文中图片1～10均选自2016同济本科毕业生（蔡永洁与许凯教师小组）毕业课程设计成果。

丁素红　顾红男　伍利君

重庆大学建筑城规学院；614249173@qq.com

Ding Suhong　Gu Hongnan　Wu Lijun

Faculty of Architecture and Urban Planning，Chongqing University

技术导向下的课题建构
——重庆大学"观演建筑设计"教学的探索与实践
The Construction of Curriculum under the Guidance of Technology
——Introduction to Teaching of Theatrical Building Design of FAUP in CQU

摘　要：文章在概括观演建筑设计课程诸多教学目标的基础上，分析观演建筑设计课程各阶段的技术介入，建立起观演建筑设计教学中的技术逻辑与体系，并结合课程教学实践，提出了技术引导下的观演建筑设计教学的进阶式目标控制系统。

关键词：观演建筑，技术导向，目标控制，设计教学

Abstract： This paper analyzed technologies evolved in each stages of theatrical building design courses. It was based on a summary of multiple academic targets that theatrical building design courses have，and constructed technical logic and systems. With the help of academic practices，it suggested a system controlling academic target gradually.

Keywords： Theatrical Building，Technology Oriented，Target Control，Design Teaching

重庆大学"观演建筑设计"系列课程创设于1956年。历经吴德基先生、梁鼎森先生及魏宏杨先生带领下的课程建设与发展，逐步形成了特色鲜明的教育理念和教学体系。该系列课程根植于前辈教育家在类型性建筑设计教育方面的丰厚积累，同时融合现代设计方法，在更广阔的社会文化视野下，以多学科技术引导建筑功能、空间及形态的设计。2015年，"技术引导下的进阶式观演建筑设计教学"获得全国高等学校建筑设计优秀教案和教学成果奖。

当前，建筑学专业教育立足于我国城市与社会发展的现实基础之上，需要将教学改革目标与本土化、职业化的人才培养模式密切联系起来。在现实语境下从广度和深度上探索改革。重视高新技术的开拓在建筑学发展

中所起的作用，积极而有选择地把国际先进技术与国家或地区的实际相结合，推动此时此地技术的进步，是非常必要的[1]。建筑学作为市场化和职业化程度最高的应用型专业之一，围绕"技术"这一主题对建筑设计教学法展开研究，进而提高课程体系对社会需求变化的应变能力，具有较大的理论价值及现实意义。

1　课程背景

1.1　教学体系

重庆大学建筑学本科课程设计体系由一、二年级的"设计基础平台"，三、四年级的"设计拓展平台"和五年级的"设计综合平台"共同构成的三级进阶的"2+2+1"的教学模式（图1）。其中，四年级的教学着重引导学生的

设计向城市层面扩展、向技术层面深化，以求关联性地分析和解决设计问题。具有"整体性"、"关联性"、"系统性"、"多样化"的基本指导原则[2]。紧紧围绕"城市与技术"这一主题，以设计课程为核心主轴，以人文与技术课程为两翼构建了"一轴两翼"的教学框架，加强以建筑专业设计课为核心的不同类型课程之间的相互匹配，深化专业知识领域，满足学生个性化发展需求[3]。

图1 "2+2+1"模式下的课程目标体系

1.2 教学目标

"观演建筑设计"课程设置的基本教学目的是使学生通过课程设计以及相关配套理论课程的学习建立正确的观演建筑设计认知与设计方法（图2）。通过对设计原则和设计重点的把控，使学生在技术以及规范等因素的限定下能综合处理环境、功能、空间、技术、结构、形态等诸多核心设计要素，达到预先设定的教学目标效果（图3）。

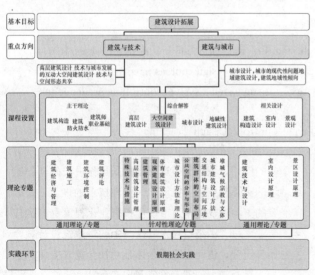

图2 观演建筑设计"课程设置体系

1.2.1 复合空间组合，巩固和拓展空间设计及表达的基本能力

引导学生重视建筑技术对空间表象的组织和支撑。通过原理解析和模拟评价，让学生掌握"功能逻辑—空间逻辑—技术逻辑—形态逻辑"的进阶式设计方法。尺度差异较大的空间，因功能要求，以复杂空间动线联

	设计原则	设计重点
1 环境	空间环境协调性	城市空间关系
2 功能	观演工艺要求	舞台及观众厅空间设计
3 空间	整合性	复合空间组合
4 技术	适宜性	声、光学技术应用
5 结构	经济性	大跨度结构选型
6 形态	标识性	地域、文化特征表现

图3 "观演建筑设计"课程教学目标

系，是观演建筑空间设计的难点，也是其他类型建筑不常涉及的。

1.2.2 多层次的技术建构，树立严谨的技术逻辑和表达

观演建筑设计是一个技术的复杂性和整合性相对较高的课程，可划分为核心理论技术、基础理论技术和拓展理论技术三部分（图4）。在方案构建初期，选择恰当的技术路线将技术逻辑链条串接起来，并在方案中以相应的技术措施予以呈现（图5、图6）。这个过程复杂

基础理论技术	核心理论技术	拓展理论技术
观演建筑设计原理	建筑物理技术	计算机辅助技术
	建筑结构技术	行为模拟技术
	建筑材料技术	
	舞台技术	

图4 进阶式的理论技术介入

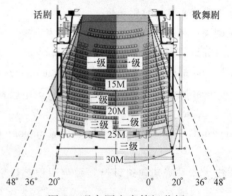

图5 观众厅座席等级分析

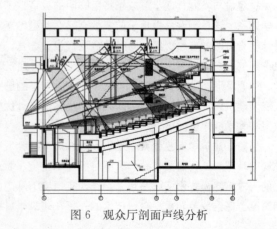

图6 观众厅剖面声线分析

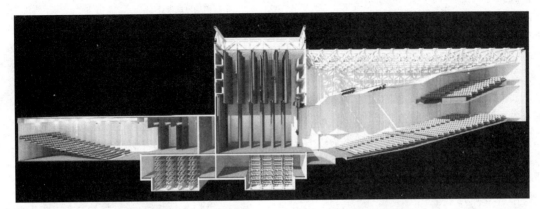

图 7 观众厅模型剖透视图（学生：李一佳，傅东雪，苟旻）

多变，对于技术基础、技术逻辑和技术表达的基本职业素养培育，至关重要（图 7、图 8）。

1.2.3 注重地域技术理念培养，建立可持续发展的建筑技术观

"目前中国建筑教育中建筑技术教育还存在一些问题，集中体现在对建筑学学生和青年建筑师的技术理

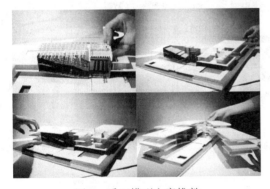

图 8 手工模型方案推敲

念、创作实践的培养上，这也成为中国建筑创作后劲不足的主要原因之一。"[4] 把各地区不同的经济、文化状况纳入考量，学生在设计时考虑技术的适宜性和结构选型的经济性，促进此时此地的技术探索，培养建筑技术的地域意识（图 9）。

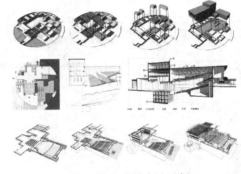

图 9 作业成果表达示例
（学生：简欢、李一佳等）

2 教学方法及特点

2.1 下体验认知

仅通过有限的参观环节和理论讲解，很难建立全面的技术认知图景。基于此，本课程在教学中引入"体验认知"的教学方法，让学生分别以"观"和"演"的两重角色进行实地场所体验。由具象感知诱发技术问题，结合理论剖析，让学生获得多样化空间设计的灵感。同时也有效拓展了其相关知识的认知角度和思维广度（图 10）。

图 10 体验认知教学过程

2.2 交互设计

加强对新技术、新方法的自我学习，鼓励学生在合理技术诱发和规范下产生多样化的设计成果。在调研分析环节，通过自我的体验认知及大量观者、演者需求征询记录，构建设计初期的良性互动；方案深化环节，制作面向场景、事件和对象的空间剧本，强化学生对舞台工艺的认知；专业配合环节，由结构专业、设备专业及建筑物理专业的老师进行专题教学，增加多专业的互动配合；技术验证环节，鼓励学生采取视听模拟评价，节能及疏散计算等措施，对方案进行计算机辅助优化（图11）。

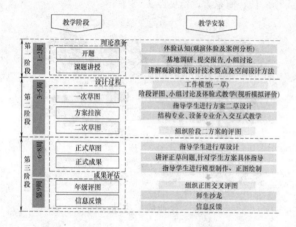

图11 "观演建筑设计"课程教学结构框架图

2.3 技术引导

由于演出形式更替革新，观演设备技术更新，多种建筑创作思潮共生并存，市场消费文化取向性增强以及现代建筑技术发展等因素的影响，观演建筑正朝向多元化、专业化、高技术以及综合演艺中心的趋势发展[5]。课程命题选取真实案例为蓝本，保持其以观演空间为核心的复杂功能关系要求，适当缩减其他辅助功能，以适应不同的基地选址。如城市剧场、城市电影院、市民文化中心以及校园活动中心等（图12、图13）。在具体教学中以城市空间关系、舞台及观众厅空间设计、复合空间组合、声学及光学技术的应用、结构与形态的逻辑关系、地域及文化的特征表现为设计把控重点。

2.4 目标控制

受限于教学时间，有必要分阶段对学生的设计成果和图纸表达给予相应的目标控制，以保证一个较为均衡的完成度。在方案设计方面，着重技术措施合理可行，符合各类相关规范，满足城市环境要求，功能流线合理，空间尺度适宜，结构逻辑与形态逻辑一致等；在图纸表达方面，图纸内容除了需要包括施工图以及方案分

图12 课程命题选址示例

图13 多样化课程选题示例
（学生：邰夕、梁睿、吴明友、蔡优等）

析图外，还需要表达声视线设计，舞台工艺及结构设计等技术设计内容，也鼓励将计算机辅助模拟设计的内容在图纸中予以表达（图14）。

3 教学成效与思考

在我国建筑学专业教育不断改革的背景下，建筑设计教学思路已经在向多元化和复合化发展，更加重视专业基础知识应用能力和创新能力的培养，以应对未来工程实践和设计研究中的新挑战。从这个目标出发，以技术为导向的课程构建，是一个极具典型性和专业性的教学方法。它对于学生理解文化建筑与城市环境之间的关联性，理解建筑设计与相关的建筑物理知识、技术要求与形态逻辑的制约性，理解使用要求与建筑空间的紧密性等方面都颇具成效。

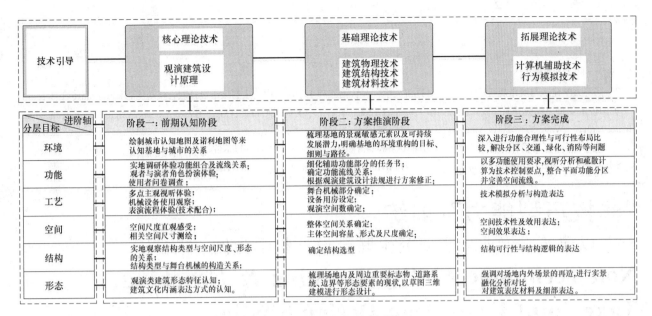

图 14 进阶式目标控制系统

参考文献

[1] 吴良镛. 北京宪章 [J]. 时代建筑, 1999 (03): 88-91.

[2] 褚冬竹, 王琦, 黄颖. 限定中的创造——重庆大学建筑城规学院"高层建筑设计"教学的思考 [J]. 室内设计, 2013 (01): 22-27.

[3] 卢峰, 蔡静. 基于"2+2+1"模式的建筑学专业教育改革思考 [J]. 室内设计, 2010 (03): 46-49.

[4] 周铁军, 冯旭. 新中国成立以来高技术建筑的发展与反思 [J]. 室内设计, 2012 (01): 57-61.

[5] 景泉, 徐元卿. 文化观演建筑设计初探 [J]. 建筑学报, 2010 (07): 96-101.

黄林琳[1]　王一[2]　杨沛儒[3]

1、2　同济大学建筑与城市规划学院建筑系，同济大学——佐治亚理工学院　中美生态城市设计联合实验室；kozmicaray@163.com

3　美国佐治亚理工学院建筑学院，同济大学——佐治亚理工学院　中美生态城市设计联合实验室；perry.yang@coa.gatech.edu

Huang Linlin[1]　Wang Yi[2]　Perry Yang[3]

1、2　Department of Architecture, College of Architecture and Urban Planning, Tongji University

3　School of City and Regional Planning and School of Architecture, Georgia Institute of Technology

"非技巧型能力"训练
——以建筑学专业硕士研究生联合设计教学为例

Non-Technique Ability Training & Coaching, Take Joint Eco-Urban Design Studio for M. Arch as an Example

摘　要：课程设计教学是系统提高学生专业综合素养最直接、有效的途径。而如何在课程设计教学环节中有针对性地训练、提升建筑学专业硕士研究生一般性专业设计技能之外的非技巧型能力，则是落实综合能力培养目标的关键举措。本文以2016年度同济大学与美国佐治亚理工学院联合生态城市设计教学为例，深入解析建筑学专业硕士研究生课程设计如何通过嵌入式训练模块的有效介入，实施对学生非技巧型能力的培养。

关键词：非技巧型能力，逻辑性推演，批判性思维，非设计类工具，课程设计教学

Abstract：Design studio is the most effectual way for students to achieve comprehensive abilities. The key point of implementation is how to coach and improve students' non-technique abilities, which are different with general design skills , through detailed curriculum arrangement. This essay takes Tongji University and Georgia Institute of Technology joint eco-urban design program as an example, introduces the way to achieve the abovementioned goals.

Keywords：Non-technique Ability, Logical Deduction, Critical Thinking, Non-Design Tools, Design Coaching

1　培养目标与"非技巧型能力"

1.1　培养目标

不同于建筑学专业本科生以获得一般性专业设计技能为目标的教学培养方式，在硕士研究生的培养计划中，除了要进一步强化专业设计的一般性技能，还需要强调对逻辑思维能力、批判性思辨能力以及合理运用相应技术手段等能力的训练和培养。这意味着建筑学专业硕士研究生经过2.5年的在校学习后，应必须初步具备：自主获取并运用甚至整合所学知识的能力、严谨而踏实地实践/科研能力，以及独立、理性的价值判断能力，显然这些能力与显性的与专业设计相关的一般性职业技能完全不同，但它却是隐性的、能影响其职业生涯的专业素养。

1.2　"非技巧型能力"

因此，我们将这种隐性的专业素养概括为"非技巧型能力"，意即：不同于具体的造型及空间设计、组织手法训练的，与设计看似没有直接关联、却能够从思维层面深刻影响设计发展、体现设计者综合素养的能力。"非技巧型能力"涵盖较广，在我们的硕士研究生教学环节中则重点关注：逻辑推演能力、批判性思考能力以

及非设计类工具比选及运用的能力的培养。

2 "非技巧型能力"训练

2.1 城市设计方向的课程设计教学

作为硕士研究生专业学位教学环节中最核心、重要的一环，课程设计教学无疑是综合回应上述培养目标的实施载体。而城市设计方向的硕士研究生课程设计，则因以影响因素及制约因素较多的城市区块作为设计研究对象，对跨专业领域的知识储备内在要求较高，更加适合以之为载体分步骤、逐级深化地实现对硕士研究生的综合能力培养。

2.2 模块嵌入

因此，我们在以往教学成果的基础上，将上述"非技巧型能力"——逻辑推演能力、批判性思考能力以及非设计类工具运用能力——的训练以"模块"的形式嵌入整个教学程序中。具体而言即：以逻辑推演作为训练主线，将非设计类工具作为校验手段，将批判性思考作为价值判断的落脚点，结合具体的城市设计课程教学计划，尝试在12～16个教学周中完成训练目标。

3 "非技巧型能力"训练在中美生态城市联合设计教学活动中的实践

3.1 联合设计项目背景介绍

始自2014年、迄今已连续举办三年的中美生态城市联合设计项目，因其紧密依托中美生态城市设计联合实验室这一技术、文化交流平台，加之教学团队多专

业、跨文化的背景，使得这一研究生课程设计教学活动呈现出典型的跨学科、跨专业、跨文化背景这三大特点。无疑，这些都为完成从一般性专业设计技能的掌握跨越到系统性综合素质的提升，创造了良好的先决条件。

本年度（2016）的课程设计将关注点投射到已于近期开园的上海迪士尼乐园南一片区。该区隶属上海国际旅游度假区核心协调区，在业已通过的由上海市城市规划设计研究院所做的《上海国际旅游度假区结构规划》中，总开发面积达150公顷的南一片区被定位为以综合娱乐商业开发为主的度假区重点建设区域，地块平均开发强度为1.5，建筑规模为220万 m^2。

3.2 教学团队的建构

本年度课程设计的教学团队来自同济大学建筑与城市规划学院、美国佐治亚理工学院建筑学院以及迪士尼中国研究中心。参与主要教学环节的教师共9名，分别跨建筑（4位）、规划（1位）、环境工程（1位）、经济管理工程（2位）以及暖通专业（1位），其中外籍教师3名（分别隶属建筑、规划与环境工程专业）；不同专业研究背景学生共30名，其中外籍学生16名。团队跨学科、跨专业、跨文化背景的交叉特点突出。

3.3 嵌入式训练模块的实施

课程设计共历时14个教学周，包括5个任务，3个嵌入式"非技巧型能力"训练模块。如下图所示（本文重点讨论嵌入式"非技巧型能力"模块的具体实施，5个任务详见参考文献1）：

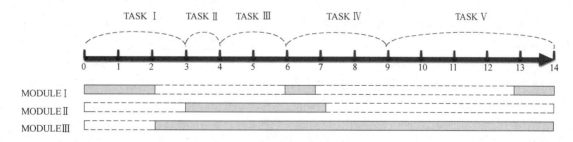

图1 课程设计教学组织安排流程图

五个任务分别是：TASK I，前期预研究；TASK II，高强度概念设计；TASK III，目标及总体设计；TASKIV，策略及导则；TASK V，任务书及节点深化。三个非技巧型能力模块训练分别是：MODULE I，非设计类工具的掌握；MODULE II，批判性思维；MODULE III，逻辑性推演。（作者绘制）

模块训练 I （MODULE I）：非设计类工具的掌握

不同于本科生设计教学，在硕士研究生的设计教学活动中，学生对非设计类工具方法，尤其是跨学科或学科交叉领域工具方法的掌握，能够丰富并完善其对建成

环境的理性认知，为其从更为客观、严谨的角度观察、分析城市空间现象，进而透过现象概括解析出现象背后的动因，打下良好的实证思考基础。

与往年在教学环节中穿插非设计类工具系列讲座不同，我们在2016年的联合设计中专门抽出两个完整

的教学周进行了工程设计流程与能耗数据分析的教学。学生们在不同专业背景教师的指导下，完成了从流程分析（Work Flow）到实验问题（Toy Problem）再到

模块工具箱建构（Tool Box）的完整训练（详见图2、图3）。

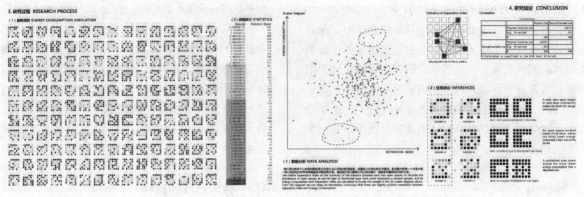

图2　TOOLBOX01：公共空间布局与能耗研究（图片由李紫玥等同学提供）

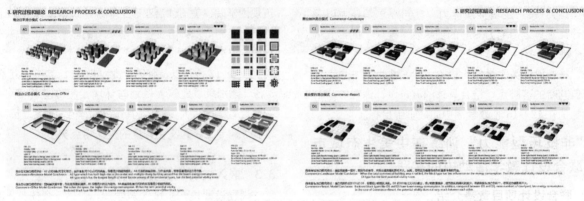

图3　TOOLBOX02：能耗与形态潜在活力研究（图片由常家宝等同学提供）

最终，这一训练不再单纯以工具的掌握作为目标，学生们在两个层面上获得了较为充分的设计前期热身：①基于数理分析的空间理性认知；②借助具体、微观的矛盾切入点拆解宏观、复杂的现实问题。同时也为设计后期技术深化提供了比较有力的工具支持。

模块训练Ⅱ（MODULE Ⅱ）：批判性思维

批判性思维在三个模块训练中难度最高，它直接指向的是学生独立的价值判断能力，是学生"对所学东西的真实性、精确性、性质与价值进行个人的判断，从而对做什么和相信什么作出合理的决策"（Ennis Robert H，1989）的能力。

作为创新能力的基石，在教学环节中嵌入批判性思维能力的训练模块需要在协助学生进一步完善知识储备的同时，鼓励他们保持好奇心与怀疑精神，自信心和勇气，积极主动地思考、多角度、多侧面地解析，辩证和公正地对研究/观察对象予以评价。可以说，针对硕士研究生的设计教学是批判性思维训练最好的载体。

在2016年的联合设计教学活动中，批判性思维的训练成效显著。学生们基本上都能够在深入的基地及项

目调研的基础上，以阶段汇报的形式借助圆桌讨论完成对研究对象或是调查对象更加辩证、公允的评价。譬如面对迪士尼南一片区这一目前已经带有强烈商业开发性质的地块而言，学生们并未将其看作一块仅同迪士尼发生商业利益关系的飞地，而基于大量扎实、深入的前期调研，尝试从基地本身的水网结构、超越主题乐园的城市日常性以及对于城市无边界蔓延的反思入手，提出以未来上海城市空间发展方式为导向的——现代水乡空间格局、紧凑空间发展以及无围墙的城市乐园的指导性设计目标（详见图4～图6）。

模块训练Ⅲ（MODULE Ⅲ）：逻辑性推演

批判性思维训练与逻辑性推演训练在本年度的教学计划中是前后衔接、互相推进的。作为城市设计教学环节设置中最为重要的一个训练内容，从前期现场及文献调研到愿景及概念设计，再到目标及总体设计、策略及导则设计，直至最终的节点深化设计，我们都在一以贯之地强调设计过程中逻辑推导的连续性、严谨性以及完整性。因此，这一模块的训练可以说是贯穿整个设计训练的始终。

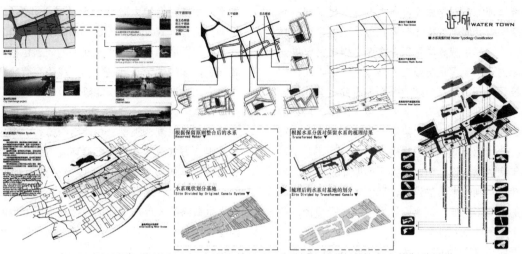

图4　WATER TOWN：因水而生的城市空间结构（图片由常家宝等同学提供）

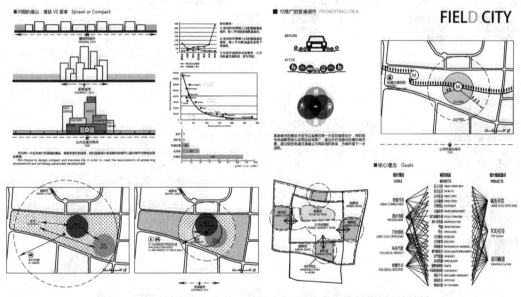

图5　FIELD CITY：蔓延还是紧凑？（图片由王雅馨等同学提供）

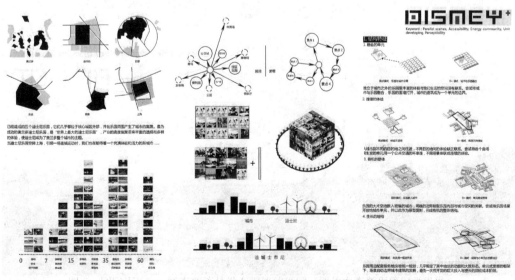

图6　DISNEY＋：城市就该是没有围墙的乐园（图片由李紫玥等同学提供）

逻辑推演训练中对学生而言最大的难点是如何从基于文字的空间设计原则性描述推演到基于造型语言的具象的城市物质空间生成。学生们在这个过程中需要进一步强化的能力已不仅仅是一般性的与造型、空间设计相关的专业技巧，还需要在教师的引导下研究这些他们已经相对熟悉的原则、手法与社会、文化、经济甚至人的行为活动的深层次关联，以此帮助他们在文本叙述、空间塑造、社会生活之间构建逻辑桥梁。

在本年度的联合设计中，得益于前期非设计类工具的学习及随后批判性思维的训练，绝大多数的学生都能够在教师的引导下精准地把握设计发展的逻辑路径，并完成好各个阶段的既定任务。

以旷野城市（Field City）为例，该组设计的起点来源于对地块甚至扩大区域未来建设及开发方式的思考，是满铺的蔓延式发展，还是更加紧凑的集中式发展？而后学生们需要通过调查研究回答的问题包括：若是集中式发展，它的理论基础是什么？优势又有哪些？如果选择集中式发展，这个地块能够释放出多大的非建设用地空间？集中区域的经济性、效率性如何体现？具体的策略譬如街区尺度、类型、功能组织方式、相应的建筑形态及组合方式有哪些？高密度环境下的公共空间品质如何实现？具体可能的操作手段及方法有哪些？等等问题。在整个设计逐渐深化的过程中，环环相扣的问题使得学生最终的设计成果即便在微观层面上也能够有效地回应学生最初的设计出发点，从而完成从目标到手法的逻辑统一（详见图7）。

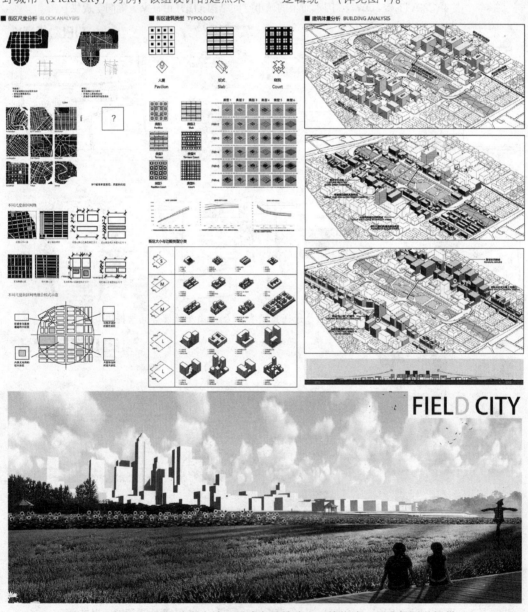

图 7　FIELD CITY，旷野之城（图片由马曼哈山，赖徐浩，王雅馨同学提供）

都市乐园（Disney＋）的设计方案则是从反思迪士尼主题公园与城市的区隔状态切入，探讨更加积极而又有活力的体验式城市生活的可能性。学生们将目光聚焦到体验式城市空间的原型广场、街道、公园等开放空间对象上，从城市生活的日常性出发，发掘更为包容和持续的体验式空间建设发展动力。这一组学生遇到的最大挑战是在一反传统主题公园项目一蹴而就的发展模式下，建构体验式发展单元，理清发展机制，以使其能够自发地推进、渐进式地生成城市空间结构。另一组现代水乡（Water Town）设计方案则是从水网密布的基地现状出发，通过梳理和发掘不同等级天然河道围合、限定的建设用地的潜在场所特征，结合开发项目的类型进行自下而上的空间组织和布局，并基于此尝试创造出适合当代城市建设特点的现代水乡模式。他们的切入点以及一些工作方法具有一定的类型学贡献。

4 "非技巧型能力"训练的价值与后续研究

纵观各类建筑学专业教育的培养目标，学生的综合能力培养一直被反复强调。然而如何清晰地定义综合能力，如何在设计教学中明确地将具体的手法、技巧型训练与其他类型训练清晰地加以区分，建立分级的考核指标，进而依次有序推进相应的能力培养，是综合能力培养目标能否最终落实的关键。

在本年度的联合设计教学活动中，学生们基本上都能够相对轻松地快速掌握非设计类的工具；在逻辑推演训练中大部分同学也都能够较好地在教师的引导下实现设计逻辑的统一和完整；但在批判性思维训练中的表现则出现了明显的两极化倾向。通过对学生阶段性汇报的分析和观察，我们认为影响个别学生这一阶段训练成效的主要因素一方面是知识储备的不足，另一方面则是少数同学业已形成的固有思维惯性所致。对于知识储备的问题，我们可以通过进一步加强设计前期预研究、甚至和其他课程教学相结合来加以提高；但是对于看似业已固化的思维惯性，则使我们不得不反思以往这方面训练的缺失。

建筑学专业硕士研究生的课程设计是学生综合能力系统训练、提高最好的操作平台，而有意识地增加或强化"非技巧型能力"训练必将有利于实现对未来适应不同社会需求的复合型创新人才的培养。

参考文献

[1] 黄林琳，王一，杨沛儒，基于研究方法训练的自主能力培养模式——以中美生态城市联合设计教学为例，全国高等学校建筑学学科专业指导委员会，昆明理工大学建筑学院主编，2015 全国建筑教育学术研讨会论文集，北京：中国建筑工业出版社，2015

[2] （美）Ennis Robert H，A Logical Basis for Measuring Critical Thinking Skills，Education Leadership，1989

[3] （美）Burton F. Porter，The Voice of Reason：Fundamentals of Critical Thinking，Oxford University Press，2002

[4] 黄顺基，苏越，黄展骥主编，逻辑与知识创新，北京：人民大学出版社，2002

李曙婷　周崐

西安建筑科技大学　建筑学院；517350999@qq.com

Li Shuting　Zhou Kun

Xi'an University of Architecture & Technology, Architecture School

以"问题意识"为引导的四年级建筑设计课程改革研究*

The Study on the Reform of Architectural Design Course of the Fourth Grade Guided by Problematic

摘　要：由于信息技术发展及学生特征变化带来了建筑设计教学中的诸多问题，近年来我院四年级建筑设计课实行了"师生双选，题目灵活"的studio教学改革。在此基础上，总结教学过程中不同阶段出现的问题，以"问题意识"为引导，以因材施教为原则，在教学实践中逐步探索解决方案。在教学组织上建立学生个人档案、灵活分组；在教学指导中帮助学生不断回溯设计概念、建立设计问题体系等。这些措施极大地提高了学生的学习积极性，起到了良好的教学效果。

关键词：问题意识，建筑设计课，教学改革，因材施教，设计方法

Abstract：Since the development of information technology and the change of students' characteristics bring many problems in teaching of architectural design, in recent years the studio teaching reform about "two-way selection of teachers and students, entitled flexible" is carried out in the four grade course of architectural design in our school. On this basis, the problems are summarized in different stages of the teaching process, the solutions are explored gradually with the guide of problematic and the principle of individualized teaching in teaching practice. The students' profile and flexible grouping are established in teaching organization. The students are required to continue to back the design concept, establish the system of design question and so on. These measures have greatly improved the students' enthusiasm and got a good teaching effect.

Keywords：Problematic, Architectural design course, Teaching reform, Individualized teaching, Design method

1　背景及问题

建筑设计课程是建筑学专业的主干课程，四年级建筑设计课程是五年制建筑学专业建筑设计系列课程综合提高阶段的关键课程之一。在往年的教学中，四年级的设计教学是全体学生共同进行以高层、文脉等为题目的专项设计，有统一的教学进度和教学目标。但随着近年来互联网、信息技术等发展，这种教学安排不再适应学生的学习需求，出现以下问题：①学生获取知识的渠道多、面广，相同的设计内容易被抄袭；②在四年的学习中，学生间的差距逐渐加大，统一的设计内容无法适应所有学生，表现为设计成绩较好的学生对于单纯的专业知识的灌输已不感兴趣，设计成绩差的学生还无法完全理解设计内容；③90后的大学生自主意识很强，建筑学四年级学生已会用批判的眼光看待教学内容和设计训练，如果不激发他们的学习兴趣，教学效果会较差。

*基金项目：国家留学基金委（201308615004）。

2 教学改革——选课代替排课

针对这一问题，我院进行了大幅度的教学改革，四年级设计课程改为教师挂牌的 stuido 教学，即打破原有的以教研室为单位的教学小组，教师们可自由组合和申报题目，学生根据自身情况选择感兴趣的题目和教师。经过两轮的双向选择，每位教师可带 7～10 位学生。这样不仅同时给教师和学生带来很大压力，也带来了教学的自由度，使教学有了很好的宽度和广度。

从教师角度，只有足够的学生选择自己定的设计题目，才有可能开课。不能像以往一样"吃大锅饭"，那么在前期的设计题目选择和解题就显得尤为重要，既要引起学生的学习兴趣，满足学生的学习需要，又要符合教学计划的要求。教师可结合自己的工程实践和科研项目制定题目，题目是教师非常熟悉和擅长的，教起来得心应手，同时在教学中启发学生运用创造性思维进行设计探讨，逐步推进项目，从而实现教学相长。

从学生角度来讲，通过选择而产生的的自主感对自我价值的实现是非常重要的，多了许多可选择的题目和教师，获得了极大的自主权，调动学习积极性。同时教师可以选择学生，要看学生以往的成绩表现，使得学生如果要在高年级进入到自己心仪老师的课程，在低年级就得努力，也给学生带来一些动力。

3 以"问题意识"为引导的教学过程

本课程是在建筑学四年级的建筑综合大设计的基础上发展而来，是建筑设计深化、扩展阶段的主要环节之一，是综合运用建筑设计、城市规划、城市设计及有关专业知识，侧重于培养学生对建筑与环境的社会属性、文化属性和历史属性的认识，进行具有大规模、复杂空间、综合功能的建筑设计的课程。本学期选择了"陕西钢厂创意产业园主题酒店设计"作为设计题目，一方面学生熟悉设计对象，在二年级进行过酒店设计，一方面涉及旧城更新和旧建筑改造，需要学习城市规划、文脉设计及建构等知识。设计题目具有综合性、复杂性等特点，需要学生灵活运用所学专业知识，对设计问题进行解答，侧重于对学生过去所学知识的加强和设计能力的提高。

"子曰：不愤不启，不悱不发。举一隅不以三隅反，则不复也。"[1]为改变过去的灌输式教学，采取以"问题意识"为引导的启发式教学，充分调动学生的积极性，因此在教学过程中采取了以下策略。

3.1 设计课开始前的"问题"及解决方案

经过近 4 年的学习，每个学生在专业知识的掌握程度和设计能力上已有较大差别，因此在开始设计课之前，请同学将四年来觉得最得意的作品在课堂展示，并讲述学习收获。这样做的目的是建立设计辅导的"问题意识"。首先以帮助学生整理过去所学，明白自己的问题，发现学习中遇到的困惑和现阶段最渴望学习的内容。同时教师为每位同学建立学习档案，明确每位学生的学习状态。此次设计是 2 位教师联合辅导，共有 20 位学生参与，通过对他们过去设计课成绩统计及分析，制定了不同的教学目标，如表 1。

不同类型学生的教学目标　　　　　　　　　　　　　　　　　　　　　　　　表1

学生分类	所占比例（%）	以往设计课平均成绩	学生特点	设计课的培养目标
一	10	88～90	可将所学专业知识融会贯通的运用到设计中	加强设计方法、思维和设计技巧的训练
二	30	80～87	初步掌握设计方法，可正确处理设计问题	提高设计中解决问题的能力
三	40	70～79	可理解知识，但还未完全掌握设计方法	前面所学知识的巩固和运用训练
四	20	60～69	缺少学习设计的兴趣，设计基本功较差	设计基本功的训练和兴趣的培养

3.2 设计辅导过程中的"问题"及解决方案

3.2.1 关于专业知识的"问题意识"：根据以往的教学经验，在概念设计阶段，经过调研学生往往可以提出相应的设计概念，但在设计深入的过程中，进行功能布局、空间规划、形式、结构等多方面的设计，随着设计限制条件、细节的增多及专业知识的缺乏，都会对设计概念的实现产生影响，往往到最后，设计方案与一开始的想法大相径庭，无法实现设计概念。

原因之一在于学生对于专业知识的运用不熟练，因此在设计辅导中，预先将设计分解为服务人群调研、概念设计、场景塑造，功能定位、空间设计等不同阶段，并介入相关设计内容和要求，要求学生系统归纳相应的专业知识，将设计的过程变成一个又一个富有挑战性但又可以攻克的问题，如图1所示，引导学生进入找问题、思考问题、解决问题的学习状态，帮助学生在每一阶段系统的学习和运用相关专业知识。

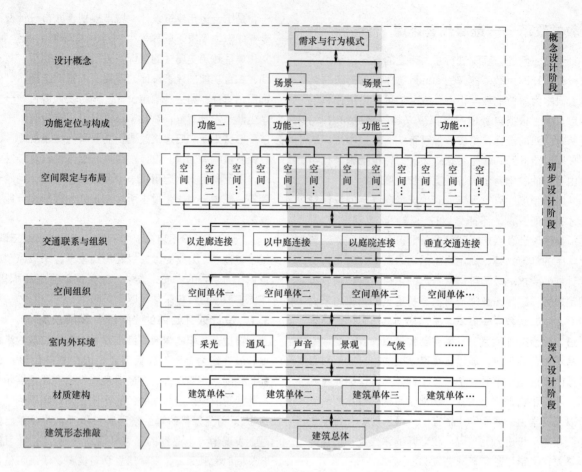

图1 设计问题的系统图

原因之二是概念设计阶段，相对设计方案的制约条件少，描述模糊，因此设计概念容易提出，但不容易实现。此次在教学中，加强对学生思维的发散与回溯的训练，强调设计概念的一贯性，要求在设计概念形成后，往下深入的每一个阶段，要提出至少2个方案，以其中一个为主线往下深入。每一阶段都要以设计概念的是否实现为最终判定标准，例如功能与设计概念的对应，空间与设计概念的对应等。遇到问题时，可以往前回溯之前的过程，寻找问题产生原因及解决办法，如图2。

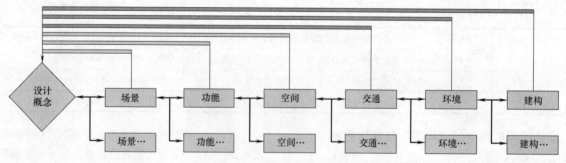

图2 设计概念与设计过程

3.2.2 关于设计辅导组织的"问题"。

问题一，在studio的课程设计中，采取2个月左右的集中教学，由于时间有限，往往学生的设计和图纸很难达到相应的深度。问题二，由于学生的专业知识掌握的程度不同，以往的辅导中发现，一些学生问题多，长时间占用教学时间，而一些学生习惯自我思考或者专业知识掌握的少而没有问题，几乎不问教师，造成学生成绩两级分化越来越严重。因此在设计辅导中采取了大组、小组及个人等多种辅导的组织形式。在设计前期，组织20人的大组调研与汇报，分工合作，相互学习，积累资料，顺利完成概念设计阶段的成果；鼓励学生组成2人设计小组，相互讨论与学习，使设计有深度；在设计的中后期采取教师与学生一对一的个人辅导，给予每位学生相同的辅导时间，使问题多的学生在课下要提炼其问题，提高课堂的效率；而促使问题少的学生进行思考，鼓励其大胆发问，暴露问题从而帮助其解决问题，真正实现因材施教。

3.3 概念设计阶段的"问题意识"

建筑设计其实最重要的是首先明了建筑和人、及所处区域环境的关系。设计能力本质上是一种解决问题的能力。和科学研究不同的是，设计要解决的问题往往是难以一开始就能清晰界定的。为寻找解决方案而不断重新修正和定义问题是设计过程中最富挑战性的事情。[2]指导学生运用建筑计划学的方法，对设计对象的历史、周边环境、服务人群、原有建筑空间、结构、材质等进行了全面细致的调研，以便从不同角度，来寻找及界定设计所要解决的问题。

在调研基础上，将20名学生分成10小组，根据每个人（组）的兴趣点，结合前期的学生分类，帮助学生初步提出设计所要解决的问题，进而提出设计概念，如表2。

初步设计概念统计　　　　　　　　　　　　　　　　　表2

设计小组	学生分类	设计所要解决的问题	设计概念或者侧重点
1	一	旧工业区的复兴	重生——作为门户空间，整合设计产业园
2	二	吸引人群，提高酒店的使用效率	为设计师服务的酒店，营造多层次交流空间。
3	二	原有大空间的高效使用及结构的再生	客房单元空间的灵活组合
4	二	工业文明历史的传承	探寻建筑元素与社会情感
5	三	打破原有大空间	适应功能的单元空间的有机构成
6	三	特定人群的使用需要	场所精神的塑造
7~8	三	主题酒店的特征	酒店功能的定位与空间划分
9~10	四	酒店功能的合理布局	酒店空间的合理划分

3.4 对设计问题的研究从而制定合理的任务书

此次设计的任务书在建筑面积大致确定的情况下，对酒店各功能及面积没有界定，需要学生自己完善。因为设计的过程是一个不断试错的过程，通过试错来探索要解决的问题边界和内涵，也不断发现新的解决方案并完善。因此任务书需要学生根据自己的解决方案进行深入，从而有机会获得具有创造性的解决方案。在这个过程中，要求学生把自己的想法做出一个大概的样子呈现出来，这个模型可能会很粗糙，但能够体现出解决方案中最重要的那些要素，如图3设计概念模型举例。通过这个原型，组织设计小组间相互交流设计想法，模拟使用人群的需求，启发学生们相互发现问题、分析问题，让他们能够多方面的思考自己的设计方案，学会感受未来的解决方案的形态和使用情境，并提出自己的意见建议，再依据这些反馈对设计方案做修改。引导学生在对设计问题进行充分研究的基础上，制定合理的建筑设计任务书。

   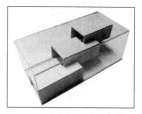

非错层单项阶梯　　　　错层单项阶梯　　　　非错层双项阶梯　　　　错层双项阶梯

图3　设计概念模型举例

4 学生作业举例：

小组1在对基地存在的问题分析的基础上，将主题酒店定为整个产业园的门户空间，起到展示园区内容、整合园区活动，为园区提供必要支持的功能，进而提出"生长游廊"和"多功能展示、交流空间"的设计概念，并赋予相应的功能，如图4~图6。

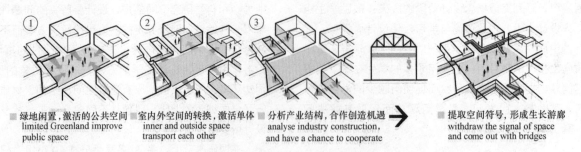

■ 绿地闲置，激活的公共空间 limited Greenland improve public space

■ 室内外空间的转换，激活单体 inner and outside space transport each other

■ 分析产业结构，合作创造机遇 analyse industry construction, and have a chance to cooperate

■ 提取空间符号，形成生长游廊 withdraw the signal of space and come out with bridges

图 4　设计概念——生长游廊

图 5　生长游廊的功能与使用场景

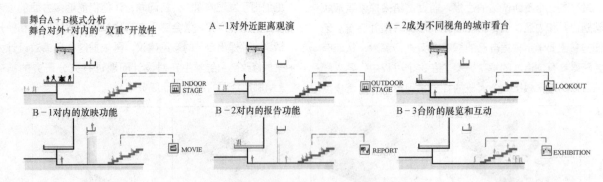

图 6　多功能舞台剖面示意图

5　小结

在"问题意识"的引导下，学生的设计课学习积极性和课堂效率都得到极大提高，此次 studio 设计课取得了良好的效果，学生的平均成绩有了显著提高，其中 2 组的 4 人的作业获得年级优秀作业，如表 3 达到优秀及良好比例大幅提高。

此次设计课成绩统计　　　　　表 3

设计课成绩	学生人数	所占比例（%）
90～92	4	20
80～89	10	50
70～79	4	20
60～69	1	5
缺考	1	5

问题意识对于建筑设计课的学习和指导都很重要。离开了问题，任何教学活动都是一种静态的学习，是没有目标的学习，是无价值的学习[3]。对于教师而言，在对过去教学经验不断总结的基础上，要明确每一阶段的教学会出现怎样的问题，怎样解决这个问题。对学生而言，明确设计过程中出现的问题及其来源。使问题成为学习的靶子，有了问题才需要思考，思考需要相应的知识就不得不学习。然后通过学习，设计能力才能不断提升，才会有对知识的灵活运用和创新。

参考文献

［1］ （春秋）孔子．论语•述而第七．北京：中国华侨出版社，2013.

［2］ 顾远．每个人都应该学习设计．21世纪经济报道，2016-5-26.

［3］ 陈明通．掌握问题意识，让你看得明读的通．台北：台大教学发展中心，2010-10-04.

于幸泽

同济大学建筑与城市规划学院；58350792@qq.com

Yu Xingze

College of architecture and urban planning，Tongji University

装置艺术的教学内容与方法
Installation Art Teaching Contents and Methods

中文摘要：文章主要内容是对德国装置艺术工作坊的教学内容总结和教学方法探索。其中授课内容是装置艺术作品从材料寻找到语言转化，直至作品最终呈现形态地讲解。讲授方法围绕着两个教学理论核心："在场"和"立场"。其中在场，是指材料的在场性，使材料在制作到展示的全过程获得内涵。而立场是最终作品呈现创作者对问题的立场和态度，是直接导致作品的形态生成的思考路径。

关键词：装置，内容，在场，方法，立场

Abstract：This passage is mainly about the conclusion and exploration of teaching in Deutsch Installation Art Workshop. The teaching content is about the interpretation from material finding to language transformation，and to the final presentation of the installation project. The teaching method centers on two keys to the teaching theory：presence and position. Presence，means the presence of materials，which makes materials gain intension during the whole process of making and exhibiting；while position is the stance and attitude of the artist which are conveyed through the final work，and it is a thinking pathway that directly leads to the final appearance generation of the project.

Keywords：Installation Art，Content，Presence，Method，Position

1 装置艺术

装置艺术有最为丰富的表达形式，按照装置艺术呈现方法可以划分为：实物装置、影像（录像）装置、声音装置、图片装置、绘画装置、新媒体互动装置，其任何形式都是艺术家通过个人最擅长的创作手段，准确呈现所研究的问题。虽然伴随着新科技和计算机软件开发，装置艺术家在表达手段上发生了很大变化，但是他们都是在利用科技工具，更便捷和有效地展示个人的艺术观念。

装置作品的核心意义，并不是传统艺术上对美的呈现和技艺展示，是艺术家对现实世界和文化矛盾提出的问题，将个人思考的"问题"作用于材料实体展现给观众。而让观众参与思考中又扩充和延展了作品的意义，这也是装置艺术作品最终完成的重要组成内容。当代的

装置艺术作品更是对社会文化与形态的反思，因此当代装置艺术作品是将当下文化概念物质化地储存，是未来对现当下社会文化研究的佐证，这也是装置艺术存在另一意义的所在之处。

2 材料

置身于德国与八位学生共同参观多个城市的美术馆、当代艺术展览和当代的城市建筑，期间乘车转向意大利的"威尼斯2015年当代艺术双年展"和"米兰2015年世界博览会"。每到之处，事先让学生做好功课，对城市、展览、展示和建筑做全方位的了解，对其城市的历史文化、展览的主题内容、作品的呈现方法和建筑的创作背景做详细的介绍，这样便于他们去理解所到的陌生城市，以及熟悉所看到的展览、建筑和装置作品的呈现方式。

除此参观学习外，学生的工作重点是去寻找材料或者发现问题。中途课程我们交给学生两种寻找材料的方法。第一：缩小对材料和问题的寻找范围，观察周边。第二：浓缩到一个词汇来概括对德国的感受，切身体会。这样经过全程的讨论与修正，最后八位学生确立关于个人装置作品制作的实体材料和概念材料：各色的德国啤酒-酒水，柏林墙废弃的砖-砖粉，唾弃在地上的口香糖-口香糖，柏林飘扬的彩虹旗-彩虹旗，德国的黑色巧克力-巧克力，都市里的蜜蜂-蜜蜂影像（概念），德国的工业与艺术-精神（概念）和热爱严谨的民族-秩序（概念）。

3　在场

德国二十天的授课中，我们对学生的"概念方案"修正始终围绕着两个重要的内容进行。第一点："在场"，处身于德国才能感受其社会问题和文化现象，因此制作作品的实体材料或现象概念必须来源于德国社会生活。第二点："立场"，要求学生具有独特角度去发现问题，作品要反应德国的社会形态或文化现状，必须对所提出的问题抱有个人的明确态度。

"在场"在德语翻译（Anwesen），就是显现的存在，或者显现的存在意义。更直接的解释就是身临其境，无遮蔽且敞开地直面眼前和身边的事物。在德语哲学中有一个重要的概念："在场性"（Anwesenheit），这个哲学概念影响了整个西方的当代哲学界，"在场性"在黑格尔哲学是指"绝对的理念"，在歌德的思想中是指"原现象"，到法国的笛卡尔用法语翻译为"对象的客观性"。

让学生在理念上理解"在场"的概念，要求他们不要规避事实，鼓励他们去发现问题或者事物客观性，找出问题或者事物的原貌。

4　身体

我们于2015年8月9日早晨8点抵达德国的法兰克福机场，办理好出关手续后，转车去此次考察的第一站斯图加特。等车之际，学生们在德国的第一顿早餐就是典型的椒盐卷饼，德语Prezel。在接下来的日子里，除参观和学习以外，在饮食上他们品尝了德国境内众多的食品：咸猪蹄，烤鸡，香肠，土耳其烤肉卷饼，意大利披萨和面条等。他们去大学里的食堂吃午饭，甚至去典型的德国餐馆用餐，在整个行程中品尝德国的各地啤酒和各色巧克力。生活在德国，我们让他们像本地人一样：逛商场和超市，去菜场，去邮局，去墓地。像德国的年轻人一样去听演唱会，去酒吧，去游乐场；去大学

图书馆和美术学院工作室参观。他们有时候住在德国青年旅馆，有时候住在德国人家里，我们让学生切身体会德国人的生活状态。在各个城市内，我们主要的出行方式就是徒步，让他们用身体感受天气与温度，用双脚去丈量城市与距离，只有这样才能感知这里的自然环境，才能发现社会生活中更多的人文细节，也才有机会去寻找素材和发现问题。

5　问题

当我们辗转在德国的斯图加特，慕尼黑，柏林，杜塞尔多夫，科隆，卡塞尔和法兰克福城市之间，学生不断地提出各种问题，对一些社会和文化现象提出种种疑问。最后呈现了八个清晰问题。第一个问题：啤酒为什么在德国会有如此多的种类？德国人对啤酒的热爱堪比中国人对茶的研究，茶的品种和地域有很大的关系，因此啤酒的颜色是否和地域（气候）有关系？第二个问题：为什么东西柏林还存在明显的差距？20世纪90年代柏林墙拆除德国统一，20年过去了，为什么东西柏林在经济、文化和社会秩序依然存在差距？第三个问题：为什么德国的公共场所，尤其是火车站，遍地是唾弃的口香糖？如此重视环保的国家为何能容忍这样的行为？第四个问题：德国柏林号称同性恋天堂，并且今年柏林8个美术馆同时展览介绍同性恋文化，但是为什么克拉斯特大街依然彩虹旗飘扬，敬告此处是同性恋的居住地，这个国家真的消除了人们对同性恋的歧视？第五个问题：守时、严谨和秩序是德国人用于标榜日尔曼民族的优秀生活态度和工作作风，但是这样的态度和行为深入到生活各个细节，是否少些浪漫多些无聊？第六个问题：卡塞尔作为世界当代艺术界著名的文献展览城市，这里几乎没有画廊，平日里少有当代展览，作为当代艺术重镇的德国，这里的人们是否真的需要艺术？第七个问题：德国人对巧克力的钟爱达到疯狂的地步，学

图1　德国考察

生在超市的购物收据中发现，七成以上的人在购物中购买巧克力。对于遥远的东方中国，巧克力为什么是一种情义消费品，而非日常消费品？第八个问题：在德国的公共场所和户外餐厅，学生发现很多蜜蜂，经查询得知是都市里人们的新爱好，甚至政府也鼓励人们在城市养蜂，这样的行为是否干扰了其他人的正常生活？

6 收集

每个学生带着各自的问题开始做系列的调查和采访，收集相关资料和实物。第一个学生对啤酒颜色的兴趣浓厚，每到一处，就到超市和酒吧去体验，收集各种啤酒的品牌，查阅相关资料，对啤酒的颜色做了深入的比较和研究。第二个学生专程去到东柏林，去那里的公园、商场和餐厅，找当地人聊天，在纪念柏林墙倒塌的地方收集墙砖。第三个学生发现的环保问题正是被火车站地面粘在脚下的口香糖，他拍摄了大量照片，也采访过多个路人，调查和询问关于他所发现的这个问题。同时他在超市里买了一把铲刀，试着自己在公开的场合铲掉遗留在地面的口香糖，来警示人们要注意自己的行为。第四个学生，专程去柏林克拉斯特大街，去那里的画廊、酒吧和餐馆，专程到各地区参观关于同性恋的展览，并且在柏林购买了很多彩虹旗。第五个学生，她一直疑惑德国人处处严谨有序的工作作风和生活态度，设身地体验在德国的各种所见所闻，她带回来的是这种行为现象的记录，用这样源于德国的现象作为要表达的概念材料。第六个学生，困惑于德国的工业和艺术之间的关系，在卡塞尔、科隆等地用铲刀在一些废弃的遭受战火的建筑石材上，将残留在石头上的灰烬刮下来，用作作品的一部分。第七个学生，在德国购买了大量的巧克力，带回中国，她准备用巧克力作为媒材，重新塑造一个新的形象。第八个学生，在德国户外用餐时被蜜蜂蜇后，蜜蜂引起她的注意，她带着自己的经历和对都市养蜂的现象，将二者结合制作影像装置作品。

图 2　德国现场收集作品材料-灰尘

图 3　德国现场收集作品材料-唾弃口香糖

学生们身在德国，问题和材料必然都来源于德国现场。他们对发现的问题和感知到的现象，能用自己的方式进行叙述，但努力去澄清这些问题的原貌和事实，是下一步课程的难点，就是用何种展示方式呈现对问题的立场。

7 立场

所谓立场，对问题的看法和研究抱有态度。立场是思想行动，有两种表达初元形式，一种是自发，另一种是自觉。授课的过程中，我们先是给予学生对问题正反面两个出发点作为思考方法，使他们进入一种自发的状态，在这样的思考语境中，将自发的行为上升到自觉的情境，只有这样，对问题才能有深刻的态度，对表达事物和概念才能自由的延展。另外，立场的另一层含义就是对利益的倾向，因为是单纯的作品表达，所以在此的立场消除了对利益的束缚。我们的教学指导是把学生引向自觉，树立他们自觉的立场。

有了自觉的立场，才能有准确的方向去着手实施作品。作品实施，就是对材料和概念进行整理、加工、改造、转换和呈现。这个过程的指导核心就是对作品意义的把握，也就是怎么去准确和鲜明地表达自己的态度和立场。如果一个装置作品，其表面和材料再多华美，但缺乏内涵，没有隐喻和批判，那么它只是一件装饰品。因此作品的制作和呈现都要围绕材料和概念进行，在基本材料上尽量简化其材料实体，不要出现和主题不相干的实物，只有这样才能做到概念直接。另外，材料和概念是否能巧妙地结合，还要看在具体的加工制作的细节上，这里所说的细节是材料加工、再造，需要对其转化时发生的工作细节的准确把握。因此如果观念明晰，作品在制作的过程中没有转换细节，就无法呈现问题的原貌，更无法使观众感知到作品的含义。

图4　德国带回的柏林墙砖块

图5　作品制作中

8　表达

具体在作品实施阶段，我们要求学生思路开阔，对待问题有明确的指向。第一点：作品要具有批判性。不是故意寻找批判的理由，而是在发现问题和现象的时候，有个人的独到见解，避免随波逐流，去赞扬某种社会现象。如果发现特征，要努力地去追寻根源，解决问题有个人独到主张。制作作品时可采用问题本身的物质实体，充分激发材料特有的视觉特征，改变观众对待其惯性的思维模式，在转化和创造新的实体要观众看到问题实体的原型，这样才能引起观众的反映，去理解作者的行为和评判的立场。因此发现问题是为了澄清问题。学生曾鹏程从柏林带回的柏林墙砖，将其碾成粉末，重新塑造成一根一米长的隔离绳。作品寓意东西柏林依旧处于经济、文化和政策等强烈的差异中。学生何星宇将德国公共场所地上的口香糖铲起并搜集，制作了一个精美的垃圾桶，具有强烈的讽刺意味。学生曾鹏飞将用大量的彩色便签条组合成一面彩虹旗，让观众与其互动，可以自由地在上面书写关于对"同性恋爱"的观点，而

正是观众的参与，即平等的交流与对话，才使这面彩虹旗变的更加绚烂夺目，作品用来指向德国政府包容同性恋现象的真实性。学生沈若玙将一百个水瓶里盛上水，计算高度，将所有的瓶子倾斜，达到一样的高度，暗喻德国处处秩序和严谨的必要性。

图6　展览现场《消失的线》

图7　展览现场《黑色口香糖》

图8　展览现场《彩虹旗》

图 9　展览现场《水平线》

第二点：隐喻性。提出问题和看法，明晰个人在事件和现象中的角度位置，呈现的作品要具有事实依据，转化概念时不是直接借用材料的属性和质地，而是异化现象的载体，将个人的观念重新赋予新的材质上，从而呈现一种新的形像。给作品材质一种强制的存在形态，从而折射出作者对待现象的个体反应。学生徐亮收集了20中不同颜色的啤酒，同时在中国也找出了20种不同的茶，将茶侵泡后形成了20种不同色彩的茶水，最后将20种茶水和20中啤酒混合摆放在一起，供给观众识别。此作品嫁接了一种新的载体-中国茶，作品寓示着视觉现象的混沌感和物质表象的虚假性，同时暗示着不同文化之间的差异和界限。学生樊奕君把德国的黑色巧克力重新融化，塑造成两只紧握的手，将巧克力这种在欧洲的食用消费品，转化为情谊礼物和交易赠品，作品暗指同一物质在不同地域使用的差别。学生贺艺雯用钢铁焊接成一个的二维码，然后用德国带回的建筑石材上的灰烬，将其涂黑，观众可以在指定的位置进行真实的

图 10　展览现场《干杯！德国》

扫描，从而呈现德国的艺术展览的场景。此作品的钢铁和灰烬代表着德国人的精神和历史，但是内容却是强加在里面的艺术，暗示着德国人的艺术只是工业社会下刺激生活的调剂品。学生李霁欣制作了和真人大小的蜜蜂来和自己对话，她采用的是影像方式来叙述自己在德国的经历，作品的名字叫"问蜜蜂"，实际上是在问德国的政府，蜜蜂是否愿意在城市里生存？

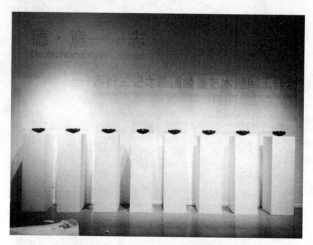

图 11　展览现场《双重巧克力》

图 12　展览现场《问蜜蜂》

9　小结

从发现问题，转化材料和概念，到制作成作品，教学中我们始终围绕着"在场"和"立场"两个核心要求进行。在场，是对此行程的德国当下社会文化和现象的一次集体讨论，是有感而发的研究过程；只有处身于德国，才会对那里发生的事件有切身的感受。立场是对作品的要求，作品呈现的形态的要求，也是对在场感受的一种物质化的呈现，整个作品是一场针对德国的对话。但是对于装置艺术本身而言，其实作品的概念和意义是

包罗万象的，我们划分的在场和立场，是为了焦聚他们呈现内容和思考范围，同时也是对德国旅行以艺术作品化方式的总结。此次工作坊的教学内容和授课方法是一次新尝试和探索，我们需要在未来的教学中不断修正，在多元教学的视角下努力激发他们的想象力和创造力，其最终目的是提升建筑设计类学生的创造性思维，从而才能达到培养符合新时期下创造性人才的教学目标。

参考文献

［1］ 洪燕云，何庆．创造学．北京：清华大学出版社．2009.

［2］ 胡珍生，刘奎琳．创造性思维学概论．北京：经济管理出版社．2006.

［3］ 贺万里．中国当代装置艺术史．上海：上海书画出版社．2008.

［4］ 王洪义．西方当代美术．哈尔滨：哈尔滨工业大学出版社．2008 年.

［5］ 葛莱云．创造力开发与培养．北京：中国社会科学出版社．2012 年.

张莹莹　张宏

东南大学建筑学院；zhang_yy1110@aliyun.com
Zhang Yingying　Zhang Hong
School of Architecture，Southeast University

基于建筑构件的建筑设计教学研究*
——以轻型结构房屋系统毕业设计专题为例

The Methodology of Architectural Design Education Based on Building Component
——Graduation Design Project of Lightweight Structure Building System

摘　要：在一味追求抽象几何形式的中国当代建筑中，构件一向被视为界定空间的手段，而空间才是建筑的本质和目的。这就使得中国的建筑教育和实践"重艺轻技"，过于注重小众特殊性建筑的形式设计，轻视了大量性建筑的建造品质。本文以东南大学建筑学院建筑技术系近几年来的本科生毕业设计教学为例，介绍了在建筑产品逻辑下，以构件设计为基础的建筑设计教学方法。从建筑的物质本质出发，将传统的平、立、剖面等二维建筑设计转变成建筑构件的三维设计及拼装技术设计。结合实际的建造活动，让学生了解建筑设计与建造的全流程。通过基于建筑构件的设计教学研究与实践，力图在中国建筑业面临发展困难、急需由粗放型向精细型转型的当下，为中国建筑设计教学的发展提供新的方向。

关键词：构件法建筑设计，毕业设计教学，轻型结构房屋系统

Abstract：Chinese contemporary architecture tends to concentrate on style and aesthetics. Architectural components are usually considered as a mean to define the space which is the nature and purpose of architecture. This concept leads to the fact that technology is neglected in Chinese architectural education and practice. Architects pay more attention to the form of architecture for minorities rather than the quality of mass architecture. In this paper，a new methodology of architectural design education based on components in architectural product construction is introduced through graduation projects of School of Architecture of Southeast University. Unlike traditional architectural design method based on two-dimensional drawings，component-based methodology of architectural design is three-dimensional design of building components and assembly technology design. Students can learn the whole architectural process through the actual construction activities. The purpose of component-based methodology of architectural design is to benefit to Chinese architecture education and industry，which needs transformation from extensive mode to sustainable mode urgently.

Keywords：The Component-based Methodology of Architectural Design，Graduation Design Project，Lightweight Structure Building System

1　引言

中国传统建筑观念中，建筑的本质为"器"，是由不同材料围合而成，为人们提供使用空间的容器。而中国的建筑学建立在西方传统建筑教育观念的基础之上，

* 城市与建筑遗产保护教育重点实验室（东南大学）2016年开放课题（KUAL1608）。

342

中国的第一代建筑师和建筑教育的开创者也是运用西方古典建筑语言来诠释中国传统建筑的形式[1]，所以讲究建筑比例、对称、和谐的"艺"就显得尤为重要。受到巴黎美院建筑教育体系的影响，由建筑形式作为学习目标的渲染训练在很长时间内都是中国建筑学习的主要训练方法，深深地影响了学生对建筑的认知和建筑学的理解[2]。虽然现在很多院校都对建筑教育做了改革，但是渲染训练的影响仍然根深蒂固，这就使得设计者对设计对象的主观理解和概念诠释成为建筑教育和建筑设计的出发点，其在文化、艺术上的修养成为设计成功与否的关键因素，所以所谓好的建筑往往带有强烈的个人色彩。

20世纪初，"建构"（Tectonics）的概念由王骏阳教授带入中国当代建筑学理论的视野，以反抗当时泛滥的"欧陆风"和"古都风貌"，并很快在国内的学者和建筑师中引起强烈的共鸣[3]。而"建构"虽然试图用建造和结构逻辑的手段来反抗建筑的表面化和符号化，但需用外观的表现来形成完整的价值体系，本质上仍是用一种"风格"来替换另一种"风格"，并没有真正把建筑物质化。而构件法建筑设计则是从建造角度出发，结合设计者自身对建筑的认知，将建筑分为建筑产品、建筑作品和既有建筑改造与应用三大类，以建筑构件为设计基础的一种新型建筑学设计方法。近年来，东南大学建筑学院建筑技术系通过研究与项目实践，建立了以建筑构件为基础的设计方法，并将这种方法运用到本科生的毕业设计中，结合建造高性能的实际应用房屋系统，让学生了解建筑构件的三维设计和拼装技术设计方法以及建造的全流程。

2 题目选定

建筑学专业的毕业设计强调的是方法与程序及其思维模式，因此适宜的选题是达成毕业设计系统目标的重要条件之一[4]，选题在内容上不仅要有一定的综合性，可以展现过去五年的学习成果，也应该与社会需求和建筑行业的发展方向相契合。随着可持续发展理念的深化，国家开始推行低碳经济。建筑工业化采用建筑构件生产工厂化、现场施工机械化、组织管理信息化的方式，能够加快建设速度，降低劳动强度，减少能源消耗，提高工程质量和劳动生产率，所以成为建筑领域的发展热点。轻型结构房屋系统采用工业化建造方式，规模适中，施工方法简单快捷，非常适合作为毕业设计的题目让学生完成其设计和建造的全过程。

3 教学过程

自2012年以来，东南大学建筑学院建筑技术系结合本科生毕业设计开始了对轻型结构房屋系统的教学与实践，现在已经完成了第四代产品的建造（图1）。由于每年毕业设计的项目规模都不大，而且可操作性强，所以与传统以图纸为最终成果的毕业设计不同，东南大学建筑技术系的设计训练增加了生产建造的内容，在一个学期的时间建成可实际使用的房屋。通过毕业设计，学生可以从全流程的实际建造活动中，理解以建筑构件为基础的建筑设计方法，把握工业化建造的全过程，综合掌握建筑设计、建筑技术、建筑施工等多项知识，为学生走向社会从事建筑事业打下坚固的基础。

3.1 调研阶段

高性能的轻型结构房屋系统是毕业设计的目标，以工业化生产施工为实现方法。由于学生之前对此了解较少，为了保证毕业设计的顺利完成，对相关建筑产品及技术的前期调研工作必不可少。老师按照从浅至深、由抽象到具体的原则将调研工作分成3个步骤：

第一步，了解本课题项目的理论基础和相关信息。学生可以查阅研究与轻型结构、模块化建筑、建筑工业化等相关的专题研究论文、论著及优秀案例，从而对项目的理论和相关技术的发展与现状有一个比较全面的了解。

第二步，调研考察。在学生对所要设计的项目有了基本了解之后，组织其参观往年的设计成果和同类项目，并对合作的建筑产品企业进行考察与调研（如铝合金、钢材、整体卫浴、太阳能厂家），了解建筑构件类型、建筑材料及性能、建筑及模块功能、生产施工技术等知识。

第三步，专题研究。根据不同的功能，老师将轻型结构房屋系统分成几个模块单元，并根据模块将学生分成若干设计小组，针对每个组的设计建造任务、难点和创新点做专题研究。

3.2 设计阶段

在轻型结构房屋系统的模块化设计中，根据具体装配流程和综合已有的部品分类体系，将建筑划分成若干个标准单元，这就把设计过程分解成多个标准单元的设计和拼装过程。根据房屋系统模块的功能，将学生分为结构组、围护组、装修组、设备组和环境组等若干个设计小组。3～4位学生为一组，在统一模数和运输尺寸、吊装尺寸、吊装重量等限制要求下，针对每个构件组的特点进行设计研发。各组之间需要相互配合，共同完成构件组间的连接设计，以形成完整的、满足运输和吊装要求的模块单元。同时按照模块单元的尺寸与重量、吊

车吨位进行吊装设计，保证顺利完成模块的现场吊装和装配。基于各构件组的生产施工流程，所有构件与装配

阶段分为四个层级（图2），构件之间的连接方式和施工工序是每个层级的设计重点。

(a) 第一代产品—零能耗活动房原型

(b) 第二代产品—多功能大空间房

(c) 第三代产品—居住单元

(d) 第四代产品—太阳能可移动轻型结构房屋系统

图1　东南大学历代轻型结构房屋系统产品

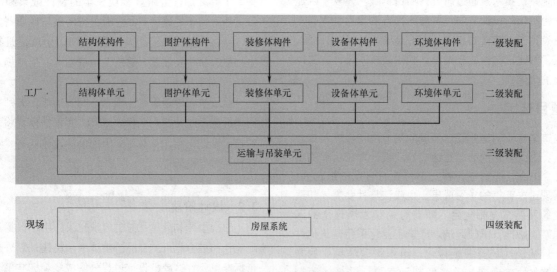

图2　构件种类与装配流程分级

以结构组为例，轻型结构房屋系统的结构体由主体结构模块、屋顶结构模块、基座结构模块和交通体模块四部分构成，主体结构模块采用集装箱模数化尺寸，形成满足运输和吊装要求的标准化结构框架。学生通过连接件和螺栓的设计，将铝合金型材或方钢管等基本结构构件（一级构件）连接成空间立体框架（二级构件）。

此框架具有很强的结构稳定性，抗结构变形，从而满足运输、装配、使用过程中多种工况受力的需要。各标准空间模块之间通过螺栓连接固定后，不仅能够获得更大的整体强度，还能满足快速安装与拆卸的要求。结构体单元、围护体单元、装修体单元和设备体单元共同形成完整的独立模块（三级构件）后，运送至现场与其他模

块一起装配成完整的房屋系统（四级构件）。

3.3 建造阶段

与建造工作主要集中在现场的传统施工方式不同，轻型结构房屋系统约 80% 的工程量在工厂完成，现场只需要进行基座安装、模块吊装和模块之间的机械连接。学生在完成各级构件（组）的设计后，将设计图纸传递给制造和装配企业，企业的设计师完善构件的生产加工细节图，同时将生产加工中会遇到的问题反馈给老师和学生，及时对设计进行修改[5]。

在完成了符合生产装配条件的构件（组）设计后，企业开始生产组装各类构件。由于设计建立在详细的构件明细表和构件加工装配图上，所以每一阶段参与团队的分工都明确有序。学生根据施工进度计划和安装流程表，在产品总工程师和指导老师的整体组织协调下，独立完成或参与完成了大部分构件的生产制作与装配任务[6]（图3）。同时学生通过现场照片和视频资料记录实际生产施工的情况（图4），与自己的设计进行对比，找出问题与解决办法，并做出总结。

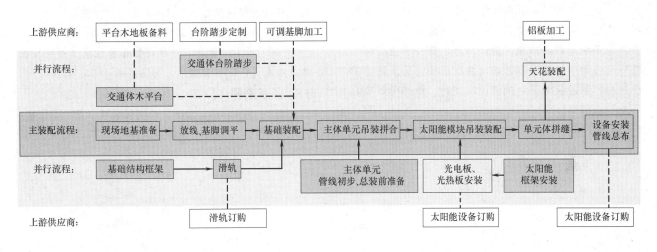

图 3　第三代轻型结构房屋系统产品装配组织[6]

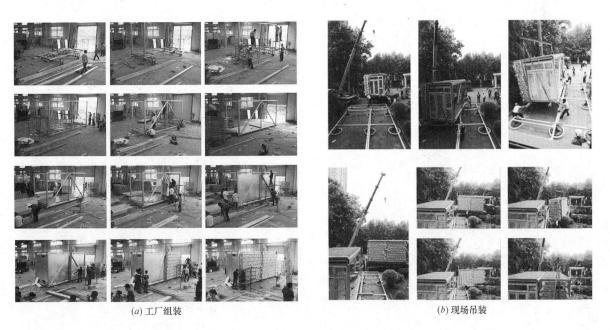

(a) 工厂组装　　　　　　　　　　　*(b)* 现场吊装

图 4　第三代轻型结构房屋系统产品建造过程照片记录

4 结语

毕业设计是建筑学本科教学的最后环节，为学生提供了一个绝好的学习机会。该课程的目标是让学生获得一种综合的学习经验，使得学生能够学习并展现足够的设计专业知识水平，为整个五年的本科学习过程进行综合性总结，也为以后的职业生涯或继续在研究生阶段研究学习做准备。

仅以图纸作为设计成果的课程训练很难让学生掌握和展现全面的设计知识和专业素养。东南大学建筑学院建筑技术系以建筑构件作为基础的毕业设计课程教学方法，将设计与建造相结合，以建成实际可使用的房屋系统为最终成果。通过课程训练，学生能够掌握一套成熟的建筑设计方法，并积极参与房屋建造的全过程，通过获得充足的资源与支持，最终得到高水平的设计成果。

参考文献

[1] 赵辰."立面"的误会[M].生活·读书·新知三联书店，2007.

[2] 丁沃沃.重新思考中国的建筑教育[J].建筑学报，2004（2）：14-16.

[3] 冯路.重新建构——《建筑文化研究》"建构"专辑书评[J].建筑学报，2009（12）：62-63.

[4] 肖大威，黄翼，许吉航.建筑学毕业设计教学的思考[J].华中建筑，2006，24（5）：135-138.

[5] 张宏，张莹莹，王玉，等.绿色节能技术协同应用模式实践探索——以东南大学"梦想居"未来屋示范项目为例[J].建筑学报，2016（5）：81-85.

[6] 王玉，董凌.可移动铝合金住宅工业化装配体系研发[J].建筑技术，2015，46（08）：726-729.

图表来源

图1～图4：来自东南大学建筑学院"正"工作室

姚栋　沈君承

同济大学建筑与城市规划学院；yaodong@tongji.edu.cn

Yao Dong　Shen Juncheng

College of Architecture and Urban Planning，Tongji University

参与式设计的教学探索：暨 ACAU2016 设计营概述
Teaching Practice of Participatory Design in ACAU2016

摘　要：作为一种设计和实践方法，参与式设计强调通过利益相关者的广泛参与来确保设计结果的有效性。自 20 世纪 60 年代以来，参与式设计已经逐渐被应用在包括计城市规划、建筑和计算机等广泛的领域，并得到了包括普利茨克奖在内的广泛肯定。尊重使用者、强调沟通、分享设计权利等特征使参与式设计成为一种双向的教育过程，也有可能成为建筑学实践对社会发展需求的有效回应。参与式设计强调让使用者参与设计决策，但绝非代替专业人士，所以需要周密的组织来确保成果。结合参与式设计的理念与方法，同济大学于 2016 年春季主办了亚洲建筑与城市联盟国际设计营。以"每个人的郊野公园"为主题，教学组织者主要从课题选择、广泛宣传、使用者介入、合作设计、多方案选择与公众汇报 6 个方面探索了在建筑学教学中实践参与式设计的可能。

关键词：参与式设计，建筑教育，使用者，设计决策，亚洲建筑与城市联盟

Abstract：As a design and practical method, participatory design emphasizes the way through the extensive participation of stakeholders to insure the effectiveness of design results. Since the 1960s, participatory design has been gradually applied to a wide range of areas including urban planning, architecture and computer programing. With features of respecting the users, communication and sharing the rights of decision making in design process, participatory design is shaped into a kind of bidirectional education process, and is likely to be a valid response from architectural practice to social development as well. On account of the condition that participatory design lays stress on allowing the users to participate in the design decisions rather than making users replace the professionals, therefore thorough organization becomes the guarantee of the design result. Combining the concept and means of participatory design, Tongji University hosted the Asian Coalition of Architecture and Urbanism 2016 workshop at Shanghai. Taking "Everyone's Country Park" as the theme, this year's workshop explored the possibilities of teaching practice of participatory design, via six aspects: theme proposal, publicization, participation, collaborative design, multiple-choices, and open presentations.

Keywords：Participatory Design, Architectural Education, Users; Design Decision, ACAU

1 引言

作为一种设计和实践方法，参与式设计（Participatory Design）强调通过利益相关者的广泛参与来确保设计结果的有效性。参与式设计的概念开始于 20 世纪 60 年代的西方发达国家。伴随着公众参与社会决策的强大呼声，参与式设计的雏形在城市、建筑与计算机等不同的领域几乎同时出现。

公众参与设计的呼声最早出现在城市建设领域。20世纪60年代美国记者简·雅各布斯与同伴们对于现代城市规划的批判改变了纽约的城市发展路径，也证明了使用者有着专业工作者无法替代的价值。以《俄勒冈实验》为象征，亚历山大等学者倡议让使用者参与到住宅设计与建造的全过程中，并形成了参与式建筑设计与参与式社区设计的原型。20世纪70年代的北欧国家在编制计算机操作程序中形成了参与式设计的完整理念——"参与式设计的核心规则是使用者有选择工作方式与使用技术方式的基本权利。"[5]-P65从北欧开始，参与式设计逐渐成为了计算机领域里广泛应用的设计方法，并逐步影响到了广泛的设计领域。

一般认为20世纪80年代山东省南张楼村德国援建项目是我国建筑与城乡规划专业界接触公众参与设计的开始。而参与式设计在我国的研究并不充分。

2 建筑教育的新方式

尊重、分享与沟通，参与式设计对于使用者的态度区别于传统的建筑学设计方法。随着社会发展与设计市场的转变，参与式设计可能成为建筑学教育未来的一个重要发展方向。

传统语境中的建筑师是远高于使用者的存在。塔夫里说"建筑师的构造为社会的意识形态者，对城市规划进行个人化干预，对公众则扮演形式方面的说服角色，就其自身之问题与发展则是自我批评角色。"[7]当建筑师迷恋于超人的角色，忽略功能与使用者需求的倾向就很难避免。

运用参与式设计，向使用者学习似乎已经成为建筑学教育发展的一种必然。在发达国家的建筑学教育中，参与式设计已经成为了一个重要的组成。除了俄勒冈实验，麻省理工学院1978年就在凯文·林奇的倡导下开始了参与式设计的教学探索内。而近年来一系列国外建筑师参与式设计的实践更获得了广泛的关注和肯定。2016年智利建筑师亚历杭德罗·阿拉维纳因为参与式设计的实践而获得普利茨克奖更明确了参与式设计的实践意义。因此，王建国认为"参与式设计首先是一个教育过程……对各方均不存在无可替换的真实体验……而其目的在于增加沟通。"[8]-P317为响应社会的需求，我国的建筑设计教育有必要开始参与式设计的教学尝试，而香港、台湾和新加坡一系列的参与式设计课程也为我们提供了成熟的经验。

3 参与和过程组织

参与式设计式倡导使用者的全过程参与，但不等于

放弃专业设计，而是邀请使用者参与到设计决策中。在课程设计教学中必须进行缜密的组织以确保参与式设计成为设计方与使用者的双向教育过程。

为了确保设计结果的专业性，有必要明确参与式设计的核心是让使用者参与到设计决策中，而不是由使用者代替专业设计人员。"参与式设计中分享设计的权利是一种让不同的资源和多种依靠和信任走向合作的互动机制。"[2]-p7

在建筑设计课程中探索参与式设计，笔者认为有必要就以下6个框架性条件开展准备工作。①项目的选择：适宜的课题应该具备足够的公共性，关系到广泛的普通使用者而不仅仅是设计方与项目委托方。②广泛的宣传：对公众知情权的尊重是分享设计权利的重要步骤。③使用者介入：不仅需要使用者参与决策，更需要设计方以使用者的视角换位思考。④合作设计团队：立足于充分的讨论与思辨。⑤充分的方案选择：有必要向使用者提供充分、多元的选择以保障设计成果的专业性。⑥公众汇报：在公共性场合以类似公示的方式开展汇报是最重要的环节，也是参与式设计的尊重、分享与沟通的具体体现。

笔者相信，基于上述6个环节的实施步骤，参与式设计教学过程可以顺利进行。对于设计方，它有助于学生掌握新的设计方法，协助教师扩展课堂外的教学手段，帮助建筑师根据使用者的需求优化设计。

4 每个人的郊野公园

基于对"参与式设计"的理论与实施构架的讨论，同济大学建筑系选择了"上海2016亚洲城市与建筑联盟同济设计营（以下简称ACAU2016）"❶作为参与式设计在教学中的一次探索。

以加深亚洲问题研究和强化学术纽带为目标，这是同济大学第一次主办"亚洲建筑与城市联盟（以下简称ACAU）"❷活动。2016年1月24日至1月29日，ACAU2016活动共有来自七大联盟院校和天津大学的66名学生参加（图1）。ACAU宽松的课题要求为开展参与式设计提供了组织上的可能，参与者多元的文化背

---

❶ "上海2016亚洲城市与建筑联盟同济设计营（ACAU2016）"活动由同济大学主办，建筑与城市规划学院建筑系承办，嘉定区嘉北郊野公园建设指挥部和上海现代建筑装饰环境设计研究院有限公司协办。

❷ "亚洲建筑与城市联盟（ACAU, Asian Coalition of Architecture and Urbanism）"成立于2004年，成员包括首尔市立大学、成功大学、同济大学、香港大学、易三仓大学、马来亚大学和新加坡国立大学等七所亚洲知名建筑院校。

景也有利于激励公众参与和广泛交流。整个活动经历了半年时间的周密准备，充分体现在了：课题的选择、广泛的宣传、使用者的介入、合作设计、充分的方案选择与公众汇报等6个方面。

图1　开幕仪式

2016年1月24日，ACAU2016活动在同济大学C楼开幕。

设计营主题为"每个人的郊野公园"，设计任务是为计划于2017年开园的嘉定区嘉北郊野公园设计一组驿站和码头设施。设计任务围绕着基地的地理特征展开，设计主题更突出强调了广泛的参与（图2、图3）。

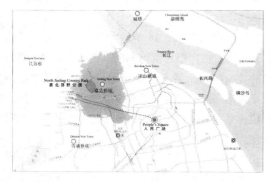

图2　基地所在"嘉北郊野公园"位置示意图

嘉北郊野公园是上海规划中的环城绿带中的重要组成部分，距离上海市中心约30km，预计建成后将有一百万居民受益。

图3　基地设计四要素"林田水路"

项目上位规划保留了基地现状的基本格局与地貌特征，其间的服务设施成为本次工作营的设计目标。

本次设计营的宣传工作贯彻于全过程中，使用了海报、布展与社交网络等多种工具。前期的宣传集中在参与院校，主要是吸引包括参与者与志愿者的学生报名参加。组织团队多次走访活动举办地，与赞助商、商场管理方、布展供应商反复商讨现场宣传的方式、位置与细节安排，整个宣传布展的过程自身也充分体现了参与式设计的精神。

使用者的参与集中在嘉北郊野公园所在地嘉定区最重要的轨道交通商业综合体——嘉亭荟。每一位参赛学生都要在设计营开幕前提交一张以当地郊野公园或者郊野生活为主题的海报。海报帮助参赛学生在设计营开幕前完成由设计师向使用者的身份转换，在设计营第一天由学生亲手张贴在活动主办场地，向市民预告在六天后同一商场的公众评图活动（图4）。海报的张贴预热了整个活动的参与氛围，最后一天设置在商场中庭的公众汇报更是吸引了大量的市民参与。

图4　张贴海报活动

2016年1月24日通过商场地面的海报展向公众进行了活动宣传。

合作设计体现在小组编队与指导教师两个方面。作为ACAU的传统，66名中外学生们被混编为六个小组。所有参与院校的学生都被随机打散，保证了组员构成的多元化特征。除主办方同济大学的教师外，每个小组的指导教师同样采用随机抽签的方式产生，每个小组都由两组不同背景的教师指导。

多方案选择是对参与设计决策的使用者的尊重，也是设计成果专业性的必要条件。如果说组员人数是成果数量的保险，师生混编是风格差异的保证，讲座内容则是成果厚度的有力支撑。上海历史地理、社区营造与自然营造、华严的美术和太阳公社的实践，教师与嘉宾的4场讲座分别围绕着宏观与微观、历史与现代展开，为学生呈现了造型之外的宽广内容。

公众汇报是本次活动的最大特色。经过五天的基地踏勘、公众海报展、学术讲座和联合设计，设计营在第六天（2016年1月29日）下午于嘉定区嘉亭荟城市生活广场中庭举办了盛大的公众评图活动（图5）。以参与式设计为目标，学生们在嘉亭荟中庭向评委和公众汇报了他们为嘉北郊野公园提出的六组建筑设计与策划方案；超过三千名市民也积极参与，通过微信选出了最具人气的设计方案（图6～图8）。本次设计营不但是同济大学第一次主办"亚洲建筑与城市联盟"的设计营；也是该联盟历史上第一次通过网络投票的方式当场选出获胜方案；更是上海市第一次在公共场合举办以真实项目为对象的公开评图活动。

图5　公众汇报
在嘉亭荟举办的公众汇报吸引了大量市民驻足参与。

图6　现场与大众沟通互动
通过与公众的现场交流，增进学生、老师、公众之间的互相认识。

图7　公众用搭乐高的方式参与设计
设计团队向公众表达了自己的设计，并让公众参与到设计中。

图8　公众投票选择最受欢迎的设计
微信投票为公众创造了突破建筑学专业壁垒的机会，给公众以选择决策权。

5　结论与讨论

参与式设计的概念与内容经过理论历史梳理与教学实践变得更加清晰。参与式设计并非以使用者代替专业人士，而是通过激励使用者参与设计决策而优化设计结果的实践方式。在课程教学中探索参与式设计可能需要在项目的选择、广泛的宣传、使用者的介入、合作设计、充分的方案选择与公众汇报等6个方面做好准备工作。

回顾本次ACAU2016的教学活动，对参与式设计的探索仍存在很多不足留待未来改善。活动仅仅在方案评选阶段引导使用者参与决策选择无疑是最突出的问题。希望未来能够再进一步探索全过程参与的可能性，更希望能够探索在使用者决策后设计深化所需要的技术与方法。

ACAU2016的教学尝试已经告一段落，对于所有参与的师生是一次深刻的记忆，对于嘉北郊野公园未来的使用者（参与活动过程的嘉定市民）群体也同样是一个独特的学习与教育过程。通过这次活动，组织团队增强了在教学中探索参与式设计的信心，既锻炼了教学能力，更坚定了未来继续探索的愿望。最后希望这次的探索能够成为某种起点，帮助建筑设计教育更好地了解使用者，以期未来能为市民创造更加美好的环境。

（同济大学建筑系姚栋、许凯、李彦伯、王红军、刘刊、汪浩和许娟老师负责了本次活动的组织，并得到了建筑系、院办、院外办和学工办、研工办的大力支持。）

参考文献

[1]　2015开放式建筑设计教学设计导师课程后思考[J]．北京：世界建筑，2015.07：120-131.

[2]　Bratteteig, Tone. Disentangling Participa-

tion: Power and Decision-making in Participatory Design. (Wagner, Ina, 2014). Permalink.

[3] 马傲林，魏楚楚. BIM 时代的建筑教育 [J]. 武汉：新建筑，2012，01：25-27.

[4] Nigel, Taylor. Urban Planning Theory from 1945 [M]. London, Thousand Oaks, Calif.：SAGE Publications，1998.

[5] Robertson, T，&. Wager, I. *Ethics：Engagement，representation and politics-in-action.* In J. Simonsen &. T. Robertson (Eds.)，Routledge interna-

tional handbook of participatory design. London：Routledge，2012：64-85.

[6] Sherry Arnstein, *A Ladder of Citizen Participation*，（Journal of American Institution of Planners，July，1969），V01. 35，No. 4.

[7] 塔夫里，曼弗雷多. 《建筑与乌托邦——设计与资本主义发展》. (1973/1976)：3.

[8] 王建国. 城市设计. 北京：中国建筑工业出版社，2009.

王国荣　王雅梅

兰州理工大学设计艺术学院；wang.kf@126.com

Wang Guorong　Wang Yamei

Dep. of Architecture & Design，Lanzhou University of Technology

西部地区高校建筑学专业教学中"设计工作室"模式探索*

Design Studio System Exploration of the Teaching of Architecture in the West

摘　要：本文在调研几所重点建筑院校本科教学现状、并整理和分析的基础上，又查阅了大量教改资料，同时也借鉴了国外设计工作室教学方面的成熟经验，探索地处西部的高等学校建筑学教学中"设计工作室"体制发展方向，以期对我国西部地区建筑院校建筑学专业教学有所启迪。

关键词：建筑学专业，地域化，教学模式，设计工作室

Abstract：This article has the foundation of the massive educational reform material，Also has consulted the massive educational reform material，Simultaneously has also profited from the overseas design studio teaching aspect mature experience，obtains to is "Design Studio" system's development model in West，in order to teaching of Architecture of Architecture colleges in the western regions of China.

Keywords：Architecture specialty，Regionalization，Teaching Patter，Design Studio

1　概况

从我国建筑院校所处的地域来看，其分布从东部向西部深入；从城市规模来看，从大城市向小城市、省会城市向地级城市等转移。另外多数东部院校目前的办学条件等基本能与发达国家的名校媲美，但改革开放以后由于东、西部经济发展不平衡，原来计划经济体制维持的教育平衡也被打破了等等。因此由于地域和文脉的差异体现在建筑学专业课程设置、培养计划、大纲制定、教学风格等方面也有所不同，具体像西部地区的建筑教育应充分汲取西部各民族文化的精华，探究各民族建筑的特色，充分挖掘西部地区的资源优势等，那么在学习和借鉴其他院校经验的同时，应深入分析自身的情况从而提出适合自身的教改良策。

建筑设计课的一些基本知识和原理虽然可以用语言传授，但更多的内容则需要学生在学习过程中亲手制作

与自我领悟，因此教育的作用应当侧重于把学生引上正确的设计道路，其余更多的要靠他们自己的体会，正所谓"只可意会，不可言传"。这一特征决定了要培养出优秀的建筑设计人才，就必须给学生们提供一个更加广阔与自由的、交流空间适宜的大环境。而建筑学专业设计教学新模式"设计工作室体制"的出现正是以这点为出发点的。

通过"设计工作室体制"在建筑学的实践，一方面使学生成为教学活动的主体，促进学生创造性思维能力和实践能力的培养，另一方面也能充分调动教师的主观能动性，鼓励教师在统一的教学目标要求下，来探索不同的教学方法等。

* 兰州理工大学教学研究项目：根据不同地区建筑学专业高年级建筑设计教学新模式探索，编号：2015-32

2 不同地区院校培养目标及主要课程设置分析

2.1 培养目标及要求（表1）

不同地区院校培养方案比较 表1

	西部地区		东部地区
	西安建筑科技大学	兰州理工大学	东南大学
培养目标	培养具备建筑设计、城市设计、室内设计等知识，能从事设计工作，并具有多种职业适应能力的复合型高级技术人才	培养具备建筑设计、城市设计、室内设计等知识，能在设计部门从事设计工作，具有多种职业适应能力的高级专门人才	培养建筑学领域素质高、能力强、基础扎实、知识面宽、德智体美全面发展的，具有创造能力的复合型优秀建筑设计人才
培养要求	本专业学生主要学习建筑设计、城市规划原理、建筑工程技术等方面的基本理论与知识，受到建筑设计等方面的基本训练，具有项目策划、建筑设计方案和建筑施工图绘制等方面的基本能力	掌握建筑设计的基础理论知识，强调学习方法，并建立从整体出发进行设计的思维模式，形成建筑学、城乡规划和风景园林三位一体的宽厚综合理论知识体系，具有独立进行建筑设计和用多种方式表达设计意图的能力	学生应具有自然科学、人文科学的基本知识和扎实的专业基础理论，系统掌握专业知识和实践技能，具有在建筑学领域从事设计、研究、教学和管理的能力

2.2 主要课程设置及学制学位（表2）

不同地区院校主要课程设置比较 表2

	西部地区		东部地区
	西安建筑科技大学	兰州理工大学	东南大学
课程设置	包括建筑设计基础、建筑设计及原理、快题设计系列训练、毕业设计等	包括建筑设计基础、建筑设计、居住区规划及单体设计、毕业设计等	包括建筑设计基础、建筑设计原理、美学与艺术欣赏、建筑设计、毕业设计等
实践教学环节	包括美术实习、工地实习、建筑测绘实习、建筑认识实习、设计院生产实习等	包括金工实习、古建测绘、认识实习、建筑师业务实践、毕业实习、毕业设计等	包括认识实习、美术实习、古建测绘、施工图设计、建筑师业务实践、毕业设计等
学制学位	学制五年，所授学位为建筑学学士学位	学制五年，所授学位为工学学位。2016年评估通过，授建筑学学士学位	学制五年，所授学位为建筑学学士学位

2.3 问题分析

从表1、表2对比中可以看到：由于东西部地区经济上的差异，那么反映在培养目标上也是有一定的差异的，具体表现为在经济相对落后的西部地区，建筑学专业学生的培养目标应主要定位在当地的建筑业，为西部地区的人民服务，所以应重点培养学生的居住建筑的设计能力和创新能力等；但培养要求却没有反映出明显的不同，导致培养出来的学生对中国传统建筑的知识和技能掌握不够；而从主要课程设置来看，不管西部还是东部地区高校均未将生态建筑以及节能节地建筑的相关课程放在教学的首位，这样培养出来的学生严重缺乏节能意识及绿色建筑观，此外开设的实践教学环节更是与环境特点、气候文脉等缺乏密切的联系等。所以从以上问题分析得出同是建筑学专业教学"设计工作室"体制建设，在不同地域的前提背景下，应有所侧重和区别。

3 设计工作室体制的发展方向

3.1 针对不同地域特点确定多学科支撑的教学平台

各种建筑教育模式并不是孤立存在的，而是根据专业自身的特点有所侧重，像兰州理工大学、兰州交通大学等建筑学专业设计教学发展方向就应该定位在"面向省内、辐射西北、扎实基础、争创特色"，就是在满足建筑学基本要求的基础上，立足地方行业特点，为甘肃省和西北地区培养和输送建筑专门人才，同时也根据地域特点和地方建设需要，结合开展各项科研活动等。另外通过跨学科建筑教育模式大力发展建筑学专业，应学习沿海发达地区教学的创新成果，依托西部文化，建立适合地域发展的新型课程体系。还可以积极利用网络技术实现信息的交流，增进与重点院校之间学术的交流与合作，期望能获得更开阔的视野；此外，还可通过知名学者讲座、设计竞赛、科技创新、社会实践等形式多样的学生第二课堂，推动教学不断发展等。

3.2 加强"地域化"特色的实践教学环节

在新的教育思想指导下，实践教学环节作为职业教育的一项重要组成部分，应设定相应的考核和评估制度，以及完善的教学跟踪体系，不使其仅流于形式。这点国外早就走在了前面，"巴黎建筑学院很早便将工作室制度作为建筑学教学的主要方式，它既是建筑学的教育手法，又是建筑学的教育目的；"[2]"香港中文大学一至五年的设计教学可以划分为三个明确的阶段：第一年为基本训练的阶段；二到四年级（研究生一年级）为专题训练的阶段；第五年是研究生的毕业设计阶段，也划归到四个专题设计工作室。"[1]因此，我们可以将建筑师设计工作室或设计院作为"第二课堂"的教学基地，创造机会让高年级的学生直接参与进去，学生、教师和建筑师相互配合协调，共同完成建筑方案设计，施工图设计等，这样才能真正达到培养应用性人才的目的。

经过实地调研我国建筑学专业重点高校实践课开设情况后得出，清华大学的实践教学环节非常的丰富，给学生提供了很广的选择方向；"东南大学建筑系的实践教学环节既生动活泼又扎扎实实。如多年坚持的'古建测绘'实习在促进文保工作等方面发挥了积极作用；'建筑师业务实践'则提高了学生适应职业建筑师的素质和能力等"[5]；东南大学有短学期实践教学计划，每年的八月中下旬到九月中上旬，大概有四个星期的时间都是短学期，有建筑认知、工程项目实习等。

3.3 侧重多元文化背景下的民族建筑研究

西部地区自古以来就是农耕和游牧民族交融的地区，古代东西方各民族沿着丝绸之路在这里杂居融合，从而形成了一个多民族的大家庭。然而各民族建筑物均表现出鲜明浓郁的民族风情、宗教文化等，具有风格各异的建筑表现形式和深远的建筑内涵。因此西部地区高校在建筑学科发展上应长期致力于多元文化背景下的民族建筑研究，从而探索陇原民族建筑的传承与创新。

3.4 评图体系的多样化

"在课题结束时的评图环节中，改革后也应有较大的变化，主要是将过去的'关门评图'变为'开门评图'。评图体系的多样化有三大方面构成全新的特色，即：'评图周'制度、评委结构、答辩过程，一般会外请专家、教师和学生共同参与，并形成明确的制度。"[4]

具体评图也是分类评的，比如说大型公建类在一起评，城市设计类在一起评，然后住区类在一起评等，一般全年级最好和最差的大概都会有所控制，所有的老师和督导一起来参与评图环节，以保证各个组之间的相对平衡，最后也根据特殊情况会有一定的可调整余地等。这一点东南大学就已经做在了前面，也收到了良好的效果。因此对于西部地区的高校来说，应该向这些东部地区的院校学习，通过多样化的评图环节来极大地促进教学效果的提高，而参与评图的评委们许多中肯的意见也可使教改更有目标。

4 小结

文章经过调研相关院校，横向分析比较其各自的教学优势与所存在的问题，同时也借鉴了国外较为成熟的设计工作室体制方面的教学经验等，希望结合不同地区的特点，分析建筑学学生不同学习阶段的心理特征以及社会需求等，从而对西部地区建筑学教学中"设计工作室"体制的发展方向进行了探索。"归纳起来有三种教育模式：即立足本地发展学科特色的区域化建筑教育模式；面向市场培养专业复合型人才，确立专业多向性的职业化建筑教育模式；以多元化的学科为背景跨学科发展的建筑教育模式。[3]"当然在教学改革中遇到的困难和困惑还有很多，西部地区高校建筑学专业教学的新模式研究才刚刚起步，因此对于每一位从事建筑教育的工作者，任重而道远。

参考文献

[1] 白思德，顾大庆 . 以教学为核心、教学和研究相结合的教学体系探索——香港中文大学建筑学系建筑教育的发展思路 [J]. 香港：时代建筑，2001 增刊：26-28.

[2] 马驰，彭蓉 . 在高年级建筑学教学中建立"设计工作室"模式的理论研究 [J]. 湖北荆州：长江大学学报，2008（5）：207-208.

[3] 乔景顺 . 关于建筑设计教学方式改革的探索 [J]. 教育与职业，2007（15）：157-158.

[4] 东南大学建筑系 . 东南大学建筑教育发展思路新探 [J]. 南京：时代建筑，2001 增刊：16-19.

[5] 龚恺 . 东南大学建筑系四年级建筑设计教学研究 [J]. 南京：建筑学报，2005（12）：24-26.

图表来源

图表格式作者自设，图表内容摘自相关院校建筑学专业教学大纲和培养计划等。

社会需求导向的专业教育与素质教育

殷青　孙澄　周立军

哈尔滨工业大学建筑学院；hityin@126.com

Yin Qing　Sun Cheng　Zhou Lijun

School of Achitecture，Harbin Institute of Technology

基于"项目学习"的建筑设计课程教学改革实践探索
Exploration of Reforms of Practical Teaching in Architecture Design Course Based on Project-Based Learning

摘　要：本文通过对建筑设计课程教学改革的阶段性探讨，针对当前建筑教育在注重开放式教学的同时强调实践能力、创新能力培养的趋势，探索基于项目学习的建筑设计课程教育，并提出着重培养学生实践能力和创新能力的课程教学方案与体系。

关键词：项目学习，建筑设计，课程改革，开放创新

Abstract：Through the discussion of architectural course reform，in view of the trend of open teaching and cultivation of creative and practical capacity in architectural education，this paper explores architectural design course teaching based on project-based learning，proposes teaching scheme and system focusing on training students' practical and creative ability.

Keywords：Project-Based Learning，Architecture Design，Course Reform，Open Innovation

1　引言

随着建筑教育以满足社会需求为导向成为大势所趋，如何培养学生的创新能力与专业素质成为各高校教学改革的重点。因此积极倡导并强调学生结合项目实践进行自主、合作、探究的学习，为促进学生创新能力与实践能力的培养而重构本科课程体系和教学内容，成为建筑设计类专业课对于项目教学课程设置的根本出发点和培养目标。

在此目标指导下，我们在建筑设计课程教改中，通过强化项目设计教学，将学生学习积极性充分调动起来并合理的发挥出去，从而更好地满足培养实践型、创新型工程项目设计人才的需要，力争培养具有国际竞争力的"研究型、个性化、精英式"高素质毕业生。

2　建构灵活开放的教学方案与体系

在教学实践中，我们强调在延续传统重工程项目教学基础上，与项目学习紧密相结合，通过环环相扣的建筑教学培养体系的建设，构建五年一贯制的基于项目学习的教学方案与教学体系。

2.1　建立基于项目学习的建筑设计课程教学体系

改革完善建筑设计系列课本科教育模式和教学体系及其管理办法，构建3个平台、3级体系、4类课程统筹渐进的基于项目教学的建筑系列课程教学体系。

3个平台：基础平台（1－2年级）、专业平台（3－4年级）、实践平台（5年级）。分别针对不同年级的学生状况和教学特点，搭建不同的项目学习平台，逐步提高本科学生项目学习能力与水平。

357

3 级体系：平台体系——模块体系——课程体系，以三个平台为基础，在项目实施过程中通过将设计项目系列课程的模块化建立实现矩阵，每个模块分别有不同的内容针对专业培养标准。每一模块由若干门课程组成，解决不同的培养标准。在课程模块化基础上，构建以设计项目系列课程为主线的课程体系结构。

4 类课程：设计课（STUDIO）；实践课（PRACTICE）；理论课（COURSE）；讨论课（SEMINAR）。原五年制课程计划包括 74 个教学节点，包括设计、表现、技术、实践、外国语等，新的项目学习课程建设重点在上述 4 类课程中，将设计、实践、国际化等相关课程节点进行加强，并新增"开放设计"、"项目创新设计方法"等课程，以创新意识和实践能力培养为目标，突出项目学习特色。

2.2 推行基于项目学习的建筑设计类课程学习方法

倡导通识教育与专业教育相结合、课堂学习与项目学习相结合的学习方式和方法，培养学生的自主学习能力、创新能力，提高学生的建筑工程项目实际问题求解能力。

2.2.1 构建基于项目学习的教学培养方案

在设计认知、设计竞赛与调查实践、设计课程及技术讲座、毕业设计（论文）等教学环节上，与项目学习紧密相结合，构建五年一贯制的基于项目学习的培养方案。

大一增设"专业导论"课程。"专业导论"课程原 20 学时，由学院 5 名教师任课。改革授课形式及内容，邀请设计大师、大型建筑设计院、规划院、景观机构、施工企业的总工为学生讲座。通过在不同领域享有盛名的专家的讲授，引导学生总体地了解所学的专业。要求学生通过听讲和查阅资料，撰写大学五年未来发展规划。

大二、大三结合专业课设立专业设计项目课程。鼓励引导学生参加小型项目设计实践与实验活动，学生按自愿原则组成调研小组，每组成员 3～5 名，从现场勘查与调研开始，做出项目可行性研究报告，并根据实际工程的要求每名学生独立进行项目设计构思、方案比较、成果完善与表达。项目课程教学以参与、启发、辅导、实践方式，采取师生交叉互动的教学模式，充分发挥学生的自主性和创造性，进一步强化学生创新思维和创新意识的培养。

大四增设"开放设计"课程。尝试与国际接轨，采取国际联合教学模式，将众多国际化、专业化的设计项目引入课堂。现在已与哈佛大学、都灵理工大学、代尔夫特大学、谢菲尔德大学、千叶大学等签订合作协议，并进行了一系列的"开放设计"课程的教改实践。在大四上学期以"请进来"为主，邀请国内外的设计大师针对具体项目集中授课，时间为 2～3 周；下学期以设计团队或研究所为主体，联合国内外知名院校和设计院所，采取"走出去"到对方院校进行联合教学等形式，时间安排为 4 周。通过在不同教学体系与地域文化差异背景下的联合设计教学，拓宽了教改的思路和视野，激发了师生们的创作灵感与创新思维，收获了更加丰硕的项目设计成果。

图 1　开放设计 Workshop 谢菲尔德大学外教授课

图 2　开放设计中期成果展示与答辩

在夏季小学期举办国际暑期建筑设计工作营，邀请海外知名专家、教授同国内优秀教师团队共同担任工作营指导教师，通过授课、讲座、联合设计项目、项目专题研究等板块，增强学生专业素养，拓展项目学习的国际视野。比如 2016 年暑期工作营，邀请了美国麻省理工学院、英国诺丁汉大学、莫斯科国立建筑设计学院、加拿大 SHDT 建筑设计事务所等知名教授、专家同哈工大建筑学院教师团队作为指导教师，来自清华、北大、复旦大学、南京大学、上海交大以及哈工大的80余名学生在10天时间里共同学习与交流，同学们都感觉受益匪浅，取得了良好的教学效果。

2.2.2 开展创新创业项目学习的建设

大一开展创新兴趣培养与过程认知项目。由大一学生以项目小组形式自由组队（每组4～5人），自主选题与选择导师，在一年内完成一项创新兴趣培养任务（工艺、装置、调研、数字化模拟、模型等）。项目选择不求专业性，鼓励尝试与设计相关的其他项目，重在培养兴趣和过程认知，并培养团队精神和学习能力。

大二、大三、大四进行创新素质培养与能力训练。结合课程设计中的项目，引导和组织学生参加大学生创新创业实验计划项目、ICCC联合国人居署老年社区国际设计竞赛、国际建筑师协会国际医疗建筑设计大赛、中国建筑学会"中联杯"大学生设计竞赛、Autodesk Revit杯全国大学生可持续建筑设计竞赛等具有综合性并涉及多门课程知识的项目与设计竞赛。

同时增加与课程中的项目相结合的其他创新实验项目及其研修课。由硕导或博导组成项目与课题研究小组，本科生自由申报加入不同导师课题组，与研究生共同参与导师的项目研发或实验。由导师结合所承担课题情况具体落实。

2014～2016年大学生创新创业训练计划优秀项目

表1

序号	项目名称	项目级别	项目负责	结题时间	获奖等级
1	寒地新老街区建筑立面色彩延续性研究	校级	刘钧文	2014年4月	一等
2	寒地高校校园冬季室外化交往空间模式研究——以哈尔滨工业大学二校区为例	校级	张响	2014年4月	二等
3	沙漠生态建筑研究	国家级	高冲	2015年4月	一等
4	BIM系统平台的搭建与应用	国家级	吕海涵	2015年4月	二等
5	面向全国高校的绿色节能公共景观设施	国家级	高鼎豪	2015年4月	二等
6	南方传统民居微气候设计的研究与启示	国家级	干云妮	2016年4月	二等

2.2.3 强化项目化的毕业实习与毕业设计

大五的毕业实习，强调毕业实习的实战性和挑战性，注重培养学生解决实际问题的意识和能力。结合卓越工程师计划的学生企业实习项目，在充分协商的基础上与企业基地依托单位签订"本科生校外联合培养协议书"，明确专业实践目标、内容、双方的权利与义务、合作内容等；建立教师设计分院，学院毕业实习指导教师与联合培养单位共同制定相关教学计划，并对联合培养的教学环节和教学质量进行监督。

大五毕业设计分为不同设计小组，题目选择多样化，注重工程项目的地域性、技术性和实践性。比如2016年度毕业设计，既有高校之间的联合设计，如哈工大与西班牙拉科鲁尼亚大学联合毕业设计、"UC4"四校联合毕业设计、寒地四校联合毕业设计等；也有结合真题项目的设计，如桂林某中心大厦设计、长春某高校文体中心设计；还有强调地域性与文化性的毕业设计，如某青旅活动中心设计、某冰雪文化中心设计等。在教学过程中，强调项目技术设计，要求结构体系概念清晰，构造节点合理、表达规范。因此各设计小组都配置了土木学院的教授和建筑设计院分院总工，分别对建筑结构和相关技术规范进行指导。

通过教学实践，项目化的毕业实习与毕业设计有利于培养掌握坚实的基础理论和宽广的专业知识，具有较强的解决实际问题的能力，能够承担专业技术或管理工作，具有良好的职业素养的高层次建筑领域应用研究型专门人才。

3 推进互动交流的师资培养

在使国外的知名教授"走进来"参与项目教学的基础上，选送优秀的骨干教师到国外学习，注重国际化交流的师资培养与提高。通过建立海外留学基地，选送优秀的骨干教师到国外做访问研究与联合办学，使教师直接接触国际学科前沿，达到直接获得国外的先进经验和信息的目标。

通过引进专任教师、聘任设计企业技术专家作兼职教师、返聘离退休专家等途径，不断扩大师资队伍，保证师资队伍的数量与办学规模相适应。按照在校本科生数与教师数估算，力争今后五年的生师比保持在10：1以下。

建立联合导师制度（学院导师+联合培养单位联合导师），推进"双师"型教师队伍建设。一方面聘请专业实践基地符合条件的人员为联合导师，充分发挥院外的优质教师资源的作用；另一方面以哈尔滨工业大学建筑设计研究院和城市规划设计研究院为依托，成立教师设计分院，使本院教师通过工程项目实践教学得到锻炼，增加教师队伍参与实践机会。

4 结语

通过我们共同的努力，建筑设计专业系列课程已经逐渐形成了具有一定地缘特色、注重理论联系实践、重视工程项目教育的专业课。实践证明，灵活开放的项目学习教学方案与教学方法，有利于重工程项目教育传统的继续发扬，有利于学生建筑设计实践能力和创新能力的培养，有利于建筑教育与行业需求的有效链接与良性发展。而如何结合校情和建筑职业教育培养目标，深化基于项目学习的教学改革，还需要在进一步的建筑教育实践中进行探索和完善。

张宇　王瑞琦

大连理工大学建筑与艺术学院；yuzhang@dlut.edu.cn

Zhang Yu　Wang Ruiqi

Dalian University of Technology，School of Architecture & Fine Art

基于"建筑社会责任（ASR）"下的乡村建筑设计教学实践与思考*

Rural Architectural Design Teaching Practice and Research under Architectural Social Responsibility（ASR）

摘　要：本文在国内各地积极开展"乡建"的背景下，通过校企联合，带领学生真实走进乡村完成项目调研、社会访谈、问卷统计、公众参与、设计反馈等几个工作阶段，最后择优实地建造，着重培养学生因地制宜的协调建筑与环境的能力，以及善于了解使用者的意愿和乡村社会需求的设计方式，主张学生应该具备"建筑社会责任 Architectural Social Responsibility"。另一方面，以此为实践案例，探索如何通过深入参与社会实践项目来提高学生的"社会责任感"这一建筑学教育中的重点培养目标。

关键词：社会责任，乡村建筑，建筑设计，教学实践

Abstract：Under the background of "Rural Construction" around the country，through the joint of school-enterprise，lead students really step into the village to complete several stages of design working. Such as the project investigation，social interview，questionnaire and statistics，public participation，feedback design concept. Finally preferred construction on-site，focus on cultivating students' ability to adjust measures to local conditions and coordinate architecture and environment，teach students be good at understanding the user intention and the way of design about rural society demands，argues that students should have "Architectural Social Responsibility". On the other hand，take this as a practical case，explore how to improve students "social responsibility"，through in-depth participation in social practice projects，which is the intensive cultivating target of the architecture education.

Keywords：Social responsibility，Rural construction，Architectural design，Teaching practice

1 "建筑社会责任"与"乡村建筑"设计课教学

当下建筑师的设计方案不应只是个性发挥和自我实现，而应该是基于地方自然环境、社会环境下的文化需求和社会需求的体现，要充分满足使用者以及公众需求，应该强调"建筑社会责任 ASR（Architecture Social Responsibility）"。

---

*资金资助：教育部人文社科青年基金项目（15YJCZH229）；辽宁省社科基金（L13BSH005）；中国博士后基金（2014M560207）。

当前建筑学的设计课程教学多以类型学进行规划，以设计对象的复杂程度来依次进行命题。学生却很少有机会参与实际项目并与项目业主进行真正沟通，无法体验使用者心理，更无从涉及公众参与、社会需求等多方角度考虑方案设计。取而代之的是强调方案的个性化，"无责任"的方案比比皆是。

"乡村建"具有典型的地域性特征，相对缺少足够的经济、技术条件去支撑。因此更需要建筑师在设计过程中考虑社会需求、村民参与以及地理环境的实效影响。在国内轰轰烈烈开展乡建的当下，培养学生从社会责任的角度去了解和设计乡村建筑，实事求是的处理环境、使用者、社会需求等几个方面的问题，对建筑学教育是非常有意义的。

2 基于"建筑社会责任"的建筑设计教学典型案例

近年来，随着国家政策的发展以及行业转型的变化，国内新兴起深入实践的建筑教育模式。典型的代表是谢英俊建筑设计事务所和常民建筑团队。设计团队根据各个项目召集建筑学生志愿者参加"Rural Architecture Studio"。整个实践过程的设计学习伴随设计初期的调研、测绘、多方代表商定方案；设计过程中的引导村民以工代赈，交流建造技术与传统文化，融合地方特色，传承现代设计方法与施工技艺；设计结束后的后期维护及搬迁、拆卸技术的传授。整个教育过程以实际参与实践得以实现，教育模式最为实际也最具影响力（表1）。

基于建筑社会责任教育的国内外建筑设计教学实践 来源：作者自绘　　　　　　表1

教育实践团体	Samuel Mockbee 乡村工作室（国外）	TYIN 建筑事务所 & Studio（国外）	谢英俊 Rural Architecture Studio & 常民建筑团队（国内）
实践项目	Yancey Chapel, Al(Alabama) Bryant(Hay Bale)House, Al Akron Boys & Girls Club, Al Newbern Fire House, Al Butterfly House, Al	Old Market Library(泰国) Safe Haven Library & Bathhouse(泰国) Soe Ker Tie House(泰国) Cassia Co-op Training Centre(印尼) Klong Toey Community Lantern(泰国)	四川茂县杨柳村 青川里坪村灾后重建 河南兰考合作建房 新竹县五峰乡天湖部落迁村 台湾邵族部落重建
建筑社会责任表达	1. 设计思想："建筑不会缓解所有的社会问题"，却是"寻求解决贫困问题"的必要步骤； 2. 建设范畴：将建筑构造、实用性功能和艺术美学完美结合，回馈当地居民尊严和舒适性； 3. 运行模式：召集在校生参加工作室乡村实践，建筑师与学生共同参与设计，在实践中培养学生设计能力和社会责任感	1. 设计原则：依据当地自然资源、社会环境、施工技艺、政府协调及外界支持进行乡建； 2. 设计特点：定期召开会议、制定问卷，走访居民了解民众意愿；号召村民参与建造，节省人力经费，传授建造技术。 3. 运行模式：召集挪威科技大学学生参与工作坊，以民众需求为核心，以为民众创造最适宜的生活环境为宗旨，培养学生建筑社会责任感	1. 设计思想：协力造屋、经济自主、"沙还是沙"——强调建筑师、施工者与使用者融合一体的；采用以工代赈的方案，形成自足维生的经济体； 2. 运行模式：组织在校生参加实际项目工作坊，深入实地学习设计和施工，弥补理论学习所缺乏的实际问题处理手法，培养学生的建筑社会责任感

3 一次和"乡村建筑"相关的毕业设计教学

本次毕业设计以"乡建"为主题。摒弃原有本科毕业设计以大型公共类建筑单体设计命题的习惯做法，除了考察和培养学生基本建筑方案设计的能力外，没有一味追求设计的复杂性，而是以田野调查、民众访谈、政府、开发部门多方调研的方式客观进行项目研究与策划，对调研的数据进行统计与分析，客观提出建设项目的类别并分析其可行性，制定出合理的建设规模、标准以及要求。在此基础上再次与业主及公众进行交流，修改策划内容，进行方案初步设计——方案自我讨论与修改——方案经过社会各方意见的反馈与调整——方案建设的可行性论证——方案设计与深化等（图1）。最后形成成果，其中部分图纸已经被采纳，目前正在建设中。

图1　教育实践流程图（来源：作者自绘）

3.1 教学目标

让学生真正深入到实际项目的设计到建造的整体实践之中，通过现场实际调研、考察，深入民访、发放问卷获得准确的一手资料；通过与业主的反复交流和吸纳社会多方面反馈，调整、深入、细化方案，确保方案的切合度与合理性；通过深入乡村，学习如何在资金、技术等制约下，控制建设成本，完善建造过程，培养学生的建筑社会责任感（ASR）。

3.2 教学过程

3.2.1 现场考察，拟定任务书

实践项目选定为城市郊区的生态农庄，组织学生多次进行现场调研、测绘与采集数据（图2），根据场地现状和现场调研的情况，权衡业主的建设要求，共同拟定建设任务书与策划书，其中包括建设项目的类别、规模、选址以及未来运营模式策划等。设计任务包括整个启动区的修建性详细规划设计和多个功能单体的方案设计，包括信息接待中心，农业文化展示中心，松林小舍，五房客栈，农俗园及果多多广场设计等。整个设计、成果汇报在17周内完成。

3.2.2 实地调研，深入民访，问卷调查

学生进行实地调研，从宏观的城市环境到中观的基地环境、再到微观的基地环境元素这几个层次进行了了解。民间访谈则采访了相关人员，如投资方、管理人员、政府工作人员、当地村民等，找到目前建设的主要矛盾所在。投资方、政府、当地村民，多方各自从自己的族群利益角度出发，分析得出不同身份的群体间的利益关系，从而更加深入了解规划背景。

图2　现场调研情况（来源：作者自摄）

访谈样本选取最具有代表性的园区投资方张先生等，挖掘业主和使用者对于园区未来建设的主要价值观和计划目标。通过与受访者交流了解他们各自需求及想法的架构，针对这些需求挖掘其价值观和计划目标，也有助于受访者更加了解自身需求和现状。因此设计是建立在业主、使用者的意愿和需求的基础上进行，而非建筑师主观自发性的随意创作。

3.2.3 深化方案，解决问题

经过多次与业主和使用者沟通并反馈设计方案，确定方案概念、方向，并逐步深化。每周进行一次研讨，汇报方案进度，解决方案问题，确定未来深化方向，学生间互相学习方案优势等。

在本次乡村建筑教育实践过程中，学生遇到诸多设计中的实际问题：方案概念构想与业主对比有一定的差异，对村民讲解方案后的理解度和认可度偏低；设计中对材料的把握和造价的控制有一定的困难；实践中对施工现场的掌控能力有所欠缺等。指导学生从使用者的角度思考问题，使设计在村民和设计者共同努力下完成；同时在与村民的交流中，熟悉地方材料、建设成本，互通技术，实现地方性技术与文化发扬与传承；最终保证设计在多方的配合下顺利完成并择优建造。

4 教学成果及思考

4.1 成果总结

本次乡村建筑教育实践在17周内完成，每位同学均完成了相应的任务书拟定、调研报告汇报、图纸绘制、展板展示和最终答辩等成果（图3）。在实践中学习设计方法、提升设计水平，培养建筑师应有的社会意识和社会责任感。整个教育实践实现了最初的目标并取得较好的成果，但由于时间有限，教育实践存在一些不足，诸如方案中某些细节的处理不够完善，与村民沟通的契合度有待提升，某些设计与居民的需求仍有一定程度的差距等。希望整个教育实践的模式在今后的教学过程中逐渐完善，同时为其他高校建筑设计教育领域提供参考。

4.2 思考

本次建筑教学实践与以往常规设计教学相比，一方面以乡村环境为设计背景，让学生在资金、技术等多方面因素的约束下进行设计，让学生接触实际项目，了解

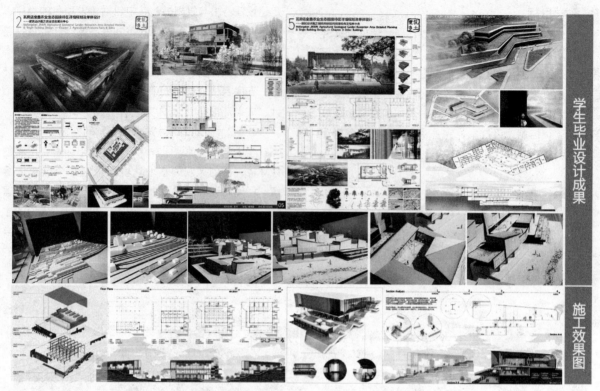

图3 学生答辩成果展示（来源：作者自绘）

项目运行中的种种问题。通过与使用者、业主的反复沟通确定方案方向，以及多次反馈逐步调整方案；设计过程中，了解当地材料与建构方法，使用本土材料与地方技术，体现建筑地域性，同时倡导当地民众参与建设，融合建构技术与方法，切实应用低成本、低影响理论控制造价，运用本土技术配合被动式设计，真正做到学有所用；另一方面，学生在设计始末均围绕业主、使用者的意愿与需求，传承地域文脉和地方特色，尊重地方民俗与文化习惯，并未强加给村民自己的主观意愿，而是学会从使用者和社会多角度出发，听从公众意见，并很好的将自己的专业技能融入其中进行引导。

建筑设计中的人性关怀对建筑师提出了具有"建筑社会责任"的要求，这将作为建筑学教育中重要一部分，成为未来一段时间重点关注的问题。

参考文献

[1] 黄孙权. 三种脉络，三个方法——谢英俊建筑的社会性 [J]. 新建筑. 2014 (01)：4-9.

[2] Pasi Aalto，赵欣. 避风港孤儿院图书馆 [J]. 建筑技艺. 2014 (01)：80-83.

[3] 杨豪中，赵辉. 注重建筑伦理的建筑师——塞缪尔·莫克比及其乡村工作室思想和作品介绍 [J]. 华中建筑. 2007 (07)：9-11.

[4] 张云路，李雄，章俊华. 风景园林社会责任 LSR 的实现 [J]. 中国园林. 2012 (01)：5-9.

叶鹏　王德才

合肥工业大学建筑与艺术学院，yp730620@163.com

Ye Peng Wang Decai

College of Architecture & Art Hefei University of Technology

模型新做
——建筑师职业素养在低年级训练的平台
Reformation of Architecture Model Lesson
——Exploration of Cultivating Architect Professionalism in Low Grade

摘　要：给传统的模型课设置新的条件和要求，使之成为一种新的、具有综合性的课程实践平台，可以让学生们将相关专业知识在实验的层面上进行演练，同时也有助于低年级学生的建筑师职业素养的启蒙和培育。

关键词：建筑模型，革新，建筑师，职业素养

Abstract：When some new conditions and requirements are added，Early architecture model lesson turns to a new and comprehensive curriculum practice platform，It allows students to exercise the relevant professional knowledge at the experimental level，and helps students to enlighten and cultivate their architect professionalism in low grade.

Keywords：Architecture model，Reformation，Architect，Professionalism

1　缘起

中国目前设有建筑学专业的普通院校已超过 300 家[1]，除了少数院校以培养建筑界的领袖为主要目标外，绝大多数院校的本科教学都是以培养职业建筑师为主。我国的建筑师执业资格制度以及相应的职业建筑师教育改革已经执行了 20 余年，但是目前建筑师的职业素养不高仍是一个不争的事实。在工程设计能力上，除了创作能力欠缺外，还主要表现出设计过程中，结构意识不强，材料把控能力不足，节点构造设计的变通能力不够……在日常工作中，对施工建造过程知之甚少，工地服务时解决问题的能力欠缺，团队意识不强……面对上述现实，笔者认为学校教育有一定的责任，许多学校的课程设置对"职业"关注不够，并没有让学生做好充分准备，就让他们进入职业，试图在实践中继续完善，殊不知，这种"先天不足"的建筑教育会给后来的工作带来多少困难。也许，正是基于这种现实，2010 年教育部推出人才培养重大改革项目"卓越工程师教育培养计划"，力求在专业教育的最初阶段就开始职业综合素质的培养。

尽管由于诸多客观因素的影响，全国 300 余所建筑院校在办学环境上有着天壤之别，造成毕业生质量的良莠不齐，但是，不断发力教学改革，挖掘课程的潜力，优化教学手段，在现有教学条件的基础上，提高教学质量，提升教学效果，是我们每位教师的义务与责任。

在我国目前的建筑教育体系中，课程通常可以分为三个大类，通识类，专业类和实践类。其中，专业类课程一直都是师生们关注的重点，几乎是 90% 的教学研究集中于此，尤其是与设计相关的课程，更是一支独大，但是，关于实践课程的研究却始终寥寥无几，笔者查阅了过去 5 年的专指委会议论文集，该领域的教研论文几乎没有。

作为一个独特的课程类型，实践课程貌似简单，常常被忽视，但课程实质意义重大。在学生们的亲身体验

365

下，实践课程帮助他们完成对某些抽象的概念、意识以及思维模式的理解，另外，在实践过程中，有关建筑师职业素养能够很好的得到培育。通常情况下，实践类课程对于学校办学条件的要求不高，因此，如果能够在这些课程上做些探索和尝试，是一件非常有价值和有意义的事情。

2 模型课——被抛弃的金饭碗

对于建筑设计而言，模型是一种必不可少的辅助手段，从最初的方案构思到最后的局部节点构造设计，实体模型一直伴随着设计的全过程，帮助设计师思考、推敲、验证和决策。由于受到材料和加工手段的限制，早期的模型制作具有一定难度，需要一定的技巧。从20世纪90年代开始，中国的许多建筑院校陆续开设了模型课，教授模型制作的方式方法，并通过模型加深对一些经典建筑的认知，模型课由此成为建筑学专业的一门实践课程。

随着时代的发展，加工工具越来越先进，可供选择的材料也越来越多，模型制作变得越发简单和普及，并成为设计课程中的家常便饭。传统的以手工制作训练为目的的模型课受到冷落。一些学校把它转变为各种建造节；一些学校在教学计划调整中干脆取消模型课，不再保留；还有少量的学校仍然保留了这门课，只是不再重视。然而，模型课真的过时，真的到寿终正寝的时刻了么？

笔者认为不然，换一个角度，着眼于建筑师职业素养的培育，模型课还有着许多潜力可以挖掘。比如，如果我们转化前提条件，并附加有针对性的要求，那么对于学生而言，模型的制作与房屋的设计建造有许多相似之处，通过模型课，未来执业过程中建筑的策划、设计、控制以及团队合作等方面的职业素养就能够得到提升。首先，在模型制作前的筹划阶段，需要总体策划，如相关知识的储备，总体预算的编制，现有的加工手段(设备和工具)，模型制作的周期，选择合适材料(容易加工，获取方便，价格符合预算)；其次，在模型制作前的设计阶段，确定模型的外在形式，选择合适结构方案，根据材料特性设计节点；最后，在动手模型阶段，需要解决一些实际问题，如公共加工设备的利用，加工场地的选择，人员之间的分工协作，以及制作过程中与其他课程之间的关系。由此看来，附加了新的条件后，模型制作完全可以从一个简单的手工课，转化为一种教学平台，成为众多课程的辅助学习和训练的一种载体，对于低年级同学的建筑师综合专业素养的启蒙也大有裨益。由此看来，模型仍然可以在我们的建筑师职业教育

体系发挥重要作用。

自2011年合肥工业大学开始实施三学期学制开始，笔者利用小学期对原来的模型课进行了一定的改革，并不断的改进(图1)。主要指导思想如下：①立足"合成"的基本思路，挖掘模型制作的潜力，打造教学平台；②以点带面，深化材料、结构、构造设计思维培养；③重视体验的动手实操，强化团队合作能力培养。

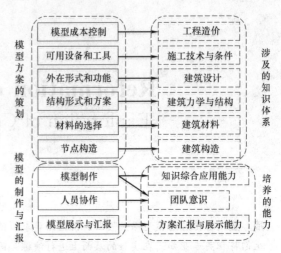

图1 改革后的模型课的课程内容及培养目标

3 模型课的调整

(1) 课程时序的调整

做法：将原来一年级的模型课调至三年级第三学期。(按照我校的教学计划，此时，大多数涉及建筑单体的设计和技术课程已经结束，同学们已经基本具备建筑专业的相关知识。)

目的：让模型课能够发挥多门课程知识整体思考、综合运用和动手演练的平台作用。

(2) 人员的调整

做法：将原来每个人独立完成简单的小体量模型改为团队合作完成一件具有一定复杂程度的大体量模型，每个组4~6人，共同协作。

目的：培养每位同学的团队合作的精神。

(3) 课程内容的调整

做法：放弃原来的简单仿制经典建筑外形的做法，要求同学根"建筑力学"、"建筑结构"、"结构选型"等相关课程内容和知识，以结构类型为标准，选择一个经典建筑，分析其结构体系，画出相应的分析图纸，将其结构骨架做出来，体现出其主要的力学特征，并全面解释结构的受力特点和组成。

目的：改变过去理论推导和抽象模型计算的教学方

式，让同学们通过亲手制作的模型，真实感受什么是结构选型合理、传力路径正确以及符合力学原理的建筑设计，温习和巩固建筑结构的相关知识。

（4）成果要求的调整

做法：放弃原来片面追求模型视觉效果的做法，以建构的思维模式强调模型的整体、材料和节点细节，搭建模型的过程中不允许用胶水，也就是说，材料之间的

连接方式需要通过思考和设计。

目的：培养同学们对于材质和细节的把握，通过模型制作这么一种非建筑的方式，帮助他们将过去被动接受建筑材料与构造课程中关于构造组成、构造特点等基本原理和方法，转化为一种根据现状材料进行主动设计，培养他们在建筑设计实践中进一步深化方案的能力和节点细部设计的意识。

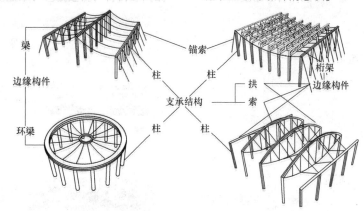

图2　相关结构知识的回顾（一）

悬索结构选型与美学（下部支撑结构）

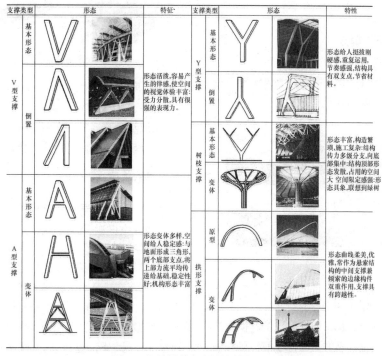

支撑类型		形态	特征·	支撑类型		形态	特性
V型支撑	基本形态		形态活泼,容易产生的律动感,使空间的视觉体验丰富;受力分散,具有很强的表现力。	Y型支撑	基本形态		形态给人挺拔刚硬感,重复运用,节奏感强,结构具有双支点,节省材料。
	倒置				倒置		
A型支撑	基本形态		形态变体多样,空间给人稳定感;与地面形成三角形,两个底部支点,将上部力流平均传递给基础,稳定性好;机构形态丰富	树枝支撑	基本形态		形态丰富,构造繁琐,施工复杂;结构传力多级分支,向底部集中;结构顶部形态发散,占用的空间大 空间限定感强;形态具象,联想到绿树
					变体		
	变体			拱形支撑	原型		形态曲线柔美,优雅,常作为悬索结构的中间支撑兼锚索的边缘构件双重作用,支撑具有跨越性。
					变体		

图3　相关结构知识的回顾（二）

4　课程纲要

4.1　课程目标：

（1）利用手工模型，系统巩固建筑力学、建筑结构、结构选型等课程的概念知识；

（2）通过模型的设计与制作，体会设计与建造、材料与节点、结构与外形之间的关联，培养广义的设计思维；

（3）通过模型的制作，引导和培养同学们的团队合作、成果控制等建筑师的职业素养。

4.2 成果要求

(1) 1号图一张，表达如下内容：所选建筑的力学与结构的知识剖析；模型制作方案的阐释，包括材料选择与搭配、关键节点的设计表达、制作进度控制等。

(2) 实体模型一个（不小于500×500×500）；能够清晰的反映出结构及构件的受力特征，并且通过简单的荷载验证。

4.3 人员组织

同学们自由分组，每组4～6人。

5 课程实施过程

共2周时间，第一周主要是相关的理论准备和"工程"设计阶段，第二周进入手工制作阶段。主要步骤如下：

5.1 相关知识的温习与回顾

结构课老师将建筑力学、建筑结构、以及结构选型等一些重要概念进行回顾（图2、图3），介绍典型的建成案例，并对模型制作过程中的手工技术以及模型表达的技巧进行介绍；

5.2 制作对象的选择与确定

同学们依据结构选型教材的相关知识，自行选择感兴趣的、结构特点明确的经典建筑案例，收集该建筑的详细结构资料，并进行必要的分析（图4）；

图4 模型对象的选择与确定

5.3 模型制作方案的确定

从制作成本、获取途径、加工的难易程度、模型的视觉效果和最后的受力验证等多方面进行模型材料和制作工具的选择，拟定后期工作步骤以及进度安排，完成一号图的设计图纸；与此同时完成材料以及制作工具的筹备，确定加工场地以及人员分工等。

5.4 模型制作

首先花大概一到两天的时间，对该模型制作的关键步骤进行演练，例如各种重要节点的试做，制作方法的优化等（图5），一方面是保证最后成品的效果，另一方面也是为了组员的加工技术培训。最后4～5天是模型制作（图6）。

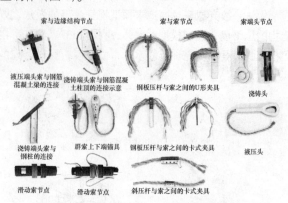

图5 模型构造节点的设计与试做

图6 制作过程与成果

5.5 成果分享

通过PPT演示和实体模型的受力演示，进行全班的交流与分享，每组介绍所选建筑案例的结构力学特征，分享制作过程的经验与教训。

6 教学启示

通过5年的尝试，我们发现，在整个模型课的教学过程中，同学们的积极性得到了充分调动，形成了师生之间良好的多向交流，他们真正经历了一次从策划、设计到最后建成的完整过程，获得对建筑结构、材料性能、建造方式及团队合作的真实体验，多学科的综合知识和能力在现实得到了发挥和运用，这对于同学们日后的学习乃至未来的执业生涯都会产生较为积极的影响（图7）。另外，经过多次探索，我们也获得如下的经验：

(1) 类型选择

在模型类型的安排上，老师应该事先做好统筹和预案，在前期相关知识的温习与回顾阶段就明确具体的结构类型，尽量多选择一些结构类型，并通过前期的动员调配，使得每种类型的模型都有人做，这样后期分享的

图 7　部分模型

过程中，同学们关于结构知识的收获会更大一些；

（2）重点帮扶

在自愿组合的前提下，除了会出现"强强联合"或"意气相投"组合，还会出现"剩余组合"，一些"没人要"的同学凑合在一起，因此，对这些团队要重点关注，除了设计知识外，还可以从管理、经济等多方面激发他们的能动性。

（3）课程安排

本课程属于集中高强度的综合训练，涉及多人合作，再加上同学们团队合作的经验有限，因此最好一鼓作气，中途不要有其他工作或课程的干扰，否则很容易衰减团队的凝聚力。

（4）时间节点的弹性控制

尽管一共两周的时间，需要同学们精准的控制好进度安排，但是由于合作人数较多，制作材料获取的渠道多样，加工手段的差异，以及资金投入的不同，每个组在各个阶段的进度不可能完全一样，因此，在最后期限不变的前提下，各阶段可以适当予以一定的弹性，这样的话，模型质量和效果会更好。

7　结语

建筑师专业素养的重要性无须赘述，然而它的培养和提高不可能一蹴而就，而是一个循序渐进、潜移默化的过程，需要在学生阶段，需要在低年级就开始培育。对此，大学的建筑教育责无旁贷。

在全球化和信息化的今天，各种各样有声有色的教学思想和理论思潮层出不穷，中国建筑教育面临各种新事物的挑战，大家忙于应付多元化的教学思想和理论思潮，[2]但是，建筑教育无论怎样改革嬗变都不应脱离建筑的本质而空谈概念，否则，面对纷繁复杂的各种乱象，我们的判断就会失去依据。因此，笔者非常赞成张永和教授提出的"重返本体建筑学"。[3]材料、结构、构造、建造等是建筑学的根基，对于它们的掌握程度是建筑师职业素养的重要体现，由此，我们也就不难发现改革后的模型课的双重价值和意义了。

参考文献

[1]　范文兵. 建筑教育的影响与缺失——从中国建筑师代际变化角度进行的观察 [J]. 时代建筑，2013（04）.

[2]　梁静，席天宇，埃里克·维尔纳·彼得森.. 基于光空间营造的艺术实验——哈尔滨工业大学-丹麦奥胡斯建筑

[3]　在 2015 建筑教育国际学术研讨会暨全国高等学校建筑学专业院长、系主任大会的主题报告中《重返本体建筑学》，张永和主张建筑教育应该回归建筑本体，使得建筑学能够在未来作为所有设计教育的基础，成为大学教育的基础部分更加广泛地传授。

张龙　何滢洁　张凤梧　李东遥　刘婉琳
天津大学建筑学院；HeYJ＿TJU@163.com
Zhang Long　He Yingjie　Zhang Fengwu　Li Dongyao　Liu Wanlin
Architecture School of Tianjin University

专业技能与学术素养并重的古建筑测绘教学
——以天津大学建筑学院 **2016** 年聊城光岳楼测绘教学为例

Surveying and Mapping on the Education Training of Professional Skills and Academic Quality
——By the Case of Surveying and Mapping of School of Architecture Tianjin University on Liaocheng Guangyuelou in 2016

摘　要： 古建筑测绘课程作为建筑学专业教育的一个环节，尤其在中国建筑史的教育体系中，起到了承上启下的作用。学生参加古建筑测绘，可优化其知识结构、提高专业技能，思想情感领域的专业素质也得到全面发展，是高校学生参与社会实践十分理想的方式。

本文以天津大学建筑学院2016年山东聊城光岳楼测绘教学为例，对此次教学的组织、内容、成果进行总结，提出了本次测绘教学的三个特色："立体的合作模式"、"扎实的专业技能训练"、"授人以'欲'的指导思想"，说明测绘教学对本科生在专业素质、道德素质、科学素质、审美素质等方面培养的重要作用，以期为相关实践教学活动提供参考。

关键词： 建筑教育，建筑史教学，光岳楼，遗产保护

Abstract： Ancient building surveying and mapping course as a link in professional education of architecture，especially in the education system of Chinese architectural history，plays a essential role.．Students take part in the ancient building surveying and mapping，to optimize their knowledge structure，improve their professional skills，professional quality also get comprehensive development in the field of thought emotion，directly contribute to the society at the same time，is the ideal way of college students to participate in social practice.

This article is based on the meaning and purpose of ancient building surveying and mapping course，combining with 2016 Shandong Liaocheng Guangyuelou of the organization process of teaching of surveying and mapping data and abundant achievements，emphatically discusses the concept of surveying and mapping of the three major characteristics："three-dimensional cooperation mode" of "solid professional skills training" " Stimulating interest in learning "，so as to realize undergraduates in professional quality，moral quality，scientific quality，aesthetic quality，etc. Which could serve as a reference for practice teaching activities.

Keywords： Architectural education，Architectural history teaching，Guangyue Lou，Heritage protection

1　天津大学建筑学院古建测绘课程概况

天津大学建筑学院古建筑测绘课程历史悠久，成果丰硕，2007年该课程被评为国家级精品课程，2008年我校又被批准承建"文物建筑测绘国家文物局重点科研基地"。今年（2016）4月28日，由傅熹年、马国馨、吴庆洲、张兴国、刘临安等院士、专家组成的鉴定委员会，对我校"建筑遗产测绘关键技术研究与示范"成果

给予了达到国际先进水平的高度评价。

2016年暑期山东聊城光岳楼测绘教学组，延续了天津大学古建筑测绘优良传统，在教学组织安排、教学内容、成果要求上进行了微调，特结成此文向各位同行、专家汇报。

2 光岳楼测绘教学

2.1 光岳楼概况

光岳楼位于山东聊城（东昌府旧城）中央，建成于明洪武七年（1374），建筑整体由墩台、敞轩（清乾隆时建造）、主楼三部分构成。平面方形，主楼为重檐四滴水，十字脊歇山屋顶。各层檐柱皆有明显生起。额枋与平板枋相接成"T"字形，保留元代的通常做法。用材尺度介于《营造法式》六等材与《清工部工程做法》五等斗口之间，尚处于过渡时期[1]。是宋元建筑向明清建筑过渡的代表作（图1）。1988年列为国家重点文物保护单位。

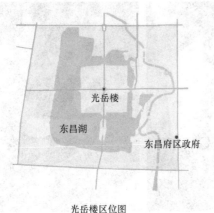

光岳楼区位图　　　　　　　　光岳楼

图1　区位与现状（图片来源：作者自绘/摄）

2.2 主要工作内容

本次光岳楼测绘实习内容包括四个部分：

(1) 古建筑三维激光扫描与手工测量

(2) 现状残损调查分析

(3) 现状二维图纸绘制

(4) 文献收集整理与建筑历史文化研究

2.3 测绘教学的组织

2.3.1 前期准备工作

(1) 测绘动员

由王其亨教授和主管教学副院长分别作专题报告，讲述天津大学古建筑测绘的优良传统，及其成果在当代遗产保护、建筑史学研究中的重要作用；回忆测绘实习的苦与乐，激发大家实习热情。

(2) 基础理论知识学习

依据教学组编写的《古建筑测绘》教材，让学生了解测绘的基本知识、勾画草图方法、建筑测量方法等。

(3) 实践能力训练

为使学生能在现场尽快进入工作状态，安排学生在天津文庙进行建筑测绘摄影、测稿绘制、数据标注、电脑绘制仪器草图的训练。

(4) 测绘工作手册制作

将分工、工作进度、安全守则以及光岳楼的相关历史文献、研究成果汇编成《光岳楼测绘手册》，明确工作内容、周期，让学生在进场前对测绘对象有初步的了解和认知。

(5) 后勤保障工作

检查、添配测绘仪器，购买保险，安排食宿。制作专题文化衫（图2），申明双方合作，争取管理单位的支持与配合。

图2　测绘文化衫
（图片来源：秦璟设计）

2.3.2 现场实测阶段

(1) 测绘分工

根据光岳楼建筑特点，分成三个测绘小组，每组1名带队研究生，1名研一新生、3名本科生。分别负责墩台、敞轩、主楼一层；主楼二层、三层；主楼四层的测量工作。为了保证数据的准确性和绘图的可操作性，明间、次间、稍间剖面图采用贯通绘制的方法。另外1名结构方向研究生主要负责光岳楼现状勘测和记录。

（2）测绘进程

7月2日下午到达目的地，参观、分工，强调测绘安全和生活纪律。

3-5日进行测稿绘制（图3）。

6-9日测量、拓样、拍照（图3）。

10-13日绘制仪器草图（图3），现场数据校核，发现问题，及时补测。

14日测稿（图4）、照片、拓样归档整理；参观中国运河博物馆（图5）、山陕会馆、傅斯年纪念馆，系统了解聊城人文历史。

15日集体返校。

修改测稿　　　　　　　　描绘拓样　　　　　　　　绘制仪草

图3　现场测绘工作照（图片来源：作者自摄）

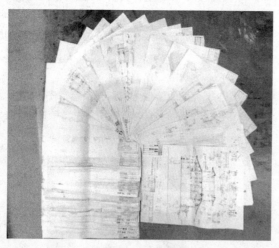

图4　光岳楼测稿成果
（图片来源：作者自摄）

图5　"中国运河博物馆"参观学习
（图片来源：作者自摄）

（3）学院慰问测绘师生

7月13日，王洪成教授、王志刚副教授，光岳楼管理处魏聊主任来光岳楼慰问测绘师生（图6）。在肯定大家辛勤工作同时，指出测绘并不是简单的测量和绘图，而是在与我国古人的营建思想进行有益的对话，大家的测绘成果及后续的研究，将会深化光岳楼的价值认知，使这座历史悠久的古建筑一步步走向世界。进一步激发了同学们的工作热情。

2.3.3　成果绘制阶段

7月18日进入成果绘制阶段，为提高效率、保证成果质量，研究生、本科生集中在专业教室绘图，遵守早上8：30～11：30，下午14：00～17：30，晚上19：00～21：30的工作时间，及时解决图纸绘制过程中的认识与软件技术问题。

本次测绘成果内容丰富，除传统教学要求的测稿、拓样、照片、二维线画图外，还有三维模型、结构分析、变形分析、文献档案汇编、研究论文等（图7～图11），这些成果为光岳楼的后续研究、保护提供了翔实的基础资料。

图6 学院领导与测绘成员合影
（图片来源：作者自摄）

图7 光岳楼北立面图（三维激光扫描）
（图片来源：光岳楼测绘成果）

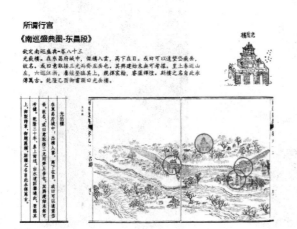

图8 光岳楼历史文献分析
（图片来源：光岳楼测绘成果）

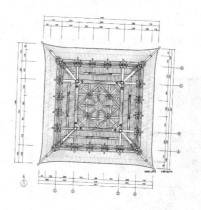

图9 主楼四层梁架仰视现状图
（图片来源：光岳楼测绘成果）

3 光岳楼建筑测绘特色分析

3.1 立体的合作模式

本次光岳楼测绘较以往相比，投入了更多的研究生数量。成员主要由教师、博士生、硕士生（建筑历史与理论、建筑结构、工程测量）、本科生（建筑学专业、城乡规划专业）构成。大家的互动交流有助于知识的流动和视野的开阔。除去基本的测量绘图工作外，尤其注重对光岳楼建筑的历史、结构研究。力求在训练研究生科研能力的同时，培养本科生质疑思考、科学求知的认知素质。在测绘工作初期，利用晚上会议时间举办"宋营造法式、清工部工程做法构件名称认知""中国古建筑文化解读""光岳楼历史文献解读""中国古建筑门窗纹样认知""敞轩结构认知""光岳楼暗层的结构与功能""光岳楼重檐四滴水屋顶结构认知"等专题讲座，加强学生对中国古建筑营造体系的认知。同时引导本科生结合自己的测绘任务提出问题，形成自己关注的热点，运用科学的研究方法深入细致地挖掘光岳楼的历史信息。如：光岳楼四层的雀替纹样复杂，学生们查阅资料初步判定为石榴花主题纹样，后来经过学院植物学专家现场辨认，判断为牡丹花主题。为了认清该纹样的渊源和意义，研究生又查阅《中国古代植物装饰纹样发展史》，该书介绍说牡丹花纹样是由海石榴纹样转化而来，目前这一问题仍在研究探析中。

3.2 扎实的专业技能训练

作为综合性的实践环节，古建筑测绘要求学生能灵活运用建筑史、测量学（手工测量、摄影测量、三维激光扫描）、画法几何、建筑设计初步、计算机制图等已学课程获得的基本知识与技能。在这些技能层面的训练上，教师与有测绘经验的研究生及时纠正本科生不当的测量方式，对于不规范的测稿和CAD图纸，不断地重画、修改，力求扎实每个阶段，并辅之以阶段性的总结，作到"因材施教"；学生也能够明白自己的薄弱环节，以便在日后的学习过程中专门进行强化训练。许多学生在经历测绘实习之后，计算机绘图能力都有了质的飞跃[2]。

● 一二层金柱倾斜

● 分析说明：柱顶圆心与柱底圆心在水平面的投影连线作为偏移量。对偏移量大小和沿各方向偏移频率，进行统计做图。

● 分析结论：共16根金柱偏移量集中于西北方向。北面中间靠西金柱偏移量最大，沿北偏西47°，达到402mm。

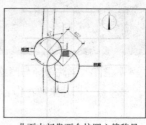

北面中间靠西金柱圆心偏移量

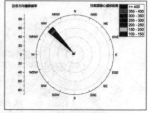

二层金柱向西北倾斜　　　　一二层16根金柱圆心偏移量统计图　　　　金柱圆心偏移量统计图

图10　主楼一、二层金柱倾斜状况分析图（图片来源：光岳楼测绘成果）

屋面测绘工作　　　　　　　　　檐下测绘工作　　　　　　　　　梁架测绘工作

图11　现场测绘工作照（图片来源：作者自摄）

更为重要的是，古代优秀建筑遗产蕴含了古人的思想和智慧，学生直接与之接触，认识、体验和发现它，用建筑学的图学语言描绘它，可以激发他们的民族自尊心和自豪感，深化感性认识[3]。加上协力工作过程中洋溢的集体主义情怀，艰苦工作生活条件下奋斗精神的濡染，都有助于他们形成正确的世界观、人生观。

3.3 授人以"欲"的指导理念

《老子》言"授人以鱼不如授人以渔"。但在现代教育思想体系中，"授人以渔，不如授人以欲。"因为"欲"是植根于内心的兴趣、愿望和为之而努力的激情，它时刻影响着学生们的行为。

本次测绘也秉承这一指导理念，教师的主要责任是"激发"学生，通过对建筑文化、建筑形制的解读以及引导学生在现场实地的测绘、观察和思考，使学生产生对古建筑的研究兴趣、对光岳楼的探索欲望。光岳楼距今有600年历史，历经多次修缮，如何甄别这些历史信息成为摆在我们面前的难题。在主楼一层负责鲁班龛测绘工作的同学，发现龛内精美的滴珠板被外侧枋遮挡，而鲁班龛直接对墙的楼梯形式也颇为奇怪。初步判断可能由于功能需求，鲁班龛的形制曾做过更改。当然这其中的变化还需要更多的历史文献和实物考证的支撑，目前这一问题仍在探索中。

4 结语

本次光岳楼古建筑测绘教学，每个环节的衔接和实施都做了较为全面的考虑和准备，力求近一步完善测绘教学体系。在测量方式上，实践了三维激光扫描、手工测绘、摄影测量、拓样多种测绘手段的配合；在测绘成果上，形成CAD图纸、测稿、拓样、考察照片、立体模型、变形分析、文献档案梳理、研究论文多样化的呈现；在成员构成上，实现了多专业配合，并投入了更多的研究力量。最为重要的是不仅训练了学生的专业技能，还引导他们更主动地理解和汲取传统文化精华，运用科学的方法解决问题，同时激发其爱国主义热情，自信、自觉地以高度的社会责任感参与测绘。

参考文献

[1] 乔迅翔. 聊城光岳楼研究——兼论中国木构楼阁的建筑构成 [D]. 上海：同济大学建筑学院，2002. 11.

[2] 王其亨，吴葱，白成军. 古建筑测绘 [M]. 北京：中国建筑工业出版社，2006. 3-6.

[3] 天津大学建筑学院中国建筑史教学组. 历时性与共时性的有机结合——中国建筑史课程教学改革刍议 [J]. 建筑学报，2005，(12)：27-29.

邓浩

东南大学建筑学院建筑系；50033987@qq.com

Deng Hao

Department of Architecture, School of Architecture, Southeast University

尺度、逻辑与评价
——建筑学本科四年级城市设计教学策略探析

Scale, Logic and Evaluation
——A Study of the Urban Design Teaching Strategies for Architecture Students

摘　要：建筑学专业本科学生的城市设计训练在研究尺度、设计尺度、设计方法和表达方法上与建筑设计训练有较大的跨越和区别，同时建筑学专业与规划专业的本科生在城市设计训练的切入路径和目标也有所区分，针对这样的特殊性，以及设计教学时长的限定，需要在教学目标、教学流程和训练侧重点上予以针对性的响应，以帮助学生在较短时间内正确掌握城市设计的关键步骤和策略。本文以笔者讲授并指导的东南大学建筑系四年级下学期城市设计课程为例，提出了以尺度转换、逻辑建构和评价取向为核心的设计教案，按照设计周期的时间序列，概述了各个教学环节的教学目标、内容和方法。以帮助学生从惯常的建筑学思维上升为城市建筑学思维为主要目标，阐述了一些个人的教学感悟和观点。

关键词：建筑学，城市设计，尺度，分辨率，逻辑，评价

Abstract：The urban design training of undergraduate architecture students is some different from architectural design training in study scale, design scale, design methodology and presentation, and also different in training path and purpose with urban planning students. In addition the time limit of curriculum , so it's necessary to response in targeted teaching plan design and procedure control, to help students to grasp the basic approaches and key strategies. Take the urban design curriculum for fourth grade architecture students of southeast university as case study, this paper presents the teaching plan on the basis of scale shift, logical organization and value orientation of evaluation, summarizes the teaching objectives, contents and methods of each stage following the curriculum process, and give some suggestions to help students to improve to urban architecture thinking from traditional architecture thinking.

Keywords：Architecture, Urban design, Scale, Resolution, Logic, Evalution

东南大学建筑学本科设计教学在四年级以教授工作室的方式，设置了四个课题方向供学生选择，分别是城市设计、住区与住宅设计、大型公共建筑和跨学科设计课题，每个设计课题的教学周期一般限定在8周内，每位学生在一个学年内须选满四个方向的课题，顺序自行规划。这四个课题方向均强调研究性内涵，总体来看是在前三年设计训练的基础上朝向"设计研究与研究性设计"的推进。其中，城市设计则在研究尺度、设计尺度、设计方法和表达方法上与之前的设计课题有较大的跨越和区别，同时建筑学专业与规划专业的本科生在城市设计训练的切入路径和目标有所区分，因此需要在教案设定、教学流程和训练侧重点上予以针

对性的回应，帮助学生在8周内掌握城市设计的基本理论与方法。

1 从建筑到城市——基本认知与尺度转换

在经历了三年多较紧凑严实的建筑设计训练后，东南大学建筑学专业学生基本上掌握了建筑设计的基本技能，对于建筑尺度范畴的空间、材料和表现较为敏感，因此一开始接触城市设计课题时大多比较茫然，什么是城市设计，城市设计的目的是什么，是学生们最普遍的问题。在未能得到清晰的答案前，多数同学会沿着思维惯性直接将城市设计视为一个超大尺度的建筑设计，用他们熟悉的方法和节奏展开设计，这显然就偏离了城市设计训练的根本宗旨，8周后的最终成果虽然可能呈现出的是巨大的设计工作量和绚丽的表现，但城市设计内容的含量极低。

因此，在课程伊始，与场地调研和信息数据搜集整理工作平行展开的是密集的专题授课和理论研讨，同时开列了需要课后适量泛读和少量精读的书单。其目的是伴随着身体和视觉对大尺度城市设计基地的感知，同时输入与之相配的城市知识，重点厘清城市设计与建筑设计的区别和上下承接的关系，明确城市空间形态的尺度层级序列，将对建筑形态和建筑空间的关注转换为对城市形态和城市空间的关注，以以往的建筑学知识为引导，沿着认知城市——理解城市——分析城市——组织城市的路线，明确按照未来建筑师来培养的建筑学专业学生接受城市设计训练的主要目的是：从城市中为建筑设计寻求时间和空间的坐标。我们选取的基地是南京主城内高度建成环境中一处约23公顷的场地，基地内包含着较复杂的历史文化、形态演变、商业开发、政策流转和基础设施建设信息（图1、图2）。针对基地环境的普遍性与特殊性，在前三周集中以专题讲座的方式讲授了"复杂建成环境中的城市形态更新"、"城市形态学概述"、"从历史到未来——垂直城市设计"、"步行城市"、"分辨率——一种认知、解析、批判和设计城市的方法"、"类型、形态、结构"、"城市分析方法与城市设计"等。在这样的一个密集的讲授周期内，学生可以不断地带着新的认知和问题重新回到基地现场去获得新的信息，从而帮助学生从惯常的建筑学思维转入到城市建筑学和城市社会学的维度上来。笔者不建议在学生首次接触城市设计课题时去选取距离较远的异地基地，特别是国际联合教学，因为现场调研的不方便会给他们比照重要的城市设计理论知识点与现场感知的反复比照带来障碍，不利于他们设计思维和设计尺度的顺畅转换。

图1 基地航拍

图2 1:1000 基地模型

2 分辨率——现场调研与城市分析

现场调研与分析当然是城市设计的前提和必要的前置工作，但是相比较学生先前学习的建筑场地调研方法而言，随着基地尺度的几何级增大，需要搜集和分析的信息量巨大，若不事先设定好分析框架和目标，为期两周的调研工作很容易失之片断、流于形式，并不能起到"分析为设计服务"的这一基本作用。本课程在这个环节采用的是围绕"分辨率"概念（Resolution）的城市形态学分析方法[1]，强调随着观察分辨率的层层递进，对不同尺度层级（Hierachy）上的城市形态要素的关注要点和分析内容。学生共分为7个调研组（每组一般为2人，不超过3人），分别为调研城市形态共时性与历时性分析（3组）、区位分析（1组）、道路交通（1组）、功能业态（1组）、场地人群行为和特征分布（1组）（图3），各组都事先明确了调研框架和目标，并在三次集中的调研汇报中理解彼此的进度和相互的关联。其中，从建筑学专业学生的特点和时间周期限定等角度出发，将城市形态分析作为统领性和先导性作业，认为城市的政治、经济、文化等作用力最终表征在物质空间形态上，因此对城市形态共时性的结构性分析和历时性演变分析将揭示这些作用力的强度和分布特征。学生在逐渐对分辨率和尺度层级有了较为明晰的认知后,将不再单纯地将建筑与城市简单地并置起来,不再是是"建筑和城市",而是"从城市到建筑"——从城市、城区、街道和街区、地块到建筑。在调研和分析期间,学生集体制作1:1000的场地模型,并从"强度排布"入手,各组以体块草模的方式响应任务书的设计要求开始研讨

初步的设计概念。由于是在紧张的理论讲授和调研工作间隙提出的设计概念,因此一般多呈现"从理论出发,以分析切入"的特点。与此相对应,在对调研分析汇报的集中点评中,反复提示学生在大尺度上注意理论性思考与文献阅读、中观尺度上注重量化分析和设计取向、微观尺度上注重物态细节和人,通过取样来进行研究。

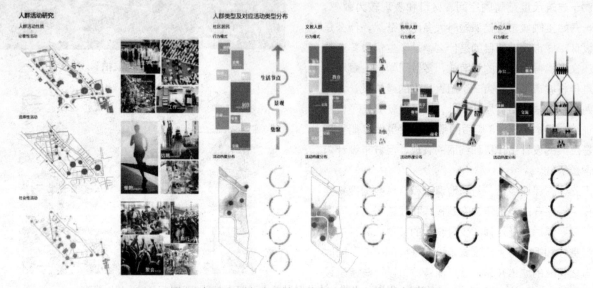

图3　场地人群行为和特征分布(学生:唐滢 宗袁月)

3　超越空间——城市设计的逻辑梳理与建构

在第三周到第六周期间,三天为一个设计短周期,各组每周两次提交以问题的提出、设计概念生成和设计分析为主要内容的汇报PPT,集中公开讲评,鼓励每位同学完整系统地阐述本组的设计理念并且积极参与点评其他组汇报,期间会邀请其他相关领域的教师参与点评,通过高频次的对话和辩论来引导、刺激学生扩大思维延展面,不断厘清、甄别、梳理自己的逻辑。一般来说,调研期间学生的自由组合自然延续为设计组,因此,会出现设计概念与本组的调研分析对象简单地关联起来的现象,如调研道路交通的,会以步行城市、TOD等作为设计概念,调研人群活动特征和分布的,会以交往空间、活力城市为设计概念,这从分析到概念生成的路线自然无可厚非,指导教师也不会简单地去否定任何一个能够"自圆其说"的设计构想。针对这种情况,前面通过学生互评和教师点评会促使学生从简单直白的关联走向深入理性的思考从而自我取舍,更重要的是开宗明义地要求学生无论设计概念是从什么角度切入生成或依据何种理论,都需要不间断地梳理、表现和阐述三种和城市设计息息相关的三大逻辑:形态学逻

辑——从房屋到城市的空间层级结构性和历史连续性;社会学逻辑——城市生活的公共性、纪念性和日常性;经济学逻辑——投入与产出、开发强度及功能配置。三种逻辑的逐渐厘清和坚实的建构,超越了学生以往单一的空间思维模式,也为后续的深化设计打下稳固的基础。在这个阶段,指导教师会防范学生的形式先导思维,引导学生采用MAPPING、(手工)模型分析、大数据软件建模分析等方法来帮助逻辑的梳理与建构。

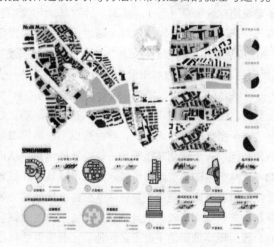

图4　MAPPING STUTY:诺利地图式公共空间研究(学生:倪钰程 沈祎)

图5 手工模型研究

URBAN NETWORK ANALYSIS

2012 STTE   2015URBAN DESIGN

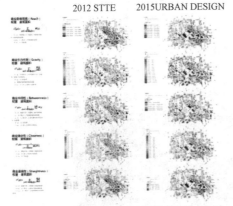

图6 大数据软件对比研究：Urban Network Analysis（学生：虞思靓）

4 回归建筑学——以地平面（Ground Plan）和3D剖面为主要内容的设计深化

与规划专业的城市设计训练有所不同的是，建筑学专业学生通过训练首先要明确的是城市研究与建筑学的关系，以及城市设计和建筑设计的关系，这种关系的辨识和理解，一方面可以让今后有志于从事城市设计工作的建筑学专业学生明晰建筑学知识体系的自身优势和拓展方向，另一方面，也促使他们更好地尊重城市、尊重城市设计，在今后的建筑设计中理性地抑制过度的个人表现欲望。在第六周结束时，大多数设计组都能够以图示表达出旨在实现设计概念的城市设计导则，接下来的则是用建筑设计语汇对城市设计理念的具体阐释和示例，同时也是一个验证和校正的过程。东南大学建筑学院王建国院士曾经谈及城市设计与建筑设计的关系，他认为好的城市设计并不能保证最好建筑设计的产生，但

要起到防止最坏建筑设计产生的作用。从城市分析到设计导则的制定再到建筑设计，在真实的规划管理和设计流程中一般是相对独立的几个工作段落，而要求学生在8周的时间内将其作为一个完整的流程而尝试掌控全程，一方面是发挥建筑学专业学生的技能优势，以空间创新和空间营造为手段，在自行设定的有一定弹性的设计导则范畴内，尝试给出具有优良城市与建筑空间品质的形态框架出来，更加淋漓尽致地表达出自己的城市设计理念。另一方面则是认知到建筑设计与城市设计的接触面和中介技术要点，这对于今后无论是从事建筑设计或是城市设计工作的学生来说，都是颇为重要的。对于后者，本课程着重强调的是地平面（Ground plan或称首层平面）和3D剖面的设计与绘制。由于和产权地块具有直接的关系，地平面是是西方城市形态学研究（无论是地理学背景的英国康泽恩学派或是建筑学背景的意大利穆拉托里和卡尼吉亚学派）的重要依据和研究对象，也是建筑设计表达城市思维的重要图件[2]。在城市设计的基地范围内绘制整体的建筑首层平面是一项颇为考验学生专业素养的工作，在设计绘制过程中，学生将深刻理解街区、街道、地块尺度与建筑尺度的具体衔接，特别是和人的尺度的比照，从而理解以人为本的思想在空间操作上的具体落实，有效规避了"巨构建筑"的轻易出现。同时基于之前建筑学的学习经验，也对城市活力、空间公共共性和城市日常生活等概念有了空间化的具体理解。由于绘图比例和时间的局限，对地平面的细节绘制要求做了一定的简约化处理。由于本课程设计选择的基地是在南京的高度建成区环境中，地面交通、地下轨道交通和地下商业空间呈显出较为复杂的立体交叉状态，因此要求学生绘制三维的剖面（剖透视或剖轴测）来清楚地表现出城市设计中的竖向设计理念和策略，促进学生关注和学习城市基础设施的相关知识和技术要点。同时，3D剖面上也可以将与设计理念相关的丰富信息表达出来。

5 重城市思辨轻设计表现——成果要求与评价标准

在第6周结束后，距离最终答辩只有两周时间，由于前六周一直在强调设计理念的梳理和逻辑的建构而有意抑制学生的"形"思维，大多数设计组尚未能提出和自己的设计理念和逻辑相匹配的具体空间形态，因此感受到了紧张和压力，甚至出现了急躁情绪。在此时通过一些优秀城市设计案例的分析和讲解来帮助学生明白最后两周的工作重点和具体的成果要求是必要的，毕竟，面向成果的设计工作是最有效率的，也有利于组员的分

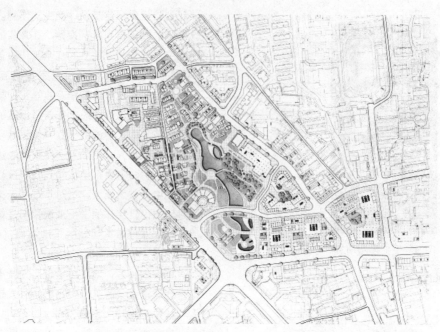

图 7　Ground plan 绘制（学生：唐滢 宗袁月）

图 8　反映基地竖向整体空间关系的剖透视绘制（学生：唐滢 宗袁月）

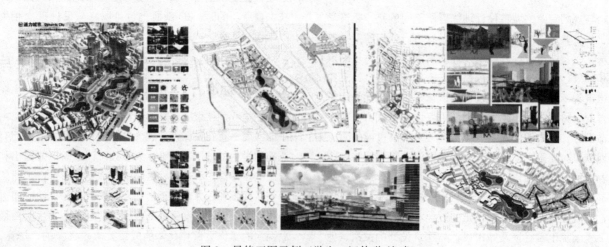

图 9　最终正图示例（学生：汪佳琪 施晴）

图 10　答辩展陈布置

图 11　答辩场景（学生：唐松）

工协作。同时指导教师在这个时间节点要求各组撰写较为详细的设计概念说明，既是对前六周设计思考的文字性梳理和归纳，也有利于统一设计组组员的思想，为接下来紧张的协作做好铺垫。当然，重申为期 8 周的城市设计教学目标和作业评价标准也是很重要的。首先，形态学逻辑、社会学逻辑和经济学逻辑的清晰表述是一项重要的评价标准，这再次此强调了分辨率概念，即需要在不同的尺度层级上表述这三大逻辑。再者，在评价级别上大致分为四级，最高级意味着城市设计成果应具有逻辑性较强的理论层面的思考、可靠可信的方法策略和高品质的设计表现，次一级则为缺失了第一条，前两条的乏善可陈再降一级，第四级为最低级，即三条均未达标。这样的评价标准具有重理论性思考和策略性研究、轻设计表现特别是不鼓励过度表现的明显倾向，这一方面与 8 周城市设计教学的训练侧重点和教学目标有关，另一方面也是基于多数东南大学建筑系学生在四年级时已经具备了较好的设计表现能力但研究性不足的特点而针对性制定的。从最终的设计成果展示来看，压缩形态设计和绘图表现的时间对并未产生明显的影响，反而能够诱导学生将城市思辨和逻辑架构的表达作为版面的主角。

由于城市设计的评价标准不同于建筑设计，为避免在基本认知上有歧义而造成评价结果偏离教学目标的情况发生，在最终课程答辩的评委选择上，一般会选择对基地有基本认知且拥有城市设计实践经验的本地设计院总工、本学院从事城市设计研究的教师和基地所在片区

规划局局长等，这一方面是避免答辩流于形式，对学生 8 周辛勤学习予以尊重，另一方面也有利于在答辩过程中激发出有价值的辩论、探讨和点评，让学生在答辩中获益良多。

综上所述，笔者自 2011 年承担东南大学四年级城市设计课程教学以来，逐渐认识到建筑学专业本科学生的城市设计训练在研究尺度、设计尺度、设计方法和表达方法上与建筑设计训练有较大的跨越和区别，同时建筑学专业与规划专业的本科生在城市设计训练的切入路径和目标也有所区分，针对这样的特殊性，以及设计教学时长（8 周）的限定，需要在教学目标、教学流程和训练侧重点上予以针对性的响应。基于对东南大学建筑学整体教学框架和四年级学生设计技能的 SWOT 分析，制定了以"尺度、逻辑和评价"为核心的教学方案，力图在较短时间内帮助学生快速掌握城市设计的关键步骤和基本策略，从单纯的建筑学思维提升到城市建筑学思维。

参考文献

[1] Karl Kropf. Urban tissue and the character of towns [J]. URBAN DESIGN International，1996（1）：247-263.

[2] Gianfranco Caniggia，Gian Luigi Maffei. Architectural Composition and Building Typology [M]. Firenze：Alinea Editrice s. r. l. 2001：17-19.

刘九菊　于辉　王时原
大连理工大学建筑与艺术学院；Liujiuju1010@126.com
Liu Jiuju　Yu Hui　Wang Shiyuan
School of Architecture and Fine Arts，Dalian University of Technology

基于"建筑师执业能力"培养的建筑安全与法规课程教学探讨

Teaching Research on Building Safety and Regulations based on the Training of Architect's Practicing Ability

摘　要：中国城市化进程高速发展，建筑师面临着各种机遇与挑战，建筑师执业能力的提升成为关键。本文基于"建筑师执业能力"培养目标，从教学内容、教学方法等方面进行建筑安全与法规课程教学改革探讨。

关键词：执业能力，教学方法，案例教学

Abstract：With the rapid development of urbanization in China，architects are faced with various opportunities and challenges，and the improvement of architects' practicing ability has become the key. Based on the training of architect's practicing ability，this paper explores the teaching reform of building safety and regulations course from the teaching content，teaching methods and other aspects.

Keywords：Practicing Ability，Teaching Method，Case Teaching

1 引言

中国城市化进程高速发展，建筑师面临着各种机遇与挑战，建筑师执业能力的提升成为关键。"建筑师执业能力"是一项综合协调各方面矛盾的职业实践能力[1]，主要包括建筑项目的理解与把握能力、法律法规的了解与掌握能力、交流与沟通能力、多专业团队合作能力、工程设计实践能力等等。随着建筑行业的不断发展，设计项目内容多样化、建筑设计方式转变等对建筑师的执业能力提出了更高的要求[2]。

2 研究概况

我国规范化的现代建筑师职业较晚，整体执业体系不够完善，中国建筑师的执业能力与世界先进水平存在一定差距。培养合格的职业建筑师，是中国开始建筑专业评估与职业建筑师注册考试制度以后各大院校建筑学专业教育的目标。建筑师执业能力的培养受到建筑学高

等教育的重大影响，学院于辉老师发表论文"建筑学本科教育——培养建筑师职业素质与执业能力的重要阶段"，提出建筑学本科教育在进行职业教育背景下的教育教学改革的同时，还应注重社会责任教育、建筑学的核心价值教育、体验教育、生态建筑理念与设计方法教育和团队协作教育等。

大连理工大学建筑学专业2013年教育部批准加入卓越计划，作为一个实践性很强的专业，其核心教育理念是注重实践、注重理论联系实际。"卓越工程师教育培养计划"，即建立以能力提升为核心的培养体系，深化课程改革。其中，在课程建设上，"建筑安全与法规"课程是"卓越建筑师培养"教学综合改革与实践研究中的6门建设校企合作课程之一，也是建筑学专业一门综合性与实践性较强的专业课。

根据2013年版《全国高等学校建筑学专业教育评估文件》要求，国内各高校均将有关建筑安全、建筑法规的内容渗透到建筑师实务、建筑师业务实践等相关课

程中。关于建筑安全、建筑法规课程的教学研究，清华大学开设了"建筑师职业基础知识"必修课程，讲授建筑设计行政管理和法规、中国职业建筑师实践案例分析等内容，还邀请实践建筑师进行讲座和交流[3]。

3 建筑安全与法规课程教学改革

建筑安全与法规课程教学改革，以建筑学专业评估认证标准为依据，结合建筑设计课程调整教学内容，改变传统教学方法与手段，结合案例与实地教学，增强建筑学专业学生的工程意识、工程素质、工程实践能力，提高建筑师执业能力培养，促进建筑学专业卓越工程师培养教学综合改革与实践研究。

3.1 建立教学目标

在培养"建筑师执业能力"总体教学目标下，建筑安全与法规课程教学改革旨在将基础理论教学、基本技能训练与工程设计实践有机结合，在教学过程中实现从知识灌输到能力培养的转变。

建筑安全与法规课程教学贯穿了建筑安全性的教学内容，使学生了解建筑安全性要求，强化社会责任意识，在建筑设计中有意识地运用现行建筑设计规范与标准解决设计中的问题。

3.2 完善教学内容

建筑安全与法规课程在教学内容上注重课程自身完整性的同时，也强调与建筑设计课的有机结合，以利于学生在设计中综合掌握和运用相关知识。

课程设置在四年级秋季学期，根据国家建筑学专业本教育评估文件要求，熟悉建筑安全性的范畴和相应要求，掌握建筑防火等原理及其与建筑设计的关系；熟悉与建筑有关的法规、规范和标准的基本原则及内容，具有在建筑设计中遵照和运用现行建筑设计规范与标准的能力。课程系统梳理了建筑安全相关问题，及与建筑安全性要求有关的法规、规范知识。同时也将注册建筑师制度、责任等建筑师执业相关知识渗透在教学中。教学内容将紧密结合建筑设计课程，将庞杂的教学内容系统化、教学框架体系化，以建筑设计主要涉及的建筑设计规范为主要教学内容，为今后设计实践打下基础。

3.3 改进教学方法

教学方法改进以学生为本，改变传统条文解读式教学方式，结合实际案例和设计课程，由点状分析转向与综合运用相结合，由文字罗列转向图解演示，培养学生

的建筑安全意识、对法规知识的掌握能力以及工程设计实践能力，从而培养学生的"建筑师执业能力"。

(1) 知识点传授与综合运用相结合

1) 从设计角度出发

从区域－群体－单体多层面的建筑安全问题进行引导，使学生建立整体安全意识，启发学生设计安全的城市环境和建筑空间，掌握符合建筑安全的设计方法，不仅仅要满足我国现行的法律法规、设计规范，更重要的是建筑安全与建筑空间整体质量的提升。

2) 图解与案例结合

以图示信息为基础的教学内容可视化，将文字转化为直观的、可视的图或表（交互式视景），强化学生对知识的认知与掌握。我国现行的建设法律法规、建筑设计规范，均由国家公安、消防等多个部门编制，并以文字条文呈现，学生难以引起兴趣。针对建筑学专业学生具有较强识图能力的特点，课程教学将以2015年最新出版和执行的《建筑设计防火规范图解》为引，将教学中"民用建筑设计通则"、"无障碍设计"等主要内容图示、图解化，强化知识点的可阅读性。通过多个实际工程案例讲解，每个知识点均由多个案例进行说明解释；通过一个案例系统分析，使学生侧重于知识体系层次的建构以及相关知识点的联系，而提升学生综合运用能力。

(2) 法规课程与设计课程相结合

1) 按不同类型进行讲授

建筑设计课程的教学基本按照建筑类型进行，法规内容与设计课程结合，梳理成不同建筑类型的知识结构进行讲授，包括居住组团（如小区规划设计）、多层建筑（如酒店设计）、高层建筑（如高层设计）、特殊建筑（如体育馆设计），也包括较为复杂的影剧院、综合体和地下空间设计，每部分内容都能渗透到学生的建筑课程设计中，帮助学生解决特定的设计问题。

课程教学也将以往的和正在进行的课程设计作业作为课堂教学案例的一部分（图1），先由学生互评、然后由老师点评，纠正作业中出现的错误的同时，还能够加强师生之间的互动，提高学生学习的主动性，对提高相应课程设计的完成度起到辅助作用。建筑安全与法规课程与四年级小区规划设计同步，在教学过程中会针对以往学生在小区规划设计中存在的问题，在不同的知识点讲解中做以重点说明，并在教学结束之后，转换讲授教学方式为讨论形式，对学生正在深化的作业做出全面点评，对建筑规划层面的安全设计内容做以整理。

2) 工程技术作图综合练习

课上增加多个模拟设计课程任务的工程技术作图练习环节，以作为知识点的总结。对于实践性、操作性较

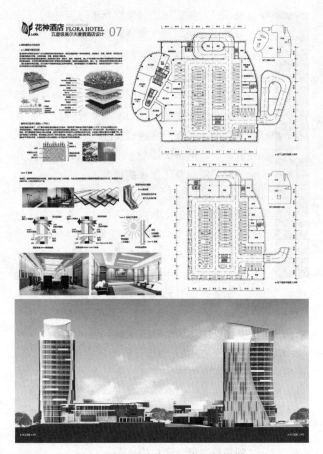

图1　学生设计作业（卢雨西提供）

图2　大连恒隆广场（作者自拍）

强的内容，通过完成具体的设计任务让学生理解并综合运用相关规范。如四年级的高层建筑设计，核心筒的布置在标准层安全疏散方面成为一个重点和难点，课上模拟某高层旅馆建筑核心筒的布置，要求学生对防烟楼梯间及其前室、消防电梯及其前室、机械通风井进行综合设计，一方面强化对知识点进行综合运用能力，另一方面成为即将进行的高层建筑设计的前期研究基础。

（3）课上课下相结合

1）实际工程参观的实地教学

教学借由实际案例情境进行案例分析，通过实际工程参观进行实地教学，组织学生进行调研分析、交流讨论，让学生尝试将相对抽象的知识点转化为具体的体验认知，使之能够较充分地把握建筑由设计到实施过程中的各种规定性和可能性，对建筑设计所涉及到的安全知识进行较为系统的理解和掌握。如解决大空间建筑防火疏散问题，大连的恒隆广场、柏威年中心等已成为学生调研参观基地（图2）。

2）介入式教学

聘请实践基地、建筑设计院的资深建筑师介入到适当的教学环节中，如建筑案例分析、实际工程参观等环节，分享设计师的设计经验，扩大学生的专业知识面，将知识教授与工程实践有机结合，建立校企联合授课机制。

4　结论

高等学校建筑学本科教育是建筑师职业的基础，是建筑师执业能力培养的重要阶段。因此，建筑教育应与时代同步，以行业发展对建筑师执业能力的要求为标准[4]，探索改革教学模式，从而满足社会需求。

参考文献

[1] 邵韦平，韩慧卿. 可持续发展背下的建筑师执业能力：中国建筑学会建筑师分会 2008 年学术年会评述. 建筑创作，2009（02）：18-24.

[2] 于辉，张宇. 建筑学本科教育——培养建筑师职业素质与执业能力的重要阶段. 中外建筑，2009（01）：91-93.

[3] 吕品晶等. 建筑师业务实践与毕业设计教学. 城市建筑，2011（03）：6-11.

[4] 鲍鲲鹏，姜小宇. 高等建筑教育学生执业能力的培养. 高等建筑教育，2013（04）：20-22.

石 邢

东南大学建筑学院：Shixing_seu@163.com

Shi Xing

School of Architecture，Southeast University

问题导向的绿色建筑科学原理和设计技术教学
Problem Oriented Teaching of the Science and Design Techniques for Green Buildings

摘 要：绿色建筑是建筑行业面对能源和环境危机做出的回应，是过去 10 余年间世界范围内建筑发展的主旋律。因此，在建筑学专业教学中体现绿色建筑的相关内容既必要又迫切。然而，如何在相对成熟的建筑学专业本科教学体系中有效融入新的绿色建筑的内容却需要深入的思考和合理的安排。本文基于东南大学建筑学院自 2008 年以来的绿色建筑教学探索，分析了建筑学专业本科生在绿色建筑的知识和能力体系上存在的三大问题，即"科学概念模糊、知识体系碎裂、技术手段单一"。在此基础上，提出了以解决教学对象存在问题为导向的绿色建筑科学原理和设计技术教学的思路，论述了课程的结构、内容、教学方法和特点。

关键词：绿色建筑，教学，设计技术，模拟分析，评价标准

Abstract：Green building is the response of the building industry to the energy and environment crisis and the main theme in the past 10 years or so. Therefore，it is both necessary and pressing to include the teaching of green buildings in the curriculum of architectural programs. However，deep thinking and appropriate arrangement are needed to add green building teaching into the system of a mature undergraduate architectural program. This paper reflects the teaching exploration of green buildings in the school of architecture at Southeast University. It analyses the three main problems of undergraduate architectural students in the knowledge and ability regarding green buildings，namely vague scientific concepts，fragmented knowledge system，and lack of skills. Accordingly，a teaching framework is designed to address these problems and promote learning of the science and design techniques of green buildings.

Keywords：Green building，teaching，Design technique，Simulation，Evaluation standard

1 概述

1.1 绿色建筑

面对日益严峻的能源危机和环境问题，各行各业都提出了可持续发展的战略，建筑业也不例外，绿色建筑就是在这一背景下产生并迅速发展起来的。从国际范围内看，绿色建筑概念的提出和大规模推广始自于 20 世纪末，英国的 BREEAM 是世界范围内第一部绿色建筑评价体系，而美国的 LEED 成为真正意义上第一个国际绿色建筑评价体系。在中国，绿色建筑的兴起大约发生在 2005 年前后，以 2006 年中国第一部绿色建筑评价标准颁布为标志，绿色建筑开始成为中国建筑行业的主流。

1.2 绿色建筑教学

绿色建筑在行业内的蓬勃发展对建筑学专业的人才培养提出了新的要求，如何及时有效地在建筑学专业教学中体现绿色建筑相关内容就成为摆在各大高校建筑学

专业面前的一个重要且迫切的问题，为此进行的诸多探索值得关注和分析[1-4]。

一般说来，高校建筑学专业对绿色建筑的教学可采取两种途径，一是在设计课中渗透绿色生态的内容，二是开设专门的绿色建筑相关课程。对于这两条不同的路径，全国各大高校或取其一，或兼而有之。

东南大学建筑学院自 2008 年以来在建筑学专业本科三年级开设了"绿色建筑的科学与设计"课程，先为双语课，后改为全英文课，至今已讲授 8 轮，选修学生超过 500 人，其中包括 50 余名海外学生。课程的建设始自于对授课学生绿色建筑知识和技能体系存在问题的分析，以解决问题为导向，有针对性地设计教学内容和教学方法并开展教学活动。本文对相关实践和探索进行了总结与分析。

1.3　问题解析

在课程建设之初，绿色建筑概念在国内刚刚兴起，《绿色建筑评价标准》颁布仅两年，尚未全面的在建筑项目的设计、建造和运营管理上发挥作用。面对建筑学专业三年级本科生，教学团队认为首先应该清楚地把握他们在绿色建筑知识和技能体系上存在的问题，才能有的放矢地设计教学内容，取得良好的教学效果。由于绿色建筑涉及知识的广度和复杂性，在教学中不能面面俱到，而应突出重点，有所为有所不为。经过深入的观察、调研和分析，发现并总结了教学对象在绿色建筑知识和技能体系上存在的三大问题，即：科学概念模糊、知识体系碎裂、技术手段单一。

1.4　科学概念模糊

绿色建筑从字面上讲是颇具描述色彩的一个词汇，对其科学概念的准确理解是学习相关知识、理论、方法的基础。经过调研发现，学生对于绿色建筑的概念不甚明了，常有片面乃至错误的认识。在教学的最初几轮中，颇有一些学生从未听说过绿色建筑（这一现象随着绿色建筑的发展而逐渐消失）。因此，建立起对绿色建筑概念准确、全面的认识就成为教学需要解决的首要问题。

1.5　知识体系碎裂

学生存在的另一突出问题就是绿色建筑知识体系的碎裂。在调研和教学的过程中，发现有些学生掌握了与绿色建筑相关的初步知识，但是普遍比较零散，无法构成一个有效的知识体系。零散的知识碎片无论在设计中

还是其他场合都难以运用，导致学生面对绿色建筑专业问题时无从下手，感觉到知道一些却又难以提出合理的解决方案。因此，构建绿色建筑完整的知识体系，在体系框架的总体指导下，再合理选择知识版块并讲授知识点，就成为教学需要解决的第二个关键问题。

1.6　技术手段匮乏

在应用和实践层面，学生对于绿色建筑相关技术手段的掌握非常匮乏，直接导致对绿色建筑专业问题的解决停留在从理念到理念的层面，难以深入到设计实现的阶段。这一现象是在技术训练和能力培养上必须解决的关键问题，也是和设计主干课结合最紧密的一环。应对这一问题是教学中着力颇多的内容，也是学生普遍反映效果最好的部分。

2　课程结构和教学组织

2.1　课程结构与教学内容

基于对学生绿色建筑知识和技能体系存在问题的分析，"绿色建筑的科学与设计"课程确定了"三纵一横"的 4 大教学模块。"三横"是 3 个层层递进的理论模块，分别是：绿色建筑的概念和评价标准，绿色建筑的科学原理，绿色建筑设计的技术手段；"一纵"是贯穿全课程，与 3 个知识模块穿插渗透的技能练习模块。

理论教学模块 1 为绿色建筑的概念和评价标准，聚焦的问题是学生对于绿色建筑概念的模糊不清。在这一教学模块中，通过国内外权威机构、学者和著作的论述，讲解绿色建筑的基本概念，厘清学生对于绿色建筑的认识。进一步，通过中外绿色建筑评价标准的学习，自下而上地培养学生对于绿色建筑所关注内容的全面掌握，强化对于绿色建筑概念的理解。第一个教学模块是整个课程的基石，为后续教学内容的开展奠定了统一的认识基础。

教学模块 2 为绿色建筑的科学原理，这一教学模块在概念的基础上深入到科学规律和技术原理的层面，围绕绿色建筑需要达到的性能要求，强调对于各项绿色性能要"知其然，更要知其所以然"。适当引入定量分析和公式，大量运用建筑学专业学生熟悉的概念和技术分析图讲解科学原理。

教学模块 3 基于对绿色建筑科学原理的认识，展开在绿色建筑设计中常用技术手段的教学。教学重点包括被动式设计技术、性能模拟分析、节能设计策略等内容。

通过以上 3 个教学模块的讲授，学生初步建立了绿

色建筑"概念-原理-技术"的知识体系。但是，想要实现对知识的扎实掌握和融会贯通，还需要在3个横向模块之间穿插融入第4个纵向模块，即技能的训练。在教学之初，就向学生强调对知识、原理和技术的掌握最有效的学习手段就是有针对性的训练。为此设计了3次作业和1个课程设计，均具有较强的独立探索性，分别是：作业1-中外绿色建筑评价标准的比较研究及书面报告，作业2-典型住宅外表皮的构造设计和传热分析，作业3-经典绿色建筑案例调研及口头报告，课程设计—著名建筑师作品的节能改造设计与效果分析。

2.2 教学效果

"绿色建筑的科学与设计"课程在东南大学建筑学院已开设8年，教案经历了多次优化调整。通过对学生的调查，对教学效果进行了评估分析，总结了经验，也发现了不足。具体来说，有以下几点：

· 学生普遍反映，通过本课程的学习，建立起了对于绿色建筑概念的清晰认识，初步掌握了绿色建筑性能方面的基本科学原理。

· 学生对于课程作业的训练内容和训练方式反响良好，同时又感觉到不同于一般的设计作业，形式新颖且具有一定的启发性和挑战性。

· 学生对于经典绿色建筑案例调研的参与积极性高，课堂口头报告涌现了一批优秀的成果。

· 课程也存在一些可改进之处，其中班级规模是重要问题之一。本课程从最初的70余名学生扩大到现在超过140人，导致很多有效的小班化、研讨式教学方法难以应用，在一定程度上影响了教学效果。

3 结论

绿色建筑的蓬勃发展要求建筑学专业教学中对相关知识和技能应该有积极的应对。在相对成熟的建筑学专业本科教学体系中有效融入新的绿色建筑的内容需要深入的思考和合理的安排。东南大学建筑学院自2008年以来开设了"绿色建筑的科学与设计"课程。课程和教案设计始自于对建筑学专业本科生在绿色建筑知识和能力体系上存在问题的分析，即"科学概念模糊、知识体系碎裂、技术手段单一"。教学活动以解决问题为导向，设计了"三纵一横"的4大教学模块，构成了合理有效的教学体系，取得了良好的教学效果。未来本课程将向小班化、研讨式教学发展，力图在讲授科学和技术原理的同时，提升学生分析和解决绿色建筑具体设计问题的能力。

参考文献

[1] 王静. 亚热带地区绿色建筑教学实践. 生态城市与绿色建筑，2010，3：79-81.

[2] 仲德崑，陈静. 生态可持续发展理念下的建筑学教育思考. 建筑学报，2007，1：193-193.

[3] 张军杰，宫海东，于江. 建筑教育中可持续设计理念的培养. 高等建筑教育，2008，1：.10-12.

[4] 宗德新，曾旭东，王景阳. 基于建筑性能模拟技术的绿色建筑设计教学实践与思考. 西部人居环境学刊，2012，4：13-17.

陈路瑜　屠苏南；sunan2000@hotmail.com）
东南大学建筑学院
Chen Luyu　Tu Sunan
School of Architecture，Southeast University

中低价住宅房价与公共交通便利性模型探索研究[*]
——以南京为教研案例

The Exploration and Research on the Model between The Price of Mid-low Price Residential and Public Transit in Nanjing

摘　要：近两年，伴随关注中国快速城市化的科研大潮，国家相关部门再次自上而下推动对城乡、城市设计的重视研究。作为城乡规划和建筑学界的科教工作之一，则是把这一关注贯彻到教研活动中。本文基于该项目前期城市中低价住宅小区关于轨道交通分布模式的研究结论，进一步探讨中低价住宅房价与公共交通便利性的内在联系，并获得两者关系的量化模型，意在总结出中低价住区的合理布局；同时，也探索以合适的方式引领参与研究的学生从当地城市出发，关注中低收入人群住房用地问题，逐步熟悉掌握调研型的科研方法。

关键词：中低价住区，房价，公共交通，交通成本，教研

Abstract：On one hand，the rapid development of cities in China increases the burden of housing for large quantities of mid-low income people who live in the cities. One the other hand，the rail transit, which is part of public urban transit system, while improving the transport convenience, also changes distribution patterns of urban residential settlement. Based on previous study on distribution mode of mid-low price residential quarters related to rail transit in city, this paper further explores the inner relation between mid-low residential housing prices and the transport convenience, as well as the quantitative model between the two. The article intends to summarize the rational distribution pattern of settlements for mid-low income people and provide decision makers with a more comprehensive quantitative information.

Keywords：Mid-low price quarters, Housing Price, Public transit, Costs of transportation, Teaching and research

1 课题简介及由来

1.1 课题背景

近些年随着中国城市化进程加快，人均用地趋于紧张，引起地价上涨，使城市为数众多但占有经济总量不大的中低收入人群负担加重，这一现状需要政府积极参

* 本文为国家自然科学基金资助项目《城市中低价住宅用地的交通便利性模型实证研究——以长三角地区为例》（项目批准号：51378101）的分项研究一部分，及东南大学 SRTP 项目。

与其中。目前决策者在为中低收入人群提供或售、或租的中低价住宅或住区时，选址与定价也需要理性和更为量化的依据。

同时，伴随关注中国快速城市化的科研大潮，近两年国家高层领导及国家相关部门再次自上而下对城乡、城市设计予以重视研究。作为城乡规划和建筑学界的科教工作之一，需把这一重视贯彻到教研活动中。为此，将此次课题作为研、教结合的手段。

1.2 课题目的

1.2.1 科研性目的

系统掌握样本城市现有中低价住区位置分布及其基本规律和中低价住区人群交通出行的一般规律。

找出交通便利性的距离、耗资与耗时的关系，建立相应的函数关系式，总结出基于交通便利性规律特征的中低价住区合理布局。

1.2.2 教学性目的

将近年来自政策面的城市规划、设计的重视贯彻到教研教学的常规工作中。

1.3 课题方法

1.3.1 教学上的方法考虑

组织在高等教育体系中的学生利用国家、学校的资源帮助，注意偏理论与偏实践的不同研究角度，及将它们适宜地结合起来。

考虑学生的知识技能现状，从他们相对熟悉、擅长的方面入手，同时，顾及课题目标任务，为他们的进一步工作作出要求。

1.3.2 科研上的方法考虑

选择对象城市：当城市人口密度达到一定程度时，低收入人群的居住问题才会有较为明显的体现。根据行政等级和GDP可以作为判断城市人口密度和发展程度的依据选出一系列代表性城市。

获得中低价住区：通过在主流网站获得全部住区价格（如南京House365）作为价格来源网站将全部小区按照价格升序排列，选取前20%～40%，获得该城市中低价小区。

以上两部分工作可结合互联网展开，也是参与项目研究的学生相对熟悉的方法。

获得分布模式：将得到的中低价小区与城市主要交通路线图叠加获得中低价小区分布图；根据此图分析其规律，抽象得到中低价住区分布模式图。

待比较研究的样本：再从中低价小区中找出除交通

因素外其他各主要因素一致或相似的样本小区若干，即筛选出可待下一步研究比较的中低价住宅小区作为最终的样本池。

交通便利性要素量化：交通便利性与耗资和耗时存在一定函数关系，即交通便利性＝f（交通耗资，交通耗时），这需要将耗时转化为金钱衡量的要素。在交通经济学中提出交通耗时为机会成本的一种，以出行者为了节约耗费在交通上的时间所愿意支付的成本衡量。由于国内这类数据大规模调查的缺乏和较差的数据开源性，这里选用美国交通部（USDOT）2000年提供的数据为例，地面交通每小时价值＄10.60～＄21.20，城际交通每小时价值＄14.80～＄21.20[1]。本文借助stata软件得到交通耗时与成本之间的转换系数。

2 课题展开与进行：中低价住区分布模式规律初步

本部分在该项目的前期研究中做过探讨，先由初次接触的研究者熟悉前期研究中所得到的结果。接下来的课题研究需参与研究者主要探索交通便利性量化的问题。

2.1 课题对象筛选

按照前述方法选出样本池（溧水、高淳、六合，因与主城区缺乏主要的直接联系，故排除在研究之外）。南京市域范围内中低价住区价格区间为0.95～1.38万元/m²，样本数为107个。但由于2015—2016年内南京市房价略有涨幅，而中低价小区一年内变动不大，因此保持挑选出的样本不变，微调中低价住区价格区间。

2.2 分布模式特征分析

观察样本分布，中低价商品住区的分布如下[2]（图1）。

（1）外圈小规模住区聚集区7个；大规模聚集区1个，为大学聚集的浦口新区，具有一定特殊性。

（2）中圈分布7个中等规模住区聚集区，2个小规模聚集区。

（3）内圈基本无集中住区分布。其根本原因在于该地区发展历史久，发展程度高，土地利用度高，导致地价高，不具有建设中低价住区的条件。

（4）中低价住区分布与轨道交通结合紧密，尤其是新建住宅区（如江宁区），因为新规划区域更多的以交通为导向进行发展。

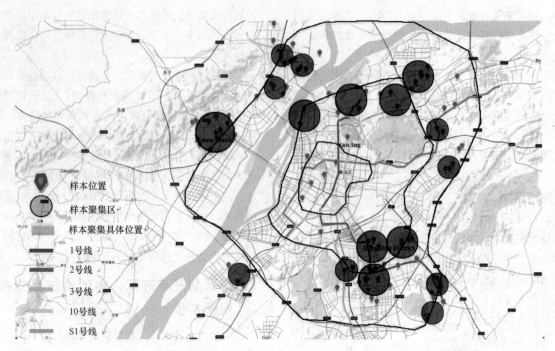

图1　南京中低价商品住区的分布（2015年中旬）

3　课题调研数据规范与使用：交通成本与交通便利性

调研的一手数据和结果通常需要规范与整理，才可在进一步科研中使用；需让参与课题调查研究的学生熟悉这点。为使研究参与学生也有深刻印象，在开始，对

他们如何规范使用这些数据的具体方法未作太多限制，而由他们根据后续研究来尝试，并辅以指导。

3.1　数据规范化

此部分训练研究者对项目目标、任务的熟悉而带来的数据敏感能力。

小区名称 name	建成年代 age	房价 price	物业费 wuyefee	用地面积 area	建筑面积 arch	容积率 rate	建筑密度 density	绿地率 green	交通占地率 transit	停车方式 way	道路宽度 width	户数 household	停车位 parking	交通线路数 metro	紧邻bus bus
江月府	2015	10800	1.6	46262	92024	1.99	0.2	0.38	0.42	地面	5	810	922	1	4
珑璟庭	2013	10000	2.4	6995	12111	1.83	0.2	0.3	0.5	地面	5	76		1	7
上城名苑	2012	12000	1.6	8697	24000	2.7	0.21	0.35	0.44	地面	5		204	1	4
铂金水岸	2009	11000	1.2	17149	51924	3	0.2	0.3		地面+地下	5	603	346	1	5
鸿意万嘉	2012	12200	2.5	18870	45100	2.39	0.2	0.35	0.45	地面+地下	5	164	271	2	4
盛田阳光青	2012	22000	1.5	28288	50918	1.8	0.2	0.5		地下	5	1087	660	1	2
民族公寓	2007	12000	2			5.24		0.35		地面+地下			100	3	11
慕府住园	2006	20896	1.2	110000	188600	1.71	0.2	0.4	0.4	地面	5	1514		1	9
天华硅谷	2014	15752	1.2	302000	600000	1.4	0.2	0.43	0.37	地下	5	2866	3582	1	4
汇天御溪	2012	10800	1.65	185110	97388	2	0.21	0.35	0.44	地面+地下	5	868		1	2
金域华府	2015	11000	1.9	110000	330000	2.4	0.2	0.36	0.44	地下	8		1883	1	10
中粮彩云居	2012	13200	1.2	43867	103335	1.7	0.2	0.45		地下	5	1087	660	1	6
钟山晶典	2009	10000	1.5	89610	233890	2.61	0.2	0.38	0.42	地下	5	2097		2	1
锁金一村	1986	17000	0.5			1.84	0.34	0.36	0.3	地面	4	324		1	15
锁金二村	1990	19000	10			1.8	0.247	0.2	0.346	地面	6	1030		1	15
锁金三村	1991	21000	0.3			1.6	0.229	0.3	0.161	地面	6	668		1	15
锁金四村	1980	18000				1.4	0.209	0.401	0.39	地面	6	1414	300	1	15
盛世公馆	2012	12000	2.4	11909	35372	2.97	0.22	0.25	0.43	地面+地下	5		162	2	8

图2　原始汇总数据

基于原始汇总数据，去除具有特殊原因的住居，得到剩余17个中低价住区（图2）。在考虑建立交通便利性函数模型之前，首先作出如下假设：

（1）影响选择自行车、电动车或是私家车出行的主要因素已包含在与市中心的距离中；例如，若出行始发点距离市中心较远，很少有出行者会选择步行或非机动车。

（2）小区的基本设施条件通过容积率和绿地率来

展现。

上述两个假设是具有一定合理性的。一方面由于本文主要思考交通便利性对于房价的影响，因此需要尽可能减少相关性较小的因素；另一方面所选中低价住区样本数据部分出现暂缺的情况，若将全部调查数据包含，模型建立将很难继续。

基于上述假设将数据做出如下规范化整理（图3）：

390

| 小区名称 | 建成年代 | 房价 | 容积率 | 绿地率 | 交通线路数 | 紧邻bus | 到市中心距离 | 轨道交通价 | bus耗资 | 耗资 |
name	age	price	rate	green	metro	bus	distance	metro_pri	bus_pri	cost
江月府	2015	10800	1.99	0.38	1	4	16.7	4	4	4
珑璟庭	2013	10000	1.83	0.3	1	7	18	4	4	4
上城名苑	2012	12000	2.7	0.35	1	4	11.3	4	4	4
铂金水岸	2009	11000	3	0.3	1	5	15.5	3	4	3.5
鸿意万嘉	2012	12200	2.39	0.35	2	4	20.9	6	4	5
金盛田阳光	2012	22000	1.8	0.3	1	2	22.3	4	5	4.5
幕府佳园	2006	20896	1.71	0.4	1	9	19.8	2	4	3
天华硅谷	2014	15752	1.4	0.43	1	4	19.8	4	6	5
天正天御湾	2012	10800	2	0.35	1	2	27.9	5	4	4.5
金域华府	2015	11000	2.4	0.36	1	10	27.6	5	4	4.5
中粮彩云居	2012	13200	1.7	0.35	1	6	19.8	4	4	4
钟山晶典	2009	10000	2.61	0.38	2	1	14.2	3	5	4
锁金一村	1986	17000	1.84	0.36	1	15	6.5	2	2	2
锁金二村	1990	19000	1.8	0.2	1	15	6.5	2	2	2
锁金三村	1991	21000	1.6	0.3	1	15	6.5	2	2	2
锁金四村	1980	18000	1.4	0.401	1	15	6.5	2	2	2
盛世公馆	2012	12000	2.97	0.25	2	8	7.1	4	2	3

图3 规范化后数据

3.2 模型建立

模型的建立需要高度抽象能力与适当的数据处理能力，这基于研究者对项目之前部分的熟悉、对先例和书面理论的了解，和较多实践而形成的熟练。本部分工作，即是具体研究者经历在美高校的培训后，采纳美国科研方法的尝试、实践；它可以充分发挥学生们的主观能动性和不拘一格的"创新"思考能力。因此，学生们的积极思维受到肯定和鼓励。

（1）回归分析

本文采取线性回归模型分析以求影响因素的相关性，该分析同样也可以检验对数模型和高次方模型。通过分析可以看出（图4），将影响因素 distance 处理为对数，拟合程度（反映于左上角 R-Square 的值）最高。

```
. reg price rate green ldis
```

Source	SS	df	MS		
				Number of obs =	17
				F(3, 13) =	4.59
Model	1.49997595	3	.499991984	Prob > F =	0.0211
Residual	1.41587436	13	.108913412	R-squared =	0.5144
				Adj R-squared =	0.4024
Total	2.91585032	16	.182240645	Root MSE =	.33002

Source	SS	df	MS		
				Number of obs =	17
				F(3, 13) =	4.51
Model	1.48656491	3	.495521635	Prob > F =	0.0224
Residual	1.42928541	13	.109945032	R-squared =	0.5098
				Adj R-squared =	0.3967
Total	2.91585032	16	.182240645	Root MSE =	.33158

Source	SS	df	MS		
				Number of obs =	17
				F(3, 13) =	4.41
Model	1.47081387	3	.49027129	Prob > F =	0.0239
Residual	1.44503644	13	.11115665	R-squared =	0.5044
				Adj R-squared =	0.3901
Total	2.91585032	16	.182240645	Root MSE =	.3334

图4 三种模型（依次为对数、线性、高次方）的拟合结果

最终本文选取房价（即 price）为被影响量，表征前文所述机会成本，并将中低价住区的建设投入（如住区设计等）和交通便利性（如公共交通）考虑在内。

之所以未将交通耗资放入模型是考虑到①交通耗资本身的估量单位即为金钱，不需再将其量化；②耗资本身与距离高度线性相关，而线性回归要求自变量本身无线性关系。

(2) 模型分析

Source	SS	df	MS		
Model	1.58569949	5	.317139898		
Residual	1.33015083	11	.120922802		
Total	2.91585032	16	.182240645		

Number of obs =	17
F(5, 11) =	2.62
Prob > F =	0.0848
R-squared =	0.5438
Adj R-squared =	0.3365
Root MSE =	.34774

price	Coef.	Std. Err.	t	P>|t|	[95% Conf. Interval]	
rate	-.5728659	.2205635	-2.60	0.025	-1.058323	-.0874089
green	-1.693339	1.796144	-0.94	0.366	-5.646624	2.259946
ldis	-.1450687	.2539175	-0.57	0.579	-.7039374	.4138001
metro	.0990366	.1237021	0.80	0.440	-.17323	.3713031
bus	.010776	.0299523	0.36	0.726	-.0551486	.0767005
_cons	3.359138	1.264151	2.66	0.022	.5767607	6.141516

图5　模型及参数

得到模型（图5）：price＝－0.573rate－1.69green－0.145ldis＋0.0990metro＋0.011bus＋3.36（price 为中低价住区房价，rate 和 green 分别代表容积率和绿化率，ldis 为该住区与市中心距离的对数数值，metro 和 bus 分别代表该住区附近地铁线和公交线数量）

1) 样本池包含17组样本，样本量较小，R^2 为0.5411，其越接近1说明样本拟合程度越好。该样本拟合程度一般。

2) 各个影响因素变量对于模型的显著系数 p 值均没有小于0.05，但从建模的合理性的角度考虑，仍然保留这些变量作为影响因素。

3) 容积率和绿化率与房价负相关，即容积率越大，绿化率越高，房价反而越低。这体现中低价住区一般缺乏建筑上的设计和组织，且住户数量密集。比较有趣的是当绿化率增大时，房价反而降低。本文认为合理的解释在于，绿化率受所在区位的限制等因素影响，所反映的不仅仅是住区环境质量这一因素，一定意义上还反映了住区所属城市的圈层。绿化率越高，一定程度上或许代表所属的圈层越远离市中心。

4) 与市中心的距离与房价负相关（图6），轨道交通和公交车数量与房价正相关，与市中心距离越远，房价越低；而公共交通出行选择余地越大，房价反而增长。

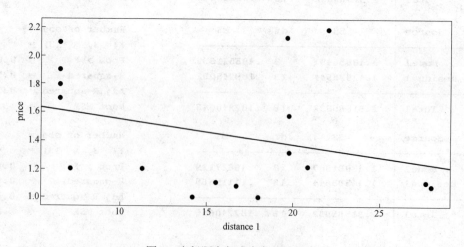

图6　出行距离与成本负相关关系

（3）精确度分析

线性模型拟合度一般，主要原因在于样本量过小且数据质量一般。但本文所追求的并不是数据百分之百的准确度和拟合性，而是期望通过这些数据能够得出交通便利性如何影响交通的机会成本的大致规律，从而达到的研究目的，因此该模型具有其价值。

4 课题教研小结

课题引入了函数，并基于南京为案例进行推导，在指导与被指导双方较充分的讨论、解惑后获得了初步函数式。

由于研究的进行由具体的人进行，对象是具体鲜活的城市，其丰富变化的同时，也带来有别于自然科学对象的缺憾。

4.1 教学方面

调查者的不足：另一方面进行一定规模的问卷调查所需时间段往往比较集中，由于进行该项目实地调查人员多为在校学生，实施起来较为困难。

调查对象的不足：调查居民收入的难度较大，一方面往往中低价住区居民极其不愿意将个人收入信息透露给调查者。

数据的不足：与 2015 年数据相比，多个小区由于纳入地铁线规划范围，房价有所上涨，加之南京市整体房价持续上涨，中低价住区价格区间有所漂移。

4.2 研究方面

（1）交通便利性与房价具有一定的线性关系，公共交通设施对于中低价住区有明显的集聚效应，且中低价住区大多分布在外部圈层，对公共交通依赖度更高。

得到模型：$price = -0.573rate - 1.69green - 0.145ldis + 0.0990metro + 0.011bus + 3.36$（price 为中低价住区房价，rate 和 green 分别代表容积率和绿化率，ldis 为该住区与市中心距离的对数数值，metro 和 bus 分别代表该住区附近地铁线和公交线数量）

（2）中低价住区到市中心的耗时大多在 30 分钟到 60 分钟之间，并且中低价小区围绕地铁站大致分布在 1km 范围内，即步行 10 分钟内；值得注意的是，有数量不多的中低价住区分布在南京市的老城区，但由于区位条件的改善，该部分住区已逐渐脱离中低价住区的区间范围，这作为特殊情况考虑。

（3）模型一定程度上体现了交通导向的城市发展模式（TOD），公共交通（尤其是轨道交通）向城市外围延伸，带来居民和小部分商业活动，公交站点分布在居民十分钟步行（ten-minute walk）距离范围内，加之地价低廉而使得这一片区域成为中低价住区布置的理想地点。然而，随着公共交通建设力度加大，城市外围空间若像欧美等国家与市中心发展程度差距缩小甚至反超，中低价中区将回到老的城市中心。虽然本文并不认为中国会在短期内遭遇这一问题，但是针对目前如何整理老城区土地利用的问题，应当适当考虑到未来的这一趋势，为住区的更新留下足够的空间和余地。

参考文献

［1］ Dr. Kara Kockelman，T. Donna Chen，Dr. Katie Larsen，etc. THE ECONOMICS OF TRANSPORTATION SYSTEMS：A REFERENCE FOR PRACTITIONERS［M］. Austin：University of Texas at Austin，2014：Chapter 1. Costs and Benefits of Transportation，13-14.

［2］ 吕正音，施一峰，高典等. 城市中低价住宅小区关于轨道交通的分布模式的初步研究——以南京、杭州为例. 2015 全国建筑教育学术研讨会论文集［C］. 北京：中国建筑工业出版社，2015：545-549.

张姗姗　白晓霞　白小鹏

哈尔滨工业大学建筑学院；zhangshanshan@hit.edu.cn

Zhang Shanshan　Bai Xiaoxia　Bai Xiaopeng

Harbin Institute of Technology，School of Architecture

面向社会需求的专业教育模式探索
——"医疗建筑与环境"教学研究

Exploration of Professional Education Mode for Society-oriented Healthcare Architecture & Environment

摘　要：本文由我国医疗建筑设计人才的迫切需求出发，对哈尔滨工业大学"医疗建筑与环境"专项教育的教学模式进行介绍性分析，旨在推动本土医疗建筑设计人才的培养。该项目是一个贯穿本科-硕士-博士的多层级教学体系，针对不同阶段教育的目标定位选用不同教学方法，并结合医疗建筑的发展不断进行更新。教学过程尤其注重医疗建筑项目的特殊性进行培训、研究性设计意识的培养、理论与实践的结合。

关键词：教育模式，教学研究，医疗建筑，医疗环境

Abstract：Proceeding from the urgent needs of healthcare architecture designers, this paper gives an introductory analysis of Professional Education Mode at Harbin Institute of Technology, and aims to promoting the education of local healthcare architecture designers. This Project is a multi-level teaching system which runs through the undergraduate to PhD students, and different stages with different education goals and teaching methods, and it is also a constantly updated teaching system based on the development of healthcare architecture. In particular, it pays attention to the special nature of healthcare project, cultivation of consciousness about research-design and the combination between theory and practice.

Keywords：Education Mode, Teaching Research, Healthcare Architecture, Healthcare Environment

1　医疗建筑教育的社会需求

医疗建筑具有功能复杂、发展迅速、使用人群多样、社会敏感度高等一些列特点，是公共建筑类型中最复杂的建筑。我国医疗建筑目前的建设量和建设速度均居世界第一，但医疗建筑的设计建造水平与发达国家相比仍有一定差距。随着经济的发展和人们对于医疗服务需求的提升，且在未来仍有很大的建设需求。真正懂医院建筑的设计师应当在建筑学和医学领域均有所涉猎，不仅听取医护人员的意见更能有前瞻性的引导院方的意见，然而具备这种能力的设计师在我国少之又少。国外医院建筑的设计多是由接受过专项培训的医疗建筑设计人员完成，我国绝大多数岗位的建筑师很少或者并未受到过关于医疗建筑设计的专项教育，更多的是在工作的经验中摸索着设计，甚至是在非常草率和缺乏依据的条件下完成的，这样的设计基础和设计方式难免为后期使用留下许多遗憾，不得不说医院使用中的大量空间环境问题与设计过程密切相关。既懂建筑又懂医院的人才极少，甚至真正懂得如何在医院项目中进行循证设计的人员都非常缺乏，因此我国的医疗建筑市场对专业设计人

员和理论研究人才的需求十分迫切。医疗建筑作为建筑设计当中的一类独特项目，相关建筑教育起步相对较晚，目前中国具有代表性的建筑院校当中开设相关课程的仍较少。医疗建筑作为功能复杂、要求最高的建筑类型之一，建筑师更应精益求精，相关的专项建筑教育亟待加强，培养我国本土的医疗建筑设计师十分必要。

2　哈尔滨工业大学医疗建筑与环境教学研究项目介绍

2.1　项目背景

哈尔滨工业大学医疗建筑教学研究项目最早始于20世纪80年代，由智益春教授和宿百昌教授开创，他们是中国大陆最早进行 ICU 和洁净手术室设计研究的一批人员。开创初期主要以研究生教学为主，呈现了一批中国早期的医疗建筑领域的研究论文。2006年，张姗姗教授依据其多年的理论研究基础和医疗建筑创作经验，依托"哈尔滨工业大学公共建筑与环境研究所"正式确立了医疗建筑与环境教学研究项目，将教学、科研、实践三位一体的综合形式贯穿于建筑学教育的多个层面。

2.2　教学培养计划介绍

医疗建筑设计从基础学习到深入研究所包含的内容既复杂又庞大，要完整学习需要大量的时间，因此我们依据不同的学生群体设置不同的教学目标和教育深度，而每个层面的教学又是由医疗建筑设计研究的专业内容和相关设计研究方法学习两部分组成。

（1）本科生层面

针对本科室的医疗建筑教学重点在于专业知识的拓展和医疗建筑发展及设计研究兴趣的激发，达到知道医疗建筑"是什么"的阶段，通过对医疗建筑的基本学习了解此类建筑的国际前沿发展，并借此契机学习如何处理类似复杂功能建筑的设计方法和基本素养。本科毕业生的最终动向绝大多数是走向设计岗位，并不要求他们在有限的时间内记住太多的关于医院的专业内容，重点在于帮其建立医疗建筑设计的一些理念，了解医院设计的重点、了解医院设计的基本方法，使其在日后工作中如果有机会接触此类工程知道如何去收集和正确使用已有的最佳的研究成果。本科生的医疗建筑课程持续四周时间，课程内容包括教授讲课（图1）、设计师讲解（图2）和医院参观三部分内容，每个学生最终以研究报告的形式取得结课成绩。报告的内容要求学生完成"四个一"工程，即读一本医院建筑设计相关的书籍、

分析一个发达国家最新的医院建筑设计案例、实地调研体会一个当地的医院建筑、阅读综合医院建筑设计规范。通过以上四方面的回顾和综述达到医疗建筑教学的普及作用。

图1　医疗建筑基础知识授课

图2　HKS医疗建筑设计师运用模型进行讲解

（2）硕士生层面

重点在于项目实践能力的培养和基础研究的参与，达到知晓医疗建筑"是什么以及为什么"的阶段。医疗建筑与环境的教学研究项目以专项学习为载体，旨在培养相关学生能将其中的设计方法和思维进行灵活转换，形成处理复杂功能建筑的综合能力。硕士研究生在本项目中的参与时间长达两年半，因此要求他们进行更深入的医疗建筑专项学习，通过阅读、调研、实践等环节达到熟悉医疗建筑功能流线等内容，并在导师指导下进行至少一项较为完整的医院建筑项目实践。例如近年来本项目学生参与的实践项目有哈尔滨道理区疾控中心（图3）、滨海新区公共卫生服务机构社区卫生服务中心（图4）、平山医院（图5）、牡丹江中医院、威海新城医院规划及建筑方案设计等。学生参与真实医疗建筑实践项目的机会比较难得，因此我们会尽可能的根据项目实施条件争取多种可能的医疗建筑相关项目。如果出现缺乏适宜的真实医疗建筑项目的情况，我们会通过组织学生

参加国际医疗建筑设计竞赛的形式来代替，例如2015年医疗建筑项目组学生参加了世界建筑师协会公共健康组组织的移动式传染病防护单元设计，并取得了学生组全球第四名的成绩。此外，参与医疗建筑与环境项目的学生多数在医疗建筑这个方向中选择自己感兴趣的相关题目进行深入研究，并据此完成学位论文，例如针对医疗建筑中的局部功能、类型化的设计、流线设计、医院建筑具体属性研究等不同方向，近年来本项目完成的硕士学位论文成果如表1。

图3　实践项目1——哈尔滨道理区疾控中心

图4　实践项目2——滨海新区公共
服务机构社区卫生服务中心

图5　实践项目3——平山医院

哈尔滨工业大学医疗建筑与环境项目
相关硕士学位论文成果汇总　　表1

学生姓名	学位论文研究方向
蒋伊琳	数字化技术辅助下的医院建筑设计方法研究
党锐	新医学模式下的医院康复景观设计研究
白晓霞	医院建筑空间系统的功能效率研究
郝飞	社区卫生服务中心功能配置设计研究
刘涛	基于绿色医院评价标准的寒地医院节能设计研究
孙黎明	医疗联盟模式下医院建筑设计研究
张晓明	基于人群模拟的医院住院部疏散安全研究
孔哲	新健康观念下当代妇产医院建筑设计研究
齐奕	基于防控体系的传染病医院设计策略研究
董旭	应对紧急医疗卫生事件的老年护理中心设计研究
王昭	基于成本控制的综合医院建筑设计对策研究
裴立东	基于行为心理分析的精神卫生中心设计对策研究
马玉林	基于医疗资源合理配置的康复中心设计研究
赵秀杰	一站式服务模式下的医院门诊空间设计对策研究
张宇飞	应对突发公共卫生事件的综合医院急教中心设计研究
张宇	基于新医学模式的儿童医疗环境设计研究
田浩	医院建筑急诊空间人性化设计研究
张佳	新医学模式下的医院公共空间设计对策研究
侯昌印	疾病预防控制中心设计研究

（3）博士生层面

重点在于科研能力的培养，其深度不仅仅是现有医疗建筑"是什么以及为什么"，更重要的是探索"应该是什么"。研究范围不仅局限在医疗建筑本体设计，同时向宏观和微观双向拓展，既关注我国医疗大环境建设、也关注医院微环境控制的技术内容研究。本项目组博士研究生的研究时间一般为5年，具体的培养形式包括：医疗建筑课程学习、境内外交换学习、医疗建筑项目实践、医院实地调研、论文写作等内容，其培养要求和研究深度远大于前边两项。项目组博士研究生大多以中国医疗建设当中的热点关注问题或结合项目组所承担的国家自然科学基金开展博士论文研究，研究课题大多为三类：医院建筑发展综合性问题的研究、医院功能类型化的设计研究和医院建设具体措施的技术性研究。目前在研的博士课题如：防控突发性传染病的医疗建筑网络结构研究、防控突发性传染病的医疗建筑网络评价体系研究、基于效率优化的医院建筑空间模式研究、基于医疗安全的医院建筑空间环境风险控制研究、转换医学中心设计研究等内容。

3　关于医疗建筑的教学思考

本项目在学生培养的定位中的除了具体的医院建筑相关内容，更重要的是培养学生学会思考处理复杂功能建筑的方法。在本科生教学当中的内容多以教师为主导，而研究生的学习尤其是博士研究生大量的任务需要自己进行探索，因此除了建筑学科常用研究方法的课程学习之外，项目组必须对医院建筑与环境研究的独特性多加关注。

3.1 医院建筑与环境研究的特殊性培训

不同国家对于医院调研的审批程序和严格程度是不一样的。原则上讲任何涉及到"人"的调查研究都应该经过伦理审批程序（例如美国），但目前中国建筑学研究的现状并没有完全遵守，而是处于深层调研官方审批与浅层调研私下沟通的混合状态。医院的特殊性在于人群的行为心理均十分敏感，引发争议的风险也非常高，因此学生无论是通过哪种方式介入必须对其中所涉及的权益问题十分重视，以避免因此对相关医患人员造成反感甚至其他不良影响。在这里我们也呼吁中国的建筑学教育（不仅仅是医疗建筑教育）应当进一步加强对学生科研伦理知识的教学。中国社会是一个人情社会，医疗建筑项目的部分调研如果没有内部"熟人"的配合与帮忙很难完成。那么在这种人情社会的沟通当中所需要的谈话技巧、观察方式、现状记录、数据采样等必须不同于其他公共建筑。医院建筑与环境研究必须重视实地调研，无论是本科、硕士生还是博士生，在培养中都不同程度的融入了实地调研环节。本科生是通过2~3天当地医院建筑的现场体会了解基本流线、布局、氛围等，硕士生结合自己的研究内容一般为1~3个月的不定期调研，而博士研究生因研究深度的要求，调研过程一般要6~12个月不定期进行，所涉及的调研深度更大、调研范围更广。调研技巧及研究特殊性培训大多以内部培训的形式在研究所内开展。例如无论是已经过审批的还是私下征得管理人员同意，调研过程必须避免对医疗行为的干扰，学生绝不可以在未经医生同意的情况下私自联系患者；医院的许多场合不宜拍照，学生必须选择其他的速记速写方式来代替，并在现场调研之前做足功课；对医护人员的访谈选择适宜的时间地点，借用熟人关系在工作结束或者休息时间中完成等等。

3.2 "研究性"设计意识的培养

医疗建筑设计随着医学发展、医疗技术、建筑科技发展等不断更新，同时也因地域文化、医疗模式的不同而不同，在这个信息化的时代，医院建筑设计教学绝非单纯记忆式的对已有模式的学习，更重要的是掌握影响这些变化的内在动力和作用机理。因此医疗建筑教学中应当培养学生对国际前沿医疗技术、建筑科技、最新动

向的持续跟踪的能力，保持敏锐的洞察力，在日后的设计中养成"研究性"设计意识和习惯，从而保证医院建筑设计的前瞻性。在日常的教学中，项目组积极与相关专业进行跨学科合作，使学生能够在医疗、结构、材料等跨学科的沟通中对医院建筑有更全面的掌握。中国正处在医院建设的高峰期，在向国际先进设计理念学习的同时必须结合中国医疗体系的现状，因此结合中国国情培养本土的医疗建筑的研究性设计人才十分必要。

3.3 校企联合架起理论与实践的链接

校企联合的重要意义在于作为经常性的实践教学基地为教育提供各种创新的鉴证平台，同时能够将目前工程实践中的最新问题反馈给高校。哈工大医疗建筑与环境项目组为了进一步推进实践和理论的结合，与美国HKS上海医疗建筑部建立了建筑师实习基地，从而使相关学生能够更贴切的体会医疗建筑实践创作过程中的处理方法，也能够在更为国际化的平台上拓展实践内容及进行交流学习。在教学过程中，HKS的设计师也会走入课堂，与大学教师共同探讨医疗建筑设计的最新动态。

4 结语

哈工大医疗建筑与环境项目经过十年的发展建立了自身完整的教学科研体系，致力于应对庞大复杂医疗设施建设需求，推动中国的医疗建筑的设计，培养本土医疗建筑设计师，促进医疗建筑研究成果在国际平台交流。医疗建筑教育在中国的起步较晚，目前医疗建筑设计研究的专业人员数量仍相对较少，希望有更多的专家学者共同关注医疗建筑教育。

参考文献

[1] 乔治·J·曼恩. 郭岩（译）. 朱雪梅（校对）. 美国德克萨斯A&M大学健康建筑项目研究. 城市建筑 [J]. 2008：39-40.

[2] 大卫·艾利森. 克莱姆森大学医疗建筑研究生项目. 城市建筑 [J]. 2009：31-34.

[3] 李郁葱. 比利时鲁汶大学医疗建筑教学研究及实践——合理化设计、中国医院和Meditex体系. 城市建筑 [J]. 2008：33-36.

[4] 罗纳德·斯卡格斯，约瑟夫·斯普拉格，乔治·曼恩. 美国德克萨斯A&M大学"健康建筑"项目的亚洲实践. 城市建筑 [J]. 2009. 07：41-45.

薛名辉　张姗姗　李燎原　王苗苗
哈尔滨工业大学建筑学院；minghui1220@126.com
Xue Minghui　Zhang Shanshan　Li Liaoyuan　Wang Miaomiao
School of architecture，Harbin Institute of Technology

新理性主义介入下的社区空间类型化设计教学研究
——哈尔滨工业大学建筑学专业"后城市时代下的社区设计"专题工作坊

Researches on Community Type Design Teaching under Neo-Rationalism
——Workshop of "Community Design in Post Urban Age" in School of Architecture of Harbin Institute of Technology

摘　要：新理性主义是一种强调设计中的理性和情感、抽象和历史进行结合的理论，提倡从"原型"出发，拓展"类型"与"型式"的结构有序的设计步骤；与建筑设计教学有着很好的契合度。本文以哈工大建筑学专业"后城市时代下的社区设计"专题工作坊为例，对新理性主义介入下的社区空间类型化设计教学进行了研究与阐释，发展出了以原型挖掘、类型拓展、型式重构为核心的教学模式；旨在教学中建构设计逻辑、理性创新和人本关怀的统一。

关键词：关键词：新理性主义，生活空间，空间类型化，设计教学

Abstract：Neo-Rationalism is a theory which pays special attention to the combination of sense and sensibility as well as abstract and history. It starts from the the "prototype" view, expands the structural design steps of "type" and "shape". Besides, it has a very good fit with architecture design education. This paper takes the workshop of "Community design in post urban age" in Dept. Architecture of Harbin Institute of Technology as an example. Then it explains and researches the community type design teaching under Neo-Rationalism. It develops the teaching mode of digging prototype, expanding types and reconstructing types. This aims at building the unity of construct logic design, innovation and human rationality.

Keywords：Neo-Rationalism, Living space, Space typed, Design teaching

"人们为了活着，聚集于城市；为了生活得更好，居留于城市"。

——亚里士多德

城市，自诞生以来，就是人类美好生活的高级体现，其所拥有的财富、安全、健康、教育等各种优越条件吸引着大量的人们；城市化进程也成为了评价一个国家或地区发达程度的重要指标。近年来，中国一些大城市的城市化进程明显放缓，提前进入"后城市时代"；当时兴建的大量住区也都步入"中年"，几十年的积淀下来，社区认同感逐步加强，但"亚健康"问题也不容小觑：空间活力不足，基础设施破败，自然景观与文化特色等缺位。于是，如何优化住区生活空间、营造创意生活方式、激活住区活力，成为了社区更新中迫切需要解决的问题。

2016年3月，哈工大建筑学院建筑系师生与

"MAT超级建筑"的建筑师组成设计团队，以"社区引力波——后城市时代的社区设计"为题，针对北京市朝阳区奥体中心周边的慧忠里社区开展多专业、跨单位的联合设计。期间，尝试介入"新理性主义"，并以社区生活空间的类型化设计为切入点，旨在有效整合设计教学和设计实践的关系，体现教学的研究性与实践的参与性。

1 新理性主义与建筑设计教学

新理性主义承袭19世纪20年代发源于意大利的理性主义，其主要特征是将设计中的理性和情感、抽象和历史进行结合。阿尔多·罗西和克里尔兄弟是该流派的代表人物，他们积极尝试从传统建筑中探索恒久不变的建筑的原型，认为城市更新必须从历史中寻找范例[1]。而在实践上，新理性主义者有着独树一帜且经久不衰的方法，即从"原型—类型—型式"的一系列结构有序的具体步骤：将城市看作完全独立的整体，并可分解为"原型"以进行重构和重组。据此，对特定"原型"进行相关描述与限定，并选取其中典型单项进行概括、抽象；然后在对应领域中进行衍化，发展出超越个别性的"类型"，以达到对"历史"等因素总结的目的；最后是结合现实需要所进行的转译——将"原型"或"类型"在新语境下组装拼接，形成新的具体的"型式"，也就是空间的具体呈现，从而实现"从过去的存在中继承意义"[2]。

于是，这样的实践过程，就与建筑设计教学有了可以充分契合的点（图1）：

（1）在城市中发现并抽取"原型"，发展到"类型"，最终走向"型式"，因应着设计思维的逻辑，即从"具象"到"抽象"并衍生到新的"具象"。

（2）面向丰富多彩的社区生活空间，从"原型"出发，可以充分摒弃空间认知中的干扰因素，发现生活背后的空间问题；而从"原型"到"类型"，则体现了对空间问题的分析与总结；而最终让"类型"走向"型式"化，也不失为一条解决社区空间问题，重塑社区生活品质的有效途径。

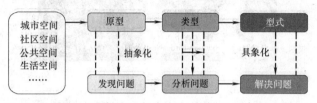

图1　新理性主义与建筑设计教学的契合点

2 新理性主义介入下的社区空间更新教学设计

北京市朝阳区大屯街道慧忠里社区，位于北京北四环外，北辰东路东侧，与奥林匹克公园及鸟巢仅一路之隔。主体的第一社区建成于20世纪90年代，占地面积约1.9万m²，共有居民楼27栋（图2）。该社区是北京城市化进程中"中年"社区的一个典型，处于复杂而多变的城市环境中，基础设施不够完善，小区空间老旧暗淡，已无法承载当今生活使用需求，亟待进行环境品质提升，空间功能转型，创意生活营造。

面对这样的设计对象，教学中介入新理性主义的相关理念与方法，制定了以社区空间类型化为核心的教学设计（表1）。依据这样的教学设计，6组学生在社区中细致调研后，锁定社区内六处代表着公共生活的空间，挖掘空间原型，并进行类型拓展，生成设计概念，重构空间型式，进而整理出提出特定的更新策略与空间营造方式，旨在创造出和谐愉悦、活力四射的社区公共空间（图3）。

慧忠里社区空间更新教学设计　　　　　　　　　　　　　　表1

设计目标	提升	更新原有社区空间，提高生活品质					
	整合	挖掘塑造特色空间，凝练社区文化					
	创新	植入创新功能空间，社区持续发展					
教学目标	逻辑	使学生掌握一套结构有序的从空间研究到空间生成的理性、逻辑的设计过程					
	创意	学习用创意改变空间的方法及手段，开拓学生的设计思维					
	人文	在细致的生活空间梳理之中，把握时间、空间的故事性，促进人文关怀的养成					
教学过程	组别	1	2	3	4	5	6
	区域	社区与道路间边缘空间	单元楼宅前空间	社区儿童活动空间	社区单元楼前小广场	社区菜市场	社区组团自行车棚
	原型挖掘	剖面原型	平面原型	儿童行为空间原型	老年行为空间原型	菜市场售卖模式原型	社区创意空间原型
	类型拓展	新空间介入	空间生活机能重新整合	补充儿童行为空间	重组老年生活空间	市场售卖空间衍生	创意空间参与式生成
	型式概念	界入	圈地运动	散落的七巧板	社区拼图	MAKET+	社区森林

图 2　慧忠里社区区位

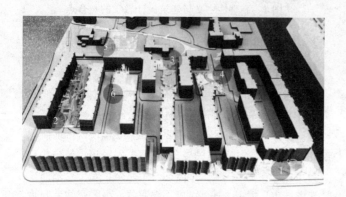

图 3　社区空间更新设计模型

3　社区生活类型化下的教学实践

3.1　原型挖掘：化整体为零

在新理性主义下，城市被描述为众多具有意义的和

被认同的事物的聚集体，从城市集体记忆中发掘和找寻不同时代不同地点的特定生活关联体，是尊重历史、延续记忆、发展永恒性的前提[3]。

本次设计教学中，设计团队能否精准、全面的"找寻特定生活关联体"至关重要，是设计能否顺利开展的第一步，也是锻炼学生资料收集能力与空间观察敏锐度的关键环节。值得欣喜的是，6组学生在"社区发现"的环节中各显神通，在短短3天的调研时间内，与社区民众充分交流，针对社区中各类型人群、矛盾胶着点、空间场域等进行了针对性的探索、分析、总结，"化整为零"式的发展出了相对应的"空间原型"。

如"圈地运动"设计组抓住单元楼宅前空间多样性特征，并以此作为研究对象，筛选出停车、晾晒、休闲、种植、堆物等15类典型生活空间场景，总结、分析其共通性与差异性，挖掘出12类住宅单元门前空间场景原型（图4）。"散落的七巧板"设计组调研分析了慧忠里社区儿童年龄层次与活动时间及活动地点的关联性，据此总结出儿童生活、学习、游戏的典型"空间-时间"关系表，并在此基础上发掘出24种不同年龄层次的儿童生活空间场景原型（图5）。"社区森林"设计组则针对社区活动场地欠缺问题，以激活住区沉寂空间为目的，以社区居民行为对于空间限定程度的要求为前提，提炼出诸如交流活动、运动健身、学习工作、休闲娱乐等18类空间场景原型（图6）。

3.2　类型拓展：发展与超越

如果说将类型学原型及简单生活场景转换为建筑语

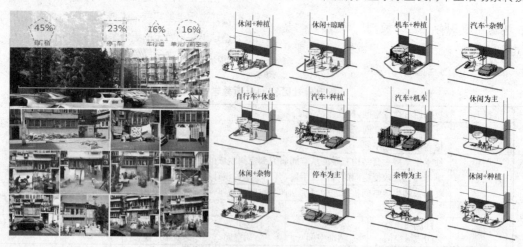

图 4　住宅单元门前空间场景原型

言的理解仅仅是"基本代码收集"环节，那么对原型进行拓展（即"创造性的过程"）才是核心[4]。本次设计教学中特意强化了学生进对"原型"类型化拓展的引

导，培养学生研究、整合的能力。学生在进行抽象加工的过程中引入诸如平面构成类型化、垂直分布类型化、空间场景类型化、人体尺度类型化、模数化等筛选逻辑

将"原型"类别进行拓展处理。

"圈地运动"设计小组在宅前空间"原型"的基础上，通过平面构成类型化和垂直分布类型化总结出宅前空间利用的六种主要功能类型，依照慧忠里住区居民的使用方式抽象出 12 种平面空间组合模式，进一步结合 3 维空间利用方式，发展出 12 种宅前空间单体"类型"（图 7）。"MARKET＋"设计小组则采用模数化方法，在分析菜市场功能类型原型的基础上，结合功能植入需要及场地尺度限制，发展出基于模数化设计的 22 种摊位空间单体类型（图 8）。

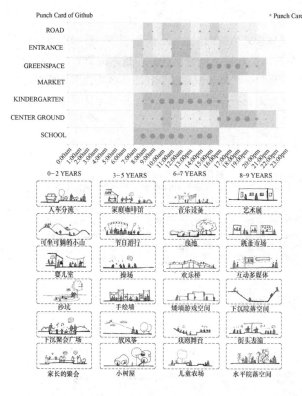

图 5 儿童生活空间场景原型

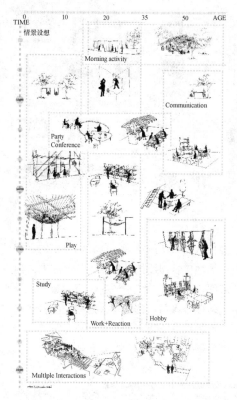

图 6 基于住户活动的空间场景原型

3.3 型式重构：组装与拼接

在明确"类型"之后，便可以将类型重构为具象的空间"型式"，将抽象的空间表达通过设计转变为更具生活气息的空间场景，进而形成空间更新的策略与创意[5]。该环节受设计者自身知识结构、设计经验、创意能力等因素的综合影响，于是，教学中充分发挥学生的能动性，产生了如复形重构、自生长、剖面延续等创意十足的在新语境下重构的作品。

"MARKET＋"设计小组采用复形重构方法，在摊位单体类型的基础上，将场地按照摊位大小划分模块，确定主要通道秩序后根据各功能块的环境需求划分场

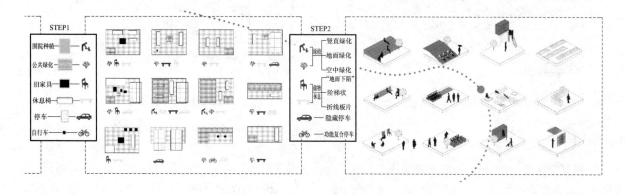

图 7 从平面空间组合模式到空间单体"类型"

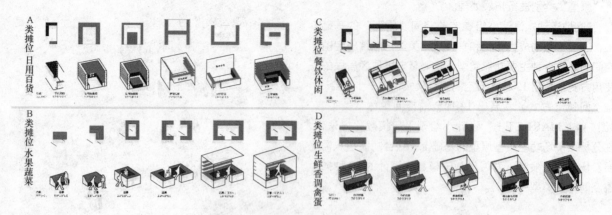

图 8 菜市场摊位空间单体"类型"

地，最后植入公共休闲空间，再将抽象出的不同体块组合安插在场地中，以不同功能摊位的流线方式组织场地内外的流线，产生新的摊位形式。空间层次从原来的单层大空间转变成多层次的小楼板活动空间，各层次空间有不同程度的视线交流（图9～图11）。

"社区森林"设计小组则采用自生长方法，以拓展

的单体模式为基础，通过分析新语境，逐步对场地植入"WIFI柱"、植入局部结构件、植入局部单体、架设水平交通件、依据居民活动调整、根据功能需要拓展等最终实现对自行车棚这种弱活力场所的激活更新（图12～图14）。

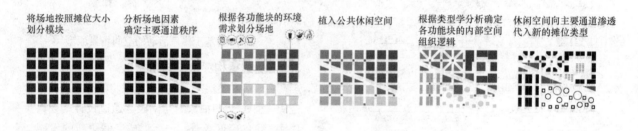

图 9 菜市场摊位空间复形重构过程

图 10 MARKET＋社区市场更新轴侧图

图 11 MARKET＋社区市场更新平面图

4 结语

"一棵树的有趣之处在于，它所形成的各个空间不是隔绝孤立存在的，而是在一种独特的关系中相互连接。散落在不同树枝上的成员可以进行跨越树枝的交

流"。空间的"原型"是一片斑斓的树叶，构成了丰富空间；而不同"类型"的空间则是根根独特的树枝，构成了充满意味的场所；而"型式"盎然的场所则像婀娜的大树，构成社区这样一篇生活的森林……环环相扣，反之亦然。

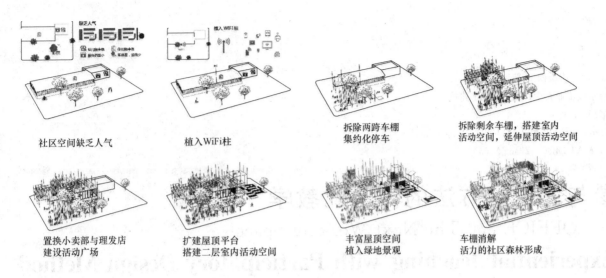

社区空间缺乏人气　　　植入WiFi柱　　　　　拆除两跨车棚　　　　　拆除剩余车棚，搭建室内
　　　　　　　　　　　　　　　　　　　集约化停车　　　　　　活动空间，延伸屋顶活动空间

置换小卖部与理发店　　扩建屋顶平台　　　　　丰富屋顶空间　　　　　车棚消解
建设活动广场　　　　　搭建二层室内活动空间　植入绿地景观　　　　　活力的社区森林形成

图 12　社区创意空间自生长式过程

图 13　"社区森林"轴侧图

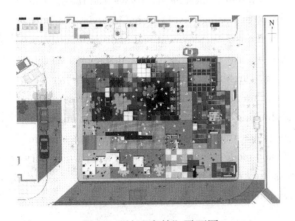

图 14　"社区森林"平面图

而新理性主义介入下的社区空间类型化设计教学，其探索的正是一种引导学生把握设计脉络，追根溯源的方法；一种厘清设计逻辑，理性创新的思维；一种关注社区生活空间，人本主义的素养。

参考文献

［1］ 王涛．理性主义与新理性主义［J］．安徽建筑工业学院学报（自然科学版），2006（06）：99-101.

［2］ 汪丽君，舒平．当代西方建筑类型学的架构解析［J］．建筑学报，2005（8）：18-21.

［3］ 陈曦．阿尔多罗西建筑及思想研究［D］．东南大学硕士学位论文，2000.

［4］ 汪丽君．广义建筑类型学研究［D］．天津大学博士学位论文，2003.

［5］ 拉瓜登顿，贾玲利，杨坤丽．新理性主义在西藏传统建筑继承与发展上的运用［J］．四川建筑，2008，28（4）：40-42.

图片来源

图 1：作者自绘

图 2：Google Maps

图 3：作者拍摄学生作业模型

图 4～图 14：哈尔滨工业大学建筑系 2016 开放式研究型设计课程作业

董健菲[1]　唐康硕[2]　张淼[3]

1 哈尔滨工业大学；2、3 MAT 建筑

Dong Jianfei[1]

1Harbin Institute of Technology　Tang Kangshuo

2、3 MAT Office　Zhang Miao[3]

参与式设计方法的体验式教学
——OFFICE 3.0 The Next Working Space

Experiential Teaching with Participatory Design Method
——OFFICE 3.0 The Next Working Space

摘　要： 本课程首先对现代办公空间进行了历史性梳理，并尝试理解和分析不同阶段不同类型办公建筑，然后带领学生们对北京市内的几种不同类型的当代办公空间进行调查研究，分析每个案例的背景、空间特点和类型、使用状况、产业配置等等方面，并图示分析结果。

作为参与式教学重要手段，课程中植入大量的讲座和研讨课，通过教师与职业建筑师及教师与学生之间的讨论环节，促进学生对问题的认识和思考。通过与受访问创意办公的沟通互动，激发同学们的创造性思维。用完全开放的设计过程鼓励学生自主参与，将主观思考与客观调研相契合，设计紧扣知识生产方式和未来生活模式，故事性和参与性的设计构思，使学生掌握基本的参与式设计方法。

关键词： 参与式设计方法，办公3.0，研讨式教学

Abstract： In this course the first stage is to collect and research the history of modern office space also trying to understand and analyze the different types of office buildings in different stages. Next part we lead the students to investigate several different types of contemporary office space in Beijing city. Do some interview，analysis the background、space layout design、applied situation also the industry deployment and in diagram analysis.

As the important means of this participatory design couse, a great part of lectures and seminars had implanted. Through the discussion from the teachers and professional architects and of link between the teachers and students，students are promoted to awareness of issues and thinking. Through communication，interaction and the access to creative office，stimulate students'creative thinking. This completely open course encourage students to independent participation in design process，corresponds the subjective thinking and objective research，make design work stick to knowledge production mode and mode of future life in story and participatory design conception，Enable students to master the basic participatory design method.

Keywords： Participatory design method，Office 3.0，Disscusion-based Teaching

1 Office 1.0-Office 2.0 现代办公空间的发展历程

现代办公空间自上世纪初出现以来，经历了大空间办公、单元式办公、灵活自由办公、SOHO 和基于互联网的远程办公等一系列办公空间类型。如果借用互联网的发展历程，我们可以将办公空间的发展演变抽象总结为基于效率和管理的 Office 1.0，以及 21 世纪基于网络技术的发展下产生的自由办公和远程协作的 Office2.0。在 Office 2.0 的模式下，室内空间和家具的自由布置、办公区公共空间

的强化、以及基于互联网的远程通信被广泛地运用。

2 参与性教学方法和教学目的

参与式教学法是一种合作式或协作式的教学法，这种方法以学习者为中心，充分应用灵活多样、直观形象的教学手段，鼓励学习者积极参与教学过程，成为其中的积极成分，加强教学者与学习者之间以及学习者与学习者之间的信息交流和反馈，使学习者能深刻地领会和掌握所学知识，并能将这种知识运用到实践中去。为实现其较高的灵活性和适应性，参与式教学法有两种主要形式。一种是正规的参与教学法，另一种是在传统的教学过程中加入参与式教学法的元素。本次教学活动，结合本次设计的设计主题，采用了在传统建筑教学过程中加入参与使教学元素，并作为主要思路。

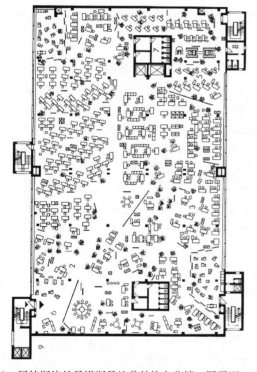

图1　居特斯格的贝塔斯曼施普林格办公楼一层平面，1961

授课过程植入讲座和研讨课，增加教师与学生之间的讨论环节。同时设计了学生与受访问单位SMART联合办公空间，海淀图书城3W创业咖啡、中间艺术区、恒通产业园空间站等的设计人，投资共享者，经营管理者的深入讨论环节，从而使学生在了解真实设计市场设计活动的同时，深入理解投资者意图，设计者设计构思理念及设计实践的问题点和执行手段。

2.1 教学方式：

研讨课（seminar），由本组教师讲授，学生及讨论

设计师参加讨论；

讲座（lecture），由受访学校教授或受访事务所主持建筑师讲授，每场45分钟；

实地调研（field work），由教师带领学生实地参观调研；

工作坊（workshop），与受访学校学生一起就相应课题组织1～2天工作坊；

小组工作（team work），由本组学生进行的组内讨论、绘图和设计工作。

2.2 教学目标：

（1）掌握参与式设计方法　用完全开放的设计过程来积极鼓励学生自主参与，将主观思考与客观调研相契合，使学生掌握基本的参与式设计方法。

（2）拓展多元化学习领域　来拓展学生的历史、社会、心理等多元学习领域，使学生具备多元化的学习能力，以及对所面对问题综合把握的能力。

（3）提升人文性专业涵养　设计过程中让学生亲自调研、感受不同的工作氛围文化，关注不同行业人群，培养学生环境关怀的专业涵养。

（4）锻炼研究型创新能力　倡导研究性的学习以激发学生的学习兴趣，提高学生的创新思维能力；并通过研究型教育，促进对社会热点问题的深层次思考。

3 体验性＋评价性调研思考

在对现代办公空间的历史性梳理和不同阶段建筑类型的理解、总结之后，学生们开始对老师惊喜安排的北京市内的九种不同的当代办公空间（九个实际案例）进行调查研究，分析每个案例的背景、空间类型、使用状况、产业配置等等方面，并用图表的方式可视化分析结果。

3.1 体验性考察

学生对这几类办公空间案例进行实地调研。在调研工作中两人为一组，每组学生选取一个案例作为深入研究的对象。案例记录和分析的方式借鉴日本建筑师塚本由晴的《东京制造》，用抽象的轴测图方式对办公园区/办公空间进行整体性记录，着重发掘其区别于常规办公空间的不同所在并着重表达。于此同时，各组学生还应该对该办公园区/办公空间的企业性质、人员身份构成、工作者的实际需求等一系列现实问题进行观察和分析，并用图表/图解的方式进行呈现。除此之外，每个学生还需要找出一个或几个在调研中观察到的最有趣的点（空间和使用的细节），作为下一步构思的基础。

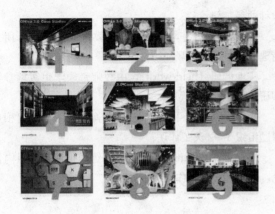

图 2　调研对象

1. 产业链整合的 SMART/你我他联合办公空间；
2. O2O 体验式办公的望京 SOHO 3Q；
3. 互联网创业据点海淀图书城创业办公一条街；
4. 厂房改造而成的文化创意办公园区 77 文创园；
5. 体验式办公豌豆荚软件公司；
6. 工作生活共享的恒通产业园空间站作品；
7. 办公画廊同体的电子城中国 M8 创新孵化器；
8. IT 人士特色办公区奇虎 360；
9. 艺术家 SOHO 工作间中间艺术区艺术家工坊；

9 个各具特点的创意性考察计划，每一站都让人惊喜，让同学们真正理解了题目的 POINT，同学们从开始的拘谨，到后来基本抓住要点，并开始与设计者，甲方投资者口若悬河的提问交流思路，隐约闪耀着成熟建筑师的光环。这种身临其境，直面设计者和使用者、参与者的体验性考察方式极具实效性。整个考察让我们体会到了艺术职业者的充满创意的工作瞬间和独特的表现形式，符合 IT 工作者生理和心理有设计又有生活气息的创意形式，适合具有创业潜力人士，以及可以快速头脑风暴和信息交流的高效创业办公新模式。对于他们的社会认知也很有提升。

3.2　讨论式设计思路

讨论式教学方式，不只是在教学传授环节，由于设计题目本身是一个较新的尝试和概念，同时为了给学生更深的印象和更多的思路，我们在教学初期环节就选择了与相关职业设计师进行讨论式教学。而在方案讨论过程中我们依然是采用讨论的方式。

学生通过实地考察，了解设计元素之后，鼓励学生参考几个调研项目，从社会实现度＋应用可能性＋空间适应性等方面展开设计思考，学生首先理出一个理想的或向往的工作状态，抛开直接与建筑相关的思考。这对于已经习惯于从建筑本体思考的同学们，还是有一定难

度，老师们也不直接抛给他们一个可能性的 POINT，而是分析他们思路的问题点和难点，并提出可能发展的各种可能性。让同学们自己去选择他们喜欢的适合的思路。经过一天的工作，各组同学都找到了他们的兴趣点。

3.3　Fast Experssion _ Collage Show

Collage Show 是一种快速和灵活的表现手法，选择已有方案，通过重新组合，构建希望呈现的方案效果，适合于方案构思推敲阶段的成果表达。表现方式上，同学们表现思路的重点不再是完整的建筑草图和功能爆炸图，而是一个可能的办公建筑的存在状态和存在可能性，及对他们理想工作状态的表现。要是一个能吸引人，也能让自己感动和愉悦的工作状态。

4　OFFICE 3.0 再定义

4.1　概念讨论

当知识生产的方式也由物质生产（material production）转向为更多的非物质生产（immaterial production）时，似乎，集中式生产的办公场所也理所当然由固定空间转向灵活自由的以个人生产为趋势的办公空间。早在 1969 年，奥地利设计师 Hans Hollein 就创造了一个用透明塑料膜限定的"工作泡泡"。泡泡可以放置在室内或者室外的任何场所，它限定的是一个完全个人化的工作空间，采用电子通信与外界联系；与此同时，由于泡泡本身的透明性，物理空间的"内"和"外"被匀质化了。这种激进的思考折射出来的是非物质生产（immaterial production）带给工作空间的可能发展趋势，某种程度上，可以说，网络技术的发达也加速了这种趋势的膨胀。

图 3　Hans Hollein _ mobile office, 1969

另一方面，由于公共空间在当代办公场所的回归和当代混合功能办公建筑的兴起，完全个人化、自由化的

办公趋势遭到质疑。有关个人（individuality）和集体（collectivity）的平衡也仍然在持续，如今，当面对21世纪信息社会的未来，当创意产业、孵化器、云计算等众多新型词汇爆炸式出现之后，新的办公空间将走向何方？

在这种语境下，Office 3.0 的概念于是就自然萌发出来，它不仅仅是语义的（semantic）层面对于未来办公空间的描述，更是植根于对新的生产生活方式下人的行为的思考。Office 3.0 注定是空间的压倒性回归，相对于单纯的生产，它更偏重于协作、相遇、激发和重塑生活。工作空间由适应功能转化为激发新的功能和产业。插入（plug in）和溶合（solvation）是 Office 3.0 作用于现实空间环境的方式。

4.2 不同语境下的 office 3.0 Working Space

通过短期 workshop 的互动，同学们有了对于 office 3.0 Working Space 的更深入和理解，有了紧扣知识生产方式和未来生活模式，故事性和参与性的设计构思，更清楚了设计的目的和要点并出现了令人惊喜的创造性思维。基于对 Office 3.0 的思考，构思出各组个性鲜明的设计主题。

我们选取一个虚拟的 48m×48m×24m 的空间作为方案设计的基地，基地四面为道路，不需要考虑周围的城市环境。每组学生需要根据已经选取的出发点和 scenario 来构思未来办公空间的设计。办公模式和生活模式的创新性与关联性，是贯穿整个设计的思考。方案设计虽然是在虚拟的地段中进行，但是每一个设计基于相同的几个问题：该设计是为哪一类人群设计的办公空间？该办公空间的最本质特征是什么？该设计表达了今后怎样的一种工作和生活模式？

提案一：创业者孵化器 设计者：国建淳 贾鹏

几乎是一夜之间，周围人人开始谈论创业，这是一个全民创业的时代。创业办公区、创业咖啡馆、创业者训练营也如雨后春笋般出现，热情高涨的创业者们在这里相识、结伴、互相激励。针对创业人群初创规模小、灵活性强、临时性大的特点，设计者构思了一种为初创者服务的新型孵化器类型。在孵化器建筑类型成本低、单元化、组合自由的限制条件下，如何能够更好的保证每个创业团体的私密工作空间？又如何能在内界面最大化的创造创业者交流信息和休闲放松的公共空间？

单体间的组合逻辑：在一个创业者聚集的地方，公司的规模在不断变化－扩张或裁员－对办公空间容积的需求常常处于变化中。另一方面，创业初期，公司规模小，一般只有一个核心团队，公司运作常常需要和其他各类公司合作：灵感的碰撞或跨行业的咨询。我们联想到了蜂房－单元的组合体－适于组合和联结。

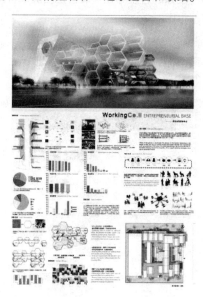

图 4 "创业者孵化器"方案图

提案二："未定义"工作空间 设计者：边宇含 李耕

随着移动终端和云办公模式的逐渐成熟，工作和生活方式也应该回归到更加自然的状态。研究表明，人随着周围的空间环境不同可以灵活调整自身行为模式，从而对所处环境条件进行功能定义，日本建筑师藤本壮介就曾经模拟人在自然洞穴中的行为模式而提出过"初始的未来"的构思。所以这种工作空间不为固定的工位、会议室等房间限定，一种仿佛至身绝对自然的，一个"未定义"的模糊空间将是一种令人浮想联翩的理想状态。

设计者假定一种办公集合点，具有时空的灵活适应性，工作人群不必跨越巨大城市的道路网赶到自己就职的公司。而这样的办公集合点，汇集了不同的人群，不同的职业。办公空间具有较高的适应性，满足不同业态工作人群的不同需求。甚至使用者或业主的行业及数量都随着不同的周期在变化。而这种新的办公模式。将具有居住和办公的集合功能，是一种联合办公的新模式。空间不是由功能定义，而是由人活动的范围和尺度定义。建筑师负责提供使不同性质的活动都可以发生的空间：一人独立办公模式、团队合作模式、公共讲座模式或娱乐模式等等。而由使用者自己选择在哪里活动以及发生怎样的活动。区域和区域之间不去做固定的界面阻隔空间之间的可能性。整个办公空间仅由柱子的疏密和活动导轨下的帷幕去界定空间。使用者不仅有机会与不同行业的从业者产生交流，也可以在其中体会到精神与物理方面的自由。

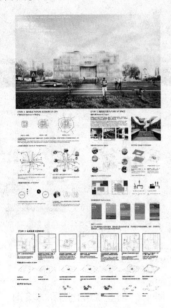

图5 "'未定义'工作空间"方案图

提案三：空中梦想家 设计者：王晴雨 孙嘉琦

对于创意设计和艺术工作者来说，他们的工作大多是在小规模的工作室中发生，其模式相对稳定，一般不会过多受到飞速发展的社会经济状况干扰。然而，如今，艺术工作者们的静态、集群现象也慢慢被渗透，关于"私密"与"公共"；"艺术"、"创意"与"城市生活"的讨论又重新成为热点议题。设计者将在城市土地价格飙涨的情况下，创造一个可以维持创意设计的艺术工作者的原创性工作模式的Working Space。

设计通过研究艺术家的生活创作模式。利用艺术发展的生态系统将商业、展览、联合办公等功能与艺术区有机结合，又引入城市过街通道公园的概念加强与城市的互动。希望艺术家能够带动城市的经济艺术发展，并打造新型的艺术社区改善艺术家生活状况。

建筑底部架空，上部又设置"悬浮的盒子"，打造艺术家工作生活及对外交往与城市互动的生活空间，名为"空中的梦想家"，既指艺术家是梦想家，而作为地标建筑对于整个城市的一种姿态具有一定感染力，又寓意整个艺术中心是艺术家第二个家。

整个建筑由底层广场及过街流动展廊、下部商业办公艺术盘旋平台和上部艺术家工作生活LOFT三部分组成。上部的LOFT由一个个大小尺寸不同的"悬浮的盒子"按照不同的组合方式组成。一层中心的开放广场既是城市街角的穿行通道，又作为艺术家们创作、展示个性创作和交流的平台而存在。在这里，艺术家与创作家、艺术家与市民之间相互沟通思维碰撞，不仅激发了创作灵感还可以将艺术融入生活，辐射给整座城市。

上层空间作为艺术家私人的居住创作合一LOFT，形式多样，组合方式灵活适用于音乐家、画家、作者、创作家、设计师等各类型艺术家。开放的交往空间和多变的灰色空间也给艺术家的独处冥想和沟通交流等多种生活方式提供了可能。上层外部使用清水混凝土，给艺术家留有创作和改造的空间，可按照各人的喜好和个性改变自己居住和工作用的"盒子空间"。下部用通透的玻璃幕墙围合，在城市界面上对于市民是一种展示和吸引。

图6 "空中梦想家"方案图

提案四：AIR HOFFICE——租用 office 空间
设计者：徐淼 倪睿贤

斯德哥尔摩的 H_O_F_F_I_C_E_（h_o_m_e_＋_o_f_f_i_c_e_）为我们验证了租用居室加办公空的可能性。和一种具有灵活可出租工作空间的新型居住模式。该组方案结合 airbnb 和 hoffice 这两个经典案例调研，思考了再资源有限的情况下，如何最大化利用空间，各取所需，屋主可以利用闲置空间得到相应的回报，而对于一个只需要客厅那么大空间的人来说，这无疑是一个非常好的资源。

方案通过在场地里置入一个发生器，公共办公空间。与公共办公空间相连的是各户住宅。这里的住宅由两部分组成，一部分是可租赁的空间，比如租赁自己的客厅供在公共办公空间工作的人当做会议室或者办公空间，晚上可能就停止租赁。基于这个核心思路，利用参数化，将场地里的限制因素表示成为点，通过参数化平面划分，有效地因地制宜地组织基地，植入办公空间，随机在办公空间周边生成动态、可租赁空间和私密住宅空间。户型也因为办公空间的变化产生了很多形体上的变化，及可以互动交流的平台和走廊。从平面上，中间深灰色是公共办公空间，浅灰是灵活的，可租赁的闲置空间，白色为私密的居住空间。

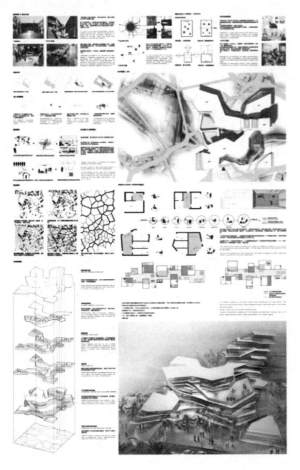

图7 "AIR HOFFICE——租用office空间"方案图

提案五："胶囊"工作空间 设计者：李春阳 陈嘉鹏

极大的开放性与极大的私密性本是一对相互矛盾的命题，但在未来的办公空间中，兼具独自思考的私密空间与相互交流的开放空间将是必备条件。设计者从胶囊的概念出发，完成了对办公空间的一个创新性尝试。

工作空间可以和居住空间混合在一起吗？我们如果将日常生活空间安排在一个胶囊单元中，那么，城市将会由许多漂浮的胶囊所组成。在胶囊内部，工作和居住垂直分布，空间的私密性得到保证；在胶囊的外部，则是极大的开放空间，提供交流、休闲和多样的城市生活。如果我们将工作胶囊植入建筑内部，则可以形成一系列反向的使用空间：下沉的胶囊内作为代表私密工作和居住的空间；胶囊外部的平台则是自由办公和交往场所。

设计中胶囊为私密空间的设计主体，办公单元不同于普通办公空间，为了满足极大地私密性而向楼面以下生长。单个"胶囊空间"满足一个人的休闲与工作的空间，几个"胶囊空间"组合成一个个组团，来满足工作多元化的需求，不同的组团之间既是相互独立，又可互动连通。开放空间则以"极大的开放性"为特点，只限定基本功能区域，其他空间则完全由用户自己定义。从而形成一个自由组合、生长的空间。胶囊内安静私密，楼面上活跃自由，两种相互矛盾的存在实现了未来办公的惊喜。

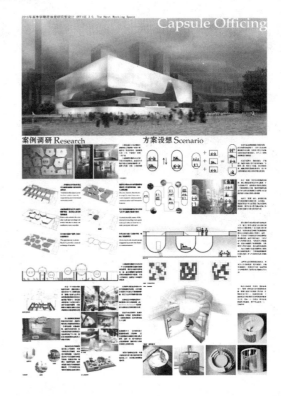

图8 "'胶囊'工作空间"方案图

参考文献

[1] 贝岛桃代、黑田润三、塚本由晴著．东京制造．林建华译．台北．田园城市．Jan 5，2007.

[2] 筱原聪子．Ohitori-house．东京．平凡社．2013.

[3] Nonaka, Ikujiro. "The Knowledge-Creating Company.". Harvard Business Review. November-December 1991.

[4] Nikil Saval. New Trends in Office Design, Issue 19：Real Estate. 2014.

［5］ RéMY CAGNOL. A Brief History of the Office. Deskmag co-working spaces. 2013.

［6］ Jeremy Myerson. Imogen Privett. Life of Work：What Office Design Can Learn From the World Around Us. Black Dog Publishing. 2015.

［7］ 卢隽婷 . 不像办公室的社区是好职场吗？.第一财经周刊 NO. 324. 2014.

［8］ 张广兵 . 参与式教学设计研究 . 西南大学博士论文 . 2009. 4. 20.

［9］ 张菊芳 . 参与式教学中三维目标整合的研究 .上海师范大学硕士论文 . 2011. 4. 1.

万达　郭莲　刘辉

天津城建大学建筑学院；wanda@tcu.edu.cn

Wan Da　Guo Lian　Liu Hui

School of Architecture，Tianjin Chengjian University

社会需求导向下的差异化本科毕业设计初探*
Study in the Specialization of Graduation Design for Bachelor Degree Oriented by Social Demands

摘　要：本文分析了目前国内多数院校建筑学专业本科毕业设计存在的类型单一及内容偏大求全的问题；阐述了其与多元的社会需求及学生素质之间的矛盾；多方面论述了差异化毕业设计的可实施性；分别在选题、组织与成果方面展示了天津城建大学建筑学院的实施方案；初步探索了我院建筑系在"缩短教学周期，提高教学效率，完善人才培养机制"大环境下以社会需求为导向的毕业设计改革。

关键词：毕业设计，差异化，社会需求，建筑学本科教育

Abstract：The reform of specialized graduation design oriented by social demands is preliminary explored in this paper with the background of "shorten the teaching period，improve the teaching efficiency and consummate the training mechanism". The paper analyzes problems of simplex topic and extremely perfect requirement arisen in the graduation design of most domestic architecture undergraduate programme at the beginning. Then，expounds the contradiction between graduation design and social demands，as well as student's character. The feasibility of specialized graduation design is discussed from four aspects afterwards. Finally，the specialized implementation plans，which are formulated by School of Architecture in Tianjin Chengjian University，are shown with topic selection，teaching organization and production performance respectively.

Keywords：Graduation Design，Specialization，Social Demands，Undergraduate Education of Architecture

1　建筑学专业毕业设计的分析与再定位

1.1　社会需求分析

近年来，随着乡村建设、数码设计、产品设计乃至舞美设计、IT互联网等新兴行业及其分支的发展，建筑学专业学生的就业方向不再仅限于趋于饱和的传统建筑行业；同时，国家层面创业政策的完善使得学生自身兴趣爱好获得了更多的发展机会。

1.2　学生思维模式分析

不同的教育、文化和家庭背景导致了学生思维模式的多元化：有的在感性的构思立意、空间造型等方面表现突出；有的对功能流线、防火疏散、绿建措施等方面把握准确；有的则对数字和编码敏感；还有的管理与运营思维发达。

1.3　毕业设计题目设置分析

＊天津城建大学教育教学改革与研究项目（编号：JG-YBZ-1522）。

毕业设计作为建筑学专业本科教育中重要也是最后一个环节，是学生们对本科阶段学习成果的全面梳理与总结，同时"通过课程的理论和实践教学，使学生熟悉实际工程中可能遇到的问题；掌握其操作方法；能够进行全面、综合、创新的建筑或城市规划设计"[1]。因此多数院校对其高标准对待，项目面积较大、功能流线复杂、空间造型要求较高、设计深度较深；选题类型一般局限在面积较大（一般 10000m² 以上）且功能较复杂的单体建筑设计或中等规模（一般 10ha 以上）民用建筑群详细规划及部分综合性单体建筑设计两个方面。

1.4　毕业设计过程与控制分析

目前我国大部分院校建筑学专业的毕业设计基本采用开题、中期检查或毕业预答辩、毕业答辩的方式，制订了完善的规章制度和相应的监控机制。然而在实施过程中，多数学生忙于找工作、参加研究生复试、到目标单位继续实习或准备出国深造等方面，教学指导检查记录等监督方法流于形式，基本难以保证毕业设计的时间和深度要求。

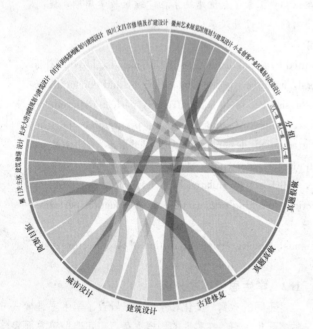

图 1　选题的题目类型、选题
来源及分组情况相关性分析
（图片来源：作者自绘）

1.5　小结

随着社会对建筑学专业人才要求的拓宽和学生差异性的拉大，高校亟需对人才培养模式进行相应的调整；然而，出于对本科教学成果的重视，多数院校对毕业设

计的系统性、综合性及设计深度等均提出了高标准的要求，题目偏大求全且类型设置较单一；另外，毕业设计周期较短且学生精力分散的状态，导致学生的毕业设计力不从心，毕业设计质量难以得到有效保障。

针对这些情况，我校在 2016 届毕业设计中分层次地开展差异化毕业设计，即针对不同的社会需求和学生素质，强调设计选题所涉及知识的相对完整性，构建一定范围的系统的知识体系，同时强调选题的研究性、前瞻性和跨学科特点，以更好地调动学生和老师的积极性，保障毕业设计的完整度和深度。本届共抽调 5 名教师、多名外聘校外导师、27 名学生（约占学生总数 1/4），针对四个类型（项目策划、城市设计、建筑设计、古建修复）共六个选题展开了差异化毕业设计的探索（图 1）。

2　差异化毕业设计的可实施性分析

2.1　与人才培养目标及学校定位一致

21 世纪高校建筑教育的培养目标是"以建筑学为核心的'厚基础、宽口径、高素质、强能力'的人才培养模式"[2]，另外我校坚持"服务于天津市及周边地区的经济社会发展，以服务于城镇化和城市现代化进程为主"的服务面向定位。对建筑学专业毕业设计进行差异化改革正是本着夯实本科教育前期基础的前提下，拓宽毕业生专业口径、提高毕业生专门化素质、侧重提升学生专业领域能力，结合社会需要和学生发展，更好为城市及乡村建设服务的一项探索。

2.2　与前期课程设置相关并进行拓展

图 2 左栏展示了本次毕业设计各选题与前期直接相关课程的关联性，右栏展示了校内外导师在设计前期对相关知识联合进行的补充和完善。这能够在夯实前期课程的基础上，拓宽学生专业发展方向的知识面，有利于为学生构建专业领域范围内相对完善的知识体系。

2.3　与学生思维及毕业去向差异化相关

本次毕业设计差异化选题均基本涵盖了对学生在空间造型能力、功能组织能力、统筹管理与汇报能力、数字模拟与建构能力等方面的要求；学生毕业后就业、国内深造和国外深造各占约 1/3，选题基本对应着学生就业或深造的研究方向，能够在一定程度上减少其毕业后在专业发展方面的心理压力，提升专业自信。

2.4　有利于调动教师及社会力量的积极性

本次各差异化选题抽调的教师均为负责建筑设计课的专业教师，与其研究方向和课题紧密结合，能够极大

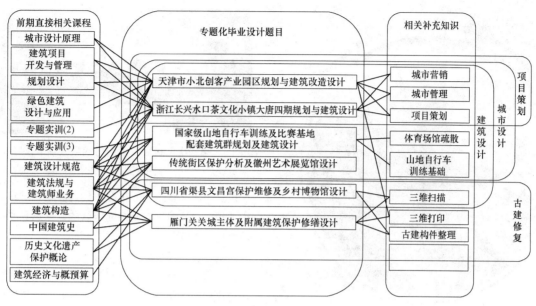

图2 前期直接相关课程及相关补充知识与差
异化毕业设计选题的相关性示意
（图片来源：作者自绘）

的调动教师积极性；同时，由于各选题与社会及市场新需求新趋势密切相关，能够激发社会设计人员、管理人员和技术人员的热情，乐于分享其研究和设计经验。

3 差异化毕业设计的实施与控制

3.1 差异化的毕业设计选题设置

这六个选题中："天津市小北创客产业园区规划与建筑改造设计"及"浙江长兴水口茶文化小镇大唐四期规划与建筑设计"（真题真做）侧重项目策划和城市设计方面，后期有部分单体设计；"传统街区保护分析及徽州艺术展览馆设计"和"国家级山地自行车训练及比赛基地配套建筑群规划及建筑设计"主要为单体建筑设计，前期有部分城市设计工作；"四川省渠县文昌宫保护维修及乡村博物馆设计"和"雁门关关城主体及附属建筑保护修缮设计"则是从导师的纵向科研中析出的部分研究性古建修缮设计工作（图3、图4）。

3.2 差异化的毕业设计教学组织

与常规毕业设计选题教学目标和内容较成熟不同的是，这些差异化选题多涉及到跨学科内容，其教学目标、内容和过程均需要进一步根据其自身特点进行重新探索和设计，本文仅对笔者指导的"天津市小北创客产业园区规划与建筑改造设计"选题进行具体阐述。该选题来自天津市政府村镇规划改造试点项目，着重强调训练学生研究性设计和更新策略方面的能力。该题目由笔者与多位校外导师共同指导，7名学生参与。

图3 选题类型分布示意
（图片来源：作者自绘）

3.2.1 构建连贯、阶段化的研究模式

选题共分为三个阶段进行：总体分析研究阶段、保护与开发策略研究阶段以及单体建筑与环境设计阶段。每个阶段研究内容递进，具有较好的连贯性。

由于本次毕业设计周期仅为13周，故第一阶段开始于毕业设计学期前的寒假。期间，学生们通过广泛的

413

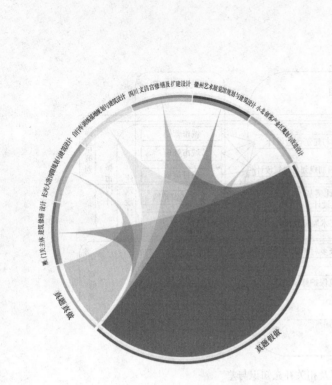

图 4 选题来源分布示意
（图片来源：作者自绘）

图 5 第二次汇报后专家们与学生分享工作经验和心得
（图片来源：作者自摄）

基地调研、问卷调查、外埠案例分析以及对项目的相关政府和规划方面负责人的走访，提出了"农业景观再创造"、"农业工具箱"、"亲子体验"、"农产品体验"、"创客工厂"、"雨水收集"、"聚散人群模拟"等十余个改造意向或技术方法。第二阶段学生们根据前期研究成果进行整合，形成了三个保护与开发策略，提出了项目开发途径、人群定位及商业开发预测、组团生成法则以及在规则与策略下生成的多种可能性。第三阶段学生分别选取规划过程中 1~2 个具有代表性的院落完善建筑单体设计及景观设计。

3.2.2 建立团队、个人相结合的分组模式

针对该选题工作量较大但各阶段工作模式不同的特点，我们采取了阶段性分组的模式：第一阶段主要研究共性基础资料并提出可共享的研究方向，故学生被分为两组；第二阶段中形成了三个主要的开发策略，因此学生们根据研究兴趣分为三组；第三阶段则是各人根据自己选取的院落进行独立设计。这种阶段式分组模式使学生在协同作业的同时，保证了独立的工作强度，有力的提高了工作效率和学生的自主性。

3.2.3 设置多层次的开放式教学模式

这里的"开放式"主要体现在三方面：教师多元化、参与学生梯队化及参评人员大众化：

首先，该选题第二阶段的项目开发与策划是重点和难点，学生们虽然前期有开设过"建筑项目开发与管理"的课程，但仅限于书本理论，并未在实际项目中操作过。为此，在每周汇报时我们均会邀请城市策划、城市营销、项目策划以及乡建团队的专家参与并提出建设性意见（图 5）。

其次，汇报对部分三年级学生开放，他们除了跟踪记录汇报成果之外，还可以将自己的学习心得在组内进行分享和集体讨论，在丰富授课形式、活跃课堂气氛的同时，形成了良好的互助学习平台和梯队培养机制。

第三，选题每周进行内部汇报和公开汇报各一次，每次公开汇报的内容均通过笔者设立的教学微信公众号 WanNote 进行记录和发布，关注者（基本由教师、学生、对项目感兴趣的社会人士组成）会受邀对汇报内容进行提出意见和建议，由管理员收集整理后在内部汇报中进行集中讨论和解决。

3.3 差异化的毕业设计成果表现

本次差异化选题的教学目标和内容各不相同，成果形式也是多样的，评价标准势必不同。针对这种情况，我院组织了独立的差异化选题答辩小组，对设计深度和质量进行综合把控，并鼓励成果形式的多样性：侧重项目策划的选题提交了具有较高质量的研究报告、策划报告、方案设计图和节点构造模型等，侧重古建修复的选题提交了较完善的研究报告、构件编码全图、三维扫描场景展示、修缮意见书、构件复原仿真三维打印、简易 VR 展示等（图 6~图 12）。

4 结语

由于教学周期短、教学任务重，我院建筑学专业第一届差异化毕业设计尝试的成果并不尽完善和成熟，但激发了学生们对相关领域的了解和关注热情，拓展了学生的专业视野，使学生的专业知识和技能更加"专门化"、"规范化"和"实用化"，更加适应社会和市场的多元化需求，为复合型人才的培养打下了基础。在今后的教育教学过程中，通过总结经验，差异化的毕业设计会进一步得到实践和改进。

图 6　单体建筑设计节点构造汇报

（图片来源：作者自摄）

图 7　答辩教师试看雁门关 VR 场景展示

（图片来源：作者自摄）

图 8　雁门关地利门场景三维扫描图

（图片来源：学生车行健绘制）

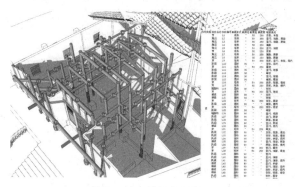

图 9　四川文昌宫梁构件损毁状况一览

（图片来源：学生胡天豪绘制）

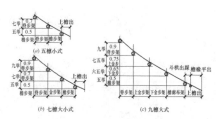
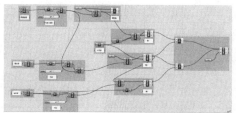

图 10　雁门关官署屋架的参数化演变

（图片来源：学生梁宇珅绘制）

图 11　三维打印＋彩喷仿真　雁门关斗拱复原展开示意
（图片来源：学生梁宇珅制作并摄制）

图 12　三维打印＋彩喷仿真　雁门关斗拱复原组合示意
（图片来源：学生梁宇珅制作并摄制）

参考文献

[1]　万达.《毕业设计（论文）》课程教学大纲. 见：天津城建大学建筑学院开课教学大纲汇编. 2015.282-283

[2]　全国高等学校建筑学学科专业指导委员会. 全国高等学校土建类专业本科教育培养目标和培养方案及其主干课程教学基本要求——建筑学专业. 北京：中国建工出版社，2003.

[3]　刘长安，周忠凯，徐晓蕾. 基于学科交融的研究性毕业设计教学实践. 见：全国高等学校建筑学学科专业指导委员会，大连理工大学建筑与艺术学院. 2014年全国建筑教育学术研讨会论文集. 大连：大连理工大学出版社，2014：269-271.

司马蕾　周静敏　黄杰　陈静雯

同济大学建筑与城市规划学院；sima@tongji.edu.cn

Sima Lei　Zhou Jingmin　Huang Jie　Chen Jingwen

College of Architecture and Urban Planning, Tongji University

我国未来诊所的发展模式与建筑形式：
基于建筑学毕业设计的探索[*]

Development and Design of Future Clinics in China: An Exploration Based on Graduation Project in Architecture

摘　要：我国近年的医改为诊所的发展带来了新契机，新类型诊所的出现也将对其建筑设计提出新的要求。本文记录了基于建筑学毕业设计的对于我国未来诊所的发展模式与建筑形式的一次探索，对在专业教育中引导学生关注社会热点问题、合理开展调查，并根据调查结果进行设计创新的历程进行了回顾与总结。

关键词：诊所，建筑设计，医生集团，社区，老龄化

Abstract：New social demands for clinics emerged in recent years as the medical system reform of our country keeps improving. As a result, architecture design of clinics is expected to meet new challenges. This article reviewed an exploration to the possibilities and designs of future clinics through graduation project in Architecture, thus summarized the effort to achieve design innovation through in-depth investigation to social issues in Architecture education.

Keywords：Clinic, Architecture Design, Medical Group, Community, Population Aging

1　探索我国诊所可能性的建筑学毕业设计

在 2016 年的建筑系本科毕业设计教学中，我们选用了同年霍普杯国际大学生建筑设计竞赛的题目作为设计命题。此次的霍普杯由知名建筑师伯纳德·屈米定题，主题为"演变中的建筑"，希望探索建筑如何在进化的过程中反思社会现状问题、回应所处时代的需求，进而结合建筑学的知识，提出新的设计理念。同时，屈米也给出了五种具有代表性的建筑类型以供设计选择——图书馆、博物馆、诊所、爱情酒店和墓地。其中，图书馆与博物馆的选题可以说是对于常见的建筑类型如何进一步发展的再思考；爱情酒店和墓地的选题则更多是对特殊功能设施在当代应该以何种面貌出现的畅想；相对而言，诊所的题目兼具较强的功能性和多样的可能性，对设计理念的可实施性和先锋性提出了更为综合的要求。

此外，诊所命题的特殊性还体现在其背后蕴含的时代背景。我国对于诊所的认识以及诊所在我国的发展目前仍具有较大的局限性——虽然诊所无论在城市还是乡村都不罕见，但多数人对之常存有非主流、不正规、不专业等不良印象。其背后反映的是我国现行的医疗体制对诊所发展造成的限制，但这些不利因素在近年正慢慢得到改变。随着新的诊所需求的逐步显现，新类型诊所的雏形也开始在各地悄然出现。因此，在当下探索我国诊所建筑的设计理念和设计方法具有明确的现实意义，也是建筑学教育紧跟社会需求导向的体现。我们也希望通过以此为题的毕业设计教学，引导学生关注社会热点问题，通过深入的调查研究来思考、挖掘符合时代

---

* 研究资助：上海市青年科技英才扬帆计划（14YF1403600）。

需要的建筑新需求，并基于研究结果提出兼具现实意义和创新性的建筑设计理念。

诊所作为一种医疗机构，与医院的主要区别在于规模较小，大多仅设置门诊，而不具备住院和大型手术等功能。同时，国外的诊所大多为私立，所有人多为坐诊的医生。由于诊所的分布很广，在美国、德国、日本等发达国家，人们在生病时一般会首选去附近的诊所就诊，发现大病时再转去医院。虽然诊所在功能上有专科、全科之分，也具有多种档次，但其专业性一般不会受到质疑，开设也较为便利。这些位于基层的诊所分流了大型医院的负担，也让患者的就医体验更为舒适便利，是医疗机构体系中重要的组成部分。反观之下，我国诊所发展的困境主要来自现行医疗体制对其两方面的束缚——医生执业规定和医疗保险适用范围。而探讨"演进中的新诊所"的功能、经营模式、建筑需求，也必须以对现状问题及未来发展趋势的整体把握为基础。因此，针对现存的两方面问题，毕业设计小组中的两位同学分别开展了侧重点不同的前期研究，进而提炼了新类型诊所的空间需求和设计理念。

2 基于"医生集团"模式的私人诊所及其建筑设计

其中的一位同学观察到我国医生执业的局限性与近期政策松动的情况，通过文献阅读与新闻跟踪，逐步将视野锁定到将新兴的"医生集团"与诊所相结合的可能性上。

我国的体制内医生待遇不高被认为是公立医院医疗腐败的根本原因之一，而允许医生走出体制、参与市场化则被认为能够为医生的服务提供更正确的定价，改变目前我国医疗服务价格不合理、"以药养医"的现状。在过去，根据《中华人民共和国执业医师法》规定，医生必须在其注册医院行医，隶属大医院的医生在诊所等其他机构工作不被政策所允许。但自 2009 年新医改推行以来，有关推进医生多点执业的呼声开始出现。2015年初，国家颁布了《关于印发推进和规范医师多点执业的若干意见的通知》，要求简化医生多点执业的注册程序，以促进区域医疗卫生人才充分有序流动。自此，医生在所属的医院之外行医的自由得到了政策保护[1]。由于直接开设个人诊所风险较高，目前的不少医生倾向于选择以由多个医生组成联盟，共享设施设备和收入的"医生集团"（Medical group）的形式进行体制外的执业，这也是诸多发达国家医生首选的自由执业模式。仅

在新政推行伊始的去年，我国就已出现了 20 多个医生集团，发展声势非常迅猛[2]。大型的医生集团规模类似医院，小型的则更接近诊所。由几个医生共同经营、类似合伙人制的律师事务所的"医生集团"诊所，非常有可能成为我国诊所的新生力军。

目前此类诊所仍很少见，为了了解在我国设置这种新型诊所时可能面临的空间需求，学生通过访问医生、发放问卷等方法进一步研究了这种诊所在经营模式、就医流程上与一般医院的区别。调查结果显示，"医生集团"式诊所在经营模式上的最大特点是以医生为主导。不同于层级严格、讲究资源统筹安排的传统医院，医生集团中的医生一般享有独立的工作空间，并有个人的工作团队，具有高度的个人品牌意识和工作自由度；但医生间也会共享包括医疗设备、专业资料、会议娱乐设施等在内的部分资源。为此，平衡个体空间与公共空间之间的关系对此类诊所的布局至关重要。医生工作的独立性也帮助他们节省了在医院各个角落奔波的时间，让他们有更多时间直接面对每个患者、对病人的关注度更高，因此与在传统医院相比，在此类门诊的就医体验也更倾向于病人与医生间的一对一深入沟通。为了承载这种较为紧密的医患关系，就医流线的设置也可摆脱传统医院一切以效率为优先的做法，给予空间氛围的塑造更多关注，以引导患者在宁静的氛围中进行候诊，并在亲切的环境中与医生进行交流。

基于研究成果，学生最后选取了位于上海市区的一处基地，进行了可容纳五名医生共同执业的"医生集团"诊所的概念设计。每个医疗单元的空间构成与整体建筑的构成意向如图1与图2所示。

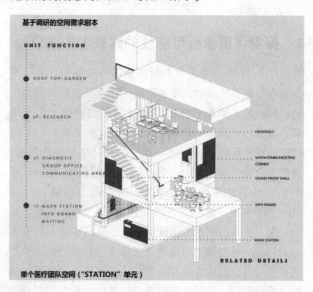

图 1 诊所医疗单元空间模式

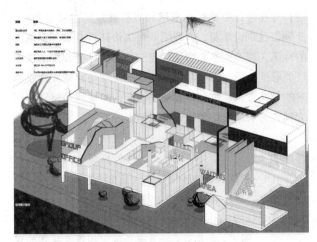

图2 "医生集团"诊所空间构成意向

3 人口老龄化背景下的社区诊所建筑设计

如果说"医生集团"式诊所是以医生为主要关注对象，进行医疗机构设计的创新的话，另一位同学则将注意力集中到了医患关系的另一侧——患者身上，提出了人口老龄化背景下在我国普及社区诊所的必要性和相应的建筑设计理念。

如上所述，我国过去诊所发展较慢的原因除了医生执业的限制局限了诊所的医疗水平，也源于大多诊所不被纳入医保定点单位，在其中就诊必须自费。同样在新医改倡导的市场化影响之下，2014年，国家出台了"放开非公立医院医疗服务价格"的通知，将符合医保定点相关规定的非公立医疗机构纳入医保的定点服务范围，这为选择在包括私人诊所在内的民办医疗机构就医提供了极大的便利，也大为降低了医生开始私人诊所的经营风险[3]。事实上，在发达国家，医院仅提供住院服务的医疗体系，门诊服务普遍由遍布社区的私人诊所提供；而我国目前大部分门诊仍由医院承担，大大增加了患者就诊的时间成本。在人口快速老龄化的背景下，我国的医院正面临着越来越多的老年门诊需求，在上海，老年人口约占总人口的约30%，老年人的门诊量则占到了总门诊量的约60%。而对这些就诊疾病大多为慢性病、身体又较为衰弱的老人来说，每隔一两周就需要奔波至医院再排长队就医一次无疑是沉重的身心负担。目前上海等地虽然也存在社区医院，但大多仍然隶属公立医院，在覆盖范围和服务质量上都难以与国外充分市场化、能及时回应患者需求的社区诊所相比。在通过文献阅读认识到这一问题之后，学生进而针对上海老年人的社区就医需求开展了资料收集与对现有社区诊所的实地调查，并基于结果进行了主要面向老年人群的社区诊所的建筑概念设计。

对于老年人常见慢性病的分析显示，白内障等眼科疾病、高血压和糖尿病等内科疾病是老年人群就诊率大大高于其他年龄层人群的主要慢性疾病，而眼科与内科也因此被选定为社区诊所的两大主要门诊内容。而就上海地区而言，老年人口在地理上的分布并不均匀，市中心的里弄住区是相对而言老年人口最为集中，而社区医疗资源相对缺乏的区域。因此，设计选址于里弄地区，在诊所的体量和尺度上也参考了里弄建筑，以融入原有社区的氛围。在服务老人之外，设计还希望诊所能够给其他社区居民提供基础的医疗服务，并创造让各年龄层的居民能够安全、舒适的进行交流的空间，而遵从里弄肌理的基地规划中穿插了大大小小的院落空间，刚好为这种交往创造了条件。诊所的功能布局与建筑意向如图3与图4所示。

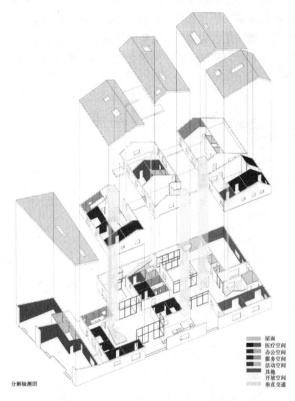

分解轴测图

屋面
医疗空间
办公空间
服务空间
活动空间
其他
开放空间
垂直交通

图3 社区诊所功能布局

4 课程的反思与总结

综上所述，伴随着我国医疗制度的不断改革和逐步走向成熟，作为大型医院的补充，以私营为主、规模较小的诊所未来将在医疗机构体系中占据越来越重要的地位。通过本次的毕业设计，同学们从认识社会热点的医疗问题出发，通过大量调查总结了我国诊所的新需求，进而设计了反映当今时代特点的"演化中的诊所"。作

图4 社区诊所建筑意向

为建筑学本科设计课程的总结，让学生在毕设中脱离给予既定任务书的教学模式，而是自己思考时代的需要，提出对建筑功能和使用方式的设想，并通过调查研究证明其合理性是本次教学最重要的特点。其目的，则是引导学生在学习建筑学专业知识之外保持对社会问题的关注，并在设计中更好地反思和履行建筑师的社会责任。此外，我们也希望，在我国的建筑设计行业进入新常态的今天，在专业教育中强调具有广阔的社会视野的重要性能够帮助同学在今后的从业中随时保持对新兴建筑需求的敏感性，发掘和把握新的机会，并掌握通过调查研究辅佐开展新类型建筑设计的能力。

参考文献

[1] 张燕.医师多点执业，医院"沦为"设备，场地提供方：蠢蠢欲动的"医生集团"[J].中国经济周刊，2015（22）：60-61.

[2] 谢宇，佘瑞芳，杨肖光等.中国医生集团的现状，挑战及发展方向分析[J].中国医院管理，2016，36（4）：1-4.

[3] 胡苏云.新医改：社会化和市场化渐行渐近[J].社会观察，2014（5）：38-39.

吴珊珊　李昊

西安建筑科技大学建筑学院；517214259@qq.com

Wu Shanshan　Li Hao

Xi'an University of Architecture and Technology

存量空间　异质复合　分类研究

——介入"类型学"方法的更新类城市设计教学调研环节

Stock Space & Heterogeneous Composite & Type Research

——Teaching of Investigation and Research Stage with "Typology" Method on Urban Renewal of Design

摘　要： 为应对我国城市存量发展新格局对专业人才的需求，西安建筑科技大学建筑学专业城市设计教学组在探讨当代城市更新适宜性方法的基础上，积极探索新的教学理念和教学方式。在以往的教学过程中，建筑学学生对于更新类城市设计课题所涉及的复杂地段现状，常会陷入无从下手的困惑，缺乏对问题的发现与综合研判能力，对此，我们在前期调研与分析的教学环节中，引入"类型学"研究方法，以分类细化方式解决复杂的社会、环境、空间等认知问题，通过地段现状的类型化分析结果，进一步探讨建筑空间发展的后续可能，从而引导学生逐渐领会和掌握城市更新设计的完整思路与合理方式。

关键词： 城市更新设计，前期调研分析，类型化研究

Abstract： In order to deal with the stock of China's urban development new pattern of professional talent demand, the urban design teaching group of architecture major in Xi'an University Of Architecture And Technology is based on the discussion of the method of urban renewal suitability, and actively explore new teaching concept and method. In the traditional teaching process, students of architecture for renewal urban design issues involved in the area with complex situation, and often fall into confusion to begin. In this regard, we in the preliminary investigation and analysis of the teaching link, "typology" research method is introduced, through detailed classification to solve the complicated social, environmental and spatial cognitive problems, and according to the type of lots of analysis results, to further explore the development of architectural spaces of follow-up may, so as to make students form for complex object to carry out classification of consciousness and ability, master exhibition design research methods.

Keywords： Urban renewal design, Preliminary investigation and analysis, "Typology" research

　　当前，城市建设已进入以"品质提升"为核心诉求的存量时代，专业人才培养方案和教学实践应当进行针对性的调整。我校建筑学专业城市设计教学组针对当下诉求，在探讨当代城市更新适宜性方法的基础上，积极探索新的教学理念和教学方式，全面培养学生的人文意识与在地观念，掌握开展渐进式更新的方法路径。

　　更新类城市设计是一门综合培养学生开展场所认知、问题研判、策略制定、整合设计的专业核心课程。更新设计课题所涉及的建成环境一般较为庞杂，建筑学学生习惯于单体设计，对于复杂的地段现状常会陷入无从下手的困惑。因此，我们在前期分析和设计引导的教学环节中，引入"类型学"研究方法，以分类细化方式

解决复杂的社会、环境、空间等认知问题，通过地段现状的类型化分析结果，进一步探讨建筑空间发展的后续可能，从方法论角度开展地段整体的类型化空间设计引导，使学生逐渐领会和掌握城市更新设计的完整思路与合理方式。本文主要介绍"类型学"方法在前期分析阶段的应用与实践。

1 城市设计课程的教学体系

"问题的发现与提出—策略的制定与操作—空间的更新与设计"是我校建筑学更新类城市设计课程开展的主要线索，围绕教学核心目标，我们建立了完整的教学体系，见下图（图1）。

图1 城市设计课程的教学体系（作者整理自绘）

2 教学问题的发现与"类型学"方法的介入

建成环境的更新设计完全不同于新地块的空间设计，教学不再只是关注学生空间设计能力的培养，更强调发现问题的能力与综合研判能力的训练。学生习惯于以往的建筑设计过程，时常忽视"问题的提出与研判"（发现）环节的重要性，急于"解决问题"（设计）。在前期调研阶段往往走马观

花，场所认知程度严重不足，也缺乏对复杂多样的现实问题进行系统认知的方法论，导致后期设计脱离现实条件，陷入"自我臆想"与"自我揣测"的虚妄之境。针对这些问题，我们认为在课程环节中引入"类型学"研究方法，可有效帮助学生由感性认识过渡到理性分析，培养并形成针对复杂对象开展分类研究的意识和能力，了解城市设计的核心价值，掌握开展研究型设计的方法（图2）。

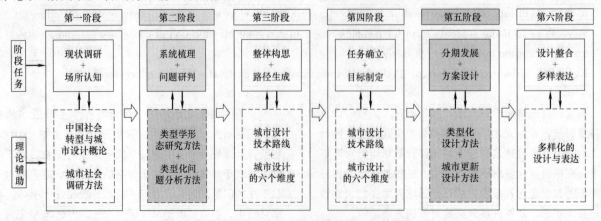

图2 类型学研究方法介入的教学环节（作者整理自绘）

2.1　类型学研究方法介入教学前期的具体环节

在教学前期引入类型学研究方法的具体环节是现状调研后的"系统梳理与问题研判"，结合建筑类型学与城市形态学的相关理论，以分类细化方式解决多样的空间形态认知难题，同时针对地段各层面现实问题展开类型化分析，深入了解已建成空间环境的生成路径和作用机制。

2.2　类型学研究方法在教学前期的应用

在教学前期引入的"类型学"研究主要包括两方面内容：其一是针对物质空间形态进行的类型学研究，其二是针对城市空间环境的生成机制（社会背景、制度体系、产业结构、人群构成、生活方式等）进行的类型化研究。

（1）物质空间形态的类型学研究

对物质空间形态的类型学研究，实际上是依托于"建筑类型学"和"城市形态学"的相关理论基础，借助不同属性的"类型化因子"来对各层级物质空间对象（建筑单体、建筑群体单元、建筑外部环境、地段整体空间）进行分组归类研究的过程。这些"类型化因子"，通常是建筑与城市空间形态构成的基本要素和结构原则，它们可以是空间形态"有形"的外在表征，如平面形态、三维尺度、风格样貌等，也可以是空间形态"无形"的内在成因，如建造方式、功能属性、构成模式等。通过不同的"类型化因子"开展分类细化研究，可使空间形态的多维特征得以全面、系统地呈现。

根据物质空间形态的层级划分，将类型学研究分别按照建筑单体、建筑群体单元、建筑外部环境、地段整体空间四个方面进行扩展（图3）。

（2）空间环境生成机制的类型化研究

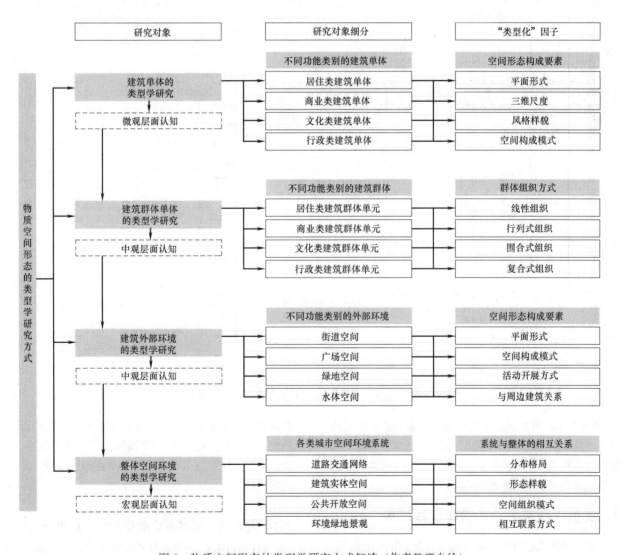

图3　物质空间形态的类型学研究方式解读（作者整理自绘）

城市是一个复杂的巨系统，任何现存的空间环境都是由各种历时与共时因素相互叠加共同作用所产生的结果，这些因素有些直接作用于建成环境的空间形态表达，如建造手段、功能需求、风格定位等，有些间接影响空间环境的形态生成，如建设背景、社会状况、生活方式、人群构成等。针对这些因素建立逻辑化、秩序化、层次化的类型研究体系，是深入理解城市空间环境生成机制的重要途径。

结合空间形态的类型学研究方式，分别从社会背景要素研究、地段开发要素研究、产业发展要素研究、人群活动要素研究、场所构建要素研究这五方面展开对空间环境生成机制的类型化分析（图4）。

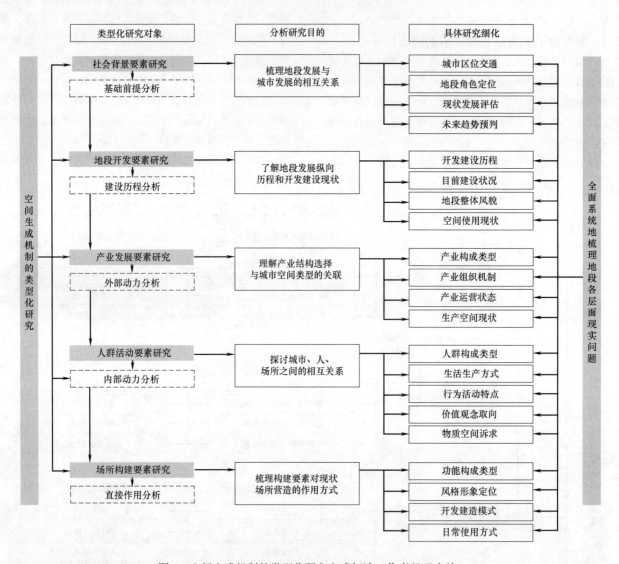

图4　空间生成机制的类型化研究方式解读（作者整理自绘）

通过教学前期的现状类型化分析结果，可使学生更为清晰地认识地段中亟待解决的现实问题或较为迫切的空间发展需求，从中找到设计的突破口和关键点，形成对于后续空间发展可能性的预判。

3　类型学研究方法的教学实践成果

在教学实践过程中，通过若干"类型化研究专题"的训练，可使学生掌握针对复杂对象开展分类细化研究的能力，结合具体课题的不同现状情况，学生从多个角度对类型学研究方法进行诠释，最终形成全面、系统、清晰、有效的现状类型化研究成果。

3.1　对物质空间形态的类型学研究成果

以顺城巷卧龙寺地段城市更新设计课题为例，学生对地段内主要街巷沿线的建筑单体先进行功能类型细分，而后针对各功能类型建筑单体展开进一步的空间形态类型化分析，通过横向、纵向的对比研究，了解地段内建筑空间的多样化特征（图5）。

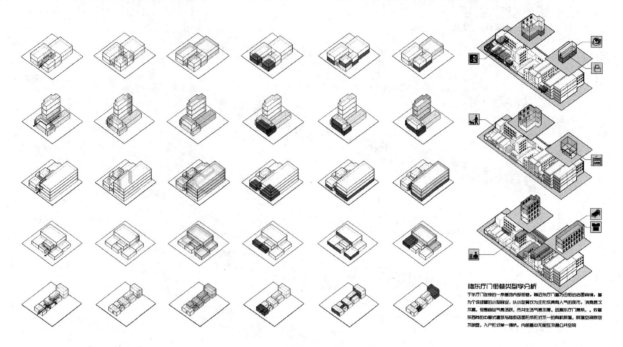

图5　针对建筑单体进行的空间形态类型学研究（学生作业）

在顺城巷湘子庙地段城市更新设计课题中，学生根据不同功能的类型划分，对建筑单体的空间构成模式展开类型化分析（图6）。同时，针对地段整体的空间现状也进行了类型化梳理（图7）。

3.2　对空间环境生成机制的类型化研究成果

以顺城巷湘子庙地段城市更新设计课题为例，学生对地段内的产业结构现状进行分析，梳理各类型产业机构对应的空间现状特点，并对下一阶段的产业结构和空间发展的可能性提出预判（图8）。

此外，学生对地段内社区居民的主要活动方式和其所对应的公共空间形态也进行了较为详细的类型化研究（图9）。

图6　针对不同功能类型的建筑单体进行的空间构成模式类型化分析（学生作业）

4　结语

"类型学"研究方法在教学实践过程中取得了良好的反馈，学生通过前期分析阶段对于分类研究方式的学习和应用，从最初面对复杂问题的不知所措到掌握分类细化成体系研究的分析方法，不断强化以解决问题为出发点的设计意识，关注不同发展阶段的空间诉求和设计干预方式，同时也在学习过程中对城市、历史、人文、生活有了更多的了解和感悟。

更新类城市设计是一门极其综合、复杂的专业核心课程，在教学实践过程中仍需结合专业需求，持续引进有针对性的理论方法和有效的教学互动模式，从方法论、设计观等方面不断完善课程体系的搭建与建设。

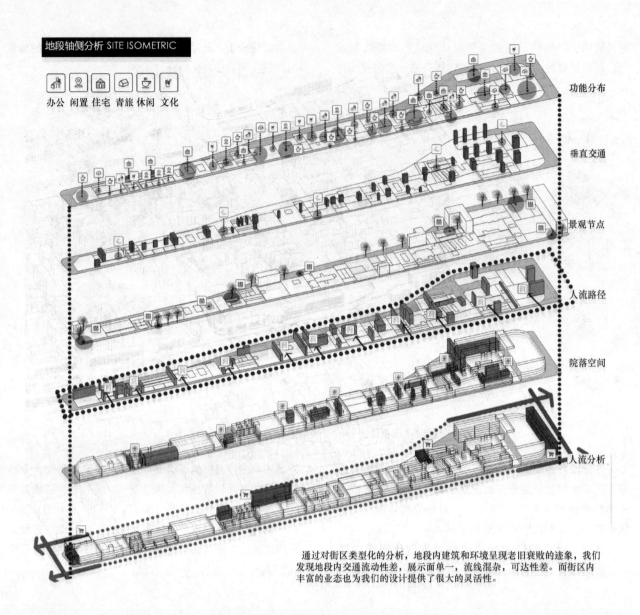

地段轴侧分析 SITE ISOMETRIC

办公 闲置 住宅 青旅 休闲 文化

功能分布

垂直交通

景观节点

人流路径

院落空间

人流分析

通过对街区类型化的分析，地段内建筑和环境呈现老旧衰败的迹象，我们发现地段内交通流动性差，展示面单一，流线混杂，可达性差。而街区内丰富的业态也为我们的设计提供了很大的灵活性。

图 7　针对地段整体空间现状的类型化分析（学生作业）

产业结构分析

建筑内功能复合
没有独立个体

瓦舍青年旅社　　小型书画店　　私人美术馆　　藏友俱乐部　　肆驿火锅　　房管所小区

产业结构可能

通过业态整合
重拾街区活力

书画店聚群　　办公工作室　　公共活动节点　　泌园春艺术学校　　人民武装委员会　　居民家属楼

书画产业类型化分析 PAINTING INDUSTRY　　通过对书画产业中书画商店不同经营模式的探索发现不同的建筑空间内可能发生的书画活动有着巨大的差异。

功能单一的小型书画店　　小型书画店兼并办公空间　　具有会友功能的书画店　　可进行创作的书画店　　进行独立创作的书画店

图 8　针对地段内产业结构及其空间现状进行的类型化分析（学生作业）

426

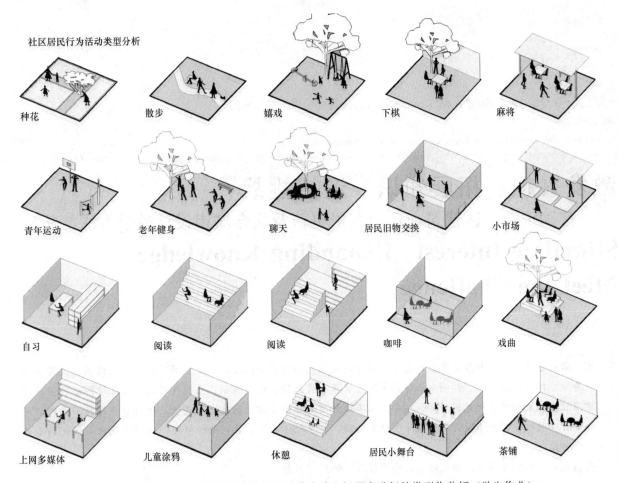

社区居民行为活动类型分析

种花　　散步　　嬉戏　　下棋　　麻将

青年运动　　老年健身　　聊天　　居民旧物交换　　小市场

自习　　阅读　　阅读　　咖啡　　戏曲

上网多媒体　　儿童涂鸦　　休憩　　居民小舞台　　茶铺

图 9　针对地段内居民的主要活动方式及其公共空间形态进行的类型化分析（学生作业）

参考文献

［1］　王建国．现代城市设计理论和方法［M］．南京：东南大学出版社，2001.07：3-21.

［2］　沈克宁．建筑类型学与城市形态学［M］．北京：中国建筑工业出版社，2010.09：56-62.

［3］　李昊．城市公共中心规划设计原理［M］．北京：清华大学出版社，2015.07：91-103.

王小斌

北方工业大学建筑与艺术学院建筑系；604025159@qq.com

Wang Xiaobin

North China University of Technology，Architecture department

激发兴趣、拓展知识、迎接挑战
——首钢工业厂区建筑与环境有机更新及联合城市设计教学方法探析*

Stimulate Interest，Expanding Knowledge，Meet the Challenge

摘　要：基于国家在经济发展新常态下的各种发展结构与方式的改变，城市空间结构与产业结构、发展模式及存量空间环境精细化、精明增长方面的理性变革也将到来。结合首钢工业园区的建筑与环境的城市设计专业课程研究的视角，为建筑学专业四年级城市设计的专业教学方法的改进与提升，进行重点探析。同时，结合北方四校四年级城市设计联合教学、协同创新，共享教学成果，共同分析研究，试图寻找出最优化的专业教学方法。

关键词：首钢工业园区，精明增长，城市设计，协同创新教学

Abstract：Based on countries in economic development under the new normal structure and the change of the way，all kinds of development of urban spatial structure and industrial structure，development model and space environment and smart growth stock of rational change will come. the perspective of professional course study is based on Shougang industrial park building and environment of the urban design，for the student of architecture speciality grade four professional teaching method improvement and upgrading the urban design，will be the key analysis. At the same time，combining with the north four school grade four urban design combined teaching，collaborative innovation，share the teaching achievements and analysis research in common，trying to find out the optimization of teaching method.

Keywords：Shougang industrial park，Smart growth，Urban design，Collaborative innovation teaching

1　背景概况

2015年7月由北方工业大学建筑与艺术学院建筑系老师倡议，得到山东建筑大学、内蒙古工业大学、烟台大学建筑学四年级教学组主要老师积极支持，于去年9月选择首钢工业园区的敏感地块做"四校联合城市设计教学研究"（以下简称联合教学研究）。该专业课程设计选址位于石景山区北京首钢工业区的更新发展区域。北京首钢工业区的更新发展区域是西起永定河、东至长安街西延长线，南到永定河、北到首钢工业区的工业遗

产保护区之间3.99km² 区域。这里有大量围绕工业区服务的企业和交通运输场地。同时，石景山区政府于2008年前后将该区域定义为 CRD 地区（中央休闲商务区），将为很多中小企业创业和成长提供发展用地和政策支持。2022年北京冬奥会组委即将进驻的办公区域

*　基金项目：北京市教育委员会人才强教深化计划（PHR201106204）；本科生培养教学改革立项与研究（市级）"同源同理同步的建筑学本科实践教学体系建构与人才培养模式研究"（编号：14007）。

位于首钢工业园区西北端，是由炼铁原料区改造而成，由多座筒仓、料仓等工业建筑组成。该区域集创意办公、配套商业于一体，其核心办公区占地约5.2公顷。本次城市设计用地，就位于北京冬奥会组委办公区的南部，地块总面积为26公顷，其东西长1900m，南南北深161m（图1）。建筑系同学可以根据现场调研情况，选择自己感兴趣的业态与具体功能构成，提出自己设计小组的城市设计任务书，包括内容和各个业态的面积组成，其成果也可以为石景山区政府规划建设部门在未来实际开发和建设中决策参考，说明本次设计教学的实战意义与挑战性。

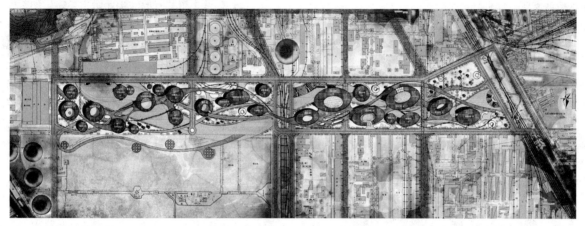

图1　联合设计学生方案总平面图

就四校联合设计而言，我们对一个"特定地段"，在"特定时间"能提供八组大方案的可行性研究，也是很有意义的事情。通过多方案比较，我们四个学校的老师可以就"工业遗产地段的城市设计方法"进行充分评价与沟通交流。同时不同学校的教学成果以及学生的方案设计成果也可以给这些学校的同学观摩学习，增强同学们的学习观摩机会。对我们教师而言，至少是笔者所在的北方工业大学的建筑学老师而言，会更深入地对此次专业课程教学模式与实践进行有益的总结评价。

2　结合当今社会发展需求，综合城市设计主要方法，寻求协同创新教学方法

本次城市设计与重点厂房建筑与构筑物的有机更新是一次可持续研究。首钢工业厂区在北京石景山区的长安街西端，2001年申奥成功，2008年首钢工业园区的拆迁改造，有机更新成为很重要的主题。而承载着首都工业发展史的传统建筑及构筑物、铁道、厂房等历史建筑、景观、小品、构筑物的保护也随之成为各种规划与设计竞赛的热门选题。北京首钢股份有限公司早在2008年为奥运会率先进行厂区搬迁调整，并为北京市新建体育场馆提供优质钢材。如今，首钢与奥运再续前缘，北京2022年冬奥会组委会办公地点落户其老厂区，将于明年春节前将实现前期全体办公人员入驻。基于当今新理念发展模式，如何抓住发展机遇，充分盘活存量资产与建筑空间，激活首钢工业厂区的城市设计与建筑空间、景观生态环境设计方法，并快速引入专业教学实践中来值得探究。

在我们四校联合选择首钢工业厂区的核心地段做城市设计概念任务之时，预设我们带领北方工业大学的建筑学的同学们做一些"有挑战性地块的城市设计"的可行性方案。由此，笔者从学术的角度考虑首钢工业厂区的一些改造的或者新建的创意产业园区建筑，如何同拥有50至80年历史的构筑物紧密联系起来，并同时构造"新特色"这个问题。庄惟敏教授在《建筑策划导论》一书中说，"这一过程将制定项目空间内容，进行总平面构想，分析空间动线，进行空间分隔、平、立、剖构想，以及感官环境的构想，最终将空间形式导入"[1]，而这些专业知识训练与当前社会现实需求、市民利益的表达都有积极意义。

3　教师团队主导，学生团队互动、资源共享，协同推进

作为参与联合教学研究的教师，本教学组老师从教学项目选址、红线范围划定，联合四校学生与老师一起调研、互相交流调研数据，分享研究方法与思路，划定三个大阶段的公开评论与指导，整个课程设计为十周时间，包括A前期（二周）调研与资料分析，研究与教学方法的引入；B中期（四周）选择在另一个学校进行中期方案、设计过程、模型与图纸成果的公开评析与展示；C后期（四周）选择在另一个学校进行最终的教学

成果、模型、图纸（图2、图3）评析等等。在第三次的后期成果完成评图后，以四校的八个小组同学为主体，加上各兄弟学校的4年级学生在一起，召开了总结会，以学生自由交流发言为主导，各学校教师旁听回答问题，充分体现"以学生为主体需求"的开放式、互动式专业教学方法的研讨，值得参与的各校老师和同学们不断总结、反思、分析、调整。

图2　联合设计学生方案鸟瞰图

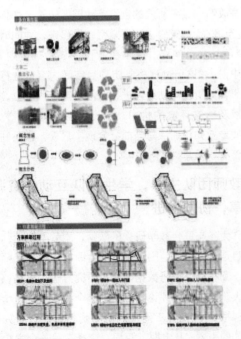

图3　联合设计学生方案分析图

就整个课程设计来说：

（1）以联合设计为契机，学生自由组队，参与选聘成组，教师做好协调和组织保障工作。小组学生们有适应团队较高强度工作的节奏，有进有出，小组负责同学能培养协调能力，自我组织对方案的操作计划、创意筛选，内部方案绘制、模型制作、优化进程以及小组成员们合作关系、任务分工作都需自己决定。

（2）参赛小组和一般同学调研与具体后期阶段也分组，校内答辩、辩论与讨论、有靶标、相互之间有竞争和协作。前期一人一个模型及概念、分析草图，这种大型综合类城市设计课题也能培养学生的个人全面能力与后期团队协作能力，包括为研究此城市设计方案需要进行的任务分工、计划安排、综合评价以及同本校带队指导教师的沟通、方案汇报前做出完美的PPT文件。

（3）教师团队根据多年的教学经验以及新常态发展的主题理念，"调结构、转方式"，调整以往粗放式的耗能型、低附加值的发展方式与结构，转变成发展高科技含量的产业模式，弘扬传统工匠精神，精耕细作，注重特色模式的建构，也是立足国家经济社会发展的最新状态，在教学与课程专业教学的研究与实验探索，是值得重视的。

在城市设计教学中，我们倡导学生调研包括以下几方面：①对周边市民及市场需求、业态规模、功能任务书的拟定、修正完善的老师建议。②注重新形势下，工业厂区、生态环境修复、空间品质提升的考量，需要重点思考。③在新的环境行为研究方法的导向下，要思考新的产业建筑空间功能与"创意产业区"景观交往活动以及多层次空间塑造。包括入口广场、内部集散、交流信息广场、立体通道空间、主要建筑出入口、停车方式的引入，与石景山及永定河关系的处理。④注重基地的交通出行，新TOD模式与基地立体空间交通的贯通联系。地下停车空间、智能设置、停车位、分区建设中地下停车数量的安排。因为当代市民与职工群体工作、生活快速的节奏，政府提倡主导的"公交先行、公交优先"的原则。扩大公共交通和自行车交通的无缝连接的节点布局。作为团队参与设计，后期的各种选题针对当前特大城市、大城市工作与居住社区居民要求，以问题与需求为导向不断深化城市设计与群体建筑设计。

通过本次联合设计，四校师生们达到了增进了解、开阔视野、共同提高城市设计水平与建筑方案设计能力与专业教学的目的，兄弟院校之间的友谊也得到了加深。同学们之间通过基地现场调查；评析中期与后期方案、模型的深化分析，分享学习经验与方法，取长补短。同时，通过相互之间的竞争推动他们的学习钻研的主动性……这是高校之间实现教学资源共享、提高教学质量、增加院校间交流合作，达到"协同教学创新"的一种有益专业教学方法的探索。

4 科学选题；仔细评价；联合评图；方法共享

作为首都，首钢工业园区是中国当代特大城市、工业厂区与有机更新、生态环境、智慧厂区与社区科学转型的典型代表。基于中国首都在"新常态"发展模式下，全新的、全面的引领建筑系四年级的同学，以实战研究的态度介入，联合北方地区四所高校有经验的教师团队，并带入欧美国家建筑学院及规划学院，有关城市设计、建筑设计、生态环境设计、工业遗产保护经验与方法、精细化地精准植入四年级专业教学方法与教学实践之中，教学相长、开放互动，促进专业教学进步与提升。

工业建筑在老城区中的搬迁是否是常态。钢铁企业也有大部分污染的厂房、车间搬往对城市居民较小的地区。如北京首钢搬迁到河北唐山曹妃甸后，留守与退休职工养老及居住环境品质与社区交往行为会发生哪些变化？都是应该考虑的问题，在此次四校联合设计中，生态修复成为笔者指导的参与小组讨论与探究的主要命题之一。从对首钢工业厂区的未来转型的理想目标出发，而深入地考量其空间合理利用的多样可能性，并思考评价最优的城市设计方案。

在具体的城市设计教学环节里，老师们对四校有个性、能力强的学生的方案设计的点评、教与学相长都有很大的促进作用（图4）。如首钢工业区的整体现状有很多问题，道路、业态、功能，我们布置北京周边地区业态功能分析，学生们做得很好。

学生作业对首钢工业园区的工业厂区的绿化、水体与水面保护都有表达。保持工业厂区的低密度、低容积率以及大面积生态绿地、绿容率对生态修复与改善有极大帮助。作为指导教师，笔者提醒同学们顺着这样的设计目标，在各自做城市设计的过程中，以这些问题为契机与导向，在自己的方案里进行有效的思考，在不同的设计阶段，随着方案深度的增加，也会有很好的设计成果出现。

图4 联合设计公开评图

作为建筑学师生参加工业厂区的新建筑植入，旧厂房改造更新，可以从建筑平面、交通、功能植入、空间结构多样性的设计构想。当代最新的建筑设计方法的引用都有很大的作用，希望本人和其他院校教师一起不断分析思考。经过几年的分析研究，制定不同地域的城市设计课题，经过若干年的探索积累，会有很大的收获与形成很好的教学经验。

小结：通过这次专业课程的联合设计教学实践，总结起来，我们在新形势下专业教学的新理念有如下几点值得重视，①在当前社会经济与文化发展的新常态下，专业教育教学理念也应与时俱进，"调结构、转方式"在建筑学的高水平教育中是必须重视的方法，具体制定与应用要因势因课而论。②在全球化、信息化高速发展的互联网时代，专业教育教学应保持开放的系统，有条件须持续坚持学校间联合教学交流、教师与学生取长补短、相互激励、设定高目标、立足新形势、教与学相互促进。③基于开放的联合教学活动，在具体教学中，教师依托自身不断更新的知识，快速导入教学中，提出专业设计的新方法、新信息，引导学生展开主动积极思考、变静止固定的课程训练为带现实问题挑战与方法寻求的理性设计进程，提升专业"教与学"水平与成果。

参考文献

[1] 庄惟敏. 建筑策划导论. 北京：中国水利水电出版社，2000.

王俊

西南交通大学建筑与设计学院；805473530@qq.com

Wang Jun

The School of Architecture and Design，Southwest Jiaotong University

社会需求导向下的建筑信息模型技术教学的实践与探索*

Social Demand Orientation：the Practice and Exploration of Building Information Modeling Technology Education

摘　要：随着我国宏观经济形势的改变以及建筑设计行业信息技术的发展，建筑信息模型（BIM）技术已成为建筑行业发展的一个重要趋势。西南交通大学建筑与设计学院在建筑信息模型技术的教学过程中，利用学科和专业优势优化教学方法，探索确立了依托校企联合实践平台，以培养学生的创新能力为主导，结合教学内容和实践环节的充实与改革，以适应社会发展对人才培养的需求。

关键词：社会需求导向，建筑信息模型

Abstract：With the change of the China's macroeconomic situation and the development of information technology in domestic architectural design industry, the Building Information Modeling technology has become an important tendency of architectural design industry. The School of Architecture and Design of Southwest Jiaotong University has established new teaching methods of BIM technology, which makes good use of the professional advantage and optimizes the old teaching methods，selects the way of the cooperation between schools and enterprises. Taking the creative capability of students as the leading factor，and based on its attempt in innovation and enrichment of teaching contents and practice issue，It reforms traditional teaching mode in order to adapt social development.

Keywords：Social Demand Orientation，Building Information Modeling

随着我国宏观经济形势的改变以及建筑设计行业信息技术的发展，建筑信息模型（BIM）技术在工程设计中的的应用已成为建筑行业发展的一个重要趋势。新常态背景下，建筑设计工作在向信息化、精细化发展，建筑设计企业也在大力提倡科技创新，以实现企业的转型升级，而 BIM 技术作为建筑企业技术与管理创新的重要技术突破点，在建筑的规划设计、施工管理和运营维护等各方面得到了越来越广泛的应用。根据 Dodge Data &

Analytics 与欧特克有限公司 2015 年在上海共同发布的《中国 BIM 应用价值研究报告》，在 2016～2017 两年内，我国的 BIM 技术应用将会进入全球前五大 BIM 应用增长最快的地区，报告预测在 30％以上的项目中应用 BIM 的

＊本研究为西南交通大学 2015 年校级本科教育教学研究与改革项目："建筑学本科教育中跨学科专业运用建筑信息模型技术的研究"成果，项目编号 1505027。

企业的占比预计将在两年后翻一番（其中设计企业的占比增加 89%，施工企业的占比增加 108%。[1]

作为政策层面，2015 年 6 月，住房城乡建设部在《住房城乡建设部关于印发推进建筑信息模型应用指导意见的通知》中提出了以下发展目标："到 2020 年末，建筑行业甲级勘察、设计单位以及特级、一级房屋建筑工程施工企业应掌握并实现 BIM 与企业管理系统和其他信息技术的一体化集成应用。到 2020 年末，以下新立项项目勘察设计、施工、运营维护中，集成应用 BIM 的项目比率达到 90%；以国有资金投资为主的大中型建筑；申报绿色建筑的公共建筑和绿色生态示范小区。"[2]为贯彻落实住房与城乡建设部这一指导意见的有关工作部署，各地也发布了推进 BIM 技术应用的若干政策。如深圳市发布了推进 BIM 应用的若干意见，"到 2020 年，要形成深圳市建设工程 BIM 应用的配套政策和技术标准体系；建筑行业甲级设计单位及特级、一级建筑施工企业掌握 BIM 技术，并实现与企业管理系统和其他信息技术的一体化集成应用；深圳市大中型政府投资工程、大型社会投资公共建筑、前海蛇口自贸区建设项目、地铁建设项目、申报绿色建筑的公共建筑和绿色生态示范区 100% 应用 BIM 技术。"[3]重庆市要求："2017 年起，该市建筑面积 3 万 m² 以上的单体公共建筑（包含以上规模公共建筑面积的综合体）在设计阶段必须采用 BIM 技术；主城区、城市发展新区、万州区、黔江区、开县、云阳县建设行政主管部门应分别启动实施 1 至 2 个 BIM 设计示范工程。"[4]

面对新常态背景下建筑设计行业的社会需求，如何加强学生对建筑信息模型技术综合技能的掌握，提高相关课程的教学水平，成为当前教学研究中无法回避的迫切问题。

1 近年来西南交通大学建筑与设计学院进行的 BIM 教学改革的实践与探索

在近 6 年来的教学探索中，西南交通大学建筑与设计学院的 BIM 教学组通过对接收学院毕业生的用人单位有针对性的调查回访、问卷调查等措施了解用人单位需求，提出了自己的教改思路，即：除传统的课堂教学外，依托和学院签约联合共建的教学实践基地、学院的卓越工程师计划和学校大学生科技创新计划（SRTP）的支持，建立 BIM 教学、BIM 工程实践和 BIM 科研实践结合"三位一体"的教学实践体系，在此基础上加强学生的综合能力培养（图 1）。在教改实践中，2012 年，学院 BIM 教学组依托四川省建筑设计院，完成了第一次的建筑信息模型（BIM）校企联合工程实践教学，学生参与了真实小区项目的基于建筑信息模型的工程设计；2013 年，在学院共建单位中铁二院建筑设计院，学生参与了多个客运站的建筑信息模型工程项目实践；2014 年，在西南建筑设计院的国家级教学实践基地，学生参与成都绕城高速公路多个服务区服务站点的建筑信息模型工程项目实践；2015 年，配合西南交通大学勘察设计研究院，带领学生完成学校抗震实验中心 BIM 项目实践。与此同时，"建筑信息模型与性能评估数字技术介入建筑设计教学创新模式的探索与实践"的教改课题获西南交通大学 2012 年教学成果三等奖。2014 年，学院的实践教学获得了西南交通大学实习教学一等奖。2015，"建筑学本科教育中跨学科专业运用建筑信息模型技术的研究"获得学校本科教育教学研究与改革项目立项。

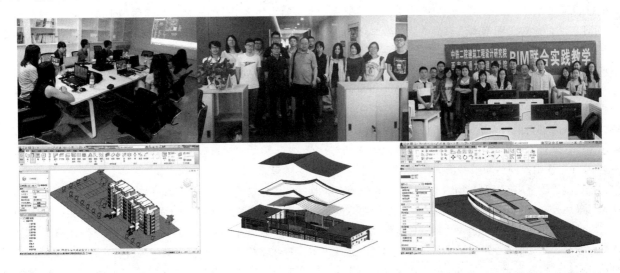

图 1 部分 BIM 校企联合工程实践教学照片与成果（图片来源：作者自摄、西南交大建筑与设计学院 BIM 教学成果）

2 新常态背景下设计企业的社会需求对BIM教学提出的新要求

在BIM教学改革近年来的实践过程中，建筑与设计学院BIM教学组提出的BIM教学、BIM工程实践和BIM科研实践结合"三位一体"的教学实践体系得到了落实，取得了一定的成绩，在另一方面也发现了不少需要完善的地方。其中特别值得注意的是，自去年以来，参与校企合作的建筑设计企业在交流中对学院BIM教学组的教学与学生BIM能力培养提出了新的更高的要求。

面对新常态背景下宏观经济形势的改变，对于建筑设计企业而言，BIM的运用已从全新的前沿技术成为大势所趋，成为建筑设计企业重要的技术创新与管理创新突破点。在校企合作中，学院BIM教学组可以明显感受到这一改变。如果说前几年的校企联合BIM实践教学对企业来说还有一定的新技术探索意图，去年以来，企业对BIM工程实践教学校企合作的过程与成果的期望有了很大的提升，可以概况为：企业希望在BIM工程实践教学过程中，学院能帮助企业内部实现BIM技术的推广；对BIM工程实践教学的成果，能直接提交给设计企业的甲方，能面对实际问题，真正运用起来。

面对建筑设计企业的需求，相应的对学院BIM教学组的建筑信息模型教学也提出了新的要求。这些要求主要集中体现在以下几个方面：首先是对学生专业知识和综合素质的要求更高。设计企业的BIM应用，不是简单的使用一个新的软件，而是设计流程的彻底转变。在学院以往的校企联合BIM实践过程中，由于教学计划安排的时间有限，在设计院学生主要是在方案阶段完成BIM实践，对施工图基本没有介入，导致学生对设计院的设计流程配合不熟悉，对方案的后续深化理解不够。其次是对实践团队合作的能力要求更高。BIM是一个涉及贯穿到建筑全生命周期的概念，单在建筑设计阶段，就涉及本专业的多人合作以及多专业配合的问题，以往学院进行的校企联合BIM实践主要以建筑学专业为主，学生在校学习中缺乏多专业配合的训练，同时对BIM工作中以网络和服务器为基础，不同工种模型交互链接，围绕中心模型来组织的设计交互流程缺乏认识。最后是对实践团队软件熟练掌握程度的要求更高。设计企业希望学院培养的学生对软件能有相当的熟练掌握程度，能尽快在企业实际项目中进入角色。企业也特别希望院校能基于互联网和云平台等新技术，为企业完成一定的二次开发，提高企业运用BIM技术的水平。

3 面对社会需求，多途径深化完善BIM教学措施的阶段总结

面对这些新的问题，西南交通大学建筑与设计学院BIM教学组在教学与实践中，总结之前教改的经验，在多途径上来深化完善BIM教学措施，满足社会需求提高教学水平。BIM教学组明确了教改的三个目标：一是主动适应建筑行业发展对人才培养的需求，培养能够解决工程实际问题的应用型和创新型人才；二是要积极面对BIM技术发展提出的跨学科多专业挑战，进一步推进和深化建筑学本科教育中跨学科专业运用BIM技术的研究，推动教学范式从"以教为中心"向"以学为中心"转变，提高BIM教学水平，以学生的整体发展与创造力提升作为教学目标，培养学生的综合能力和专业协调配合的意识；三是在教学中贯彻"理论联系实际"的方针，积极有效的利用实践平台，把专业知识教学和工程实践相结合，产学研相结合，将传统的以教师为主体的教室环境下的对学生的被动知识灌输，改变为多种真实体验环境下的学生的主动知识完善与建构。

就具体措施而言，首先，以前期成果为依据，积极主动地将BIM技术介入到建筑设计课程、建筑结构课程和建筑设备课程以及建筑施工图等实践教学中去。其次在专业课程的基础上，教师利用大学的多学科和专业优势，与土木、计算机等多专业教师配合，通过跨学科合作改革BIM教学的教学方法。2015年开始，土木工程学院的专业教师就开始参与相应教学实践中；在2016年，学校创客中心的计算机信息技术专业教师也开始参与到到BIM教学实践中来。最后，依托和学院签约共建单位的支持，利用学校BIM中心、学院教学实践基地、卓越工程师计划和大学生科技创新计划多个平台，为参与实践的学生团队配备了专门的企业导师，开展BIM知识讲座、企业实践参观等多种形式的教学，让学生更好的了解工程实践，以拓宽学生的学科视野。

这些措施在2016年的学生校企联合实践中收到了明显的效果，以下就是学生的部分模型图纸（图2～图3）。从中可以看到明显的跨专业联合教学后的阶段性成果。

建筑信息模型技术属于交叉性、综合性的学科领域及综合集成技术，如何面对社会发展对人才培养的需求，以培养学生的创新能力为主导，在BIM教学过程中优化教学方法，探索教学内容和实践环节更好的改革方法，将是西南交通大学建筑与设计学院BIM教学组不断努力的方向。

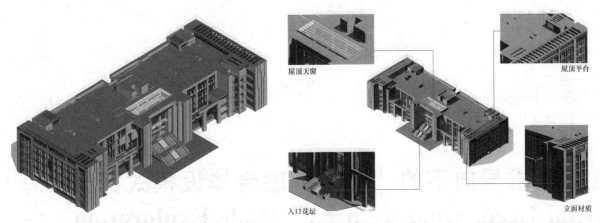

图2 工程实践教学中学生完成的建筑专业 BIM 模型（图片来源：西南交大建筑与设计学院学生 BIM 教学成果）

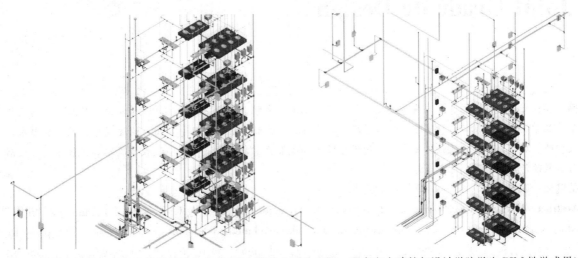

图3 工程实践教学中学生完成的设备专业 BIM 模型（图片来源：西南交大建筑与设计学院学生 BIM 教学成果）

参考文献

［1］ Dodge Data & Analytics. 中国 BIM 应用价值研究报告［EB/OL］. http://www.autodesk.com/temp/files/ CH_Business_Value_BIM_China_2015.pdf. 2015 年 04 月：1-4.

［2］ 住房城乡建设部. 建质函［2015］159 号住房城乡建设部关于印发推进建筑信息模型应用指导意见的通知［EB/OL］. http://www.mohurd.gov.cn/wjfb/201507/t20150701_222741.html. 2015 年 06 月 16 日.

［3］ 中国 BIM 网. 地方政府针对 BIM 技术又推新政策［EB/OL］. http://www.chinabim.com/c/2016-07-13/557461.shtml. 2015 年 07 月 13 日.

［4］ 陈斌. 中国建设报. 重庆明确 BIM 技术推广计划［N］. http://www.chinabim.com/c/2016-07-13/557461.shtml. 2016 年 05 月 18 日. 第五版.

王红　朱怿

浙江工业大学；wanghong71@126.com

Wang Hong　Zhu Yi

Zhejiang University of Technology

社会需求导向下的"n＋1"联合毕设模式探索
Social Needs Guided "n＋1" Mode Exploration in Joint Graduate Design

摘　要： 针对建筑业社会需求发生的变化，结合浙江工业大学"n＋1"联合毕设教学实践，从改革理念及思路、教学实践过程的课程设置要求、教学环节与要点、相关教学活动组织等方面，论述了毕设的内容要求以及调研、城市设计、建筑设计三个环节的教学特点和成果要求，提出了一些毕设教学思路和设计方法，最后对本教改活动进行了总结与反思。

关键词： 联合毕设，教学，改革，教学要点

Abstract： Under a fast changing society of social needs, guided by Zhejiang University of Technology's "n＋1" education philosophy, this paper discussed about new ideas and methods in joint graduate design. This paper focuses on course syllabus designing, education flowchart planning and relative course activities organization, while discussed about field exploration, urban planning and architectural design.

Keywords： Joint graduate design, Architectural education, Reform, Syllabus

1　改革缘起：

2014 年始，建筑业萧条惨淡，我们走下多年招生和就业的塔尖，探索"社会需求导向下的 n＋1 毕设模式"，思考在当前形式下，怎样的毕设教学体系，能够让学生尽快适应即将到来的高强度设计工作，适应团队协作；学会全面分析问题，由宏观到微观有条理有步骤的解决问题，以适应特色化、精细化的设计发展方向；此外，还要培养学生适应市场竞争，为甲方创造尽可能大的经济效益。

本教学改革源于三个方面：

（1）目前建筑学专业毕业设计的问题明显

目前高校建筑学专业毕设问题主要有：学生毕业设计状态涣散，毕业设计与社会需求脱节，毕业设计教学过程为相对封闭的"一对一"模式。

（2）呼应国家"卓越工程师"计划

"卓越工程师培养计划"要求强化优秀工程设计者必备的实践能力、设计能力及创新能力，推进校企联合培养模式。为此我们推出了"产学研一体"的联合毕设教学探索，形成教学与实践、设计与市场的结合。这就是本教学改革不同于以往的新构成--"n＋1"模式，即：多所院校 ＋ 一个当地建筑行业机构。

（3）适应建筑业"新常态"

面对日渐冷清的建筑设计市场，建筑系学生需要了解建筑行业的发展趋势，适应建筑业在新的社会需求导向下将要发生的转变，建筑院校培养的学生应该具有建筑设计行业、建筑相关产业、甚至其他方面的知识和能力。

2　改革理念及思路

基于目前毕设存在的问题和新的社会需求导向，我

们在 2015、2016 年度毕业设计中尝试了"四多一实际"的教学改革，即："多校联合设计、多位教师指导、多方能力培养、多种教学活动和一个甲方带来的实际项目"。

（1）以多校联合毕设促交流

多所院校聚合可以在交流中汲人之长，补己之短。多校联合由教师与学生形成多层次、立体化的交流讨论渠道，也提供了多城市、高水平、多渠道、快节奏、广地域的毕业设计教学环境，形成多角度的交流与合作，激发不同师生团队的竞争意识。

（2）以多方面能力的培养与考核使学生适应当今社会需求

在新的社会需求导向下，我们在原本单纯建筑设计的基础上，增加了"建设基地及建筑市场调研，自拟设计任务书"及"用地大范围的城市设计"两个毕设环节，采用小组合作的方式培养和训练学生的合作能力，所涉及的策划、经济分析、动画制作等能力增加了学生对当今社会需求的呼应度。

（3）以多种活动丰富毕设教学

参观大师作品、学术报告、混合编组、跨校交流、作品展览、多师点评等等活动为毕设联合教学提供了多角度、立体化的学习路径。

（4）以实际工程接轨社会，甲方参与毕设全过程

建设单位、真实场景及实际工程的引入，呼应了"卓越工程师培养计划"，将提升教学的针对性，激发专业兴趣，以实际工程接轨社会。2016 年度"开放式设计任务书"的设定，对学生提出了"更全面地了解社会需求，用规划设计解决实际问题；更完善的运用技术手段，让设计激活人气、改善城市环境并带来经济效益"的卓越型设计人才要求。

3 教学实践过程

2016 年度联合毕业设计以浙江万科南都房地产有限公司为建设需求方，项目选址在杭州良渚文化村玉鸟流苏创意街区，周边集中了大卫·奇普菲尔德、安藤、齐欣、张雷等著名建筑师的作品，期冀通过该毕设课题研究，针对该地段"空间美好商业萧条"的问题提出具有针对性的开发与设计策略，提升人气，改善环境品质，协调与良渚度假村及玉鸟流苏一期街区的整体关系，传承并发扬地域文化。

（1）课程设置要求：

1）了解建筑设计与社会需求及开发商利益之间的

关系，掌握各种需求信息的采集和分析归纳方法，通过活动策划、社会调研、信息汇总、经济分析等，最后确定投资及建设方向。

2）设计位于著名的良渚文化发源地，学生需要建立设计的文脉意识，包括时间脉络和空间关系。学习并掌握设计中常用的环境分析技术以及在设计中融入文脉的方法。

3）掌握建筑群体空间组织的关系逻辑和技术方法。在小规模城市地段中延伸学习城市中的"空间、功能、结构、环境"互动的设计方法，构筑具有鲜明文化特色和活力的城市空间。

4）了解各设定业态及其配套设施的功能特点和空间要求，合理布局各项功能、有序组织交通，巧妙利用各种设计要素与创作手段，合理组织内部功能、流线、空间，设计出具有创意的建筑形式和空间。

（2）教学环节与要点

本毕设首先对建设基地及周边环境以及整个良渚文化村历史、杭州楼市进行调研，做出文脉分析、基地环境分析、社会需求分析及楼市经济效益分析，确定功能业态，完成任务书编制；其次对建设用地进行整体规划设计，包括功能设定与分区、城市空间与建筑形态设计、交通组织、景观空间设计等；最后，自选 1 万 m² 以上建筑面积的完整建筑组团进行群体建筑设计及内外空间与景观设计。

第一环节、基地环境分析及业态研究

研究当地历史与地域环境，在文献调研及案例研究的基础上对基地文脉传承及建设方式提出自己的见解。时间 1 周，地点主办院校。

教学特点：

4 人小组培养协作能力、甲方参与、高密度大师作品考察、多次学术报告、多种实战技能培养、多校老师指导。

成果要求：

小组完成调研报告，自拟设计任务书，做 20 分钟 PPT 汇报（图 1）。

第二环节、城市设计

要求学生学习城市设计理论与方法，理解城市形态与建筑类型的关系，考虑周边环境和开发商利益，在聚落规划设计中营建多层次的、丰富的、可体验的、具有活力、有鲜明特色的街区空间。时间 6 周，地点各自院校。

教学特点：

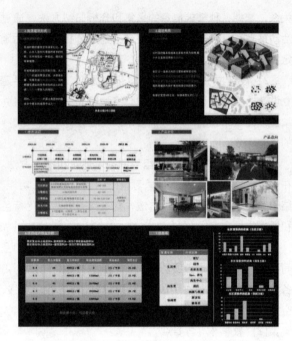

图1 浙江工业大学学生调研PPT成果

自愿组合的"师徒型"教学结构、二人小组协作设计、以市场需求为导向、以"发现问题"和"解决问题"为规划主线、紧扣"地域化与现代化相融合"之主题;

成果要求:

图纸文件含规划各类分析图、表达设计意向的总平、大剖、沿街立面图及效果图,反映规划概念的模型,设计说明、PPT汇报文件等(图2)。

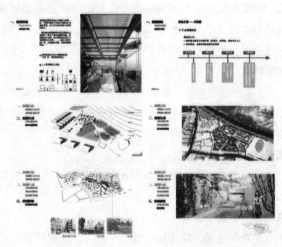

图2 浙江工业大学学生城市设计成果

中期答辩集中进行,多校教师点评指导。

第三环节、建筑设计

探讨建筑性格的表达及其设计语言与手法,掌握建筑设计创新的方法,让建筑与高品质环境相融合。要求学生在城市设计基础上,自选不少于一万m²建筑面积的完整建筑体块进行深化设计。时间7周,地点各自院校。

教学特点:

强调"创新性":体现文化性、艺术性和低调的奢华;强调"技术性":设计结构合理、技术可行;强调"全面性":满足国家和地方各项要求,交通组织流畅、建筑内部及外部空间富有特色,建筑表现和分析图全面而丰富。

成果要求:

图纸文件含建筑设计各类分析图、总平图、建筑平立剖面图、各向效果图,建筑模型,设计说明、PPT汇报文件等(图3)。

图3 浙江工业大学学生建筑设计成果1

终期答辩集中进行,多校教师点评指导。

(3)相关教学活动;

本着"让少数同学参加的教学活动能够惠及所有师生"的原则,我们组织了多场与联合毕设相关的教学和实践活动:①多彩的推介活动:邀请联合毕设师生做了多场专题报告,介绍联合毕设情况,分享考察设计成果,畅谈收获和体会。②丰富的学术活动:邀请联合毕设各校老师和外聘专家做了一系列学术报告,在校学生均参加。③阶段展示活动:2015、2016年均举办联合毕设成果展,惠及所有在校生。④设计成果收集出版。

4 成果评价

图4 浙江工业大学学生建筑设计成果2

（1）教学成果明显好于一般毕设：联合毕设的各组设计成果在学校毕设答辩中始终名列前茅，说明"四多一实际"的教改活动给教学带来极大的促进。

（2）自拟任务书的设定极大地激发了学生的创作热情，带给学生很大的发挥余地，设计成果丰富多彩，百花齐放。

（3）毕设涵盖的知识面广、工作量大、完成度高。本次毕设工作量是平常毕设的2～3倍，最后的设计成果图分析细致，出图量大效果好（图4）。

5 教学反思

"产学研一体"的多校联合毕业设计教学模式在我校已经开展两年，总结2015～2016年度的教学实践，我们认为：

（1）教学设定要发挥学生的主观能动性

学生有惰性，也有能动性，建筑设计教学设定需要因势利导，调动学生的学习积极性。本次联合毕设在以下方面的设定有助于激发学生学习热情：①学生选老师的"自由组合"；②多校联合的"竞合机制"；③多师指导的"倍数效应"④走出去实地感受建筑的"感知教学"⑤学生自由组合的"互补优势"⑥真实场景真实甲方的真实"情景教学"。

（2）教学设定需结合社会需求导向

本次毕设题目几乎涵盖了建筑行业从策划、经济分析、甲方决策到规划设计、建筑设计直至施工图的主要内容，为学生走向社会创造更加广阔的就业空间。同时，本毕设课程将教学与课题研究、实际工程相结合，引导学生接触未来的甲方，了解市场需求，对学生日后从课堂走向社会大有益处。

（3）学生对本次毕设活动认可度高

根据问卷调查，学生认为本联合毕设工作量设定合适，毕设任务含调研、城市设计和单体设计三大部分内容全面收获大；多校老师指导及甲方参与好，"产学研一体"的联合毕设对自己有很大帮助，对市场需求、实际工程等方面有了一定了解，这是在之前课程设计中从未体验到的。

（4）存在问题

本次毕设反映的问题有：

1）部分学生对任务书设定的市场分析及投资效益分析没有很好回应，设计还是比较理想化，与市场接轨还有一定距离；

2）规划设计阶段对规划的理解不够全面，一些规划对基地的交通组织、空间组织、消防需求考虑不周，这些问题反映出我们建筑学专业人才培养中对规划设计的训练和相关规范的学习有欠缺。

3）学生普遍认为各校相对独立的毕设缺乏学校之间的交流，希望增加各校学生互动的环节及与其他院校老师交流的环节。

在总结的基础上提高，让"社会需求导向下的n+1联合毕设"越办越好，并借此带动我校建筑教学的改革与发展。

参考文献

[1] 中国建筑设计行业年度发展研究报告（2014～2015)编写组.中国建筑设计行业发展趋势 [J].中国勘察设计.2016年03期.

[2] 全国高等学校建筑学专业指导委员.2014全国建筑学院系建筑学优秀教案集 [M].北京：中国建筑工业出版社.2015.

陈坦　王倩

中国矿业大学力学与建筑工程学院；ct-535@163.com

Chen Tan　Wang Qian

School of Mechanics and Civil Engineering，China University of Mining and Technology

社会需求导向下的建筑遗产保护课程建设
Course Construction of Architectural Heritage Conservation Oriented to Social Demands

摘要： 近年来，我国社会发展需要建筑院系培养大量建筑遗产保护的人才。本文结合多年建筑遗产保护教学经验，总结了为满足人才培养需求而进行的课程建设和探索，主要从课程群的形成、教学模式的探索和教师队伍及对外交流等方面进行了介绍。

关键字： 社会需求，建筑遗产，遗产保护，课程建设

Abstract： In recent years, China′s Social development needs of the architectural college and department training a large number of architectural heritage conservation personnel. Combined with years of teaching experience in architectural heritage conservation，this paper summed up the course construction and exploration，mainly from the aspects of the form of architectural heritage conservation curriculum group，the exploration of teaching mode and teachers′ training and foreign exchange.

Keywords： Social Demands，Architectural Heritage，Heritage Conservation，Course Construction

我国拥有种类丰富数量众多的建筑遗产，随着人们认识的加深划入保护范围的建筑数量仍在扩大。这些建筑遗产不仅存在于快速发展的城市中，也广泛分布于正在经历巨变的乡村地区。住房城乡建设部通过中国传统村落的评选对于价值特色突出的村落给予保护，划拨专项补贴资金。当传统村落有钱修缮破败坍塌的百年老屋时，又有新问题凸显了出来。在缺少专业保护人员指导的情况下，良莠不齐的施工队伍使用唾手可得的钢筋混土材料迅速修好了许多老房子的屋顶和墙体，一座座传统村落在几年甚至几个月内被所谓的"保护"变得面目全非。所以社会急需懂得保护理念和技术的人才对这些修缮活动进行指导和监督，而且需求量巨大。

1 课程背景

面对社会需求增加与人才培养供给不足之间的矛盾，国内建筑院校也做出回应，同济大学于2003年在本科阶段设置了历史建筑保护工程专业，为我国培养"具有较高建筑学素养和特殊保护技能的专家型建筑师或工程师"。2012年北京建筑大学也获批新增这一专业。尽管培养的学生数量还很有限，但是两所院校已经为国内其他院校做出了很好的示范。对于我校而言，目前暂时还不具备足够的师资和其他条件来创办完整的历史建筑保护专业，但是我们已经开设了建筑遗产保护相关课程，在培养合格的建筑设计人才的同时也让学生了解和掌握遗产保护的基础理论和基本技能，更关键的是让学生拥有正确的建筑保护理念。

我校在建筑学专业2004版培养方案中添加了建筑遗产保护课程，作为专业选修课设置在大四第一学期，并于2007年首次开课，与国内其他同类建筑院校相比开课较早。作为一门新开课，教学组在开课之初就面临

多种困扰，比如师资不足、缺少教材、课程内容不健全、缺少相关经验等等。如何才能上好这门课？随着社会对遗产保护的认识和重视程度越来越高，结合现有条件，教学组对课程的教学探索和建设一直持续进行着。

2 课程建设情况

2.1 形成以建筑遗产保护为主线的子课程群

最初建筑遗产保护课程的开设是为了完善建筑历史相关课程群，但随着对建筑遗产保护理解的加深，课程组意识到应该形成与建筑遗产保护相关的子课程群，增加建筑保护教育的力度。目前，子课程群包括建筑测绘实习、建筑遗产保护、传统建筑营造、遗产保护专题毕业设计等课程，并衍生出了面向全校本科生的建筑遗产保护概论选修课。

2.1.1 建筑测绘与建筑遗产保护联系紧密

建筑遗产保护课程是这个子课程群的核心课程。该课程在高校建筑系本科教学体系中的开设已经很普遍，其在同济大学的历史建筑保护工程专业也是作为历史与理论层面的核心课程，我校也对该门课程的内容、教学组织等进行持续的探索和改革。

建筑测绘实习是我国许多著名高校建筑系的传统课程，很多时候被认为是中史、外建史等建筑历史类课程的简单延续。然而随着建筑遗产保护事业的蓬勃发展，建筑测绘的对象从传统古建筑扩展到数量更为庞大的各类历史建筑，建筑测绘实习课程与建筑遗产保护课程的联系也更加紧密了，所以在课程群建设过程中，两门课程在内容上形成一定的延续性。比如，以往学生在三年级暑期测绘提交的成果主要是有关测绘对象的数据和图纸，而将两门课程加强关联之后，教师要求学生在测绘过程中还要对该处建筑的历史、文化、风格、材料等内容进行详细的调研并做记录，在随后四年级上学期开课的建筑遗产保护课堂上会要求学生在完成基本的概念和理论学习后，以测绘建筑为对象进行价值分析并提出自己的保护意见和方法，随后在课堂之上展开讨论。因为对讨论内容熟悉度高，这一环节设置往往会有良好的讨论氛围和效果。

2.1.2 新开课程拓展子课程群深度

针对建筑遗产保护课程欠缺有关建筑保护的技术与工艺的内容，课程组又开设了传统建筑营造选修课，并在毕业设计阶段增加了遗产保护专题。传统建筑营造课程让学生能够深入了解中国古代不同时期建筑技术特点、风格与异同，并详细讲述其中的重要建筑构件的搭接方式、建筑尺度、建筑样式等，更加充实了建筑遗产保护的基础内容。

在学习了理论基础之后，学生需要提高实践能力。课题组教师结合了历史建筑保护方面的实际科研项目，在毕业设计阶段为学生设置遗产保护设计专题，这些选题也是让对遗产保护专业研究感兴趣的学生能够通过真实的设计实践将以往的知识进行梳理和深化，为今后继续深造或从事相关职业打牢基础。

2.1.3 通识教育选修课普及遗产保护意识

文化遗产保护需要全社会共同的关注和参与，我们国家从2006年起将每年6月的第二个周六定为中国的"文化遗产日"，每年都有不同的主题和口号，这一举措是加强文化遗产保护工作的有力措施。同时，随着全民教育程度越来越高，人们也愿意了解更多关于建筑遗产的知识。高校是遗产保护教育的重要机构，仅仅把遗产保护的专业知识局限在建筑学专业是不够的，应当加大普及性教育，课题组面向全校学生开设了建筑遗产保护概论通识教育选修课，该课程虽然不属于建筑遗产保护子课程群，但却是这个子系统的衍生体。从2009年首次开课之后，概论课已经作为一门稳定的全校通识教育选修课，学时16课时，每学期开课1~2次，每次选课人数90~120人，授课内容也根据学生的实际情况结合更多实例讲解。学生选课积极，教学效果良好，达到了提高大学生遗产保护意识，增强素质教育的目的。

2.2 建筑遗产保护开放式教学模式探索

2.2.1 教学内容的开放性

建筑遗产保护课程内容有一定的开放性，这一特点的形成与建筑遗产保护在高校的教学现状密不可分。建筑遗产保护作为课程进入大学课堂的时间还不算长，尽管建筑遗产保护的实践取得了有目共睹的进步和成就，在学术领域的研究也蓬勃发展，出版了大量专项研究性著作，但是对建筑遗产保护进行全面系统梳理的著作还很少，能够作为教材的参考书比较缺乏，还没有经典教材。直到近几年几本著作出版之后，才为教学工作提供了适合的参考书——2012年林源的《中国建筑遗产保护基础理论》、2013年薛林平的《建筑遗产保护概论》、2014年常青的《历史建筑保护工程学》等。在这之前，我校建筑遗产保护课程的授课内容需要教师自己积累整理并编写讲义，所形成的知识框架也就带有较强的开放性，这种开放性也让建筑遗产保护课程能够更好地与社会需求及理论研究的前沿接轨，例如近些年工业遗产的保护是遗产保护的热点问题之一，中国建筑学2010年会成立了工业建筑遗产委员并每年召开工业遗产学术研讨会。因为遗产保护课程内容的开放性，关于工业遗产的理论和保护实践就能迅速及时地整合入我们的课程内容中（图1）。

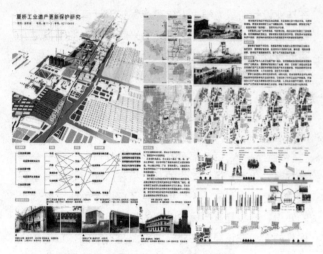

图1　某工业遗产更新保护研究
（图片来源：赵雨薇绘制）

2.2.2 考核方式与成果的开放性

开放性还体现在课程的考核方式与成果要求上。本门课程适合以考查而非考试的方式考核，结课之后要求学生提交图纸一份，内容为某一保护对象的初步保护规划和相应的保护措施（图2），另外，学生在上课过程中的表现作为最终成绩的重要部分，即学生在专题讨论课上的获得的成绩作为主要计分点。讨论课上学生分组图文并茂的进行阐述和讨论互动，由教师以及学生代表根据理论运用、语言表达、幻灯片制作等方面的水平给出一个成绩，按一定比例计入最后的成绩。通过近两年的实行发现这种考核方式能够增强学生对理论知识的实践能力。

图2　学生作业
（图片来源：李琳绘制）

2.3　教师队伍与对外交流

我校位于苏北地区，地域的吸引力相对较低，在遗产保护研究和技术方面吸引专精人才缺乏优势，所以课题组的教师组成相对稳定，缺少新人加入。但组内教师坚持立足自身专业的充实提高，并充分利用校内外的教学资源，为教学创造好的条件。

在学校和学院的支持下，建筑系利用各种机会既"走出去"又"请进来"。课题组教师得到学校的经费支持多次到内地及香港的著名建筑学院校调研交流，收获颇丰。另外，组内教师个人也积极申请到国内或国外高校进行短期进修或高级访问，每年参加相关学术会议及江苏省文物局组织的文物保护工程管理培训班。坚持"走出去"满足了教师扩展知识和更新观念的需求。

利用学校国际交流与合作的专项经费，学院每年会邀请国内外专家学者为我们的本科生开课。例如2014年邀请香港中文大学的何培斌教授到校访问讲学（图3），为建筑学系本科生开设了32学时的"建筑遗产保护与设计"课程，精彩的讲授博得了师生一致好评。建筑系与德国柏林工业大学、德累斯顿大学及亚琛大学等几所高校的相关专业已经建立了良好的学术交流与互动，德国专家教授中有多人从事城市更新及遗产保护方向的研究，也多次邀请他们为建筑学专业本科生集中授课（图4）。这样的教学交流与互动让学生受益匪浅，也有力地推动了建筑遗产保护子课程群的建设。

图3　香港中文大学何培斌教授为本科生授课
（摄影：姜涛）

图4　德国亚琛大学建筑学院副教授Carola
S. Neugebauer为本科生授课（摄影：姜涛）

3 结语

国外早在 20 世纪六七十年代就已经在高校中设置了本科和研究生阶段的历史建筑保护专业，建筑遗产的保护已经是一个相对独立的专业领域。与之相比，我国建筑院系培养建筑保护专业人才的道路可谓任重道远。各个高校创立建筑保护专业、研究方向或者仅仅开设建筑遗产保护课程，也能从不同程度满足各地对保护人才的需求。我校也在近几年为苏北地区的城市管理部门、设计机构等输出了一批拥有保护知识的设计人才。未来，我们将坚持对建筑遗产保护课程的改革与建设，这也是在积极推动我国遗产保护教育的发展。

参考文献

[1] 林源. 中国建筑遗产保护基础理论［M］. 北京，中国建筑工业出版社，2012.

[2] 常青. 培养专家型的建筑师与工程师——历史建筑保护工程专业建设初探［J］. 建筑学报，2009（9）：52-55.

[3] 张晓春. 保护与再生——写在同济大学"历史建筑保护工程"专业建立十周年之际［J］. 时代建筑，2013（3）：92-95.

李焜　张倩　崔小平　吴迪

西安建筑科技大学建筑学院；37406301@qq.com

Li Kun　Zhang Qian　Cui Xiaoping　Wu Di

Xi'an University of Architecture & Technology

基于"建筑工业化"背景下集合住宅发展可能性的设计教学探索*

Design Teaching Exploration of the Possibility of the Development of Residential Building Under the Background of Construction Industrialization

摘要：本次教学以探索未来中国城市居住建筑发展可能性为基本话题，在推进"建筑工业化"和"互联网＋"时代的新背景下，以满足未来城市居住需求为导向，来设计建筑学三年级居住建筑设计课程的教学内容。教学中将课程设计拆分为若干个训练环节，明确各环节的训练要求与目的。关注住宅适用人群的个体需求，将居住设计对象具体化。强调居住单元群、公共空间分级及其空间组织，并建立学生间相互评价的讨论机制，积极探索居住空间训练的教学方法。

关键词：居住建筑设计教学，互联网＋，SI住宅体系

Abstract：The teaching in order to explore the future development of residential buildings China City possibilities for basic topics, in the new background of building industrialization and "Intern et plus" era, in order to meet the future needs of society oriented, teaching content design architecture of the third grade residential architectural design course. In the course of teaching, the curriculum design is divided into several training links, and the training requirements and objectives of each link are defined. Concerned about the individual needs of residential housing, the design of the specific object of the. Emphasize the living unit group, the public space classification and space organization, and establish the student evaluation of the discussion mechanism, and actively explore the living space training teaching methods.

Keywords：Teaching of residential building design, Internet plus, SI housing system

＊西安建筑科技大学2015年度教育教学改革重点项目，面向城乡居住需求变化形式下创新型设计的居住系列课程教学体系改革与实践，项目编号：JG011502；西安建筑科技大学建筑学院2015年度教育教学改革面上项目，"建筑工业化"背景下以"新时期集合住宅发展可能性"为导向的居住环境规划与设计课程教学模式、方法与手段的改革研究与实践；2015年西安建筑科技大学择优立项专业骨干课程建设项目，居住建筑及环境设计系列课程。

1 住宅产业发展与教学改革的课题

居住环境系列课是西安建筑科技大学建筑学院建筑学专业主干课之一，本次在居住环境系列课大体系下的实验性教改。主要针对的是包含邻里空间环境设计在内的居住建筑设计课程。

目前以房地产为代表的传统建筑业已经达到了前所未有的规模，但高耗能、高污染、高浪费、粗放型的施工作业，对生态、对城市、对产业结构等也带来了极其严重的负面影响。着眼未来，从传统建筑模式转型到新型建筑工业化是我国建筑业发展的必由之路，以 SI 体系为技术支撑的住宅产业化势必影响未来我国住宅建筑设计的发展方向。

在教学中如何顺应住宅产业化的行业导向，如何积极关注多层次的社会群体居住需求，将社会趋势、居住本质及居者体验有机结合，并形成行之有效的教学方法，是我们在整个教学中一直思考的问题。

2 都市更新浪潮与"都住创"的启示

近年来谈到城市的发展，我们会越来越多的谈及"存量规划"、"新都市主义"、"都市再生"等关键词。在有关居住问题的讨论中，人们开始更多的关注"街区化"、"改善性住宅"、"混合开发"等等。人们向往有活力且安全的居住环境，渴望自己的个性化需求能够被更好的满足。

从 20 世纪 80 年代开始，日本建筑师中筋修及其团队开始进行题为"都住创"的都市集合住宅的系列实

图1 "都住创"部分住宅项目

践。"都住创"是希望共同生活的人们组合起来的所谓协同组合住宅（cooperative housing）。从购买土地到建造完工，一连串的辛勤劳动都是由大家共同负担，建造满足各自家庭需求的住宅。建成后人们共同生活工作在一个屋檐下，老人们互相照料，孩子们共同成长[1]。

我们认为，"都住创"的实践活动，在一定程度解决了结合集合住宅中多种不同类型居住单元的有机整合，同时它非常关注公共生活和归属感的建构，并提醒我们对于住宅人性化的需求，不应仅停留在空间多样性层面的讨论。我们认为"都住创"可以成为我们在住宅设计的教学中回答"如何应对居住者个体需求多样性"的一个参考样本。

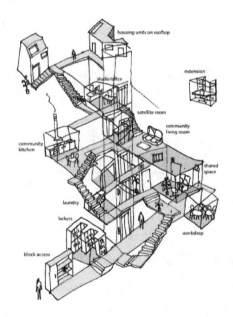

图2 co-housing 居住模式概念图

3 教学的两个技术前提

3.1 互联网＋

当前，以互联网为媒介的分享经济的发展，使得从 co-working 到 co-living、co-housing、airbnb 等新型居住生活模式不断涌现。"互联网＋"的发展也必将影响未来住宅的供给模式，用户需求必将成为先决条件的一部分，影响住宅的设计。

从住宅设计层面来看，在互联网时代，随着人们生活方式的改变，住宅单元内的格局也在悄然的发生着变化。很多家庭中电视已不再是客厅的中心（事实上智能手机和平板电脑等移动终端已在很大程度上使得电视并不必须存在），随着科技的进步，人们也未必需要传统的"几房几厅"的住宅格局。取而代之的是关注家庭需求、个性化的、耐久的、可变的等新的要求。

基于以上思考，在本次教学中我们尝试引导学生在设计中满足居住者的对于两类居住空间的个性化需求：一类是针对住宅的套内空间，另一类则是居住建筑的公共空间。教学中扩大了对居住者空间需求的定义范围，在设计之初就把住户对于住宅公共区域的空间要求纳入到设计者的思考中。

3.2　SI 住宅体系

住宅产业化的推进，为住宅性能的提升和住宅空间组织的灵活性提供了条件。从 open building 模式发展而来的 SI 住宅体系建造模式，将住宅的结构体 S 与填充体分离，从而为填充体——居住单元的多样性、不同居住单元的组合以及单元的可变性提供了条件[2]。前文提到的"都住创"模式，其住宅单元具有丰富的多样性，实现了为不同家庭量身定制不同的套型。但由于结构形式和建造模式所限，其未来的套型空间可变性受到了局限。运用 SI 体系，则可解决可变性的问题。因此，在教学中，我们以住建部 2010 年颁布的《CSI 住宅建设技术导则》指导依据，以 CSI 住宅理念及建设技术为支撑，鼓励学生在设计中运用相关技术。

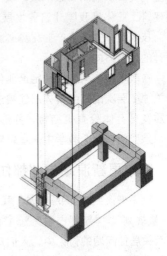

图 3　SI 住宅体系示意图

4　实验教学步骤及内容

教学的过程可分为设计对象认知和设计训练两大阶段。其中，设计训练环节由"互拟任务书和理想套型设计"、"理想套型与公共空间的体块组织"、"套型与公共空间的空间拓扑"、"材料语言与建构逻辑梳理"等四个阶段构成。

4.1　教学分组

为了提高教师与学生之间的沟通效率，并充分调动每位同学的设计热情，从课程一开始教师就采取了小组与大组相结合的方式，对学生进行分组。根据不同的基地，将学生分为 3 个大组，再在大组基础上划分成 12 个小组，每个小组由 3 名同学组成。每个教学环节重要节点的集体讲评和设计方法集体讲授时，为大组讨论；涉及个人设计方案问题具体的体探讨则以小组为单位。实践证明，这种分组方式能够很好的提升师生之间的沟通效率，并促进学生之间的主动交流。

4.2　设计训练

环节一：基本套型设计训练——互拟任务书和理想

套型设计

我们鼓励学生为不同需求而设计，以及街区住宅底层空间的业态混合。考虑到在实际的市场运作中，业主需求各不相同，且让学生对不同的业主需求进行调研在短时间内是不现实的。但若完全虚拟研究对象，又无法行成业主方对设计思考及其结果的反馈，且极有可能让学生陷入自说自话的泥沼。如何才能既使学生面对尽可能真实业主，又能在短时间内完成对"业主"的调研并在设计过程中得到业主的及时反馈呢？

本环节中，我们在教学上采取了以六个户型为基础的"微众筹"模式，模拟定制住宅的的设计方法。为培养学生对日常生活环境的观察力，提高他们对日常生活感知的敏感度，从而获取更加详尽的住户需求，我们采用了一种同组学生互拟设计任务书的方式。每位小组成员负责制定两份套型任务书（其中须有一套住宅的建筑面积为 90m²）。两份任务书的内容，分别为拟定者的家庭及拟定者的一位亲友家庭的居住需求（图 4、图 5）。内容包含前文所述的"两类居住空间"使用需求，即"套内空间使用需求"和"公共空间使用需求"。随后，两份任务书分别由除拟定者以外的另外两名组员完成设计，形成两个"理想套型"。令人愉悦的是，很多同学的任务书制定得非常细致，从中我们看到了不同的家庭成员及其家庭对空间的需求的巨大差异。

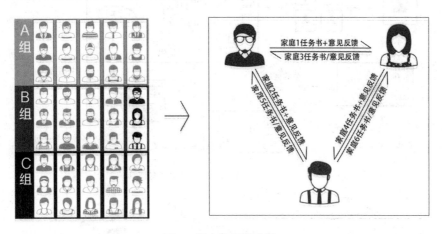

图4　学生组织模式图

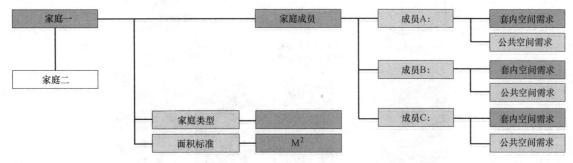

图5　环节一任务书内容

环节二：第一次整合训练——理想套型与公共空间的体块组织

在此阶段，每位小组成员将上阶段得到的六个理想套型，以套型轮廓体块的形式与公共空间的体块进行空间组织操作。关注套型与套型之间的联系，以及"套型缝隙"——公共空间与套型的空间关联和功能组织。同时，该空间组织还应与此前阶段的住区空间策略研究中形成的住宅边界条件（住宅高度、大致形态、与周边环境的组织关系等）相匹配。

在具体的设计训练中，学生先后完成套型与套型的组合、套型群与套型群的组合、公共空间的分级与串联、套型群空间与其余公共空间的整合（图7、图8）。

环节三：第二次整合训练——理想套型与公共空间的空间拓扑

本阶段是整个住宅空间设计训练的重要环节，考察和培养学生对于重复单元组合和复杂空间整合的逻辑思考能力和设计能力。

学生们根据上阶段方案的特点，选择不同的住宅结构方案，运用SI住宅体系的设计原理及方法，平衡结

图6　理想套型与公共空间的体块组织

构体与使用空间的相互关系。设计中学生发现，为保证套型组合后的空间合理性，第一阶段所形成的理想套型的平面无法被直接生搬硬套到整体建筑平面中。因此，

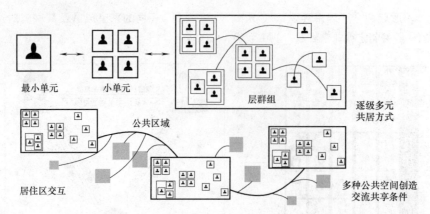

图 7 套型群与公共空间组织模式 1

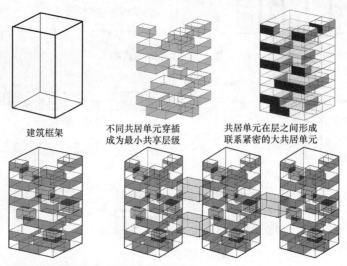

建筑框架　　　　不同共居单元穿插　　共居单元在层之间形成
　　　　　　　　成为最小共享层级　　联系紧密的大共居单元

小型公共空间穿插在共居　　幢与幢之间安插重要
单元之间，促进整幢楼大　　公共空间，联系整个
系统的流通性　　　　　　建筑体系

图 8 套型群与公共空间组织模式 2

图 9 部分同学设计成果模型

学生需要在保证套型面积、套型空间基本特征、使用需求不变的条件下对之前小组共同完成的六个理想套型进行空间拓扑，使之适应整体建筑空间的合理性。与此同时完成空间从体块到板片的深化设计，以及公共空间与套型群的空间整合。

环节四：材料与建构逻辑梳理

此阶段以培养学生"材料与建构"的能力为目标，以前期体块和板片的空间操作为基础，进一步梳理设计，引导学生回答材料的选择、材料组织语言、材料的建构逻辑等问题。同时要解决的还有这些住宅体量如何融入城市肌理，如何协调城市色彩、适宜城市尺度等问题。

5 小结

教学的每一阶段都重复着"大组讨论明确总体要求"—"学生个人制定计划/具体设计"—"小组成员

之间对设计的相互讨论与反馈"—"大组评价"—"教师及组员评价反馈后的再设计"的教学模式。

在整个设计教学过程中的各个阶段，每位同学既是其他同学的判官，又是设计者。他们在努力完成自身设计任务的同时，还非常关心其他组员对自己拟定任务的实现程度，形成了良性的互动机制，这种方法极大地激发了学生的主观能动性。令人欣慰的是，在学生们的设计中我们看到了不少让人心动的闪光之处，如"一米菜园"、"慢跑社区"、"垂直客厅"等学生自发形成的设计概念，在一系列设计训练中通过设计者编织的设计逻辑，得到了较好的落实。

客观地说，本次教学无论在教案编排还是教学阶段控制上，都值得我们深入发掘和改进。教学中我们清晰地认识到，学生在对基地相关区域现实问题的关注的广度和深度上，其能力还显得薄弱，这自然导致解决问题时所带来的设计缺陷。因此，如何让学生以日常生活经验和亲身观察体验出发做出判断，形成清晰而深入的设计前提，从而更进一步明确设计出发点并使之完成，是我们将继续思考的问题。

参考文献

［1］ 罗劲. 现代日本集合住宅. 世界建筑，1992（04）：60-65.

［2］ 刘东卫，蒋洪彪，于磊. 中国住宅工业化发展及其技术演进. 建筑学报，2012（04）：10-18.

［3］ 林崇杰，林盛丰. 都市再生的20个故事. 台北：台北都市更新处，2014.240-249.

余亮

苏州大学金螳螂建筑学院；yuliang_163cn@163.com

Yu Liang

Gold Mantis School of Architecture, Soochow University

"我作主"的专业意识与素质培养
——浅谈装配式建筑毕业设计中的非"保姆式"教学

"I' m in charge" Professionalism and Quality Training
——A Brief Talk on Non- "nanny" Teaching in Prefabricated Architectural Graduate Design

摘要：当今世界，亮出苹果手机或迪拜转一圈，给人印象最深的，无非是手机和迪拜城市独显的造型魅力？除给人巨大的视觉冲击外，还有神奇的想象力，姑且不论其内在的优秀技术含量，但不可否认这些独特的造型创意对其他城市或物品带来的引领作用，这些可否在建筑设计教学中探讨，值得思考。笔者从2013年起每年应用装配式建筑方法指导毕业设计，虽在教学中继续关注装配方式以及多种技术的配合穿插，还在思考非"保姆式"的素质实践方法，目的是通过毕业设计培养学生的创新主导意识，提升学生进入社会的适应性。

关键词：我，装配式建筑，毕业设计，保姆式，教学思考

Abstract：In today's world, when you pull out your iPhone or travel to Dubai, does the most deep impression come from the modeling charm of them? In addition to the shapes in a great visual impact, they also show plenty of fantastic imagination. Apart from the inherent excellent technical content, but there is no denying that these unique modeling designs can bring a leading role for other cities or items , in which could we study in the teaching of architectural design? That's worth a thought. I directed graduation designs by the method of prefabricated architectural every year since from 2013, in order to cultivate students' innovation leading consciousness and enhance the society adaptability though guiding graduate design, I not only take attention to the cooperation of assembly way and variety of technology but also think about non-nanny style way of quality practice.

Keywords：I, Fabricated building, Graduation design; Nanny style; Thoughts on teaching

1 装配式建筑与教学环境

相比于前几年，国人对装配式建筑的话题已趋不陌生，笔者连续关注并多年指导装配式建筑的毕业设计(以下简称毕设)[1]，话题虽有些老生常谈，但每年具体指导时，总有不少新的感触。

装配式建筑与一般建筑的建造方式不同，在工厂预制构件而在现场搭建建筑，以前的一般建造方式，则直接先用建筑材料在工地以搅拌等湿作业方式，后以砌筑等手段完成搭建，除建造速度慢和效率不高外，容易造成现场和城市的环境污染。除去古老埃及金字塔和狮身人面像等给世人留下许多谜团的建造物外，包括中国古代的木构建筑在内，世界上很早应用装配原理营造建筑，成功的例子不在少数。从材料搭建技术和对后世的

影响不得不提的是近代建筑典范，1851年的伦敦世博会水晶宫和1889年的巴黎埃菲尔铁塔，均采用了预制的装配方式，是人类首次大规模的建筑装配尝试，为后续发展奠定了基础，给后人留存了装配建筑造型独特的审美想象力。

装配式建筑因建筑类型和施工、材料等不同而有不同的适用，但从目前国内装配式建筑情况看，高层类的住宅和PC构件应用是主流，因绿色节能，这样的建筑方式必将成为今后建筑可持续的发展方向。类似的建造在国外，如西班牙[2]、香港[3]、新加坡[4]等有很多的推广应用，20世纪七八十年代的国内曾大力发展，现在更得到各方关注，在新型城镇化建设上也有所考虑[5]。

在建筑教学领域让学生早些触及建筑工业化，除能开阔眼界，还易使学生在设计阶段思考建筑的搭建问题，有利建筑创意的一元化思维发展，但实际结合装配方式的教学并不多，包括毕设环节。为此，本文继续以装配式建筑和毕设的相结合为题，关注学生设计创意的原发能力，以装配式建筑、毕设和创意引领为关键点，思索非"保姆式"的素质教学方法，着重学生的创新主导意识培养，以提高学生进入社会的适应性。

2　毕业设计与非"保姆式"教学

应用型大学的工科培养模式，一般都会设置毕设环节，通过设计来串通整合大学所学的全部课程，有关毕设，细看建筑学教指委的指导性意见[6]，确有"指导性"特点，对毕设的建议并不具体详细，缺少操作的便利性，只建议了规定的周数。中国有建筑学专业的院校很多，地域及办学条件千差万别，不作一刀切的建议无疑能够发展各院校的特色。

2.1　毕业设计的本质和一般教学模式

建筑学专业与其他工科专业不能一概而论，最大的相异可认为是课程内容和设置，从一年级的入学开始一直到毕业，均会设置课程设计，通过设计串通整合大学所学的课程内容，一贯到底。年级越高设计难度越大，复杂而考虑的因素多，设计对同一阶段之前习得的课程，包括专业基础的理论课和实践课等，起到了归纳和汇总的作用。其终结点是毕设，是4年或5年学制专业的最高概括。毕设时间长，集中一学期的14周或更长，涉及面广，把不同类型、条件和环境作整合，起到大学全部课程的总结归纳作用。

另外，所谓"保姆式"教学是以照料人的保姆为

例，说明教学中教师像保姆那样，精心地照料学生学习，同时会不知不觉地以事无巨细的框框约束学生，害怕学生学不会和学不好，教师的过多看护使学生按照教师规定的套路去理解掌握，不乏产生依葫芦画瓢似的完成作业现象。具体在建筑学毕设上就是教师事先拟定建筑毕设任务书、规定基地及建筑类型，学生根据任务书的指标进行平立剖面设计，教师隔三差五地对照设计任务书进行指导，容易束缚学生的创造想象力。不可否认，这样的"保姆式"教学在初期的启蒙阶段是不可缺的，而到了毕设阶段是否合适，值得探讨。

2.2　透视苹果＋迪拜现象与"我作主"

当今世界，亮出苹果手机或去迪拜转一圈，尽管两者不是同一内容，但给人印象最深和吸引人的，可认为是他们的独特造型，紧紧地揪住了人们的心理需求，隐藏在后的是那企业或城市的强大实力和技术支撑。将此话题引申，一是如有漂亮外形，而内在功能不好，消费者不会买账，如此的山寨版国人见多了；相反，仅是功能及内在质量好，而造型整合差，同样消费者不认可，说明一个好产品，需要两者兼顾，缺一不可。苹果手机和迪拜城市（图1、图2），无疑让消费者感到内在功能追随外表，时尚的外表整合统一了内在功能，因独特的意境创造，使消费者眼前一亮。设计是意境创造，是不同要素和资源，通过不同手段和方法组合拼装，形成满足一定功能或功效和审美特性的产品，两者叠加是此产品区别于他产品的独创性，体现了创作者的任性特征。任何物品，大到轮船，小到针头线脑均能显示他特有性能的审美趣味。

图1　苹果手机

建筑的任性由最终由实在的技术构成，从以前中国的秦砖汉瓦到现在迪拜千姿百态的建筑无不需要一砖一

图 2　迪拜城的独特造型

瓦搭建，现代建筑的发展越来越依赖科技进步，因此，技术的学习理解应是建筑学专业学习的重要认知基础。遗憾的是与多年前的建筑学课程相比，现在的建筑技术时数少了，反映了技术课程整体弱化的教学环境，仅关注建筑形体的人不在少数。苹果手机和迪拜的任性设计说明了创意构思＋技术的重要性，反映了设计师的任性设计性格，而任性背后是深厚的技术素质支撑与垫底，"我作主"恰是设计师有底气的素质表现。

培养"我作主"的专业气概，由设计行业的特殊性质和社会的期望值决定，设计中虽然团队协作不可或缺，但核心人物以"我"为中心，任性的"独断专行"、"出乎意料"的素质不可多得，核心人物看得高，望得远。其张扬的个性特点不仅反映在作品上，也体现在他的脸上，从日常学习安藤忠雄、扎哈·哈迪德等大牌建筑师的文字和图片中能领略到，这么想的原因主要是毕业生的将来需要这样的训练，而毕设阶段正好与此时机吻合。

3　装配式建筑中"我作主"的教学实践

装配式建筑教学中实施"我作主"，为的是使学生认识到，装配的技术特殊而有挑战，需通过设计的"独断专行"整合，才能发挥装配式建筑的特有魅力，毕设阶段可以学习这样的方法。

3.1　"我"为中心的设计意识引导

我要做什么？设计什么？这是装配式建筑以"我"为中心设计时常需思索和力图解决的课题，学生一开始不习惯，无从下手，他们习惯按原设计方法进行一般的平立剖面设计，难以主动地思索考虑利用装配方法，通过技术措施解决设计的各类问题。毕设是大学的最后阶

段，学生学过的课程和掌握知识不少，好好消化的不多，加上这些知识都在书本，往往理解呈碎片化，缺少联系，装配建筑的学习可以激活已学知识。本教学为使装配方法应用到历史老街的更新设计中，设计过程处处突出"我"，学生需根据自身的选择标准任性地选择基地并设计，自始至终强调任性的"我"。通过参观实体构件工厂和装配工地增加感性认识，寻找优秀案例分享其他设计师的任性创意成果，评图时挖掘学生的结构和构造知识，在学生方案中要求提示设计的技术措施，通过这些措施提高以装配特定手段进行"我能作主"的设计提案能力（图3）。

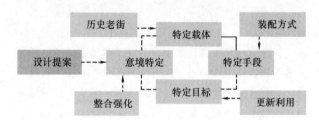

图 3　特定的设计目的与提案

3.2　松紧与长短相宜的教学组织

为突出"我"的拓展设计意境，依据循序渐进的教学原则，将毕设分为前期和后期的两阶段，并用比例评价，目的是为了做足前期，期待后期成果的有根据，其在时空上的特点，可归纳为一松一紧、一长一短结合的教学组织（图4）：

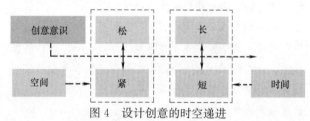

图 4　设计创意的时空递进

松：氛围和选择的宽松性，区别"保姆式"，培养"我作主"精神，学生根据自己对装配建筑的理解和调研分析，自由选择基地、建筑类型和自行制定任务书（表1）。

毕设中需"我"决定的3大要素　　表1

NO	要素	内涵
1	建筑基地	装配式建筑，建在哪？建后的优点…
2	建筑类型	适合类型：小学？幼儿园？社区中心…
3	设计指标	建筑规模，面积，容积率，绿化率…

紧：有二层含义，一是技术层面，装配式建筑配合的技术特性需要一板一眼地理解，相对严谨，其次要使装配技术紧扣历史老街保护与更新的设计主题，选择适

合基地等，技术要求高；另一是时间层面，需较短时间理解较多的装配技术，时间紧。

长：前期调研占比，与"保姆式"教学不同，本教学在理解装配式建筑基础上，需细心调研，发现问题，提出改进方法，应用到老街的保护与更新设计，整体用时长。

短：后期的方案设计，立足前期调研成果分析完成规定的图纸设计，由于前期调研时间长，对设计和基地的理解会更紧密，因此最终设计容易符合装配建筑的实际需求。

根据上述教学方法，学生装配式建筑毕设题目及创意特点见表2，部分效果图参见图5～图7。

2016届装配式建筑毕设题目及创意特点 表2

编号	题目	设计目标	创意特点	解决的问题
1	基于装配方式的苏州阊门内下塘巷区局部更新设计	激活阊门内下塘社区，合理地改造更新控制保护建筑	根据控保建筑现状分为不同装配式改造方法；分为由点到线和面的结构系统层次	控保建筑保护不力，社区活力不足
2	基于装配和浮萍式的渔村文化旅游设施设计	不破坏渔村文化，塑造具有福建地域特色的渔村文化旅游建筑群	以鱼排为原型进行组合变化，形成功能明确的建筑群	体验渔村文化的游客，感觉配套设施及民宿服务的缺乏
3	应用装配方法的苏州历史老街老年人日托中心设计	根据山塘街现状进行老建筑保护与养老建筑的结合	利用分散的老旧建筑进行改造，形成多个功能上联系的老年日托中心	老年人养老模式的完善，老建筑的风貌保护
4	基于装配方法的湖北彭家寨旅游区设计	满足彭家寨的旅游业发展需求，保护聚落形态	利用装配方法与地方性材料，将传统结构方式与现代结构相结合	彭家寨旅游设施缺乏，原有的聚落形态与新建筑的结合
5	旅游街区装配式浮空商业体系植入设计	规划设计基地内的商业体系，改善基地功能混杂、交通混乱的现状	浮空的商业体系植入原来古村落，保留原有建筑肌理，结合原有场地景观	基地内功能混杂与交通拥挤，缺乏相应的生活与服务设施
6	"市井文化"下苏州横街公共空间营造设计	利用装配手段增减建老街建筑，为老街注入新的活力空间	利用巷道空间和泊岸增加交往节点，拆除破败建筑增加室外交往节点	社区活动空间的缺乏，户外公共空间和绿化空间缺乏
7	装配式的河坊老街青年旅社建筑设计	利用装配方法，占用最少街区场地进行建筑设计	见缝插针的四水归堂式建筑组团布局，应用空中游廊方式将建筑组团联系在一起	高效利用分散的场地，化零为整，解决游客需求
8	基于装配方法的重庆磁器口古镇旅游建筑设计	解决景点过度商业化带来的公共空间使用功能单一，使用不舒适的问题	结合建筑场地—台地的特点，充分利用当地的原材料	古镇码头区域新建游客服务中心及相关食宿空间的缺乏

4 结语

通过多年毕设嵌入装配式建筑的教学实践，体会不少，但也有遗憾：一是学生建筑技术基础的缺乏和知识面狭窄，当介绍自身设计意图时，不会主动地提出相配套的建筑构造和材料特色，显得运用生疏；二是不敢大胆地突出"我"，受一贯的"保姆式"教学影响，独立的收集资料、分析归纳及综合的能力欠缺，因此难以将

资料与设计创意有机的衔接，"我作主"的介绍底气不足。

总之，装配式建筑教学的探索之路还很长，特别是结合装配特色的多元教学模式探讨，随着装配理念的逐步深入，相信这样的探讨将越发频繁。

（非常感谢谢伟斌、廖庆霞、杨丹、顾怡欢和吴颖婷等同学的整理协助）

基地总平面图　　　　　　　　　　　　　　总体鸟瞰图

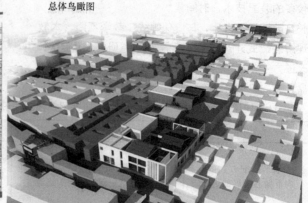

图 5　基于装配方式的苏州阊门内下塘巷区局部更新设计（谢伟斌设计）

参考文献

[1]　余亮. 建筑装配叠加变量思维的毕业设计教学思考与实践. 2015 全国建筑教育学术研讨会论文集，中国建筑工业出版社，2015：560-564.

[2]　王洁凝. 西班牙装配式建筑发展研究. 住宅产业，2016（06）：41-44.

[3]　岑岩，邓文敏. 我国香港地区装配式建筑发展研究. 住宅产业，2016，（06）：52-56.

[4]　张昕怡，刘晓惠. 新加坡装配式组屋建设的经验与启示. 住宅科技，2012（4）：21-23.

[5]　王洁凝. 关于发展装配式建筑推进新型城镇化建设的思考. 公共管理与政策评论，2016，（02）：85-90.

[6]　全国高等学校建筑学学科专业指导委员会编制. 高等学校建筑学本科指导性专业规范（2013 版）. 中国建筑工业出版社，2013.

图表来源

图 1：http：//www. apple. com/cn/iphone-se/；图 2：www. wccdaily. com. cn

图 3、图 4：自绘；图 5～图 7：学生毕业设计；表 1、表 2：自绘。

徐磊青　言语

同济大学建筑与城市规划学院；574360824@qq.com

Xu Leiqing　Yan Yu

CAUP，Tongji University

塘桥社区微更新参与式工作坊教学[*]
——社会向度建筑教育的探索与思考

Micro Renovation of Tangqiao Community Participatory
Workshop——The Exploration and Thinking on
Social Aspect of Architecture Education

摘要： 新常态、存量等关键词在不同领域高频出现，政府推行共同缔造、社区治理等理念亦逐渐清晰，而在建筑学教育中，我们是否应该有所改变？面对多元主体与资本的压力，建筑师在象牙塔中的训练应该增维而将自己获得更广泛与真实的社区在地力量，完成自己在入职前对社会向度设计考量的充分训练。塘桥社区微更新便是这样一次机会，我们完成了8周的课程、获得项目的实施权，并且带领学生继续前行在社区设计第一线。本文记录了课程的过程、结果与总结。

关键词： 建筑教育的社会向度，参与式工作坊，社区设计，社区营造，场所营造

Abstract： Key words such as new normal, stock planning are heatly discussed in various fields. Nowadays, the Chinese government are advocating "community building" and a sense of "go for it together", of which concept are more and more clear. At the same time, should architecture education have some changes for this transition? Facing multiple subjectivities and pressure from capital, architect of tomorrow in the tower of ivory have to be trained by dimension increment to gain the local power from community and other local subjectivities, and enhance social aspect of their ability. Micro Renovation of Tangqiao Community is such a good opportunity to let the students finish participatory process with various cummunities and implement their design. This article recorded the process of this 8-week workshop and made a conclusion.

Keywords： Social aspect of architecture education, Participatory workshop, Community design, Community building, Placemaking

前言：选题背景

以场所营造、社会修复为主题的408 Studio在塘桥金浦小区入口广场的调研与参与式社区交互工作告一段落，此文成文之时，已经进入后期方案深化进入施工图的节点。参与式观察与设计与近人尺度的活力实践，正是为回应对目前城市发展的存量语境与社会公平的人文视角，正当时！我们以"破土"与"松动"的姿态，试图链接建筑设计的社会向度并在多个命题之间于学科体制内，寻找突破的定位与范式⋯

课题所选的上海浦东金浦小区入口广场是"行走上海2016——社区空间微更新计划"中面积最大、较为

重要（作为启动仪式的举办地点）的一个试点。而微更新计划以公益众筹的方式，十分注重宣传攻势地在网络端发声，并得到了政府、街道、规划院、社区居民的大力支持。本课程设计作为同济大学五年制本科大四教学体系的一部分，我们将本校学生在进入社会之前能够收到何种程度的社会性训练十分关心，但相较于欧美、台湾与日本漫长的参与式设计周期，我们迫于课程时长只有 8 周，进度比较快。但我们仍然相信，这是一次在学科体制内一次有意义的"后锋"的教学实验。接下来我们将展开这部分思考的叙述与讨论。

1 课程理论与社会背景——转型中的建筑教育

其实在匠人的历史中，自斐迪亚斯起，自古以来设计权君赋神授，直至现代建筑的发展将战后住宅作为现代建筑师的天职，多元性主体浮现。但在完成战后住宅生产任务后，人文议题涌现之余他们桥杆过正地推行现代建筑美学的全部。然而在过于理性的简化工具与复杂现实之间，曲折迂回过后现代的挣扎，亦经历了美国社会运动频发的 20 世纪六七十年代，新的多样性、政治正确的现代性在文化建构的路子上被确立。催生的多元现代，背后的力量正是比之现代主义诞生之初更加多元的主体性和需求。但在 20 世纪六七十年代经历一轮觉醒之后，许多学者可能和笔者一样，忽然觉得偏颇相比自圆其说有时候其实更有穿透力——建筑的自主性是制造了资本的符号，还是给逐渐明晰的多元主体创造了壁垒？那么建筑教育能匹配上述变化吗？在国内的社会、经济、文化的转型背景下，作为一流的设计强校的建筑师培养，应该具有怎样的价值观来引领学生？

现在这一次的转型是世界性的。从普利兹克奖得奖情况来看，近年的坂茂、阿拉维纳都属于在人道主义的社会实践方面颇有建树的建筑师。人类是势利的，大众总是要模仿精英，精英的文化特征总会向下渗透[1]。在建筑教育中也不能免俗。社会向度的考量在建筑评奖中愈发凸显，正是这种转变的表征。建筑创作似乎可以分为两类，一种是"抵抗建筑学"——渲染专业的权威性与神秘并高筑专业壁垒，而另一种可被称为"进取建筑学"或"包容建筑学"，则以"广义建筑学的雄心"从更高的社会组织链环的介入、影响设计[2]。虽然有些话题仍然局限在如何实现建筑师自己的意图，即自主性理念的推销上，但毫无疑问的是，在现在建筑设计行业普遍遭受"降维打击"的情形下，建筑从业者需要"增维思考"。

《匠人》一书中提到阿伦特提出的"劳动之兽"与"创造之人"的一组概念，抨击了只管完成任务并将工作本身视为目的的人们，颂扬了物质劳动和实践的判断者——劳动之兽的上司[3]。耐人寻味的是，阿伦特别有用心地举了反面例子——"觉得原子弹很诱惑的奥本海默"和"致力于让毒气室变得更有效率的艾希曼"，原因在于他们不关注"为什么"而只关注"怎么办"。桑内特对此直接提出了公众参与必须及早开始的建议，从而杜绝事后造成损失再去讨论如何消除的窘境。好的匠人能够自下而上地撬动资本、影响权力，更能满足人文关怀的追求。

尽管奖项和传媒的导向日益凸显建筑的社会学意义，但在教学中社会向度和建筑学学科本身的价值判断有所冲突使其成为难点，即使是"68 学运"之后的伯克利也并没有把它解决得很好而使其自身陷入争议。我们仍然需要建构一个参与当代社会互动的开放的建筑学[4]，并寻找到实践与教学的方法论，去应对多元主体进行社会空间的实践，也能真正地回应市场与人文需求。

2 课程设计原初之构想：反身性的思考——非建筑与泛建筑实践的研究

我们认为，有以下几个问题是以往建筑设计教学中有些忽视而又亟须面对的部分，我们希望能够在这次课程设计中践行，包括：

2.1 对空间的运行问题的关注与实践

一个基本的人类学命题——谁的空间，与一个基本的政治经济学命题——空间是如何运作的，长期被建筑教学忽视。空间的运行与权力问题至少是和建筑的实体建造问题同等重要的。从并非全然是设计从业者的都市行动主义者（urban activist）的广泛实践来看，他们常常打了过于手法过于沉重建筑师的脸。场所营造（placemaking）、商业引导性街区（BID）等自下而上或者自上而下的空间计画（programming）或者开源的自组织（agency）对美好日常生活（everyday life）的塑造远远超过建筑师的几张效果图能说明的事情。其实这种戏剧性的对比比以往更加凸显的原因，还是因为现在中国的建筑市场实在冷清，而存量优化的阶段梁板柱的技术性实体建造已经很少了。

2.2 明确使用者主体并完成参与式观察与设计，完成场所实验

在高校设计教学中，假题总是比真题多，但笔者在

这里说的判断依据并不只是"是否有抽象/具体的基地",而是具体的使用者是否凸显,并且他们和环境之间的关系是否被细致调查。已经有太多课题被真题假做了,显得"学生气"的原因其实并不在于在建造方面的思考不足,很多时候更是没有考虑运营与使用者的空间习惯。我们认为,现在学生普遍堆砌的分析图除了容易构成一种专业壁垒的、自圆其说的习惯以外,还容易助长形式主义的无根漂浮,这在当今的经济社会形势下已经难有市场。深入、真实的调研势必将成为高年级本科学生的必修课。

但包括我们自己在内,很多时候对调研持有错误的概念导致事倍功半。在建筑、景观设计层面上,相对于工具理性十足、不能具有同理心和细致情感的距离式观察,我们倡导学生,以人类学参与式观察为主,行为学研究方法为辅,并以参与的姿态整合调研和一部分设计工作。日本著名社区设计师山崎亮重新思考了社区的定义,提出不只要设计空间,更要设计人与人之间的连结[5]。我们亦认为设计的任务是发生了改变的。这样,学生能走出自己的舒适区,学习一种新的工作方式,并建立一种新的工作者和工作对象之间的关系。

许多成功的案例,为我们提供了除了一般问卷、访谈之外的成功经验。调研的局限在于,一个新事物(设计)产生之前,调研很难具有针对性和预测信度。而例如席卷全球的开源的批判的都市行动主义(critical urban activism)与场所营造(placemaking)让我们看到了瞬时(临时)建造长远影响的可能,并推动了空间的民主实践。这种场所实验有重新定义建筑教育的方法论的潜质。我们鼓励学生构想以场所实验的方式,打造参与的平台,完成设计的测试。

2.3 预设与灵活——增加解读性,在自主性和社会性中取得均衡

参与式设计不是想要特定阶段的某一个形态,而是永远行进中的社区一空间结构及其接口——它有可能永远在未完成和持续改进的状态。教学设计本身很像是一场参与式设计。老师、学生共同完成一个议题的空间化。这个议题很有可能是老师提出的,学生动手完成的。老师并不能也没有必要严格控制设计理念的产出,反而应该留下足够的灵活性并激励学生。同样的,我们希望学生在参与的过程中也充当"老师"并吸纳社区居民的建设性意见,并设置让居民参与完成设计的接口。

但在整体课程的风格倾向上我们趋向于一种不拒绝自主性的反身性(reflexivity)的思考。设计的意义并非作者的主观,应该是由该物品的众多接收者所决定;作者站在众多接收者那一端,和大家一同看待其意义,一边用接收者的眼光制作[6]。所以,我们认为教学的重点不在于产出多么好的设计,而是在于引导学生们思考自下而上的设计过程,及对更广泛的人文议题的接触、思考与讨论。过程和成果同等重要,过程的思辨和细腻很重要的判定标准。鹤斯特与张圣琳提出,使用者参与、反唯美主义、去集中化与地方自主是社区设计的关键特征[7]。我们希望社区设计能上下结合,并让学生在社区的现实中参与的、体验地探索设计与自主性结合的可能。

2.4 课程目标

综上,所以我们制定了一些方针与课程目标,包括:

(1) 参与式的过程与平台的设计,或者说参与式工具的运用与设计;

(2) 近人尺度的活力实践,设计深度往工业设计级别靠近,考虑使用者及其习惯于可能的行为;

(3) 争取进行场所实验的构想,完成一次改变空间运行的活动;

(4) 所进行的参与式观察调研的成果要在设计中有比较好的体现或者反思。

3 课程的进程与结果

3.1 参与与设计过程与过程设计

"再造历史街区"专家工作营的基本工作阶段为:基本信息搜集、现场调查、民意收集、地段和环境分析、问题解读、对策探讨、具体设计、向民众汇报、记录与宣传[8]。《社会修复的城市主义》中"我们的公园与花园"(Our Parks and Gardens)参与式设计进程为知情同意(informed consent)、场地勘探、绘画工作坊、个人帆布工作坊(individual canvas workshop)、照片诱导采访(photo-elicitation interviews)、员工问卷、公共展览[9]。《区域环境之景观保存与活化》以景观模型为中心的研习会(模型、动画、素材、创造参与方便的议题、构想提出的规范)、景观资源与构想的累积(新闻稿、档案资料、网页)、资讯编辑与共识酝酿(汇整、编辑阶段性成果、地图、手册)[10]。我们参考这些前人经验之余,结合塘桥本地政府的支持和民众参与度和学生的能力、时间所及,摸索、设计、发展出自己的参与过程。

对本工作坊限制很大的一个问题是,整个课程设计

只有 8 周，前述提到这其实是一个很短的时间。许多成功的社造案例、参与式进程，因为民主进程的步骤繁琐反复和本身的公益性质，通常至少以 5 年为单位。8 周能做的实在是有限，但是也有其好处——作为课程设计来说，拖太久往往不是好事。既然不能做到完全的自下而上的主体性建构，能初尝居民交互等人文议题对于快要毕业的学生来说也是非常好的。而如果参与式进程缩短，可能造成的结果会是调研与交互带来的巨大的工作量和不得不在一些内容上进行自上而下的决定。同时，因为最终方案还是以竞标形式获得最终的设计权的，所以对参与性也会有一定的减损。但我们觉得，这也许是一次探讨自组织（agency）与自主性（atonomy）的绝佳教学机会。

3.2 前期调研

3.2.1 调研：参与式观察 & 行为学调研

一般地，在前期课程每周上三次，一次是在学校，一次是在现场和居民一起开会讨论，一次是学生自己前往基地针对性的观察、采访与记录。前期工作量非常大，问题从无到有再到筛选、调和，学生如我们所构想的那样，从无所事事的恍惚状态，到有针对性能命中一些问题，并和居民展开对话，大概花费了 3 周的时间。这其中对学生的激励十分重要。我们鼓励学生深入居民生活进行参与式观察，这其中废了不少周折。例如，许多人譬如小贩等基地相关使用者，对微更新持排斥态度，并很反感别人将他们作为调研对象。这对于许多人类学、社会学学生来说是最基本的技能，但对多数尚在象牙塔中玩味空间的建筑学学生来说，这对他们的情商和策略、信心来说都是极大的考验。我们鼓励学生和居民打成一片，并去体验他们的生活。

慢慢地，许多学生会有目的地跟人靠近从一些边缘话题开场，或者直接去买受访者售卖的一些东西。这些在地知识构成了学生们对场地的分析与印象，关键的承载物是生活和具体的人，而不是传统距离式观察得到的想当然的分析图。学生们和居民慢慢地建立联结和对话渠道，有互相留下联系方式的，也有乐于合影的，居民都知道有一群热心的建筑学学生耕耘在田野并倾听他们的生活。不过，我们很明显的可以看到，学生中性格较为积极乐观者较容易进入状态，而相对被动安静的学生容易吃亏，我们身为教学者，亦身体力行地加入到调研中对学生进行引领与指导。

同学们普遍发现，空间的运行状态不是像以爱是想象的那样那么结构主义判断的，日常生活本身就如

此——充满了不可预期的交叠、繁衍与跃迁。空间的非正式建造、临时性占用都是生的气息和活的热情，如果我们不能很好地尊重它，至少我们不能想当然地破坏和限制他们。这就要求我们的学生，一定程度放弃专业者的壁垒式、自我式的空间想象，在小、微尺度上展开对具体的使用者主体的包容性设计。

3.2.2 居民代表会议

开会并不是想象中那么简单的事情，不然不会有《罗伯特议事法则》这样一本开会技术书籍问世。尤其在居民建议和我们的设计构想不太相符的情况下更是如此，议题很容易随着讨论的进行失焦，但矛盾总能把话题带回来，虽然也不能马上解决它。总的来说，学生在调研中发现的问题已部分得到了解释，但另一部分则以矛盾的方式出现，即是说居民自己的意见一并不是很统一——例如停车问题。

两次居民代表会议，一次街道办访问会议，被代表的程度不同，相同的议题，不同的结果浮现是很正常的事。学生们在居民之间因需求不同造成的矛盾中很容易左右摇摆而迷失。这时候我们会提示与鼓励学生相信自己设计对环境的良性改变，即从"破窗效应"开始的改变是肯定会有它最后自己的意义的，而又客观地利用居民的意见形成自己设计的依据。

3.2.3 前期——设计分工

我们担心最后又变成抽象形态与空间的游戏，我们选择将广场分小组进行认领瓜分设计任务，以确保设计可以落实到近人尺度上。基地的金浦小区入口广场一共也只有一万多 m²，但是要给 8 个同学分，每个同学只能负责一小块，带来的担心便是每个学生的工作量够吗？我们提倡学生增加对自己设计的解读与前期的分析，并鼓励辩述（argument）的叙事。并且，发展到后面提到的施工深化阶段，工作量大大地超出预期而庆幸每组同学对每个项目都有自己深入的研究。

3.3 中期——现场景观模型汇报与场所实验

3.3.1 景观模型现场交互，给广场使用者主体汇报

中期汇报直接选在基地现场中进行，是化解居民代表会议中使用者主体不能完全被代表的一个好方法。因为使用者主体的最佳定义便是路过广场和使用广场的社区居民。我们的"摆摊"行动共进行了两次，与他们正面交锋。广场上的人群向我们的模型和同学聚集的时候，成为了新的景观，又再次吸引新的好奇的路过的居

民，参与到我们对场地的讨论中来。

3.3.2　发起投票，选出最佳方案

我们给所有参与中期现场景观模型汇报的居民发贴纸用以给大家每个人做的改造方案投票。他们可以选择他们最喜欢的广场中的某个改造项目，也可以明确地直接把贴纸贴在某个项目喜欢的部分上。这个过程中产生了许多对改造的建议，都被我们的学生记录在竖在一旁的居民意见栏上。甚至，有些居民直接把意见贴在我们这轮用以现场交互的图纸上。

图1　同学们在塘桥金浦广场的基地上进行居
民交互的方案意见收集、投票等工作

3.3.3　中期——场所实验：文化衫售卖与涂鸦

《好设计，让地方重燃元气》一书中对设计的定义早已经超脱于设计本身，更涵盖了运营模式、执行方式、企划案与宣传，重视社区、人与人的联结、制造人们之间的关系，从而能系统性地推动某一块土地重燃活力[11]。这种活力不仅仅是经济上的，更是文化的与深入生活的。我们鼓励学生从运营和场所感的角度出发，对各自的项目进行设计与验证。可惜时间有限，我们只完成了其中一个场所实验，即针对广场上既存的慈善商店的改造效果的测试，以慈善集市的状态来完成。

我们的学生自己设计了毛遂自荐的宣传手册，并积极游说慈善商店参加我们的改造。其中，慈善商店改造的关键由来便是慈善商店在销售上的惨淡业绩——这并不是孤例，而是全国几乎所有慈善商店都是在这样的冷清状态中：积压的囤货已经快起灰，封闭的界面拒人入内，惨淡的财政状况和接济效率。我们的同学提出主要是售卖空间和售卖方式的问题，并认为将慈善商品跨越封闭的界面拿出来卖一定是可以完成销售上的逆转的，再加上纪念品售卖的搭配销售，一定可以扭转整体的颓势。我们特地为此还设计了塘桥文化衫进行义卖：先靠文化衫涂鸦吸引小朋友们的注意，并让他们自己完成作品，大量小朋友个家长便聚集。人气提升后，许多居民便凑过来支持义卖活动了。最后，我们将所得的钱款捐献给了慈善商店。慈善商店的工作人员从开始的不理解、不关心到参与并且帮我们忙卖东西，也给了我们极大的信心。

3.3.4　举办活动——场所营造交流讨论会

为了让我们的学生结合活动的开展能够有对社区设计与参与的进一步了解，我们邀请了社造专家林德福博士、社区设计专家朱明洁博士、建筑师张男等举行相关讲座并邀请他们参与到我们的讨论中来，为大家提供理论支撑与进一步设计的建议。

3.4　后期——汇报与深化

在工作坊结束前我们进行了两场汇报，一场是在学校内汇报给评图专家（夏铸九老师、沈海恩建筑师、陈洋规划师）的，一场是在塘桥社区文化中心汇报给各方代表的最终汇报。值得一提的是，最终在7月13日于塘桥文化中心的方案评比中，我们课程设计学生的方案最终在7支参赛设计团队中拔得头筹，获得由同济教

图2　左图为工作坊终期评图，右图为塘桥社区微更新活动的中期汇报，并最终决出我们团队为优胜者

授、街道办事处、规划院、社会公益组织、居民代表组成的评审团队的全票通过。在评审意见中，高度肯定了团队对社区对基地现状的分析、和居民互动的参与式进程、对民意的调查与采取的相应策略，这是大家相比以前本科课设更加注重"问题导向"思考与使用者人群的结果。

现在此项目正在进一步深化方案中，预计将于11月建成一部分设计。学生对此受到激励，尽管课程设计已经结束，但是有难得的完成自己首个建成作品的机会，还是继续在假期努力工作着。

4 总结与展望

课程从策划到设计获得中标，我们自身也是在摸着石头过河的状态中度过了很长一段时间。前述的对8周时间的忧虑，最终也被转化为对下一个8周的期待的动力，因为我们如果长期来看这个事情的话，倒也不需要如此急迫地，如现代建筑一般，在一瞬间想成就一直线狂奔般的永恒。社区设计是一个润物细无声的过程，他需要控制节奏与欲望。我们反思自己，似乎应该更加在乎在地联结，并去企盼更多关于人心与人性的设计。

无论如何，坚持空间专业能力，并融入社会变迁，已成为一种非常重要的教育价值观[12]。真题真做的社区微更新为同学们带来了一次反身性的心灵之旅，它能够让建筑师们初心不改，直面可见的、不可见的城市日常。我们当以自己的匠人精神引领社会创新，迈向增维的全体论建筑实践，在转型的大环境中获得永续的职业观和价值观，创造美好的日常生活，这才是根本。

"建筑永恒的任务是创造具体的、生活的存在象征，它赋予我们的存在于世以形式和结构"[13]。

——尤哈尼·帕拉斯玛

参考文献

[1] 郑也夫. 吾国教育病理 [M]. 北京：中信出版社. 2013.

[2] 周榕. 解放的空间-超建筑组织的多重路径 [J]. 时代建筑. 2014. 01：32-38.

[3] 理查德·桑内特. 匠人 [M]. 上海：上海译文出版社. 2015.

[4] 李翔宁. 当代建筑面临的挑战 [M]. 世界建筑. 2016. 05：69-P72.

[5] 山崎亮. 社区设计 [M]. 台北：脸谱出版社. 2015.

[6] 后藤武、佐佐木正人、深泽直人. 设计的生态学——新设计教科书. 桂林：广西师范大学出版社 [M].

[7] 伦迪·鹤斯特，张圣琳. 造坊有理——社区设计的梦想与实验 [M]. 台北：远流出版公司. 1999.

[8] 小林正美. 再造历史街区 [M]. 北京：清华大学出版社. 2015.

[9] Kevin Thwaites, Alice Mathers, Ian Simkins. Socially Restorative Urbanism [M]. Routledge. 2013.

[10] 日本行政院文化建设委员会文化资产总管理处筹备处. 区域环境之景观保存与活化 [M]. 2004.

[11] PIE BOOKS 编辑部. 好设计，让地方重燃元气！——19个激发日本在地特色的创新企划实例 [M]. 2016.

[12] 来自张圣琳山建大4月19日讲座"两岸城乡，社会设计"的记录. http：//mp. weixin. qq. com/s? ___biz ＝ MjM5ODY2MjYwOQ ＝ ＝ ＆mid ＝ 502232053＆idx＝1＆sn＝764fc8a82e4cb9763d215d29810 3b0b6＆scene＝2＆srcid＝0422e5apfqEX5l4o3fM4N5Fu ＆from＝timeline＆isappinstalled＝0♯wechat_redirect.

[13] 尤哈尼·帕拉斯玛. 肌肤之目——建筑与感官 [M]. 北京：中国建筑工业出版社. 2016.

薛星慧[1]　1 西安建筑科技大学；340352854@qq.com　陈丽伶[2]　2 西北工业大学；2543994632@qq.com　张永刚[1]　袁龙飞[1]

Xue Xinghui[1]　1XI' AN UNIVERSITY OF ARCHITECTURE AND TECHNOLOGY

Chen Liling[2]　2 NORTHWESTERN POLYTECHNICAL UNIVERSITY

Zhang Yonggang[1]

Yuan Longfei[1]

"看" 的知觉要素对建筑师视觉能力培养的影响研究[*]
Study on How the Elements of Sight Perception Influence Visual Sensation Trainning of Architects

摘要：视觉训练是建筑师职业训练最重要的内容之一。本研究旨在探讨建筑教育能否采用一种高效而稳定的方式培养学生的观看能力。研究讨论了观看的两个知觉要素：观看内容的丰富性、观看尺度的大小；测试分别对其进行控制时，建筑教育所需的观看能力是否会相应产生变化以及如何变化。研究随机选择建筑学初入学的新生参与测试；并在明暗、光影、角度、尺度、比例等八个方面收集反馈数据。研究结果显示：大多数学生的反应有规律的在消极感受区域和积极感受区域之间进行大尺度跳跃。说明建筑教育有望通过控制上述两个观看要素展开训练，建立一种高效而稳定的方式培养学生的观看能力。

关键词：无意识推理，视觉认知，视觉训练，建筑教育

Abstract：Visual training is one of the most important contents in the professional training of architects. The purpose of this study is to explore whether architectural education can establish a efficient and stable way to cultivate students' ability to watch. Research is divided into 2 intrinsic factors——richness of content，scale size ；to explore whether and how watching ability which needed by architectural education will be changed accordingly while we separately control above mentioned 2 factors. This research has randomly selected freshmen of our school to participated in above 2-factor testing，and we collected feedback data from 8 aspects such as contrast of brightness，shadow of light，angle，scale，and proportion etc. The results shown that large fluctuation can be found between the negative and positive area of feeling among most of participants，which powerfully prove we may create an efficient and stable method to cultivate watching ability of students through our unique 2-factor training.

Keywords：Unconscious Inference，Visual Cognition，Visual Training，Architectural Education

* 本研究得到以下基金支持：陕西省教育厅基金（编号16JK1403）；中央高校基本科研业务费资助项目（编号 G2005KY0015）；陕西省社科基金（编号2015J001）；西安建筑科技大学教改项目（编号 JG021404）。

1 引言

对建筑的认知和体验在很大程度上依赖于视觉，建筑欣赏和建筑设计的能力都必须依赖"看"的能力才能得到发展。如何理解"看"的能力，认知心理学认为：作为一种知觉❶的过程，"看"的能力可分为三个阶段：感觉❷的能力、知觉组织❸的能力、识别与再认❹的能力。对使用视觉进行设计、创作的建筑师而言，"看"的能力通常意味着比普通人更为深入的视觉：看见更丰富视觉世界的能力、获得更丰富视觉感受的能力、以及对视觉要素进行拆解、分析与思维的能力等多种能力。如何培养上述"看"的能力在建筑教育中却一直是颇具争议的问题，因为想要证实究竟哪些"看"的训练是具有普适性的和行之有效的，哪些训练只能提升个人对某些事物的兴趣而并非直接作用于对观看能力的培养是一件相当困难的事。认知的基础理论可以帮助解释这种困难的成因：赫尔姆霍兹❺认为，知觉是感觉、知觉组织、识别与再认共同形成的一个归纳过程，而产生此结果的知觉过程却处于人的意识觉知以外，称为无意识推理（unconscious inference）❻。

就建筑教育已有的体系而言，传统的"布扎"（ecole des Beaux-Arts）体系依赖于师徒授受、视觉认知能力培养的教学规律研究几乎没有开始[1][2]；冯纪忠先生指出："设计知识是通过设计课自发地、无计划地、碰运气地、偶然地教给学生"[3]。晚近的教育体系依托于现代主义（modern）建筑的设计思考，致力于进行设计研究，工作的主要方向在于总结设计程序的模式和寻找设计课程教学的规律[4][5][6]。就建筑教育当下的研究而言，在中国知网数据库中，十年来建筑教育研究中的视觉研究聚焦在教师的经验总结以及对相关教学法、教学课题的探讨上[7][8]，认知心理学与建筑教育交叉方向的研究文章数量很少。它们几乎都还没有形成完善的训练模式或成熟的研究成果对学生的视觉认知、视觉感受能力进行精确的、具有靶向性的有效训练。基于以上现状，要想深入探讨如何有效提高学生的观看能力，回到"看"的知觉要素层面去展开工作是一个可行的思路。认知心理学中最经典三大学说：模板说❼、原型说❽和特征说❾都承认：在识别的过程中被标识为有意义的信息相较于对外界物理能量进行神经编码时所得的信息，其信息量大大缩水了——感觉过程中获得的信息量远远超过识别与再认过程所识别的信息量。这意味着有效的观看训练要建立这样一种机制：把被抛弃掉的丰富信息重拾回来，将更多信息上升为意识可以觉知的内容；届时丰富的认知就可以取代简化的认知。要想弄清

如何才能达到这一目的，必须对观看内在的要素进行分类研究，测试其分别对看见更丰富视觉世界和获得更丰富视觉感受的能力产生怎样的影响。

因此本论文的目的在于：深入观看行为的内在要素，探讨分别对其进行控制时，"看"的能力是否朝着能看见更丰富世界、获得更丰富视觉感受的方向倾斜。具体来讲，本文着重讨论以下两个问题：第一，物象丰富性的改变对视觉认知的影响；第二，物象尺度的改变对视觉认知的影响。

2 研究方法

对上述问题的研究都分为两个步骤，在步骤1中，都给定一个简单场景或主题、让学生随意观看，随后完成一份调查问卷，问卷在明暗、光影、角度、尺度、比例等八个方面收集学生观看时所获感受的数据，以了解

---

❶ 知觉：一系列组织并解释外界客体和事件产生的感觉信息的加工过程。

❷ 感觉：把物理能量转换成大脑能够识别的神经编码的过程。

❸ 知觉组织：perceptual organization：The processes that put sensory information together to give the perception of a coherent scene over the whole visual field.

❹ 识别与再认：identification and recognition：Two ways of attaching meaning to percepts。说明：上述❶、❷、❸、❹名词解释均来自美国本科心理学教材《心理学与生活》，理查德·格里格、菲利普·津巴多著；王垒、王甦等译，第16版，人民邮电出版社。

❺ 赫尔曼·冯·赫尔姆霍兹：德国著名的物理学家和生理学家。他曾从师于当时著名的生理学家缪勒，在心理学的多个方面做出很大的贡献。他的主要著作有《生理光学纲要》等。

❻ 名词解释来自美国本科心理学教材《心理学与生活》，理查德·格里格、菲利普·津巴多著；王垒、王甦等译，第16版，人民邮电出版社。

❼ 模板说：认为在人的长时记忆中，贮存着许多各式各样过去在生活中形成的外部模式的袖珍复本，这些袖珍复本即被称为模板（Template）。模板说的基本思想是：刺激与模板匹配，而且这种匹配要求两者有最大程度的重叠。名词解释来自北京大学心理学教材《认知心理学（重排本）》，王甦、汪圣安著，第1版，北京大学出版社。

❽ 原型说：认为在记忆中贮存的不是与外部模式有一一对应关系的模板，而是原型（Prototype）。原型不是某一个特定模式的内部复本。它被看做一类客体的内部表征。名词解释来自北京大学心理学教材《认知心理学（重排本）》，王甦、汪圣安著，第1版，北京大学出版社。

❾ 特征说：特征说认为，模式跟可以分解为诸特征。因为模式是由若干元素或成分按一定关系构成的，这些元素或关系可以称为特征。特征说使模式识别具有一种学习的色彩。名词解释来自北京大学心理学教材《认知心理学（重排本）》，王甦、汪圣安著，第1版，北京大学出版社。

学生在观看过程中的感受状况。在步骤2中，对步骤1给定的场景或主题分别进行观看内容和观看尺度上的限定，再让学生进行观看并用手机记录其观看的具体内容，随后完成同样的调查问卷。为了考察物象要素改变对认知是否即刻产生影响，上述两步测试与问卷，同一个人必须在同一个上午之内完成。

2.1 物象丰富性的改变对建筑教育中视觉认知的影响

本研究在2013、2014、2015年随机挑选西安建筑科技大学建筑学一年级共104名刚入学的新生，其中男生56人，女生48人，5人受过初步的视觉训练；被试人员情况详见图1。在研究的第1步，要求他们在西安建筑科技大学校园中随意观看墙壁，并用手机记录其观看的具体内容（要求只拍墙壁是为了让学生们的反馈具有一定的类型性，避免因主题太乱对数据分析造成影响），其他一切皆不设限；拍摄结束后完成问卷（表1）。在研究的第2步，对所看的物象进行了严格限定，要求学生只拍摄在各个墙壁上出现的一条线；这条线可以是裂缝、起翘的墙皮，水流的痕迹等，但视觉内容不超过一条线，拍摄结束后再次完成问卷（表1）。

2.2 物象尺度的改变对建筑教育中视觉认知的影响

本研究在2013、2014、2015年随机挑选西安建筑科技大学建筑学一年级共96名刚入学的新生，其中男生50人，女生46人，5人受过初步的视觉训练；被试人员情况详见图2。在研究的第1步，让学生们在西安建筑科技大学教学楼中的任意场所随意拍摄照片，然后完成问卷（表1）；在研究的第2步，让学生们在西安建筑科技大学教学楼中的任意场所随意拍摄照片，但物象的实际尺寸不得超过直径15cm，再次完成问卷（表1）；上述两步测试的规定时间都为1个小时，同一个人必须在同一个上午之内完成。

在上述三个研究问题中：

"受过初步视觉训练"，指的是接受过半年或以上素描或者相关训练。

为了避免与其他的视觉训练成果混淆、保证数据的可靠性，所有测试均在一年级第一学期的前4周之内完成。

本文所有研究均不涉及色彩要素及对其的感受问题。

（说明：本文所有图表均为作者自绘）❶

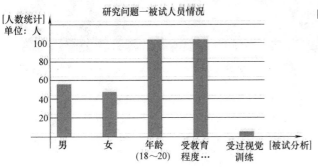

图1 研究问题一被试人员情况说明图

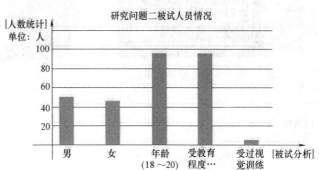

图2 研究问题二被试人员情况说明图

研究问题一、二调查问卷内容 表1

	非常单一	比较单一	有点单一	没感觉	有点丰富	比较丰富	非常丰富
明暗关系							
光影关系							
角度关系							
尺度关系							
比例关系							
形状感觉							
形式感觉							
拍摄可能性							

❶ 本文所有图表均为作者自绘。

3 研究结果

3.1 物象丰富性的改变对视觉认知的影响，研究结果

图3、图4是测试过程中具有代表性的学生拍摄成果。图3对应研究步骤1，图4对应研究步骤2。从图3中可以看出，对学生而言墙壁就是墙壁，是一个简单的物象、它来自一种未经过深入的观察和思维的、对墙壁简单的认知。从图4中可以看出，对这些学生而言墙壁不再是墙壁而已，简单的认知和概念的对应消失了；取而代之的是对纯粹视觉的内容，即对墙上一条线的各种可能性进行深入观察。

图5、图6是测试过程中所有学生完成问卷的数据分析（表1）。图5对应研究步骤1，图6对应研究步骤2。从图5中可以看出，在步骤1中对视觉诸关系"有点儿丰富"、"比较丰富"、"非常丰富"的积极感觉一直处在下风，104人中只有几人到十几人有此感受。与之相反，"非常单一"、"比较单一""有点单一"的消极感受一直处在上风，每一项都稳定居于20～30人之间。"没感觉"的人数也一直高居20～35人之间。从图6中可以看出，步骤2中对视觉诸关系有积极感受的学生人数迅速上涨，代表积极感受的天蓝、深蓝、草绿色的线条开始占据上风、大部分情况下都处于20～35人之间，而代表消极感受的浅蓝、橘红和黄色则下降至几人到十几人区域，几乎没有突破20人。对视觉诸关系"没感觉"的学生人数也从平均25及以上人数下降至20以下并大多数时候都在几人到十几人之间震荡。

图3 研究步骤1拍摄结果

图4 研究步骤2拍摄结果

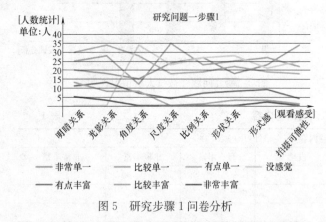

图5 研究步骤1问卷分析

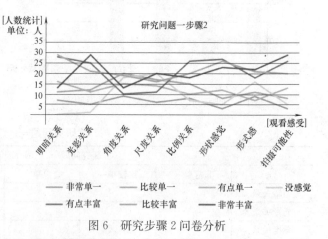

图6 研究步骤2问卷分析

3.2 物象尺度的改变对视觉认知的影响，研究结果

图7、图8是测试过程中具有代表性的学生拍摄成果。图7对应研究步骤1，图8对应研究步骤2。从图7中可以看出，大多数学生的拍摄只是对教学楼的内外做了简单的记录，这记录往往局限在以一个成年人的直立身高为视点高度，以其行走在楼内正常流线中的所见为

观看范畴，以其身体舒适感受内扭动的范围为视角扇区拍摄完成的。换言之就是他平时经过这里时看到的教学楼的样子，这种观看处于日常的模式中，没有触及纯粹视觉的模式。从图8中可以看出，尺度限定使得镜头中到底是什么被忽视了，大多数学生的拍摄不再局限于对"教学楼"的简单呈现；不再局限于身高，开始有各种

464

蹲下仰拍、找角度俯拍的照片；也不再局限于正常的流线中，开始有对各种犄角旮旯中光线、构图、形式感的关注，同时，以身体舒适扭动的范围为视角扇区的拍摄被各种角度的可能性所代替。很明显这种观看已经远离了日常的观看模式，成功的进入到纯粹视觉模式之中。

图7 研究步骤2拍摄结果

图8 研究步骤1拍摄结果

图9、图10是测试过程中所有学生完成问卷的数据分析（表1）。图9对应研究步骤1，图10对应研究步骤2。从图9中可以看出，在步骤1中对视觉诸关系具有积极感受的人数处在相对下风，96位学生中平均大约有十几到二十几人在此感受区间。"非常单一"、"比较单一"的消极感受处在相对上峰，"没感觉"的感受在大部分情况下占据了绝对优势。从图10中可以看出，步骤2中视觉诸关系的积极感受和消极感受形成了清晰的分野：积极感受占据绝对上风而消极感受的人数迅速

下降，均降至十五人以下，其中"没感觉"的人数下降最为显著，始终没有超过5人。

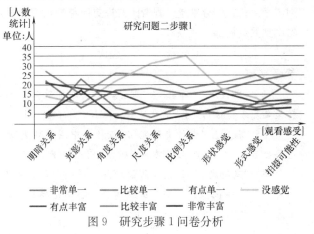

图9 研究步骤1问卷分析

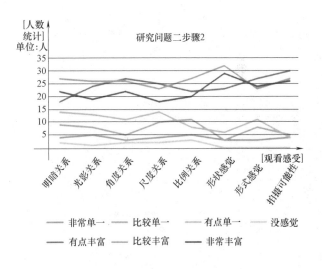

图10 研究步骤2问卷分析

4 结论

研究结果显示：在控制观看内容丰富性和控制观看尺度的情况下，大多数学生的反应都从消极感受区域向积极感受区域进行大幅度转移，它具有几乎不需训练时间的特点。进一步的数据分析说明这种转移具有一定的特征：首先，控制观看内容丰富性之后，学生的积极感受在人数上与消极感受呈交织的、积极感受稍占上风的趋势；说明观看内容的丰富性控制对大多数学生具有显著的影响、但对少部分学生的影响则不那么明显。其次，控制观看尺度之后，学生的积极感受在人数上均处于绝对上风、消极感受均处于绝对下风；说明观看尺度控制对几乎所有的学生、在研究涉及的八种感受上都具有非常明显的影响；特别是其能更高效、更大面积的影响在视觉感受训练时"没感觉"的学生。上述研究结果

说明，为了让丰富的视觉认知取代简化的视觉认知；建筑教育有望用两种方式直接的、有效的、具有靶向性的训练学生，它们分别是：观看比常规更简单的物象、观看小到只剩局部的物象。

参考文献

［1］ 顾大庆."布扎——摩登，中国建筑教育现代转型之基本特征"，［J］时代建筑，2015，05：48-55.

［2］ 杭间."设计史研究"，设计与中国设计史研究年会专辑，上海，上海书画出版社，2007：22.

［3］ 冯纪忠."谈谈建筑设计院里课问题"（1963年会议发言的记录）［M］建筑弦柱——冯纪忠论稿，上海科学技术出版社，2003：12-17.

［4］ Migan Bayazit. Investigating Design：A Review of Forty Years of Design Research，［J］，Design Issues，2004，20（1）：16-29.

［5］ Nigel Cross Forty Years of Design Research，［J］，Design Studies，2007（1）：1-4.

［6］ G. Broadbend. The Development of Design Methods［J］，Design Methods and Theories，1979，13（1）：41-45.

［7］ 顾大庆."作为研究的设计教学及其对中国建筑教育发展的意义"，［J］时代建筑，2007，03：14-19.

［8］ 李明扬，庄惟敏."六十年间设计研究理论与建筑教育的互动评述"，［J］建筑学报，2015，03：84-88.

俞天琦

北京建筑大学；yutianqi@bucea. edu. cn

Yu Tian-qi

Beijing University of Civil Engineering and Architecture

建筑师职业需求与建筑学专业教育
——建筑学本科高年级教学思考

Professional Needs of Architects and Professional Education of Architecture
——Thoughts on the Teaching of Higher Grade of Architecture

摘　要：建筑学高年级教学意义深远。它需要引领学生从学习知识转变成应用知识，是研究性与个性化教育相结合的特色教学阶段。本文从分析建筑师的职业需求入手，在探讨建筑师培养与建筑教育相互关系的基础上，阐述了建筑师培养是建筑教育的职业性目标，指出：创新精神是建筑师成长的动力，个性体验是建筑师设计的前提，社会责任感是职业素质的磐石，从而提出"专题化、开放化、规范化"的教学模式，完善课程建设，培养符合新时期需要的专业人才。

关键词：职业需求，专业教育，专题化，开放化，规范化

Abstract：The high grade teaching of architecture has a profound meaning. It needs to lead the students to change their learning knowledge into application knowledge，which is the combination of research and personalized education. Starting from the career needs of architect analysis，to explore the training of architects and architectural education based relationships with each other，this paper expounds the architect's education is professional goals in architectural education. It is pointed out that the spirit of innovation is the architect growing power，personality experience is a prerequisite for architects to design，social responsibility sense is the professional quality of the rock，so as to put forward "special subject，open，standardized" teaching mode，improve the course construction，to cultivate qualified professionals in the new period.

Keywords：Professional demand，Professional education，Specialization，Liberalization，Standardization

在高等教育由精英教育走向大众教育的今天，从我国高等教育发展的趋势来看，培养复合型和应用型的人才是必然趋势；从建筑企业对专业人才的要求来看，实践水平和动手能力是他们关注的重点。因此，如何适应社会需求，帮助学生树立正确的建筑观，提高毕业生的创新实践能力，成为建筑学专业本科高年级教学的关键。

1 国内院校专业课程设置与国际通行课程教学对比

从国际通行的教学模式可以看到，设计题目少而精，不按类型建筑训练，重点关注问题分析、设计方法

及深度设计，较长的教学时间保证了通过设计工作整合知识和深化能力的可能；合作设计促进了学生间的交流，也保证了学生更全面分析、讨论问题及完成深度设计成果；行业设计机构良好地履行其社会教育功能，见习工作既符合学生的能力情况也符合事务所的用人条件；毕业设计则是专业能力的检验环节，毕业即意味成才，体现了职业教育对社会责任的承担。(表1)[1]

国内当前对课程类型和教学方式的划分依然具有较强的"计划"色彩，建筑学专业设计课程的教学工作始终是围绕设计辅导进行的，单一的授课方式和一对一的辅导模式缺乏课程自我组织的系统性和专业相关发展的敏感性。针对这些问题，许多高校做出了相应的改革措施。根据不同年级、不同办学理念、不同师资条件形成了符合该校特色的推进策略。

2 建筑师的职业需求

建筑师的职业素质（Professional Quality）是建筑师对该职业了解与适应能力的一种综合体现，其主要表现在职业兴趣、职业能力、职业个性及职业情况等方面。一般说来，建筑师的执业能力高与低，在很大程度上取决于本人的职业素质。建筑学高等教育是一名建筑师形成职业素质的重要阶段，尤其在本科高年级阶段，学生由被动学习转变为主动应用，逐步形成了个人的专业理念和设计方法。因此，应该帮助学生树立正确的建筑观，使其具备成为优秀建筑师所应具备的基本职业素质和职业能力。

2.1 创新精神是建筑师成长的动力

建筑设计是一项创造性的劳动，一个好的设计，从立意、构思到方案的形成，都需要建筑师倾注以满腔的热情、充分发挥个人的综合才能和创新灵感。我们所熟知的设计大师都拥有良好的创新素质，在不同时期根据社会的发展创作出不朽的建筑设计作品。建筑的发展与建筑师不断创新是密不可分的，创新的素质也是建筑师所应具备的重要素质。目前，全国高校全面推行的素质教育就是以提高大学生综合素质为根本宗旨，以培养学生创新精神和实践能力为根本任务的。中国需要各种建筑人才，但急于待用的是具有很强创作能力和善于手脑并用的高手。

一个好的建筑师，要了解哲学，树立科学的世界观和方法论；要熟悉历史，了解民族的文化传统和建筑渊源；要站在科技的前沿，要爱好文学、美术和音乐，不断提高自身的艺术素养和审美情趣。

国内院校专业课程设置与国际通行课程教学对比   表1

	国内(一般情况)	国际(比较通行)
设计课程	每学期2个设计题目,附加快题设计。	每学期1个设计题目,附加快题设计。
相关课程	讲授为主,审核方式为考试。	讲授、讨论、报告课相结合,部分课程含设计练习(如结构选型、构造、住宅、居住区规划、历史保护等)。
业务实习	1学期,要求经历建筑执业的主要阶段(方案前期、施工图等),具体执行与管理比较困难。	3个月至半年,主要为见习工作(建模、手工模型、文案等)了解行业、熟悉流程,提升专业技术。
毕业设计	教师确定题目,类似于设计课教学,辅导毕业设计;毕业通过率很高	题目自选,教师进行选题及工作指导;一般无设计辅导,自行完成成果;答辩不过重新申请。
工作方式	强调独立设计的能力,基本为个人完成。	强调合作交流的能力,高年级设计及毕业设计皆为2~3人以上团队合作,成绩与风险共担。
教学管理	教学内容个人负责为主,根据不同课程,安排师资队伍和配置教学资源。	以"教授负责制"的教学团队为主导,专项教学团队负责相应的各类课程,灵活进行教学组织和资源调配。

由此可见，做建筑容易，做一个优秀的建筑师非常难，需要教师的正确引导，需要个人持之以恒的不懈努力。

2.2 个性体验是建筑师设计的前提

建筑是技术，也是艺术；建筑师是工程师，也是艺术家，它们都是技术与艺术的结合体。建筑设计是创作，创作的语言、句式和节奏都应该具备鲜明的特征。而个性是思想的体现，没有想法就没有个性。安德鲁的国家大剧院、库哈斯的中央电视台、赫尔佐格和德梅隆的鸟巢等建筑，都具有明显的实验特征。虽然我们不能简单的称其为成功（或失败）的建筑，但是，它们都是有个性的建筑，它们对城市已经造成了巨大的冲击，进而成为北京的地标性建筑。

然而，提倡个性并不是过分追求标新立异，乃至摒弃、割裂民族的传统文化，建筑师的个性要用建筑形式表现，更体现在建筑内涵上。建筑师在充分了解建筑环境、城市历史和文化沉淀之后，通过深入的思考和独特体验，创作出满足功能、融入环境、体现科技、承载文化的个性化建筑作品，才能真正谓之为"个性鲜明"。

2.3 社会责任感是职业素质的磐石

建筑师的创作在某些方面类同于美术家的创作，但建筑师却万万不能像艺术家一般潇洒奔放。因为建筑师的作品更是产品。所谓产品必将为消费者所使用，因此必须被社会认可，必须实现其社会价值。因此建筑创作的产品化和社会化要求建筑师一定要有服务意识，需要具备社会责任感。

建筑师需要对建筑产品终身负责。建筑师承担着将国家的政策导向和社会主流价值取向体现于建筑当中的重要社会职能。建筑容纳人们的生活场景，促进建筑科技的发展，引导社会审美的变异。建筑的质量直接关系到人们的生存质量；设计建筑的同时，将一定程度的设计了使用建筑的人的路径与方式。这是重要的社会责任，因此，建筑师要敢于承担，也必须承担这样的责任。作为城市建设的推动者，作为人居空间的缔造者，建筑师应该始终怀揣着这样的社会责任感，在这条艰辛的路上谨慎前行。

3 建筑学的教学探索

建筑学高年级教学意义深远。它需要引领学生从学习知识转变成应用知识，是研究性与个性化教育相结合的特色教学阶段。以"专题化、开放化、规范化"的教学模式，打破传统教学模式的束缚，从而培育学生创新思维能力和设计研究能力。与此同时，使每位教师享有自我优化、自我设计和自我组织的自由，在统一的教学目标下，探索不同的教学方法。

3.1 "专题化"教学，鼓励创新

（1）专项训练

社会对建筑人才教育"质"和"量"的要求逐渐提高，建筑学专业教学评估、注册建筑师制度的实施均对建筑设计课程的教学内容、教学方式产生了持续的影响。但是，建筑学专业建筑设计课程的教学存在着模式单一的情况，既不能很好地适应全球建筑教育与学术多元化发展的格局，也与当今中国建筑业的高速度大规模的发展不相匹配。设置设计工作室制度，每个工作室专

题化能够很好的解决以往的问题。一方面，可以使每个工作室的特色更加鲜明，教师的研究方向以及该研究方向的研究团队不断完善；另一方面，使学生目标清晰，便于根据自己的兴趣选择及提前准备，输出的人才也更加有针对性。它既是建筑学的教育手法，又是建筑学的教育目的。支持教师在不同工作室内部展开不同的设计模式，开展不同的教学活动，突出方向选题的特质化及教育教学的特色化。从而培养学生的个性。

"设计工作室"的全部采用实题、实地、实操的方式，教师与学生分别模拟设计院整个设计流程中各个角色，真实题目、真实现场、真实操作。学生将在这里掌握观察，设计，动手能力，对每个设计方案充分研究，得到实践的锻炼。在课程进程中以行为促进的方式获取知识。使学生深入了解设计行业的发展现状，快速熟悉设计单位的工作模式。

（2）专业整合

传统教学注重各门课程自身的完善，而新的建筑观念要求整体均衡完善，整体的系统性。首先，将几门相关课程的教学目标统一设置，精选教学内容，强化整体优势，真正形成一个由一系列"子系统"构成的具有内在联系的完整体系。在设计中融会贯通各门课程知识。与此同时，在设计阶段，根据每个教学单元的需要，穿插专题环节。聘请其他专业教师、设计院工程师、设备厂家、地产运营商等共同参与课程讲授、讨论、调研、评审。在使用时激活多门课的专业知识，从而整合成一门"大设计课"。

3.2 "开放化"教学，提倡特色

（1）协同训练

建筑的模糊性已经逐渐被人们所承认。建筑教育同样存在着模糊性，是模糊与精准的统一。作为主干课程的建筑设计存在着极大的"模糊性"，其答案是"0-1"之间的无穷系列。学生设计问题的解决在于引导，而不是限制。转变"结果式"的教育思想和观念，改进教师灌输与量化的单一教学模式，强调成员间的协同工作能力，加强设计过程的监控。[2]

鼓励教师在统一的教学目标要求下，探索多样化的教学方法。例如设计模拟开标会，模拟评标会，使学生扮演不同角色，弱化教师角色，强化团队交流。充分调动学生的积极参与性，在教师的引导下，使学生成为教学活动的主体，充分发挥他们的学习自主性，使学生在建筑设计课程的学习过程中得到更好的专业指导和持续的关注。

（2）进阶训练

划分整个设计项目为多个单元训练，设置专题调研。根据各个单元的训练重点，结合专题讲座的内容，组织学生进行实地调研。在教学媒介方面，充分根据学科特点，因讲授、训练环节而异地安排建筑实例、多媒体课件、设计图纸等的使用，与教师资源的分配利用相同，使媒介资源的利用也得到最优化。在教学组织与教学方法中，注重层级环节的阶段性，并施行分层分段控制管理，达到教学过程的系统化、合理化，使学生在这种层次递进与螺旋上升式的循环往复中不断进步。

3.3 "规范化"教学，功夫到家

（1）建造教学

"建造教学"主要指在建筑学教学过程中，通过组织材料建造和制作实物的实践来完成建筑学学习的活动。通过前期系列课程的设置（如：建筑结构、建筑构造、建筑材料、建筑设备等），在建筑学四年级开始项目层面的建造训练。目前，建造教学主要分三个层面：实施层面、工艺层面、项目层面。实施层面的形成基于通过真实材料的认识和使用来实现建造物的实践特性，构成了建造教学的最基本层面；在实施层面的基础上，工艺层面是将建筑学知识引入实施层面的材料操作基础上，"功用性"在这一层面上呈现出来。前两个层面主要在二年级和三年级完成，项目层面是在单纯实施层面和工艺层面的要求上加入了建筑师工作所需面对的项目环境、社会环境和责任，建造教学在项目层面具有了"社会参与性"。[3]

（2）联合培养

建筑学本科高年级教学充分发挥校企联合培养的优势。在第四学年，根据学生个人兴趣，结合老师研究特点选择课题，进入相应的"设计工作室"，完成其建筑设计课程，并进行建筑师业务基础的训练。四年级下学期进入设计院进行建筑师业务实习。在第五学年，上学期，根据各自实习方向及将来就业倾向选择相应的"设计工作室"，除了完成其建筑设计课程，还必须参与实际工程的设计实践，从而适应职业建筑师的工作要求（图1）。学校与企业的共同培养，使学生提前进入设计单位，熟悉规范，了解设计流程，通过有步骤、分阶段、规范化的训练，为社会输送具有优秀职业素质的建筑师打下坚实的基础。

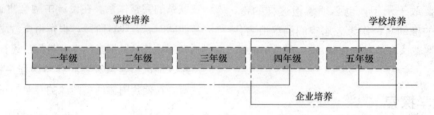

图1 校企联合培养机制

4 小结

增进教学环节的选择性，以适应建筑师的社会需要。将教师在教学过程中的被动等待转变为主动选择和自行调整，使每位教师都能在统一的教学目标要求下，探索多样化的教学方法，使学生在建筑设计课程的学习过程中，得到更好的指导和持续的关注。优化高年级教学方法，完善课程建设，以强调"教-学-做"一体化的实践能力贯穿始终，使学生成为教学活动的主体，充分发挥学生学习的自主性和积极性，有益于学生创造性思维能力和应用能力的真正培养。整理教学成果，逐步形成教学管理和监控的科学化，实践适合建筑学专业基于能力考核的课程成绩评价体系。强调教师的产-学-研结合，积极探索项目导向、任务引领、案例教学的多元课程体系和专题化、开放化、规范化的新型人才培养模式。

参考文献

[1] 姜传宗，汪正章．浅谈我国建筑教育的观念变革．建筑学报，198703：23-25.

[2] 张早．建筑学建造教学研究．天津大学建筑学博士论文．201305：97-98.

[3] 唐天芬．"建筑师职业教育"课程教学思路探索．中国电力教育．201010：111.

王德才　王东坡

合肥工业大学建筑与艺术学院；wdecai@hfut.edu.cn

Wang Decai　Wang Dongpo

College of Architecture and Art，Hefei University of Technology

基于"形"的建筑力学与结构类课程教学过程探讨
Discussion on Teaching Process of Building Mechanics and Structure Based on "Shape"

摘要：考虑建筑学专业学生的思维特点，介绍了以"形"的概念作为出发点，开展的建筑力学与结构类课程的部分教学内容。对"形"的概念进行了解释，重点介绍了"形"在建筑力学和结构类课程教学过程中的具体应用，以及在模型课程中的实践过程。

关键词：建筑结构，建筑力学，模型，惯性矩

Abstract：Considering the thinking patterns of architecture students，the classes of building mechanics and structure based on the concept of "shape" are introduced. The meaning of "shape" was explained firstly. The specific application of the "shape" in the teaching process of the classes of building mechanics and structure was mainly introduced. The practice process in the model class was also present.

Keywords：Building structure，Building mechanics，Model；Moment of inertia

引言

"建筑力学"、"建筑结构"和"建筑结构选型"是建筑学专业重要的专业基础课，《全国高等学校建筑学专业本科（五年制）教育评估标准》（以下简称《评估标准》）对建筑结构课程的教学提出如下要求：①了解结构体系在保证建筑物的安全性、可靠性、经济性、适用性等方面的重要作用，掌握结构体系与建筑形式间的相互关系，了解在设计过程中与结构专业进行合作的内容；②掌握常用结构体系在各种作用力影响下的受力状况及主要结构构造要求；③有能力在建筑设计中进行合理的结构选型，有能力对常用结构构件的尺寸进行估算，以满足方案设计的要求。因此，掌握一定的建筑力学与结构知识对于建筑学专业学生是必不可少的。

然而，上述课程涵盖的内容非常广泛，且知识点繁杂。建筑力学包含了理论力学、材料力学和结构力学的内容，建筑结构类课程则包含了土木工程专业几乎全部的重要专业课程。通常由于不同章节内容的差别较大，造成学生在学习过程中对知识点的理解变得困难，无法系统地分析和解决问题，问题不断积累使部分学生对相关课程完全失去了兴趣。已有多篇文献分析了上述问题，并介绍了在教学实践中的改进方法[1-5]。

目前，国内的相关教材通常参考土木类专业的教材进行编写，部分院校也是土木工程专业的教师讲授相关课程，采用与土木类专业学生相同的教学方法。然而，由于课程课时较少，学生的力学基础通常比较薄弱，在后续结构类课程中很难理解结构体系与建筑形式间的相互关系，往往学完该课程后，还是不能在建筑设计中进行结构体系的选择。

对于建筑学专业学生，建筑空间的概念是首先产生的，这种思维与传统的教学过程恰好相反，因此，在教学过程中有必要考虑由空间或形态出发，即从整体的概

念出发进行相关力学和结构内容的讲授，然后再逐步细化。针对上述问题，笔者对教学实践中从"形"出发开展的教学工作进行介绍。

1 "形"的概念

在多高层建筑结构中，结构的平面形状和平面布置至关重要，在结构构件设计过程中，构件横截面的选择至关重要，均会直接影响结构的承载力、变形和稳定性。如果将建筑空间分解成平面和立面，将三维构件分解为横截面和纵截面，则平面和横截面的形状会直接影响结构和构件的承载力、变形和稳定性。在力学教学过程中，应力、稳定性和变形的验算是重点和难点，采用传统的方法讲解学生较难理解，在建筑结构课程中，知识点繁多，采用"填鸭式"的教学方式，学生对不同形式的多高层建筑结构的平面布置原则无法理解，也就造成在建筑方案中仍然无法进行合理布置平面。

本文"形"的概念主要是指结构的平面形状和布置，以及构件横截面的形状，在力学中可用"矩"的概念来表达形状对构件抗力的影响，包括面积矩、静矩、惯性矩等。而惯性矩则是相对最为常用的评价指标，可以量化表达"形"的概念，可反映截面或平面布置的合理性。"形"的概念也符合建筑学专业学生的思维方式。图1为矩形截面和箱形截面对中性轴的惯性矩，相同面积的箱形截面对中性轴的惯性矩要大于矩形截面，从构件抗弯承载力的角度看，箱形截面要优于矩形截面，并且每个截面的中性轴均有强轴和弱轴之分；从结构平面布置看，若为墙体结构，墙体沿周边布置则具有更大的水平承载能力。

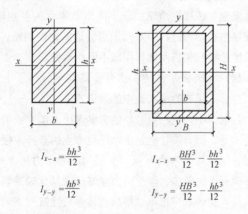

$$I_{x-x} = \frac{bh^3}{12}$$

$$I_{y-y} = \frac{hb^3}{12}$$

$$I_{x-x} = \frac{BH^3}{12} - \frac{bh^3}{12}$$

$$I_{y-y} = \frac{HB^3}{12} - \frac{hb^3}{12}$$

图1 矩形截面和箱形截面对中性轴的惯性矩

2 与"形"相关的教学内容

在力学课程承载力、变形和稳定性计算的教学过程中，以及多高层建筑结构概念设计教学过程中，以

"形"作为主线，从平面或横截面的形状作为切入点，让学生可以通过简单的概念直观地判断采用不同截面形状或平面布置的优劣，从而进一步地扩展到其他知识点，便于学生对相关概念的深入理解。

图2为从直观的实际结构的平面形状或构件的横截面作为切入点，将惯性矩作为课程的重要概念，开展的部分教学内容。这些内容均与截面惯性矩直接或间接密切相关，通过概念的引入，可从基本概念上加深学生对力学和结构知识的理解，而且可以加强不同知识点的联系，从而化繁为简。避免了采用逐步理论推导或者直接讲授的方式带来的缺少目的性和趣味性，而是先从不同平面或横截面的对比，从效率出发形成直观的理解，再进一步对理论原理进行解释，从而避免讲解的枯燥性，在讲授过程中辅以必要的模型演示，加深学生的理解。此外，通过课程的小型结构设计竞赛以及模型课程的训练，进一步加强对相关概念和结构效率的理解。

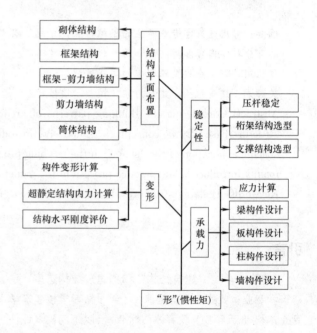

图2 "形"的概念涉及的主要教学内容

3 "形"的应用与实践

3.1 "形"在建筑力学教学过程中的应用

建筑力学课程包含了大量的理论计算、知识点非常多，涉及比较繁杂的理论推导，由于偏于理论计算，与实际工程的联系并不紧密，导致学生学习感觉没有目的性，甚至有学生认为跟专业关系不大，特别是建筑力学课程开设较早，学生对建筑的理解更偏重于艺术性，而对技术性问题并不关注，应付考试成为最终的学习目的。最终，导致学生的力学基础非常薄弱，对力学基本

概念的理解不够，从而进一步影响建筑结构课程的学习。如何让学生在建筑力学课程阶段建立对课程的兴趣，并奠定良好的力学基础对实现《评估标准》中的要求至关重要。

从"形"的概念出发，可以与建筑学专业的特点相联系，即学生通常更关注外形和空间，通过对外形的评价，从而让学生认识到建筑和结构是有结合的，而且在力学中也有所体现。例如应力、变形和稳定性问题的计算，大部分教材中对这些公式均是从理论上逐步推导，然后得到最终的计算公式，再分析影响因素和改进措施。如果按照教材的思路进行讲解，学生会觉得非常枯燥，而且考虑到专业的特点和课时的限制一般也不要求学生掌握具体的推导过程，最终导致学生死记硬背公式完成指定的习题和考试，缺乏对公式的深入理解以及如何应用于理解结构课程相关知识点中。

为了减少过多地推导公式，笔者在教学过程中尝试从建筑的空间出发，以截面惯性矩作为主线，寻求建筑

与具体构件的结合点，由直观的感受和判断，到理性的因素分析，得到影响最终结果的各因素后，再进行理论的讲解，从而实现教学目的。以弯曲变形计算章节内容为例，教学过程中，首先以悬臂梁作为分析对象，将悬臂梁看成多高层建筑，利用悬臂梁受横向力作用于多高层建筑受水平力作用相似的特点，以空间的多高层建筑为出发点，将建筑的平面简化为不同的截面形式，如图3所示。通过课堂互动和模型演示的方式，评价不同截面形式的抵抗能力，同时对不同截面的特点进行评价，从而首先较为深入地理解截面形式对受弯构件变形的影响，进一步再分析影响变形的其他因素，由于其他因素相对更容易理解，因此教学难度不大，如荷载大小、构件长度等因素。确定了所有的影响因素后，再进行理论讲解推导相关公式则更容易理解，这个教学过程与大部分教材的章节顺序正好颠倒，但相对更适合建筑学专业学生的学习和思维方式。通过教学反馈效果来看，比先理论推导再分析影响因素，学生更容易理解和接受。

图3 建筑体形和模型实验

3.2 "形"在建筑结构教学过程中的应用

建筑结构类课程浓缩了土木工程专业绝大部分专业课内容，如何在有限的课时内，让学生尽可能的抓住重点，并能够应用于建筑设计中是结构类课程需要把握的重点，由于课时的限制，不可能做到面面俱到。"形"的概念仍然可以应用于结构类课程的讲授，本质上和力学问题是相同的，但在结构上主要体现在平面布置、多高层建筑结构选型以及结构平面形状的合理性评价上。

相对于力学问题，结构课程与建筑空间更接近，概念上相对容易理解，但是，涉及的知识点较多，如何由简单的概念出发去解释相关问题，成为教学上的难点。笔者在教学过程中，尝试从"形"的角度对上述问题进行解释，并同力学知识相结合，从而建立二者之间的联系，加深对力学知识的认识和理解。例如，对于框架结构的平面布置，学生在建筑方案中通常采用方柱，并不

会考虑建筑的平面尺寸和受力特点，即使采用矩形截面柱，常常会出现柱的长短边方向放置位置不正确。图4为从"形"的概念出发，利用结构平面形状和柱构件截面特点两个方面进行解释，讲解合理的方向布置。在框架-剪力墙结构、剪力墙结构和筒体结构等结构平面布置均可以从"形"的角度解释，比如，框架-剪力墙结构中剪力墙的布置原则为"对称、均匀、分散、周边"，对于周边原则，学生通常很难理解，但是采用惯性矩的概念则可以较好地解释。

3.3 "形"在模型课程中的实践

为了能够加深学生对力学概念的认知以及结构基本原理的掌握，在力学和结构类课程完成后，开设了模型制作课程，要求学生根据"建筑力学"、"建筑结构"、"结构选型"等相关课程内容和知识，以结构类型为标准，选择一个经典建筑或自行设计，分析其结

构体系做,画出相应的分析图纸,将其结构骨架做出来,并体现出其主要的力学特征,辅以必要的模型全面解释结构的受力特点和组成。"形"的概念也要求通过模型进行表达,从而加深学生对相关概念的理解,同时也可以作为教学的模型使用。图5为部分相关的模型图。

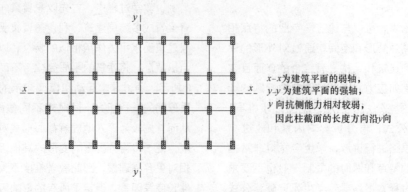

x-x为建筑平面的弱轴,
y-y为建筑平面的强轴,
y向抗侧能力相对较弱,
因此柱截面的长度方向沿y向

图4 根据平面形状进行平面布置示意

图5 模型课程部分与"形"相关模型图

4 小结

对建筑学专业力学和结构类课程教学过程中,从"形"的概念出发开展的部分课程内容的讲授方法进行了简单介绍,形成了从力学到结构课程的贯穿,最终通过模型课程实现学生的深入理解的系统教学过程,加深了学生对重点内容的理解,取得了良好的教学效果。

参考文献

[1] 龚永智,丁发兴. 建筑学专业建筑结构课程教学方法改革探讨 [J]. 长沙铁道学院学报(社会科学版),2009,10(3):126,165.

[2] 李文平,喻岩,任剑莹. 建筑结构与选型课程教学的改革与实践 [J]. 高等建筑教育,2011,20(2):89-92.

[3] 梁咏宁,周成斌. "建构"之建构:建筑学专业建筑结构教学新思维 [J]. 高等建筑教育,2011,20(3):1-4.

[4] 刘雁. 建筑学专业建筑结构课程教学思考 [J]. 高等建筑教育,2011,20(4):89-91.

[5] 李伟,赵建昌. 建筑学专业建筑结构课程教学内容探讨 [J]. 长沙铁道学院学报(社会科学版),2012,13(1):111-112.

徐翀

青岛理工大学；568254608@qq.com

Xu Chong

Qingdao University of Technology

以实用为基础的建筑专业英语教学
Research of Professional Architecture English Teaching based on Practicality

摘　要：在瞬息万变，国际间互动频繁的现代，英语作为通用语言的地位越来越明显，也是国际互动交流的重要载体。而正处于转折期的我国建筑业，大量引进国外先进技术和设备，各地区与文化之间的差异与抽象距离越来越短，加紧建筑专业英语的推进，不仅可以消除国际交流合作的语言屏障，更可以获取更多更新的技术和知识。因此如何更有效的教授建筑专业英语，使学与用并行成为一个新的课题。

关键词：实用性，模块化，多媒体

Abstract：With vast changes and frequent international interactions happen in the modern time，it is more and more obviously that，English language has its special position as the world language，meanwhile，the English language is also the significant carrier of the international interactions. For Chinese Architecture，which is in the period as a special turning point，importing advanced foreign technology and instrutments can shorten the "distance" between areas in the geography and culture；Pushing on the professional architecture english can not only eliminate the language obstacle in the international intercation，but also obtain more innovation in technique and knowledge. Therefore，how to give a professional architecture english effectively，how to parallel the teaching and learning has become a new topic.

Keywords：Practicality，Modularization，Multimedia

在我国大学教育结构中，英语和建筑是两个相差甚远的科目，对于非英语专业的学生来讲，四六级考试后，英语课的存在相当于副科的存在；而建筑英语作在专业科技英语的分类中极少会被教导，建筑专业毕业的学生也极少从事翻译工作，过去部分与建筑英语相关联的人，也只是停留在工程投标或者设计层面的沟通上。在这样严重分科的环境下，对建筑英语的教学也只是集中在专业词汇和语法的研究上。而现在中国建筑业更要积极适应国际建筑新潮流、新趋势，加快转变建筑理念，不断提高建筑产业现代化、信息化水平，同时要加紧与国外的交流和合作，因此专业英语的学习应该更实用。

建筑教育家吴良镛先生曾说：建筑学是一种致用之学，这决定了建筑教育要做到理论与实践相结合。建筑英语作为建筑行业学科知识与英语语言知识体系的结合体，同样也应该做到学以致用。

1　建筑专业英语课程基本介绍

（1）建筑专业英语基本情况

为迎合社会需求导向，在 2009 年，2014 年及 2015 年的教学大纲中，建筑专业英语课程均作为专业辅助课程出现，总共 16 课时，开设在学期的下半段，面向二年级的学生。前续课程包括设计系列课程中的建筑设计基础，相关课程包括建筑制图和美术写生等；后续课程包括建筑设计Ⅱ，理论课包括居住区原理，建筑技术，建筑建构。建筑课程位于基础能力训练阶段，并行课程为建筑设计Ⅰ，以及建筑营造，建筑美术等。

（2）建筑专业英语课程特点：

• 专业性：

建筑行业门类众多，建筑设计，城市规划，建筑结构，材料，设备等，是一个非常严谨且多元化的行业。建筑专业英语的严谨性大多体现在词汇方面，包括纯专业词语，这次词语精确而狭窄，指向性针对性极强。例如：parapet（女儿墙），purlin（檩条）；虽然有别于普通英语，但专业语言的核心仍然是普通英语，所以不可避免的有一些普通的英语词汇，但在实用时或者翻译时需要将其建筑化，例如，ear（耳朵），在建筑专业语言中为门耳，窗耳；cushion（垫子，缓冲），在建筑专业中指垫石等等。因此在使用时，应该最大限度的符合专业要求。

• 实时性：

建筑业不再是一项单一的学科，它越来越多元化，与计算机的结合，与生物学，自然科学的相互联系，产生了许多新的衍生词；同时新技术，新设备的使用，新思想的出现，整个知识体系不断丰满起来，建筑专业词汇也需要不断的更新，不断的充实。

• 严密性：

建筑专业英语属于科技类别，崇尚严禁周密，概念准确，逻辑性强，行文简练，表达客观准确。

2 培养目标的实现

课程的重点应着眼于学习到的知识如何转化成技能；定性的分析如何转化为定量的应用；平衡力和创造力如何平衡，而总结为一句话既为学到的知识如何转化为应用能力，设计能力如何与表达能力平衡。整个课程分为两大部分，第一部分为基础知识，包括基本要素词汇和建筑形式的专业表达；建筑形式与空间特点的学习；空间组合基本模式和实际效用的专业表达；交通流线的分析说明；比例尺度关系的学习以及建筑基本原理的严谨表达。第二部分为建筑行业国内外最新实时信息，包括建筑领域最新的建筑信息，高端技术，前沿设计师以及国外高校建筑系正在研究的方向。

（1）体系模块化

建筑基础门类多，知识琐碎，低年级学生建筑专业方面知识并不充足，专业文章的阅读量不多，接受难度较大。专业英语课程将提出的若干要素通过不同的形式

集合成各种模块，每个模块有不同的侧重点，各个模块之间具有循序渐进的层次关系。例如从基本点线面元素模块入手，渐进到建筑的形式，这是低年级学生可以容易了解的；再进一步由形式过度到空间，空间的组合；有了空间的组合就有了使用者在其中的流线交通，配合着比例尺度和基本的原理。模块化的优势在于在整个课程中，学生通过理论知识的由简到难，逐渐转化到专业英语学习的由简到难，并且了解其重要性。

（2）设计课与理论课相结合。

二年级学生处在基础训练阶段，刚接触建筑设计，对英语方面学习动力小，重心放在四六级考试上，对建筑专业英语学习的重要性和目的认识不足。将理论课上设计课相融合，在建筑专业英语课程中穿插最新的建筑设计咨询，最新的技术和思想，将原先的"重设计，轻理论"观念转变为理论和设计双向齐头并进。这样既有利于学生对于专业英语的学习产生兴趣，也有助于将知识尽快转化成技能用于实践。

与专业课的结合可以有效的提高学生建筑专业英语的运用能力，组织能力，解决实际问题能力和思维能力。学生通过学习可以有效对的用英文对图纸进行说明，考核方式以二年级课程作业——幼儿园设计为例，结合所学习到的词汇，语法，分析方式和理论，将自己的设计用英文表达出来，要求图文结合，自由化，开放化（图1）。

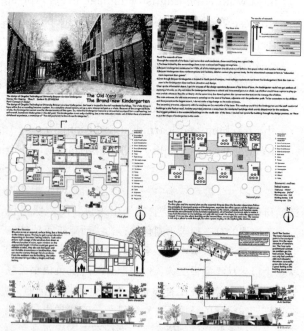

图1 二年级建筑专业英语优秀作业（选自青岛理工大学建筑学2014级学生作品）

与专业课相结合的另一优势在于，方式和方法可以

应用其他相关的图纸说明，例如国际竞赛，作品集制作等等（图2）。

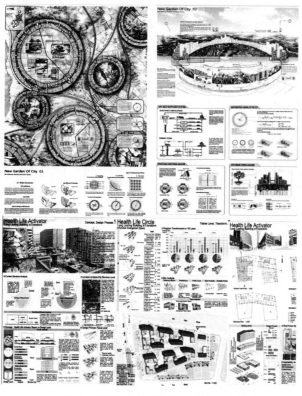

图2　相关国际竞赛英文图纸（选自青岛理工大学建筑学学生作品）

（3）课程媒体化

在整个的学习过程中，学习者需要密切关注建筑行业的发展，及时更新建筑领域的动态信息。传统的授课方式呆板，枯燥无味，学生易失去兴趣，对学习产生抵制情绪。为充分调动教师和学生两个方面的积极性，体现英语教学的实用性，知识性和趣味性相结合的原则，在教学中充分利用多媒体和网络技术，采用新的教学模式改进原来的以教师讲授为主的单一课堂教学模式，用映像资料，视频资料代替原有刻板的文字资料，不断改进和充实多媒体课件，健全机遇多媒体技术的专业课件库（图3）；在课程设计过程中，注重引导学生有计划，分阶段的将专业英语用于概念说明中，并培养学生具备基于多元媒介形式的创作能力，这样才能高效学习并在社会实践中正确运用建筑行业英语。

3　小结

所谓教学不仅指是教学活动，教学手段，也包括教学理念，是实现从以教师为中心、单纯传授语言知识和技能的教学模式，向以学生为中心转变，既传授一般的语言知识与技能，更注重培养语言运用能力和自主学习能力。以设计课为基础，用模块化的方式将课程串联起来，用多媒体的方式丰富课堂内容。

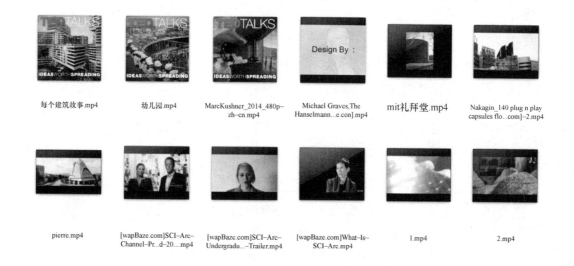

图3　课程教授过程中使用的多媒体课件截图

韩愈的"传道授业解惑"一度成为教师的标高。千百年来，虽然对"传道授业解惑"的理解不同的时代各有侧重，但各个时期的老师们一直在充实其内涵。随着社会的不断发展，经济结构的优化升级，我国建筑教育也必将有新的课题和挑战，在社会需求导向下，专业教育与素质教育相融合，也必将带动建筑专业英语课程的发展。

参考文献

[1] 安杰. 建筑行业英语的特点及其学习运用. 中国建材科技，2016，01：113-114.

[2] 马芳. 对建筑专业英语教学的探索. 中国校外教育，2010，7（13）：86-86.

[3] 赵东霞. 高职高专建筑专业英语多媒体教学探索. 林业科技情报，2010，4：87-89.

文化传承引领的设计课程改革

王志刚　叶葭　郭鹏熹　杨慧

天津大学建筑学院；wzghzx@126.com

Wang Zhigang　Ye Jia　Guopengxi　Yang Hui

Tianjin University，School of Architecture

多元演绎

——基于传统聚落研究的特色客栈设计教学

Multiple Deduction

——The Characteristic Inn Design Course Based on the Traditional Settlement Study

摘　要： 天津大学建筑学院在建筑设计课程中推行的专题设计，提高了教与学的积极性，增加了设计的深度和广度，在实践中得到了较好的反馈。本文通过介绍本科生毕业设计课题——"基于传统聚落研究的特色客栈设计"，结合专题教学的题目选择、教学方法和设计成果，对如何处理"实践与教学的关系"、"设计与研究的关系"及"传统文化与数字技术的关系"提出自己的见解，探索了多元演绎这一教学与研究理念。

关键词： 传统聚落，特色客栈，设计教学，多元，演绎

Abstract： Thematic teaching system in the architectural design course，which has been practiced by School of architecture in Tianjin university，improved the enthusiasm of the teaching and learning，increase the depth and breadth of design. In this paper，by introducing the graduation design topic. "The Characteristic Inn Design Course Based on the Traditional Settlement Study"，combined with presentation of design topic，teaching method and the design results. Through the above，we try to discuss the relationships of "practice to teaching"，"design to study" and "traditional culture to digital technology"，and to explore the "Multiple Deduction" concept in architectural teaching and research.

Key words： Traditional Settlement，Characteristic Inn，Architectural Design Course，Multiple，Deduction

近几年来，天津大学建筑学院对建筑设计课程进行了新的尝试，在本科教学中增设了专题设计。"对比于传统的教学模式，多元化、专题性的课程设计题目为学生们提供了更加丰富的选择，使教师在设计教学中结合自身研究课题进行更加深入的指导。同时，契合建筑领域热点的选题定位和讲授前沿设计方法的授课方式，使教学跳出了唯形式和功能论的窠臼，既帮助学生深度掌握了较为先进的设计方法和技能，也完善了学生的建筑设计思维、利于培养学生形成更为全面的建筑设计观。"这种教学方式提高了教与学的积极性，增加了设计的深度和广度，在实践中得到了较好的反馈。本文以五年级毕业设计课题——"基于传统聚落研究的特色客栈设计"为例，介绍了专题教学的题目选择、教学方法和设计成果，希望起到抛砖引玉的作用，推动建筑设计教学

的深化改革。

1 课题介绍

这一选题是以实际项目为基础、以教学团队的研究为依托的与设计单位合作的研究型设计题目，主题为"传承与演绎——基于传统聚落研究的特色客栈设计"。用地位于湖南省张家界景区，环山抱水，交通便捷，功能包括特色客栈组团、独栋商业以及滨水会所。设计过程中，要求学生研究传统聚落与民居，提取设计原则与要素，指导并优化客栈设计，通过这一课题，促进学生对传统建筑文化的认识，鼓励学生使用新的方法分析传统建筑，探索特色客栈与自然环境和文化环境的关系。

目前，国内对传统聚落民居的研究多以实地测绘为基础，从历史沿革、建筑美学等角度进行信息的整理与分析，但是对于建筑与环境的关系、风格形成的原因、民间智慧与适宜技术的关注还远远不够。因此，我们将设计与研究工作分为三个子课题，由三名同学分别完成：规划层面——通过传统村镇聚落的研究，梳理出传统聚落布局、肌理、街巷、景观等方面的规律，指导特色客栈的规划布局设计；建筑层面——通过传统民居平面与空间的研究，归纳出院落原型及其组合规律，启发特色客栈组团及单体建筑的设计；技术层面——通过传统民居气候适应性的研究，归纳聚落规划层面及民居单体层面的设计经验，为规划和单体设计提供优化建议。在明确分工的基础上，设计成果以一个较为完整的形式呈现，因此需要三名同学在设计过程中对共同问题进行讨论与合作（图1）。

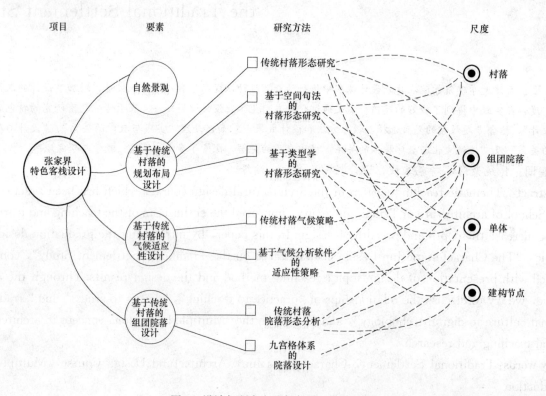

图1　设计与研究方法框架图（作者绘制）

2 成果介绍

2.1 基于传统聚落街巷系统研究的特色客栈规划布局设计

（1）基于空间句法的传统聚落研究

街巷空间对于传统聚落至关重要，它是民居之间的组织脉络，村落与环境的对话场所，更是我们体验传统聚落的主要途径。在城市设计研究中，街道或街巷的设计同样至关重要，罗杰·特兰西克（Roger Trancik）曾总结城市设计理论的三种主要方法：图底关系理论、联系理论和场所理论，显而易见这都与街道系统息息相关。空间句法理论（Space Syntax）依据拓扑学，将端点（vertices）定义为空间中的视点，将连接（edges）定义为视线，通过软件计算空间中可视点之间的互视程度，以此衡量空间品质。这使空间关系与空间潜力的量化分析成为可能，有助于对传统聚落布局、肌理尤其是街巷空间的研究与理解，因此我们选择了空间句法理论及 depthmap 软件为研究工具，分析传统聚落的街巷空间。我们首先从现有测绘资料中选取了不同类型的传统聚落进行平面整理，然后进行视域分析与轴线分析。在平面整理中我们尽可能加入了地形和既有路径的影响。在视域分析中通过视觉连接度（Connectivity）衡量视觉广度，通过视觉整合度（Visibility Graph Analysis）衡量视觉开放程度，并对广场、主径等关键性节点使用局部视觉整合度进行分析。在轴线分析中则通过凸空间的动线计算选择度（Choice）研究聚落中街巷系统的层级，而选择度和角度深度（Angular depth）也对以后研究客栈组团的功能划分有一定意义。通过分析我们得到一些结论：线型村落的全局视觉整合度优于其他两类村落；广场、晒坝等空地以及长巷端头转角处的建筑、水

陆交接处等，较易形成视觉焦点（图2）。

（2）基于空间句法的规划布局设计

基地具有优越的自然景观和传统文化资源，因此在规划中如何使街道空间具有良好的视觉感受与行走体验成为一个重要的问题，这也是我们选取空间句法研究传统聚落，进而指导特色客栈规划布局的立足点。视域分析和轴线分析不仅可以指导街巷的平面布局，也有助于建筑尺度、公共空间及景观节点的设计。此外，通过空间句法分析可以归纳出传统聚落空间的一些规律与特点，例如广场晒坝等公共空间的开敞性和中心性、狭窄巷弄的封闭性和延伸性、邻水空间的水平性等。这些像基因一样的规律与特点区别于表面化的符号与样式，有助于特色客栈在新的功能与尺度等条件下，演绎和传承传统聚落的空间及视觉特征（图3）。

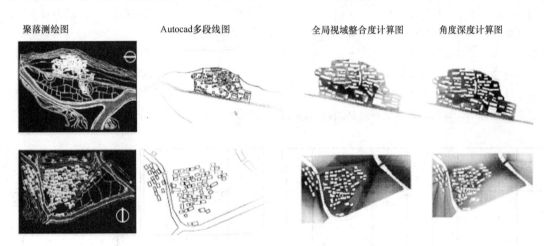

图2　基于空间句法的传统聚落研究（作者绘制）

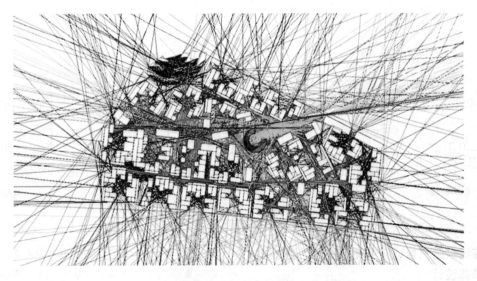

图3　基于空间句法的规划布局研究（作者绘制）

2.2 运用图解分析研究传统民居院落空间，指导特色客栈组团设计及单体设计

（1）基于院落图解分析的传统民居研究

以院落为中心的建筑空间组织方式是中国传统建筑的主要特色之一，这是自然环境与文化环境共同作用的结果，院落既是室内与室外、私密与公共之间的过渡，也是人与建筑及自然的对话场所。我们首先通过对湘西民居测绘资料进行整理，用类型学理论和图解分析方法，归纳出院落的种类、属性、层次及组合特征。进而选取了三个有代表性的平面，使用九宫格图解法，从轴线、格网、院落布局、檐下空间、廊下空间及开放空间的结构进行抽象分析，探索其生成及变化的内在规律：院落按照位置和辐射范围可以分为中心院落、入口院落和边缘院落，每50m×50m的地块上，有3～4个中心院落，与道路相交处有3～4个入口院落，边缘院落的数量更多；院落空间是开放空间的核心，平面原型为可发展的单元，可进行拓扑变换，围绕院落衍生出丰富的由檐下、廊下等空间组成的开放空间系统。

（2）基于院落图解分析的客栈组团及单体设计

在上述研究基础上，我们又选择了一些现当代合院建筑典例，例如德克萨斯3号住宅（海杜克）、诗人住宅（张雷）、朱家角人文艺术馆（祝晓峰）、松鹤墓园接待中心（张斌）等，得到以下结论：客栈组团宜采用合院式布局，院落与街巷互相渗透形成开放空间；院落系统由不同尺度、功能、属性的院落、天井及平台组成，服务于不同的使用群体，体现出空间的层次；院落空间可以用九宫格体系进行分析与设计，涉及双重格网交错、院落系统层级、虚实围合对比以及错动扭转变形等具体手法；院落系统可以与街巷系统融合，出现一些重合空间，这些空间往往位于主街与次巷相交处，内部院落的出入口处，以及院落之间的连接处。上述原则及手法结合客栈的功能要求及合理密度，演绎出有湘西传统院落内涵的特色客栈组团建筑设计：公共空间均分布于首层，以点状的体量散布于组团院落内，以此激发公共活动；组团西北角与东南角的两个联系着主街的入口院落同核心院落一道串联起内部的商业服务空间及纵向轴线；东西两侧联系着次巷的入口院落，串联起一条较弱的横向轴向；不同等级的院落形成一套公共空间网络体系，在保证客房私密性的前提下，尽量使空间与外部空间开放连续（图4，图5）。

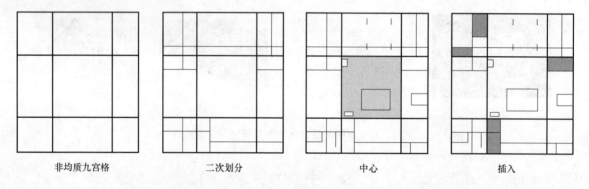

非均质九宫格　　　二次划分　　　中心　　　插入

图4　诗人住宅生成逻辑分析（作者绘制）

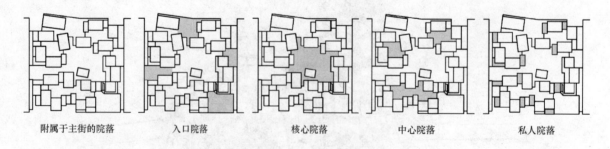

附属于主街的院落　　入口院落　　核心院落　　中心院落　　私人院落

图5　客栈组团院落系统分析（作者绘制）

2.3 基于传统聚落气候适应性研究的特色客栈规划及单体设计

（1）基于环境分析的传统民居气候适应性研究

建筑对于气候因素的适应与利用是设计中的需要考虑的重要问题，这也是导致各地区的传统民居风格各异的原因之一。湘西地区夏季闷热潮湿，当地传统民居巧

妙利用自然通风实现了较为理想的室内热环境，其中的经验与智慧值得我们分析与学习。我们从建筑气候学的角度，采用Airpak、Ecotect软件模拟分析，总结传统聚落及民居单体层面的设计经验。首先，我们以传统民居中的三开间两层的凹字型院落为研究原型，从平面布局、外墙洞口等方面采用控制变量的方法进行软件模拟分析，得到以下结论：在院门宽度逐渐增大的过程中，堂屋的风速先增大后减小，在宽度为2400mm左右，达到峰值；在平面开间数逐渐增大的，即院落的横向宽度不断增大过程中，堂屋的风速逐渐减小，在开间数为3时接近峰值。除此以外，通过图解或软件分析对参考资料中的既有研究结论做了验证与归纳，例如在庭院或天井处加大挑檐（特

别是东西向挑檐）深度、种植落叶乔木，可以达到夏季遮阳的作用，给室内创造了良好的阴凉；庭院或天井平面形状宜采用东西宽、南北窄的长方形，庭院北侧屋檐宜高于南侧屋檐，这样有利于兼顾冬夏两季的日照与通风，实现较好的风环境与光环境。其次，我们根据湘西传统聚落的外部地理环境及内部空间结构对其进行类型化整理，研究聚落布局对气候的适应策略。由于项目基地处于平地形，遂以平地形聚落，如下坪村等村镇作为重点研究对象。下坪村以梳式布局为特点，在软件模拟分析中通过调整主巷与主导风向的夹角可以发现：梳式布局重点考虑夏季主导风向，村落的主要巷道与夏季的主导风向平行，有效范围在30°以内（图6）。

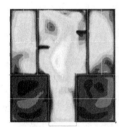 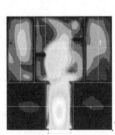 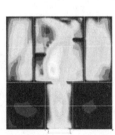 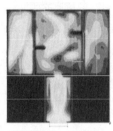 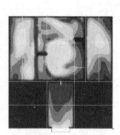

宽度为3000mm风速图　　宽度为2400mm风速图　　宽度为1800mm风速图　　宽度为1200mm风速图　　宽度为600mm风速图

图6　院门宽度与堂屋风速分析（作者绘制）

（2）基于环境分析的规划和单体优化设计

在上述研究基础上，在单体组团设计中我们采用三开间和四开间作为建筑原型，结合两侧厢房布局得到6种客栈方案，并借鉴传统经验，在保证容积率的同时，合理布置冷巷、天井、庭院、敞廊等狭小空间，通过建筑对日照的遮挡，形成局部热压通风；然后通过Airpak分别模拟这些客栈的室内风环境，对客栈外部洞口位置进行调整，对方案进行优化。在规划设计中，我们在客栈组团采取紧凑型合院模式的前提下，借鉴传统聚落的梳式布局进行整体布局和道路规划。例如控制主要街巷的宽度及其与夏季主导风向的夹角，实现风压通风；合理安排树木和水系，促进热压通风；并使用Airpak、Ecotect软件选取不同尺度进行模拟分析，从风速和温度角度去优化规划布局（图7）。

 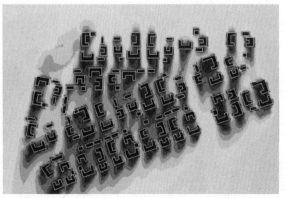

图7　通过风环境模拟分析优化规划布局（作者绘制）

3 总结

　　如何协调"实践与教学的关系"、"设计与研究的关系"以及"传统文化与数字技术的关系"一直是建筑设计教学中的热点议题，通过这次教学实验，我对上述问题的理解如下：目前我们建筑教育的基础和目标还应该以"解决实际问题"为主，培养学生理性的分析能力、切实的操作能力以及合作意识；将实际项目简化、抽象或适当修改，抽取某个具体问题，结合教师团队的研究成果，这样形成的设计课题目可以使教学目标更为明确，更适合学生去把握；传统文化与数字技术的结合，不仅有利于提高学生的兴趣，而且加深了我们对传统建筑的理解，避免了简单的调查拍照与风格模仿。简言之，以实践为基础的多学科、多角度的团队合作，通过使用新的方法和工具，将传统建筑文化演绎出新的价值。

参考文献

　　[1]　许蓁，王志刚，王迪，张昕楠. "专题设计"教学的实践与探索. 全国建筑教育国际研讨会论文集. 北京：中国建筑工业出版社，2011. 80～83.

　　[2]　彭一刚. 传统村镇聚落景观分析 [M]. 天津：天津大学出版社，1992：52-62，63-72.

　　[3]　魏挹澧. 湘西风土建筑 [M]. 武汉：华中科技大学出版社，2010：14-28，125-132.

　　[4]　杨柳. 建筑气候学 [M]. 北京：中国建筑工业出版社，2010：14-28，157-245.

　　[5]　任军. 文化视野下的中国传统院落 [M]. 天津：天津大学出版社，2005：39-52，57-98.

田铂菁　李立敏

西安建筑科技大学建筑学院；Email：529812802@qq.com

Tian Bojing　Li Limin

Xi'an University of Architecture and Technology

意大利文化视角下的关中传统村落与民居解析
——面向意大利米兰理工大学研究生课程记 *

In the Guanzhong Traditional Villages and Houses Parsing With Italian Cultural Perspective
——Recorded for Post-Graduate Courses Polytechnic University of Milan Italy

摘　要："关中印象"课程为面向意大利米兰理工大学的一门研究生选修课程。通过课程环节的设置、课程内容安排、课后信息反馈、实践调研、课程答辩及课程作业展示等环节对研究生建筑教育在该研究方向进行思考，对比分析意大利米兰理工大学和西安建筑科技大学研究生在面对同样研究问题的不同思考角度和研究方法；借鉴意大利学生独特的分析视角和思考方式，利于促进和丰富我们在该领域研究生教育的方式方法，更好地调动学生的研究热情和动力，追求探索研究问题本质的信心，进行更为科学有效的相关研究。

关键词：意大利米兰理工研究生，关中传统村落与民居，研究生教育，比对分析

Abstact："Guanzhong impression" courses for a graduate elective courses for the University of Milan, Italy. Through curriculum links and courses arranged after-school information feedback, practical research, curriculum and course work defense show other aspects of graduate education building Reflections in the research, comparative analysis of Milan Polytechnic University and Xi'an University of Architecture & Technology graduate face the same problem of different perspectives on research and research methods; students learn Italian unique analytical perspective and way of thinking, which will help facilitate and enrich our ways and graduate education in the field, to better mobilize the students' enthusiasm and motivation research, the pursuit of explore the nature of research questions of confidence, a more scientific and effective research.

Keywords：Italy, Milan Polytechnic graduate, Guanzhong in the traditional villages and houses, Graduate study, Comparative analysis。

1　课程概况

面向意大利米兰理工大学的"关中印象"研究生课程，设置五个教学环节，意大利研究生通过对关中地区传统村落和民居的认知，了解相关传统文化知识，进行

---

* 项目编号：DA02064 校级青年基金项目；项目编号：12JK0923 陕西省教育厅专项科研项目。

现场实践调研，体会和分析关中地区传统村落和民居的地理环境、民俗文化、村落格局、院落空间、传统技艺、建筑色彩与形态等特点，比对分析意大利与关中地区在传统村落规划和民居建筑中的异同，通过课堂的研讨和作业展示，呈现具有丰富遗产保护经验的意大利建筑教育的特色，进而更好借鉴和学习意大利研究生教育在传统村落与民居规划与设计研究领域的发现、探究与分析问题的科研能力，目的在于更好的促进我校研究生在该方向的科研认知和实践能力的培养。

2 课程特色

2.1 授课型——强调认知的逻辑性和层次性

在认识环节的两次授课中，注重意大利研究生对关中传统村落与民居传统文化的理解，强调研究生教育认知过程的逻辑性和层次性。首先以历史时间轴为线索，从传统村落的历史发展演变、典型案例分析，到传统村落格局肌理形成原因、村落选址的风水文化、当地民俗风情、地理气候等因素分析；其次对传统村落空间形态、建筑色彩、立面形式、传统建造技艺、建构与材料组织方式及相关的评价保护等相关介绍；最后要求意大利研究生从规划和设计角度对意大利和关中地区传统文化进行解读分析并讨论。

2.1.1 意大利学生对意大利与关中地区传统村落比对分析

从意大利学生作业和研讨过程中反馈教学效果良好。首先，在传统村落比对分析中（表1）以历史时间发展轴线为线索（图1），重要历史时期典型案例为依据，分析意大利村落格局（图2）肌理大部分主要以轴线为主形成主次交通干道，且中心多以公共广场为村落中心，中国传统村落布局较集中，道路根据地形的状况分布相对灵活；意大利村落选址（图3）多为自然和历史变迁过程中逐渐形成，比如著名的威尼斯水城，中国村落的选址多与气候环境、礼制思想、民俗文化、地理位置有关；意大利传统村落形态（图4）多以居民自发自建形成，广场为公共空间是村落中心主要标志，中国传统村落空间布局受礼制思想、气候、环境、生产方式等因素影响，北方村落通常以祠堂、文昌阁等为中心；意大利传统村落特色多以居民喜好和与环境结合的自然生态观念为主，在旅游地区建筑立面多呈现缤纷色彩（图5），中国传统村落则多采用当地材料，且村落多以家族关系构成村落的稳定结构，色彩也多与当地材料和传统建造技艺有关。

学生作业展示之一——意大利与关中地区传统村落的对比分析　　表1

意大利与关中地区传统村落规划对比分析

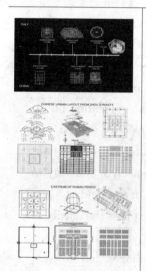  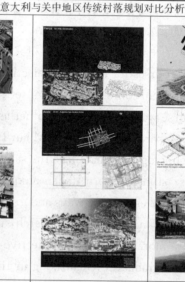  

| 图1　历史发展时间轴（图片源：Michele Marini 作业） | 图2　传统村落格（图片来源：Mariagiulia Atzeni 作业） | 图3　传统村落选（图片来源：Alberto Malabarba 作业） | 图4　传统村落形态（图片来源：Alberto Malabarba 作业） | 图5　传统村落特色（图片来源：https://www.baidu.com） |

2.1.2 意大利学生对意大利和关中地区传统民居建筑的比对分析

其次，在对传统民居建筑的比对分析中，主要从院落空间、公共空间、材质与建构、空间与形态等方面分析（表2）。意大利传统院落空间（图6）多受宗教观念和当时建造技术的影响，中国传统院落空间（图11）

以周朝礼制思想影响较为深刻，体现在院落空间的序列和空间的大小关系中；传统平面布局同为圆形时，意大利为公共空间（图7），而中国为居住空间（图12），并辅以环形的交通空间；当代材质和结构同为木质时，其屋顶形式和建构方式显不同（图8、图13）；意大利地下空间（图10）多做为居住空间，反映穴居文化，中

国地下空间（图15）多为居住功能；意大利传统民居圆形空间（图9）多为公共空间，和屋顶圆锥形状相一致，居住单元独立存在特色鲜明，屋顶错落有致，整体形态丰富；关中民居圆形（图14）空间多以窑洞为例，其屋顶形态则为方形，且居住单元连成一片。

学生作业展示之二——意大利与关中地区传统民居的对比分析 　　　　表2

意大利与中国传统民居传建筑对比分析				
1 院落空间	2 公共空间	3 材质与建构	4 空间与形态	5 特色空间
Domus Romana 意大利罗马 （图6）	Castel del Monte 意大利安德里亚 （图7）	Walser House 意大利北部 （图8）	Trullo 民居 意大利阿尔贝罗贝罗 （图9）	Sassi diMatera 意大利南部巴西利卡 （图10）

意大利与中国传统民居传建筑对比分析				
1 院落空间	2 公共空间	3 材质与建构	4 空间与形态	5 特色空间
陕西关中民居 （图11）	福建客家土楼 （图12）	新疆哈什传统建造技艺（图13）	宁夏窑洞 （图14）	陕西窑洞 （图15）

（图6～图15,图片来源：urban and architectural comparison between Chinese and Italian traditions 意大利学生分析报告。学生为 Michele Marini、Mariagiulia Atzeni、Francesco Busnelli、Alberto Malabarba、Mondani Costanza 和 Busenelli Francesco 共6人）

2.2 调研型——注重城市形态学和建筑符号学

　　调研关中地区典型性传统村落党家村，经过前期的收集资料与分析，小组为单位以挖掘传统文化为核心，分析构成要素特征，每个人用手绘方式记录其中一部分

特征要素。通过调研过程及最终作业成果展示，发现意大利研究生具有较好的城市形态学和建筑符号学的理念，图示表达语言强烈（图17）；现场调研中注重对传统建造方式、传统材料、构造细部的走访与了解；对一

个传统建筑更倾向对其修复保护和再评价保护的研究。体现意大利灿烂遗产文化教育下的强烈历史建筑保护观念和文艺复兴时期对于建筑美学的重视。学生 Alberto Malabarba 作业（图 19）展示正如他所说，非旅游者而是以一个专业角度用心灵和现场速写的方式记录了党家村落的典型特征，根据其对村落构成要素的重要程度决定了构图关系。注重从空间角度分析和观察其街巷空间、院落空间、入口空间、公共空间等比例尺度关系、相互之间的空间关系。整体构图逻辑感强，具有强烈视觉效果。学生 Mariagiulia Atzen 作业（图 16）注重党家村整体传统村落布局、街巷肌理和院落空间构筑，从探究党家村村落布局形态形成原因入手，找出典型性建筑类型如文昌阁、祠堂入口、典型性院落空间进行分析。

2.3 研讨型-注重传统村落与民居的建筑（改建）修复技术与再评价保护

在课堂研讨中，意大利研究生在已有的认知与调研基础上，更关注党家村目前传统村落和民居的改建修复技术及再评价保护研究。学生 Francesco Busnelli 作业（图 18）以一典型性关中民居为出发点，分析其构成一个单元院落空间的比例与尺度、从传统建造技术、传统院落空间形成关系探讨整个村落的规划布局，并整理出不适应现代城市更新中的因素，比如基础设施是否完整、生活空间和人口增长的居住面积是否满足；更多关注其结构方式，传统材料的可持续性应用。其过程呈现强烈的对传统建筑的保护与更新意识，及对结构和构造的准确理解，并依据相关分析提出合理的技术修复和功能改建计划，都让我们感受到意大利悠久灿烂的历史文化下的建筑教育影响。

3 结语

通过面向意大利研究生课程的设置和教学过程的互动，比对分析西安建筑科技大学和意大利学生在面对同样问题不同的思考方式和绘图能力（表 4），体会意大利学生在其领域研究善于探究问题本质、独特的城市形态和建筑符号分析能力、较好的绘图及信息传递能力、较强的修改建技术及拥有评价保护理念的意识，目的在于借鉴其思考问题、分析问题、探究问题的方式方法，更好地提高我校研究生教育在该研究领域的研究和实践能力。

学生作业展示之三-党家村传统村落和民居调研与分析　　　　　　　表 3

党家村传统村落和民居调研与分析

  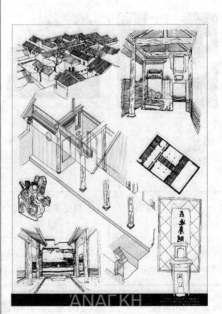

| Michele Marini 成图（图 16） | Mariagiulia Atzeni 成图（图 17） | Francesco Busnelli 成图（图 18） |

党家村传统村落和民居调研与分析

Alberto Malabarba 成图(图 19)

意大利米兰理工研究生与西安建筑科技大学研究生学习课程比对分析　　表4

研究生对象	比对内容			
	地域文化因素	生态自然因素	功能便利性因素	图文表达因素
意大利米兰理工	气候条件、地理环境、民俗风情、价值取向、生活方式等	地域材料、空间肌理、传统技艺、采光通风	空间肌理组织、结构与空间关系	视觉传达效果强烈,图示语言准确把握且语言表达丰富
西安建筑科技大学	地理环境、民俗风情和特征符号等	建筑形式、空间肌理、地域材料	交通组织、规划布局、街巷空间、院落空间	图面表达整齐有序
意大利学生研究能力优势分析	注重发现问题本质,能从产生村落形态和建筑符号的原因出发,具有较强的科学认知和批判性思维能力强	有很强的保护与修复技术意识,对建筑技术和结构知识掌握全面	能从规划和设计角度进行深入的剖析理解,掌握建筑分析的历史与方法	注重建筑符号学和城市形态学分析与表达,具有较好绘图及视觉信息传达能力

参考文献

[1] 卡莫纳等编著. 城市设计的维度 [M]. 江苏科学技术出版社,2005. 11:8-28.

[2] 金红梅. 基于对教学意义重新认识的研究生课程改进思路 [J]. 学位与研究生教育 2008.9:37-39.

[3] 沈葆菊等. 从单体到群体的"场所营造" [J]. 全国建筑教育学术研讨会论文集 2014. 10:555.

李冰　苗力

大连理工大学建筑与艺术学院；lba_letter@126.com

Li Bing　Miao Li

School of Architecture & Fine Arts，Dalian University of Technology，Associate Professor

法国里尔建筑与景观学校"历史城镇形态分析"课程教学*及启示

Retrospect and Enlightenment of French Design Studio of "Morphological Analysis on the Historical Town" in the School of Architecture of Lille

摘　要："历史城镇形态分析及历史街区改造"课程设计是法国里尔建筑与景观学校五年级的专业设计工作坊之一。实地调研、分析研究、课程设计是三个主要教学环节。本文对这一课程教学过程进行了全面的梳理，重点阐述了最具特色的实地调研和图解分析两个教学环节。从法国的教学实践中总结教学方法和特点，以期对国内的历史城镇形态分析教学提供借鉴。

关键词：法国建筑教学，形态分析，历史城镇，实地调研

Abstract：One of the important architectural design studios in Grade five，in the School of Architecture and Landscape of Lille in France，is focus on "The study of urban morphology and the architectural design in the historical context"．The site investigation，the diagram analysis，the architectural design constitute the main parts of the studio．The teaching process is thoroughly teased apart in this paper，elaborating the most characteristics processes：the site investigation and diagram analysis．The teaching features and the teaching method are summarized in the French teaching practice，in order to provide reference for the Chinese universities in the morphological analysis in the historical towns during the design studio．

Keywords：Architectural teaching in France, morphological analysis, historical town, site investigation

1　引言

法国的类型形态学派诞生于1960年代晚期，被称为凡尔赛学派，是欧洲城市形态类型学的一个重要分支。他们在建筑与基地的关系方面进行较多的类型分析，侧重研究结果对未来设计的启发，这种研究方法被逐渐纳入法国建筑院校的教学体系。在历史传承上，这一教学体系受到欧洲学者穆拉托里、罗西、勒菲泊夫勒等人的

影响，同时，美国的理论家凯文林奇的城市形态元素及研究方法、法国城市历史学家拉夫当的城市历史演变方法都被融到教学当中。相关的课程以现场调研和图解分析为主要手段，在历史古地图的基础上结合当今的城市

---

*基金项目：中央高校基本科研业务费专项资金（DUT13RC（3）97，DUT13RC（3）98）；大连市社科联社科院重大课题（2015dlskzd025，2015dlskzd026）。

卫星图，在不同尺度和层级上进行系统深入的分析研究，其成果能够准确直观地反映历史城镇形态特征和演变。

国内建筑院校的传统教育体系中，对历史城市形态分析这一领域比较薄弱。城市历史地图资源的匮乏、对产权地块的研究不够重视等因素，也构成了这项研究的软肋。在历史文化遗产加速消失，历史城镇研究日益受到重视的今天，对历史城市的形态分析和研究显得必要而且紧迫。近些年，国内一些高校的研究团队和学者已经在引入欧洲城市形态类型学和国内案例研究方面做出了积极的探索。

法国里尔建筑与景观学校的"历史城镇形态分析"专业设计课程教学始于1996年，其主要研究方法深受欧洲城市形态类型学研究的影响[1]。笔者作为法国总统项目交流学者在法国里尔建筑与景观学校全程介入整个课程，本文对这一教学过程作一梳理总结，希望法国学校的研究和教学方法对国内的相应领域有所启示和借鉴。

2 课程介绍

2.1 背景概述

"历史城市研究及历史街区的改造设计"是法国里尔建筑与景观学校建筑学五年级上学期的专业设计工作坊（Atelier）研究方向之一，课程研究目标城市位于法国里尔市西北约60km的Saint Omer古城。课程教学由一名主持教授和一名助理教师负责。对历史古城和城市设计方向感兴趣学生在开学初进行申报选课，学生人数控制在20人左右。一学期共21周（含两周圣诞节假期），每周一次课，每次一整天8学时。

2.2 课程特点

课程分为城市分析和方案设计两部分，持续一学期。对历史城市肌理和文脉的分析是该课程重点，它占总课时的2/3，约12周，设计阶段占最后的7周。

城市分析工作是一项独立的研究工作，其涵盖范围很广，可概括为历史、地理、城市和建筑形态四个领域。研究的工作方法和思维模式都注重条理的清晰和逻辑的严谨。这项工作和人文学科的研究类似，需要学生先放下建筑师的激情，对城市进行耐心细致的调研、资料搜集、分析整理和图表的绘制工作。具体内容包括古城的历史沿革、地形水文特征及演变、道路和街区、产权地块和建筑类型（表1）。每个研究方向分配3～4名学生合作。其中产权地块的研究工作量庞大，前期的历史和地理小组成员后期被重新分配到产权地块研究团队中。

"历史城市研究及历史街区的改造"设计工作坊的研究方向分类[2]　　　　表1

序号	研究方向	研究内容
1	历史沿革	记录城市及周边区域的形成，城市扩张的主要阶段，通过图像、平面进行分析研究
2	地理特征及演变	—等高线、水流、运河。护城河。港口区域 —城墙、主要建筑、主要街道
3	道路和街廊	—图解表示道路的诞生年代 —道路等级，包括：边界。城门，主要机关 —道路的组织方式 —道路类型：宽度、行道树、通路形态 —朝向、路网界定出的街廊大小及形状、街廊和道路的成因、街廊和道路的现状形态 —广场、道路、公共机构、边界
4	产权地块	—产权地块的组织方式（划分的疏密、划分的一般规律，产权地块在街廊内部的形态） —产权地块与道路的关系 —产权地块的演变（根据旧地籍册判断增大/减少） —产权地块的功能（公共机构建筑；居住与其他功能混合；居住、办公、商业、其他服务业等活动） —产权地块的几何类型：四边形。旗帜形。网格形、条状形，锯齿形…… —街廊内部的地块类型：街廊周边、街廊内部、入口数量 —大小尺度：建筑面积及沿街立面 —建筑与院落：地籍册中的建筑与空地，建筑层数与建筑密度，地块整体剖面，建筑的方位
5	建筑类型	—建筑与空地(虚与实的关系)，院落的数量 —建筑布局（门厅、走廊。楼梯间） —建筑空间行进次序 —注明建筑类型的特征（大致建造年代、大小及形态、建筑主体、楼梯间的形状和方位、立面的组成、建造方式）

2.2.1 实地调研

实地调研是研究分析工作的重要组成部分，贯穿整个研究过程。课程教学安排至少五次必须的调研，每次都有不同的工作重点（表2）。第一次调研侧重对古城的感性认知，这种认识基于美国城市理论家凯文·林奇的"城市意向"理论，学生需要将 Saint Omer 古城的空间印象用速写记录，并将分析成果制成 A1 的图纸若干，课上进行汇报。学生的感性认知主要集中在古城中有特色的城市公共空间，包括道路、边界、区域、节点、标志物等[3]。学生身临其境地感受城市空间的特点，用速写记录，分析城市空间构成原理。这次调研老师并不带队，但是要提前向学生布置明确的调研任务，并作特别的讲解和答疑（图1）。

"历史城市研究及历史街区改造"设计工作坊的调研日程安排 表2

次数	时间	调研方式	调研内容	作业
1	第1周	自行调研	城市印象记录 课上按照研究方向分组、讲解研究方法、布置调研任务	绘制城市印象（城市公共空间形态 A1 若干，透视图手绘，其他图手绘或电脑绘制）
2	第2周	教师带队	重点空间现场讲解、集体评图	根据评阅意见修改图纸及文字
3	第5周	自行调研	根据研究方向分组进行主题专项调研	绘制专项调研成果（分析图＋文字）
4	第6周	教师带队	专项调研方法讲解、集体评图	根据评阅意见修改图纸及文字
5	第7~10周	自行调研	根据研究需要，利用非课上时间，进行补充调研	城市形态分析研究，绘制分析图，撰写文字说明，根据老师意见修改

来源：作者根据课程设计进程记录自制。

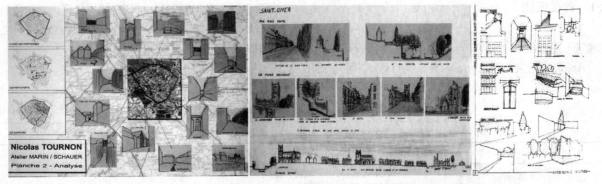

图1　第一次参观（城市感知）的部分学生作业
（摄影：李冰 2003.10）

第二次调研由教师带队，对 Saint Omer 古城的重点空间、地段和建筑进行现场讲解，同时还参观古城规划部门的城市历史展厅，通过沙盘模型和展板了解古城的各种信息。按照课程的进度，第三、四、五次参观是对不同的分析对象（街廓、道路、建筑类型等）进行有针对性的调查记录。

2.2.2 图解分析

城镇的形态是城市分析研究的主要方面，包括城市的道路和街区、产权地块和建筑类型。而历史和地理则是研究的切入角度和环境背景。教师在不同的方向都安排了明确的分析工作。

在法国，丰富的历史地图资源给城市分析工作提供了极大的方便。学生们通过历史资料和历史地图的查询，将 Saint Omer 古城各方面信息图形化，将城市形态要素的历史演变过程用平面图解直观清晰地展现出来（图2）。这些工作包括古城的城墙轮廓、主要道路、街廓系统、道路节点、道路的平面类型、街道剖面分析等等。研究的过程需要用卫星图、现状测绘图等将历史地图中的重要信息进行准确定位并绘制。

产权地块是欧洲土地私有产权制度下的土地划分单元，它是介于建筑和城市的过渡尺度，是城镇形态研究的基本单元。每个产权地块内包括建筑和非建筑的院落空地，众多不同形状的产权地块组成了街廓，建筑外墙或院墙成为地块之间的明确边界。对产权地块的分析研究是城镇形态分析的重点，工作量很大。因此，在这个阶段，全班学生将重新分组，数目庞大的街廓均分给学生进行产权地块的形态研究。

在 Saint Omer 古城，产权地块通常呈长条型，短边面向街道，建筑临街布置，自家后院位于地块内部。产权地块和建筑的整体集合形成了典型的欧洲城市肌理。教师按照地块内建筑的平面、户型、层数、屋顶等方面进行归类，再确定各类型中最经典的街廓进行细致的地块研究。学生需要在选定的研究目标街廓中逐户调研，对每户的入口、内部走廊、楼梯的位置做以标记，最后汇总归纳成平面图解（图3上）。

建筑形态的类型研究是分析工作的最尽端，它对古城内纷繁多样而又统一协调的建筑进行归类，归类的依据包括建筑的高度、屋顶形态、建筑进深、入口位置等（图3下）。

2.2.3 课程设计

城市街区的改造设计在学期的最后7周，是城市设计和建筑设计相结合的设计训练。所选基地街廓毗邻古城的发源地，现状主要被工业厂房、空地、停车场和一所幼儿园占据。这里建筑形态混乱，历史城市的肌理丧失。指导教师要求学生尽可能地将设计构思和前面的分析研究找到恰当的联系，但不能是对历史建筑形式的简

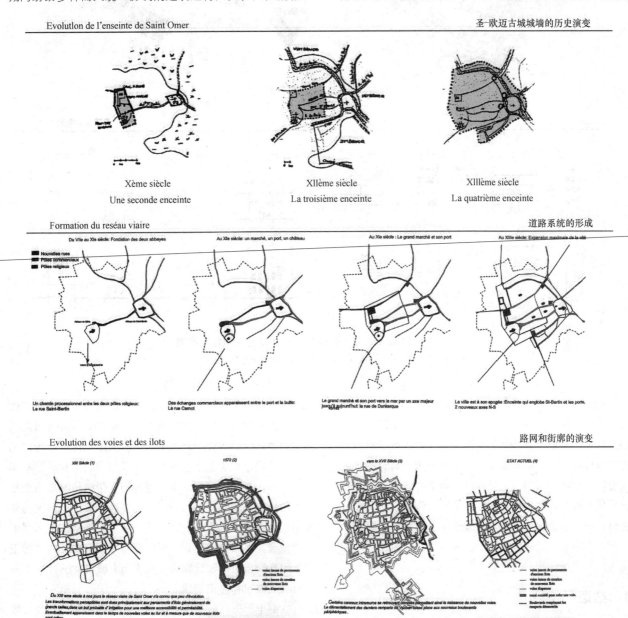

图2　Saint Omer 古城分析部分成果——古城轮廓、道路、街廓的历史演变

图片来源：Les recherches morphologiques de la ville de Saint-Omer：
Les travaux d'étudiants de l'Atelier d'architecture, 5e année, 2004.

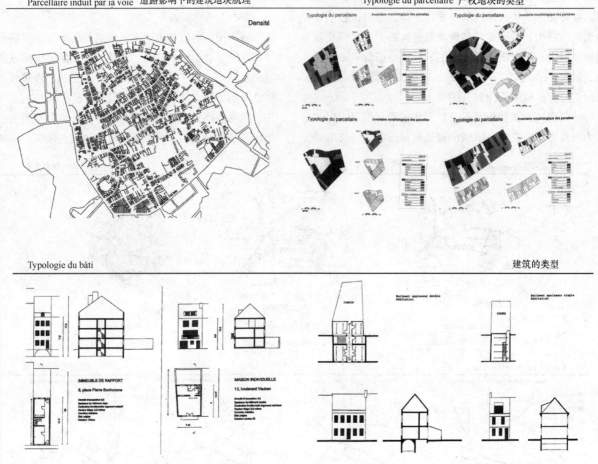

图 3 Saint Omer 古城分析成果——产权地块和建筑类型

图片来源：Les recherches morphologiques de la ville de Saint-Omer;

Les travaux d'étudiants de l'Atelier d'architecture, 5e année, 2004.

单模仿，应该从更深层次体现原有城市文脉。而且方案应具有当今时代特征，以区别古城形成的历史时代，这是欧洲和世界遗产保护界的共识。即便对进行了城市历史文脉分析的法国高年级学生，这个要求仍具有相当的难度。在教师的引导下，没有任何学生的方案出现对欧洲历史建筑外观的模仿。在众多的学生作业中，最高分的设计是从城市设计角度复原被破坏的历史街区肌理和尺度，而建筑的外观则完全是现代风格，材料和色彩和周边的历史街区相呼应（图 4）。

3 结语

从法国里尔建筑与景观学校的"历史城市形态分析及历史街区改造"课程设计教学，我们可以看出历史城市形态分析是一个充实、全面、深入的研究工作。它有足够的课时安排，给学生足够的时间深入研究，学生和老师有足够的时间交流学习。这个实实在在的研究工作并不是方案设计的附属和陪衬。前期充分研究为以后的建筑设计、城市设计、历史街区改造工作提供了可靠的历史依据、充实的理念源泉和严谨的逻辑架构。在教学过程中，教师随时向学生讲授与历史传统和城市遗产相关的最先进的理念和共识，从而使遗产保护、尊重历史的正确观念深入人心。对历史的尊重并不意味束缚学生的创造力，教学过程训练学生在尊重历史文脉的前提下运用开阔自由的设计构思去解决历史城市文脉背景下所面临的城市和建筑问题。

由于历史城镇形态分析的研究内容繁杂，因此，教学过程中，有些学生对研究的内容提出质疑，希望这项研究先预判这个成果是否对设计有所帮助，从而主观地将一些研究内容省略。而教师的回答是：这项工作是设计的前期基础研究，设计者和研究者完全可能是不同的主体（政府机构、设计事务所等）。在不同的设计任务和研究任务下，不同的设计师和研究者都能够从这项基础研究中获得自己需要的信息。人为地预判必然会极大地减少研究工作的价值，并降低研究质量。通过分析研究和设计整套过程的训练，学生们才能够更好地理解其价值。因此，学生的工作需要耐心和细心，将头脑中的分析转化为研究成果。这些成果作为 Saint Omer 古城规划管理部门的文档原始资料的一部分。为未来的建筑

设计和城市规划提供了详实的工作基础，它能够帮助设计师和规划师迅速而完整地了解古城的各种信息，在此基础上提出精彩且符合古城历史文脉的设计方案。

通过方法的传授和观念的输入，法国里尔建筑与景观学校的这一课程设计激发了很多学生对历史遗产的修复改造的兴趣。每一届都会有学生在毕业以后报考专门的历史建筑遗产的修复改造的培训学校继续深造学习。

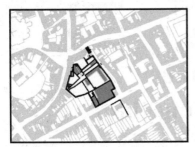
SITE ET ENVIRONNEMENT 基地环境

MORPHOLOGIE DU QUARTIER 城市肌理

PRINCIPE CACHE DANS LE SITE 修复肌理

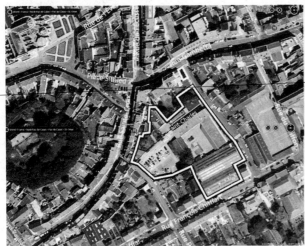
ETAT ACTUEL DU SITE 基地现状

MAQUETTE FINALE DU PROJET 方案模型

图 4 历史街区改造基地环境和最优秀学生作业方案

（来源：—Google maps.

—Les recherches morphologiques de la ville de Saint-Omer：Les travaux d'étudiants de l'Atelier d'architecture，5e année，2004.

模型摄影：李冰）

参考文献

[1] Pascal Lejarre. Construire dans l'ancien：Atelier d'architecture -5e année Lejarre/Treiber. "L'annuel 2000/2001"，Lille：Ecole d'Architecture de Lille，2002：68.

[2] Le programme de l'atelier d'architecture Marin/Schauer/Treiber，5e année 2003-2004. （法国里尔建筑与景观学校资料室教学档案）

[3] Kevin Lynch. 方益萍、何晓军 译. 城市意象 （The Image of the City）[M]. 北京：华夏出版社，2001：35-37.

[4] Les recherches morphologiques de la ville de Saint-Omer：Les travaux d'Etudiants de l'Ecole d'Architecture et de Paysage de Lille，2004. 102 pages. （法国里尔建筑与景观学校资料室教学档案）

刘皆谊

苏州科技大学建筑与城市规划学院；cheyi913@126.com

Liu Jieyi

Suzhou University of Science and Technology School of Architecture and Urban Planning

发掘"城市文化传承"的"城市设计"教学改革实践研究

Practice and Research on the Teaching Reform of Urban Design by Exploring the Inheritance of Urban Culture

摘　要：为改变现有"城市设计"系列课程关连性较为薄弱，造成了系列课程在教学的传递上产生了阻碍的问题。本次课程以发掘"城市文化传承"为主题，藉由系列课程的训练目的与调整、同步调整设计与理论课程、课程结合探索式教学法等策略，建立"城市设计"系列课程内容系统性关联，强化学生对城市设计操作的理解认知与提高学生学习的主动性，并以此进行分析，提出后续改革建议。

关键词：城市文化传承，城市设计，探索式教学

Abstract：in order to change the existing "urban design" series of curriculum is relatively weak, resulting in a series of courses in the teaching of the problem has been hindered. The curriculum to explore "urban cultural heritage" as the theme, by series courses of training objective and adjustment, the synchronous adjustment design and curriculum theory, curriculum combined with the exploring type teaching method, the establishment of "urban design" series of curriculum content system association, strengthen students' understanding and cognition of urban design operation and improve students' learning initiative. And on the basis of analysis, puts forward the following proposals for reform.

Keywords：Urban cultural heritage, Urban design, Exploratory teaching

1 "城市设计"系列课程教学改革缘由

1.1 课程基本概况

"城市设计"系列课程做为苏州科技大学建筑与城规学院建筑学课程，被安排在建筑系四年级的课程内。先是前八周的"城市设计概论"，教授城市设计理论知识，再进行后八周的"城市设计"设计课程，主要将城市设计理论、观念与操作方式灌输给学生，并能接续五年级的毕业设计课程，以及协助学生未来进入建筑设计领域的工作。

1.2 课程现存问题

在 2013 与 2014 年对学生与教师进行调查后，发现"城市设计"系列课程存在下列问题：

现状问题 1：大部分学生认为城市设计理论没法转

化运用，也无法解决隐含的城市问题。

现状问题2：学生普遍表示接触城市设计过程挫折感很大，降低了学习的意愿。

现状问题3：仍将城市设计当做大尺寸的建筑设计，分不清楚城市规划、建筑设计、景观设计与城市设计之间的差异，只关注美学、型态与造型的空间设计。

现状问题4：仍以建筑设计模式独自操作，过程缺乏同学间以及老师的交流。

上述问题反映出"城市设计概论"与"城市设计"课程彼此间关连性薄弱，造成了教学传递产生了阻碍（图1）。为了改变现状，因此进行了课程的调整与改革。

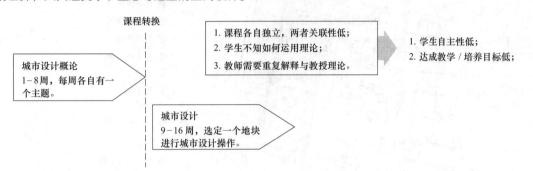

图1　原有"城市设计概论"与"城市设计"课程之间的关联模式
（资料来源：本研究整理）

2　课程改革目标与实现策略

2.1　课程改革目标

（1）建立系列课程的系统性关联

分析"城市设计概论"与"城市设计"两个课程的课程大纲与内容，按照新教学目的进行课程内容调整，建立课程内容之间的关联性，形成系统性教学。

（2）加强学生对城市设计的理解认知

要求教师在各阶段需要经由观察学生上课情况与访谈，关注学生是否理解城市设计授课内容，确实解决学生认知与理解不足的问题。

（3）提升学生学习的主动性

制订一系列提升学生学习主动性的辅助设计教学措施，并在各环节内进行检讨与进行课程内容及授课方式的微调，确保学生学习的主动性。

2.2　采用策略

（1）"城市设计"系列课程的训练目的与调整

本次从"城市设计概论"的讲课内容到"城市设计"任务的制定，都围绕"城市文化传承"教学目的重新调整，希望从理论触发到设计模拟，逐渐引导学生自主发现城市特色、文化与创意，并朝向预设目标进行城市设计。为了确保"城市文化传承"的教学目的最终能够落实在设计成果内，在选址方面，本次城市设计题目-"苏州古城平江路仓街片区城市设计"选定的周边有重要城市景点的仓街片区，让学生直观认知到需从城市文化传承入手，并围绕此思考进行城市设计操作（图

2）。同时，也在教学任务书内将保护优先、有机更新、文化延续、功能更新与集约利用等设计的六大原则做为提示。

（2）同步调整设计与理论课程

1）强化理论课与设计课的联系

在"城市设计概论"课程开始前，根据前面所制定的"城市设计"系列课程的训练目的，进行课程内容的调整。包括确定理论课授课强调的知识点、城市设计课会运用到的研究方法与设计操作法等内容，并强化彼此间的关连。以本次为例，首先在"城市设计概论"的第3、4、7讲的课程内，增加关于城市设计的设计方法论、城市文化的重要性、城市文脉的发掘与调研方式、相关优良案例的处理作法，以及现今学界所关注的问题等与本次主题相关的内容，并在课堂以关键词、课间小组讨论与期末报告等方式，强化学生的印象，使其在"城市设计"课程时，能顺利链接到理论知识（图3）。

2）增加设计研究方法的实践比重

首先增加"城市设计概论"关于设计研究方法的内容，并分组操作进行模拟，增加学生互动与理解，以便将研究方法运用到设计操作之中；另一方面增加"城市设计"的调查研究时间与深度，除了将调查研究的操作过程作为评鉴的重要节点之外，还强调每个学生都要亲自操作一次现场观察、测绘，并用理论课所介绍的研究方法，呈现出本次设计地块的城市特性与文化、存在的城市问题，以及关于城市文化传承的相关线索。

（3）课程教学的调整

景点／景区／文化设施
❶ 评弹博物馆
❷ 昆曲博物馆
❸ 百花书局
❹ 艺术桥画廊
❺ 礼耕堂
❼ 全晋会馆
❽ 藕园
❿ 卫道观前潘宅

教育配套
❻ 平江实验学校
❾ 苏州大学

图 2

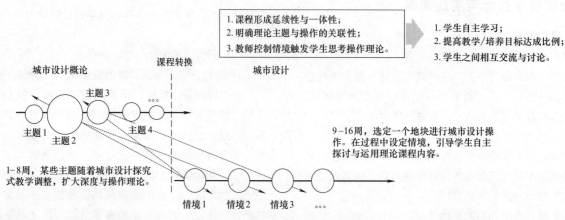

图 3　经过强化联系后的"城市设计概论"与"城市设计"课程模式
（资料来源：本研究整理）

1）课前：预先准备会议

上课前教师进行简单会议，决定本次上课想达成的预期目标、明确强调的知识点，以及主要辅助教学法等内容。

2）授课：结合探索式教学的模式

调整原本以教师一对多把控学生设计进度的授课方式，改以选定的设计教学法，结合设定授课脚本，引导学生进入情境模拟，并与学生针对理论课教过的知识点与方法进行讨论操作，逐步带领学生进行城市设计的课程操作（图 4）。

3）课后：建立教学反馈机制

每周课后组织教学讨论工作，反馈学生上课的问题，以及找出学生对课程内容理解障碍的原因。同时也

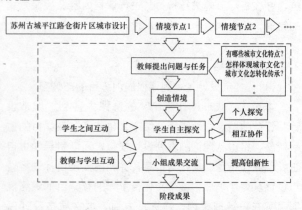

图 4　结合探索式教学的城市设计课程操作流程
（资料来源：本研究整理）

对学生抽样进行课后访问，随时将学生意见纳入教学讨

论之中，借由教学反馈机制的建立，精准抓住教学内容与方式的修正方向。

3 课程改革操作内容

3.1 实验组与对照组

本次为课程改革的第一阶段，为了进行论证与后续调整，因此设置实验组与对照组进行对比。将班级内60人，随机选取30人作为课程改革的实验组，其余则以原来方式教学成为对照组，在各阶段进行对比分析。

3.2 操作阶段与内容

"城市设计"课程以两周为一个阶段，各阶段均设定目标与辅助教学法，内容与操作方法如下：

阶段1：基地的文化特性调查与发掘（辅助教学设计方法：实地研究法、访谈法）

本阶段教师主要引导学生运用理论课教授的方法，正确的进行调研与记录，包括指导制作调研纪录表与如何执行访谈法，让学生在观察的过程中自主找到调研的重点——即基地的特性、文化，与可持续扩大发展的线索。本阶段还需进行调研纪录的转化，包括转为设计关键词、空间纪录转化为模型等步骤，以更精准找到基地文化特色的定位（图5）。

这阶段教师要强调城市设计的问题症结点需要团队多元化思考，并引导学生从个人观察扩展到团体分工协作，最终的结果也要求是经过团队辨论、协调、讨论后所形成的共识。

图5　团队协作将基地空间纪录转化为模型

（资料来源：本研究整理）

阶段2：文化特性的创意与延伸（辅助教学设计方法：脑力激荡法、心智图法）

主要是将发掘的文化特性线索定义成问题，并开始进行创意激发。借由带领学生实际操作理论课介绍过的城市设计方法，包括脑力激荡法与心智图法（见图6），透过对城市文化特性的创意发散，扩充学生眼界，获得和城市紧密结合的设计思路。

教师在这阶段主要引导学生将调研成果与主题进行链接，尽量让学生自主定义问题，找出各种解决的可能性。同时要避免因学生对问题思考深度不够，导致自信心受打击的情况。教师也要引导学生跳出基地范围，从城市面切换与扩大不同观点，建立系统性的解决策略。

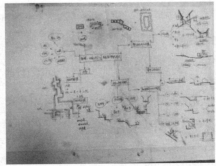

图6　运用脑力激荡法与心智图法对城市文化特性进行创意延伸

（资料来源：本研究整理）

阶段 3：创意的定性与定量（辅助教学设计方法：共同设计法）

本阶段操作分为两部份：第一部份从城市视角建立对基地"城市文化传承"的共识，因此聚集全体小组找出实现城市文化传承目标所需要解决的各种问题的顺序与手段，以及呼应周边街廓与当地文脉、旅游发展等议题，形成设计定性；接下来第二部分则落实到个人创作，包括对城市文化传承的创意怎样连结到城市空间面，并思考功能分区、新增或减少的内容、建筑设置体量、位置、空间型态与经济指标的估算等涉及设计创意定量的议题。

此时教师需要引导学生思考城市文化传承的理念，并深入到城市文化与环境的层面。同时思考现有城市格局是否阻碍文化认同感的发展，并借由个人的设计创意，对城市空间系统进行调整，并转化至城市设计内容之中。

阶段 4：城市空间的文化传承转化（辅助教学设计方法：重新建构法）

本阶段学生进行基地内各类系统包括道路、景观、动线、旅游等系统的重新建构，并思考怎样加入个人创意后城市空间形成有机发展，在发展与传承中权衡，让基地内的空间能以"新老结合"的模式，强化城市区域的文化地理叙事，以结合旅游发展。

此阶段教师的工作是辅助学生完成由个人创意为基础的城市设计，并要求学生设计贯彻前三阶段的成果，并尽可能完整表达设计。

3.3 课程评定标准

为评鉴学生是否符合本次课程"城市文化传承"主题，除了最终版面效果之外，特别增加三个评分等级供教师参考，并占有一定比例。评分等级由低到高，如下所示：

等级 1：只完成任务书所要求工作量，但未表现出城市文化传承的意念。

等级 2：能够发掘出基地的特色与文化特性，提出创新升级的策略，并在空间布局设计上做到一定程度的呼应。

等级 3：能够运用城市设计理论，指出城市文化传承的问题，能结合个人独特的思路与创意，并在设计中完整表现出"文化＋商业＋旅游"的发展模式。

除了上述的评分层级外，本次教学改革的另一重点是希望激发与确保学生学习主动性，因此也对上课互动情况进行评鉴，包括参与团队协作情况，以及团体讨论

的态度与积极性。

4 课程成效分析

4.1 课程感受调查

本次课程的主题"城市文化传承"，对教师与学生的调查结果如表1。从内可看出教师认为学生是否达到题目要求的标准，实验组占 86%，对照组占 72%；在评定等级的情况中，实验组集中在等级 2 与等级 3，对照组则集中在等级 1 与等级 2，两者差异主要集中在等级 1 与等级 3 的比例。

表 2 为学生在不知成绩的状况下，对本次课程进行自我评价，在实验组中约有 73% 认为能掌握"城市文化传承"主题，此部份对照组只有 50%；至于是否理解了城市设计，实验组认为理解的占 83%，不理解的占 17%，理论组认为理解的占 60%，不理解的占 40%；认为《城市设计概论》所讲述的理论于本次课程有用的实验组占 80%，对照组只占 33%。

教师对本次城市设计学生是否达到题目要求感受调查一览

表 1

组别 \ 评定等级		等级 1	等级 2	等级 3
实验组	人数	4	18	8
	比例	13.3%	60%	26.6%
对照组	人数	8	17	5
	比例	26.6%	56.6%	27.7%

（资料来源：本研究整理）

本次城市设计课学生自我感受调查表一览

表 2

问题 \ 组别			实验组		对照组	
			人数	比例	人数	比例
1	是否能掌握本次"城市文化传承"主题？	能	22	73%	15	50%
		不能	8	27%	15	50%
2	透过本次设计课是否理解了城市设计？	能	25	83%	18	60%
		不能	5	17%	12	40%
3	城市设计理解是否对本次城市设计有帮助？	有	24	80%	10	33%
		没有	6	20%	20	67%

（资料来源：本研究整理）

4.2 学生学习效果

(1) 互动与交流讨论

访谈教师均指出实验组互动反应与次数较高，由于加入辅助教学设计法，学生需要积极参与交流与讨论，

并自主管理每周的设计工作进度,但也有个别学生显得互动较少,并避免参与互动;对照组则按进度进行,普遍只在教师询问才有互动与讨论。

(2) 运用城市设计理论的情况

虽然两组都在"城市设计概论"中学习操作过相关理论,但实验组在课程中会再次强调城市设计理论,并要求学生必须运用城市设计理论进行设计操作;对照组只有一部份主动运用城市设计理论,大部分还是按个人感觉与建筑设计的方式操作,并不会特别运用相关理论。

(3) 提出解决策略与落实创意发挥

实验组与对照组学生的图面,大部分都能达到任务书的要求。但是在完整表现个人创意的方面,实验组与对照组的比例为 1.6 : 1。实验组能达到表现完整创意的学生,都是花较多时间在基地与城市文化调研,并尝试提出多种解决策略,在各阶段坚持贯穿本身创意;相较于实验组,对照组解决方式都较为雷同,图面呈现的个人创意也较少(图7,图8)。

图 7　实验组学生作品

(资料来源:2016 年《城市设计》课程作业)

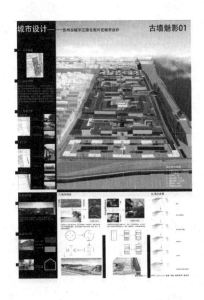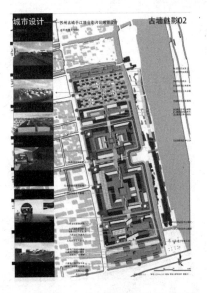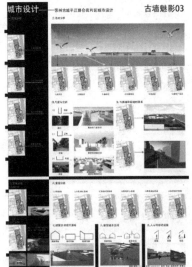

图 8　对照组学生作品

(资料来源:2016 年《城市设计》课程作业)

5　结论

这次"城市设计"系列课程的教学改革实践,尝试让两者原本关系较为薄弱课程,重新调整使其形成系统性。本次"城市文化传承"主题按教学改革模式操作,实验组的学生虽然在前期反应此模式需增加大量时间进行同学及老师的交流,进度控制亦相对落后,但在后续操作阶段,由于前期对城市特性与文化传承进行了更多的思考与讨论，反而后续设计能提出多样化的解决方式，并确保城市设计能绕着"城市文化传承"的主轴，而辅助设计方法的教学也让学生提出更具创意的设计方案，成果也更符合城市设计教学的要求。

对此可以得出对于初次接触城市设计领域的建筑系学生，此次"城市设计"系列课程教学改革与结合主题置入的教学模式，能让教师能以更灵活的教学法引导在学生理解城市设计，而学生也因为增加参与更积极主动的探索学习城市设计的知识。

参考文献

[1] 庞国斌，王冬临.《合作学习的理论与实践》[M]，北京：开明出版社，2003.

[2] Ellen Lupton 编. 林育如译.《图解设计思考》[M]，台北：商周出版社，2012.

[3] 周新桂，费利益主编.《探究教学操作全手册》[M]，北京：凤凰出版传媒集团，2010.

唐芃　沈旸

东南大学建筑学院

城市与建筑遗产保护教育部重点实验室；Tangpeng@seu.edu.cn

Tang Peng　Shen Yang

School of architecture，Southeast University

Key Laboratory of Urban and Architectural Heritage Conservation of Ministry of Education，Southeast University

线性的博弈：古罗马西南角旧屠宰场—陶片山—城墙区域城市设计

——东南大学·天津大学联合城市设计教学

An Urban Design in Roma for the Requalifiation of the Adjacent Area of Aurelian Wall From Pyramid to ex—Matatoio

——Joint Urban Design Teaching of Southeast University，Tianjin University

摘　要：东南大学城市设计的课题设计始终关注城市发展中的热点问题，如今，存量规划面临的诸多问题被广泛关注，其中历史文化如何在城市更新中得以传承更需要我们慎重考虑。城墙作为城市中巨大的历史线性构筑物，是城市历史与城市更新的博弈点。因此，在四年级城市设计联合教学课题中，希望通过对罗马古代城墙的研究，深入探讨其周边地区的复兴与更新并提出城市设计上的提案。本课题通过联合国际视野的教学方式，进一步探索本科生城市设计教学的方法和思路。通过两个阶段的教学过程，希望帮助同学们深入解读罗马以及西方城市的建设状态以及城市更新需要，进一步理解中国城市在今后即将面临的存量设计。

关键词：城市设计，存量规划，罗马，城墙，联合教学

Abstract：The urban design education in Southeast University has always concerned about the hot issues of urban development. Many problems faced by inventory planning has been concerned widely，among which，how to inherit the historical and cultural heritage in urban renewal need to be considered carefully. The ancient walls，which are the great historical linearly structure in the city，are the game point of urban history and renewal. Therefore，in the joint urban design teaching，the renaissance and renewal of the surrounding areas are hoped to be researched in depth and the urban design proposals are hoped to proposed，through the study of the ancient Roman walls. The subject tries to explore methods and ideas of undergraduate urban design teaching in a perspective of international joint teaching. By two-stage teaching，students are hoped to unscramble the construction and urban renewal needs of Rome and western cities to understand the inventory planning of

Chinese urban design in the future further.

Keywords：Urban design，Inventory planning，Roman，Ancient walls，Joint teaching

1 出题背景

东南大学建筑学院四年级设计教学实行的是教授设计工作室制度。目的在于，希望发挥教授工作经验比较丰富的特长，以使得学生获得多元又深度的设计专业学习，"引领着学生从学习知识到运用知识创新的转变，建立起'设计的研究、研究的设计'观念"。课题设置为：城市设计、住区设计、大型公建、学科交叉四类。每一类都有数个教授的设计课题。学生根据自己的情况填报志愿进行选题，条件是以上四类的课题必须都选到，顺序不限。老师设定课题，学生选择课题是双向的。在学生选课之后，学院对于系统控制下的双向选择稍作调整，基本满足学生的选题志愿。

在城市设计的课题设计，我们始终关注城市发展中的热点问题，例如城市边缘废弃工业用地更新改造（2013年南京燕子矶老街及周边地区改造），城市边缘车站周边地块的设计（2013年、2014年，南京马群地铁站商业交通综合体）等。

经过了几十年城市化过程的中国的主要城市，如今面临的问题是，由于土地耗尽，城市设计更多需要解决的将会是旧城更新，再开发，再利用和工业用地改造（urban regeneration，renewal，re-use，brown-field development），即存量规划所要面临的诸多问题。尤其是南京这样的历史文化名城，我们还更需要慎重考虑城市更新中的历史文化传承的问题。今年年初我们策划本年度城市设计的课题时，就将目光转向了城市中巨大的历史遗构：城墙。

以南京明城墙为代表的中国明清城墙已经是申遗预选名单，延续此前我们设计课对热点的关注，思考未来城市中最大的线性构筑物遗产和城市发展与更新的博弈，罗马和南京是非常具有代表性的设计对象。2008年起，罗马大学与东南大学对罗马与南京城墙展开了一系列共同研究，共同出版了专著《南京城墙与罗马城墙比较》，记录了两座城市城墙的历史与沿革，以及在城市化过程中在城墙周边地区的城市设计方法与策略上一系列成果。在设置本次四年级城市设计联合教学课题的时候，我们选择与罗马大学合作，在对历史城市中的大型线性构筑物：古代城墙，进行研究的基础上，对其周边地区的复兴与更新做深入的探讨和城市设计上的提案。

2 课程概要

我们将设计地点选在了罗马，一个中国学生耳熟能详，却并不了解的城市。在罗马的众多遗迹中，哈德良城墙作为一段光辉的记忆，在城市中随处可见。

基地选择在远离市中心的古罗马城墙西南角，沿台伯河往东中央邮局往西，包含屠宰场，陶片山，英国人墓园以及附近部分住区的地块。城墙位于地块南部，其西南角转折处，因为铁路的修建被生生切断，并建立了垃圾处理厂。道路在这里成为断头路，端头式的城市死角无人问津，给流浪者和难民创造了生存空间。屠宰场，陶片山，罗马队主场，艺术家聚居区，英国人墓园。太多复杂的要素构成了这块场地独特的气质：历史积淀十分悠久，人群组成十分复杂，功能活动非常丰富，新旧并置相当严重。这个地块所面临的问题也是因为这些特点引起的：曾经因为大刀阔斧的建设，将城墙切断并开洞，又因为对此的反思而走向另一个极端：除了经济上的原因以外，对什么都不敢触碰，迟迟无法拿出有效的城市设计方案，使得这块地成为垃圾满地，难民聚集，无人问津的城市死角。规划总用地约20公顷（图1～图2）。

基地周边拥有复杂多样的城市要素：台伯河、城墙、火车站以及拥有丰厚历史背景的旧屠宰场－陶片山两个重要地块。这个片区不仅保留了古罗马的历史遗存，也经过了19世纪、20世纪、21世纪初数次罗马城市结构的再梳理和调整，同时也有废弃或者城区退化的情况并存。这样大跨度的时间段，丰富的建筑类型，以及现代城市形态功能日求完善的需求，不同文化的碰撞都对本地块城市复兴与发展提出了更高的要求。利用旧屠宰场建筑改造的罗马第三大学建筑学院的教学楼以及一系列周边环境的设计是一个有效的契机。建筑学院的日常活动，美术馆，艺术街区，夜间露天音乐会所带来的凝聚力使得这块地又有着发展的潜力（图3）。

3 教学过程

本次设计教学还联合了天津大学建筑学院的师生。教学过程分为两个阶段，2015年9月22日～9月29日为罗马工作营。在此期间，两校同学混合分组，2名来自东大的同学和2名来自天大的同学组成设计小组，共同调研基地，寻找问题，整理思路，寻找设计的突破

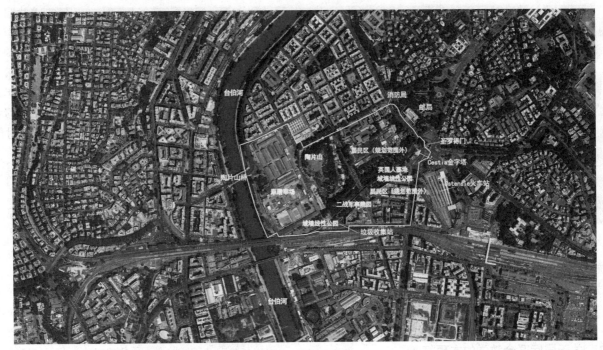

图 1　基地地形图

图 2　从陶片山鸟瞰基地全景

图 3　屠宰场北侧部分建筑被改造为罗马
第三大学建筑学院教学楼
（照片左侧为已改建部分，右侧为待改建部分）

口，共同工作 8 天。在罗马的 8 天工作时间里，大家要面临两次答辩，制作一张海报。第一次答辩是在 9 月 25

日，即到达罗马 3 天以后。主要是陈述场地上发现的问题，根据所发现的问题提出最基本的设计出发点和设计思路。这次答辩的目的是为了让同学们迅速熟悉罗马，熟悉场地，第一时间发现问题，思考对策。第二次的答辩是在 9 月 29 日，主要是表达解决问题的思路，提出较为详细的策略，并制作一张海报来陈述他们的整个思路，提交给罗马大学的教师，作为罗马工作营的结束（图 4）。

第二阶段的工作由两校回国以后各自完善。东南大学的师生在回国后进行了方案主题方向的确定，并在此基础上进行了规划方案的深化。10 月 19 日，罗马大学的老师来到中国参加了东南大学设计小组的中期答辩，为每一个方案明确了发展方向。在最终答辩前的 4 周，同学们调整方案，深化了规划设计方案并选择 1～2 栋建筑做建筑设计方案。最终答辩于 11 月 15 日在东南大学前工院展厅举行，天津大学的师生带着他们的作品，

图 4　罗马城市肌理辨识

到东南进行了联合答辩。罗马大学，东南大学以及天津大学的多位老师以及院系负责人参加了答辩（图5）。

4　教学总结

4.1　关于国际联合教学的本硕打通

　　一直以来，我总感到我们学生的思维和眼界不够。尤其是和建筑设计相关的各类信息接触的不够。比如，很少能接触到高质量的现代艺术的展览，或者是高水平的画展。而这些展览也好，信息也好，都基本与一个城市乃至一个国家的整体文化氛围有关。因此把学生带出国门是一个最好的选择。东南大学在国际联合教学方面，从资金到政策都给予了非常大的支持。在这样的支持下，每年秋季本科生四年级的城市设计课我都会带学生直接去国外参加联合教学。前几年是日本，这两年是意大利。换一个时空换一个文化背景，对建筑生学习设计、对他们的感知与体验是有独特的意义的。在封闭式工作营结束之后，我们会针对性的选择一些地方去参观学习。不同的国家有不同的发展状态和城市设计思路，但是一切以人为本的主旨是一致的。每一次出去，同学们都觉得非常有收获。不仅体现在出去参观和学习上，旅行中所面临的吃住行以及各种突发事件的处理，与同学的共同合作等，对他们来说都是很好的锻炼。

　　在经过几年的探索之后，我们希望这样的联合教学联合研究生设计教学，做到本硕打通。也希望在几年内拓展为一个横向联合国内各大高校共同探讨未来城市设计课程教学方法的实验课，更希望以此为契机打通不同文化背景下类似城市构成要素所面临的问题的普适困境和应对。也希望进一步探索本科生城市设计教学的方法与思路，促进本科生联合国际视野的教学，扩大东南大学建筑学院在国内以及国际的影响力。

图 5　2015 年 11 月 15 日最终联合评图

教学流程（教学流程作成表，或者一
张流程图，分第一阶段第二阶段） 表1

日期	星期	进度提要
第一阶段		
9月22日	星期二	到达罗马
9月23日	星期三	开营仪式,基地踏勘
9月24日	星期四	分组工作
9月25日	星期五	第一次联合答辩
9月26日	星期六	上午参观,下午晚上分组工作
9月27日	星期日	上午参观,下午晚上分组工作
9月28日	星期一	上午参观,下午晚上分组工作
9月29日	星期二	第二次联合答辩
第二阶段		
10月10日	星期六	各组设计主题以及方向确定
10月12日	星期一	规划方案
10月16日	星期五	规划方案
10月19日	星期一	中期评图
10月23日	星期五	方案总结与调整
10月26日	星期一	规划方案深化
10月30日	星期五	规划方案深化,建筑方案初步
11月2日	星期一	建筑方案深化
11月6日	星期五	建筑方案深化
11月9日	星期一	图纸表达
11月13日	星期五	图纸表达
11月15日	星期日	最终联合答辩,一周成果展示

4.2 关于本课题的一点反思

如果说增量规划主要是解决在一张白纸上，怎样合理布局各种"色块"（功能），那么存量规划主要是解决则是怎样在已经布满"色块"的现状图上，将一个已有的"色块"转变为更合理的"色块"。本课题的设置，更多地是希望同学们对存量设计时代的城市设计方向有确切的认识。在教学过程中，尤其是中期之前，很多同学对自己不能够大刀阔斧和随心所欲地"做设计"感到郁闷。他们对历史遗迹，地块上建筑的盲目拆解和改动都遭到罗马大学老师的强烈反对。中期答辩的时候，对于基地的改造应该掌握什么样的度的争辩达到高峰。中期之后的一周反思的时间在本次教学中显得极为重要。对于罗马城市发展的再次阅读，对于罗马以及更多西方城市目前的建设状态与城市更新需求的解读，以及对于中国城市在今后三十年即将面临的存量设计的理解，使得同学们终于放弃了撸起袖子大干一场的欲望。理清思路，轻拿慢放，用更加合理更加尊敬的方式对待基地上的每一处既存建筑与既有景观，同时植入活力引导人的行为。最终呈现出的设计成果，无论是最终呈现出的设计策略，设计表达，还是图纸模型制作，都令来参加答辩的中外老师极为满意。

每一次的教学完成后，我都会做一个小册子，把课程设计的构想，最终成果以及反思写下来，与学生的作品共同展示。去年在这个罗马联合教学小册子做完后我写了这样一段话：

又是一年即将结束，这个课程从准备到总结差不多从春走到了冬。

如果一个学生参与设计课，就是一次生命中的旅行，那么就要看我们的教案有多精彩，能把他们带到多远。

由衷地希望，他们喜欢这样的旅行。

张　凡　郑星骅

同济大学建筑与城市规划学院建筑系；zzffjean@163.com

Zhang Fan　Zheng Xinghua

College of Architecture and Urban Planning Tongji University

三年级民俗博物馆基地设计的持续性研究
——尊重历史环境的创新思维训练思考

Continued Site Arrangements Study on the Folk Museum Curriculum Design of the Third-year Undergraduate
——Training about the Innovative Design Method on Respecting of the Historical Environment

摘　要：本文从本科三年级建筑与人文环境课程设计中的民俗博物馆教学实践出发，提出在注重基本技能训练、尊重历史环境的设计教学过程中，持续研究不同基地的场景设置与限制条件，培养学生以城市与建筑体验为设计灵感来源，以新老对话为深化线索，实现新旧共生的创新设计能力。

关键词：民俗博物馆，基地设计，持续性研究

Abstract：Proceed from the educational practice on the curriculum design of architecture and the urban humanistic environment——the folk museum design, the paper suggested continued studying about the site arrangements with emphasizing basic skills and respecting the historical environment during the educational process, training the innovative design method based on the urban experience and the conversation between new and old to realizing the symbiosis.

Keywords：The folk museum design, The site arrangements, Continued study

　　基于城市历史环境的民俗博物馆建筑设计，❶ 作为同济大学建筑学专业三年级上半学期课程设计的核心内容已有十多年的历史。尊重历史环境的创新设计思维的训练一直是教学的主线，为所有任课教师认同和积极贯彻。在这个较长的时间跨度内，我们积累了大量的教学经验和成果，并且对设计基地的选择与限制条件做了持续不断的深入研究，尝试在相同设计主题和任务书的前提下，给学生提供多基地选择、多角度问题切入的设计训练，使得老师和学生有更广泛的互动空间，调动师生个体的教与学的积极性，取得了显著的效果。

1　单一街区开放式基地选择＋模糊限制条件

　　第一阶段的的民俗博物馆选址于上海市文化底蕴深厚的南京西路历史文化风貌区内，地处静安区原张家花园，内有成片的历史保护建筑震兴里、荣康里和德庆里等里弄住宅，市民生活气息浓郁。图1课程设计要求同学在沿茂名路给定的长约220m，宽约39～45m的长条形基地内，任意选择拆除3条原有里弄建筑（基地南端的威海路第三小学算做一条里弄建筑）作为基地，做一个面积不超过1200m²的博物馆。除了给出多层建筑控制线外，没有其他限制条件。

　　开放式基地选址和减少限制条件的目的是为了给同

---

❶　中小型建设规模，建筑面积要求控制在1200m²以内，其中展厅面积约占总面积的1/2。

学更多的自由空间，鼓励在基地人文环境体验的基础上，以均质、重复为基本特征的里弄肌理为背景展开创新设计。经过几年的教学实践，发现在低年级基础较好的学生创新思维得到充分的展现，而基础一般或者较为薄弱的学生则在方案构思开始阶段有些无从着手，基地选址过程所花时间较长，中途调整基地的情况也不在少数，影响设计深度和最终的表达。并且，由于基地选址弹性较大，各个任课教师掌握的尺度难以统一，对最终成果的评定意见差别较大。

图 1　第一阶段基地选址

2　单一街区不同基地选址＋界面保留限制条件

第二阶段的的民俗博物馆基地设计研究，采用了在同一历史街区中，明确 2 个可选择的基地。图 2 基地一位于城市次干道威海路与城市支路茂名北路的交叉口东北侧。经过基地东侧的张家花园主弄，有一条可以穿越基地北侧的步行通道。基地的北、东、西三侧为历史的里弄肌理，南侧为点式高层加裙房的现代城市肌理。设计要求拟拆除基地内现状 3 层现代建筑（小学校），但需保留基地北侧原里弄建筑一片 L 型的外墙，组织到新建博物馆建筑空间中。基地二与基地一同属一片历史街区。西侧临城市支路茂名北路，北侧有步行通道可达张家花园主弄。基地东侧有保存完好的张园安垲地花园洋

图 2　第二阶段基地选址

房可作为景观资源。设计要求必需部分保留原有里弄住宅的西侧外墙（沿茂名北路立面）≥1/3 的原沿街立面长度，组织到新建博物馆建筑空间中。[1]

明确的基地选址是为了在保证基本设计难度相当的前提下，对基地位置及周边历史环境做出变化，同时相应改变设计限制条件，让基地的体验与认同方式发生变化，从不同角度领悟基地的文化底蕴和现实问题，从而产生不同的创新设计构思的驱动力。从这一阶段的学生作业成果可以看出，题目的难易程度适度，能充分调动同学的设计热情。基于历史环境的创新设计有了保留界面作为具体的内容，从而使得"新老结合"和"异质同构"有了基本线索和考评要点。建筑形态的过度与转换、城市复合界面的叠置与重构成为创新思维的准则。

3　不同街区多基地选址＋建筑保留限制条件

第三阶段的不同街区多基地的设计研究其原因有以下两个方面：一方面，城市的迅猛发展使得原来茂名路基地周边环境发生巨大变化，高层建筑用地的不断侵蚀，加上茂名路西侧因地铁建设而将要建成的绅士化商业街区破坏了原来里弄生活气息，原本希望在成片历史里弄街区中新建博物馆建筑的初衷已经受到威胁。另一

方面，从历史保护意识的培养角度看，仅从历史建筑形式和片段的保留与利用研究新建筑的生成有其局限性，应该增加建筑本体保护与再利用、建筑环境保护与更新的教学内容。由此，我们在原有2个基地的基础上，新增了位于上海提篮桥历史文化风貌区的基地三，图3该处基地周边保留有特色鲜明的犹太人建造的里弄住宅，是文化融合交织的场所。基地西侧和南侧为保护区内部两条较为安静的风貌保护道路。四周均为历史的里弄肌理，安妮女王式犹太建筑风格。设计要求保留沿霍山路原有一栋花园洋房建筑整体外壳（包括立面和屋顶形式），内部更新作为新建博物馆的一部分。在第一次大课时通过图表讲解，表1让同学们充分了解三个基地特征，以鼓励结合自身体验的积极选择。在这期间，笔者编写的教案"体验·共生—民俗博物馆设计（四年制三年级）"在2015年"全国高校建筑设计教案/作业观摩和评选"活动中获评为优秀教案，其中，由基地一所产生的陈翔怡同学的"渡—民俗博物馆设计"和由基地三所产生的邹天格同学的"望—民俗博物馆设计"获评为优秀作业。

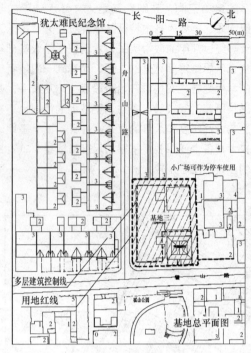

图3 基地三总平面

民俗博物馆3个基地的特征比较[1]   表1

	基地一	基地二	基地三	
面积	1850m²	2500m²	2250m²	
城市交通	南侧：威海路，红线宽22m 西侧：茂名路，红线宽12m	西侧：茂名路，红线宽12m	南侧：霍山路，红线宽15m 西侧：舟山路，红线宽9m	
建筑特征	新式石库门里弄住宅及花园洋房	新式石库门里弄住宅及花园洋房	安妮女王式犹太社区里弄	
设计限制	保留基地北侧原里弄建筑一片L型的外墙（沿茂名路所要求保留的里弄外立面长度（9.5m）占基地沿街展开面总长12.5%）	部分保留原有里弄住宅的西侧外墙（沿茂名北路立面，长60m）≥1/3的原沿街立面长度（约为20m）	必需保留沿霍山路原有一栋保护建筑整体外壳（包括立面和屋顶形式），内部更新作为新建博物馆的一部分	基地三历史建筑保护与利用要求最高
基地特征小结	1. 可达性强，展示性强 2. 历史环境特征性：低 3. 新建筑体量自由度：高 4. 界面自由度：高	1. 可达性一般，展示性一般 2. 历史环境特征性：中 3. 新建筑体量自由度：中 4. 界面自由度：低	1. 可达性较强，展示性较强 2. 历史环境特征性：高 3. 新建筑体量自由度：高 4. 界面自由度：中	

4 单一街区不同基地选址+建筑保留限制条件

基地的设计、选择及其与教学成果之间的关系一直是笔者感兴趣的课题，在有了2年的多基地教学成果的基础上，我们就2015年的选课同学做了一次有关基地选择及原因的问卷调查。发放问卷110份，回收有效问卷99份，经过汇总统计形成表2及表3。

从表2中可以看出，选择基地三的学生占大多数，达到57%，选择基地一的学生也有33%，而选择基地二的学生仅占10%。这说明在历史肌理当中，相对封闭的基地不受学生和老师的青睐，难以激发设计热情。

从表3数据分析表明，基地三由于周边环境和历史建筑特征强烈，从而选择基地三的学生的实地踏勘次数较多，并且和自己所体会的基地选择与方案成果之间呈现正相关。

因此，2016年秋季新的民俗博物馆的基地将设计在同一街区，分为相对独立的基地A与基地B两块。图4基地所在的上海北外滩提篮桥历史文化风貌区目前城市格局保存较好，内部道路街巷及建筑基本保持原有布局，并且具有犹太文化、监狱文化、里弄文化、寺庙文化和航运文化的多元文化复合特征。其中基地A北侧的提篮桥监狱已有一百多年的历史，建筑本身独具特色，又因为关押过许多革命烈士和名人而获得重大历史意义，是全国重点文物保护单位。基地 B 南侧的霍山公园是历史上周边犹太社区重要的公共活动中心，现在是街区内宝贵的绿地公园，经常有外国人来此地寻找历史印记并在公园里和当地居民拉家常。基地 A 及 B 中都含有一栋保留历史建筑，要求与新建博物馆在空间与形态上形成整体。

各班同学 3 个基地选择人数统计表　表 2

	一班	二班	三班	四班	五班	历建	小计	比例
基地一	2	7	5	7	6	6	33	33%
基地二	1	0	3	0	4	2	10	10%
基地三	16	8	7	14	6	5	56	57%
小计	19 人	15 人	15 人	21 人	16 人	13 人	99 人	100%

各班同学基地调研次及是否换基地统计表

表 3

	一班	二班	三班	四班	五班	历建班	比例	说明
调研 1 次	4	2	0	2	0	0	8%	基地调研 3 次及以上学生中：96% 认为基地调研对设计程度帮助较大或者很大；66% 的学生选择基地三
调研 2 次	5	2	4	9	7	4	32%	
调研 3 次以上	10	11	11	10	9	9	60%	
换基地人数	1	1	0	0	0	0		
小计	19 人	15 人	15 人	21 人	16 人	13 人	99 人	

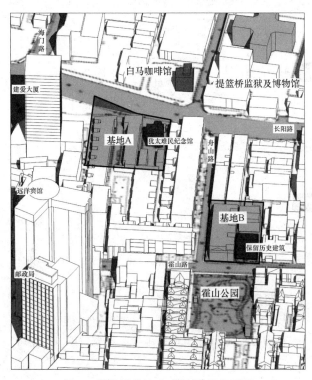

图 4　提篮桥基地 A 基地 B 总鸟瞰图

5　新版基地场景设计与教学主线的契合

场景设计包含地点和角色及主人公，并通过对话和叙述的方式对设计产生影响。[2] 民俗博物馆教学主线的第一阶段，要求学生从不同基地特征以及博物馆基本特征两方面着手，经过对基地的反复调研，结合案例研究形成设计概念。图 5 这一阶段的工作非常重要，直接影响学生对设计过程的理解和把握以及自主学习潜能的调动。我们认为基地研究与博物馆研究相互促进激发创造力的关键在于基地场景设计中所蕴含的创新驱动力。

5.1　基地内部历史建筑的"主角"驱动力

两块给定基地中都包含一栋保存完好且艺术价值较高的 3 层楼高的历史建筑，她们是当仁不让的基地的主人公，而学生是作为后继者参与到历史环境的再生的设计中。为方便工作，在第一个分项作业中，我们在基础资料中提供出两栋历史建筑简化的平面、立面和剖面图，要求学生徒手加绘建筑细部和平面布局、剖面构造，深入了解历史建筑的艺术价值和空间尺度，分析其再利用的可能途径。在思考博物馆的功能性、象征性与城市性特征时，优秀历史建筑内部空间形式与组织方式，外部体量与形态特征会自然地加入其中，主导新旧共生的博物馆建筑形态生成。

5.2　基地外部历史环境的"场景"驱动力

基地 A 北临城市主干道——长阳路，西靠地铁 12 号线提篮桥站出口，周边有提篮桥监狱及博物馆、白马咖啡厅及东西朝向布局的犹太社区里弄住宅。多元文化复合与开放流动性是基地强烈的外部特征。新旧结合的博物馆建筑体量及空间布局既可强化公共性与展示性，也可通过复合界面形成公共空间层级，创造开放与内敛并存、喧闹与安静递进的特色场所。基地 B 位于尺度宜人的风貌保护道路——霍山路与舟山路交叉口，周边犹太社区建筑风格特征突出，其南侧为保护区唯一的集中绿地--霍山公园。场景气氛内敛祥和且领域感强。这种生活性的场景既充满活力也富有特色，有助于新要素的缓慢介入和分层介入，有助于结合新建筑的公共社区文化休闲场所的营造。

6　小结

在民俗博物馆多年因材施教的教学实践中，我们对基地设计与修正保持一贯的热情。这不仅是因为与时俱进适应社会的发展和城市更新的现实要求的外在推动力，也是师生互动，适应同学的个体差异，激发学生的学习兴趣与创造力的内生诉求的必然结果。

基地 B 是在原基地三基础上进化而成，基地 A 则即将付诸教学实践的检验。当然，在此之前已由研究生的试做为基础。衷心期待新学期里，学生们能通过民俗博物馆升级版基地的训练获得更多的收获。

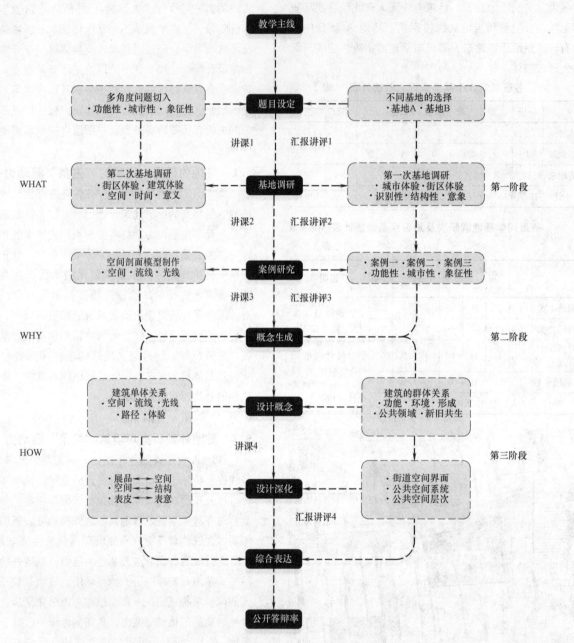

图 5　教学主线

参考文献

[1]　张凡，庄宇. 多基地及多角度的因材施教法研究——民俗博物馆课程设计教改思考. 2015 全国建筑教育学术研讨会论文集. 682-683.

[2]　【英】布莱恩·劳森 著. 设计师怎样思考——解密设计. 杨小东 段炼译. 北京：机械工业出版社，2010. 255-262.

图片来源：

图 1、图 2、图 3、图 4：作者根据地形图绘制；图 5：作者根据郑星骅所建基地模型绘制；图 6：作者自绘

陈强 陈泳

同济大学建筑与城市规划学院；cqse@tongji.edu.cn

Chen Qiang Chen Yong

College of Architecture and Urban Planning，Tongji University

城镇文化复兴背景下多层面融合的毕业设计教学[*]
——以乌镇国际艺术展展场暨北栅艺术创意园再生设计为例

Final Design Teaching Involving Multi-level in Cultural Revitalization
——Regeneration of Wuzhen Beizha Silk Factory and Creative Zone

摘　要：新常态下城镇空间再生议题日益凸显，教学以乌镇北栅复兴设计为例，强调从前期研究—城市设计—厂区改造—单体深化四个相关环节层层推进，培养学生较为完善的环境观，训练其从宏观到微观多个层面融合的设计思维。

关键词：文化复兴，再生，环境观，多层面，融合

Abstract：Cultural revitalization of towns is becoming a prominent issue in the background of New Normal. Taking regeneration of Wuzhen Beizha as case study, the paper emphasizes research from 4 interrelated phases including investigation，urban design，workshop regeneration and design development，training the integration of design thinking from the macro to micro level.

Keywords：Cultural revitalization，Regeneration，Environment view，Multi-level，Integration

毕业设计教学是本科生专业设计主干课程系列的最后重要环节，也是对学生建筑设计方法和综合能力的整体训练。在当代中国发展进入新常态的背景下，城市由新区建设或大量新建转向城市空间的优化，城镇更新与保护、工业遗产活化再利用等议题日益凸显。厂房改造为文创类艺术展场在当下的大中城市并非少见，但对小城镇而言还相对陌生。我们在本科生毕业设计教学中选取乌镇北栅丝厂改造暨北栅艺术创意园再生设计这一正在进行的实际项目作为课题，具有其特殊的实践意义与研究价值。

1 课题背景和项目基地

乌镇是具有典型江南水乡特征的千年古镇，以东栅、西栅为代表的整体式景区开发成为古镇保护与发展的独特模式。随着戏剧节、互联网大会的先后举办，乌镇大剧院、木心美术馆等新建筑的落成，乌镇正试图通过一场文化与艺术复兴计划，由传统的旅游景区转变为国际性文化小镇。依据镇区规划，北栅将作为推动古镇文化发展和产业升级的重要一极，与现有东西栅封闭式景区不同的是，它将成为一个以文化艺术产业为主导的开放式街区，并与既有旅游资源形成积极互动。

基地处于古镇两条主水轴交汇处，是连接东、西、南、北四栅的核心区域，

将被发展为文化和艺术主题的创意园区。项目总用地约8.8公顷，基地内留存有北栅丝厂老厂区、原乌镇

---

[*] 本教案得到2015年同济大学卓越课程教学团队建设项目的资助

图1　基地区位

中学校舍、沿街商业民宿及少量传统民居。其中北栅丝厂作为北栅更新开发的先期启动项目，将变身为乌镇国际艺术展主展场。厂区建于20世纪70年代，与周边那些繁荣一时的乡镇企业一样，随着社会的变迁在90年代末逐渐废弃破败，原有万余平方米的厂区也因近年新建城市道路的强势介入而拆除近半，剩下两排5栋一、二层的厂房，建筑结构多为砖柱和空斗墙，轻巧纤细的屋架体现了当时资源短缺的时代特征，与如今建筑中常见的粗梁肥柱相比，质朴而真实。厂区内茂盛的树木尤其是两列梧桐见证了企业曾经的辉煌，也带来浓烈的历史和场所感。

图2　浓密的两列梧桐树和破败的厂房

2　设计任务和教学目标

设计研究将以古镇文化与艺术复兴为目标，探讨保护与发展、传统与现代、国际化和本土性的关系，并提出切实可行的设计策略和措施，内容包括整个地块的城市设计和艺术展场的建筑再生设计两部分。

课题希望充分利用现有资源，采用可行的策略，尽可能挖掘原有场地的精神并将当代的气息融入其中；要求新建展场与原有建筑形成有机的整体，并尽可能保留所有现状树；同时，建筑改造应根据原有建筑格局和空间特点，对老建筑的结构、空间进行梳理，在此基础上根据不同空间特征配置相应功能，以满足当代艺术多样化的展示方式。

针对研究主题，教学分为基地前期研究、地块城市设计、厂区建筑改造和单体深化设计四个相互关联的环节。10名学生分成4个小组开展前两个环节的研究，后两个环节则由个体完成。前期研究中，每组完成基地调查报告与相关的专题研究，并通过汇报交流的方式共享分析成果。地块城市设计中，要求每个小组提交各自的设计目标，在此基础上合作完成城市设计方案。厂区建筑改造中，延续上阶段城市设计成果，由学生个人进一步深化展场建筑方案设计。单体深化设计阶段，要求学生在建筑方案基础上独立完成新老建筑单体室内的布展概念设计。整个设计教学通过不同比例的实体模型和设计草图推进设计发展，最后完成课题任务。

课程希望学生学习和掌握建筑设计工作程序和主要方法，并强调设计思考能力的训练，重点培养学生以下4方面能力：

2.1　理性分析能力——发现关键问题，寻找发展潜力

引导学生由偶发的感性创作向多维的整体分析转型，重视设计推导的严密性和方法的科学性。在设计教学中，培养学生建立一个系统分析城市建设环境的初步框架，通过实地调研与案例类比的方法对基地区域进行解读和评价，在此基础上寻求解决的途径，强调基地环境分析与形态生成设计之间的关联逻辑和思考过程的训练。

2.2　整体设计能力——策划设计目标，激发创意思考

在综合思考历史环境、自然生态和街区活力的过程中，通过分析发现城市环境中存在的问题和潜力，及时地把握住对环境进行创造、改造的机会，从而将分析结论应用到更新设计过程中去。这也有利于学生从更宽的视角来思考地区整体环境的形成。

2.3　团队合作能力

建筑设计是一门需要多学科与多工种合作完成的工作，团队精神和合作意识对于未来职业发展必不可少。因此在教学过程中，培养通过个人思考和团队互动协作

的方式探索有效工作模式，即将独立构思与方案深化相结合，以模拟未来真实的工作情境，训练学生独立思考、换位思考与交流商讨解决复杂问题的技巧与方法。

2.4 综合表达能力——强化沟通技能，提高说服能力

在教学过程中，综合表达能力的培养包括口头表达技能、文字表达技能、图纸表达技能、模型表达技能和多媒体表达技能。这些技能训练贯彻于课程教学的各个阶段，让学生尝试不同表达模式对设计方案的影响，最终选择最适合自己设计成果的表达模式。

3 研究内容和成果呈现

3.1 基地前期研究：场地调查与专题分析

小组对设计基地与周边地区展开系统调查，结合镇志等文献完成历史发展、自然生态、经济发展和空间形态等4个研究主题，分析基地存在的问题、需求和可挖掘的资源，探讨古镇复兴计划中文化生态的良性发展；并通过国内外典型案例的学习拓展思维和想象力，从地区环境、开发模式、建筑改造方式等方面进行分析，完成调研报告。

经过3周的调研，学生们发现以下问题：①景区与镇区发展相对割裂，东西栅景区联系不便；②镇区人口结构老化，活力待提升，也带来夜生活的欠缺；③作为旅游小镇，以车行主导的交通问题日益凸显；④作为水乡古镇，除了景区内的水上游船，水资源与生活的关联度较弱；⑤需强化与"互联网＋"的连接，通过创客空间引入常住年轻人群；⑥如何提升和培育镇区艺术氛围。

3.2 地块城市设计：设计目标与概念方案

各小组在上一阶段问题分析基础上，提出城市设计目标与策略，并考虑与丝厂更新再利用的关系，为下一阶段的开展做准备，提交设计概念图纸和模型，完成合作城市设计方案。如第三组（王敏组）针对"四栅"割裂的状况，提出"筑芯创艺"的概念，并从三个方面展开城市设计研究：

活力社区——设置艺术展区、艺术创客、艺术酒店与民宿、艺术商业等文创相关产业，改中学校舍为文创培训用房；发展滨水商业，增加特色餐饮娱乐，激发夜间活力；提升民宿品质，搭建创客空间；保留现有民居，塑造特色意向；植入社区共建，创建在地生活；设置手艺工坊，延续非物质文化。

慢行街区——倡导步行、自行车、水路等非机动车交通体系，东侧河道设步行桥，增强周边联系和可达性；依托十字形水系，加强水上交通，增设码头，并联系东西栅景区。

水绿场所——恢复地块内部被填平的河道，发展水上交通和旅游服务。

3.3 厂区建筑改造：空间再利用与体系设计

小组或个人对现存厂区进行保护性再利用并加建，城市设计成为建筑设计前提，注意参观流线和景观设计，设置展览、研讨及配套服务等内容，应考虑新老建筑空间与结构的关系，完成总体建筑设计方案。原建筑尺度、结构形式各异，其中1#、2#楼为单层多跨厂房，原为缫丝间、复摇间，空间高大；3#、4#楼均为两层建筑，分别为食堂、礼堂和成品车间；5#楼为机修车间和办公用房。

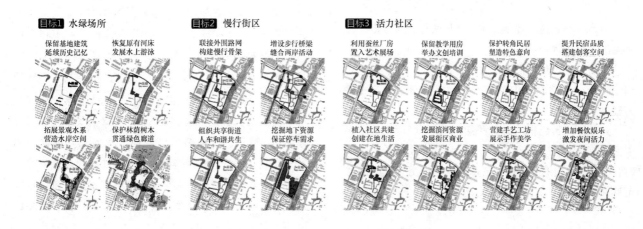

图3 筑芯创艺：王敏组的城市设计分析

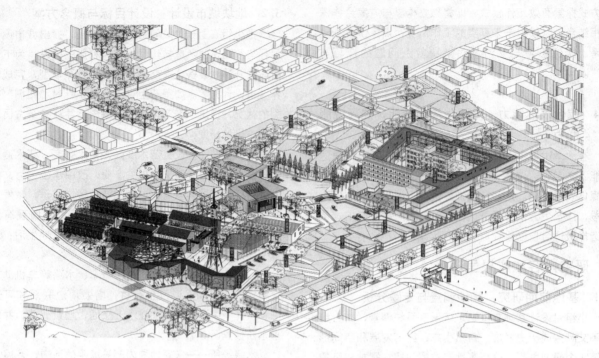

图4 活力水乡：王敏组的城市设计轴测图

王谦方案通过3个策略很好地应对这些较复杂的问题：

图5 王谦建筑改造方案：新建筑与老厂区相融一体

缝合——通过新建展厅弥补老厂区与新建城市道路之间的消极场地；

院落——梳理新旧建筑关系，通过水、石、纱、竹四个院子，体现了乌镇的江南气质，也将新旧建筑相融为整体；

开放——拆除梧桐树列西侧的建筑、临时建筑，将展区与街区紧密联系起来，设艺术品店激发活力；同时，打开2♯楼的界面设置艺术吧，营造更为积极的城市界面。

3.4 单体深化设计：新老结合与布展概念方案

每位学生独立对建筑方案中的老建筑单体进行若干节点和技术设计，并针对内部空间特征进行艺术作品布展设计。

王谦方案在上一阶段基础上，选取2♯楼南翼进行深化：在保留主体结构的前提下，拆除南向墙面向林荫道打开；更换原混凝土预制板屋面为玻璃顶＋木质格栅，使空间更为敞亮；内部引入两个现代的盒子——漂浮的玻璃盒子设置咖啡服务，保留原地面放置机器的混凝土墩，设置木质休息座，延续原有厂区记忆，进一步呈现新旧交织的气息。

4 结语

课题选取乌镇这一具有代表性的小镇更新为对象展开研究。对于习惯于新建和自我意识较强的本科生而言，如何对待城市文脉和老建筑，并不是件容易的事情。而从课程设计的角度而言，新建一般更易于呈现设计成果，老建筑改造考验的是学生们对既有条件的拿捏，需要他们培养和建立体系较为完善的环境观，涉及从城市、建筑、景观等多个层面。学生需要从最初的1：1000的城市尺度转换到1：300的建筑尺度，并最终进入1：50的人体尺度等多个维度层层推进，建立从宏观——中观——微观跨度较大的设计思维训练，这无疑有助于学生理解建筑设计各个阶段形态生成的递进关系，也为他们今后的社会实践打下良好的基础。

庞佳 李立敏 石媛

西安建筑科技大学建筑学院；2315609591@qq.com

Pang Jia Li Limin Shi Yuan

School of Architecture, Xi'an University of Architecture and Technology

"因地制宜·兼容并蓄"基于地域文化传承的公共建筑设计教学实践[*]

"Regional Constructions and Inclusive Culture"
——Teaching Practice of Public Building Design Based on Regional Culture Inheriting

摘　要： 陕西地区是中国传统哲学思想、文化艺术与建筑密切结合的大成之地。传统建筑空间与形式简洁适用、营建就地取材，反映出"因地制宜、兼容并蓄"的特点。本文阐述了以"因地制宜·兼容并蓄"引入三年级地方艺术中心建筑设计的教学实践，选取皮影、泥塑、秦腔等地方艺术为展示主题，依托西安古城大雁塔重点地段的城市文脉，基于对陕西地域材料建构的深入研究，引导学生如何将历史文化的片段、传统的语汇运用于公共建筑传承设计的创作中。

关键词： 地域文化，地域材料，传承设计，教学实践

Abstract： Shaanxi Province is the great place in china integrated with traditional Chinese philosophy, the great combination of art and culture to traditional architecture. Traditional building forms and space with simple application, building with local materials, all reflect the 'regional constructions and inclusive culture' features. This paper describes 'regional constructions and inclusive culture' concept introduced in teaching practice of the third grade local art center architecture design. Select local art of shadow play, clay, or Shaanxi opera for the building theme. The course based on urban context of the key sections of Dayan Pagoda in Xi'an city, and deep research of Shaanxi local construction materials. The course guide students to seek inspiration from fragments of history, and the traditional building vocabulary, which could be used in inheriting design of public buildings.

Keywords： Regional culture, Regional materials, Inheriting design, Teaching practice

1 "因地制宜·兼容并蓄"的启示

陕西地区因其深厚的历史文化底蕴及高超的建筑空间营造技艺影响着陕西地区现代建筑的设计策略及艺术表现力，而如何挖掘、承袭地域传统文化的内涵并创新性的应用于现代建筑创作当中是应该思考和探讨的。

"因地制宜"意味着建筑设计应秉承适宜于陕西地区地理气候、经济、文化、社会、民俗的设计原则，运用地域建筑材料建构并设计适宜于古城规划格局的建筑方

---

* 本文为西安建筑科技大学校级教学改革重点项目：模块化教学体系下的中小型建筑 MOOC 建设资助（项目编号 6040416058）。

案；皮影、泥塑或秦腔地方艺术所表现的内容和形式都反映着人民日常生活中的自然观、宗教观、民俗观、伦理观，同样在传统建筑形式、空间营造、材料选择、建造技艺中不仅具有艺术性和象征性，也具有民族性、地域性，那么传统建筑是复杂环境及综合因素条件下的产物，体现着"兼容并蓄"的特点。地域性公共建筑设计教学实践应要求学生秉承陕西地域文化与地方艺术精神层面、建筑营造层面的内涵，探索传承设计的策略及地域建筑的艺术表现力。

2 课程体系与地域文化传承设计的关联性

建筑设计Ⅲ是西安建筑科技大学建筑学院建筑学三年级上学期的专业设计课程，隶属于公共建筑设计课程

系列（图1）中建筑与空间、建筑与环境、建筑与文化三阶段中最后一个强调建筑与文化关联性的专业设计课程（图2）。地方艺术中心设计是对学生中小型公共建筑设计能力的综合检验，着重培养学生在复杂环境中及艺术文化综合因素影响下的建筑设计思维。

地方艺术中心设计规模控制在5500m²左右，功能以展示为主，选址于古城西安重点地段大雁塔以北戏曲大观园旁，选择陕西著名地方艺术皮影、泥塑或秦腔为展览主题设计地方艺术中心。要求以陕西地区地域文化为背景，深入挖掘民间艺术的特点，综合考虑城市规划格局及大雁塔地段城市设计特点从中提炼设计概念，并结合地域性传统材料就地取材与现代新型材料结合深化设计方案。

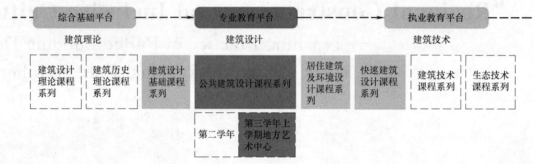

图1 建筑学专业设计课程体系
（图片来源：建筑设计3教学组）

图2 公共建筑设计课程培养计划
（图片来源：作者自绘）

3 教学模式中地域文化的探索

教学环节分为四个模块，分别是场所认知与体验模块、概念提炼与形态生成模块、材料建构与深化设计模块、方案整合与设计表达模块，教学内容（图3）则是围绕四个教学模块展开。

3.1 地域文化与场所环境——"因地制宜"

通过对陕西地域文化精神层面、建筑营造层面的解读、古城重点地段认知、基地踏勘与分析，以调研报告

的形式汇报对文化、城市、地段、基地四个层面的认知。文化层面要求解读陕西传统文化的哲学思想和都城与建筑营造理念、建筑营造技艺等；城市层面需要了解城市历史沿革、城市规划格局、城市主要轴线；地段层面要求了解大雁塔片区区位、片区空间肌理、地段文化背景、城市天际线等；基地层面需要了解基地内空间现状、周边道路交通、环境及人的行为特点等要素。

3.2 提炼概念与形式塑造——"因地制宜"

在这一环节中学生需从地方艺术历史沿革、制作或表演方式及场所、物理特征中提炼适宜的设计概念，将其转化为物理空间及有意味的形式，着重训练学生抽象概括、转意为形、形式塑造的能力，建筑设计需适宜于陕西地区的地域传统文化与地方艺术的内涵与精髓——"因地制宜"。

学生可从皮影表演时层层幕布、皮影的色彩及图案等物理特征、以及幕与皮影光影之间的关系、表达的故事主题等方面立意，例如图4皮影图案中比较常见元素云纹螺旋形纹路，提取螺旋形态生成流线回路，结合古城方正的规划格局形成"回"字螺旋形态；将皮影戏层层交叠形成

光影这一抽象的概念转化为可操作的板片层层交叠的物理空间，体现着对地方皮影艺术文化的抽象概括。

学生可从泥塑的可塑性、故事主题取材、丰富的色彩（黄、绿、黑、红、粉五种主要颜色）、制作过程等方面立意。例如学生以五种颜色作为院落主题，形式向上挤压生长为五个屋顶，向下沉陷作为五个院落，抽象及运用大雁塔区域唐风佛韵的屋顶形式与材料语汇，南北轴线回应城市规划格局，完成地方泥塑艺术馆方案设计（图5）。

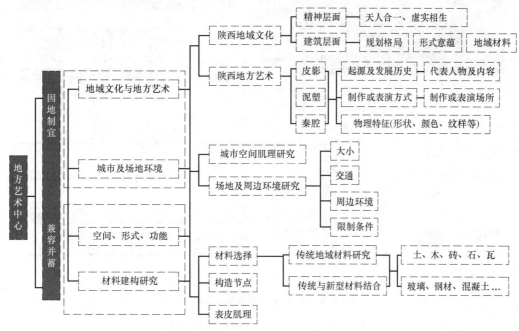

图3　地域文化与地方艺术中心教学内容架构
（图片来源：作者自绘）

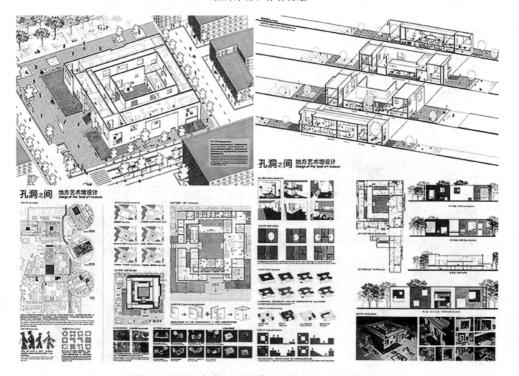

图4　皮影艺术中心学生作业 赵欣冉：《孔洞之间》
（图片来源：建筑设计3教学组指导学生作业）

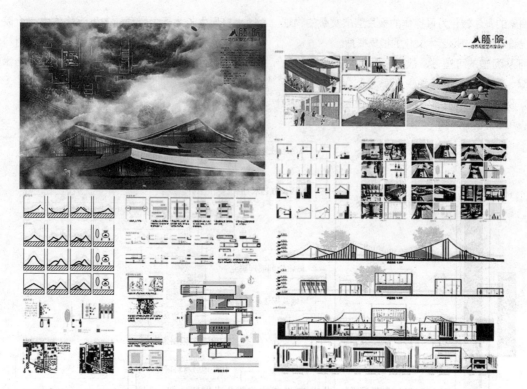

图 5　地方泥塑艺术馆学生作业　蔡青菲：《胚・院》

（图片来源：建筑设计 3 教学组指导学生作业）

秦腔是一种戏曲艺术，学生可从戏曲内容的起承转合、声腔高亢的特点、表演形式与演出场所等方面立意。例如学生立意秦腔的声腔特点，将悲喜交加的欢音、苦音抽象成正斗和负斗的空间形式，空间穿插交错，行走其中通过故事情节的起伏、光影的阴暗变化体会人生的悲欢离合（图 6）。

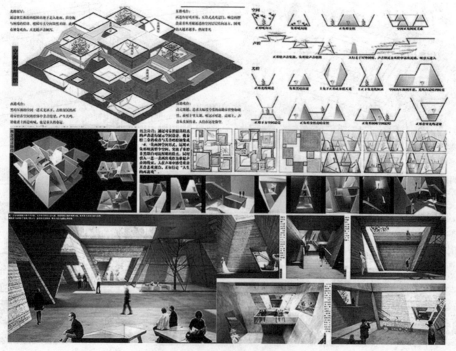

图 6　地方秦腔艺术馆学生作业《腔》

（图片来源：建筑设计 3 教学组指导学生作业）

3.3 地域材料建构与表皮设计——"因地制宜、兼容并蓄"

陕西地区传统建筑中土、木、砖、石、瓦作为传统地域材料有其独特的建构方式，而这些建构方式是形成肌理艺术表现的关键性因素，体现着陕西劳动人民对艺术表现力极高的追求。传统建筑中的装饰艺术不论是造型特色、纹饰内容、图形构成要素均反映出人们日常生活中的自然观、宗教观、民俗观、伦理观，体现着"因地制宜、兼容并蓄"的特点。

3.3.1 对主要传统地域材料的解读

黏土砖在墙体砌筑中采用错缝搭接的方法，有平砖顺砌、两平一侧、满丁满跑、梅花丁、两丁一侧、一眠多斗、多层一丁几种样式，黏土砖的砌筑方式所呈现的肌理效果可归纳为点、线、面的艺术表现效果。

石材的砌筑肌理特征有随机性（图7）和规则性两种，随机性砌筑中有天然石材的乱砌，天然石材的拼贴砌，不规则的层状砌；规则性肌理以石材贴面广泛应用于现代建筑设计当中。

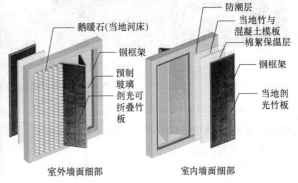

图7　父亲宅墙体天然石材砌筑肌理效果
（图片来源：作者自绘、自摄）

木材作为建筑结构和门窗装饰材料构筑了传统建筑的骨架和脉络，而木材应用于现代建筑中的方法为钢木结构工艺的创新以及线性编织的抽象模仿。线性编织的方法有经线编织、纬线编织、交错编织、图案式编织（图8）。

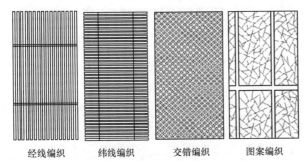

图8　木材线性编织方式示意（图片来源：作者自绘）

3.3.2　利用传统材料及营造技艺传承传统文化

通过传统材料砌筑方式及肌理特征塑造建筑表皮的艺术表现力、内部空间氛围，利用当代材料与现代技术表达传统建筑形式意蕴的设计策略来传承传统地域文化、利用符号化装饰化的纹饰、雕刻来展现传统文化与地方艺术的意蕴，旨在学会运用地域材料传承传统地域文化的设计策略。本环节要求学生在自身方案的基础之上选择砖、石、木、土等其中一种传统材料为建筑主体

材料，结合当代材料混凝土、玻璃、金属等进行方案深化设计，制作节点模型（节点可选择建筑表皮墙身或者建筑内部具有特点的空间制作模型）表达传统材料与当代材料结合形成的砌筑方式、肌理效果、构造节点等（图9）。

4　总结与反思

以地域传统文化和地方艺术为背景进行公共建筑设计是扎根于城市、立足于传统地域文化的"因地制宜·兼容并蓄"的地域性建筑设计。当然传承设计不能一味的追求形式上的模仿复原，要在深入解读与研究传统文化根源和地方艺术发展脉络的基础上进一步的创新。传统是属于历史，现在要面向的是未来，任重而道远。此次课程教育改革试图在每个教学环节分层面让学生学习：其一，初步了解陕西地区传统文化的核心价值和内涵以及蕴含的哲学思想；其二，探索地域建筑设计及地域文化与地方艺术传承的设计策略、方法；其三，了解陕西传统建筑材料的建构方式，探索与营造传统材料与当代材料结合的建筑表皮设计。

教学实践还存在以下不足，其一，在教学环节方面，每一个教学模块需要进一步细化分解为更加详细的节点性子课题；其二，在教学内容方面，材料建构环节需多角度

图 9　木构架与彩色玻璃幕墙设计

(图片来源：建筑设计 3 教学组指导学生作业)

探索如何将传统材料与当代新型材料结合进行传承设计，应要求按比例使用真实材料制作墙体实体模型及墙身拆解实体模型，这是我们仍在继续探索的课题。

参考文献

[1] 顾大庆，柏庭卫. 空间、建构与设计 [M]. 北京：中国建筑工业出版社，2011：96-106.

[2] 郑小东. 传统材料当代建构 [M]. 北京：清华大学出版社，2014：89-96.

[3] 向科. 博物馆建筑设计教学中的文化性传承. 见：全国高等学校建筑学学科专业指导委员会，福州大学. 2012 全国建筑教育学术研讨会论文集. 北京：中国建筑工业出版社，2012：78-84.

刘阳　饶永　贺为才　严敏

合肥工业大学建筑与艺术学院

Liu Yang　Rao Yong　He Weicai Yan Min

College of Architecture and Art，Hefei University of Technology

强化地域认知的古建筑测绘实习教学探索

Exploration on the Practice Teaching of the Ancient Buildings Surveying and Mapping in the Area of Strengthening Regional Cognition

摘　要：结合本院建筑学专业教学特点，在强调地域性和时代性的建筑教育背景下，在古建筑测绘实习课程教学中，遵循认知三角"感受—思考—行动"的基本结构，探索在实践教学过程中加强地域认知的教学方法，提高古建筑测绘实习的教学质量。

关键词：古建筑，测绘，地域认知，认知三角

Abstract：Under the background of the contemporary architectural education which emphasizes the regional and the times，in the teaching of Surveying and Mapping Practice Course in ancient architecture，Combined with the teaching characteristics of Architecture Specialty in our college，the author followed the basic structure of the cognitive triangle "feeling——thinking ——action"，and explored the teaching methods of strengthening regional cognition in the teaching process，to improve the teaching quality of Surveying and Mapping Practice in ancient architecture.

Keywords：The ancient buildings，Surveying and mapping，Regional cognition，Cognitive triangle

古建筑是我国重要的建筑遗产，集中国传统文化、营建技术、木作技术、雕刻技术、材料技术之大成，科技信息蕴涵量巨大，具有极高的文化、艺术、技术、工艺价值和人类历史文化遗产不可替代的唯一性和重大价值，具有不可再生和不可循环性，一旦消失则永远不能再现。古建筑测绘是通过综合运用测量和制图技术对古建筑的相关人文信息、传统工艺、技术及其随时间变化的信息进行采集、测量、整理与利用等的技术活动，是对古建筑最直观最有效的研读方式。在建筑教育中，古建筑测绘一直占有重要位置。1952年全国院系调整后，部分高校的建筑系在教学计划里就设置了古建筑测绘实

习课程，至今古建筑测绘实习仍然是建筑学专业重要的实践教学课程。作为实践教学环节，古建筑测绘实习中综合运用了建筑设计基础、中国建筑史、建筑制图、计算机辅助设计等课程的知识和技能，是对先前学习的知识综合和检测，也为后续的学习做好充足准备和打下坚实的基础。

1　古建筑测绘实习教学基本概况

古建筑测绘实习是合肥工业大学建筑与艺术学院建筑学专业的综合性实践教学环节课程，是在完成中国建筑史课程教学之后，通过对现存古建筑的现场调查、测

绘，以印证、巩固和提高课堂所学的理论知识，加深对古建筑群体组合、设计手法、工程作法及装饰特征的理解。同时古建筑测绘将历史保留下来的建筑物按比例测绘成工程图纸，建立建筑遗产记录档案，用于建筑遗产研究评估、管理维护、保护规划与设计以及教育展示和宣传等，为古建筑保护与科研做出贡献。

1.1 教学时间安排

古建筑测绘实习课程按常规的学制，安排在二年级后半段的创新教育小学期中进行，小学期取消后，改在暑期进行，学时为二周时间，延续此后的整个暑期，至下一学期开学后交测绘成果。整个学习过程跨度较长，近二个月。两周的测绘时间固定统一，在实习基地集中测绘、研讨，使学生对古建筑有了感性认知和理性分析；暑期的时间则机动灵活，可以让学生更多地学习、思考和消化测绘过程及成果。

1.2 测绘场所选择

我院古建筑测绘实践教学主要实习基地为徽州古村落。村落选择要求规模适度、地域风貌保持较好，未有大规模的旅游开发，并能就近解决学生的统一食宿问题。测绘对象的选择，主要以古村落的传统民居、祠堂为主。安徽省黟县的屏山、南屏、西递、宏村、江村，歙县的许村、渔梁，徽州区的唐模、呈坎，婺源的理坑、虹关、思溪、黄村、凤山、岭脚，绩溪县的龙川，泾县的查济、厚岸、茂林、章渡等等都留下了古建筑测绘实习的足迹。

1.3 师资力量配备

带队教师的配备，是在现有师资队伍的基础上，把建筑历史、建筑技术、建筑设计等多学科的教师整合在一起，老、中、青年教师相结合，并且多年来致力于徽州传统建筑的研究。各研究方向的教师，可从规划、建筑、历史、技术等不同角度更全面地指导学生了解徽派建筑，有利于强化徽州地域认知。

2 强化地域认知的缘由

2.1 利用徽州地缘优势

徽学作为三大地方显学之一，源远流长，在我国地方传统文化中独树一帜，对地处安徽省会合肥的合肥工业大学具有潜移默化的影响。徽文化既是地域文化，又是中华正统文化传承的典型。徽派建筑是徽文化的重要分支，是中国传统建筑文化的代表，以徽派建筑为主体的徽文化在现代社会经济和文化发展方面发挥着重要作用。徽派建筑集徽州山川风景之灵气，融汉族风俗文化之精华，风格独特，结构严谨，雕镂精湛，不论是村镇规划构思，还是平面及空间处理、建筑雕刻艺术的综合运用都充分体现了鲜明的地域特色，为中外建筑界所重视和叹服。徽州大量的古村落、民居为古建筑测绘实习提供了便利的场所。

2.2 顺应建筑设计发展趋势

在强调地域性和时代性的建筑教育背景下，作为对全球化趋势的一种反思，建筑教育在建筑理论和实践中，始终努力寻求地域传统文化与时代发展的结合点。地方传统建筑在重视地理环境，尊重和维护自然生态平衡，尊重民族和地域文化、生活习俗，以及运用当地技术和体现可持续发展等方面，蕴含了诸多值得借鉴和吸纳的技术和经验。教学中融入地域因素是建筑教育的重要发展方向之一。古建筑测绘为学生的课程学习提供了面对面接触地域建筑的机会，让学生有时间较仔细地去了解、认识、理解地域建筑，同时强化地域认知也促进了古建筑测绘实习的教学。

2.3 支撑学科教学特色

教学中突显徽州地域特色一直是合肥工业大学建筑与艺术学院的教学特色，并取得了丰硕的成果。学院以安徽省徽派建筑工程技术研究中心、安徽省建筑遗产保护技术标准委员会、合肥工业大学城镇化建设与发展研究中心等学术平台为依托，利用地缘优势，积极开展徽派建筑与徽州村落保护以及美好乡村建设方面的科学研究。承担了国家自然科学基金项目《遗产性村落保护与更新的可视化技术方法研究——以西递、宏村为例》为代表的等多项重要国家级科研课题，在徽州传统民居与古村落保护的关键技术、安徽近代建筑遗产保护方法、美好乡村建设策略等方面取得重要进展。古建筑测绘中强化地域认知将进一步支撑学院的办学特色。

3 强化地域认知的古建筑测绘实习教学探索

3.1 认知三角、基本规律

认知指人认识外界事物的过程，通过心理活动（如形成概念、知觉、判断或想象）获取知识，它包括感觉、知觉、记忆、思维、想象、言语，是人们认识活动的过程。认知过程是个体认知活动的信息加工过程，即一个由信息的获得、编码、贮存、提取和使用等一系列连续的认知操作阶段组成的按一定程序进行信息加工的系统。认知三角即"感受—思考—行动"（图1），它反映认知基本行为的基本过程结构，虽然简单，却刻画了认知过程最基本的规律。感受是意识活动的基本出发点，是对原始数据或资料的搜集；思考是对原始的感受数据进行处理，并与已有的数据或知识建立关联；行动是思考的一种结果，表现为认知主体针对认知对象的行为或操作。古村落建筑测绘实习中强化徽州地域认知的教学探索就遵循着"认知三角"基本结构而组织。

图1　认知三角（自绘）

3.2　信息多样、增强感受

感觉的作用在于获得信息，对徽州地域建筑的原始数据或资料的搜集既有来源于间接获取信息，比如老师的讲课内容、书本中的知识、与村民的交流，也有来源于直接获取的信息比如对传统古村落和民居的踏勘、实地的测量等。

（1）实习前的动员与准备阶段

教师布置实习任务书、讲解古建筑测绘基本内容、重释中国建筑史相关内容，尤其介绍徽州地域建筑基本知识，推荐阅读书籍，如《古建筑测绘学》、《清式营造则例》、《徽州建筑》、《世界文化遗产宏村古村落空间解析》等，为实习做好前期准备。

（2）实习进行阶段

强调实地体验感知，首先带领学生考察村落，了解村落空间概况、村落格局、外围自然条件等；其次按所测绘的古建筑工作量的大小分组进行实测。同时要求学生在测绘本组建筑的同时，参观、考察其他各组测绘的建筑。鼓励学生和村民座谈聊天，了解村落历史、风土人情、传统技艺等。教师在现场指导学生测绘的同时，从不同角度讲解徽派建筑，在时间许可的情况下，带领学生考察周边村落或典型新徽派建筑，进一步了解徽州村落建筑及徽派建筑的现代功能转换的可能性。

（3）成果提交阶段

补充学习徽派建筑的相关所需知识。

图2　古建筑测绘现场（自摄）

3.3　勤于思考、领悟传统

徽州古村落结合了当地的生态环境、气候特点、适宜于当时人们的居住，从单体建筑到建筑群到村落，再从村落到集镇，建筑形式交错、连续、渐变、跌宕起伏，造型丰富、空间布局与结构形式合理，粉墙黛瓦，室内陈设古朴雅致，同时又由于其合理的建筑形态、内天井的挑檐，有助于夏季遮阳阻止太阳辐射热进入室内、浅色的墙体外表面减少对太阳辐射热的吸收、内天井的设置，巧妙地组织室内空间的竖向和水平方向的通风与采光、充足的建筑周边绿化获得较低的室外温度等，这些技术措施的运用，使得徽州传统民居在自然运行状态下，室内热环境可满足当时当地人们的基本热舒适需求。纵观徽州古建聚落的形成与发展，在聚落规划、营建技术、园林设计等方面，蕴涵着很多朴素的自然生态观，原生的"绿色"思想和传统建筑技术精华。

徽州古村落建筑是历史传统，向历史学习，先传统学习，从历史传统中汲取具有现代价值的经验离不开思考，古建筑测绘实习教学需要学生在古建筑的测绘中验证所掌握的徽派建筑知识，进一步思考徽州地域文化特征和地域地理、气候自然特点与村落建筑的关系，进而领悟徽州村落规划、平面布置、空间造型、建筑结构、地方性材料及建筑雕刻的特色。学生把对地域建筑的感性认识上升到理性认识，从而提高自身的建筑理论素养。

3.4 付诸行动、转化设计

古建筑测绘是一种资料收集的手段，也是地域建筑研究的基础方法之一。

从教学的过程来看，每天的测量、记录、整理都是付诸的行动。

从教学的最终作业成果来看，每组提交 A3 测绘图纸文本一本（内容包括所测建筑简介、总平面图、平面、立面、剖面、轴测图、细部大样等传统意义上的测绘图纸）；所测建筑钢笔速写；所测建筑动画及建筑模型。除此之外，增加实习论文，使古建筑测绘和建筑文化研究相结合。现又尝试把实习论文改为地域性小公建的设计（如旅游公厕设计，古建筑厨房、卫生间的建筑设备一体化设计等）。把古建筑测绘和建筑设计教学有机联系起来，学生学以致用，把测绘中所掌握的徽州地域建筑知识和思考转化为设计实践，进一步加强对徽州地域建筑的认知。

3.5 逐步积累、认知循环

感受提供思考的基本素材，行动则主动地获得新的素材。通过这样不断地循环，逐步积累、改进对复杂事物的认识，正是通过这几个基本行为的不断重复、循环，形成对外部世界复杂的"认知"。古建筑测绘实习整体上是关于徽州地域建筑认知的过程，而实习过程的每一天，从白天的测量、记录到晚上的数据整理、集体研讨、老师解惑，也是完整的"感受—思考—行动"结构。通过认知活动的往复循环，达到持续加强对徽州地域建筑认知的效果。

强化地域认知的古建筑测绘实习教学过程表（自绘）　　　　表1

实习阶段	认知过程			地域认知
	感受	思考	行动	
实习准备	间接获取信息	信息处理理解消化		了解地域建筑
实习进行	间接获取信息直接获取信息	信息处理理解消化	数据整理,验证知识	熟悉地域建筑
成果提交	间接获取信息	信息处理理解消化	图纸绘制、模型制作、实习报告、完成设计	掌握地域建筑理论
实习后	间接获取信息直接获取信息	信息处理理解消化	完成后续学习任务	树立地域建筑创作观

4 强化地域认知的教学效果

古建筑测绘从微观层面上理解，就是测量建筑物的形状、大小和空间位置，并在此基础上绘制相应的平、立、剖面图纸，这种简单的理解无法达到古建筑测绘教学的要求，古建筑测绘既是一种方法，也是一个学习和研究的过程，强化地域认知使古建筑测绘实习教学产生以下效果。

（1）强化地域认知，有助于理解建筑空间形态、结构特征、传统技艺等，形成相对精确的测绘数据结果。

（2）强化地域认知，有助于改变学生对地域建筑及传统建筑认知薄弱的状况，使学生深入了解徽派建筑的文化内涵和背景，徽派建筑的空间布局特点，体验和感悟徽州历史文化底蕴。

（3）强化地域认知，有助于掌握徽州建筑文化特色的地域性、时代性、民族性，从建筑理论上树立正确的建筑创作观。

（4）强化地域认知，有助于掌握对地域建筑了解和学习的方法及手段，使古建筑测绘实习教学成为建筑设计课的补充和完善，提升古建筑测绘实习在后续建筑设计教学中的作用。

5 结语

经过多年的实践，强化地域认知的古建筑测绘实习教学取得了一些成绩。学院建立了徽州建筑文化特色数据库；学生的古建筑测绘作业在全国建筑学专业指导委员会举办的全国建筑学专业作业观摩及评选中多次获奖。古建测绘作为建筑学专业实践课程，教学中仍存在不够完善的地方，教学中强化地域认知也在不断探索中，需要在今后的教学中进一步优化。教学改革之路任重道远，不断推进古建筑测绘实习课程的教学改革将有益于建筑学的专业教育，有益于地域文化的研究、保护和传承。

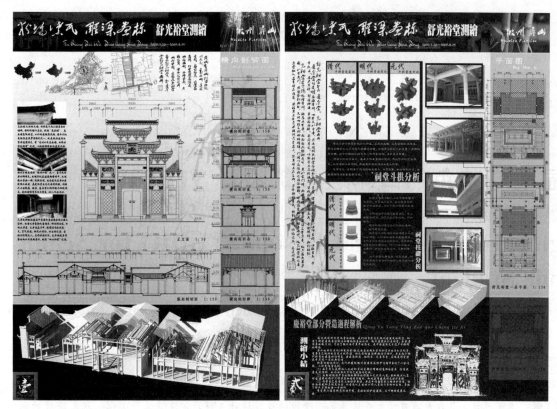

图 3　学生测绘成果

参考文献

[1]　林源. 古建筑测绘学 [M]. 北京：中国建筑工业出版社，2009.

[2]　王其亨，吴葱，白成军. 古建筑测绘 [M]. 北京：中国建筑工业出版社，2013.

[3]　朱永春. 徽州建筑 [M]. 合肥：安徽人民出版社，2005.

[4]　约翰·R·安德森. 秦裕林，程瑶，周海燕等译. 认知心理学及其启示 [M]. 北京：人民邮电出版社，2012.

[5]　楼庆西. 雕梁画栋 [M]. 北京：清华大学出版社，2011.

黄磊　王军　党瑞

西安建筑科技大学建筑学院建筑系；xajdhl@163.com

Huang Lei　Wang Jun　Dang Rui

Department of Architecture，College of Architecture，Xi'an University of Architecture&. Technology

突显地域特色的四年级建筑设计 STUDIO
——以"悠然见南山"：王氏三代独立住宅方案设计为例

Regional Architectural Design STUDIO for Senior Grade Student
——Take Wang's Independent Residential Project for an Example

摘　要：建筑设计5是我系建筑学专业培养第三阶段的建筑设计专题，是建筑设计深化、扩展阶段的主要环节之一。分为"大型公共建筑设计"、"建筑设计前沿研究"、"地域性建筑设计研究"、"建构与建筑设计"四个主要方向。

过去三年所涉及的题目均为设计任务为中等规模、具有比较复杂技术要求的建筑物，如博物馆、科普馆、商业步行街、教育建筑等。经过教学与总结，我们发现一味的求大求全往往造成对题目理解的不深刻，部分学生对设计任务的完成度不足。因此，本学期将设计题目定位于突显地域特色的小型建筑设计——独立住宅设计。在教师的指导下，学生们通过详尽的实地调研、地域特征分析和对居住行为的研究，做出小而精深、与环境协调的住宅设计方案。该论文客观呈现了整个教学过程，并对四年级独立住宅设计课程的教学要求和设计成果进行说明，重点探讨选取这类小型建筑设计对高年级学生的教学目的和意义所在。

关键词：设计教学，独立住宅，居住行为，地域性

Abstract：Architecture Design 5 is the special subject on architectural design of the third stage in our department，which is one of the main links in the design development and expansion stages. It has been divided into four main directions，"Large Public Building Design"，"Research on Architectural Design Frontier"，"Regional Architectural Design Research" and "Construction and Architectural Design"．

In the past three years，the design topics covered medium size architecture with more complex technical requirements，such as museums，science museums，commercial pedestrian street，educational buildings，etc.. After teaching and summary，we found that blindly pursuing of perfection often cause the incomprehension of the topic，and some of the students can not complete the design task. Therefore，this term we decided to focus the issue on small regional architectural design—Independent Residential Design. Under the guidance of teachers，students finally made the residential design which are small but deeply，and harmonize with the environment through the detailed field investigation，regional characteristics analysis and research on the living behavior. This paper presents the whole teaching process，explains the teaching requirements and the design results for the fourth grade independent residential design，and discusses the teaching purpose and significance of such selection on small architectural design of high grade students．

Keywords：Design course，Independent resident，Living behavior，Regional

本学期（2015-2016 学年第二学期）我们所带课程为 2012 级建筑学本科生四年级的设计课（建筑设计 5）。该课程是我系专业培养的"整合环节"，是一个注重将建筑创新理念和建筑结构、建筑材料和构造、建筑声环境、建筑光环境等相关建筑技术整合、协同的建筑设计。培养学生在已掌握的建筑设计基本方法和基本技能基础上，综合各学科知识运用到具体设计中去的设计能力。

该课程为期 12 周（含 2 周设计周），其形式自 2013 年由之前的整班制调整为比较灵活自由的 STUDIO，教学目的是使学生进一步强化并正确掌握解决复杂综合功能的大型公共建筑空间设计的原则、内容、方法和程序，提高对大规模建筑空间的设计能力，因此以往的设计题目多为博物馆、科普馆、商业步行街、教育建筑等类型。在教学过程中，我们发现对于这样的规模，在短短 3 个月的时间里，很难达到满意的教学效果，多数学生对设计任务的完成度不足。因此，本学期我们计划将设计题目定位于小型建筑——独立住宅，意在指导同学们通过详尽的实地调研、前期分析和对居住行为的研究，做出小而精深、体现地域性的住宅设计方案。

1 项目概况

1.1 背景

陕西省西安市长安区新民村王氏家族在老泉岸村一带聚族而居。本项目业主王先生一户拟在自家宅基地上自建宅院。宅基地南北向长度为 27m，东西向宽度为 13.6m。

王家祖孙三代，爷爷奶奶以务农为生，男主人王先生和女主人均为当地教育从业者，其女儿留学西班牙，即将归国。

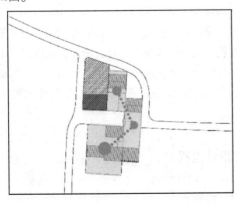

图 1　基地平面图（图片来源：王军绘制）

1.2 设计要求

（1）满足王家祖孙三代的居住生活，以及未来一定时期的动态需求，建筑规模、层数自定。

（2）充分考虑老年人在日常生活中的特殊要求（可考虑常驻护工一名），考虑男女主人回家办公的要求，考虑三代人相对独立的生活空间。

（3）本方案设计包括建筑设计、室内设计、外部环境设计。

（4）要求对设计概念、设计方法予以充分表达。

2 教学要求与特色

在进入到四年级设计 STUDIO 之前，这些学生早在二年级的下学期先修过独立住宅设计的课程。其教学目的是使学生初步掌握小型建筑设计和建筑所在地块环境景观设计的思维方法、步骤程序和专业技术。教学任务旨在使学生充分理解建筑的功能、布局与空间形态之间的关系，使学生深刻意识到建筑形式与环境景观塑造的相互作用和相互影响。在四年级下学期设计课程中，我们又一次选取了住宅方案设计，那么其教学要求、教学过程以及成果必然要与之前有所区别、有所提高。本次 STUDIO 的特色主要反映在以下三点：

2.1 三代居

本次设计为具体环境下的真实题目，有真实的业主，所以学生们在进入设计阶段之前，必须对住宅的使用者做出具有针对性的分析。住宅类型为三代居，那么就需要学生们通过课堂学习与讨论、课余自学与生活体验，完成对三代居、居家养老模式的准确理解。在课堂上，我们通过实例给学生解析三代居适合的空间组织方式，课下学生们自行完成相关内容的学习。

2.2 地域性

在建筑设计中所谓的地域性是指设计中所体现出的种种本地文化痕迹，地域性使得建筑具有极强的可识别性。对地域性的探究，学生们需要了解三类主要因素，首先是当地的地域环境、自然条件、季节气候；其次是历史遗风、先辈祖训及生活方式；最后是民俗礼仪、本土文化、风土人情、当地用材。正因为上述因素，才构架出地域性的独特风貌。因此，在教学上我们要求学生们对当地村民以及他们的住宅进行调研访谈，并对基地周边的院落进行考察，在设计方案中必须体现出该地所特有的地域特征及要素，设计出"生于斯长于斯"的房子。

2.3 人体尺度

在开题时我们明确提出本次方案设计除常规的建筑设计、外部环境设计之外，还需包括室内设计。在这里，室内设计强调基于居住行为的室内色彩、家具、陈设设计，在重点房间还需要表明室内设计与人体尺度之间的关系。因为居住空间及内部境设计的最根本原则就是设计者要以使用者的行为需要为出发点进行设计。我们希望通过这样的训练，培养学生们对住宅内部环境这类小尺度空间设计精准判断和把握的能力。

3 设计教学过程

3.1 前期调研

3.1.1 基地概况

基地位于陕西省西安市长安区，处于市区南部。基地距离西安市市区核心钟楼地带驾车需要一小时；与王先生工作所在地距离较近，驾车仅需16分钟。基地周边保持着自然生态，植被丰富、绿化条件优良。由基地南望，可以清楚的看到终南山，这便是所谓的"悠然见南山"。

地块呈梯形，为王先生自家宅基地，面积约370m²，目前全部种植核桃树。基地位于两条道路的交叉口与父母亲戚等人的住宅围合成小的聚落，具体为西、北两面毗邻村道，道路狭窄；南面正对的宅院为王先生父母现居所；东邻一墙之隔的宅院为王家亲戚所居住，最高为两层。目前，基地周边的环境较差，道路均无铺装，暂无路灯。基地北侧为滈河，在其余三个方向都有规模大于该聚落的传统村庄。

3.1.2 业主分析

在三代居设计中，首要的便是充分了解三代人的生活方式、居住行为和自身诉求，最终创造一种几代人互不打扰、舒适生活的居住方式。

业主王先生夫妇均为教育从业者，白天主要在外工作，作息时间规律。在室外的时间很少，且主要是在几个地点之间交通。活动范围较大，社会关系广泛。王先生平时保持着良好的生活习惯，喜欢锻炼身体。因此，居所需要能供自己居住，并满足在家办公和偶尔待客的需求。

王先生父母为农民，一生务农。作息较早，并且时间规律。目前父亲身体状况较好，母亲患有高血压。他们不养宠物，会考虑在庭院中种花草。他们的活动范围

较小，并且比较固定，多以居所为中心，较多的空闲时间都在室外庭院活动，邻里关系密切。他们希望住在新家以后，可以方便的和邻居们闲话家常。

王先生女儿，在西班牙留学，即将回国。在此处的居住以暂时性的，以度假为主，不太可能长期居住。短期度假的活动范围以居所为中心，半径较小。生活方式与祖辈相差较大，与邻里社交较少，更为现代。女儿虽然不常回来，但仍希望有自己独立的空间。

在调研过程中，王先生及其家人还提出了如下一些要求：

自家住宅不需要与周围亲戚家的房子保持统一风格，可以有自己的特点。平时一家人在一起会邀请亲戚来家里打麻将。家人一致认为最重要的房间是起居室和卧室。不管女儿以后会不会长期回来居住都需要给女儿准备自己的房间。

3.1.3 调研结论

综合基地调研，学生们初步得到以下结论：

基地所在环境为农村，周围均为普通农村宅院，故设计风格不适合过于现代。基地内有两条道路可以入户，但其中一条崎岖狭窄，不适合进车。西侧道路与基地相邻，可能需要一定退让。基地形状较为狭长，对平面布局要求高，否则局部采光会受到影响；与东侧亲戚家中间没有间隔，和周围邻居挨得比较近，很难保证私密性。

对于业主的分析，学生们各有结论，较为集中统一的意见为：由于男女主人对生活的品质要求较高，所以卧室应与书房分隔，男女主人工作区分隔，起居室以及庭院空间为家庭主要活动场所。可以局部为二层或三层，但应与周边环境和谐。至少三间卧室或者更多以满足居住需求。可采用传统中式建筑风格、该地便利可取的建筑材料以及具有当地特色的室内装修风格等。老人房间内设施可参考老年公寓，讲究功能性，并有护工房。

由于设计课的开放性，开题时我们只提出了设计要求，并没有统一的任务书。至此阶段，通过详尽的实地调研和分析，学生们对项目有了深刻的认识，对该三代居也有了初步的设想，进一步形成了每个人独有的任务书。

3.2 设计过程

3.2.1 设计要素

(1) 起居室

起居室指供家人团聚、娱乐的空间，是家庭当中最

重要的室内空间。严格来讲，起居室不同于客厅，客厅接待的是外客，而起居室则更为私密，它一般不对生客开放。在普通的住宅设计中，由于面积限制，一般会将起居室及客厅合一。在本设计案例中，我们有条件将起居室和客厅分开设置，让家人充分享受不被打扰的私密空间。对于三代居来说，起居室的功能更是不容忽视，在这里，三代人其乐融融，在家庭活动中老人能够感受到儿女的关爱和孙子辈的朝气与活力，这对老年人的居家养老、安度晚年起到了至关重要的作用。

(2) 老人房

在课堂上，我们对于老人房产生了很多的讨论。首先是内容的设置，学生们的问题集中于除了卧室，老人是否也需要一个专属的起居空间。一部分同学认为既然在自家宅基地上，设计条件较为宽松，那么就应该给老人设计一间独立起居室，可以和下两代人互不干扰。另一部分学生则认为，三代居的好处就在于几代人同居一处，可以共享天伦，所以共用一个起居室最为理想。其次是位置的选择，部分同学认为，在访谈时老人表示喜欢热闹，喜欢与朋友亲戚聊天，因此，应该将老人卧室设置于一层朝向好的方位，方便老人进出。部分同学认为如果将老人卧室安排在一层，那么家庭中的各种生活都会对老人的生活进行一定的干扰。故应当将其设置于二层空间，交通不便的问题可以靠家用电梯解决。

(3) 保姆间

由于王先生父母年事已高，因此有必要设置保姆间。近几年，老两口的健康状况较好，可相互协助着自行进行管理，或由王先生夫妇辅助；过几年，由于老人年龄的增长以及身体的衰弱，可将临近老人卧室的房间改为保姆间。在这一点上，我们希望能从学生的设计中看到对空间灵活可变的处理手法。

3.2.2 地域性

该基地所在的西安市长安区老泉岸村属于典型的西北部农村村落，经过对村内宅院的走访，我们发现虽然村里现有的居民院落并不是非常典型的关中民居，但仍在一定程度上反映出关中民居所具有平面布局紧凑、房屋呈对称布局、中轴明确、用地经济、室内外空间处理灵活等特点。另外，在房屋高度方面，当地的风俗习惯是屋顶高度体现主人社会地位。

3.2.3 人体尺度

设计前期上课时，我们给学生做过一系列的独立住宅实例解析，其中对尺寸做出最佳诠释的便是日本的洋娃娃之家。女主人是一位老奶奶，年事已高、腿脚不便。由于她喜欢收集和制作洋娃娃，所以在居室内部老奶奶的工作台处的设计理念是以座椅为中心，所有制作

洋娃娃做需要的工具都布局在以老奶奶手臂的尺寸为半径的范围之内。该设计是出自对老人的日常生活和爱好的充分体现，也展示出设计师对老奶奶人性的关怀。所以，我们希望学生也能在他们的设计成果中体现出这样的人文情怀。

3.3 设计成果

经过12周的思考与设计，学生们都较为满意的提交了自己的成果。以下为本课题小组完成最好的一份学生作业，题目为"墙边的家"，设计者是建筑学系2012级学生郝歆旸。

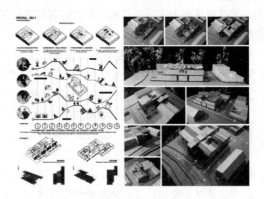

图 2 作业（图片来源：郝歆旸制图）

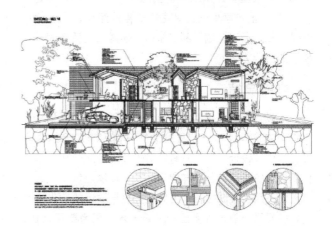

图 3 作业（图片来源：郝歆旸制图）

他的设计围绕着一面极具当地特色的砖墙而发生。一般意义上讲，墙的意向是分隔与分离，而家的意向是团聚和包容，为什么这二者会同时成为该方案设计的主要角色？这源于中式家庭的本质——家是一种形式与体制，在这个环境下，若力求每个家庭成员得到满足和舒适感，必然彼此之间会维系一种恰到好处的交集，在某些时候聚于庭，在某些时候分于室，谁来担当这样一个无形界线的角色？再多想一步，如果是有形的界线，能否更加有趣？毕竟这样的界线陪伴了这个家庭漫长的一

生，需要被记住，被感知和强化。

墙边宅的概念最初源于对原始村落中村民树下乘凉聊天的遐想。在这个场景中，树是被强调的符号，遮阴避雨是它的功能，树下的板凳是这个空间与人发生的关系的纽带，这个生动的环境和这棵树本身见证了人的活动、聚散，于是树从此不再是树，而是团聚，是友谊和感情。同样的，如果一堵墙在抽象的语境下——能象征当下社会家庭成员之间的美妙隔阂；具象的语境中——同时营造出的场所，像村门树一样，带来一种场所精神，或许这样的自宅是可以接地气和引发思考的。存在于老泉岸这样一个传统的关中村落，设计者希望使用住宅的人，路过住宅的人会去了解这里的故事和这里的中式传统家庭文化。

在材质方面，这面墙采用了当地造房子常用的红砖，它与粗糙的混凝土形成冷暖鲜明的对比。在潜意识里，人会亲和于暖的元素，突出了家庭围绕着一面"墙"生长的主题。方案中我们看到连续的双坡屋顶，一方面这是一种立面的符号，"槛外低秦岭，窗中小渭川。"说的既是参照物的巧妙与借景的手法，借秦岭的景，所谓"悠然见南山"，把南山符号化、抽象化后引入建筑，这便是最突出、无可复制的地域性特征；另一方面一条条屋脊线并没有被中间的"墙"打断，而是穿过了"墙"。该学生通过对建筑语言的组织，在设计中注重逻辑，通过"墙"和"屋顶"强调出生活在同一屋檐下的三代人。

4 教学总结

本设计小组成果图纸的整体质量和设计深度相较于大中型建筑设计有一定程度的提高，因为题目的真实性，学生在设计时更加具有针对性；因为三代居，学生们要更多的去思考什么样的室内空间环境能供三代人共享天伦；因为地域性，学生们要把放长放远的目光收回来，多看看眼前这片乡土和一草一木；因为要见南山，学生们要考虑室内空间和室外景观的互相渗透。

当然，也难以避免的出现了一些问题。例如，由于该设计基地南北方向的尺寸较大，约为 27 米，所以在部分同学的平面图中出现了长达 20 米、宽度不等的长走廊。在住宅的内部环境中，一定要避免出现过大过长的体量关系，这与居住空间所应具有宜人尺度完全不相符合。还有一些同学在设计中过于强调有高差带来的空间变化，但却忽视了老年人行动不方面的考虑因素，并且，如果在内装时处理不当，高差会成为极大的安全隐患。

随着课程答辩环节的结束，本次教学任务圆满完成。在课程总结时，学生们普遍认为相较于二年级住宅设计时单纯的对空间进行排列、组合，这次的设计更多地投入到设计师应当具有的人性关怀并加深了对建筑设计地域性的思考。从教师的角度来讲，对于 12 周的设计周期，我们认为这样的小型建筑设计题目更符合教学规律，更加有利于推进学生把设计推敲得更加深入透彻。

5 结论

这次 STUDIO 是对高年级设计小型建筑设计题目的尝试，并且取得了良好的效果。在教学中，我们对设计任务不需要一味的求新求大，应该关注的是怎么样能使教学效果更为显著，让学生对设计内容的完整性和深度有进一步探求的主动性。相信通过这样的设计训练，学生们对设计师这一角色的认识会更加清晰。这种尝试只是一个开始，在建筑学专业本科教学中，我们通过这样的尝试获得了多方面的启发，当然过程本身还存在诸多不足和亟需解决的问题，但这些问题绝不是绊脚石，它们会成为建筑教育工作者进一步探索的动力，将建筑设计课程的改革继续进行下去。

参考文献

[1] 吴新林. 居家养老模式下"三代居"户型的人性化设计. 沈阳建筑大学学报（社会科学版），2013 年 10 月第 15 卷第 4 期，346-350.

[2] 乔会卿. 老年人住宅户型设计研究. 清华大学建筑学硕士学位论文，2009 年 6 月.

[3] 陈哲. 住宅平面弹性设计初探. 天津大学硕士学位论文，2006 年 2 月.

[4] 徐健生. 基于关中传统民居特质的地域性建筑创作模式研究. 西安建筑科技大学博士论文，2013 年 5 月.

魏琰琰¹　贾颖颖¹　王　宇¹　徐晓蕾¹　朱雅君²
1 山东建筑大学建筑城规学院；2 山东同圆设计集团有限公司
Wei Yanyan¹　Jia Yingying¹　Wang Yu¹　Xu Xiaolei¹　Zhu Yajun²
1 School of Architecture and Urban Design，Shandong Jianzhu University；2 Shandong Tong Yuan Design Group CO.，LTD

基于工业遗产文化视阈的建筑设计教育操作

The Operating Way in Architectural Teaching of Industrial Heritage Culture

摘　要：工业遗产研究与教学进入建筑教育，其营建与操作需要多重教育方式的共同支持。以山东建筑大学建筑城规学院为例，阐释复合教学、平台共建的工业遗产研究与教学模式。

关键词：工业遗产，建筑教育，教学工作室

Abstract：New architecture may provide unusual opportunities for industrial heritage learing and researching . It may create multiple education way to establish and operate teaching mode. The case study of Shandong Jianzhu University may give an interesting point of view about the role of the teaching and the research of the industrial heritage in architectural school.

Keywords：Industrial heritage，Architectural education，Teaching studio

1　工业遗产保护的建筑教育发展

工业遗产作为新型的文化遗产，是建筑学、城乡规划、景观界及国际遗产保护组织的重要研究方向，其文化含义丰富了遗产价值评估工作的覆盖范围。目前，所有经历过工业化的国家都迅速开展了工业遗产保护运动。

2006 年 6 月，国务院审核、文化部确定的第六批全国重点文物保护单位中首次出现了工业遗产。建筑教育界针对工业遗产保护亦形成广泛共识，9 所高校设有相关研究机构。[1] 2008 年清华大学建设国家遗产中心，2010 年在中国建筑学会下设工业建筑遗产学术委员会，构建遗产方向的立体平台；东南大学从保护理论和方法、遗产性能退化肌理、遗产绿色保护和遗产保护数字化等四个方面建设科研平台；2007 年天津大学组建天津大学中国文化遗产保护国际研究中心，以天津及其周边工业遗产群综合研究作为三大主要研究方向之一；

2008 年山东建筑大学成立齐鲁建筑文化研究中心，是首批山东省非物质文化研究基地。除了高校内设置的研究平台和相关机构全面展开，抛却工业遗产保护与再利用的社会意义，该研究领域尚且存有深刻的学术意义和课题方向有待研究。一方面，以城市历史地段和工业遗产保护为主题的高校联合设计亦紧密结合工业遗产方向展开。2007 年六校联合毕业设计（走近 798：北京 798 厂区北侧地块城市及建筑改造利用设计）、2011 年城市规划专业联合毕业设计（基于工业遗产保护的滨水区域城市设计）均紧密结合该领域。另一方面，专业课程教学中也初步产生了对工业遗产保护的导向和教学研究。谨以山东建筑大学建筑城规学院的工业遗产研究和教学为例，抛砖引玉共同探讨学界的有效教育模式。

2　工业遗产研究与教学

坂本一成提及对中国建筑教育的印象，描述为"过

535

于认真的中国教学"[2]，其中的潜台词是，建筑学专业教育不应是单一的教师灌输、学生被动的方式，如何避免纯粹手法化的无根之草现象，建立学生和专业之间多重复合联系的教学模式，这成为工业遗产研究与教学中的中心问题。首先，地方院校以"创新性、应用型"建筑学专业高级技术人才为培养目标，帮助学生在掌握基本理论和专业技能的基础上发展创新性设计能力，工业遗产研究与教学强调专业实践能力、专业理论思辨能力、专业综合应用能力的全面培养和提升，符合上述培养目标；其次，基于工业遗产视角的建筑设计教学立足系统性的建筑设计原理、方法及基本理论的传授，借助逐步推进的模块化专业设计训练，有机结合问题式教学和类型式教学，建立高效的专业学习方式。通过理论知识系统、设计课程选题和其他学科平台的建筑设计教育操作，构建建筑学专业素养中的工业遗产文化视阈。

2.1 理论知识系统

作为建筑学范畴内的新内容，地方院校的工业遗产保护应立足于学院实际，见贤思齐、汲取精华，明确定位、发挥优势，提出恰当的建设发展思路。对工业遗产保护的理论和实践探讨中，美学价值评判标准、相关类似概念区分、历史保护与城市更新方法等核心内容均离不开本科专业通识教育基础。工业遗产的评价标准与古代建筑遗产的评价标准区别、保护与更新针对一栋工业建筑还是依托于某种历史地段？有关文化价值的工业遗产认知和建筑的多元性概念和价值判定同源，专业概念认知厘清和保护利用对象判定的能力来自于不断针对城市环境与建筑空间进行限度把控和有效断舍离处理。

基于山东建筑大学建筑城规学院处于以土木建筑为优势的地方高校的实际情况，结合学科建设发展和专业办学思路，着眼于创新性应用型人才培养，重视理论知识系统构建。以专业教学大纲为前提，整合理论要点；以选题模块关注点为核心，将建筑理论以专题架构的形式贯穿于设计课程中。通过开题授讲大课与理论专题小课的前后衔接和系统整合，形成逻辑清晰的理论知识体系[3]。

以三年级教学组为例，通过教案设计，安排了场所营造与空间建构、建筑适应性改造与空间再生、大跨建筑结构与技术综合、城市环境下建筑内外的统筹操作等四项理论专题授课，分别对应三年级建筑设计课程教学框架内的四个设计题目。在设计课中置入理论专题，围绕大课模块，开展专题小课，将工业遗产相关建筑知识和设计题目侧重点进行整合，成为学生对建筑设计系列问题进行整体和深入把握的坐标轴和参考系。随着学习拓展和认识加深，循序渐进地将工业遗产保护思想纳入理论教学体系，作为"模块三：综合制约要素训练"教学框架中设计课程具体操作方式。

2.2 设计课程选题

建筑学二三年级建筑设计课是连续的整体体系，对建筑问题的认知和思考是建筑设计的核心内容，也是重要的、浓缩了多项知识体系的关键所在；但设计题目终究离不开类型，而孤立不连续的问题点训练容易造成单向思维。面向大纲要求中"综合制约要素"的能力训练，类型式教学与问题式教学也并非二选一的单选题。

在二年级基础训练上，年级组教学团队尝试进行工业建筑遗产保护选题相关课程的开设。在三年级上学期安排青年旅舍设计，针对单体工业建筑进行秩序整合；下学期设置城市边缘区社区活动中心设计，从城市视角选择工业遗产建筑进行设计实践训练。鉴于学生的兴趣集中点不同，充分考虑训练点覆盖面广度，进行题目之间的任务均衡与冲突调和，在设计课程选题给予了一定的自由度。针对工业建筑遗产保护的研究领域，一方面，保证设计训练的充分可能性，工业建筑遗产保护专题上学期作为必选项，下学期的作为备选项；另一方面，将该研究方向中较为核心的两大问题：空间场所氛围和建筑结构利用，分别融入另外的两个设计题目，安排在工业建筑遗产保护专题之前，通过对该要点的设计训练，形成对接下来专题的有效支持。专题课程之间的逻辑关联，利于学生理解建筑设计原理与知识，达到训练目标。

题一：青年旅舍设计

该设计题目选取工业遗产建筑原型，相继以原济南糖果厂、曾作为印刷厂的天主教方济圣母传教修女会院旧址等建筑基地。为现在经营过去、为未来准备曾经，既有建筑空间再利用的题目设置引起了学生的兴趣，也带来许多新的问题焦点。此处以印刷厂（原修女院）为例进行说明：建筑初为女子教会学校，建于1908年，曾为校舍，文革后为印刷厂。今为二层带阁楼的灰砖楼房。坐北面南，矩形平面。长方形的老虎窗作为阁楼层的采光口。正中由曲线变为折线的三角形南山墙突出了主入口（图1）。

面临的挑战包括：

（1）选题中的建筑原型既有工业建筑使用经历，又具有一定的历史建筑风貌；

（2）对建筑外观和结构形式变动可能性的探讨；

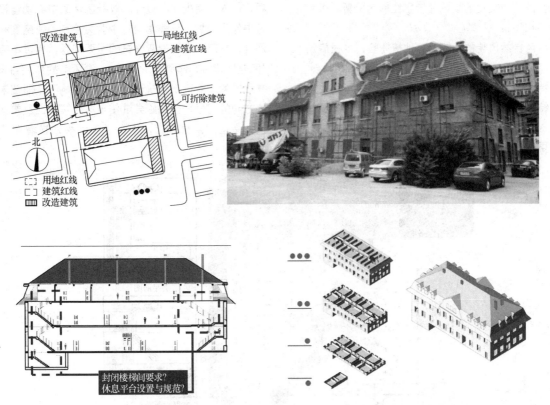

图1 青年旅舍设计题目——既有工业建筑印刷厂（原修女院）

（3）青年旅舍的新兴功能需求与待保护建筑的契机与矛盾。

在最终的成果中，伴随着这些问题的解决，空间生成和秩序建构的操作手法依然清晰可见（图2）。

题二：城市边缘区社区活动中心设计

泡沫城市速生的特殊时期，兼并型城市"边缘区"的出现带来土地使用效率低下、历史变迁或形态改变等特定地域环境问题。换个角度，城市边缘区是统筹城乡发展和融合的核心边缘，是具有激活可能性和经营策划可能性的潜力社区。通过单体建筑的社区服务功能介入，带来整体地域的活化，促进生活质量提升，实现社区营造和城市再生（图3）。课程设计针对城市边缘区，将基地条件大致拟定为四种：

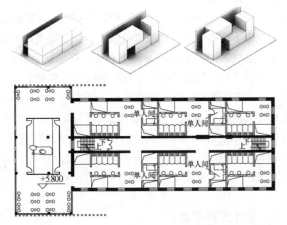

图2 既有工业建筑改造中的空间秩序操作
（山东建筑大学 建筑132 王家鑫）

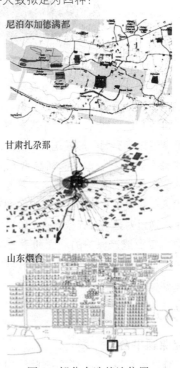

图3 部分自选基地位置

（1）特色地域文化的场域（与居住单元更新、工业遗产利用等相关）；

（2）特色自然风貌的场域（与种植体验、乡村旅游等相关）；

（3）特色经济产业的场域（与矿区、煤区等有关）；

（4）特定使用人群的场域（与材料再利用、灾后重建、低收入人群安居等有关）。

空间更新和工业遗产利用作为场域片段推荐的备选项，进入学生的课程设计。以社区活动中心功能设定任务书作为论据，培养学生对主要关注点的敏感度和钻研深度，从而捕捉和驾驭建筑的主要问题，通过不完整的"完整"建筑，起到活化城市地域环境的作用（图4）。在之前的工业遗产建筑设计选题的影响下，即使未选择该方向的同学，也开始尝试使用集装箱等工业要素作为设计原型和素材渠道，丰富了空间手法，增强了设计能力。

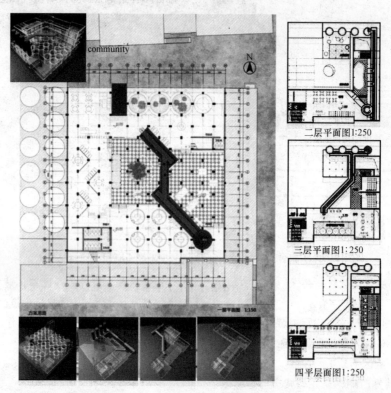

图4 工业特质空间设计与表达（山东建筑大学 建筑133 张宝方）

三年级设计训练结束之后，相继有四年级的遗产班和五年级的毕业设计课题作为遗产保护设计的后续发展平台。本着推荐和选拔结合、学生个人自愿的原则，这些建筑教育备选内容有利于形成遗产保护人才教育的本科专向教学体系，有利于促进教研结合和人才梯队建设。针对目前山东省内遗产保护任务数量庞大、遗产保护专业技术人员极度缺乏的现状，提出了切实有效的人才培养线路。通过对建筑设计教育各个阶段点的把控串联，一方面将工业遗产保护的观念和手法融入设计理念，更重要的是为山东未来的城市建设和城市更新提供了理论依据和研究思路。

3 其他方式

3.1 研究课题平台

教学工作室制度以"双师型"教师结构为保障，学生在跟随教师课题组、项目组参加教学工作组课题，在实际工程设计教学或实践环节过程中，直接经历、熟悉各类工程项目的全过程，充分训练解决现实问题的能力。教师承担的工业遗产廊道建设、工业建筑遗产田野调查及价值评估、工业聚落形态构因等多项研究项目，为工业遗产研究与教学提供了良好的学术环境和专业机会。除了专任教师提供的研究平台，我校研究生团队给本科师弟师妹们提供了参考样本。2013年作品"工业魔方"参加了中国国际太阳能十项全能竞赛并获奖，2015年"济钢2030计划——未来工业遗产的活化更新"课题结合工业景观再造，取得丰硕成果。

3.2 设计竞赛平台

根据教学需要，同学可将设计题目与国内外设计竞赛相结合，进行灵活安排。2014年承办联合国教科文组织 WAT 五国联合设计滨州工作营；2015 年与澳大利亚昆士兰理工大学进行为期四个月的联合城市设计教学，与北方工业大学、内蒙古工业大学和烟台大学进行北方四校联合设计。积极参与霍普杯大学生设计竞赛、依托省科技节的大学生建筑设计大赛等各类学术竞赛。D17 文化创意产业园：济南啤酒集团旧厂区保护性设计以"旧工业遗产改造"为主线，利于学生认识工业产业、讨论历史遗留厂房去留，是直观面对城市实际问题、共同探讨提高的良好机会。通过建筑方案设计竞赛、组织联合设计等多种形式，为学生进一步锻炼工业遗产保护理论与空间改造实践相结合的设计创新能力提供了宽广的学术场景和专业视野。

3.3 校企指导平台

学院与省内外 10 家建筑设计单位共建联合培养基地，针对学生设计意识建立之初的模糊混沌状态，邀请设计总监、省设计大师与学院教师共同指导的多维教学模式。在课程指导或阶段评图等环节中，给学生创造实务导师训练环境。按照"同圆设计奖学计划"合作意向，以具体课程设计任务为载体，由导师团和课程教师合作指导的建筑学本科三年级"城市边缘区社区活动中心设计"，选题时间跨度对应课题发生周期，协同完成中期和成果的汇报答辩，有效帮助热爱工业遗产保护设计的同学清晰个人专业方向。校企联合教学协作一方面弥补高校教学与对口单位之间的断层，同时展现出清晰的学科培养思路和严格的教育逻辑体系，利于人才全面发展。

3.4 有关活动平台

2014～2015 两年间，建筑城规学院邀请学术界专家教授举办学术讲座 17 场次；面向全省文物系统、济南市建设系统、海南白沙县、滕州市等地方政府，举办了文化遗产保护及绿色建筑培训班 10 余场次；举办学术沙龙等内部学术活动 12 余场。以跨班、跨级、跨校的方式进一步加强了学校内外和专业内外、师生之间和本硕之间的交流，形成了较好的学术氛围。此外，学院外联部组织学生参与"小小建筑师——幼儿场地设计"、"建筑任意门——外建史作业展"、"杯酒书生——原版工具书阅读派对"、"又红又砖爱施工——酒厂博物馆垒砖搭建"、"零基础混凝土工作坊"、"打造工业风——学院主题涂鸦"，通过社会参与、派对、展览、工作坊等，服务社会、实践锻炼给学生提供了实地接触材料、关注行为活动、拓展思维广度、提高动手能力的平台，激发了专业兴趣和学习热情，提升了学院的社会影响力。

4 结语

工业遗产研究与教学作为建筑设计教育的一部分，需要长期的营建过程和具体的实际操作。目前，以工业遗产文化视阈的建筑设计教育操作中还存在许多挑战，面对地方院校建筑学教育中建筑类型教育和问题启发式教育之间的取舍，调和教学内容膨胀与有限的教学选题和时间的尖锐矛盾等。

山东建筑大学建筑城规学院重视建设并长期发展多种平台共建的专业培养模式。通过专业课程中选题的互为支撑，结合类型式教学和问题式教学，形成理论系统、设计教学、学科平台等三位一体的工业遗产研究与教学模式，为建筑学专业赢得了良好的社会声誉和学科影响力。

参考文献

［1］ 金磊等著.《中国建筑文化遗产年度报告 2002－2012》，天津：天津大学出版社. 2013. 03.

［2］ 坂本一成.《我学到的建筑》. 2015 全国高等学校建筑学学科专业指导委员会年会"和而不同的建筑教育"，昆明，2015. 11.

［3］ 山东建筑大学建筑城规学院. 公共建筑设计原理与设计. 国家级精品课程（2007. 1—2011. 12）.

李涛　李立敏

西安建筑科技大学建筑学院；182171912@qq.com

Li Tao　Li Limin

School of Architecture，Xi'an University of Architecture and Technology

传承与创新*
——韩城柳村古寨保护与活化毕业设计解读

Inheritance and Innovation
——Interpretation of
Hancheng Liu Ancient Village Protection and
Revitalization Graduation Design

摘　要：随着我国城市化进程的加快，大量具有历史价值的传统村寨日渐衰落，如何认识和发掘传统村寨和建筑的特征和价值，更好地传承我国传统建筑文化，并通过合理的设计使古村寨焕发生机，是我国当前社会发展的重要问题。本设计以关中地区典型传统村寨——柳村古寨的保护与活化为选题对象，引导学生综合运用文献调查、田野考察、建筑测绘等方法认知和解读传统村寨，通过主题定位、规划设计和民居更新探讨传统村寨未来的发展模式和适宜途径，培养学生综合分析和解决乡村历史环境问题的能力。

关键词：关中村寨，传统建筑文化，认知与解读，传承与创新

Abstract：With the acceleration of urbanization process in China，a large number of traditional villages which have historical value are disappearing. The most important thing for current social development is that understanding and exploring the characteristics and value of traditional villages and architecture，heritage of Chinese traditional architectural culture better，and revitalization them through design. This design take the Guanzhong typical traditional village of Liu ancient village protection and revitalization as the research object，guiding students to recognize and Interpreter traditional village by combining with literature survey，field trips，architectural mapping and so on. It discusses development models and appropriate ways of the ancient village future by content definition，planning and houses renewing，to cultivate comprehensive analysis and problem-solving ability of students in rural historic environment issues.

Keywords：Guanzhong villages，Traditional architectural culture，Recognition and Interpretation，Inheritance and Innovation

*陕西省教育厅基金：基于数字模拟技术的关中民居生态经验量化研究（15JK1401）；西安建筑科技大学科技基金基础研究项目：关中地区新建农宅绿色评价体系研究（JDJJ01）；2015年校级教改项目：模块化教学体系下的中小型建筑MOOC建设（6040416058）；校课程建设——建筑设计2（1609600026）。

随着我国城市化的快速发展，大量具有历史价值的传统村寨日渐空废化，如何认识和发掘传统村寨及民居建筑的特征和价值，传承传统建筑文化，并通过合理的更新设计使古村焕发生机，是我国当前众多传统村寨共同面对的重要问题。然而，当前我国建筑教育中却普遍缺少对此类问题的关注和研究，使其成为建筑本科学习中的薄弱环节。

本次毕业设计选择以柳村古寨这一实际题目作为研究课题，使学生深入了解此类问题，通过科学的调查研究方法认知和解读传统村寨，探讨古村寨发展的适宜途径，然后用建筑学的知识进行整合，进行规划设计和民居更新设计提出解决问题的对策。与常规的毕业设计相比具有更强的综合性和研究性，培养学生从多角度认识和理解乡村历史环境中的实际问题，形成调查——认知——定位——设计的研究思路。

1 题目概况

1.1 选题背景

柳村古寨位于韩城市西北部，毗邻著名的国家级历史文化名村"党家村"，区位条件优越，柳村古寨始建于明朝嘉靖年间[1]，选址时考虑防御的需要，四面临沟，形成了完整的防御型边界，村寨内部道路结构清晰，有涝池、关公庙、祠堂等公共节点，村寨内部保留了大量传统合院民居建筑，质朴厚重，装饰精美，具有关中传统民居的典型特征。然而，通过调查发现：古寨当前的"空废化"现象严重，整个村子只有6户居住，闲置院落受到不同程度的损坏。柳村古寨代表了关中传统村寨和建筑文化的典型，具有较高的历史文化价值，同时也反映了当前我国乡村历史环境中存在的主要问题，本设计希望通过这一问题探讨当前传统村寨未来发展的适宜模式，同时也引导学生关注这类问题。

1.2 设计内容

设计要求学生针对柳村古寨进行充分的调查研究的基础上，通过合理的规划设计和典型民居单体更新设计探讨传统村寨更新的适宜途径，包括了传统村寨的认知解读研究和传承创新设计两大部分，研究框架如图1所示：首先进行村寨的调查认知，在此基础上完成村寨特征和价值的梳理分析，并因此形成对村寨保护和更新的设计引导策略；接下来通过分析确定村寨的主题定位，最后围绕主题定位进行村寨规划设计和典型院落更新设计。

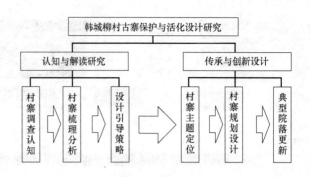

图1 研究框架

1.3 教学过程

设计共包含16周，根据其前后时序分为前期研究、调查测绘、主题定位、规划设计和民居更新5个阶段（图2）。在前期的研究中，强调通过文献调查、现场调研、现状梳理分析等形成对传统村寨和民居基本特征和背景的认知，总结规划和设计的策略和原则；在后期的设计中，强调对前期研究结论的一脉相承，通过空间模式设计和结构材料创新体现对传统建筑文化的传承和发展。

教学方法采用个人辅导和集中讲评相结合的形式，辅以专题讲座和案例分析；在适当时间节点引入外部的评价反馈机制，比如：定期与规划毕业设计小组交流；根据校外指导教师的答辩意见修正和检验。整个教学过程将前期研究和设计紧密结合起来，通过交流和反馈调节设计。

2 认知与解读研究

2.1 村寨调查认知

2.1.1 文献资料的收集与整理

要求学生进行关中传统村寨和民居建筑的文献资料收集和阅读整理，比如《韩城村寨与党家村民居》等等，通过文献资料的学习，建立对设计对象的初步认知，为后续的调研打好基础。

2.1.2 村寨与周边环境的踏勘

对柳村古寨及其周边环境进行现场踏勘，制作调查表记录柳村周边的地形地貌、风土人文、居住人口、交通状况、经济来源村寨特征等，全面了解古寨所处的历史、人文和社会背景，形成空间分析的基本依据。

2.1.3 村寨典型民居测绘调查

选择具有典型性的民居驻村1周进行测绘，了解院落的空间布局、结构体系、装饰细节、使用方式等，通过测绘和调查建立院落的空间信息档案，为院落的更新设计提供基础性资料（图3）。

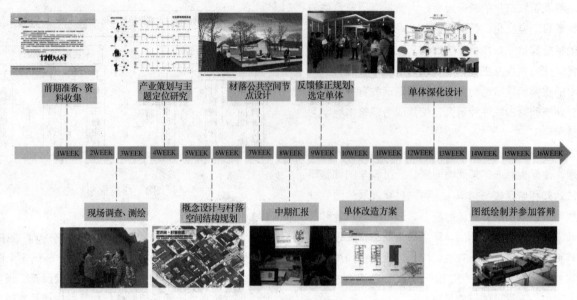

图2 教学过程与主要节点

图3 村寨调查

2.2 村寨梳理分析

2.2.1 文脉背景的梳理分析

梳理分析柳村古寨所处的环境和文脉背景,通过对其所在区位、交通、地形地貌、产业、文化资源等的分析,明确柳村古寨所具有的优势、机会、问题和挑战,为未来发展模式定位提供依据。

2.2.2 村落空间特征分析

从村寨、街巷、院落三个尺度上对柳村古寨空间特征开展分析,梳理古寨的空间结构、空间要素、空间尺度、界面形态等要素,形成古寨整体的空间特征分析

图,作为村寨规划的基础(图4)。

2.2.3 建筑与墙体的综合评估

对单体民居从院落格局、建筑风貌、细部装饰、庭院景观等方面进行解读分析,根据建筑的质量和历史风貌等进行主体建筑和墙体的综合评估,建立院落空间信息档案并分级,为院落更新提供判定依据。

2.3 设计引导策略

教师讲解相关案例,总结乡村历史环境中的规划和设计方法。学生在调查和分析的基础上,共同研究提出

柳村古寨更新的设计引导策略，制定规划原则和目标，形成建筑更新设计的基本策略和方法（表1），用以指导村寨规划和典型院落更新设计。

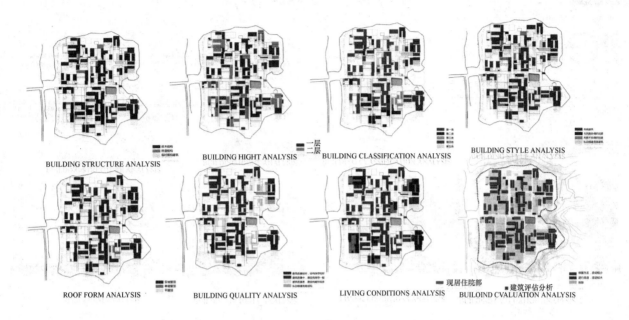

BUILDING STRUCTURE ANALYSIS　　BUILDING HIGHT ANALYSIS　　BUILDING CLASSIFICATION ANALYSIS　　BUILDING STYLE ANALYSIS

ROOF FORM ANALYSIS　　BUILDING QUALITY ANALYSIS　　LIVING CONDITIONS ANALYSIS　　BUILOIND CVALUATION ANALYSIS

图4　村寨分析

学生共同提出的设计引导策略　　　　　　　　　　　表1

规划原则		保留及恢复曾经的古村寨风貌的基础上进行现代开发利用,仍旧保有古村寨的感受体验
规划目标		空间,材质,氛围在一定程度上恢复到原有环境,使人们在古村寨游览之时仍能感受到关中古村寨的感受。并且也通过现代元素的植入从而满足现代人群的生活及审美
建筑更新设计的基本策略和方法	传承传统	1. 通过织补肌理的手法使得原有村落格局及空间感受能够在一定程度上复原 2. 通过对老材料的传承使用或是创新的用法使新建筑与原有村落保持一致 3. 新建建筑基本仍旧保持坡屋顶的形式从而使整体风貌保持一致 4. 使用青砖,石材等关中常用材质进行设计
	现代植入	1. 使用一些现代元素的材料如玻璃,钢材等来与老环境产生对比从而凸现历史 2. 按照现有肌理或是符合现有肌理的情况加入现代体量的建筑从而适应现代的生活及审美

3　传承与创新设计

3.1　村寨主题定位

3.1.1　主题定位分析

学生在传统村寨认知和解读的基础上分别梳理影响村寨的外部环境因素和内部因素,在此基础上结合村落特征,分别提出对古寨未来发展的定位和设想（图5）。

3.1.2　目标人群及空间需求分析

每位同学进一步根据自己设定的主题定位对其目标人群进行分析,将目标人群分类,研究不同目标人群的特征和空间需求和空间特征,以确定设计的"量"和风格特征。

3.2　村寨规划设计

3.2.1　规划理念与设计

分析村寨空间的发展和演变规律,结合主题定位提出规划设计理念。在规划原则和目标约束下进行村寨的整体规划和总平面设计,使其能够满足新的主题定位需要,同时也反映村寨的基本空间特征。

3.2.2　功能区划设计

依据不同人群空间需求的差异进行功能的区划,并按照古寨的空间特征进行功能组团和合理布置,形成不同的功能组团,在不破坏传统村寨空间结构有机性的前提下体现村寨的空间层次。

3.2.3　公共空间节点设计

对村寨中涝池、村寨入口、组团中心等典型公共空

543

间节点进行室外环境设计，通过空间要素和景观的设计

体现主题和村寨特征，营造公共交往场所。

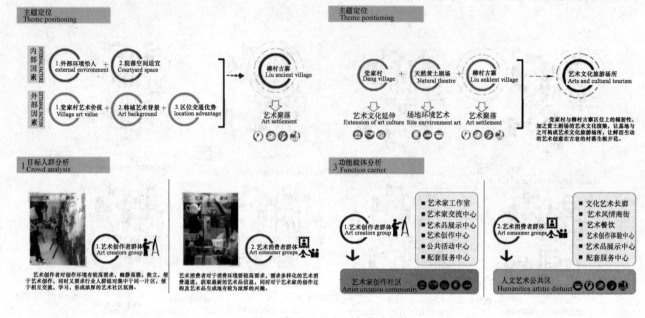

图 5　某学生的主题定位分析

3.3　典型院落更新

3.3.1　院落选择与更新概念

根据院落的评估选择两处能够反映主题的典型功能类型进行更新设计，一处风貌较好，一处风貌残损，分别采用传承传统和现代植入的建筑策略。从院落空间特征和使用需求出发提出更新概念，明确保留的部分和更新的部分并与原状进行比较。

3.3.2　功能流线组织

对建筑的内部功能流线进行梳理，在不改变建筑保留要素的前提下，通过增加层数、改变空间属性和空间路径

关系重新调整空间，使其满足新的使用要求（图6）。

3.3.3　建构设计研究

对于传承传统的典型院落，尽量保留建筑要素进行内部空间的更新，通过局部性的改变满足使用要求，结构体系和材料与传统建筑相协调。对于现代植入的典型院落，在保持基本空间体量的前提下寻求现代结构体系和材料基础的创新性运用，引入钢、玻璃等材料形成现代空间，重点探讨现代材料与传统材料的交接处理，体现现代元素和传统元素的并置共生，通过现代材料和技术的重新组织，诠释关中传统建筑文化特征（图7）。

图 6　典型院落更新

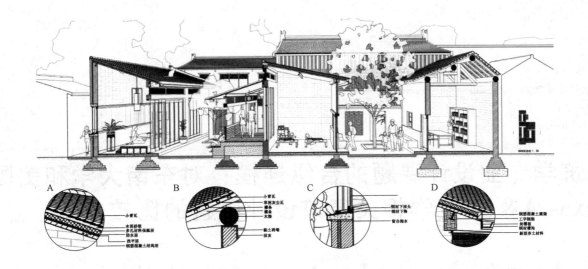

图7　建构设计研究

4　总结与反思

4.1　总结

本次毕业设计以实际问题为切入点，通过建筑历史、建筑策划、乡村规划、建筑改造等相关知识的整合，探讨乡村历史环境中传统村落保护与活化的适宜途径，从认知解读和传承创新两个方面启发学生进行综合分析和创新设计，培养学生基础研究的思维方法，突破传统毕业设计题目局限学科内部的弊端，拓展学生的视野和综合能力，最终也取得了良好的教学效果，两份毕业设计被评为优秀。

4.2　反思

乡村历史环境中的规划与建筑设计是当前我国城乡发展中的重要问题，然而当前建筑教育中却比较较少对此类问题的深入研究，本次毕业设计在此方面进行了一些尝试，但是也发现，由于建筑教学体系中乡村设计的普遍缺失，涉及跨学科的交叉，学生在面对此类问题时缺乏相关知识，导致在前期研究中比较困难，希望在今后的教学体系中加强此类教学内容，并且在这类毕业题目中合理调整前期研究的难度和比例，将重点更明确地聚焦在乡村历史环境的空间设计中，从建筑学的角度为我国传统村寨的更新提供更多借鉴和启发。

参考文献

[1]　周若祁，张光. 韩城村寨与党家村民居. 西安：陕西科学技术出版社，1999.

图片来源

图1、图2：作者自绘
图3、图4、表1：毕业设计小组共同研究绘制
图5、图6、图7：学生韦拉毕业设计绘制
图8：学生黄锶逸毕业设计绘制

俞传飞

东南大学建筑学院；yuchuanfei@seu.edu.cn

Yu Chuanfei

School of Architecture, Southeast University, Nanjing

建筑学专业设计课题的合纵连横：对东南大学和美国 Texas A&M 大学相关建筑设计课题的比较分析*

The Lengthways and Landscape Orientation Collaboration in Architectural Design Teaching Plans: Case Studies of SEU-Arch and Texas A&M

摘　要：建筑设计课题的设置，作为建筑学专业主干课程教学的重要内容，一方面在横向上需要得到结构、设备等各技术及相关专业的统筹配合；另一方面，又需要在纵向上兼顾从本科低、高年级到研究生等各个不同学习阶段的要求和特点。国内外各建筑院系均在不同方向和不同程度上，做出各具特色的尝试和努力。本文拟以笔者近期参与的东南大学三年级设计课题和访学了解的美国德克萨斯 A&M 大学建筑学院"纵向工作室"（Vertical Studio）作为两个方向上的典型教学案例，结合相关背景状况，探讨建筑学专业设计工作室和相关课题在纵横两个方向上的设置特点和问题。

关键词：建筑设计，教学设置，跨专业，跨年级

Abstract：As one of the most important professional courses in architecture, architectural design teaching plans always need to be collaborated with multi-disciplinary studies like construction, materials, etc. Meanwhile the consideration for different grades of both undergraduate and graduate students should be given in design teaching. An architectural design project for the 3rd grade in SEU-Arch (Southeast University-School of Architecture) and a Vertical Studio in the college of architecture in Texas A&M University will be comparatively studied as the typical cases. Furthermore, the advantages and disadvantages of the above-mentioned collaboration in architectural design courses will be discussed as well.

Keywords：Architectural design, Teaching plan, Interdisciplinary, Cross-grades

1　背景与现状：建筑设计课题的纵横交织设置

有关建筑学专业的设计课题设置，显然是一个非常庞杂宽泛的话题，不同建筑院系的方向和定位千差万别，却又常常殊途同归。如果细心梳理，不难发现其中的共性矛盾和问题——都希望能尽可能结合设计与相关

* 本文有关美国 Texas A&M 大学建筑设计课题的调研内容，得到"江苏省高校优秀中青年骨干教师境外研修项目"2015 年度计划资助。

专业，尤其是技术内容，让学生在设计教学过程中，以最有效的方式，了解和学习建筑设计课题，和诸多繁杂的相关专业之间的千丝万缕的关联；也希望能针对不同年级不同学习阶段的特点，设置符合不同教学对象的计划和要求。但其面对的困难，既有来自建筑学专业体系和教学体系的理论诉求和实践需要，也有来自教师配备、学生组织、教学空间、硬件设施等各方面的客观限制和约束。

通常的解决方式，主要有以下两种：一种是在特定阶段整合不同专业内容，如本科高年级阶段的设计课题，在相应环节纳入相关技术专业教学与要求，配合设计内容和对象的具体问题，培养和训练学生课程设计中对跨专业要求的兼顾统筹。另一种是在特定课题组合不同年级学生，如把本科低年级和高年级学生，甚至低年级研究生，组合搭配在一起，相互协作，共同完成一个跨年级综合设计课题。

上述前一种方式早已存在于东南大学建筑学专业的教学体系之中，近年更在高年级设计课题中得以不断强化和具体实施。后一种方式虽也并不鲜见，但因为它在学生组织和教学配备上的复杂要求，在美国德克萨斯A&M大学建筑学院真正尝试实施起来，也是近年才开始的事情。当然在很多情况下，这两种方式并非泾渭分明截然分开的，也可能以其中一种为主，兼具其他特点。本文想要讨论的两个典型案例，正是笔者近期参与或接触的上述两个方向上的代表。

2 横向相关专业的配合：东南大学建筑系高年级设计课题

长久以来，建筑学专业教学体系中设计主干课程和相关专业技术内容的相互配合，始终是体系架构和设置的重点；而真正把相关技术课程内容整合到建筑设计课题的流程和环节之中，却远非只是不同年级学习阶段配备相应技术课程那么简单。虽然理论上讲，专业教学体系和专业课程群的配套设置，早已是基本要求；但真正的教学效果，尤其是相关技术专业内容和设计流程的有机结合，却始终差强人意。现实的尴尬往往是，建筑设计课题对技术、结构，尤其是设备等技术专业的操作和要求，和相关课程和学习的内容相去甚远。这其中虽然也有相关课程内容相对于当代技术发展的滞后带来的脱节，但更大程度上，还是具体设计教学和操作，在课题设置的计划上，难以根据相关技术要求真正做到课程环节和设计流程的紧密配合。

为应对上述问题，东南大学建筑学专业体系的安排始终在进行着不懈的努力，设计课题的设置更是积极做出了不断调整和尝试。笔者最近参与的2016学年春季学期三年级最后一个设计课题"传统街区曲艺中心"❶，正是结合剧场观演建筑在厅堂结构、声学视线，乃至空调设备等技术方面的具体要求，系统完整地在设计课题的流程计划设置，明确整合了相关技术专业的课程内容和师资配备。该设计课题除常规计划外，在方案初始阶段即安排有针对性的结构选型和技术设备介绍性课程讲座；在方案深化发展阶段，又结合剧场观众厅的声学、视线分析和构造、空调、消防等技术要求安排课程讲座和中期评图环节，让技术相关专业的教师直接参与设计课程，对学生设计的中间过程进行辅导评讲；而对于方案最终的设计成果，也明确提出了声学视线、结构构造和技术设备等方面的相关设计和图纸要求（图1）。技术设计内容，既是常规技术专业课程作业要求的一部分，还按照一定比例单独评分，纳入课程设计最终的总评成绩。

其实建筑设计课题，因其涵盖专业范围和面对设计对象的复杂，总需要相关专业甚至跨学科的配合，而并非只是技术课程的整合。东南大学建筑学专业高年级设计课题的设置中，四年级设计工作室早已在多年前就在常规的城市设计、住区设计和大型公建方向之外，专门设立学科交叉方向，通过建筑历史遗产保护、数字化设计、结构构造等等诸多专业研究课题的介入，实现设计课题的跨学科融合。而毕业设计也已有近十年的跨校乃至跨国的联合课题设置，和诸多不同特色的国内外著名建筑院系联合进行毕业设计课题的选择设置和教学应用。

相比于横向设置上的跨专业整合，建筑设计课题的纵向跨年级合作，就远没有那么普及了。虽然很多人早已知道哈佛大学设计研究生院（Harvard GSD Gund Hall）那倾斜的天花板下层层跌落的各年级绘图室，津津乐道于不同年级的学生之间其乐融融的相互观摩和切磋；但严格意义上设计课题的跨年级合作，及其对设计教学的影响与意义，还要从近年来渐露端倪的"纵向工作室"（Vertical Studio）设置谈起。

---

❶ "2016传统街区曲艺中心"设计课题，由唐芃、刘捷老师主持，笔者作为设计指导教师之一参与其中。

547

图1 传统街区曲艺中心设计方案局部

（方案设计：于佳欣，指导教师：俞传飞）

3 纵向跨年级的合作：美国德州 A&M 大学建筑学院"纵向工作室"

笔者在 2015 年赴美访学期间，曾观摩美国德克萨斯 A&M 大学建筑学院若干"纵向工作室"❶的部分教学环节；更有幸得到纵向工作室主持教师之一 Zhipeng Lu（吕志鹏）博士的热心介绍和交流帮助，了解了相关课题设置和教学过程的诸多细节。

德克萨斯 A&M 大学作为老牌的美国德州公立大学，其建筑学院的建筑学、景观规划、结构科学和视觉设计四个专业方向，都在美国久负盛名，颇具特色。建筑系的 George Mann 教授是美国医疗建筑方面的泰斗之一。他和 Zhipeng Lu 博士自 2015 年初合作开设纵向工作室，顶着来自不同方面的困难和压力，尝试整合本硕不同年级以及建筑、景观等不同学科的学生和师资，共同完成一系列特定设计课题。经过三个学期数个课题的磨合试炼，他们的纵向工作室课题逐渐在学生组合、教师组织、内容设置、过程控制、成果要求、成绩评判等系列环节获得了相当的经验和积累。

纵向工作室最显著的特征，是不同年级和阶段的学生组合，一般是二年级本科生和四、五年级本科生乃至一年级研究生的组合。有趣的是，因为研究生中来自世界各地留学生的数量大幅增加至压倒性多数，而本科生却仍然绝大多数为美国本土本地学生，所以常常出现的组合状况是，工作室内口音迥异的外籍研究生和当地本科生在一个小组，共同协商合作完成一个又一个设计任务。不同的个性偏好、文化背景和思想观念，常常在设计中遭遇冲突，相互协调。跨年级的合作总是伴随着跨文化的沟通和各取所长的互补。相对稚嫩的低年级学生常常从高年级迅速获得诸多设计手法和绘图经验的提升，外籍研究生则从低年级本地学生那里获得文化和创意方面的融合拓展。与此同时，来自不同年级的设计指导教师，也有可能因为纵向的合作而获得指导不同年级学生和接触不同深度课题的机会，为他们各自的设计教学提供深入的交流协作（图2）。

设计课题的设置和控制，也都是围绕着跨年级的需求和特点进行的。在一个名为"HEB❷的未来超市"项目中，课题在开始的三四周，先让学生通过一两个小的

---

❶ 本文讨论的 Vertical Studio 由美国德克萨斯 A&M 大学建筑学院教授 George Mann 和 Zhipeng Lu 博士等联合开设，相关内容得益于 Zhipeng Lu（吕志鹏）博士热情提供的诸多介绍资料，特此致谢。

❷ HEB 是美国德州本地的大型连锁超市品牌，其建设部主任是 A&M 大学校友，和学校有诸多合作关系。

设计练习课题进行热身，比如设计 HEB 的移动零售和宣传车（Mobile Unit）。通过这个热身环节，也使成员各自的工作态度、专业能力和个性特点充分展现，以便接下来正式项目中更为有效的分工组合。高低年级的设计训练和成果要求也各不相同，比如二年级的训练重点在建造和材料，因此成果要求大比例剖面模型；研究生则需要对城市文脉和建筑细部进行深入调研和剖析。

纵向工作室的最近一个课题，则又在原有组合的基础上，增加了与景观系的跨专业合作。学生组成变成了二年级、四年级建筑生和五年级景观生的搭配，教师组合则增加了景观系的 Chanam Lee 教授等人员。设计内容主要是位于肯尼亚 UBRICA 的一个健康医疗城综合项目（图3），也包括前期的热身练习（风筝设计）和

小项目（零售药店）。通过这个课题训练，建筑学生对场地和植被有了更清晰的了解；景观学生则对实体空间有了更好的把握。课题项目后期甚至又加入了公共健康学院的医院管理专业硕士研究生，专门进行商业模型（business model）的建模分析。全体师生和他们最终的设计成果、评图环节，还在一个专门组织的美非国际会议参与并展示。这个项目也就真正演变成了颇具影响力的跨学科、跨年级合作设计课题。

纵向工作室在现实操作中当然还涉及诸多因素。设计成果的成绩评判，因为各个教授基于各年级强调的训练要求不同而各有侧重，还会考虑学生在团队协作中的投入程度（Attitude）协调权衡。至于其他诸如教学场地、行政管理等方面的因素，因篇幅所限不再赘述。

图 2　设计工作室（Vertical Studio）评图讨论现场
（图片来源：作者自摄）

图 3　由 Texas A&M 大学建筑和景观学生跨年级
合作设计的肯尼亚 UBRICA 健康医疗城综合住区
（图片来源：由 Zhipeng Lu 博士提供）

4 比较与反思：纵横两个方向的交织与协作

课题设置的合纵连横，对于设计指导教师、各专业任课老师，尤其是参与其中的学生，都产生了不同以往的影响。对于学生而言，设计深度和技术难度要求的增加是明显的。设计课题本身无论在方案构思还是最终成形阶段，都把过去似是而非甚至可有可无的技术规范和标准，变成了实实在在的现实条件甚至关键因素之一。而纵向跨年级的组合，又让学生在决策和协作、竞争与妥协之间面对新的挑战。对于教师而言，其实也同样提出了更高的要求，这要求并非单纯设计指导和专业教学方面技术内容的增加，更有对设计教学中技术整合的思路和定位的新要求。

是在一个课题中训练尽可能全面的技术要领，还是通过系列课题的分步专项训练逐步实现不同技术要素的学习；是在设计中追求锐意的技术创新，还是强调稳健的技术支持；是让学生通过集中强化的训练尽快了解设计中的各项技术要求，还是让学生在循序渐进的不断深入中掌握设计的技术相关内容……这些都是需要我们在建筑设计课题和相关专业课程的设置中不断思考的问题。

其实就某种意义而言，前述的东大建筑四年级设计工作室，常常是主持教授根据自己的研究方向和相关设计项目，来进行设计教学课题的设置。教学过程中，会有教授自己的研究和设计团队成员，如其他相关专业教师，或博士、硕士研究生，以助教等身份，参与课题准备工作以及设计教学指导过程。这种形式在客观上，其实也早已有了纵向协作的意味。当然它们和严格意义上所谓"纵向工作室"的最大区别，还在于真正参与设计和协作的学生团队本身；前者主要是成分单一水平相近的同年级学生，而后者则是层级各异的不同成员共同参与设计。

从另一个角度讲，纵向工作室的建制和运作方式，更接近于现实设计项目运作开展的组织形式；因为实际情况中，建筑项目的设计进程，往往离不开不同层级参差不齐的多种人员的协作配合。但现实状况也并非全然令人乐观，现实中的问题也过早暴露在跨年级的组合中，比如低年级学生常会直接沦为高年级主导的设计流程中的被动绘图员，而没有获得应有的学习和锻炼机会；来自不同年级的教授们有时会因为对学生在工作方式、工作时间等方面的要求上反差迥异，而让学生无所适从。因此课题的顺利进行，需要学生尽可能抛弃级别成见、放弃学科界限，平等参与各方面工作，又要积极锻炼作为项目领导者（Team leader）的组织才能；更需要教师之间、教师和学生保持良好沟通，在问题和矛盾中寻求共识。诸多状况，也是我们在建筑设计课题面对不同对象进行设置时可资借鉴的经验教训。

建筑设计工作室和相关课题的设置，实在是个过于宽泛的论题；本文虽只针对其中纵横两个方向的相关专业整合与跨年级协作进行讨论，仍觉庞杂。由于篇幅限制，文中涉及很多具体内容未及展开，语焉不详之处还待另文专述。暂先以此抛砖引玉，求教于同行。

李翥彬　范悦

大连理工大学建筑与艺术学院；lizhubin128@dlut.edu.cn

Li Zhubin　Fan Yue

School of Architecture and Fine Art，Dalian University of Technology，lizhubin128@dlut.edu.cn

历史保护建筑再生设计*
——2016 大连理工大学与日本首都大学东京联合设计工作坊第一阶段纪实

Historic Building Renovation Design
——the 1st Period Record of an International Workshop between Dalian University of Technology and Tokyo Metropolitan University

摘　要：本文以 2016 年度大连理工大学与日本首都大学东京联合设计工作坊教学实践为对象，对工作坊组织形式、选题背景、课题及分组成果进行了逐一介绍，并对工作坊进行过程中存在的问题及其成因进行了分析。在总结第一阶段工作坊教学的基础上，为下一阶段教学打下基础，并期望对国内其他院校建筑学专业的国际工作坊教学活动提供参考。

关键词：历史保护建筑，再生，工作坊

Abstract：The paper focuses on an international workshop between Dalian University of Technology and Tokyo Metropolitan University. It records the framework of the workshop，background，theme and the final outcomes of each group. Meanwhile，it analyzes the causes of the issues appeared within the workshop. Based on the 1st period of the workshop，we hope it could be more successful in the nest step and could be referred by international workshops hosted by other architecture schools.

Keywords：Historic building，Renovation；workshop

国际工作坊教学形式自 2010 年以来已经在大连理工大学建筑与艺术学院进行了多年的实践，取得了可喜的教学成效，并形成了一系列的教学成果。在此基础之上，本年度建筑系首次与日本首都大学东京联合举行工作坊教学活动，希望以此为契机进一步探讨工作坊教学形式对学生设计沟通能力提升的积极影响，并不断完善其内涵，形成具有大连理工大学特色的国际工作坊教学模式。本次工作坊分两个阶段进行，第一阶段重点为现场调研及设计概念生成，工作地点为大连。第二阶段为成果深化及汇报，地点为东京。本文是对本次工作第一阶段工作的总结，在对小组方案分析的基础之上，对中日学生设计概念提出的倾向性以及现阶段概念方案的设计存在的问题进行了深入分析，旨在为第二阶段工作坊教学打下基础。

1　工作坊选题背景及课题概述

目前，我国各大城市均留存有一定数量的近现代建

＊2015 年度大连理工大学研究生教改基金（重点项目），基金号：JG2015008。

筑，尤其在大连、青岛等有过殖民历史的城市，其数量依然较大。这些建筑往往经历了不同的历史时期及事件，留存着整个城市发展的记忆。然而，部分历史建筑由于缺乏全面的保护及修缮，出现了局部坍塌，墙体开裂，外饰面剥落等诸多问题。随着城市的快速发展，许多具有一定保护价值的历史建筑最终不得不面临被拆除的命运。日本同样面临相似的问题，然而由于其相对完善的保护机制及多样化的利用方式，许多历史建筑得到很好的保护并重新焕发了生机。在此背景下，本次工作坊以大连一二九街大连理工大学原化工学院（南满洲工业专门学校旧址）为对象，联合中日两校相关领域专家教授，组织学生对设计对象进行了详细的调查研究，希望结合中日历史建筑再生的理念方法，以开放性的课题

引导学生对历史建筑保护的方式方法进行再思考，最终形成具有一定创新性的方案构思。

大连理工大学原化工学院楼始建于 1912 年，迄今已经有逾百年的历史。建筑主体为两层砖石结构，局部带地下室，为具有哥特装饰风格的和风近代建筑，为大连市第一批重点保护建筑（图 1）。2010 年，大连理工大学化工学院整体搬迁，其所在的市内校区一直处于闲置状态。由于无人使用，建筑缺少日常维护与修缮。另外不同时期的加建、改建等一些人为因素亦造成建筑结构和细部的损坏。本次工作坊希望中日学生利用不同社会文化背景下的建筑再生相关知识，结合对象建筑物的固有特点及其周边街区功能，提出兼具功能性，社会性及经济性的综合再生设计方案。

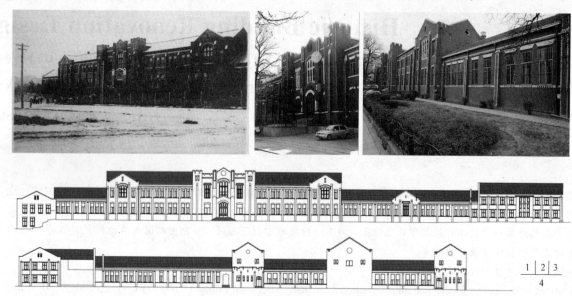

图 1　建筑历史、现状图片及其立面图
（图片来源：1 学生赵宸提供；2 高松拍摄；3 邹雷拍摄；4 学生王胤提供）

2　工作坊组织及概念方案成果分析

本次工作坊共有来自大连理工大学的教师 4 名，首都大学东京的教师 3 名，共七人组成指导教师团队。共有 8 名中国学生及 6 名日本学生参加，分成四个小组，参与学生主要为研究生及本科大四学生。不同于以往的工作坊教学活动，本次工作坊的主要特点及面临的挑战有：第一，参与学生数有限。不同于大型的工作坊教学活动，本次工作坊参与学生数极其有限。如何让有限的学生在理念的交流与碰撞中提出多样化的方案是本次工作坊的挑战之一；第二，集中工作时间有限。如前文所述，本次工作坊共分两个阶段进行，于大连进行的第一阶段教学活动为期三天，除去调研的时间，留给学生进行讨论及方案生成时间极为有限。如何在短时间内形成

具有一定内涵的概念方案是本次工作坊的挑战之二。作为对如上挑战的应对，工作坊前期准备经过了较长时间，包括对学生交流能力的加强以及对建筑现状的预调研及分析，最终每组按照工作坊的既定要求形成了四组概念方案并各具特点。

2.1　概念方案一

方案拟将此学校建筑改造成旅馆建筑，并对大连曾经的历史保护建筑改造案例进行了分析，发现既往改造案例，改造成旅馆的很少。并通过对相似案例的分析论证了改造的合理性及可行性。本方案关注的问题主要包括：第一，学校建筑改造成旅馆建筑带来的功能的重新组织；第二，旅馆建筑对功能流线的要求；第三，通过改造活动促进社区融合及社区文化的产生（图 2）。

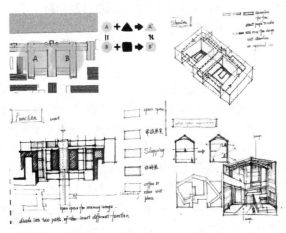

图 2　徒手表达及功能分区

（图片来源：学生王胤、赵宸、小松芽依、市川望提供）

2.2　概念方案二

　　本方案希望将现状建筑改造成艺术中心。现状街区周边主要为居民区及商业区，靠近大连火车站，本方案希望创造一个能够吸引人们进入并体验交流的互动式艺术中心。方案对现状进行了深入的分析，在理解展览建筑对于展厅及流线设计要求基础上，提出了具有一定空间特色的改造概念方案（图3）。

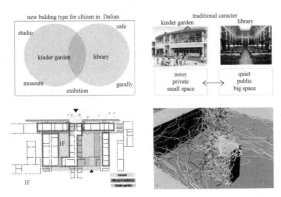

图 3　设计概念、功能及流线草图

（图片来源：学生杨莞阗、徐鹏聪、铃木富贵提供）

2.3　概念方案三

　　本方案首先对建筑改造的可能性进行了一定的分析，在众多的功能当中选择了展览及幼儿教育进行组合设计。方案理念在一定程度上借鉴了日本展览建筑的发展趋势，强调功能的复合，希望能够创造一种新的建筑形式，将本来相互矛盾的两种功能和谐统一到一起。在最后的概念方案呈现中对功能分区及环境均进行了一定程度的考虑（图4）。

2.4　概念方案四

　　本组方案侧重于场所空间的营造。在对大连近现代

图 4　设计概念、功能及绿化分析

（图片来源：学生李东祖、刘昕宇、菅野达夫、押田彩夏提供）

建筑代表性符号搜集整理的基础上，以强调场所及建筑的标志性出发，对现有建筑进行了大胆的加建。共提出了内庭院，立面镜像及泡沫体三个风格迥异的方案。最终的成果表现突出，但更侧重于建筑形式，对建筑功能与内部空间的考虑欠佳（图5）。

图 5　设计要素提取及方案构思

（图片来源：学生乌媛媛、徐浚博、堀越崇秀提供）

3　第一阶段成果分析与思考

　　本工作坊课题具有一定的开放性，在课题制定之初，并没有对功能及空间等进行特殊的限定，仅仅对改造规模进行设计建议，以防止由于改造规模过大造成设计深度不足的问题产生。在极短的时间内，四组学生通过沟通交流形成的四组方案各具特色。方案一与方案二思维相对传统，方案三体现了不同文化背景交流下产生的设计创意，方案四则更加大胆，对现有建筑环境进行了大胆的改造。纵观四组方案并思考其形成的过程，我们可以发现本次国际工作坊教学过程中可能存在的几种问题。首先，学生沟通能力对工作坊成果的影响。对于初次见面的两国学生，在经过欢迎仪式及共同调研之后，往往都能与来自他国的同伴进行良好的沟通与交流。然而，现实存在的语言障碍让这种沟通的效率相对较低，长时间的讨论可能并没有明确的成果，或者成果存在一定的方向性分歧。其直接后果就是成果的深度较浅，达不到工作坊之初制定的深度要求。其次，开放课

题带来的成果表达得不明确。开放性课题在一定程度上鼓励学生的创新思维，尤其在不同文化背景讨论中产生出的，融合了多国特色的方案构思。但由于教育理念及方法的差异导致中日双方学生对课题的理解存在一定差异，因此，课题的开放性带来方案构思方向的不确定性。例如，方案四的构思明显更加偏重于形式，而针对建筑本体的改造方式及其功能需求的分析不足。第三，不同文化背景下，学生能力与性格对于方案生成的影响。由于存在一定的文化差异，部分能力较强的学生在工作坊中的表现较为活跃，并积极的提出自己的设计构想，而相对不善表达的学生往往参与度较差。因此，最终的成果体现有可能某些学生的构思占据了主导，或某国家的学生占据主导，导致最终方案的特色并不突出。最后，工作坊计划制定对工作坊成果的影响。本次工作坊的一大挑战就是在短时间内形成具有一定深度的方案构思。虽然经过了较长时间的准备活动，工作坊进行过程中还是出现了一定的深度不够的问题。究其原因，一方面由于时间有限，另一方面课题的开放性在一定程度上对于成果深度产生了一定的影响。因此，工作坊计划制定过程中需要充分考虑可能出现的各种问题并予以应对，以保证最终的教学效果。

4　总结及展望

本次工作坊的第一阶段已经结束，中日双方学生经过两天的集中讨论和思考形成了前期的阶段成果，中日双方学生在工作坊期间均表现出较强的沟通及学习的欲望，工作坊教学形式作为正常教学的补充对开阔学生视野，锻炼学生的交流协作能力产生了积极的影响。各组虽然形成了一定的概念方案，但是在对方案的社会性及经济性方面的考虑仍有不足。同时，第一阶段教学过程中暴露出的问题，需要在中间阶段予以修正，三段式的工作坊计划为调整留有一定的时间。经过中间阶段的检查及教师在线指导，期望在东京举行的工作坊最终汇报可以取得令人满意的成绩。同时，希望本次工作坊教学过程中的一些经验与教训能够为国内其他高校的工作坊教学活动提供参考，共同促进工作坊教学模式的优化与提升。

邵郁¹ 陆明² 孟怡平¹

1 哈尔滨工业大学建筑学院建筑系；shaoyuu@163.com 2 哈尔滨工业大学城乡规划系

Shao Yu¹ Lu Ming² Meng Yiping¹

1 Department of Architecture, School of Architecture, Harbin Institute of Technology
2 Department of Urban Planning, School of Architecture, Harbin Institute of Technology

碰撞与融合
——中澳跨文化跨专业联合设计工作坊实践

A Joint Workshop Based on Cross Cultural & Cross Subject Between Chinese and Austrilian

摘 要：当今建筑学、城市规划等多学科之间的交叉和渗透不断加深，学科向综合化、整体化方向发展。跨文化、跨专业教学交流是现代化建筑教育培养国际化人才的必然要求。本文针对一次创新性建筑教育探索，探讨了在开放设计平台下，以联合工作坊（workshop）为基础，加入注入式，实践式，研讨式三种建筑设计的跨文化跨专业教学模式的主要内容以及取得的成效。为新形势下建筑教学创新以及培养复合型创新设计人才方面提供新的参考。

关键词：跨文化交流，跨专业合作，联合工作室，开放设计

Abstract：Recently, intersection and penetration between architecture, urban planning and other interdisciplinary subjects continue to deepen, showing an overall integration tendency. Intercultural communication is an inevitable requirement for the cultivation of international talents in modern architectural education. This paper explores an innovative architectural education practice, discussing the effect and the main theory of cross-cultural cross-disciplinary teaching model under the platform of open design, based on workshop adding infusion, practical and seminar style. This practice aimed at providing a new reference for the construction of teaching innovation in the new situation and the cultivation of innovative design talents.

Keywords：Cross cultural communication, Cross subject cooperation, Joint workshop, Open design

1 对多元融合教育的思考

在全球化背景下，知识、数据和技术、物质和信息的加速交换与交流给当今的教育带来了多样化的挑战，以多元化为特征的社会发展趋势越来越多地要求学生面对不同社会文化背景、跨学科的新问题，这就要求学生在充分了解自身原生文化的基础上，尝试发展对非原生文化的理解和熟悉，并形成一种对文化连通性的认知，以便更好地应对全球市场的竞争。因此，建筑学教育要提供多语言、多文化、多元化的学习机会，不同学校的师生共同组成国际联合设计工作坊成为建筑教育不可或缺的一种教学模式。在联合教学中，不同的文化和教育背景的参加人员使教学变得更为生动和有趣，思想的碰撞会产生新的火花。与讲座式的讲学不同，联合设计教学强调合作双方师生之间的互动，这种互动带来与通过书本、网络等媒体获得的完全不同的体验。

另一方面，建筑学是一门综合广泛自然环境科学与人文艺术科学的应用型学科，建筑学的复杂多学科交叉性，决定了在处理建筑问题时多学科共同参与的必要性。我国的城乡规划学科大多是在建筑学科的基础上发

展起来的，从培养方案看，建筑学与城乡规划专业通常在前面的一年半至两年时间则是以建筑设计基础和小型建筑设计训练为基础专业平台，二年级下学期或者三年级开始独立设置专业课程体系，各自培养方案注重其独立性与完整性。传统的建筑学专业的设计课对学生的要求大多关注建筑本体，而对其与城市的关系考虑较少。随着多元化的渗透，多学科综合发展，就要求建筑学与城市规划的学生不断提高学科之间的交叉、向综合化、整体化方向努力，而非继续沿用片面性专业人才培养[1]。

2016 年春天，哈尔滨工业大学建筑系和城乡规划系的师生与西澳大学建筑系、澳大利亚城市设计研究中心（AUDRC）共同组成联合设计工作坊，选择西澳珀斯城市 CBD 地区作为城市设计的研究对象，尝试了一次跨文化跨专业的国际联合设计教学。

2 教学环节

2.1 设计题目的选择

本次联合设计教学的主题为"珀斯 CBD 地区城市设计"。本次课题将不同文化背景、不同年级和不同专业背景的学生组织在一起，研究西澳珀斯市 CBD 地区的城市空间发展问题（图1）。

珀斯是西澳大利亚州首府，也是澳大利亚第四大城市，地处澳大利亚大陆西岸地中海气候区，温和的气候与天鹅河沿岸的别致景色，使得珀斯城市居住宜人。作为一个传统的资源型城市，她拥有黄金及各种稀有金属等矿产资源，长期以来的矿业发展使得珀斯城的产业结构单一，城市空间缺乏活力。而长期以来由于人口稀少，建筑密度极低，珀斯因此被称为世界上最孤独的城

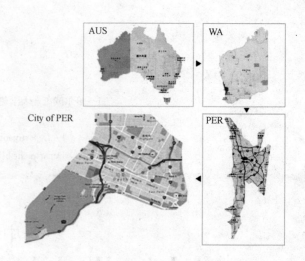

图1 题目所在区位介绍

市。因此，城市发展的迫切问题，是如何通过产业布局的规划与调整，吸引来自城市以外的人口，激活城市的发展。

课题的选址是位于东珀斯与西珀斯交界处，一条连接珀斯地区的高速公路贯穿基地，将东西两区分割开，两处区域呈现不同城市形态。东部为城市的 CBD，表现为高层高密度；而西部则是低层低密度居民区。场地西侧原有州立政府，毗邻场地西南侧的国王公园，是城市的一个高点。与此同时，在历史的发展过程中，城市的东西两部分由于空间的自主发展出现了不均衡的状态，带来很多城市问题。本次城市设计的目标是尝试研究如何通过规划设计与建筑空间的设计，解决该城市东西两部分发展不平衡的现状问题。这个题目对目前中国快速、大规模城市化过程中面临的类似城市问题，具有很好的借鉴意义。

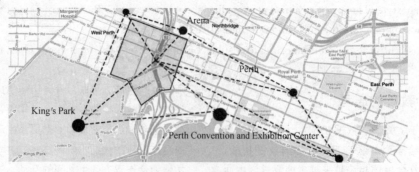

图2 题目选址

2.2 跨文化教学模式

跨文化的学习体验可以使学生获得全球性的世界观和价值观，其重点在于探讨文化的差别性以及跨文化交流。美国学术界的 Wilson 和 Flournoy 认为，学生的跨文化体验将会直接提高学生的独立理解能力、敏锐的洞察力、个性的发展和人际关系的交流[2]。跨文化的教学对建筑学以及城市规划的学生并不陌生，从 20 世纪 70 年代开始，随着多元化建筑观的兴起，建筑设计的教育

重点和模式也在逐渐调整。目前，跨文化的教学主要以注入式、调研式和研讨式三种形式为主。本次课程设计的选址在西澳大利亚，对学生来说，文化、社会、价值观等因素都较模糊，对学生来说是一次挑战。

2.2.1 "注入式"教学模式

"注入式"教学是将非本土文化的相关内容注入某一课题或者科目的教学大纲和实践之中。通过注入式的跨文化学习，使学生了解、欣赏和掌握非本土的相关文化。"注入式"教学模式是目前国内高校最普遍采用的跨文化学习方式。

在本次课程设计教学实践中，以西澳大学建筑系和AUDRC工作室的教授、学者以及学生交流为主体实施了"注入式"教学模式。由于语言和文化背景的差异，不同文化背景的教授的学术成果及研究很难吸引学生的注意力。为了避免跨文化因素被夸大甚至扭曲，采用"双向式"与"注入式"结合的方式，促进教师与学生的互动交流，调整"全注入式"教学方法，提高教学深度，推进学习进程，帮助学生理解。

2.2.2 "调研式"教学模式

"调研式"教学模式是将学生置于非本土文化的学生环境中，通过亲身体验发现自己的全球化视野，从而可以更好地对非本土文化有更好地理解与欣赏。其优点显而易见，即使是短期的海外学习也可以使学生的学习不局限于某一门课或者某一学科，直接的文化体验可以促进学生培养更全面的国际化思维模式。

对于短期海外学习的"调研式"教学，担任本次教学的教师也克服了跨文化体验中团体内部成员的局限性，教师改变在国内的教学方式和思维模式，使学生对新文化背景的体验不同于普通的旅行者，在城市的调研中，从专业角度对学生进行实地讲解，加深了同学对建筑以及城市的理解，加深了体验的深度。

2.2.3 "研讨式"教学模式

在联合设计工作坊中，18位来自哈尔滨工业大学建筑学院的建筑学、城市规划学组成的学生与西澳大学的学生，在AUDRC进行了一次面对面式"研讨会"。在中方学生汇报自己的实地调研结果和发现的问题后，西澳大学的学生则根据自身对城市的深入理解，进行了更全面的介绍。在工作坊的最后，来自西澳大学的教授、学者、学生以及AUDRC工作室的主任共同听取了18位中方学生关于城市调研以及各自对应的解决方案的汇报，面对面的"研讨式"教学极大地激发了中澳双方的学生积极参与跨文化学习的热情，提高了其沟通的能力，增强了对文化—建筑—城市关系的理解，发展了全球化的设计视野。

图3　课堂研讨

在回国后的三周设计内容完善中，澳方的教师继续利用网络资源[3]对学生的课题设计进行实时"对话"。借助即时通讯工具，双方教师面对面地参与方案的讲评，设计方法的讨论，以及成果的展示，促进双方教师学生之间非正式交流以及联络。

3　设计成果分析

18位来自建筑系和城乡规划系的学生被分成两组完成设计作业。通过为期四周的集中教学，两组最终完成其各具特色的方案。两组方案均从构思、分析、表现等方面做出了完整的表达，体现出多样性的设计成果。

通过调研，两个小组对地段的周边条件和现状有了较深入的了解和分析。珀斯城向东与名为 Darling Scarp 的低悬崖接壤。珀斯地势大体平坦，局部地区由于沙质土壤和深部基岩形成一些起伏的地形。珀斯市区有两大水系：一条由 Swan 和 Canning 河组成；一条是 Serpentine 和 Murray 河。

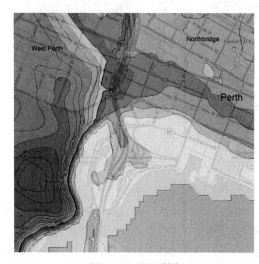

图4　基地地形图

基地位于西珀斯，相对于东部 CBD 区来说，严重缺少活力。除了国王公园，西珀斯没有吸引人群休闲、娱乐及驻足停留的项目。同时，由于位于基地内的市政

场地内的广场提供了舒适的休息环境供周办政府工作人员使用，整体公共空间比较少。The public space in our site provide a casual environment for the government staff to relax.But it seems to be not enough.

周边同属于政府用地，提供不同政府部门办公。The surrounding area also belongs to the government.

州政府办公楼之一，是附近最高的建筑物。One of the office building for the state government.

历史建筑——观星楼，现用作政府办公。The heritage architecture——Star viewing tower,now used as the government office.

历史建筑——州政府大楼。The heritage architecture——building of the state government.

周边停车场，停车空间比较充足。There are sufficient parking lots here.

图 5 基地内部用地现状

府和高速公路，场地所在区域称为东西珀斯的"分界"，东西两边差距越来越大，缺乏交流与渗透。本次设计的主要任务就是通过借助即将发展的公共交通体系，提供适宜的物质空间，形成吸引人们聚集和停留的场所，提高地块的活力，修补二者之间的连接。

两组同学根据对地段的调研与理解，提出了各自的解决方案。

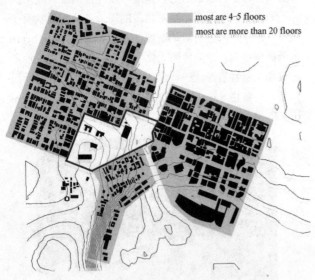

most are 4-5 floors
most are more than 20 floors

图 6 基地空间肌理

3.1 方案一

一组同学的方案名称为"合·世界"（图7）。方案通过利用珀斯的移民文化历史，以及城市对世界文化的友好包容性，以基地内部的政府建筑作为媒介，在基地内部植入多元文化的主题，增强基地的丰富性与有趣性。通过在基地内部发展公共交通，实现城市组团紧凑型开发的有机协调模式，从而激发西部片区的活力，加强东西珀斯的渗透。以地铁建设为辅助开发手段，通过

打造成有特色、有活力的主题世界文化旅游村，发展珀斯当地旅游业。以珀斯城 CBD 为核心，东部修筑市民休闲广场，北部布置商业街发展地产金融和教育，四周环绕以中国、日本、印度、意大利为主题的文化街区，将各种旅游、餐饮、教育服务串联起来以期成为西部地区城市发展的新增长点。

图 7 一组整体方案

方案计划打造一轴带动下的一个核心圈形成的内外坏整体结构。以中心步行街作为贯穿东西的轴线，以南部综合体作为场地中心，带动周边企业发展。内环通过各世界村的主要道路与入口广场、综合体形成了一个圆环，作为场地内部重要的交流流线，而保留城市原有路网作为场地边界。

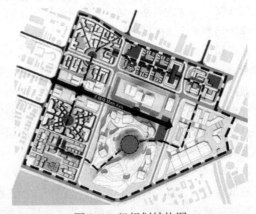

图 8 一组规划结构图

3.2 方案二

二组同学的方案名称为"缝合·激活·辐射"。按照圈层发展模式，基地内部高速公路加盖区域设计为整个基地的核心。本方案希望将商业轴、文创轴、景观休闲轴以及展示轴都交汇在核心处。形成一个集交通，展示，商业，休闲为一体的复合型功能的综合体建筑，并且通过建筑形态围合出吸引人群的广场，在此基础上划分出商业办公区、展销区、文创区、休闲健身区以及娱乐体验区。

图9 二组整体方案

建筑作为西珀斯的核心同时是整个城市设计的中心枢纽，紧扣缝合、激活、辐射的主题，将城市各个区域紧密联合在一起。通过将地铁站、自行车租赁站与珠宝展销相结合，形成了整个城区的交通枢纽和主题核心；将政府环抱其中，为市民提供了活动广场空间。建筑采用流线形态，结合地形，将自由的步道系统与丰富的功能空间融合在一起，造型引人注目，具有较强的地标性。

商业轴线与东侧城市的 CBD 相连通，成为原有 CBD 的业态补充。景观上连接城市国王公园，计划打造以绿化为主的休闲娱乐区。文化创意区结合场地内部肌理，形成高密度围合的院落形态。而在空间上则形成一个隐形虚拟轴线，与珀斯会展中心取得相应的呼应。选择圈层结构特征，以复合式功能向外辐射，环形路网连接各区域节点，形成完整的结构圈。

4 课程的启示

这次合作的课程让我们充分理解了碰撞与交融这个主题。首先在学生的选择上，充分考虑了学生的专业背景，挑选了来自建筑学、城市规划两个专业的学生，甚至从澳方请来了 AUDRC 工作室的一线设计人员参与到这次活动中，希望不仅局限在学术层面的交流，同时也能帮助学生了解实践领域的信息。虽然由于不同专业的限制，城市规划专业的学生更加注重城市宏观角度的结构与形态，而建筑学的学生则会更多关注建筑外部形态与内部空间功能。这种不同的专业背景也体现在实地调研阶段，城市规划的学生对于城市路网，城市空间肌理，并且更会基于对基地现状的充分利用并给予足够的

尊重下，提出建立大型综合体、轨道交通枢纽。而建筑学的学生则会在选定某一设计构思后，选择不同的手段去表达，完善。这也反映出两个专业设计市场的人才需求。第一组方案的设计便是在城市规划的学生确立场地结构的基础上，建筑学的学生根据所划分好的分区，分别独立的进行设计，从世界村的各个分区到场地入口、综合体等。第二组方案恰好相反，在建筑学学生确立以高速公路局部加盖建成的核心区域后，城市规划学生根据该确立的中心，向城市方向的延伸、城市结构以及功能布局进行合理设计。同时，我们还注意到，在同澳方同学交流过程中，澳方学生由于不同的文化背景，并作为该地区的使用者、观察者，对于基地未来发展方向以及概念的提出主要从实际出发，切合自身生活体验提出构思，更加具体。而中方学生在短期时间内的调研体验对于方案的构思偏向理想化概念，充分利用城市发展政策以及场地自身内部的有利条件，塑造偏向完美主义的设计模型。

5 结论

主题为"珀斯 CBD 地区城市设计"的合作课程是一次中外师生共同的思想碰撞与融合，这个过程中产生的火花，给彼此的设计思维都带来冲击，并激发出创作的灵感。在不同文化背景下，利用短期、集中的时间，学生以明确的主导思想、清晰的结构、有效的方法、紧密的合作来完成预设的目标的联合教学工作室，正成为我校高年级开放设计教学体系中的一部分，并不断提高我们的教学水平和设计理念。

参考文献

[1] 庄宇. 多类型的城市设计课程训练框架. 全国建筑教育学术研讨会论文集. 全国高等学校建筑学学科专业指导委员会. 同济大学，2010：104-108.

[2] Bennett, M. J. Towards Ethorelativsim: A Developmental Model of Intercultural Sensitivity. Yarmouth, Maine, USA, 1993.

[3] 黄海静，陈纲，胡晓. 设计同行-基于网络平台的国际联合教学尝试. 新建筑，2009（4）：70-73.

[4] 卢济威. 城市设计机制与创作机制. 南京：东南大学出版社，2005

郑先友

合肥工业大学建筑与艺术学院；xyz1808@163.com

Zheng Xianyou

College of Architecture and Art，Hefei University of Technology

基于联通主义的"中西建筑文化比较"教学方法探讨

Connectivism-based Teaching Research Method on the Course of Comparison between Chinese and Western Architectural Culture

摘　要："中西建筑文化比较"课程内容经历了从解释学模式到建筑现象学模式、再到建筑文化循环模式的转变。本文以联通主义学习理论为指导，全面审视本课程的知识模块、内在逻辑和开放性特点，提出以下几种教学方法：基于分布式认知的交互式资源设计，基于交流的学习共同体建立，基于问题的开放性探索，基于寻路的个人知识建构。

关键词：建筑文化，联通主义，教学方法，分布式认知

Abstract：the Course of Comparison between Chinese and Western Architectural Culture was developed from architectural hermeneutics to phenomenology and then architectural culture cycle. Based on connectivism, this paper examines the knowledge pattern，internal logic，and openness，and finally proposed the following teaching methods：distributed Cognition-based interactive resource design，communication-based learning community establishing，question-based openness exploration，and wayfinding-based personal knowledge construction.

Keywords：Architectural culture，Connectivism，Teaching methods，Distributed cognition

"中西建筑文化比较"是一门主要面向建筑学学科、同时面向全校的建筑理论选修课，随着时代的发展，这门课的内容不断扩展。自 1988 年开始开设这门课以来，其知识体系从解释学模式转向建筑现象学模式，再转向建筑文化循环模式。鉴于本门课信息量大、学时少、涉及教学对象多样化的特殊性，通常的教学方法难以满足复杂的教学要求，而联通主义学习理论为解决这些问题提供了新的思路和教学方法。

1　教学内容的革新

1.1　早期：解释学模式

20 世纪 80 年代末出现的中国文化热是本门课产生

的大背景，因此课程内容深受文化阐释模式的影响。主要分为两大部分。一、整体的人类文化：包括文化概念、文化结构（物质、制度、精神三层次）、文化模式；以宗教为核心的文化圈（基督教、伊斯兰教、印度教、儒教等）；中国文化的基本精神与特征、西方文化的基本精神与特征；旁涉中西哲学、神话、文学、艺术以及审美意识的比较。二、多维视野的建筑文化：中西方的自然环境、城市空间、建筑空间（概念、空间图式等）、园林的比较；当代中国建筑文化解析——京派建筑、海派建筑、闽南建筑、岭南建筑、西南建筑、西北建筑、徽派建筑文化等；当代西方建筑文化解析——"隐士"的建筑（澳大利亚）、自由与梦幻（美国）、本真的建筑

（法国）、技术与共生（英国）、理性与诗意（德国）、率真与颠覆（荷兰）、人性与自然之性（芬兰）等。

1.2　转向：现象学模式

早期的内容偏重于从整体建筑文化的解释，其核心是"思"（思想、思考），却未能真正立足于"建筑"本体建立与文化的逻辑关联，建筑与文化呈现二元并立的结构关系。

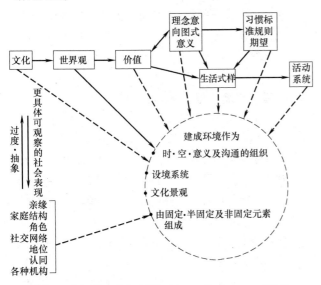

图1　分解的文化与环境（Amos Rapoport，2002）

首先，建筑人类学理论的引入，从根本上改变了建筑文化解释学的模式，建立了"建筑—人—环境"互动模式。"建筑人类学注重研究社会文化的各个方面，研究人类的习俗活动、宗教信仰、社会生活、美学观念及人与社会的关系。正是这些内容构成了建筑的社会文化背景，并最终通过建筑的空间布局、外观形式、细部装饰等表露出来。"[1]建筑人类学从建筑学与人类学交叉的视角探讨建筑的制度（Institution）、习俗（Convention）、场景（Settings）及触觉和身体等问题，探讨身体与建筑、近体学、身体与城市等命题。

其次，建筑现象学理论对建筑人类学等成果的整合，将"建筑—人—环境"的整体图式融入了无所不在的广义人类文化，而且将建筑人类学偏于过去的分析转向当下的体验。诺伯格·舒尔茨认为建筑包括"存在、语言和场所"三个相互依存的构成部分，[2]"存在"指的是生活世界，是个人在世界之中的连续存在和具体的经验；这个生活世界离不开自然环境、资源和生态系统，所谓的风土（天、地、风、土、光、水、树等）；也离不开感觉与感知、身体、身体隐喻、尺度，感知空间的方式，知觉体验（物感与质感、空间体验、时间体验、光与影）。建筑的"形式语言"以一种依据记忆、识别性和方向感对存在的理解为出发点，包括图形、形式和空间结构，体现了建筑作品基本的格式塔特征。"场所"包括习俗、行为、功能、事件的发生地，也是一个人记忆的一种物体化和空间化，它是"存在"通过建筑语言转译而成的场景，是特定文化中地域、聚落、都市、场景、场所。

1.3　再转向：文化循环模式

英国"文化研究"源于20世纪六七十年代的英国伯明翰大学当代文化研究所（CCCS）的研究方向和学术成果，其代表人物有理查德·霍加特、雷蒙德·威廉斯、斯图亚特·霍尔。霍尔提出了"文化循环"理论，"表征"是符号、图片等；"认同"承载着某个文化事物或制品的生产过程中意义的表征；"生产和消费"；"规则"强调了文化人工制品对传统社会规则的影响。五环节"接合"在一起，既各自独立，又彼此联系，在文化的循环中，任何环节都可以作为起点，是非线性，复杂的运行模式。借鉴"文化的循环"模式，笔者提出了建筑文化循环的模式：表征、意义、营造、体验、秩序，试图将建筑文化的研究从解释与分析的层面推向操作的层面。

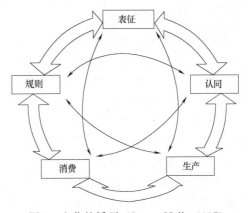

图2　文化的循环（Stuart Hall，1997）

表征——建筑的表征、表象、意象、意义等，对应着生活世界。

意义——建筑意义的社会认同，对建筑表征的发现、选择、识别、提取、确认、共识等。

营造——建筑的创作、设计、表现、建造，包括不同社会阶层（如精英阶层、大众阶层）立场。

体验——建筑的感知、体验、理解、传播，包括建筑含义的阅读、建筑空间的感知等。

秩序——习俗、社会规则、价值观的改变，新秩序的建立。

2 联通主义学习理论指导下的教学方法

联通主义由加拿大学者西蒙斯（George Siemens）提出，强调学习是为了解决未来快速变化和日益复杂的环境中出现的复杂问题，认为学习的过程就是学习者从个人出发联结任何可能的外部节点（知识、机构、人等），经过提取、重组、最终形成个性化学习网络的过程，表达了一种"关系中学（Learning by Relationships）"和"分布式认知（Distributed Cognition）"的观念。

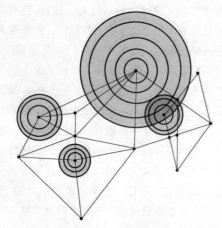

图3 联通主义：学习即网络的形成
(George Siemens，2005)

2.1 基于分布式认知：交互式资源设计

分布式认知是指认知分布于个体内、个体间、媒介、环境、文化、社会和时间等之中。它注重环境、个体、表征媒体以及人工制品间的交互，认为分布式的要素必须相互依赖才能完成任务。[3] 资源主要是指各种多媒体学习资源，包括课件、动画、模型、视频、音频、文字、图形图像、案例库等多种形式的内容。本门课网络资源主要有 PDF 文件、阅读清单，引导学生图书馆查阅文献；目前还没有建立理想的网络资源平台，只能做到部分的在线阅读。这些资源根据学习目标，分为知识模块（功能块）、知识结点（交叉）、知识层（垂直深度）、认知图式（内在逻辑）、非线性联系（接合与拆解）。主要包括以下内容：

文化：文化结构、文化模式、文化圈；概念/结构/实践；

宗教、历史、神话、文学、艺术、戏剧、语言；

精英文化/大众文化。

环境：自然环境/资源/生态系统：风土（天、地、风、土、光、水、树等）；

人为环境：地域、都市、聚落、场景、场所。

社会：习俗、仪式、行为、功能、亲属制度、事件。

体验：感觉与感知、尺度、对称、颜色、数字、意义。

知觉体验：物感与质感、空间体验、时间体验、光与影。

空间：物质空间、知觉空间、情感空间、社会空间、存在空间、精神空间、虚幻空间。

建筑语言：符号/图式/象征，类型学/形态学/拓扑学，营造技术，建构。

文化循环：表征—意义—营造—体验—秩序。

2.2 基于交流：建立学习共同体

学习共同体是指有一个由学习者及其助教（研究生）、教师共同构成的团体，在教学过程进行沟通、交流，分享各种学习资源，共同完成一定的学习任务，促进成员之间的相互影响。[4] 目前课外交流工具我们主要采用 QQ、电子邮件，这种交流非常方便，不受时间、地点、条件的限制。在课堂上，分成若干学习小组，每个小组的核心是教师、研究生或者有吸引力的学生，关键是核心成员对学习过程的引导和指导。课堂上的分组交流、小组之间交流、演讲等，都是行之有效的方法。特别是演讲，对学生有很大的吸引力，教学效果较好。

2.3 基于问题：开放性探索

本门课设置了写作小论文的要求，引导学生根据自己的兴趣、身份、知识、专业训练和文化背景等，确立与建筑文化相关的问题。通过问题的分析和研究，学习相关的建筑文化内容，并运用科学的方法解决问题。

2.4 基于寻径：个人知识建构

联通主义创始人西蒙斯认为，寻径主要描述学习者如何利用空间环境中的符号、地标和环境线索为自己定向。[5] 由于课程内容的广度和理论深度，学习者不可能将讲义中的内容当全部建筑文化知识，这既不可能、也无必要。学习者根据情境感知能力通过寻径在知识环境中定向，从而建构自己的知识体系。通过课堂讨论、网络交流和论文选题，教师动态地引导学生寻径。论文选题必须面向真实的问题——个人实践、社会现象、科学理论等领域中发现的问题，只有真实的问题才有可能促进学习者找到解决问题办法，这种操作性的"工具"运用与一般课程描述性的"概念"思考在教学实践中有着天壤之别。在寻径过程中，特别是写作指导过程中，教师需要花费大量的课外辅导时间——以邮件等不同方式。此外，在这个信息爆炸的时代，经常发现学生提供的虚假写作内容——网上下载的，为此教师还得用专门的软件识别并修正学生的行为。

合肥工业大学《中西建筑文化比较》课程论文部分选题

表 1

题　目	作者	时间
梵影禅风——浅析中日寺院之异同	李若琛	2007
水晶教堂和光的教堂	李　青	2007
光在中西方建筑中的运用	赵伟华	2008
黑白灰的表情	张　茹	2008
神话与建筑	何路路	2008
说"桥"	李姝姝	2008
象形·象征·象意	莫少军	2008
论楼梯的文化特性	周　鼎	2010
浅析扬州三间院折射出的中国文化影响	王　奕	2010
白族居住建筑中的空间层次及行为释读	赵　炜	2012
从中日新乡土建筑解析异国传统文化	周虹宇	2012
传统集市文化的未来	许婧婧	2013
从傣族民居看傣族人的生活方式及文化形态	封瑞牧	2013
吸收·继承·创新——灵岩寺本土文化与异质文化的交织	徐诗玥	2013
红砖美术馆的建构与庭园故事	张曼斯	2014
渡江战役纪念馆空间纪念性的营造	芦　佳	2014
由上海石库门看居住建筑中邻里关系的营造	霍潇楠	2014
洛阳建筑的地缘精神—以洛阳博物新馆为例	朱丽颖	2015
徽州建筑文化在当代的传承与发展——以绩溪博物馆为例	葛冰莹	2015

3　结语

这门只有短短 16 学时的选修课，通过吸收现代建筑理论新成果，提升了教学效果；基于联通主义学习理论的教学方法探讨，限于硬件资源条件，目前还在不断的摸索中。总体上，限于知识视野和兴趣，建筑学科的学生对建筑理论课程的深度领会相对有限。但是，20多年来，学生对本门课一直保持着较高的学习热情，这是推动本门课教学改革的持久动力！

参考文献

[1] 张晓春．建筑人类学之维——论文化人类学与建筑学的关系，新建筑，1999 年第 4 期：63.

[2] 诺伯格·舒尔茨．建筑：存在、语言和场所．刘念雄，吴梦姗译．北京：中国建筑工业出版社，2013年：7-16.

[3] 刘俊生，余胜泉．分布式认知研究述评．远程教育杂志，2002 年第 1 期：92.

[4] 岳治宇．基于分布式认知的教学设计模式研究．湖南师范大学硕士学位论文，2012：31.

[5] 王志军，陈丽．联通主义学习理论及其最新进展．开放教育研究，2014 年第 5 期：16.

图片来源

图 1　关华山．建筑与文化的纠葛与出路．台湾东海大学建筑研究所，9.

图 2　斯图尔特·霍尔编．表征：文化表象与意指实践．徐亮，陆兴华译，北京：商务印书馆，2003年，1.

图 3　王志军，陈丽．联通主义学习理论及其最新进展．开放教育研究．2014 年第 5 期，18.

宣建华

浙江大学建筑工程学院建筑系；xuanjianhua@yahoo.com

Xuan Jianhua

Architecture Department of Architectural Engineering College，Zhejiang University

中国传统建筑在当今可持续发展的教学思考
Sustainability of Ancient Chinese Architecture Design in Modern World

摘　要：中国传统建筑在当今的可持续发展关系到我国城市和建筑的繁荣。基于可持续发展的理念，通过在新加坡的教学体会和研究，对中国传统建筑在当今的可持续发展进行了必要性和可能性的分析。同时，结合对学生作业案例的进一步分析，提出了一些基于可持续理念的设计方法和手段。

关键词：中国传统建筑，可持续发展，设计方法

Abstract：The sustainable development of Chinese traditional architecture has relationship to the prosperity of urban and architecture of our country. Based on the idea of sustainable development，by the teaching experience in Singapore and its research ，the necessity and possibility of sustainability to Chinese traditional architecture in modern time is analyzed. Meanwhile，together with the further analyzing of the examples of student's homework，design methods and means based on the sustainable concept was proposed.

Keywords：Chinese traditional architecture，Sustainability，Design method

1　研究背景

2015 年，受新加坡技术设计大学（SUTD）的邀请，给新加坡同学开了一门课，名字叫"中国传统建筑在当今的可持续发展"（Sustainability of Ancient Chinese Architecture Design in Modern World）。这门课包括两部分，第一是建筑历史教学，包含的内容涵盖了中国古代建筑及其到近现代、当代的发展，第二是设计探索，针对中国传统建筑在当今的可持续发展提出一定的概念设计方案。由于这是属于问题导向的一门课，不同于我们常规的建筑历史教学和设计课教学，针对的是新加坡学生的实际情况和知识背景，因此也许可以理解为是一门面向未来的建筑史教学和研究课程。通过准备讲课材料和授课经历，针对中国建筑文化可持续的话题进行了一定的思考。

最近中国建筑界在回顾这三十年来的城市与建筑时，用"千城一面"来形容特色的缺乏。由众多院士领衔，组织了强大的学术团队，对这一段的建筑状态进行了全面的反思和批判。特别是对一些重要的地标性建筑进行了点名批评，指出了它们在城市文脉上无视优秀的城市肌理和文化，在经济上由于一些结构不合理而过于浪费等等。这说明了我们建筑界集体的觉醒。作为一个有着悠久历史和灿烂文化的国度，这是非常令人感到惋惜的。如今，建筑界进行的反思是非常有必要的，也是社会发展到一定时期到必然产物。过去，我们国家注重的是发展的数量，解决了城市多年来积累下来的欠账。接下来，我们的城市要更加注重发展的质量，以提升我国城市文化品味。这就向我们提出了更高的要求，也就是不能停留在对过去的批判上，更重要的是能够通过深入的研究和思考，提出富有文化的创新设计。

2 可持续研究的必要性和可能性

2.1 必要性

那么如何才能提出富有创造性的设计？为什么传统建筑还要在新的时代进一步发展？由此引出了中国传统建筑文化可持续发展的必要性的课题。为了弘扬地方特色和传统文化，目前国内许多地方的文化发展走复原再现的道路，这种做法对旅游有好处，但是对遗产保护不利，产生了许多假古董。对建筑文化创作也不利，回到过去的形式并不是一种发展的好方法。那么如何才能创作出新而中的建筑形式呢？有什么新的思路？这些都必须从传统文化的可持续发展的角度来认识。

可持续发展对文化来说是必要的，当然如何才能达到可持续也是有争论的。由于文化大革命的破坏，和前些年随着经济发展带来的对传统文化的破坏，现在文化传统的复兴在全国随处可见。包括一些地方的古城保护、古城重建等，特别是有些地方的唐风、辽风、宋风建筑重建，带来了许多地方的地域特色。这些做法往往是商业和旅游驱动，有的缺乏细致的设计和良好的施工，显示了粗糙的一面。关键的是许多假的古建筑和古迹、古街道也引发了许多争论，主要就是假古董的问题，特别是许多地方拆了旧的建假的，事实上也是对传统文化的一种破坏，无论从文物保护还是文化建设上来看，都是不可持续的行为。在文物保护领域首先是强调原真性，重建需要慎重，并需要有依据才行。而从文化建设的角度和从建筑创新的角度看，都需要我们以可持续发展的观点来研究问题，从传统建筑文化中提取营养，结合现代功能要求和技术的可行性，以达到一种继承基础上的良性发展状态。

2.2 可能性

传统建筑文化可持续发展是可能的吗？除了仿古之外，如何来表达建筑的文化？在现代，结合现代功能的具有传统文化的建筑设计是可能的吗？许多人抱有怀疑的态度，认为这是非常困难的、不现实的或者是向后看的想法。当然，这不是一件容易的事，这种研究是不能仅仅停留在理论上，需要深入和细致的理论研究，也需要与实践的结合才能实现的。

全球化的文化发展趋势和地域文化发展之间存在一定的矛盾，不是中国的唯一现象，世界许多地方，尤其是发展中国家面临着同样的问题。比如中东、南亚、南美、非洲等地。事实上，简单回顾一下历史就发现，中国传统建筑在现代和当代都有许多变化的存在，几乎与世界是同步的。在20世纪30年代提出了"民族固有形式"，到了20世纪50年代，又提出了"社会主义的内容，民族的形式"，这两个时期的建筑风格都是折衷主义的，古典形式与现代功能的结合。典型形式比如大屋顶，其他还有相对地道的古典建筑比例和装饰等。到了80年代，西方流行后现代，所以中国建筑文化与符号学在当时也非常流行，成为一时的文化热。有些建筑也模仿西方符号学的做法，采用简化、变形、扭曲、拼贴等手段，做出了一定的特色。但好景不长，随后的批判后现代表面化导致历史主义和文脉主义并没有太大的市场。后来又是地域主义和象征性等，目前在中国正方兴未艾，有许多作品也恰当地表达了传统建筑可持续发展的主题，体现了一定的地方性特点。可以说，每个时期中国都有一些作品体现了中国传统建筑的发展。

3 可持续设计方法和手段的思考

那么国际化的表达方式用什么方法来做呢？简单说，就是抽象的表达。结合现代的材料、技术，结合特定建筑的功能，在空间和形式两方面都可以进行表述。要求对中国传统建筑进行一番解读和分析，提炼出一定的意义和启示，然后运用到新的设计中。从表面来看，一般不能直接看出对传统的借鉴，但是可以看出一定的特色。只有通过一定的解释才能明白何处借鉴了，运用了什么手法，理念等等。

通过在新加坡的一学期授课体会及学生的意向设计作品分析，大致总结以下一些方面的思考方法，以作为对中国传统建筑在当今可持续发展的一种初步回答：

3.1 基于空间分析的方法：空间形态及意义

空间形态对人的活动具有很大的影响力，人们在使用空间的时候自然产生了一定的模式，通过对这种模式的认识和吸收、变化，产生出一定的空间新意。

案例分析，设计概念来自中国福建的土楼，总结出亮点空间意义：一是内向的空间，即全家族围合向中心的居住模式；二是环形走廊人的活动形成的圆形动态感觉，居住楼层之间转化带来的闭合环的螺旋感觉。把这两点运用在学校边的一个小车站的设计中，建筑整体具有螺旋形，围合了一个下沉式的室外剧场，营造了一个内向型的空间（图1）。

3.2 基于景观分析的方法：看与被看

看与被看是建筑景观处理中常见的，在中国园林中特别针对景观的设计与引导，有许多方法和手段，比如景窗的设置和多样化的形式，在景观的划分和层次上增添了无穷的魅力。

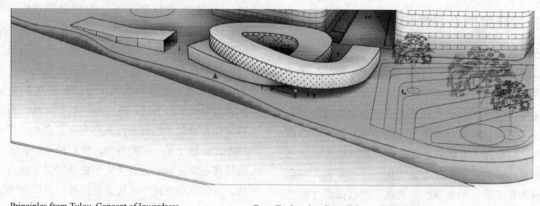

图1 土楼空间意向（图片来自 SUTD 学生作业，本人指导）

案例分析：设计概念来自于园林的景窗对于观景的关注，得出了设计的意向：将水平的观景控制扩展到竖向。选取学校内的一个庭院进行改造，将楼板的多处做成玻璃透明的，划分也采用了中国门窗中的图案冰裂纹。这个设计将传统的水平向的景观层次转变运用到了垂直的空间层次体验中，在某种程度上发展了看与被看的多样性（图2）。

图2 看与被看
（图片来自 SUTD 学生作业，本人指导）

3.3 基于行为分析的：人的活动及意义

居住行为是人生活中最常见的一种，庭院是中国建筑中最常见的一种空间形态，过去围绕庭院布置的建筑会按照家族文化的要求。但是今天不同了，只有对庭院对需求还是一样的。

案例分析：设计意向来自于中国民居的庭院，并把它运用到当代的新加坡住宅中去。建筑形态完全是现代的，自由的布局结合一定的场地特点，并结合新加坡当地的气候，在庭院的设计中，通过多种庭院空间的设计，产生了多样和丰富的空间体验（图3）。

3.4 基于建造分析的：材料与构造

材料很抽象还是很写实？运用特殊的材料来表达特别的体验。园林是中国建筑中的一种非常独特的形态，与西方园林形成极大的反差。西方园林强调表达几何性，中国园林强调表现自然。那么当代的自然怎么表达？无法回避的是建造。

案例分析：设计意向取自中国园林中的几个方面，曲折的路径、变化的标高、成片的竹子等，选取学校建筑庭院一处加以改造设计，赋予了一定的功能如活动区、讨论区、沉思区等。在建造上采用完全抽象的手法，用塑钢管子做竹子，结合一定的光线透视控制、雨水收集管理等现代技术的运用，形成了现代的园林感觉（图4）。

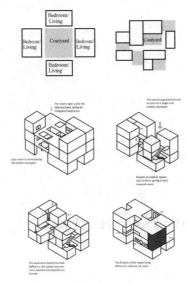

图3 庭院空间变化（图片来自
SUTD学生作业，本人指导）

图4 新材料园林（图片来自SUTD学生作业，本人指导）

以上几个案例的意向设计，反映了传统建筑在当代发展的设计理念的一种状态。新加坡学生的设计思维训练背景，导致他们没有一个是选择一种传统的形态复原或者符号拼贴类表达的。那么作为外国人，如何让新加坡学生产生兴趣，理解文化传承呢？事实上，文化的可持续性发展在国外教学当中是普遍的，而通常也是采用抽象的现代手法来设计，运用现代的造型手法、空间理念，结合现代人的活动和体验。在这一点上，国际性的话语方式是相同的，从案例分析来看，采用这样的设计方法，是能够在一定程度上获得传统建筑的可持续发展的设计成果的。推而广之，在国内的设计项目中，本着发展中国传统建筑文化的理念，结合现代的功能和技术，应该是可以做出有特色和有文化内涵的建筑的。当然，以上案例仅仅是一些粗浅的探索，反映的仅仅是一些非常局部的个性化体验和思路。但是，本着可持续发展的理念，深入探索面向未来的建筑历史教学和设计的关系，确实是我们今后应该重点思考的问题。

参考书目

[1] Peter G. Rowe，Seng Kuan. Architectural Encounters with Essence And Form in Modern China［M］. The MIT Press. 2002

[2] 潘谷西.《中国建筑史》（第五版）［M］. 北京：中国建筑工业出版社，2004.

[3] 李允鉌.《华夏意匠》［M］. 北京：中国建筑工业出版社重印，2005.

[4] 邓庆坦.《中国近、现代建筑历史整合研究论纲》［M］. 北京：中国建筑工业出版社，2008.

[5] 萧默主编. 《当代中国建筑艺术精品集》［M］. 北京：中国计划出版社，1999.

张玉瑜

浙江大学建工学院建筑系；zyu0205@163.com

Zhang Yuyu

Institute of Architecture Design & Theory，College of Civil Engineering and Architecture，Zhejiang University

中国建筑史课程教学改革的思考
Reflections on the Teaching Course Reform of Chinese Architectural History

摘　要：中国建筑史课程教学改革项目基于"教"与"学"经验积累中，因学生对传统建筑语境及技术特征体验的苍白所形成的认知鸿沟以及成为一门孤立于设计课的历史理论课困境的思考，教学改革通过现场考察教学、专题文献阅读与结构模型制作的计划方案，提高教学期间研究分析作业的比重，提升学生对传统建筑及其文化的研究分析能力与专业素养，开拓了中建史教学与当代建筑学专业结合的层面，为建筑学科的发展做出有益的尝试。

关键词：中国建筑史，现场考察，专题文献，结构模型

Abstract：The project "Teaching course reform of Chinese architectural history" is based on the experience of teaching and learning. Students are lack of knowledge and artistry experience about traditional architecture，and the course of Chinese Architectural History has been isolated from modern Architecture Designing courses. Considering the facts above，this reform project has taken the method of site visits，thematic essay reading，structural modeling，and increasing the proportion of in-term research and analysis work to improve the students' researching ability on Chinese traditional architecture and its culture. This project also discovers possibilities where the modern architecture designing courses can combine with the course of Chinese architectural history. These attempts does positive changes to the Architecture Discipline.

Keywords：Chinese architectural history，Site visit，Thematic essay，Structural modeling.

1　对中国建筑史教材与教学大纲的梳理

　　"研究中国建筑可以说是逆时代的工作"这是梁思成先生在《为什么研究中国建筑》一文沉重的开卷语。让我们回到1931～1950年间的时代背景，"中国生活在剧烈的变化中趋向西化，社会对于中国固有的建筑及其附艺多加以普遍的摧残。虽然对于新输入之西方工艺的鉴别还没有标准，对于本国的旧工艺，已怀鄙弃厌恶心理。"时代变迁的巨轮虽非个人力量所能抗拒 "一切时代趋势是历史因果，似乎含着不可免的因素"，然而唤起国人珍护中国可贵的传统建筑文化，却可以助长保护趋势，减杀破坏的力量，此即梁先生所谓的逆时代的力量，也是他肩头上急不容缓的神圣义务。

　　1959～1966年建筑科学研究院建筑理论及历史研究室组织了中国建筑史编辑委员会，由刘敦桢先生主编，开始历时七年的《中国古代建筑史》编写工作，前后修改八次完成。此书集古建筑、文化、历史、考古等方面研究成果，引证了大量的文献资料和实物记录，图片资料丰富，简要而系统地叙述了我国古代建筑的发展和成就，奠定了中国古代建筑史理论著作的核心内容与基本面貌。

　　1979年，为高等学校建筑学专业中国建筑史课程

的教学需要，由潘谷西先生主持，重新按建筑类型分章进行《中国建筑史》的编写，至 2015 年已经发行了第七版，成为"十二五"普通高等教育本科国家级规划教材。全书分中国古代建筑、近代中国建筑、现代中国建筑三部分，其中第一篇古代建筑部分所占分量较重，章节内容包含：绪论．中国古代建筑的特征、第一章．古代建筑发展概况、第二章．城市建设、第三章．住宅与聚落、第四章．宫殿、坛庙、陵墓、第五章．宗教建筑、第六章．园林与风景建设、第七章．建筑意匠、第八章．古代木构建筑的特征与祥部演变、第九章．清式建筑做法。

于是，《中国建筑史》的古代史部分便在半个世纪的编写历程中形成了跨度自原始社会时期至清代，以建筑发展历史及分类典型建筑案例介绍为主要内容的全国高校统一教材。大多数建筑学专业将中国古代史部分设置为 3 学分的理论课程，在 16 周 48～52 学时内要安排近十个章节的内容，是一个知识量繁重的理论课程。

2　专业培养计划与中建史课程设置的梳理

根据浙江大学 2014 及建筑学专业培养计划，最低毕业学分为 210 学分，以设计相关课程为主的 125 个专业学分中，中国建筑史占 3 学分，占总专业课程学分的 2.4%、最低毕业学分的 1.4%。学分虽少，但分量不小，中国建筑史不仅是专业主干课程之一，也是浙大建筑学专业培养毕业生应具备五方面的专业知识能力其中的一项："了解中外建筑史的发展规律"。

在建筑学专业中，中国建筑史所具有的分量无疑是奠基于 1930 年代梁思成、刘敦桢等中国营造学社诸位前贤们的努力，因此，各高校中国建筑史课程的教学大多以全国高校通用教材为教学大纲。然而，进入 21 世纪以来，随着社会的变化以及国内建筑学专业教学与课程建设的逐步调整与深化，若仅仅以这本核心架构奠定于 50 年前的《中国建筑史》教材为主进行理论教学，已无法完全满足教学目标的要求，因此浙大建筑系建筑历史与理论教研室的教学团队在近二十年的教学经验积累过程中，逐步形成了中国建筑史教学改革的计划与方案。

3　中国建筑史课程教学改革计划与目标

中国建筑史课程教学改革的计划基于以下对"教"与"学"两维度困境的思考：一是当代学生经由高强度的应试教育与激烈的升学竞争脱颖而出，大多数仅俱备应试教育的知识基础，对于传统建筑所依存的社会文化语境与传统建筑体系及技术特征非常陌生，而中国古代建筑史的发展历史离不开每个历史时期的社会文化历史

与技术发展背景，由此而产生的知识结构差距近几年来越来越明显，而本课程设置为纯理论课，以理论的单向讲授为主，在几乎完全陌生的传统建筑语境中，学生较难于 48 学时内深刻掌握认知重点，容易形成传统建筑及其文化认知体验的鸿沟。二是传统建筑史课程往往被学生当成一门孤立的历史类理论课，无法与其他大量的当代建筑设计课程相融合，未能发挥其为培养本国建筑师文化素养基础与增加创造力的重要作用。

因此课程教学改革的目标为：①提升学生对中国传统建筑与文化的认识动力及体验深度；②培养学生通过对传统建筑文脉的学习，拓展其文化涵养与认知视野。

4　中国建筑史课程改革的实施方案

中国建筑史课程改革的实施方案包含四个内容：

（1）增加现场考察教学环节

改善原课程之纯课堂理论的讲授方式，通过实物考察的现场教学，引导学生体验传统建筑文化，加深对课本理论的直观认识。方案为：根据建筑史主题，增加 1～2 次现场教学环节，并指导学生进行分析研究，提交报告。例如：园林考察教学、古建筑结构考察教学等。

（2）增加学生报告环节

改善原课程以教师授课为主的单向接收方式，根据课程内容设置 1 次学生分组报告，使学生通过搜集整理资料与上台报告，提升其对传统建筑与文化认知的主动性。

（3）增加文献阅读与分析，开拓视野

改善原理论性课程内容与当代建筑专业训练较难融合的孤立状态，并拓展学生汲取传统建筑文化深厚养分以为今用的眼光与能力，课程改革方案为从浩瀚的传统建筑文化中设定主题，例如地方志与当代城市等，设置专题文献研究分析作业。

（4）古建筑模型制作，手脑并用强化传统建筑结构体系的认知

为改善原理论性课程学生因对传统建筑缺乏深刻体验，而产生对中国独特木构框架建筑结构体系认知的难度，课程计划增加古建筑相关模型制作的作业设置，促进学生手脑并用，主动认知传统建筑结构体系。

上述教学改革方案皆结合高校统一教材的内容进行设置。

5　中国建筑史课程改革研究与实践工作阶段性总结

中国建筑史课程改革后，相比于以往以历史理论课为主的授课内容及期末考试为主的评量方式，更强调培

养学生建立一种与当代建筑学相关联的认知及分析能力，教学改革通过现场考察教学、专题文献阅读与结构模型制作的方式，提高学期间研究分析作业的比重，提升学生对传统建筑及其文化的专业素养，为建筑学科的发展做出有益的尝试。

中建史教学工作在教师自身对教学目标及成果间不断的思考探索下，近十年来已积累了五个专题方向的分析作业设置，分别是：

（1）建筑文化认知类，设置过：为何学中建史？你所认为五个中国古代建筑史中最需要研究的问题？如何评价中国建筑史之连续性？礼制对古代住宅制度的影响？从《宋史·舆服志》看古代认识住宅的顺序及特征？等作业题目。

（2）园林分析类，设置过：《园冶》园说篇图释、园林实例分析、园林设计、根据匾联对庭园再设计、墓园设计等作业题目。

（3）城市意象分析类，设置过：王安忆《长恨歌/第一部·上海弄堂》一文图释、从古代地方志看当时人的城市意象等作业题目。

（4）住宅分析类，设置过：贾倍思《古今民居分析》一文图释等作业题目。

（5）古典庭榭小品模型制作类。

学生作业示例：

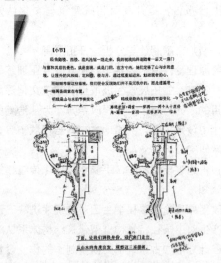

图1　园林分析（14级朱安琪）

从这五大专题作业的设置中，尝试去除学生空泛苍白的表象语汇陋习，基于实际案例强化其研究分析能力，拓展学生对于古典文献、文学作品之间的建筑学专业触角的相互融合思考与表达能力。这些教学改革成果开拓了中建史教学与当代建筑学专业结合的层面，是浙江大学在全国高校建筑学专业中，中国建筑史教学的领先探索。

图2　古典亭榭模型（12级诸梦杰）

图3　住宅分析（11级张玲婧）

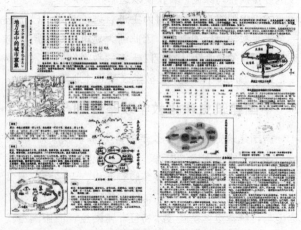

图4　城市意象分析（14级吴炎阳）

图5　上海弄堂图释（12级邵鸣）

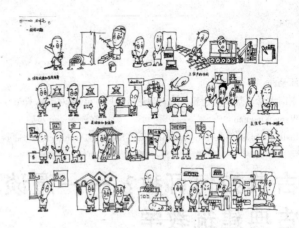

图6　住宅分析图释（05级洪晖亮）

2014～2016年教改计划，结合学科培养及其他专业课程改革的深入要求，体现在教学内容中的问题导向以及深化研究分析的课程作业训练中，减少作业专题的设置量，但要求学生形成较为清晰的关注问题能力与分析表达能力，强化中建史课程中的整体认能力。

距离梁思成先生语重心长地谈为什么要研究中国建筑以来，已然经过了半个多世纪，对中国建筑客观的学术研究与测绘调查工作经由高校建筑学专业的积累，已经成为一股学术力量；然而对于梁先生寄予厚望的"增厚未来建筑师传统建筑文化的涵养与创新能力"的长远目标来说，可能仍然是件逆时代的工作，做为一名教师，对于教学目标与教学成果之间的思考将是一项持续的责任，中国建筑史课程的改革也不会因教改项目的结束而停止。

汪晓茜

东南大学建筑学院建筑历史与理论研究所；qfwxq@163.com

Wang Xiaoqian

Institute of Architectural History and Theory in Architectural School，SEU

古典如何可教？——漫谈本科阶段的西方古典建筑教学

How to Teach Western Classical Architecture in Undergraduate Phase

中文摘要：西方古典建筑是建筑学科高等教育的重要传统内容，在各历史阶段都对建筑学的理论或实践教学产生着积极影响。本文阐释了东南大学在西方古典建筑部分教学的思路，力图传达我们在多元化、信息化和数字化时代的今天对这一传统教学主题的基本认知，并提出以下思路：一是基于教学目标基础上分层级，采用多种途径使古典可教；二是强调建筑史教学的综合作用，力图从叙述式的教学方式，朝对思维、实践产生积极影响的方向努力。

关键词：建筑史，西方古典建筑，本科教学

Abstract：As an important and basic part in architectural education teaching of western classical architecture always brings active influence on architectural theory and practice. The paper has introduced some thoughts during multiple，informative and digital age about how to teach western classical architecture in undergraduate phase which includes multi-layers teaching facing different grades and analytically inspired teaching ways.

Keywords：Architectural history，Western classical architecture，Undergraduate teaching

建筑史教学中的西方古典是一个听起来并不十分时髦或者说比较传统，但却又是建筑学高等教育体系中无法绕开的内容。其在中国高等建筑学教育中的作用经历了从早期的设计工具，到之后文化表达，到学术载体等阶段，无论方式怎样，西方古典建筑在各历史阶段都对建筑学的理论或实践教学产生着一定影响。

1 西方古典建筑教学回顾

1949 年前，现代建筑教育在中国诞生的初期，该学科的主要教师都曾留学欧美，其中不少受学院派大本营如宾夕法尼亚大学、巴黎美术学院等教育体系之熏陶，注重以形式构图为基础的设计技法和美学训练，因此那时的西方古典建筑不仅仅是一门建筑史课程的内容，更重要的是作为建筑设计教学的主要手段和方法，

地位非常突出（图 1）。新中国成立后，相当长时间内，尽管意识形态上遭到批判，但基于学院派设计教学的延续和影响力，包括南京工学院在内相当多院校教学中无论是建筑初步、设计方法和图面表达等方面皆要借助西方古典体系的内容，因此一方面在弱化古典建筑生成的文化和社会背景的同时，其承担的形式和技巧训练的功能仍得以传承，这导致了内涵和表达之间的分离。改革开放后，中国建筑设计教学开始摆脱学院派占据主流的局面，呈现百花齐放的状态，而与西方古典建筑体系相关内容的教学大多就被安排到外国建筑史课程计划中，这一格局一直延续至今。

东南大学自 1954 年开设外国建筑史课程（先叫西洋建筑史，然后是西方建筑史，后改为外国建筑史）以来，迄今已有 60 余年的历史。刘敦桢、童寯、刘先觉

1958 年建筑史新旧教学大纲内容对比

	中国建筑史	西文建筑史	中西建筑史百分比
旧教学大纲	解放前占 90%	资本主义建筑占 90%	西建史占 60%
	解放后占 10%	苏联建筑占 10%	中建史占 40%
新教学大纲	解放前占 47%	资本主义建筑占 60%	西建史占 50%
	解放后占 53%	苏联建筑占 40%	中建史占 50%

图 1　建国后南京工学院建筑史课程和西方古典柱式和构图渲染练习

等老一辈学者奠定了课程教学的基本思路和目标。虽然经历了现代主义思想的影响，建筑设计中古典样式式微，但古典建筑历史教学仍常耕不辍。并在不断探索与时代相适应的教学内容和方式。这不仅是因为东大教学体系的历史传统，更基于当代形势下我们这段内容性质的认知，即：

（1）西方古典建筑过程阐释了历史上西方社会对建筑学基本问题的思考，对学生理解和提升专业认知具有基础性的作用。

（2）尽管古典主义设计原则并非当前统领性的设计方法，但古典审美和形式感依然是当今建筑师需培养的重要职业素质。正如戴念慈先生曾说过的那样：没有比比例错误更糟糕的设计了。

（3）不谙古典，易于单薄，现代建筑师永远不要想一个好的设计可以从石头缝中蹦出来，实际上我们要找的就是一个个原型（图2）。

图 2　古典范式与现代设计

因此东大外国建筑史的西方古典部分一直是作为课程重点进行讲授的，即使在目前在国内本科教学压缩课时数的大趋势下，课堂教学中这部分内容非但没有减少，在新一轮教改中，还单独抽取出来形成史论教学的重要主题，从而强化了古典教学内容的深度。

学生对古典建筑的教学有怎样的态度？起先是存疑的，一是认为太古老，二是认为不实用，如何破解这些疑问，树立学生的兴趣和主动学习意愿，教师是需要在教学内容和方法上进行深入思考反复实践的。我们的教学主要采用两种教学方法：叙事的方法和分析的方法。

2　叙事的方法：关于通史中的古典部分

东南大学建筑学院本科阶段的外国建筑史教学是个

系列，从一年级的概论开始，二年级开设通史，三年级开设史论，前三年是必修，而四年级开设专题史选修。不同的授课阶段，古典部分内容介入程度不一：

一年级开设建筑史概论，课时安排较少（8学时）。立足全球建筑谱系的介绍，特别注重同一时间节点中西建筑文化的比较，西方古典部分仅交待概念、意义，内容不作展开。

古典建筑体系的知识和理论教学主要包含在二三年级的建筑通史和建筑史论中。二年级32学时的外国建筑通史课程会着重解决一般性建筑史知识，即帮助学生建立系统条理的外国建筑发展的一般知识背景，强调不同建筑文化的差异及其演化动因。

从长期的教学感受特别是学生反馈中，对于本科低年级段的人文类课程教学我们得到以下几点体会：

（1）要善于从文化的角度谈建筑，理解与整体文化精神之间的共性

通史阶段的古希腊、古罗马和文艺复兴建筑史的内容重点基本围绕古典体系展开，讲课时要注重形式与背景关系的诠释，不宜过于理论化而枯燥。例如希腊柱式系统一节，既然是柱式系统的源起，讲课时就必须有相当篇幅的铺垫，充分阐释滋养古典文化的自然与文化背景，其中地理气候、城邦制度和哲学观念则是重点解读和分析的地方（图3），让学生理解作为古希腊古典文化的重要表现形式之一，古典建筑与整体文化精神之间的共性。而在神庙和露天剧场完美的几何美学和高贵的柱式当中，建筑如何体现出人与神之间、日常生活和理想世界之间、构筑的艺术和自然界的质朴之间的和谐。

古希腊建筑的自然与文化背景
● 地理概念：区域概念和松散城邦联合体
● 历史分期：荷马——古风——古典——希腊化阶段（西方与世界的关系）
● 自然生态条件：地理地质、气候、资源对社会、文化艺术的影响
● 社会政治：国家组织形式——城邦本位主义和多中心
　　　　　　政治制度——雅典和斯巴达的民主制和贵族制
● 宗教和神话——非宗教和理性主义的宗教态度：荷马史诗
● 哲学与艺术——两个命题（毕达哥拉斯和普罗泰戈拉命题：理性主义和人本主义）
　　　　　　古典艺术美学的基本原则：和谐、合理、完美
● 生活与习俗：精神趣味和体育锻炼

要善于从文化的角度谈建筑
理解与整体文化精神之间的共性

图3　叙事阶段的教学要善于从文化角度谈建筑

（2）抓重点舍细节：柱式系统中掌握控制性大比例关系

西方古典有着博大精深的理论和设计语言，法式内容、对于古典建筑形式和构图分析也无需过分细化，特别是比例讲授不能一开始就坠入繁缛的数字关系中，而要告知那些控制性的大比例关系。

（3）立标准树规范：古典柱式主要部位的术语和英文

柱式各部分名称的英文术语宜交代清楚，鉴于中文文本翻译的混乱，授课时附上英文原文极有必要，为以后进一步延伸阅读和研究打好基础。

（4）重视平台，课前课后，拾遗补缺

我们目前以东南大学教师主编的国家精品教材《外国建筑简史》为基础，要言不烦；案例部分则参考《弗莱彻建筑史》，分析详尽。针对通史课时压缩的现实，将通识性内容的概貌在课前通过预习网络教学平台上传的简化课件来整体了解，细节部分以课后的新媒体平台：如网络教学平台师生互动专栏、QQ学习群、微博微信群等问答来拾遗补缺。为了节省学生课堂记录笔记时间，专注于听课和交流，并促成学生主动学习的习惯，教师会提前一周将教学PPT大纲发至教学平台供同学下载，鼓励同学预习，可以将基本框架抄录下，课堂上同学们则会结合听课内容补充觉得有启发的备注，课后亦能结合补充阅读材料摘录并合理排版，形成自己特色的学习笔记。近期2014级的同学上交了部分中期笔记，内容丰富，表达多样，版式讲究：有长卷式，有

手账式，有电子式，有纯手绘式，初步实现了课内课外的相互补充。很多同学反映，自己高中毕业后再也没有这么认真地做过笔记了，久违的预习复习又回来，而书写了一部自己的建筑史书更是特别有成就感，可见，笔记不仅承载的是知识，更是珍贵的青春记忆！教师上传笔记的微博微信的阅读量惊人，也侧面证明了此项工作的效果（图4）。

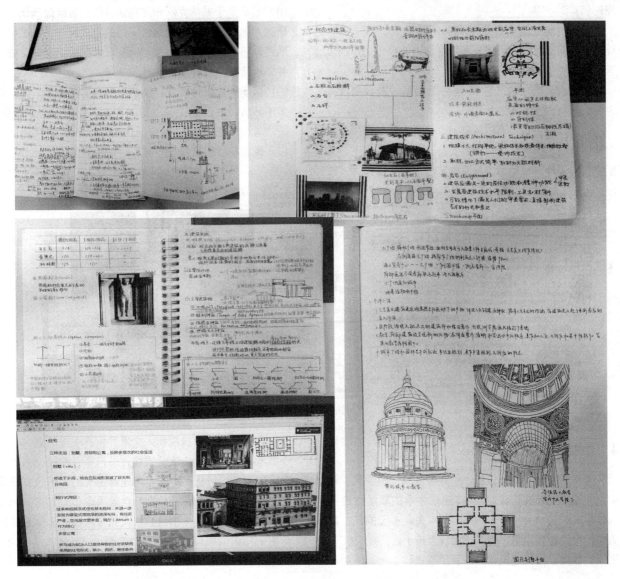

图4　课前课后，拾遗补缺——通过课堂笔记呈现

3　分析的方法：关于史论中的古典部分

新一轮教改中，我们将在三年级阶段上下学期，各开设32学时的建筑史论（Ⅰ、Ⅱ分别为西方建筑史论和中国建筑史论），力图对建筑学的基本主题进行历史解读，包含两大部分内容：一是西方古典建筑研究，引导学生深入解读西方古典建筑的发展、性质和古典语言的运用，并理解作为一种社会意义的传递手段，建筑的古典语言在西方建筑思想中的影响力；二是西方现代建筑研究，引导学生深入学习西方现代建筑的设计范式与历史学范式，通过专题了解西方现代建筑的思想特征和历史特征。具体而言，古典内容授课分作六个专题，其中18个学时课堂授课，3个学时研讨，教学主要内容包含：

（1）建筑古典语言的演变：概念之辨析，古典语言生成与发展历程和意义。

（2）古典主义的基本成分——关于柱式的理论：包括柱式的构成；柱式的性格和比例；柱式和雕刻；柱式

和线脚。

（3）建筑中的古典语法：柱式组合方式、构图和比例理论。

（4）建筑设计中的历史学：阿尔伯蒂和帕拉第奥的理论和实践。

（5）古典建筑修辞的滥觞：矫饰建筑、城市和景观，米开朗基罗等；巴洛克和伯尼尼、波罗米尼以及瓜里尼作品阅读。

（6）古典走向现代：18世纪之后的古典，密斯等现代大师与古典的渊源

显然课程设置在通史基础上，是将古典部分作为一个整体系统考虑，这个体例的安排，能够承上启下，兼顾史实和原理，帮助学生从通史部分的文化解读进一步

延伸至建筑学问题，启发学生对历史和理论乃至实践问题进行思考。其中关于建筑语法和文艺复兴古典理论、实践的讨论是重点。而到研究生阶段，则开设西方古典建筑历史学专题，包括古典文献综述：从维特鲁威到迪朗，以及关于威特克沃和里克沃特的的古典建筑历史学研究。课堂教学以讲授结合研讨的方式展开，鼓励学生通过调研、指定文献阅读，以及日常生活中的体验发掘并分析建筑问题，例如关于文艺复兴时期形式的意义，帕拉第奥别墅设计模式，比例与古典美学关系，建筑师案例分析，装饰主义等主题的讨论，就是以问题导向、方法导向、思维导向为特征，来逐步形成研讨课的特征。课程将以研究报告与专题讨论的表现作为评分依据（图5）。

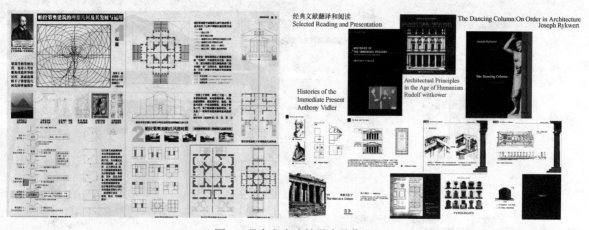

图5 通史和史论教学中的作业

4 小结

其实，在多元化、信息化和数字化时代的今天，我们再讨论17世纪以来欧洲古典建筑体系的教学肯定不只是形式或美学的问题，毕竟当代审美是多元的，古典美学已经不能作为唯一标准。但作为传承西方建筑文化内涵的载体，古典建筑体系综合了形式和文化，依然具有作为建筑师设计技能和人文素养培养手段的意义。基于教学目标基础上应该分层级，采用多种途径使古典可教：叙事的，分析的方法可能是最主要的，各校宜根据学生情况、年级阶段、教学特色等采取相应方法。无论如何，外国建筑史中的西方古典部分内容的教学都应该从历史知识的堆砌，叙述式的教学方式，朝向对思维、实践产生积极影响的方向努力。

张楠　周庆

天津城建大学建筑学院；tjuzhangnan@foxmail.com

Zhang Nan　Zhou Qing

Tianjin Chengjian University

"外国建筑史"课程教学中作业体系的构建
Construction of the Operating System in the Course of Foreign Architectural History

摘　要：作业一般被作为复习所学知识和检验教学效果的方法，在建筑学专业核心课《外国建筑史》课程教学中，作业一般不被作为重要的教学环节来认识与研究。本文尝试结合天津城建大学近年来的教学实践，通过对于"外国建筑史"课程特点及作业设置的分析，提出有必要以构建课程作业体系的思路改进传统的作业设置模式，力求在通过作业体系的构建，实现培养学生能力、诱发学习兴趣、引导自主学习等教学目标，以适应"互联网+"新常态背景下的建筑教育要求。

关键词：外国建筑史，作业，慕课

Abstract：Homework is generally regarded as the review what they have learned knowledge and to detect the effect of teaching methods，in the teaching of architecture professional core courses for the foreign architectural history assignments generally are not as an important part of teaching to understand and study. This paper tries to combine the teaching practice of Tianjin Chengjian University in recent years，through for the foreign architectural history course characteristics and the work analysis，proposes that it is necessary to construct the curriculum operation system idea for improving the traditional operation mode setting，and strive to through constructing the work system，cultivate students ability，evoked interest in learning，autonomous learning guidance teaching objectives，to adapt to the requirements of the 'Internet plus Architectural Education' under the background of the new normal of.

Keywords：Foreign architectural history，Homework，MOOC

外国建筑史是建筑学及相关专业的专业核心课程，课程所学知识点的时间从公元前 30 世纪的埃及古王国时期到公元 20 世纪末、空间涉及各大洲，知识体系极为分散、复杂。缺乏经验的学习者面对如此繁杂的知识常常会显得不知所措，因此在日常教学中，一般设置相关的作业帮助学生巩固所学知识。但总体上作业布置的随意性较强，缺乏系统的多元化设计。最常见的外建史作业任务书主要包括经典建筑抄绘、大师作品绘图分析、名词及观点的解释、思考或者是主题论文，此类作业主要的形式以绘图和文字作答为主，目的在于通过引导学习者查找和重复知识点，检验学习者对于知识的掌握情况与对知识之间联系的理解。利用重复学习强化起对于知识点的识记。

1　关于作业设置的初步思考

在实际的教学过程中，我们也发现传统作业设置方式存在一些"痛点"：作业相对枯燥，学生完成作业的动力不足；文字习题在不同级沿用时，上下届间存在抄袭的可能性；通过重复学习强化知识识记的初衷能否很好实现在很大程度上取决于学习者的态度，如果学习者态度相对敷衍，只从网上搜索答案而不仔细研读教材，那么复习效果将大打折扣；此外，作业仅仅成为复习与评价学习态度的任务，对于学生学习能力的提升和学习兴趣的培养意义不大。

以上问题促使我们跳出传统的"作业"定义，而开始思考关于作业这种学习形式的一些基本问题：我们为什么而留作业，希望作业实现哪些教学目标？作业一般被作为复习方法和考核手段，但本文认为，作业作为考核手段的一种值得商榷：一方面原因是作业多数是课后完成，学生是否独立完成作业影响考核的效度，另一方面，利用课题提问和期末考试的方式实现考核更有效率，辅以作业考核的必要性存疑。所以，对于课程作业的定位更应该是引导学习的方法而非考核手段。本文认为，课程作业依附于课程，但教学目标需要从培养计划的格局上通盘考虑，合理安排的情况下，外国建筑史的课程作业也会对学生综合素质的提高有一定帮助。这主要包括查找资料并综合分析、语言、图形和文字表达、将理论知识灵活运用到设计实践等能力。

在实际的调查和访谈中发现，同学们最喜欢的作业其实是没有作业！进一步交流中了解到，他们不希望为了完成作业而完成作业。他们对于作业的趣味性抱有一定的期望，但完成作业过程中学有所成的成就感也是他们所看重的方面。国外的相关研究也在一定程度上对此做出了验证，苏联早期教学论专家那洛夫、斯米尔诺夫等把作业研究视为教学论研究的重要部分，强调作业在教学中的重要作用。20世纪80年代末，美国学者库柏出版著作《家庭作业》，对作业的作用进行了详细阐述。20世纪上半叶，进步主义教育思想开始在美国盛行，教育人士逐渐意识到教育的基本要求不单单是教育学生，更要让学习者保持愉悦的心情，实际上也是保证良好学习效果的需要。

针对这样的需要，我们在作业设置中也注意趣味性和参与性，将学生拍摄的微课上网、采用知识竞赛的方式替代期中复习、举办旅行计划演讲会等形式都是在这方面做出的尝试。联合国教科文组织和国际教育发展委员会在《学会生存》一书中，把每个学生都能够自由地发展作为基础学校教学的基本目的，而不能仅仅只注重学生的成绩和教学内容。可见，教师设计的家庭作业应该依据学生的身也发展规律和特点，更加注重学生综合能力的发展，开启学生的智慧。纵观目前家庭作业的改革潮流，重视家庭作业的问题研究，通过改革家庭作业的内容和形式，在注重巩固知识的前提下，实现学生的全面发展具有十分重要的意义。

2 《外国建筑史》课程特点对于作业设置提出的特色需求

在目前各校的建筑学专业培养计划中，外国建筑史一般处于专业核心课地位，是大多数学校建筑学研究生招生的必考科目，因此得到了相当程度的重视，但是即便是一些授课教师，也对本课程是否能与建筑设计课直接联系起来持怀疑态度。这也与常规的外国建筑史课程组织方式偏重时间线索、淡化空间关系有关，空间观念的培养在建筑设计教学中有重要意义。[1]在作业设计层面上，完全有可能通过对三维模型和数字地图的强调来进一步强化外国建筑史的建筑类专业核心课的特性，强化空间观念的培养，建立理论与实践的直观关联。由此，对于大师作品分析这样传统作业形式加以调整，要求学生创建三维模型，并尽可能建立数字地图，了解历史建筑在空间上的并置、毗邻、层叠、更替等关系。[2]

从教育心理学上看，将理论知识用于实践是一个"学习迁移"的过程，通过强化空间观念来改善学生理解建筑历史的视角，将使那些难以从对于新知识的抽象描述中获得的理论知识与实际建筑设计的直觉相似性，可以通过强调对建筑空间的认知而完成，促进知识迁移的顺利实现。

外国建筑史课程知识体系是相当庞杂的，不仅是初学的学生，即便是教师，也并不容易把握整体脉络，如何引导学生去通过整体学习，避免"见树木不见森林"，是一个课题。此外，从另一视角上看，如果每门课程的教师所关注的只是学生在本门课程中的表现，那他就并没有真正从学生发展和教学系统的大格局下考虑问题。在这方面，我们借鉴了引入了思维导图❶方法和prezi软件❷，一方面帮助学生掌握更有效的工具来厘清对于整体知识结构的认识，另一方面对方法和软件本身的掌握也会给他们的工作带来很大的便利——不局限在外国建筑史课程的学习中。当学生们开始用带有文字、数字、颜色、线条、图片和音符的思维导图来整理全书的知识脉络，当他们熟练地在prezi的不同页面间充满想象力地切换时，他们自身的满足感超出了我们的预期。

---

❶ 思维导图是一种图像式思维的工具以及一种利用图像式思考辅助工具。思维导图是使用一个中央关键词或想法引起形象化的构造和分类的想法；它用一个中央关键词或想法以辐射线形连接所有的代表字词、想法、任务或其他关联项目的图解方式。

❷ 我们从对2010级本科生的教学中，尝试引导学生将prezi作为可选择的演示手段，当时该软件对于中文的支持尚不理想，随着软件的完善，目前此问题已经基本解决。

3 教学实践

天津城建大学"外国建筑史"课的课程建设主要聚焦于三个环节：课程（教学知识体系的理论构建）、资源（学习条件准备）和课堂（教学过程控制）[3]。我们的作业设计并非是某个局部的强化，而是贯穿了全部三个环节：利用作业帮助学生理解整个课程知识体系，利用作业引导学生关注资料的来源与运用并丰富教学资源，利用作业改善预习和复习，并增强学生的沉浸感，优化教学过程的控制。由此，我们提出设置外国建筑史教学作业的系统化思路，以有层次、目标明确、有针对性的体系化作业编排方式来不仅仅在教学过程中实现对学生的督促与评价，也丰富课程建设，使作业成为可以持续发展的教学体系中的有机一环。

天津城建大学外国建筑史课程的部分作业的设置　　　　表1

序号	作业名	作业要求	作业格式	教学目标	使用到的工具或软件	其他说明
1	纪录片观影	根据授课进度，安排相应的纪录片供观影	无	拓展视野 增加学习兴趣 深化背景了解	任何视频播放器	自愿完成，无强制性要求
2	参考书阅读	根据授课进度，在慕课网站提供电子版参考书供阅读	无	拓展视野 增加学习兴趣 深化背景了解	Adobe Reader	自愿完成，无强制性要求
3	精品课程讲义整理	整理网络精品课程（如哈佛大学《罗马建筑》、俄亥俄州立大学《建筑史》）讲义并制作课件	doc ppt txt	开拓视野 查找资料 课程建设	PPT	互相交流
4	翻译原版书的一部分	英译汉，并将自己翻译的部分整理成PPT给大家讲解	doc，ppt	锻炼专外水平 拓展视野 课程建设	Word，PPT	接触最新的一手资料 翻转课堂
5	文献书评	在推荐书单中选书进行解读	doc	训练查找资料 分析能力培养	建筑评论	传统作业形式
6	经典作品分析	对于经典作品在抄绘的基础上拆解、重构	skp doc jpg	强化空间视角 深入理解经典 知识复习 训练查找资料	Sketchup，Rhino，3Dmax Word	传统作业形式的进一步发展
7	微课视频拍摄	自主选题，拍摄5分钟作业的微课视频，讲解一个知识点或知识脉络	建议mp4	查找资料能力 课程组织水平 语言表达能力 课程建设	Camtasia Studio，Word	优秀者上传到课程网站
8	建筑史思维导图绘制	绘制体现知识脉络的思维导图	pez txt pdf ppt	掌握学习方法 梳理知识脉络 系统复习	Prezi，PPT，Photoshop，MindManager 等	翻转课堂
9	制订建筑旅行计划	制订有学术线索的旅行计划、综合考虑时间、费用、研究切入点和空间组织关系	Ppt，doc，avi	搜集资料能力 团队协作精神 空间概念强化 增加学习兴趣	PPT，Word，Photoshop	两轮评选后组织比赛，选出最受欢迎的旅行计划
10	外建史知识竞赛	以知识竞赛的形式，替代常被忽略的其中复习，巩固古建史的复习	无	期中复习	无	分队形式竞赛

上表列出了我们曾采用的部分作业题目，在实际的教学过程中，教师根据学生学习状况的反馈和具体情况灵活选取一种或几种作为学期课后作业，以期达到不同层次的教学目标：

（1）兴趣培养：拓展学生的视野，培养学生兴趣：对于此类教学目标，多采用提供相关文字或音视频资料的方式，以材料本身的内容吸引学生，并且不设置完成作业的时间、深度方面的硬性要求，使学生感受到"我要学"而不是"要我学"，在自主的学习中取得收获（作业①②③）。

（2）维度拓展：从学习的深度和系统性两方面对学生加以引导；主要是引导学生在把握资料的基础上进行一些深度或有系统性的思考（作业③④⑤⑥⑦⑧）。

（3）学习方法的把握：引导学生采用一些新的学习方法来改善学习（⑥⑦⑧）。

（4）能力提升：通过作业完成，训练学生的查找资料、口头表达等能力（③⑤⑥⑦⑨）。

（5）团队精神塑造：采用团队合作的方式完成作业，引导学生在完成作业的过程中学习与他人合作共赢的方法（⑨⑩）。

4 结语

《教育大辞典》中把课外作业定义为学生在课外时间独立进行的学习活动。是检测学生是否学会课上的知识点的一种方法。[4]本文则认为：比之于评价手段，作业更应该具有引导学生学习的功能。与教学方法和课堂环节相比，作业设置还是一个容易被忽略的环节，通常随意性较大。如果让"教师批着累、学生写着辛苦"，那说明它还有改进的空间。近年来，网络对于教育模式的影响日益增大，微课、慕课等创新教学形式日益普遍，利用网络辅助建筑教学的现实性和紧迫性日益增强。特别是从 2013 年起席卷全球的慕课（MOOC）为建筑学的教育改革提供了更多的选择。也大大丰富了布置作业的手段，使预习类作业的布置更加便捷，同时可以更好地评估作业的效果。强调互动，一方面教师与学生的联系更加紧密，教师可以利用论坛等形式发布消息，引导讨论；另一方面学习者之间的交流也得以加强，作业互评的模式提高学习者的参与感，更迅速地帮助他们获得关于自己作业的反馈，客观上也缓解了作业量大带来的教师额外工作量增加，带来的困难。我们针对外国建筑史的学科特点尝试通过系统化、多样化的设置方式调整作业设置，将其纳入到完整的课程教学过程，就是在这方面做出的初步思考和实践，有待于进一步深入思考。

参考文献

[1] 顾明远主编. 教育大辞典（I卷）. [Z]上海：上海教育出版社，1990. 378

[2] 卢永毅. 空间观念在早期同济大学建筑设计教学中的影响. 2013 建筑教育学术研讨会论文集. 北京：中国建筑工业出版社，190-193.

[3] 张楠. 外国建筑史课程中的数字地图与三维模型运用. 2012 年全国建筑院系建筑数字技术教学研讨会论文集. 北京：中国建筑工业出版社，2012 年 8 月：342-346.

[4] 张楠、史津.《外国建筑史》课程建设的三个环节——天津城建大学的教学实践. 世界建筑史教学与研究国际研讨会论文集（2015）. 哈尔滨：哈尔滨工业大学，2015 年 12 月：122-126.

苏勇
中央美术学院建筑学院；suyong@cafa.edu.cn
Su Yong
The Central Academy of Fine Arts

文化、换位、体验
——中央美术学院"中外城市建设及发展史"教学的思考
Culture，Transposition，Experience
——The Thought of the Teaching of Chinese and Foreign Urban Construction and Development History in the Central Academy of Fine Arts

摘　要：本文首先指出了"中外城市建设及发展史"课程的重要性，以及目前在《中外城市建设及发展史》课程教学中普遍存在的问题，接着介绍了中央美术学院中外城建史教学过程中提出的文化切入、换位思考、真实体验三种教学方法，最后总结了《中外城市建设及发展史》课程的未来发展方向。

关键词：中外城市建设及发展史，文化，换位，体验

Abstract：First，this paper points out the importance of the history course of Chinese and foreign urban construction and development，and the problems existing in the history course of Chinese and foreign urban construction and development，then introduces three kinds of teaching methods in the history course of Chinese and foreign urban construction and development of the Central Academy of Fine Arts：the penetration of culture，Transpositional consideration，to experience，finally summarizes the future development direction of the history course of Chinese and foreign urban construction and development.

Keywords：History of urban construction，Culture，Transposition，Experience

1 "中外城市建设及发展史"课程的意义

1.1 城市建设的需要

根据国家统计局 2016 年 1 月颁布的数据，2015 年我国的城市化水平已达 56.17%，这意味着我国已经开始全面步入城市化时代。而与此同时，伴随着 21 世纪初中国加入 WTO 所带来的全球化浪潮，千城一面现象开始席卷全国，城市如何挖掘和保持自己的个性与特色已成为城市建设所必须面对的问题。而一座城市的个性与特色又与他的历史和文化紧密联系在一起，因此研究和学习"中外城市建设及发展史"（以下简称中外城建史），对于提高一座城市的软实力，加强城市核心竞争力，建构一种可持续发展的新模式具有重要的意义。

1.2 专业学习的需要

"中外城建史"作为城乡规划、建筑学、风景园林等专业学生的专业基础课程，对于增强学生专业知识、提高学生人文素养有着非常重要的作用。因为对于任何一门学科而言，它都不可能是突然产生的，都有着自己独特的发展历史，要真正掌握它就必须既了解它的现在，又了解它的历史。例如，对于一个城市规划学生而言，他要学会分析并解决他所面临的城市现实问题和未

来问题，就必须追溯该城市发展的历史，了解其发展的全过程，进而准确地分析出其所存在问题的前因后果，这样才能对症下药，找到解决问题的正确方法。如果我们在规划中不能从历史的角度全面地理解一座城市，那么想要为其作出一个科学合理的规划就无异于缘木求鱼。

2 目前"中外城建史"课程普遍存在的问题

由于新中国成立之后，百废待兴的我国经济建设急需培养大量工程技术和科技人才，我国的高等教育体系于1952年开始全面向前苏联学习，建筑学、城市规划等专业被划归到工学学科体系下，其应用型学科的定位导致了上述专业的教育体系偏重于工程技术型人才的培养。因此，"中外城建史"课程的教学内容也一直偏重于对中外历史城市空间的建设情况和成果进行介绍。授课方式一般是将中外城建史分为中国城建史和外国城建史两大部分，按时间先后顺序分别讲述城市建设情况和规划理念；这种按照工程师思维模式进行的教学，具有条理清晰、简单易懂的优点，但在教学中我们也发现存在以下三方面主要问题：

2.1 重物质轻文化

由于教育的目标在于工程和应用，导致在教学内容上往往过于侧重介绍各个时期典型城市物质形态的建设状况，既缺乏对城市建设所处时代社会经济背景的交代，又缺乏对于城市同期的相关经济、政治制度的沿革及变迁的探讨，以及对城市人文社会风貌的剖析，使教学内容变成只见城市不见生活的"无人化"城市形态史，以及断断续续的城市建设案例介绍。

2.2 重书本轻体验

由于中外城建史时间跨越几千年，地域跨越五大洲，它所涉及的各个地区和时期的代表性城市众多，在有限的课时限定下，目前的教学只能侧重书本介绍，很难进行实地考察，缺乏在场的体验教育，使学生学习的成果往往停留在死记硬背的平面总图和枯燥数据，与城市建设紧密相关的生活被忽视。

2.3 重罗列轻对比

由于目前缺乏"中外城建史"整合的教材，因此在教学中普遍只能按照中国城建史和外国城建史的顺序进行教学，而教学的重点又往往放在介绍各个时期重点的

几个代表性城市，这种跳跃式的教育必然导致缺乏对同时期中外城市的形态和建设情况进行对比研究，其教育的结果就是内容庞杂和简单罗列，各城市之间缺乏内在的有机联系，容易给学生以机械拼凑之感，留下的印象是割裂的空间、拼贴的历史。

以上问题的存在，使"中外城建史"的教学犹如一盘散沙，面面俱到但内容粗浅，很难激发学生们的学习热情。因此，需要从教学内容、教学方法及教学理论体系构建等方面进行有效地教学改革。

3 中央美术学院中外城建史课程的教学方法——文化、换位、体验

3.1 文化切入——从表象到内涵

"城市是人类社会物质文明和精神文明的结晶，也是一种文化现象。"[1]对"中外城建史"教学而言，它的主要研究对象城市形态往往是当时的社会制度与思想文化背景的物质反映，兼具物质和观念两个属性。但在实际教学中，人们往往舍本逐末，只见物质不见观念，文化这一城市的本质内涵总是被忽略。为此，我们尝试"中外城建史"的教学从城市的本质内涵——文化入手，这样既能抓住城市的核心本质，又能在内容庞杂的中外城建史各部分内容之间建立起内在和有效的关联性，进而串联起各个时代不同地域的城市和区域的发展历程与现状，最终激发学生主动探究城市发生和发展的一般规律与特殊表现的兴趣，既有利于学生掌握本课程所要求的基本内容，又有利于学生理解和熟知相关的人文知识，进一步地与哲学、文学、艺术等领域触类旁通，举一反三。可见，"中外城建史"的教学如果从文化的层面切入，就能起到事半功倍的作用。[2]

例如在中国城建史讲授之前我们会首先提纲挈领地介绍中国传统文化的精髓——天人合一的哲学思想和对立统一的整体思维，以及由此产生的因地制宜的建设方针、持续发展的思想观念、朴素和谐的生态意识、融入自然的心理需求、烘托主题的造型手法、顺应时代的功能分区、防患未然的减灾措施等思想。这些思想和观念将在后继的史料讲解中不断闪现，并将这些史料串联为一个连续、生动、鲜活的历史。

3.2 换位思考——从记忆到思辨

对"中外城建史"教学而言，中外城建史所涉及的教学内容时间、地域跨度很大，所涉及的各个时期各个区域的代表性城市其规划思想和建设情况内容繁多，如何避免学生陷入死记硬背、脱离实际这种知行分离的怪

圈，是我们在城建史教学中思考的另一个重要问题。

为激发同学们主动学习的热情，我们在授课之初与之间都十分强调学生要学会"设身处地""换位思考"。即要求学生用"换位思考"的方法"设身处地"的思索古人在城市建设的过程中为何这么选择？当自己面临同样的环境时会如何作出抉择？这种学习历史的方法，把主观融入客观，重视的不是历史的"记忆"，而是历史的"思辨"。从"史"到"论"的转变有效地激发起学生超越史实，探究其表面下诸多原因的学习兴趣和动力。从"要我学"到"我要学"，枯燥的城建史因为学以致用从而鲜活起来。

3.3 真实体验——从书本到城市

文化是城市的本体。城市文化有两个层面，一是物质层面，二是观念层面：物质层面的城市文化包括市场、街道、坊巷、广场和宫殿等场所空间，具有直观性；观念层面的文化着重指"体现于象征符号中的意义模式"，是由"象征符号表达的传承概念体系，人们以此达到沟通、延存和发展其对生活的知识和态度"。通常包括空间使用规范、城市的布局结构和规则制度等。

从知行合一角度讲，通过书本了解的观念的文化只有通过对物质层面文化的真实体验才能够被真正掌握。因此，我们在课堂教学的基础上特别从宏观和微观角度增加了两种城市体验课程：

3.3.1 宏大叙事的体验——"穿越7.8，步行体验中轴线"

自上而下的宏大叙事始终是中国传统城市建设的主流，为了使同学们从规划者角度了解物质和观念层面的这种中国传统城市规划思想，我们设计了"穿越7.8，步行体验中轴线"的教学活动。穿越活动选择"全世界最长，也最伟大的南北中轴线"——北京中轴线，南起外城永定门，经内城正阳门、中华门、天安门、端门、午门、太和门，穿过太和殿、中和殿、保和殿、乾清宫、坤宁宫、神武门，越过万岁山万春亭，寿皇殿、鼓楼，直抵钟楼的中心点。这条中轴线连着四重城，即外城、内城、皇城和紫禁城，全长约7.8km（图1～图7）。为实践"设身处地""换位思考"的教学理念，我们假设自己回到明清时代，以步行方式进行穿越体验，在穿越活动中，师生们边走边讲解，在真实的空间体验中讲解和探讨中国传统城市规划思想的要点，并与现代城市规划思想进行对比。例如，关于选择城址的区位原则，我们会谈到"择天下之中而立国"的思想；关于选择城址的自然背景原则，我们会讲到"凡立国都，非于

大山之下，必于广川之上"等经验；关于城市的总体布局原则，我们回顾了《周礼·礼工记》中"匠人营国，方九里，旁三门。国中九经九纬，经涂九轨。左祖右社，面朝后市，市朝一夫"的记载，站在景山的万春亭上南北眺望，现场印证了以宫为中心的南北中轴成为全城主轴，祖庙、社稷、外朝、市场环绕皇宫对称布置的总体布局；关于城市功能分区原则，我们会介绍"仕者近公"，"工买近市"的思想，即从政的住在衙门附近，从商从工的住在市场附近，"农民"住在城门附近，出入耕作方便，在没有现代交通工具的时代，居住地接近工作地，可节约往返时间，这一思想对于指导我们现代的城市规划改变分区过于明确所带来的交通拥堵、环境污染问题仍有特殊的意义；关于道路布局原则，我们会讲解《周礼·礼工记》中"经涂九轨，环涂七轨，野涂五轨"的含义，其中经涂是全城的干道，东西和南北各三条。环涂是顺城环路。野涂是城外道路。这种根据车流和人流密度，区分城市道路不同等级的思想对于指导我们的城市道路体系建设依然具有极强的借鉴意义；关于城市规模等级体系原则，我们会讲"国都方九里，公国方七里，侯、伯方五里，子、男方三里"的含义，并与现代城镇体系规划原则进行了对比。[3]

图1 穿越北京中轴线路线图（自绘）

3.3.2 微观叙事的体验——"城市公共空间使用调查"

要真正了解一个城市，仅仅从宏大叙事的规划者角度理解还远远不够，因为作为城市使用者的老百姓的体验是微观的、局部的，所以，要评价一个城市建设的好坏，我们还应从微观叙事角度，让同学们以"换位思

图2　前门大街

图3　正阳门

图4　天安门

图5　景山北眺钟鼓楼

图6　钟鼓楼广场

图7　钟楼南眺鼓楼

考"的方式，变身一个使用者，以使用者的视角去体验微观层面的城市规划思想。

而对于一个城市而言，它的公共空间是城市社会、经济、历史和文化等诸多现象发生和发展的物质载体，蕴含着丰富的信息，是人们阅读城市、体验城市的首选场所。它既包含公园绿地、滨水空间等自然环境，也包含广场、街道等人工环境。

为此，我们在这一教学环节中，会让学生根据自己的兴趣选择一处城市公共空间进行使用状况调查分析，分析的方法包括，非参与式的客观观察（包括现场勘踏、拍照、行为轨迹图、定点观测记录、数据统计分析），以及参与式的主观访谈、问卷调查等。通过汇总以上主观、客观的记录数据，绘出各种数据分析图，根据性别、年龄、活动类型等进行使用人数的比较。然后确定出哪些是影响公共空间使用的重要因素。数据分析图和汇总后的公共空间使用图可以让人很快地了解到整个公共空间的使用情况，并使复杂的观察结果更易于让研究者和读者理解。[4]最后将上述成果整理成城市公共空间使用调查报告，作为我们微观叙事体验课程的作业(图8~图10)。

我们希望通过对城市公共空间使用状况的观察分析以及提出改进建议，让同学们建立起人是城市的真正主人，它的需求才是决定城市建设的最关键因素，而使用状况的好坏则决定着城市建设的质量这一观念。

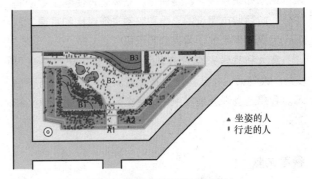

图8 思源广场行为痕迹图

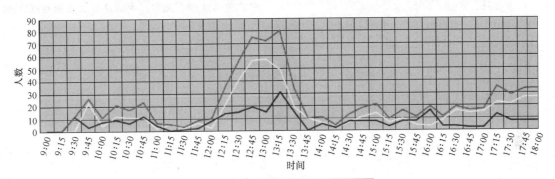

图9 思源广场使用人数与时间关系分析

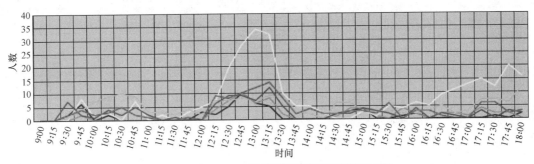

图10 思源广场空间使用频率与时间关系分析

4 中外城建史课程的未来展望

"城市的主要功能是化力为形，化能量为文化，化死的东西为活的艺术形象，化生物的繁衍为社会创造力。"[5]然而在经历了工业化、全球化、信息化和科技化洗礼后今日之城市，对看得见的现实的物质环境建设的关注已大大超越对看不见的历史的城市文化研究的关注，城市正在逐渐异化为无数汽车、高楼大厦、宽大马路、城市管网等物质集合体，而城市真正的主人——人和文化却被逐渐边缘化和淡忘。也许这就是今日诸多大城市病的病根。

刘易斯·芒福德认为"城市史就是文明史，城市凝聚了文明的力量与文化，保存了社会遗产。城市的建筑和形态规划、建筑的穹顶和塔楼、宽广的大街和庭院，都表达了人类的各种概念。"，"用建筑和艺术展现城市的发展，首先关注的是社会问题，而不是美学问题。城市的基本问题是城市是否满足人的基本需要，城市的设计是否促进人的步行交通和人与人的面对面交流。"[6]他深刻指出了城市文化兼具物质和精神的双重属性。

因此，"中外城建史"教学的切入点就应该从过去侧重于史料的介绍上升到重点探讨城市文化和当时当地人的需求，并且在教学中强调"设身处地""换位思考""学以致用"的体验教学，如此就可以在中外城市发展复杂的表象下找到隐藏的共同发展规律，将原本庞杂枯燥的书本知识系统化、逻辑化、立体化，使学生主动将中外、前后城市建设的思想和实例进行对比和贯通，从而大大提高学生的学习兴趣和积极性。

意大利哲学家克罗齐认为"一切真历史都是当代史"。换句话说，一切历史都能读出当代意义和当下启示。我想这也许就是《中外城建史》课程教学的意义和未来。

参考文献

[1] 董鉴泓 主编. 中国古代城市二十讲. 北京：中国建筑工业出版社，2009，4.

[2] 向岚麟，王静文. 中外城市建设及发展史. 教学改革的文化路径. 规划师，2014，11.

[3] 李允鉌 著. 华夏意匠. 天津：天津大学出版社，2005，5.

[4] 克莱尔·库珀·马库斯 卡罗琳·弗朗西斯. 俞孔坚，孙鹏，王志芳 译. 《人性场所》. 北京：中国建筑工业出版社，2001.

[5] 刘易斯·芒福德. 城市发展史. 宋俊岭，倪文彦译. 北京：中国建筑工业出版社，2005，2.

[6] 刘易斯·芒福德. 城市文化. 宋俊岭，李翔宁，周鸣浩译. 北京：中国建筑工业出版社，2009.

刘拾尘[1]　刘晗[2]　艾勇[2]

1 华中科技大学建筑与城市规划学院；liuxiaohu@hust.edu.cn

2 湖北城市建设职业技术学院

Liu Shichen[1]　Liu Han[1]　Ai Yong[2]

1 School of Architecture & Urban Planning, Huazhong University of Science & Technology

2 Hubei Urban Construction Vocational and Technological College

空间原理：第一个以空间为主线的教学体系[*]
Space Combination Design Principle：The First Architectural Education System Using Space as Fundamental Framework

摘　要：冯纪忠 20 世纪 50 年代在同济大学推行的"空间原理"教学体系，是中国乃至全球第一个以空间为主线、全面组织各年级建筑设计教学的体系。通过不同年级、不同空间类型的练习，比如大空间塑造、空间排比、空间顺序等，结合课程组织，加上讲述和教授工作方法，让学生掌握设计原理。改变过去根据类型教学的缺陷，教授原理而不是经验，让学生可以举一反三。"空间原理"超越形式主义和功能主义，也有设计方法本土化的意识。它因批斗而中断，中国的建筑教育也错过了第二次与现代建筑擦肩而过的机遇。

关键词：空间原理，建筑教育，原理，类型，现代建筑

Abstract：The "Space combination design principle" carried out by Feng Jizhong in the 1950s in Tongji University，was the first architecture design education system in China even in the world，used space as fundamental framework，and all grades of the school were organized to follow this framework. Through different grades and types exercises of space，like space shaping, spatial parallelism, the order of space, students can master the principles of design combine with curriculum organization and teaching design methods. Teaching design principles rather than design experience were different from teaching by architectural types, so students can learn method and can design by analogy. "Space combination design principle" thus beyond formalism and functionalism, also refer to localization. It was interrupted by the Cultural Revolution, so architectural education in China missed a second opportunity to step in modern.

Keywords：Space combination design principle, Architectural education, Principle, types, Modern architecture

1　首开先河：国际领先的空间教学体系

冯纪忠 20 世纪 50 年代在同济大学推行的"空间原理"教学体系，是中国乃至全球第一个以空间为主线、全面组织各年级建筑设计教学的体系。它打破了过去以类型来组织设计教学的传统，也把形式训练退居其次，而将空间作为核心问题提出来；进一步又将空间按照从小到大、从少到多、从简到繁

＊国家自然科学基金资助项目（51178198）。

的方式分类，贯穿进各年级教学；更进一步，再将不同空间需要解决的不同问题、与不同专业的结合穿插在其中，全面组织教学。经过这样的教学训练，学生掌握的是针对不同类型空间的设计原理，而不是针对不同类型建筑的经验；对设计方法的认识也不同，因此可以举一反三，用原理解决今后面对的新问题、新类型。

冯纪忠始终强调设计的原创性，设计是要训练的硬功夫。所以不难理解他的教学重点强调的是原理和方法，学生掌握原理才能熟练应对日后遇到的各种具体问题。无论建筑、规划、景观，以空间为主线推进设计都同样重要。他回忆说：

"60年代空间的问题很重要，真正以空间作为主线来考虑问题，当时不容易被人接受。但事实上，不管是建筑，还是城市、园林，以空间来考虑问题要更接近实际。"[1]

他认为单纯强调形式或功能的决定性都是片面的。当他把空间原理的方法论溶入到现代建筑教学之中，既不同于鲍扎（巴黎美院，The Beaux-Arts）的形式主义、也不同于现代建筑的功能主义、甚至他留学的维也纳的设计思想，在全世界都具有领先性。缪朴指出这不仅在全国首开先河，就是在国际上也是先进的[2]。顾大庆认为"空间原理"对空间意识和方法意识的觉醒基本与西方国家同步[3]。那么这样一部空前绝后的教学体系是如何产生的？之后又有什么样的境遇？为什么今天我们对它知之甚少呢？

2 困境求真：在厨房里琢磨建筑教育

20世纪50年代运动不断。1952年院系调整，冯纪忠本在规划教研室，他和金经昌非常合得来，两人一股热情想把城市规划搞深搞透，确实50年代各个城市也开始需要规划。可惜这时候建筑却被拔白旗给拔掉了，和规划分开，并到土木系，叫建筑工程系，当时全国7个建筑系只有同济有这样的遭遇。

这种情况下，工作事实上是停顿的，冯纪忠既不能碰规划，也无法参加教学。适逢三年自然灾害，又缺乏营养，靠黄豆粉度日。虽然在外没有项目可作，在家他也不愿闲着，就在狭窄的厨房里琢磨教学的事情，在教学方法上动脑筋。生活的困难反而使他通过教育对设计思想进行进一步的反省。他认为教育是要教给人们体系和方法，因此设计如何成为一种方法，如何把这种方法传授给别人就成为他思考的内容。反过来，必须把创作的方法讲清楚，同时又让学生能够掌握，这又促成了他建筑思想的

推进。据冯叶回忆：

"在那个小厨房里有个小桌子，是我妈从旧货市场上买来的，四角有点生锈，摇摇晃晃的……我是睡在厅里，因为我们是一厅一房间，但是是没有间隔的。我记得每次在我们临睡前，我爸就开始擦桌子了，因为吃饭的桌子上有油。一擦桌子，那桌子就摇摇晃晃的，擦完以后，他说你睡吧，就又拿他的书稿，进小厨房去了。我有时候半夜会醒，就看到那厨房的门缝还透着灯光，啊！他还在写，后来我知道就是写空间原理，备课等。"[4]

3 屡遭批斗："冯氏空间原理"

在对冯纪忠的多次访谈中，空间原理他并未多提。一个原因是80年代后他的兴趣点已经超越空间原理；另一个原因是文革中所经历的一切，几乎家破人亡的绝望困境中，空间原理都是一个靶子。

我们发现了文革期间批斗冯纪忠的小册子：同济建筑系印刷的"革命手册"大事记（图1）。为了批斗的需要，小册子中多次重点记录了空间原理的教学执行情况。教职工之外，各年级各班学生的批斗记录仍然历历

图1　大事记：空间原理（图片来源：冯纪忠）

在目。小册子中记录了，"头号反动学术权威"冯纪忠的"冯氏空间原理"是一颗"大毒草"，当时批斗的火药味之浓，在今天的人们看来仍然心有余悸…… 有人觉得不公平，1967 年请冯纪忠写了一个材料，希望引起实事求是的分析和正确评价，结果反而招来更大的灾难。

不过这本册子倒成了空间原理传播的珍贵历史记录，虽然在那个年代受到排挤和打击，但"真"的理念和方法，终将传播开来：

1962 年底冯纪忠去城市规划教研室介绍空间原理。

1962 年 9 月起，建筑学 2、3、4 年级全按空间原理系统进行教学（包括课程设计）。

1962 年底，空间原理组织编写教材。

1963 年 3 月，傅信祈（冯纪忠的助手）去南工介绍空间原理教学。

1963 年 6～7 月，教育部布置修改教学计划，精简学时。全国建筑学计划在上海召开修订会议。会议期间冯纪忠推荐按空间原理系统制定计划，并展出空间原理设计作业，遭到其他学校的反对。会后我系仍按空间原理系统单独制定教学计划。

1964 年 5 月，学术讨论会上，葛如亮作了大空间建筑设计原理问题介绍，会后讨论争论激烈（有校外设计单位等参加），当时冯纪忠说看教学效果，要 10 年后见效……

4 提纲挈领：空间原理的基本构架

空间原理的核心思想，是通过不同年级、不同空间类型的练习，比如大空间塑造、空间排比、空间顺序等，结合课程组织，加上讲述和教授工作方法，让学生掌握设计原理。冯纪忠提出的"空间"是想让建筑区别于形式处理。作为他的现代建筑的基本概念，建筑应该是空间与形式的组合，所谓的空间是指"空"和"实"的整体。他对空间也分类，但分类是按空间组合中的主要矛盾、不是过去按建筑用途的分类。空间原理的基本构架如下：

（1）第一章：如何着手一个建筑的设计

从第一个小设计着手，次序不应是：总体→单体→室内，而应是：总体→单体←室内。第二个设计题小学校，把室内空间组成使用上不可分的组，但不忙于组成单体。以这样的若干个组与室外若干项地同时组织总体平面，才能分析比较用地的经济。

从使用要求组织平面到立体空间。这个立体空间用物质（顶）覆盖起来，就不得不有所调整，首先是高度的调整。随之而来的是承重问题和功能上分隔联系有矛盾，又要进行调整，这时首先是平面的调整。构成形体后再根据多种因素，全面调整，

（2）第二章：群体中的单体

主要是居住建筑设计、居住生活中心。强调社会生活组织和建筑群体布局、居住建筑的基本单元和组合形式。从规划到建筑到室内不是接力棒，而是一环扣一环。每一步都不是孤立的，而是承上启下，既服从于程序的客观规律，又要反复，由里到外，由外到里。古典主义的由外到里和功能主义的由里到外都是片面的。

隔而不围，围而不"打"，是指工作方法。先把问题摆一摆，犹如"隔"，随后把问题与问题的关系弄清，即把各个问题"围"一"围"，然后才能或平行或先后地"打"。犹如围棋，不急于求活。土地要算了用，不能用了算。

（3）第三章：空间塑造

包括大空间塑造、空间排比、空间顺序、多组空间组织等。是按空间组合中的主要矛盾分类，不是指建筑用途的分类。它们既是建筑的现象，又是设计过程的主题。

设计的步骤是先求主体使用空间，其次与附属空间组合起来，然后布置结构，最后处理造型。这是大体的设计步骤，但又要逐步调整。组合在结构布置之前，并在结构布置的同时加以调整，才能使功能要求处于主动。附属空间不单是消极地完成辅助主体空间的任务，而且也是组合中的活动因素。

视线设计，音质，体育活动净空，通风采光等技术条件应都是大空间要考虑的内容，力和使用空间的形状是决定大空间结构的主要因素。

（4）第四章：空间排比

大体步骤是先求单元，然后组合。在求单元时已把功能结构以至设备采光等因素综合起来，而在组合时又有上述诸因素的综合问题。平铺或层叠的组合又各有不同的问题。

排比是为了求得功能单元和结构单元两者最经济的结合。但不能把两者在三度空间上的一致作为排比的唯一结果甚或追求的目的。包括图书馆，办公楼，成片厂房等。教学楼多种用途的空间单元与相应的结构单元的确定，办公楼的桌距、窗轴距与结构中距，书库的架距与柱距，实验楼平面与垂直的固定设备与设施的灵活分间的矛盾及其解决办法，成片厂房柱网的选择说明使用灵活和节约面积与节约外围结构的斟酌。

结合排比，说明模数化、标准化、定型化、装配化的含义。

（5）第五章：空间顺序

如工业建筑的工艺流程与空间组合，交通枢纽站内部的流线组织和建筑空间关系，展览场所中多线流程的分析、组织及其构成建筑空间的工作步骤。

(6) 第六章：多组空间组织，以医院设计为主要例子。

(7) 第七章：综论。

第一二章为第一阶段，第三四五六章为第二阶段，均结合设计题逐步逐个讲授。在这个基础上，最后再对建筑空间组合设计原理作一简要概括的论述。[5]

5 大道至简：空间是设计的根本

空间原理立足于改变过去教学中的缺陷，过去建筑设计根据类型来组织：先做幼儿园，再做图书馆、住宅、剧院等，虽然也是从头到尾细究一遍，但学生就不能举一反三，没有学过的类型就不会设计。这就是教学体系的问题，教学不应该只教经验、类型，而应该是方法和原理。形式的规律当然也有，形式训练也重要，但必须从属于空间的主干，空间为主，形式为次。

教学上，不是割裂开了，只讲一个形式的规律，形式规律当然有，它不能独立，一定是跟其他的规律结合了，它才能是合理的。所以讲这空间原理，不能属于绘画型的。[1]

冯纪忠回忆，在奥地利时，有一本 1936 年 Neufert《给设计人的手册》，建筑师人手一册，里面除了图表、举例，还有一部分"讲共同的东西"，走道怎么样，门厅怎么样。[6]冯纪忠觉得这部分很重要，他的空间原理某种程度上也在探索这种"共同的东西"。维也纳的教学还是按照不同类型组织，一个类型可以很深入，但类型对概念却不起作用，倒反而是空间这部分能起作用。他回忆说：

"就考虑到有个大的分类，大的分类以什么为题才能把整个联系起来，骨架搭接起来呢？我想到就是空间了[7]""我一方面搞总的安排，一方面搞细的比较。这是另外一种，象排比就是另外一种空间。这些例子很多，就是我们不同的工作都要归到空间组合上来考虑的话，那就有很多问题都可以解决了。工作方法，工作次序，经济都有一定的安排。主要是拿这个把它抽出来，提纲挈领，它是个领，这样来考虑设计。这里就有很多种方法问题了，我们搞方法论，其实很多东西在这里面已经用了，不过呢，现在方法更细致，更科学化了。实际上方法也好，手法也好，一定要有一个提纲挈领的东西。这个领是什么呢？就是空间。[1]

"冯氏空间原理"有以下特点：

(1) 以空间为主线来推进设计。以此为前提再对形式和功能反复推敲。形式和功能是互动关系。

(2) 并非某个年级或专题式的教学实验，而是全面贯穿到从低年级到高年级的整个教学过程。

(3) 空间作为纲领全面组织其他课程。结构、声学、技术等相关课程，根据不同空间的需求，在不同时段切入。

(4) 超越形式主义和功能主义。既不是古典主义的形式训练，也不是功能决定形式。而是先研究空间的组织。再把形式和功能两个因素，反复磨合。

(5) 设计方法本土化。他强调保留成对的概念（比如屋顶的内需和外因，平面的分隔与联系，承重结构的制约又不能拘泥）不急于解决，而是"围而不打，把问题摆一摆，再平行的解决，不盲目单独深入"。这是借用了围棋的智慧，重在纵观大局的"围"，而不是局部的"争"。他已经在将传统文化融入设计方法。

空间原理中，冯纪忠写下的第一点是"对此事、此地、此时的全面了解"。任何设计首先都要经过对要求、现实、环境的理性分析，然后才能进入组织空间的程序，之后才是形式和功能的反复磨合。在他晚年的研究中，设计已经不止于此，更进一步的是意动，简单说就是原象如何成为意象、意象如何升华而成为意境的方法。空间原理解决的是操作层面的问题，适合大规模的教学训练；意动是设计的更高境界，曲高和寡，来自于他对中国古代诗歌的体悟，也完成了他对传统更加诗性的回归。

6 原创为本：空间原理的意义

比较早期的现代主义，Gideon 也在思考时间、空间，把爱因斯坦的相对时空结合起来。但他还在认识论的阶段，是根据 Time, Space and Architecture 的思路，从历史来源、思想、哲理上来谈空间，那是认识空间的问题[1]。包豪斯虽然在推行现代建筑，却并没有提出方法论[8]，而一套系统的方法论一定要经过大量的现代建筑的创作才能总结出，之后才能教授。空间原理教学体系的背后，是冯纪忠从求学到归国、多年磨砺总结出的完整的设计方法论。

在全球层面上，1960 年代，把方法论转化为教学体系，空间原理和"德州骑警"有共同的前沿性。[9]几乎同时期"德州骑警（Texas Rangers）"也在进行教学实验。本哈德·赫斯里（Bernhard Hoesli）、柯林·罗（Colin Rowe）和约翰·海杜克（John Hejduk）等不但对鲍扎的教学体系有批判、肯定，对于当时流行的包豪斯教学体系也有独立的判断。[10]赫斯里后来在苏黎世联邦高工发展出的一套建筑设计入门训练方法，将空间的教育具体化为一系列的基本练习。[11]

值得强调的是，相对于中国过去引进的鲍扎体系、或者后来引进的包豪斯体系，空间原理体现出更多的原创性。虽然有来自维也纳的现代思想影响，但空间原理贯穿教学的整个体系前所未有，而且它还吸取了传统文化的智慧。它是针对当时的中国国情和实际教学需要做出的探索，即使在今天对于设计教学仍然有启发意义。面对当今建筑设计的诸多流派，一波波的思潮，一轮轮的风格变迁，如果我们回顾冯纪忠在1950年代提出的观念：空间才是建筑设计的核心问题，会更清楚什么才是设计的根本，从而不至于盲目追随西方思潮，甚至陷入强势文化的商业圈套而不自知。须知强调形式的方法难免落入形式的圈套，导致设计传统建筑就是简单仿古，不顾当下的技术条件；即使做现代建筑也流于形式抄袭，产生大量的图像建筑。不仅缺少创新，使用起来也问题重重。我们今天所看到的大量设计未必解决好了空间原理中的问题，包括不少媒体追捧的、把中国作为实验场的国际建筑明星的设计。如果更多人接受过空间原理的训练，如果空间原理能够更早、更广的传播，这样的劣质建筑会少的多。

7 超越鲍扎：主流之外推进现代建筑教育的努力

顾大庆指出，中国建筑教育主流，是鲍扎建筑教育在中国从移植、本土化到衰败的过程。欧美的鲍扎建筑教育在1940年代前后的二三十年间发生衰退[12]，从鲍扎的形式主义转向以现代建筑为基础的功能主义。而我国的鲍扎建筑教育则一直延续至今才发生转变。但《空间原理》就是"在鲍扎主流之外推进现代主义建筑教育的努力"[3]。冯纪忠回忆当时的情况说：

"建筑初步很能反映这个学校对建筑的一个基本看法，1960年代，我感觉，国内的建筑初步非常偏。完全是画图，表现。在有些学校，如果你是拿出一个方案来，没有色彩，根本就看都没人看。我们那时是要表现的话，可以有色彩，水彩，可以用碳笔、铅笔，渲染不很强调。渲染是在搞建筑历史用的多，也渲染得相当细致。"

1963年全国建筑学专业会议上，同济展出了空间原理的初步教学成果，各年级的计划、设计安排、学生图纸。当时是反对者众，赞同者寡，仅有天津大学的徐中等少数人支持。对于空间，"我们国内还没有真正接受"，但是，这套空间原理设计教程还是对其他的一些院校有一定的影响。[3]顾大庆记载，受刘光华邀请，冯在文革前曾经到南京工学院介绍过他的"空间原理"教程[3]，此时空间原理的教学体系基本形成，当时的学生

还是有所收获。但紧接着就是冯纪忠被打成反动学术权威，不断批斗。教案真正得到公开发表是1978年第二期《同济大学学报》。已是15年后。

2007年，当《冯纪忠和方塔园》展览在深圳举行的时候，一位远道而来的1960年代学生说，受益于当年空间原理的教学，当遇到没有接触过的项目时，不会觉得心中没底，遇到机场航站楼也同样马上可以设计，那不外乎就是大空间和空间顺序的问题。

今天空间原理作为现代建筑教育创新的意义已渐渐为人所知，以空间为主线来组织教学也已经在一些高校得到应用。可惜在50年前，随着空间原理教学体系的中断，中国的建筑教育也错过了第二次与现代建筑擦肩而过的机遇。[3]

参考文献

[1] 冯纪忠. 冯纪忠访谈. 2007, 冯叶收藏.

[2] 缪朴. 什么是同济的精神？——论重新引进现代主义建筑教育 [J]. 时代建筑, 2004, 2004 06 特刊：同济建筑之路：38-41.

[3] 顾大庆. 《空间原理》的学术及历史意义. 赵冰，冯纪忠和方塔园. 北京：中国建筑工业出版社2007：94.

[4] 冯叶. 走进方塔园. 赵冰、冯纪忠和方塔园. 北京：中国建筑工业出版社. 2007：136.

[5] 冯纪忠. 空间原理（建筑空间组合原理）述要 [J]. 同济大学学报, 1978, 02：1-9.

[6] Neufert, E. Architect's design instructions [M]. 中国建筑工业出版社, 2000.

[7] 冯纪忠. 建筑人生 [M]. 上海：上海科技出版社, 2003.

[8] Harbeson, J. The study of architectural design [M]. New York：The Pencil Points press, Inc., 1926.

[9] Rowe, C., Koetter, F. Collage city [M]. Cambridge, MA：The MIT Press, 1978.

[10] Rowe, C. Transparency [M]. (1). Basel：Birkhäuser Basel, 1997.

[11] Caragonne, A. The texas rangers：Notes from the architectural underground [M]. Cambrdge MA and London：MIT Press, 1995.

[12] Crinson, M. J. L. Architecture-art or profession?：Three hundred years of architectural education in britain. [M]. Manchester：Manchester University Press, 1994.

戴秋思

重庆大学 a. 建筑城规学院，b. 山地城镇建设与新技术教育部重点实验室；daiqiusi@cqu. edu. cn

Dai Qiusi

a. Faculty of Architecture and Urban Planning, Chongqing University, b. Key Laboratory of New Technology for Construction of Cities in Mountain Area, Chongqing University

以声筑景，以情谱境

——记"中国古典园林与建筑设计"课程设计的声景探索

Use Sound Construct Landscape, Inject Emotion to Create Poetry

——Taking the "Chinese Classical Garden and Architecture Design" Curriculum Design as an Example

摘　要：听觉作为接受信息的第二大机能，对园林审美的体验起到重要的作用。本文以重庆大学建筑城规学院开展的"中国古典园林与建筑设计"的教学实践为解析对象，通过对声景观概念的阐释及其在相关研究和创作特点的梳理，探讨在本课题中以声景观为创作要素的不同构思起点，依托设计作业，归纳并总结了声之物境与声之意境创造的若干手法，籍此拓展古典园林创造的维度，充实设计的内容和扩充设计的方法。

关键词：中国古典园林，声景观，声之物境，声之意境，教学实践

Abstract：As the second major functions for acceptance of information, auditory sense plays an important role to the landscape aesthetic experience. This paper takes the teaching practice of the "Chinese classical garden and architecture design" as the object of analysis of Chongqing University College of Architecture and Urban Planning. Firstly, the concept of soundscape has been interpreted, and the related research in history and the creation features have been summarized. And the different design starting points taking sound landscape as the creation elements are explored in this subject. Several creation methods to sound of images and sound of poetry are analyzed from the operational level based on the design practice. It is to explore the expansion of the classical gardens create dimension and to enrich the content and design methods through such studies.

Keywords：The Chinese classical garden, Soundscape, Sound of images, Sound of poetry, Teaching practice

　　长期以来对于园林景观的关注多集中于视觉因素方面，而相对易忽视基于听觉、触觉、嗅觉等感官对景观的感知和体验。声景作为一种声音环境，与各种感官"配合"共同构成完整的美学意境。古今中外不乏这样的园林实例：苏州白塘植物园中的"听觉园"是以强化自然界的声音为主题的特色园林[1]；巴黎拉·维莱特公园的风之园是以感受风的触感、"观看"风的运动以及聆听风的声音为主旨的小花园。

　　"中国古典园林与建筑设计"是我院在建筑学四年级开设的教学课题，基于历届园林设计课题中重视有形景观，而忽视无形景观的创造，在近几年的教学实践中，本课题部分作业尝试展开了以听觉要素带来的声景

观为设计切入，构思园景；以学术研究的态度追根溯源，探索历史上关于聆赏意识的类型、流变等，为本次设计提供依据，以此有意识地拓展设计的内容和广度。同时论文分析了构思的多种途径，通过以设计作业为案例总结"声景"创作中的若干实践手法，以准确把握和再认识"声景观"理念，尝试为古典园林设计带来丰富的设计要素和多元的设计途径。

1 声景观概念与相关研究

1.1 声景观概念

声景观（Soundscape）是相对于景观（Landscape 视觉的风景）的声音景观，特指用"耳朵捕捉的风景"，或"听觉的风景"，是景观发展探索的新领域[2]。声景还被视为一种社会文化事件来理解，被定义为一种"强调个体或社会感知和理解的方式的声音环境"[3]。声景观概念的提出给园林景观研究注入了新的活力，随后衍生出了声景学，发展到从审美和人文的角度研究环境中的声音等方面的内容[4]。

1.2 我国的声景研究

我国历史上，古人尚未明确地提出声景观或声音风景的概念，在有关园林的著述中鲜见系统性地对声景加以研究的理论著述，但以声音作为景观基本要素的思想早已有之[6]，并将这样的意识渗透进园林的创作实践。艺术作品中显性或隐性地反映出声景观：文学作品遗存中有大量的描述声景的文字，或是对古人园居生活的记载，或是从相关艺术门类中获得相通相融的境地；除此之外，还有当代学者对传统园林声环境的研究成果。这

些共同构筑了声景研究的基础和理论支持，它们对于声景的营造具有重要的参考价值。

2 以音为源的构思途径

古人王弼提出了"意—言—象"的逻辑关系，其中"意"即指立意，是园林设计的主题思想和出发点。以声景作为本次设计作业的构思切入点，下文分析了几种典型构思途径。

地境的景观意象 ——> 设计图景

人境的景观意象 ——> 设计图景

天境的景观意象 ——> 设计图景

图 2 《虚籁园》三重境界意象对应示意图

2.1 以乐音为载体，创造园林声景场境

园林与音乐有着深远的渊源关系：一是园林的优美环境是音乐的良好舞台；二是音乐在园林赏景中发挥着良好的辅助和陪衬作用；三是两者均具有抽象的布局关系；四是造园与音乐创作遵循着相似的原则。

古琴平淡恬静的乐音与清幽静谧的时空环境相得益彰，往往成为设计者选择的对象。嵇康在"琴赋"中描述到："若乃高轩飞观，广厦闲房，冬夜肃清，朗月垂光，新衣翠灿，缨徽流芳，于是器冷弦调，心闲手敏，触笪如志，唯意所疑。"唐代司空图二十四诗品中第六、九、十八品❶均提到弹琴时的风景。作业"虚籁园"（图 1、图 2）概念源自古琴的三重境

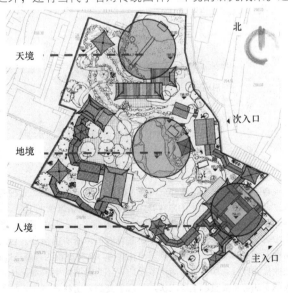

图 1 《虚籁园》园林总平面

---

❶ 第六品琴人在茆屋外，在修竹的怀抱中赏雨，弹琴，看白云、飞鸟、瀑布、落花；第九品琴人的书斋在水畔，附近有杏林，上有明月，远处是画桥；第十八品描写在碧松之阴弹清涧之曲，此出自天然之琴音泠然而声希。

界，即人境、地境和天境，于园林中创造此三境的景观意象为指引。作业"余琴园"（图3～图7）以嵇康的"广陵散"之音律为游园的主要流线，其间穿插有关嵇康的事迹作为点景。由此组成一个以声景观为主的江南园林。

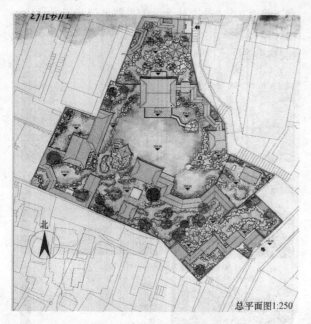

图3 "余琴园"总平面图

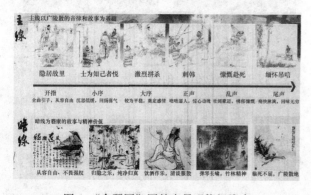

图4 "余琴园"园林声景观构想线索

图5 "余琴园"模拟声波的景观构想

2.2 以曲艺为叙事线索，演绎园林空间剧本

曲与园林有一种天然的契合，或取材于园林或吟唱于园林。《闲情偶寄》（清·李渔）提出了园林布局结构与戏曲结构的相通性：曲折幽深的布置，直露中有迁

回，舒展处有起伏。陈从周在《说园》里也论及昆曲与苏州园林的关系。凡此种种，以曲入景成为构思之源。作业"梧桐秋雨"以元杂剧《梧桐雨》❶为构思出发点，提取出四折剧情：第一折"一朝选在君王侧"、第二折"玉楼宴罢醉和春"、第三折"宛转蛾眉马前死"、第四折"梧桐落叶伤雨时"。将其作为游园剧本，让人们在游园的过程中完成一次对梧桐雨剧情的演绎。设计中营造声景以表现"朦胧忧伤"的剧情氛围。作业"三弄园"以古曲《梅花三弄》❷为构思缘起，古曲之境与园林之景进行了呼应。设计以不同的空间节奏演绎出赏梅的3种方式，一弄其声、二弄其形、三弄其香。相异的构思起点为具体的操作方法带来了差异，引起设计的多元化。设计者通过景观空间的叙事性（即以曲艺）为隐形的线索，在看得见与看不见之间建立一种关系，有效地组织景观空间，将其编排为一个有意味的情节空间。

图6 "余琴园"的声景观分析

---

❶ 元杂剧《梧桐雨》全称为《唐明皇秋夜梧桐雨》，是被誉为"元曲四大家"之一的白朴的代表作，也是元杂剧中的上品。

❷ 《梅花三弄》是中国著名的十大古曲之一，是中国传统艺术中表现梅花的佳作，此曲最早是东晋时桓伊所奏的笛曲，后由笛曲改编为古琴曲，全曲表现了梅花洁白，傲雪凌霜的高尚品性；此曲借物咏怀，颂扬具有高尚节操的人。此曲结构上采用循环再现的手法，重复整段主题三次，每次重复都采用泛音奏法，故称为《三弄》。

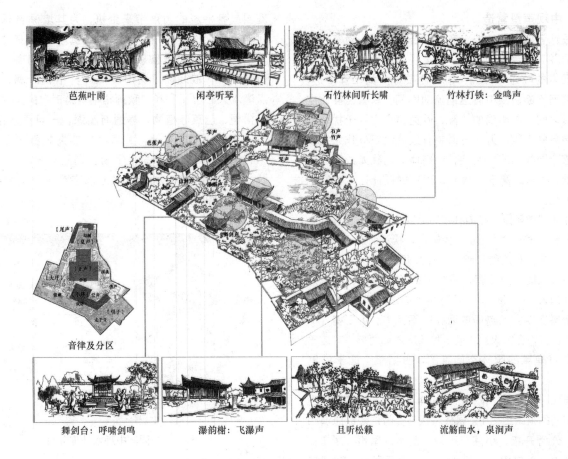

芭蕉叶雨　　　　闲亭听琴　　　　石竹林间听长啸　　　　竹林打铁：金鸣声

音律及分区

舞剑台：呼啸剑鸣　　　瀑韵榭：飞瀑声　　　且听松籁　　　流觞曲水，泉涧声

图7 "余琴园"园林声景观构想示意

3 园林声景的营造方法

按照声源特点，声音可分为自然界产生的和人工制造的各类声音。营造声景是一个相当复杂的过程，涉及利用各种声音的物理属性以及对人的心理产生的影响，并结合文化、历史内涵方面，创作出蕴含人文特色、诗画意境的声景作品。下文由从大到小的层面总结并分析了本设计课题中的声景观营造方法。

3.1 宏观声景营造

相地是造园的第一环节，明计成在《园冶·兴造论》开篇即提出："故凡造作，必先相地立基，然后定其间进，……。"[9]只有"相地合宜"方能"构园得体"。本设计课题拟定三个基址格局特色，并分别对应了《园冶》中的三个择址标准（表1[10]）：用地1位于名人故居旁；用地2位于风景名胜区中；用地3坐落在传统历史街区。

选址自然风景区时，环境有着得天独厚的优势。选址闹市时，力求做到闹中取静，构成外封闭、内开放的庭院：设计中或做庭院深深，层层院落宛如屏障，消弱外界车水马龙的影响；或沿街设置景窗，可望市井的人声鼎沸，感受生活气息。

任务书的基址划分（图表来源：作者加工整理）　　　　表1

用地编号	传统园林的择址原则	周边状况及设计要素	所处区位
用地1	城市宅旁，宅后皆可为园，不拘方向，不论地势高低，以偏静为胜	毗邻公园与名人故居，平原地势	江南水乡北方平原
用地2	凡结园林，无分村郭，地偏为胜	风景名胜区中，环境幽静，山林地势	巴蜀山地岭南浅丘
用地3	市井不可园，如园之，必向幽偏可筑	毗邻历史街区，商业繁茂，浅丘地势	岭南浅丘巴蜀场镇

3.2　中观声景营造

设计者结合园林的立意和声音的特征,对基地分区布局并确定声景的主题。在景观组织上一方面着意声音元素的融通和分隔:前者需要让空间相互渗透,形成隔而不断、围中有透的流动空间;后者需要让空间相互之间有着明确的分隔,避免声音相互干扰而模糊了声景的主题;另一方面要有效地组织好作为线索串联整个园林的流线空间,让整体空间犹如故事一样有开端、发展、高潮和尾声,声景的设计让这种序列得以强化。

作业"虚籁园"在园林布局上以古琴的三重境界为构园主题:第一境(地境)为散音,松沉而旷远,让人起远古之思;对应着空旷、视野开阔的园林空间氛围。第二境(人境)为按音,手指下的吟猱余韵、细微悠长,时如人语,可以对话,时如人心之绪,缥缈多变;对应着层次丰富而热闹的园林空间氛围。第三境(天境)为泛音,音如天籁,有一种清冷入仙之感;对应干净且具有禅意的园林空间氛围,占据整个园子的制高点。

作业"余琴园"依循古琴的弹奏序列,将其物化进园林空间的组织结构中。园林起伏节奏与广陵散曲调相类似,分为开指、小序、正声、乱声、尾声(图5)。在园林中以入口山路、看水复廊、问溪寻源、豁然开朗、竹林通幽来对应。在主线周围穿插嵇康打铁、饮酒酩酊、五石散、弹琴长啸等关于嵇康故事的支线景观,依次贯穿整个园林布局,给人从市井到地境、天境的精神升华。

3.3　微观声景营造

声景的营造是一个复杂的过程。根据声源本身是否与发声有关联,声景被分为隐性声景(水声、风声等)和显性声景(动物声、人工声)。声景的设计方法主要有三种[11]:零向设计,即完全按照原状保护和保存现有的声音元素,通过一些手法让人们更易于聆听声音(如风声、动物声)、感受声景;正向设计,即添加声音元素强化表达声景主题;负向设计,即去除与声景主题相悖的声音元素。设计的整体思路主要围绕隐性声景和人工声来展开。

3.3.1　引声

水声是易引起人感情共鸣的声音之一,理水造景生成溪、涧、潭、瀑等等,制造出种种水声:蜿蜒曲折的溪流水声给人带来宁静、清新的感觉;"滴水传声"营造出静谧之感;有节奏感的水声给单调的

庭园或者平淡的角落带来生机,为其增添音乐的旋律和乐趣。作业"梧桐秋雨"中庭院深处有"雨打梧桐"一院,郁郁葱葱间隐匿一斋(梧桐斋)一轩(秋雨轩),取戏曲"这雨一阵阵打梧桐叶凋,一点点滴入人心醉了"和"秋雨梧桐叶落时"的意象:种以梧桐、芭蕉等植物,静谧而幽深,一旦雨水落下,雨打梧桐,景象凄凉,寓意明皇在失去贵妃之后凄凉悲痛的心境。以隐居生活为主题的《归园》,以池塘、瀑布、湖泊、溪流等水形水态产生不同层次的声景观(图8)。

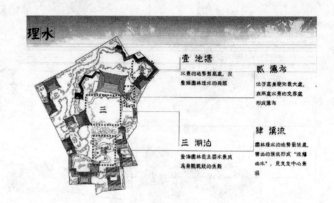

图8　《归园》中理水处理分析

引声是以悦耳的声景引导游人的游览视线,促使人们移动并制造兴奋点,发挥声音所具有的孕育情绪和路线引导作用,令游园者产生渐入佳境之妙。《三弄园》中第一部分引子是由多个各具特色,以不同的植物为主题院落组成,借鉴了寄畅园八音涧的做法,表达由涧流与变化多端的地形作用发出各种水声,作为引声,营造踏雪寻梅的空间意象,最终得水潭与梅花。将视觉景观与听觉景观结合,提升景观体验。

3.3.2　标志声与演奏场所

标志音是园林中最具有代表性的声音,被视为形成独特声景的灵魂所在[12]。标志音可以是隐性声或显性声,能够塑造不同的声景主题,构成特有的场所特征。

《三弄园》以笛声(即箫声)为声音主题,园林建筑惊梅楼取义"笛声三弄,梅心惊破,多少春情意"(宋·李清照),建筑位于一处安静的庭院中,为吹笛处,这份安静有助于定义声音并增加对声景的理解,演绎出梅之傲骨风姿。

《遗园》得名于《琵琶行》中白居易与琵琶女天涯沦落之伤感,于世俗遗弃之痛。设计中依据文学作品的剧情发展,以声音的变化为主线,将园林分

为四部分：夜寻琵琶声、情醉琵琶语、忽梦少年事、天涯沦落人。四幕剧情分别对应了四种不同的标志声（图9）：第一幕"夜寻"以内向封闭院落与入口序列变化来创造惆怅压抑的空间氛围，标志声为树叶婆娑声；第二幕"情醉"利用山坡、渚结合植物和建筑创造情随曲转的空间氛围，在风、叠水等环境音为背景声之上创造了标志声——琵琶声；第三幕"追忆"以开敞繁荣与荒僻深闺的空间变化创造感慨命运变迁的空间氛围，标志声为琵琶声；第四幕"沦落"以封闭内向空间、回声萦绕为营造手法，创造同病相怜的凄凉之音，标志声为树叶婆娑声和鸟鸣声。

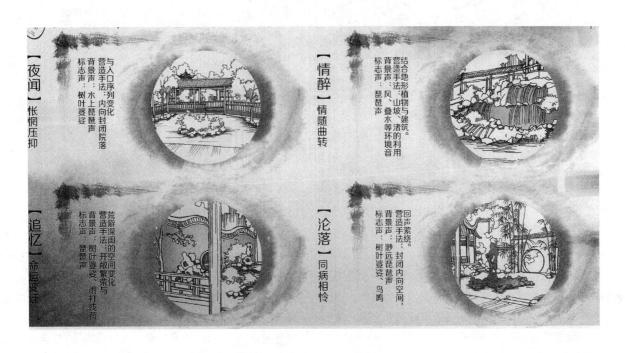

图 9 《遗园》中的声景标志声分析

标志声中人工声的创造往往需要对其生发场所或听音场所加以特别考虑。此类建筑一方面能为观赏者提供欣赏声景的场所，将聆听气象变化声的建筑置于声源之中或是临近声源，建筑形式四面开敞；聆听水声的建筑置于水边，形如花厅或添水阁。另一方面建筑提供营造声景的场所。供器乐演奏的空间，如琴室，因功能的要求多采用封闭形式以聚音响，明代文震亨在《长物志》里谈到琴室"层楼之下，盖上有板，则声不散。下空旷，则声透彻。"这些文字均为琴室的形式提供的依据。创作中也会根据空间情节的需要设置特殊的演奏场景。

3.3.3 结合地形的声景层次

不同的地形采用不同的声景处理方式：平地地形是平坦而开阔的，给人以均衡稳定、连续统一的氛围，设置静态水体、高大乔木等景观，平静的湖水，岸边选择种植易于触发听觉感官的植物，如垂柳、杨树等，以高柳闻莺之类的景致达到审美意境。凸地形是高于周围环境的地形，视线开阔，是一种具有动态感和连续感的地形。在景观中，常常被作为视线的焦点或具有支配地位的要素，是创建各种水声、风韵声景的最佳条件。叠石为溪涧的水道，蜿蜒崎岖，迂回跌宕于山间林下，以给环境提供从急速到潺潺细雨的各种水声。《惟园》（图10）将遥水亭置于场地最高处，庭前结合自然地形加以处理，形成流淌于山石之间的溪流，发出妙趣横生的涧声，营造出山林野趣。凹地形是低于周围环境的地形，视线封闭而内向，给人隔离感、隐蔽感的心理暗示。《虚籁园》在园林游线的末端、一处下沉花园的中央设置一处独悠台（图1天境示意处），选择竹子一种植物，并围绕中心的"台"进行密植，形成一个竹之绿洲，一旦起风，便有一种超脱于世俗的细腻的竹叶声与竹竿声，古琴台为实景，琴音为虚景，表达出白居易《竹里馆》"独坐幽篁里，弹琴复长啸；林深人不知，明月来相照"的意境。

山林野趣，设计结合地形在布局时采用山上山下分开的形式。山上的部分，建筑分为两个组团，分别形成上下两条折线，错动围水。

市井生活，山下部分木建筑组团采用小尺度的体量围合。在与山地相接处设置复廊，让山上的野趣自然流入。

布局分析

图10　《惟园》中凸地形的水景处理得山林野趣

4 声景境界的升华

声音的意象是有关声音记忆的表征，它融入了造园者的思想感情、被赋予了某种特定意义的具体形象。以声音升华境界，这与诗歌意境营造有殊途同归之妙。唐代诗人王维的作品以声写空空更空，反衬手法不但成就了具有声响的听觉意象，而且创造了空寂的诗歌意境，空间性正是园林艺术的表征。

4.1 综合运用景观要素，生成景观联觉

无论何种声响无不统一于闲适的情调，将呈散点分布的各种意象统构整合起来，组合成系统性的意象群。声景处理应注意：①是运用多种类型的声音，避免单一地制造一种声音；②是注重整体把握，将单体声音作为元素，从点串线、从物理之音到景观之美完成审美上的飞跃，组合成一个整体。③是让听觉与其他感觉器官相结合，促成听觉要素与视觉要素、嗅觉要素、触觉要素等一起共同作用，产生对景观的感知和体验，这即是一种视听通感现象。"以耳代目"、"听声类形"等皆为在听觉影响下产生另一种感觉的审美通感。《梧桐秋雨》中的秋雨轩小院落，在铺地上做出了考虑，饰以梧桐叶形与秋雨之声共同强化凄凉的景观意象（图11）。

4.2 再现审美心理结构，润色空间情结

历史作为文化的大背景，设计中援引代表历史意象的场景，抓住人们记忆中典型的环境氛围，引发人们经验中的听觉经验刺激，以至闻声忆旧，赋予园景以特定

的意义。《归园》以"隐居文化"为造园的序列，分为入仕之时，厌烦俗世到复得归隐。其中的与友同乐场景之一取义于古典园林中的一个重要的程式化景观"曲水流觞"。利用自然地形的高差，营造"崇山峻岭，茂林修竹"之景，引溪流，以自然曲水形式，"清流激湍，映带左右"，演绎"群贤毕至，少长咸集"，与会文人坐石临流的风雅韵味，虽"无丝竹管弦"之音，但"一觞一咏，足以畅叙幽情"，留给观者以想象的空间。另在设计中将道德美与自然景物相比附，植物选择上多有考量，由此，自然的声音现象获得了超越其物理感知和经验的道德美内涵。《虚籁园》以古琴一器具三籁——散、

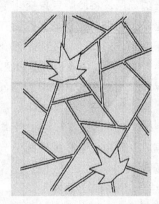

图11　《梧桐秋雨》中秋雨轩院落的铺地形式

按、泛，分别对应地、人、天，诠释古琴的三重境——地境对应空间氛围空旷视野开阔，以自然景观为主；人境对应空间氛围层次丰富，表现人间热闹之场景；天境

598

对应空间氛围干净，富有禅意。设计中尽力实现以声景来传情达意，从形而下的听觉园林景观上升到形而上的园林境界的升华。

5 结语

本课题是一次关于中国古典园林中的声景观设计的初步尝试，仅限于本科教学层面的探讨。声音不仅仅是一个声音符号，传达着事物的某些特定信息和特征；更在于它再现了人的心理和情感，突出表现在文化和空间场所方面。声音有着"串连"若干单元空间的功能；能创造人对空间的感知，起到界定空间、突显场所归属感和认同感的作用；声音能起到拓展空间的作用；声音能产生悬念，增强体验，帮助我们运用心理描绘来润色空间中的情节，先闻其声再寻景，令人感受到一种从无声经有声到声画结合的美妙境界。

通过尝试探讨声景与空间形成、引导、渗透和节奏等方面的关系，这些只算得上与空间内容很小一部分的联系，还需要进行大量的相关研究。以人文因素为出发点，以技术作为科学依据，对其进行感性与理性相结合，对声音进行最优化设计，创造出最佳的声景观和整体的园林空间环境。这种科学、客观的分析方法才能令研究更有依据和深度，把"声"作为景观的一个要素进行积极主动的设计，这正是我们未来进一步研究的方向，我们对此充满期待。

参考文献

[1] 王继旭. 苏州工业园区白塘植物公园设计 [J]. 中国园林，2008 (3)：14-20.

[2] Schafer R M. The tuning of t he world [M]. Toronto：Mc2Clelland and Stewart，1977：80-200.

[3] 刘滨谊，陈丹. 论声景观类型及其规划设计手法 [J]. 中国园林，2009 (01)：96-99.

[4] 张宇. 中国园林中的聆赏意识初探——以韵琴斋为例 [J]. 天津大学学报（社会科学版），2011 (3)：150-154.

[5] 王世仁. 王世仁建筑历史理论文集 [M]. 北京：中国建筑工业出版社，2001：326.

[6] 袁晓梅，吴硕贤. 中国古典园林的声景观营造 [J]. 建筑学报，2007，(2)：70.

[7] 吴硕贤.《诗经》中的声景观 [J]. 建筑学报，2012 (S1)：109-103.

[8] 刘天华. 画境文心：中国古典园林之美 [M]. 第三版，北京：生活. 读书. 新知三联书店，2008.

[9] 计成原著，陈植注释，园冶注释 [M]. 第二版，北京：中国林业出版社，1988.

[10] 汪智洋，郭璇，思与变——中国古典园林建筑设计教学改革的几点思考 [J]. 室内设计，2013 (1)：33-38.

[11] 翁玫，听觉景观设计 [J]. 中国园林，2007 (12)：49-50.

[12] 葛坚，卜菁华. 关于城市公园声景观及其设计的探讨 [J]. 建筑学报，2003 (9)：58-60.

[13] 袁晓梅. 中国古典园林声景思想的形成及演进 [J]. 中国园林，2009 (7)：32-36.

注：作业来源

《虚籁园》设计作业成果，由叶寒、赵涵合作完成；

《梧桐秋雨》设计作业成果，由李世杰、刘文豪合作完成；

《归园》设计作业成果，由龙丹、岳灵霜合作完成；

《三弄园》设计作业成果，由骆玉洁、陈林冰合作完成；

《惟园》设计作业成果，由唐文琪、全真合作完成；

《余琴园》设计作业成果，由钟易岑、陈思宇合作完成；

《遗园》设计作业成果，由蒋思予、林美君合作完成。

"互联网＋"背景下的建筑教育探索

黄蔚欣　徐卫国

清华大学建筑学院；huangwx@tsinghua.edu.cn

Huang Weixin　Xu Weiguo

School of Architecture in Tsing hua University

机械臂建造——既有工艺与可编程的精确性的结合[*]
——2016 年机械臂建造毕业设计专题介绍

Robotic Arm Construction——
Combining Traditional Craft and Programmable Accuracy

摘　要：数控六轴机械臂是当代数控建造领域研究的热点。数控机械臂有 6 个或更多的自由度，还可以在端头加装各种数控加工工具，因此是数控建造中具有广泛用途和灵活性的设备。既有工艺具有较成熟完备的系统，将之与数控机械臂相结合，可以实现其数字化升级。在这个过程中，机械臂提供了一种可编程的精确性，将之与既有工艺结合，能够形成高精度的自动化建造系统。本文介绍了清华大学建筑学院为期一年的机械臂建造的毕业设计专题的两个研究：机械臂编织、机械臂 FRP 和 WPC 建造，阐述了其中的技术要点，并呈现了其最终成果。文章最后对机械臂建造研究的发展作了展望。

关键词：六轴机械臂，数控加工与建造，机械臂协同，可编程的精确性，既有工艺

Abstract：Application of 6-axis robotic arm is a fast developing area in digital fabrication and construction research. Numerical controlled robotic arm has 6 or more degree of freedom, and can be mounted with different tools，these character makes it a widely adaptive and flexible CNC equipment. Traditional craft has mature fabrication and application system，and if combined with robotic arm, it can be digitally upgraded. In this process, robotic arm provided a programmable accuracy, which enable the system an automated and accurate fabrication system. This article introduced two robotic arm construction research in the School of Architecture，Tsinghua University：robotic weaving, and robotic FRP & WPC construction. Technical key points are explained，as well as the constructed final work. At the end, the future of robotic arm construction is also discussed.

Keywords：6-axis robotic arm，Digital fabrication & construction，Robot collaboration，Programmable accuracy，Traditional craft

1　概述

数字化建造是 21 世纪第一个十年间数字化设计的革新带来的产物，它使得通过建模软件和算法获得的非标准异形形体的建造成为可能，也使得建筑师有机会走出设计的局限，重拾对于建造过程的直接控制，让建筑师从建造的形体、材料到工艺得到全方位解放。数字化建造的方法大多借鉴于工业领域的数控制造方法，如三维打印、数控切割、CNC 机床等，这些方法被从工业产品的中小尺度移植到建筑建造的大尺度，往往采用分块加工，现场组装搭建的方法，完成了诸多大型重要项目，如鸟巢、凤凰传媒中心、阿塞拜疆阿利耶夫文化中

---

[*] 国家自然科学基金重点项目资助（51538006）。

课程指导教师：徐卫国，黄蔚欣

学生：机械臂编织：朱吴孟健，崔永，陈羚琪

FRP 与 WPC 建造：唐宁，覃正煜，盖郑。

心、哈尔滨大剧院等，以及学术界众多研究性项目的建造。

机械臂建造是当今数字化建造领域研究中最热门的话题[1][2]。区别于其他数控制造途径，机械臂的优势在于：首先，它提供了6个或更多个运动轴的自由度，让其他数控建造方法望尘莫及；其次其端头可以安装各种不同的数控加工设备，如铣刀、水刀、热线、打印头、焊枪、喷枪以及各种定制的数控设备等等，从而能够实现多种不同的建造方法；最后，机械臂的工作尺度与建筑建造尺度接近，因此能够直接对建筑材料进行操作，并且有可能直接在建造现场参与施工。综合起来，我们或许可以将其理解为一个训练有素的建筑工人，擅长各种加工与现场安装，而且不知疲惫，严格执行建造指令。自从瑞士ETH开创性的机械臂砖墙砌筑研究[3]以来，机械臂建造的探索越来越广泛的流行起来[4][5]，Robot in Architecture国际会议[6][7]自2012年创办，今年已经是第三届，也是当今数字化建造领域最重要的国际会议之一。

将机械臂比作训练有素的建筑工人不一定准确。可以认为，与人相比，当今的机械臂建造提供的是一种"可编程的精确性"。精确性如空间重复定位精度0.1mm等，可以完美实现复杂形体的建造。特别要说明的是可编程性，不同于在汽车生产线上重复完成几个固定的动作，执行建造任务的机械臂往往是在不同的空间位置上完成相类似的工作，这里的"类似"并非完全重复，而是根据设计的不同、空间位置的不同而按照一定的规则，通过编程生成指令代码。因此，这里的编程与参数化设计是相似的，也即在统一规则系统下兼具局部适应性。当然，在数控建造中，除形体之外，很重要的是考虑机械臂的特性和现实建造的条件、材料与构造等。

机械臂与工人相似的地方是，都可以抓取各种不同的工具，完成多样的建造工作。因此，在机械臂建造研究中，向既有工艺学习是一个重要的途径。既有工艺中已有的材料、加工方法、相关技术、应用领域等已经有较为成熟的系统，将其与机械臂数控建造的可编程精确性相结合，就可以将一种新的建造逻辑清晰准确地贯彻在建造中，不仅提高了建造精度，也引入了新的材料组织方式，并由机械臂不知疲倦地实现出来，从而为既有工艺带来新的生机，实现其在建造系统的数字化升级。而机械臂也在这一过程中发挥了灵活和广泛适应性特点，并有可能形成新的建造系统。

清华建筑学院的机械臂建造实验性教学始于2014年，是国内最早在本科生教学中开展这一领域教学的院系。2015-2016年度的本科毕业设计，6位同学分为两组，分别探讨了机械臂编织、机械臂FRP结构建造两个课题。以下本文将分别介绍这两个课题的研究成果。

2 机械臂编织

编织是一项历史十分悠久的传统制造工艺，是一项将线状或条状的材料，经过重复交叠过程，形成一个平面或立体的技术[8]。编织的材料，主要可以分为柔性材料（例如棉线、麻绳等）和弹性材料（例如藤条、纤维杆等），二者的区别在于材料内是可以存在压应力。本项目的机器臂建造主要探讨柔性材料的编织。

在建筑构件的工业化定制生产、现场施工等过程中应用柔性贬值，必然需要连续线性材料的交叉打结技术。因此，本项目讨论的核心内容，是如何使用机械臂完成复杂曲面上的柔性线材交叉打结和编织的操作。

课题组的同学从双线缝纫机的原理获得启发，将其应用在基于机械臂的柔性编织工艺的开发中。双线缝纫机采用将上下两股线缠绕打结的原理进行织物的缝纫。每一次的缝纫过程中，机针会将顶线穿过织物带进织物下方的勾盘内，然后勾盘上的勾尖会将顶线勾住绕梭芯一周，顶线便在底线上完成了一次打结，此时提线器会进行提线，完成将打好的线结拉紧的过程。至此，一次缝纫进行完毕（图1）。

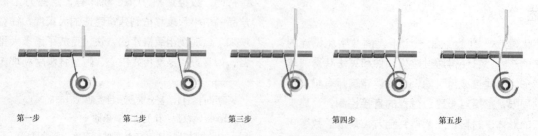

第一步　　　　第二步　　　　第三步　　　　第四步　　　　第五步

图1　双线缝纫机原理图

从缝纫机的机械系统出发，课题组研究了机械臂柔性编织的建造系统。研究的进程按照由浅入深的原则，分为两个阶段：小尺度空间缝纫，机械臂协同空间编织。

2.1 小尺寸空间缝纫

这一阶段的技术策略是将缝纫机械固定，由机械臂控制待编织的面料或网格移动，进行空间缝纫。缝纫机械部分基本上沿用缝纫机的构件和装置，分拆后加以改造。技术难点在于解决被拆解的缝纫机机械和机械臂之间的通信问题，以及机械臂的空间定位控制。受缝纫机机械系统的限制，这种工艺仅适用于较小尺寸的空间编织。

在研究中，缝纫机被拆分成针头工作组和勾盘工作组两部分，分置于两侧，机械臂抓取待缝织物在二者间移动。通过 Arduino 单片机构建起机械臂和缝纫机部件间的通信，使这三者能够协同工作。如此搭建工作框架之后，机械臂可以与缝纫机配合在二维布面和三维网格

面上缝制出精美的图案（图 3）。

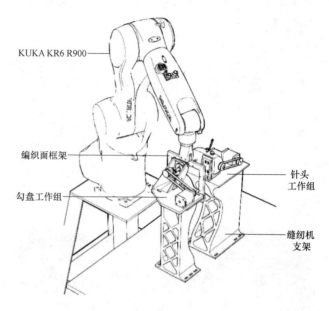

图 2　小尺寸机械臂缝纫模式图

图 3　机械臂配合工业缝纫机缝制的图案

2.2 机械臂协同的空间编织

仍然是基于缝纫机的原理，但是将待编织的网格固定，使用两台机械臂分别加装由缝纫机发展而来的，具有编织功能的机械，在待编织的网格两侧协同运动，完成空间编织。这样的系统可以充分利用机械臂的工作范围，实现较大尺度的、更加复杂的空间曲面上的编织。

这一阶段的技术难点在于，需要对缝纫机的机械进行放大和重新设计，形成适应不同线材的编织需要的机械系统。虽然缝纫机的机械非常成熟，但是研究中需要改造其上的提线器和放线轴部分，以便消除由缝纫机针摩擦力过大导致的缝纫步长过短的问题。研究小组对机械系统进行了重新设计，并且反复检验，对机械设计进

行迭代发展。通过不断地改进，最终的机械系统基本实现了预期的功能（需要说明的是，得益于当代成本较低的 FDM 桌面三维打印机，研究小组能够方便的制作具有工程强度的 PLA 零件，才使得机械设计的迭代优化成为可能）。

机械臂协同也是这一阶段研究的难点。相对于单个机械臂的运动，两台机械臂之间需要通过内置的模块进行通信。为了满足编织中协同的精度要求，也要对机械臂的坐标系统进行校准。即便如此，实际操作中，受工具制造误差、机械臂本身的测量误差、机械臂的轴误差等等原因的影响，针头和勾盘仍无法保证相对位置的完全固定。因此最终在勾盘上增加了针头限位孔的设计，

来解决走位不准的问题。实测证明，限位孔的存在可以消除90%以上的由位置差导致的勾线失效问题。

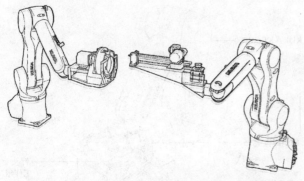

图4　机械臂双线编织系统

图5　完成的机械臂编织作品

3　机械臂 FRP 与 WPC 建造

FRP 是英文"纤维增强塑料"的缩写形式，它通常指的是通过添加纤维来强化聚合基质的一种复合材料。WPC 全称为木塑复合材料，是 wood-plastic composite 的简称，它由木纤维或木头粉末和热塑性料混合而成。FRP 和 WPC 都可以制作成三明治夹心结构，在内部填充泡沫塑料等材料，降低自重的同时，获得较好的结构性能。这两种材料在工业制造等诸多领域已经被广泛使用，同时在结构加固、装饰等建筑相关领域也有很多应用[9][10]，笔者也使用 FRP 材料完成了数字设计异形建筑的建造[11]。将 FRP、WPC 与机械臂数控建造相结合，可以利用其良好的加工和结构性能拓展异形建筑的建造途径。

在 WPC 的数控建造中使用机械臂，可以将其按照设计加工成所需要的曲面单元，内部填充泡沫塑料后，拼装成为建筑形体。FRP 的常用成型方法包括手工涂抹、真空吸附等，本次课题经过多方案比较，最终确定了使用机械臂铣削形成泡沫塑料芯材，然后在芯材表面手工制作玻璃钢表层的工艺。这一工艺的优点是具有较好的可实施性，并且可以利用机械臂自由度高，定位灵活的特点，从多个方向对芯材单元进行加工。

由于异形建筑建造的单元体两侧都是曲面，因此不论是 FRP 还是 WPC，在机械臂铣削加工的过程中，都存在加工完一侧的曲面后，重新定位再加工另一侧的问

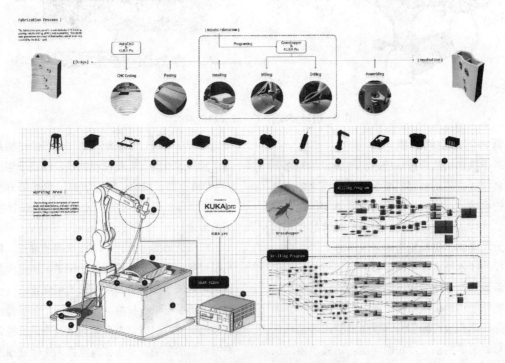

图6　使用 Kuka 机械臂铣削 WPC 表皮的数控建造系统

题。分析起来，定位误差主要来源有 4 个方面：工作台面精度不足；工件固定位置不够精确；工件本身存在误差；加工使工件位置移动等。经过仔细检讨，放弃了先建立一套精确的工作台面的方法，改为将工件固定于台面后再对工件进行定位；具体做法是将工件固定于台面上后，再对工件的四个点进行定位，得到四个点的具体数值后再将计算机中模拟的工件调整至实际测量出的坐标上。这一方法有效地解决了工作台面精度不够和工件定位不精确的问题，但是由于泡沫塑料材料较软，加工过程会出现变形和移动的情况，这种材料本身性质带来的误差，需要在今后的研究中进一步解决。

图 7 机械臂铣削 FRP 泡沫芯材

毕业设计课程最终的建造是一个 2m 高的亭子，由 16 块密度 40 的聚氨酯泡沫夹心 FRP 单元组装而成。机械臂在其中的主要作用是铣削泡沫单元。我们使用 HAL HAL 插件控制 ABB 机械臂，使铣刀沿着电脑中预先计算好的削路径运行。曲面的率大小、最终面到泡沫块表面的深度对机械臂来说都会产生很大的限制。因

图 8 建造完成的 FRP 亭子

此，机械臂铣削工具都要通过多次运行才能够铣出最终精确的表面。

在芯材加工完成后，还需要花费较大量的人工来包裹玻璃纤维布，涂抹树脂，在树脂凝固后还需要打磨、找平、刷漆。单元块之间的连接采用了螺栓，并与构造相结合，使之更为隐蔽，不影响整体效果。由于这部分工作不属于机械臂数控建造的内容，这里就不作详细介绍了。

4 小结

本文介绍了清华大学建筑学院机械臂建造课程的两个研究。这两个案例都可以说是在对既有工艺研究的基础上，通过与机械臂建造的结合，使既有工艺得到了数字化升级，并由此产生了新的数控工艺和建筑表达，既有工艺为数字化建造提供了成熟的工艺体系，而机械臂的数控方法使其完成数字化升级。

机械臂的多自由度性能，以及其可以任意更换工具的特性，使其可以被类比为训练有素的工人。然而，当前大部分的机械臂的运行逻辑是精确地执行机器指令，这一点与能够观察情况并作实时应对的工人不同，或者说"可编程的精确性"是由事先确定的规则决定的。为了让机械臂能够顺利的完成建造，规则必须是经由编程者清晰的逻辑构建，从而可以避免出现混乱。清晰逻辑的另一个好处可能是，统一的自上而下的规则更能够保证设计的形式美。

回顾计算机的发展历史，都会提到 19 世纪的可编程织布机，这是一个既有工艺与可编程精确性相结合的经典案例。从此以后计算智能得到了不断的、长足的发展，并且创造出人工智能的奇迹。与之相比，数控制造领域在可适应性、可交互性方面似乎没有跟上数字智能的发展步伐，而更多的追求了质量与效率。这也许是因为，现实世界中的情况要远比计算机中的虚拟世界复杂和不可控，也或者，虚拟世界对些许错误与混乱的容忍度要远高于现实的工业化制造系统。工业 4.0 的时代，我们能否让制造和建造追上智能的步伐呢？

参考文献

[1] Wikipedia, Robotic arm, https：//en. wikipedia. org/wiki/Robotic _ arm.

[2] Nof, Shimon Y. D. （1999）. Handbook of Industrial Robotics. New York：John Wiley & Sons.

[3] Gramazio & Kohler, Digital Materiality in Architecture，Zurich：Lars Müller Publishers，2008.

［4］ Fabio Gramazio，Matthias Kohler，Jan Willmann，THE ROBOTIC TOUCH，How Robots Change Architecture，Zurich：Park books，2014.

［5］ M Doerstelmann，J Knippers，V Koslowski. L（2015）. ICD/ITKE Research Pavilion 2014－15：Fibre Placement on a Pneumatic Body Based on a Water Spider Web. Architectural design，85，no. 5.

［6］ McGee，Wes，Ponce de Leon，Monica（Eds.）Robotic Fabrication in Architecture，Art and Design 2014，Springer，2014.

［7］ Reinhardt，Dagmar，Saunders，Rob，Burry，Jane（Eds.）Robotic Fabrication in Architecture，Art and Design 2016，Springer，2016.

［8］ 维基百科. 编织—维基百科. 自由的百科全书，维基百科. （2015）1. https：//zh. wikipedia. org/ wiki/％E7％B7％A8％E7％B9％94.

［9］ 李永川，黄勇. 关于土木工程中的 FRP 应用问题［J］. 东北电力学院学报，2005，25（4）：56-60.

［10］ 肖泽芳，赵林波，谢延军，王清文. 木材—热塑性塑料复合材料的进展［J］. 东北林业大学学报，2003，31（1）：39-41.

［11］ 徐卫国. 建筑数字时代的性能化追随：有厚度的结构表皮［J］. 建筑学报，2014（8）：1-5.

盛强[1]　夏海山[2]

北京交通大学建筑与艺术学院；qsheng@bjtu.edu.cn

Sheng Qiang[1]　Xia Haishan[2]

School of Architecture and Design，Beijing Jiao Tong University

"数据化设计" 研究型设计教学实践 *

Data-informed Design：A Research-based Joint Design Studio for Master and Undergraduate Students

摘　要：本文介绍了北京交通大学建筑与艺术学院在 2016 年本科生四年级和研究生一年级开展的"数据化设计（Data-informed Design）"研究型设计课程教学实践。该课程以空间句法理论和模型为核心技术，综合实地调研数据与网络开放数据的挖掘与空间分析，充分结合研究生与本科生的特点，以数据空间分析的成果为基础进行设计前期开发理念的评估和设计过程中空间形态的优化。

关键词：数据化设计，空间句法，研—本一体化，网络开放数据，研究型设计教学

Abstract：This paper presents an innovative design studio named "Data-informed Design" for 4th year undergraduate and 1st year master student. Using space syntax as main theory and analytical tool，this studio combines field work with the open source data-mining，spatial analysis and design process based on the findings.

Keywords：Data-informed design，Space syntax，Undergraduate-master student joint studio，Open-source data，Research Embedded design education

1 "数据化设计" 简介

近年来大数据研究已经成为城乡规划学科的热点。在城市设计和建筑设计领域如何充分利用信息时代的数据资源，推进城市与建筑空间设计教学方法的改革，进而实现以教促研是本教学实践的核心目标。本文将主要以"数据化设计"的系列课程建设为例，集中介绍北京交通大学建筑与艺术学院近年来在设计课教学中嵌入数据空间分析的教改尝试，希望能够起到抛砖引玉的作用。

首先，数据化设计（Data-informed Design）具有以下特点：①从研究与设计的关系来看，数据化设计不同于数字化设计或参数化设计，它的基础是环境行为科学，要求基于实证数据中体现出的客观规律来进行方案评估和优化。②从对模型的依赖性来看，数据化设计更突出"数据驱动的空间模型"对设计的作用。研究型设

计的概念则更为广泛，可以是基于纯理论研究提出设计概念，未必需要量化模型的支持。

2 空间句法基础实证研究——数据化设计的引擎

研究型设计的难点往往在于研究与设计是否能够有机结合。空间句法则是一种将数据分析与设计联系在一起的成熟的理论和模型工具，在实现数据化设计的理想过程中，它具备以下四点特殊的价值：①在对设计的支持方面，空间句法模型抓住了空间形态与行为之间关系这个基本问题，有助于直接的支持设计中"空间形式的推敲"；②在行为学研究方面，自 20 世纪 70 年代起，空间句法在国际范围积累了大量基础实证研究成果，其研究内容的可重复验证性有助于迅速应用于教学。③在实用性方面，空间句法的软件模型操

* 国家自然科学基金资助项目（51208343）（51078022）（51378049）。

作简单，仅需要 CAD 绘制的基础地图或方案简图便可以快速进行对方案的分析和评价；④在与大数据结合方面，现有大数据对城市和建筑学的意义多局限于数据可视化和纯研究层面，而作为一种积累了 30 年小数据研究成果的成熟模型，空间句法能在数据与空间规律之间迅速建立有效的联系，并充分利用当代数据获得方式多元化的优势，可以直接应用网络开放数据来支持远程的研究。

此外，从数据化设计对我国空间句法基础实证研究的支持来看，在经历了初期对概念、理论和模型算法的介绍之后，国内学者的空间句法研究逐渐深入到基础实证研究领域[1]。然而，与国际空间句法学界（特别是英国学者）相比，我国的研究案例仍显不足。英国 UCL 大学空间句法实验室和空间句法公司多年来已经形成了比较成体系的调研方法和相对应的研究问题，具体包括对各类交通流量、人流轨迹跟踪、活跃城市功能及公共空间人群聚集活动的"快照（snap-shot）"调研等等。这些基础研究在国际空间句法领域均有较为成熟的研究先例和成果积累，便于结合中国的实际情况快速转化应用支持设计课程的教改。

3 数据化设计的教学环节与支持课程体系

3.1 数据挖掘—数据分析—数据设计的链条式教学环节

基于数据化设计初期探索成果[2]，2016 年笔者在本科四年级教学中以北京东四地区的城市设计和商业综合体建筑为题目，展开了数据化设计课程的教学实践，在教学环节设置上该设计课程采用了"数据挖掘—数据分析—数据设计"的三段式结构。

根据近两年的教学实践，数据挖掘部分和数据分析部分是数据化设计的核心内容，其课程安排一般为三周，第一周为基地调研集中周，学生以 6～8 人的小组形式对基地周边已定研究范围的区域进行道路截面流量、进出站人流轨迹跟踪、网络评论数据挖掘统计和可视化等工作。对道路截面流量的调研各组分片区负责，调研选取周中和周末两天，每天至少四个时间点。全年级需统一调研时间，每人负责 6～7 个道路截面测点以视频拍摄 5 分钟的双向机动车、非机动车和步行流量（图 1），并通过在商业街道加密布置测点的方式顺带记录了进出店铺的顾客流量数据。

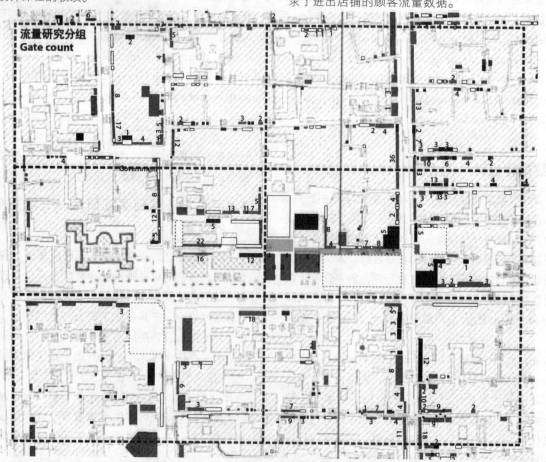

图 1　东四地区各大组道路截面流量调研区域划分、流量数据可视化及空间句法模型分析（作者自绘）

图1 东四地区各大组道路截面流量调研区域划分、流量数据可视化及空间句法模型分析（作者自绘）（续）

地铁出站轨迹跟踪需对地铁站各个出口出站人流量在一天中的分布状况进行预调研，确定各出口人数比例，跟踪时采用从出站口随机选取跟踪目标，以"咕咚"（一款手机运动APP）记录跟踪轨迹，跟踪直至被跟踪者进入建筑内部5分钟不出为止，并将出行目的按商业、办事、回家和换乘其他交通工具分为四类。本次设计课本科四年级共计近50名同学，在两天的跟踪调研中共获得有效地铁出站人流轨迹592条（图2）。

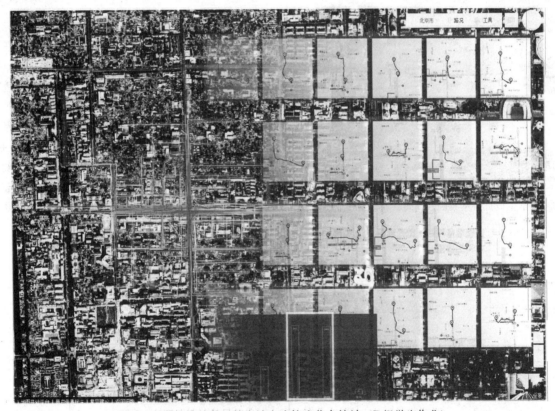

图2 东四地铁站各目的出站人流轨迹分布统计（B组学生作业）

实测调研数据对验证当代网络开放数据在高精度空间分析中的可用性有重要意义。以视频记录的研究方法虽然可靠性较高，但却过于依赖大量的人力投入，数据化设计的未来在于在实证研究基础上拓展多重数据源，降低实地调研的依赖。在本次实践中，学生对比了餐饮业的大众点评评论数与实测顾客数之间的差异，并应用空间句法模型量化分析了各价位餐馆和人气餐馆分布的空间规律，为后期方案的功能分区定位打下了数据的基础。

在数据设计阶段，学生被重新分成两人的设计小组展开方案设计，其中城市设计阶段为5周，建筑设计阶段为8周。城市设计阶段需在前期数据空间分析的基础上，进行方案的评价与优化，并将该过程在最终的图面中表达出来。具体来说，本次设计课中对前期研究的应用方式大致包括以下几个类型：首先是城市设计阶段地块划分方案对各类流量的影响评价。如在图3所示的成果图中，学生将设计方案路网对应的人流量、车流量预测值与现状进行了比较，明确了未来各类流量空间分布的等级强弱。其次，基于对各类功能空间落位规律的观察分析，特别是与各类流量的关系，学生可基于设计方案对各类流量的预测值进行用地功能的划分。

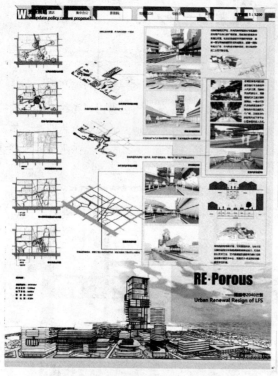

图3 学生设计方案案例（周晨、刘诗柔作业）

3.2 研-本一体化的支持课程体系

经过了两年的探索，以本科生为基础的研究型设计课虽然可以在短时间内收集大量数据，并完成简单统计分析与辅助设计的任务，但真正具有科研创新意义的研究往往需要较长的周期。因此，为将数据化设计打造为一种研究与设计相互结合促进的平台，我们建立了以研—本一体化课程的标准数据化设计课程为核心的课程体系（图5）。

具体来说，依托本科生的理论课程可对学生进行初步的空间句法软件操作教学，并进行设计课程备选地块进行预调研。2015年秋季学期选取的三个地段分别为前门、东四和三里屯，最终选择了东四地段作为数据化城市设计和建筑设计的基地。另外，在研究生课程中，"数据时代的空间分析与设计"课程则集中深入地教授了空间句法理论、软件操作和调研及数据分析的方法。

在标准数据化设计课程进行阶段，少数研究生具体参与了本科生的调研和数据整理，但其最主要任务是打通关键的数据链[3]。比如，基于东四站出站人流轨迹跟踪可以获得出站人空间分布的回归方程，但新建地铁线路及站点的使用状况预测仅能基于现状地铁刷卡大数据，应用城市整体尺度空间模型进行分析才能完成。这类工作和分析方法的教学难以在短期内对本科生展开，却是能发挥研究生的特点。在本次设计课中，对拟建8号线新站地铁乘客流量和乘降量这个连接城市与街区尺度的关键性数据的预测便是由研究生完成的（图5）。

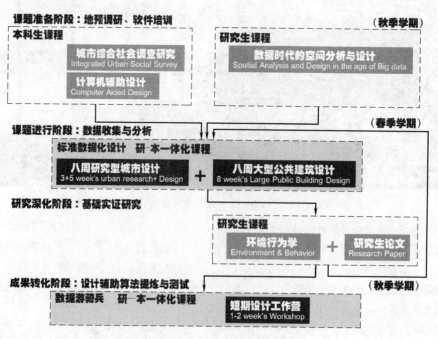

图4 数据化设计课程本硕一体化的支持课程体系（作者自绘）

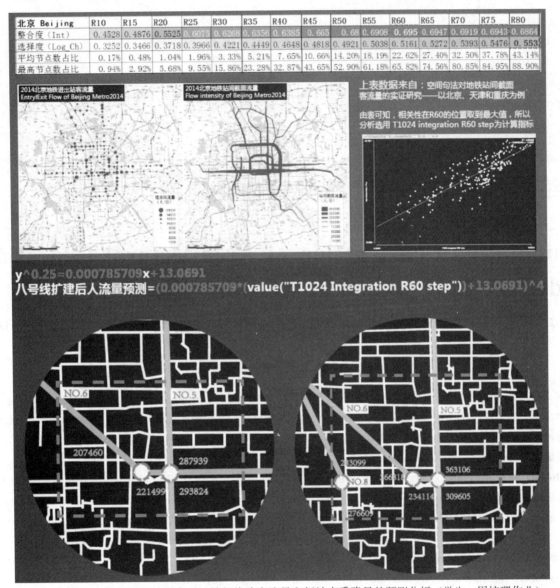

北京 Beijing	R10	R15	R20	R25	R30	R35	R40	R45	R50	R55	R60	R65	R70	R75	R80
整合度 (Int)	0.4528	0.4876	0.5525	0.6075	0.6268	0.6356	0.6385	0.665	0.68	0.6908	0.695	0.6947	0.6919	0.6943	0.6864
选择度 (Log Ch)	0.3252	0.3466	0.3718	0.3966	0.4221	0.4449	0.4648	0.4818	0.4921	0.5038	0.5161	0.5272	0.5393	0.5476	0.553
平均节点数占比	0.17%	0.48%	1.04%	1.96%	3.33%	5.21%	7.65%	10.66%	14.20%	18.19%	22.62%	27.40%	32.50%	37.78%	43.14%
最高节点数占比	0.94%	2.92%	5.68%	9.55%	15.86%	23.28%	32.87%	43.65%	52.90%	61.18%	65.82%	74.56%	80.85%	84.95%	88.90%

图 5　研究生在数据化设计课中对地铁新线路客流量和新站点乘降量的预测分析（学生：周梓珊作业）

4　经验总结

当下我国的建筑和规划市场正在经历转型，而各高校的设计教学也渐渐强化了对研究型设计的重视。传统以形式训练为基础的设计课如何回应互联网时代提供的机遇？如何将教学和科研工作紧密结合起来实现真正意义上的教学相长？而研究工作又如何避免与设计需求的脱节，真正做到为了解决设计问题而研究？以空间句法为核心技术的数据化设计课程系列在这些问题上进行了一些有效的尝试。从成果来看，两到三年的基础数据收集有效地支持了空间句法的基础实证研究工作。

从近两年的实践来看，三周嵌入本科生设计课的研究强度仍然过大，未来的改进方向是强化低年级的软件和基本研究训练。同时，研究生的参与方式也应在现有提供研究辅助和核心技术攻坚的基础上进一步拓展对设计方法的训练。让建筑学专业学位的研究生能够参与设计，并进一步探索在这些技术支持下更为有效的设计方法。

参考文献

[1] 段进，希列尔等. 空间研究 3：空间句法与城市规划 [M]. 南京：东南大学出版社，2007.

[2] 盛强，卞洪滨. 形态、流量与空间盈利能力——数据化设计初探 [J]. 中国建筑教育，2015（12）p. 74-78.

[3] 盛强，杨滔，侯静轩. 连续运动与超链接机制——基于重庆地面及地铁交通流量数据的大尺度范围空间句法实证分析 [J]. 西部人居环境学刊，2015，30（04）. 18-22.

陈惠芳[1]　张永伟[2]　张锐[3]

1、3 中国矿业大学；hfzlk@126.com　2 江苏师范大学

Chen Huifang[1]　Zhang Yongwei[2]　Zhang Rui[3]

1~3China university of mining technology 2Jiangsu normal university

网络时代背景下的建筑教育内涵建设*
——以二年级建筑设计课程为例

Connotation Construction of Architectural Education under the Background of Network Era——
From Architectural Design Course of the Second Grade as an Example

摘　要：通过阐释网络时代对建筑教育带来的新挑战及教学中出现的问题，本文试以二年级建筑设计课程教学改革为例，探讨了当前的建筑教育要从教学方式、教学内容以及教学成果等诸方面进行内涵建设，方能应对网络社会对建筑教育与教学的新要求。

关键词：网络时代，建筑教育，内涵建设

Abstract：Through interpreting the new challenges and the problems in architectural teaching that brought by the network era，this article tries to study and explore the teaching reform case of the architectural design course in the second grade，reaches a conclusion that current architectural education should be constructed from connotation aspects such as teaching methods，teaching contents and teaching achievements etc，in order to cope with new requirements for teaching in network society.

Keywords：Network era，Architectural Education，Connotation construction

1　网络时代背景下建筑教育的新挑战

在教育历史上，教育的变革总是伴随着生产方式和技术革命而进行的。古时候，人类没有学校，人们在劳动过程中传授经验。农业革命和文字出现后，有专门的人从事教育工作，产生了学校。在工业革命的浪潮中，现代学校制度和义务教育体系诞生了。当我们进入网络时代，教育方式又会发生怎样的变化？

一方面，互联网技术已经为人们随时随地学习提供了可能性：当前慕课、翻转课堂以及虚拟现实等各种先进的教育技术，不仅有在线视频，还有插入式测试、即时反馈、学生分级的问答、在线实验室、学生自主学习与互助学习讨论等。反观我国当前的建筑教育，仍然沿袭以前的模式，跟"互联网＋"结合不够，导致课堂效率不高，教师工作重复，学生不能享有个性化教学，师生均浪费了巨大的时间和精力。

另一方面，信息的易得性使学生的自学能力提升：随着智能手机、便携电脑在学生中的普及，无论置身何处，学生需要什么资料只需轻点屏幕即有海量信息可供选择。这一切，大大提高了学生的学习效率、学习兴趣和自学能力，拥有较强自学能力的学生对教师的教学也必然带来了新挑战，这促使我们的教学内容、教学方式都要有所转变以与信息时代相适应。

上述原因给学校管理带来了新挑战：当前传统的课

---

*本文系 2016 年中国矿业大学网络在线课程建设项目"建筑设计（1）（2）（3）（4）系列课程翻转课堂建设"的研究成果。

堂教学渐渐失去了吸引力，不仅是普通教师的课堂，就是知名的专家学者讲座，"90后"也多不买账。无奈之下，一些学校在教室启用指纹考勤机以增加课堂出勤率，但随后学生网购代打卡指纹膜以应对！

同样，网络时代信息的易得性也给教师带来了新挑战：因为面对网络上随手就可拈来的答案，学生往往图省事以少费脑筋的抄袭来应对作业，导致作业雷同的日趋增多，如何来评价学生的作业呢？

如何应对网络时代对建筑教育的新挑战？需要教师提供合适的教学内容以及高效的交流平台来实现。下面以二年级建筑设计课程为例，探讨网络时代背景下建筑教育的内涵建设。

2 二年级建筑设计课程内涵建设

2.1 教学方式优化——网络自学＋课堂辅导

二年级建筑设计课程采取理论讲授和草图辅导的形式，以往都在课堂进行。其中理论部分讲授教师每年进行的基本上是重复的工作，如果有些学生因为种种原因缺了课，还不能弥补。另外，学生的接受能力有差异，有些学生课堂反应慢的，草图阶段还要反复问教师一些已讲过的问题，这些都造成课堂效率低下。

笔者经过研究比较，发现建筑设计课程可以借鉴翻转课堂这种教学形式——2007年，美国科罗拉多州Woodland Park High School的化学老师Jonathan Bergmann and Aaron Sams开始使用视频软件录制PPT并附上讲解声音。他们录制的视频上传到网络，以此为缺席的学生补课。不久他们进行了更具开创性的尝试——逐渐以学生在家看视频、听讲解为基础，在课堂上，老师主要进行问题辅导，或者对做实验过程中有困难的学生提供帮助。随着互联网的发展和普及，翻转课堂的方法逐渐在美国流行起来。

通常情况下，学生的学习过程由两个阶段组成：第一阶段是"信息传递"，是通过教师和学生、学生和学生之间的互动来实现的；第二个阶段是"吸收内化"，是在课后由学生自己来完成的。由于缺少教师的支持和同伴的帮助，"吸收内化"阶段常常会让学生感到挫败，丧失学习的动机和成就感。"翻转课堂"对学生的学习过程进行了重构。"信息传递"是学生在课前进行的，老师不仅提供了视频，还可以提供在线的辅导；"吸收内化"是在课堂上通过互动来完成的，教师能够提前了解学生的学习困难，在课堂上给予有效的辅导，同学之间的相互交流更有助于促进学生知识的吸收内化过程。

翻转课堂的教学视频一般都短小精悍，大多数的视频都只有几分钟的时间，视频的长度控制在学生注意力能比较集中的时间范围内，符合学生身心发展特征；每一个视频都针对一个特定的问题，查找起来也比较方便；通过网络发布的视频，具有暂停、回放等多种功能，可以自我控制，有利于自主学习。视频后面紧跟着的四到五个小问题，可以帮助学生及时进行检测，如果发现几个问题回答得不好，学生可以回过头来再看一遍。学生对问题的回答情况，能够及时地通过云平台进行汇总处理，帮助教师了解学生的学习状况。教学视频另外一个优点，就是便于学生一段时间学习之后的复习和巩固。评价技术的跟进，使得学生学习的相关环节能够得到实证性的资料，有利于教师真正了解学生。

因此，借鉴翻转课堂形式，二年级建筑设计课程教学方式优化后采取网络自学＋课堂辅导：需要集中讲授的理论部分由教师把讲的内容、知识点编制成微视频让学生在课外自己看，这种自行观看微视频的最大好处就是形象生动、方便记忆。并且，学生在课外看的时候可以自己掌控节奏，不断地看、反复看。每个学生的学习能力和接受能力是不一样的，有的学生接受知识接受得快，有的学生则相对来说慢一些，在课堂上直接教学，老师需统一教学进度与要求，所以不能兼顾到每一个学生。用视频的形式在课前让学生先去看能很好地弥补这一缺陷，充分起到了预习的效果，是个性化教学的体现。让学生带着问题进课堂，可以使老师能够针对性地对学生进行讲解，让学生展开充分的互动交流，进行自主思考。老师在其中起到的是一种助教、助导的作用而不是像一般的课堂上所处的一个以老师为中心的地位。课堂辅导则会将更多的时间和精力留给学生，体现学生课堂上的主体地位。

可以说，建筑设计课程非常适合翻转课堂这种教学方式，便于学生提前预习、随时学习、反复学习，提高学生学习效率，那些因病或参加活动的学生不会被落下功课。教师也不需要年年重复工作，只需后续进行小部分的更新。我校于2016年已积极展开对二年级建筑设计系列课程翻转课堂的建设。

2.2 教学内容细化——夯实基础＋多元拓展

当前我国社会进入了新常态：面临着经济增长方式的根本性转变，从要素驱动、投资驱动转向创新驱动。培养创新人才本就是教育应有之义。但创新从哪里来？

创新不是无源之水，必须使学生能够打开多元视野，培养发散思维。尤其搭载在网络时代的信息高铁上，给学生合适的训练题目，学生就能充分利用网络的便利迅速找到需要的知识。因此，在教学内容上，知识点必须细化，增加新亮点和难点，使题目更有针对性、具有社会现实意义，激发学生创造力。

以二年级《建筑设计 2——社区图书馆》设计为例，2013 年，鉴于题目年年重复，缺乏新意，也为了进一步细化教学内容，笔者研究发现，地块所在社区是高校退休教师住区，用地一路之隔就是附属小学和幼儿园。于是，结合时代热点问题对服务对象等进行了细化定位，题目在原有的标题前加了个定语变为"关爱老人与儿童的社区图书馆建筑设计"，任务书的主要内容修改为：选址位于一个环境幽雅之高校社区，毗邻小学与幼儿园，主要满足退休的高校教师修身养性、学龄儿童开展课后阅读及社区居民查阅图书资料、休闲交流之用。社区图书馆具有面向社区的特性，起到社区文化会

所的作用（成为居民进行交流的公共共享空间，成为社区地标，延伸到室外环境）。要求学生把握图书馆等文化类建筑空间特征及形式组织原则，学习社区环境下开放性公共建筑的设计方法，并且掌握满足老人与儿童使用的特殊空间处理手法。其中，相对以往的设计任务书，突出细化出了 3 个新亮点：1 开放性设计；2 老人与儿童的特殊空间设计；3 外环境设计。

这些亮点也是难点既给学生带来了设计条件的限定与挑战，也是他们设计的起点与动力，最终教案《社区图书馆设计》在"2013 全国高等学校建筑设计教案和教学成果评选活动"中被评为优秀教案，三份作业被评为优秀作业。

如图 2，作业一——"渗·景——面向老年人与儿童的社区图书馆设计"：方案将建筑体块围绕中心庭院布置，将庭院内的自然景观和人的活动"渗"入建筑空间。建筑体块有意设计成依次升起的台地形状，形成跌落有致的可上人屋面，并通过坡道连接至庭院下沉剧场，塑造出了吸引所有到访者的高度开放性的户外空间。同时考虑到了老年人和儿童的使用特点，使二者活动的空间能够做到视线无碍通畅，书架靠近交通部分且高度设计得当，缩短老人取书动线。室内空间用软隔断分隔，形成开敞流动的空间，结构采用轻钢材质体现建筑轻盈、简洁的时代风格追求。

图 1　教案《社区图书馆设计》（图片来源：陈惠芳、
林涛、彭耀、陶勇、王栋、张锐．社区图书馆设计．
全国建筑院系建筑学优秀教案集（2013）．北京：
中国建筑工业出版社，2014．）

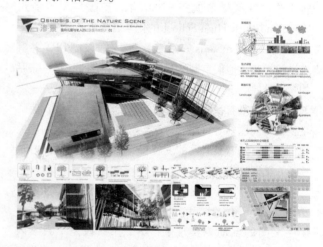

图 2　优秀作业一

如图 3，作业二——"正负空间——面向老年人与儿童的图文信息中心设计"：方案布局清晰明了，给居民提供了穿越基地的捷径，并且结合下沉广场的设置，最大限度吸引和留住到访者。外部空间由不同高差和围合限定的尺度各异的广场组成，形成层次丰富的开放空间。材质上多用木材，给人以温

暖的材质感受，给老人和儿童以最大的关怀。外遮阳技术运用得当，立面处理细腻使建筑形成典雅风格，有文化建筑气息。

如图4，作业三——"砖筑、品慧、空间——面向老年人与儿童的社区图书馆设计"：方案的中心庭院利用台阶结合下沉广场形成了层次丰富的户外空间，并且出于儿童安全的考虑，用高差加强了场地与周边区域的边界限定。内部空间水平与垂直方向互相渗透交融，使读者的空间体验丰富有趣。造型上恰当运用体块的高低错落、虚实对比形成了富有变化又和谐统一的整体感。用砖作为材质充分运用到外立面与内部隔断上，塑造了内外统一的砖风格建筑，砖这种古老建材使建筑颇具一种怀旧复古的厚重感觉。

图3　优秀作业二

图4　优秀作业三

对于大部分已经打下良好基础的学生，在网络时代的自学能力不容小觑，题目要适时增加一定难度，

来拓展学生空间环境设计之外的其他技能，达到全面的专业训练，也是对于自学能力强的学生和信息的多元化环境提供一个创作能力检验的出口。比如结合各种竞赛的命题、结合社会热点问题的命题、结合教师研究方向的命题等，题目相对动态，其研究内容与题目设置应该是常换常新的。通过对教学内容的细化，既保持一定稳定性又融入一定的开放与灵活性，达到既夯实基础又多元拓展的目的，充分调动学生学习的积极性和创作的热情，便于建筑教育跟上网络时代的发展步伐。

2.3　设计作业优化——反馈课堂＋衔接实践

二年级的设计课程结束之后，紧接着学生就要进行暑期外地认识实习：目的是弥补课堂教学的不足，开阔学生眼界——因为学校所处地级城市，江苏一隅，大多数学生最初是通过认识实习直观感受国内优秀建筑的，实习的成果一直以来都是采取图文并茂的实习报告的形式提交，要求学生写下参观的感想和心得。

但近几年，随着互联网的普及，笔者发现一些问题渐趋明显：

（1）实习报告雷同越来越多

近年来，实习结束学生提交的实习报告在内容上雷同比例不断增加，原因之一就是作为成果的实习报告这种形式对网络时代的学生来讲，难度系数较低，针对参观对象的评价和图片在网上信手拈来，最终报告主要是网上资料的拼凑和图片的堆砌，实习报告相互之间差异不大，深度不够，尤其是个人思考的内容体现不够，难以达到锻炼学生专业实践能力的目的。

（2）实习成绩难以科学评定

随着近几年学生人数的增加，时间紧，看的内容多且分散，而教师在实习中又须同时承担安排和管理方面的任务，头上还高悬着"安全第一"这把达摩克利斯之剑，在跟校外人流交织的实习现场难以进行平时成绩的评定。而之后提交的实习报告内容上雷同比例较高，深度上较少有所体现，教师很难从专业角度进行成绩的评判。导致最终的成绩评定只能流于书面形式，难以进行科学的专业的评判，对实习效果难以全面深入了解。

（3）实习成果难以鼓励创新

实习成果要求暑期结束仅提交一份实习报告，事实证明，这种作业要求调动不了学生的创造积极性，难以训练学生的设计创新能力，体现不出跟低年级设计课程的衔接，达不到当前实践教学跟课堂教学相互衔接的要求。在后续的三年级建筑设计课堂教学中，也反映出学生在实习中所学没有得到应有的应用。

（4）实习难以衔接课堂教学

由于实习时间短，参观内容较多，再加上低年级学生处于刚刚进入建筑设计基础阶段，对相关专业知识缺乏深入了解，在参观时往往走马观花，缺少积极主动思考，缺少深入分析，缺乏对背后设计生成逻辑的探索。这些都体现在实习结束后的后续建筑设计课堂教学中，笔者在参与三年级的设计课堂教学时发现：在参观过苏州博物馆和世博会中国馆之后所进行的汉文化馆设计中，大部分学生依然对

流线组织这一博物馆设计要点认识模糊，出现问题较多，老师不得不多费口舌——予以纠正。由此可见一斑，学生较少能把在实习中所获得的知识点自觉运用到课堂教学中，校外实习教学不能良好衔接校内课堂教学。

如何解决上述诸问题？其中，重点解决学生实习之后对实习内容消化吸收差的问题，并且使课堂教学和实践教学相互衔接。

笔者分析比较了建筑设计课程和认识实习课程的教学流程。如图5所示，二者的基本流程都是四个阶段，只在课程前期布置任务书阶段有所交集，这是因为认识实习的任务书拟定主要参考了设计课程的任务书，依据需要对学生进行的专项训练安排参观内容。但在课程后期，二者平行，无交集。

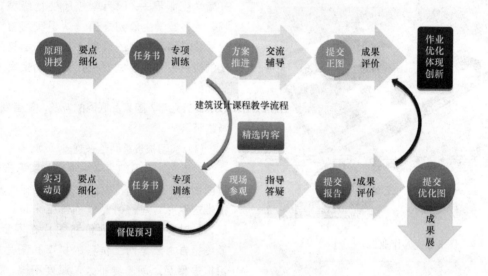

图5　认识实习课程教学流程

鉴于此，从2015年开始，笔者在认识实习的成果要求里增加了一个新环节——二年级设计作业优化环节，以利于紧密衔接二者。该环节是任选二年级做过的四个设计——小住宅、幼儿园、图书馆、俱乐部之一，结合实习的收获，进行方案设计的进一步优化。这样做的目的：其一是防止实习报告的雷同，因为这个环节是基于每位学生自己的设计作业，雷同的可能性几乎为零；其二是利于教师科学的专业的评判作业，教师可以用评判建筑设计课程作业那样的方法来判定成绩；其三是鼓励学生创新性思维，把实习成果从纪录流水账似的日记形式变得富有创新性；其四是更好衔接课堂教学，并且为进一步高年级的设计课堂教学打下良好基础。

增加的这一环节，通过实习课程后期优化设计作业来检验实习收获，督促学生在实习前期认真预习参观内容，在实习过程中认真参观、深入思考，从而完善实习教学、衔接课堂教学，盘活全局。其成果形式不拘一格：既可以单独成图，方便日后的实习作业展，达到进一步促进学生之间交流的目的；也可以作为一个主要内容，附在实习报告里，只要达到反馈课堂，检验实践的目的就可以了。如图6所示是2015年暑期结束后学生提交的一部分设计作业优化图。由此可见，在认识实习课程后期趁热打铁及时增加设计作业优化环节，既全面检验学生的实习效果，又提供给学生一次针对自己以往的设计思路进行反刍、推敲、提高的机会。

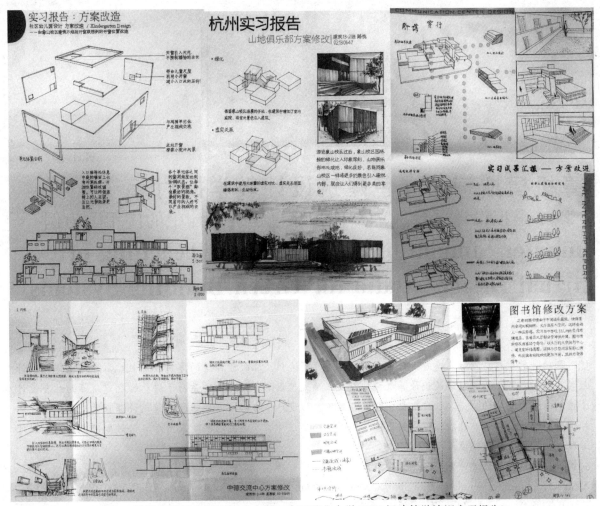

图 6 设计作业优化图（图片来源：中国矿业大学 2013 级建筑学认识实习报告）

3 小结

二年级建筑设计课程的在教学方式、教学内容、教学成果诸方面均进行了内涵建设以应对当前网络时代对我们提出的新挑战，管中窥豹，可见一斑：身处网络时代的建筑教育与教学正走到了一个十字路口：是继续沿着传统的模式走下去？还是拥抱这大变革的时代？值得我们去思考和行动。

在当今以网络时代为背景下开展的建筑教育，其内涵的建设必须根植于时代发展的特征，必须立足于承担社会发展所赋予建筑学科的新使命。与诸多学科交叉而又保持一定独立性的建筑学科，不能也不可能置其他学科之进展于不顾，必须及时地把交叉学科的新成果积极引入建筑教育尤其是设计教学中。只有紧紧跟上新技术变革与社会发展的脚步，才能避免建筑学科在时代发展中被边缘化的趋势。

当前我国的建筑教育，任重而道远，如何使我们培养的建筑师能够在未来充满国际化竞争的舞台上立足？希望就在于新时期我国建筑教育的内涵建设能否顺应时代发展的潮流。

参考文献

[1] ［美］乔纳森·伯格曼，亚伦·萨姆斯 . 翻转课堂与慕课教学：一场正在到来的教育变革 . 北京：中国青年出版社，2015.

[2] 朱永新 . 未来学校的曙光 . 中国教育学刊 . 2016（2）.

[3] 陈惠芳，张一兵，张永伟 . 动静相宜——信息社会背景下建筑学本科教学探析 . 中国建筑教育 . 北京：中国建筑工业出版社，2016（13）

[4] 陈惠芳 . 新时期建筑教育内涵建设与发展模式初探 . 2008 全国建筑教育学术研讨会论文集 . 北京：中国建筑工业出版社，2008.

[5] 陈惠芳、林涛、彭耀、陶勇、王栋、张锐 . 社区图书馆设计 . 全国建筑院系建筑学优秀教案集（2013）. 北京：中国建筑工业出版社，2014.

尤伟　郜志

南京大学建筑与城市规划学院；youwei@nju.edu.cn

You Wei Gao Zhi

School of Architecture and Urban Planning, NANjing University; youwei@nju.edu.cn

计算机模拟辅助绿色建筑设计教学探讨
——以"虚拟设计平台（VDS）在绿色建筑设计中的应用"为例

Computer Simulation Aided Design Teaching of "Virtual Design Studio for Green Building Systems"

摘　要：计算机模拟在绿色建筑设计中占有十分重要的地位。相较于传统的建筑设计教学，在绿色建筑设计教学中如何教授学生正确地认识计算机模拟以及正确处理设计和模拟的关系对于培养绿色建筑师的综合设计素质具有十分重要的意义。本文主要介绍笔者教授虚拟设计平台（VDS）绿色建筑设计课程的教学经历，总结和分析学生在学习在设计过程中利用计算机模拟辅助设计所常遇到的问题及困惑，探讨如何更好地利用计算机模拟辅助绿色建筑设计。

关键词：绿色建筑设计，教学，计算机模拟

Abstract：Computer simulation is important for green building design. Comparing to traditional architectural design teaching, green building design teaching is confronted with many problems which concerning how to teach students the correct understanding of computer simulation and the relationship between design and simulation. This paper discusses an experience of teaching computer simulation in virtual design studio for green building systems. The problems students encountered in the green building design process are concluded. And also, it is to explore how to integrate the building simulation studies into green building design teaching.

Keywords：Green building design, Teaching, Computer simulation

1　前言

计算机模拟技术由于其操作方便，结果直观等优势，在绿色建筑设计中占有重要的地位。各建筑设计院校也逐渐引入计算机模拟技术的课程，以配合绿色建筑设计教学的开展[1]。然而，相较于传统的建筑设计教学，在绿色建筑设计教学中如何教授学生正确地认识计算机模拟以及正确处理设计和模拟的关系还面临许多新的问题。

2012年南京大学建筑与城市规划学院与美国雪城大学（Syracuse University）的张建舜教授在南京大学合作开设了"虚拟设计平台（VDS）在绿色建筑设计中的应用"（Virtual Design Studio for Green Building Systems）的硕士研究生课程。笔者作为中方教师参与了该课程的教学。本文主要介绍笔者教授绿色建筑设计的经历，总结和分析学生在学习在绿色建筑设计过程中利用计算机模拟辅助设计所常遇到的问题及困惑。

2　VDS课程简介

虚拟设计平台VDS本身是由张建舜教授领导的课题组所开发的一个面向建筑师的数字设计平台（图1），该设计平台整合了建筑能耗、材料特性、室内环境质量等系统分析工具，其目标是能够在建筑设计的各个阶段

根据设计方案进行模拟分析，为建筑师提供关于建筑节能等方面的建议和设计指南[2-3]。VDS 经过多年发展已开始逐渐走向应用，不过目前仍需要在和设计人员的配合使用过程得到完善。

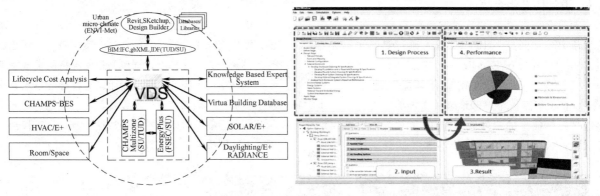

图 1　虚拟设计平台（VDS）系统组织图解及模拟软件界面（作者自绘）

VDS 设计课程的设置是希望学生们通过掌握运用 VDS 平台，理解并掌握基于建筑性能评估的绿色建筑设计方法。该课程为研究生的短期选修课程，授课时间为一周左右，课程分为建筑技术知识的授课、计算机模拟软件教学和绿色建筑案例研究三部分。其中授课部分主要是使学生建立多学科、多目标的设计过程和方法论的认知，并传授绿色建筑中一些基本要素的知识。计算机模拟软件教学包括对 VDS 及相关整体建筑室内环境质量和能源性能分析软件的介绍与辅导，使学生基本能够运用此设计平台进行分析。绿色建筑案例研究通过利用 VDS 对已有建筑案例进行分析，提出优化设计改造策略，并通过模拟分析确定设计方案并评估方案优化的效果。

在教学过程中，上午时间分为两部分，前半部分为集中授课，后半部分为设计点评，下午为学生的案例研究和设计讨论，教学其间还会安排一次设计实践案例的参观，最后通过一次设计成果答辩结束本次课程。课程采用全英文的授课方式。学生提问，回答问题，PPT 汇报与演示均采用英文的交流方式。

3　VDS 课程中应用的计算机模拟技术

为实现设计过程中不同阶段的多维性能评估，VDS 课程选用了多种分析软件，如表 1。对于建筑场地的日照条件以及自然风环境分析，由于目前 VDS 平台尚未整合其他日照计算工具，而自身的计算流体动力学（CFD）模拟功能还在研发中，因此在目前设计课程中采用现有的计算软件，日照条件采用 ECOTECT 作为分析工具，室外风环境和热环境分别采用 Airpak 和 Envi-met。

对于建筑单体层面的能耗分析，VDS 整合了目前国际上应用广泛的专业能耗计算软件 EnergyPlus，由于建筑设计专业的学生对 SketchUp 比较熟，且与 VDS 整合较为容易，故 VDS 采用 SketchUp 的插件 OpenStudio 建模并加载 EnergyPlus 求解器的方式进行建筑能耗模拟。房间采光分析主要有 ECOTECT 和 RADIANCE，RADIANCE 作为专业的采光照明计算软件操作相对复杂，在课程设计中学生较多选择采用操作方便的 ECOTECT。建筑物中的多区域流动模拟和房间气流分布模拟分别采用 CONTAM 和 Airpak。

建筑围护结构模型 CHAMPS 由于已嵌入到 VDS 中，对于围护结构传热传湿、空气流动模拟可以采用墙体模型 CHAMPS-BES 和多区域模型 CHAMPS-Multizone 进行围护结构的相关模拟。在教学过程中我们强调软件使用时需首先理解物理意义，这样就可以避免"垃圾输入，垃圾输出"现象的发生，在模拟之前希望学生对结果有定性上大致的预期和判断。

设计层次	室外环境/场地	建筑单体	墙体结构
天然采光、日照	ECOTECT	ECOTECT/ RADIANCE	\
建筑能耗、传热、传湿	\	DesignBuilder＋ EnergyPlus OpenStudio＋EnergyPlus★	CHAMPS★
自然通风、环境风	Envi-met/Airpak	Airpak /CONTAM/ CHAMPS★	Airpak/ CHAMPS★

VDS 课程应用的建筑能耗与环境系统模拟软件　表 1

注：★表示目前 VDS 平台已经整合软件功能。

4 教学过程解析

4.1 设计团队组合模式

本课程绿色建筑设计设定为既有建筑的绿色改造。笔者参加的是 2015 年课程，设计案例为美国雪城 COE（Center of Excellence）总部、深圳建筑科学研究设计院办公楼以及南京大学文科楼三个案例（图2）。它们涵盖了严寒地区、夏热冬冷地区以及炎热地区三个典型的气候区。雪城 COE 总部以及深圳建科院办公楼为国内外的绿色标准认证建筑，有许多值得研究的绿色建筑设计及绿色能源技术。南京大学文科楼具有距离优势，学生对其建筑物理环境可以有更为方便的测量。

根据设计案例首先需要对学生进行设计分组。本次设计我们将学生分成了六组，每个案例有两组学生进行改造设计研究，在分组过程中我们有意将两个学校不同专业的学生进行组合，保证每组均有设计及技术专业的学生参加，并确认每组负责设计策略、场地、采光、通风及能耗评估的学生，希望通过这种专业分工和合作的模式来达到最佳的教学效果。

图2　绿色建筑案例研究（从左至右依次为：美国雪城 COE 总部，深圳建筑科学研究设计院办公楼 IBR，南京大学文科楼 NJU，图片来源：学生作业）

4.2 现状建筑性能分析

整个设计改造过程分为现状评估阶段，设计策略提出以及分析验证两个阶段。现状评估阶段通过对现状建筑的评估、发现问题，为下一阶段的设计中提出改造策略奠定基础。由于学生对模拟技术的理解存在局限，这一阶段很容易出现过分相信模拟技术，以及不知道该如何建模的问题。比如在利用 Airpak 对建筑周边及房间内部的风环境模拟上如何对模型进行简化，是学生询问最多的问题。其次在对计算工具的选择上，尽管张建舜老师在设计周的集中授课中介绍 VDS 平台的框架，及通过案例演示其不同阶段的分析功能，但笔者发现在短期内学习掌握 VDS 并应用于设计案例的分析还有较大挑战。因此，一些学生仍选择采用之前较为熟悉的 DesignBuilder，甚至采用 ECOTECT 进行能耗模型计算。通过对现状建筑的模拟，达到了使学生理解建筑围护结构与光、热、风等物理环境关系的教学目的，图3～5（a-d）为不同的设计小组对采光、传热、通风、空气质量不同领域的评估结果。

4.3 设计策略及验证分析

设计优化阶段需要设计人员和计算模拟分析人员的合作探讨。在教学过程中我们强调学生要多从为什么做（why）？如何做（how）？做什么（what）？在哪做（where）？做给谁（who）？五个方面展开思考，在评图和答辩过程中，我们也有意从这五个方面引导学生对设计策略的思考。通过这种方式逐渐加强学生的研究性设计思路。

从计算机辅助设计的教学效果来看，通过对不同组设计过程的比较，明显感觉出模拟技术掌握较好的小组往往将设计和模拟结合地更好，而模拟技术掌握不佳的小组往往更多地会注重模拟结果而并没有很好地考虑模拟的目的。图3～5（e-h）是不同的设计小组采用的设计策略以及模拟结果，涉及中庭设计、墙体的开窗、传热设计等不同设计策略。总体而言同学们具有较强的分析和解决问题的能力，掌握了通过计算机模拟技术来实现其辅助物理性能优化的目的，但仍有若干问题需要解决。比如学生分析问题的过程中，缺少对绿色建筑设计各步骤"评价"，"定义"和"设计"的详尽阐述。对于设计策略的表达也不够明确、有效，许多学生没有很好地利用模拟结果来诠释设计，而仅仅是呈现了一些花花绿绿的图表。

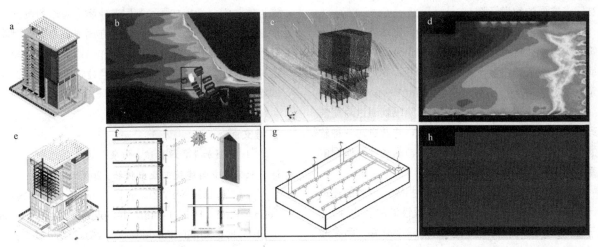

图3　深圳建筑科学研究设计院办公楼通风系统改造设计及空气质量模拟（来源：学生作业）

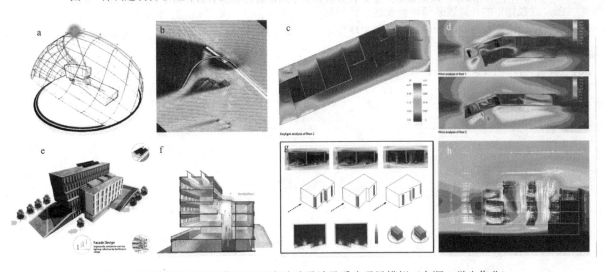

图4　美国雪城COE总部立面开窗改造设计及采光通风模拟（来源：学生作业）

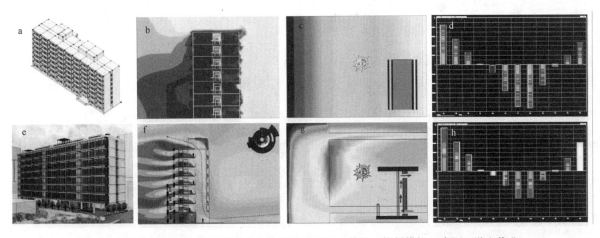

图5　南京大学文科楼中庭及墙体改造设计及采光、传热、能耗模拟（来源：学生作业）

5　反思和展望

在绿色建筑的设计过程中，基于性能评估的设计方法是目前较为有效和可行的一种设计方法，计算机模拟在其中扮演着重要角色，这对建筑学专业学生的素质培养提出了新的挑战。本文通过VDS课程的教学经历，总结了三方面的教学经验：

（1）计算机模拟辅助设计的正确思想培养，在绿色建筑设计教学过程中，需要不断告知学生计算机模拟的辅助作用体现在帮助设计人员发现问题，并定量论证设计策略的有效性，而不可能替代创造性的设计方案提出。对于这种认知的培养最好在本科阶段就通过对建筑物理现象基本原理的学习就建立起来，并通过对一种软件的学习使学生了解计算机模拟技术与这些计算原理的联系，指出其优势和局限性。

（2）绿色建筑设计成果的表达，相较与传统的建筑设计表达，绿色建筑设计增加了物理性能的优化评估。由于模拟结果通常较为专业和抽象，这要求建筑师在成果表达中采用多种方式表达其设计策略，并能通过对模拟结果（图片或数据）的再处理来清晰地表达设计策略的优化作用，比如绘制改造设计的概念图，模拟结果图片与传统设计表达的结合等。

（3）跨学科合作的绿色建筑设计教学模式。经过本课程的教学，学生加强了不同专业团队协作的概念。目前来看不同专业之间的合作还存在局限，如何实现建筑师、设备工程师之间的协调和运作仍处于探索阶段，但这种合作设计教学模式对未来绿色建筑设计师和工程师的培养而言具有十分重要的现实意义。

参考文献

［1］ 刘加平，谭良斌，何泉．建筑创作中的节能设计．北京：中国建筑工业出版社，2009．

［2］ Pelken MP，Zhang JS，Chen YX et al. Virtual Design Studio-Part 1：Interdisciplinary design processes. Building Simulation，2013，6（3）：235-251．

［3］ Zhang JS，Pelken MP，Chen YX et al. Virtual Design Studio-Part 2：Introduction to overall and software framework. Building Simulation，2013，6（3）：253-268．

张鹏宇　徐卫国

清华大学建筑学院；zhangpengyu9921@163.com

Zhang Pengyu　Xu Weiguo

School of Architecture in Tsinghua University

参数化建筑设计教学案例研究[*]
——2020 东京奥林匹克公园设计

Research of Teaching Cases of Parametric Design
——2020 Tokyo Olympic Park Design

摘　要：参数化建筑设计教学在清华建筑系已经开展多年，形成了自己独特的教学方法。文章即以东京 2020 奥林匹克公园参数化设计课程为研究对象，讲述了"阶段性任务"等教学环节的设置以及"数字图解"、"算法生形"等参数化设计方法的运用，并结合"基于羊肚菌研究的形态生成与设计"、"基于纸纤维研究的形态生成与设计"、"基于湍流研究的形态生成与设计"等三个课程作业案例，归纳探讨参数化设计教学的方法与特点。

关键词：参数化设计，教学案例，数字图解，算法生形

Abstract：Parametric design has been an important part of architecture courses in Tsinghua University with some original and special teaching methods. This essay taking the parametric design course of Tokyo 2020 O-lympic Park Design as an example describes the setting of teaching stages with specific tasks and application of parametric design methods such as *Digital Diagram* and *Algorithm Generating*, combined with three design cases in the course with the subject of *Form generating and design based on the research of Morchella*, *Form generating and design based on the research of Paper Fibers* and *Form generating and design based on the research of Turbulence Flow*, and summarize the methods and characteristics of parametric design teaching.

Keywords：Parametric Design，Teaching Cases，Digital Diagram，Algorithm Generating

1　课程概述

举办奥运会是一个城市的发展契机，既可以加速城市扩张，如墨西哥城，又能够促进城市的内部发展，如巴塞罗那。同时，"奥运后遗症"也是 20 世纪诸多举办过奥运会的城市的通病，为迎合奥运盛会而建的新的基础设施、大型体育场馆、大量公共服务设施在奥运会之后逐渐被人遗忘、闲置甚至废弃，如何将奥运村、体育场馆的设计与使用和城市的未来发展结合起来，如何有效地规划奥运会场馆与设施的赛后使用，也成为近几届奥运会所着重考虑的问题。

课程设计建立在情境回溯之上，以"东京 2020 奥林匹克公园设计"为题，从奥运会后的栖居出发，思考"未来的公园会是怎样"，在建筑意义上正面推进从当下到赛后转型的挑战，这种转型包含了对于可读性、适应性、宜居性、可承受性和物质性、生态变化、基础设施系统的考虑。总体上，希望探索这一不断演进的地段上所特有的差异的集合，延伸多种可能，保留初始的奥运角色，但探求什么样的基础构造可能对于城市、当地居民和标识意义消失后的场地有意义。

———————

* 国家自然科学基金重点项目支助 51538006

清华大学建筑系多年来坚持开设参数化建筑设计课程，至今，已经有包括数字图解、算法生形在内的多种设计方法，本次的课程设计延续之前的参数化设计方法及理论，并与美国普林斯顿大学、美国宾夕法尼亚大学、日本东京大学等著名建筑院校进行合作，取得了一系列优秀的设计成果。

2 教学思路

2.1 阶段性的设计任务

针对本次课程设计的内容，在设计任务上，并不单单追求最终的设计结果，而是更加注重在各个阶段的设计研究与成果，课程设计明确地分为四个阶段，并以此来推进课程设计的进度与设计深度。

第一个阶段为对公园未来景观规划的开发，通过对"原型"的学习与模拟，得到关于场地的二维平面的设计。每一个学生都要选择一个"原型"，它可以是力、材料或者离散形态的分布，可以由地质层次、环境条件组成，并可能对场地进行重新定义。通过一系列视觉练习，它们将展现出项目在美学上和组织结构上的特点，无关于奥林匹克项目的规模和内容，试图与平面、变形、连续、地势起伏以及场地组织这些练习的核心要素建立联系，最终得到一个连续的、场地平面的二维设计。

第二个阶段通过未来公园的使用和居住问题的研究，将上一阶段中得到的二维场地平面，深化为三维、有厚度的公园。不再将地段作为一个单一表面，而是逐渐关注其体量、厚度、多孔性等核心概念，探索其深度。正如地面可以被理解为一个系列活跃的视域，地段可以被理解为复杂的相互关联系统，其内部秩序，如可变编程、循环、生态演替或物质转化的网络列表等，将跨越时间和空间的多尺度反映公园更广泛的事物，并对局部进行更为精细化地设计和研究，从细节上展示公园的一个具体体量或者部分。

第三个阶段中，结合对各类设施特点的研究，尤其是其赛后使用的研究，对公园奥林匹克的功能进行长期规划设计。关注类似"考古重建"的主题，采用逆向操作的方法，生成能够适用于公园的初始状态和未来可能的过渡景象的小尺度对象。在这个过程中，包含对于不同功能的奥林匹克设施本身特点的重新思考，并用建筑语言将它们实体化以解决很多形态和布局问题，而不是简单地将这些功能放入某种先入为主的形式中。

第四个阶段为对前三个阶段设计模型的综合优化，即将第二阶段中得到的三维场地与第三阶段得到的功能规划相结合建立综合模型，并针对不同时间段，进行一系列更加具体、生动的场地上的体育活动、社会生活的设计与研究等。放宽视角，建立精细化解决方案，发掘场地上的剩余空间，形成一个随时间变化干预的综合建构模型，为公园的演变提出一个相对合理的解决方案，并通过一系列形态模型、时基媒体甚至机械装置等来表现出公园随时间的变化。设计的场地在每个时间段都要蕴含景观演变的思想，在小尺度和大尺度上都要体现学生想要实现的变化。

2.2 参数化设计方法的融入

在教学过程中，融入了数字图解、算法生形等参数化设计方法。所谓"数字图解"，即表示各种"力"之间的联系关系，是"一部抽象的机器，一边输入可述的功能，另一边输出可见的形式"，将其运用到建筑设计中，即为"将一些可述的功能要求及影响设计的要素通过某种关系转化成各种可能的可见的形态"[1]。而"算法生形"，即"通过规则系统（即算法）来构筑参数关系，并用某种计算机语言描述算法，来构筑软件参数模型"[2]。

上述设计方法在设计课程的四个阶段均有体现。在第一个阶段中，进行原型选择、原型分析与原型图解、算法生形、原型模拟等参数化设计，进而得到二维场地平面设计结果；在第二个阶段中，通过优化、改良算法，得到场地的三维地形设计；在第三个阶段中，将场地设施作为影响参数，纳入算法体系，以得到更为优化的设计结果；在第四个阶段中，综合考虑场地设计结果与功能要求，进一步优化算法，得到更为优化合理的形态，并展现出其发展的不同阶段。

3 教学实例

3.1 基于羊肚菌研究的形态生成与设计（学生：孙鹏程、王靖淞；指导老师：徐卫国；助教：张鹏宇）

(1) 阶段1-1：原型选择、分析与图解

羊肚菌（图1）是一种真核生物，在生物属性上比较接近食用蘑菇，在外观上看起来像蜂窝，由一系列带凹陷的脊连续而成；不同的羊肚菌具有不同的大小、形状和颜色，但是在大多数情况下，它们都没有呈现出枝状分叉[3]。菌丝是真菌的一种单条管状细丝结构，在多数真菌中，菌丝生长是一种主要的营养生长方式，在尖端部分逐步生长。菌丝生长的方式能够被环境刺激所控制，它们能够感知生殖单元并朝向它们进行生长，并且

能够穿过一些可渗透的表面缠绕生长[3]。

图1 羊肚菌摄影图像

（2）阶段1-2：算法生形与原型模拟

基于对形态的分析，在算法设计中，采用Grass-hopperPython作为模拟工具，以吸引点、生长点、生长距离、存活时间、生长代数等作为参数输入，通过运算输出存活与死亡的吸引点、完成生长和继续生长的生长点、吸引力、生长路径等，以此得到与羊肚菌相近的原型模拟结果（图2、图3）。

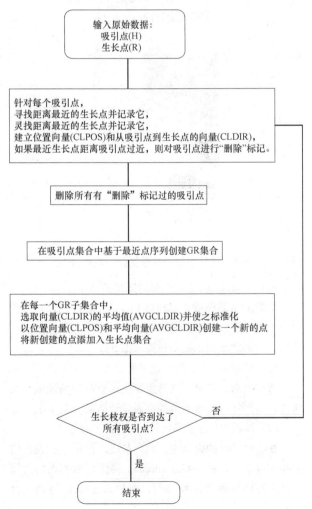

图2 羊肚菌形态模拟的算法图解

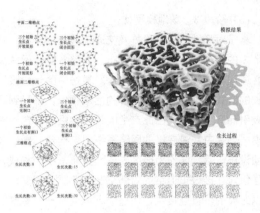

图3 羊肚菌原型模拟过程与结果

（3）阶段1-3：二维场地平面设计

将吸引点和生长点分布在场地上，利用菌丝算法来生成基础格点，由此得到场地的二维平面设计结果（图4）。

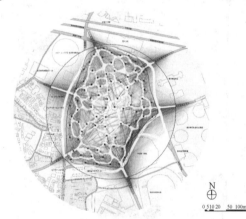

图4 以羊肚菌为原型的场地平面生成结果示意

（4）阶段2：三维场地设计

在进一步的研究中，通过生成多层网格的方式来建立三维立体场地设计，并在多层网格之间建立起"斜脊"以形成不同层之间的连系（图5）。

图5 以羊肚菌为原型的三维场地生成模型

（5）阶段 3：场地模型优化

基于对场地内多种设施及交通流线等的分析，调整场地内的生长点与吸引点的分布，调整各层之间的关系使之适应于内外交通的不同需求。算法中菌丝向吸引点生长的方式与现实生活中人群的活动相似，都受到环境的吸引而产生运动，由此产生的路径，更加符合人群行为模式。其中，最底层的网络系统用来构建必要的体育运动设施，第二层作为园区内道路交通系统的构成，第三层包含连接城市道路的对外交通，三层互相交叠，辅之以必要的垂直连接点，使整个场地成为一个完整的复杂系统（图6）。

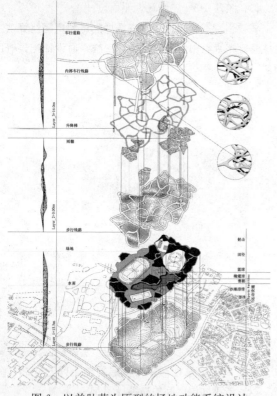

图 6　以羊肚菌为原型的场地功能系统设计

（6）阶段 4：综合模型建构

随时间的推进，场地模型会逐步发生变化，在未来，这个场地不仅仅作为奥林匹克盛会的历史标记，而是能够提供一种关于运动力量的教育，并揭示材料重新使用的重要性，主场馆将会被现代化的运动大厦所取代，场地呈现出一种新的面貌（图7）。

3.2　基于纸纤维研究的形态生成与设计（学生：程正雨，陈永鸿；指导老师：徐卫国；助教：张鹏宇）

（1）阶段 1-1：原型选择、分析与图解

基于对纸纤维的微观形态结构进行了显微观察之后，对于纸纤维，以及沾水之后膨胀变化的纸纤维进行了图解分析（图8）。纸纤维在沾水之前显得非常松软模糊，当接触液体之后，纤维变得更加明亮、紧致，而液体也倾向于向纤维密集的地方流动；纸纤维的排列看似不均匀且没有明确的图形秩序；因此，在接触液体之后显得更为不均匀。

图 7　以羊肚菌为原型的奥运场地
随时间变迁的设计示意

图 8　纸纤维显微观察图像与图解分析

（2）阶段 1-2：算法生形与原型模拟

前期的平面模拟主要利用 Processing 进行，从不同的控制点设置、扩张区域限制等来影响形态的生成，得到与纤维形态相似的模拟结果（图9）。

（3）阶段 1-3：二维场地平面设计

将控制点、扩张区域等主要生形参数与场地信息相结合，得到针对二维场地的平面设计结果（图10）。

（4）阶段 2：三维场地设计

在三维场地的设计中，利用前述二维场地的设计结果并加以处理，利用 Grasshopper 将优化后的点集分为表面、杆件与通道三种类型，以形成三维场地的设计（图11、图12）。

628

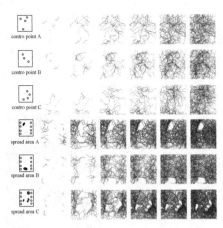

图9 纸纤维形态研究算法生形过程

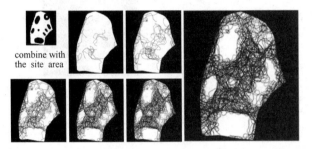

图10 以纸纤维为原型的二维平面生成过程与结果

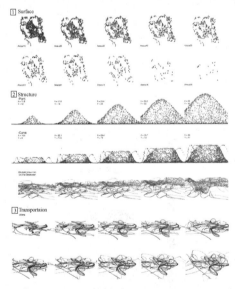

图11 以纸纤维为原型的三维场地生成过程

（5）阶段3：场地模型优化

考虑到场地功能的复杂性，针对设施、景观、交通、结构等不同的功能系统进行分析，将面层、杆件与通道分别对应于屋面系统、结构系统与交通系统并进一步细化、优化三维场地的设计形态以应对于复杂的场地功能（图13）。

（6）阶段4：综合模型建构

从未来的时间点进行设计逆推，利用丝状结构随时间的延伸与生长，对未来的建筑场景进行设计并形成了一系列、沿时间序列的场景设计（图14）。

图12 以纸纤维为原型的三维场地生成结果

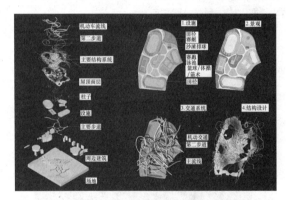

图13 以纸纤维为原型的场地功能空间分析与优化

图14 以纸纤维为原型的场地设计图景
（奥运中与奥运后）

3.3 基于湍流研究的形态生成与设计（学生：李新新，谭婧玮；指导老师：徐卫国；助教：张鹏宇）

（1）阶段1-1：原型选择、分析与图解

浮世绘是一种在日本广受欢迎的民族艺术形式[3]，如图15所示为KatsushikaHokusai绘制的浪花，由此联想到水流并对其形态进行模拟和研究，选择湍流这一特殊的流体形态作为研究的对象，就像木星上的大红斑，湍流能够带给人以无限变化。

湍流是一种自然界常见的现象，是混沌、扩散且令人惊奇的[3]，呈现出运动性、随机性、团簇状、流线性等特点。

图 15　浮世绘与木星红斑

（2）阶段 1-2：算法生形与原型模拟

在利用 Realflow 进行了一系列关于湍流的研究时，漩涡总是出现在湍流遇到障碍的时候或者不同湍流碰撞的时候，其结果如图 16 所示。

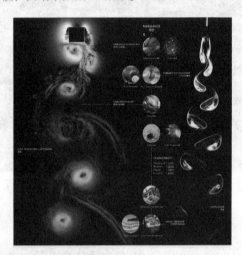

图 16　湍流的形态模拟与分析

（3）阶段 1-3：二维场地平面设计

基于以上对于湍流形态的研究与分析，逐步调整障碍位置、喷射源位置、场地边界等来形成最终的二维场地平面（图 17）。

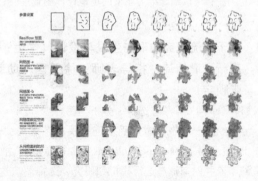

图 17　湍流场地平面生成过程与结果

（4）阶段 2：三维场地设计

在二维场地的基础上，调整参数重新进行模拟，并在模拟时间轴序列中选取合适的时间点，已使得地形在高度上也具有相对适宜的尺度，进而生成最终的三维场地，使其具有漩涡湍流等多种形态特征（图 18）。

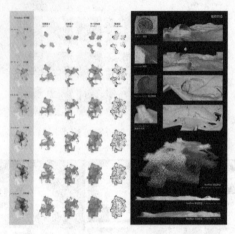

图 18　以湍流为原型的三维场地生成与结果

（5）阶段 3：场地模型优化

由 Realflow 模拟生成的三维场地具有从日常生活到体育赛事的多种尺度。湍流形态的地形，兼具有建筑、绿地、景观、交通、水系统等，一些公共设施位于地形表面之下而一些交通系统则在地形之上（图 19）。

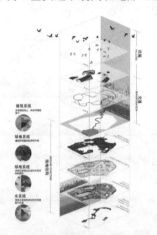

图 19　以湍流为原型的场地
功能系统设计

（6）阶段 4：综合模型建构

奥运会后，大型的场馆等不再被频繁的使用，而是分解为不同的设施散落在公园内，使其与周边居民的日常生活更加贴近。一些绿地可以被转换为居住区域，而一些设施可以向普通人开放。复杂的表面结构则始终追随湍流、漩涡、波浪、涡流等的形态和外观特征（图 20）。

图 20 以湍流为原型的场地奥运会中与奥运会后未来平面对比

4 特点分析

4.1 设计选型多元化

在本次参数化设计教学过程中，设计前期给了学生们更为广阔的探索领域，设计原型的选取多种多样且差异明显，而在设计原型选取之后，原型模拟的过程中，也出现了多样化地拟合设计原型的模拟结果，能够在清晰地表达设计原型特点的基础上，又带来丰富多样的设计结果。而每一次将模拟结果与场地的融合都伴随着对程序原始参数的调整，在不断地调整中得到最适宜场地的设计结果。可以说，在设计的全周期中，初始选型的多元化极大地丰富了最终的设计结果，学生作业呈现出百花齐放的态势。

4.2 设计过程明确化

一方面，与以往的参数化设计相似，参数化设计的过程可以被明确地划分为原型选取、分析与图解，算法生形与原型模拟，最终形态的选型、优化、调整等三大阶段；而另一方面，在本次设计题目的设置中，将设计的阶段明确地划分为二维场地平面设计、三维场地设计、场地模型优化与综合模型建构等四大阶段，其中每一个阶段都对应有数字图解与算法生形的相关步骤，可以说，在这两条主线的引导下，学生设计的过程更加明确，阶段性任务清晰，有利于学生更好、更快、更明确地完成设计的最终任务，并得到较好的设计结果。

4.3 设计结果系统化

类似于以往参数化设计结果的高度复杂化特征，本次设计的结果除此之外还呈现出系统化的特征。就设计尺度而言，由于奥运公园的规划尺度较多，涉及到交通、场馆、设施、景观、水系等多个不同的系统，而设计结果又偏于复杂化，迫使学生系统地处理这些问题，将不同的功能系统对应于形态中的不同系统，以使得生成结果在高度复杂化的同时，也具备了系统化的特征，不是凌乱无序的堆砌，而是复杂有序地组合；就设计题目而言，有意地包含由未来回溯现实的含义，故而在设计时，既要保持现有形态生成结果的完整系统，也要在时间维度上，使得现状与未来的场地形态与功能具有一贯性，这就要求设计结果不仅在当下时段系统化，而在随时间变迁的过程中依旧保持系统化的特征。

参考文献

[1] 徐卫国，陶晓晨. 批判的"图解"——作为"抽象机器"的数字图解及现象因素的形态转化 [J]. 世界建筑，2008 (5)：114-119

[2] 徐卫国. 参数化设计与算法生形 [J]. 世界建筑，2011 (6)：110-111

[3] www. wikipedia. org

图片来源

图 1 https：//www. shroomery. org/forums/show-flat. php/Number/19787621

图 15 左图来源：https：//commons. wikimedia. org/wiki/File：The _ Great _ Wave _ off _ Kanagawa. jpg。右图来源：http：//ircamera. as. arizona. edu/NatSci102/NatSci102/lectures/jupiter. htm

其余图片来源于学生作业。

程力真　曾忠忠　陈泳全　王岳颐

北京交通大学建筑艺术学院建筑系；lzhcheng@bjtu. edu. cn

Cheng Lizhen　Zeng Zhongzhong　Chen Yongquan　Wang Yueyi

Architecture Department of Architecture and Design School in Beijing JiaoTong University

"创客工作坊" 课程实录
The Teaching Record of Maker′s Workshop Programme

摘　要：我系二年级的传统课题"大学生文化站"在长期的教学实践中几经变革，逐步积累了适合二年级入门课程要求的"尺度感"和"纵深感"，近两年在互联网时代背景的激发下，蜕化为新的课题"创客工作坊"。本文对这个课题的设立背景、教案组织、问题思考、教学过程及成果进行了总结和分析，是互联网时代新课题探索的一份教学实录。

关键词：创客工作坊，校园文化建筑，互联网，教学实录

Abstract：Campus culture center is a traditional programme in grade two. After many years of teaching practices，it gradually accumulated the "scale" and "depth" as an introductory course of architecture teaching. In these two years，inspired by the internet age，the programme experience a butterfly change to a new one，"Maker′s workshop". In this paper，the background of the programme，the teaching process and results are summarized and analysis to make a record of the architecture teaching in Internet age.

Keywords：Maker′s workshop，Campus culture building，Internet，Teaching record

1　引言

创客工作坊课题的源头——"小文化站"是一个以"阅览"和"棋牌娱乐"为主的 250m² 的校园文化建筑，通过一个校园内的小文化建筑，引导学生进入二年级建筑设计的大门。在十多年的教学中，本课题陆续演变为"大学生文化站"、"国际大学生文化站"、"艺术家工作室"等，在课程的"尺度感"、"纵深感"与内容设定方面积累了很多经验。2014 年我们依照建筑系的整体教学框架重新整理课题定位，把该课题设定为校园文创类建筑，2015 年在互联网+的时代大潮推动下，进一步蜕变为一个崭新的课题——"创客工作坊"，开始了校园文化建筑类型的新探索。

2　创新 2.0 时代的校园文化建筑

2.1　校园生活变化和学生成长背景

寻找新的校园文化建筑课题始于对当下校园生活和学生主体的观察。目前校园中的学生主体是 90 后，他们成长在互联网的时代，是数字时代的"原住民"。与 10 年前相比，90 后的校园文化生活发生了巨大的改变：首先，文化活动的组织形式和活动场地都已经打破校园边界，学生可以通过互联网参加各种校内外社团的文化活动。其次，活动经费来源多样与充裕，各类活动空间的要求与传统的学生社团相比也更多样化、专业化、自主化。第三，"课外阅读"这件事儿已经碎片化地存在于学生生活的各个角落而不再集中到活动站。这几个现状决定了传统小文化站性质的校园文化建筑的消失，当

下大学校园所需要的文化空间不是承载有限功能的物质场所，而是为学生提供一个汇聚、交流、分享的平台。考虑到交大校园的需要和专业特点，2014 年我们暂定这个文化类建筑为"交大设计中心"，课程意向是为设计学院的产学研活动和校园文化交流提供一个共享的基地。

2.2 "蜕变"的时代背景

2015 年 1 月 4 日下午，李克强总理考察了深圳柴火创客空间，他将"创新"称为中国经济的新引擎，拉开了"大众创业，万众创新"的时代大幕。创客一词不胫而走，"创客空间"成为一种最新型的，兼有传统办公和车间工作坊特色的办公空间类型。校园作为一个汇聚了大量人力资源的"智库"，正是互联网时代创造性思维诞生的沃土，大学的创客空间，是鼓励大学生创新的平台，也是新的学生社团形式。比如著名的清华创客空间，是创建于 2013 年的校内科创类学生社团，以"动手造万物，人人皆创客"为宗旨，为理工类和艺术类的学生共同进行制造活动搭建跨界桥梁，实现技术和艺术的融合。通过充分了解，我们认为北京交通大学也同样拥有搭建创客平台的条件，"创客空间"是适宜教学与研究的校园文化建筑课题，于是将"交大设计中心"进一步调整为"创客工作坊"。这个蜕变的课题既继承了校园文化建筑的传统，又能结合时代发展的需要，预期可以成为一个能激发师生创作热情、为学校的建设提供借鉴的具有挖掘潜力的课题。

3 "创客工作坊"教案的几个思考点

3.1 难度系数的相关要素

传统的认知上，课题的难易程度与面积大小相关，而在教学中我们体会到在一定的面积范围内，课题难度系数主要跟复杂程度相关。因此，入门阶段设计课题的难易程度不必过度地和面积大小捆绑在一起，而是应该控制复杂程度，并考虑场地条件的限定性强弱。

以这个分析为理论依据，2014 年的"交大设计中心"在面积上比最早的大学生文化站扩大了一倍，2015 年的"创客工作坊"又加了 15% 的浮动量，使体量和功能有合理的配置关系。同时，通过功能的概括分类，明确限定性的空间与非限定空间之间的对比，有效降低了文化建筑功能上的复杂性。经过两年的尝试，证明二年级入门的学生可以很好地把握这个体量较大而难度系数并不高的设计课题。

3.2 限定与非限定任务的设定

任务书应该给出多少限定性要求是适宜的？学院派的指定性任务书细致到每一个房间的家具数量；持相反观点的任务书策划以国外院校的不限定任何条件作为依据，将指定性降到最低。我们的教学在这两个极端之间进行了尝试，得到的经验是：不能照搬套路，每个课题要根据具体的课程条件，有效控制"限定"与"非限定"的比例，才能既控制学生前期研究的范围、提供共同探讨的平台，同时也给自由发挥和个性化的设计留有空间。

通过表 1 的新旧版任务书的对比，可以明显看出几个变化：①对"非限定"的控制比例趋向合理。自由支配面积从 14 版的 14% 扩大到 15 版的 17%～28%，符合建筑设计中交通空间占有的比例。②不直接给出具体面积数，代之以"工位"数，激励学生进行从行为模式到空间尺度之间的研究，再自己确定房间面积。③利用"非限定性"与"限定性"的组合进行松紧调控，在非限定的项目中，给出指定选项，避免学生做过于空泛的功能设置，失去教学和交流的意义。

新旧任务书功能限定性的对比　　表 1

版本	任务书内容的限定性	版本	任务书内容的限定性
2001 版	（节选） 阅览室：期刊阅览室陈设报纸、杂志架（各 2 个），阅览桌（不少于 4 张）座位（不少于 30 个）面积 60m²。书籍阅览室陈设阅览桌（不少于 4 张）座位（不少于 20 个）面积 50m² 开架书库：书柜（不少于 8 个），附设出纳台，面积 25m² 棋牌活动室：棋桌（不少于 4 张）面积 40m²	2015 版	限定性空间： 1. 工作空间： 1）工作空间：可容纳 30 个工位。 2）独立工作室：4 工位工作室×2。 2. 会议展示： 1）会议空间：10 人会议室×2 2）展示空间：150m² 3. 服务空间 男厕：3 个蹲位、3 个小便器 女厕：5 个蹲位 非限定性空间： 1. 休息空间 2. 景观空间 3. 商业空间
2010 版	根据工作室主人身份及职业自定		
2014 版	独立工作室：(40～50)m²×5 专业图书文具店：40m² 会议空间：100m² 展示空间：150m² 卫生间：30m² 服务空间：30m²		

3.3 调研及汇报形式

为了避免学生在分组调研中做"滥竽充数"者，本课题采用设计小组与调研分队交叉组织的方式，让每个人都成为一个不可替代的角色。具体方法是：把调研的任务分解为 6 大项，每个设计小组分为相应的 6 个小组团，每个小组团 2～3 人，去参加不同的调研任务。这样在未来的设计过程中，每一个设计小组都有各项调研任务的参与者，每一个调研分队中也都包含各个设计小组的成员。调研完成后进行课堂汇报并建立年级共享的课题资料库。在设计指导过程中，教师鼓励同学们从自己参与调研的方面切入设计，把分析研究成果运用到设计过程中去，把前期工作和设计过程结合起来，形成"研究——设计"的设计学习构架。

4 教学过程及成果

4.1 理论阶段

整个课程组织分为 5 个阶段，理论集中在第 1 阶段，密集安排了开题课程、学生的调研、资料收集，以及两次重要的理论讲座。讲座的内容分别是："空间设计"和"创客专题"讲座。"空间设计"是参与我们联合教学的法籍外教 Nicolas Guarnotta 为二年级准备的系列讲座，从要素、手法、场地设计、结构设计等方面进行空间操作的理论讲解和案例补充。"创客专题"讲座是由课题组的曾忠忠老师指导的"交大创客平台建立及运营一体化设计"大创小组所做的报告。校内大创研究的成果和高低年级学生之间的交流拉近了"创客"理论和学生之间的距离，由学长们介绍的调研经验和分析成果深入浅出，容易为同学们接受。这样的安排目的是加强理论教学的密度，让学生们在短期内进入设计角色，聚焦于设计课题。

课程组织过程表　　　　　　　　　　　　　　　　表2

阶段	时间	教学环节	内容要求	能力培养
1	前期准备	开题讲座调研	理论——开题 　　讲座1：空间讲座 　　讲座2："创客"专题 调研与资料收集 课堂讨论和建立资料共享库	1. 分析研究能力。 2. 现场记录、资料汇总能力。 3. 组织分工、策划的能力。
2	一草阶段	概念设计	设计构思、流线组织、功能划分、形式与场地的关系等。 图纸：A2 模型：1：300 场地模型/概念模型 交流：组内。	1. 进行概念表达能力。 2. 训练徒手草图和草模能力。
3	二草阶段	设计深化	完整的设计方案和细节推敲。 图纸：A1，尺规墨线图，各层平面、立面、剖面1：150；总平面1：300；室内外透视图各一。 模型：1：150 空间模型 交流：组间。	1. 方案深化能力。 2. 尺规草图和局部详图的能力。 3. 工作模型能力。 4. 汇报方案，口头表达能力。
4	正草	设计深化	设计方案最终的调整和定稿。 图纸：A1，尺规墨线图。各层平面、立面、剖面1：100；总平面1：500；剖透、室内外透视图各一。分析图。 模型：1：100 工作模型。 交流：组间。	1. 墨线草图能力。 2. 构思正图，进行排版设计的能力。
5	正图	成果制作	图纸：A1图纸2张。 总平面1：500 各层平面1：100 外立面2个，1：100 剖面1个，1：100 剖透1个，比例自定（或者轴测）。 室外透视一张以上。 室内透视一张以上。 分析图。 模型：1：100 材料模型	1. 设计的最终表达，对图纸规范、墨线和色彩使用的训练。 2. 照片、模型的制作和训练。 3. 模型制作能力。 4. 答辩能力。

4.2 课程组织

4.3 评图和成绩计算

课程作业的评图分三阶段完成：首先是答辩评图，教师们投票选出的10位最佳成绩者需要通过公开答辩确定最后名次，其次由同学自愿报名进行答辩评图，最后其余的同学通过展示评图获得成绩。前两项的评图结果出来后，由学生课题组长们进行各项成绩的统计和计算，做到过程的公开与透明（图1）。

评图和成绩计算步骤 表3

步骤		内 容
1	答辩评图	（1）由教师选拔出初评最优秀的方案8～10份，进行答辩评审。每位同学陈述3分钟、答辩5分钟；（2）学生自愿报名进行答辩评审，要求同上。
2	展示评图	教师进行其余图纸的展示评图，独立打分，过程公开。但教师不能与学生进行个人交流。
3	成绩计算	由设计课组长群的学生成员进行成绩统计。

图1 答辩评图

4.4 教学成果

经过5个设计阶段＋3个评分阶段共8周的努力，"创客工作坊"课题圆满结束，在同学们的作业成果中体现出教案设定的各个阶段的教学培养目的。我们选择展示的是14级段与石和徐占一同学的作业，她们在调研中同属一个小组，调研主题是"办公空间类型"（图2、图3）。在设计过程中两人分属不同的设计小组，但是都把"创客空间"的探索作为设计的核心和出发点，在最终的成果中体现了对创客工作坊空间的独特构想。段与石的作业通过交通路径组织建筑与场地的关系，又通过半开放的中庭组织建筑内的各个功能空间，形成校园、开放中庭、各工作空间之间的自然过渡和一系列层次区分，很好地把握了创客工作坊与校园的互动以及空间特性（图4）。徐占一的作业体现了建筑和校园环境之间的衔接关系，形成一个面向校园通透开放，交通便

利的文化建筑。母题设计的手法形成"蜂巢"形态，外观标识性强、内部空间统一而有变化（图5）。

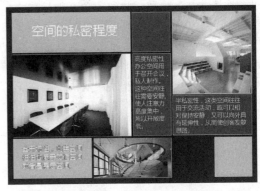

图2 "办公空间"调研报告

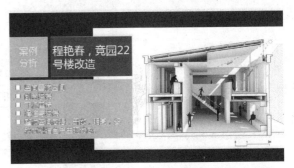

图3 "办公空间"调研报告

图4 段与石同学作业："交·汇"创客工作坊设计

5 教学总结

"创客工作坊"让我们找到一个新的校园文化建筑课题的研究方向，促使教师和学生关注、了解身边正在发生的变革，关注"创客"这个正在兴旺和发展的新事物。"创客工作坊"不墨守成规的空间类型激发了教学从内容到评价体系的一系列变化。通过初次的尝试，我们发现在课题研究上需要加深对"创客空间"运营管理模式的了解，才能进行更有深度的设计教案组织。在教学方法上，应当优化前期的分析研究如何落实到设计中去的过程，提高研究和设计之间的关联度，并保障其在教学中的普遍落实。此外，作业评价体系及作业的表现内容、表现形式上也需要更新，以体现课题特有的内涵。在新一年的教学实践中，我们将从这些问题出发，继续本课题的教学提升和推进。

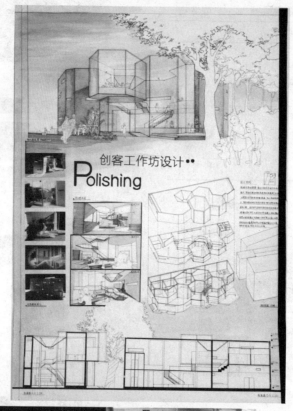

图5　徐占一同学作业："Polishing"创客工作坊设计

张育南　李传刚　朱芷莹

北京交通大学建筑与艺术学院；910460222@qq.com[1]

Zhang Yunan Li Chuangang Zhu Zhiying

School of Architecture and Design，Beijing Jiaotong University

基于古建建构数据链原则的参数化设计教学研究
Research on Parametric Design Trainning based on the Principles of Data Chain about Ancient Chinese Construction

摘　要：本文通过强化参数化设计软件对于中式古典大木建筑的应用，提出了如何在当代建筑教育中将高科技的设计手段与传统的工艺和文化知识有机融合，探讨在此过程将建筑的内在逻辑性与高科技的数字化手段不断融合，并在本科和研究生教学过程中不断强化，使数字化、参数化的建模手段能够成为架设当代建筑教育和传统建筑文化的工具和桥梁。

关键词：参数化设计，数据链，中式建筑，类型学设计

Abstract：In this paper，through strengthening the parameterized design software for the application of Chinese classical big wooden building，we put forward how to contemporary architecture design education will be high-tech means of organic combination with the traditional technology and cultural knowledge，discuss the intrinsic logic of the building in this process and high-tech digital means constantly fusion，and strengthen these in the process of undergraduate and graduate teaching. Make digital and parameterized modeling method can be a tool and bridge between contemporary architecture education and traditional architectural culture.

Keywords：Parametric design，Data Chain，Chinese-style architecture，Typology design

1　背景

1.1　计算机科学技术的发展促成参数化设计趋势

随着计算机辅助设计技术的提升，参数化建筑设计和教学成为目前一种倍受关注的趋势。通过参数化建模工具，人们通过对参数的调节实现设计的整体调控和优化比选过程，因而更加强调了在当今技术可能性条件下实现更加特异的形体控制，从而实现了对过去未能想象和构思的形体的控制。在形态的逻辑性和形象的创新性是目前参数化设计表现比较突出的地方，尤其是非线性3D形体和按照一定规律渐变的形体的设计是参数化最为显著的特征[1]。

1.2　当前设计教学中的参数化设计缺乏逻辑依托

但是从深入挖掘建筑设计本身内在的逻辑性要求而言，参数化设计除了在表面上提供更为炫目的造型之外，却未能提供更多的进展。光学、声学和容积率等与建筑形体设计相关的问题和更多根据人体工程学和行为学准则形成的设计依据并没有很好地体现在参数化设计中。究其原因，除了各种过于复杂的形态因素难以用参数化手段定制化地生成外，还有相当部分的原因是人们对于这些控制形态因素的认识也并不统一，因此参数化设计的内在逻辑性未体现，其设计应用范围和设计结果也就大打折扣[2]。

637

1.3 古建建构数据链研究为参数化应用提供方向

中国传统的大木结构建筑结构构件是根据宋《营造法式》和清工部《工程做法则例》等一套完整的法式规则来营造，其建构形式和构件空间尺寸关系等都呈现类型化的特征，尤其适合用参数化的数据控制方法依据其规则进行检验或者在仿古建筑和古建保护等领域进行应用。

尤其是中国古建营造依据"材份制"和"斗口"为基本的尺寸模数，这种模数的影响从整体到局部渗透到了建构和空间的各个方面。利用参数化手段将这种"材份制"影响下的榫卯建筑建构特征规律进行表达和展示。

探讨用参数化技术手段实现对中国古建的营造规律的数据链控制，在现实应用方面可为中式古建的全面参数化设计提供帮助，在建筑教学过程中也有利于学生对中国传统建筑文化的掌握和挖掘，将参数化建筑技术应用与古建及其整体的建构知识进行整合。

1.4 以教学为契机梳理古建建构与参数化应用的逻辑

把握古建建构原则与用参数化手段将其建构规律从局部到整体进行实现通常需要非常大的专业团队比较漫长的工作，而本次教学的学时数有限，学生对软件和古代建筑的知识深度有限。因此本次教学过程只是首先要试探性地通过整体的课程架构，让学生分组解决中国建构局部问题。然后再根据大木结构各种构件的尺寸及空间结构中数据关联整理出完整的数据链结构。首先尝试用参数化软件模拟局部建构的生成原则，而后通过进一步的数据关联和数据链的整合形成更完整的系统。

2 课程体系——古建系统参数化数据链的搭建

针对上面提出的背景问题及解决构想，笔者在担任的相关教学课程中进行了相应的改革尝试。

大学本科四年级是建筑学学生对设计的思考及表达的转型期。此时，学生已积累一定的中国传统古建基础知识，设计表达的载体升级：已经由图版手绘转向熟悉了基本的计算机绘图软件。同时，为了适应当前时期的职业需求，在教学中需融入参数化设计的内容。

下面将以开设在大学本科四年级《数字技术与建筑》课程上进行的相应改革尝试作为基础案例来讲述具体实践过程。

2.1 基于数据链思维的古建系统模式化建构体系

中国传统古建的原有建构体系是根据模数制形成的建构原则为逻辑依托来实现的[3]，课程中提出的基于数据链思维的古建系统模式化建构体系则是将中国传统古建大系统拆分成一些相互衔接的子系统，并以系统的思维考虑各子系统之间的关联因素，用一系列、多层次、相互关联的数据链进行表示。

为使学生能系统的研究古建系统建构的数据链，同时又能尽可能深入探究各子系统数据链搭建的多样性，在课程开始之前与相关讲授中国古建的刘捷老师配合，在科研中首先尝试搭建了中国传统古建系统模式化建构的数据链理论体系。

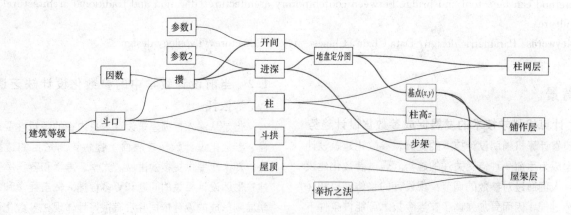

图1　中国古建系统数据链逻辑图（图片来源：作者自绘）

2.2 基于局部建构特点的数据链及其内部关联

学生先前通过建筑史课程学习，对古建知识有一定的认知，但由于学时所限，对大木建筑的讲解点到为止并未能深入。本课程中结合清工部《工程做法则例》强化学生对大木建筑结构与装饰一体化特色的深入挖掘。为便于学生快速进入学习状态、在设置题目时即结合学生原有知识积累，参照古建生成体系性和建构逻辑将古建系统进行拆分，拆分为六个比较分离的子系统：基础层、柱网层、铺作层、屋架层、屋面层、细部装饰层。

在布置课程作业时，提示同学们要按照《工程做法则例》中国古代建筑的实际建造，分离出各自独立的体系和相互关联的数据链。从数据链的联系中加强对建构的构件尺寸与空间关系的认识。从而学生提高二者的操作和认识能力。从加深对中国古建内在逻辑性出发，探

讨参数化设计和教学的发展方向。

3 课程组织——从基础知识普及梳理到细节探讨

综合考虑学生的学习能力与课程教学周期的实际情况，将课程组织分成基础知识普及、建构本体研究、参数化模拟及整合三个部分，从基础知识讲解逐步互动和深入延伸到技术细节的探讨与研究。

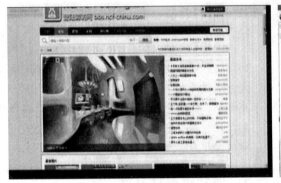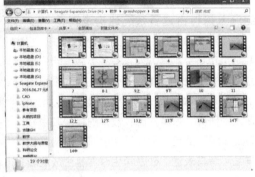

图 2　参数化设计视频教学资源图示——某个视频截图和最初 19 个视频文件（图片来源：教学文件截图）

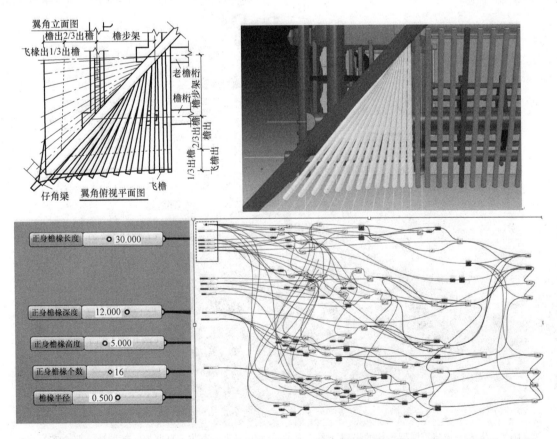

图 3　檐椽建构原理和搭建成果及数据链逻辑关系展示（图片来源：学生作业，周晨、刘诗柔、刘薇）

3.1 普及参数化建筑设计技术基础知识

考虑到大部分学生刚接触到参数化设计，课程之初设置参数化设计技术的基础知识普及部分。这一部分除了一些课程讲解之外，主要是以组织前几届优秀学生录制的参数化教学视频为基础，目的有三：用数字化的手段授课有利于积淀更丰富的课堂素材；学生可以拷贝文件后反复观看和跟着操作，比仅靠课堂讲解的效果更好；软件本身是不断更新的过程，每届学生在观看过程中可以随时与老师交流，把需要完善的部分更新升级。

3.2 分组深入探讨古建各系统建构逻辑

依照中国传统古建系统拆分成的六个子系统，将学生分为十几个小组研究不同方向，有些为两三组一个题目，目的是从不同角度强化学生对古建构造原则的理解。这样的好处是具体到每一个方向的模块时，均由一个组进行深入的研究，但某些比较复杂的模块则由多组共同实践，这样组织的目的是鼓励学生探索建构和设计逻辑的多样性思考与表达。鼓励学生对古建生成逻辑多样性的思考与尝试，一方面可使学生结合自己的兴趣完成一些课程成果，另一方面使学生在参数化学习的同时对于建筑设计的逻辑有更深入的认识。

3.3 基于数据链思维关联整合各子系统

在课程的初始阶段和最后阶段，均安排一组同学负责协调整合各组的研究成果。各小组在按要求完成各个系统的数据链及参数化模型搭建后，此时的成果还是零散地针对某一局部的状态，这时需要根据中国古建的生成原则，通过数据链的架构和控制，实现对中国传统古建从局部到整体、从整体到局部的参数化控制。同时，锻炼了学生除通过小组分工合作进行配合外进行更大规模组织学习的能力。

3.4 课程的完成周期设置

考虑到其他设计课程安排比较集中，"数字技术与建筑"课程作业的完成周期调整为跨假期的形式，主要是为了避开大学四年级的期末设计课等比较繁杂的结课高峰期，让学生在更好的完善主线设计类课程成果之后，在假期有充分的时间精细地研究参数化设计软件并完成课业内容。

4 课程阶段性成果

笔者认为，参数化设计教学能够激发学生的不仅是对于建筑形体的控制，更重要的是对形式内在逻辑关系

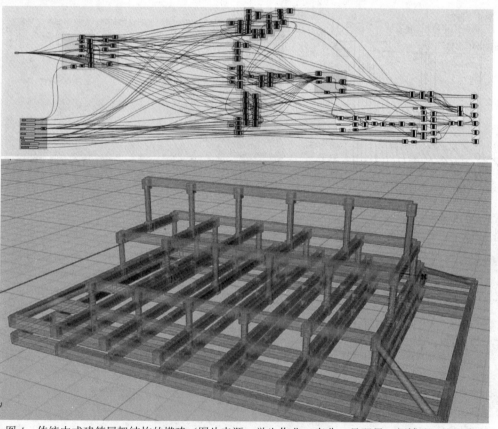

图4 传统中式建筑屋架结构的搭建（图片来源：学生作业，李非、吕翌晨、颜博达、张金东）

的梳理。本教学组在四年级本科"数字技术与建筑"课程中让学生基于 Grasshopper 软件平台结合古建建构的逻辑，对古建生成的数据链进行了探索，不仅使学生结合自己的兴趣完成了设计成果，更使学生在参数化学习的同时对于建筑设计的内在逻辑有更深层次的思考。

通过对"数字技术与建筑"课程教学模式改革的研究和探讨，并将其研究成果直接服务于设计教学，即可使教师在有限的学时内快速、高质量地完成教学内容，同时使学生灵活、高效率地掌握相关知识。"数字技术与建筑"课程的教学应结合自身的特点，树立正确的教学理念，综合传统和现代的教学方法，将理论与实践相结合，提高学生的学习兴趣。

5 总结

参数化和 BIM 等计算机辅助建筑设计技术的发展使得建筑设计的载体不断被重新定位。教学是一个从简单到复杂，从基础到高深不断精进的过程，因此在教学课程上要循序渐进。认真深入地分析建筑教育应当使学生掌握的知识和应赋予学生的思想与素质，严谨巧妙地设计建筑教育课程与训练手法，让学生充分了解建筑学

的本质精神，并能紧跟时代潮流。可以说，参数化设计的潮流绝非是对建筑创作激情的一次简单的释放，更强调建筑学学科的边缘性和其对相关学科的综合统筹能力，这无疑也使建筑教育工作者本身的素质面临巨大考验。基于这样的情况，建筑教育工作者只有顺应参数化设计的潮流趋势，与时俱进，在挑战中寻求机遇，于机遇中谋求发展，才能适应并把握时代的脉搏，成功有效地培养出引领参数化设计时代的建筑新人。

参考文献

[1] 曾旭东，赵昂. 计算机辅助建筑设计 (CAAD) 的发展趋势 [J]. 重庆建筑大学学报，2006，第 20 卷第 1 期：21-24.

[2] 杨力. 建筑参数化设计初探 [J]. 建筑建材装饰，2015 (3)：95-97.

[3] 刘连民，姜立，任燕翔等. 仿古建筑结构参数化建模设计研究 [A]. 工程三维模型与虚拟现实表现——第二届工程建设计算机应用创新论坛论文集 [C]. 上海，2010.118-122.

董丽 范悦 张明科

大连理工大学建筑与艺术学院；donglila@dlut.edu.cn

Dong Li Fan Yue Zhang Mingke

Dalian University of Technology, School of Architecture and Fine Art

中美建筑学学科研究生学位论文格式比较研究 *
——基于"中国知网"与"ProQuest"检索平台

Research on the Comparison of Postgraduate′s Thesis in the Discipline of Architecture between China and the United States, based on the Retrieval Platform of CNKI and ProQuest

摘 要：当前，中国研究生学位论文的写作标准参照统一格式，有着严格的撰写内容、字体、排版与引用标注的要求，这体现了学位论文的规范性，但同时也忽视了不同学科写作内容的差异。特别是对于建筑学科，有大量的图片、图纸信息，少有实验推演与公式数据，如果沿用当前统一的撰写格式，会出现图文对应困难，影响整体实用性、美观性等问题。本文基于学术论文检索平台"中国知网"与全球博硕士论文文摘数据库"ProQuest"，进行中美建筑学科学位论文的格式进行综合比较研究，提出优化我国建筑学类研究生学位论文格式的必要性与有效途径。

关键词：中国知网，ProQuest，建筑学，学位论文，格式

Abstract：Currently, referring to a uniform format, the writing standard of Chinese postgraduate dissertations has strict requirements about writing content, fonts, layout and labeling. The format reflected the normative of academic paper, but also ignored the differences between the writing content of different disciplines. Especially for the Architecture major, there are a lot of pictures, drawings, information, few experiments deduction and formulas data. If the current of dissertations follow the uniform format, there will be so many problems such as the corresponding of pictures and content that affect the overall practicality, aesthetics and other issues. Based on academic search platform "CNKI. NET" and ProQuest Dissertations & Theses "ProQuest", the article tries to put forward the optimization method of Architecture postgraduate dissertations format by comparing the format of Chinese dissertations and American dissertations, to promote the fluency and ease about writing and reading of Chinese Architecture major.

Keywords：CNKI, ProQuest, Architecture, Postgraduate's Thesis, Format

* 基金资助：2015年度大连理工大学研究生教改基金（重点项目），JG2015008。

1 我国建筑学研究生学位论文特点

硕士及博士研究生论文质量及规范性是各个学科学生培养及学位授予的关键内容。它是学生研究成果的集中总结，反映了其在校期间的研究方法、过程及结果，是对学生进行考核以及评价的重要指标。同时，研究生论文质量也是学校之间进行评比的重要指标之一，高质量的研究生论文对于提高学校声誉及影响力也具有显著的影响。

目前，我国高校研究生论文写作通常采用统一格式，学校之间差异不明显，同时由于学科差异的存在，文理工各学科具有自身的学科特点，在文档编辑中存在不同的侧重。建筑学学科的研究生学位论文格式及规范具有自身的特点：第一，对于实验过程的描述及结果的计算少。学科特点决定建筑类专业的研究方法侧重于调查研究，而非理工科常用的实验研究；第二，定性分析较多。建筑类学科调查研究过程中搜集到的研究基础数据主要包括图像文件、问卷、统计数据等，因此，图表及文字编辑工作量比较大；第三，排版要求较高。由于图表及文字量大，对于图文混排提出了更高的要求，建筑类学生对于学位论文排版调整的诉求较强烈；第四，文章的行文需要具有较好的连贯性。定性分析中对于文献的引用及辩证分析，前后文的逻辑关系，脚注以及尾注的辅助说明都具有较高要求。

本文基于学术论文检索平台"中国知网"[1]与全球博硕士论文文摘数据库"ProQuest"[2]，选取中美两国各 15 所学校，每所学校抽样选取 3 篇建筑学研究生学位论文进行综合对比，了解中美两国建筑学研究生学位论文的特点与差异（表 1）。

中美建筑学学科研究生学位论文研究学校名录
（信息来源：中国知网/ProQuest） 表 1

中国学位论文研究学校名录	美国学位论文研究学校名录
清华大学、东南大学、天津大学、同济大学、华南理工大学、哈尔滨工业大学、西安建筑科技大学、重庆大学、北京建筑大学、大连理工大学、沈阳建筑大学、南京大学、浙江大学、华中科技大学、湖南大学	宾夕法尼亚大学、密歇根大学、芝加哥大学、加利福尼亚大学、德克萨斯大学、华盛顿大学、佛罗里达大学、辛辛那提大学、弗吉尼亚大学、马里兰大学、纽约州立大学、内布拉斯加大学、路易斯维尔大学、北卡罗莱纳州立大学、爱荷华州立大学

2 中美建筑学研究生学位论文的内容组成差异

基于中国知网与 ProQuest 数据库可以了解，中美两国的建筑学研究生学位论文的组成内容基本一致，总的来说分为：封面页、版权页、摘要页、目录页、正文页、参考文献页与其他信息等几大部分。从差异性来说，主要分为三点：一是组织结构顺序的差异，包括致谢、版权内容的编排位置；二是信息具体程度的差异，中国建筑学研究生学位论文在封面页的信息量要远大于美国（图 1）；三是正文内容的规范性，中国学位论文普遍除核心内容外，包括页眉、页脚，对于奇偶页的页眉也有特定要求，比美国论文的格式要求明确（表 2）。

图 1 中国东南大学[3]与美国加州大学[4]建筑学研究生学位论文封面比较

中美建筑学研究生学位论文内容比较（信息来源：中国知网/ProQuest）　　表2

内容	中国建筑学研究生学位论文	美国建筑学研究生学位论文
1 封面页	论文类型、题目、校徽、作者姓名、学校名称、学位类型、专业、答辩时间、导师姓名、图书分类号、学校代码、密级（以上内容分别用中文、英文表达）	论文题目、作者姓名、学校名称、专业、论文撰写年份、导师姓名
2 版权页	论文原创性声明、论文使用年限、作者签名、导师签名	作者学号、版权归属、出版信息、签名
3 摘要页	中英文摘要、中英文关键词	摘要、关键词、姓名信息、时间信息
4 目录页	文章目录	文章目录、图表目录
5 正文页	正文、图片、表格、文献引用标注、页眉、页脚、页码	正文、图片、表格、文献引用标注、页码
6 参考文献页	文献、图表类的列表按照作者姓名或行文顺序、	文献的列表按照作者姓名
7 其他信息页	前言、致谢、个人学习经历、学术成果	前言、致谢、个人学习经历、学术成果

3　比较中美建筑学研究生学位论文的书写格式差异

中国建筑学研究生学位论文的书写格式有严格的要求，从排版、字体、图表格式与文献引用，都有明确的规范需要遵守；而美国建筑学研究生学位论文的书写格式有较大的灵活性与可变性，虽有普遍遵守的规范，但是可以按照行文的需要、重点的强调与排版的美观等因素进行调整，尽可能突出作者的写作目的与满足图文表现的需要（表3）。

中美建筑学研究生学位论文主要内容的表达方式比较
（信息来源：中国知网/ProQuest）　　表3

内容	中国建筑学研究生学位论文	美国建筑学研究生学位论文
1 排版类型	格式较为规范统一，图文混排，页眉有严格要求	格式灵活性强，可全版或半版排版
2 字体格式	不同级别标题、正文有严格字体、字号与行距要求	字体、字号与行距灵活多样
3 图片格式	图文混排，图片独立成行或文字环绕	图文混排，或文字居左、图片居右
4 表格格式	表头说明加三线表，与文字混排	表头说明加三线表/全线表，混排或者单排
5 公式格式	严格的字体、字号与位置要求	字体、字号与公式的位置灵活
6 文献引用	引用页标注或文末标注，引用内容字体不变。	引用内容字体可变，引用页标注与文末标注
7 参考文献	按文中顺序、作者名字顺序或文献出版时间排列	基本按照作者名字的英文字母顺序排列

4　当前我国建筑学研究生学位论文的问题

当前，我国建筑学研究生学位论文主要有两类问题：一是建筑学学位论文普遍含有大量的图纸与照片，并需要详细的内容解释来阐述作者的意图。当前图片排版要求使得段落被割裂，影响作者思路的表达与阅读的连贯性。同时，大量的图文混排增加了作者撰写的难度与复杂性；二是对于不同级别题目与正文的字体与字号的统一化要求弱化了建筑学论文的撰写意图表达。建筑学是技术与艺术结合的学科，学者观点的引用，图表的详细注解与工程细节标注都是实现作者写作意图的重要方式，这些内容如果应用统一的字体与字号，难以使读者分辨主次与要点，影响阅读质量（图2）。

图2　我国学位论文图文混排的版式

从全球博硕士论文文摘数据库"ProQuest"可以了解，美国的学位论文没有严格的统一规范要求，只要完成必备内容，对于字体、字号、字间距等给予较大的灵活度，这与国内必须按照高校研究生院发布的统一学位论文格式有较大不同。例如，引用语句可独立成行变为斜体，对重点文字加粗或放大，甚至在封面页或扉页加入全版图片，类似于专著的表达模式；另外，针对图片或图纸较多的论文，常出现右图所示的图文并排形式，图片出现在描述文字的右方，这增加了阅读的流畅度与方便性。(图 3)

图 3　美国学位论文图文单排的版式[5]

总的来说，当前我国的建筑学研究生学位论文受统一化格式局限，未能良好地表达作者的写作意图与研究关键，需要通过制定符合建筑学研究生学位论文特点的针对性论文格式模板，更好地满足学生论文撰写的需求。该工作是提升建筑学的学科地位，明确建筑学研究生培养定位与提升建筑学研究生学位论文水平的重要途径。

参考文献

[1]　中国学术期刊（网络版）. http：//wwwd. dlut. edu. cn/info/1975/1524. htm [2016-07-30].

[2]　ProQuest 学位论文全文检索平台. http：//proquest. calis. edu. cn/Default. aspx [2016-07-30].

[3]　董竞瑶. 农村住宅模块化设计初探 [D]. 东南大学，2015.

[4]　Yongjie Zheng. Enhancing Architectur-Implementation Conformance with Change Management and Support for Behavioral Mapping [D]. University of California Irvine，2012.

[5]　Alexis Maria Caja Hoffmann. Sex Architecture：Architecture Sex [M]. Dalhousie University，1999.

李慧莉　王津红　丁晓博　邵明

大连理工大学建筑与艺术学院；apple_926@126.com

Li Huili Wang Jinhong Ding Xiaobo Shao Ming

Dalian University of Technology, Department of Architecture and Fine Art

建筑空间形态之逻辑建构教学
——低复杂度参数化尝试

The Teaching of Logic Construction of Architectural Space Form
——Parametric Design Training with Low Complexity

摘　要：在建筑设计基础课程的空间构成训练中增设了一个环节——逻辑建构，该环节将逻辑作为空间形态建构的首要因素，尝试仅用人脑的计算能力模拟低复杂度的参数化设计。通过参变量提取、算法设计、建筑空间属性优化三个步骤，利用网格演绎法、图解法、折叠法等操作手法，通过与建筑功能、结构、表皮等属性的结合，完成对建筑空间形态的设计与优化。

关键词：逻辑建构，参数化，设计基础

Abstract：An important step——logical construction was added in the training of the spatial structure of the basic course of architectural design. Logic is the primary factor in the construction of spatial form. It attempts to use the human brain's computational ability to simulate the low complexity of the parametric design. There were three steps of parameter extraction, algorithm design and optimization of building spatial attributes. By using the method of grid deduction, graphic method, folding method and so on, the students completed the design and optimization of architectural space, through the combination of building function, structure, skin and other properties.

Keywords：Logic construction, Parametric design, Design basis

建筑设计基础的教学课程在不断的调整和改进中，逐渐形成了一条相对清晰的脉络（图1），包括城市建筑形态认知、建筑形态认知、大师作品分析等内容，在另一条创新主线上，以空间构成训练为主要环节，经过

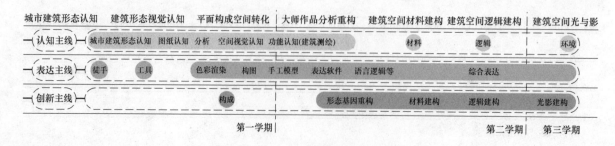

图1　建筑设计基础的课程构成

教学改革，逐渐形成了五大构成训练，含一年级上学期最后一个课程设计的平面构成空间转化、大师作品重构、侧重材料属性和建造实践的材料建构训练，以及侧重形态逻辑属性的逻辑建构，另外，在小学期还有侧重光影关系训练的光影建构快速设计，由这五大空间构成训练构成了设计基础课程下半年的最主要内容。

1 逻辑建构的教学目的与内容

整体上，逻辑就是思维的规律，本单元的训练侧重于形态的空间逻辑，认识形态设计的途径与方法。尝试将形态的基本属性进行提取与抽象，并将其进行时序与空间上的演绎与变化，设计自己的操作逻辑，并完成空间形态构成设计。

这里，类似于数字化设计中的参数化设计手法，参数化设计是将建筑的空间属性作为参变量，通过设计与调整各参变量的关系来控制形态的生成，利用了计算机的强大运算能力进行设计，这一自下而上的操作已经成为了一种普遍应用的设计手法[1]。而本训练是在人的大脑能够识别并运算的复杂程度至上进行的低复杂度参数化设计，侧重理解这一自下而上的设计关系。

教学过程主要包括三个内容：①确定参变量（选定形态基因，含形式与网格）；②算法设计（明确生成逻辑，进行有规律的操作）；③确定生成形态的建筑空间属性（选择与进一步加工）。

1.1 参变量提取

简单理解就是将形态基因的提取，在自然界及社会中寻找一个"美"的形态，对其进行"形态学"的基本属性分析，总结其视觉美的形态学根源，提取其单元空间形态及其网格。而这一形态基因就是下一步进行设计的参变量，在进行形态基因提取的时候，可以有以下几种来源：

（1）仿生形态，如向日葵、肥皂泡、干裂的地面、蜂窝、鸟巢、菠萝表皮等；

（2）数理逻辑图形，数理逻辑指的是用数学的方法研究逻辑或形式逻辑的科学[2]，与数学有关的图形，如几何图形、函数图形等均可作为形态基因，如彭罗斯镶嵌，分形图形、微分方程的解曲线等。

（3）既有设计等，由于设计的共通性，课程中并未指定形态基因必须由既有建筑设计中提取，除了上述两种来源之外，可以从已经建成的建筑形式、产品、图形设计中提取，选取的实例需和指导老师讨论以确定适用性。

1.2 低复杂度算法设计

根据形态基因的特征、设计适用的操作逻辑，首先

选定形态基因的参数，含材料、数量、大小、尺度、空间位置等要素，将上述部分属性进行一系列的多重操作，就相当于利用参变量进行了程序的设计。

其次，提供给学生多种构成操作手法供其选择，有挤压、扭转、连续转向、膨胀、分裂、生长等多种操作（表1）。根据选定的参数进行可行性操作，同时，在这一过程中，明确复杂度的可识别性。

形态属性及生成操作表   表1

形态基因参数选择	形式	材料	数量	大小	尺度	空间网格	位置	其他
操作	挤压、扭转、连续转向、膨胀、分裂、生长、折叠、倍增、缓和、互换、延迟、平整、重压、蓬松、消减、加强、分隔、逆转、统一、压缩、凝固、破坏、减轻、伸展、突出、分离、抽象、排除、分开、探索、旋转、补足、软化、集中、添加、重复、适应、抵制、结合、分割等							

这一系列的操作可以进行叠加和复合，每一步得出的形态均要求按照操作"计算"得出，即同样的操作得到的必然是类似的结果，而不是通过大脑进行"黑箱操作"主观的更改形态。

1.3 建筑空间属性赋予

将逻辑生成的空间赋予建筑属性并进行可行性调整，将操作与简单的功能要求进行联系，并完成建筑空间的平立剖面图和基本功能设定。

在这一过程中，并不限定空间的功能，而是让学生根据空间特征，自己赋予建筑功能，并将之前算法生成的空间进行尺度与比例上的调整与优化，同时要求这一优化过程不可以直接干预结果，而是要回到第二步的过程中来，调整算法的设计。这一限定进一步强调了逻辑在整个设计中的主导地位，减弱了大脑对形态的主观干预。

2 逻辑建构的操作途径案例

在实际教学活动中，提供给学生几种基本操作途径，但不局限于这些操作本身，由他们自己设计属于自己的操作途径：

2.1 网格演绎法

从单元格的形式来看，有单纯三角形、矩形、六边形网格，也可以是五边形、六边形组合型网格，如足球表面的分割。同时，可以将网格进行叠加以增强其层次性，从而形成多层网格。可以是平面网格或空间网格、放射性网格、平行网格，也可以是自然网格、抽象几何网格等（图2）。

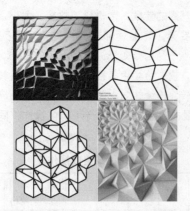

图2 风格演泽示意（图片来源：ttps：//www.pinterest.com/apple926/生成/）

通过对网格的操作来寻求形式的变化来生成形态，这一方法类似于平面构成到空间构成设计的训练，但更专注于网格的形态基因与操作本身。

2.2 图解法

图解作为一种形态变换的常用手法，具有极强的操作性和清晰的逻辑性[3]，作为可行性操作途径之一提供给学生们，并讲解了图解的相关理论，介绍了如埃森曼的住宅11a等经典的图解操作实例，将图解由静态分析的高度进一步提高为动态生成的过程。

2.3 折叠法

折叠作为一种在建筑设计尤其是地景建筑中常用的一种设计手法，有着清晰的逻辑操作痕迹，因此，此处作为一个可行性操作途径将其列出。提供了折叠的基本操作方式（图3），并给出了具体的折叠法空间设计案例（图4），供学生进行参考。类似的操作还有编织法等，每个人自己的方法，需要自己根据逻辑思路的不同来设计不同的操作。

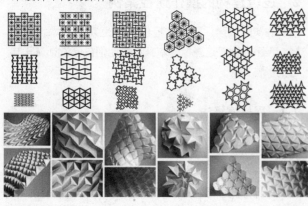

图3 折叠法操作示意（图片来源：http：//nparametric.tumblr.con/page/6）

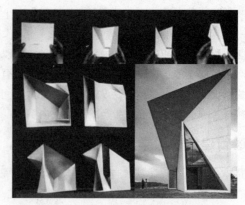

图4 折叠法案例示意（图片来源：https：//s-media-cache-ak0.pinimg.com）

3 逻辑建构空间的建筑化过程

在完成空间形态的初步表达后，要将设计的空间进行"建筑化"，即将其赋予建筑属性，考虑建筑的尺度感，建筑的实用价值。这一过程训练建筑属性对程序算法的影响，并训练赋予空间功能后的逻辑优化过程以及最终的综合表达能力。

由于由程序——即使是低复杂度的算法——设计出来的形态经常偏离规整的几何形体，因此很多情况下，在这一步骤中，常常需要对其复杂度进行修订，重新从程序入手进行优化和设计。

这一过程中，同样是给学生提供了建筑化的几种途径，由他们自行选择或设计。

3.1 参变量与功能结合

功能作为建筑设计的重要内容，自然是原型元素应用的首选，将形态基因应用于整个功能设计中，作为功能体块出现，或者将逻辑路径与建筑物的流线设计结合，如莫比乌斯住宅，将功能与流线与莫比乌斯环的形态因素进行结合，不单纯模拟其外形，而是将这一形态的基本特征应用于功能与流线的整体设计中去。

3.2 参变量与结构结合

将结构体系作为形态生成的基本框架，由于结构体系的元素具有近似性，因此，以条形、面片、体块、空间等要素为基本参变量进行设计，常用手段有重复、渐变等，在进行程序优化时，侧重的是结构的有效性，学生可以参考以结构为形态逻辑的典型案例，如卡拉特拉瓦的一系列设计均能找到其结构设计的操作逻辑。

3.3 参变量与表皮结合

逻辑操作常常会形成高复杂度的表皮设计，这也是参数化设计的一个广泛出现的应用途径，尤其是与建筑的性能结合的表皮设计，如南澳大利亚健康与医疗研究所等一系列以参数化设计来实现建筑性能要求的表皮设计，尽管仅仅作为表皮设计在整个建筑属性上略有片面性，但作为参数化设计的一个常见应用，表皮的确是与逻辑结合紧密的建筑属性之一。因此也提供给学生作为建筑属性赋予时的可选途径。

除了以上的几种方式，当然还有很多其他的结合点，由学生根据设计思维的路径自行设计建筑化的途径，也完成了很多不错的作品（图5）。

图5　学生作业举例（图片来源：学生作业）

结语

通过本训练，学生初步认识了复杂性理论和参数化设计，接触了生成建筑的案例和自下而上的设计理念，了解了设计原理之形态学理论，同时通过自己的逻辑操作，掌握一种由逻辑与规则指导的不同于常规设计手段的设计途径。

参考文献

[1]　徐卫国.参数化设计与算法生形.世界建筑，2011（06）.

[2]　恩德藤.数理逻辑.北京：人民邮电出版社，2006.

[3]　陶晓晨.数字图解——图解作为"抽象机器"在建筑设计中的应用.北京：清华大学，2008.

姜宏国　孙澄

哈尔滨工业大学建筑学院；jhg@hit.edu.cn

Jiang Hongguo Sun Cheng

Harbin Institute of Technology

基于软件核心概念的参数化设计技术教学
Parametric Design Technology Teaching based on Software Concept

摘　要：描述了哈尔滨工业大学参数化设计技术课程设置思路、教学内容组织、教学效果的保证方法。以期与同行交流讨论。

关键词：参数化设计，课程设置，教学内容组织，教学评价

Abstract：Describes the ideas of setting up parametric design technology curriculum，teaching content and assurance methods of teaching effect in Harbin Institute of Technology，aiming at sharing with peers.

Keywords：Parametric design，Curriculum，Teaching content，Teaching evaluation

背景

从美国参数技术公司（PTC 公司）1988 发布机械设计软件 Pro/ENGINEER，首次提出参数化设计软件的概念到现今，参数化设计技术已经是机械设计和建筑设计中重要技术。近 10 年来，世界上有很多利用参数化设计技术设计的建筑建成。其中有些标志性建筑，如中国的上海中心，加拿大的梦露大厦等建筑。

从 1997 年英国建筑联盟建筑学院数字实验室的教学研究探索开始到现今参数化设计技术也是国内外高校的教学研究重要领域。国外如哈佛大学设计学院形式服从气候的设计课程，耶鲁大学 2015 秋季课程（1062a），南加州大学 2015 夏季课程（Arch45a）等。国内的院校是清华大学在设计课程中最早使用参数化设计技术的，随后其他院校陆续开设了应用参数化设计技术的设计课程教学。

我校从 2010 年开始相关软件技术的教学，同时也有设计课程在使用这些技术。经过 6 年课程教学实践，对参数化软件技术的教学有些认识与体验，形成此文与大家分享。

任何一门新课程开设时都有的课程设置都问题，如学时多少，在哪个年级开课；都需要考虑课程讲什么内容，课程内容的组织，达到什么教学目的，如何保证教学有效性这些问题。对这些问题，我们逐一说明。

1　课程设置问题

对于研究新课如何开设问题，通常的做法是找参照，看看国内外院校开课情况。但这种做法只能对内容的选取上有些参照作用，对于其他问题无意义。如学时多少问题，国外的学校每个学校都不一样，有的学校每周一次，16 周，每次 3 小时，也有每次 4 小时的；也有放在夏季学期集中一周来上的。开课年级那就更多样，从本科生一年级到研究生一年级都有，如南加州大学建筑学院在夏季学期给研究生一年级开课。所以只能根据自己的学校培养方案和教学计划实际情况来综合考虑。

我校的参数化设计技术课程安排在 2 年级下学期（第 4 学期），考虑的因素是与我校教学计划中专业课程的衔接问题，如安排一年级，在课程结束后，要长时间不使用，容易忘记，待用时，还需要重新学习。另外大

650

学一年学生专业知识少，无法针对专业进行教学。课程总学时24学时，每周一次课程，每次4学时。设置课程学时过多容易把一流大学教育变成职业技能培训的境地，学时少，要想达到教学效果，就需要按课上学时与课下学习时间1：2的配比来布置作业，每周一次课程是学生能够拿出2倍课程学时的时间来学习的前提。接下来的问题就是课程内容选取与组织了。

2 课程内容的选取

能够通过写程序或直接操作进行参数化设计的软件很多，最早设计师用MAYA中MEL脚本写程序，也有人用3DMAX中脚本，后来有Rhinoscript等，到现今有Revit下Dynamo可是化编程工具，MicroStation下Generative Component，更为普遍的是Rhino下的Grasshopper。在众多软件平台如何选取这也需要斟酌的问题。解决这个问题应该从本质出发。

参数化设计技术本质之一是能够解决复杂的非线性问题瞬间多解，这些恰恰是人脑无法计算出，手也无法表达出的，对设计师来说是增量部分。线性问题，人脑是能够计算的。因此参数化设计技术软件的教学内容应该体现非线性的复杂问题，在操作上能够让设计师容易掌握，体现简单易学，通用性强，便于数据交换。而Rhino下的Grasshopper，恰恰体现了这样的特点。所

以我们选取了Rhino和Grasshopper作为这几年的教学内容。但Rhino和Grasshopper内容很多，我们如何在有限的学时内教学，这就是具体的教学内容的组织问题了。

3 教学内容的组织

软件技术教学内容组织通常做法是按软件命令讲解和实例应用两种方式来展开。命令讲解对于专业性强的软件来说可行，但对于通用性强的软件教学来说就不适用了。如Revit可以按命令讲解展开教学，对AutoCAD这么展开就会因专业性太差，教学效果差。按实例应用展开适合通用性强的软件，但这种展开方式容易无法覆盖软件的主要核心内容。也有两种方式结合来展开的教学的。对Rhino和Grasshopper的教学，Rhino有783个命令，Grasshopper有685个运算器，学时短，内容多，上述方式无法达到教学目的，因此我们采用新的方式。依据Rhino和Grasshopper核心技术概念来组织教学内容。

Rhino的核心是基于NURBS的自由曲面成型技术。其有三方面核心概念：第一、用点控制任意曲线；第二、曲面生成方法；第三、重复与划分。我们教学内容就按这三方面来组织，具体见表1。会控制自由曲线，就会使用Rhino，这是Rhino的本质。

Rhino 的教学内容组织 表1

序号	学时	核心概念	实现途径	关键命令	实例操作	课后作业	备注
1	4	点线	阶数 点数	Line Curve Rbulid	用点控制任意曲线	153个命令使用县	提供
			变形	EditPtOn PointsOn			
			抽取	ExtractIsocurve CreateUVCrv			
2	4	曲面生成	直接	3DFace EdgeSrf PlanarSrf NetworkSrf ExtrudeCrv Sweep1 Sweep1 RevolveRailRevolve Loft Patch	鼠标	小型工业品	规定
			拼合	BlendSrf MergeSrf MatchSr NURBS Booleans			
			变形	CageEdit Bend Shear Twist Twist			
3	4	划分	复制	Divide array	体育场高层建筑	体育场馆	
			投影切割	Project spit Split			
			卷帖	ApplyCrv FlowAlongSrf flow			

Grasshopper 是基于 Rhino 的可视化编程插件程序，是集成化的脚本语言，更适合缺少编写程序知识的设计师使用。因为其开源的特性，也有多爱好者开发了更多模块，丰富了很多功能，使其除了能进行几何形生成，还有简单的结构计算和热能分析，还能够模拟一些力学特性等，而且功能日益强大。在 food4rhino 的网站上给 grasshopper 做的开发模块就有 150 多种。

Grasshopper 能够进行动态生成复杂的形态、遗传算法进行优化、结构计算和能量分析。因为课时有限，大学二年级学生专业知识有限，对于结构与能量计算不具备知识，所以课程内容仅限生成复杂的形态这部分内容。

Grasshopper 形态生成这部分的核心概念：点、线、面、数据结构和线面划分。教学围绕这 5 个核心概念展开。重点是数据结构与线面划分，特别是数据结构是最核心的问题，不明白数据结构及如何变换，就不懂 Grasshopper，就不可能自如运用这个工具了。课堂实例用大空间建筑和高层建筑（表 2）。

图 1　展示为 Grasshopper 开发模块的网站
（http：//www. food4rhino. com/grasshopper-addons/last-updated？ ufh)

Grasshopper 的教学内容组织　　　　　表 2

序号	学时	核心概念	实际操作的基本类型		实例操作	课后作业	备注
1	4	点线	一行点，一列点，M 行 N 列点，随机点		动态的塔	重复课堂实例	
			直线，多段线，样条曲线，多片形				
			圆形，正弦余弦线，椭圆，渐开线，螺旋线				
2	4	线面划分重复	移动，旋转，缩放，镜像		高层建筑	重复课堂实例	
			曲线划分				
			曲面及其划分				
3	4	数据结构	线性数据操作：加减、提取、顺序、比较、分组		体育场	体育场馆	
			树形数据操作：变线性、提取、分组				

4　课程教学的评价

对于课程教学的评价，不能用单一的学生作业结果来评价，至少要考虑三方面的因素：教学目的、学时和教学效果。我们设置这一课程的目的是让学生了解什么是参数化的设计技术，告诉学生目前要掌握什么样的技

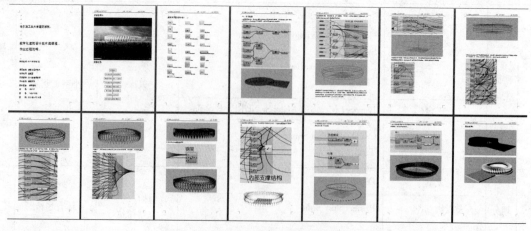

图 2　学生作业的过程说明（作者截屏）

术平台，要达到什么样的程度，并进行实际的运用。因为课时短的问题，无法让学生在课程上全面熟练地掌握技术平台的操作，因此课下学习与认真做作业成为这门课程的能否达到预期效果的保证。如果学生不能独立完成作业，复制他人作业，这门课程的教学效率降低为零。所以我们的教学的评价标准是在这么短的课时内，学生能否独立的完成一些实例作业。

为了保证课程教学的有效性，我们在教学中有三方面的对策。首先是作业的唯一性，我们给每人的留的作业都是唯一的，不会存在两个人的作业一样的问题，这样的杜绝同学间的作业复制问题。其次写过程说明，每次作业都要写详细的过程说明，这样的说明也能让学生有清晰的思路。最后是当面考核，因为每一届学生都在90~100人，很难避免与往届学生和网络上的公开实例一样的情况，对种情况，在判作业的时候，对其作业中的关键问题进行实际考核。

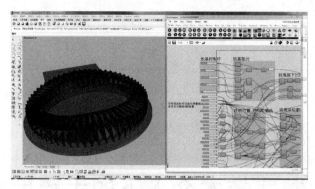

图4　学生作业的可执行的程序（作者截屏）

5　结语

对于与信息技术相关的这类课程来说，技术更新快，需要不断的更新教学内容，才能适应发展需求，因此，需要任课教师不断的跟踪新的技术，掌握新的技术。但对于这类课程的教学模式是相对不变的，不同学校根据人才培养的定位，设置相应教学目的和学时的课程，对于短学时的课程，以相关的技术核心概念展开教学，可视为这类课程的一种教学模式。

上述是我们六年的实践过程的描述，藉此与同行交流。

参考文献

[1]　http：//www.ptc.com/about/history

[2]　彭武.上海中心大厦的数字化设计与施工.时代建筑2012（05）82-89.

[3]　http：//architecture.yale.edu/courses/computation-analysis-fabrication-0

[4]　http：//arch.usc.edu/courses/407

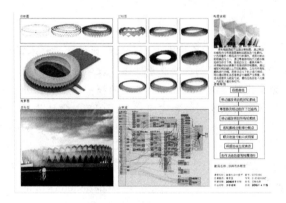

图3　学生作业的图纸（作者截屏）

宋明星　袁朝晖　陈晓明　蓝萱

湖南大学建筑学院；mason_song@qq.com

Song Mingxing Yuan Zhaohui Chen Xiaoming Lan Xuan

College of Architecture，Hunan University

数字技术介入下的大跨度建筑设计
——从结构模型到方案的阶段性教学

Long-span Building Design Under the Intervention of Digital Technology
——Staged Teaching from Structural Model to Project Design

摘　要：本文通过湖南大学建筑学专业四年级教学小组近年来在大跨度建筑教学中，引入参数化数字技术，阐述了教学小组以参数化为手段激发学生想象力和强化对结构体系的理解的教学改革理念。教学主要分为两大阶段，第一阶段包括：基本知识授课、参数化设计介入的方案设计、激光切割机为工具的模型输出、公开教学评价等几个步骤；第二阶段包括：深化第一阶段方案设计、落实基本功能和空间形态、公开教学评价等几个步骤。其教学方法的核心在于利用日趋完善的计算机软件，启发学生对大跨度建筑结构体系的探索，加深对大跨度建筑空间设计的理解。

关键词：大跨度大空间，建筑功能，参数化数字技术，阶段性教学

Abstract：The introduction of parameters of digital technology, expounds the teaching team to parameters of as a means to stimulate students' imagination and strengthen the understanding of the architecture of teaching philosophy by Hunan University Architecture Fourth Grade Teaching Team in recent years about large span buildings for teaching. Teaching is mainly divided into two stages. The first stage include：basic knowledge teaching, involved in the parametric design of scheme design, laser cutting machine tool of the model output, open teaching appraisal and so on several steps；the second stage includes：Deepening the first stage design scheme, the implementation of the function and space form, open teaching evaluation of several steps. The core of the teaching method is to use the computer software which is becoming more and more perfect, inspire the students to explore the large span building structure system, and deepen the understanding of the space design of large span building.

Keywords：Large span and large space，Building function，Digital technology，Stage teaching

在湖南大学建筑教学体系四年级二学期建筑设计课的教学计划中，以大跨度建筑设计基本理论及知识为教学目标，结合对数字技术的理论与实践，从结构选型、大空间平面选型、大跨度建筑功能的复杂流线、建筑物理声学技术条件等教学环节来向学生讲授该类建筑的功能构成、空间构成、技术构成等问题。

在四年级二期教学环节中，一方面从国内外大型体育建筑、观演建筑、展示建筑设计潮流发展趋势看，利用参数化技术开展非线性建筑设计已经是大势所趋，另一方面学生在四年级也逐渐具备掌控技术手段和方案设计的综合能力，可以避免低年级学生设计方案被参数化技术迷惑思路的弊端，同时参数化技术在大跨度建筑教

学中的应用可以极大地激发学生的想象力和对结构体系的兴趣，形成该课程新的教学培养特色。

1 课程简介

1.1 阶段性教学简述

教学组将课程划分为四个阶段[1]：

阶段一：大跨度结构知识储备，主要为体验感知和理解提升。结合教师授课和外邀讲座的形式，教导传授大跨度结构基础知识，学习受力原理以及应用范围，为后阶段做知识储备。

阶段二：大跨度结构模型实践（以小组为单位）。学生以不同结构类型分组，组内各自拿出方案进行交流讲评，最后选择每组最优方案进行结构模型深化，制作模型实体，表达结构主体框架、荷载测试、表皮覆盖、受力关键节点、结构基础、周边环境等。

阶段三：大跨度建筑技术知识储备，主要为知识讲授和实体体验。在第二阶段的结构知识和模型实践基础上，学习影剧院及体育馆功能流线、疏散、消防、声学视线计算方法和表达等技术知识。同时，参观本地比较有代表性的剧场、音乐厅、体育馆、跳水馆、游泳馆等观演建筑，进行实地讲解。

阶段四：大跨度建筑深入设计（以个人为单位）。学生基于阶段二所选择设计的大跨度结构形式，对含有功能要求的观演、体育建筑任务书开展设计，需要提交出完整的建筑平、立、剖面图、分析图、技术图纸、模型渲染、效果图、构思说明等。

1.2 教学内容的知识点

针对四个阶段的教学内容，教学内容包含三个方面。

1.2.1 结构类型和参数化的基本知识：桁架、刚架、拱、壳体、折板、网架、网壳、悬索、膜、张弦梁结构等[2]结构类型的基本受力特点、常见形式、变化及组合方式等内容。

1.2.2 参数化的基本知识：包括 Grasshopper、Paneling Tools、Tsplines 等插件编程建模技巧。

1.2.3 课程内容向多维度发展：建筑设计结合建筑物理、室内设计、传统建筑保护与更新、计算机辅助设计、中国木建筑文化研究、园林景观绿地等课程，实现共同教学和多维度发展。

1.3 教学组织形式

教学组由六位建筑学专业、一位结构专业、一位设备专业教师构成，建立以建筑设计课为核心的年级教学组。在教学的第一二阶段，学生分组进行，以每组不超过 5 人，组织教学，这样的人数能够保证大跨度模型制作阶段较为繁杂的工作量，又比较利于小组讨论不至于流于泛泛。

在阶段一、三中均有结构专业老师参与授课、指导与评图，评图则邀请高校及设计大院从事大跨结构研究的专家各一人，建筑专家 2 人及任课教师组成评图组。设备老师也参与授课、评图，与同学期建筑物理课打通，保证学生掌握大空间声学、视线设计等知识点。

2 2016 教学题目及解析

本文以 2016 年建筑学教学过程为案例，题目：在长沙市先导区洋湖湿地公园片区北侧的文化服务用地临湘江处，拟建为整个洋湖片区服务的文化类展示馆（设计内容可以是体育中心、影视中心、文化馆等类型）。设计要求各组根据前期所调研的大跨度结构类型，以拱、壳体、折板、网架、悬索、膜或其他新型结构中某一结构类型为主，结合湘江、洋湖湿地公园、景观视线轴线等多个环境因素，选择相应的功能类型开展设计。

学生案例作业为拱结构下发展设计的一座游泳馆方案，重点对阶段二的大跨度模型制作和阶段四的方案深化设计进行介绍，体现渐进式教学下的前后阶段对接过程。

2.1 阶段二：大跨度结构模型实践（以小组为单位）

"纳"空间组设计意在形成一个可供市民活动的城市体育活动空间，以谦逊的姿态融入湿地公园，引纳市民参与体育活动。该小组拟选用主拱加外切附拱的拱结构形式，用来实现内部游泳空间结合外部容纳公共空间的建筑空间特征。

2.1.1 基本形态的探索与确定：在学习阶段一相关知识后，以小组为单位进行结构模型方案设计和实践。制作草模验证所选结构的受力特征。例如，通过不同荷载测试了 a 梁和拱的承重能力对比；b 厚度对于梁和拱的不同影响；c 拱的矢高对抵抗侧推力的影响。

在了解了拱结构的基本尺度限制之后，进行整体造型推敲（图 1）后，确定所选方案大致为主拱加外切附拱的拱结构形式。并且对结构局部进行第一次深化实验（图 2）。

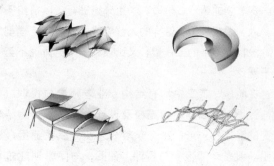

图1 模型造型推敲阶段

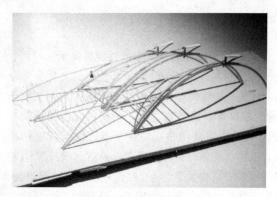

图2 结构局部深化草模

2.1.2 概念与结构紧密结合发展

在确定了基本的整体结构形态后，利用受力分析软件，设计概念结合结构受力计算（图3），二次深化。在这个设计中，"纳"对应大跨结构被解读拆解(图4)。

（1）"纟"是联系，对应相互迂回支持的结构构建形态。拱结构单体在三条二次函数线的控制下以"纟"生长的方式生成叶型建筑，如落叶轻轻飘落浮于湘江和洋湖之间。

（2）"内"是引入，对应将市民引入的主拱外接附拱的结构大体形态。两端低、中间高的拱结构形态表达了建筑与场地的渐进式融入。通过对拱结构进行受力分析与结构优化，选取了桁架拱作为主拱并加入附属拱抗侧推力的结构单体。附拱延展至平面的部分与覆土混凝土草坡相结合，形成景观到建筑的"内"引入。

2.1.3 引入参数化的实践建模

整合所有设计因素确定方案终稿，利用参数化软件（如：Grasshopper）将三维计算机模型分解为二维骨架构件导入激光切割机或数控刀具加工成型、根据确定的建构方式搭建、拼接、组合成精细模型、建筑表皮选材加工及固定、模型强度检验、绘制正图六个方面的工作。

单拱受力

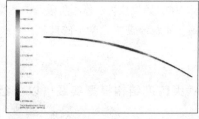 

结构弱点：
当跨度大，单拱中部最容易破坏，且破坏后位移大。
改进：
拱截面采用三角拱形式。

束拱受力

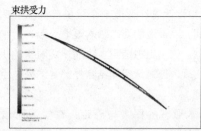 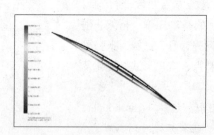

结构弱点：
结构抗侧向力薄弱。
改进：
拱增加附拱。

拱+附拱受力

拱+翼缘联系受力

结构弱点：
附拱翼缘悬挑过大，结构薄弱。
改进：
在附拱翼缘处添加杆件连接。

最终解决附拱翼缘薄弱的问题，单体形态合理优化。

图3 纳空间结构分析

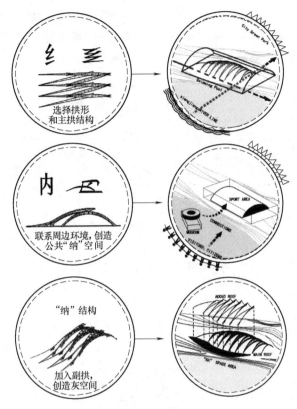

图 4   概念发展示意

实体模型采用澳松阪、弹力布、椴木板、钢片、不锈钢　　板、镀锌铁皮等材料，以下为对材料的选择说明（图5）。

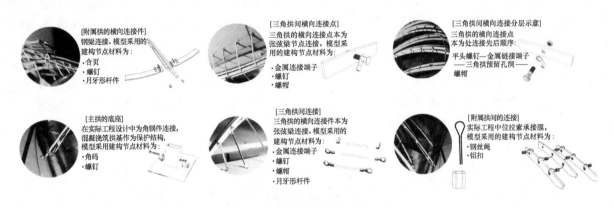

图 5   材料选择和节点说明

图 6   模型局部照片展示

2.2   阶段四：大跨度建筑深入设计（以个人为单位）

在之前所设计的大跨度结构体系下，阶段四过程继续深化建筑内部功能流线技术等设计。案例中，"纳"的概念和结构受力优化的发展下，大跨建筑积极回应场地的同时，在洋湖、湘江、美术馆间建立了一系列景观视线以及活动的空间联系，形成了丰富完整的城市开放活动片区。

2.2.1   功能流线的布置

根据任务书要求，组织总平面布局和内部平面布

657

局（图7）。规范合理的前提下，贴近设计公共"纳"空间的概念，将景观休息区域和丰富多样活动空间串联起来。设计结合之前的结构外形，深入发展到平面布局，做到风格统一，设计整体。合理安排好主要赛事空间、服务空间和辅助用房等功能需求，流线尽量简洁明确。

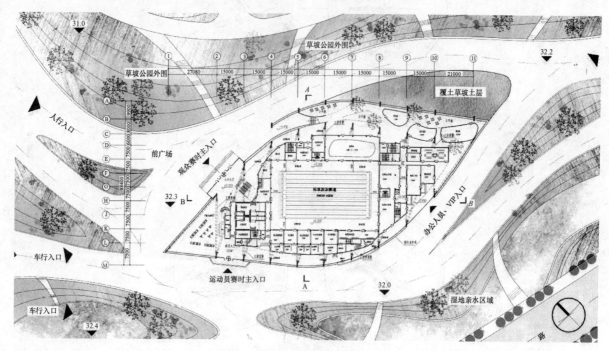

图7　纳空间游泳馆一层平面图

2.2.2　剖面设计

游泳馆剖面设计的好坏直接与游泳馆的造价及能耗运营成本密切相关。在剖面设计时考虑到建筑高度的控制及截面形式的选择，可以减小池厅空间的体积和跨度，从而减小游泳馆的造价及能耗等运营成本。

通过第三阶段的学习，对游泳馆案例的调研和统计发现，现今大部分游泳馆设计在高度的控制上普遍过于随意，缺乏标准。不同的游泳馆其场地区高度的差异性较大，大部分场馆的场地区净高偏高，并且忽略各类场地高度要求的差异，造成了较多不必要的空间和能耗浪费。为了减少以上问题的发生，减少这类型高度差异带来的负面影响，在剖面设计时，应该从适应内部空间的角度出发，首先应该严格控制好各类净高（图8）。

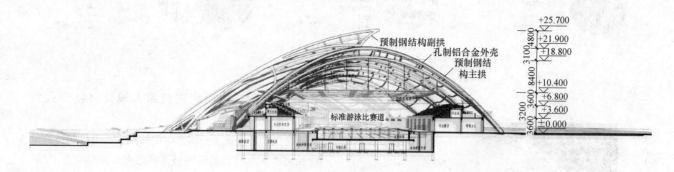

图8　纳空间剖面设计

2.2.3　观众区设计以及视线设计

观众坐席根据调研可知，本案规模为规模社区游泳馆，承办小型赛事，坐席数量为1000～1500为合适范围。小型游泳场馆更多地定位在地方性、群众性的运动会及大众健身，也可以考虑全部采用活动座席，这样可以为日常使用提供更多的群众健身场地，提高场馆空间的利用率。

视线设计的原则即能让所有观众在所有座席上清晰

无障碍地看到游泳池，另外还应该保证观众能清楚的看见计分板。在《体育建筑设计规范》JGJ 31—2003 中规定：座席俯视角宜控制在 28°～30°范围内。另外 a 过小还不利于池岸边的行走和活动。

2.2.4 造型设计

（1）从内部空间入手，与概念贴合，呼应拱元素的同时，结合自然环境。

图 9 内部空间效果图

（2）外部造型上，形态贴近所处环境，与草坡结合，成为市民休闲活动广场。同时与对岸的博物馆以及侧岸的湘江风光带呼应，形成串联活动里的关键活动空间。

3 教学小结

自 2006 年至 2016 年的十一年来，大跨度大空间建筑设计教学内容从大跨度结构类型为主到如今的阶段式对接教学，多门课程横向打通融合；教学方法从老师授课学生动手到如今结构技术老师全程参与公开讲评，教学题目从简单的做出一个大跨空间到如今与历史、建筑保护、景观室内相结合。课程的教学过程、教学方法不断在进行着完善与微调。课程的目的不是创造一堆形式夸张的大跨度空间，而是力图做到学生掌握基本的结构类型的受力原理，形体生成背后的逻辑和方法，节点细部的建构关系，结构与功能的紧密联系，大型公建在城市和环境中承载的重大影响，声学视线消防人流的技术要求。

参考文献

[1] 宋明星，刘尔希，袁朝晖，卢健松. 大跨度建筑设计教学方法研究. 湖南大学 4 年级第 2 学期建筑设计教学 [J]. 建筑学报，2014（8）：97-101.

[2] 罗鹏. 建筑与结构的交响——大跨度建筑与结构协同创新教学实践探索. 2013 全国建筑教育学术研讨会论文集. 北京：中国建筑工业出版社，2013. 478-482.

图片来源

本文图片有湖南大学建筑学院提供。

小组作业成员：左奎、蓝萱、莫杨晨露、易紫薇、檀春昕。

个人作业：蓝萱。

曾旭东　余腾飞

Zeng Xudong Yu Tengfei

重庆大学建筑城规学院；zengxudong@126.com

互联网＋时代基于 BIMcloud 的建筑设计在设计课程中的教学与实践探索

Based on BIMcloud of Architectural Design the Practical Teaching Exploration of Design Class at the Age of Internet Plus

摘　要：文章通过分析当前国内数字化技术教学现状，反思传统的实验教学模式在建筑设计教学中的局限性，提出在互联网＋时代的建筑设计教学中以 BIM 技术和基于 BIMcloud 平台进行建筑设计方法的教学实践探索。在教学实践中，通过对建筑设计原理及 BIM 软件的学习，利用 BIMcloud 平台及 BIM 技术、以实际建筑设计项目作为课程载体，使学生掌握辅助建筑设计和相关 BIM 知识，特别是利用 BIMcloud 平台在异地同时协同设计的方法，学会如何将数字技术综合应用于建筑设计的过程中。

关键词：互联网＋，建筑设计教学，数字技术，BIMcloud 平台，BIM

Abstract：By analyzing the current status of digital teaching in China, this paper rethinks the limits of conventional experimental teaching in architectural design teaching field and proposes the practical teaching exploration of architectural design strategies based on BIMcloud platform of BIM technology at the Age of Internet Plus. This teaching practice gives the learning of architectural design theory and BIM software, making the use of BIMcloud platform and BIM technology during the process of practical architectural design. It helps the students grasp the relevant BIM knowledge of facilitating architectural design, especially the collaborative design from remote location based on BIMcloud platform, making the digital technology comprehensively used in architectural design process.

Keywords：Internet Plus, Architectural design teaching, Digital technology, BIMcloud platform, BIM

从 19 世纪 80 年代计算机技术在建筑行业日益成熟以来，在建筑领域，无论是理论研究，还是建筑实践，都发生了翻天覆地的变化，实现了巨大的突破。在建筑学教学当中，也随着计算机技术以及互联网的飞速发展，悄然迈进了数字化教学的时代。这一改变使得现代建筑学教学的内涵、目标、手段、应用范围等均发生了深刻的改变。

2014 年被媒体称为互联网思维的元年，而在 2015 年两会上，制定了"互联网＋"行动计划，迄今为止，许多行业都在朝着"互联网＋"的模式发展。互联网与建筑行业的融合推动了建筑行业许多新兴数字技术的蓬勃发展，虚拟现实（Virtual Reality 简称 VR），建筑信息模型（Building Information Modeling 简称 BIM），参数化设计（Parametric Design）等均是建筑学科与先进的数字技术结合的产物。新的数字技术与建筑学科教学的融合过程中不仅需要高水平的实验技术条件来支撑，同时也需要勇于突破传统的教学模式，探索更适应于这个时代特点的教学方法。

1 基于 BIM 技术以及 BIMcloud 平台的数字化设计教学实践

1.1 BIM 以及 BIMcloud

30 年前，查理·伊斯特曼第一次提出 BIM（Building Information Modeling）的概念，建筑信息模型（BIM）的出现为建筑设计领域带来了又一次重大变革，即从传统的二维图纸设计到三维设计和建造的革命。BIM 不仅仅是某一个容纳项目信息的建筑模型，它更是一种全新的设计、施工、乃至运维管理的过程方法。

作为 BIM 领域核心软件之一的 ArchiCAD 是由 GRAPHISOFT 公司在 1987 年开发的一个建筑信息模型软件，经过长达 30 年的不断开发与优化，目前，GRAPHISOFT 形成了一整套完整的 BIM 生态系统，该系统由 BIM 创建工具、BIM 数据管理与 BIM 数据访问三部分组成。其创建工具主要包括以下三个软件：由建筑师开发并为其服务的 ArchiCAD；用于创建 3D MEP 管网的 MEP Modeler；以及用于建筑能耗分析的 Eco Designer；而 GRAPHISOFT BIM 服务器技术和 BIMcloud 平台则实现 BIM 数据访问。

由于技术的限制，就目前而言，BIM 还不能很好地缩放工作的规模，而 BIMcloud 的出现有望解决这个问题。GRAPHISOFT 的 BIMcloud 平台基于专利的 data BIM 服务器计算，为任何规模的团队和项目提供一个可缩放的解决方案，团队成员可以从任何位置的任何网络访问同一个项目。ARCHICAD、BIMcloud 以及 BIMx 是 BIM 价值圈的三块基础，它们的无缝整合确保了实时安全协同，项目信息可以从网页浏览器上访问，也可以从使用 BIMx Pro 的移动设备上访问，无论在何地使用何种设备都能够实时跟进项目。

1.2 基于 BIM 技术以及 BIMcloud 平台的教学实践

为了探索在互联网时代，基于 BIM 技术以及 BIMcloud 平台在建筑学教学中的应用，我们以 Archi CAD 软件为基础，在建筑学研究生的设计课程中，尝试基于实际工程项目运用 BIM 技术以及 BIMcloud 平台探索其在建筑设计中异地同时协同工作的新方法。

（1）第一阶段——技术准备：相关软件以及 BIMcloud 平台的基础认知

在这里，我们选取 ArchiCAD 这一款 BIM 软件作为这次教学实践的 BIM 模型创建工具，通过 BIM 技术与 BIMcloud 平台的相关专题讲解、案例分析、以及实验教学，使学生对其有一个初步的系统认识，同时掌握相关软件的使用方法。

在专题讲解阶段，老师针对 BIM 技术的发展，BIM 相关软件的综述，以及 BIMcloud 平台的运用等三个方面以讲座的形式进行教学，同时根据学生的反映灵活地组织教学内容，让学生能够切身感受 BIM 的设计方法，逐渐了解 BIMcloud 的运用前景。在案例分析阶段，老师在向学生讲解国内外相关案例的同时，要求学生以小组的形式收集并分析相关案例并相互交流，培养学生的自主学习能力。在实验教学阶段，老师针对 ArchiCAD 软件、BIMcloud 平台以及 BIMx Pro 对学生进行指导，帮助学生快速掌握相关软件的使用。

（2）第二阶段——基于实际项目探索基于 BIM 数字技术的异地协同工作的方法

该次实践目的主要是通过 BIMcloud 平台探索 BIM 数字技术在异地同时协同方案设计中的方法，在此，我们以一个农村自建宅项目为依托，要求学生用 ArchiCAD 软件对该项目进行方案设计与深化，模型的深度随着项目的推进而加深，由最初的形体演变到功能分区，再到结构属性，最后细化到建筑室内外的空间分析与材质的属性表达。方案完成后，学生需要将建好的 BIM 模型和图纸从 ArchiCAD 软件通过"发布 BIMx 超级模型"命令将模型上传到 BIMcloud 平台。异地工作的学生、出差者以及负责现场调研的同学均可以通过各种互联网终端借由 BIMcloud 平台协同工作，专家顾问与指导教师也可以在该平台上指导学生，推进项目的深化。基于云平台的协同工作模式，可以根据项目规模的大小进行灵活缩放，相关学科的学生与业主也可以通过 BIM 云平台访问项目（图 1）。

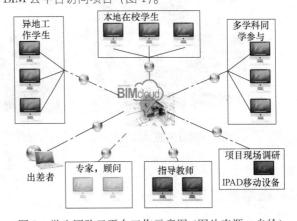

图 1 学生团队云平台工作示意图（图片来源：自绘）

我们在项目现场，通过 BIMx Pro 进行模型游览，与甲方探讨建筑设计，在此过程中，我们可以点击视窗中的圆形标记（这些标记代表着我们在 ArchiCAD 通过平面、立面、剖面及详图等工具创建的视图），调出相应的图纸信息，指导建筑的现场施工（图2）。

图3　用 Ipad 在异地现场调研和公众参与
（图片来源：自拍摄）

图2　在异地移动 Ipad 上的模型与图纸浏览
（图片来源：http://www.graphisoft.cn）

同时，借助移动终端的便捷性，学生走访了当地居民，向他们展示该项目的具体情况，通过公众参与收集各方意见（图3），并通过文字批注、草图、尺寸标注、照片或视频截图、问题记录等方式经由 BIMx Pro 上传到 BIMcloud 云服务器（图4），这时链接到 BIMcloud 云服务器的 ArchiCAD 相关设计人员会收到该信息，在校学生根据意见及时调整方案，并立即反馈到现场人员手中，在校学生与现场学生实现实时协同工作，极大的提高了工作效率，推动项目的进行（图5）。

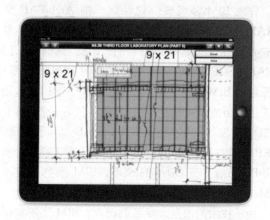

图4　调研时在异地移动 Ipad 上图纸标注
（图片来源：http://www.graphisoft.cn）

图5　项目组的异地现场工作的学生与在校学生通过 BIMcloud 平台在同一个 BIM 模型中协同设计
（图片来源：作者拍摄）

2　教学展望与思考

基于 BIMcloud 的建筑设计在设计课程中的教学与

实践探索适应了建筑行业的时代需求和发展趋势，是对现场与办公室进行异地同时协同工作的初步尝试。目前，该教学实践随着项目的推进而不断的深化，通过该课程，学生可以对 BIM 数字技术有一个系统的认知，初步掌握通过 ArchiCAD 与 BIMcloud 平台进行远程协同工作的方法，培养学生运用 BIM 数字技术进行方案设计的能力与思维方式。

经过目前的教学实践，我们对建立 BIM 数字技术建筑设计教学体系做出了如下思考：BIM 是 AEC 行业的最新趋势，在建筑行业竞争日益激烈的今天，BIM 技术的到来有利于开拓新的设计与管理方法，是建筑领域内的核心竞争力。但与 BIM 相关的设计理论与方法还处于一个探索阶段，我们在进行教学实践的同时，需要及时了解、掌握国际上最新的教学动态，应加强与该领域的国内外同行的交流和学习，汲取他人的长处，积极促进 BIM 数字技术在建筑学中的应用，推动数字技术课程的教学改革与实践的发展。

3 结语

随着互联网时代的高速发展以及数字技术的不断更新，建筑行业面临着新的一轮的变革，这是挑战，亦是机遇。如何把握这一契机，借助 BIM 数字技术与 BIM

cloud 平台探索异地协同工作的方法，有助于推动实现数字化建筑设计教育的进一步突破，这样的尝试不仅是建筑教育领域对时代发展的积极回应，更是推动我国建筑行业发展的有效途径。

参考文献

［1］ 曹成，钟建国，严达，白宝军，杨奎 . BIM 云协同平台在工程项目的五大应用 ［J］. 聚焦信息化，2016（04）：81-85.

［2］ 张蕾 . 数字化技术应用于建筑设计基础教学的探索 ［J］. 建筑教育，2010（02）：194-195.

［3］ 曹尚，李昂 . GRAPHISOFTBIM 协同平台及铁路应用探索 ［J］. 技术标准，2015（06）：38-42.

［4］ 何清华，钱丽丽，段运峰，李永奎 . BIM 在国内外应用的现状及障碍研究 ［J］. 工程管理学报，2012（01）：11-16.

［5］ 陈杰，武电坤，任剑波，李俊，刘兵全 . 基于 Cloud-BIM 的建设工程协同设计研究 ［J］. 建设经济与管理，2014（05）：27-31.

郭海博　邵郁　薛名辉
哈尔滨工业大学建筑学院；guohb@hit.edu.cn
Guo Haibo　Shao Yu　Xue Minghui
School of Architecture, Harbin Institute of Technology

基于混合式教学的建筑设计基础课改革研究 *
Education Reform of Basic of Architecture Design Based on Blending Learning

摘　要：本文介绍了哈尔滨工业大学建筑设计基础课的教改内容，通过引入混合式教学模式，对原有课程的教学方式、教学内容、教学设计等进行了革新。本次教改进行了一系列有益的尝试，并通过几个教学周期的改进，获得了良好的反馈：设计五个教学模块，更好整合课程内容；通过翻转式的教学手段，强调学生的主体地位；启发学生自我学习能力，提高教学效率；充分体现互联网教学优势，根据教学反馈随时补充、调整线上内容。

关键词：建筑设计基础，混合式教学，网络教学平台，教学改革

Abstract：In this paper, the authors summarized the education reforming course of Basic of Architecture Design in Harbin Institute of Architecture. We design five teaching modules which better summarize and concentrate the course; we enhance the position of student by using turnover teaching methods; we enlighten the students' abilities of self-education and we adjust the content online according to the feedback of teaching courses. After accumulation and improvement of several teaching periods, the results show that the education reform is effective.

Keywords：Basic of architecture design, Blending learning, Internet teaching platform, Education reform

1　教改背景

(1) 混合式教学模式

近年来，以互联网技术为核心的信息平台广泛运用于教学中，混合式教学方式逐渐也深入人心，引起了教育理念、教学模式和学习方式的变革。对于建筑教育来说，采用混合式教学，教师可以大幅度缩短课堂内传授基础知识的时间，在宝贵的课堂时间内，将更多的时间用于集体讨论和单独辅导学生，通过讲授法和协作法来满足学生的需要和促成他们的个性化学习；而学生可以提前通过网络平台观看视频课、阅读电子书籍等实践方式自主完成基础知识学习、延伸阅读等任务，在课堂上有针对性地和教师进行教学互动。

(2) 建筑设计基础-1

建筑设计基础-1 是基础课程的第一部分，授课对象为哈尔滨工业大学建筑学、城乡规划、风景园林学和设计艺术学一年级学生，每年授课人数约 200 人。这是一门重要的专业基础课，是学生所接触的第一门专业课程，是建筑设计入门的关键，在建筑设计教学中占有特殊地位。这门课程旨在使学生为未来的专业设计打好坚实的思维基础、理论基础、表达基础、技术基础；掌握认知建筑、研究建筑、熟悉建筑、表达建筑的能力。

(3) 依托网络课程

本次教改所用的在线课程是哈尔滨工业大学网络资

* 本文基金资助：哈尔滨工业大学混合式教改资助项目（教改课程：建筑设计基础-1）。

源共享课"建筑设计基础"和即将上线的"建筑空间的认知与表达"MOOC课程。"建筑设计基础"于2013年获批哈尔滨工业大学网络资源共享课，自2014年9月开始，连续两年利用网络授课，在建筑设计基础课程的教学中实行翻转课堂教学模式的改革；"建筑空间的认知与表达"MOOC课程完成全部课程录制，已经在中国大学MOOC申请上线，于2016年秋季学期上线，并实现同步选课。

2 教改内容

建筑设计基础1课程一共80学时，教改对教学学时进行了重新分配。教学方式由传统的小班授课辅导方式，更新为线上教学、课堂教学（集体讲授＋单独辅导）、实验教学以及课课程外在线辅导，各类教学方式所占学时如下（图1）。为了更好地适应互联网教学，使教学脉络更加清晰，教学团队围绕着建筑设计的几大基本问题，将原有课程优化整合，设计了"环境之美、空间之形、功能之用、界面之限、光影之术"等五个循序渐进的教学模块，以综合的作业形式和层级的作业序

列，贯穿整个设计课程。

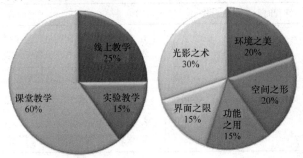

图1 课程学时分配（图片来源：作者自制）

（1）教学模块1 环境之美

本模块主要的训练目是通过训练使学生初步体验城市街区广场空间与街道空间，初步认识单体建筑与其外部环境的关系，唤起环境意识与空间意识；初步学习利用软件，并以此为辅助工具进行空间定位与体验调研；学习通过PPT文件进行成果汇报，用照片、文字、分析图示、使用者调查问卷等对调研成果进行展示和分析。本模块教学设计如下（表1）：

环境之美教学设计简表（表格来源：作者自制） 表1

课程时间	组织形式		主要内容	课后作业
第一次课	线上学习		视频1:环境之美(2学时)； 视频2:建筑基本软件、摄影知识介绍(2学时)	1.下载并打印中央大街区块图；2.查阅相关历史、文化内容
第二次课	实地调研		1.讲解路径、节点、标志、界面等知识； 2.讲解材料的质地、颜色、建筑造型、光影变化等； 3.摄影的基本技巧(构图知识等)	1.布置本单元的阅读任务； 2.要求学生整理调研资料
第三次课	课堂教学	讲授	1.指导图片后期处理:指导应用美学原理以及后处理工具对拍摄的图片进行后期处理； 2.指导ppt制作技巧(纲要、版面设计、影音搭配、动画等)和表达技巧(主次关系、逻辑关系等)	线上指导学生准备PPT。
		辅导	3.指导调研结果的系统性整合:指导如何将调研得来的资料做一个建筑空间认知的系统性表达(空间角度、时间角度、人的行为、认知角度等)	
第四次课	课堂教学	讲授	1.学生以组为单位，进行成果PPT展示	
		辅导	2.对学生提出的问题进行答疑；教师与学生互动，点评阶段成果	

（2）教学模块2 空间之形

本模块的主要训练目的是使学生学习通过一个结构有序的步骤来处理空间、形式和功能的问题；学习实体

与空间的对应关系；学习三维空间与二维图纸表达的对应关系，掌握基本的模型制作和建筑作图方法。本模块的内容和教学设计如下（表2）：

空间之形教学设计简表（表格来源：作者自制） 表2

课程时间	组织形式	主要内容	课后作业
第一次课	线上学习	视频1:空间之形(3学时)； 视频2:设计任务书讲解(1学时)	布置本单元阅读任务

课程时间	组织形式		主要内容	课后作业
第二次课	课堂教学	讲授	1. 对出现的共性问题进行集中讲授； 2. 讲解二维图纸和三维模型的表达和对应关系	1. 进一步推敲方案； 2. 准备制作正式模型的材料和工具
		辅导	3. 对每个人的方案进行指导授课	
第三次课	课堂教学	讲授	1. 讲解二维图纸和三维模型表达和对应关系、制图常识	1. 要求学生课下完成模型； 2. 线上指导学生绘制本单元上板草图
		辅导	2. 指导每个同学的方案设计，调整方案中细节不足； 3. 检查模型制作情况，指导模型的选材及形式表达	

（3）教学模块3 功能之用

本模块训练目的是学习功能与空间的对应关系，理解功能分区的意义，初步掌握建筑功能分析的方法。进一步掌握三维空间与二维图纸表达的对应关系，学习基本的模型制作和作图方法。本模块的内容和教学设计如下（表3）：

功能之用教学设计简表（表格来源：作者自制） 表3

课程时间	组织形式		主要内容	课后作业
第一次课	线上学习		视频1:功能之用(3学时)； 视频2:设计任务书讲解(1学时)	布置本单元的阅读任务。
第二次课	课堂教学	讲授	1. 讲授在方案设计中学习通过功能、尺度、动线、行为进行空间设计	1. 布置课下完善草模的任务； 2. 线上指导学生尽快确定正式方案
		辅导	2. 指导学生通过模型、草图对方案进行深化、调整	
第三次课	课堂教学	辅导	1. 检查指导每个同学的方案设计，调整每个方案中的细节不足； 2. 检查模型制作情况，指导模型制作的选材及形式表达	1. 布置集中周画图任务； 2. 线上对制图过程中出现的问题进行改正

（4）教学模块4 界面之限

本模块通过"材料之择"与"界面之限"来对上一次设计进行具体化和深入处理，探讨空间与界面、材料与形式之间的关系；了解建筑材料的基本特性；学会用对界面的处理来丰富空间，通过对空间设计的深化来初步认识建筑设计的概念和内涵；认识家具在空间中所起到的作用；进一步了解家具对人行为模式的影响。本模块的内容和教学设计如下（表4）：

界面之限教学设计简表（表格来源：作者自制） 表4

课程时间	组织形式		主要内容	课后作业
第一次课	线上学习		视频1:界面之限(3学时)； 视频2:设计任务书讲解(1学时)。	1. 布置本单元阅读任务； 2. 线上布置学生完成建筑案例分析作业
第二次课	课堂教学	讲授 + 实验	1. 进一步加深对建筑空间概念的理解，熟悉建筑设计的基本过程； 2. 分析建筑界面选材的原则，解读建筑材料与建筑界面的内在关系	布置课下继续完善草模的任务，尽快确定正式方案
第三次课	课堂教学	讲授	1. 总结常用的建筑材料如砖、混凝土、玻璃等特性；2. 根据不同的功能选择合适的建筑材料	线上布置学生完成第一次草图绘制
		辅导	3. 指导学生进行方案初步设计，形成一草，确定空间的功能及流线，并且选择相应的建筑材料	
第四次课	课堂教学	讲授	1. 理解建筑界面的功能； 2. 根据不同的功能选择合适的建筑材料	线上布置学生完成上板草图绘制，完成模型制作
		辅导 + 实验	3. 学生根据一草，修改设计方案形成二草，并确定空间的功能及流线，并且选择相应的建筑材料，确定最后方案。制作模型	

（5）教学模块5 光影之术

本模块训练通过对空间抽象、总结、设计到制作的全过程，建立起建筑设计的空间意识与形式、材料的概念联系，完成从建筑体块到四维空间的体验。通过动手体会建筑形体与时间对空间与形式的影响，引导学生在形式层面对建筑进行积极主动的思考。本模块的内容和教学设计如下（表5）。

光影之术教学设计简表（表格来源：作者自制）　　　　　　　表5

课程时间	组织形式		主要内容	课后作业
第一次课	线上学习		视频1：光影之术（3学时）； 视频2：任务书讲解（1学时）	1. 布置本单元阅读任务； 2. 线上布置学生完成建筑案例分析作业
第二次课	课堂教学	讲授	1. 从案例分析中，总结光影的特点和功能； 2. 分析光影的美学意义； 3. 为学生示范徒手绘制速写	1. 绘制建筑速写； 2. 完善案例分析报告
第三次课	课堂教学	讲授	1. 分析光影与界面的关系； 2. 了解创造光影的手段	线上布置学生完成第一次草图绘制
		辅导	3. 学生对上轮设计的方案进行初步修改，形成一草	
第四次课	课堂教学	讲授	1. 理解光影与建筑精神的关系； 2. 了解依据光影来创造形式的手段	线上布置学生完成第二次草图绘制
		辅导 + 实验	3. 学生修改设计方案形成二草，并确定在光影介入下，空间的形式、功能及流线将产生何样变化，并且选择相应的建筑材料，确定最后方案。制作模型	
第五次课	课堂教学	讲授	1. 分析光影的美学意义 2. 徒手速写的技巧	线上布置学生完成Sketch-Up建模练习
第六次课	课堂教学	讲授	1. 卡纸建筑模型的制作基本知识； 2. 学习建模的软件sketch-up	1. 线上检查学生正式模型，对可微调的模型进行微调； 2. 线上对制图过程中出现的问题进行改正
		辅导 实验	3. 指导学生绘制墨线； 4. 指导学生完成实体模型的制作	

3 教改创新

通过几个教学周期的反馈和调整，课程体系已经逐渐完善，教师、学生反馈良好。采用混合式教学模式的建筑设计基础课具备以下优势。

（1）将课程整合为教学模块，更好地适应互联网教学

基础训练是要锻炼学生对建筑学的一些最为基本的问题的把握，教学团队将教学的重点放在针对基本问题的几个小练习上，空间、功能、材料、界面、光影等。每个模块环环相扣，由浅入深，却又在形式上保留了一定的独立性；既有利于阶段性的教学总结，有便于从体系中抽取，制作MOOC。

（2）通过翻转式的教学手段，强调学生的主体地位

充分发掘学生的学习潜力，让学生成为教学的主角。打破传统的教学模式，教师精心设计教学环节，课上辅导讨在学生之间，学生和老师之间展开。激发学生的参与意识，调动学生的积极性，形成师生互动的教学氛围。

（3）启发学生自我学习能力，提高教学效率

传统的教学过程使教师课上传授，学生被动接受；而互联网线上课程的特点是可以重复观看，便于学生对课程的重点、难点反复揣摩学习；课上学生的学习讨论更有针对性，教师可以根据学生的领悟情况进行个性化的教学。

（4）充分体现互联网教学优势，根据教学反馈随时补充、调整线上内容

通过学生的教学反馈和教学团队之间的学习交流，每个模块的主讲教师会对其主讲内容有着更为深刻的认识，从而定期更新线上教学内容，保证课程的质量和深度。

参考文献

［1］　周立军. 建筑设计基础. 哈尔滨：哈尔滨工业大学出版社. 2011.

［2］　URBAN DEVELOPMENT OF URBANISED AREAS（Rus）. ISBN：2227-8397. 2013.

［3］　PROJECT MANAGEMENT IN ARCHITEC-TURAKL PRACTICE（Rus）. ISBN：2227-8397. 2013.

缪军　田瑞丰　舒山诺
华南理工大学建筑学院；103048840@qq.com
Miao Jun　Tian Ruifeng　Shu Shannuo
School of Architecture，South China University of Technology

"互联网＋"背景下的场景教学模式初探
A Scene-Simulation Teaching Approach under the Background of "Internet Plus"

摘　要："互联网＋"背景下场景教学模式是智慧技术促进教育变革下并共同演化的结果。文章介绍了"互联网＋"下人们思维方式和行为的改变。结合教育理论，重点分析"互联网＋"背景下的场景教学模式的改革内容，提出场景教学模式的教学活动空间的特征以及基于"互联网＋"的"场景式微课"教学单元建立，对建立开放性、持续性学习平台，实施场景教学模式等方面提出建议。

关键词：场景式微课教学，"互联网＋"

Abstract：Scene-simulation teaching method is the outcome of the mutual evolution of innovative technologies and education reforms. This article introduced the transformation of human thinking and behaving under the background of "Internet Plus". This article emphasizes in analyzing the innovation of scene-simulation teaching method under the background of "Internet Plus", introduces the characteristics of teaching activities of scene-simulation teaching method and the establishment of "Scene-Simulation Micro-Lessons" teaching units based on "Internet Plus", and makes suggestions on establishing an open, continue education platform and applying the scene-simulation teaching mode.

Keywords：Scene-simulation micro-lessons teaching，"Internet Plus"

1 "互联网＋"背景下的场景教学模式基本特征

1.1 "互联网＋"下的思维模式

人的思维的最本质的和最切近的基础，正是人所引起的自然界的变化，而不仅仅是自然界本身[1]；"互联网＋"实践方式将导致人们思维方式发生深刻变革，这种思维方式会深刻影响和指导"互联网＋"下的各类变革。

"互联网＋"的思维模式具有突破性、开放性对接、整合性、多维性和创新性五大特征[2]，通过互联网信息技术的应用，思维打破认识的局限性，事物信息打破自身存在的局限性，发生横跨多个领域重构与整合，从而在新的基础上形成具有新意义新内涵的信息成果。"互联网＋"场景教学模式是上述大背景下教学活动发生新形态的结果。

作为智慧教学的拓展和衍生，"互联网＋"场景教学模式不仅是空间的改变，也是知识理念、行为交往模式、管理创新上新的变革，它将教育学、心理学、艺术设计学等相关的理论和信息技术的结合，以学习者为核心，以期构建可以充分发挥教学主体的积极性、自由化、多元化的教学模式。基于"以人为本"的核心思想，"互联网＋"下场景教学模式基本特征主要体现为以下三点：

（1）智能化

"互联网＋"下场景教学模式智能化：一是教学设施智能化，二是教育内涵的智慧化。

可以设想未来通过控制自动化、网络技术、多媒体技术等手段，教学空间进入数控智能化时代，室内课桌椅可由中央处理器根据指令进行调控，学生不限时间不限地点都能通过网络技术持续地学习知识，参与讨论。微软公司创始人比尔·盖茨预测，未来5年，触摸、视觉和语音界而将变得更为重要。不同人群可以依自己喜好选择学习及探索的方式，以多元方式获取知识，享受个性化教学体验。

同时，互联网在BIM技术的联合作用之下，实现高效率低成本、掌控力更强的"大后台、小前端"的教学管理模式，大数据、物联网、移动技术、云计算等技术在教学组织和人员等方面也起到了支撑作用，实现社会资源的可持续发展，使得更多的高等教育资源可被社会享用，实现教育模式和智能教学空间的统一结合。

（2）开放性

社会信息流动的改变使得公共交往、私人交往不断融合，个体交往的话语不断进入公共话语空间；互联网赋予每个社会成员均等的媒介接近权和运用互联网进行社会化组织和动员的能力和可能性。

互联网交往中跨越时间、地点，营造部落式交往情景，在网络交往中达到共识获得情感满足。教育结构模式也发生变化，更多的是学校之外的互动交流的实践平台。学校作为知识生产和流通过程中的主体，将具有更强的公众参与性：不仅仅是想法的共享和集合，还是各种公共活动的召集点，线上进行活动安排，线下进行参与和体验。教学关系建立在虚拟网络上，带来新的交互方式，营造更多更有吸引力的与互联网相结合的教学公共活动空间，鼓励人们走出只有学生和老师的课堂空间，营造更多体验机会。

（3）可操作性

开发网络互动课程等新型教育模式，突破地域和时间局限，可反复多次，操作极具效率；现代科学的发展已经在许多学科的交叉点上不断发展出新的边缘学科。

"一个学习空间应该能够激发学习者，促进学习活动、支持协作、提供个性化和包容性的环境，并且面对需求变化时能够灵活变通"[3]。大数据云计算下，人通过网络操作空间，达到空间利用集约化，多样化的可能性。通过虚拟技术改变教学内涵和教学空间，适应心理需求；通过建立已有模型数据库，网络操作来自由移动、变形建筑空间垂直面和水平面，实现灵活的建筑空间，适应使用者需求（大讲座、小规模课堂、开敞游戏平台等）；"互联网＋"下工作、学生、生活更加自由，往往会同时出现不同学习形态，所以在教学空间布局上可以考虑场景模式不同设置不同的功能区，教学空间势必具有较强的可操作性。

互联网如一只无形的手，改变重构着我们的生活。"互联网＋"下的场景教学模式在泛技术支持下，更加完善地处理课堂中的人、技术、资源、环境之间的关系，为促进学习者综合发展提供安全、舒适的物理学习环境。

1.2 场景教学模式的理论依据

活动理论——教学空间的发生改变："活动"从哲学意义上是指主体与客观世界相互作用的过程，是人有目的地影响客体以满足自身需要的过程[4]。活动理论认为心理发展源于人与外界环境的交互作用，它将人类认识的起点和心理发展的过程放在活动上，人的主体活动是人发展的基础。在活动理论中，有意识的认知和学习活动完全是交互进行的。"互联网＋"实现了模拟场景交互的学习模式，最典型实例便是移动教学APP，它作为一个交互学习平台通过各种软件将知识直接输送给学习终端。

互联网技术引发传统教学方式的重构，它在原有师生互动、生生互动的基础上还实现了师生与媒体资源的互动、媒体与媒体的互动、课堂内外的远程互动等。这也意味着物理空间设计、设备功能配置的选择都必须为互动提供相应的服务以适应未来教学模式。

心流理论——营造合适的建筑环境达到心流持续：心理学家米哈里·希斯赞特米哈伊将心流（flow）定义为一种将个人精神力完全投注在某种活动上的感觉；心流产生时时时会有高度的兴奋及充实感。米哈里齐克森提出一些方式使得群体达到心流的状态。这种工作群体的特征包括了：①创意的空间排列。②游戏场的设计。③平行而有组织的聚焦。④目标群组聚焦。⑤现存某项工作的改善（原型化）。⑥以视觉化增进效能。⑦参与者的差别是随机的。[5]

心流理论对未来场景教学模式的研究的启示在于：我们应当从教学空间的物理形态、空间布局等物理空间架构设计和不同媒体与技术的功能组合、可视化技术、触控技术、中控技术等新技术与媒体的集成研究入手，创造舒适、安全和愉悦的场景式教学环境，激发学生积极的情感体验。

关联主义——学系内部节点呈分布式连接：关联主义认为，学习不仅存在于个体自身，也存在于各个专业化的节点中，学习的关键在于将相关节点或者信息源连接起来，形成学习网络[6]。过去，我们通过书本教学将学习网络植入脑中。"互联网＋"下的信息技术和服务模式不断发展，互联网的分布式计算和分布式通讯，可能带来最直接的形态上的变化即学习内部节点呈分布式连接。教学活动开放的分布在城市的角落，人际关系的转变，社区与学校之间构建联系，社区与城市之间构建联系，而教学楼仅为大数据的冰山一角。

2 场景教学模式的主要内容

2.1 智慧型的场景教学的空间及设施

信息技术改变了人们的交往方式，部分交流行为从现实的肢体语言转向网络的图片文字的信息传达。教学活动空间可无需划分出清晰的分区界限以便于大型多媒体设备的投入使用，进而使空间能够产生主动的信息传达，强化与人的互动关系。基于"互联网＋"下场景交流对于建筑系学生是至关重要的，不仅可以开拓学生的设计视野，培养学生的创作能力，还能激发其设计能力。教学活动空间的开放性能够有利于促进这类交往行为的发生。

随着交流、观摩、讲座、实践、体验等非正式教学活动在建筑教育中比重的增加，各行为活动之间紧密关联的程度也越来越深，教学活动空间朝着互相渗透的方向发展。不同功能区的渗透有利于形成人流的汇聚，为丰富的课间生活提供学习建筑、交流经验的场所，并激发各种设计思维的碰撞与情感的交流。

新型教学活动空间可以对一些固定的如展览、评图、演讲等功能进行组合与渗透，不仅能够增加场所的

利用率，还可以使不同功能的互补完善空间的使用，吸引并汇聚更多人流。如俄亥俄州立大学的互动式展厅布局正是将功能渗透的设计运用（图1）。

图1 互动式展厅设计（图片来源：www.archdaily.cn）

2.2 创造体验型场景空间

场景是来自于戏剧和电影等艺术中的一个词汇，它是指将诸多要素综合联系起来，来传达复杂的情境，描述一个特定时代、环境下人物和事件。从建筑学的角度看，场景由"人—空间—信息"组成，其注重的是人在场所空间内对信息的感受与体验，借由智能设施的引导，激发各类事件的发生。信息化时代带来的是人对学习活动的体验式感知。智慧课堂、全息投影的运用，空间由静态向动态转化，人与空间的互动性越来越强。

场景空间应有以下几个特征，一是场所本身的开放性；二是空间具有流动性与自由性；三是空间设施的智慧性与体验性（图2）。

行为模式　　　　　相应空间设施　　　　　体验型空间

图2 基于行为模式的体验型空间的塑造分析（图片来源于互联网，笔者改绘）

随着信息互动模式的发展，单一、封闭的以班级授课为单位的教学模式已不利于当前教学活动的开展，需要增设能够提供集体学习的大型智慧型交流空间以适应时代发展要求。如康奈尔大学建筑学院，以流线渗透式设计提高了半球形评图展览空间的场景感。不同维度的流线与多个活动空间交叉渗透，使得评图的同时也能让经过的学生进行旁听，并不会对正在听讲的同学造成干扰（图3）。且视觉上以特异性的半球形空间构成形态来完成场景感的强化，并以不同高度视线的交接增加空

间的戏剧性与艺术性色彩。

场景体验型流线注重视觉的塑造和空间场景的丰富，注重调动人的感知，通过对教学流线的巧妙的控制，在变幻的空间中通过视觉与非视觉元素共同引导受众，在感知的过程中，潜藏在人内心深处的记忆会慢慢浮现，继而唤发起对场所的情感与记忆，不仅具人文内涵，也由此产生共鸣的张力。设想各种教学活动流线的穿插渗透能够为受众带来场景式体验。教师像导演一样，为他的演员设计怎样进入教学体验场景，怎样在这

图3 康奈尔大学建筑学院半球形展厅空间
（图片来源：www.archdaily.cn）

个场景里走动和停留，怎样产生主动的诉求，最终实现较高的体验效果。

2.3 基于"互联网＋"的"场景式微课"教学单元，建立开放互动的学习平台

新媒体时代下的知识传播特征，对于建立"场景式微课"的交流平台提供了极大地便利。利用互联网、移动通讯、多媒体等手段建立教学模块，教学模式的操作单元是"场景式微课"，其重要特征是开放性与情景互动，使学生能够获得新的体验，获取新的知识并建立层次丰富的互动学习。这种"开放性"平台的实现，则有赖于教学模块中的重要节点的合理设计，教学模块中的"场景式微课"单元为这个网络里的重要节点，成为师生交流空间的枢纽。基于"场景式教学"的教育理论认为，知识不仅仅是存在于教科书上的理论体系，而更重要的是学习者在探索世界的过程中产生的自我理解与感悟，是学习者个人对特定事物状态的捕捉和描述，因此知识的含义不是固定不变的，对知识的理解带有强烈的个人色彩的成分。所以，基于场景式教学理念的学习，不局限于给定的知识或技能的学习，而是学习者通过特定的媒介，在与他人的沟通、交流的活动中明确构成关系和知识含义的活动。"场景式教学"理念的教学模式被称为21世纪的学校教育愿景之一。

新媒体时代的"场景式微课"教学形式是建立开放性、持续性平台的操作单元，"场景式微课"概念具有两层含义，其一将理论课的关键节点分解成小微课题。其二是基于互联网及多媒体技术形成的"微"传播模式（如微博、微信、微课、微电影等），"微"传播模式为越来越多的人接受。"微"教学模式顺势而生。新媒体时代的"场景式微课"教学形式下学生参与教学互动的因素主要包含以下内容：分享共同的学习体验，师生情感连带强度增加；关注的焦点不局限于授课内容；通过小组聚集互相影响；"场景式微课"是教学中的"激发—体验"环节，其讲解与讨论与教学大纲整体融合，吸引学生真正地参与到教学互动中来。如同表演一样，有序幕、高潮、结尾等，参与的演员是全体师生。

"场景式微课"操作单元具有两个方面特征：一是体验性，对建筑进行全面认知，当然最直接、最快速的方法就是实地考察，通过亲身体验来认识建筑。场景式微课通过他人的参观体验微视频实现间接的共享体验。二是激励性，引导学生主动接触体验建筑与生活给自身的感受，调动学生主观能动性，协助学生将个人体验提升为专业认知，这一综合过程就是利用"场景式微课"的模块设计，师生共同选择教学中重点、难点、趣味点，通过制作研究"短片"，将"场景式微课"成果在教学活动中展开，在一种鼓励思想交流的气氛中研究与体验建筑设计过程，彻底改变学生以往被动听从教师意见的方式。华盛顿大学列维教授推荐运用一种名为"认知浏览"的方法。通过"认知浏览"引导学生进行场景式体验，这种方法能够较快地提高感知建筑的敏锐性，理解建筑内容及价值的导向性。

随着科技的发展，利用技术手段辅助授课的程度越来越深。教学采用有效的多媒体技术，通过多媒体手段帮助完成多元、高效、直观的课堂教学。

参考文献

[1] 恩格斯. 自然辩证法（导论）[M]. 北京：人民出版社，1971.

[2] 刘卫平. "互联网＋"呼唤思维方式深刻变革 [N]. 解放日报，2015年04月28日.

[3] 陈卫东. 教育技术学视野下的未来课堂研究 [D]. 华东师范大学，2012.

[4] 杜建群. 实践哲学视野下的综合实践活动课程研究 [D]. 西南大学，2012.

[5] Csikszentmihalyi, M; Abuhamdeh, S. & Nakamura, [J]. (2005), "Flow", in Elliot, A., Handbook of Competence and Motivation, New York：The Guilford Press, pp. 598-698.

[6] 钟志贤，王水平，邱婷. 终身学习能力：关联主义视角 [J]. 中国远程教育，2009，04：34-38，79-80.

廖含文

北京工业大学建筑与城市规划学院；h. liao@bjut. edu. cn

Liao Hanwen

College of Architecture and Urban Planning，Beijing University of Technology

学贵信、信在诚

——对在网络时代建筑设计课程教学中遏制抄袭的思考

The Essence of Study is Academic Integrity：

Some Thoughts on Confining Plagiarism in Architectural Design Coursework in the Era of Internet

摘　要：抄袭或剽窃他人成果是严重的学术不端行为，各国各高校都明文打击。但对于建筑设计课程作业等非文字类作品的抄袭，界定和查证一直比较困难，而信息技术的发展为抄袭提供了更大的便利。本文基于实际案例，定义了建筑设计课程作业中常见的七种抄袭形式，探讨了学生抄袭的原因，并提出了几点在课程教学中鼓励原创、遏制抄袭的思考。

关键词：建筑设计，课程教学，学术诚信，抄袭，网络时代

Abstract：Plagiarism is considered a breach of academic integrity and is prohibited by all universities across the world. However defining and detecting the practice of plagiarism in architectural education has always been difficult，especially in the era of internet. Based on the examination of real samples，this article summarizes seven forms of plagiarism commonly seen in architectural design coursework. The author also discusses the rationales for plagiarizing and provides some thoughts on how to confine this issue in architectural teaching program.

Keywords：Architectural design, Teaching program, Academic integrity, Plagiarism, The era of internet

古人云，大学之道，在明明德，在亲民，在止于至善。风清气正、崇德向善的学术环境是现代高校健康发展的基石。近年来，大学生论文抄袭的丑闻时常见诸报端，普通课程作业中的抄袭现象更是屡见不鲜。对此，各高校都在加大教育和打击的力度。相较于文字类作业而言，建筑设计课程作业中的抄袭行为更加难以界定和规避，应引起教育同仁的关注。本文基于笔者近年所参与的本科教学和管理工作，总结了建筑设计课程作业中常见的抄袭形式，讨论了诱发抄袭的原因，并从课程教学组织和管理的角度提出了几点遏制抄袭的措施。

1　建筑设计课程作业中的抄袭现象

抄袭或剽窃（plagiarism）是指盗用或在一定程度上窜改他人作品以当成自己作品的行为，是一种常见的学术不端情形。抄袭物如经发表还可能构成违法和侵权。

最近一段时期，笔者在作业评图时经常能遇到一些从空间形式到表现风格都似曾相识的作品，经调查发现，其中有些是对往届优秀作业的套改，有些是对书刊杂志和网络媒体上成熟方案的高仿，甚至同班出现效果雷同的作业，令人啼笑皆非。过去并非主要问

题的抄袭现象似乎正在呈上升趋势。由于设计课成绩影响学生的排名和评优，教师也经常收到同学之间状告抄袭的举报，如处理不善，容易影响班级的学习热情。

我院发生的这些情况并非个例，在"知乎"和"天涯"上都能查到不少建筑院校学生吐槽该校抄袭成风，教师却置若罔闻的帖子，其中不乏一些 211 和 985 院校[1]。实际上，从大的环境来说，我国建筑创作中的侵权问题早就十分突出，据"中国设计之窗"网站 2006 年所作的一项抽样调查显示，曾经独立承揽过设计业务的国内设计师当中，90％以上遭受过侵权损害[2]。

尽管各高校对抄袭都采取零容忍政策，不同专业对抄袭的查处力度却大不相同。对于文字类成果的抄袭，学术界已经形成了一套比较成熟的遏制办法，包括制定文献引用和改写的规则，明确抄袭判定的标准，建立核查的技术手段和资源库等。而对于非文字类作品的抄袭，在界定和查证上一直是薄弱环节。一个不可否认的事实是，艺术和设计专业从本质上就是在不断复制传统、模仿前人的基础上发展起来的。一部艺术史就是创新与借鉴、传承、挪用（appropriation）、吸纳（incorporation）、翻制（pastiche）、杂糅（collages）和重构（retelling）相互交织的历史。日本建筑师后藤武等人在

《设计的生态学》一书中指出，"无中生有是不可能的事。无论如何标榜独创性的作品，都是将现有的设计当作材料，加上新的手法或重新解读，酝酿出新的创作"[3]。对于设计专业的学生来说，效仿和尝试优秀案例的一些手法从来都是一种被鼓励的学习方法，查找和学习案例通常也是每次设计任务下达后要求学生完成的第一个步骤。在这种学术氛围之下，学生往往难以把握借鉴和抄袭的界限，区分具有再加工性质的模仿和机械照搬套用的区别。

2 常见的抄袭形式

建筑设计作业中常见的抄袭类型有以下几种：

（1）复制型抄袭

学生基本不考虑源作品和任务书在环境、要求和限制条件上的差异，完全采用"拿来主义"，平、立、剖面基本复制源作品或只做微小改动。这类抄袭中的最恶劣者，连重画一遍的过程都予以省略，直接 PS 源图当作自己的成果。如图 1 所示案例，源图为 MX_SI 和 SPRB 设计的"混凝土森林：帕帕洛特儿童博物馆竞赛获奖方案"（2015），右图为某学生提交的城市博物馆设计作业，后者就是前者的简单拷贝，为了掩人耳目，学生故意将图纸的清晰度调低，并增加一些无用的元素进行遮盖，弱化视觉特征。

原作品　　　　　　　　　　学生作业方案

图1　复制型抄袭示例
（资料来源：左：大美中国网 www.idmei.cn；右：作者自拍）

（2）模仿型抄袭

学生对某一案例进行高度模仿，一般会为了满足任务书的要求在平、立、剖面上做出一定的调整，但为了保留所喜爱的空间构成或形体组合效果，改动往往不

大。图 2 展示了一个模仿性型抄袭案例，源图为陶磊建筑事务所设计的凹舍（冯大中美术馆，2010），学生提交的作业在整体和细节上与之高度吻合，但对平面做出了一些修改（尽管修改之后的平面变得粗糙而生硬）。

（3）修改型抄袭

与模仿型抄袭类似，学生也会选取一个案例作为主要套用的对象，但在设计过程中会加入自己的一些修改和演绎，力度比模仿型抄袭要大。由于自身作了一定的功课，修改的效果也比前者要好一些。图3显示的作业抄袭了赫尔佐格 & 德·梅隆设计的迈阿密佩雷斯艺术博物馆（2013），源作品考虑了南佛罗里达的亚热带气候特点，采用巨大的天盖来创造阴凉干爽的室外公共环境，盒状元素的灵感则来自当地富有新艺术装饰风格（Art Deco）的盒状建筑群。这些设计特征都被学生保留了下来，但是她减少了北侧和东侧灰空间的面积，减弱了北向墙体的通透性，也算是对华北的气候环境有所顾及。此外在增加了一层空间的基础上，在交通流线、辅助设施布局和场地环境设计等方面也都做出了有别于原作的思考。然而从整体上来说，源作品和该学生作业仍然保持较高的相似度。

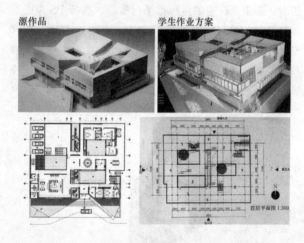

图2 模仿型抄袭示例
（资料来源：左：陶磊建筑事务所；右：作者自拍）

图3 修改型抄袭示例
（资料来源：左：中国建筑报道网 archreport.com.cn；
右：作者自拍）

（4）借鉴型抄袭

学生对案例并非整体性抄袭，而是攫取其中一些比较有特色的设计特征，如造型手法、装饰风格、空间逻辑或体块组合方式等，将其植入自己的方案（或采用相反过程，从要效仿的设计元素入手，逐步植入自己的创作成分），与源作品可谓"和而不同、似是而非"。在图4的案例中，源作品是伊东丰雄设计的墨西哥巴洛克博物馆（2016），其连续卷曲的白色薄墙宛如一片片竖起来的书页，带来丰富的立面层次和轻灵的感觉，也塑造了室内单元的链接肌理和空间流动性。学生在作业中模仿了这些墙体的结构形态，以及它们在立面构成和空间分隔上的作用，立面和平面的一部分都能明显看出伊东作品的影子，但又加入了很多自己对设计任务的理解和诠释，如对城市主干道一侧立面的开放性处理，以及设置了一个围绕戏台展开的观演空间以展现"京剧博物馆"这一设计主题等。从某种意义上说，借鉴型抄袭已经比较靠近我们对"借鉴"的认知，但是从严格的定义上来讲，抄袭也包括对源作品思想（idea）、概念（concept）和风格的抄袭（stylistic theft），重要的设计特征是作品灵魂和价值的体现，对它的模仿依然难以逃脱抄袭的嫌疑。

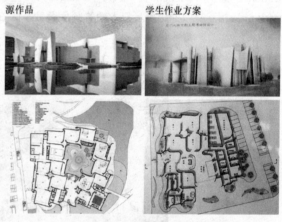

图4 借鉴型抄袭示例
（资料来源：左：筑龙图酷 photo.zhulong.com；
右：作者自拍）

（5）拼贴型抄袭

学生同时套用多个案例的设计手法或特征元素，并使它们融合成为一个有机整体。这一过程通常都会加入大量的重构、形变、衍生、推敲和创作性工作，源作品的影子在作业中已经比较模糊。拼贴型抄袭更加靠近"借鉴"的范畴，界限在于创作性成份和非创作性成份的比重，以及外来的东西是如何与本体相结合的。

（6）思路型抄袭

此类抄袭多发生在设计条件和要求非常接近的情况，学生只借用案例的设计思路，包括场地布局、功能分区、体块组合等宏观性战略性问题，而在战术层面上则有自己的发挥。图5所示的是不同届学生完成的博物馆设计作业，任务书基本相同。两份作业的设计思路都是把建筑形体分解成较小的体块以适应街区的环境尺度，创造一个具有围合感的屋顶花园，并采用大台阶来串联不同标高的公共空间，但设计细节各有千秋，第二份作业确系学习了第一份作业之后的结果。

（7）表达型抄袭

学生只抄学案例的表达方式而非设计内容，包括构图、色彩、风格、绘图手法和形式等。图6右侧显示的是一张带有分场景叙事味道的表现图，是某学生提交的二年级下幼儿园设计作业的一部分，装饰效果浓郁，咋一看令人耳目一新。但其实际上是一份抄袭之作。源作

图5　思路型抄袭示例
（资料来源：左：李思蓓拍摄；右：作者自拍）

品是丹麦 CEBRA 建筑事务所设计的 Kerteminde 特殊儿童看护中心表现图（2014）。

图6　表达型抄袭示例
（资料来源：左：CEBRA 建筑事务所；右：作者自拍）

3　抄袭的原因和遏制措施

美国学者 Beth Walker 总结了四点容易诱发艺术设计专业学生抄袭的原因[4]：

（1）课业负担重且缺少有效的时间管理技能，为了走捷径铤而走险；

（2）抄袭成熟的方案易于获得较好的作业效果，从而可能获得较高的分数；

（3）教师太忙，没有时间查证源图，学生抄袭也无从知晓；

（4）模仿、借鉴和抄袭的界限不清晰，学生被鼓励向优秀作品学习，却做出抄袭的举动。

此外，还有两点因素也不容忽视，其一是当代互联网和图像处理技术的普及和发展为抄袭行为提供了更大的便利。笔记本电脑和智能手机已经成为高校学生的基本配置，无处不在的4G网络使高分辨率图像的传输和下载成为可能。一些专业图库网站如"拼趣网"（Pinterest）、"花瓣网"等都能提供可按主题检索的海量高清范图。和数年前相比，学生能够接触的信息量呈爆炸式增长。而一名教师要面对一个学生群体，其信息更新的速度远远赶不上后者之和，信息的不对称导致教师对抄袭的识别和查证都越来越困难。另一方面，由于缺少对抄袭的判定标准和惩罚尺度，抄袭的作业即使被曝光往往也得不到实质性的惩诫。违规的代价太低，导致学

生对此不重视，何况，既未立规，也谈不上违规。

可见，设计作业中的抄袭可能是明知故犯（如原因1、2、3），也可能是无意而为（如原因4），关键是要划定借鉴和抄袭的红线，明确游戏规则，做到奖惩有据。在上述七种抄袭类型中，我们倾向于认为类型(1)、(2)是不允许的，类型(3)是不被鼓励的，类型(4)、(5)、(6)和(7)对于课程作业来说在一定的范围内是可以接受的，但要把握"模仿"和"创新"之间的关系与尺度。教师需要引导学生理解，模仿作为一种有益的学习方法，其目的不是为了走捷径，而是为了引申出更多的思考、体验和推敲，提升审美水平，激发创作灵感，以助于达到"开悟"的境界。这是一个反复、渐进的过程，不是一蹴而就的。学生可以以模仿作为设计构思的开始，但不应该以模仿作为解决问题的结束。对于竞赛辅导和毕业设计，则应该采取更加严格的标准，更大限度地鼓励原创。

建筑设计课程中可以考虑以下九点措施来遏制抄袭：首先是加强教育，增强学生的荣辱观。第二是划定红线，约法三章，这里红线的设定可以因课程的教学目标和性质而有所差异，对低年级的学生可以更加宽容。最好能通过图解的形式，让学生充分理解规则（可通过课堂演示、学生手册、教学网站或微信平台）。第三是强化对设计过程的辅导和监督，加大阶段性成果在评分中的比重，因为抄袭的方案，其推导过程一定是残缺或跳跃的。第四是要求学生在图纸和方案汇报中申明所借鉴的案例（acknowledgement），抄袭的特征是刻意隐瞒信息、冒充原创，列出源作品有助于与抄袭划清界限。第五是加强作业的公开展示和汇报，展览不是为了鼓励举报，而是在促进交流之余创造压力，令试图抄袭者知耻而退。第六是在评分中设置一定的原创性得分，通过模仿做出一个精彩的方案和自己构思出一个平庸的设计，到底哪一个应该得高分？让原创性分数来平衡。第七是对触碰红线的抄袭作业，必须做出相应的处罚，维护学生心中的学术公义。第八是妥善设置课程任务，协调各专业课程的教学和作业安排，给学生留出足够的创作和自修时间，不能因为时间不足而逼他们去抄袭，要

引导学生合理地安排计划。第九是加强教师的信息更新，时刻关注业内新作，加大对抄袭之作的识别力度。需要指出的是，匿名举报不在我们的推荐之列，高校应该是培养平等沟通、公开批判精神的沃土，而不是告密文化的乐园，举报固然能使抄袭者无可遁形，但对于大学教育却得不偿失。

4 结语

《大学》里说，"格物而后知至，知至而后意诚，意诚而后心正，心正而后身修，身修而后家齐，家齐而后国治，国治而后天下平"。可见没有诚信的品格，就不可能有修身、齐家、治国、平天下的壮举。不久前，教育部出台了《高等学校预防与处理学术不端行为办法》，明确了六种学术不端情形，排在第一位的就是"剽窃、抄袭、侵占他人学术成果"。严重违规者可能面临降级、开除和撤销学位等处分。建筑设计课程作业从广义上说也是一种学术活动，应受到学术规范的制约，当然，以临摹名家作品为目的课程不在本文的讨论之列。杜绝功利性抄袭，摒弃机械性模仿，鼓励批判性借鉴，培养创新热情，是建筑设计课程的要务之一，也是社会主义核心价值观在教学中的重要体现，本文为此提出了几点思考，与同行商榷。

参考文献

[1] 这里只给出一个示例，参见"知乎"讨论板http：//www.zhihu.com/question/41707472.

[2] 谷芬.论建筑作品的侵权认定.北京：中国政法大学，2008.

[3] 后腾武，佐佐木正人，深泽直人.设计的生态学——新设计教科书.黄友玫，译.桂林：广西师范大学出版社，2015.

[4] Beth Walker. New Twists on an Old Problem：Preventing Plagiarism and Enforcing Academic Integrity in an Art and Design School. Art Documentation：Journal of the Art Libraries Society of North America，2009，28（1）：48-51.

戴秋思 宋晓宇

重庆大学 a. 建筑城规学院，b. 山地城镇建设与新技术教育部重点实验室；daiqiusi@cqu.edu.cn
Dai Qiusi Song Xiaoyu
(a. College of Architecture and Urban Planning, Chongqing University, b. Key Laboratory of New Technology for Construction of Cities in Mountain Area, Chongqing University)

虚拟现实技术在建筑设计初步教学中的运用初探
——基于实境的限定环境要素的空间构成教学实录

The Study About the Application of Virtual Reality Technology in the Preliminary Teaching of Architectural Design
——Teaching Record the Space Composition by the Limited Environmental Elements Based on Reality

摘　要： 虚拟现实技术作为一种新型的信息技术，影响着现代建筑设计的方法和观念。论文简述了虚拟现实技术在建筑设计领域的运用，结合重庆大学建筑城规学院在建筑设计初步教学中的"基于实境的限定环境要素的空间构成"实训课题，实验性地将虚拟现实技术导入设计教学，将其作为一种切入设计的方法和思维方式，探讨了一种动态体验式的空间设计操作模式，并从设计手段、设计切入、设计思维、设计成果、设计评价五个方面对 VR 技术在教学中展示出来的特点予以探讨。

关键词： 虚拟现实技术，空间构成，教学实录

Abstract： As a new information technology, Virtual Reality technology influences the methods and ideas of the modern architectural design. This paper describes the application of Virtual Reality technology in the field of architectural design. Combined with the teaching subject "the space composition by the limited environmental elements based on reality" in the preliminary teaching of architectural design in the College of Architecture and Urban Planning, Chongqing University, the Virtual Reality technology is imported into the design teaching experimentally, as a kind of methods begin to design and a way of thinking. A dynamic and experience operation mode of spatial design is discussed and the characteristics of the VR technology showed in the teaching from five aspects are discussed: design means, the beginning of design, design thinking, design results, design evaluation.

Keywords： Virtual reality (VR) technology, space composition, Teaching record

课题背景

"空间构成"作为建筑学专业低年级的设计基础课程，长期以来受到各建筑院校的持续关注和重视。重庆大学建筑城规学院（以下简称我院）教师在低年级的教学改革和实践中做出了诸多思考：论文《以环境要素介

677

入空间生成》[1]、《景观意识的融入：建筑设计基础空间教学研究》[2]、《从话语思维到设计实践——限定环境要素的空间构成教学研究》[3]、《叙事性的空间构成教学研究》[4]等成果可以发现课题演进中侧重点的变化和多样思维方式的尝试。本次课题提出了《虚实相生：基于实境的限定环境要素的空间构成》，提供具体且真实的环境，拟增强课题的场景感，为虚拟现实技术的引入提供了契机。

虚拟现实技术作为一项以计算机技术为基础的信息技术，得到了越来越宽广的运用。在硬件达到一定标准之后，该技术获得了教育系统的一些关注，陆续有些虚拟仿真实验中心建成。对目前国内将该技术应用在建筑设计方面的成果做出分析后发现，有部分是应用在设计作品的漫游体验上，远没有进入到设计教学的领域。本课题尝试将虚拟现实技术作为教学工具引入到教学实训，结合了教师❶在该领域多年以来的持续探索的经验和成果，通过 VR 教学实践一方面打破传统设计模式，开辟新思路，对"虚实相生"课题做出崭新的诠释；另一方面探讨建筑学学科中"教"与"学"的新型关系。

1 相关概念与研究成果简述

1.1 虚拟现实概念及其特点

虚拟是一种不受环境限制可以随时随地使用各种设计软件的便携工作平台。1989 年，由美国人 Jaron Lanier 率先使用了"Virtual Reality"即"虚拟现实"一词，简称 VR。它是对现实的一种虚拟表达，是一种可创建和体验虚拟世界的计算机系统，它借助计算机技术及传感装置所创建的一种崭新的模拟环境，为人提供沉浸感觉。1993 年，美国的两位科学家 Burdea 和 Philippe Coiffet 提出了虚拟现实技术的基本特征，用三个"I"来概括（图 1）：沉浸感❷（Immersion）、交互性❸（Interaction）和虚幻性❹（Imagination）。

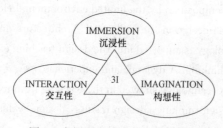

图 1　虚拟现实技术基本特征简图

1.2 虚拟现实之于建筑设计的运用成果

虚拟现实与建筑结缘古已有之，早在达芬奇时代，人们就已经懂得在建筑的四壁画上画上柱廊或庭院，产生虚拟空间，目的是让这座建筑中的人感到自己所在的房屋面积更加广阔。这样的表现方式后来甚至发展到了乱真的程度，当人进入这样的空间就会完全沉浸在这一虚幻的环境中。

利用电脑模拟实际景象的技术出现于 60 年代初期，但最初是模拟飞行和空战的游戏软件。90 年代后，VR 技术被广泛地应用到实体模型制作，信息交流和管理。欧美知名建筑设计公司目前已经开始了 VR 技术在建筑设计领域的模型测试，如英国 IVRNATION 公司根据 Ty Hedfan 公司在南威尔士设计的住宅搭建了 VR 模型，建筑设计师可以利用该模型即时改变墙壁、地板和家具等组件的材质和设计，这样的 VR 模型真实度达到 90%❺。目前普遍公认的是 VR 建筑设计是一项综合性建筑设计方法，减轻设计人员劳动强度，缩短设计周期，提高设计质量，节省投资。

通过对虚拟现实技术与建筑设计领域的运用成果分析，研究主要集中在以下方面：第一类研究从实践层面出发，以探讨和揭示虚拟现实技术在建筑领域或城市设计领域的具体运用，此类的论文成果十分丰富，如论文 [5、6]。第二类研究倚重于从理论层面对虚拟现实技术与建筑设计结合的方法论的探讨，揭示 VR 技术的多功能性和可行性，如论文 [7] 揭示了 VR 对建筑设计的影响不仅仅局限于"单纯的表现"，还可以成为新的建筑设计媒体，并将引发一种新的设计思维方式；论文 [8] 探讨了虚拟现实理论与技术演进影响下空间设计从抽象平面符号思维到虚拟现实体验思维的嬗变；论文 [9] 是国内较早的一篇在建筑学界的学术期刊介绍虚拟现实技术概念及其发展状况的论文，探求了虚拟现实技术对建筑设计及其相关领域的影响。第三类研究将理论与实践结合起来，即思考性和操作性两个层面来同步研究，论文 [10] 较为系统地论述了虚拟现实技术发展

❶ 我院宋晓宇老师作为"光辉城市"的创始人之一，致力于 VR 虚拟现实技术在建筑等领域的研发和应用。"光辉城市"是一家专注于建筑设计行业产品革新的互联网公司，致力于为设计师提供新一代建筑表现解决方案。远景目标是成为建筑全产业链大数据平台。旗下产品 smart＋设计平台，设计师可以一键上传 SU 模型，经云端引擎快速转换，生成 VR 虚拟漫游三维实景，进行方案演示和设计。宋老师是一位长期从事建筑设计初步教学的老师，带领着 24 名一年级建筑学子开展了本次 VR 教学实践，为本次课题提供了师资和物资保障。

❷ 沉浸感也被称作临场参与性。产生逼真的"虚拟环境"，从而使得用户在视觉上产生一种沉浸于虚拟环境的感觉。

❸ 交互性是指 VR 与通常 CAD 系统所产生的模型以及传统的三维动画是不一样的，它不是一个静态的世界，而是一个开放、互动的环境，虚拟现实环境可以通过控制与监视装置影响或被使用者影响。

❹ 虚幻性是指设计模式提升到数字化的即看即所得的完美境界。

❺ 咨询来自网络：http：//www．pmmarket．cn/a/zixunzhongxin/xingyexinwen/2016/0307/6057．html

史，同时，也是一篇国内较早的一篇介绍 VR 技术结合建筑设计教学的论文，即针对本科一年级学生的特点，开展了数字技术和虚拟现实技术进行空间认知的教学实践，其目标是以计算机的直观三维空间创造和研究使学生在短时间内认知和初步掌握三维空间，并展示了制作出的成果。这些学术论文均对虚拟现实技术的运用与前景给予了足够的信心。

1.3 本课题主持者对虚拟现实之于建筑设计教学的设想

引入 VR 技术，究竟能触及到建筑设计教学的哪些问题？关于这个问题，需要作出了两方面的思考：一是"建筑设计到底在教什么？"二是"VR 作为教学工具的优势是什么？"建筑设计作为一门经验驱动的学科，传统教学均依赖教师经验判断空间。面对当下的建筑空间设计呈现出多元发展的态势，建筑空间观念和空间设计思维也随之发生新的变化，从而产生出新思维影响下新的建筑空间设计模式。在虚拟现实技术的驱动下，教与学的关系可以进行大胆的更新尝试。

2 课题设置

本次选题是我院建筑学专业本科教学一年级下学期构成系列课程（平面构成、立体构成、空间构成）中的空间构成部分，拟借助 VR 虚拟漫游的第一人称体验，从一个全新的视角来探讨空间构成的设计和教学方法。

2.1 设计目标

训练学生在给定的实际环境地形条件下把握操作空间的能力，了解空间、形体、人的行为以及环境要素在设计中的互动关系，提高学生对环境空间品质的理解和认知，让学生逐步建立起尺度和比例的设计概念。

2.2 设计内容

（1）在给定的实际环境基地关系中运用点、线、面、体等形式构成要素对环境进行空间的划分和构造，从而为基地提供一个具有景观价值和满足人们某种特定需求的空间场所；

（2）本次设计要求在给定的环境条件下，考虑空间基本的使用要求、尺度，运用构成原理，进行空间组合设计和形体设计；

（3）限定要素包括：

① 在给定的实际环境基地，划出一定的公共区域，设计方案要与公共区域相衔接；

② 每个方案要与相邻地块设计有一定的关联；

③ 方案要考虑所处地形条件和材质种类整体的协调。

2.3 设计条件

课题的实际环境基地，选择在具有独特山地地貌与滨水特征的磁器口古镇，场地面积 5100m² 左右，在给定的基地条件中选择一块 250m² 场地进行空间操作（图 2）。

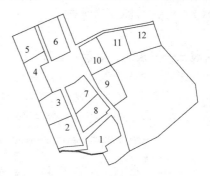

图 2　设计地形条件与地块划分

2.4 教学分组

本课题共选择 24 位人参与，均从建筑学班级抽取，遵循自愿原则，组成临时的课题成员组；再将其分为 2 组，每组 12 人。每人均须独立完成课程设计。图 2 所示意的 12 个地块即供给每组的 12 位同学进行用地选择。

3 教学阶段和教学内容

教学的总时长为 4 周，分为三个阶段。

3.1 阶段一——授课、认知、构思

阶段一即设计的第一周，教学方式为集体授课、课堂讨论。前半周讲授建筑空间限定的设计手法、案例分析，引导初学者建立起对空间、空间构成要素、空间构成方式的基本认知，同时指导学生熟悉任务，课后进行现场调研；后半周分组开展头脑风暴设计构思的讨论，逐渐清晰自己的设计方向，明确自己要"做什么"的问题。

3.2 阶段二——建模、体验、研讨

阶段二包括了第二、三周，参与的人员有三类，即学习者、教师和观察员，他们的工作具有相对独立性但有着很大的交互性：学生制作 SU 模型❶，登录 Smart＋教学平台对阶段性方案进行虚拟漫游；每个学生须在

---

❶ 进入本课题教学实践的学生要求具备 SU 操作能力。宋老师班的学生在大一正式上课之前就参与了宋老师组织的 SU 模型能力培训，用时一周，学生们基本上掌握了 SU 的基本技巧。这也是宋老师做的教学前置的一个尝试。

课堂上进行虚拟漫游体验和讲解，集体讨论并提出修改建议；教师以第一人称视角在设计方案里进行全方位沉浸式虚拟漫游体验，发现不足即与学生在线讨论和交流；观察员作为非教师角色，由任课教师邀请加入课题组，可以从不同的立场对方案进行虚拟体验和点评，其观点可以作为教师教学的参考，他们在线与学生互动；为期两周的时间，是建模（包含修改）、虚拟漫游体验、师生观察员三方交流的反复的过程。

3.3 阶段三——表达、展示、交流

阶段三即设计的第四周，工作内容包括：教师为学生提供统一图纸模板（图3），规定出图纸上每个板块所要表达的内容，其目的是让学生将其主要精力放在方

案设计上，利用Smart＋教学平台直接生成成果；图纸的主要内容有方案的整体表达，重要节点空间的不同风格材质表达，方案的空间序列表达和平面立面图表达等，并要求每个方案都配有VR体验的二维码；在下半周进行正草评图，优化并最后调整设计方案，做最后的补充交流。每组（12名同学）的设计定稿后，成果被汇总并融入到磁器口真实的环境中去，结合地形，实景融入，形成相互衔接、空间贯通的群体空间。课题成果（图纸和虚拟漫游体验）在本课题的最后一次课上，在我学院中庭开放展示，老师、学生等共同参观设计成果，体验VR虚拟漫游并与设计者交流互动。课题结束后师生均对课题进行了总结，学生对本教学实践发表学习者感悟和心得体会，教师对本教学实践课题进行结业总结。

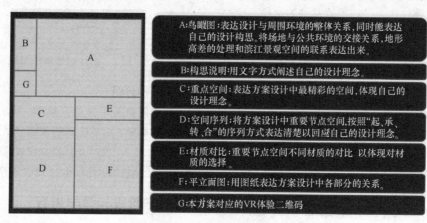

图3 统一的设计图纸编排示意

4 VR技术在建筑设计教学中的运用特点

4.1 设计手段——静态抽象走向动态真实

对空间环境的体验包括了"时间感"、"空间感"和"意境美"，它们共同构成建筑空间的艺术本质。由于VR能为设计者的概念提供准确的三维图像的虚拟建筑使初学者能够更加充分地理解方案本身，能够在漫游（Walking Through）的同时对设计作出修改和补充，迅速、准确地对比各种设计方案的可行性，对比传统的静态而抽象的设计手段，VR以贯通设计全过程的可视化体验式模式为设计手段，沉浸在建筑及其环境的真实模拟中推敲空间。根据教学重点的设置，主要侧重于包含尺度、色彩、光线等方面的推敲，以漫游方式来审视空间构成中任何角度的空间感受，并及时发现设计中需要修正和完善的地方，不断地接近自己的初衷和构想。

换而言之，这一设计过程实际上是设计者在空间中规划空间的过程，它提升了设计的可操作性。具体而

言，学生将SketchUp、3DMax等模型文件一键上传至Smart＋[1]平台，半小时左右即可获得由云端引擎全自动转化的VR（虚拟现实）展示方案，可以戴上VR眼镜做沉浸式体验，体验建筑与环境、人与空间的关系，并从中感受到工作的人性化和趣味性，较大地提升了学习者的兴趣。

4.2 设计切入——二维图像走向可视情景

对空间体验的心灵诉求是虚拟现实技术产生的背后原因，这也正是VR技术对初学者的意义，对建筑学初学者同样如此。传统的建筑设计切入往往由二维的草图入手，即"平面、立面、剖面和三维模型"的模式，VR技术则打破了以往建筑设计的切入方式。虚拟现实设备满足了初学者无需移动物理位置，只要在虚拟设备中便可感受世界每个场所的空间的需求。这样"带入感"帮助设计者突破空间及地域的限制，令设计内容更

---

[1] Smart＋设计平台是一款能将建筑设计师最常用的SU模型直接转换成VR虚拟漫游的工具，并不需要单独学习。转换后允许使用者以任意角度对建筑物进行无死角观察（三维空间虚拟漫游）。

加真实而成为可感知的场景。借助 VR 虚拟漫游的第一人称体验，从一个全新的视角来探讨空间构成，是一种切入建筑设计方法的变化，也是一种思维方式的转变。

设计切入具有很大灵活性和自由度，初学者可以在任意时间和任意阶段投入到由计算机生成的虚拟场景中，随时构建起构思与具体建筑实物之间的联系，直接观测和参与该环境中事物的变化与相互作用，从任意的角度实施自己对设计的判断并作出相应的处理行为，进而实现对空间的理解。

4.3 设计思维——平面思维走向空间思维

英国心理学家巴特利特认为"思维本身就是一种高级、复杂的技能"。建筑空间设计思维具有理性与感性相融合的特征，对于设计问题、目标和意义等的分析是较为理性的，它们具有符号思维的特征，而空间的景象和意境的营造则具有感性和体验思维的认知特征[6]。

传统的空间设计过程实际上是设计者不断地将诸多要素信息，如设计要求、场所环境要素、空间秩序、空间意义等在大脑中不断进行符号化抽象、整理和加工，在这样的信息分析基础上逐渐形成概念草图、平立剖面图、透视图等设计思维表现，最终完成设计构思全过程[11]。其中，传统的设计思维总有一些说不清道不明的东西，难以传授。虚拟现实的出现，让设计者的想象空间得到发挥。主要以主体体验为中心，在设定生成规则、生成方式的前提下，可从任意角度，观看虚拟物体的三维效果（空间的形状、大小，物体的色彩、材质等），进行结果不确定的探索式❶体验，设计灵感随之不断激发、涌现并在体验过程中逐渐检验和完善。空间体验需求是当下设计新模式，虚拟现实空间体验思维是一种创造性实践思维。VR 避免了传统设计中基于经验，平面和静态草图分析，得出经验结论的分析过程。这是一种动态、真实体验的设计思维（图 4），使空间设计中的某些暗箱操作的过程变得更加透明化。从某种意义上这样的思维方式，改变着人们对世界、对空间和对时间的看法，体现出虚拟现实的诱人之处。

图 4　空间设计体验思维过程与节点示意（林佳梦同学作业）

4.4 设计成果——图纸展示走向体验展示

课题以图纸和虚拟漫游体验两种方式为最终成果。与传统教学模式相比，增加了对方案 360 度无死角的观察，这是一种沉浸式的空间体验方式。虚拟现实技术除了在设计过程中是一个可视化、体验式的工具，在成果展示上它可以模拟和演示一个地区的建设状况，因此课题最后将这 24 栋建筑置于特定的场地中，最终展示出精确、真实和直观的信息。供人以不同的俯仰角度去审视或欣赏其外部空间的动感形象及其平面布局特点（图5）。它所产生的融合性，要比实体模型或效果图更形象、完整和生动。如此眼见为实的呈现方式，逼真的动态环境变化运行轨迹，改变了传统软件所带来的被动静态的信息传递方式。

❶ 这里笔者强调探索式体验，原因在于虚拟体验式的空间思维方式具有可视化特点，通过操作实践快速的呈现出结果，较之传统的平面思维具有更强的直观性。

图5　整体场地上的空间节点体验

4.5　设计评价——单一评价走向多向评价

　　设计评价是学习过程中的重要环节。整个课题的教学过程强调以学习者为主体。虚拟漫游者是在第一人称的视角下进行，虚拟漫游能真实的感受到空间尺度的影响，这有利于发现设计中的问题和瑕疵，诸如碰头、不可通过等，这会让学习者主动的去优化设计，而不完全依赖老师的经验去判断再提出优化的意见。这些得益于虚拟模型的易修改性，把学生从过去占用很多工作时间的对于实体模型的修改和返工工作中解放出，能有更多的精力研究形体本身而不是模型制作的工艺。培养并促进了学生解决问题的自我调试能力，也可以称之为自我评价能力。另一方面的评价来自于教师，教师在课题中的辅导方式不受时间和地点的限制：师生交流不再局限于课堂，而是随时随地都可以就设计进行讨论。本课题中引入了第三方的评价，即观察员的角色，他们给予设计远程辅导和建议。可见，虚拟现实实现了所见即所得的沟通，在教学中利于学习者与评价者之间的交流，可以跨越语言障碍和地域界限的制约。

结语

　　本课题利用VR技术进行空间设计，将其运用到建筑学低年级的空间构成训练中，首先帮助学习者快速建立起三维的造型能力，能给无法亲自体验真实环境的学生以一种高度逼真的视觉体验，并对三维空间和形体产生兴趣，一定程度上激发了学生们的兴趣。而兴趣是学习的最大动力！学生们在此过程中发现自身所具有的

"三维思维能力"是有趣的而对自己充满信心；其次，这样的三维切入的思考方式对扩展设计思维起到了一定的积极意义；第三，教学中注重教与学的角色之间的互动、体验和评论能让设计者收获更多的建议。诚然，作为一次实践课程，仍然存在诸多问题有待进一步的探索和改进，如整个教学周期较之于设计任务而言，时间稍显不够，存在学生很难将细节部分表达完整的现象；VR技术在建筑学教学中的运用如何走得更远，更具体系化，可行性等问题都还需要进行长期的探索实践。

　　总之，正如本课题的标题"虚实相生"，引入VR技术的教学实训恰当地诠释了此次教学实践的主旨，我们实现了"实物虚化、虚物实化"。课题所探索的只是虚拟现实技术在建筑设计教学中的冰山一角，还有广阔的运用范围有待尝试和拓展。

参考文献

　　[1]　马跃峰、张翔、阎波. 以环境要素介入空间生成——建筑学专业"空间构成"课程的教学研究与实践，西部人居环境学刊［M］. 2013（1）：6-10.

　　[2]　马跃峰、张庆顺. 景观意识的融入：建筑设计基础空间教学研究，中国园林［M］. 2011（7）：42-46.

　　[3]　戴秋思、刘春茂. 从话语思维到设计实践，高等建筑教育［M］. 2011（2）：9-13.

　　[4]　戴秋思、杨威、张斌. 叙事性的空间构成教学研究，新建筑［M］. 2014（2）：112-115.

[5] 李苏旻. 虚拟现实技术在建筑与城市规划中的应用研究 [D]. 长沙理工大学，2008.

[6] 刘夕榕. 虚拟现实技术在建筑设计中的应用与实现 [D]. 山东大学，2010.

[7] 刘基荣. 建筑师的新"利器"——虚拟现实技术在建筑设计中应用的再认识 [D]. 东南大学，2004.

[8] 季景涛、林建群、宋博. 虚拟现实视阈下的建筑空间环境营造，建筑学报 [M]. 2014 S1：82-85.

[9] 凌珀. 虚拟现实——建筑设计的新思维，建筑学报 [M]. 1998 (12)：24-27.

[10] 王歌风. 建筑设计中的数字手段与虚拟现实技术——应用以及如何推动建筑设计创新与发展 [D]. 中央美术学院，2007.

[11] 成玉宁. 现代景观设计理论与方法 [M] 南京：东南大学出版社，2010：332.

李 茜

安徽工程大学 建筑工程学院；liqian@ahpu.edu.cn
Li Qian
College of Civil Engineering and Architecture

地方高校 BIM 素质培养的建筑教育研究
Study of Architectural Education on cultivating Professional Qualities of Building Information Modeling（BIM）in Local Colleges

摘 要：中国建筑行业迎来 BIM 时代，未来建筑就业形势面临信息化发展，为建筑学专业的培养目标指明了新的方向，地方高校应积极实行建筑教育的优化与调整，通过 BIM 理念的普及、专业课程的改革两大途径，培养具有 BIM 应用素质的建筑学学生。

关键词：建筑信息模型，素质培养，建筑教育，课程改革

Abstract：Chinese construction industry has entered into era of Building Information Modeling（BIM）. The employment situation of future construction industry is faced with informational development，which points out new direction of the training target for architecture major. In local colleges，the optimization and adjustment of architectural education should be taken into practice. Thus，cultivating the students′ quality of BIM is through the spread of BIM concept and reform of professional courses.

Keywords：Building Information Modeling（BIM），Qualities cultivating，Architectural Education，Courses Reform

引言

据统计，2014 年中国 GDP 同比上年增长 7.4%，其中建筑业总产值的增速已达到 10.2%。近些年中国提出"中国制造 2025"、"互联网＋"等一系列战略纲领更加坚定信息化发展方向。为实现建筑行业绿色建设与可持续发展理念，建筑领域的信息化建设从未停歇。

我国建筑行业的多数建设项目仍采用 DBB（设计——招标——建造）管理模式，每个工程环节技术信息的传递与处理频频遭遇阻挠，造成建设单位工作的重复、工程进度的延误、资金开支的浪费等。如何在建设过程中统一有效地管理复杂的技术信息，已成为提高设计质量和施工效率的首要因素。2002 年首次提出的 BIM（Building Information Modeling、"建筑信息模型"）概念，为解决建筑信息问题提供一种新思路、新方法和新技术，建筑行业也随之进入一个全新的 BIM 时代。

1 BIM 与建筑

1.1 BIM 的含义与软件介绍

BIM 是贯穿于建设项目全生命周期的系统工程，从项目策划、可行性研究、设计工作、建设施工、运营管理直至建筑拆除，建设项目所有信息都以数字化形式表达，以多维参数模型为信息载体，在不同阶段，不同参与方使用不同软件、建立对应的项目信息模型，输入数据与信息、并查看、修改，保证各环节信息的时时共享和及时交流，达成各方技术和规范的相互统一，确保

建设项目按时保质的完成。

1.2 BIM 对建筑行业的影响

上海中心、Z15 中国尊、水立方等建筑均为 BIM 案例。我国众多设计院和施工单位开始积极成立 BIM 研究中心，在多个大型项目的全生命周期中坚持使用 BIM 技术并反映良好，增加了建筑企业的竞争力和创新性。众多高校在基础研究上延伸 BIM 的应用范围，如清华大学研究园林景观信息化模型（LIM）技术，同济大学研究城市智慧模型（CIM），东南大学与北京交通大学联合研究基于 BIM 的建筑工业化技术等，加速 BIM 在国内建筑行业的蔓延。

我国政府也极力支持推广 BIM 应用。各地方出台相关标准：2014 年 5 月，北京市《民用建筑信息模型设计标准》DB11/T 1069—2014，2015 年 6 月，上海市《上海市建筑信息模型技术应用指南（2015 版)》。

1.3 BIM 对建筑教育的发展导向

面对 BIM 对建筑行业的影响，作为人才培养孵化基地的高校也应顺势作出调整。如何让建筑学毕业生进入单位后，尽快适应当地建筑行业的发展势态？这需要明确 BIM 对于高校建筑专业教育的重要作用。

1.3.1 BIM 为建筑学专业提供新的视角与平台

多年来，地方高校的建筑学专业的培养方案、授课模式一直都未出现较大变化。随着建筑信息化的快速发展，越来越多的毕业生发现校园学习内容已不能适应如今工作实践的需求。

BIM 的核心理论是"信息共享"，还需提及"协同工作"。作为建设项目信息存储的巨系统，一方面，不同专业工程师可以进行三维建筑参数化数据的交互与沟通；另一方面，相关参与方（包括业主、设计师、施工与监理方、运营商）可以基于 BIM 系统平台进行协同工作，实时交流与信息共享，力求实现一体化项目交付（Integrated Project Delivery，IPD）的新模式。建筑专业作为其中一个重要的设计环节，为建筑教育提供了一个崭新的视角，同样对建筑学专业学生们提出更高的要求，需要大家具备 BIM 的应用操作能力。

1.3.2 BIM 为建筑课程提供新的方法与技术

建筑学核心的基础课程多为设计类课程。此类课程设计方式从传统的手工二维草图表达演变成 CAD、PS 等计算机辅助绘图软件制图，表达手法逐渐向技术信息化迈进。但设计本质却依旧保持着从平、立面到模型的

原始步骤，方案修改还要重复原先过程。

而 BIM 辅助建筑课程将是一个全新的设计体检。在整个设计过程中，设计者将一直处于虚拟的三维建筑空间中，并将 3D 和 2D 技术与信息相结合，将建筑构件的技术信息与各门专业课程内容紧密结合，并利用多种软件进行设计与计算，大大缩短方案设计的进程，有效地提高建筑课程的实用价值。面对以上的优势，高校应积极重视建筑学专业学生 BIM 素质和能力的培养。[1]

2 地方高校建筑专业学生的 BIM 素质培养

BIM 时代背景下，高校建筑学专业学生的 BIM 素质教育势在必行。作为直接服务于地方经济建设的地方高校更应加强 BIM 的专业教育意识，如何在教学过程中将 BIM 理念渗透到师生的思想和行为之中？本文从以下方面着手分析。

2.1 BIM 理念的普及

面向建筑院系所有的师生，普及 BIM 不仅是一种建筑设计软件，而是贯穿于建筑整个生命周期的庞大的建模数据系统。因其具有丰富的构件信息和精准的数据，实现绿色建筑跨学科、跨阶段的综合设计过程的需求，顺应了当前的可持续设计潮流。

教师作为施行 BIM 建筑教育改革的主体，首要任务是进行 BIM 知识的系统培训与学习。采用多种形式增加教师的 BIM 学习渠道，为教授学生奠定坚实的基础。其次，专业教师应尽早研究提出针对不同地区、不同学校办学定位的建筑学学生 BIM 素质培养方案，在原有的专业培养计划中融入 BIM 理念，在主干课程中渗透 BIM 的系统知识，既能延续地方高校建筑学以往的专业传统与特色，更能强化学生适应 BIM 建筑市场的工程应用和创新能力。最后，还需要学校、学院领导的鼓励与支持，积极营造师生们学习 BIM 的浓郁氛围，更需要强有力的学科发展资金支持。

2.2 专业课程的改革

学生获取知识的直接来源即课程学习，要想让学生熟悉、掌握并运用 BIM，必须在专业课程教学中下一番功夫。尤其针对建筑学专业的主干课程，需要重新编写教学大纲，教学内容的安排也要进行相应的调整，以下结合建筑学专业的几门主干课程展开分析。

2.2.1 课程一："建筑数字技术"课程

不言而喻，软件是学习 BIM 的首选课程。以往学

习中，该课程称为"计算机辅助制图"，课堂与上机课时都较少、学习内容较为单一（AutoCAD、天正），学生大都是在课后自学 SketchUp、Photoshop 等其他软件。在这里，了解 BIM 不仅是计算机辅助手段，更是建筑数字技术的改革与创新，应将本课程更名为"建筑数字技术"。通过学习建筑全生命周期不同设计阶段的设计理念和软件介绍，掌握 BIM 的基本概念、技术特点、应用软件、实施组织等基础内容，相应增加课时量，系统地学习 BIM 软件应用基础，参考书籍众多，例如《BIM 建筑设计实例》、《节地、节能、节水、节材——BIM 与绿色建筑》、《ECOTECT 建筑环境设计教程》等，目的为建筑设计课程打下坚实基础。

结合何关培老师对 BIM 相关软件的总结[2]，进行如下分类供大家参考：

BIM 软件分类 表1

项目阶段	任务	BIM 软件类型
建筑设计阶段	建筑方案设计与模型创建	Revit Architecture、Bentley Architecture、ArchiCAD、Digital Project
	绿色建筑节能分析	Echotect Analysis
	几何造型设计	Sketchup、Rhino、Grasshopper
	可视化设计表达	3DS Max、Artlantis、Lightscape
结构设计阶段	结构建模	Revit Structure、Bentley Structure
	结构分析	SAP2000、PKPM
	钢结构深化设计	Tekla Structure(Xsteel)
机电设计阶段	机电管道建模	Revit MEP、Bentley Building electrical Systems
	机电分析	Designmaster
项目施工阶段	模型综合碰撞检查	Navisworks

2.2.2 课程二："建筑设计"课程

在建筑设计课程中学习不同类型建筑的设计要点，基于学生们的设计构思，BIM 的出现为建筑设计提供了全新的表达方式。在三维空间中，输入详细设计数据、建立 BIM 建筑模型，将设计构思、空间分析、体量特征、日照分析、建筑材料特性、结构施工等一系列过程，都可以借助该模型进行多学科、多方面的思考与设计，落实前期的设计思想，强化课堂上建筑设计的可实施性，指导学生尽早掌握建筑的基本属性。BIM 还具有建筑绿色节能分析能力，通过提取三维建筑模型中的非图形数据信息，导入对应的分析软件之中，对设计方案进行精确的计算和分析，得到的结果可反馈于设计，并作出适当的优化和调整，加快最终方案的确立。以此深入了解绿色建筑的设计要点，有效缩小学校课程设计与工作实际操作的差距。

在多轮方案的修改中，直接对 BIM 模型实行修改，其他对应的数据会自动变更，大大提高设计效率，保证建筑设计的构思原真性和设计独特性。直至最终方案确定，利用 BIM 模型直接生成图纸文档，以确保成图信息的精确性与标准型。

下图是本校学生利用 Revit Architecture 软件完成的公共建筑课程设计示意图。

在课程中，对于造型规整、机电管线系统相对简单的建筑设计（如住宅、办公楼、商业中心等），是学生初步使用 BIM 的最佳建筑类型选择。建议从扩初设计阶段开始介入 BIM，先掌握 BIM 设计工具的基本功能，逐步向方案深化过渡。对于高年级造型奇异复杂的建筑设计（如体育场、影剧院、航空楼等建筑类型），BIM 即可充分发挥其最优价值，建议从方案设计阶段介入 BIM，使用 Revit Architecture 软件编写程序、定制工具插件等完成复杂造型设计。同时，利用每学期期末为期两周的课程设计实践周的时间段，利用 BIM 进行建筑施工图设计的学习与绘制，让学生体会建筑设计连贯性的推进过程。

2.2.3 课程三："建筑构造"、"建筑物理"课程

通过面对面的沟通，学生普遍反映即使"建筑构造"课程在低年级就开设，教师以大量的模型、图片甚至实物展示，但大家学习后还是未能与建筑设计综合考虑，这种课程脱节现象屡屡出现，"建筑物理"也是如此，学习复杂的概念和繁琐的计算之后，却不能与建筑设计紧密结合在一起。而 BIM 恰好对症下药，BIM 主体模型的组成要素正是建筑的基本构件，学生在建模、分析过程中，其本身包含构件的基本构造信息，系统完整的数据库，可以清晰地掌控每个建筑构件的材质、导热系数、受力荷载等性能。近些年，绿色建筑设计炙手可热，新型建筑材料和结构形式形式层出不穷，有限的建筑构造实验室未能收集齐全的建筑构造模型。此时可以利用 BIM 通过数据输入，在软件中建模，直观展示

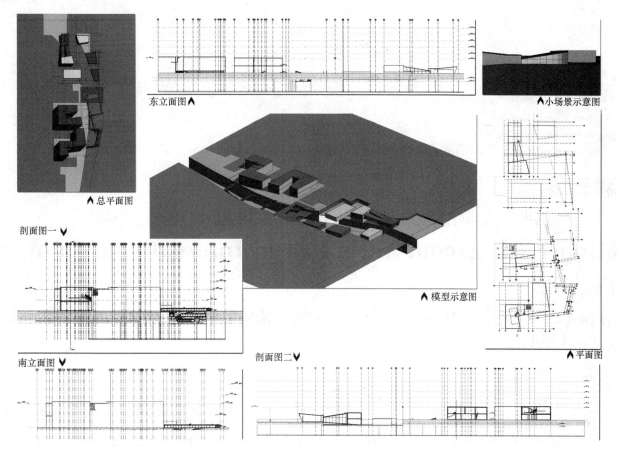

東立面図 ▲

▲ 小場景示意図

▲ 総平面図

剖面図一 ▼

▲ 模型示意図

南立面図 ▼

剖面図二 ▼

▲ 平面図

图1 安徽工程大学学生课程设计作业（陆文羽等）

新型新型材料与结构的有关信息，为学生学习和教师科研提供了良好的契机与平台。

在"建筑物理"课程中，通过 BIM 模型演示建筑设计方案，提取模型物理参数信息，导入分析模拟软件（Ecotect）进行复杂分析与计算（如日照分析、热量分析、声学分析等），利用计算机得出的精确结论进行不同方案的对比，直观选择合理经济的建筑方案，实现建筑的可持续设思路。

2.2.4 课程之间的融会贯通

在 BIM 理念的渗透之下，需要建筑师重新整合建筑设计的工作流程、需要教师重新制定专业课程的教授顺序与侧重点，更需要学生清晰认识到行业变化并尽快适应。地方高校建筑学的各类专业课程按照年级顺序、难度深浅、内容前后连贯等要求形成体系，除了以上介绍，其他一些课程如"建筑设备"、"建筑施工"、"建筑法规"等也需做出相应调整，加强课程之间的融会贯通，让学生在本科阶段有一个完整的系统学习。当然这些并不是无序的修改，而应是重新建立的建筑学专业学生 BIM 素质培养方案的前提之下，按部就班、深入浅出地将 BIM 建筑教育改革进行彻底。

3 结语

BIM 时代已经到来，面对未来建筑行业的发展形势，我们高校专业教师需要做的就是积极接受、主动消化、并尽可能全面地将 BIM 应用传授给建筑学子们。这需要学校的支持、教师的努力和学生的配合，加强建筑学 BIM 素质教育人才的培养，灵活应对不断变化的市场需求。

参考文献

[1] 龙文志. 建筑业应尽快推行建筑信息模型（BIM）技术 [J]. 建筑技术，2011，42（1）：9-14.

[2] 何关培. BIM 和 BIM 相关软件 [J]. 土木建筑工程信息技术，2010，2（4）：110-117.

刘崇　王梦滢

青岛理工大学；liuchong@qut.edu.cn

Liu Chong　Wang Mengying

Qingdao University of Technology

翻转课堂"嫁接"国际联合教学[*]

——青岛理工大学四国六校木构工作坊的启示

Flipped Classroom integrated in International Joint Teaching:

Experience from QUT's Four-Nation-Six-University Wooden Architecture Workshop

摘　要：在建筑设计课程教学中的木构建筑设计环节，通过把翻转课堂嫁接到国际联合教学之中，试图解决教学资源和师资不足的问题。教学实验表明，结合翻转课堂的工作坊不仅有利于国际教学资源的共享，还有利于提高教师课堂教学的效率和学生的主观能动性，有效改进课程体系中的缺陷和不足。

关键词：翻转课堂，国际工作坊，木构，教学资源，师资

Abstract：QUT integrated flipped classroom and international joint workshop to solve the problem of lacking teaching material and teachers for wooden architectural design course. This experiment shows that this method helps share teaching materials and experiences，improve the efficiency of the teachers and the initiative of the students，as well as cover the shortage in the course system.

Key words：Flipped classroom，International joint workshop，Wooden architecture，Teaching materials，Teachers

1　引言

翻转课堂又称反转课堂（Flipped Classroom）起源于美国科罗拉多州的林地公园高中（Woodland Park High School），该校化学教师乔纳森·伯尔曼（Jonathan Bergmann）和亚伦·萨姆斯（Aaron Sams）让学生在家中或课外观看教师制作的教学视频，把课堂的时间节省出来进行面对面的讨论和作业的辅导，并对学习中遇到困难的学生进行讲解。随着可汗学院在全世界产生巨大影响，[1]翻转课堂在我国的教育领域也越来越受到关注。

近年来，我国停滞许久的现代木结构建筑开始复苏，而由于历史原因，建筑院系相关的师资严重不足，学生对其结构、构造知识了解甚少，相关的实验室建设

基本处于对国外高校实验室的模仿阶段。若能引入国外优质的教育资源，结合我国的现状，使学生既能学到理论知识，又能在实际操作中吸收内化，会让学生对木构建筑设计有更深层次的理解。[2][3]而嫁接了国际联合工作坊的翻转课堂，恰好是学习国外先进经验、提高我国木构建筑设计教学的有效途径。

2　国际木构工作坊和翻转课堂的"嫁接"

青岛理工大学联合德国凯泽斯劳滕应用技术大学、日本东京理科大学、东京大学、韩国光云大学和兄弟院校烟台大学共同举办"2015 青岛理工大学四国六校木

* 国家自然科学基金资助项目（51178228）；山东省住房和城乡建设厅课题（2156102）；青岛市建委科研课题（JK2011-11）；青岛理工大学名校建设工程专业建设与教学改革子项目（MX4-079）。

构工作坊"，目的是以建筑结构、建筑构造和建筑物理等技术视角为切入点，研究现代木构建筑设计与建筑能效之间的联系，引发木构建筑是否适宜于山东沿海地区气候条件的思考。

此次联合教学特邀在德国、日本和韩国现代木构建筑研究领域享有较高知名度的高校参加，意在创造各国老师展示学术观点的平台，让国内的老师和学生们"与大师对话"，博采众家之长，在有限的时间内获取更多的知识。此次联合教学的过程可大体分为"准备环节"、"设计环节"和"答辩环节"三个组成部分。

2.1 准备环节

2.1.1 任务书

老师们经过研究讨论确定了任务书：在此次工作坊中，每个小组需独立设计一套位于青岛理工大学建筑学院入口旁边，使用面积 9m²，建筑高度不超过 4.5m，层数不限的实验性木构建筑方案，并制作比例为 1：5 的建筑模型，模型需体现建筑的承重和围护结构以及部分细部设计。现代木构建筑有着多种构造方式，为了方便模型的制作和让设计成果更加具有可比性，规定建筑结构统一采用截面以 40mm×90mm 为模数的木材。为了加强不同高校学生之间的交流和互动，将每所学校的学生平均分到各个小组中进行合作，使每组的学生均来自于不同的高校。

2.1.2 课件学习

为了精炼教学内容，让学生在最短的时间内对木构建筑设计的理论知识有所了解，教师们针对设计任务精心布置了视频材料和电子版讲义：德国凯泽斯劳滕应用技术大学的鲍耶勒教授负责的内容是"德国和瑞士现代木构建筑的结构形式"，日本东京理科大学岩冈龙夫教授提供了"日本高校的实验性建筑施工实录"的视频和课件，青岛理工大学刘崇副教授负责"气候与建筑设计"与"北美轻型木结构建筑施工方法"专题。

2.1.3 答疑讨论

学生们集体观看视频和课件后是教师答疑和讨论互动环节。海外的木构建筑精品和教师们的工程经验激发了学生们浓厚的兴趣；而通过面对面交流，教师们找到了学生真正需要解答的问题，进而进行有针对性的辅导和知识扩充。答疑过后，学生们还将视频等资料拷贝下来反复观看，与小组内成员一起讨论学习，或利用互联网和图书馆进一步了解知识要点，为接下来的联合设计做好准备。

一般而言，翻转课堂的难点之一在于如何确定学生在进行教室教学环节前一定已经看过相应的课程内容，[4] 而这通过工作坊的"集体组织观看"和"小组课下活动"的做法一般得到很好的解决。这样在工作坊的设计环节开始之前，教师们就利用最短的时间给学生们"灌输"了在常规课堂中用几周时间才能传授的理论知识，并且知道学生们在学习理论的过程中在想什么，遇到什么问题，根据他们的反应进行指导和或相应的调整（图1）。

图1　日本、中国和德国老师和学生们进行讨论
（青岛理工大学建筑学院团总支摄影）

2.2 设计环节

设计环节是四国六校"翻转课堂"的核心，是老师与学生、学生与学生和老师与老师之间的密切交流和互动的过程，通过其"异质性"、"建构性"和"交融性"达到针对不同水平的学生因材施教的目的，"填补后进者的不足、提升优秀者的能力"。[4]

2.2.1 异质性

经过对建筑基地的实地踏勘，学生开始进行方案的构思。在方案设计过程中，教师对小组进行个性化的指导和"迷你"型讲授。老师们在指导过程中常有意见不一致的情况，而正是在观点的碰撞中，学生们领会到不同老师对待材料、构造与建筑空间的思路，从老师们的草图中得到针对自己所遇问题的启发。

每个学生的知识、水平都不尽相同，产生的问题在通过民主讨论、画图和做模型的方式一般都能得到解决。中国、韩国的学生的方案常从建筑的主题和体验出发，希望预先确定某种外部和内部空间的形态；德国和日本的学生的方案则多从材料和场所的尺度着手，从设计之初就结合结构和构造形式来构思建筑形象。中、韩学生在手绘和电脑三维制图方面无疑具有明显优势；而德国和日本学生在木构设计方面已有相当的知识积累和实际操作经验，图面表达简洁，技术思路清晰。到了深化构思和 1：5 比例的木构模型制作阶段，多数小组就由德国学生主导了。

2.2.2 建构性

对材料的实际操作是认识和理解木构建筑设计的最直接、最有效的手段。在大比例结构模型制作阶段，学生们充分体会到材料的重量、刚度和尺寸，直接对材料进行测量、切割和建造，发现了在图纸构思过程中不可能遇到的种种问题。这时，学生们会重新审视"翻转课堂"准备环节所学的建筑结构、建筑构造和建筑物理知识，体会到通过"图解思考"和"真材建造"的反复磨合才是问题的解决之道。

在建造过程中，学生们不仅强化了理论知识的记忆，也体验到原来"看不见、摸不着"的原理一步一步地成为自己作品的一部分。小组成员就像一起玩"乐高"积木游戏的小伙伴，在动手实践中完善自己独特的造型语言。作品体现出的尺度和空间让他们对材质和细部有了更为丰富的体验；不断得到成就感和信心。

在工作坊的一周时间内，设计小组的学生自己规划如何完成设计作品，教师每天针对每组的设计方案都提出意见和建议，但并不对设计过程中的进度做具体的要求。学生们自己主导绘图和模型制作的节奏，一直保持着高度的积极性和责任感。

图 2　教师针对学生们的结构问题进行指导（刘崇摄影）

2.2.3 交融性

方案设计的间隙，师生们还举办了一场音乐联欢和一场足球友谊赛，来自四个国家的50余名学生们在轻松、愉快的气氛中互相了解、加深友谊。事实证明，文体活动对加强设计小组的凝聚力、增进师生感情、提高学生们做设计的热情是非常有好处的。

学生们互相学习、日夜协作完成同一个方案；学院模型室的师傅和专业教师们一起做现场的指导和示范。在方案绘制和模型制作过程中，中国和韩国的学生学到了德国、日本学生所擅长的木结构知识，而他们又用所

熟悉的制图和渲染软件加强了图纸的表现力。原来各国老师们担心的语言障碍其实也不再是问题，学生用英语、画图、比划和模型完全能无障碍地沟通，他们在得到木构建筑设计和建造经验的同时，也得到了跨文化交流的体验。

2.3　答辩环节

工作坊的最后环节是方案的汇报和答辩。十个小组的展板和巨大模型吸引了学院内外大量的学生前来参观，建筑馆3楼中庭熙熙攘攘，充满了赶集般的热闹景象。每个小组的方案汇报都由两至三个来自不同国家的学生完成，其他学生客串英语、韩语和日语翻译，气氛轻松而活跃。评委会对每组作品进行提问和点评，指出优点和不足。为了评选结果的公平与公正，评委对作品进行了匿名投票，根据票数的多少决定方案的名次。通过答辩环节，学生们不仅能从老师那里获得对自己作品的评价和建议，还可以从其他小组的方案汇报中学到知识、受到启发（图3，图4）。

图 3　四个国家的老师共同点评学生的作品
（青岛理工大学建筑学院团总支摄影）

图 4　答辩展评现场气氛热烈
（青岛理工大学建筑学院团总支摄影）

3　启示

在把翻转课堂和国际联合木构建筑设计教学嫁接起来，是一个尝试的过程，过程中的经历和体验带给了我们有益的启示。

首先说翻转课堂的课件。老师们知道，随着Coursera、esX、Udacity和中国国家精品在线课程等网络课程资源的迅速壮大，教师如果在课件制作上经费或时间不足，课件在美工和音效方面往往难以激发学生们的兴趣。[4]而国际联合教学可以给学生们带来新鲜的资料，这些资料在内容和形式上又带着各个国家、各位老师不同的特点，这就有助于使学生在理论学习中保持兴趣、不感到枯燥。同时，参加联合教学的各国、各校老师又能交换资料、互通有无，乃至日后形成教学联盟，非常有利于课程教学质量的提高。

再说师资。对于现代木构建筑设计等类型的课程，我国多数高校的师资与国际水平相比有着不小的差距。虽然这次木构工作坊有十余人的国际教师团队，但是要让几乎没有木构知识积累的中方学生在一周内提交满意的设计成果，压力依然很大。我们的做法是把不同水平、不同国家的同学放在一个设计小组中进行合作，让知识更全面、动手能力更强的同学"先进带动后进"。这样既能让学生普遍掌握基本知识点，又能提高老师们课上集中指导的效率。在这次工作坊中，一部分同学实际上承担着"传帮带"的作用，而这种作用又是在同龄人"同舟共济"的协作氛围内完成的。可以说，优秀的学生应成为翻转课堂师资的重要补充。

在未来的建筑设计课程中，采用传统型的上课模式还是利用翻转课堂，是各院系结合自身实际的选择。和国内一样，国外高校也正在通过大力提升国际化水平来加强自身竞争力和学术影响，如何利用这个大趋势来强化我国建筑学的专业课教学，调动国际上的教学资源和师资弥补我们自身课程体系中的缺陷和不足，更好地激发出学生们的主观能动性，值得我们进一步研讨和思考。

参考文献

[1]　萨尔曼·可汗（Salman Khan）．翻转课堂的可汗学院：互联时代的教育革命．刘婧译．杭州：浙江人民出版社，2014. I-XII

[2]　吴健梅，徐洪澎，张伶伶．中德建筑教育开放模式比较．建筑学报．2008（10）：85-87.

[3]　张路峰．中德建筑教育的不完全比较．世界建筑[J]．2006（10）：33-36.

[4]　陈江，汪滢．迫在眉睫的竞争——谈MOOC对高校教学的影响．工业信息化教育．2014（9）：58-64.

张斌　赖文波　杨威

重庆大学建筑城规学院，山地城镇建设与新技术教育部重点实验室；494448361@qq.com

Zhang Bin　Lai Wenbo　Yang Wei

Faculty of Architecture and Urban Planning，Chongqing University，Key Laboratory of New Technology for Construction of Cities in Mountain Area

基于"互联网＋"空间的概念性建筑设计
——2016重庆大学建筑城规学院"互联网＋"空间设计教学回顾

The Conceptual Architectural Design Based on the "Internet＋" Space

"Internet＋" Space Design Teaching Review of Faculty of Architecture and Planning，Chongqing University in 2016

摘　要：本文通过对重庆大学建筑城规学院"互联网＋"空间概念建筑设计教学的回顾，介绍教学目标、方法和主要过程，总结教学计划、校外导师制度、设计成果的利弊得失。以此为基础，文章重点研讨互联网对建筑及城市的功能、空间、形态、结构所带来的变化，展示师生应对各种变化所发展的新设计思路和方法。

关键词："互联网＋"，概念性，行为模式，空间，形态

Abstract：In the paper，by reviewing the conceptual building design teaching of "internet＋" space in faculty of Architecture and Planning，Chongqing University，the author introduces teaching targets，methods and main process and summarizes teaching planning，extramural supervisor system and pros and cons of design achievements. Based on it，the author emphasizes on discussing changes of functions，space，forms，and structure in buildings and cities by internet and displays new design thought and methods for teachers and students to cope with various changes.

Keywords："Internet＋"，Conceptuality，Behavioral mode，Space，Forms

1　课程背景

在当下中国，互联网已深入到全社会各个角落，成为推动社会发展的变革力量。2015年7月，由国务院牵头在全国范围内发起了"互联网＋"行动[1]。所谓"互联网＋"，通俗讲便是"互联网＋各个传统行业"，利用信息通信技术以及互联网平台，让互联网与传统行业进行深度融合，创造新的发展生态，推动生产及生产关系的变革。如淘宝、京东、支付宝便是互联网与传统的集市、百货卖场、银行相结合的产物。互联网推动社会不断改变，而这一系列的变化最终将传导至城市和建

筑层面，逐渐改变着我们所熟悉的城市及建筑的功能、空间、形态及结构。因此，研究互联网及"互联网＋"对建筑学及建筑教育的影响日益成为业界所重视的课题。2016年4~6月，重庆大学建筑城规学院在建筑学一年级开设了《"互联网＋"空间概念性建筑设计》课程，以此为平台对互联网快速发展对建筑及城市所带来的影响、改变做了一系列研究。

2　课程回顾

课程沿用重庆大学建筑城规学院一年级概念建筑设计课程作为教学平台，但概念更多指向"互联网＋"与

城市、建筑空间的融合。整个课程由"调研—初设—深化"三个步骤组成，历时5.5教学周，授课采取校内指导教师＋校外导师的形式。本课程聘用的校外导师参与设计题目的拟定、解题，并参加课程评图，而校内教师由建筑、城规、风景园林三个学科的老师混编，共同指导学生。由于各专业师生的共同参与，有助于学生尝试从不同专业的角度研究思考问题。整个教学中注重引导学生调查、研究互联网对社会，尤其是传统行业所产生的影响，启发学生思考在这种影响之下，建筑与城市空间、结构、形态、功能等方面所发生的变化。

教学计划将课程分为概念提取、初步方案形成和方案深化三部分。

第一部分是为期1.5周的概念提取阶段。首先，教学小组中的校外导师解析题目，讲解课程的教学目标，并和师生们分享案例——以视频连线的方式介绍美国"互联网＋"创业公司WeWork纽约总部的设计及运营方式，使学生对共享办公等新兴的互联网空间有较为直观的了解。

在充分明晰课程要求后，师生分成多个小组，以分组讨论、组间主题汇报、教师课堂讲座的形式展开研究。最后，学生必须以图纸和ppt的形式提出自己的设计概念。

第二部分是两周的初步方案设计。包括教师根据学生方案构思的类型展开分组指导，启发学生观察互联网介入后人的行为模式，体验的改变，传统行业如银行、购物、物流配送等发生的变化，并思考这些变化对建筑及城市功能、空间、形态带来的影响，提炼并深化自己的概念构思。紧接着学生展开方案设计，使自己的概念物化为建筑或城市空间，并形成建筑草图＋草模的初步设计成果，校内及校外指导教师共同组成评论组开展初步方案答辩（图1）。经过这一阶段，学生厘清思路，明确了设计要求和设计目标。

图1 师生共同讨论初步设计成果

第三部分为2周的设计深化阶段。本阶段包括师生分组讨论方案，终期设计成果制作，以及终期答辩、成果观摩。这一阶段，学生主要在本组指导教师的帮助下不断深化设计并制作最终设计成果。在终期答辩中，校内、校外的指导教师分别从各个不同的角度对参与本次课程每个同学的设计方案给出精彩的总评，这种跨学科方向甚至跨行业的观点和意见有利于学生进一步认识并反思设计（图2）。

图2 终期设计成果观察展

3 课程设计案例

本次教学中学生分为建筑、规划、风景园林三个方向，以自身的学科特点，选取不同的角度和切入点展开设计，并试图回应以下要点：互联网时代下人的行为模式，互联网时代中建筑及城市功能的变化，互联网对传统建筑、城市空间的改变，在互联网等新技术推动下建筑、城市新功能、新空间的产生。

3.1 流动的单车

大学校园里如何管理、使用学生的交通工具是一个重要课题。一方面，校园里缺乏足够的停放场所，大量单车（自行车、助力车）乱停乱放，影响正常的教学秩序；另一方面，学生使用交通工具难，单车失窃率高起不下，令学生头疼不已。设计者针对这一问题进行探索，提出租赁单车的"流动单车"概念，方案计划利用互联网＋大数据系统对校园里的每一辆单车进行管理，同时设计可流动的轻质结构驻车棚，其大小，布置的位置由互联网控制，学生们仅通过手机便可选择最近的驻车点，完成租、还单车，以及单车的维修等（图3）。

3.2 拼课中心

如今多元化浪潮席卷全球，教育行业也不例外。多层次、多角度、小规模正逐渐成为教学的主流，传统的

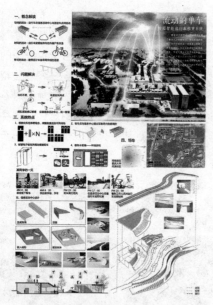

图3 《流动的单车》学生作业

教学模式正在被改变。因此,现有教学空间已日益不能满足新形势的需求。设计者瞄准这一问题,提出了"拼课空间"的概念——在原有教室中加装灵活隔断,增加其可变性。通过互联网的调配,教室可大可小且不同的教学可在同一个大空间内进行。这样便可突破传统的限制,使空间利用率达到最大(图4)。

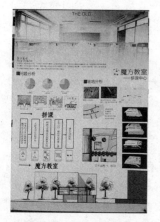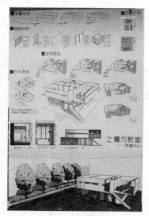

图4 《魔方教室——拼课中心》学生作业

3.3 树下空间设计

互联网及相关技术的普及不断改变人的行为模式,这也间接催生城市中出现新空间、新形态。设计者将研究视角对准高校校园里星罗棋布的树下空间,试图通过预制空间界面,在互联网的配合下形成各个不同类别的空间——聚会、休憩、学习等。预制空间界面的安装、使用也由互联网控制,随着人们的需要而改变,这便在传统物理空间加入了一张由互联网驱动的生活网络(图5)。

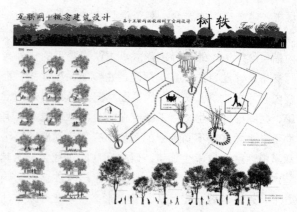

图5 树下空间设计——《树铁》学生作业

3.4 虚拟试衣间

随着电子扫描拍照、虚拟技术,大数据的广泛应用,全球个人消费市场也在悄然发生变化。设计者将个人购物消费的主力军——成衣购买作为研究的主要对象,通过分析发现其目前的消费模式存在着选择难、试穿难、调换难等问题。作为解决方案,设计者提出城市虚拟试衣间的概念,即综合利用互联网、电子拍照、数据云等技术完成对顾客在购衣时选择、订制、购买等全流程服务。

然后将这一流程布置在一内设多个"云"试衣间的建筑空间里,空间的形态、尺度完全依据费模式而设计,"互联网+"在空间设计中起着决定性作用(图6)。

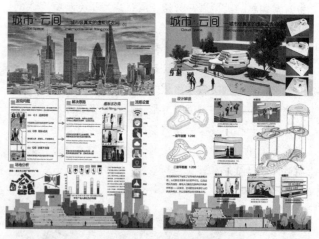

图6 虚拟试衣间——《城市、云间》学生作业

4 课程总结

4.1 关于课程题目的思考

从课题设置的角度讲,本次设计课程采用"互联网+"空间作为题目+分"应景",反应了社会变化的大趋势,但在实际教学中遇到的问题却不少。互联网在城

市、建筑中正逐渐显现出巨大的变革力量，但就目前而言，还只是"变革前夜"。相关研究还处在萌芽阶段，没有任何已成型的理论和设计范式可以借鉴。当然，可以从不同的角度来看待这个问题。好的一面是经验、范式还未形成，所以在设计时所受的禁锢较小，设计者可以尽情畅想。以本次设计教学为例，同学们在选题范围、设计类型上可以是"五花八门"，而设计成果更是丰富多彩。但另一方面，作为建筑设计教学，由于相关理论、规范等的缺失，导致教师在指导学生是缺少客观依据，评判学生设计成果时也缺乏统一标准。故本次课程在最终设计成果评判时，指导教师对一些成果的判定产生了严重的分歧和对立。因此，如何在保持创造力的同时又使教学有客观的标准可依，是本次教学应总结的问题。

其次是对本次教学中对"概念设计"的理解和应用。"'概念设计'可以有不同的理解：一种解释是强调概念设计的过程性。……另一种解释强调概念设计的表现性、开拓性。……指出其是一种凭借新观念和新构思，进行一种理想化的设计描述，以求在其中诞生出新的设计类型"[2]。上述两种对"概念设计"的理解在本次设计均有所体现。如在设计过程中强调"强干弱枝"，因为学生处于基础学习阶段的情况。指导教师注重引导学生在概念构思、概念表达方面的培养，且辅助学生设计，帮助他们解决结构、设计、规范等问题，有效减轻了学生的设计负担。同时，在课程中突出概念的"新"，以对应"互联网＋"空间的超前性，将概念的提出放置到设计成果中较为重要的位置，有效激发了学生学生的积极性，为后面的设计铺平了道路。

4.2 对校外导师制度的探索

本次教学聘用了华盛顿大学麦道学者、哈佛大学设计学硕士，同时身为互联网创业者的付思量先生及其团队作为校外指导教师。依据课前的设定，他们参与课题的制定，为学生做解题分析，以讲座形式开展课程教学，参与初期及终期设计答辩。这一系列教学环节的设置保障校外导师与校内教学小组在教学过程中可以深度融合，避免了校外导师只是"评图员"的尴尬。

在教学最后的总结中，师生均对本次校外导师制度的开展给予较高评价，认为其是对学院制教学非常有益的补充。其一，校外导师在课程中展示了独立的教学观点，不同的研究角度使教学更为多元化；其二，校外导师自身便为互联网创业者，与各行业间联系紧密，具备较多的实践经验，能够为学生带来客观实际的体验，更成为联系学院与社会之间的一座桥梁。

4.3 互联网技术与互联网思维

本次设计课程中，对互联网及其影响力的关注和研究一直是教学的重点。从最终设计成果中可以看到互联网技术与互联网思维成为学生们关注的重点。互联网技术是指在计算机技术基础上开发建立的一种信息技术，也就是常说的IT。此次设计中学生们关注的大数据管理与应用，虚拟技术，远程控制等均可归于此。互联网思维的定义至今还比较模糊，更多可参考"互联网特征"、"互联网本质"等名词，其主要特点是用户体验至上，去中心化，社会化思维等等。例如学生在本次设计中提出的拼课、社区树下空间等就与互联网思维比较贴合。随着课程的推进，师生们愈发认识到互联网思维就是互联网及"互联网＋"时代的行为模式，而这种行为模式正不断改变着当下的城市和建筑。因此，细致而全面地研讨互联网思维是摆在师生们面前的重要课题。

总之，这次面向"互联网＋"的联合设计教学对于师生而言是一次有益的探索，他们不但领略了建筑学的前沿领域，同时对建筑设计本身有了更多体验和感悟。

参考文献

[1] 国务院. 关于积极推进"互联网＋"行动的指导意见. 2015 (07).

[2] 戴秋思，杨威，张斌. 基于真实体验的概念性建筑设计之教学研究. 全国高等学校建筑学科专业指导委员会编. 2015全国建筑教育学术研讨会论文集. 北京：中国建筑工业出版社，2015：60-64.

石媛　李立敏
西安建筑科技大学；472123887@qq.com
Shi Yuan　Li Limin
Xian University of Architecture and Technology

基于微课教学下的"场所·精神"课程探索*
Reseach of "Place · Spirit" Course
based on Micro-Teaching

摘　要：针对建筑学专业学生的学习特点以及在教学过程中存在的问题，围绕建筑设计不应只重视单体设计而忽略场地设计的的问题展开讨论。引入互联网微课授课新形式，提出用感情和理性的双环节训练等方法激发学生对场地设计的兴趣，改善学生对场地设计重视度不足的现象。在今后的设计中，培养学生场地与建筑设计并重的思维，做出尊重城市尊重环境的建筑作品。

关键词：微课，场地设计，效果评测

Abstract：According to the characteristics of the architecture speciality students' learning，and the problems in the teaching process，Around the Issues of architectural design should not only pay attention to design and ignore the site design to discuss，Introduced new micro class teaching form，With the training of both emotional and rational method etc to stimulate students interest in the site design，To improve the phenomenon of the student despise the site design. In the design of the future，Paying equal attention to space and architectural design，to do The works of respect city environment.

Keywords：Micro-teaching，Site design，Effect evaluation

1　问题

在长期的建筑学教学中我们发现，建筑学专业的学生在学习过程中，个性鲜明、思维活跃，但往往在意方案的新颖性胜于关注其他要素。例如做设计时，对建筑的风格立意、空间营造、立面效果都是优先思考的，以建筑为中心。常常在单体设计完成之后才会意识到忽视了场地的设计，于是对场地的交通组织、景观设计等草草了事，使最终的方案不能很好地与周围环境相融合，整体完整度不够。

造成此问题的原因不仅在于学生的重视程度不够，也在于对场地设计理解的不足。由于场地设计是一门涉及社会、文化、技术、美学等众多领域的综合性学科，本科生的教学环节中还未系统地涉及，所学的零星知识都是在专业课中穿插进行。使学生难以在限有的时间内领悟和掌握全部内容。造成学习积极性不高、懒于思考的现象。

为了改善现有教学体系中普遍存在的"重建筑、轻场地"的现象，我们在大二阶段，建筑设计2这门课程中加入了"场所·精神"课程环节，安排了场地设计相关知识的学习，设置理性、感性双环结以及场地设计专项训练，利用互联网和课堂授课相结合的手段达到场地设计的教学目的。

2　思考

2.1　鱼与熊掌要兼得

建筑与场地向来是不可分割的整体，在建筑设计初

---

* 西安建筑科技大学教改项目编号 6040416053、6040416058。

期应最先尊重建筑所在城市的肌理与文脉，再考虑场地所在城市中的位置和周围现有建筑的关系，并在建筑设计同期，深入场地组织内部交通、安排广场节点、设计景观。在此过程中，场地设计应与建筑设计同步进行，相得益彰。场地设计既能烘托出建筑气氛、提升建筑品质，又能合理组织室外空间、顺应城市风貌；建筑也应是场地的精髓、文化精神的体现。因此二者是相辅相成、缺一不可的。

在教与学的过程中，无论教师还是学生都应重视场地设计的学习，教师应不断地系统学习场地设计的相关内容，并用学生能接受的方式进行授课，共同进步。场地设计的教学也应与建筑设计齐头并进，不可轻视任何一方，力争做到鱼与熊掌都要兼得。

2.2 激发内心的兴趣

场地设计是一门综合学科，本科生虽不需要学习全部的理论知识，但是对其中关于停车场设计、交通组织、景观设计等内容是必须在此阶段熟练掌握的。而这些内容对于学生来说有些枯燥和难以理解，学生积极性不高，并未能体会场地设计的重要性。因此教师必须在教学手段、教学方法、作业设置等方面应设法去激发学生的兴趣。

在教学手段上我们借助互联网授课的优势来进行教学；在教学方法上我们采用实地考察与课堂结合，在游玩学习中记录自己的所见所闻所感所想（图1）；作业设置采取网络上传、师生互评的方式来相互激励。这样才能使其产生好学求知的渴望，化被动学习为主动学习；从不想思考、懒于设计到勤于思索、深度挖掘场所精神、乐于为之的阶段。

图1 基地调研场景

3 尝试

建筑设计2的教学主要是围绕综合性空间的中小型建筑为题，重视对复杂地形的处理（山地），在掌握公共建筑（旅馆类型）设计的基本原则、规律和方法基础

上，培养创造性思维，处理好功能要求、艺术形象和场地条件这三者的关系，强化建筑与基地的关系，并在设计中适当融入地域文化元素。

因此，我们将场地设计课"场所·精神"环节加入在建筑设计2这门大的课程体系下进行训练。可以丰富相关知识框架，并且对后期大设计中的如何处理复杂地形部分给予理论支持。

3.1 微课式教学细胞

3.1.1 构建结构有序、方法清晰的微课内容组合体

场地设计的内容繁多，分章节进行讲授有利于学生对知识的消化吸收。引入微课的形式恰好符合这一课程的内容特点。我们将场地设计这门课按所需内容进行划分，建立结构有序、方法清晰的微课组合体。具体分为四个小结，包括复杂地形的处理方法、停车场的设计、场地交通组织、场地景观设计。力求将每一堂课的内容以20～30分钟的微课视频形式展示出来，图2为微课视频截图。

图2 微课视频截图

每一章节都设有完整的内容并配有课后题，同时从整体上又能很好地串联在一起，这样使得学生们在上课之前可以在任何地方就能自行将老师即将讲授的内容提前预习，并完成一定的练习，带着自己的认知和理解再次回到课堂中，有选择有目的地听讲，而教师也可以根据学生的习题反馈在课堂中有针对性地讲解，从而避免乏味冗长而无目的的讲授。

这样的微课式教学可以实现翻转课堂的效果，可以用"短、小、精、悍"来总结其特点，"短"指时间短，可以契合学生的有效注意力时间；"小"是主题小，化整为零，便于理解；"精"指教师的讲解精简精辟，语言生动；"悍"是说明这样的教学成果颇有成效。学生查看微课自主学习，得到"暂停"和"再学"的机会，能确保不同学生对学习知识点的充分理解，有效弥补学生不懂不熟悉的知识点。以此学生不仅掌握知识，也得

到不一样的自主学习体验。因此，以微课教学为基础，建构各知识点，以保证场地设计课程顺利开展。

3.1.2 网上互评，激发学生的设计兴趣

学生的场地设计阶段作业都将以电子版的形式上传网络系统，教师实时在网上做出方案意见批复，这样学生就不用等下次课堂时才能知晓自己方案的问题，做到及时有效的反馈。最终成图将会统一在网络平台展示，促进学生互相观摩学习的机会；同时各位教师的意见、外聘专家的点评也会及时出现在同学们作业的点评区，从而创建建筑设计教学实时反馈机制。激发学生相互学习，相互竞争、不甘落后的学习动力，保证教学成果的质量。

3.2 理性与感性分层练习

建筑学的特殊性使学生不得不学会同时用理性及感性的方法对待事物。理性可以使学生分析问题更具有逻辑性和条理性。感性思维可以挖掘其精神深处的灵感，升华理性要素。在场地设计中，我们力图激发学生在这两方面的所见所感所想，带领学生深入基地进行调研。结合在微课所学的的知识，完成两个训练。

理性训练—场所分析：认真分析场地的地形、地貌、方位、及周边规划等情况，客观的对场地进行描绘，深入调研观察，并记录数据、描绘详图。目的是训练学生的观察和分析总结能力，将现实调研的情况结合场地知识用专业工程语言进行组织描述，客观理性的进行记录。

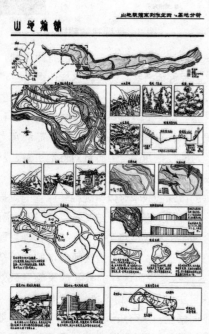

图3　理性训练

感性训练—精神感知：引导学生用心去体验过山的存在、山的生命、山的呼吸、山的特质、山的灵魂等，让学生用心灵感受山新的意义，发挥想象力，对山地进行实地体验，并通过现场感受用图示语言将所见所感知记录下来，对山体、水、石、植物、道路等要素进行描绘、并抽象出对其感受。期望用活泼、生动且有趣的方式使学生去感知场地对建筑的影响，从其中找出涉及灵感及线索，完成对场所感性的探究。

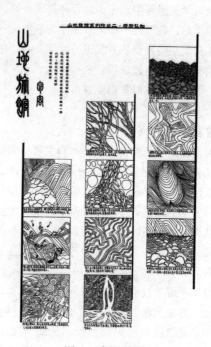

图4　感性训练

4　成果

4.1　微课收效评测

经过这次微课的教学改革，我们做了相关的调查问卷，在全年级抽取了100名学生进行座谈和问卷测评，对其教学效果等做了相关的统计，制作了饼状图（图5），我们可以清晰地看到，喜欢微课这种形式的学生占到了95％；愿意反复听这门课的学生占到75％；认为自己对场地设计这门课完全掌握的学生占到85％；提高了场地设计兴趣的学生占到了百分之90％，并且大家都为今后的改进提出了相关的宝贵意见。

4.2　学生评价反馈

这次互联网微课对"场所·精神"这门课的实验，收获是丰硕的，学生们的反响是很强烈的。大家纷纷表示喜欢这种授课形式，愿意主动去学习。同时也了解了建筑设计和场地设计是息息相关的，在今后的设计中会

微课问卷测评统计

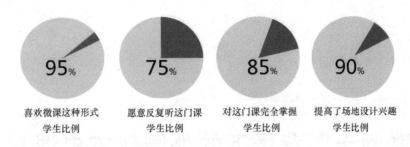

| 95% | 75% | 85% | 90% |

喜欢微课这种形式　　愿意反复听这门课　　对这门课完全掌握　　提高了场地设计兴趣
学生比例　　　　　　学生比例　　　　　　学生比例　　　　　　学生比例

图5　微课问卷测评统计

合理的运用所学的知识进行场地、建筑的同步设计。不再只做眼中无场地的建筑设计。我们从80名学生中选取3名学生的意见，展示如下：

学生甲：我非常喜欢这种微课形式，再也不用担心上课听不明白，我可以随时随地的预习和复习，真的是学习零压力的感觉，希望老师今后可以多多采用这种形式。

学生乙：我原来很不喜欢设计场地，我认为建筑才是最重要的，但是自从上了这门课我才发现，原来场地设计也是很有学问的，以后我做设计再也不会忽视对场地的设计了。

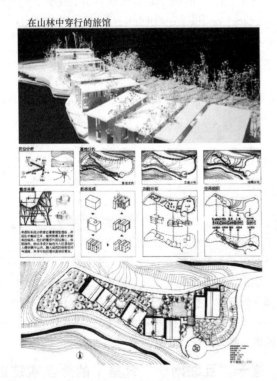

在山林中穿行的旅馆

图6　学生作业

学生丙：我以前不喜欢听课，也不喜欢回答问题，我觉得学习有点吃力，也许是没有设计天赋吧，但是这学期有了微课教学，我自己可以听很多遍直到消化吸收所有的知识，提前进行设计，省时省力了不少，我感觉自己真的提高了不少。

4.3 大设计成果图纸展示

我们可以看出，经过训练，学生们基本上对场地设计有了思路，做设计时不再会忽对视场地的设计，而是能够深入的结合方案和环境做出适宜的场地应对措施，克服了只见建筑不见场地的现象。

5 展望

基于这次教学实践的成果使我们意识到，在教学过程中积极引用现代科技手段，与时俱进是很必要的；随着教育教学思想的不断更新及信息化水平的不断提高，高校课堂教学方式正从传统的"一块黑板＋一盒粉笔＋一张嘴"全方位转向"现代化网络＋多媒体＋学生主体＋教师主导"[1]。这样可以调动学生的学习积极性和自主能力从而达到事半功倍的效果。使学生在繁重的学业中，找到学习的乐趣。通过本次课题研究，为中西部地区建筑学专业互联网课程的全面发展提供可参考的模式，为中西部欠发达地区充分利用有限的网络资源开放办学，提高学生综合素质提供了一个典型的范例。同时，微课模式也为我国建筑学专业高等教育的网络化教学改革开辟了一个新的思路。随着教学成果的不断总结与完善，本课题的研究成果必将对中西部地区多层次的互联网教学模式做出贡献。

参考文献

[1] 陈颖，岳彩冬，郭有才. 高职建筑类专业开展微课教学的研究. 邢台职业技术学院学报. 2015：17-18.

安玉源

兰州理工大学设计艺术学院；angelay118@163.com

An Yuyuan

School of design and art，Lanzhou University of Technology

基于"互联网＋"背景下的外国建筑史课程教学改革
Teaching Reform on the History of Foreign Architecture Based on Internet ＋

摘　要：基于"互联网＋"背景的教学模式逐渐得到了广泛认可，本文提出基于"互联网＋"背景下的外国建筑史课程教学改革思路。并提出"互联网＋"背景下的数字技术的运用。结合外国建筑史课程中的教学案例数字化三维模型进行分析。为今后的外国建筑史课程教学提供新的发展方向。

关键词：互联网＋，教学改革，数字技术，数字化三维模型，外国建筑史

Abstract：The Internet ＋-based teaching reform has received widespread approval. This paper puts forward the teaching reform thinking on the course of History of Foreign Architecture under the backdrop of Internet ＋. The author goes on to advance the application of the digital technology on the basis of Internet ＋ and conducts analysis by referring to the digital 3D model on the teaching cases of the course of History of Foreign Architecture. All this provides new development orientation for teaching the course of History of Foreign Architecture in the future.

Keywords：Internet ＋，Teaching reform，Digital technology，Digital 3D model，History of foreign Architecture

2015 年 3 月 5 日十二届全国人大三次会议上，李克强总理在政府工作报告中首次提出"互联网＋"行动计划。提出将互联网作为当前信息化发展的核心特征，与各行业全面融合。随后教育部提出了教育信息化的十年规划。"互联网＋"与教育的结合，将给大学课程的教育改革带来巨大的机遇。互联网＋"打破了权威对知识的垄断，让教育从封闭走向开放，人人能够创造知识，人人能够共享知识，人人能够获取和使用知识。在开放的大背景下，优质教育资源正得到极大程度的充实和丰富，这些资源通过互联网连接在一起，将成为教育改革发展的重要趋势。

1 外国建筑史课程教学现状

外国建筑史是建筑学本科教学体系的核心课程，课程具有内容纷繁多样、知识量大面广、所涉地域宽广、历史跨度绵长、建筑谱系庞杂等特点。但由于外国建筑史传统授课的教学方式单一，仅依靠教师的讲述和学生的想象力来实现教学与学习的目的，学生学习被动。单纯的图纸和图片对建筑的表达有限，学生学习时容易出现理解偏差，甚至错误。外国建筑实例绝大部分在欧美，学生实地体验遥不可及，对历史建筑的二维、三维认知十分有限和模糊，极大地影响到了学生对课程的学习。为了更好、更积极地调动学生的主动性，需要对传统的教学模式进行改革。

2 基于"互联网＋"背景下的外国建筑史课程教学改革思路

基于"互联网＋"理念的外国建筑史教学模式有着

独特的优势，把网络技术与课程教学有机地融合在一起，不是仅仅把计算机作为教学的简单演示工具，而是提供一个生动活泼、图文并茂、声情融汇的教学环境，实现较好的交互式效果，把复杂枯燥的外国建筑史具体化、形象化。基于"互联网＋"的外国建筑史课程教学改革，更多的是在互联网手段下将数字技术应用于课程教学环节中，建立建筑三维模型及虚拟建筑表现，弥补了传统课程中无法感受建筑、体验建筑、甚至身临其境的不足。"只有利用数字化学习的概念，注意课程特点，探讨信息技术与外国古建史课程整合的方法，才是外国古代建筑史教学改革的发展前景。"[1]

近两年，兰州理工大学建筑学本科课程外国建筑史尝试"互联网＋"背景下的外国建筑史数字技术教学的改革。"尝试从浩瀚繁杂的跨文化建筑史实知识中遴选对建筑发展历程有重大影响的系列经典建筑，并以之为教学改革研究的关键切入点，引领学生体验和研究特定历史时期经典建筑激动人心的创作历程。"[2]课程中要求学生以组为单位组成学习小组，每组选择不同历史时期的经典建筑，互相协作，利用互联网及数字技术学习经典建筑。这种教学改革既培养了学生的主动参与意识，又提高了学生对课程的兴趣，起到了事半功倍的成效。

图1　雅典卫城现状动画漫游演示（来源：学生作业）

（1）数字技术的运用

运用互联网和数字技术，制作数字化三维模型，最后生成历史建筑三维模型以及动画漫游演示的成果（图1）。成果综合了模拟空间的造型、色彩、材质、灯光等在空间中的视觉效果，通过三维虚拟表现对建筑进行全方位的展现，获得强烈的感官印象，加强对课程的认知和体验。

（2）交互式在线教学

学习小组定期进行交互式在线教学与学习。每组成员通过互联网收集资料，并组建讨论群，利用 E-mail、QQ、微信等各种互联网工具，在网络上互相讨论，并随时远程向教师寻求指导，实现了师生的实时互动、学生与学生之间的实时互动。

（3）网络资源共享

运用强大的网络功能，每个小组将收集的资料加工整理上传至课程平台，实现资源共享。这些教学资料内容丰富，有背景资料、图片、图纸、ppt、动画、视屏等，为学生提供更多动态交互式的信息集成，极大的开拓了学生的视野，更利于提高学生主动学习的热情。

3　"互联网＋"理念下数字技术的运用

（1）互联网渠道收集资料

学生主要通过互联网渠道搜集查找经典建筑案例的资料，包括建筑平面图、立面图、剖面图、总平面图以及各种高分辨率的摄影照片、建筑细部等。当中的数据资料非常重要，包括建筑的长、宽、高等尺寸，建筑后期所需贴图的图像，贴图纹理的参数以及建筑所在区域的地理位置，基地环境等（图2）。搜集来的资料进行整理编号，并用 Photoshop 进行适当调整。

图2　Google Farth 中雅典卫城现状地形图（资料来源：Google Farth）

（2）生成三维模型底图

将收集的图纸资料如平面、立面等导入 Auto CAD 中描绘出所需的建筑模型及周围场景的底图。完成后的底图会直接导入三维建模软件 Rhino、SketchUp、3D Max 中建立三维模型底图。把相应各部分建筑模型与相关建筑图片资料作对照，从二维平面生成完整的三维建筑轮廓。收集到的建筑尺寸将有效地帮助三维模型确定准确的型体。然后对照细部，细化各部分模型并构成组插件。如果建立的古代建筑中有特别复杂的曲面或者浮雕等细部，一般会用到 Rhino。

（3）生成三维模型

为使模型看起来更加生动，需对三维模型底图进行贴图。前期收集到的高分辨率的摄影照片、建筑细部在这一时期就派上了用场。对模型底图进行贴图并赋予其光泽、凹凸等效果后，模型更加接近于真实质感。对于一些浮雕效果和一些复杂的线脚、装饰等，可获得这些装饰、浮雕的图像在 Photoshop 中处理成有凹凸感的贴图，然后贴到相应的模型面域上（图3、图4）。

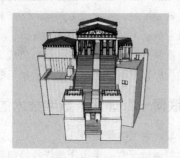

图3　用 SketchUp 建立雅典卫城山门三维模型

图4　用 SketchUp 建立伊瑞克提翁神庙三维模型

图5　用 Lumion 完成帕提农神庙的动画渲染（图3～图5资料来源：学生作业）

（4）动画录制渲染

把处理好的三维模型导入 Lumion 软件中，调出视频录制管理器，在当前场景中开始设置视频录制片段，通过调整镜头的远近、方向来确定视角。利用控制人物行走路线等，来丰富视频场景。视频录制完成后，通过剪辑器进行初步的剪辑，特效处理，并利用照明、效果处理等修改器，进行照明修改、气候场景的改进。随后进行动画录制渲染，Lumion 自动完成动画渲染，可以省去渲染所需的大量时间及精力。最后进行后期动画处理。可以对视频进行穿插、剪接，放入 AE 处理后期效果（图6）。

（5）场景再现

通过互联网 Google Earth 中的谷歌街景与数字模型的整合，实现非严格意义上的虚拟现实，将模型置于其真实的城市街道及其环绕的周边建筑物中，以全景动画方式再现历史建筑的真实场景，加强其身临其境的体验。PHam

4　外国建筑史课程中数字技术运用教学案例

被誉为欧洲中世纪最美丽的建筑威尼斯总督府，因其独创性的经典建筑构图、华丽而具有异域情调的装饰、丰富、混杂的建筑细部等成为建筑史上最令人心动的建筑。教学中展示出各个角度的威尼斯总督府，并结合互联网 google earth 中的街景与数字模型整合，建筑变得更加真实、生动、立体，具有极强的艺术感染力（图6、图7）。

萨伏伊别墅是现代主义建筑的经典作品之一。"在这个住宅中，展开了真正的建筑漫步，呈现的景象不断变幻，甚至令人惊奇。如果我们在结构上服从这绝对严格的梁与柱的图解，那么在空间上能创造出如此丰富的多样性则是很有趣的"。[3]在课程中，适当展示建筑结构体系及空间漫游视频，将有助于学生更好地去理解柯布西耶对于底层架空柱、自由平面、自由立面、横向长窗屋顶花园的现代建筑设计思想（图8）。

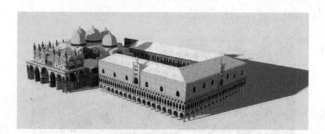

图6　数字化模型威尼斯尼督府

图7　Google earth 与数字模型整合的威尼斯总督府俯瞰（资料来源：学生作业）

5　结语

建筑是典型的三维视觉艺术，今天"互联网＋"背景下的数字技术的蓬勃发展，使数字化三维模型成为一种建筑的重要表现形式。在近两年外国建筑史课程中教学探索中，就建筑的角度而言，"空间是建筑的本质属性，对于学生空间观念的培养，是关注建筑本质的表现，不仅是回归建筑教育的传统，也面向未来，是建筑教育发展的方向。"[4]通过互联网及数字技术运用，极大地弥补了学生无法直观感受建筑方面的不足，同时强化了学生空间观念的培养，加深了学生对经典历史建筑空间的理解。这其中也渐渐摸索、总结出一套高效、实用的运用数字技术的方法，模拟虚拟现实的建模和视频处理模式的工作流程，为今后的外国建筑史教学改革奠定了一套方法体系。

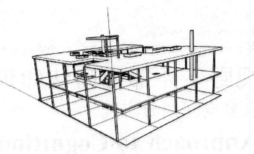

图8　萨伏伊别墅建筑结构及空间漫游动画演示（资料来源：学生作业）

参考文献

[1] 夏健.外国古建史课程的数字化学习探讨.高等建筑教育 [J], 2006 (3): 32-37.

[2] 刘志勇，张兴国，杜春兰，李震.建筑史体验式教学法研究——重庆大学外国建筑史课程教改实验报告.高等建筑教育 [J], 2011 (6): 10-16.

[3] ［瑞士］W·博奥席耶著.勒·柯布西耶全集.第2卷.牛艳芳、程超译.北京：中国建筑工业出版社 [M], 2005.15.

[4] 张楠.外国建筑史课程中的数字地图与三维模型应用.2012年全国建筑院系建筑数字技术教学研讨会论文集 [J].北京：中国建筑工业出版社.2012, 342-346.

张芳　周曦

苏州科技大学；chattenoire2012@163.com

Zhang Fang　Zhou Xi

Suzhou University of Science and Technology

互联网视野下外部空间认知评价新途径*
——江南水乡空间调研实践

A New Approach to Cognition and Evolution of External Space Based on Internet，An Investigation of Historical Town of The Southern Regions of The Yangtze River

摘　要：城市复杂的有机体中，城市外部空间的有效地认识和评价是诸多设计活动的前提。信息时代，互联网大数据发展，为城市外部空间的认知与评价提供了新的可行方法。本文从信息时代特色出发，从信息获取渠道以及分析方法两个层面，探讨互联网辅助城市外部空间研究的可行性，并设计小型实验进行验证；在本科教学中设计江南水乡空间调研，基于互联网平台进行外部空间认知评价；探索其空间形态演化规律，建立新时代人与环境的有机互动。

关键词：互联网，数据，外部空间，认知，评价

Abstract：As The city is a complex organism，the effective cognition and evaluation of urban exterior space become prerequisite for many design activities. With the rapid development of internet massive data，it gives out a feasible method for cognition and evaluation of urban exterior space. Firstly，according to the characteristics of information age，the feasibility of Internet assisted urban external space research was discussed，from two levels：the channel of information acquisition and analytical approach. Then，a small experiment was designed to verify the feasibility and accuracy. Finally，focus on the southern regions of the Yangtze River，an investigation was designed using Internet platform for external spatial cognition and digital evaluation，to explore the evolution rules of its spatial form and put forwards the organic interaction between people and environment in the new era.

Keywords：Internet，External Space，Cognition，Evaluation

1　互联网发展催生城市研究新途径

随着信息时代的发展，利用网络平台数据进行外部空间调研已成为可能，并且具有独特优势：网络平台信息快速、广阔，适宜大范围调研；网络数据不受时空限制，对异地项目具有重要意义；数据来源多样，相互交叉叠加印证；数据时效性强、更新速度快；交互平台的信息反馈，有助于从公众视角思考城市问题。因此，基

*本课题受国家自然科学基金资助：《数字化视野下的江南水网地区城市滨水用地规划研究》（项目编号：51408388）。

于互联网数据的城市外部空间调研不仅是实地调研的补充，而且具备更加先进的特质。

互联网时代，数字平台实现了抽象的城市外部空间的物化，推进了感性体验的理性数字化，方便实现空间质量的纵向、横向比较。针对城市意象，数字化评价与传统体验型评价不同，在传统经典方法外辅以多种分析评价方法：如数学统计、多因子加权评价，SBE 美景度评价法、LCJ 比较评判法、AHP 层次分析法等；甚至借用一些心理学数字化模型（如人工神经网络模型）等进行分析。利用互联网数字平台，实现理性统计的同时，将感性的人的行为、喜好等数字化加以分析，拓展城市外部空间的认知的维度、深度、广度。

2 基于互联网平台外部空间研究的可行性

2.1 信息渠道

传统的城市外部空间的认知与评价中，数据来源大部分依靠实地调研采集。互联网大数据迅速发展，为城市数据采集提供了大量、全面的城市信息通道。城市外部空间评价中，以规划资料（如测绘图等）为基础，借助互联网平台采集相关数据已成为可能。

2.2 评价方法

数字化技术将传统研究中主观感受和经验推导，转化为相对理性的逻辑分析，是城市研究的一大发展方向。互联网大数据信息来源多量、多维、多层，单一网站、软件所获得的信息呈特异性与片段性，针对性强，却无法构成城市外部空间的全貌。课题调研拟采用因子

加权评价法构建城市外部空间认知评价体系，步骤如下：

（1）选取影响因子，归类分为若干个一级层级，下设多个二级层级；

（2）通过互联网多渠道采集数据，按一定标准对各影响因子分等级打分，处理成数字化信息 X_i；

（3）通过加权方式归纳汇总。根据各因子影响力的不同，通过 AHP 层次分析法等赋予不等的权重 W_i，通过权重调节影响力。累计得到最终评价总分 S。$S = \sum_{i=1}^{n} W_i X_i$。该方法原理明确、应用广泛，同时操作简单，能为广大设计人员和学生所掌握。

2.3 验证方法及小型实验

为探讨互联网调研城市空间形态的可行性，检验互联网平台分析评价的准确性，本研究组织学生进行了小型比对实验。调研团队由苏州科技大学建筑系 3-4 年级 79 名学生构成，对苏州高新区、姑苏区、吴江区的 18 个河段滨河环境进行了调研，每组发放并回收 20 份以上有效问卷，取有效平均值。社会组以市民问卷调查为主要途径；专业组针对同一份问卷进行互联网调查；互联网组则由任课老师构成，根据 2.2 所述步骤对互联网采集数据进行分级、打分（表 1）。可以观察到现场调研组和互联网调研组滨河外部环境评价结果较为接近（图 1），特别是学生的专业组实地调查评分与互联网数据的分析结果分差较小。

互联网平台信息渠道及其特点（表格来源：作者绘制） 表 1

信息渠道	特点	备注
电子地图	模拟传统地图，但具有更多可适应的形式。可以基于多种互联网终端调用	功能强大，支持放大缩小、拖拽浏览，一般可与卫星影像图叠加显示
卫星影像图	直观可见，视野范围广阔。基本能分辨清楚建筑、道路、绿化等信息	百度地图卫星图支持 18 级缩放，分辨率达 1 像素 1m；Google 地图卫星图支持 20 级缩放，达 1 像素 0.27m
三维数字城市	通过三维建模，直观展示城市要素构成。方便多角度对城市进行观察，理解城市宏观构成	Google 地图已实现了国外重要城市的三维数字城市，百度地图等企业也在发展三维数字城市业务。江南地区大多数城市均有三维地图
全景街景功能	街景地图是一种实景地图服务，为用户提供城市道路、街道或其他环境的 360 度全景图像	Google 地图、国内的百度地图、腾讯地图等都推出了街景功能
地图数据功能	互联网电子地图上附带大量的数据信息。信息实时更新，提供多维数据来源	复合企业、商户、住宅、公交站、地铁站等信息；支持测距、导航等功能；提供实时路况信息及路况预测估算；"热力图"反映人群的聚集分布状态
搜索网站	提供公众参与信息与感受。有助于了解公众关注热点	BBS 社区、点评类网站、消费购物类网站
云功能	除各种统计外，实现调研信息的互联网分发、扩散、反馈，迅速地获得大量群体的调查信息	众包、威客、微信等互联网平台

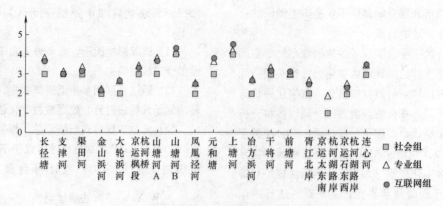

图1 社会组、专业组、互联网组调研结果比较（图片来源：作者绘制）

调研层级设置及因子权重（资料来源：作者绘制）　　　　　　　　　　　　　表2

一级层次评价	二级层次评阶	评分标准	分值	因子权重
环境质量	水体的水质	水体水质为：Ⅰ、Ⅱ类	5(好)	$W1_1$
		水体水质为：Ⅲ类	3(中)	
		水体水质为：Ⅳ、Ⅴ类	1(差)	
	噪声干扰	城市次干道、支路	5(低)	$W1_2$
		城市干道通畅路段	3(中)	
		城市干道拥堵路段	1(高)	
	岸线绿化比率	两侧绿化累计比率≥2/3	5(高)	$W1_3$
		两侧绿化累计比率 1/3～2/3	3(中)	
		两侧绿化累计比率＜1/3	1(低)	
	滨水空间的日照环境	滨河建筑为底层、多层	5(好)	$W1_4$
		滨河东西建筑为高层	3(中)	
		滨河南侧紧邻高层	1(差)	
活动功能	基于周边城市的可达性	城市道路和水域相邻并行的	5(便捷)	$W2_1$
		城市道路和水域不紧邻,但有步道通往滨水区	3(可达)	
		无道路可通往滨水地带	1(不可达)	
	滨水地块性质	商业商务、道路交通、绿地、体育建筑、文物古迹等	5(公共开放)	$W2_2$
		公共服务建筑、市政设施等	3(两者之间)	
		居住区、工业仓储等	1(封闭私属)	
	滨水活动场所大小及数量	建有 2 处以上活动场所或宽度≥15m	5(大、多)	$W2_3$
		建有 1 处活动场所	3(一般)	
		无滨水活动场所	1(小、少)	
	联系两岸的桥梁	街区河段内≥3 座桥梁	5(多)	$W2_4$
		街区河段内 1-2 座桥梁	3(少)	
		街区河段内无桥梁	1(无)	
景观美学	水域的的景观美学	水域宽阔、曲折、多水交汇	5(好)	$W3_1$
		介水两者间	3(中)	
		水域狭窄、笔者无变化	1(差)	
	滨水岸线的景观美学	水岸高差小;泥石驳岸、天然草坡;岸线曲折收放变化	5(好)	$W3_2$
		介于两者间	3(中)	
		水与岸高差大;岸线水泥砌筑;岸线笔直僵硬	1(差)	
	滨水绿化的景观类学	绿化多;乔木为主;树种、树形、色彩丰富	5(好)	$W3_3$
		绿化一般;以灌木为主	3(中)	
		绿化少;以草坡为主	1(差)	
	滨水建筑的景观美学	建筑质量高;滨水界面完整、优美、有变化	5(好)	$W3_4$
		介于两者间	3(中)	
		建筑质量差;滨水界面杂乱或单调	1(差)	

3 江南水乡外部空间认调研实践设计

3.1 基地与选题

江南水乡诸多古村镇建制较早，在明清时期形成明晰的空间脉络，乌镇作为典型江南地区汉族水乡古镇，历史脉络保存清晰。调研以城市意象理论为指导，提取古镇空间意象影响因子并分级，建立认知地图及评价体系，揭示历史发展中古镇城市意象的变迁规律：

一方面，立足古镇局部要素与宏观意象的互动，在时间层面上建立明清以来乌镇的道路、边界、区域、节点、标志物，五个城市意象要素的演化轨迹；揭示意象要素增减对空间意象变迁之间的联系；确立不同时代中空间质量影响因子，并进行分级。探索时间维度中古镇空间意象的变迁规律。

另一方面，建立互联网下的乌镇城市意象要素认知地图，展示其未来趋势走向。通过实地调查以及网络调研，基于乌镇本地居民、乌镇外来旅客以及互联网用户的反馈，探究在互联网时代下的乌镇城市意象保护与发展的可行性。

3.2 技术路线图（图2）

3.3 调研设计

（1）实地踏勘部分

实地踏勘注重现场体验感知，调研中以城市意象、城市体验等理论为指导，初步建立对江南古镇意象要素的认知与理解，为后续古村镇中空间意象要素提取、分级、设权重提供参考。调研采取认知地图、调查问卷、揭示偏好法、陈述偏好法等，多种方法相结合，建立统计数据为后续研究提供基础。

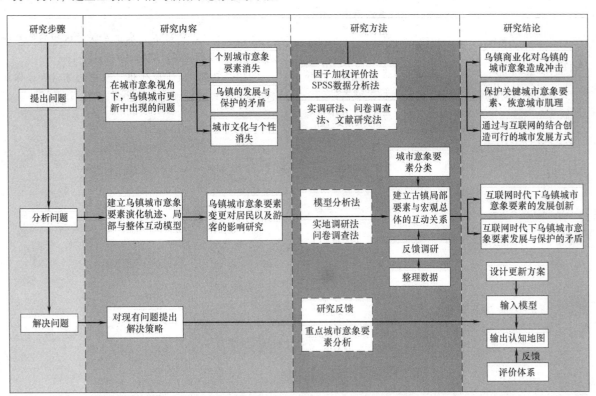

图2 乌镇空间形态演化规律探索调研技术路线图（图片来源：张芳、周曦、郭梓良绘制）

（2）网络平台调研

① 资料收集分析：发挥互联网宏观与局部兼顾的优势，建立古村镇局部要素与宏观意象总体的互动关系。通过多种数据采集渠道，如电子地图、卫星地图、三维数字地图、全景街景、以及诸多地图数据功能等，获取相关空间信息，进行筛选、整理、归类，并将其数据化，参考实地调研结果对数据分级、设权重。探索不

同时代，不同意象要素对空间意象影响程度的变化，进一步探讨城市意象要素变迁对空间质量的影响。

② 双向交流反馈：调查充分发挥互联网平台的开放性与交互性，通过建立网络调研建立网络调研平台，发放电子调研问卷，采集乌镇本地居民、乌镇外来旅客以及其他互联网用户的反馈，对当代江南古村镇城市意象构成进行评价，除为本调研任务提供重要数据支持

外，亦可窥探互联网视野下乌镇城市意象保护与未来发展的方向。

（3）调研特色与启示

本次选题以城市意象理论为指导，建立不同时代中微观意象要素变迁与宏观空间意象演化之间的互动。宏观层面上拟构建时间维度的城市意象演化模型，梳理古镇在发展中城市意象要素的演化轨迹。一方面，引导学生结合实地踏勘体验、实地调研数据，分析不同城市意象要素变化对古镇总体环境变化的影响，建立古镇局部要素与宏观总体的互动关系。另一方面，针对互联网时代特点，建立基于互联网平台的城市意象要素认知，并与实地调研现状进行比对，揭示互联网时代的认知方式对城市意象要素的影响。最终期望以人为本，通过人的感受与体验，建立对古镇空间的认知，并通过建立模型的研究的方式，反馈于古镇发展。建立起人与环境的有机互动。并以"互联网＋"乌镇为视角，重新思考乌镇保护与发展的可行性。

4 结语

相对传统的实地调研，基于互联网数据的城市外部空间调研具备快速、准确而全面的优势，与现场调研相结合，可以达到事半功倍的成效。互联网视角下的调研关键在于数据的选择和获取渠道；分析过程关键在于建构合理的数字化模型，可采用多因子加权叠加法，将外部空间质量分解为多层多因子，按预定标准打分，最后加权累计。通过与实地调研的比对可以验证该方法的准确性。随着互联网数据进一步完善，人们基于互联网的视角去认识、观察城市将成为一种新常态，本研究具有广阔的延伸前景。

参考文献

[1] 徐磊青. 城市意象研究的主题、范式和反思——中国城市意象研究评述 [J]. 新建筑，2012（1）：114-117.

[2] 秦萧，甄峰，熊丽芳等. 大数据时代城市时空间行为研究方法 [J]. 地理科学进展，2013，32（9）：1352-1361.

[3] 王飞，邓昭华. 基于互联网认知的城市印象分析 [J]. 城市观察，2014（5）：182-189.

[4] 王晋. 城市现代化进程中的苏州古城保护与更新 [J]. 现代城市研究，2004（6）：42-46.

黄凌江　兰兵

武汉大学建筑系；283654962@qq.com

Huang Lingjiang　Lan Bing

Department of Architecture，Wuhan University

基于互联网＋的建筑物理虚拟仿真实验设计探讨[*]
Web-based Visual and Simulated Experiments in Building Physics

摘　要： 在建筑物理实验教学中，部分实验项目由于受到实验外部条件或时间的限制，导致其成本高、周期长且对环境条件要求苛刻，同时还有部分实验项目难以在真实环境下开展。因此利用虚拟仿真实验可以极大地减少外部条件的限制，让学生在虚拟仿真的环境中完成实验操作、学习和训练等教学任务，提高对专业知识的理解并培养进行复杂实验的能力。本文简要介绍了武汉大学建筑系对建筑物理虚拟仿真实验设计与开发的探索，并具体介绍了一个实验案例的设计。

关键词： 建筑物理，虚拟仿真实验，实验教学

Abstract： In the teaching of building physics，due to the limitation of external conditions and time，a number of experiments are time consuming or at high cost，some of which are even not feasible to be performed in real environment. Web-based visual and simulated experiments are an approach to reduce the limitations in time or other external conditions and can benefit the students in various aspects. This paper introduced the web-based experiment teaching system and the design and development of an example.

Keywords： Building physics，Visual and simulated experiments，Experimental teaching

1　引言

在建筑物理理论和实验教学中，存在着一些普遍性问题，如某些理论抽象，难以利用具体的案例进行演示；需要构建相应的物理环境帮助学生理解、分析和测量不同的数据，而真实物理环境的构建成本高，难度大并且变化受到限制等；同时由于实验设备数量及实验场地的限制，在实验教学中不能做到随时随地地进行实验学习和训练。这些问题在一定程度上制约了建筑物理实验教学。而随着信息化技术的发展，利用虚拟仿真技术进行或辅助实验教学，可以极大地减少外部条件的限制，提升实验教学的水平和效率。同时也是国家高等学校实验教学信息化的重要举措和高等教育的发展趋势[1]。利用虚拟现实、多媒体、人机交互、数据库等技术，构建具有高度真实感，直观性和精确度的虚拟仿真实验环境和实验对象，实现难以在真实环境下开展的实验项目，让学生在虚拟仿真的环境中完成实验环境模拟，参数设定，实验操作和训练等教学任务；同时依托互联网，可以不受时间空间的限制随时进行虚拟仿真实验操作训练，满足学生个性化学习的需求，提高学生的自主学习能力。在此背景下，武汉大学建筑系根据建筑物理实验的特点针对课堂教学，实验教学的教学实践需要，进行了基于互联网＋的建筑物理虚拟仿真实验的设计和开发。

2　建筑物理虚拟仿真实验体系

《高等学校建筑学本科指导性专业规范》（2013 版）

---

[*] 湖北省高等学校省级教学研究项目（2014012）。

中规定的建筑物理实验包括3个单元21项[3]。参照其要求，前期筛选了部分符合虚拟仿真实验条件的实验项目，并分为两个层次：①建筑物理环境基础理论虚拟仿真实验；②建筑物理环境分析与设计虚拟仿真实验教学两个层次。其中第一层次通过可视化直观的虚拟仿真演示性实验帮助学生加深对基础理论的理解；通过可以互动进行的认知实验性加深对调节建筑物理环境的认知。课程第二层次以建筑物理结合设计为目的，分为不同的实验模块，发挥通过虚拟仿真实验辅助设计与分析验证等功能，弥补真实实验的限制和不足，同时满足综合课程设计，毕业设计和课外竞赛的需要，实现建筑物理专业知识的综合应用、工程创新人才的培养要求。以上筛选的实验项目全部要求能够通过互联网在线进行实验操作。

境下的建筑物理现象和物理性质，以加强学生对不同建筑物理环境的理解。互动操作型实验针对在真实条件下无法达到或者难以直接感知的建筑物理环境的实验项目。例如采光系数测量，需要在全云天条件下进行，然而这样的天气条件可遇不可求。通过数字建模构建虚拟实验环境，学生可以在这个环境中自行设计实验方案，拟定实验参数，操作虚拟照度计，模拟真实的实验过程。帮助学生反复进行实验仪器的训练，让学生动手调节实验参数，并观察响应与结果，培养设计思考能力和分析比较能力，达到实际实验难以实现的效果，从而提高动手能力及学习实验筑物理知识的目的。

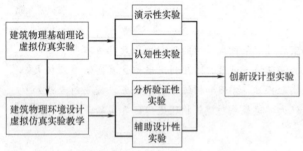

图1　建筑物理虚拟仿真实验体系（图片来源：作者自绘）

2.1　建筑物理基础理论虚拟仿真实验

　　该部分虚拟仿真实验分为两种：演示性和互动操作型。演示性实验通过直观生动的虚拟场景，模拟真实环

2.2　建筑物理环境设计虚拟仿真实验

　　建筑物理环境设计是可持续建筑设计的基础，在学习建筑物理环境控制的理论知识的基础之上，更需要关注将这些理论知识融入到建筑设计之之中。在前一阶段基本理论实验教学的基础上，对建筑围护结构和空间的物理性能进行设计与分析。

　　设计能力的培养需要依托专业的技术方法，通过完整的设计、验证和测试的实验过程获得。作为传统专业实验的补充，使学生掌握相关的专业仿真模拟软件技术。一方面利用虚拟仿真的优势，发挥其直观，动态模拟，迅速准确，优化设计方案和资源共享的特点，另一方面可以将建筑设计课程的教学内容具体化，从而建立一种新型的实验教学方式，进一步提高教学效率。

虚拟仿真实验项目　　　　　　　　　　　　　　　　　　　　　　　　　　　表1

	实验名称	实验类型	虚拟仿真的应用
1	房间采光系数测量	认知	实现不同采光洞口、材料、室内光环境和室外光气候之间的关系
2	建筑日照实验	演示性	设定不同纬度,日期和时刻的参数直观的演示太阳高度角及方位角的变化
3	太阳辐射测量实验	认知性	实现对不同气候区、不同季节、时间及建筑不同方位的太阳辐射量进行测量
4	透光系数测量	认知性	实现不同外窗形式,玻璃种类和厚度的变化,拓宽实验的内容
5	形体布局对风环境的影响	演示性	设定不同的建筑形体,演示对风环境的影响情况
6	室内表面反射系数测量	认知性	模拟测量多种不同表面材质,拓宽实验的内容
7	多层平壁稳定传热测试	认知性	在虚拟环境中建立多层平壁的模型,并模拟稳定传热环境,可以帮助学生了解稳定传热过程及测量
8	遮阳构件虚拟仿真设计实验	辅助设计性	手工计算典型的遮阳板形式存在着计算过程复杂、类别单一的局限;实物模型存在着成本高,时间长的缺点。利用计算机模拟技术可以快速实现不同遮阳构件的遮阳效果评价,帮助学生理解不同类型遮阳构件对日照辐射的影响

2.3　虚拟仿真实验设计

　　虚拟仿真实验教学的重点是实验的设计。虚拟仿真

实验包括实验的构思设计，实验数据的获取，虚拟场景的实现以及与真实实验的关系等不同方面。以下以一项

辅助设计性实验项目《遮阳构件虚拟仿真设计实验》的设计为例介绍。

遮阳设计是建筑节能设计的重要环节。手工计算典型的遮阳板形式存在着计算过程复杂、类别单一的局限；实物模型存在着成本高、时间长以及受到天气等外界条件限制等缺点。在真实条件下中难以进行多种遮阳构件的实验。利用计算机模拟技术可以快速实现各种不同遮阳构件和方式的变化，帮助学生尝试和定量地分析多种不同遮阳设计对日照辐射和室内照度的影响情况，以更直观地理解遮阳设计对室内光环境和热环境的影响。因此采用虚拟仿真的方式可以较好地实现这种类型的实验。为了能够实现上述目的，需要进行虚拟仿真实

验设计，包括设置实验场景、实验条件、基础数据、动作设置以及 UI 界面等。可以分为以下几个步骤。

第一步设定实验场景及条件。包括确定实验房间及外窗的尺寸，并设置常见的遮阳构件及形式，本例中分别设置了百叶遮阳、水平遮阳、垂直遮阳和组合遮阳四种形式。每种遮阳形式中分别考虑不同设计情况，如百叶遮阳中分别考虑夹角变化，间隔变化以及出挑长度变化等不同情况，水平遮阳考虑遮阳板水平出挑和两侧出挑两种情况，其中每种情况设置 10 至 15 种参数变化，全部实验包含共计 50 种情况（表 2）。在外部条件上，考虑西向和南向两个朝向以及冬至日夏至日两个时间点。

遮阳实验的设计（百叶和水平）　　　　表 2

	序号	条件	变量	条件	变量
百叶	5.1	六片百叶，宽度 0.2m，间隔 0.25，	0.00	水平 1.2m 宽，竖直 1.5m 变化	0.1
	5.2		0.50		0.15
	5.3		0.15		0.20
	5.4		0.30		0.24
	5.5		0.45		0.30
	6.1	水平夹角 0 度，间隔 0.25m，出挑变化	0.10	出挑 0.2m，竖直遮阳，距离窗台高度变化	0.10
	6.2		0.15		0.15
	6.3		0.20		0.20
	6.4		0.25	水平	0.25
	6.5		0.30		0.30
	7.1	出挑 0.2m，角度 0 度，间隔变化	0.50	出挑 0.2m，封闭。距离窗台高度变化	0.15
	7.2		0.10		0.30
	7.3		0.15		0.45
	7.4		0.25		0.60
	7.5		0.30		0.75

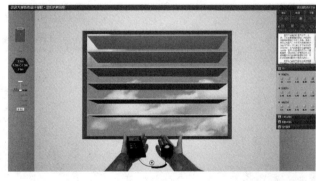 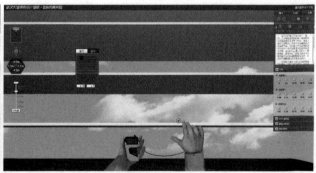

图 2　遮阳构件虚拟仿真设计实验界面（图片来源：作者自制）

第二步计算基础数据。在第一步确定实验场景和条件后，对室内平面建立格网，并确定格网精度，其精度大小决定了之后的的数据的数量；通过模拟分析软件计算各种情况的室内工作面各个网格点相应的基础数据，本例中包括室内格网节点的照度和外窗的内外表面的辐射强度。这一部分的工作需要模拟计算实验中设定的每

种情况的基础数据，是工作量最大和耗时最长的部分。数据以 excel 数据和热力图的形式保存作为下一步的基础资料。

第三步动作设计。确定角色（实验者）在场景中的位移方式及操作仪器的动作，包括第二步中的基础数据根据操作者在虚拟环境中位移的情况，以实时的方式显

示在相应的虚拟照度计和辐射计显示屏上。

第四步确定实验界面的 UI 设计。在界面的合适位置显示实验内容要求、教学目的及涉及的原理公式、控制动作的按键设置、调节参数的方式和位置以及数据显示的方式。UI 设计、虚拟场景的搭建和数据对应的显示委托计算机系统开发公司进行。最后实现根据虚拟仪器的位置和状态显示第二步的模拟数据。

3 结语

虚拟仿真实验具有真实实验不具备的优势，包括①利用虚拟现实仿真技术，构建一个高度仿真的虚拟实验环境和实验对象，学生可以在这个环境中开展实验，实现真实实验不具备或难以完成的教学功能，提供可靠、安全和经济的实验项目。②利用网络突破时间、地域的限制，整合各种教学资源共享，实现师生的互动，使实验过程中管理具有可控性及可视性等特点。③实现实验教学安排、学生在线实验、实验教学辅导、实验报告提交、实验成绩评定等等功能。虚拟仿真实验是真实实验的有力补充和对实验教学质量提升的重要促进，但是其教学效果还需要在今后的教学实践中进行进一步评定。

参考文献

[1] 李平，毛昌杰，徐进. 开展国家级虚拟仿真实验教学中心建设提高高校实验教学信息化水平 [J]，验室研究与探索. 2013, 32 (11) 5-8.

[2] 中华人民共和国教育部. 关于开展国家级虚拟仿真实验教学中心建设工作的通知. 2012.

[3] 全国高等学校建筑学本科专业指导委员会. 高等学校建筑学本科指导性专业规范（2013 版）. 北京：中国建筑工业出版社，2013.